第3章

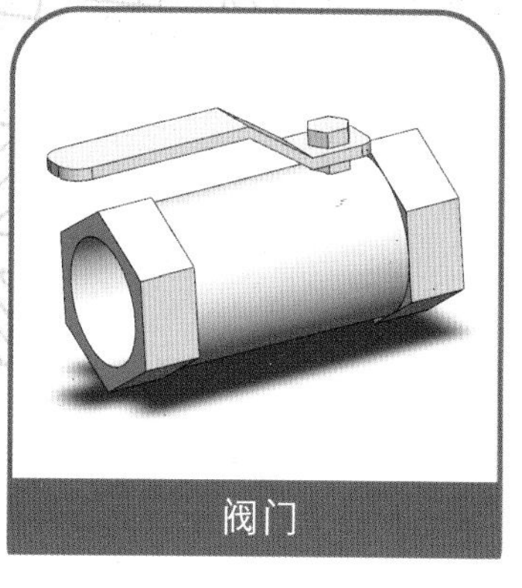
阀门

杯子

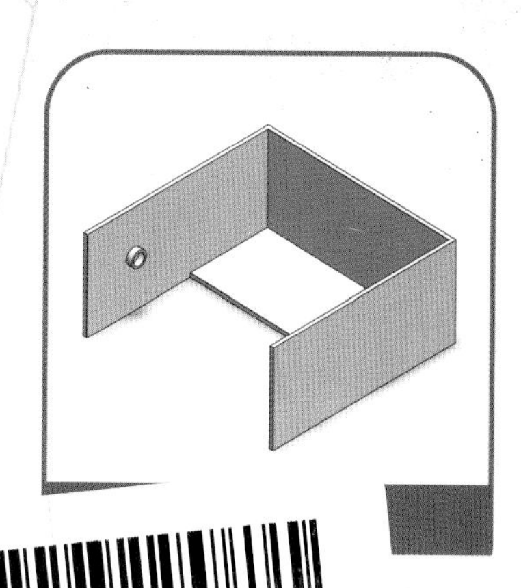

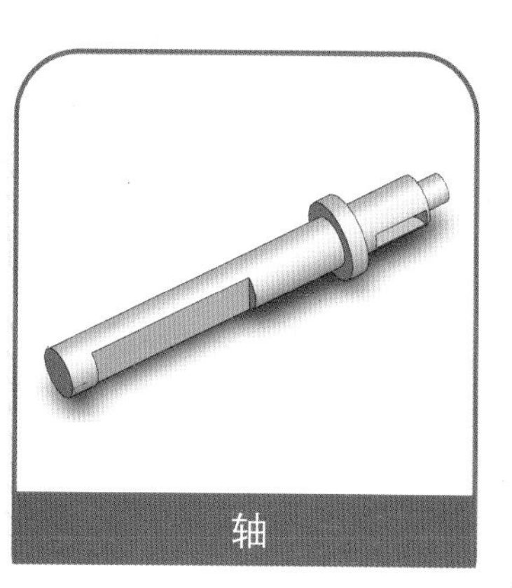
轴

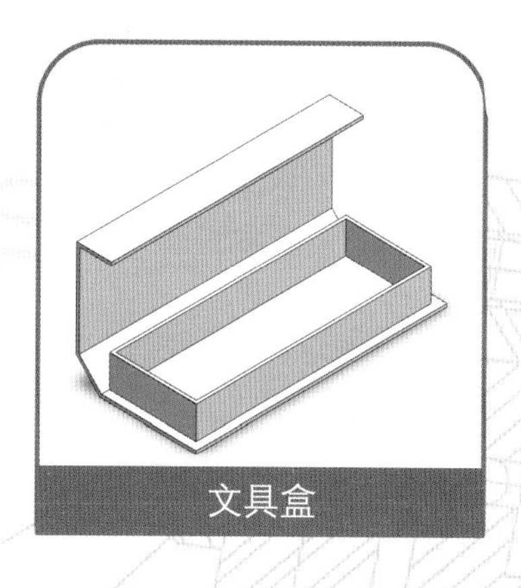
文具盒

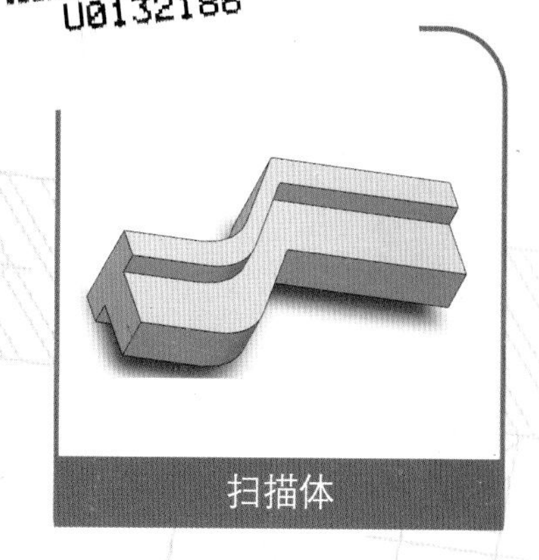
扫描体

第4章

瓶身

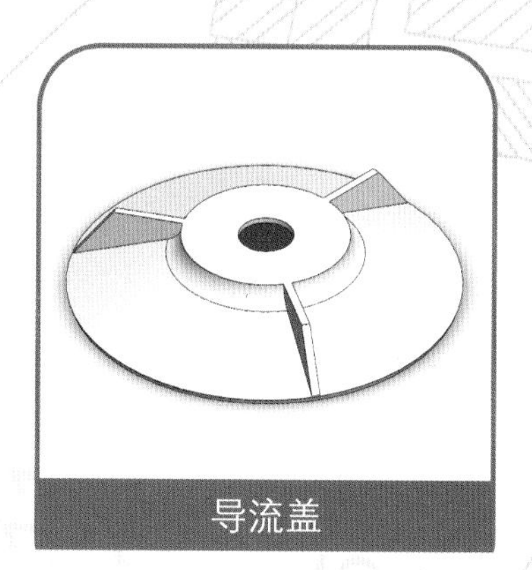
导流盖

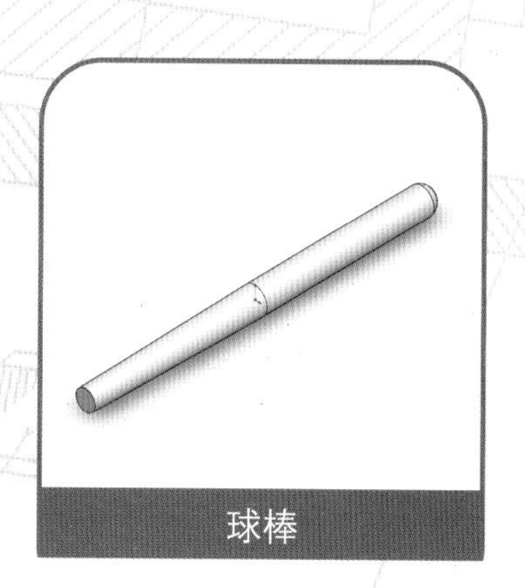
球棒

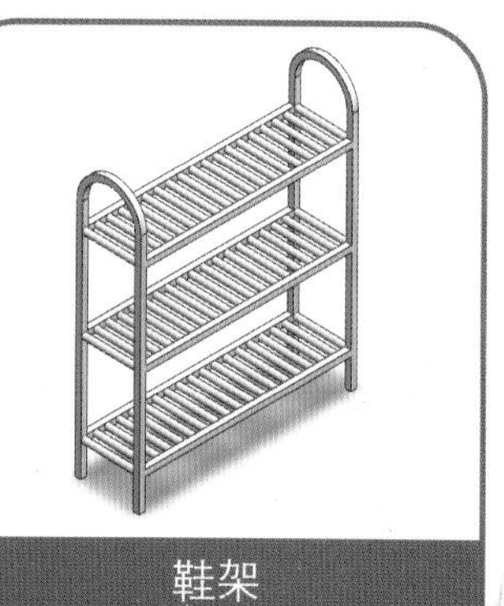
鞋架

三通零件

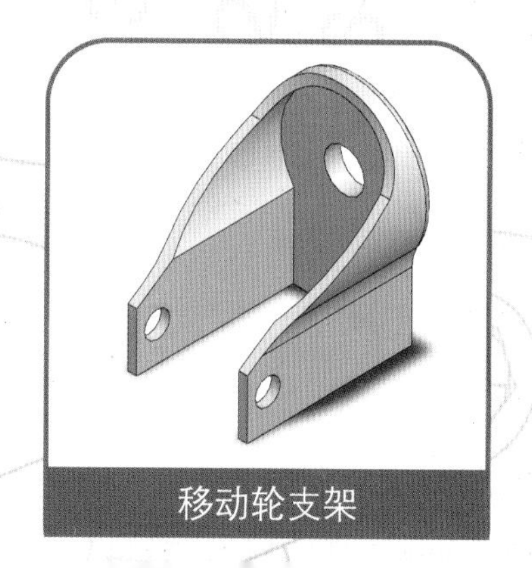
移动轮支架

第5章

传动装配体

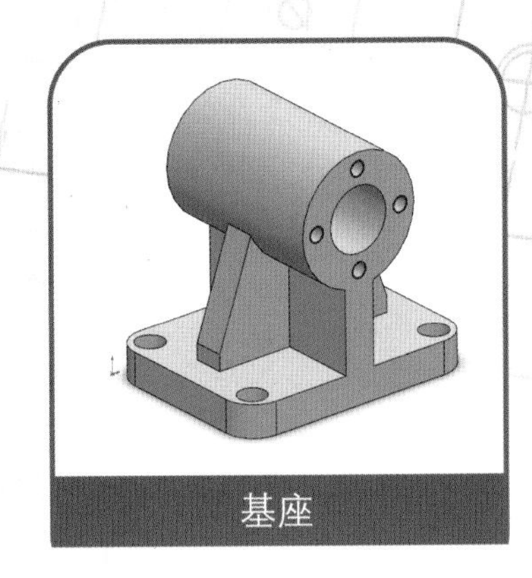
基座

带轮

第6章

移动轮垫片

壳体

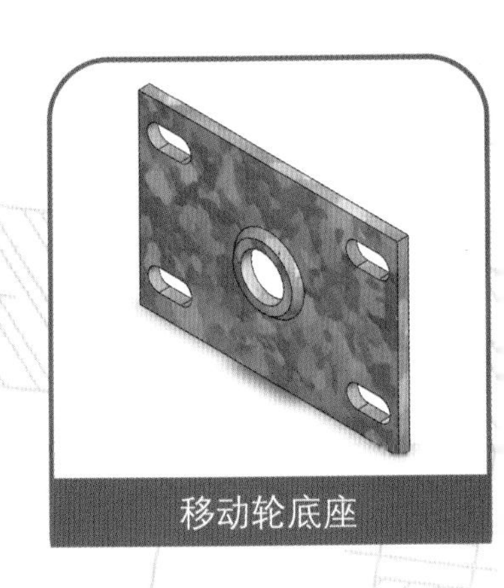
移动轮底座

第7章

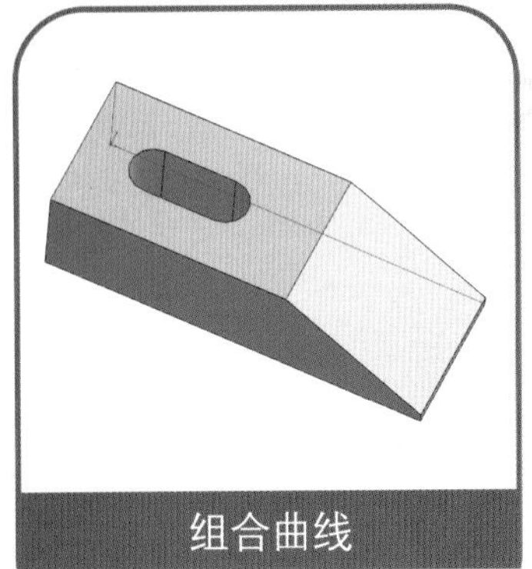
组合曲线

旋转曲面

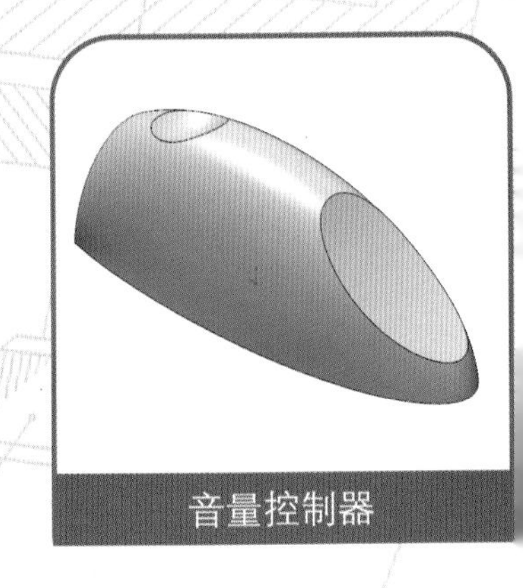
音量控制器

第8章

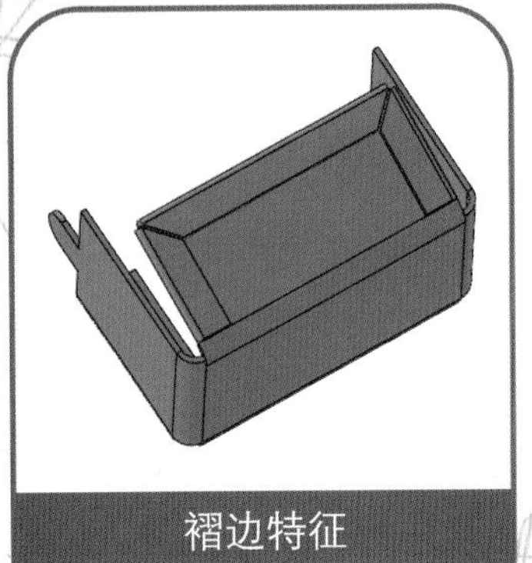
褶边特征

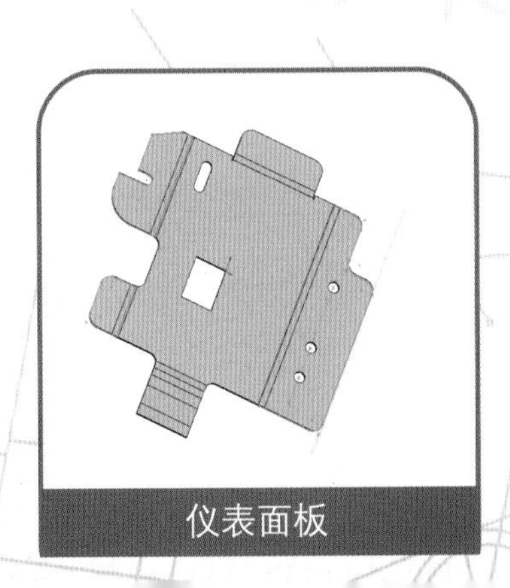
仪表面板

通风口

第9章

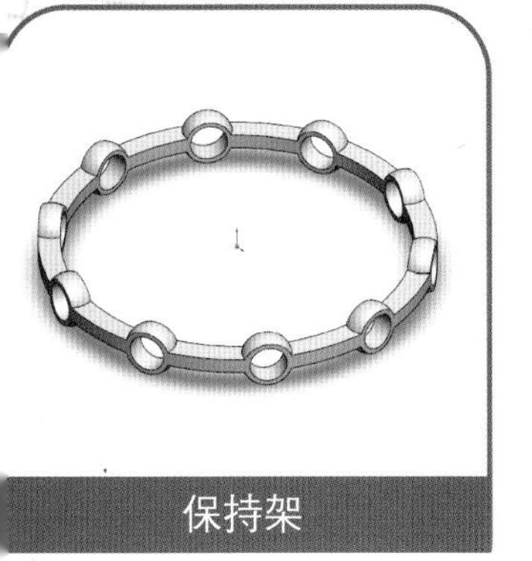
保持架

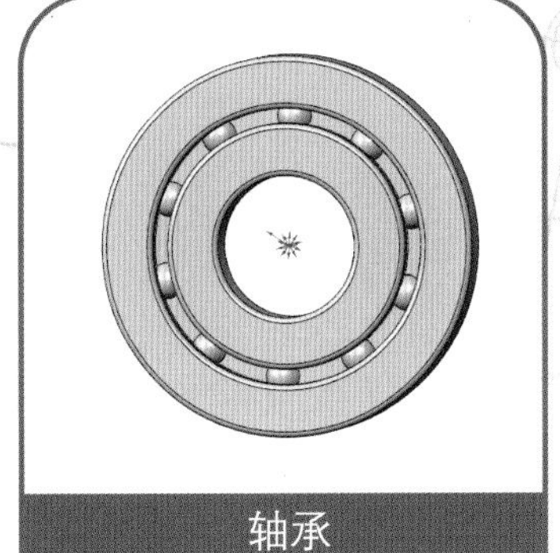
轴承

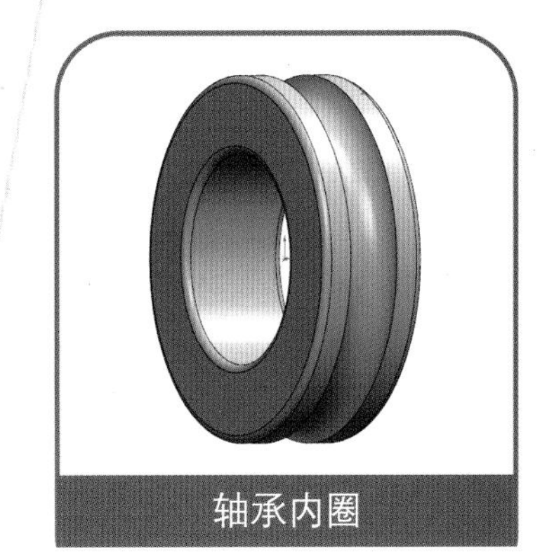
轴承内圈

第10章

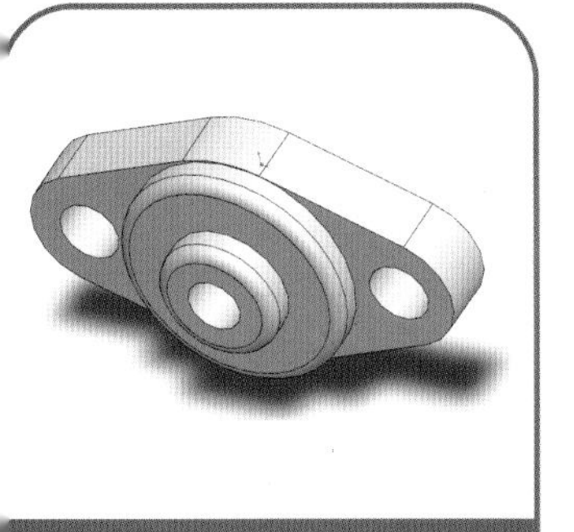
支架

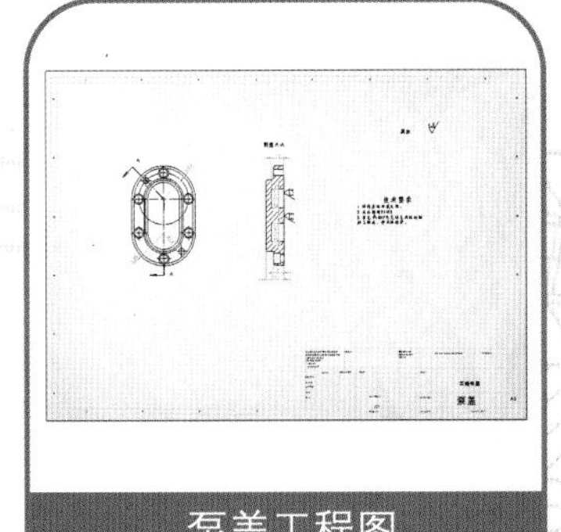
泵盖工程图

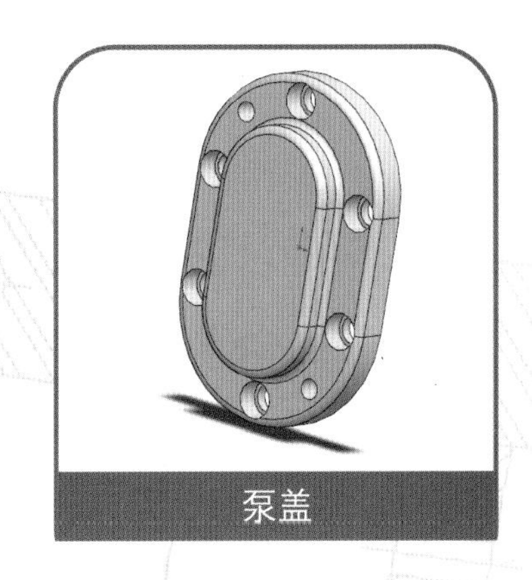
泵盖

第11章

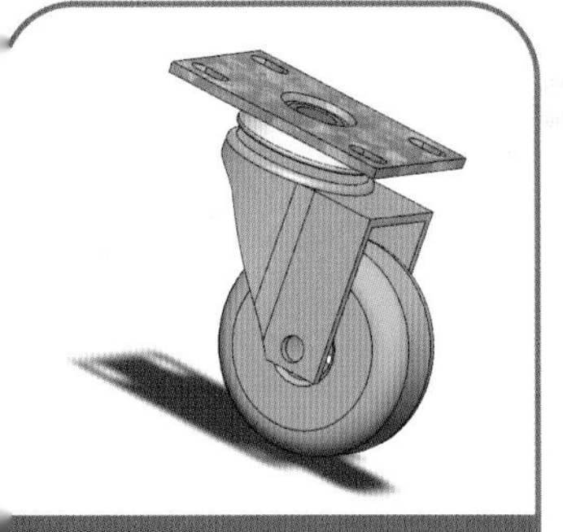
移动轮

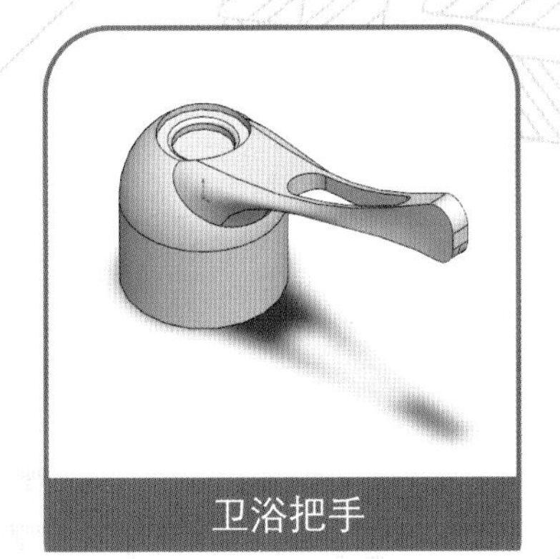
卫浴把手

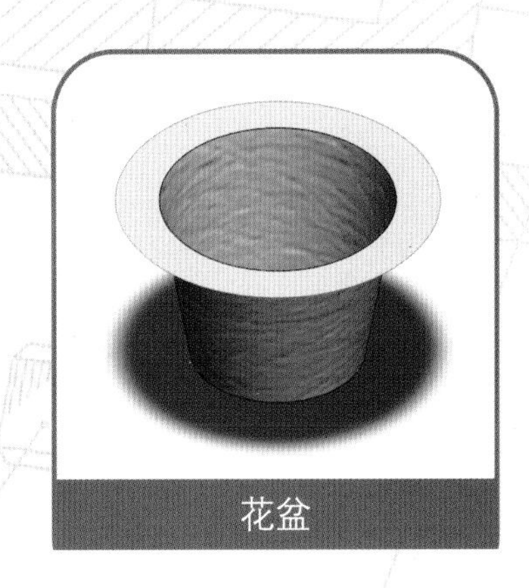
花盆

第12章

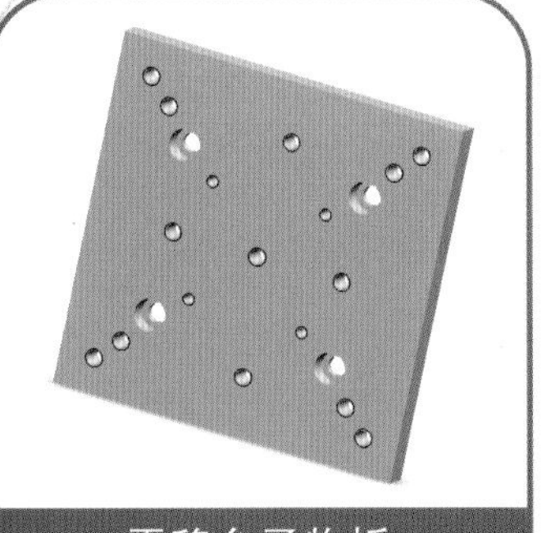
平移台承物板

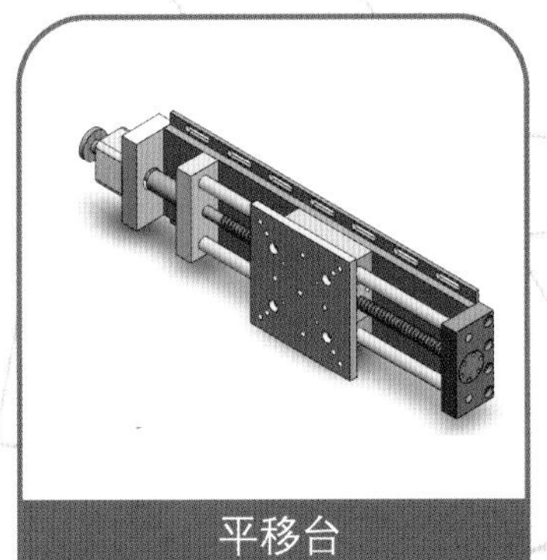
平移台

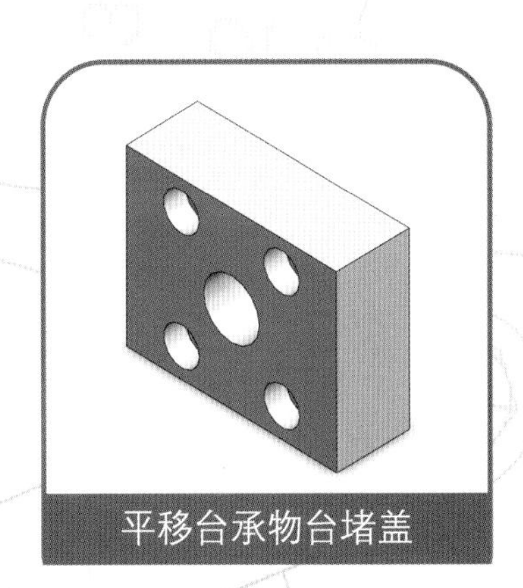
平移台承物台堵盖

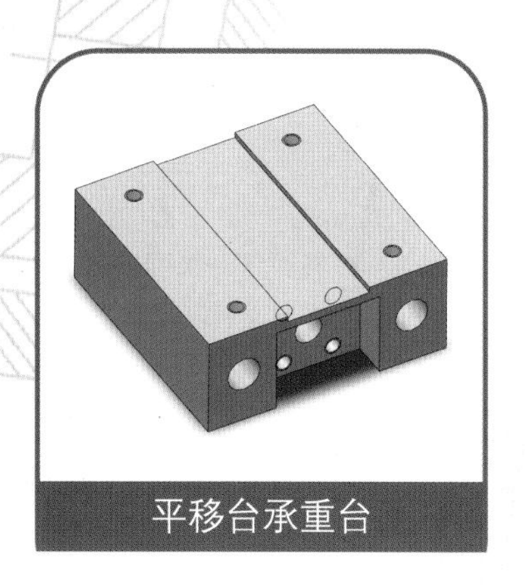
平移台承重台

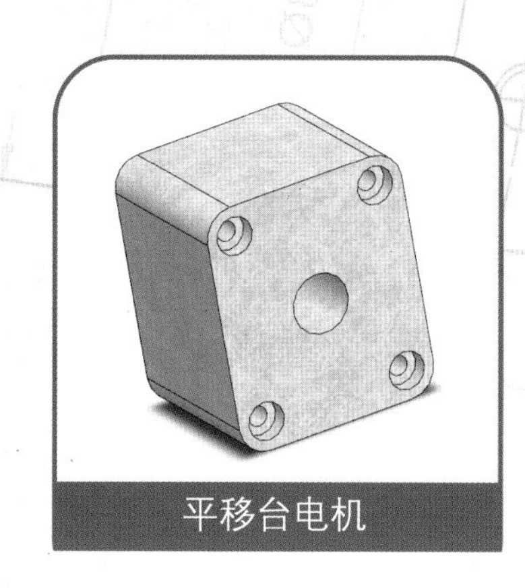
平移台电机

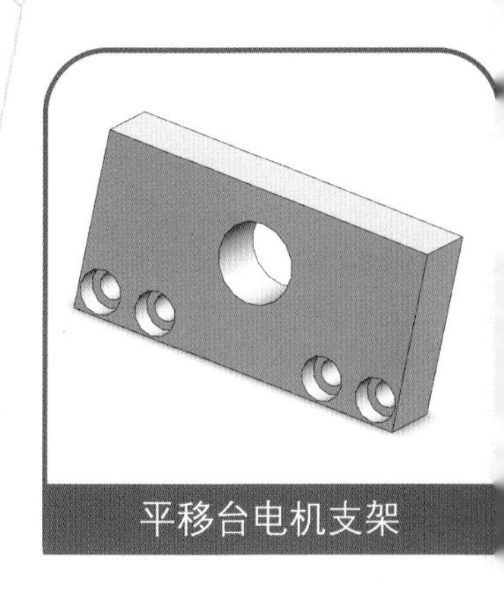
平移台电机支架

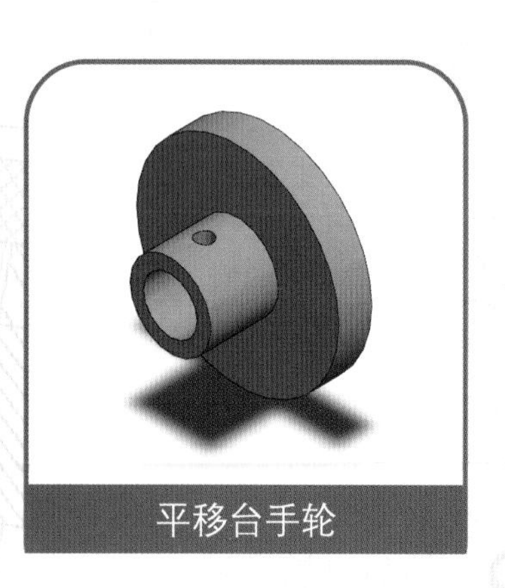
平移台手轮

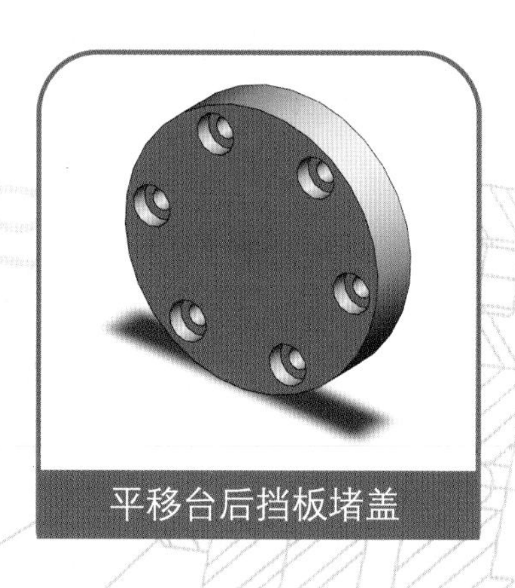
平移台后挡板堵盖

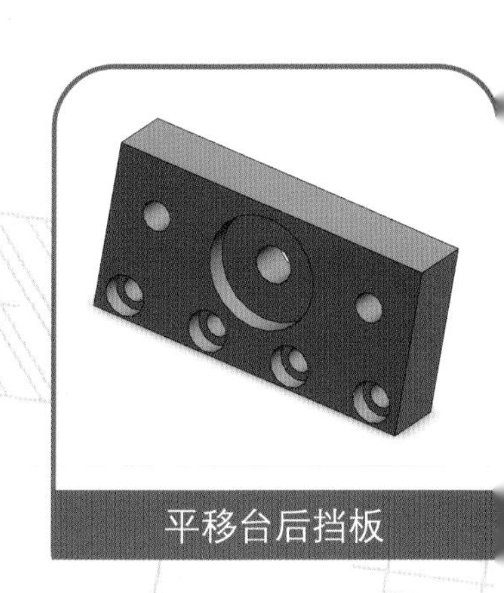
平移台后挡板

第13章

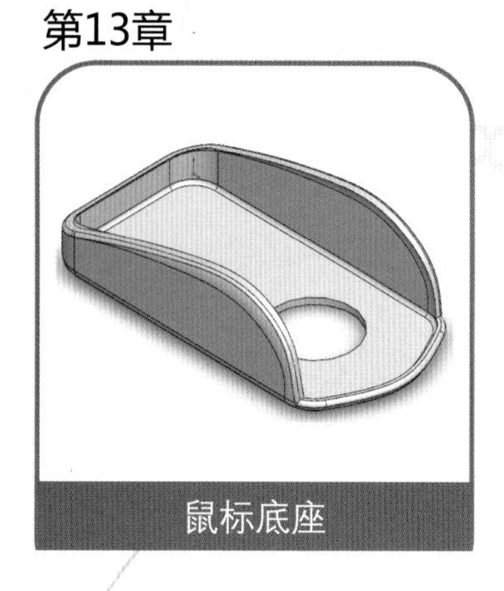
鼠标底座

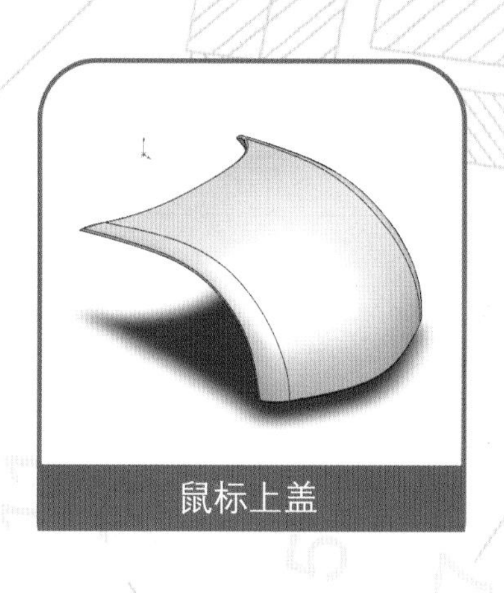
鼠标上盖

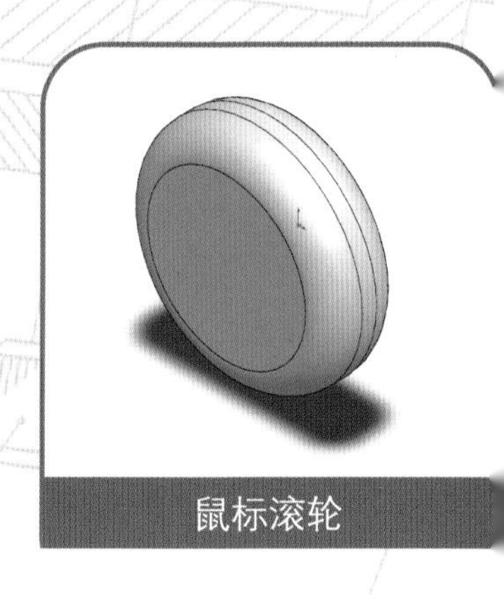
鼠标滚轮

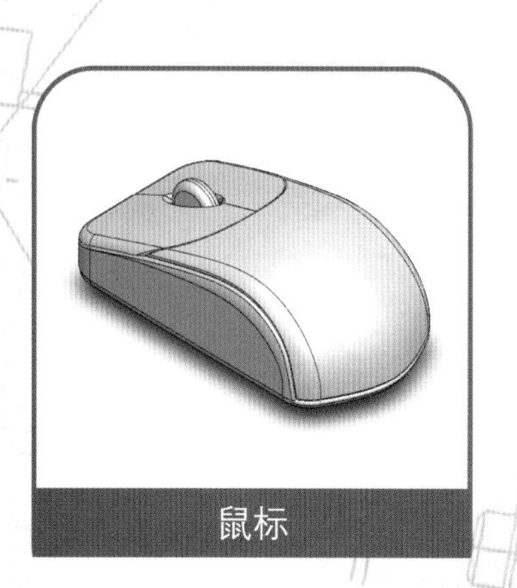
鼠标

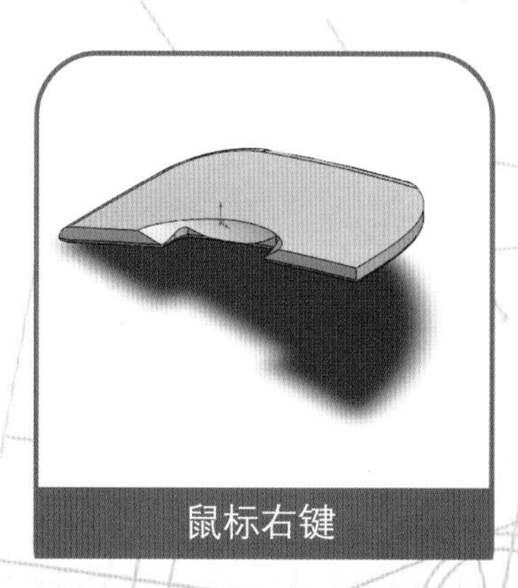
鼠标右键

鼠标左键

精通

SolidWorks 2008 中文版 产品设计

胡仁喜　康士廷　刘昌丽　编著
飞思数码产品研发中心　　监制

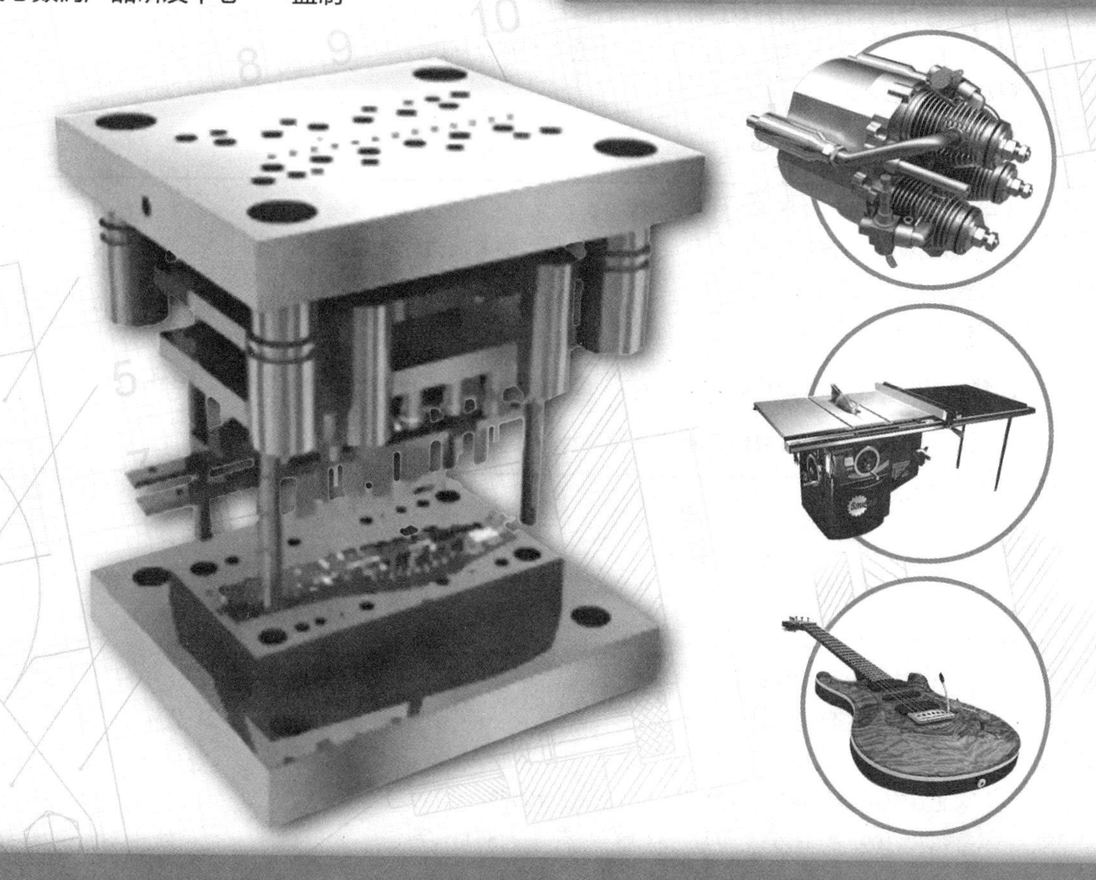

電子工業出版社
Publishing House of Electronics Industry
北京·BEIJING

内容简介

本书重点介绍 SolidWorks 2008 中文版软件在产品设计中的应用方法与技巧。全书分为 3 篇 13 章，分别介绍 SolidWorks 2008 的概述、草图绘制、基础特征建模、附加特征建模、辅助特征工具、基础篇实战演练、曲线和曲面、钣金设计、装配体设计、工程图设计、进阶篇实战演练、平移台和鼠标。全书在介绍过程中，注意由浅入深，从易到难；解说翔实，图文并茂，语言简洁，思路清晰；每一章知识点都配有案例讲解，使读者对知识点有更进一步的了解；在每章最后配有巩固练习，使读者对全章的知识点能综合运用；在每篇增加一章实战演练，使读者对一篇的知识点加以巩固。

本书除利用传统的纸面讲解外，随书配送了多功能学习光盘。光盘中包含书中讲解实例和练习实例素材源文件，并制作了全程实例动画同步讲解 AVI 文件。利用作者精心设计的多媒体界面，读者可以随心所欲地像看电影一样轻松愉悦地学习。

本书适合大、中专工科院校和职业院校的师生、工程设计人员、相关电脑培训学校学员、SolidWorks 自学者和爱好者阅读。

图书在版编目（CIP）数据

精通 SolidWorks 2008 中文版产品设计 / 胡仁喜等编著.—北京：电子工业出版社，2008.10
（精通）
ISBN 978-7-121-07401-1

I. 精… II.胡… III.工业产品－计算机辅助设计－应用软件，Solidworks 2008 IV.TB472-39

中国版本图书馆 CIP 数据核字（2008）第 142458 号

责任编辑：李泽才
印　　刷：北京市通州大中印刷厂
装　　订：三河市皇庄路通装订厂
出版发行：电子工业出版社
　　　　　北京市海淀区万寿路 173 信箱　　邮编：100036
开　　本：787×1092　1/16　印张：33.75　字数：864 千字
印　　次：2008 年 10 月第 1 次印刷
印　　数：5 000 册　　定价：58.00 元（含光盘 1 张）

凡所购买电子工业出版社图书有缺损问题，请向购买书店调换。若书店售缺，请与本社发行部联系，联系及邮购电话：（010）88254888。

质量投诉请发邮件至 zlts@phei.com.cn。盗版侵权举报请发邮件至 dbqq@phei.com.cn。

服务热线：（010）88258888。

前　言

SolidWorks 2008 软件是由著名的三维 CAD 软件开发供应商 SolidWorks 公司发布的三维机械设计软件，可以最大限度地释放机械、模具、消费品设计师们的创造力，使他们只须花费同类软件所需时间的一小部分即可设计出更有吸引力和创新力、在市场上更受欢迎的产品。新产品的不断升级和改进，使 SolidWorks 2008 已成为市场上扩展性最佳的软件产品，也是惟一集成三维设计、分析、产品数据管理、多用户协作，以及注塑件确认等功能的软件。

SolidWorks 2008 的推出，无论在价格上还是功能实用性上，都是一个飞跃。SolidWorks 家族在市场上的普及面越来越广，已经逐渐成为主流三维机械设计的第一选择。尤其在国外，其强大的绘图功能、空前的易用性，以及一系列旨在提升设计效率的新特性，不断地推进业界对三维设计的采用，加速了整个三维行业的发展步伐。

SolidWorks 公司正在成为机械设计领域中的三维标准，其文件格式已成为三维软件世界中流通率最高的格式（数据交换、使用率）。目前，SolidWorks 是世界销售套数最多的三维软件，它占有率第一，顾客满意度最高。

总之，新一代 SolidWorks 2008 不仅使产品在设计上省时、提高生产力，其效果更好，性能更佳，而且价格和平民化的设计使其在市场上更受欢迎。

一、本书特色

市面上的 SolidWorks 学习书籍浩如烟海，但读者要挑选一本自己中意的书却很困难，真是“暖花渐欲迷人眼”。那么，本书为什么能够在您“众里寻她千百度”之际，于“灯火阑珊”中 “蓦然回首”呢？那是因为本书有以下 5 大特色。

● 作者权威

本书作者有多年的计算机辅助设计领域工作经验和教学经验。本书是作者总结多年的设计经验以及教学的心得体会，历时多年精心编著，力求全面细致地展现出 SolidWorks 2008 在工业设计应用领域的各种功能和使用方法。

● 实例专业

本书中有很多实例本身就是工程设计项目案例，再经过作者精心提炼和改编，不仅保证了读者能够学好知识点，更重要的是能帮助读者掌握实际的操作技能。

● 提升技能

本书从全面提升 SolidWorks 设计能力的角度出发，结合大量的案例来讲解如何利用 SolidWorks 2008 进行工程设计，真正让读者懂得计算机辅助设计，从而独立地完成各种工程设计。

● 内容全面

本书在有限的篇幅内，包罗了 SolidWorks 常用的全部的功能讲解，涵盖了草图绘制、零件建模、曲面造型、钣金设计、装配建模、工程图等知识。“秀才不出屋，能知天下事”。读者只要有本书在手，SolidWorks 知识全精通。本书不仅有透彻的讲解，还有丰富的实例，通过这些实例的演练，能够帮助读者找到一条学习 SolidWorks 的终南捷径。

● 知行合一

结合大量的工业设计实例详细讲解 SolidWorks 2008 知识要点，让读者在学习案例的过程中潜移默化地掌握 SolidWorks 2008 软件操作技巧，同时培养了工程设计实践能力。

二、本书组织结构和主要内容

本书是以最新的 SolidWorks 2008 版本为演示平台，全面介绍 SolidWorks 软件从基础到实例的全部知识，帮助读者从入门走向精通。全书分为 3 篇共 13 章。

1．基础知识篇 —— 介绍必要的基本操作方法和技巧

第 1 章主要介绍 SolidWorks2008 概述。

第 2 章主要介绍草图绘制。

第 3 章主要介绍基础特征建模。

第 4 章主要介绍附加特征建模。

第 5 章主要介绍辅助特征工具。

第 6 章主要介绍基础篇实战演练。

2．进阶提高篇 —— 详细介绍曲面造型、钣金设计、装配设计和工程图等功能模块

第 7 章主要介绍曲线和曲面。

第 8 章主要介绍钣金设计。

第 9 章主要介绍装配体设计。

第 10 章主要介绍工程图设计。

第 11 章主要介绍进阶篇实战演练。

3．综合实例篇 —— 以平移台和鼠标设计为例讲述 SolidWorks 2008 在具体工程设计中的应用

第 12 章主要介绍平移台各零部件的设计以及装配过程。

第 13 章主要介绍鼠标各零部件的设计以及装配过程。

三、本书源文件

本书所有实例操作需要的原始文件和结果文件，以及上机实验实例的原始文件和结果文件，都在随书光盘的“yuanwenjian”目录下，读者可以复制到计算机硬盘下参考和使用。

四、光盘使用说明

本书除利用传统的纸面讲解外，随书配送了多媒体学习光盘。光盘中包含全书讲解实例和练习实例的素材源文件，并制作了全程实例动画同步 AVI 文件。为了增强教学的效果，更进一步方便读者的学习，作者亲自对实例动画进行了配音讲解。利用作者精心设计的多媒体界面，读者可以随心所欲地像看电影一样轻松愉悦地学习本书。

光盘中有两个重要的目录希望读者关注，“yuanwenjian”目录下是本书所有实例操作需要的原始文件和结果文件，以及上机实验实例的原始文件和结果文件。“动画”目录下是本书所有实例的操作过程视频 AVI 文件，包括以下内容。

动画演示\ch2：

2.1 新建草图.swf，对应书中案例 2-1 的讲解过程，时长 2 分钟。

2.2 零件面上绘制草图.swf，对应书中案例 2-2 的讲解过程，时长 2 分钟。

2.3 派生草图.swf，对应书中案例 2-3 的讲解过程，时长 1 分钟。

2.4 退出草图.swf，对应书中案例 2-4 的讲解过程，时长 1 分钟。
2.5 直线.swf，对应书中案例 2-5 的讲解过程，时长 1 分钟。
2.6 圆.swf，对应书中案例 2-6 的讲解过程，时长 1 分钟。
2.7 圆弧.swf，对应书中案例 2-7 的讲解过程，时长 3 分钟。
2.8 切线弧.swf，对应书中案例 2-8 的讲解过程，时长 1 分钟。
2.9 边角矩形.swf，对应书中案例 2-9 的讲解过程，时长 1 分钟。
2.10 中心矩形.swf，对应书中案例 2-10 的讲解过程，时长 1 分钟。
2.11 平行四边.swf，对应书中案例 2-11 的讲解过程，时长 1 分钟。
2.12 多边形.swf，对应书中案例 2-12 的讲解过程，时长 1 分钟。
2.13 椭圆.swf，对应书中案例 2-13 的讲解过程，时长 1 分钟。
2.14 椭圆弧.swf，对应书中案例 2-14 的讲解过程，时长 1 分钟。
2.15 抛物线.swf，对应书中案例 2-15 的讲解过程，时长 1 分钟。
2.16 样条.swf，对应书中案例 2-16 的讲解过程，时长 1 分钟。
2.17 编辑样条.swf，对应书中案例 2-17 的讲解过程，时长 2 分钟。
2.18 文字.swf，对应书中案例 2-18 的讲解过程，时长 2 分钟。
2.19 圆角.swf，对应书中案例 2-19 的讲解过程，时长 1 分钟。
2.20 倒角.swf，对应书中案例 2-20 的讲解过程，时长 1 分钟。
2.21 实体引用.swf.，对应书中案例 2-21 的讲解过程，时长 1 分钟。
2.22 镜像 1.swf，对应书中案例 2-22 的讲解过程，时长 1 分钟。
2.23 镜像 2.swf，对应书中案例 2-23 的讲解过程，时长 1 分钟。
2.24 等距实体.swf，对应书中案例 2-24 的讲解过程，时长 1 分钟。
2.25 线型阵列.swf，对应书中案例 2-25 的讲解过程，时长 1 分钟。
2.26 圆周阵列.swf，对应书中案例 2-26 的讲解过程，时长 1 分钟。
2.27 线性标注.swf，对应书中案例 2-27 的讲解过程，时长 1 分钟。
2.28 直径标注.swf，对应书中案例 2-28 的讲解过程，时长 1 分钟。
2.29 角度标注.swf，对应书中案例 2-29 的讲解过程，时长 1 分钟。
2.30 添加几何关系.swf，对应书中案例 2-30 的讲解过程，时长 1 分钟。

动画演示\ch3：

3.1 拉伸.swf，对应书中案例 3-1 的讲解过程，时长 2 分钟。
3.2 拉伸薄壁.swf，对应书中案例 3-2 的讲解过程，时长 2 分钟。
3.3 文具盒.swf，对应书中案例 3-3 的讲解过程，时长 4 分钟。
3.4 拉伸切除.swf，对应书中案例 3-4 的讲解过程，时长 1 分钟。
3.5 盒状体.swf，对应书中案例 3-5 的讲解过程，时长 6 分钟。
3.6 旋转，对应书中案例 3-6 的讲解过程，时长 1 分钟。
3.7 旋转切除.swf，对应书中案例 3-7 的讲解过程，时长 2 分钟。
3.8 轴.swf，对应书中 3.8 的讲解过程，时长 7 分钟。
3.9 扫描.swf，对应书中案例 3-9 的讲解过程，时长 2 分钟。
3.10 扫描切除.swf，对应书中案例 3-10 的讲解过程，时长 2 分钟。
3.11 引导线扫描.swf，对应书中案例 3-11 的讲解过程，时长 2 分钟。
3.12 扫描件.swf，对应书中案例 3-12 的讲解过程，时长 5 分钟。
3.13 放样.swf，对应书中案例 3-13 的讲解过程，时长 1 分钟。
3.14 凸台放样.swf，对应书中案例 3-14 的讲解过程，时长 4 分钟。
3.15 引导线放样.swf，对应书中案例 3-15 的讲解过程，时长 3 分钟。
3.16 中心线放样.swf，对应书中案例 3-16 的讲解过程，时长 2 分钟。

3.17 分割线放样.swf，对应书中案例 3-17 的讲解过程，时长 2 分钟。

3.18 杯子.swf，对应书中案例 3-18 的讲解过程，时长 6 分钟。

动画演示\ch4：

4.1 等半径圆角.swf，对应书中案例 4-1 的讲解过程，时长 1 分钟。

4.2 多半径圆角.swf，对应书中案例 4-2 的讲解过程，时长 1 分钟。

4.4 逆转圆角.swf，对应书中案例 4-4 的讲解过程，时长 1 分钟。

4.5 变半径.swf，对应书中案例 4-5 的讲解过程，时长 6 分钟。

4.6 三通.swf，对应书中案例 4-6 的讲解过程，时长 2 分钟。

4.7 倒角轴.swf，对应书中案例 4-7 的讲解过程，时长 3 分钟。

4.8 阶梯轴.swf，对应书中案例 4-8 的讲解过程，时长 2 分钟。

4.9 圆顶.swf，对应书中案例 4-9 的讲解过程，时长 2 分钟。

4.10 瓶身.swf，对应书中案例 4-10 的讲解过程，时长 1 分钟。

4.11 拔模.swf，对应书中案例 4-11 的讲解过程，时长 1 分钟。

4.12 阶梯拔模.swf，对应书中案例 4-12 的讲解过程，时长 3 分钟。

4.13 球棒.swf，对应书中案例 4-13 的讲解过程，时长 1 分钟。

4.14 等厚度抽壳.swf，对应书中案例 4-14 的讲解过程，时长 1 分钟。

4.15 多厚度抽壳.swf，对应书中案例 4-15 的讲解过程，时长 7 分钟。

4.16 移动轮.swf，对应书中案例 4-16 的讲解过程，时长 3 分钟。

4.17 筋.swf，对应书中案例 4-17 的讲解过程，时长 5 分钟。

4.18 导流盖.swf，对应书中案例 4-18 的讲解过程，时长 1 分钟。

4.19 线性阵列.swf，对应书中案例 4-19 的讲解过程，时长 1 分钟。

4.20 圆周阵列.swf，对应书中案例 4-20 的讲解过程，时长 9 分钟。

4.21 鞋架.swf，对应书中案例 4-21 的讲解过程，时长 2 分钟。

4.22 镜像.swf，对应书中案例 4-22 的讲解过程，时长 3 分钟。

4.23 对称零件.swf，对应书中案例 4-23 的讲解过程，时长 2 分钟。

4.24 直孔.swf，对应书中案例 4-24 的讲解过程，时长 3 分钟。

4.25 异型孔向导.swf，对应书中案例 4-25 的讲解过程，时长 6 分钟。

4.26 异型孔零件.swf，对应书中案例 4-26 的讲解过程，时长 9 分钟。

动画演示\ch5：

5.1 基准面 1.swf，对应书中案例 5-1 的讲解过程，时长 1 分钟。

5.2 基准面 2.swf，对应书中案例 5-2 的讲解过程，时长 1 分钟。

5.3 基准面 3.swf，对应书中案例 5-3 的讲解过程，时长 1 分钟。

5.4 基准面 4.swf，对应书中案例 5-4 的讲解过程，时长 1 分钟。

5.5 基准面 5.swf，对应书中案例 5-5 的讲解过程，时长 1 分钟。

5.6 基准面 6.swf，对应书中案例 5-6 的讲解过程，时长 1 分钟。

5.7 基准轴 1.swf，对应书中案例 5-7 的讲解过程，时长 1 分钟。

5.8 基准轴 2.swf，对应书中案例 5-8 的讲解过程，时长 1 分钟。

5.9 基准轴 3.swf，对应书中案例 5-9 的讲解过程，时长 1 分钟。

5.10 基准轴 4.swf，对应书中案例 5-10 的讲解过程，时长 1 分钟。

5.11 基准轴 5.swf，对应书中案例 5-11 的讲解过程，时长 1 分钟。

5.12 坐标系.swf，对应书中案例 5-12 的讲解过程，时长 1 分钟。

5.13 查询.swf，对应书中案例 5-13 的讲解过程，时长 1 分钟。

5.14 质量.swf，对应书中案例 5-14 的讲解过程，时长 1 分钟。

5.15 剖面.swf，对应书中案例 5-15 的讲解过程，时长 1 分钟。

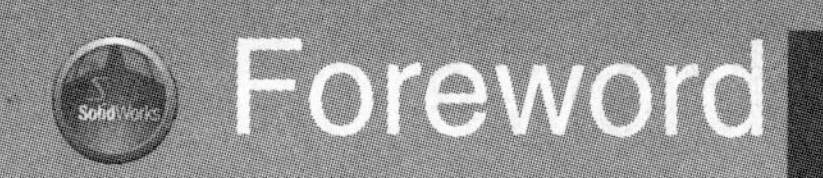

5.16 法兰盘.swf，对应书中案例 5-16 的讲解过程。

5.17 颜色.swf，对应书中案例 5-17 的讲解过程。

动画演示\ch6：

6.1 移动轮（轮子）.swf，对应书中 6-1 的讲解过程，时长 27 分钟。

6.2 移动轮（转向轴）.swf，对应书中 6-2 的讲解过程，时长 29 分钟。

6.3 移动轮（底座）.swf，对应书中 6-3 的讲解过程，时长 6 分钟。

6.4 移动轮（垫片）.swf，对应书中 6-4 的讲解过程，时长 52 分钟。

6.5 连杆基体.swf，对应书中 6-5 的讲解过程，时长 1 分钟。

6.6 壳体.swf，对应书中 6-6 的讲解过程，时长 2 分钟。

动画演示\ch7：

7.1 三维直线.swf，对应书中案例 7-1 的讲解过程，时长 1 分钟。

7.2 坐标系.swf，对应书中案例 7-2 的讲解过程，时长 1 分钟。

7.3 椅子.swf，对应书中案例 7-3 的讲解过程，时长 10 分钟。

7.4 投影曲面.swf，对应书中案例 7-4 的讲解过程，时长 2 分钟。

7.5 投影曲线.swf，对应书中案例 7-5 的讲解过程，时长 2 分钟。

7.6 组合曲线.swf，对应书中案例 7-6 的讲解过程，时长 1 分钟。

7.7 螺旋线.swf，对应书中案例 7-7 的讲解过程，时长 1 分钟。

7.8 涡状线.swf，对应书中案例 7-8 的讲解过程，时长 1 分钟。

7.9 分割线.swf，对应书中案例 7-9 的讲解过程，时长 2 分钟。

7.10 通过参考点曲线.swf，对应书中案例 7-10 的讲解过程，时长 1 分钟。

7.11XYZ 曲线.swf，对应书中案例 7-11 的讲解过程，时长 1 分钟。

7.12 拉伸曲线.swf，对应书中案例 7-12 的讲解过程，时长 1 分钟。

7.13 旋转曲线.swf，对应书中案例 7-13 的讲解过程，时长 1 分钟。

7.14 扫描曲线.swf，对应书中案例 7-14 的讲解过程，时长 2 分钟。

7.15 放样曲线.swf，对应书中案例 7-15 的讲解过程，时长 2 分钟。

7.16 等距曲线.swf，对应书中案例 7-16 的讲解过程，时长 1 分钟。

7.17 延展曲线.swf，对应书中案例 7-17 的讲解过程，时长 1 分钟。

7.18 缝合曲线.swf，对应书中案例 7-18 的讲解过程，时长 1 分钟。

7.19 延伸曲线.swf，对应书中案例 7-19 的讲解过程，时长 1 分钟。

7.20 剪裁曲线 1.swf，对应书中案例 7-20 的讲解过程，时长 1 分钟。

7.21 剪裁曲线 2.swf，对应书中案例 7-21 的讲解过程，时长 1 分钟。

7.22 填充曲线.swf，对应书中案例 7-22 的讲解过程，时长 1 分钟。

7.23 中面.swf，对应书中案例 7-23 的讲解过程，时长 1 分钟。

7.24 替换面.swf，对应书中案例 7-24 的讲解过程，时长 1 分钟。

7.25 删除面.swf，对应书中案例 7-25 的讲解过程，时长 1 分钟。

7.26 移动曲面.swf，对应书中案例 7-26 的讲解过程，时长 1 分钟。

7.27 复制曲面.swf，对应书中案例 7-27 的讲解过程，时长 1 分钟。

7.28 旋转曲面.swf，对应书中案例 7-28 的讲解过程，时长 1 分钟。

动画演示\ch8：

8.1 拉伸.swf，对应书中案例 8-1 的讲解过程，时长 2 分钟。

8.2 边线法兰.swf，对应书中案例 8-2 的讲解过程，时长 2 分钟。

8.3 斜接法兰.swf，对应书中案例 8-3 的讲解过程，时长 1 分钟。

8.4 褶边特征.swf，对应书中案例 8-4 的讲解过程，时长 1 分钟。

8.5 折弯特征.swf，对应书中案例 8-5 的讲解过程，时长 1 分钟。

8.6 闭合角特征.swf，对应书中案例 8-6 的讲解过程，时长 1 分钟。
8.7 转折角特征.swf，对应书中案例 8-7 的讲解过程，时长 1 分钟。
8.8 放样折弯特征.swf，对应书中案例 8-8 的讲解过程，时长 4 分钟。
8.9 切口特征.swf，对应书中案例 8-9 的讲解过程，时长 1 分钟。
8.10 展开折弯.swf，对应书中案例 8-10 的讲解过程，时长 1 分钟。
8.11 断开边角.swf，对应书中案例 8-11 的讲解过程，时长 1 分钟。
8.12 边角剪裁.swf，对应书中案例 8-12 的讲解过程，时长 3 分钟。
8.13 通风口.swf，对应书中案例 8-13 的讲解过程，时长 1 分钟。
8.14 成型工具.swf，对应书中案例 8-14 的讲解过程，时长 2 分钟。
8.15 修改成型工具.swf，对应书中案例 8-15 的讲解过程，时长 4 分钟。
8.16 创建新成型工具.swf，对应书中案例 8-16 的讲解过程。

动画演示\ch9：

9.1 创建装配体.swf，对应书中案例 9-1 的讲解过程，时长 1 分钟。
9.2 删除装配体.swf，对应书中案例 9-2 的讲解过程，时长 1 分钟。
9.3 移动零部件.swf，对应书中案例 9-3 的讲解过程，时长 1 分钟。
9.4 旋转零部件.swf，对应书中案例 9-4 的讲解过程，时长 1 分钟。
9.5 添加配合关系.swf，对应书中案例 9-5 的讲解过程，时长 1 分钟。
9.6 删除配合关系.swf，对应书中案例 9-6 的讲解过程，时长 1 分钟。
9.7 修改配合关系.swf，对应书中案例 9-7 的讲解过程，时长 1 分钟。
9.8 智慧配合.swf，对应书中案例 9-8 的讲解过程，时长 1 分钟。
9.9 复制零件.swf，对应书中案例 9-9 的讲解过程，时长 2 分钟。
9.10 阵列零件.swf，对应书中案例 9-10 的讲解过程，时长 1 分钟。
9.11 镜像零件.swf，对应书中案例 9-11 的讲解过程，时长 1 分钟。
9.12 碰撞测试.swf，对应书中案例 9-12 的讲解过程，时长 1 分钟。
9.13 动态间隙.swf，对应书中案例 9-13 的讲解过程，时长 1 分钟。
9.14 干涉检查.swf，对应书中案例 9-14 的讲解过程，时长 1 分钟。
9.15 装配统计.swf，对应书中案例 9-15 的讲解过程，时长 1 分钟。
9.16 爆炸视图.swf，对应书中案例 9-16 的讲解过程，时长 3 分钟。

动画演示\ch10：

10.1 打开工程图.swf，对应书中案例 10-1 的讲解过程，时长 1 分钟。
10.2 新建工程图.swf，对应书中案例 10-2 的讲解过程，时长 1 分钟。
10.3 定义工程图.swf，对应书中案例 10-3 的讲解过程，时长 2 分钟。
10.4 保存图纸格式.swf，对应书中案例 10-4 的讲解过程，时长 1 分钟。
10.5 标准三视图.swf，对应书中案例 10-5 的讲解过程，时长 1 分钟。
10.6 模型视图.swf，对应书中案例 10-6 的讲解过程，时长 1 分钟。
10.7 剖面视图.swf，对应书中案例 10-7 的讲解过程，时长 1 分钟。
10.8 旋转视图.swf，对应书中案例 10-8 的讲解过程，时长 1 分钟。
10.9 投影视图.swf，对应书中案例 10-9 的讲解过程，时长 1 分钟。
10.10 辅助视图.swf，对应书中案例 10-10 的讲解过程，时长 1 分钟。
10.11 局部视图.swf，对应书中案例 10-11 的讲解过程，时长 1 分钟。
10.12 断裂视图.swf，对应书中案例 10-12 的讲解过程，时长 1 分钟。
10.13 移动和旋转视图.swf，对应书中案例 10-13 的讲解过程，时长 1 分钟。
10.14 显示和隐藏.swf，对应书中案例 10-14 的讲解过程，时长 1 分钟。
10.15 更改线性.swf，对应书中案例 10-15 的讲解过程，时长 1 分钟。

10.16 图层.swf，对应书中案例 10-16 的讲解过程，时长 2 分钟。

10.17 注释，对应书中案例 10-17 的讲解过程，时长 1 分钟。

10.18 粗糙度.swf，对应书中案例 10-18 的讲解过程，时长 1 分钟。

10.19 形位公差.swf，对应书中案例 10-19 的讲解过程，时长 1 分钟。

10.20 基准特征符号.swf，对应书中案例 10-20 的讲解过程，时长 1 分钟。

10.21 标准孔符号.swf，对应书中案例 10-21 的讲解过程，时长 1 分钟。

10.22 装饰螺纹孔.swf，对应书中案例 10-22 的讲解过程，时长 1 分钟。

10.23 分离工程图.swf，对应书中案例 10-23 的讲解过程，时长 1 分钟。

动画演示\ch11：

11.1 花盆.swf，对应书中 11-1 的讲解过程，时长 4 分钟。

11.2 矩形漏斗.swf，对应书中 11-2 的讲解过程，时长 8 分钟。

11.4 装备移动轮.swf，对应书中 11-4 的讲解过程，时长 6 分钟。

动画演示\ch12：

12.1 平移台 1（底座）.swf，对应书中 12-1 的讲解过程，时长 11 分钟。

12.2 平移台 2（前挡板）.swf，对应书中 12-2 的讲解过程，时长 4 分钟。

12.3 平移台 3（后挡板）.swf，对应书中 12-3 的讲解过程，时长 6 分钟。

12.4 平移台 4（光杆）.swf，对应书中 12-4 的讲解过程，时长 2 分钟。

12.5 平移台 5（丝杠）.swf，对应书中 12-5 的讲解过程，时长 5 分钟。

12.6 平移台 6（承重台）.swf，对应书中 12-6 的讲解过程，时长 10 分钟。

12.7 平移台 7（承物板）.swf，对应书中 12-7 的讲解过程，时长 9 分钟。

12.8 平移台 8（后挡板堵盖）.swf，对应书中 12-8 的讲解过程，时长 2 分钟。

12.9 平移台 9（承物台堵盖）.swf，对应书中 12-9 的讲解过程，时长 4 分钟。

12.10 平移台 10（电机支架）.swf，对应书中 12-10 的讲解过程，时长 4 分钟。

12.11 平移台 11（电机）.swf，对应书中 12-11 的讲解过程，时长 4 分钟。

12.12 平移台 12（手轮）.swf，对应书中 12-12 的讲解过程，时长 3 分钟。

12.13 平移台装配体.swf，对应书中 12-13 的讲解过程，时长 12 分钟

动画演示\ch13：

13.1 鼠标基体.swf，对应书中 13-1 的讲解过程，时长 15 分钟。

13.2 鼠标底座.swf，对应书中 13-2 的讲解过程，时长 22 分钟。

13.3 鼠标上盖.swf，对应书中 13-3 的讲解过程，时长 7 分钟。

13.4 鼠标左键.swf，对应书中 13-4 的讲解过程，时长 4 分钟。

13.5 鼠标右键.swf，对应书中 13-5 的讲解过程，时长 4 分钟。

13.6 鼠标滑轮.swf，对应书中 13-6 的讲解过程，时长 1 分钟。

13.7 鼠标滚珠.swf，对应书中 13-7 的讲解过程，时长 2 分钟。

13.8 鼠标滚珠盖.swf，对应书中 13-8 的讲解过程，时长 1 分钟。

13.9 鼠标装配体.swf，对应书中 13-9 的讲解过程，时长 8 分钟。

总共时长 8 小时 30 分钟左右。

如果读者对本书提供的多媒体界面不习惯，也可以打开该文件夹，选用自己喜欢的播放器进行播放。

提示：由于本书多媒体光盘插入光驱后自动播放，有些读者不知道怎样查看文件光盘目录。具体的方法是退出本光盘自动播放模式，然后再单击计算机桌面上的“我的电脑”图标，打开文件根目录，在光盘所在盘符上单击鼠标右键，在打开的快捷菜单中选择【打开】命令，就可以查看光盘文件目录。

五、读者学习导航

本书突出了实用性及技巧性，使学习者可以很快地掌握 SolidWorks 2008 中工程设计的方法和技巧，可供广大的技术人员和工程设计专业的学生学习使用，也可作为各大、中专院校的教学参考书。

本书既讲述了简要的基础知识，又讲述了各个行业的设计实例。

如果没有任何基础：从头开始学习。

如果需要学习曲面造型设计：学习第 7 章。

如果需要学习钣金设计：学习第 8 章。

如果需要学习装配体设计：学习第 9 章。

如果需要学习工程图设计：学习第 10 章。

如果想成为 SolidWorks 设计高手：您就从头开始，一直学到最后一页吧！

六、致谢

本书由三维书屋工作室总策划，胡仁喜、康士廷、刘昌丽编著。张俊生、周冰、董伟、李瑞、王兵学、王艳池、王培合、李鹏、王渊峰、袁涛、王玉秋、赵永玲、王佩楷、王敏、阎静、张日晶、王义发、阳平华、郑长松、熊慧、路纯红、刘红宁、袁涛、陈丽芹、李世强、李广荣、孟清华等参加了部分章节的编写工作。对以上同仁的付出，在本书出版之际，我们表示真诚的感谢。

由于时间仓促，作者水平有限，疏漏之处在所难免，希望广大读者登录网站 www.bjsanweishuwu.com 或发邮件（win760520@126.com）提出宝贵的批评意见。

编 著 者

联系方式

咨询电话：（010）88254160　88254161－67

电子邮件：support@fecit.com.cn

服务网址：http://www.fecit.com.cn　http://www.fecit.net

通用网址：计算机图书、飞思、飞思教育、飞思科技、FECIT

目录

基础知识篇

进阶提高篇

综合实例篇

基础知识篇

第1章 SolidWorks 2008概述

SolidWorks公司推出的SolidWorks 2008，不但改善了传统机械设计的模式，而且具有强大的建模功能、参数设计功能，大大缩短了产品设计的时间，提高了产品设计的效率。

本SolidWorks 2008软件在用户界面、草图绘制、特征、零件、装配体、工程图、钣金设计、输出和输入以及网络协同等方面都得到了增强，使用户可以更方便地使用。本章介绍SolidWorks 2008的一些基本知识。

1.1 SolidWorks 2008的安装、修复和删除

SolidWorks 2008应用程序是一套机械设计自动化软件，它采用大家所熟悉的Microsoft Windows图形用户界面。使用这套简单易学的工具，机械设计工程师能快速地按照其设计思想绘制出草图，并运用特征与尺寸，绘制模型实体、装配体及详细的工程图。

除了进行产品设计外，SolidWorks 2008还集成了强大的辅助功能，可以对设计的产品进行三维浏览、运动模拟、碰撞和运动分析、受力分析等。

1.1.1 SolidWorks安装过程

SolidWorks软件可以通过光盘或下载进行安装或升级，后期作为对现有软件版本的修补而应用的service packs的安装则要求有光盘、序列号及产品。产品（SolidWorks、SolidWorks Office、SolidWorks Office Professional或SolidWorks Office Premium）决定了哪些插件和功能可供使用。如图1-1所示为SolidWorks 2008安装程序过程。

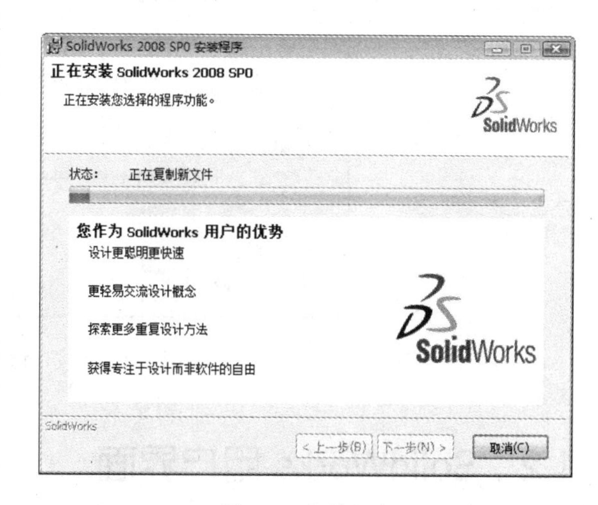

图1-1 安装程序

安装程序过程比较简单，可以根据安装提示一步步地完成。在安装前，务必注意如下几点基本事项：

- 安装的Windows用户必须具有管理员权限；
- 采用管理映像进行安装时，管理映像解压将会占据约2GB磁盘空间；

- 安装过程中注意根据个人习惯选择 SolidWorks 所使用的单位制和标准；
- SolidWorks 软件的更新版本可与先前版本并行安装。

1.1.2 SolidWorks 修复和删除过程

当在安装了 SolidWorks 以后由于误操作或系统故障等原因导致软件运行故障而需要重装时，或者后期购买了一插件以后，需要修改安装将新插件包括在内时，可通过以下介绍的方法进行删除和修改：

（1）在 Windows 中，打开“控制面板”，双击“添加/删除程序”；

（2）在对话框中选择 “SolidWorks 2008”；

（3）根据操作系统提示，单击适当的按钮以修改或删除安装。如果修改安装，则跳到下一步，否则，确认删除来直接删除安装；

（4）在 SolidWorks 2008 安装程序对话框中，单击【下一步】按钮。

（5）如图 1-2 所示，在安装程序对话框中选择以下选项之一：

- 修改：添加或移除 SolidWorks 特征。可以通过这一选项进行必要的添加或移除应用程序插件。按荧屏上的指示操作来修改应用程序。
- 修复：使用当前的安装参数重新安装 SolidWorks。修复选项在 SolidWorks 安装毁坏情况下很有用。按荧屏上的指示操作以修复安装。
- 删除：完全删除 SolidWorks 应用程序及附件。按荧屏上的指示操作以删除安装。

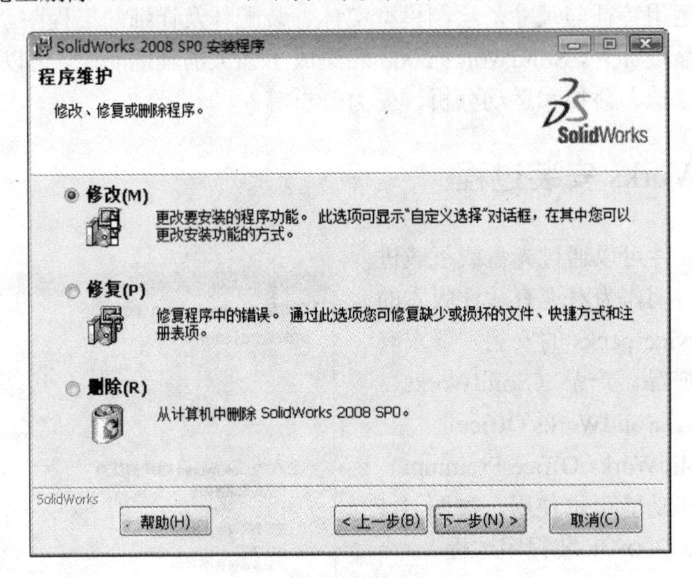

图 1-2　修改、修复、删除界面

1.2 SolidWorks 用户界面

SolidWorks 2008 安装完成后，就可以启动该软件了。在 Windows 操作环境下，执行【开始】→【所有程序】→【SolidWorks 2008】菜单命令，或者双击桌面上 SolidWorks 2008 的快

捷方式图标 SolidWorks 2008 SP0.0，就可以启动该软件。如图 1-3 所示是 SolidWorks 2008 的启动画面。

图 1-3　启动画面

启动画面消失后，系统进入 SolidWorks 2008 初始界面，初始界面中只有几个菜单栏和标准工具栏，如图 1-4 所示。

图 1-4　SolidWorks 2008 初始界面

新建一个零件文件后，SolidWorks 2008 的用户界面如图 1-5 所示。其中包括菜单栏、标准工具栏、绘图区及状态栏等。

装配体文件和工程图文件与零件文件的用户界面类似，在此不再一一罗列。

用户界面包括菜单栏、工具栏以及状态栏等。菜单栏包含了所有的 SolidWorks 命令，工具栏可根据文件类型（零件、装配体、或工程图）来调整和放置并设定其显示状态，而 SolidWorks 窗口底部的状态栏则可以提供设计人员正执行的功能有关的信息。下面分别介绍该操作界面的一些基本功能。

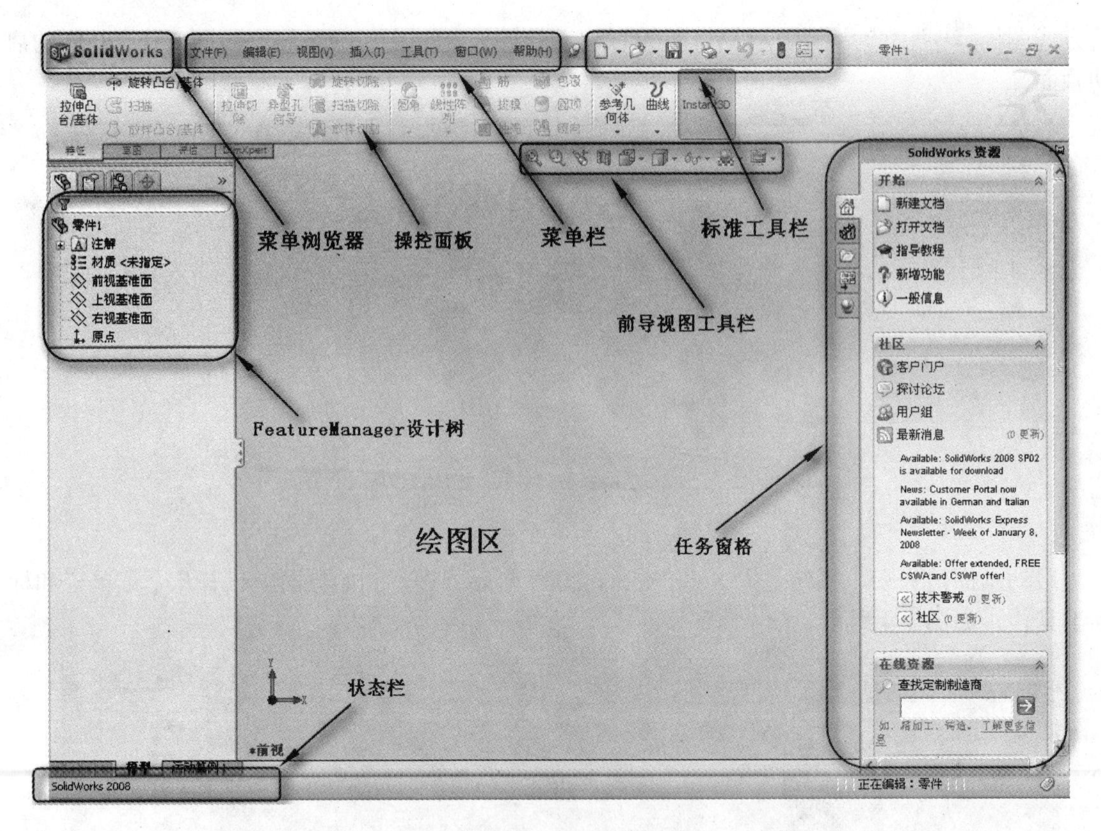

图 1-5 SolidWorks 界面

1. 菜单栏

菜单栏显示在标题栏的下方，默认情况下菜单栏是隐藏的，它的视图是只显示工具栏按钮，如图 1-6 所示。

图 1-6 默认菜单栏

要显示菜单栏需要将鼠标移动到 SolidWorks 徽标或单击它，如图 1-7 所示。若要始终保持菜单栏可见，需要将“图钉”图标更改为钉住状态，其中最关键的功能集中在“插入”与“工具”菜单中。

图 1-7 菜单栏

通过单击工具按钮旁边的下移方向键，可以扩展以显示带有附加功能的弹出菜单，就可以访问工具栏中的大多数文件菜单命令。例如，保存弹出菜单包括保存、另存为和保存所有，如图 1-8 所示。

SolidWorks 的菜单项对应于不同的工作环境，相应的菜单以及其中的选项会有所不同。在以后应用中会发现，当进行一定任务操作时，不起作用的菜单命令会临时变灰，此时将无法应用该菜单命令。

如果您选择保存文档提示，则当文档在指定间隔（分钟或更改次数）内保存时，将弹出一个透明信息框（其中包含保存当前文档或所有文档的命令），它将在几秒后淡化消失，如图 1-9 所示。

图 1-8　弹出菜单

图 1-9　未保存文档通知

2. 操控面板

标题栏的下方是操控面板，如图 1-10 所示。操控面板中包括选项卡和面板，单击位于 操控面板下面的选项卡时，它将更新以显示该工具栏。例如，单击“草图”选项卡，草图工具栏将会弹出。

SolidWorks 2008 采用操控面板的形式弹出可以将工具栏按钮集中起来使用，从而为图形区域节省空间。若想切换按钮的说明和大小，用鼠标右键单击操控面板，然后选择或消除“使用带有文本的大按钮”。该选项也可从“工具栏”标签上的“工具”、“自定义”中选用。

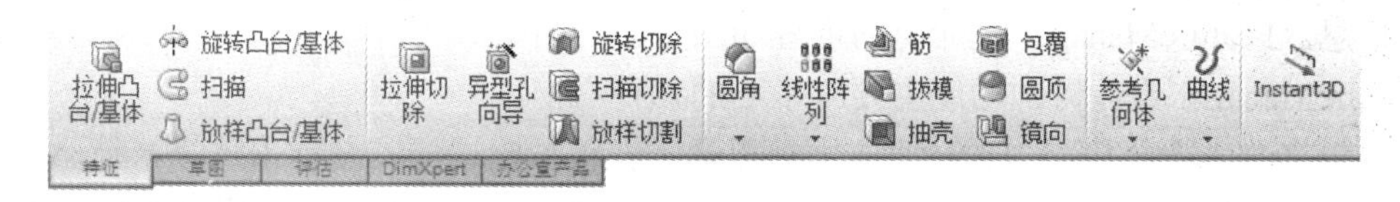

图 1-10　操控面板

3. 工具栏

工具栏对于大部分 SolidWorks 工具以及插件产品均可使用。命名的工具栏可进行特定的设计任务，如应用曲面或工程图曲线等。由于操控板包含当前选定文档的最常用的工具，工具栏将默认关闭。SolidWorks 有很多可以按需要显示或隐藏的内置工具栏。

在使用工具栏或是工具栏中的命令时，当指针移动到工具栏中的图标附近，会弹出一个窗口来显示该工具的名称及相应功能的消息提示，如图 1-11 所示。显示一段时间后，该内容提示会自动消失。

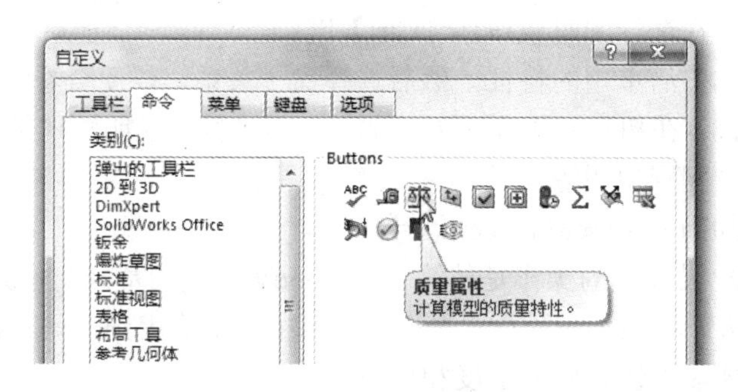

图 1-11　消息提示

4. 状态栏

状态栏位于 SolidWorks 窗口底端的水平区域，提供关于当前正在窗口中编辑的内容的状态，以及指针位置坐标、草图状态等信息内容。典型的信息如下。

- 重建模型图标 ：表示在更改了草图或零件而需要重建模型时，重建模型符号会显示在状态栏中。
- 草图状态：在编辑草图过程中，状态栏会弹出 5 种状态，即完全定义、过定义、欠定义、没有找到解、发现无效的解。在考虑零件完成之前，最好应该完全定义草图。
- 快速提示帮助图标：它会根据 SolidWorks 的当前模式给出提示和选项，很方便快捷，对于初学者来说很有用。快速提示因具体模式而异。其中 图标表示可用，但当前未显示； 图标表示当前已显示，单击可关闭快速提示； 图标表示当前模式不可用； 图标表示暂时禁用。

5．FeatureManager 设计树

FeatureManager 设计树位于 SolidWorks 窗口的左侧，是 SolidWorks 软件窗口中比较常用的部分，它提供了激活的零件、装配体或工程图的大纲视图，从而可以很方便地查看模型或装配体的构造情况，或者查看工程图中的不同图纸和视图。

FeatureManager 设计树和图形区域是动态链接的。在使用时可以在任何窗格中选择特征、草图、工程视图和构造几何线。FeatureManager 设计树就是用来组织和记录模型中的各个要素及要素之间的参数信息和相互关系，以及模型、特征和零件之间的约束关系等，几乎包含了所有设计信息。FeatureManager 设计树的内容如图 1-12 所示。

FeatureManager 设计树的功能主要有以下的几种：

- 以名称来选择模型中的项目：即可以通过在模型中选择其名称来选择特征、草图、基准面及基准轴。SolidWorks 在这一项中很多功能与 Window 操作界面类似，比如在选择的同时按住【Shift】键，可以选取多个连续项目；在选择的同时按住【Ctrl】键，可以选取非连续项目；
- 确认和更改特征的生成顺序：在 FeatureManager 设计树中利用拖曳项目可以重新调整特征的生成顺序，这将更改重建模型时特征重建的顺序；
- 通过双击特征的名称可以显示特征的尺寸；
- 如要更改项目的名称，在名称上缓慢单击两次以选择该名称，然后输入新的名称即可，如图 1-13 所示；
- 压缩和解除压缩零件特征和装配体零部件，在装配零件时是很常用的，同样，如要选择多个特征，在选择的时候按住【Ctrl】键；
- 用鼠标右键单击清单中的特征，然后选择父子关系，以便查看父子关系；
- 单击鼠标右键，在树显示里还可显示如下项目：特征说明、零部件说明、零部件配置名称、零部件配置说明等；
- 将文件夹添加到 FeatureManager 设计树中。

对 FeatureManager 设计树的操作是熟练应用 SolidWorks 的基础，也是应用 SolidWorks 的重点。由于其功能强大，不能一一列举，在后几章节中会多次用到，只有在学习的过程中熟练应用设计树的功能，才能加快建模的速度和效率。

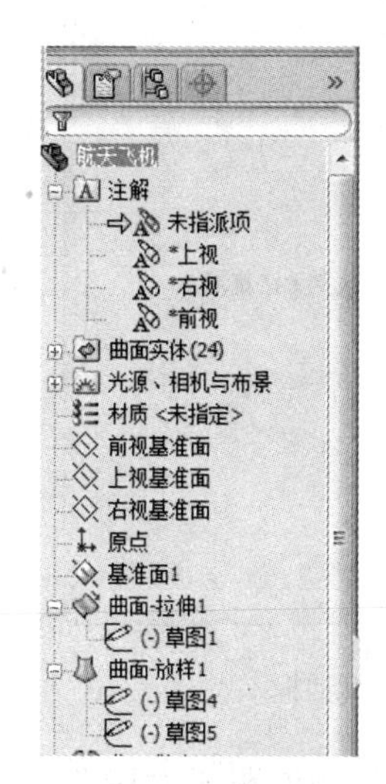

图 1-12　FeatureManager 设计树

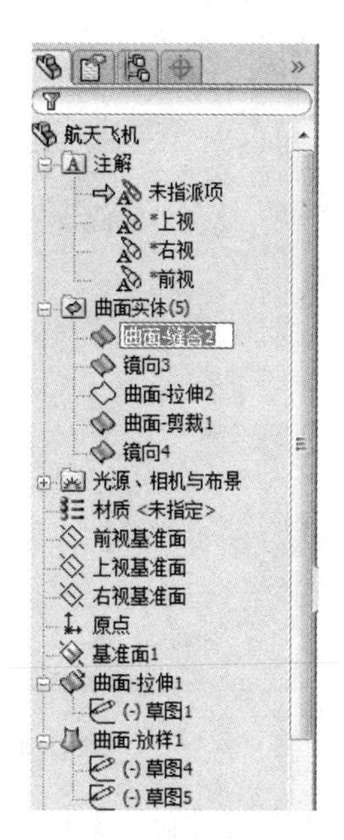

图 1-13　FeatureManager 设计树更改项目名称

6．PropertyManager 标题栏

propertyManager 标题栏一般会在初始化→使用 PropertyManager 为其定义的命令时自动弹出。编辑→草图并选择→草图特征进行编辑，所选草图特征的 PropertyManager 将自动弹出。

激活 PropertyManager 时，弹出的 FeatureManager 设计树会自动弹出。欲扩展弹出的 FeatureManager 设计树，可以在弹出的 FeatureManager 设计树中单击文件名称旁边的+标签。弹出 FeatureManager 设计树是透明的，因此不影响对其下的模型的修改。

1.3　初识 SolidWorks 2008

1.3.1　新建文件

单击左上角的图标，或者执行【文件】→【新建】菜单命令，弹出如图 1-4 所示的“新建 SolidWorks 文件”对话框。

“零件”按钮：双击该按钮，可以生成单一的三维零部件文件。

“装配体”按钮：双击该按钮，可以生成零件或其他装配体的排列文件。

“工程图”按钮：双击该按钮，可以生成属于零件或装配体的二维工程图文件。

选择“单一设计零部件的三维展现”，单击【确定】按钮，即会进入完整的用户界面。

在 SolidWorks 2008 中，“新建 SolidWorks 文件”对话框有两个版本可供选择，一个是高级版本，另一个是新手版本。

高级版本在各个标签上显示模板图标的对话框，当选择某一文件类型时，模板预览弹出在预览框中。在该版本中，用户可以保存模板添加自己的标签，也可以选择 Tutorial 标签来访问指导教程模板，如图 1-14 所示。

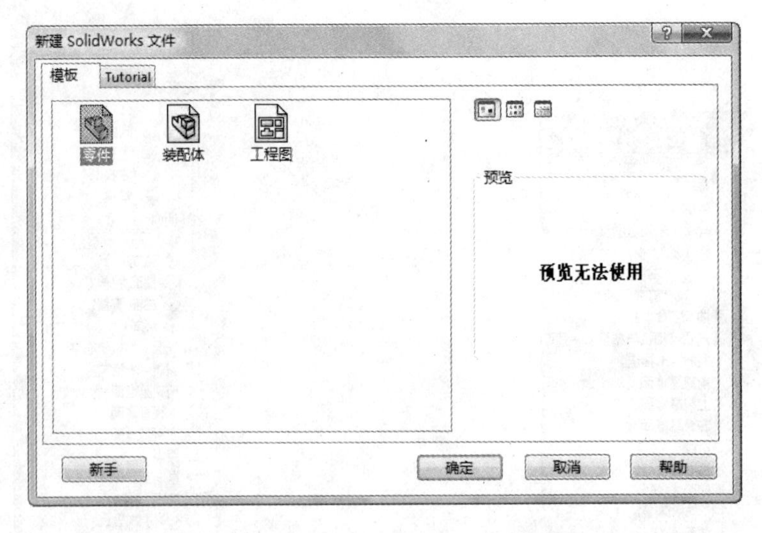

图 1-14 “新建 SolidWorks 文件”对话框

单击图 1-14 中的【新手】按钮就会进入新手版本显示模式，如图 1-15 所示。该版本中使用较简单的对话框，提供零件、装配体和工程图文档的说明。

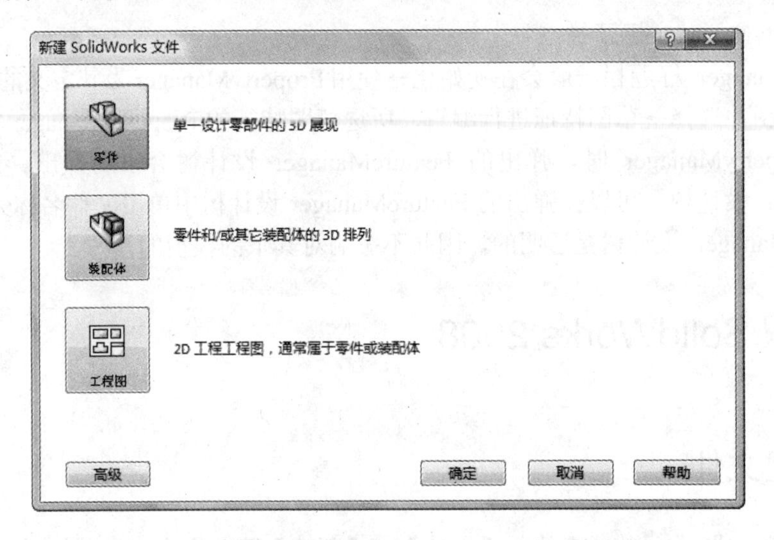

图 1-15 新手版本“新建 SolidWorks 文件”对话框

1.3.2 打开文件

在 SolidWorks 2008 中，可以打开已存储的文件，对其进行相应的编辑和操作。打开文件的操作步骤如下。

（1）执行命令。执行【文件】→【打开】菜单命令，或者单击【打开】图标，打开文件命令。

（2）选择文件类型。此时系统弹出如图 1-16 所示的“打开”对话框。对话框中的“文件类型”下拉菜单用于选择文件的类型，选择不同的文件类型，则在对话框中会显示文件夹中对应文件类型的文件。选择“预览”选项，选择的文件就会显示在对话框中“预览”窗口中，但

是并不打开该文件。

选取了需要的文件后，然后单击对话框中的打开按钮，就可以打开选择的文件，对其进行相应的编辑和操作。

在“文件类型”下拉菜单中，并不限于 SolidWorks 类型的文件，如*.sldprt、*.sldasm 和*.slddrw。SolidWorks 软件还可以调用其他软件所形成的图形对其进行编辑，如图 1-17 所示就是 SolidWorks 可以打开其他类型的文件。

图 1-16　“打开”对话框

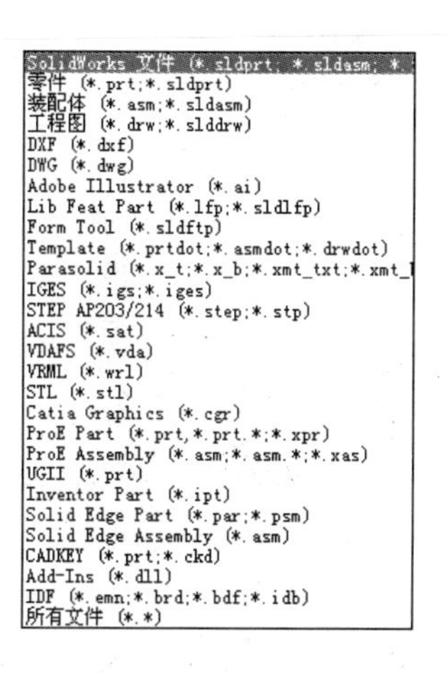

图 1-17　打开文件类型列表

1.3.3　保存文件

已编辑的图形只有保存起来，在需要时才能打开该文件对其进行相应的编辑和操作。保存文件的操作步骤如下：

（1）执行命令。执行【文件】→【保存】菜单命令，或者单击保存图标，保存文件；

（2）设置保存类型。此时系统弹出如图 1-18 所示的“另存为”对话框。在对话框中的“保存在”一栏用于选择文件存放的文件夹；“文件名”一栏用于输入要保存的文件名称；“保存类型”一栏用于选择所保存文件的类型。通常情况下，在不同的工作模式下，系统会自动设置文件的保存类型。

在“保存文件类型”下拉菜单中，并不限于 SolidWorks 类型的文件，如*.sldprt、*.sldasm 和*.slddrw。也就是说，SolidWorks 不但可以把文件保存为自身的类型，还可以保存为其他类型的文件，方便其他软件对其调用并进行编辑。如图 1-19 所示是 SolidWorks 可以保存为其他文件的类型。

在如图 1-18 所示的“另存为”对话框中，可以在文件保存的同时保存一份备份文件。保存备份文件，需要预先设置保存的文件目录。设置备份文件保存目录的步骤如下：

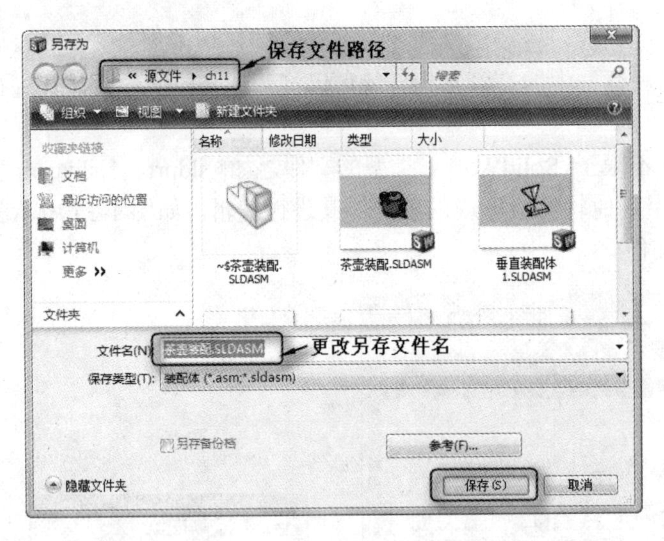

图 1-18 “另存为”对话框

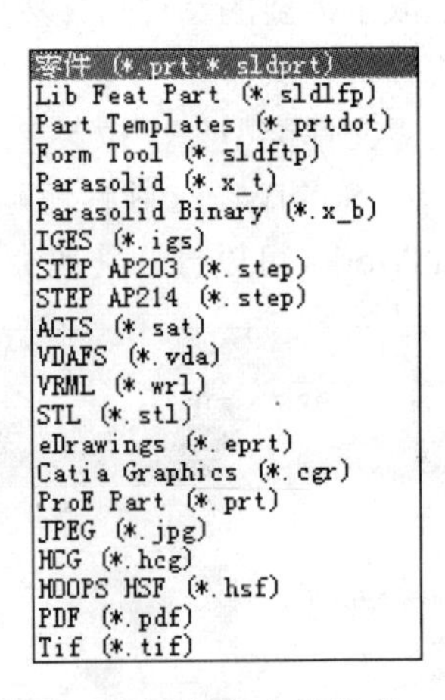

图 1-19 保存文件类型

（1）执行命令。执行【工具】→【选项】菜单命令，选择选项；

（2）设置保存目录。系统弹出如图 1-20 所示的“系统选项－备份/恢复”对话框，单击对话框中的“系统选项”选项，单击右侧“备份文件夹”单选按钮，可以修改保存备份文件的目录。

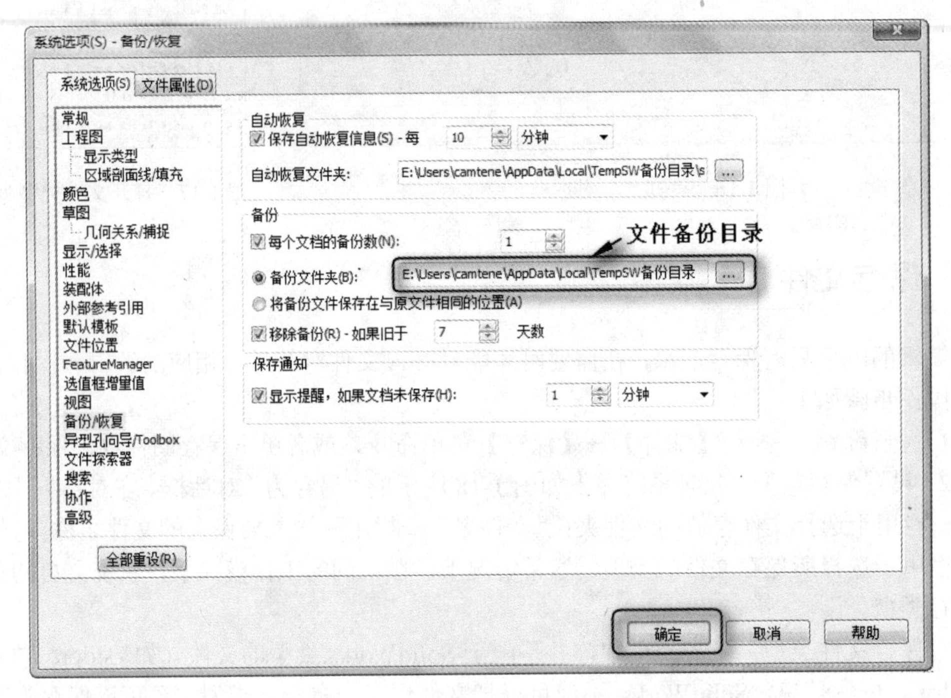

图 1-20 “系统选项－备份/恢复”对话框

1.3.4 退出 SolidWorks 2008

在文件编辑并保存完成后，就可以退出 SolidWorks 2008 系统。执行【文件】→【退出】

菜单命令，或者单击系统操作界面右上角的“退出”图标✕，可直接退出。

如果对文件进行了编辑而没有保存文件，或者在操作过程中，不小心执行了退出命令，则系统会弹出如图 1-21 所示的提示框。如果要保存对文件的修改，则单击提示框中的【保存】按钮，系统会保存修改后的文件，并退出 SolidWorks 系统。如果不保存对文件的修改，则单击提示框中的【不保存】按钮，系统不保存修改后的文件，并退出 SolidWorks 系统。单击【取消】按钮，则取消退出操作，回到原来的操作界面。

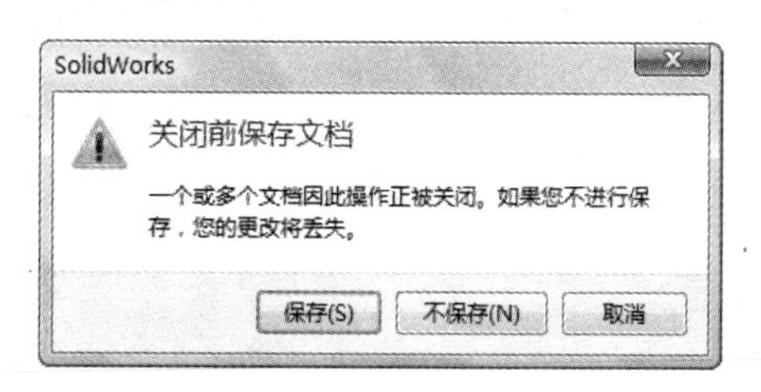

图 1-21 系统提示框

1.4 SolidWorks 工作环境设置

要熟练地使用一套软件，必须先认识软件的工作环境，然后设置适合自己的使用环境，这样可以使设计更加便捷。SolidWorks 软件同其他软件一样，可以根据自己的需要显示或者隐藏工具栏，以及添加或者删除工具栏中的命令按钮。还可以根据需要设置零件、装配体和工程图的工作界面。

1.4.1 设置工具栏

SolidWorks 系统默认的工具栏是比较常用的。SolidWorks 有很多工具栏，由于绘图区域限制，不能显示所有的工具栏。在建模过程中，用户可以根据需要显示或者隐藏部分工具栏。设置方法有两种。

1. 利用菜单命令设置工具栏

利用菜单命令添加或者隐藏工具栏的操作步骤如下。

（1）执行命令。执行【工具】→【自定义】菜单命令，或者在工具栏区域单击鼠标用鼠标右键，在快捷菜单中选择“自定义”选项，此时系统弹出如图 1-22 所示的“自定义”对话框。

（2）设置工具栏。选择对话框中的“工具栏”标签，此时会弹出系统所有的工具栏，勾选择需要的工具栏。

（3）确认设置。单击对话框中的【确定】按钮，则操作界面上会显示选择的工具栏。

如果要隐藏已经显示的工具栏，单击已经勾选的工具栏，则取消勾选，然后单击【确定】按钮，此时操作界面上会隐藏取消勾选的工具栏。

2. 利用鼠标用鼠标右键设置工具栏

利用鼠标用鼠标右键添加或者隐藏工具栏的操作步骤如下。

（1）执行命令。在操作界面的工具栏中单击鼠标用鼠标右键，系统会弹出设置工具栏的快捷菜单，如图 1-23 所示。

（2）设置工具栏。单击需要的工具栏，前面复选框的颜色会加深，则操作界面上会显示选择的工具栏。

如果单击已经显示的工具栏，前面复选框的颜色会变浅，则操作界面上会隐藏选择的工具栏。

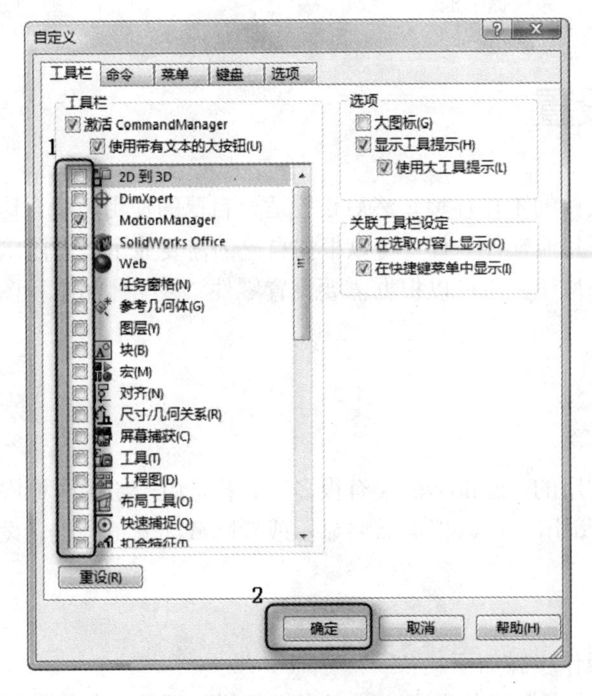

图 1-22 “自定义”对话框

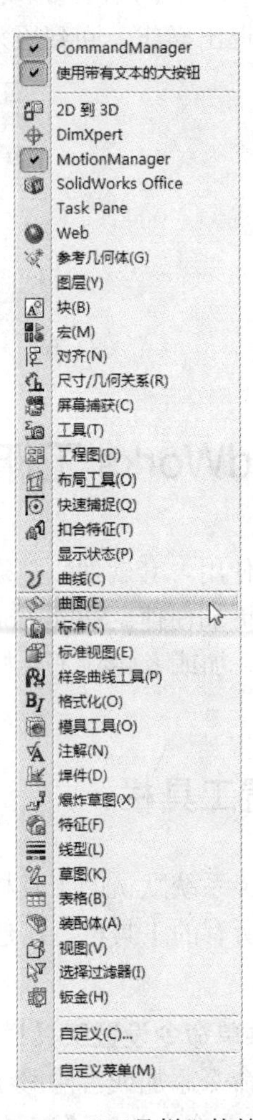

图 1-23 “工具栏”快捷菜单

另外，隐藏工具栏还有一个简便的方法，即将界面中不需要的工具，用鼠标将其拖到绘图区域中，此时工具栏上会弹出标题栏。如图 1-24 所示是拖到绘图区域中的“注解”工具栏，然后单击工具栏右上角“关闭”图标，则操作界面中会隐藏该工具栏。

图 1-24 “注解”工具栏

1.4.2 设置工具栏命令按钮

系统默认工具栏中的命令按钮，有时不是所用的命令按钮，可以根据需要添加或者删除命令按钮。

设置工具栏命令按钮的操作步骤如下。

（1）执行命令。执行【工具】→【自定义】菜单命令，或者在工具栏区域单击鼠标用鼠标右键，在快捷菜单中选择“自定义”选项，此时系统弹出“自定义”对话框。

（2）设置命令按钮。单击选择对话框中的“命令”标签，此时会弹出如图 1-25 所示的“自定义”对话框，其中有“命令”标签的类别和按钮选项等。

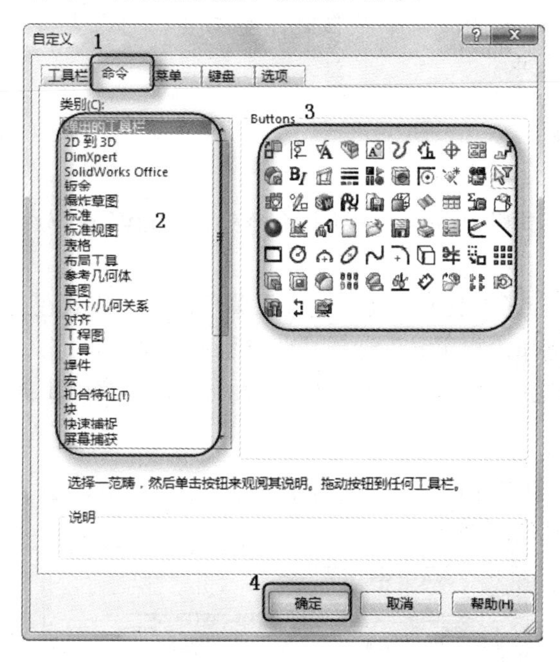

图 1-25 “自定义”对话框

（3）在“类别”选项选择命令所在的工具栏，此时会在“按钮”选项弹出该工具栏中所有的命令按钮。

（4）在“按钮”选项中，用鼠标左键单击选择要增加的命令按钮，然后按住左键拖曳该按钮到要放置的工具栏上，然后松开鼠标左键。

（5）确认添加的命令按钮。单击对话框中的【确定】按钮，则工具栏上会显示添加的命令按钮。

如果要删除无用的命令按钮，只要打开“自定义”对话框的“命令”选项，然后在要删除的按钮上用鼠标左键拖曳到绘图区，就可以删除该工具栏中的命令按钮。

例如，在“草图”工具栏中添加【椭圆】命令按钮。首先执行【工具】→【自定义】菜单命令，进入“自定义”对话框，然后选择“命令”标签，在左侧“类别”选项一栏选择“草图”工具栏。在“按钮”一栏中用鼠标左键选择“分割实体”命令按钮，按住鼠标左键将其拖到“草图”工具栏中合适的位置，然后松开左键，该命令按钮就添加到工具栏中。如图 1-26（a）、（b）所示为添加前后的“草图”工具栏的变化情况。

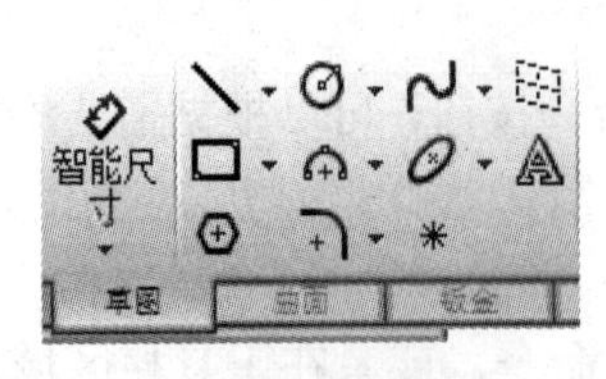

（a）添加命令按钮前

（b）添加命令按钮后

图 1-26　添加命令按钮图示

注意：

在工具栏添加或者删除命令按钮时，对工具栏的设置会应用到当前激活的 SolidWorks 文件类型中。

1.4.3　设置快捷键

除了使用菜单栏和工具栏中命令按钮执行命令外，SolidWorks 软件还用户通过自行设置快捷键方式来执行命令。

（1）执行命令。执行【工具】→【自定义】菜单命令，或者在工具栏区域单击鼠标用鼠标右键，在快捷菜单中选择“自定义”选项，此时系统弹出“自定义”对话框。

（2）设置快捷键。选择对话框中的“键盘”标签，此时会弹出如图 1-27 所示的“键盘”标签的类别和命令选项。

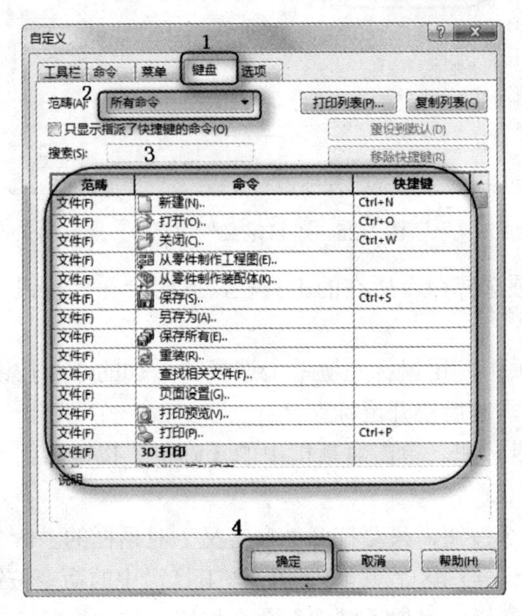

图 1-27　“自定义”对话框

（3）在“范畴”选项选择菜单类，然后在“命令”选项选择要设置快捷键的命令。

（4）在“快捷键”一栏中输入要设置的快捷键，输入的快捷键就弹出在“当前快捷键”一栏中。

（5）确认设置的快捷键。单击对话框中的【确定】按钮，快捷键设置成功。

注意：

（1）如果设置的快捷键已经被使用过，则系统会提示该快捷键已经被使用，必须更改要设置的快捷键。

（2）如果要取消设置的快捷键，在对话框中选择“当前快捷键”一栏中设置的快捷键，然后单击“对话框”中的“移除”按钮，则该快捷键就会被取消。

1.4.4 设置背景

在 SolidWorks 中，可以更改操作界面的背景及颜色，以设置个性化的用户界面。

设置背景的操作步骤如下。

（1）执行命令。执行【工具】→【选项】菜单命令，此时系统弹出“系统选项-颜色”对话框。

（2）设置颜色。在对话框中的“系统选项”一栏中选择“颜色”选项，如图 1-28 所示。

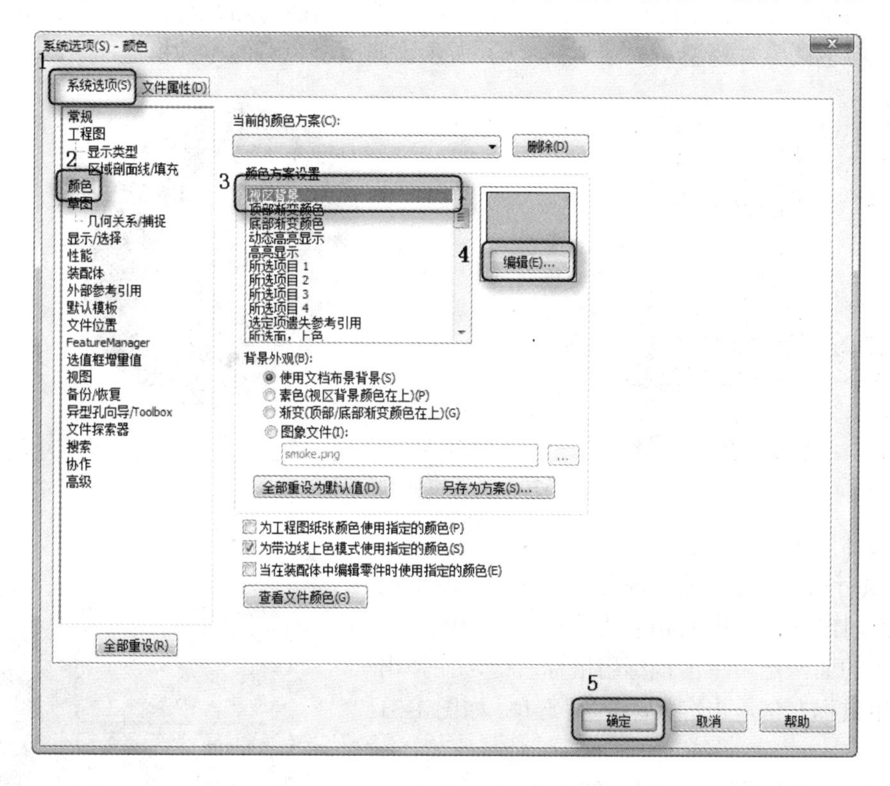

图 1-28 “系统选项”对话框

（3）在右侧“颜色方案设置”一栏中选择“视区背景”，然后单击【编辑】按钮，此时系统弹出如图 1-29 所示的“颜色”对话框，在其中选择设置的颜色，然后单击【确定】按钮。可以使用该方式，设置其他选项的颜色。

（4）确认背景颜色设置。单击对话框中的【确定】按钮，系统背景颜色设置成功。

在如图 1-28 所示的对话框中，勾选下面四个不同的选项，可以得到不同背景效果，用户可以自行设置，在此不再赘述。

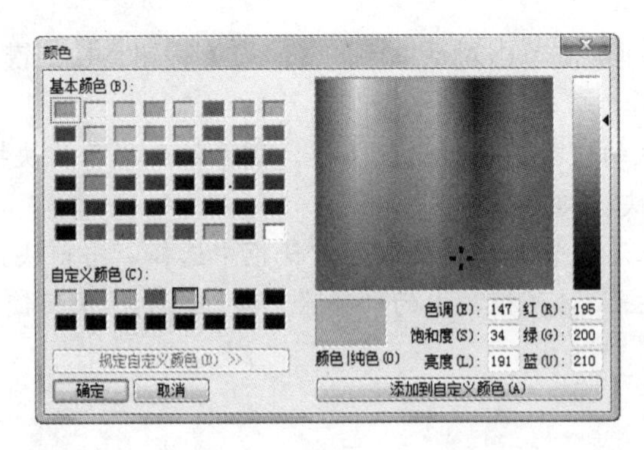

图 1-29　“颜色”对话框

1.4.5　设置实体颜色

系统默认的绘制模型实体的颜色为灰色。在零部件和装配体模型中，为了使图形有层次感和真实感，通常改变实体的颜色。下面以具体例子说明设置实体的步骤。如图 1-30（a）所示为系统默认颜色的零件模型，如图 1-30（b）所示为修改颜色后的模型。

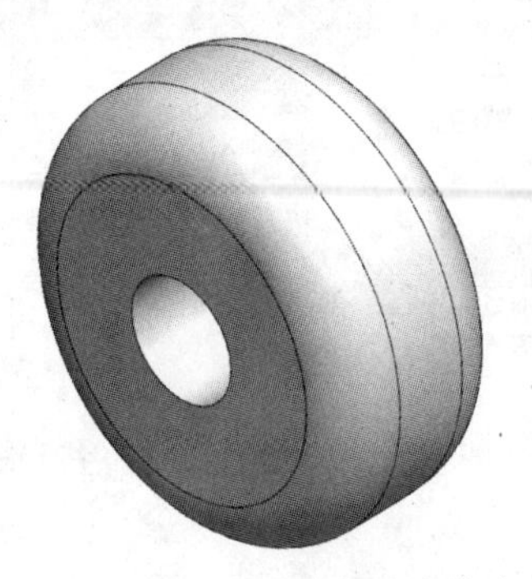

(a) 系统默认的颜色模型

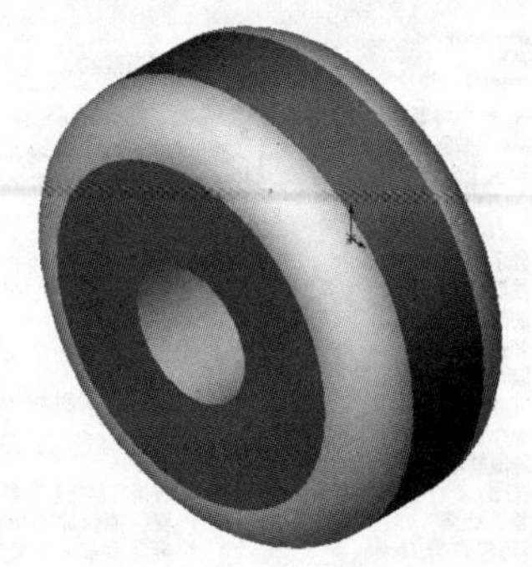

(b) 设置颜色后的模型

图 1-30　设置实体颜色图示

设置实体颜色的操作步骤如下。

（1）执行命令。在特征管理器中选择要改变颜色的特征，此时绘图区域中的相应的特征会改变颜色，表示已选中的面，然后单击鼠标用鼠标右键，在弹出的菜单中用鼠标左键单击“特征属性”选项，如图 1-31 所示。

（2）设置实体颜色。此时系统会弹出如图 1-32 所示的“特征属性”对话框，在“特征属性”对话框中单击【颜色】按钮。

（3）此时系统会弹出如图 1-33 所示的“实体属性”对话框，在“实体属性”对话框中单击【改变颜色】按钮。

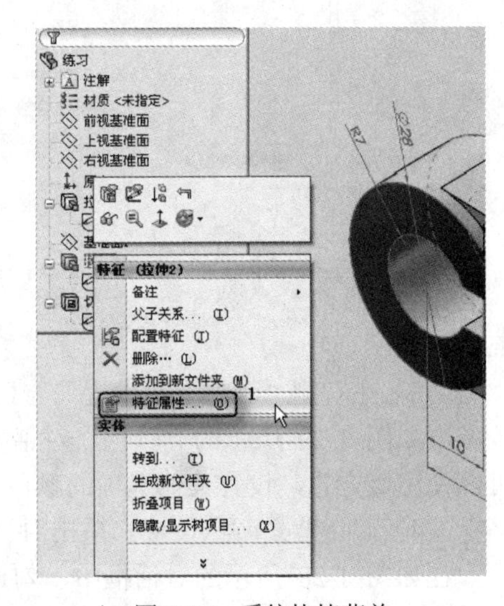

图 1-31　系统快捷菜单

图 1-32　“特征属性”对话框

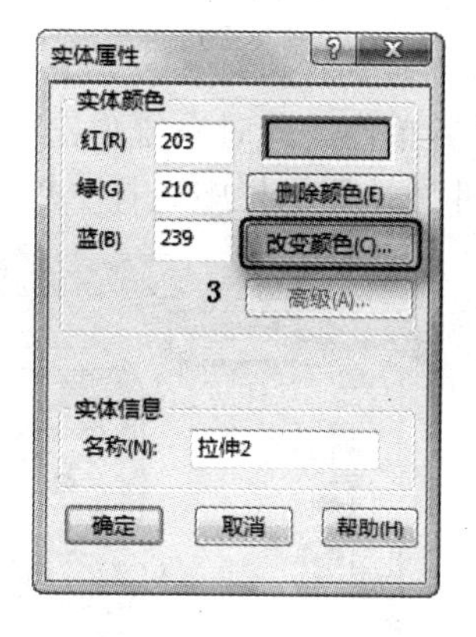

图 1-33　“实体属性”对话框

（4）此时系统会弹出如图 1-34 所示的“颜色”对话框，在“颜色”对话框中用鼠标左键选择需要的颜色。

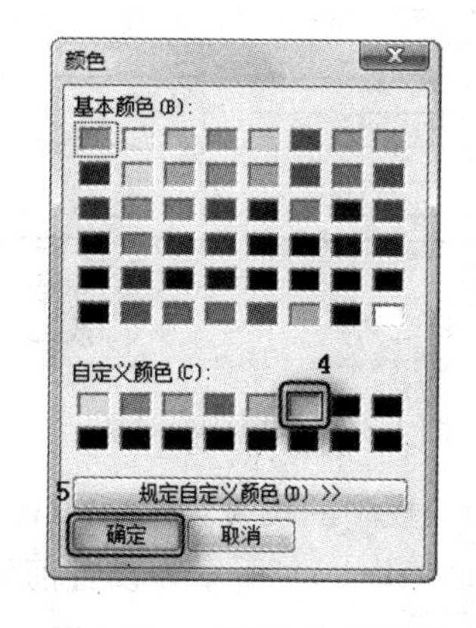

图 1-34　“颜色”对话框

（5）确认设置。单击对话框中的【确定】按钮，并依次单击上一级对话框中的【确定】按钮，完成实体颜色的设置。

在零件模型和装配体模型中，除了可以对特征的颜色进行设置外，还可以对面进行设置，面一般在绘图区域中进行选择，然后在单击鼠标右键，在其快捷菜单中进行设置，步骤与设置特征颜色类似。

在装配体模型中还可以对整个零件的颜色进行设置，一般在特征管理器中选择需要设置的零件，然后对其进行设置，步骤与设置特征颜色类似。

注意：

对于单个零件而言，设置实体颜色对渲染实体更加接近实际情况；对于装配体而言，设置零件颜色可以使装配体具有层次感，方便观测。

1.4.6　设置单位

在三维实体建模前，需要设置好系统的单位，系统默认的单位为 MMGS（毫米、克、秒），可以使用自定义方式设置其他类型的单位系统以及长度单位等。

下面以修改长度单位的小数位数为例，说明设置单位的操作步骤。

（1）执行命令。执行【工具】→【选项】菜单命令。

（2）设置单位。此时系统弹出“系统选项”对话框，单击对话框中的“文件属性”标签，然后在“文件属性”一栏中选择“单位”选项，如图 1-35 所示。

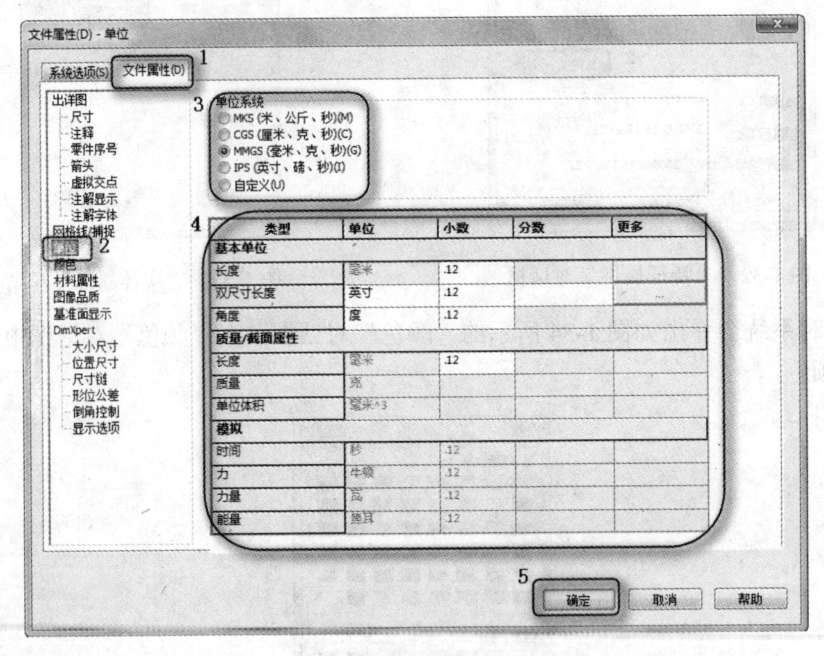

图 1-35　系统选项对话框

（3）将对话框中“单位系统”一栏中的设置为“MMGS”，并设置基本单位的小数等，然后单击【确定】按钮。如图 1-36（a）和（b）所示为设置前后的图形。

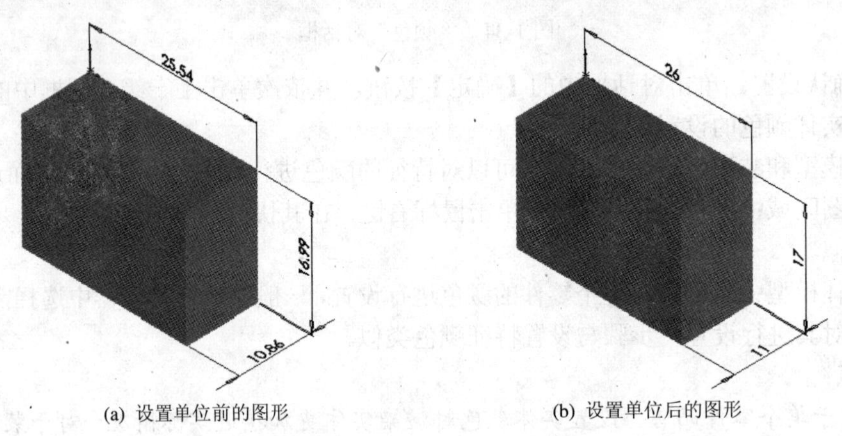

(a) 设置单位前的图形　　(b) 设置单位后的图形

图 1-36　设置单位前后图形比较

1.5　SolidWorks 的设计思想

SolidWorks 2008 是一套机械设计自动化软件，它采用了大家所熟悉的 Microsoft Windows 图形用户界面。使用这套简单易学的工具，机械设计工程师能快速地按照其设计思想绘制出草

图，尝试运用特征与尺寸及制作模型和详细的工程图。

利用 SolidWorks 2008 不仅可以生成二维工程图而且可以生成三维零件，并可以利用这些三维零件来生成二维工程图及三维装配体，如图 1-37 所示。

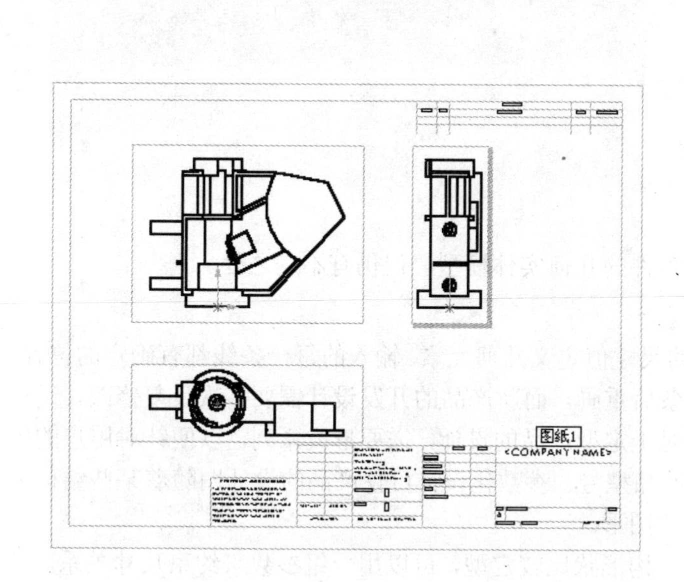

二维零件工程图

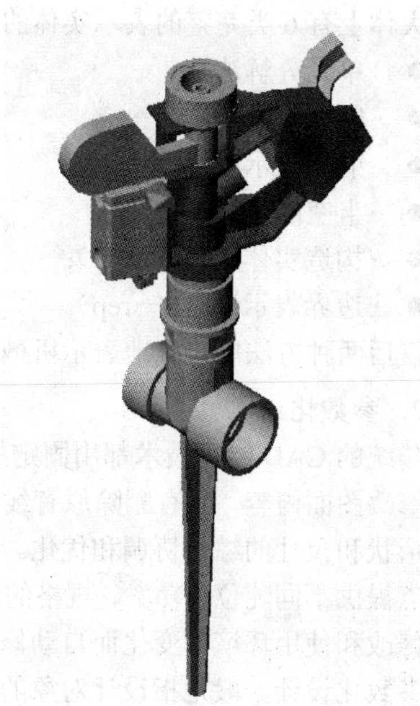

三维装配体

图 1-37 SolidWorks 实例

1.5.1 三维设计的 3 个基本概念

1. 实体造型

实体造型就是在计算机中用一些基本元素来构造机械零件的完整几何模型。传统的工程设计方法是设计人员在图纸上利用几个不同的投影图来表示一个三维产品的设计模型，图纸上还有很多人为的规定、标准、符号和文字描述。对于一个较为复杂的部件，要用若干张图纸来描述。尽管这样，图纸上还是密布着各种线条、符号和标记等。工艺、生产和管理等部门的人员再去认真阅读这些图纸，理解设计意图，通过不同视图的描述想象出设计模型的每一个细节。这项工作非常艰苦，由于一个人的能力有限，设计人员不可能保证图纸的每个细节都正确。尽管经过层层设计主管检查和审批，图纸上的错误总是在所难免。

对于过于复杂的零件，设计人员有时只能采用代用毛坯，边加工设计边修改，经过长时间的艰苦工作后才能给出产品的最终设计图纸。所以，传统的设计方法严重影响着产品的设计制造周期和产品质量。

利用实体造型软件进行产品设计时，设计人员可以在计算机上直接进行三维设计，在屏幕上能够见到产品的真实三维模型，所以这是工程设计方法的一个突破。在产品设计中的一个总趋势就是：产品零件的形状和结构越复杂，更改越频繁，采用三维实体软件进行设计的优越性越突出。

当零件在计算机中建立模型后，工程师就可以在计算机上很方便地进行后续环节的设计工作，如部件的模拟装配、总体布置、管路铺设、运动模拟、干涉检查以及数控加工与模拟等。所以，它为在计算机集成制造和并行工程思想指导下实现整个生产环节采用统一的产品信息模型奠定了基础。

大体上有 6 类完整的表示实体的方法：

- 单元分解法；
- 空间枚举法；
- 射线表示法；
- 半空间表示法；
- 构造实体几何（CSG）；
- 边界表示法（B－rep）。

仅后两种方法能正确地表示机械零件的几何实体模型，但仍有不足之处。

2．参数化

传统的 CAD 绘图技术都用固定的尺寸值定义几何元素。输入的每一条线都有确定的位置。要想修改图面内容，只有删除原有线条后重画。而新产品的开发设计需要多次反复修改，进行零件形状和尺寸的综合协调和优化。对于定型产品的设计，需要形成系列，以便针对用户的生产特点提供不同吨位、功率、规格的产品型号。参数化设计可使产品的设计图随着某些结构尺寸的修改和使用环境的变化而自动修改图形。

参数化设计一般是指设计对象的结构形状比较定型，可以用一组参数来约束尺寸关系。参数的求解较为简单，参数与设计对象的控制尺寸有着显式的对应关系，设计结果的修改受到尺寸的驱动。生产中最常用的系列化标准件就属于这一类型。

3．特征

特征是一个专业术语，它兼有形状和功能两种属性，包括特定几何形状、拓扑关系、典型功能、绘图表示方法、制造技术和公差要求。特征是产品设计与制造者最关注的对象，是产品局部信息的集合。特征模型利用高一层次的具有过程意义的实体（如孔、槽、内腔等）来描述零件。

基于特征的设计是把特征作为产品设计的基本单元，并将机械产品描述成特征的有机集合。

特征设计有突出的优点，在设计阶段就可以把很多后续环节要使用的有关信息放到数据库中。这样便于实现并行工程，使设计绘图、计算分析、工艺性审查到数控加工等后续环节工作都能顺利完成。

1.5.2 设计过程

在 SolidWorks 系统中，零件、装配体和工程都属于对象，它们采用了自顶向下的设计方法创建对象，图 1-38 显示了这种设计过程。

图 1-39 中所表示的层次关系充分说明，在 SolidWorks 系统中：零件设计是核心；特征设计是关键；草图设计是基础。

草图指的是二维轮廓或横截面。对草图进行拉伸、旋转、放样或沿某一路径扫描等操作后即生成特征，如图 1-39 所示。

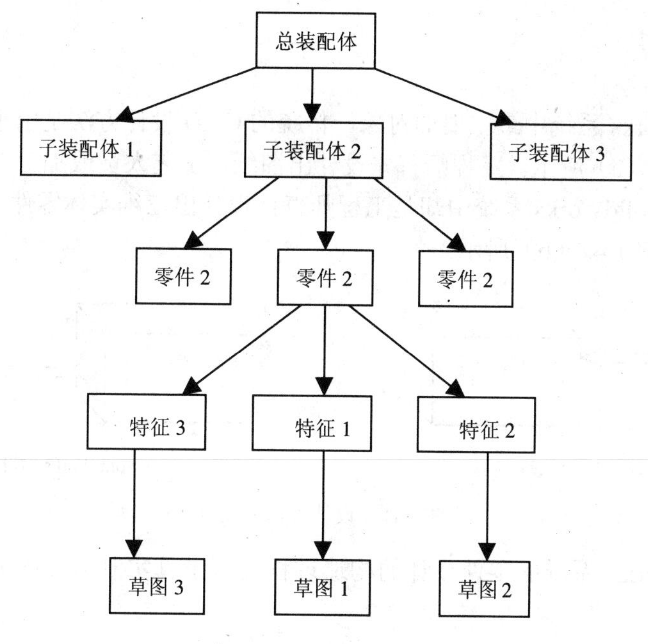

图 1-38　自顶向下的设计方法

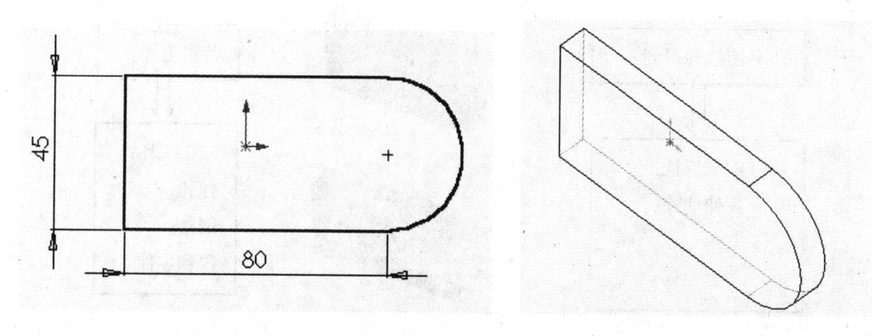

图 1-39　二维草图经拉伸生成特征

特征是指可以通过组合生成零件的各种形状（如凸台、切除、孔等）及操作（如圆角、倒角、抽壳等），图 1-40 给出了几种特征。

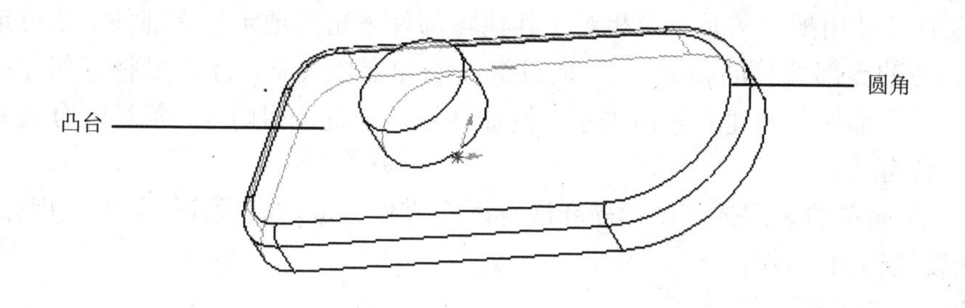

图 1-40　特征

1.5.3 设计方法

零件是 SolidWorks 系统中最主要的对象。传统的 CAD 设计方法是由平面（二维）到立体（三维），如图 1-41（a）所示。工程师首先设计出图纸，工艺人员或加工人员根据图纸还原出实际零件。然而在 SolidWorks 系统中却是工程师直接设计出三维实体零件，然后根据需要生成相关的工程图，如图 1-41（b）所示。

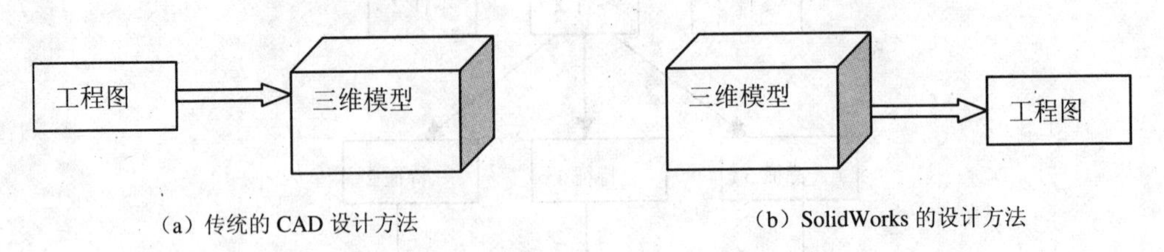

图 1-41　设计方法示意图

此外，SolidWorks 系统的零件设计的构造过程类似于真实制造环境下的生产过程，如图 1-42 所示。

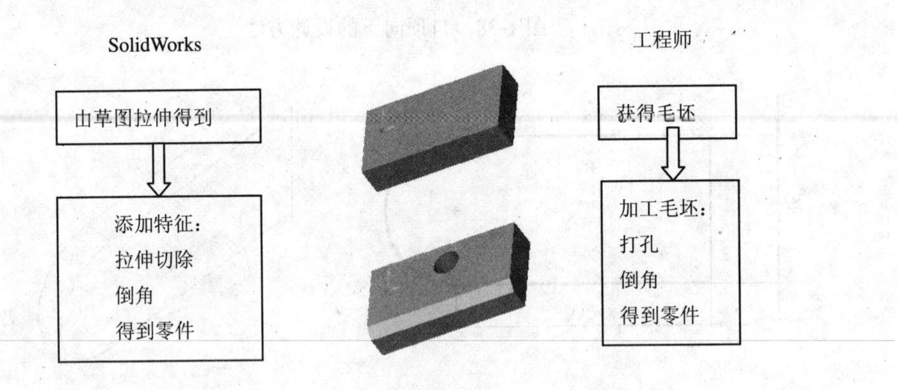

图 1-42　在 SolidWorks 中生成零件

装配件是若干零件的组合，是 SolidWorks 系统中的对象，通常用来实现一定的设计功能。在 SolidWorks 系统中，用户先设计好所需的零件，然后根据配合关系和约束条件将零件组装在一起，生成装配件。使用配合关系，可相对于其他零部件来精确地定位零部件，还可定义零部件如何相对于其他的零部件移动和旋转。 通过继续添加配合关系，还可以将零部件移到所需的位置。配合会在零部件之间建立几何关系，例如共点、垂直、相切等。每种配合关系对于特定的几何实体组合有效。

图 1-43 是一个简单的装配体，由顶盖和底座两个零件组成。其设计、装配过程如下：

（1）首先设计出两个零件；

（2）新建一个装配体文件；

（3）将两个零件分别拖入到新建的装配体文件中；

（4）使顶盖底面和底座顶面重合，顶盖底一个侧面和底座对应的侧面重合，将顶盖和底座装配在一起，从而完成装配工作。

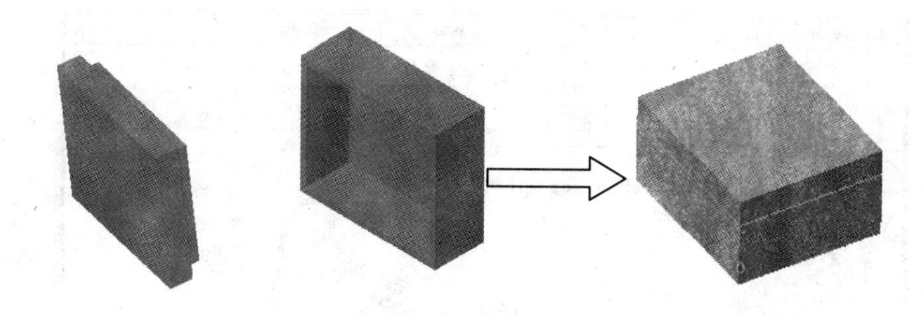

图 1-43　在 SolidWorks 中生成装配体

工程图就是常说的工程图纸，是 SolidWorks 系统中的对象，用来记录和描述设计结果，是工程设计中的主要档案文件。

用户由设计好的零件和装配件，按照图纸的表达需要，通过 SolidWorks 系统中的命令，生成各种视图、剖面图、轴侧图等，然后添加尺寸说明，得到最终的工程图。图 1-44 显示了一个零件的多个视图，它们都是由实体零件自动生成的，无须进行二维绘图设计，这也体现了三维设计的优越性。此外，当对零件或装配体进行了修改，则对应的工程图文件也会相应地修改。

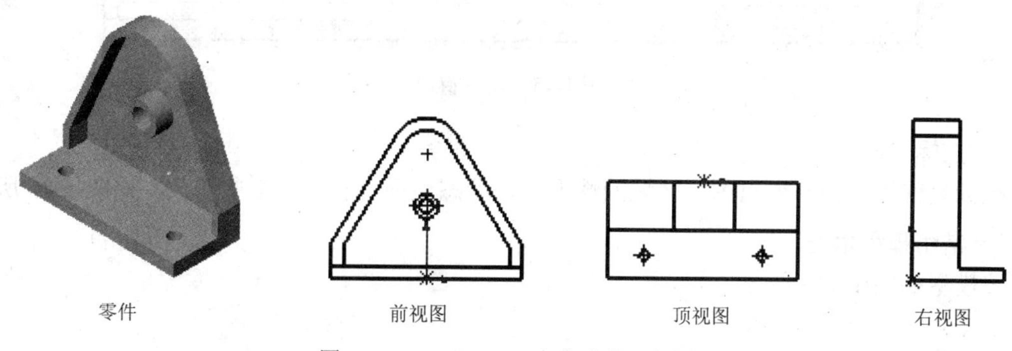

图 1-44　SolidWorks 中生成的工程图

1.6　SolidWorks 术语

在学习使用一个软件之前，需要对这个软件中常用的一些术语进行简单的了解，从而避免对一些语言理解上的歧义。

1．文件窗口

SolidWorks 文件窗口，有两个窗格，如图 1-45 所示。

窗口的左侧窗格包含以下项目：

- FeatureManager 设计树列出零件、装配体或工程图的结构。
- 属性管理器提供了绘制草图及与 SolidWorks 2008 应用程序交互的另一种方法。
- ConfigurationManager 提供了在文件中生成、选择和查看零件及装配体的多种配置的方法。

窗口的右侧窗格为图形区域，此窗格用于生成和操纵零件、装配体或工程图。

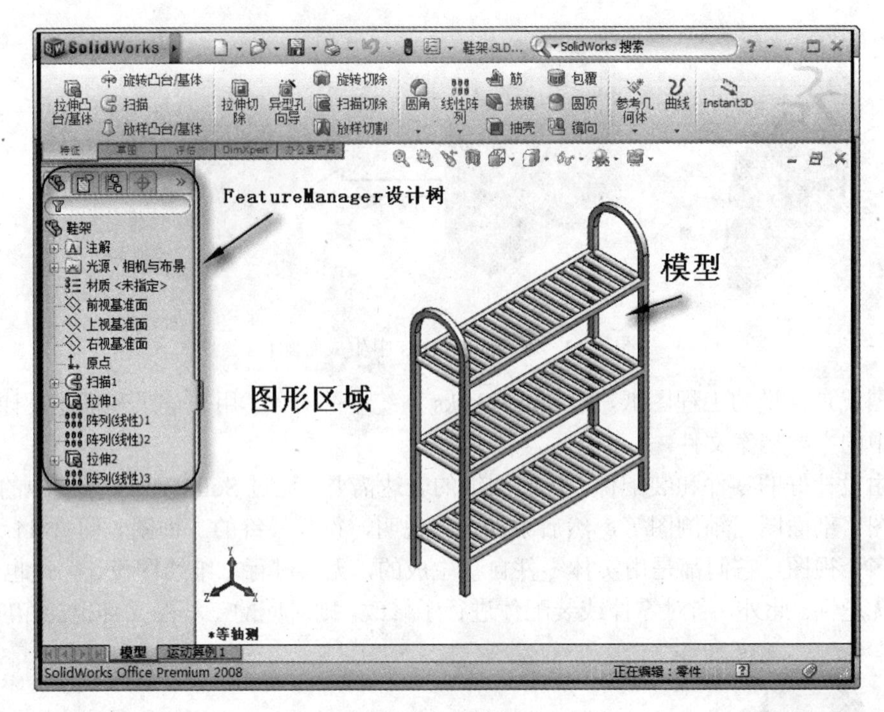

图 1-45　文件窗口

2．控标

控标允许用户在不退出图形区域的情形下，动态地拖曳和设置某些参数，如图 1-46 所示。

3．常用模型术语

该模型如图 1-47 所示。

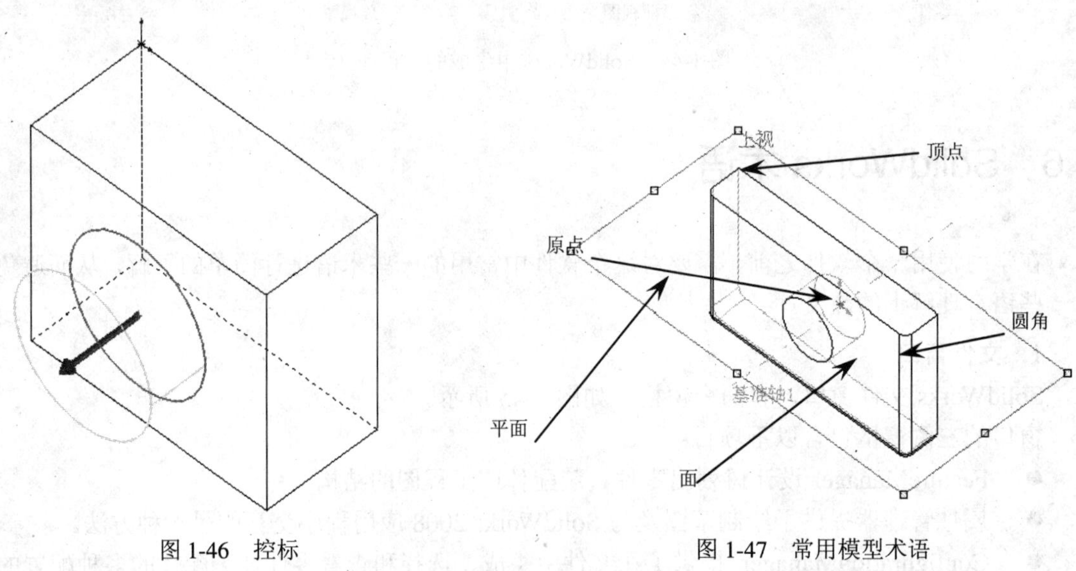

图 1-46　控标　　　　图 1-47　常用模型术语

- 顶点：顶点为两个或多个直线或边线相交之处的点。顶点可选作绘制草图、标注尺寸以及许多其他用途。
- 面：面为模型或曲面的所选区域（平面或曲面），模型或曲面带有边界，可帮助定义

模型或曲面的形状。例如，矩形实体有 6 个面。

- 原点：模型原点显示为灰色，代表模型的（0，0，0）坐标。当激活草图时，草图原点显示为红色，代表草图的（0，0，0）坐标。尺寸和几何关系可以加入到模型原点，但不能加入到草图原点。
- 平面: 平面是平的构造几何体。平面可用于绘制草图、生成模型的剖面视图，以及用于拔模特征中的中性面等。
- 轴：轴为穿过圆锥面、圆柱体或圆周阵列中心的直线。插入轴有助于建造模型特征或阵列。
- 圆角：圆角为草图内或曲面或实体上的角或边的内部圆形。
- 特征：特征为单个形状，如与其他特征结合则构成零件。有些特征，如凸台和切除，则由草图生成。有些特征，如抽壳和圆角，则为修改特征而成的几何体。
- 几何关系：几何关系为草图实体之间或草图实体与基准面、基准轴、边线、或顶点之间的几何约束，可以自动或手动添加这些项目。
- 模型：模型为零件或装配体文件中的三维实体几何体。
- 自由度：没有由尺寸或几何关系定义的几何体可自由移动。在二维草图中，有 3 种自由度：沿 X 轴和 Y 轴移动以及绕 Z 轴旋转（垂直于草图平面的轴）。在三维草图中，有 6 种自由度：沿 X 轴、Y 轴和 Z 轴移动，以及绕 X 轴、Y 轴和 Z 轴旋转。
- 坐标系：坐标系为平面系统，用来给特征、零件和装配体指定笛卡儿坐标。零件和装配体文件包含默认坐标系；其他坐标系可以用参考几何体定义，用于测量工具以及将文件输出到其他文件格式。

第 2 章 草图绘制

SolidWorks 的大部分特征是由二维草图绘制开始的，草图绘制在该软件使用中占重要地位，本章将详细介绍草图绘制方法和编辑方法。

草图一般是由点、线、圆弧、圆和抛物线等基本图形构成的封闭和不封闭的几何图形，是三维实体建模的基础。一个完整的草图包括几何形状、几何关系和尺寸标注等 3 方面的信息。能否熟练掌握草图的绘制和编辑方法，决定了能否快速三维建模、能否提高工程设计的效率和灵活地把该软件应用到其他领域。

2.1 草图绘制的基本知识

本节主要介绍如何开始绘制草图，熟悉草图绘制操控板，认识绘图光标和锁点光标，以及退出草图绘制状态。

草图（Sketch）是一个平面轮廓，用于定义特征的截面形状、尺寸和位置。通常，SolidWorks 的模型创建都是从绘制二维草图开始，然后生成基体特征，并在模型上添加更多的特征。所以，能够熟练地使用草图工具绘制草图是一件非常重要的事。

此外，SolidWorks 也可以生成三维草图。在三维草图中，实体存在于三维空间中，它们不与特定草图基准面相关。有关三维草图的内容将在以后的章节中介绍，本章所指的草图均为二维草图。

SolidWorks 提供了 3 种生成草图的方法：

- 新建草图；
- 从已有的草图派生新的草图；
- 在零件的面上绘制草图。

2.1.1 新建一个二维草图

当要生成一个新的零件或装配体时，系统会指定 3 个默认的基准面与特定的视图对应，如图 2-1 所示。

【案例 2-1】本案例源文件光盘路径：“X：\源文件\ch2\ 2.1.SLDPRT”，本案例视频内容光盘路径：“X：\动画演示\ch2\2.1 新建草图.swf”。

默认情况下，新的草图在前视基准面上打开，也可以在上视或右视基准面上新建一个草图，操作步骤如下。

（1）在属性管理器设计树上，选择“上视”或“右视”选项。

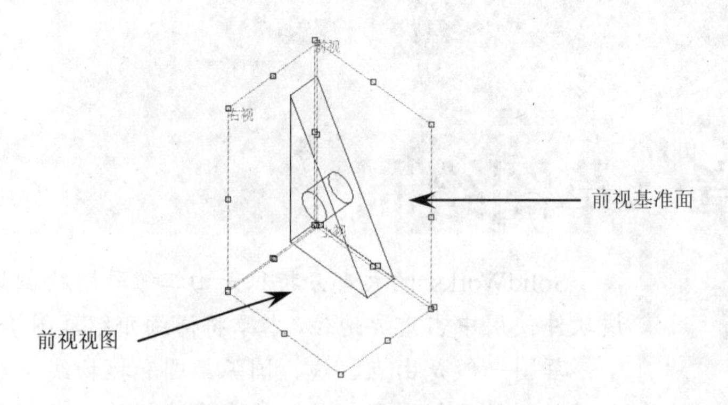

图 2-1　默认基准面与特定视图

（2）单击“前导视图”工具栏上的正视于按钮，或执行【视图】→【修改】→【视图定向】命令打开“方向”对话框，如图 2-2 所示。然后双击“*前视”选项。

（3）单击草图绘制操控板上的草图绘制按钮，或执行【插入】→【草图绘制】命令。

（4）这时便进入草图绘制模式，如图 2-3 所示。此时草图绘制操控板上的草图绘制按钮被激活，也弹出了图形窗口上的确认角落，同时状态栏中显示“正在编辑草图”。

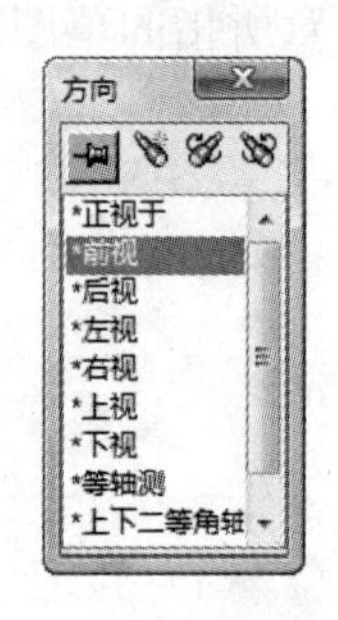

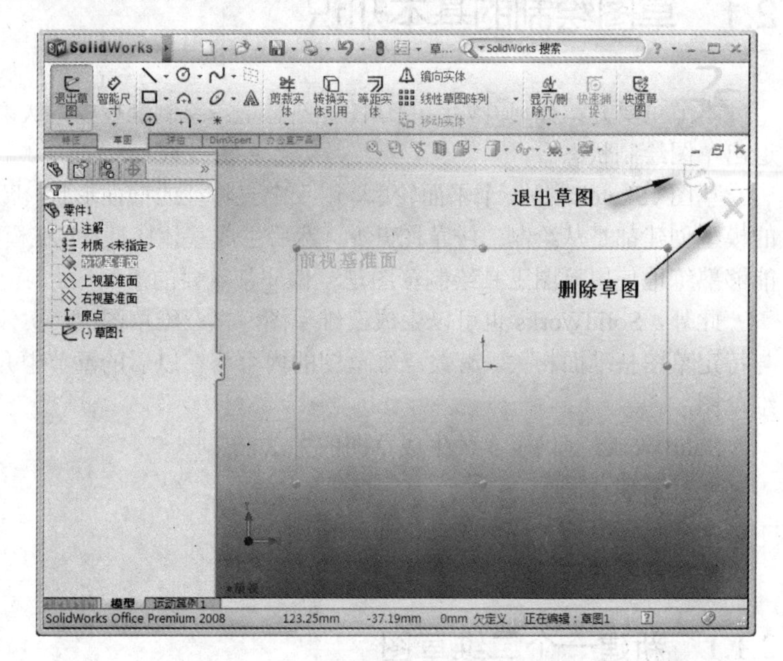

图 2-2　“方向”对话框　　　　图 2-3　草图绘制模式

（5）使用草图绘制操控板上的草图工具就可以编辑草图了。

（6）如果要退出草图绘制模式，单击确认角落上的“退出草图图标，或者再次单击草图绘制按钮结束草图绘制。

（7）如果要放弃对草图的更改，单击删除草图图标，在弹出的“确认删除”对话框（如图 2-4 所示）中单击“是（Y）”按钮，丢弃对草图的所有更改。

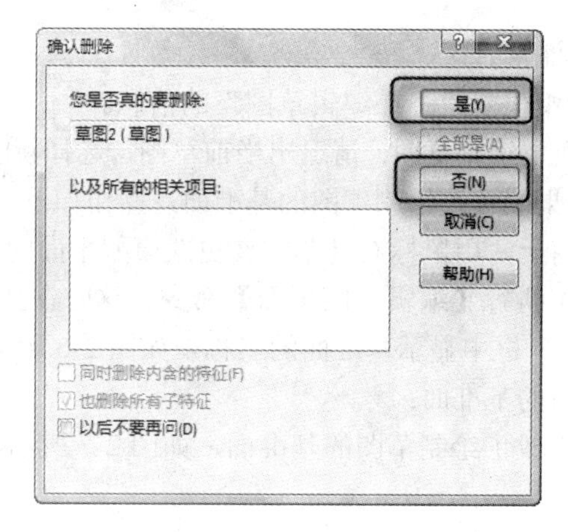

图 2-4　“确认删除”对话框

2.1.2　在零件的面上绘制草图

【案例 2-2】本案例源文件光盘路径：“X：\源文件\ch2\ 2.2.SLDPRT”，本案例视频内容光盘路径：“X：\动画演示\ch2\2.2 零件面上绘制草图.swf”。

如果要在零件上生成新的特征（凸台），就需要在放置该特征的零件表面上绘制新的草图。操作步骤如下。

（1）将鼠标指针移到要在其上绘制草图的模型平面。该面的边线变成点状线，表示此面可供选取，鼠标指针变成形状，表示正在选择此面。

（2）单击鼠标指针选取该面，该面的边线变成实线且改变颜色，表示该面已被选中。

（3）单击草图绘制按钮，或执行【插入】→【草图绘制】命令，会弹出以下情况：

- 如果在“文件属性”选项卡中的“网格线/捕捉”项目选择了“显示网格线”复选框，则在所选的面上显示网格线，如图 2-5 所示。

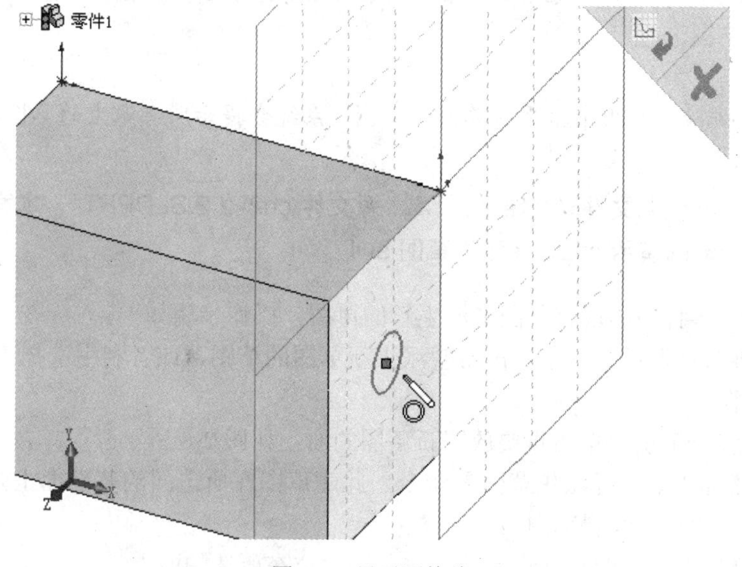

图 2-5　显示网格线

- 草图绘制操控板被激活。
- 窗口底部的状态栏中显示“正在编辑草图”的信息。

（4）如果要在另一个面上绘制草图，请退出当前草图，选择新的面并打开一张新的草图。

当草图绘制好之后，如果要更改绘制草图的基准面，操作如下：

1）在属性管理器设计树上，用鼠标右键单击要更改模型平面的草图名称；

2）在弹出的快捷菜单中执行【编辑草图平面】命令。这时在弹出的“草图绘制面”属性管理器中的“草图基准面/面”框中显示基准面的名称，如图 2-6 所示；

3）使用选择工具选择新的基准面；

4）单击✔按钮后，就更改了绘制草图的基准面，如图 2-7 所示。

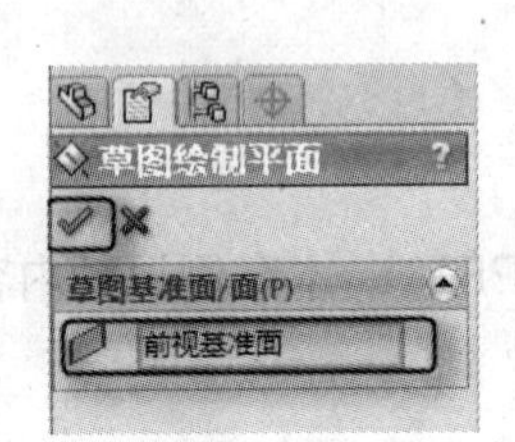

图 2-6　显示基准面名称

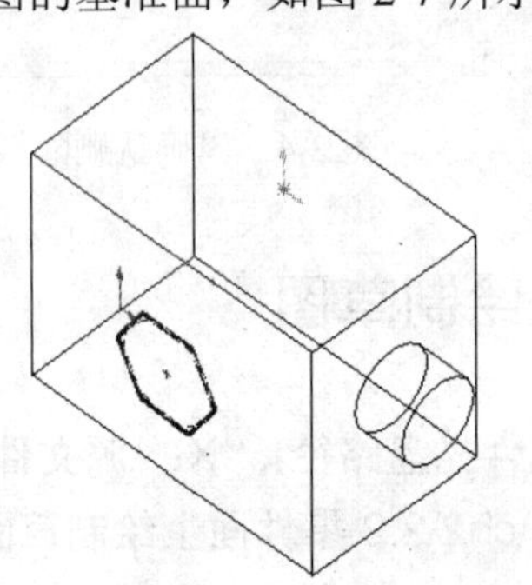

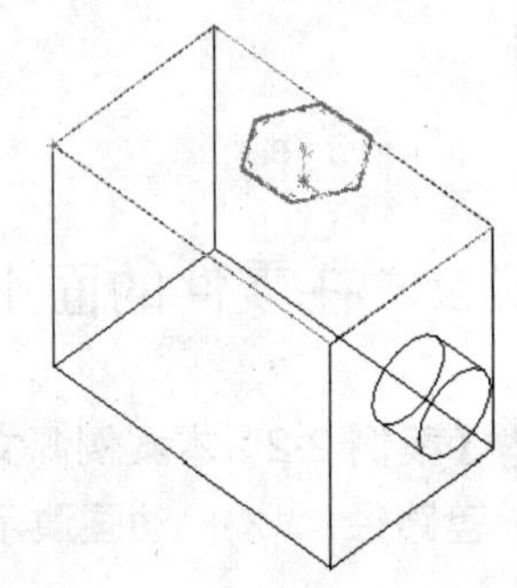

图 2-7　更改绘制草图基准面前后的草图

2.1.3　从已有的草图派生新的草图

SolidWorks 还可以从同一零件的现有草图中派生出新的草图，或从同一装配体中的草图中派生出新的草图。从现有草图派生草图时，这两个草图将保持相同的特性。如果对原始草图做了更改，这些更改将被反映到新派生的草图中去。

在派生的草图中不能添加或删除几何体，其形状总是与父草图相同，不过可以使用尺寸或几何关系对派生草图进行定位。

注意：

如果要删除一个用来派生新草图的草图，系统会提示所有派生的草图将自动解除派生关系。

【案例 2-3】本案例源文件光盘路径：“X：\源文件\ch2\ 2.2.SLDPRT”，本案例视频内容光盘路径：“X：\动画演示\ch2\2.3 派生草图.swf”。

如果要从同一零件中的现有草图中派生新的草图，操作步骤如下。

（1）在属性管理器设计树中单击希望派生新草图的草图，或者利用选择工具选择希望派生新草图的草图。

（2）按住【Ctrl】键并单击将要放置新草图的面，如图 2-8 所示。

（3）执行【插入】→【派生草图】命令，此时草图在所选面的基准面上弹出，如图 2-9 所示，状态栏显示“正在编辑草图”。

（4）通过拖曳派生草图和标注尺寸，将草图定位在所选的面上。

图 2-8 选择面

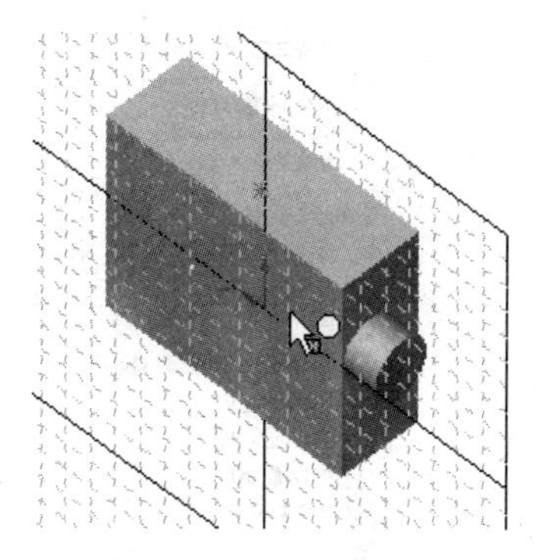

图 2-9　草图弹出在基准面上

如果要从同一装配体中的草图派生新的草图，操作如下。

（1）用鼠标右键单击需要放置派生草图的零件，在弹出的快捷菜单中执行【编辑零件】命令。

（2）利用选择工具选择希望派生新草图的草图。

（3）按住【Ctrl】键并单击将放置新草图的面。草图即在选择面的基准面上弹出，并可以对它开始编辑。

（4）通过拖曳派生草图和标注尺寸，将草图定位在所选的面上。

当派生的草图与其父草图之间解除了链接关系，则在对原来的草图进行更改之后，派生的草图不会再自动更新。如果要解除派生的草图与其父草图之间的链接关系：用鼠标右键单击属性管理器设计树中派生草图或零件的名称，然后在弹出的快捷菜单中执行【解除派生】命令即可。

2.1.4　退出草图绘制

草图绘制完毕后，可立即建立特征，也可以退出草图绘制再建立特征。有些特征的建立，需要多个草图，比如扫描实体等。因此需要了解退出草图绘制的方法。退出草图绘制的方法主要有如下几种，下面将分别介绍。

【案例 2-4】本案例源文件光盘路径："X：\源文件\ch2\ 2.2.SLDPRT"，本案例视频内容光盘路径："X：\动画演示\ch2\2.4 退出草图.swf"。

（1）使用菜单方式。执行【插入】→【退出草图】菜单命令，退出草图绘制状态。

（2）利用"前导视图"工具栏图标方式。单击"标准"工具栏上的重建模型图标，或者单击退出草图图标，退出草图绘制状态。

（3）利用快捷菜单方式。在绘图区域单击鼠标用鼠标右键，系统弹出如图 2-10 所示的快捷菜单，在其中选择"退出草图"选项，退出草图绘制状态。

（4）利用绘图区域确认角落的图标。在绘制草图的过程中，绘图区域右上角会弹出如图 2-11 所示的提示图标。单击确定图标，退出草图绘制状态。

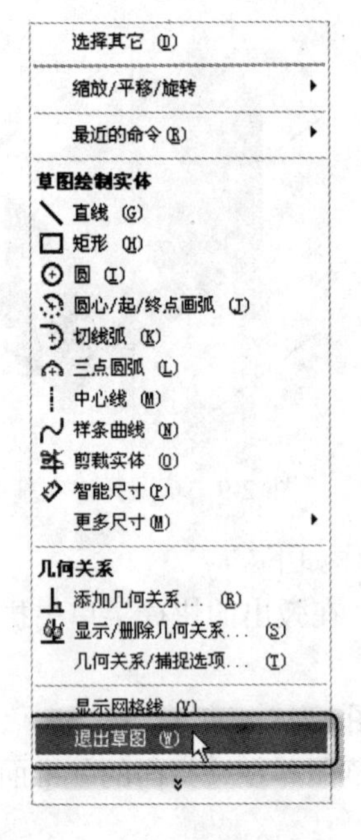

图 2-10 快捷菜单

图 2-11 确定图标

2.2 草图工具

本节主要介绍草图工具的使用方法。由于 SolidWorks 中大部分特征都需要先建立草图轮廓，因此本节的学习非常重要。

在使用 SolidWorks 绘制草图前，有必要先了解一下草图绘制操控板中各工具的作用。其中，“选择工具”是整个 SolidWorks 软件中用途最广的工具，使用该工具可以达到以下目的：

- 选取草图实体；
- 拖曳草图实体或端点以改变草图形状；
- 选择模型的边线或面；
- 拖曳选框以选取多个草图实体。

2.2.1 草图绘制操控板

SolidWorks 提供草图工具来方便地绘制草图实体。“草图绘制”的操控板如图 2-12 所示。不过并非所有草图工具对应的按钮都会弹出在草图绘制操控板中。

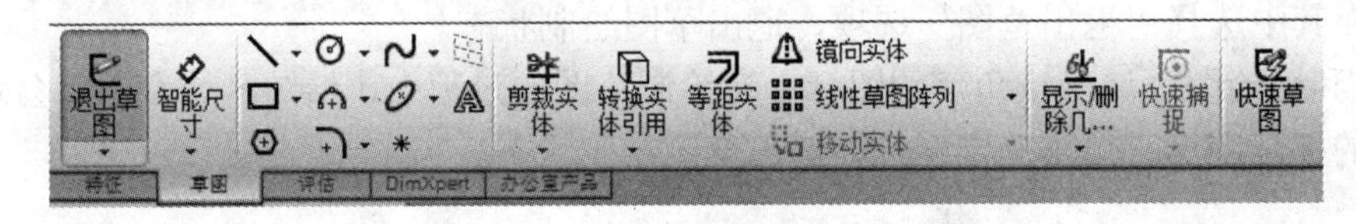

图 2-12 “草图绘制”控制板

如果要重新安排草图绘制操控板中的工具按钮，操作如下。

（1）执行【工具】→【自定义】命令，打开“自定义”对话框。

（2）单击“命令”标签，打开“命令”选项卡。

（3）在“类别”列表中选择“草图绘制”选项。

（4）单击一个按钮以查看“说明”方框内对该按钮的说明，如图 2-13 所示。

（5）在对话框内单击要使用的图标，将其拖曳放置到“草图绘制”操控板中。

（6）如果要删除工具栏上的按钮，只要单击并将其从工具栏拖曳放回按钮区域中即可。

（7）更改结束后，单击【确定】按钮。

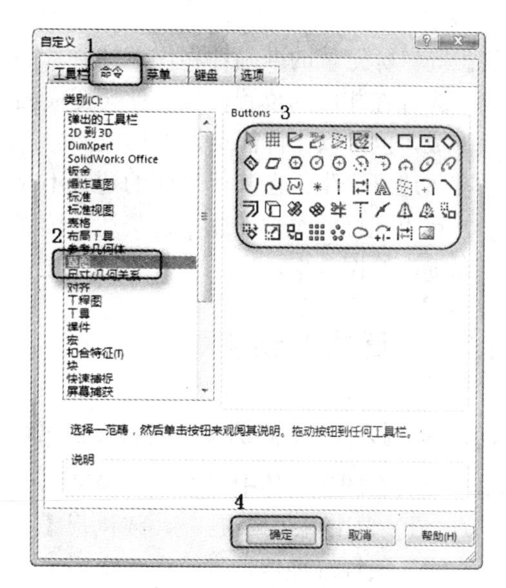

图 2-13　对按钮的说明

2.2.2　绘图光标和锁点光标

在绘制草图实体或者编辑草图实体时，光标会根据所选择的命令，在绘图之时变为相应的图标，以方便用户了解在绘制或者编辑该类型的草图。

绘图光标的类型以及作用如表 2-1 所示。

表 2-1　绘图光标的类型及作用说明

光 标 类 型	作 用 说 明	光 标 类 型	作 用 说 明
	绘制一点		绘制直线或者中心线
	绘制圆弧		绘制抛物线
	绘制圆		绘制椭圆
	绘制样条曲线		绘制矩形
	绘制草图文字		绘制多边形
	剪裁实体		延伸草图实体
	分割草图实体		标注尺寸
	圆周阵列复制草图		线性阵列复制草图

为了提高绘制图形的效率，SolidWorks 软件提供了自动判断绘图位置的功能。在执行绘图命令时，光标会在绘图区域自动寻找端点、中心点、圆心、交点、中点以及其上的任意点，这

能提高鼠标定位的准确性和快速性。

光标在相应的位置，其光标会变成相应的图形，成为锁点光标。锁点光标可以在草图实体上形成，也可以在特征实体上形成。需要注意的是在特征实体上的锁点光标，只能在绘图平面的实体边缘产生，在其他平面的边缘不能产生。

锁点光标的类型在此不再赘述，读者可以在实际使用中慢慢体会，很好地利用锁点光标，可以提高绘图效率。

2.2.3 直线的绘制

【案例 2-5】本案例视频内容光盘路径："X：\动画演示\ch2\2.5 直线.swf"。

在所有图形实体中，直线是最基本的图形实体。如果要绘制一条直线，操作如下。

（1）单击直线按钮，或执行【工具】→【草图绘制实体】→【直线】命令，此时弹出"直线"属性管理器，鼠标指针变为形状。

（2）单击图形区域，标出直线的起始处。

（3）以下列方法之一完成直线的绘制：

- 将鼠标指针拖曳到直线的终点然后释放；
- 释放鼠标，将鼠标指针移动到直线的终点，然后再次单击。

注意：

在二维草图绘制中有两种模式：单击→拖曳或单击→单击。SolidWorks 根据用户的提示来确定模式：

如果单击第一个点并拖曳，则进入单击→拖曳模式；

如果单击第一个点并释放鼠标，则进入单击→单击模式。

（4）注意，当鼠标指针变为时，表示捕捉到了点；当变为形状时，表示绘制水平直线；当变为形状时，表示绘制竖直直线。

（5）如果要对所绘制的直线进行修改，单击选择工具按钮，用以下方法完成对直线的修改：

- 选择一个端点并拖曳此端点来延长或缩短直线；
- 选择整个直线拖曳到另一个位置来移动直线；
- 选择一个端点并拖曳它来改变直线的角度。

（6）如果要修改直线的属性，可以在草图中选择直线，然后在"直线"属性管理器中编辑其属性。

2.2.4 圆的绘制

【案例 2-6】本案例源文件光盘路径："X：\源文件\ch2\ 2.3.SLDPRT"，本案例视频内容光盘路径："X：\动画演示\ch2\2.6 圆.swf"。

圆也是草图绘制中经常使用的图形实体。创建圆的默认方式是指定圆心和半径。如果要绘制圆，操作如下。

（1）单击圆按钮，或执行【工具】→【草图绘制实体】→【圆】命令，鼠标指针变为

形状。

（2）单击图形区域来放置圆心，此时弹出“圆”属性管理器。

（3）拖曳鼠标来设定半径，系统会自动显示半径的值，如图 2-14 所示。

（4）如果要对绘制的圆进行修改，可以使用选择工具拖曳圆的边线来缩小或放大圆，也可以拖曳圆的中心来移动圆。

（5）如果要修改圆的属性，可以在草图中选择圆，然后在“圆”属性管理器中编辑其属性。

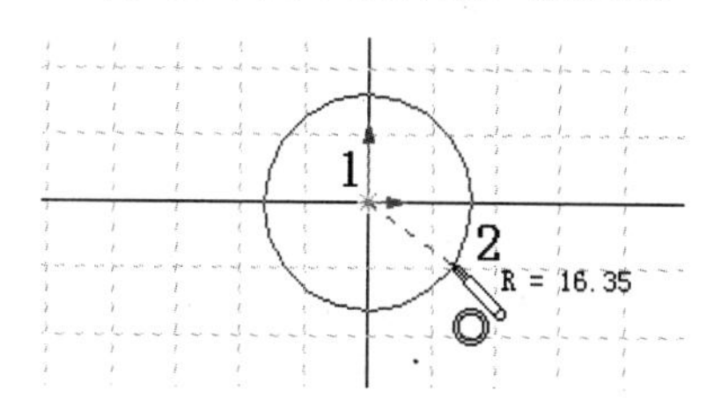

图 2-14　绘制圆

2.2.5　圆弧的绘制

圆弧是圆的一部分，SolidWoks 提供了 3 种绘制圆弧的方法：圆心/起点/终点画弧、3 点画弧、切线画弧。

【案例 2-7】本案例源文件光盘路径：“X：\源文件\ch2\ 2.4.SLDPRT”，本案例视频内容光盘路径：“X：\动画演示\ch2\2.7 圆弧.swf”。

首先介绍圆心/起点/终点画弧，即由圆心、圆弧起点、圆弧终点所决定的圆弧的绘制方法。

（1）单击圆心/起/终点画弧按钮，或执行【工具】→【草图绘制实体】→【圆心/起/终点画弧】命令，此时鼠标指针变为形状。

（2）单击放置圆弧圆心的位置，弹出“圆弧”属性管理器。

（3）按住鼠标并拖曳到希望放置圆弧开始点的位置。

（4）释放鼠标，圆周参考线会继续显示。

（5）拖曳鼠标以设定圆弧的长度和方向。

（6）释放鼠标。

（7）如果要修改绘制好的圆弧，选择圆弧后在“圆弧”属性管理器中编辑其属性即可。

3 点画弧是通过指定 3 个点（起点、终点和中点）来生成圆弧。

（1）单击 3 点圆弧按钮，或执行【工具】→【草图绘制实体】→【三点圆弧】命令，此时指针变为形状。

（2）单击圆弧的起点位置，弹出“圆弧”属性管理器。

（3）拖曳鼠标到圆弧结束的位置。

（4）释放鼠标。

（5）拖曳鼠标以设置圆弧的半径，必要的话可以反转圆弧的方向。

（6）释放鼠标。

（7）在“圆弧”属性管理器 中进行必要的变更，然后单击按钮即可，结果如图 2-15 所示。

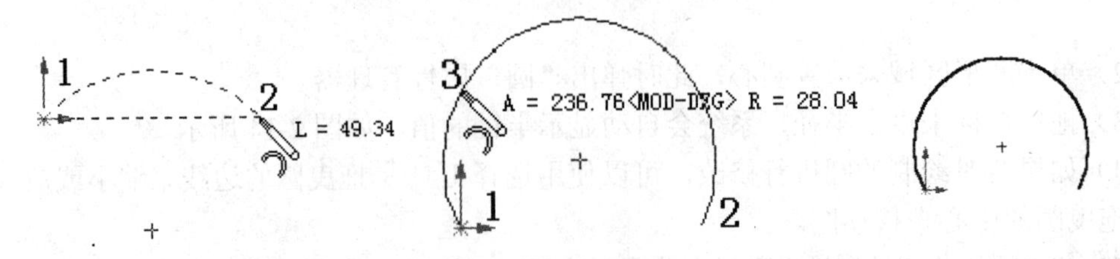

图 2-15 3 点画弧

切线弧是指生成一条与草图实体相切的弧线。可以用两种方法生成切线弧："切线弧"工具和自动过渡方法。

使用切线弧工具生成切线弧的操作如下。

（1）单击切线弧按钮，或执行【工具】→【草图绘制实体】→【切线弧】命令。

（2）在直线、圆弧、椭圆或样条曲线的端点处单击，此时弹出"圆弧"属性管理器，鼠标指针变为形状。

（3）拖曳圆弧以绘制所需的形状，如图 2-16 所示。

（4）释放鼠标。

注意：

SolidWorks 从鼠标指针的移动中可推理出是想要切线弧还是法线弧。存在 4 个目的区，具有如图 2-17 所示的 8 种可能结果。沿相切方向移动鼠标指针将生成切线弧。沿垂直方向移动将生成法线弧。可通过先返回到端点然后向新的方向移动来实现在切线弧和法线弧之间的切换。

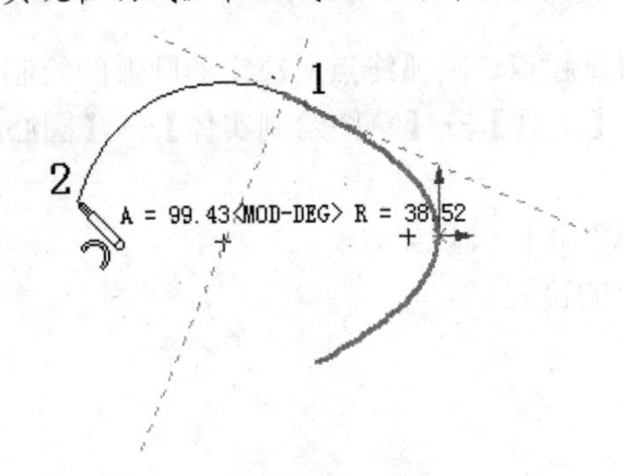

图 2-16 绘制切线弧

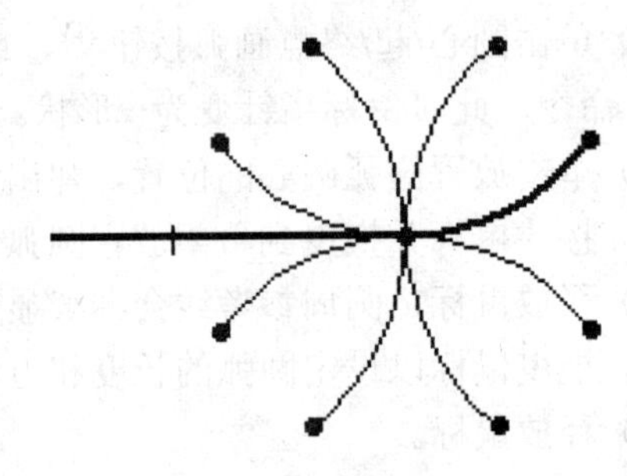

图 2-17 8 种可能的结果

此外，还可通过自动过渡的方法绘制切线弧。

【案例 2-8】本案例源文件光盘路径："X：\源文件\ch2\ 2.5.SLDPRT"，本案例视频内容光盘路径："X：\动画演示\ch2\2.8 切线弧.swf"。

（1）单击直线按钮，或执行【工具】→【草图绘制实体】→【直线】命令，此时鼠标指针变为形状。

（2）在直线、圆弧、椭圆或样条曲线的端点处单击，然后将鼠标指针移开。预览显示将生成一条直线。

（3）将鼠标指针移回到终点，然后再移开。预览则会显示生成一条切线弧。

（4）单击鼠标以放置圆弧。

■ 注意：

如果要想在直线和圆弧之间切换而不回到直线、圆弧、椭圆或样条曲线的端点处，可同时按下【A】键即可。

2.2.6　矩形的绘制

绘制矩形的方法主要有 4 种：边角矩形、中心矩形、3 点边角矩形、3 点中心矩形与平行四边形命令绘制矩形。下面分别介绍绘制矩形的不同方法。

1．用边角矩形命令画矩形

边角矩形命令画矩形的方法是标准的矩形草图命令。先指定矩形的左上与右下的端点确定矩形的长度和宽度。

以绘制如图 2-25 所示的矩形为例，说明绘制矩形的操作步骤。

【案例 2-9】本案例源文件光盘路径：“X：\源文件\ch2\ 2.6.SLDPRT”，本案例视频内容光盘路径：“X：\动画演示\ch2\2.9 边角矩形.swf”。

绘制矩形的操作步骤如下。

（1）执行命令。在草图绘制状态下，执行【工具】→【草图绘制实体】→【矩形】菜单命令，或者单击矩形按钮，此时鼠标变为形状。

（2）绘制矩形角点。在绘图区域单击鼠标左键，确定矩形的一个角点 1。

（3）绘制矩形的另一个角点。移动鼠标，单击鼠标左键确定矩形的另一个角点 2，矩形绘制完毕。

在绘制矩形时，既可以移动鼠标确定矩形的角点 2，也可以在确定第一角点时，不释放鼠标，直接拖曳鼠标确定角点 2。

矩形绘制完毕后，用鼠标左键拖曳矩形的一个角点，可以动态地改变矩形的尺寸。绘制矩形属性管理器如图 2-18 所示。

2．用中心矩形命令画矩形

中心矩形命令画矩形的方法，指定矩形的中心与右上的端点确定矩形的中心和 4 条边线。

以绘制如图 2-19 所示的矩形为例，说明绘制矩形的操作步骤。

图 2-18　绘制矩形属性管理器

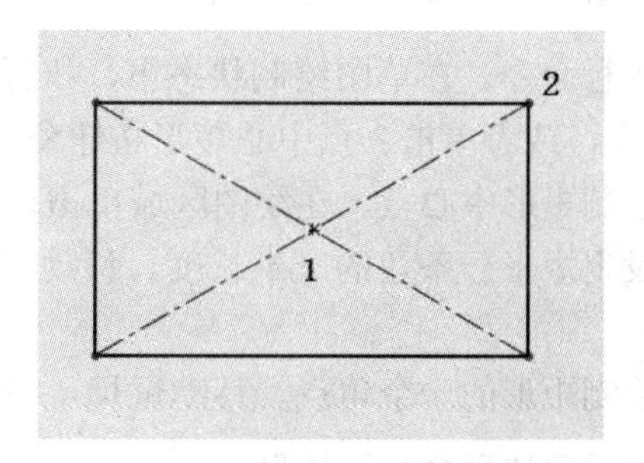

图 2-19　绘制中心矩形

【案例 2-10】本案例源文件光盘路径："X：\源文件\ch2\ 2.6.SLDPRT"，本案例视频内容光盘路径："X：\动画演示\ch2\2.10 中心矩形.swf"。

绘制矩形的操作步骤如下。

（1）执行命令。在草图绘制状态下，执行【工具】→【草图绘制实体】→【中心矩形】菜单命令，或者单击中心矩形按钮，此时鼠标变为形状。

（2）绘制矩形中心点。在绘图区域单击鼠标左键，确定矩形的中心点 1。

（3）绘制矩形的一个角点。移动鼠标，单击左键确定矩形的一个角点 2，矩形绘制完毕。

3．用 3 点边角矩形命令画矩形

三点边角矩形命令是通过制定 3 个点来确定矩形的，前面两个点来定义角度和一条边，第三点来确定另一条边。

以绘制如图 2-20 所示的矩形为例，说明绘制矩形的操作步骤。

（1）执行命令。在草图绘制状态下，执行【工具】→【草图绘制实体】→【3 点边角矩形】菜单命令，或者单击 3 点边角矩形按钮，此时鼠标变为形状。

（2）绘制矩形边角点。在绘图区域单击鼠标左键，确定矩形的边角点 1。

（3）绘制矩形的另一个边角点。移动鼠标，单击左键确定矩形的另一个边角点 2。

（4）绘制矩形的第三个边角点。继续移动鼠标，单击左键确定矩形的第三个边角点 3，矩形绘制完毕。

4．用 3 点中心矩形命令画矩形

3 点中心矩形命令是通过制定 3 个点来确定矩形。

以绘制如图 2-21 所示的矩形为例，说明绘制矩形的操作步骤。

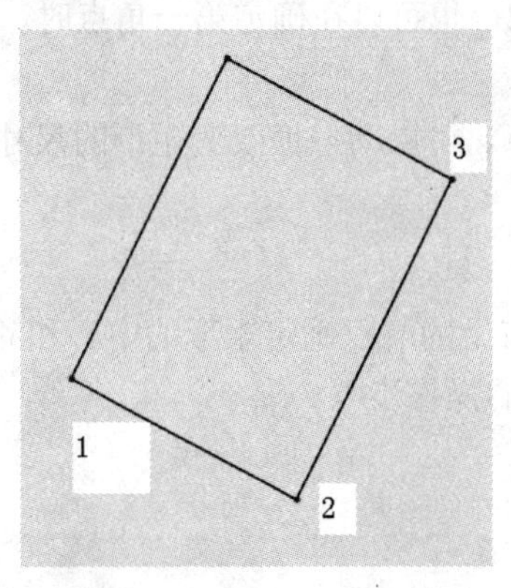

图 2-20　绘制 3 点边角矩形

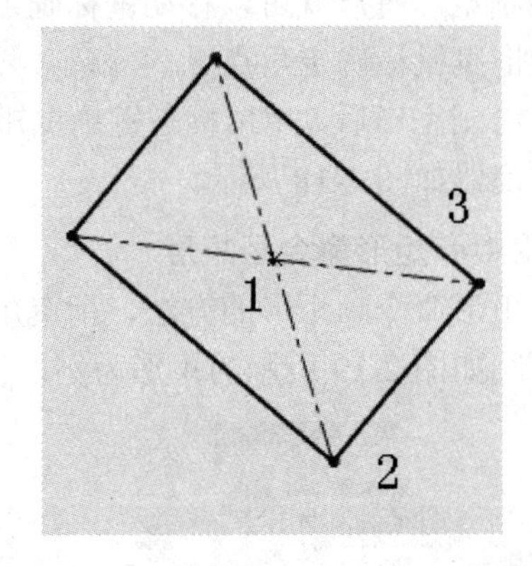

图 2-21　绘制的矩形

（1）执行命令。在草图绘制状态下，执行【工具】→【草图绘制实体】→【3 点中心矩形】菜单命令，或者单击 3 点中心矩形按钮，此时鼠标变为形状。

（2）绘制矩形中心点。在绘图区域单击鼠标左键，确定矩形的中心点 1。

（3）设定矩形一条边的一半长度。移动鼠标，单击左键确定矩形一条边线的一半长度的一个点 2。

（4）绘制矩形的一个角点。移动鼠标，单击左键确定矩形的一个角点 3，矩形绘制完毕。

5．用平行四边形命令画矩形

平行四边形既可以生成平行四边形，也可以生成边线与草图网格线不平行或不垂直的矩

形。

以绘制如图 2-22 所示的平行四边形为例，说明平行四边形的绘制步骤。

【案例 2-11】本案例源文件光盘路径：“X：\源文件\ch2\ 2.8.SLDPRT”，本案例视频内容光盘路径：“X：\动画演示\ch2\2.11 平行四边.swf”。

（1）执行命令。在草图绘制状态下，执行【工具】→【草图绘制实体】→【平行四边形】菜单命令，或者单击平行四边形按钮，此时鼠标变为形状。

（2）绘制平行四边形的第一个点。在绘图区域单击鼠标左键，确定平行四边形的第一个点 1；

（3）绘制平行四边形的第二个点。移动鼠标，在合适的位置单击鼠标左键，确定平行四边形的第二个点 2。

（4）绘制平行四边形的第三个点。移动鼠标，在合适的位置单击鼠标左键，单击左键确定平行四边形的第三个点 3，平行四边形绘制完毕。

平行四边形绘制完毕后，左键拖曳平行四边形的一个角点，可以动态地改变平行四边的尺寸。

在绘制完平行四边形的点 1 与点 2 后，然后按住【Ctrl】键，移动鼠标可以改变平行四边形，如图 2-23 所示为绘制的一个平行四边形。

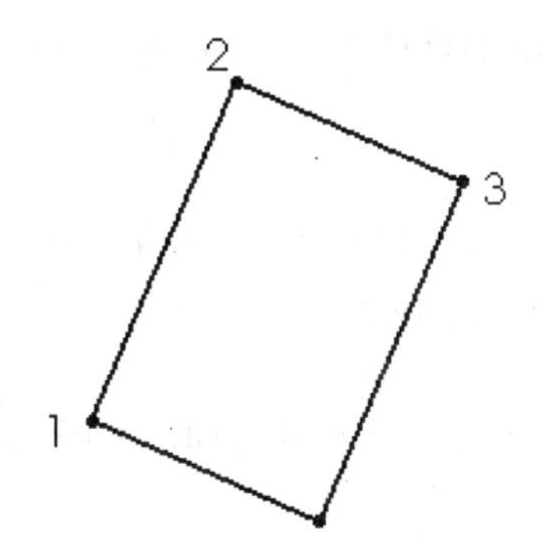

图 2-22　绘制的平行四边形

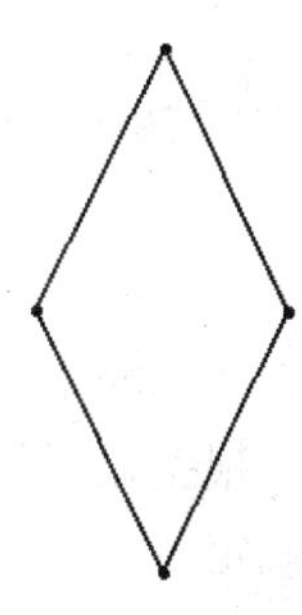

图 2-23　任意形状平行四边形

2.2.7　多边形的绘制

多边形是由最少 3 条边，最多 1 024 条长度相等的边组成的封闭线段。绘制多边形的方式是指定多边形的中心，以及对应该多边形的内切圆或外接圆的直径。

【案例 2-12】本案例源文件光盘路径：“X：\源文件\ch2\ 2.9.SLDPRT”，本案例视频内容光盘路径：“X：\动画演示\ch2\2.12 多边形.swf”。

绘制一个多边形的操作步骤如下。

（1）单击多边形按钮，或执行【工具】→【草图绘制实体】→【多边形】命令，这时鼠标指针形状变为形状。

（2）此时弹出“多边形”属性管理器，如图 2-24 所示。

图 2-24 “多边形”属性管理器

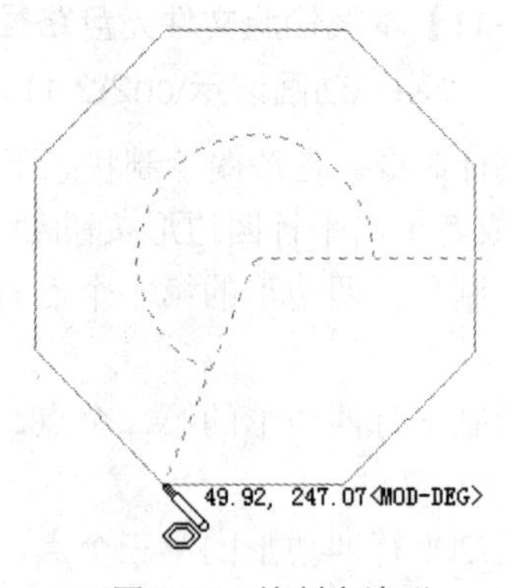

图 2-25 绘制多边形

（3）在“参数”选项栏中设置多边形的属性。

- 微调框：用于指定多边形的边数。
- 微调框：用于指定多边形中央的 x 坐标。
- 微调框：用于指定多边形中央的 y 坐标。
- 微调框：用于指定多边形的内切圆或外接圆的直径；该选项决定于是选了内切圆还是外接圆。
- ：指定多边形旋转的角度。
- “新多边形”按钮：单击该按钮，将在关闭属性管理器之前生成另一个多边形。

（4）可以在设置好属性后单击按钮完成多边形的绘制。

（5）也可以在多边形的中心位置单击。

（6）拖曳鼠标，根据显示的多边形半径和角度，调整好大小和方向，如图 2-25 所示。

（7）单击鼠标确定多边形。

2.2.8 椭圆和椭圆弧的绘制

在几何学中，一个椭圆是由两个轴和一个中心点定义的。椭圆的形状和位置由 3 个因素决定：中心点、长轴、短轴。椭圆轴决定了椭圆的方向，中心点决定了椭圆的位置。

【案例 2-13】本案例源文件光盘路径：“X：\源文件\ch2\ 2.10.SLDPRT”，本案例视频内容光盘路径：“X：\动画演示\ch2\2.13 椭圆.swf”。

（1）单击椭圆按钮，或执行【工具】→【草图绘制实体】→【椭圆】命令，此时鼠标指针变为形状。

（2）在放置椭圆中心点的位置单击。

（3）拖曳鼠标并再次单击以设定椭圆的长轴。

（4）拖曳鼠标并再次单击以设定椭圆的短轴。

椭圆弧是椭圆的一部分。如同由圆心、圆弧起点和圆弧终点生成圆弧一样，也可以由中心点、椭圆弧起点以及终点生成椭圆弧。在执行【工具】→【草图工具】命令后的所有命令并非都有相应的工具按钮，椭圆弧就是其中之一。

【案例 2-14】本案例源文件光盘路径："X：\源文件\ch2\ 2.11.SLDPRT"，本案例视频内容光盘路径："X：\动画演示\ch2\2.14 椭圆弧.swf"。

（1）执行【工具】→【草图工具】→【椭圆弧】命令，此时鼠标指针变为形状。

（2）在图形区域单击以放置椭圆的中心点。

（3）拖曳鼠标并单击以定义出椭圆的一个轴。

（4）拖曳鼠标并单击以定义出椭圆的第二个轴，同时定义了椭圆弧的起点。

（5）保留圆周引导线，绕圆周拖曳鼠标来定义椭圆的范围，如图 2-26 所示。

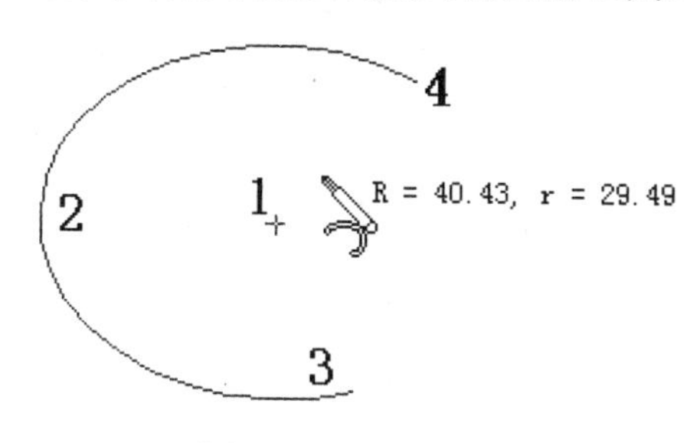

图 2-26　绘制椭圆弧

2.2.9　抛物线的绘制

要绘制一条抛物线，操作步骤如下。

【案例 2-15】本案例源文件光盘路径："X：\源文件\ch2\ 2.13.SLDPRT"，本案例视频内容光盘路径："X：\动画演示\ch2\2.15 抛物线.swf"。

（1）单击抛物线按钮，或执行【工具】→【草图工具】→【抛物线】命令，鼠标指针变为形状。

（2）单击鼠标以放置抛物线的焦点，然后拖曳鼠标以放大抛物线。

（3）画出抛物线，弹出"抛物线"属性管理器。

（4）单击抛物线并拖曳来定义曲线的范围。

要修改抛物线操作步骤如下。

（1）单击选择按钮，当鼠标指针位于抛物线上时会变成形状。

（2）选择一抛物线，此时弹出"抛物线"属性管理器。

（3）拖曳顶点以形成曲线。当选择顶点时鼠标指针变成形状。

- 如要展开曲线，将顶点拖离焦点。在移动顶点时，移动图标弹出在鼠标指针旁，如图 2-27（a）所示。
- 如要制作更尖锐的曲线，请将顶点拖向焦点。
- 如要改变抛物线一个边的长度而不修改抛物线的曲线，选择一个端点并拖曳，如图 2-27（b）所示。
- 如要将抛物线移到新的位置，选择抛物线的曲线并将其拖曳到新位置，如图 2-27（c）所示。
- 如要修改抛物线两边的长度而不改变抛物线的圆弧，将抛物线拖离端点，如图 2-27（d）所示。

- 要修改抛物线属性，只须在草图中选择抛物线后在“抛物线”属性管理器中编辑其属性。

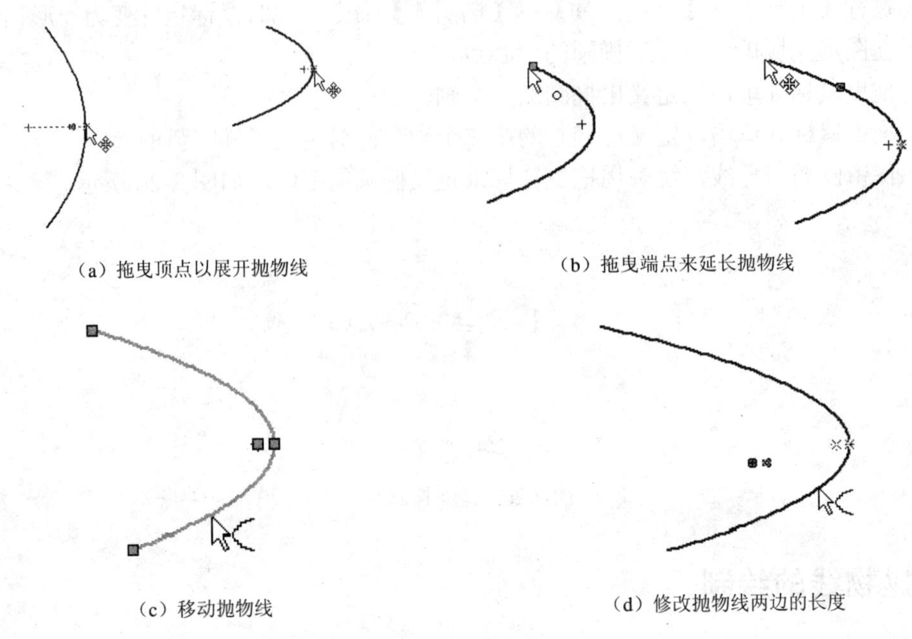

（a）拖曳顶点以展开抛物线　（b）拖曳端点来延长抛物线

（c）移动抛物线　（d）修改抛物线两边的长度

图 2-27　抛物线

2.2.10　样条曲线的绘制

样条曲线是由一组点定义的光滑曲线，样条曲线经常用于精确地表示对象的造型。SolidWorks 也可以生成样条曲线，最少只须两个点就可以绘制一条样条曲线，还可以在其端点指定相切的几何关系。

【案例 2-16】本案例源文件光盘路径：“X：\源文件\ch2\ 2.14.SLDPRT”，本案例视频内容光盘路径：“X：\动画演示\ch2\2.16 样条.swf”。

绘制样条曲线，操作步骤如下。

（1）单击样条曲线按钮或执行【工具】→【草图绘制实体】→【样条曲线】命令，这时鼠标指针变为形状。

（2）单击鼠标以放置样条曲线的第一个点，然后拖曳鼠标弹出第一段。此时弹出“样条曲线”属性管理器。

（3）单击终点然后拖曳出第二段。

（4）重复以上步骤直到完成样条曲线。

如果要改变样条曲线的形状，操作步骤如下。

【案例 2-17】本案例源文件光盘路径：“X：\源文件\ch2\ 2.15.SLDPRT”，本案例视频内容光盘路径：“X：\动画演示\ch2\2.17 编辑样条.swf”。

（1）使用选择按钮选中样条曲线，此时弹出样条曲线上的控标，如图 2-28 所示。

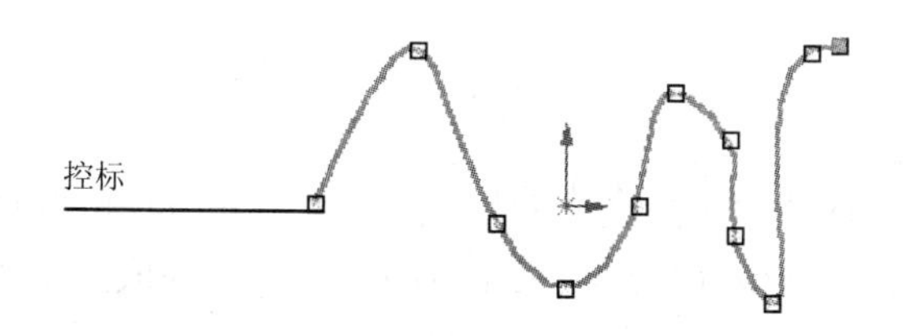

图 2-28 样条曲线上的控标

（2）可以使用以下方法修改样条曲线。

- 拖曳控标来改变样条曲线的形状。
- 添加或移除通过样条曲线的点来帮助改变样条曲线的形状。
- 用鼠标右键单击样条曲线，在弹出的快捷菜单中执行【样条曲线型值点】命令，此时鼠标指针变为形状。在样条曲线上单击一个或多个需插入点的位置。要删除曲线型值点，只要选中它后，再按【Delete】键即可。用户既可以拖曳型值点来改变曲线形状，也可以通过型值点进行尺寸标注或添加几何关系来改变曲线形状。
- 用鼠标右键单击样条曲线，在弹出的快捷菜单中执行【移动方框】命令。通过移动或旋转方框操纵样条曲线的形状，如图 2-29（a）所示。

注意：

移动方框可以用于在 SolidWorks 中生成的可以调整的样条曲线。它不能用于输入的或转换的样条曲线。

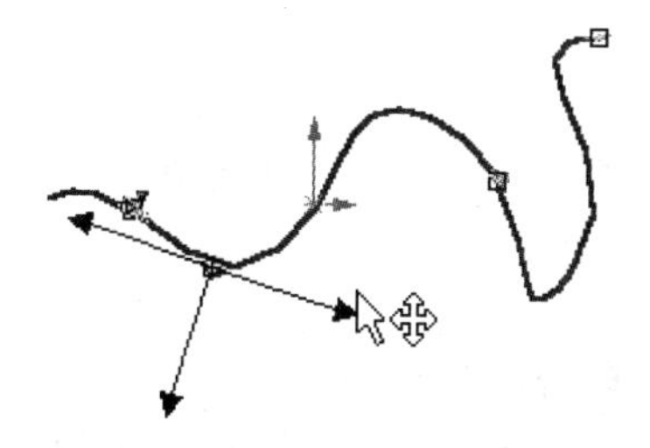

（a）操纵样条曲线的形状

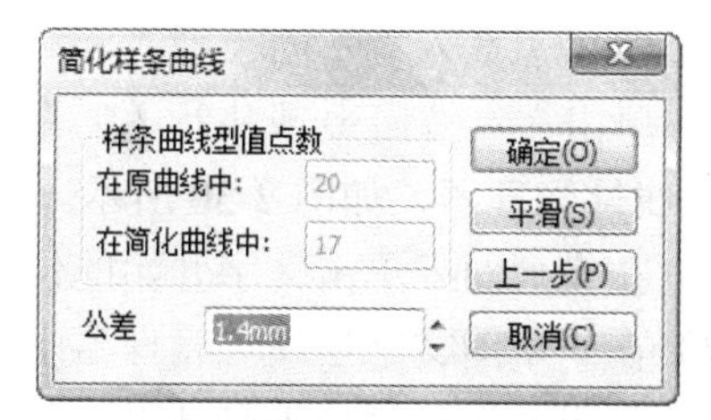

（b）“简化样条曲线”对话框

图 2-29 样条曲线

- 用鼠标右键单击样条曲线，在弹出的快捷菜单中执行【简化样条曲线】命令。在弹出的“简化样条曲线”对话框（图 2-29（b））中对样条曲线进行平滑处理。SolidWorks 2008 将调整公差并计算生成点更少的新曲线。点的数量在“原曲线中”和“简化曲线中”框中显示，公差在公差框中显示。原始样条曲线显示在图形区域中，并给出平滑曲线的预览。简化样条曲线可提高包含复杂样条曲线模型的性能。

注意：

如有必要，可单击【先前】按钮返回到上一步，可多次单击直至返回到原始曲线。

（3）单击“简化样条曲线”对话框中的【平滑】按钮，当将样条曲线简化到两个点时，该样条曲线将与所连接的直线或曲线相切。

除了绘制的样条曲线外，SolidWorks 2008 还可以通过输入和使用如转换实体引用、等距实体、交叉曲线以及面部曲线等工具而生成的样条曲线。

2.2.11 分割曲线

分割曲线工具 用于分割一条曲线来生成两个草图实体。通过它不仅可以将一个草图实体分割生成两个草图实体，还可以删除一个分割点，从而将两个实体合并成一个实体。此外还可以为分割点标注尺寸，也可以在管道装配体中的分割点处插入零件。

分割草图实体，操作步骤如下。

（1）打开包含需分割实体的草图。

（2）执行【工具】→【草图工具】→【分割曲线】命令。

（3）当鼠标指针位于可以被分割的草图实体时，其形状会变为 。单击草图实体上的分割位置。该草图即被分割成两个实体，并且在这两个实体之间会添加一个分割点。

（4）要将两个被分割的草图实体合并成一个实体，只须单击分割点，然后按【Delete】键即可。

2.2.12 在模型面上插入文字

SolidWorks 可以在一个零件上通过拉伸凸台或切除插入文字。

【案例 2-18】本案例源文件光盘路径：“X：\源文件\ch2\ 2.16.SLDPRT”，本案例视频内容光盘路径：“X：\动画演示\ch2\2.18 文字.swf”。

在模型的面上插入文字，操作步骤如下。

（1）单击需插入文字的模型面，打开一张新草图。

（2）单击文字按钮 或执行【工具】→【草图绘制实体】→【文字】命令，这时弹出“草图文字”属性管理器，如图 2-30 所示。

（3）在模型面上单击文字开始的位置。

（4）在“草图文字”属性管理器中的“文字”框中键入要插入的文字。

（5）如果要选择字体的样式及大小，取消“使用文件字体”复选框，然后单击“字体”按钮打开“选择字体”对话框，如图 2-31 所示。在其中指定字体的样式和大小，单击【确定】按钮关闭该对话框。

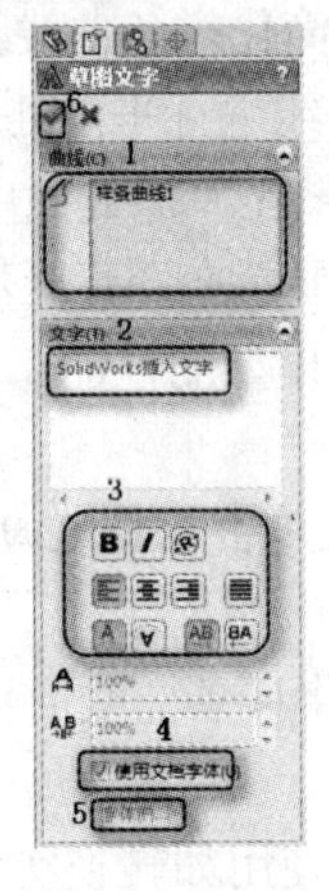

图 2-30 “草图文字”属性管理器

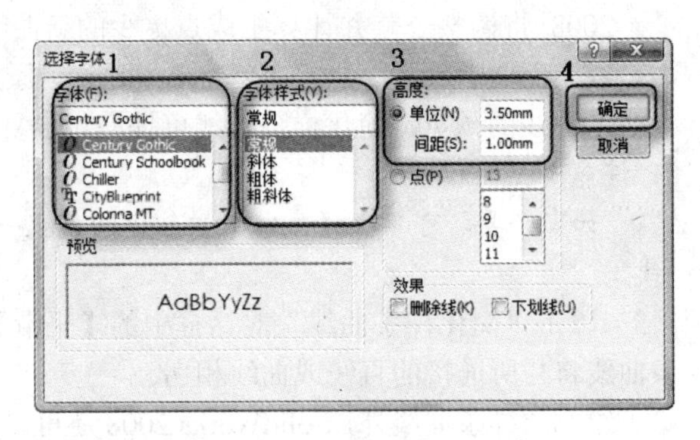

图 2-31 “选择字体”对话框

（6）在“草图文字”属性管理器中的“比例”微调框中指定文字的放大或缩小比例。

（7）修改好文字，单击按钮。

（8）如果要改变文字的位置或方向，使用以下方法中的一种：

- 用鼠标拖曳文字；
- 通过在文字草图中为文字定位点标注尺寸或添加几何关系定位文字；
- 使用修改草图工具指定文字的方向和位置。

（9）欲拉伸文字，单击“特征”操控板上的拉伸凸台/基体按钮，或执行【插入】→【凸台】→【拉伸】命令，通过“拉伸凸台/基体”属性管理器来设置拉伸特征。图 2-32（a）展示了拉伸文字的效果。

（10）欲切除文字，单击“特征”操控板上的拉伸切除按钮，或执行【插入】→【切除】→【拉伸】命令，通过“拉伸切除”属性管理器来设置拉伸特征。图 2-32（b）展示了切除文字的效果。

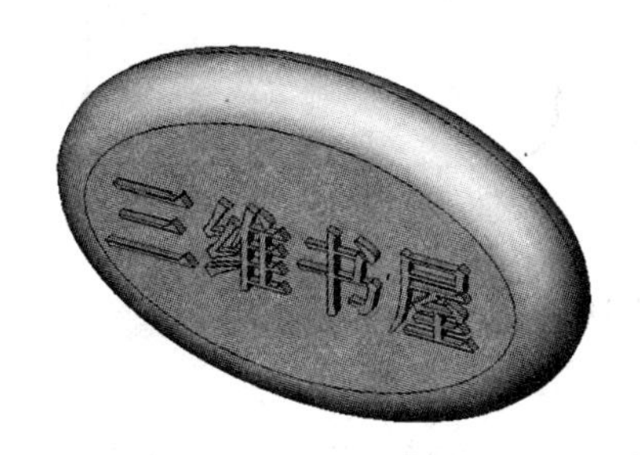

（a）拉伸文字效果

（b）切除文字效果

图 2-32　文字

2.2.13　圆角的绘制

绘制圆角工具是将两个草图实体的交叉处剪裁掉角部，生成一个与两个草图实体都相切的圆弧，此工具在二维和三维草图中均可使用。

下面以绘制如图 2-34（b）所示的圆角为例说明绘制圆角的步骤。

【案例 2-19】本案例源文件光盘路径：“X：\源文件\ch2\ 2.19.SLDPRT”，本案例视频内容光盘路径：“X：\动画演示\ch2\2.19 圆角.swf”。

（1）执行命令。在草图编辑状态下，执行【工具】→【草图工具】→【圆角】菜单命令，或者单击“草图”操控板上的绘制圆角图标，此时系统弹出如图 2-33 所示的“绘制圆角”属性管理器。

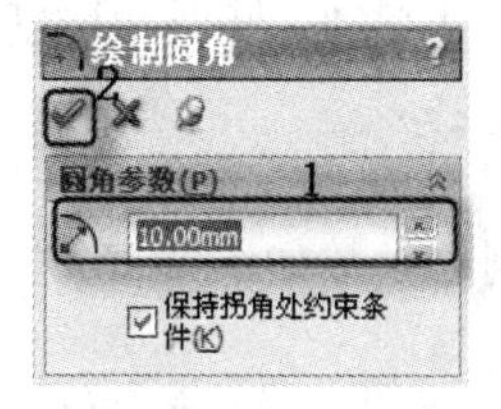

图 2-33　绘制圆角属性管理器

（2）设置圆角属性。在“绘制圆角”属性管理器中，设置圆角的半径。如果顶点具有尺寸或几何关系，选中保持拐角处约束条件复选框，将保留虚拟交点。如果不选中该复选框，且如果顶点具有尺寸或几何关系，将会询问您是否想在生成圆角时删除这些几何关系。

（3）选择绘制圆角的直线。设置好“绘制圆角”属性管理器，用鼠标左键选择如图 2-34（a）所示中的直线 1 和 2、直线 2 和 3、直线 3 和 4、直线 4 和 1。

（4）确认绘制的圆角。单击“绘制圆角”属性管理器中的确定图标，绘制后的图形如图 2-34（b）所示，完成圆角的绘制。

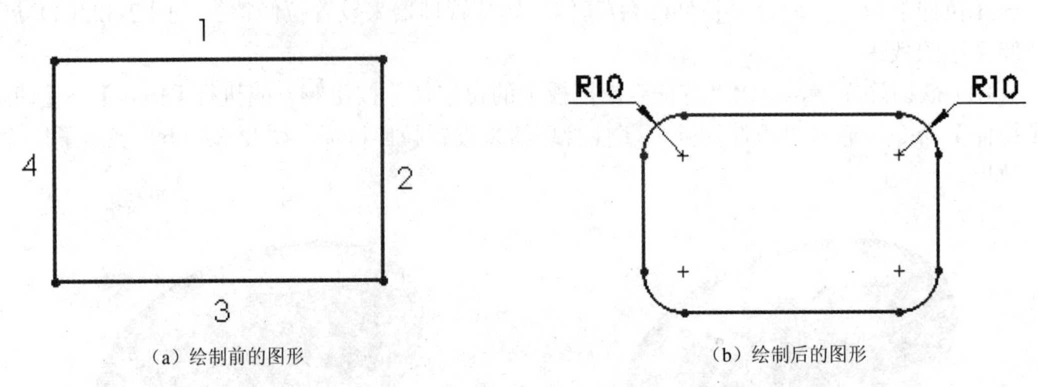

（a）绘制前的图形　　（b）绘制后的图形

图 2-34　圆角绘制过程

注意：

SolidWorks 可以将两个非交叉的草图实体进行圆角处理。执行圆角命令后，草图实体将被拉伸，边角将被圆角处理。

如果选择了没有被标注的非交叉实体， 则所选实体将首先被延伸，然后生成圆角。

2.2.14　倒角的绘制

绘制倒角工具是将倒角应用到相邻的草图实体中，此工具在二维和三维草图中均可使用。倒角的选取方法与圆角相同。“绘制倒角”属性管理器中提供了倒角的两种设置方式，分别是“角度-距离”设置倒角方式和“距离-距离”设置倒角方式。

下面以绘制如图 2-37（b）所示的倒角为例说明绘制倒角的操作步骤。

【案例 2-20】本案例源文件光盘路径：“X：\源文件\ch2\ 2.20.SLDPRT”，本案例视频内容光盘路径：“X：\动画演示\ch2\2.20 倒角.swf”。

（1）执行命令。在草图编辑状态下，执行【工具】→【草图工具】→【倒角】命令，或者单击“草图”操控板上的绘制倒角图标，此时系统弹出如图 2-35 所示的“绘制圆角”属性管理器。

（2）设置“角度距离”倒角方式。在“绘制倒角”属性管理器中，按照如图 2-35 所示以“距离-距离”选项设置倒角方式，倒角参数如图 2-36 所示，然后选择如图 2-37（a）所示中的直线 1 和直线 4。

（3）设置“距离－距离”倒角方式。在“绘制倒角”属性管理器中，单击“距离－距离”

选项，按照如图 2-36 所示设置倒角方式，然后选择如图 2-37（b）所示中的直线 2 和直线 3。

（4）确认倒角。单击“绘制倒角”属性管理器中的确定图标✔，完成倒角的绘制。

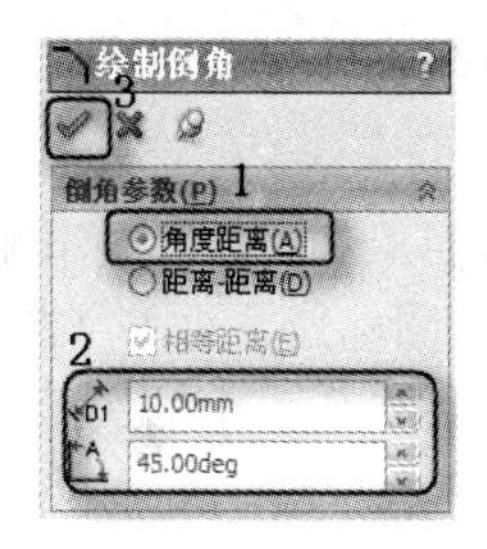

图 2-35　“角度-距离”设置方式

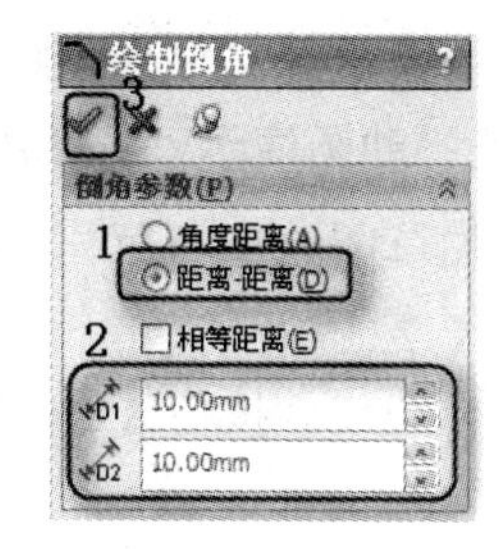

图 2-36　“距离-距离”设置方式

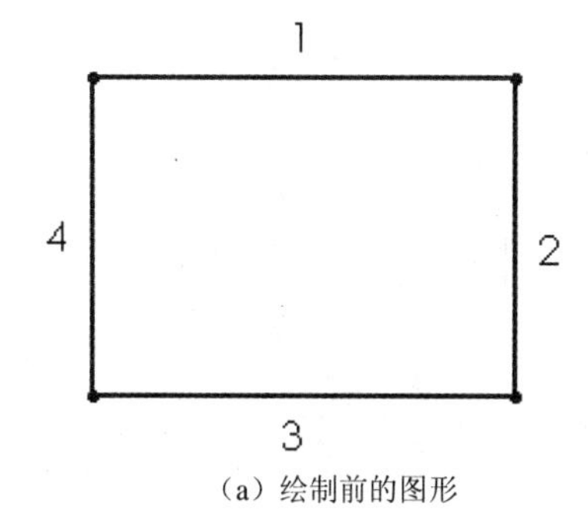

（a）绘制前的图形

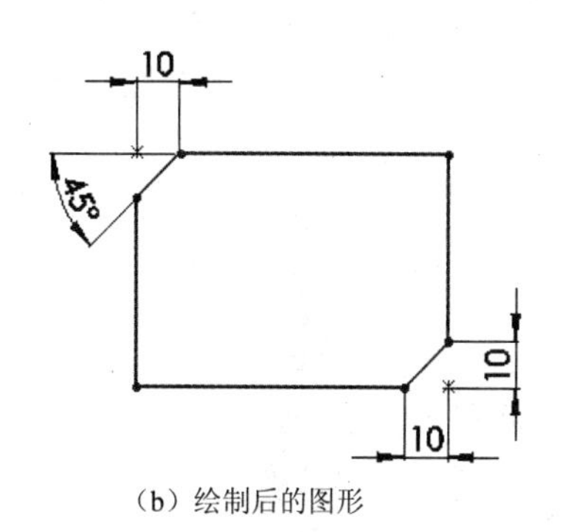

（b）绘制后的图形

图 2-37　倒角绘制过程

以“距离-距离”方式绘制倒角时，如果设置的两个距离不相等，选择不同草图实体的次序不同，绘制的结果也不相同。如图 2-38 所示，设置 D1=10，D2=20，如图 2-38（a）所示为原始图形；如图 2-38（b）所示为先选取左边的直线，后选择右边直线形成的图形；如图 2-38（c）所示为先选取右边的直线，后选择左边直线形成的图形。

（a）原始图形

（b）先左后右的图形

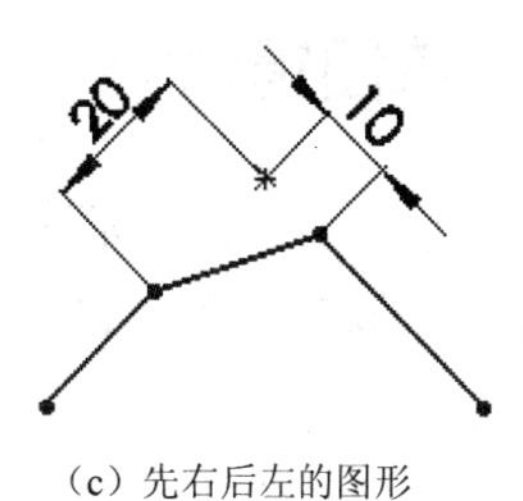

（c）先右后左的图形

图 2-38　选择直线次序不同形成的倒角

2.3　对草图实体的操作

2.3.1　转换实体引用

转换实体引用是通过已有模型或者草图，将其边线、环、面、曲线、外部草图轮廓线、一组边线或一组草图曲线投影到草图基准面上。通过这种方式，可以在草图基准面上生成一或多个草图实体。使用该命令时，如果引用的实体发生更改，那么转换的草图实体也会相应的改变。

下面以如图 2-39 所示为例说明转换实体引用的操作步骤。

【案例 2-21】本案例源文件光盘路径："X：\源文件\ch2\ 2.21.SLDPRT"，本案例视频内容光盘路径："X：\动画演示\ch2\2.21 实体引用.swf"。

（1）选择添加草图的基准面。在特征管理器中的树状目录中，选择要添加草图的基准面，本例选择基准面 1，然后单击"草图"操控板上的草图绘制图标，进入草图绘制状态。

（2）选择实体边线。按住【Ctrl】键，选取如图 2-39（a）所示中的边线 1、2、3、4 以及圆弧 5。

（3）执行命令。执行【工具】→【草图工具】→【转换实体引用】菜单命令，或者单击转换实体引用按钮，转换实体引用。

（4）确认转换实体。退出草图绘制状态，如图 2-39（b）所示为转换实体引用后的图形。

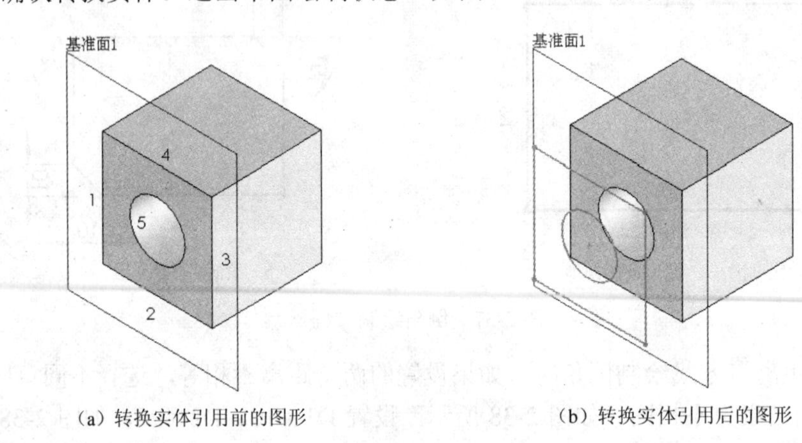

（a）转换实体引用前的图形　　（b）转换实体引用后的图形

图 2-39　转换实体引用过程

2.3.2　草图镜像

在绘制草图时，经常要绘制对称的图形，这时可以使用镜像实体命令来实现。"镜向"属性管理器如图 2-40 所示。

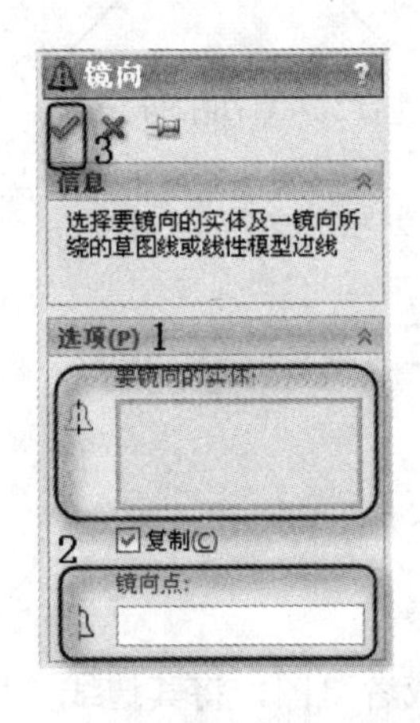

图 2-40　"镜向"属性管理器

在 SolidWorks 2008 中，镜像点不再仅限于构造线，它可以是任意类型的直线。SolidWorks 提供了两种镜向方式，一种是镜向现有草图实体；另一种是在绘制草图动态镜向草图实体。

1. 镜像现有草图实体

下面以图 2-41 所示为例介绍镜像现有草图实体的操作步骤，如图 2-41（a）所示为镜像前的图形，如图 2-41（b）所示为镜像后的图形。

【案例 2-22】本案例源文件光盘路径：“X：\源文件\ch2\ 2.22.SLDPRT”，本案例视频内容光盘路径：“X：\动画演示\ch2\2.22 镜像 1.swf”。

（1）执行命令。在草图编辑状态下，执行【工具】→【草图工具】→【镜向】菜单命令，或者单击镜向实体图标，此时鼠标变为形状，此时系统弹出“镜向”属性管理器。

（2）选择需要镜像的实体。用鼠标左键单击属性管理器中“要镜向实体”一栏下面的对话框，其变为粉红色，然后在绘图区域中框选择如图 2-41（a）所示中直线左侧的图形。

（3）选择镜像点。用鼠标左键单击属性管理器中“镜向点”一栏下面的对话框，其变为粉红色，然后在绘图区域中选择如图 2-41（a）所示中的直线。

（4）确认镜像的实体。单击“镜向”属性管理器中的确定图标，草图实体镜像完毕，结果如图 2-41（b）所示。

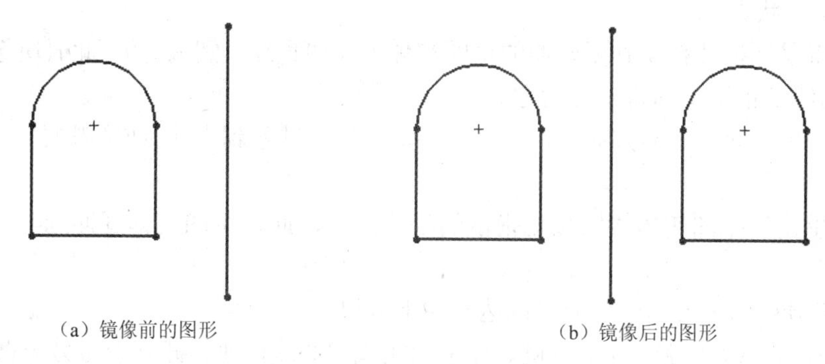

（a）镜像前的图形　　（b）镜像后的图形

图 2-41　镜像草图过程

2. 动态镜像草图实体

如图 2-42 所示为例说明动态镜向草图实体的绘制过程，操作步骤如下：

【案例 2-23】本案例源文件光盘路径：“X：\源文件\ch2\ 2.23.SLDPRT”，本案例视频内容光盘路径：“X：\动画演示\ch2\2.23 镜像 2.swf”。

（1）确定镜像点。在草图绘制状态下，首先在绘图区域中绘制一条中心线，并选取它。

（2）执行【镜向】命令。执行【工具】→【草图工具】→【动态镜向】菜单命令，此时对称符号弹出在中心线的两端。

（3）镜像实体。在中心线的一侧绘制草图，此时另一侧会动态地镜像绘制的草图。

（4）确认镜像实体。草图绘制完毕后，再次执行直线动态草图实体命令，即可结束该命令的使用。

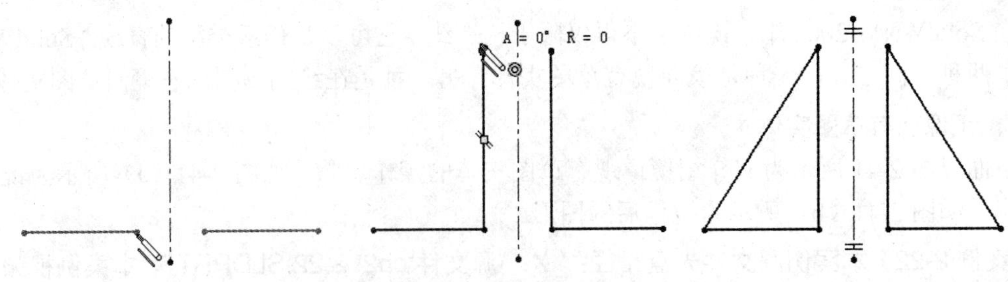

图 2-42 动态镜像草图实体过程图示

■ 注意：

镜像实体在三维草图中不可使用。

2.3.3 延伸和裁剪实体

草图延伸是指将草图实体延伸到另一个草图实体，经常用来增加草图实体（直线、中心线或圆弧）的长度。

（1）单击草图延伸按钮，或执行【工具】→【草图工具】→【延伸】命令。这时鼠标指针变为形状。

（2）将鼠标指针移动到要延伸的草图实体上（如直线、圆弧等），此时所选实体显示为红色，绿色的线条指示实体将延伸的方向。

（3）如果要向相反的方向延伸实体，则将鼠标指针移到直线 或圆弧的另一半上，并观察新的预览。

（4）单击该草图实体接收预览指示的延伸效果，此时草图实体延伸到与下一个可用的草图实体相交。

SolidWorks 2008 的草图裁剪可以达到如下效果。

- 剪裁直线、圆弧、圆、椭圆、样条曲线或中心线，使其截断于与另一直线、圆弧、圆、椭圆、样条曲线或中心线的交点处。
- 删除一条直线、圆弧、圆、椭圆、样条曲线或中心线。

裁剪草图实体，操作如下。

（1）单击草图裁剪按钮，或执行【工具】→【草图工具】→【裁剪】命令，此时鼠标指针变为形状。

（2）在草图上移动鼠标指针，到希望裁剪（或删除）的草图线段上，这时线段显示为红色高亮度。

（3）单击鼠标指针，则线段将一直删除直至其与另一草图实体或模型边线的交点处。如果草图线段没有和其他草图实体相交，则整条草图线段都将被删除。

2.3.4 等距实体

等距实体是指在距草图实体相等距离（可以是双向）的位置上生成一个与草图实体相同形状的草图，如图 2-43 所示。SolidWorks 2008 可以生成模型边线、环、面、一组边线、侧影轮廓线或一组外部草图曲线的等距实体。此外还可以在绘制三维草图时使用该功能。

在生成等距实体时，SolidWorks 应用程序会自动在每个原始实体和相对应的等距实体之间建立几何关系。如果在重建模型时原始实体改变，则等距生成的曲线也会随之改变。

如果要从等距模型的边线来生成草图曲线，操作如下。

【案例 2-24】本案例源文件光盘路径："X：\源文件\ch2\ 2.24.SLDPRT"，本案例视频内容光盘路径："X：\动画演示\ch2\2.24 等距实体.swf"。

（1）在草图中选择一个或多个草图实体、一个模型面、一条模型边线或外部草图曲线。

（2）单击等距实体按钮，或执行【工具】→【草图工具】→【等距实体】命令。

（3）在弹出的"等距实体"属性管理器（见图 2-44）中设置如下等距属性。

- 在距离微调框中输入等距量。
- 系统会根据鼠标指针的位置预览等距的方向。单击"反向"单选按钮则会在与预览相反的方向上生成等距实体。
- "选择链"选项用来生成所有连续草图实体的等距实体。
- 如果选择了【双向】单选按钮，则会在两个方向上生成等距实体。

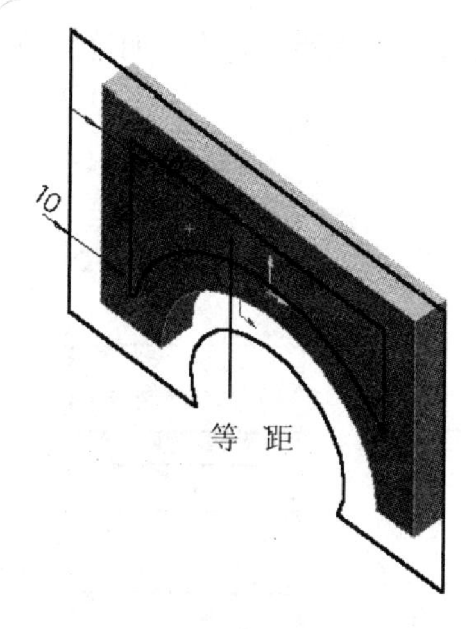

图 2-43　等距实体（双向）效果

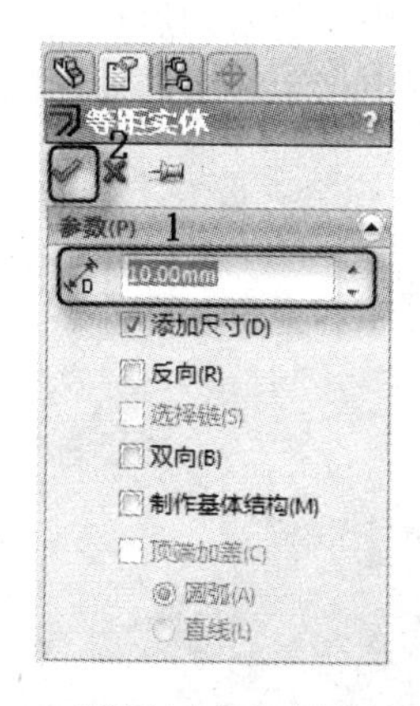

图 2-44　"等距实体"属性管理器

（4）单击按钮，从而生成等距实体。

（5）如果要更改等距量，只须双击等距量尺寸，在随后弹出的"修改"对话框中输入新的等距量。

2.3.5　构造几何线的生成

构造几何线用来协助生成最终会被包含在零件中的草图实体及几何体。当用草图来生成特征时，忽略构造几何线。利用构造几何线工具可以将草图或工程图中所绘制的曲线转换为构造几何线。

如果要将工程图或草图中的草图实体转换为构造几何线，操作如下。

（1）利用选择工具在工程图或草图中选择一个或多个草图实体。

（2）单击构造几何线按钮，或执行【工具】→【草图绘制实体】→【构造几何线】命令，即可将该草图实体转换为构造几何线。

2.3.6 线性草图排列和复制

通过使用线性草图排列和复制功能，可以生成参数式和可编辑的草图实体性阵列，如图2-45所示。

要生成线性草图排列和复制阵列，操作如下。

【案例 2-25】本案例源文件光盘路径："X：\源文件\ch2\ 2.26.SLDPRT"，本案例视频内容光盘路径："X：\动画演示\ch2\2.25 线型阵列.swf"。

（1）利用选择工具选取要复制的项目。

（2）单击线性草图排列和复制按钮，或执行【工具】→【草图工具】→【线性草图排列和复制】命令。

（3）在弹出的"线性阵列"属性管理器（见图2-46）中设定草图排列的参数。

- 在"方向1"栏中的框中设置要排列的实例总数（包括原始草图在内）。
- 在框中设置实例之间的距离。
- 如果选择了"添加尺寸"复选框，则在排列完成后，间距值将作为明确的数值显示。
- 在框中，设置角度值。
- 单击图中指示箭头，反转阵列方向。

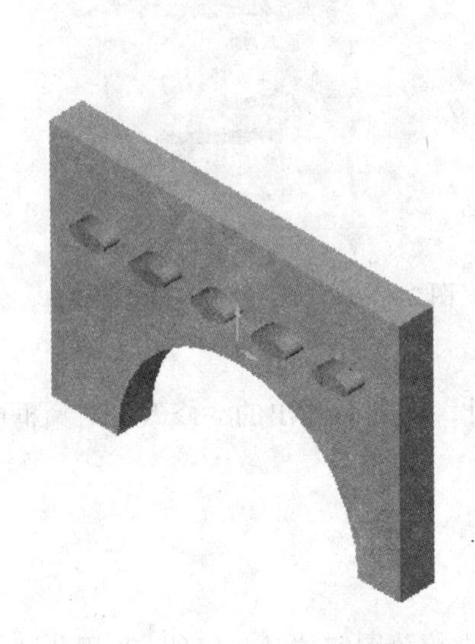

图2-45 草图实体性阵列效果

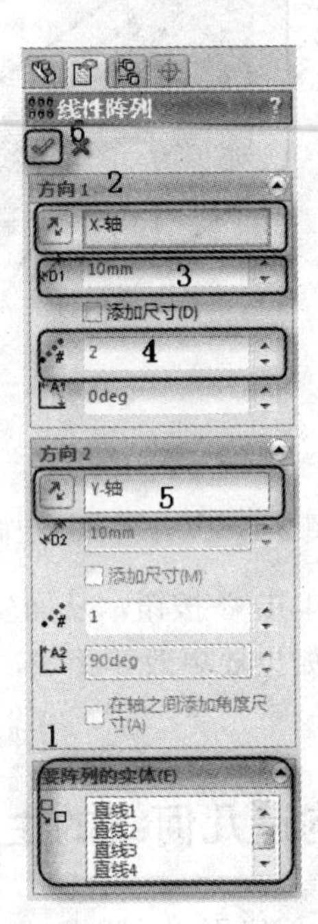

图2-46 "线性阵列"属性管理器

（4）单击绘图区，可实现预览，查看整个排列。

（5）如果要生成一个二维排列，重复步骤（3），在"方向2"栏中设置排列。

（6）也可以通过拖曳排列预览中所选的点来改变间距和角度，如图2-47所示。

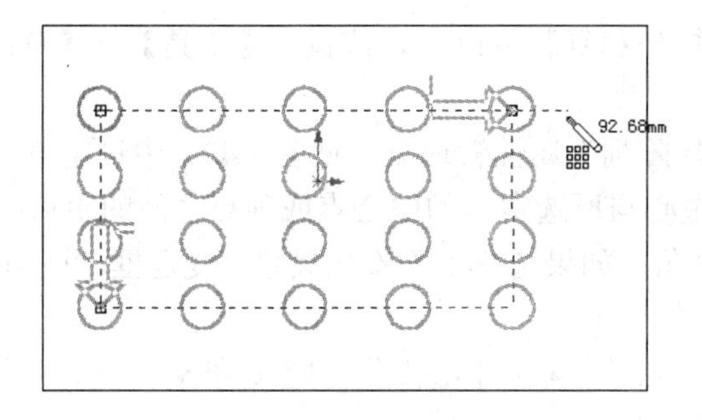

图 2-47　拖曳所选点来改变阵列间距

（7）如果定义了两个阵列方向，则可以选择“限制轴之间的角度”复选框。

（8）单击【确定】按钮完成草图实体排列。

在“实例”方框内，每个实例均由一组指明其列与行位置的编号表示。

- 如果要删除排列中的实例，在“实例”列表框中选择其列与行的标识，然后按【Delete】键，则草图实例消失，其标识移动到“删除的实例”方框中。
- 如果要恢复刚删除的草图实例，在“删除的实例”框中选择标识，然后再次按【Delete】键，则草图实例恢复，其标识回到“实例”框内。

如果要对制作好的草图阵列进行修改，则可以利用编辑线性草图排列和复制工具。

（1）在属性管理器设计树中，用鼠标右键单击阵列草图，在弹出的快捷菜单中选择“编辑草图】命令。

（2）如果要更改阵列实例的数目，利用选择工具 选择一个实例。

（3）执行【工具】→【草图工具】→【编辑线性草图排列和复制】命令。

（4）在弹出的“线性阵列”属性管理器中更改一个方向或两个方向上的排列数目，然后单击【确定】按钮。

（5）此外，还可以使用以下方法修改阵列。

- 拖曳一个阵列实例上的点或顶点。
- 通过双击角度并在“修改”对话框中更改其数值来更改阵列的角度。
- 添加尺寸并使用“修改”对话框更改其数值。
- 为阵列实例添加几何关系。
- 选择并删除单个阵列实例。

（6）退出草图，完成新的阵列特征。

2.3.7　圆周草图排列和复制

通过使用圆周草图排列和复制功能，可以生成参数式和可编辑的草图实体性圆周阵列，如图 2-48 所示。

如果要生成圆周草图排列和复制阵列，可如下操作：

【案例 2-26】本案例源文件光盘路径：“X：\源文件\ch2\ 2.27.SLDPRT”，本案例视频内容光盘路径：“X：\动画演示\ch2\2.26 圆周阵列.swf”。

（1）在模型面上打开一张草图，并绘制一个需复制的草图实体。

（2）利用选择工具 选择草图实体。

（3）单击圆周草图排列和复制按钮，或执行【工具】→【草图工具】→【圆周草图排列和复制】命令。

（4）在弹出的“圆周阵列”属性管理器（见图 2-49）中设定草图排列的参数。

- 是指排列的中心与所选实体的中心点或顶点之间的距离；是指从所选实体中心到排列中心的夹角。如果选择了“添加尺寸”复选框，则当排列完成时，“半径”值将作为明确的数值显示。
- 、栏用于设定圆周阵列中心点位置的 x 和 y 坐标。此外，还可以通过拖曳中心点来改变中心的位置。

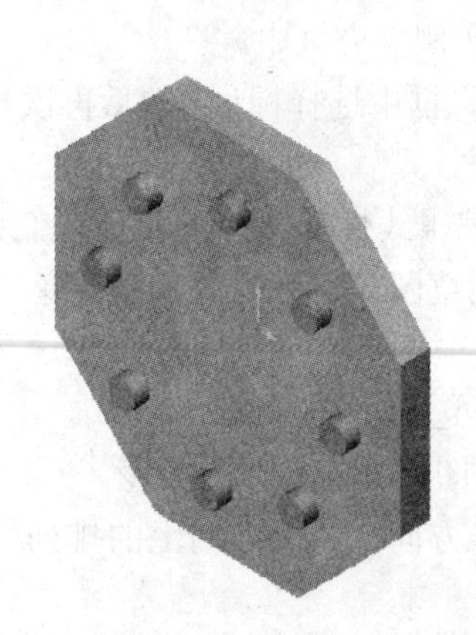

图 2-48　草图实体性圆周阵列

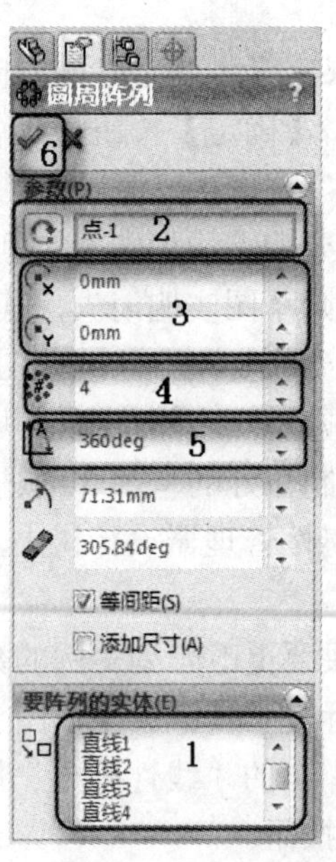

图 2-49　“圆周阵列”属性管理器

（5）用来设置所需的阵列实例总数，包括原始草图在内。如果选择“等间距”复选框，则需要在“总角度”框中设置阵列中第一和第二实例的角度。单击图中指示箭头，反转阵列方向。

（6）单击绘图区，可实现预览，查看整个排列。

（7）可以拖曳其中的一个所选点来设置半径、角度和实例之间的间距，如图 2-50 所示。

（8）单击【确定】按钮完成草图实体的圆周阵列。

在完成排列之前或之后还可以删除一个阵列实例。在“实例”框中，每个实例均由一个指明其位置的编号表示。

- 如果要删除排列中的实例，则选择要删除实例的位置编号，然后按【Delete】键，草图实例即被删除，其位置编号被移动到“删除的实例”框中去了。
- 如果要恢复删除的实例，则在“删除的实例”方框中选择位置编号，并再次单击【Delete】键，草图实例即被恢复，其位置编号回到“实例”框中去了。

如果要对制作好的草图圆周阵列进行修改，则可以利用编辑圆周排列和复制工具。

（1）在属性管理器设计树中，用鼠标右键单击阵列草图，在弹出的快捷菜单中选择“编辑草图】命令。

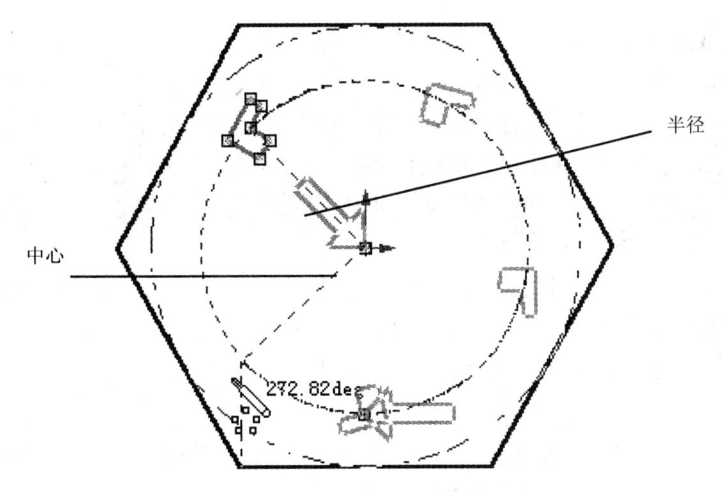

图 2-50　拖曳所选点来改变半径、角度和实例之间的间距

（2）如果要更改阵列实例的数目，利用选择工具 选择一个实例。

（3）执行【工具】→【草图工具】→【编辑圆周草图排列和复制】命令。

（4）在弹出的“圆周阵列”属性管理器中更改设置。然后单击【确定】按钮。

（5）此外，还可以使用以下方法修改阵列。

- 双击角度尺寸，然后在“修改”对话框中更改角度。
- 将阵列中心点拖曳到新的位置。
- 拖曳阵列第一个实例的中心点或顶点来更改阵列的旋转。
- 拖曳阵列第一个实例的中心点或顶点来更改阵列圆弧的半径。
- 将阵列圆弧向外拖曳，从而加大阵列的半径。
- 将阵列圆弧向圆心方向拖曳，从而缩小阵列的半径。
- 选择并删除单个阵列实例。

（6）退出草图，完成新的阵列特征。

2.3.8　修改草图工具的使用

利用 SolidWorks 提供的修改草图工具可以方便地对草图进行移动、旋转或缩放。

要利用修改草图工具对草图进行缩放、移动或旋转，可进行如下操作。

（1）在属性管理器设计树中打开或者选择一个草图。

（2）单击修改草图按钮，或执行【工具】→【草图工具】→【修改】命令。系统会弹出“修改草图”对话框，如图 2-51 所示。

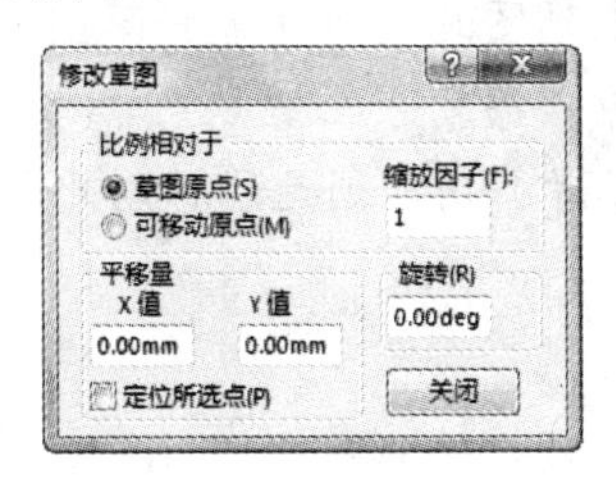

图 2-51　“修改草图”对话框

（3）在“比例相对于”栏中选择以下两种单选按钮。

- 单击“草图原点”单选按钮，相对于草图原点改变整个草图的缩放比例。
- 单击“可移动原点”单选按钮，相对于可移动原点缩放草图。

（4）在“缩放因子”栏中设置缩放的比例。

（5）如果要旋转草图，在“旋转”文本框中输入指定的旋转值。

（6）如果要移动草图，步骤如下。

- 在“平移量”栏的两个文本框中输入 X 和 Y 值，从而确定草图的平移量。
- 如果要将草图中的一个指定点移动到指定的位置，选中“定位所选点”复选框，然后在草图上选择一个点。在 X 和 Y 文本框中指定定位点要移动到的草图坐标。

（7）单击【关闭】按钮退出对话框。

除了利用“修改草图”对话框，还可以用鼠标指针对草图进行移动和旋转。

（1）在属性管理器设计树中打开或者选择一个草图。

（2）单击修改草图按钮，或执行【工具】→【草图工具】→【修改】命令。

（3）此时鼠标指针变为形状，按住鼠标左键可移动草图，按住鼠标用鼠标右键可围绕黑色原点符号旋转，如图 2-52 所示。

（4）将鼠标指针移动到黑色原点符号的中心或端点处，鼠标指针会变化为 3 种形状，从而显示 3 种翻转效果，如图 2-53 所示。单击鼠标左键会使草图沿 *X* 轴、*Y* 轴或两者的方向翻转。

（5）将鼠标指针移动到黑色原点符号的中心，鼠标指针会变为一个在左键显示黑点表示的鼠标形状。单击，从而移动此旋转中心，此时草图并不移动。

（6）单击“修改草图”对话框中“关闭”按钮完成修改。

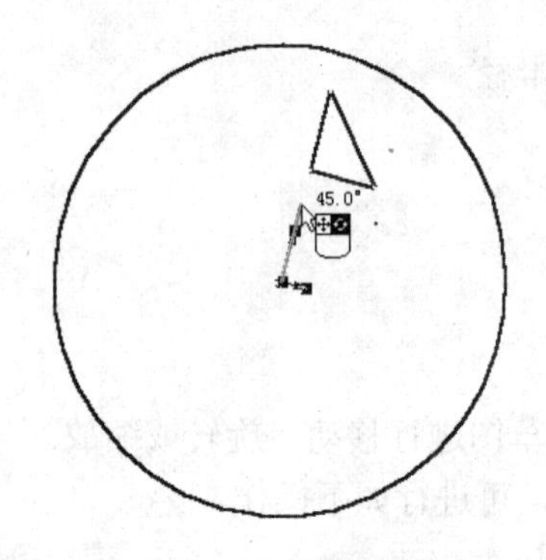

图 2-52　旋转草图

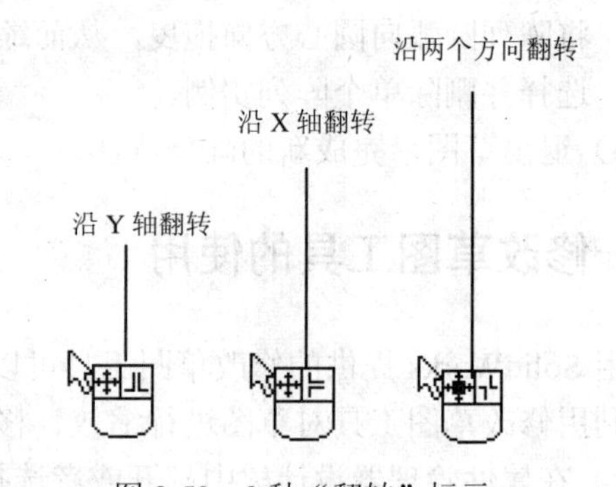

图 2-53　3 种“翻转”标示

注意：

【修改草图】命令将整个草图几何体（包括草图原点）相对于模型进行平移。草图几何体不会相对于草图原点移动。

如果草图具有多个外部参考引用，则无法移动此草图。如果草图只有一个外部点，则可以绕该点旋转草图。

2.4　尺寸标注

SolidWorks 2008 是一种尺寸驱动式系统，用户可以指定尺寸及各实体间的几何关系，更改尺寸将改变零件的尺寸与形状。尺寸标注是草图绘制过程中的重要组成部分。SolidWorks 虽然可以捕捉用户的设计意图，自动进行尺寸标注，但由于各种原因有时自动标注的尺寸不理想，此时用户必须自己进行尺寸标注。

2.4.1　度量单位

在 SolidWorks 2008 中可以使用多种度量单位，包括埃、毫微米（纳米）、微米、毫米、厘米、米、英寸、英尺。设置单位的方法在第 1 章中已讲述，这里不再赘述。

2.4.2　线性尺寸的标注

线性尺寸用于标注直线段的长度或两个几何元素间的距离，如图 4-54 所示。

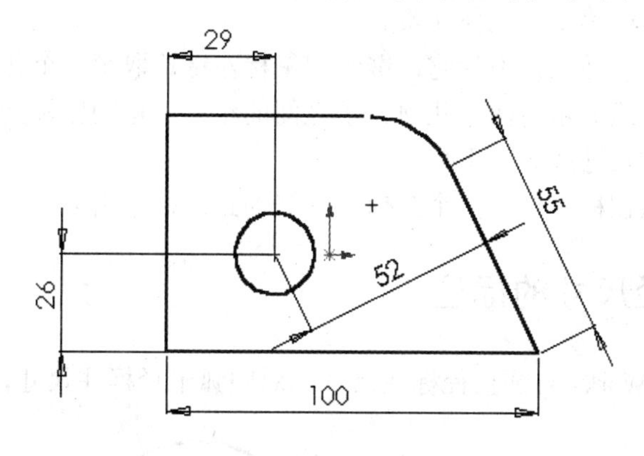

图 2-54　线性尺寸的标注

要标注直线长度尺寸操作如下。

【案例 2-27】本案例源文件光盘路径："X：\源文件\ch2\ 2.28.SLDPRT"，本案例视频内容光盘路径："X：\动画演示\ch2\2.27 线性标注.swf"。

（1）单击尺寸/几何关系操控板上的尺寸标注按钮，此时鼠标指针变为形状。

（2）将鼠标指针放到要标注的直线上，这时鼠标指针变为形状，要标注的直线以红色高亮度显示。

（3）单击鼠标，则标注尺寸线弹出并随着鼠标指针移动，如图 2-55（a）所示。

（4）将尺寸线移动到适当的位置后单击鼠标则尺寸线被固定下来。

（5）如果在"系统选项"选项卡中选择了"标注尺寸时输入尺寸值"复选框，尺寸线被固定下来时会弹出"修改"对话框，如图 2-55（b）所示。

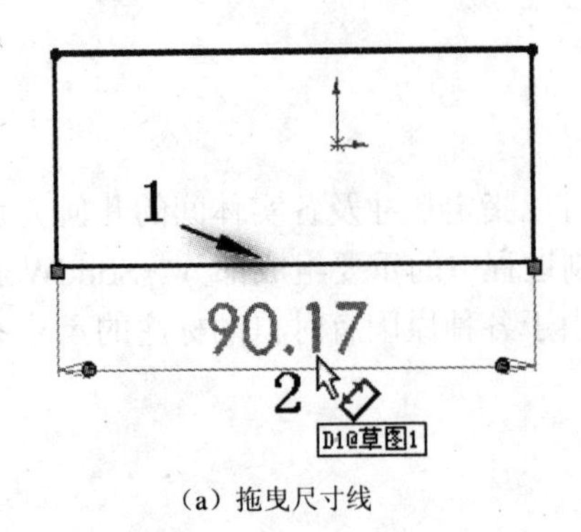

（a）拖曳尺寸线

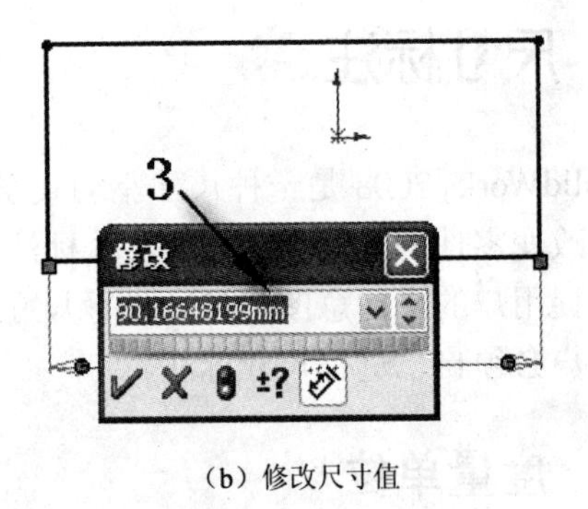

（b）修改尺寸值

图 2-55　直线标注

（6）在“修改”微调框中输入直线的长度，单击✓按钮便完成了标注。

（7）如果没有选择“标注尺寸时输入尺寸值”复选框，则需要双击尺寸值，打开“修改”微调框对尺寸进行修改。

如果要标注两个几何元素间的距离，操作如下。

（1）单击尺寸/几何关系操控板上的尺寸标注按钮，此时鼠标指针变为形状。

（2）用鼠标左键拾取第一个几何元素。

（3）此时标注尺寸线弹出，不管它，继续用鼠标左键拾取第二个几何元素。

（4）这时标注尺寸线显示为两个几何元素之间的距离，移动鼠标指针到适当的位置。

（5）单击鼠标，将尺寸线固定下来。

（6）在“修改”微调框中输入两个几何元素间的距离，单击✓按钮便完成了标注。

2.4.3　直径和半径尺寸的标注

默认情况下，SolidWorks 对圆直径标注尺寸，对圆弧半径标注尺寸，如图 2-56 所示。

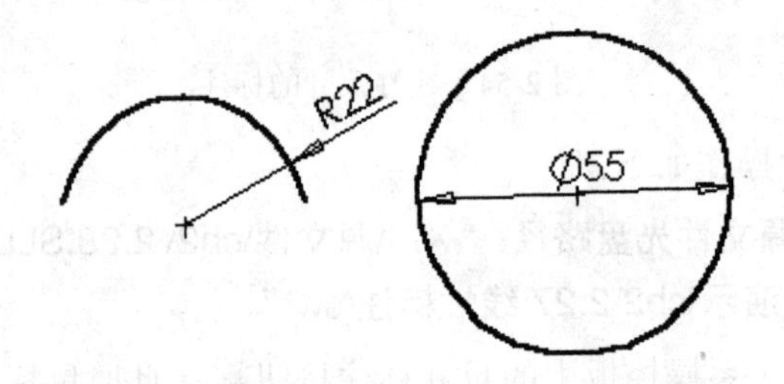

图 2-56　直径和半径尺寸的标注

如果要对圆进行直径尺寸的标注，操作如下。

【案例 2-28】本案例源文件光盘路径：“X：\源文件\ch2\ 2.29.SLDPRT”，本案例视频内容光盘路径：“X：\动画演示\ch2\2.28 直径标注.swf”。

（1）单击尺寸/几何关系操控板上的尺寸标注按钮，此时鼠标指针变为形状。

（2）将鼠标指针放到要标注的圆上，这时鼠标指针变为形状，要标注的圆以红色高亮度显示。

（3）单击鼠标，则标注尺寸线弹出，并随着鼠标指针移动。

（4）将尺寸线移动到适当的位置后，单击鼠标将尺寸线固定下来。

（5）在“修改”微调框中输入圆的直径，单击✓按钮便完成了标注。

如果要对圆弧进行半径尺寸的标注，操作如下。

（1）单击尺寸/几何关系操控板上的尺寸标注按钮，此时鼠标指针变为形状。

（2）将鼠标指针放到要标注的圆弧上，这时鼠标指针变为形状，要标注的圆弧以红色高亮度显示。

（3）单击鼠标，则标注尺寸线弹出，并随着鼠标指针移动。

（4）将尺寸线移动到适当的位置后，单击鼠标将尺寸线固定下来。

（5）在“修改”微调框中输入圆弧的半径，单击✓按钮便完成了标注。

2.4.4　角度尺寸的标注

角度尺寸用于标注两条直线的夹角或圆弧的圆心角。

【案例 2-29】本案例源文件光盘路径：“X：\源文件\ch2\ 2.30.SLDPRT”，本案例视频内容光盘路径：“X：\动画演示\ch2\2.29 角度标注.swf”。

要标注两条直线的夹角，操作如下。

（1）单击尺寸/几何关系操控板上的尺寸标注按钮，此时鼠标指针变为形状。

（2）用鼠标左键拾取第一条直线。

（3）此时标注尺寸线弹出，不管它，继续用鼠标左键拾取第二条直线。

（4）这时标注尺寸线显示为两条直线之间的角度，随着鼠标指针的移动，系统会显示 3 种不同的夹角角度，如图 2-57 所示。

（5）单击鼠标，将尺寸线固定下来。

（6）在“修改”微调框中输入夹角的角度值，单击✓按钮便完成了标注。

如果要标注圆弧的圆心角，操作如下。

（1）单击尺寸/几何关系操控板上的尺寸标注按钮，此时鼠标指针变为形状。

（2）用鼠标左键拾取圆弧的一个端点。

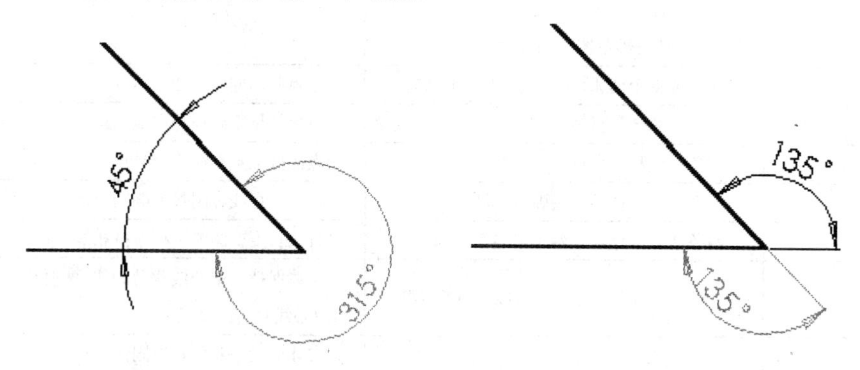

图 2-57　3 种不同的夹角

（3）用鼠标左键拾取圆弧的另一个端点，此时标注尺寸线显示这两个端点间的距离。

（4）用鼠标左键继续拾取圆心点，此时标注尺寸线显示圆弧两个端点间的圆心角。

（5）将尺寸线移到适当的位置后，单击鼠标将尺寸线固定下来，如图 2-58 所示。

（6）在“修改”微调框中输入圆弧的角度值，单击✓按钮便完成了标注。

（7）如果在步骤（4）中拾取的不是圆心点而是圆弧，则将标注两个端点间圆弧的长度。

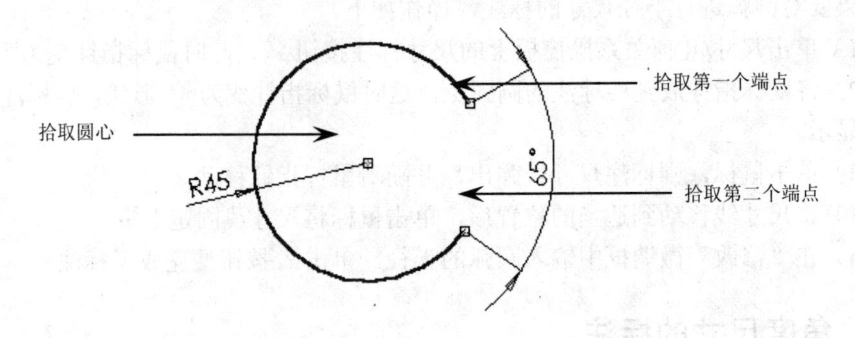

图 2-58　标注圆弧的圆心角

2.5　添加几何关系

几何关系为草图实体之间或草图实体与基准面、基准轴、边线或顶点之间的几何约束。表 2-1 说明了可为几何关系选择的实体以及所产生的几何关系的特点。

表 2-1　几何关系说明

几何关系	要执行的实体	所产生的几何关系
水平或竖直	一条或多条直线，两个或多个点	直线会变成水平或竖直（由当前草图的空间定义），而点会水平或竖直对齐
共线	两条或多条直线	实体位于同一条无限长的直线上
全等	两个或多个圆弧	实体会共用相同的圆心和半径
垂直	两条直线	两条直线相互垂直
平行	两条或多条直线	实体相互平行
相切	圆弧、椭圆和样条曲线，直线和圆弧，直线和曲面或三维草图中的曲面	两个实体保持相切
同心	两个或多个圆弧，一个点和一个圆弧	圆弧共用同一圆心
中点	一个点和一条直线	点保持位于线段的中点
交叉	两条直线和一个点	点保持位于直线的交叉点处
重合	一个点和一直线、圆弧或椭圆	点位于直线、圆弧或椭圆上
相等	两条或多条直线，两个或多个圆弧	直线长度或圆弧半径保持相等
对称	一条中心线和两个点、直线、圆弧或椭圆	实体保持与中心线相等距离，并位于一条与中心线垂直的直线上
固定	任何实体	实体的大小和位置被固定
穿透	一个草图点和一个基准轴、边线、直线或样条曲线	草图点与基准轴、边线或曲线在草图基准面上穿透的位置重合
合并点	两个草图点或端点	两个点合并成一个点

2.5.1　添加几何关系

利用添加几何关系工具⊥可以在草图实体之间或草图实体与基准面、基准轴、边线或顶点之间生成几何关系。

【案例 2-30】本案例源文件光盘路径：“X：\源文件\ch2\ 2.31.SLDPRT”，本案例视频内容光盘路径：“X：\动画演示\ch2\2.30 添加几何关系.swf”。

草图实体添加几何关系，操作如下。

（1）单击尺寸/几何关系操控板上的添加几何关系按钮⊥，或执行【工具】→【几何关系】→【添加】命令。

（2）使用执行工具在草图上执行要添加几何关系的实体。

（3）此时所选实体会在“添加几何关系”属性管理器（见图 2-59）中的“所选实体”栏中显示。

（4）信息栏显示所选实体的状态（完全定义或欠定义等）。

（5）如果要移除一个实体，在“所选实体”框中用鼠标右键单击该项目，在弹出的快捷菜单中执行【清除选项】命令即可。

（6）在“添加几何关系”栏中单击要添加的几何关系类型（相切或固定等），这时添加的几何关系类型就会弹出自在“现有几何关系”栏中。

（7）如果要删除添加了的几何关系，在“现有几何关系”栏中用鼠标右键单击该几何关系，在弹出的快捷菜单中执行【删除】命令即可。

（8）单击按钮后，几何关系添加到草图实体间，如图 2-60 所示。

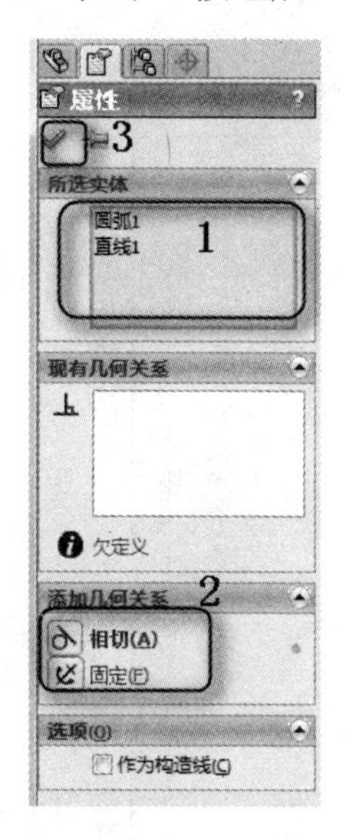

图 2-59　添加相切几何关系

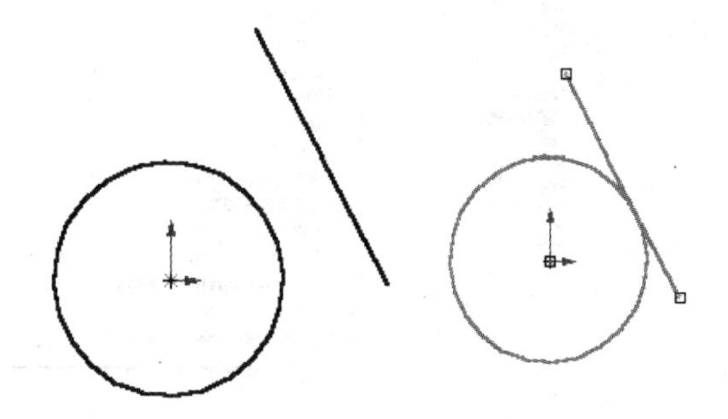

图 2-60　添加相切关系前后的两实体（圆被添加了固定关系）

2.5.2　自动添加几何关系

使用 SolidWorks 的自动添加几何关系后，在绘制草图时鼠标指针会改变形状以显示可以生成哪些几何关系。图 2-61 显示了鼠标指针形状和对应的几何关系。

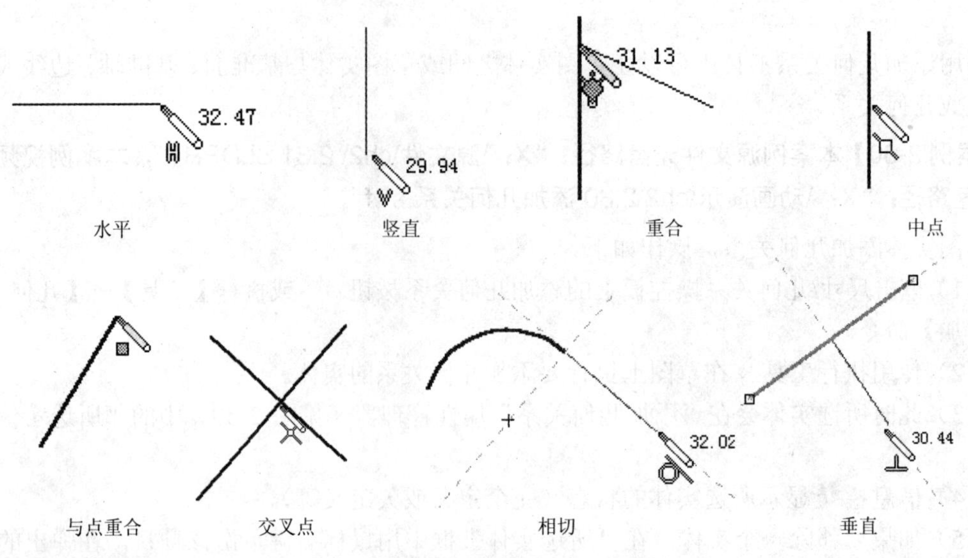

图 2-61　不同几何关系对应的鼠标指针形状

将自动添加几何关系作为系统的默认设置，操作如下。

（1）执行【工具】→【选项】命令打开“系统选项”对话框。

（2）在左边的区域中单击“草图”中的“几何关系/捕捉”项目，然后在右边的区域中选中“自动几何关系”复选框，如图 2-62 所示。

（3）单击【确定】按钮关闭对话框。

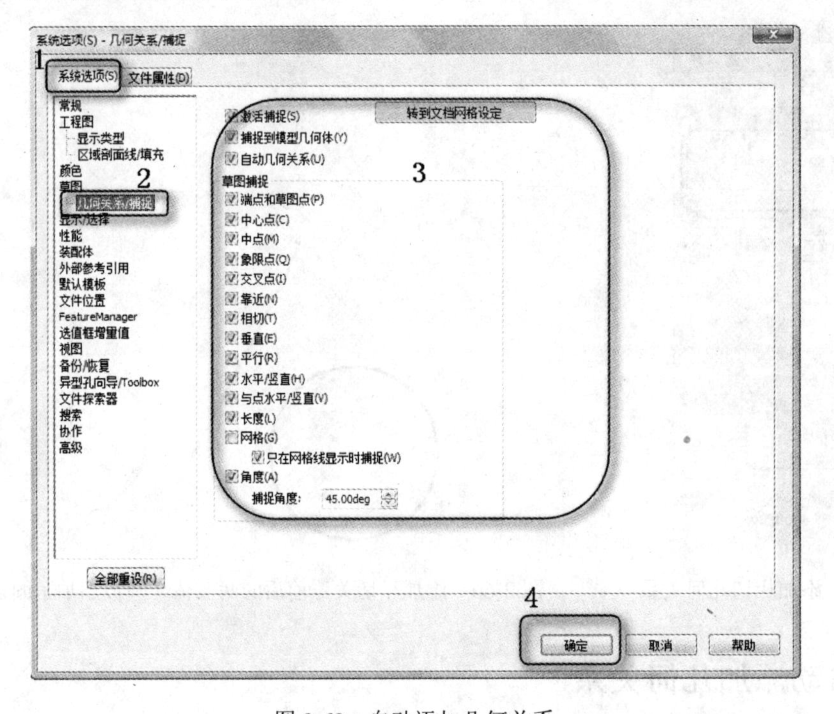

图 2-62　自动添加几何关系

■ 注意：

所选实体中至少要有一个项目是草图实体。其他项目可以是草图实体、一条边线、面、顶点、原点、基准面、轴或从其他草图的线或圆弧映射到此草图平面所形成的草图曲线。

2.5.3　显示/删除几何关系

利用显示/删除几何关系工具来显示手动和自动应用到草图实体的几何关系，查看有疑问的特定草图实体的几何关系，并可用来删除不再需要的几何关系。此外，还可以通过替换列出的参考引用来修正错误的实体。

显示/删除几何关系，操作如下。

（1）单击尺寸/几何关系操控板上的显示/删除几何关系按钮，或执行【工具】→【几何关系】→【显示/删除几何关系】命令。

（2）在弹出的“显示/删除几何关系”属性管理器中的下拉列表框中执行显示几何关系的准则，如图 2-63（a）所示。

（3）在“几何关系”栏中执行要显示的几何关系。在显示每个几何关系时，高亮显示相关的草图实体，同时还会显示其状态。在“实体”栏中也会显示草图实体的名称、状态，如图 2-63（b）所示。

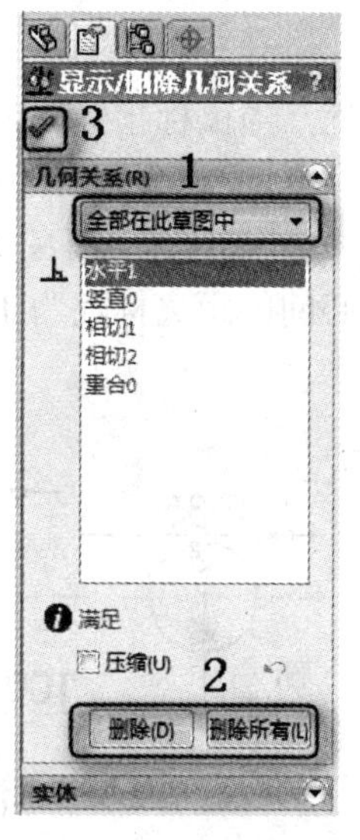

（a）显示的几何关系

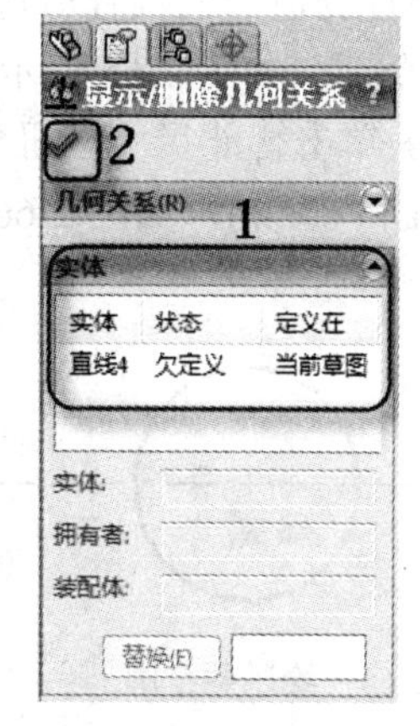

（b）存在几何关系的实体状态

图 2-63　显示/删除几何关系

（4）执行“压缩”复选框来压缩或解除压缩当前的几何关系。

（5）单击【删除】按钮来删除当前的几何关系；单击【删除所有】按钮来删除当前执行的所有几何关系。

2.6 巩固练习

2.6.1 斜板草图

利用草图工具绘制如图 2-64 所示的斜板草图。

【案例 2-31】本案例源文件光盘路径："X：\源文件\ch2\斜板草图.SLDPRT"。

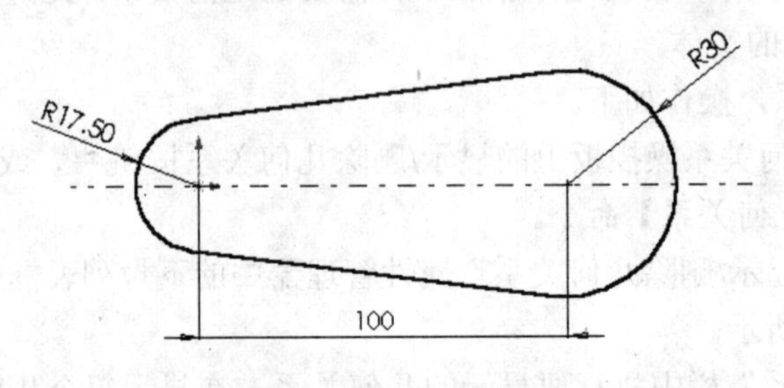

图 2-64 斜板草图

（1）新建文件。在设计树中执行【前视基准面】命令，单击草图绘制按钮，新建一张草图。

（2）绘制中心线。

（3）绘制圆。指定圆心。将鼠标指针移动到原点处，当鼠标指针变为形状时单击。指定半径。拖曳鼠标指针到适当的位置后再次单击绘制一个以原点为圆心的圆 1。

（4）绘制另一个圆，如图 2-65 所示。

（5）标注尺寸。单击智能尺寸按钮，将两个圆心间的距离标注为 100mm，两个圆的直径分别标注为 35mm 和 60mm，如图 2-66 所示。

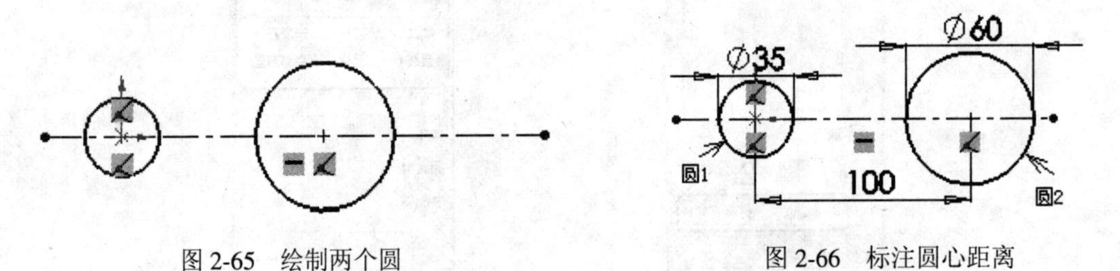

图 2-65 绘制两个圆　　图 2-66 标注圆心距离

（6）绘制直线。在两个圆的上方绘制一条直线，直线的长度要略长一点，如图 2-67 所示。

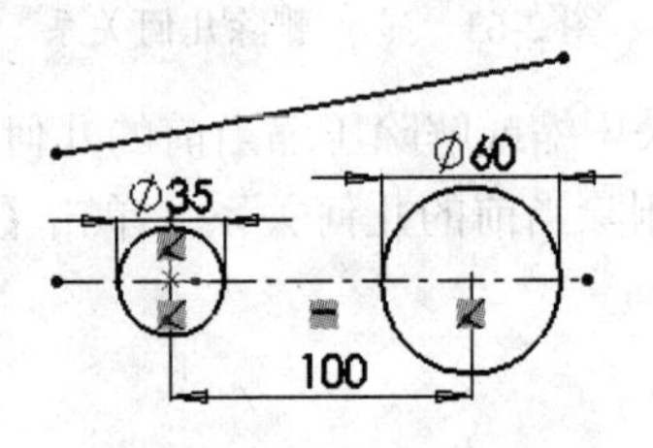

图 2-67 绘制直线

（7）添加几何关系。单击添加几何关系按钮⊥，选中直线和圆弧 1 作为要添加几何关系的实体，点击相切按钮，为这两个实体添加“相切”的关系，如图 2-68 所示。单击【确定】按钮，完成几何关系的添加。

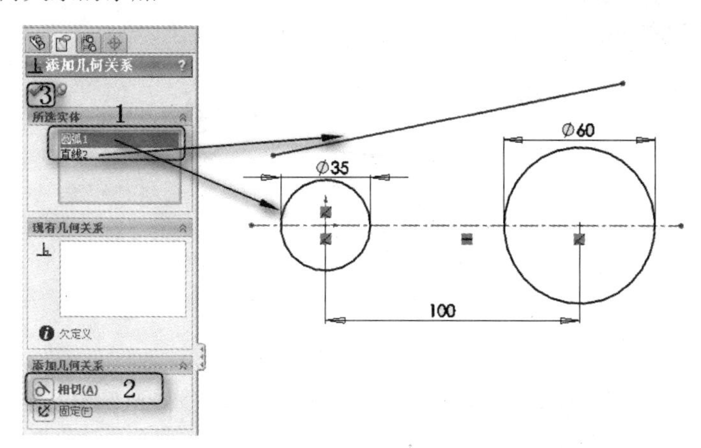

图 2-68　添加几何关系

（8）继续添加几何关系。执行直线和圆弧 2，重复步骤（10），为它们也添加“相切”的几何关系，生成草图如图 2-69 所示。

（9）裁剪直线。单击【草图裁剪】按钮，裁剪掉直线的两端，如图 2-70 所示。

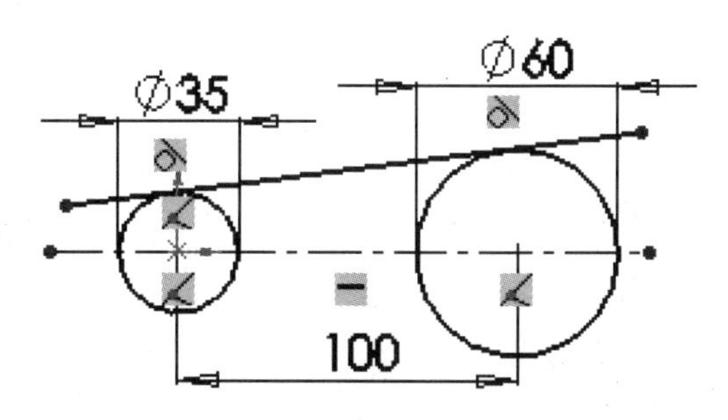

图 2-69　添加几何关系后的草图

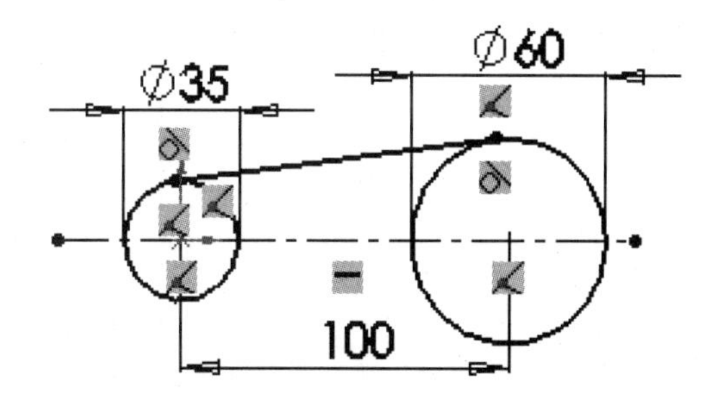

图 2-70　裁剪直线

（10）镜像直线。单击【镜向】按钮，执行直线作为要镜像的实体，执行中心线作为镜像点，如图 2-71 所示。单击【确定】按钮，完成镜像。

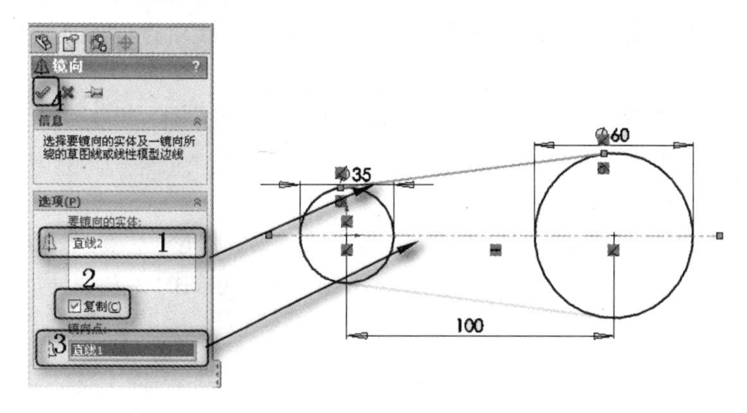

图 2-71　镜像直线

（11）裁剪圆弧。单击草图裁剪按钮，裁剪掉圆 1 和圆 2 的两段圆弧。

（12）删除尺寸。单击执行按钮，选取标注的直径尺寸。按【Delete】键将它们删除掉。

（13）标注半径。单击智能尺寸按钮，重新标注圆弧的半径尺寸，从而完成整个草图的绘制工作，如图 2-72 所示。

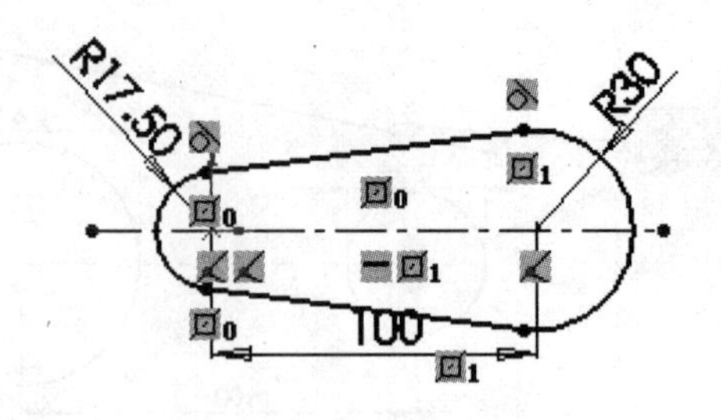

图 2-72　斜板草图

（14）保存文件。单击【保存】按钮，将文件保存为“斜板草图.sldprt”。

2.6.2　角铁草图

利用草图绘制工具绘制如图 2-73 所示的角铁草图。

【案例 2-32】本案例源文件光盘路径：“X：\源文件\ch2\ 角铁草图.SLDPRT”。

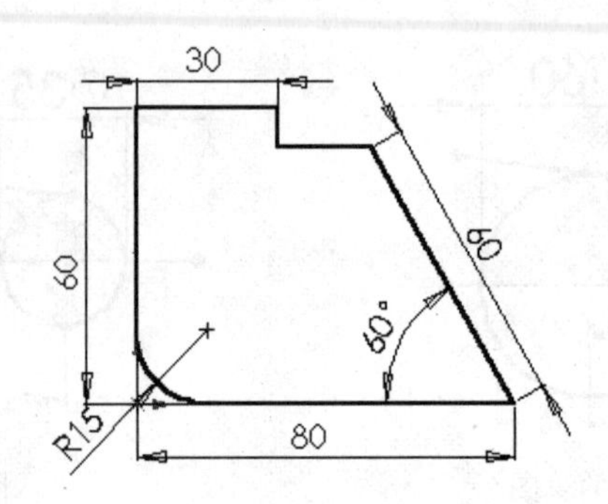

图 2-73　角铁草图

（1）新建文件。在设计树中执行前视基准面，单击草图绘制图标，新建一张草图。

（2）绘制直线。单击“草图”操控板上的直线图标，绘制一条通过原点的竖直线和一条通过原点的水平线。

（3）标注尺寸。单击智能尺寸图标，如图 2-74 所示标注直线的尺寸。

（4）绘制直线。单击“草图绘制”工具栏上的直线图标，移动指针到端点 1 处，当鼠标指针变为形状时表示已捕捉到端点。

（5）利用鼠标指针形状与几何关系的对应变化关系绘制如图 2-75 所示的效果。

（6）标注尺寸。单击智能尺寸图标，标注直线的尺寸如图 2-76 所示。

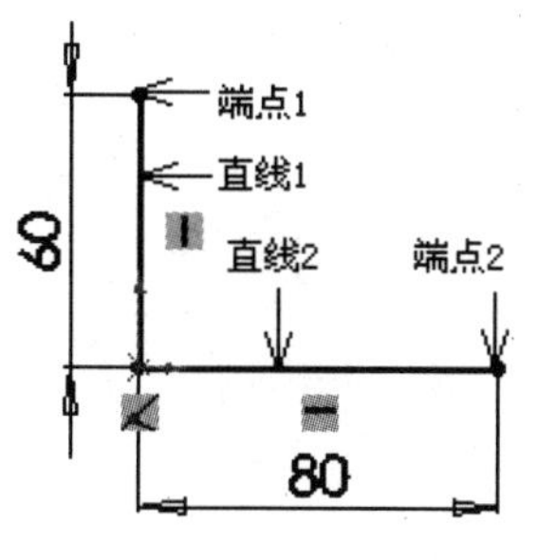

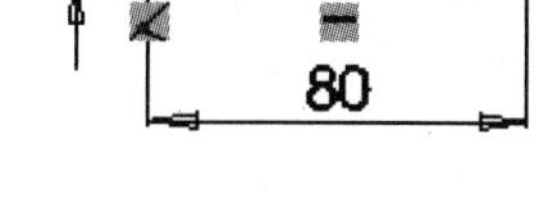

图 2-74　标注直线尺寸

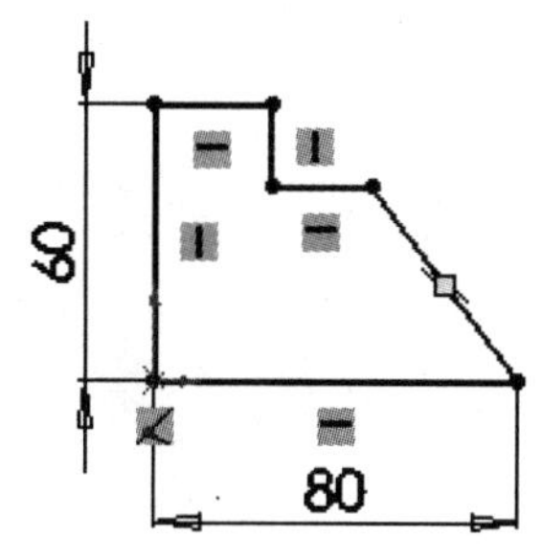

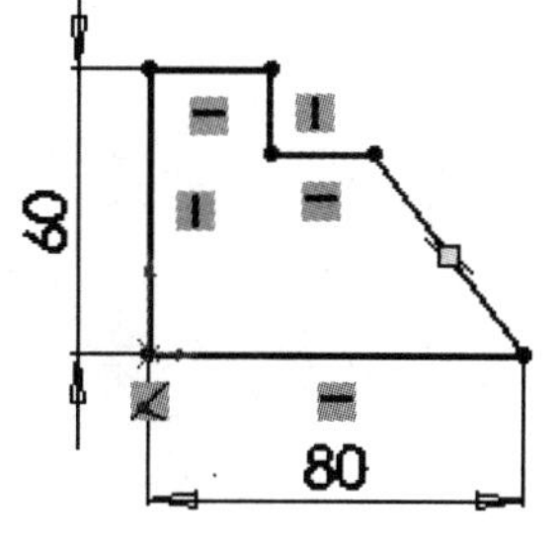

图 2-75　绘制封闭草图

图 2-76　标注尺寸

（7）绘制圆角。单击圆角图标，执行直线 1 和直线 2，在“绘制圆角”属性管理器中设置圆角的半径为 15mm，如图 2-77 所示。

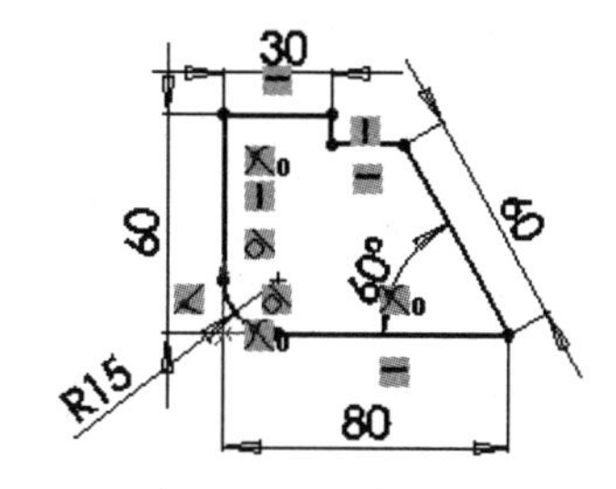

图 2-77　设置圆角半径

（8）单击确定图标，完成圆角的绘制。最终生成草图如图 2-78 所示，单击保存图标，将文件保存为“角铁草图.sldprt”。

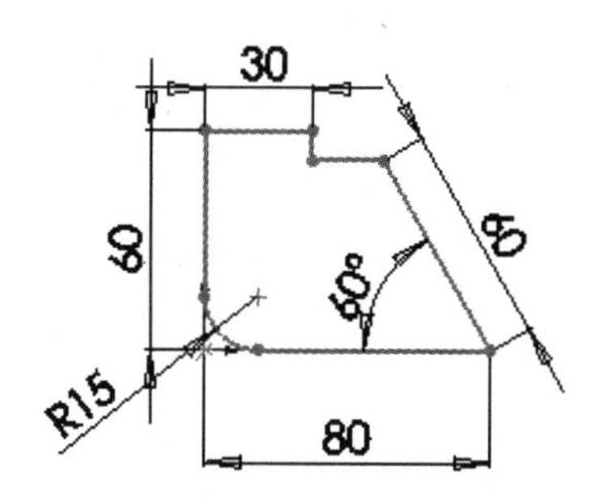

图 2-78　角铁草图

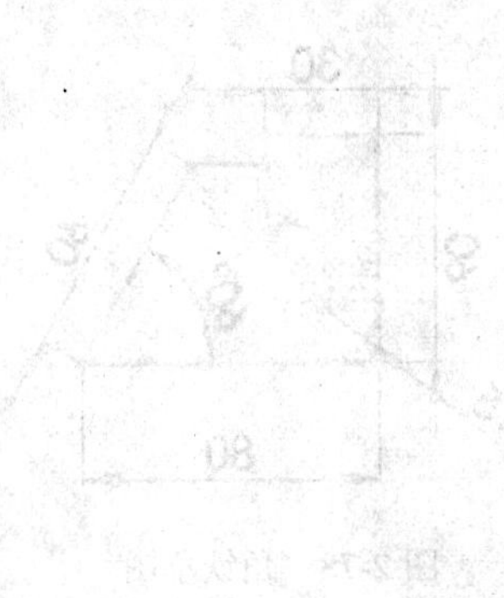

第 3 章 基础特征建模

在 SolidWorks 中，特征建模一般分为基础特征建模和附加特征建模两类。基础特征建模是三维实体最基本的生成方式，是单一的命令操作。

基础特征建模三维实体最基本的绘制方式，可以构成三维实体的基本造型。基础特征建模相当于二维草图中的基本图元，是最基本的三维实体绘制方式。基础特征建模主要包括拉伸特征、拉伸切除特征、旋转特征、旋转切除特征、扫描特征和放样特征等。

3.1 特征建模基础

SolidWorks 提供了专用的“特征”操控板，如图 3-1 所示。单击操控板中相应的图标，可以对草体实体进行相应的操作，生成需要的特征模型。

图 3-1 “特征”操控板

如图 3-2 所示为内六角螺钉零件的特征模型及其“FeatureManager 设计树”，使用 SolidWorks 进行建模的实体包含这两部分的内容。零件模型是设计的真实图形，“FeatureManager 设计树”显示了对模型进行的操作内容及操作步骤。

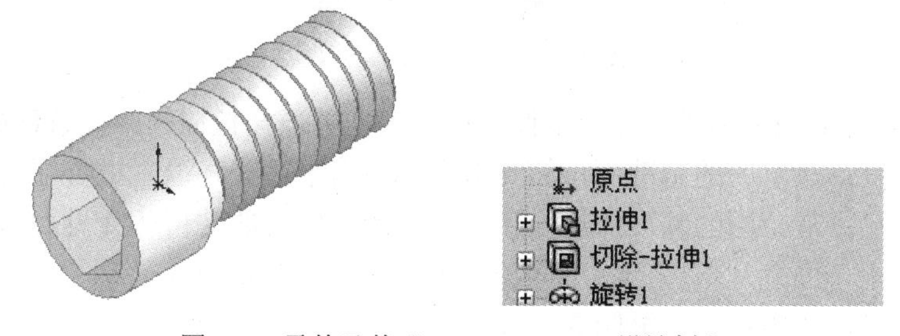

图 3-2 零件及其“FeatureManager 设计树”

3.2 拉伸特征

拉伸特征由截面轮廓草图经过拉伸而成，它适合于构造等截面的实体特征。拉伸特征是将一个二维平面草图，按照给定的数值沿与平面垂直的方向拉伸一段距离形成的特征。图 3-3 展示了利用拉伸特征生成的零件。

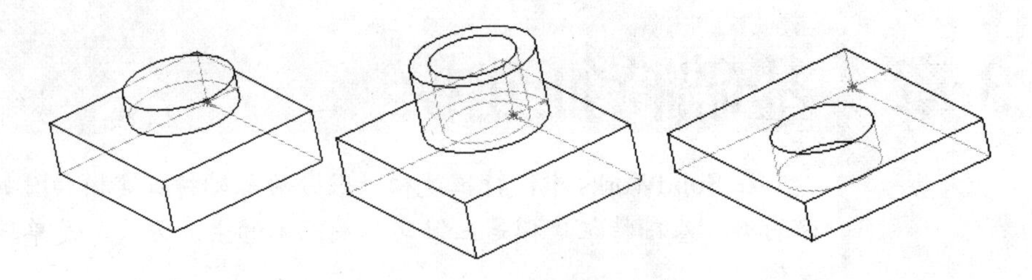

图 3-3　利用拉伸基体/凸台特征生成的零件

要生成拉伸特征，操作如下。

【案例 3-1】本案例源文件光盘路径：“X：\源文件\ch3\3.1.SLDPRT”，本案例视频内容光盘路径：“X：\动画演示\ch3\3.1 拉伸.swf”。

（1）保持草图处于激活状态，单击“特征”操控板上的拉伸凸台/基体图标，或执行【插入】→【凸台/基体】→【拉伸】命令。

（2）此时系统弹出“拉伸”属性管理器，各栏的注释如图 3-4 所示。

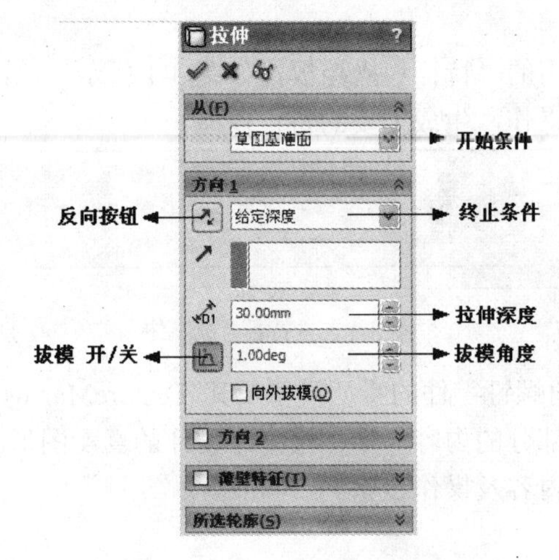

图 3-4　“拉伸”属性管理器

（3）在“方向 1”栏中的终止条件下拉列表框中选择拉伸的终止条件如下。

- 给定深度：从草图的基准面拉伸到指定的距离平移处，以生成特征（见图 3-5（a））。
- 完全贯穿：从草图的基准面拉伸直到贯穿所有现有的几何体（见如图 3-5（b））。
- 成形到下一面：从草图的基准面拉伸到下一面（隔断整个轮廓），以生成特征。下一面必须在同一零件上（见图 3-5（c））。
- 成形到一面：从草图的基准面拉伸到所选的曲面以生成特征（见图 3-5（d））。
- 到离指定面指定的距离：从草图的基准面拉伸到离某面或曲面之特定距离处以生成特征（见图 3-5（e））。
- 两侧对称：从草图基准面向两个方向对称拉伸（见图 3-5（f））。
- 成形到一顶点：从草图基准面拉伸到一个平面，这个平面平行于草图基准面且穿越指定的顶点（见图 3-5（g））。

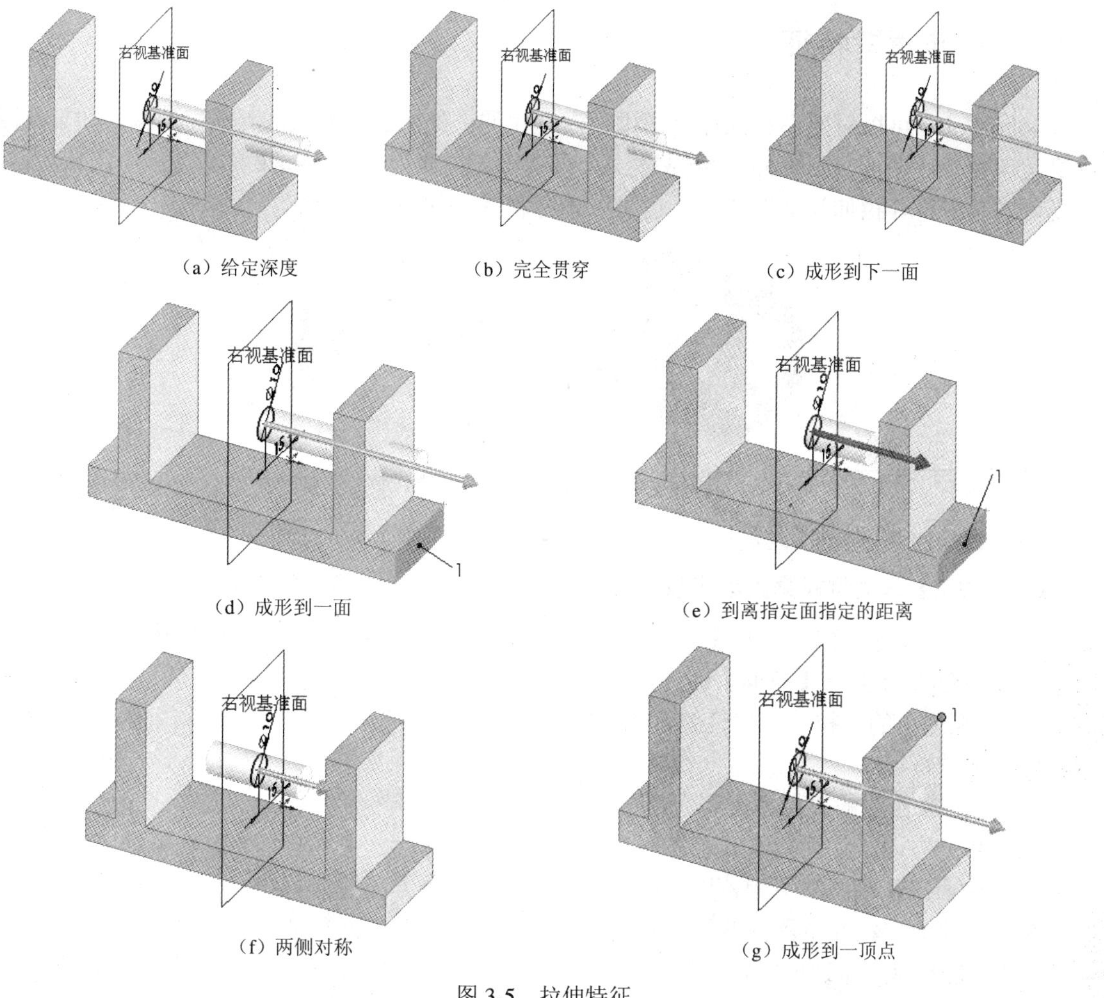

（a）给定深度　（b）完全贯穿　（c）成形到下一面

（d）成形到一面　（e）到离指定面指定的距离

（f）两侧对称　（g）成形到一顶点

图 3-5　拉伸特征

（4）在右面的图形区域中检查预览。如果需要，单击反向图标，向另一个方向拉伸。

（5）在深度微调框中输入拉伸的深度。

（6）如果要给特征添加一个拔模，单击拔模开关图标，然后输入一个拔模角度。图 3-6 说明了拔模特征。

（7）如有必要，选择“方向 2”复选框将拉伸应用到第二个方向。

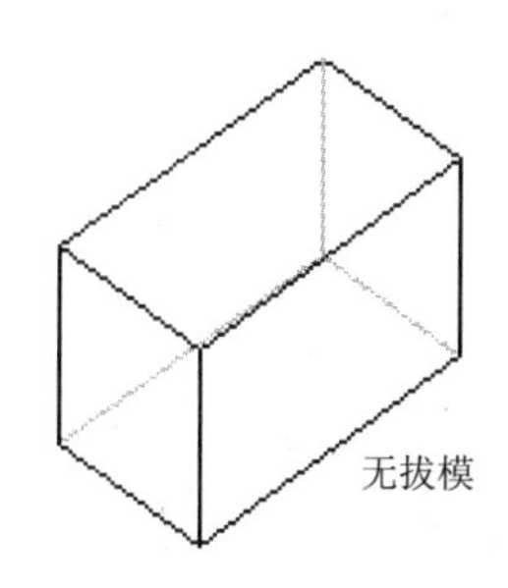

无拔模

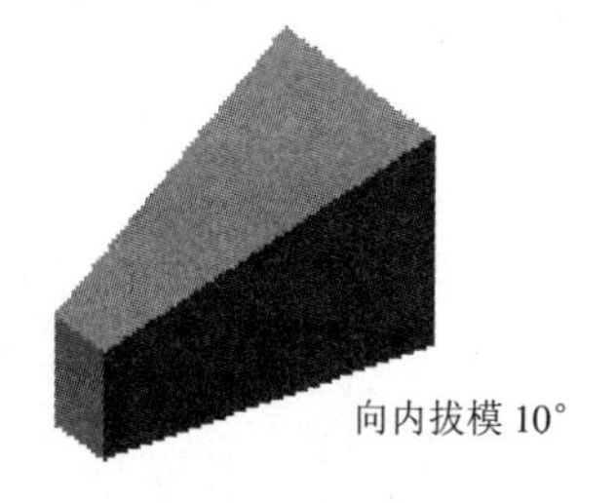

向内拔模 10°

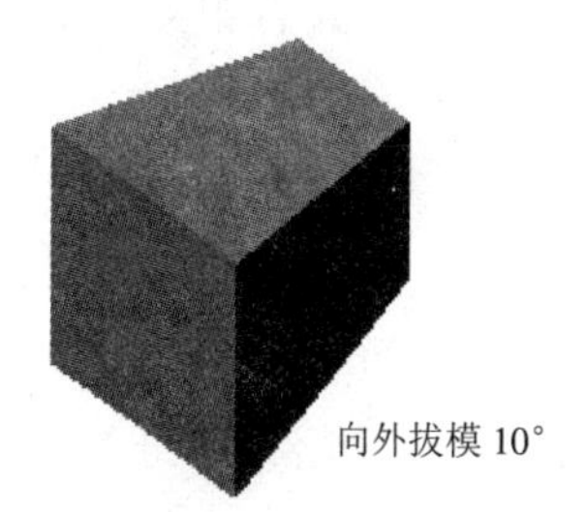

向外拔模 10°

图 3-6　拔模说明

（8）保持“薄壁特征”复选框没有被选中，单击【确定】按钮，完成基体/凸台的生成。

3.2.1 拉伸薄壁特征

SolidWorks 可以对闭环和开环草图进行薄壁拉伸，如图 3-7 所示。所不同的是，如果草图本身是一个开环图形，则拉伸凸台/基体工具只能将其拉伸为薄壁；如果草图是一个闭环图形，则既可以选择将其拉伸为薄壁特征，也可以选择将其拉伸为实体特征。

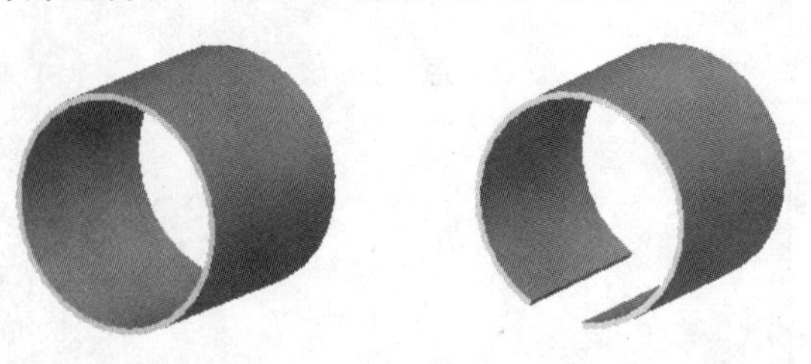

图 3-7 开环和闭环草图的薄壁拉伸

要生成拉伸薄壁特征，操作如下。

【案例 3-2】本案例视频内容光盘路径："X：\动画演示\ch3\3.2 拉伸薄壁.swf"。

（1）保持草图处于激活状态，单击"特征"操控板上的拉伸凸台/基体图标，或执行【插入】→【凸台/基体】→【拉伸】命令。

（2）在弹出的"拉伸"属性管理器中选择"薄壁特征"复选框，如果草图是开环系统则只能生成薄壁特征。

（3）在右边的"拉伸类型"下拉列表框中指定拉伸薄壁特征的方式。

- 单一方向：使用指定的壁厚向一个方向拉伸草图。
- 中面：在草图的两侧各以指定壁厚的一半向两个方向拉伸草图。
- 两个方向：在草图的两侧各使用不同的壁厚向两个方向拉伸草图。

（4）在厚度微调框中输入薄壁的厚度。

（5）默认情况下，壁厚加在草图轮廓的外侧。单击反向图标可以将壁厚加在草图轮廓的内侧。

（6）对于薄壁特征基体拉伸，还可以指定以下附加选项：

- 如果生成的是一个闭环的轮廓草图，可以选中"顶端加盖"复选框。此时将为特征的顶端加上封盖，形成一个中空的零件，如图 3-8(a)所示。
- 如果生成的是一个开环的轮廓草图，可以选中"自动加圆角"复选框。此时自动在每一个具有相交夹角的边线上生成圆角，如图 3-80(b)所示。

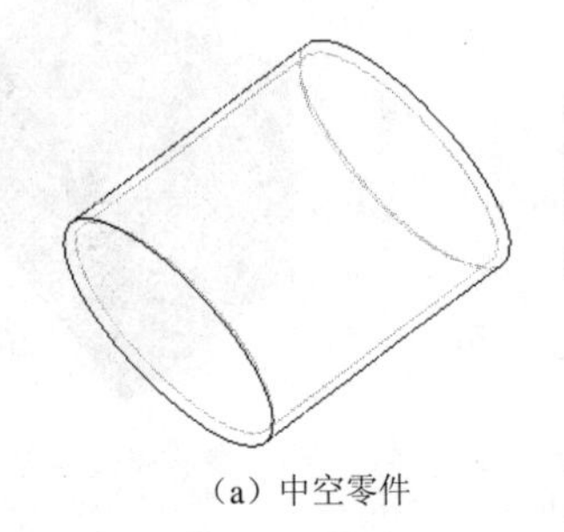

（a）中空零件

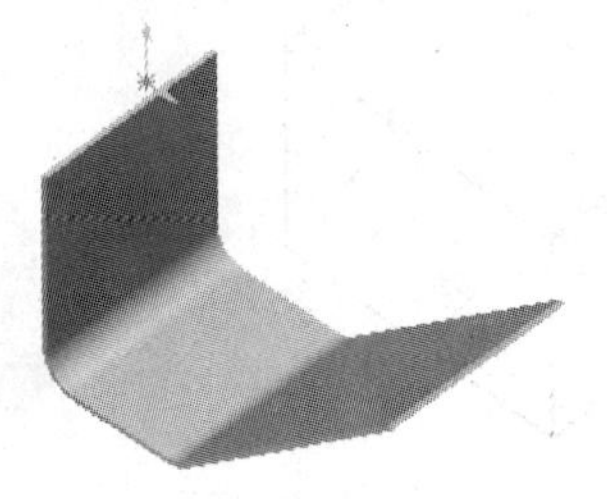

（b）带有圆角的薄壁

图 3-8 薄壁

（7）单击【确定】按钮。

【案例 3-3】绘制如图 3-9 所示的文具盒。本案例源文件光盘路径："X：\源文件\ch3\文具盒.SLDPRT"，本案例视频内容光盘路径："X：\动画演示\ch3\3.3 文具盒.swf"。

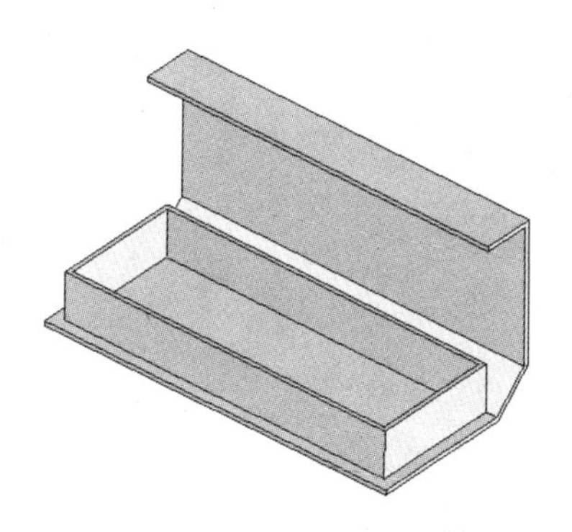

图 3-9　文具盒

（1）启动 SolidWorks 2008，执行【文件】→【新建】菜单命令，创建一个新的零件文件。

（2）绘制文具盒盒盖。绘制草图。在左侧的"FeatureManager 设计树"中用鼠标选择"前视基准面"作为绘制图形的基准面。单击"草图"操控板中的直线图标，绘制一系列直线段，形状与图 3-10 类似。

（3）标注尺寸。执行【工具】→【标注尺寸】→【智能尺寸】菜单命令，依次标注图 3-16 中的直线段，结果如图 3-11 所示。

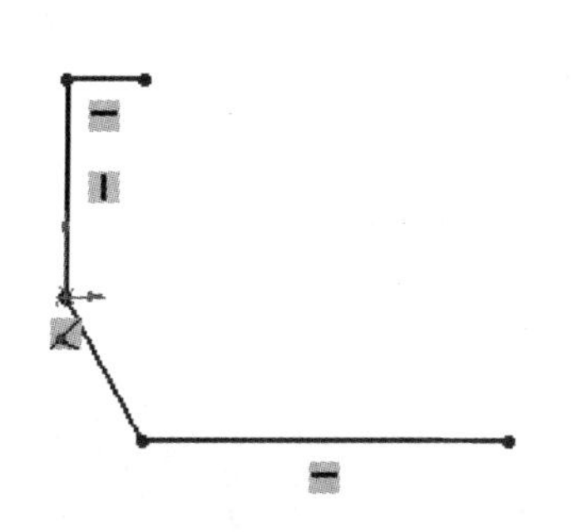

图 3-10　绘制的草图

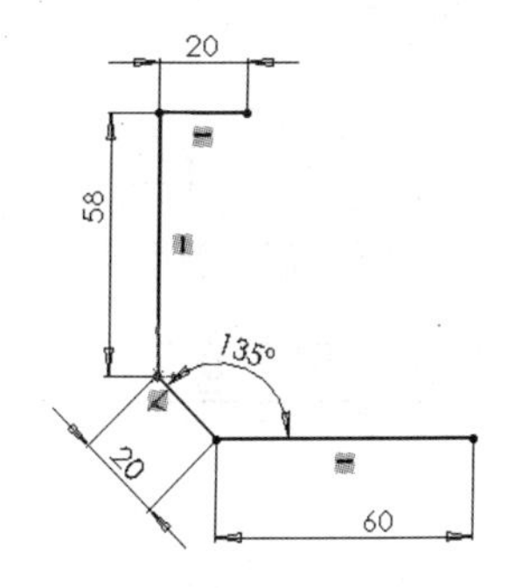

图 3-11　标注的草图

注意：

使用 SolidWorks 绘制草图时，不需要绘制具有精确尺寸的草图，绘制好草图轮廓后，通过标注尺寸，可以智能调整各个草图实际的大小。

（4）等距实体草图。执行【工具】→【草图绘制工具】→【等距实体】菜单命令，或者单击"草图"操控板中的等距实体图标，此时系统弹出如图 3-12 所示的"等距实体"管理器。在"等距距离"一栏中输入值 2，并且是向外等距。按照图示进行设置后，单击属性管理器中的确定图标，结果如图 3-13 所示。

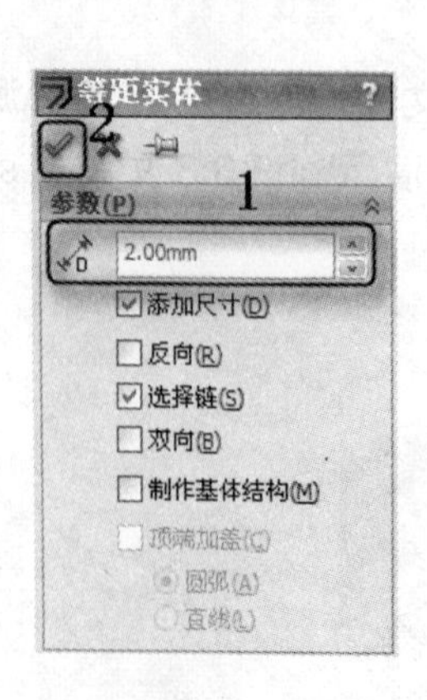

图 3-12 “等距实体”管理器

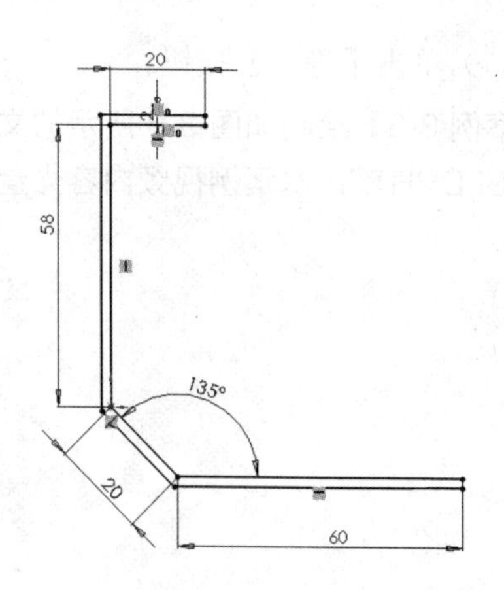

图 3-13 设置后的图形

（5）绘制草图。单击“草图”操控板中的直线图标，将上一步绘制的等距实体的两端闭合。

（6）拉伸实体。执行【插入】→【凸台/基体】→【拉伸】命令，或者单击“特征”操控板中的拉伸凸台/基体图标，此时系统弹出如图 3-14 所示的“拉伸”属性管理器。在“深度”一栏中输入值 160。按照图示进行设置后，单击属性管理器中的确定图标，结果如图 3-15 所示。

图 3-14 “拉伸”属性管理器

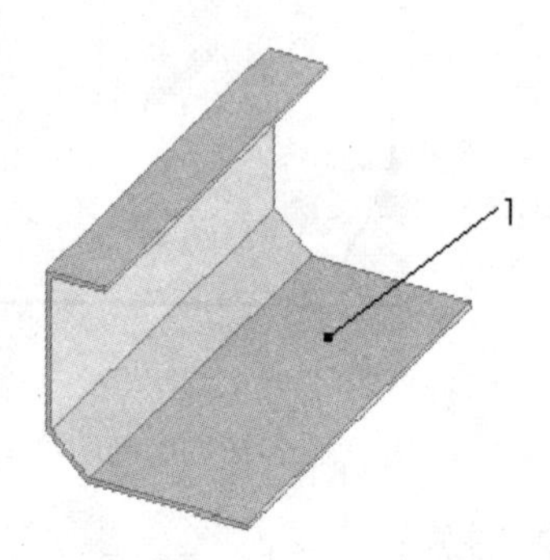

图 3-15 拉伸后的图形

（7）绘制文具盒盒体。设置基准面。选择图 3-15 中的表面 1，然后单击“前导视图”工具栏中的正视于图标，将该表面作为绘制图形的基准面。

（8）绘制草图。单击“草图”操控板中的矩形图标，在上一步色或者的基准面上绘制一个矩形，长宽可以是任意数值，结果如图 3-16 所示。

（9）标注尺寸。单击“尺寸/几何关系”操控板中的智能尺寸图标，依次标注图 3-16 中的直线段，结果如图 3-17 所示。

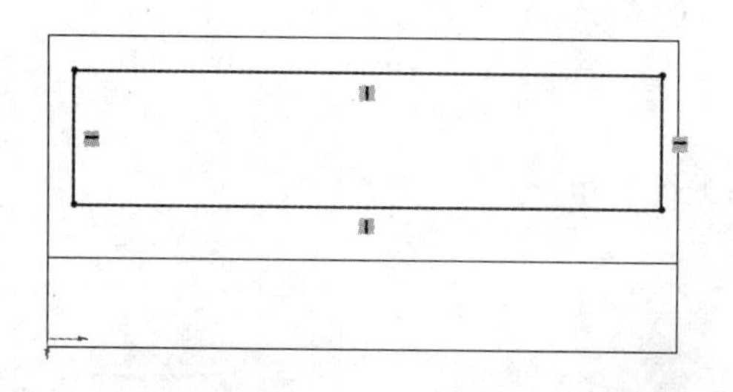

图 3-16 绘制的草图

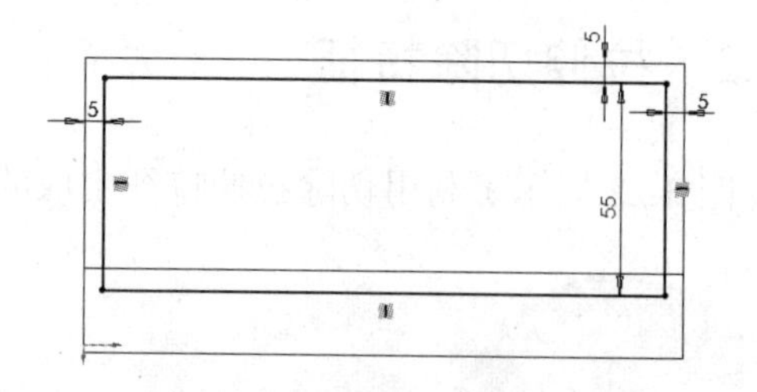

图 3-17 标注的草图

（10）等距实体草图。单击“草图”操控板中的等距实体图标，此时系统弹出如图 3-18 所示的“等距实体”属性管理器。在“等距距离”一栏中输入值 2，并且是向内等距，然后用鼠标框选上一步标注的矩形。按照图示进行设置后，单击属性管理器中的确定图标，结果如图 3-19 所示。

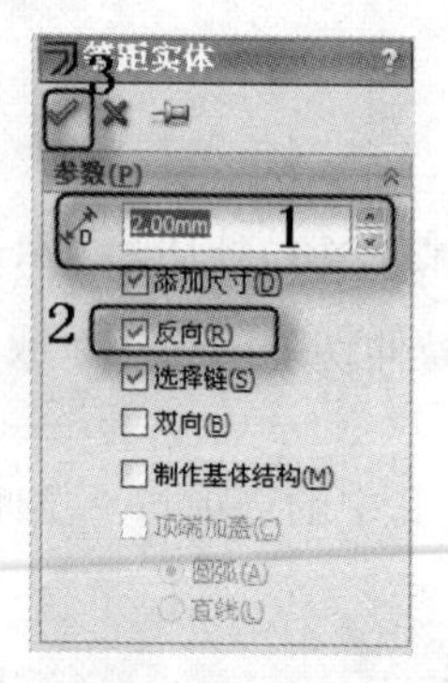

图 3-18 “等距实体”属性管理器

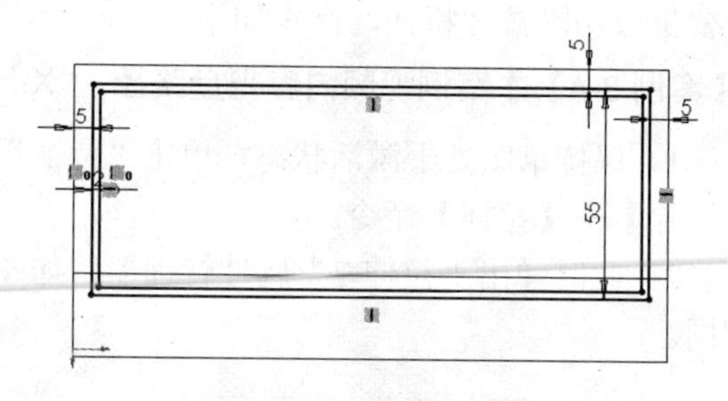

图 3-19 等距后的草图

（11）拉伸实体。单击“特征”操控板中的拉伸凸台/基体图标，此时系统弹出如图 3-20 所示的属性管理器。在“深度”一栏中输入值 100。按照图示进行设置后，单击属性管理器中的确定图标，结果如图 3-21 所示。

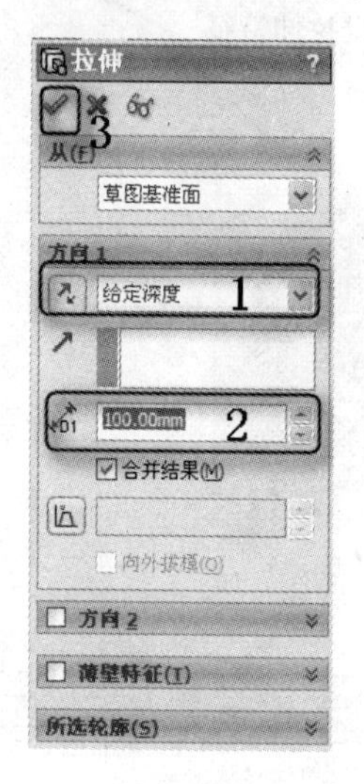

图 3-20 “拉伸”属性管理器

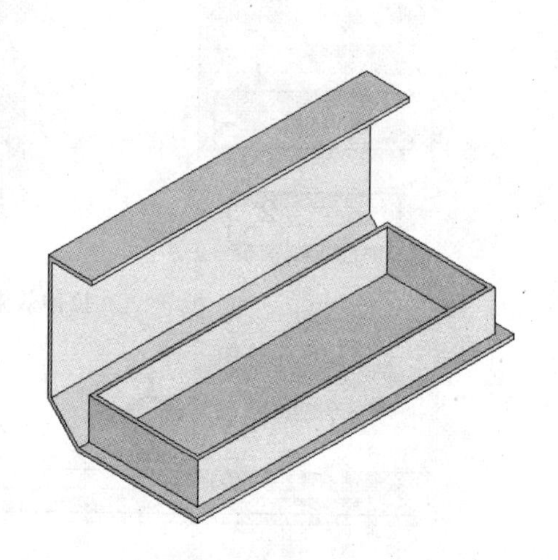

图 3-21 拉伸后的图形

3.2.2 拉伸切除特征

图 3-22 展示了利用切除拉伸特征生成的几种零件效果。

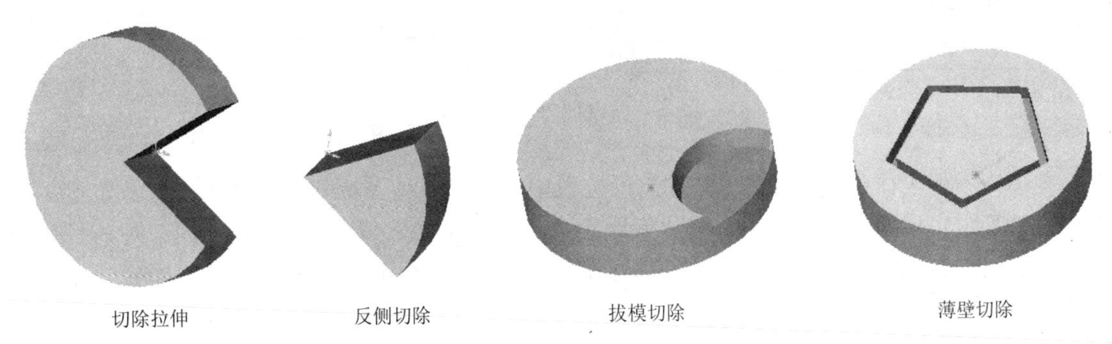

切除拉伸　　反侧切除　　拔模切除　　薄壁切除

图 3-22　切除拉伸的几种效果

要生成切除拉伸特征，操作如下。

【案例 3-4】本案例视频内容光盘路径："X：\动画演示\ch3\3.4 拉伸切除.swf"。

（1）保持草图处于激活状态，单击"特征"操控板上的拉伸切除图标，或执行【插入】→【切除】→【拉伸】命令。

（2）此时弹出"拉伸 2"属性管理器，如图 3-23 所示，其中的选项与"拉伸"属性管理器相同。

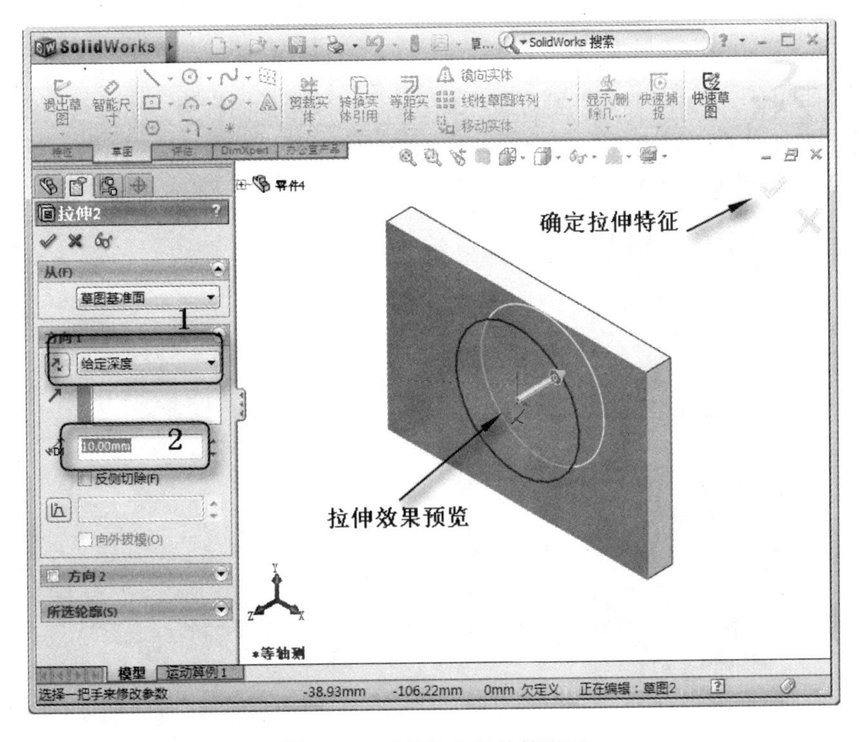

图 3-23　"拉伸"属性管理器

（3）在"方向 1"栏中执行如下操作：

1）在右边的终止条件下拉列表框中选择切除－拉伸的终止条件；

2）如果选择了“反侧切除”复选框则将生成反侧切除特征；

3）单击反向图标，可以向另一个方向切除；

4）单击拔模开/关图标，可以给特征添加拔模效果。

（4）如果有必要，选择“方向 2”复选框将切除拉伸应用到第二个方向。重复步骤（3）。

（5）如果要生成薄壁切除特征，选中“薄壁特征”复选框，然后执行如下操作：

1）在右边的下拉列表框中选择切除类型：单一方向、两侧对称或两个方向；

2）单击反向按钮可以以相反的方向生成薄壁切除特征；

3）在厚度微调框中输入切除的厚度。

（6）单击【确定】按钮，完成切除拉伸特征的生成。

注意：

下面以图 3-24 所示为例，说明“反侧切除”复选框拉伸切除的特征效果。如图 3-24（a）所示为绘制的草图轮廓；如图 3-24（b）所示为没有选择“反侧切除”复选框的拉伸切除特征；如图 3-24（c）所示为选择“反侧切除”复选框的拉伸切除特征。

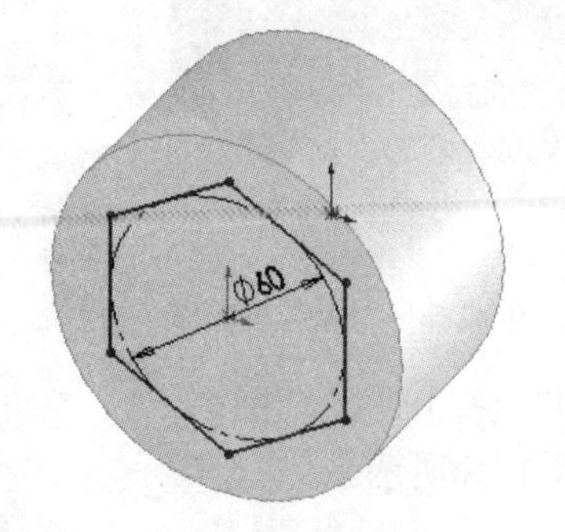

（a）绘制的草图轮廓

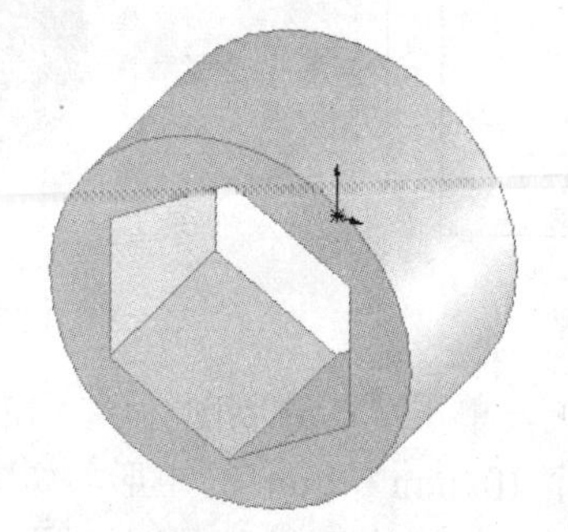

（b）未选择复选框的特征图形

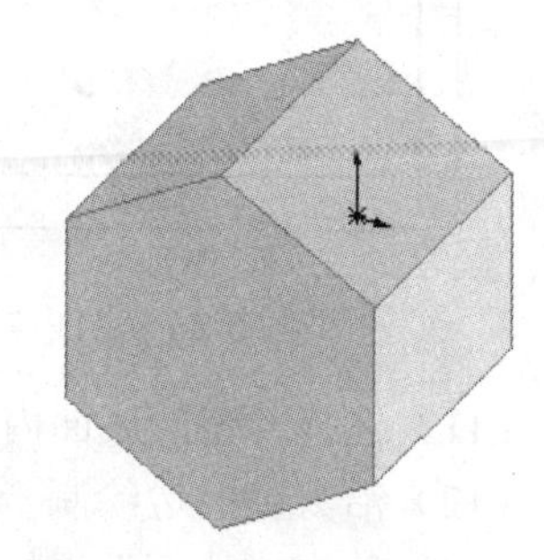

（c）选择复选框的特征图形

图 3-24 “反侧切除”复选框的拉伸切除特征

【案例 3-5】本案例源文件光盘路径：“X：\源文件\ch3\盒状体.SLDPRT”，本案例视频内容光盘路径：“X：\动画演示\ch3\3.5 盒状体.swf”。

利用拉伸和切除特征进行零件建模，最终生成零件如图 3-25 所示。

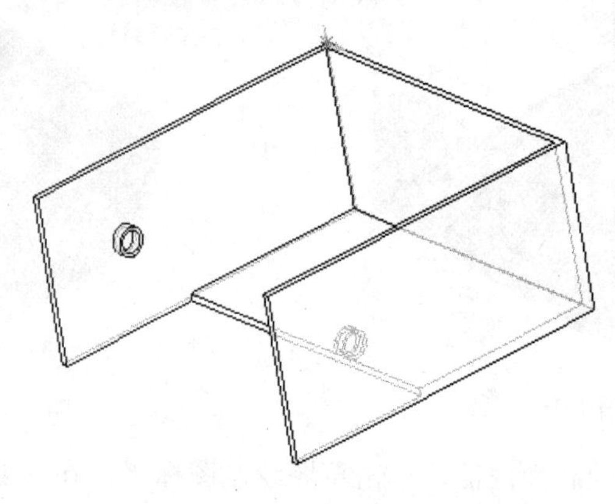

图 3-25 零件 1

（1）单击新建图标，或执行【文件】→【新建】命令，新建一个零件文件。

（2）单击草图绘制图标，新建一张草图。默认情况下，新的草图在前视基准面上打开。

（3）单击“草图绘制”操控板上的直线图标。

（4）将指针移动到原点处，当鼠标指针变为形状时单击，绘制开环轮廓。

（5）单击智能尺寸图标，标注直线尺寸，如图 3-26 所示。

（6）单击“特征”操控板上的拉伸凸台/基体图标，或执行【插入】→【基体】→【拉伸】命令。

（7）在“方向 1”中设定拉伸的终止条件为“给定深度”，并在微调框中设置拉伸深度为 100mm。

（8）在“薄壁特征”栏中单击反向图标，使薄壁沿内侧拉伸。

（9）在微调框中设置薄壁的厚度为 2mm。

（10）单击【确定】按钮，从而生成开环薄壁拉伸特征，如图 3-27 所示。

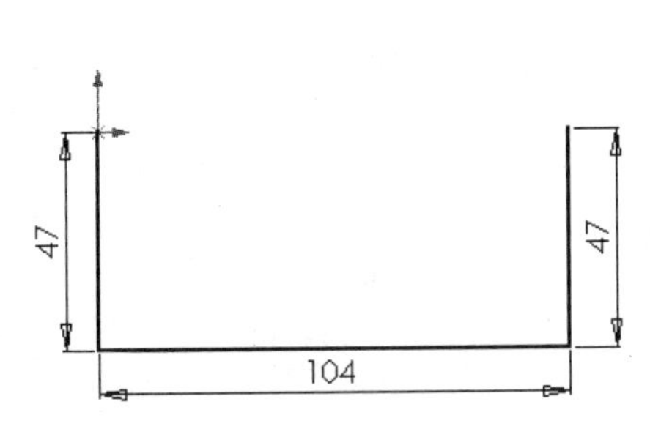

图 3-26　草图轮廓

图 3-27　生成开环薄壁拉伸特征

（11）选择薄壁的底面内侧，单击草图绘制图标，在其上打开一张草图。

（12）沿薄壁的边绘制一个 104mm×2mm 的矩形，如图 3-28 所示。

（13）单击“特征”操控板上的拉伸凸台/基体图标。

（14）在“方向 1”中设定拉伸的终止条件为“给定深度”，并在微调框中设置拉伸深度为 45mm。

（15）单击【确定】按钮，从而形成实体如图 3-29 所示。

图 3-28　绘制矩形

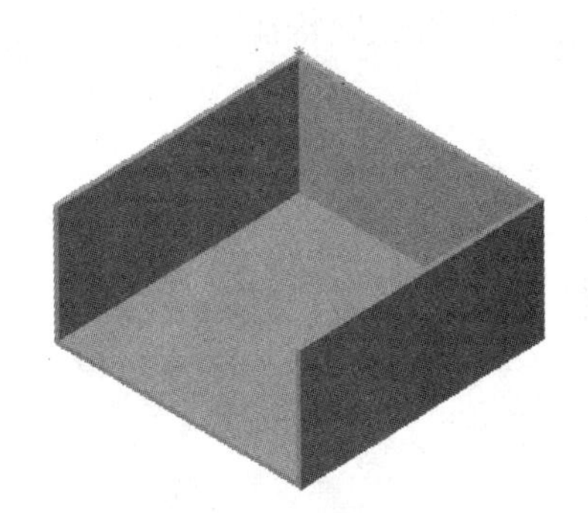

图 3-29　拉伸矩形

（16）再次选择薄壁的底面内侧，单击草图绘制图标，在其上打开一张草图。

（17）沿底面边缘绘制一个100mm×56mm的矩形，如图3-30所示。

（18）单击“特征”操控板上的拉伸切除图标，或执行【插入】→【切除】→【拉伸】命令。

（19）设置切除的终止条件为“完全贯穿”，单击【确定】按钮后，如图3-31所示。

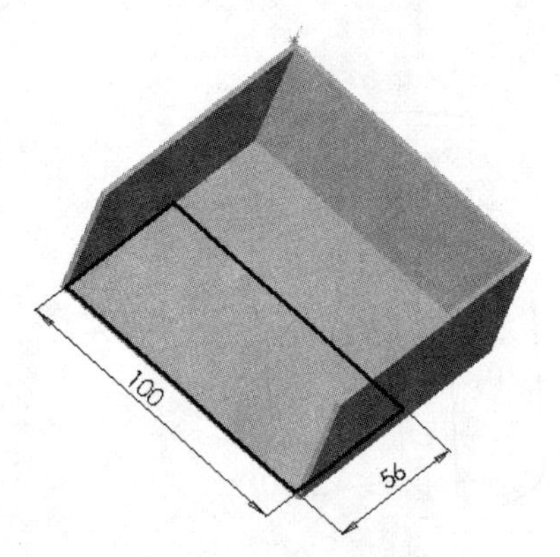

图3-30　绘制矩形

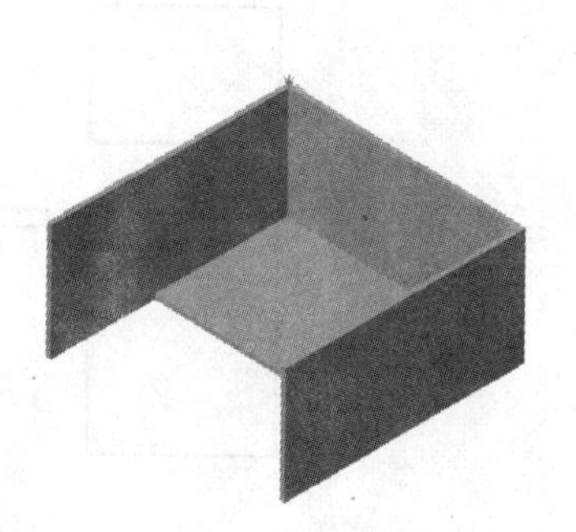
图3-31　生成切除特征

（20）选择侧壁内侧，单击草图绘制图标，在其上打开一张草图。

（21）单击“草图绘制”操控板上的圆图标，绘制一个直径为8mm的圆。

（22）单击智能尺寸图标，为圆定位，如图3-32所示。

（23）单击“特征”操控板上的拉伸凸台/基体图标。

（24）在“方向 1”栏中设定拉伸的终止条件为“给定深度”，并在微调框中设置拉伸深度为3mm。

（25）选中“薄壁特征”复选框，单击反向图标，使薄壁沿内侧拉伸。

（26）在微调框中设置薄壁厚度为1mm。

（27）单击【确定】按钮，生成薄壁特征，如图3-33所示。

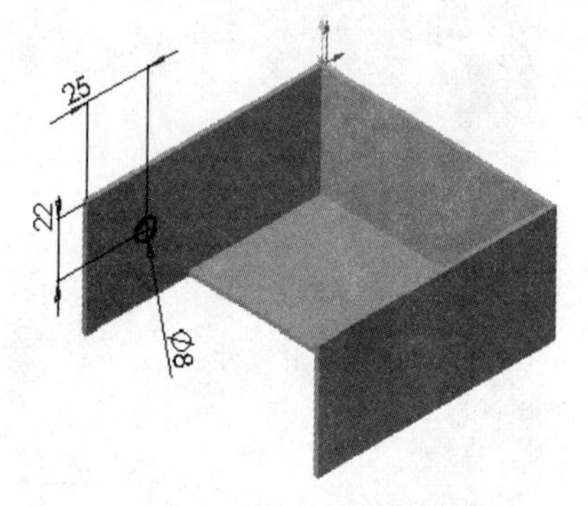

图3-32　定位圆

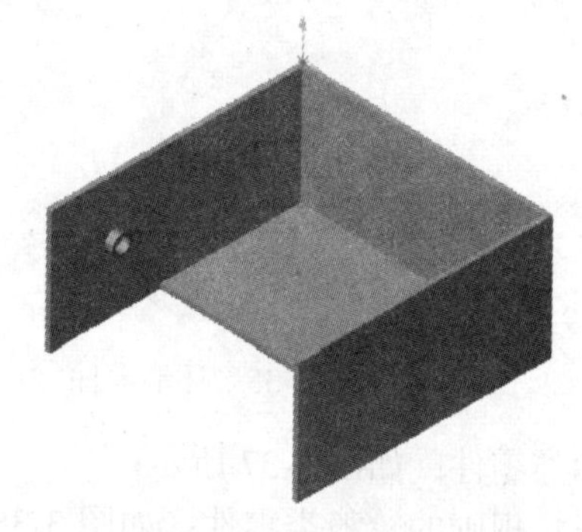
图3-33　生成薄壁特征

（28）仿照步骤（20）～（27），在另一侧薄壁内侧生成对称的薄壁拉伸特征。

（29）单击保存图标，将零件保存为盒状体.sldprt。

至此整个零件就制作完成了。实际上，这个零件用抽壳的办法可以更容易生成。这里之所以用拉伸/切除的办法，一是为了使读者更深入地领会拉伸/切除的方法；二是为了说明不同的建模过程可以构造出同样的实体零件。但其造型过程及实体的造型结构却直接影响到实体的稳定性、可修改性和可理解性。

3.3 旋转特征

旋转特征是由特征截面绕中心线旋转而成的一类特征，它适于构造回转体零件。图 3-34 是一个由旋转特征形成的零件实例。

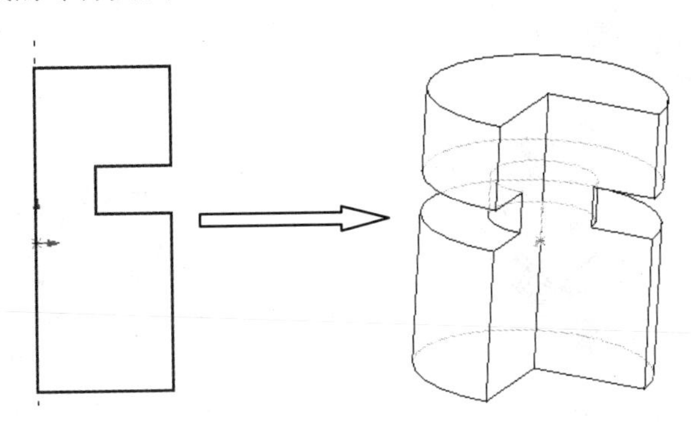

图 3-34　旋转特征实例

实体旋转特征的草图可以包含一个或多个闭环的非相交轮廓。但对于包含多个轮廓的基体旋转特征，其中一个轮廓必须包含所有其他轮廓。薄壁或曲面旋转特征的草图只能包含一个开环的或闭环的非相交轮廓。轮廓不能与中心线交叉。如果草图包含一条以上的中心线，请选择一条中心线用作旋转轴。

旋转特征应用比较广泛，是比较常用的特征建模工具。主要应用在以下零件的建模中：

环形零件：如图 3-35 所示；

球形零件：如图 3-36 所示；

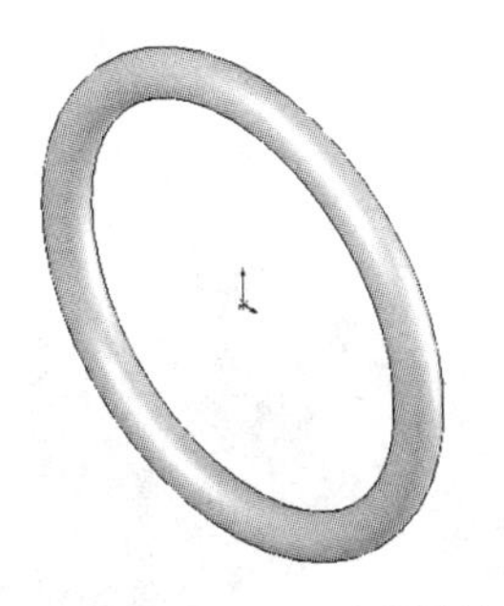

图 3-35　环形零件

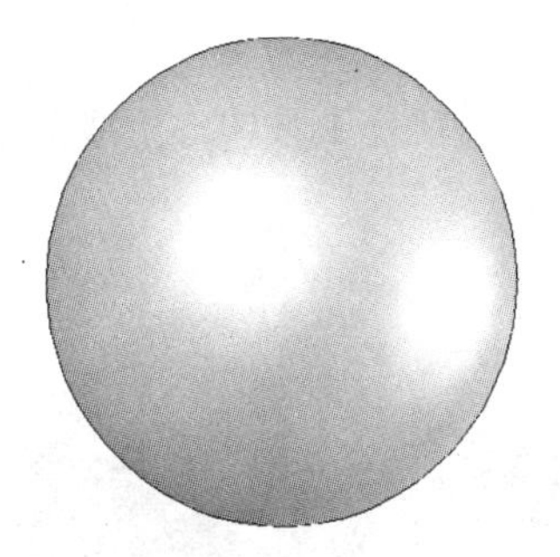

图 3-36　球形零件

轴类零件：如图 3-37 所示；

形状规则的轮毂类零件：如图 3-38 所示。

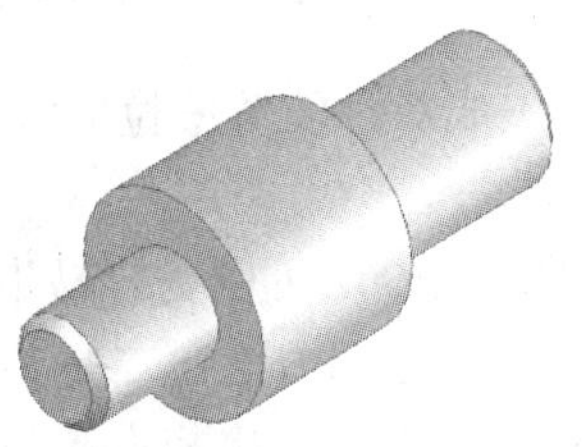

图 3-37　轴类零件

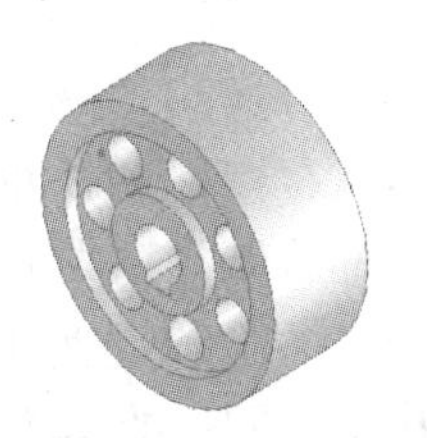

图 3-38　轮毂类零件

3.3.1 旋转凸台/基体

要生成旋转的基体、凸台特征，操作如下。

【案例 3-6】本案例源文件光盘路径："X：\源文件\ch3\3.12.SLDPRT"，本案例视频内容光盘路径："X：\动画演示\ch3\3.6 旋转.swf"。

（1）绘制一条中心线和旋转轮廓。

（2）单击"特征"操控板上的旋转凸台/基体图标，或执行【插入】→【凸台/基体】→【旋转】命令。

（3）此时，弹出"旋转"属性管理器，同时在右面的图形区域中显示生成的旋转特征，如图 3-39 所示。

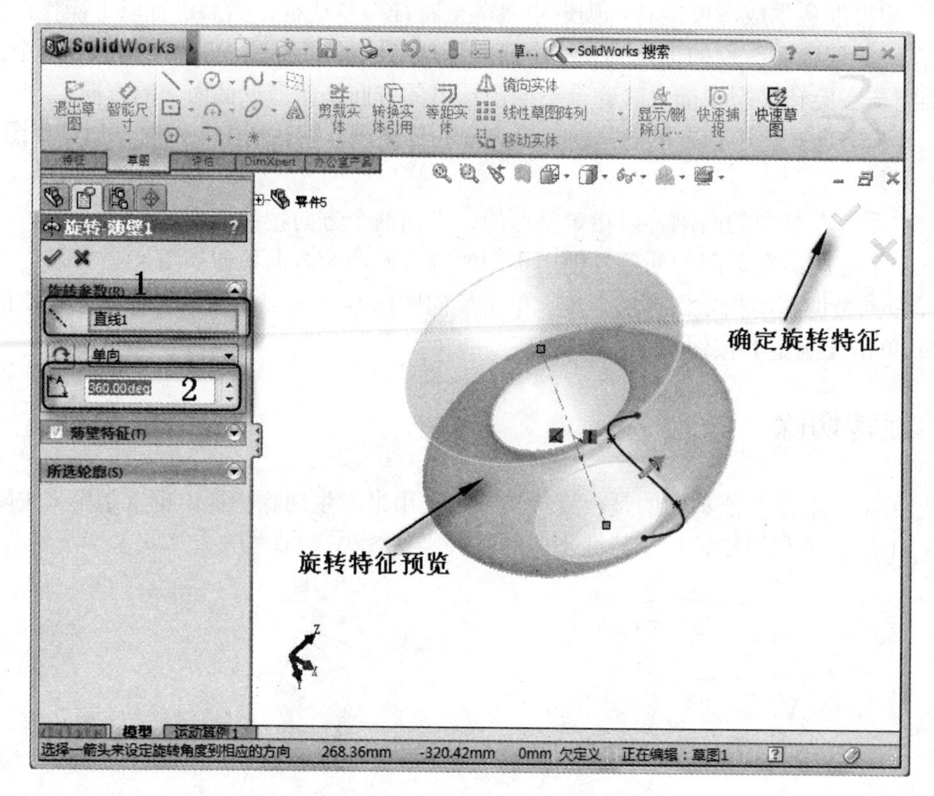

图 3-39 "旋转"属性管理器

（4）在"旋转参数"栏的下拉列表框中选择"旋转类型"：

- 单一方向：草图向一个方向旋转指定的角度。如果想要向相反的方向旋转特征，单击反向图标，如图 3-40（a）所示。
- 中面：草图以所在平面为中面分别向两个方向旋转相同的角度，如图 3-40（b）所示。
- 两个方向：草图以所在平面为中面分别向两个方向旋转指定的角度，这两个角度可以分别指定，如图 3-40（c）所示。

（5）在角度微调框中指定旋转角度。

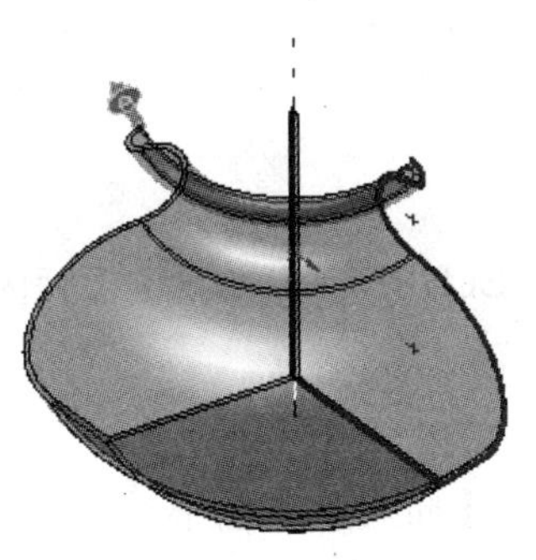

（a）单一旋转方向

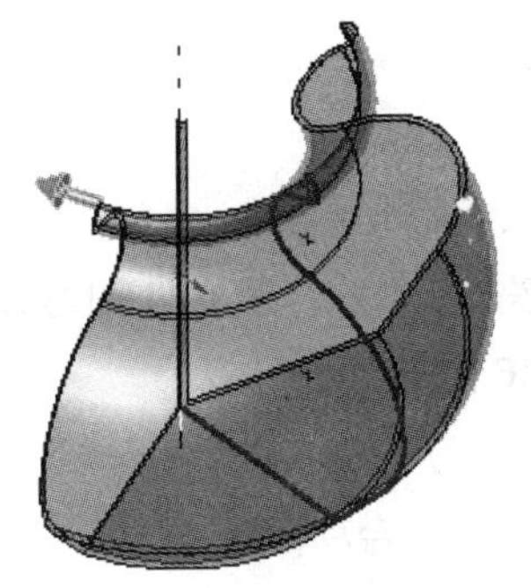

（b）中面旋转

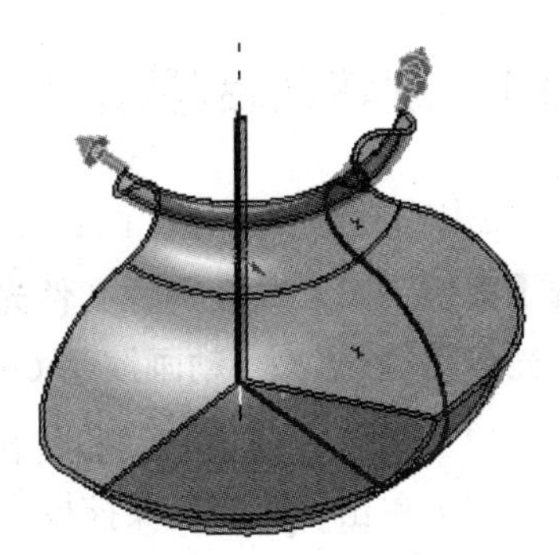

（c）两个方向旋转

图 3-40　旋转特征

（6）如果准备生成薄壁旋转，则选中“薄壁特征”复选框，然后进行以下操作：

1）在“薄壁特征”栏的下拉列表框中选择拉伸薄壁类型（单一方向、中面或两个方向）。这里的类型与在旋转类型中的含义完全不同，这里的方向是指薄壁截面上的方向。

- 单一方向：使用指定的壁厚向一个方向拉伸草图，默认情况下，壁厚加在草图轮廓的外测。;
- 中面：在草图的两侧各以指定壁厚的一半向两个方向拉伸草图。
- 两个方向：在草图的两侧各使用不同的壁厚向两个方向拉伸草图。

2）在微调框中指定薄壁的厚度。单击反向图标，可以将壁厚加在草图轮廓的内侧。

（7）单击【确定】按钮。

3.3.2　旋转切除

与旋转凸台/基体特征不同的是，旋转切除特征用来产生切除特征，也就是用来去除材料。图 3-41 展示了利用旋转切除特征生成的几种零件效果。

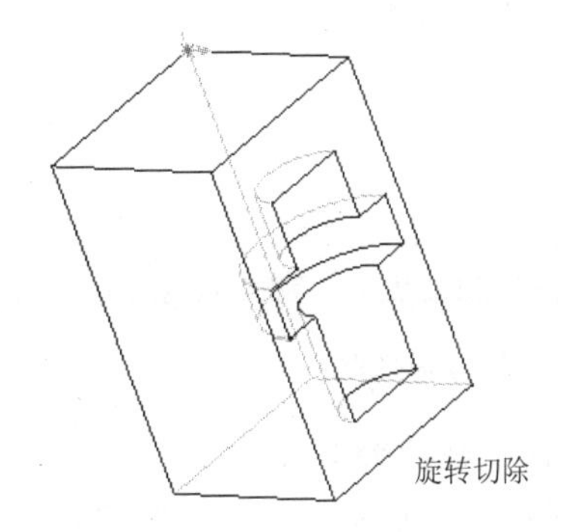

图 3-41　旋转切除的几种效果

要生成旋转切除特征，操作如下。

【案例 3-7】本案例源文件光盘路径：“X：\源文件\ch3\3.13.SLDPRT”，本案例视频内容光盘路径：“X：\动画演示\ch3\3.7 旋转切除.swf”。

（1）选择模型面上的一张草图轮廓和一条中心线。

（2）单击“特征”操控板上的旋转切除图标，或执行【插入】→【切除】→【旋转】

命令。

（3）此时，弹出“切除－旋转”属性管理器，同时在右面的图形区域中显示生成的切除旋转特征，如图 3-42 所示。

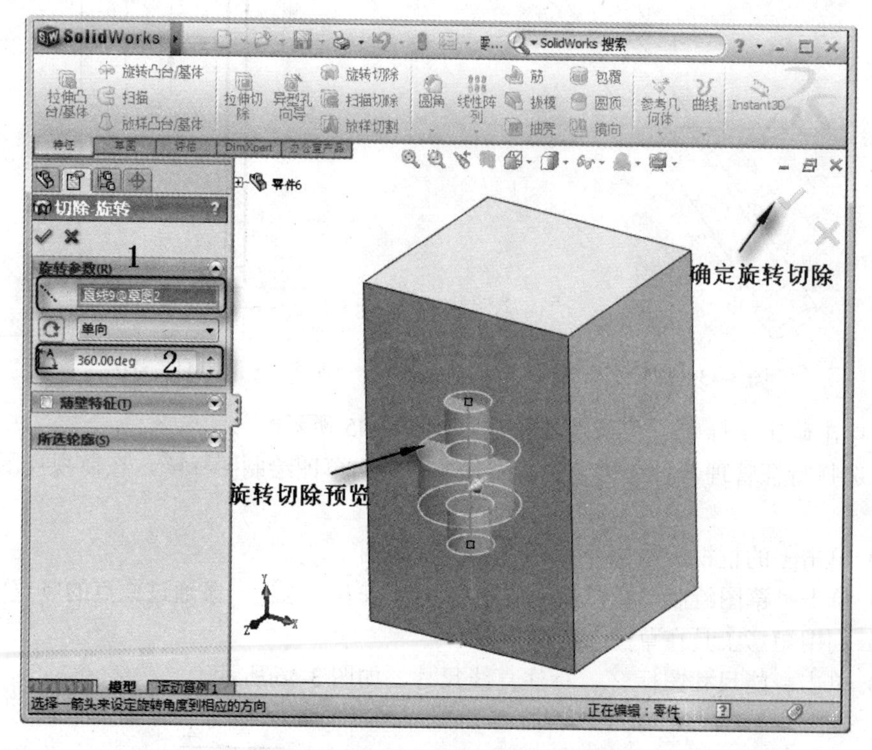

图 3-42　“切除－旋转”属性管理器

（4）在“旋转参数”栏的下拉列表框中选择旋转类型（单一方向、中面、两个方向）。其含义同“旋转凸台/基体”属性管理器中的“旋转类型”。

（5）在微调框中指定旋转角度。

（6）如果准备生成薄壁旋转，则选中“薄壁特征”复选框。设定薄壁旋转参数。

（7）单击【确定】按钮。

利用旋转特征和拉伸切除特征进行零件建模，最终生成的零件如图 3-43 所示。

【案例 3-8】本案例源文件光盘路径：“X：\源文件\ch3\轴.SLDPRT”，本案例视频内容光盘路径：“X：\动画演示\ch3\3.8 轴.swf”。

（1）单击新建图标，或执行【文件】→【新建】命令新建一个零件文件。

（2）单击草图绘制图标，新建一张草图。默认情况下，新的草图在前视基准面上打开。

（3）单击“草图绘制”操控板上的中心线图标，绘制一条通过原点的竖直中心线。

（4）单击直线图标，绘制旋转轮廓。

（5）单击智能尺寸图标，标注直线尺寸，如图 3-44 所示。

（6）单击“特征”操控板上的旋转凸台/基体图标。

（7）在“旋转”属性管理器中设置旋转类型为“单一方向”，在微调框中设置旋转角度为 360°。

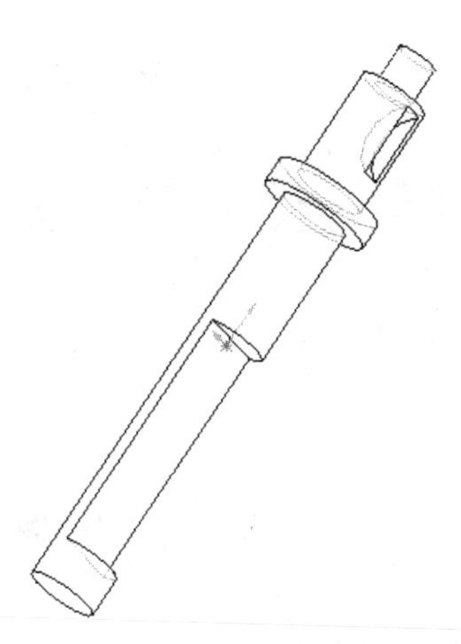

图 3-43 旋转特征零件

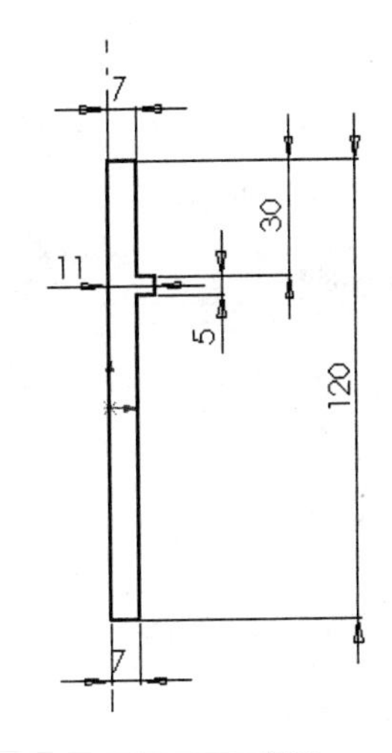

图 3-44 草图

（8）单击确定图标，生成旋转特征，如图 3-45 所示。

（9）选择特征管理器设计树上的前视视图，单击草图绘制图标，在前视视图上打开一张草图。

（10）单击上的正视于图标，正视于前视视图。

（11）单击“草图绘制”操控板上的中心线图标，绘制一条通过原点的竖直中心线。

（12）利用矩形工具在草图上绘制一矩形。

（13）单击智能尺寸图标，标注直线尺寸，如图 3-46 所示。

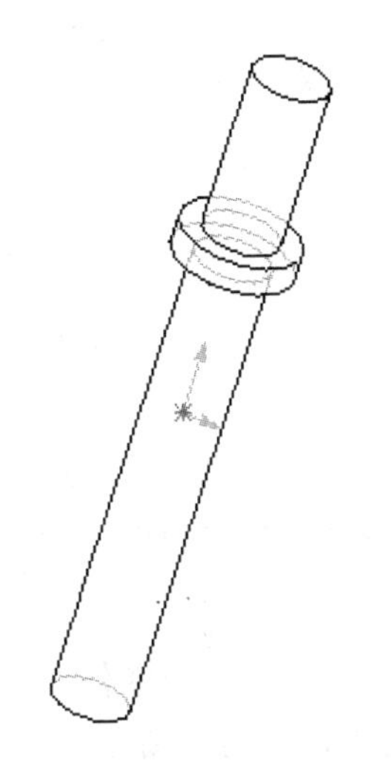

图 3-45 生成旋转特征

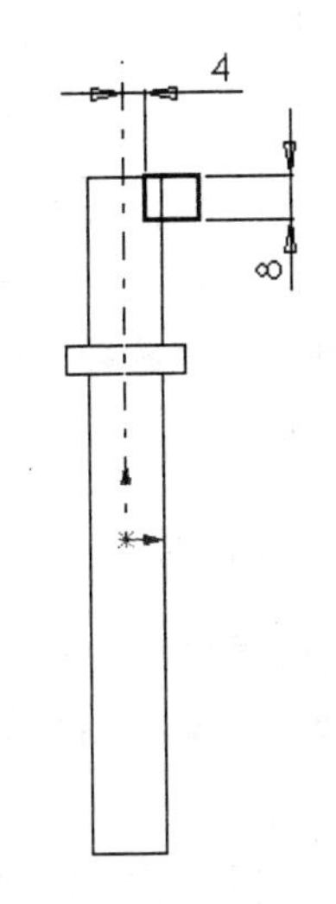

图 3-46 标注直线尺寸

（14）单击“特征”操控板上的切除旋转图标，或执行【插入】→【切除】→【旋转】命令。

（15）在“切除－旋转”属性管理器中设置旋转类型为“单一方向”，在微调框中设置旋转角度为 360°。

（16）单击确定图标，生成切除－旋转特征，如图 3-47 所示。

（17）选择特征管理器设计树上的右视视图，单击草图绘制图标，从而在右视视图上打

开一张草图。

（18）利用矩形工具绘制拉伸切除用的草图轮廓，如图 3-48 所示。

（19）单击“特征”操控板上的拉伸切除图标，或执行【插入】→【切除】→【拉伸】命令。

（20）设置切除的终止条件为“两侧对称”，在微调框中设置切除的深度为 20mm。

（21）单击确定图标后结果如图 3-49 所示。

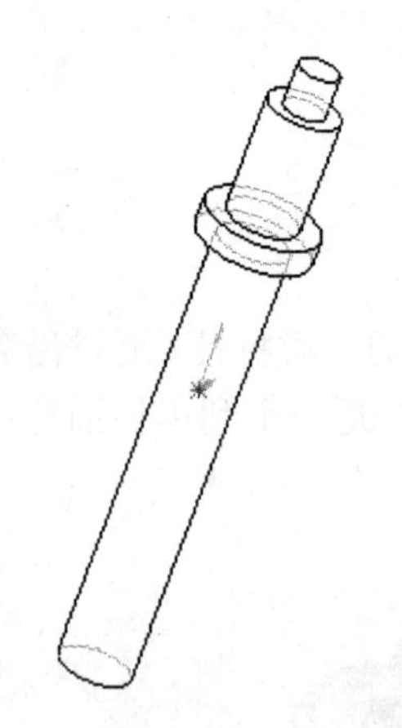

图 3-47　生成切除旋转特征

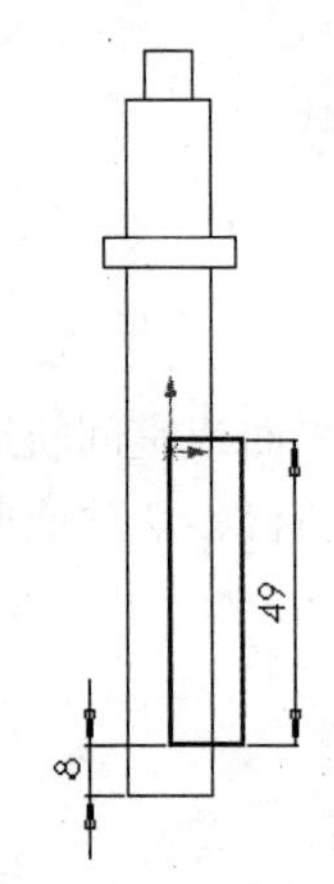

图 3-48　拉伸切除用草图

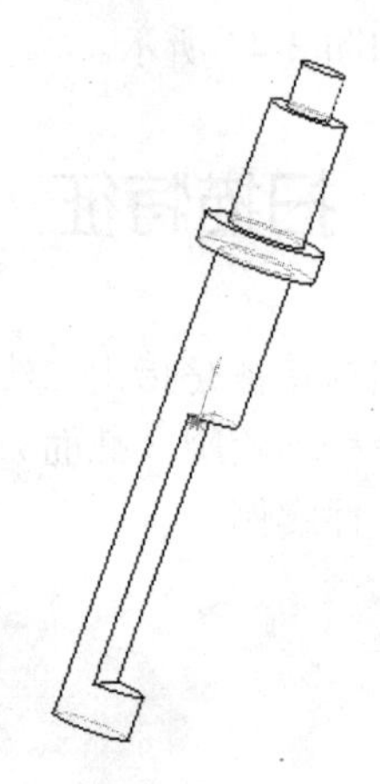

图 3-49　生成拉伸切除特征后的模型

（22）选择特征管理器设计树上前视视图，执行【插入】→【参考几何体】→【基准面】命令。

（23）在“基准面”属性管理器中单击等距图标，设置一个与前视基准面等距为 10mm 的基准面。

（24）如有必要选中“反向”复选框使基准面在前视面的另一侧，如图 3-50 所示。

（25）单击“前导视图”工具栏上的正视于图标，正视于基准面 1。

（26）单击草图绘制图标，在基准面 1 上打开一张草图。

（27）使用中心线工具和矩形工具绘制用于旋转切除的轮廓，如图 3-51 所示。

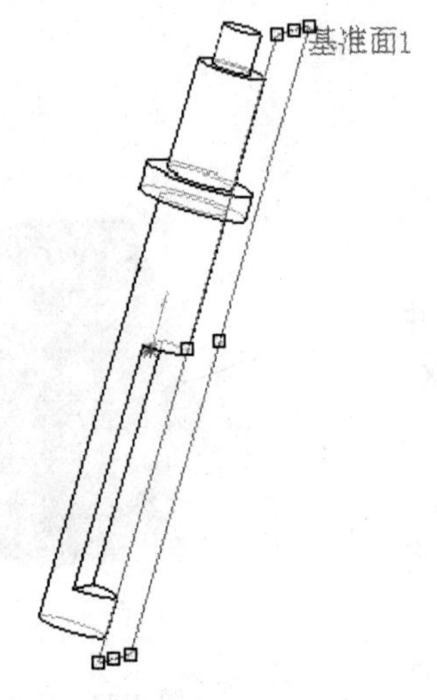

图 3-50　生成基准面

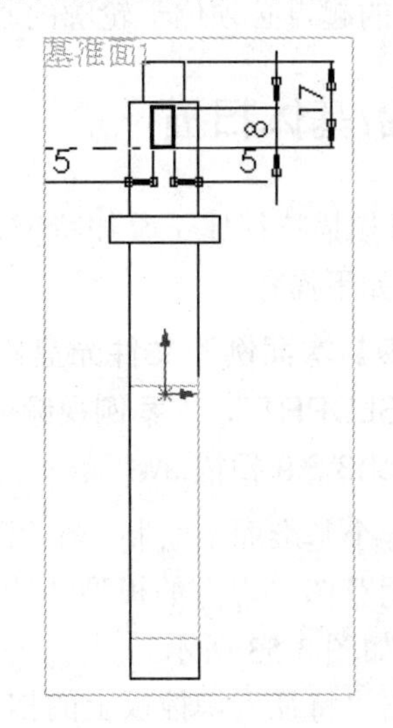

图 3-51　旋转切除用的草图

（28）单击“特征”操控板上的旋转切除图标，或执行【插入】→【切除】→【旋转】命令。

（29）在“旋转－切除”属性管理器中设置旋转类型为“单一方向”，在微调框中设置旋转角度为 360°。

（30）单击【确定】按钮，生成旋转切除特征。

（31）单击保存图标，将零件保存为“轴.sldprt”。到此该零件的就制作完成了，最后的效果如图 3-43 所示。

3.4 扫描特征

扫描特征是指由二维草绘平面沿一条平面或空间轨迹线扫描而成的一类特征。通过沿着一条路径移动轮廓（截面）可以生成基体、凸台、切除或曲面。图 3-52 是一个利用扫描特征生成的零件实例。

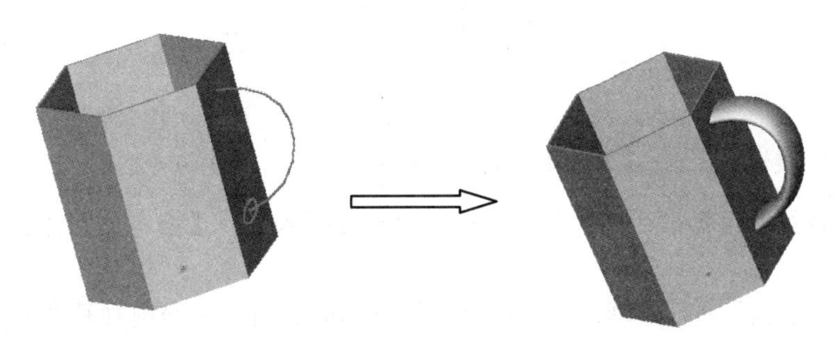

图 3-52 扫描特征实例

SolidWorks 2008 的扫描特征遵循以下规则：

- 扫描路径可以为开环或闭环；
- 路径可以是一张草图中包含的一组草图曲线、一条曲线或一组模型边线；
- 路径的起点必须位于轮廓的基准面上。

3.4.1 凸台/基体扫描

凸台/基体扫描特征属于叠加特征，要生成凸台/基体扫描特征，可如下操作。

【案例 3-9】本案例源文件光盘路径：“X：\源文件\ch3\3.14.SLDPRT”，本案例视频内容光盘路径：“X：\动画演示\ch3\3.9 扫描.swf”。

（1）在一个基准面上绘制一个闭环的非相交轮廓。

（2）使用草图、现有的模型边线或曲线生成轮廓将遵循的路径，如图 3-53 所示。

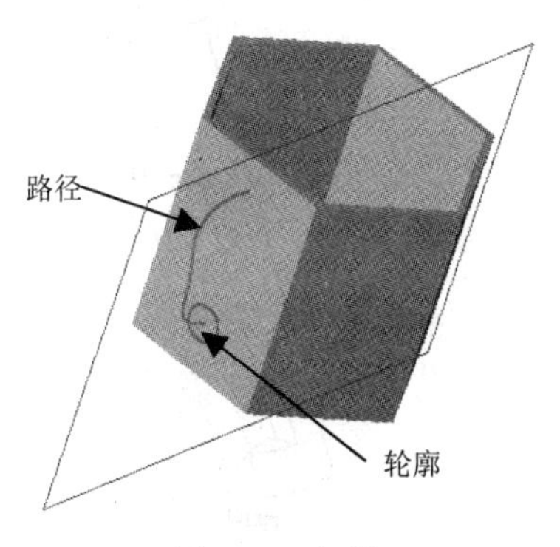

图 3-53 扫描

（3）单击“特征”操控板上的扫描图标，或执行【插入】→【凸台/基体】→【扫描】命令。

（4）此时，弹出“扫描”属性管理器，同时在右面的图形区域中显示生成的扫描特征，如图 3-54 所示。

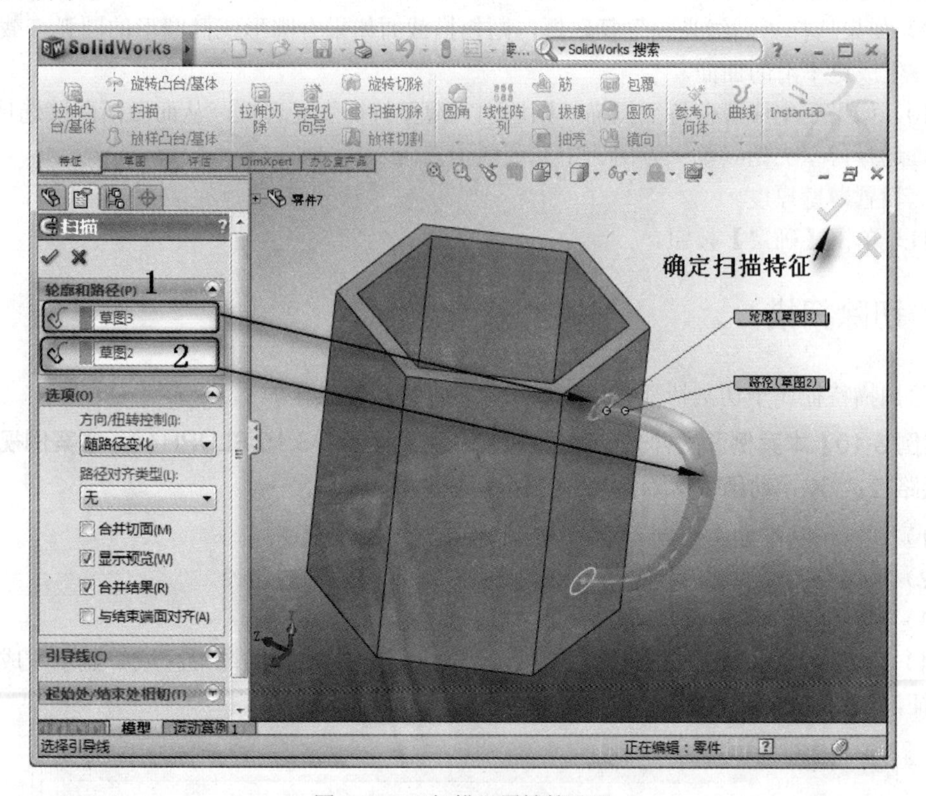

图 3-54　“扫描”属性管理器

（5）单击轮廓图标，然后在图形区域中选择轮廓草图。

（6）单击路径图标，然后在图形区域中选择路径草图。如果预先选择了轮廓草图或路径草图，则草图将显示在对应的属性管理器方框内。

（7）在“方向/扭转类型”下拉列表框中，选择以下选项：

- 随路径变化：草图轮廓随路径的变化而变换方向，其法线与路径相切（图 3-55（a））；
- 保持法向不变：草图轮廓保持法线方向不变（图 3-55（b））。

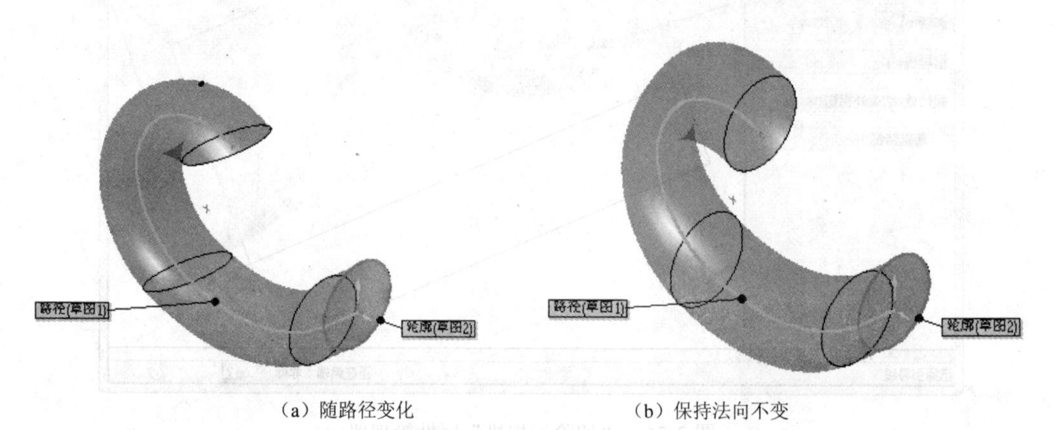

（a）随路径变化　　（b）保持法向不变

图 3-55　扫描特征

（8）如果扫描截面具有相切的线段，选择“保持相切”复选框，将使所生成的扫描中相应的曲面保持相切。保持相切的面可以是基准面、圆柱面或锥面。

（9）如果选择“高级光顺”复选框，则扫描截面如果有圆形或椭圆形的圆弧，截面被近似处理，生成更平滑的曲面。

（10）如果要生成薄壁特征扫描，则选中“薄壁特征”复选框，从而激活薄壁选项：

- 选择薄壁类型（单一方向、中面或两个方向）；
- 设置薄壁厚度。

（11）单击【确定】按钮。

3.4.2 切除扫描

切除扫描特征属于切割特征。要生成切除扫描特征，操作如下。

【案例 3-10】本案例源文件光盘路径：“X：\源文件\ch3\3.15.SLDPRT”，本案例视频内容光盘路径：“X：\动画演示\ch3\3.10 扫描切除.swf”。

（1）在一个基准面上绘制一个闭环的非相交轮廓。

（2）使用草图、现有的模型边线或曲线生成轮廓将遵循的路径。

（3）执行【插入】→【切除】→【扫描】命令。

（4）此时，弹出“切除－扫描”属性管理器，同时在右面的图形区域中显示生成的切除扫描特征，如图 3-56 所示。

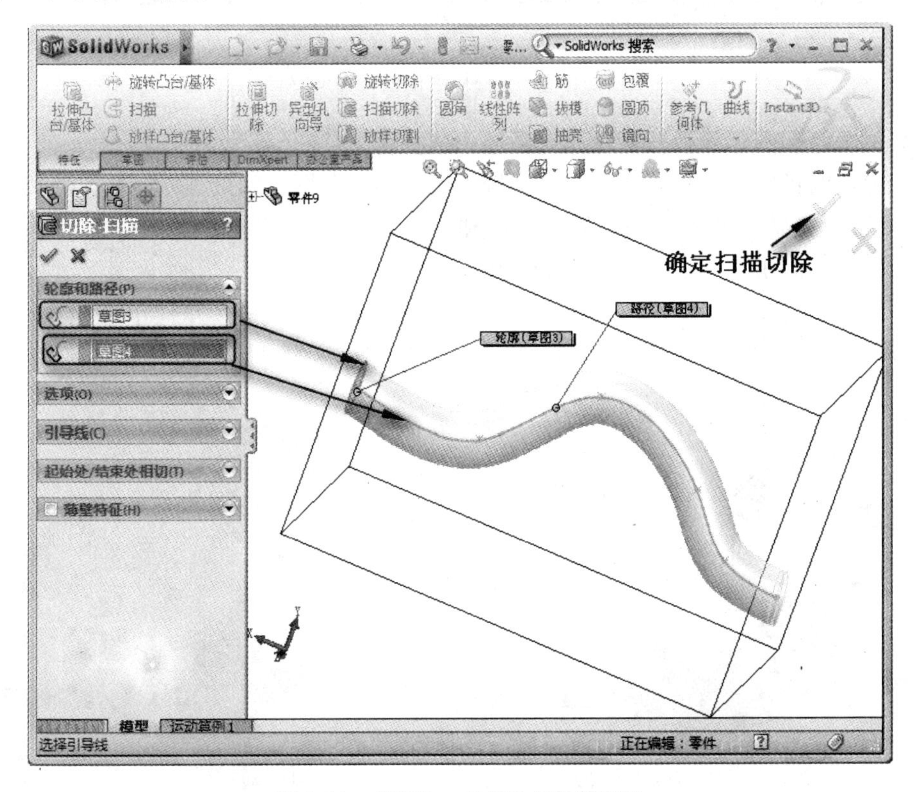

图 3-56 “切除－扫描”属性管理器

（5）单击轮廓图标，然后在图形区域中选择轮廓草图。

（6）单击路径图标，然后在图形区域中选择路径草图。如果预先选择了轮廓草图或路径草图，则草图将显示在对应的属性管理器方框内。

（7）在“方向/扭转类型”下拉列表框中选择扫描方式。

（8）其余选项同凸台/基体扫描。

（9）单击【确定】按钮。

3.4.3　引导线扫描

SolidWorks 2008 不仅可以生成等截面的扫描，还可以生成随着路径变化截面也发生变化的扫描——引导线扫描。图 3-57 展示引导线扫描效果。

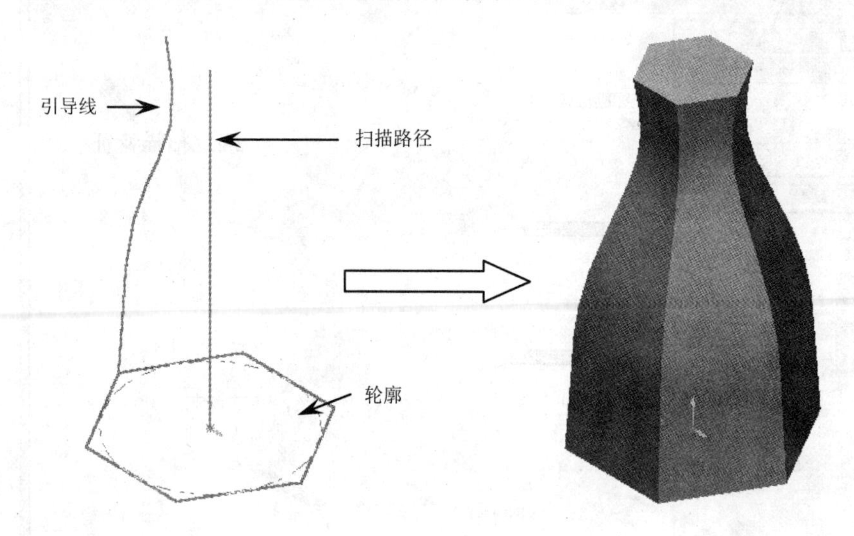

图 3-57　引导线扫描效果

在利用引导线生成扫描特征之前，应该注意以下几点：

1．应该先生成扫描路径和引导线，然后再生成截面轮廓；

2．引导线必须要和轮廓相交与一点，作为扫描曲面的顶点；

3．最好在截面草图上添加引导线上的点和截面相交处之间的穿透关系。

如果要利用引导线生成扫描特征，可作如下操作。

【案例 3-11】本案例源文件光盘路径：“X：\源文件\ch3\3.15.SLDPRT”，本案例视频内容光盘路径：“X：\动画演示\ch3\3.11 引导线扫描.swf”。

（1）生成引导线。可以使用任何草图曲线、模型边线或曲线作为引导线。

（2）生成扫描路径。可以使用任何草图曲线、模型边线或曲线作为扫描路径。

（3）绘制扫描轮廓。

（4）在轮廓草图中引导线与轮廓相交处添加穿透几何关系。穿透几何关系将使截面沿着路径改变大小、形状或者两者均改变。截面受曲线的约束，但曲线不受截面的约束。

（5）单击“特征”操控板上的扫描图标，或执行【插入】→【基体/凸台】→【扫描】命令。如果要生成切除扫描特征，则执行【插入】→【切除】→【扫描】命令。

（6）此时，弹出“基体－扫描”属性管理器，同时在右面的图形区域中显示生成的基体或凸台扫描特征。

（7）单击轮廓图标，然后在图形区域中选择轮廓草图。

（8）单击路径图标，然后在图形区域中选择路径草图。如果选择了“显示预览”复选框，此时在图形区域中将显示不随引导线变化截面的扫描特征。

（9）在“引导线”栏中单击引导线图标，然后在图形区域中选择引导线。此时在图形区域中将显示随着引导线变化截面的扫描特征，如图 3-58 所示。

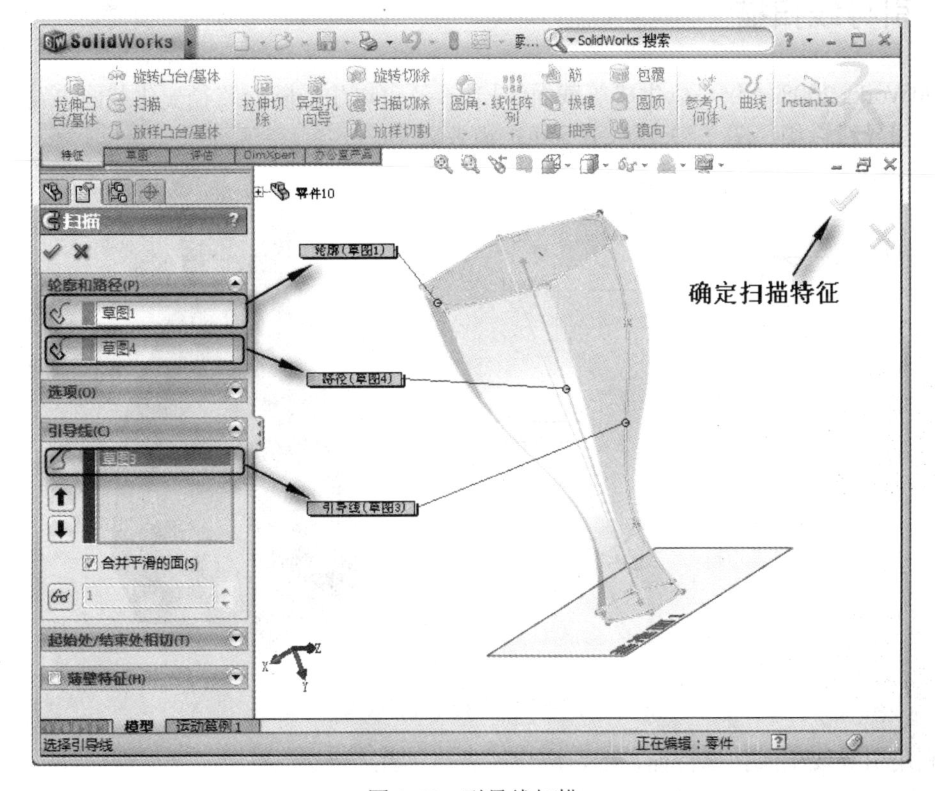

图 3-58　引导线扫描

（10）如果存在多条引导线，可以单击上移图标或下移图标来改变使用引导线的顺序。

（11）单击显示截面图标，然后单击微调框箭头图标来根据截面数量查看并修正轮廓。

（12）在“选项”栏中的“方向/扭转类型”下拉列表框中选择以下选项：

- 随路径变化：草图轮廓随路径的变化而变换方向，其法线与路径相切；
- 保持法向不变：草图轮廓保持法线方向不变；
- 随路径和第一条引导线变化：如果引导线不只一条，选择该项将使扫描随第一条引导线变化，如图 3-59（a）所示。

随第一条和第二条引导线变化：如果引导线不只一条，选择该项将使扫描随第一条和第二条引导线同时变化，如图 3-59（b）所示。

（13）如果扫描截面具有相切的线段，选择“保持相切”复选框将使所生成的扫描中相应的曲面保持相切。保持相切的面可以是基准面、圆柱面或锥面。

（14）如果选择“高级光顾”复选框，则扫描截面如果有圆形或椭圆形的圆弧，截面被近似处理，生成更平滑的曲面。

（15）如果要生成薄壁特征扫描，则选中“薄壁特征”复选框，从而激活薄壁选项：

- 选择薄壁类型（单一方向、中面或两个方向）；
- 设置薄壁厚度。

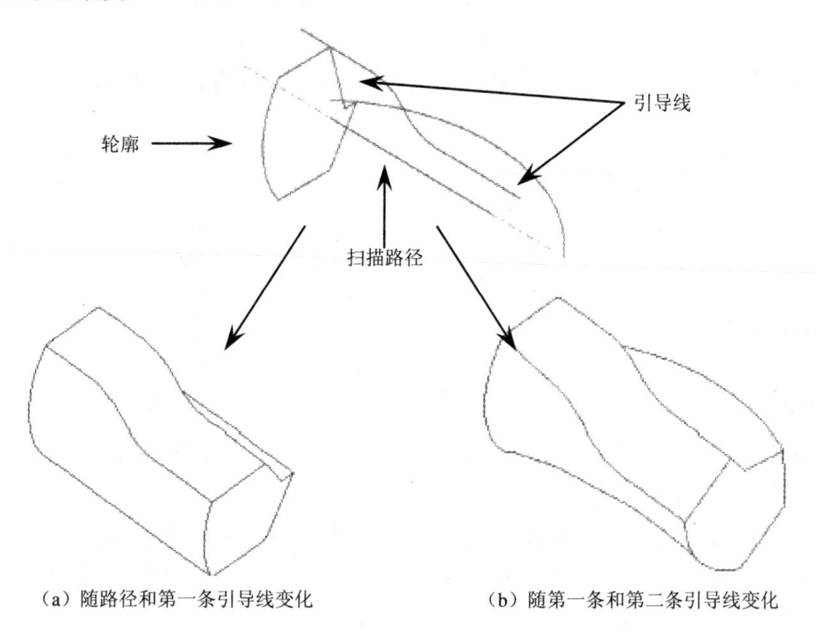

（a）随路径和第一条引导线变化　　（b）随第一条和第二条引导线变化

图 3-59　随路径和引导线扫描

（16）在“起始处/结束处相切”栏中可以设置起始或结束处的相切选项：

- 无：不应用相切；
- 路径相切：扫描在起始处和终止处与路径相切；
- 方向向量：扫描与所选的直线边线或轴线相切，或与所选基准面的法线相切；
- 所有面：扫描在起始处和终止处与现有几何的相邻面相切。

（17）单击确定图标✔，完成引导线扫描。

扫描路径和引导线的长度可能不同，如果引导线比扫描路径长，扫描将使用扫描路径的长度；如果引导线比扫描路径短，扫描将使用最短的引导线的长度。

运用扫描特征进行零件建模，最终生成的零件如图 3-60 所示。

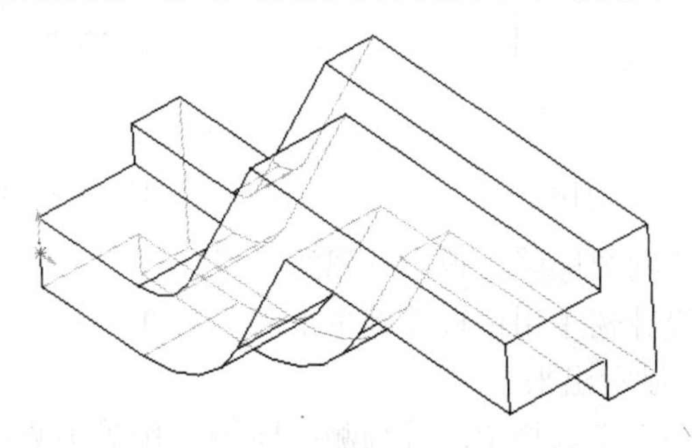

图 3-60　扫描特征零件

【案例 3-12】本案例源文件光盘路径："X：\源文件\ch3\扫描件.SLDPRT"，本案例视频内容光盘路径："X：\动画演示\ch3\3.12 扫描件.swf"。

（1）单击新建图标，或执行【文件】→【新建】命令新建一个零件文件。

（2）单击草图绘制图标，新建一张草图。默认情况下，新的草图在前视基准面上打开。

（3）单击"草图绘制"操控板上的直线图标和切线弧图标，绘制扫描的路径草图，如图 3-61 所示。

（4）利用智能尺寸工具对扫描路径进行尺寸标注，如图 3-62 所示。

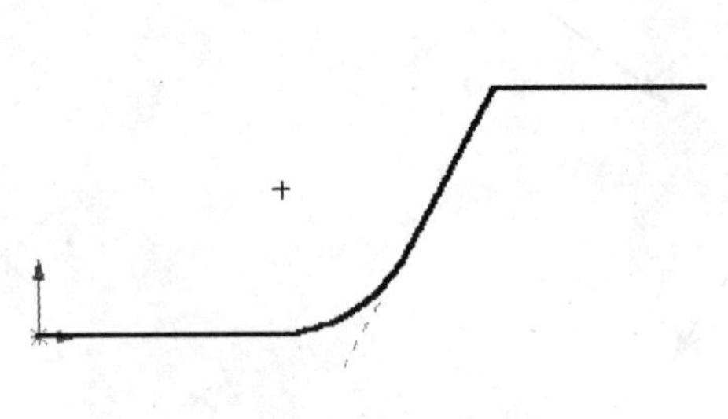

图 3-61　扫描路径草图

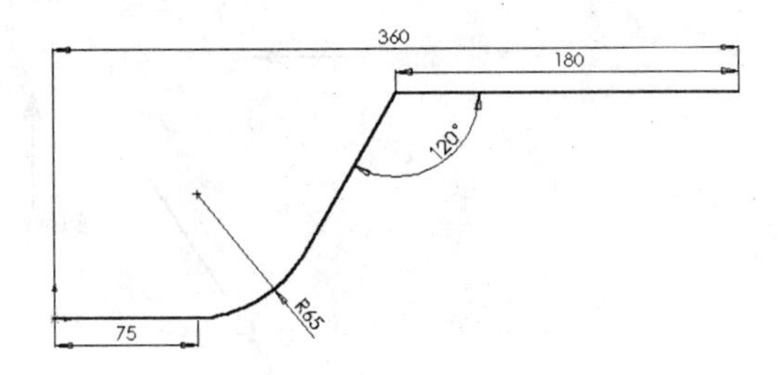

图 3-62　标注尺寸

（5）选择特征管理器设计树上的右视视图，单击草图绘制图标，在右视视图上打开一张草图。

（6）单击"前导视图"工具栏上的正视于图标，以正视于右视视图。

（7）在特征管理器设计树上用鼠标右键单击"草图 1"，在弹出的快捷菜单中选择"隐藏草图】命令将草图 1 隐藏起来。

（8）利用"草图绘制"操控板上的直线图标绘制扫描轮廓草图。

（9）利用智能尺寸工具对扫描路径进行尺寸标注，如图 3-63 所示。

（10）利用选择工具将草图上的所有元素选中，包括中心线。

（11）单击草图镜向图标，将图形镜向到中心线的另一端，如图 3-64 所示。

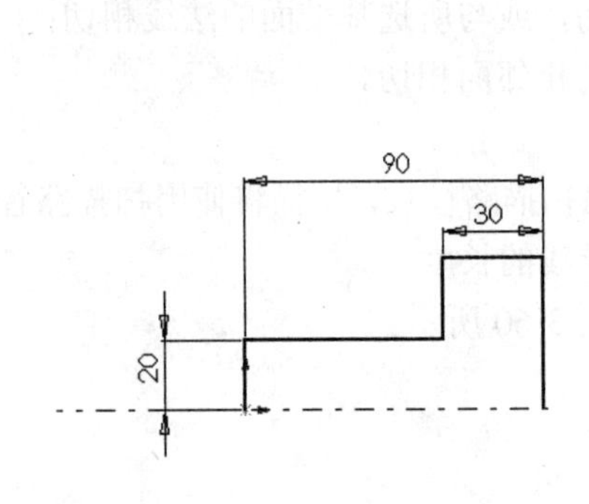

图 3-63　扫描轮廓草图

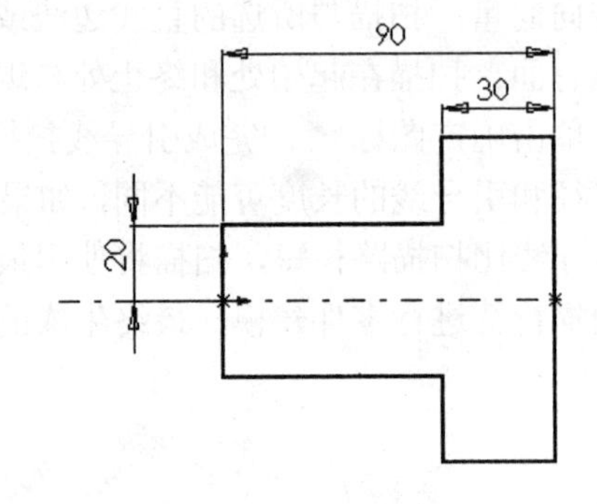

图 3-64　镜向草图

（12）再次单击草图绘制图标，退出草图的绘制。

（13）在特征管理器设计树上用鼠标右键单击"草图 1"，在弹出的快捷菜单中选择"显示草图】命令将"草图 1"显示出来。

（14）单击"前导视图"工具栏上的等轴测图标，用等轴测视图观看图形，如图 3-65 所示。

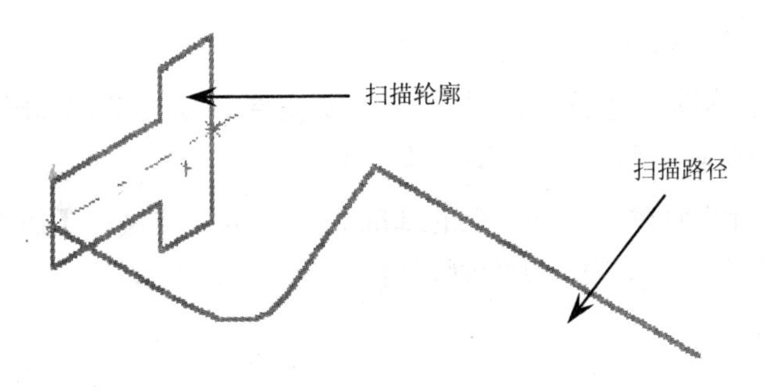

图 3-65　等轴测视图效果

（15）单击“特征”操控板上的扫描图标，或执行【插入】→【基体】→【扫描】命令。

（16）在“扫描”属性管理器中单击轮廓图标，然后在图形区域中选择轮廓草图。

（17）单击路径图标，然后在图形区域中选择路径草图。

（18）单击确定图标，从而生成扫描特征。

（19）单击保存图标，将零件保存为“扫描体.sldprt”。至此该零件就制作完成了。

3.5　放样特征

所谓放样是指连接多个剖面或轮廓形成的基体、凸台或切除，通过在轮廓之间进行过渡来生成特征。图 3-66 是一个利用放样特征生成的零件实例。

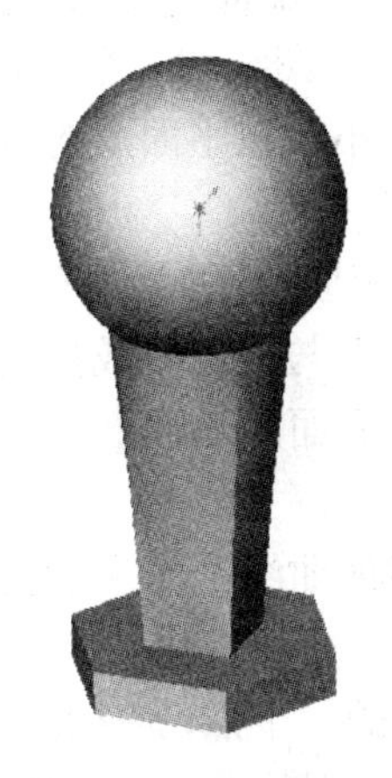

图 3-66　放样特征实例

3.5.1　设置基准面

放样特征需要连接多个面上的轮廓，这些面既可以平行也可以相交。要确定这些平面就必须用到基准面。

基准面可以用在零件或装配体中，通过使用基准面可以绘制草图、生成模型的剖面视图、生成扫描和放样中的轮廓面等。图 3-67 显示了一个通过长方体的边线与底面成 45° 角的基准面。

要生成基准面，操作如下。

【案例 3-13】本案例源文件光盘路径："X：\源文件\ch3\3.17.SLDPRT"，本案例视频内容光盘路径："X：\动画演示\ch3\3.13 放样.swf"。

（1）单击"参考几何体"工具栏上的基准面图标，或执行【插入参考几何体】→【基准面】命令。此时弹出"基准面"属性管理器，如图 3-68 所示。

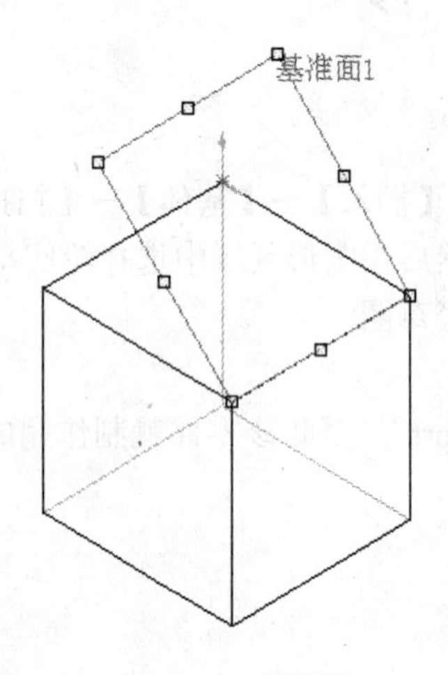

图 3-67　基准面

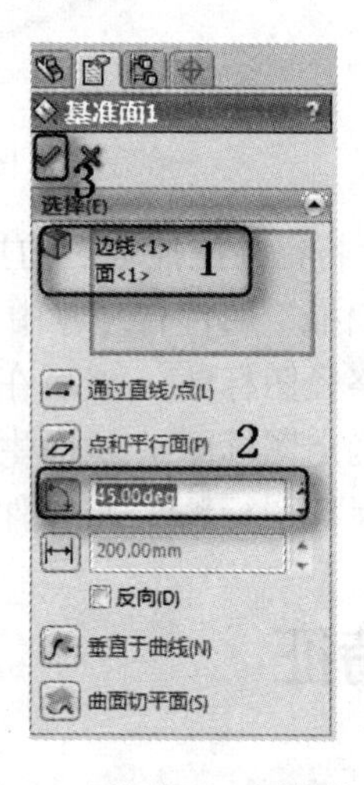

图 3-68　"基准面"属性管理器

（2）在"选择"栏中选择想生成的基准面类型及项目，以生成基准面。

单击图标，选择一条边线、轴或草图线和一个点，或者选择 3 个点来生成基准面。

单击图标，选择一个平面和一个不在该平面上的点，从而生成一个通过该点并平行于被选择面的基准面。

单击图标，选择一个平面和一条边线、轴线或草图线，并在右面的微调框中指定角度，从而生成一个通过边线、轴线或草图线并与被选面成指定角度的基准面。

单击图标，选择一个平面，并在右面的微调框中指定距离，则生成一个与被选面等距的基准面。

单击图标，选择一条边线、轴线或曲线上的一个点，则生成一个通过该点并垂直于所选边线、轴线或曲线的基准面。

单击图标，选择一个空间曲面上的一个点，则生成一个通过该点并与曲面相切的基准面。

（3）在步骤（2）中选取了基准面，则基准面便弹出在参考实体中，在图形区域中弹出基准面的预览效果。

（4）如果要生成多个基准面，单击保持可见图标，"基准面"属性管理器保持显示，继续步骤（2），从而生成多个基准面。

（5）单击确定图标生成基准面，新的基准面便会弹出在特征管理器设计树中。

3.5.2　凸台放样

通过使用空间上两个或两个以上的不同平面轮廓，可以生成最基本的放样特征。

要生成空间轮廓的放样特征，操作如下。

【案例 3-14】本案例源文件光盘路径：“X：\源文件\ch3\3.18.SLDPRT”，本案例视频内容光盘路径：“X：\动画演示\ch3\3.14 凸台放样.swf”。

（1）至少生成一个空间轮廓，空间轮廓可以是模型面或模型边线。

（2）建立一个新的基准面，用来放置另一个草图轮廓。基准面间不一定要平行。

（3）在新建的基准面上绘制要放样的轮廓。

（4）单击“特征”操控板上的放样图标，或执行【插入】→【凸台】→【放样】命令。如果要生成切除放样特征，则执行【插入】→【切除】→【放样】命令。

（5）这时弹出“放样”属性管理器，单击每个轮廓上相应的点，以按顺序选择空间轮廓和其他轮廓的面，此时被选择轮廓显示在“轮廓”栏中，在右面的图形区域中显示生成的放样特征，如图 3-69 所示。

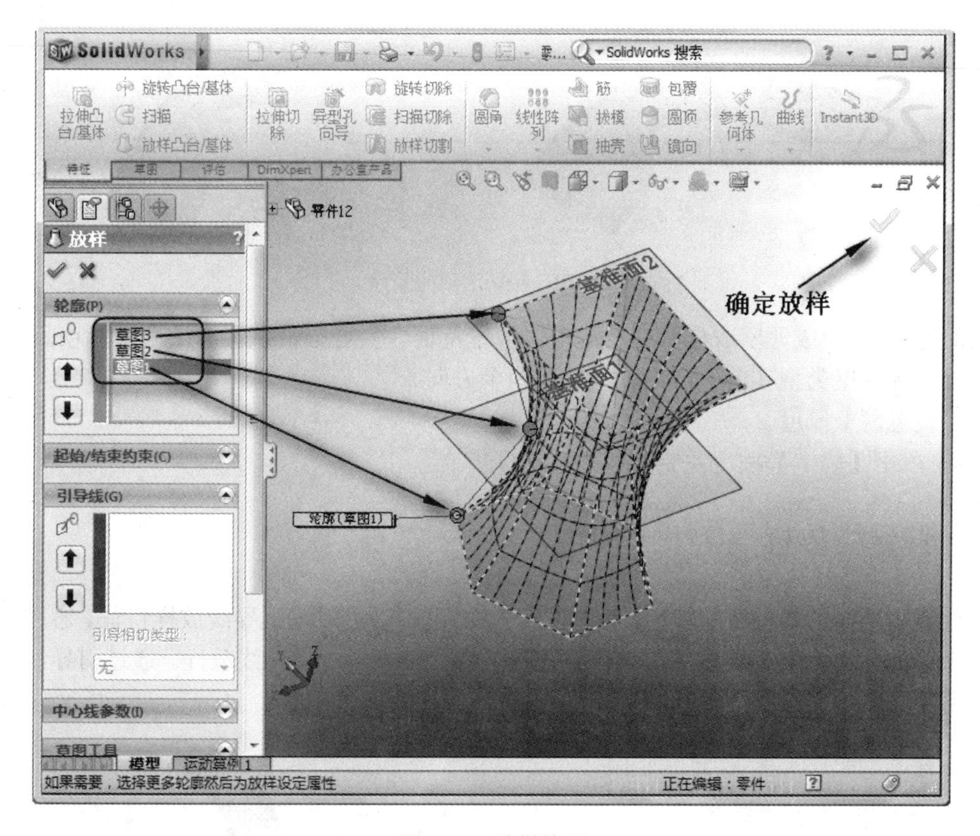

图 3-69　放样特征

（6）单击上移图标或下移图标来改变轮廓的顺序。此项只针对两个以上轮廓的放样特征。

（7）如果要在放样的开始和结束处控制相切，则设置“起始处/结束处相切”选项：

- 无：不应用相切；
- 垂直于轮廓：放样在起始和终止处与轮廓的草图基准面垂直；
- 方向向量：放样与所选的边线或轴相切，或与所选基准面的法线相切；
- 所有面：放样在起始处和终止处与现有几何的相邻面相切。图 3-70 说明了相切选项的差异。

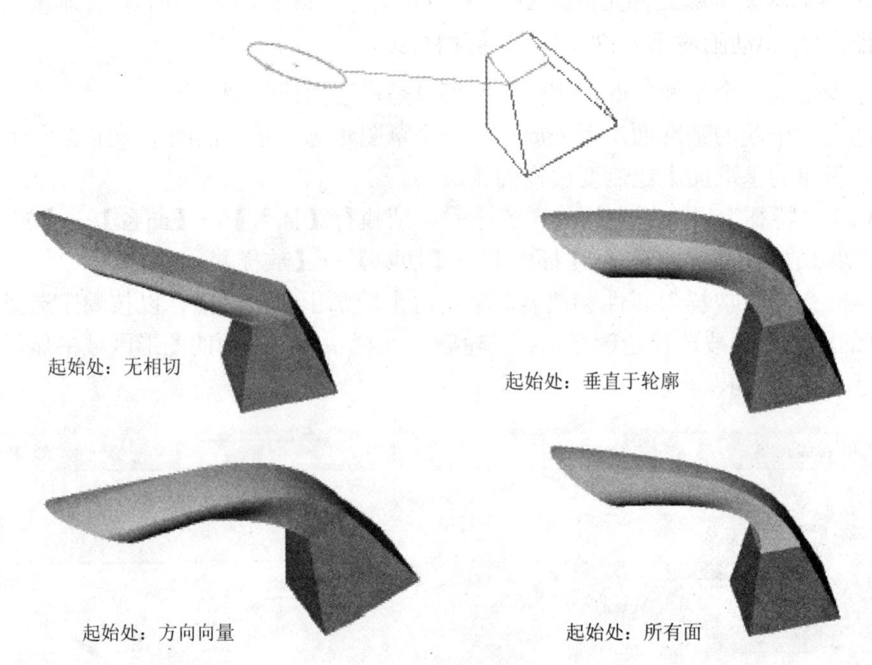

图 3-70　相切选项的差异

（8）如果要生成薄壁放样特征，选中“薄壁特征”复选框，从而激活薄壁选项：

- 选择薄壁类型（单一方向、中面或两个方向）；
- 设置薄壁厚度。

（9）单击【确定】按钮，完成放样。

3.5.3　引导线放样

同生成引导线扫描特征一样，SolidWorks 2008 也可以生成等引导线放样特征。通过使用两个或多个轮廓并使用一条或多条引导线来连接轮廓，可以生成引导线放样。通过引导线可以帮助控制所生成的中间轮廓。图 3-71 展示了引导线放样效果。

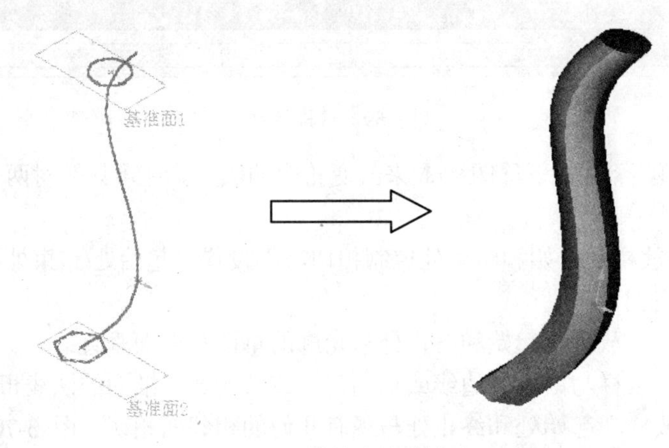

图 3-71　引导线放样效果

在利用引导线生成放样特征时，应该注意以下几点：

- 引导线必须与轮廓相交；
- 引导线的数量不受限制；
- 引导线之间可以相交；
- 引导线可以是任何草图曲线、模型边线或曲线；
- 引导线可以比生成的放样特征长，放样将终止于最短的引导线的末端。

要生成引导线放样特征，操作如下。

【案例 3-15】本案例源文件光盘路径：“X：\源文件\ch3\3.19.SLDPRT”，本案例视频内容光盘路径：“X：\动画演示\ch3\3.15 引导线放样.swf”。

（1）绘制一条或多条引导线。

（2）绘制草图轮廓，草图轮廓必须与引导线相交。

（3）在轮廓所在草图中为引导线和轮廓顶点添加穿透几何关系或重合几何关系。

（4）单击“特征”操控板上的放样图标，或执行【插入】→【凸台】→【放样】命令，如果要生成切除特征，则执行【插入】→【切除】→【放样】命令。

（5）这时弹出“放样”属性管理器，单击每个轮廓上相应的点，按顺序选择空间轮廓和其他轮廓的面，此时被选择轮廓显示在“轮廓”栏中。

（6）单击上移图标或下移图标来改变轮廓的顺序，此项只针对两个以上轮廓的放样特征。

（7）在“引导线”栏中单击引导线框，然后在图形区域中选择引导线。此时在图形区域中将显示随着引导线变化的放样特征，如图 3-72 所示。

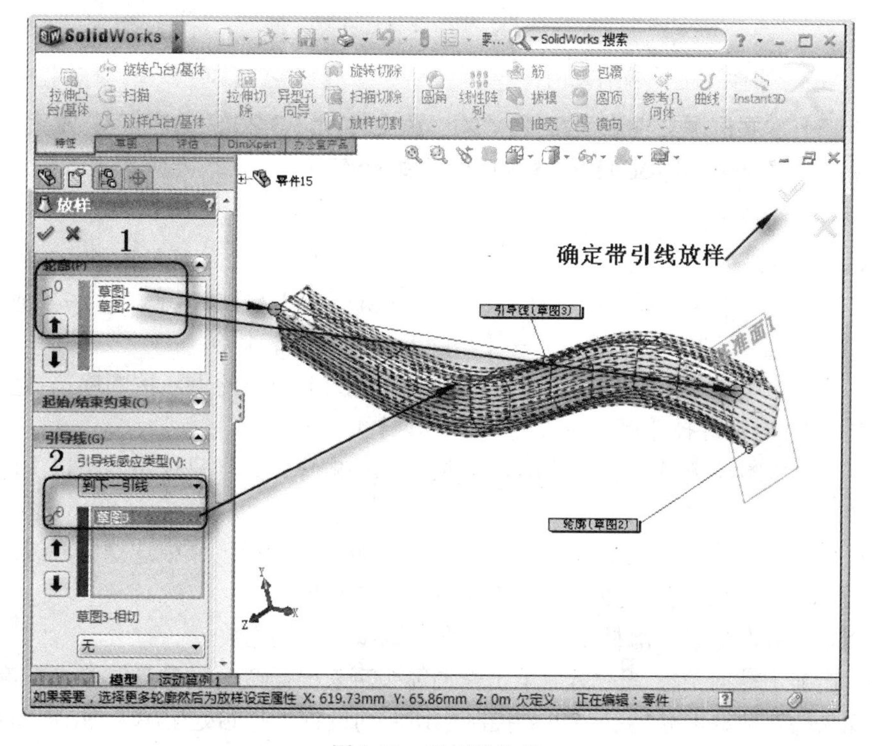

图 3-72　引导线放样

（8）如果存在多条引导线，可以单击上移图标或下移图标来改变使用引导线的顺序。

（9）通过“起始处/结束处相切”选项可以控制草图、面或曲面边线之间的相切量和放样方向。

（10）如果要生成薄壁特征，选中“薄壁特征”复选框，从而激活薄壁选项，设置薄壁特征。

（11）单击确定图标完成放样。

3.5.4 中心线放样

SolidWorks 2008 还可以生成中心线放样特征。中心线放样是指将一条变化的引导线作为中心线进行的放样，在中心线放样特征中，所有中间截面的草图基准面都与此中心线垂直。

中心线放样中的中心线必须与每个闭环轮廓的内部区域相交，而不是像引导线放样那样，引导线必须与每个轮廓线相交。图 3-73 展示了中心线放样效果。

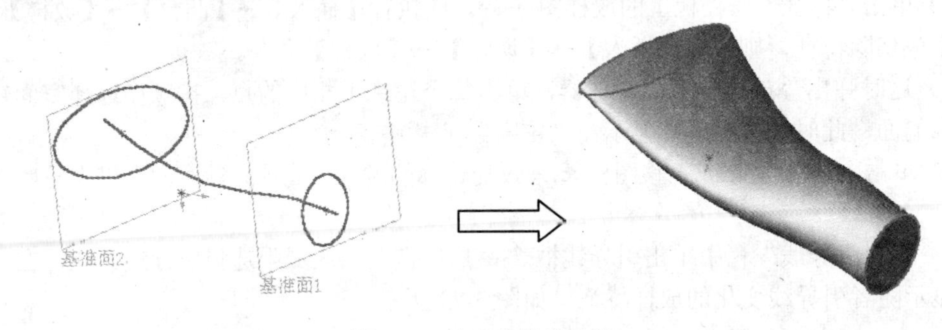

图 3-73　中心线放样效果

要生成中心线放样特征，操作如下。

【案例 3-16】本案例源文件光盘路径：“X：\源文件\ch3\3.20.SLDPRT”，本案例视频内容光盘路径：“X：\动画演示\ch3\3.16 中心线放样.swf”。

（1）生成放样轮廓。

（2）绘制曲线或生成曲线作为中心线，该中心线必须与每个闭环轮廓的内部区域相交。

（3）单击“特征”操控板上的放样图标，或执行【插入】→【凸台】→【放样】命令。如果要生成切除特征，则执行【插入】→【切除】→【放样】命令。

（4）这时弹出“放样”属性管理器，单击每个轮廓上相应的点，按顺序选择空间轮廓和其他轮廓的面，此时被选择轮廓显示在轮廓图标栏中。

（5）单击上移图标或下移图标来改变轮廓的顺序，此项只针对两个以上轮廓的放样特征。

（6）在“中心线参数”栏中单击中心线框，然后在图形区域中选择中心线。此时在图形区域中将显示随着中心线变化的放样特征，如图 3-74 所示。

（7）调整“截面数量”滑杆来更改在图形区域显示的预览数。

（8）单击显示截面图标，然后单击微调箭头来根据截面数量查看并修正轮廓。

（9）如果要在放样的开始和结束处控制相切，则设置“起始处/结束处相切”选项。

（10）如果要生成薄壁特征，选中“薄壁特征”复选框并设置薄壁特征。

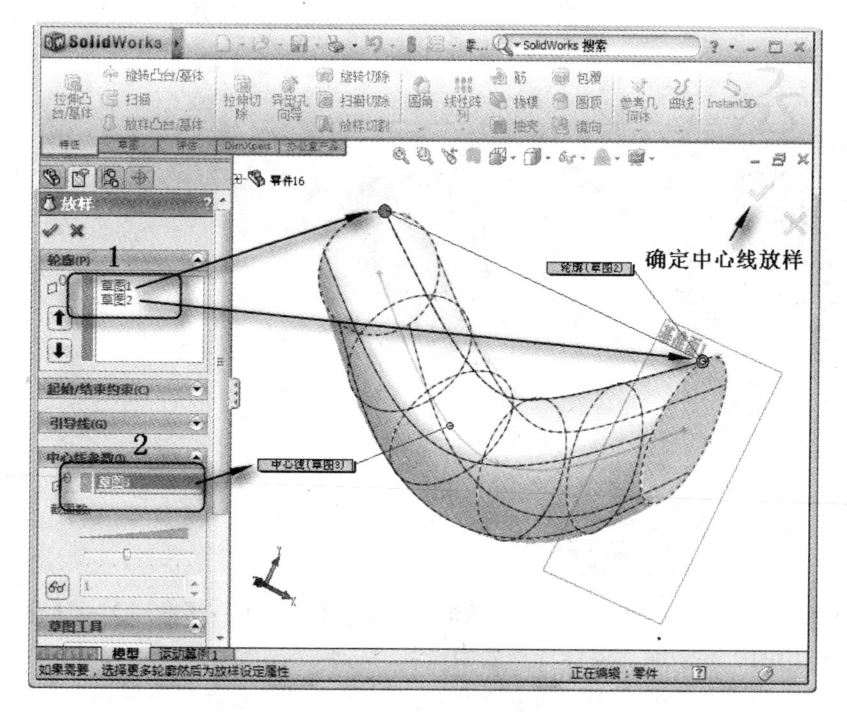

图 3-74 中心线放样

（11）单击确定图标✔完成放样。

3.5.5 用分割线放样

要生成一个与空间曲面无缝连接的放样特征，就必须要用到分割线放样。分割线投影一个草图曲线到所选的模型面上，将面分割为多个面，这样就可以选择每个面。分割线可用来生成拔模特征、混合面圆角，并可延展曲面来切除模具。

利用曲线工具栏上的分割线工具可以将草图投影到曲面或平面。它可以将所选的面分割为多个分离的面，从而可以选取每一个面。分割线工具可以生成两种类型的分割线：

- 投影线：将一个草图轮廓投影到一个表面上；
- 侧影轮廓线：在一个曲面零件上生成一条分割线。

要生成一条投影线，操作如下。

（1）绘制一条要投影为分割线的草图轮廓。

（2）单击曲线工具栏上的分割线按钮，或执行【插入】→【曲线】→【分割线】命令。

（3）在弹出的“分割线”属性管理器（图 3-75）中选择“分割类型”为“投影”。

（4）单击要投影的草图框，然后在图形区域中选择绘制的草图轮廓。

（5）单击要分割的面框，然后选择零件周边所有希望分割线经过的面。

（6）如果选择“单一方向”复选框，将只以一个方向投影分割线。

（7）如果选择“反向”复选框，将以反向投影分割线。

（8）单击确定图标✔，完成投影线的生成。图 3-76 说明了投影线的生成。

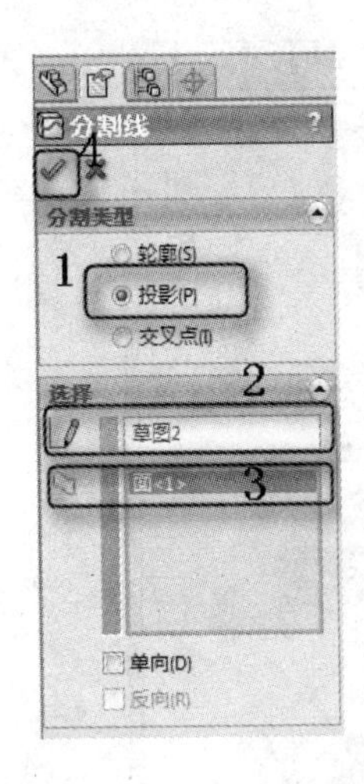

图 3-75 “分割线”属性管理器

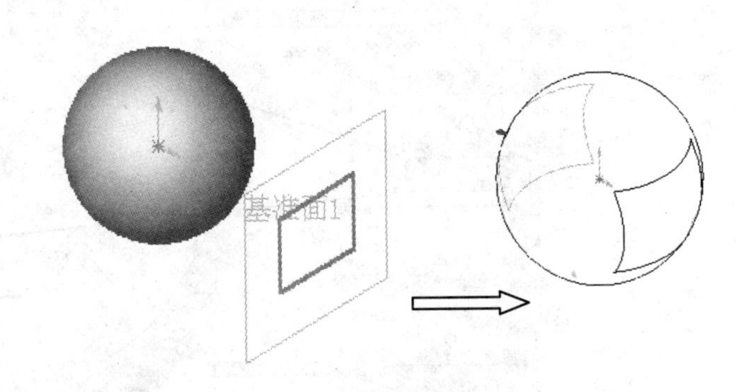

图 3-76 投影线的生成

要生成轮廓分割线，操作如下。

（1）单击曲线工具栏上的分割线图标，或执行【插入】→【曲线】→【分割线】命令。

（2）在弹出的“分割线”属性管理器中选择“分割类型”为“轮廓”。

（3）单击拔模方向框，然后在图形区域或特征管理器设计树中选择通过模型轮廓（外边线）投影的基准面。

（4）单击要分割的面框，然后选择一个或多个要分割的面。这些面不能是平面。

（5）单击【确定】按钮。基准面通过模型投影，从而生成基准面与所选面的外部边线相交的轮廓分割线，如图 3-77 所示。

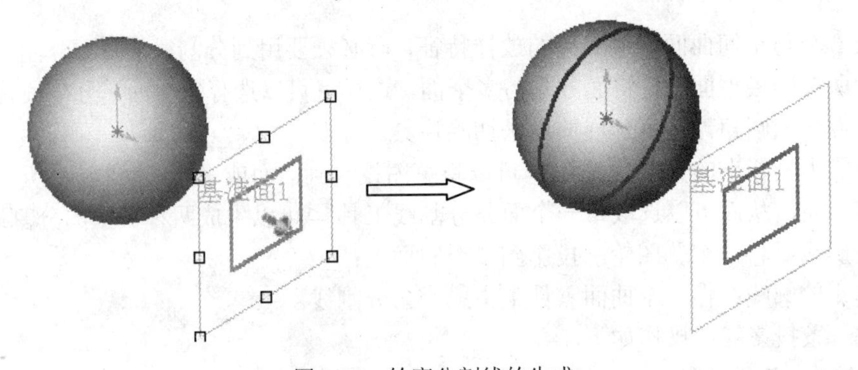

图 3-77 轮廓分割线的生成

分割线的弹出可以将放样中的空间轮廓转换为平面轮廓，从而使放样特征进一步扩展到空间模型的曲面上。

【案例 3-17】本案例源文件光盘路径：“X：\源文件\ch3\3.21.SLDPRT”，本案例视频内容光盘路径：“X：\动画演示\ch3\3.17 分割线放样.swf”。

要使用分割线放样，操作如下。

（1）使用分割线工具在模型面上生成一个空间轮廓，如图 3-76 那样。

（2）建立轮廓草图所需的基准面，或者使用现有的基准面，各个基准面不一定要平行。

（3）在基准面上绘制草图轮廓。

（4）单击“特征”操控板上的放样图标，或执行【插入】→【凸台】→【放样】命令。如果要生成切除特征，则执行【插入】→【切除】→【放样】命令。

（5）这时弹出“放样”属性管理器。单击每个轮廓上相应的点，按顺序选择空间轮廓和其他轮廓的面，此时被选择轮廓显示在“轮廓”栏的框中。这时，分割线也是一个轮廓。

（6）单击上移图标或下移图标来改变轮廓的顺序，此项只针对两个以上轮廓的放样特征。

（7）如果要在放样的开始和结束处控制相切，则设置“起始处/结束处相切”选项。

（8）如果要生成薄壁特征，选中“薄壁特征”复选框并设置薄壁特征。

（9）单击【确定】按钮完成放样。图3-78说明了分割线放样效果。

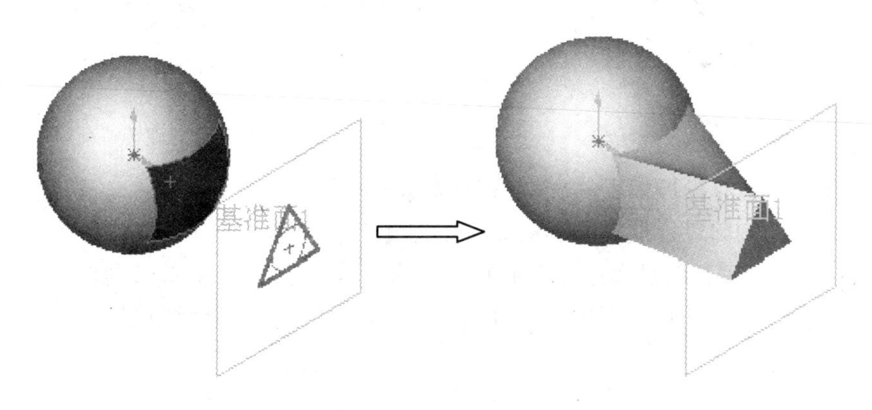

图3-78　分割线放样效果

利用分割线不仅可以生成普通的放样特征，还可以生成引导线或中心线放样特征。它们的操作步骤基本是一样的，这里不再赘述。

运用放样特征进行零件建模，最终生成的零件如图3-79所示。

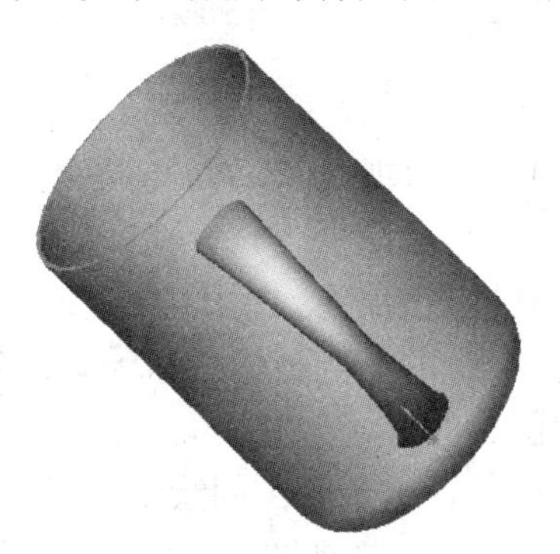

图3-79　放样特征零件

【案例3-18】本案例源文件光盘路径：“X：\源文件\ch3\杯子.SLDPRT”，本案例视频内容光盘路径：“X：\动画演示\ch3\3.18 杯子.swf”。

（1）单击新建图标，或执行【文件】→【新建】命令新建一个零件文件。

（2）单击草图绘制图标，新建一张草图。默认情况下，新的草图在前视基准面上打开。

（3）单击中心线图标绘制一条通过原点的竖直中心线。单击直线图标和切线弧图标，绘制旋转的轮廓。

（4）利用智能尺寸工具对旋转轮廓进行标注，如图 5-80 所示。

（5）单击【确定】按钮从而生成薄壁旋转特征，如图 3-81 所示。

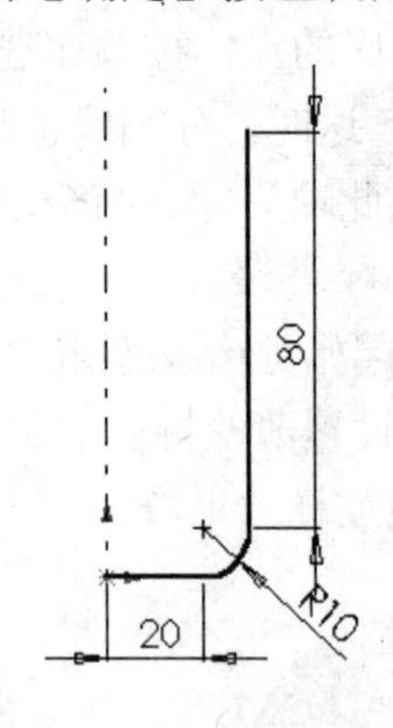

图 3-80　旋转草图轮廓

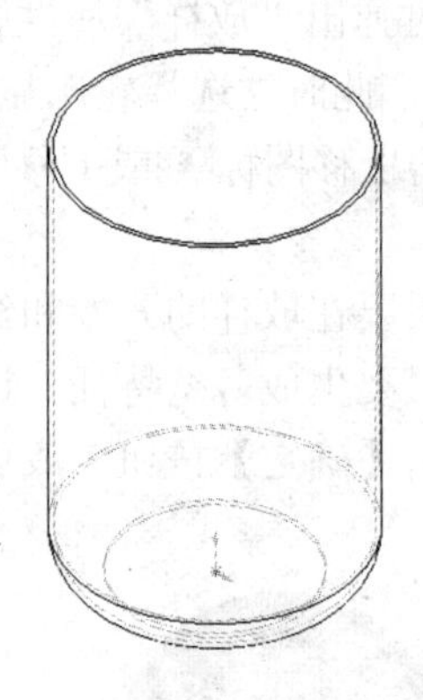

图 3-81　旋转特征

（6）单击“特征”操控板上的旋转凸台/基体图标。

（7）在弹出的询问对话框（图 3-82）中单击【否】按钮。

（8）在“旋转”属性管理器中设置旋转类型为“单一方向”，在微调框中设置旋转角度为 360°。单击薄壁拉伸的反向图标，使薄壁向内部拉伸，并在微调框中设置薄壁的厚度为 1mm。

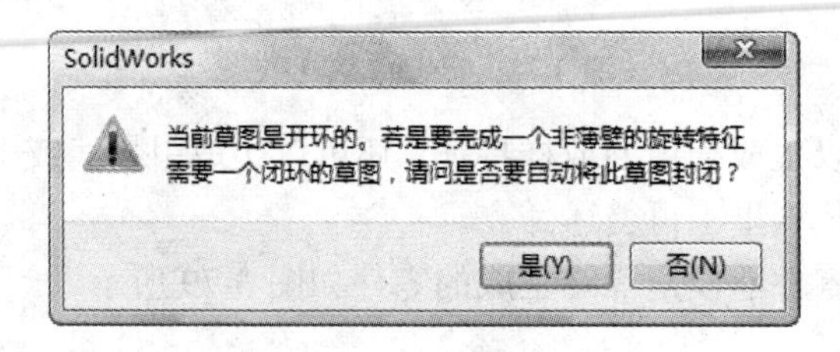

图 3-82　询问对话框

（9）选择特征管理器设计树上的前视视图，单击草图绘制图标，在前视视图上再打开一张草图。

（10）单击“前导视图”工具栏上的正视于图标，正视于前视视图。

（11）单击“草图绘制”操控板上的 3 点画弧图标，绘制一条与轮廓边线相交的圆弧作为放样的中心线并标注尺寸，如图 3-83 所示。

（12）再次单击草图绘制图标，退出草图的绘制。

（13）选择特征管理器设计树上的上视视图，执行【插入】→【参考几何体】→【基准面】命令。

（14）在“基准面”属性管理器上的微调框中设置等距距离为 48mm。

（15）单击【确定】按钮生成基准面 1，如图 3-84 所示。

（16）单击草图绘制图标，在基准面 1 视图上再打开一张草图。

（17）单击“前导视图”工具栏上的正视于图标，以正视于基准面 1 视图。

（18）单击“草图绘制”操控板上的圆图标，绘制一个直径为 8mm 的圆。注意在步骤（12）中绘制的中心线要通过圆，如图 3-85 所示。

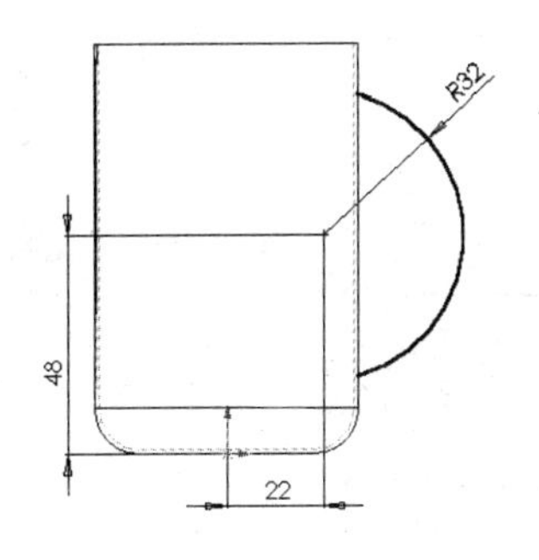

图 3-83　绘制放样路径

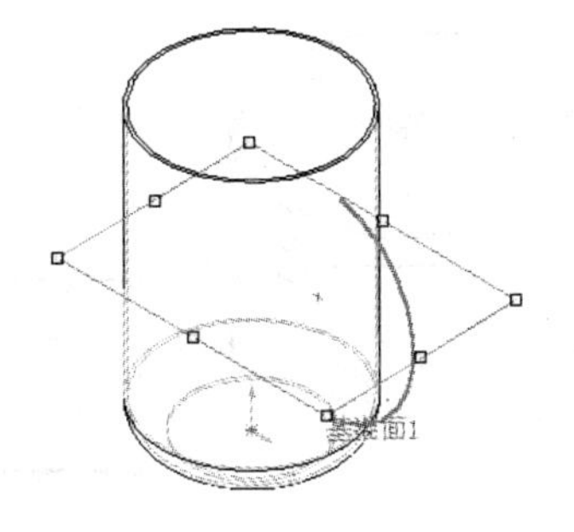

图 3-84　生成基准面 1

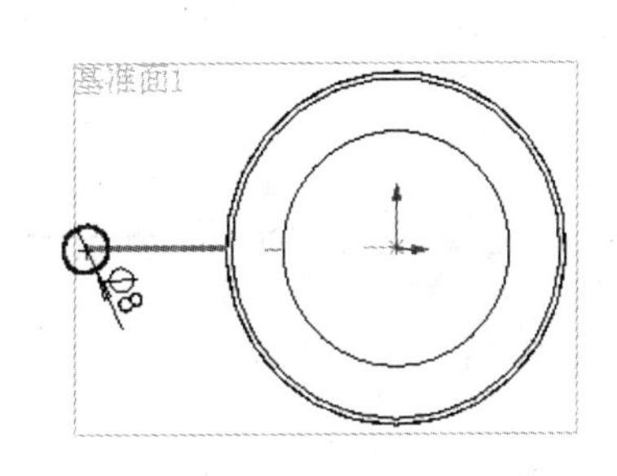

图 3-85　绘制圆

（19）再次单击草图绘制图标，退出草图的绘制。

（20）选择特征管理器设计树上的右视视图，执行【插入】→【参考几何体】→【基准面】命令。

（21）在“基准面”属性管理器的微调框中设置等距距离为 50mm。

（22）单击【确定】按钮生成基准面 2，单击等轴测图标，用等轴测视图观看图形，如图 3-86 所示。

（23）单击“前导视图”工具栏上的正视于图标，正视于基准面 2 视图。

（24）利用椭圆工具绘制椭圆。

（25）利用添加几何关系图标为椭圆的两个长轴端点添加水平几何关系。

（26）标注椭圆尺寸，如图 3-87 所示。

（27）再次单击草图绘制图标，退出草图的绘制。

（28）执行【插入】→【曲线】→【分割线】命令，在“参考线”属性管理器中设置分割类型为“投影”。

（29）选择要分割的面为旋转特征的轮廓面。单击【确定】按钮生成分割线，如图 3-88 所示。

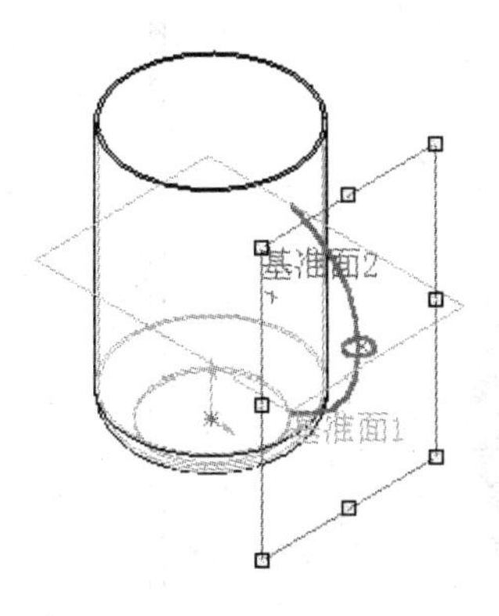

图 3-86　等轴测视图下的模型

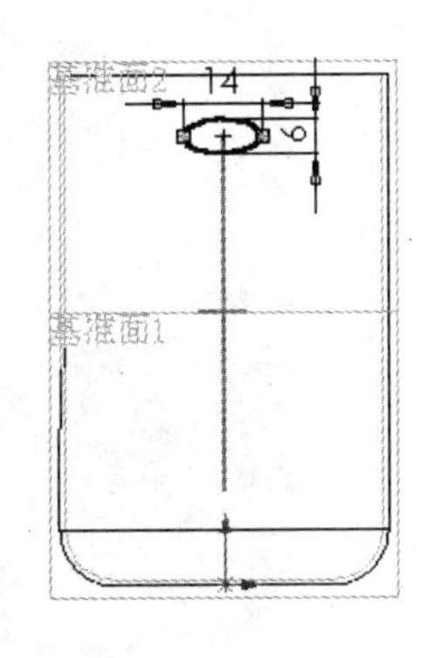

图 3-87　标注椭圆尺寸

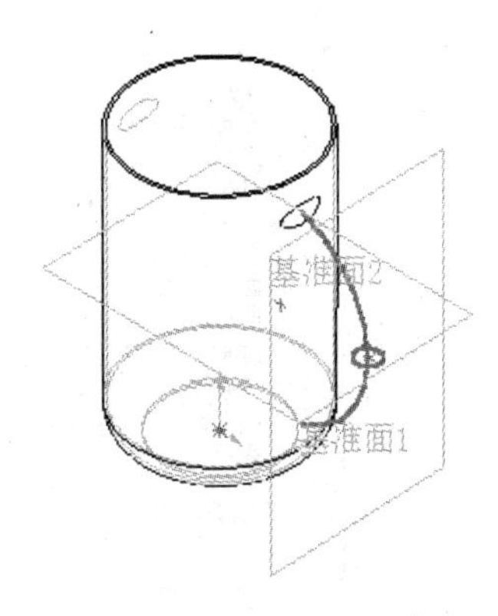

图 3-88　生成的分割线

（30）因为分割线不允许在同一草图上存在两个闭环轮廓，所以要仿照步骤（21）～（30）再生成一个分割线。不同的是，这个轮廓在中心线的另一端，如图 3-89 所示。

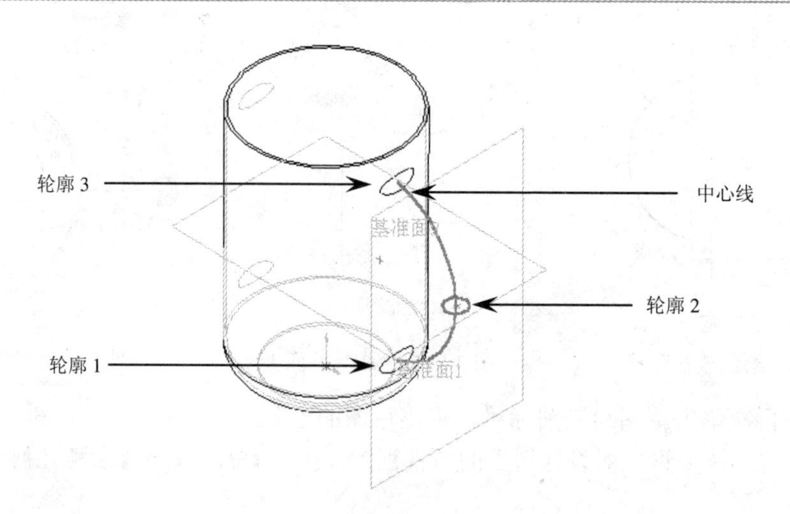

图 3-89　生成的放样轮廓

（31）单击“特征”操控板上的放样图标，或执行【插入】→【凸台】→【放样】命令。

（32）单击“放样”属性管理器中的放样轮廓框，然后再图形区域中依次选取轮廓 1、轮廓 2 和轮廓 3。单击中心线框，在图形区域中选取中心线。

（33）单击【确定】按钮，生成沿中心线的放样特征。

（34）单击保存图标，将零件保存为“杯子.sldprt”。至此该零件就制作完成了，最后的效果（包括特征管理器设计树）如图 3-90 所示。

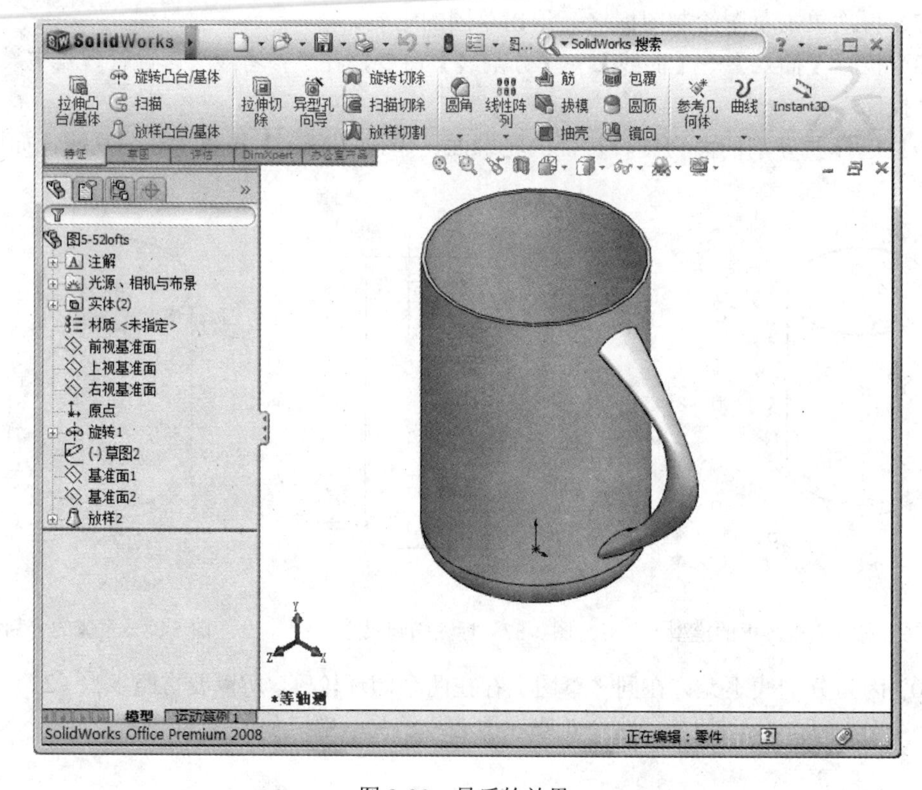

图 3-90　最后的效果

3.6　巩固练习

绘制阀门，如图 3-91 所示。首先绘制阀门一端的接口部分，然后绘制主体部分，再绘制另一端的接口，最后绘制手柄部分。

【案例 3-19】本案例源文件光盘路径：“X：\源文件\ch3\阀门.SLDPRT”。

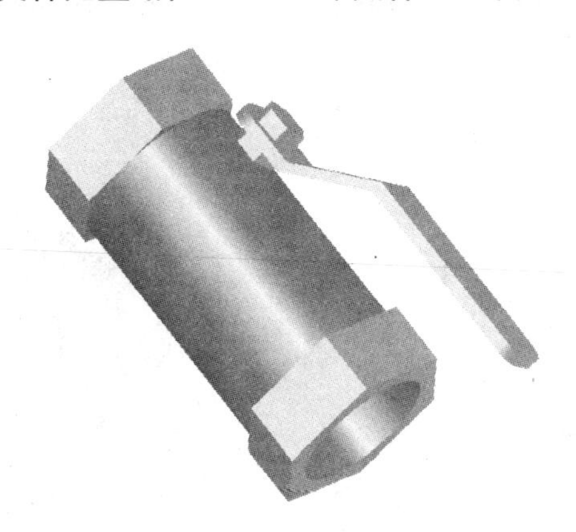

图 3-91　阀门

（1）启动 SolidWorks 2008，执行【文件】→【新建】菜单命令，创建一个新的零件文件。

（2）绘制阀门接口。绘制草图。在左侧的“FeatureManager 设计树”中用鼠标选择“前视基准面”作为绘制图形的基准面。单击“草图”操控板中的多边形图标，以原点为圆心绘制一个正六边形。

（3）标注尺寸。执行【工具】→【标注尺寸】→【智能尺寸】菜单命令，或者单击“尺寸/几何关系”操控板中的智能尺寸图标，标注正六边形内切圆的直径，结果如图 3-92 所示。

（4）拉伸实体。执行【插入】→【凸台/基体】→【拉伸】菜单命令，或者单击“特征”操控板中的拉伸凸台/基体图标，此时系统弹出“拉伸”属性管理器。在“深度”栏中输入值 15，然后单击【确定】按钮。

（5）设置视图方向。单击“前导视图”工具栏中的等轴测图标，将视图以等轴测方向显示，结果如图 3-93 所示。

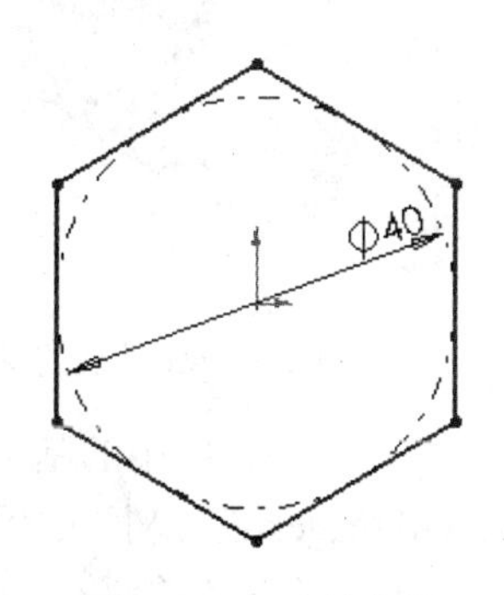

图 3-92　标注的草图

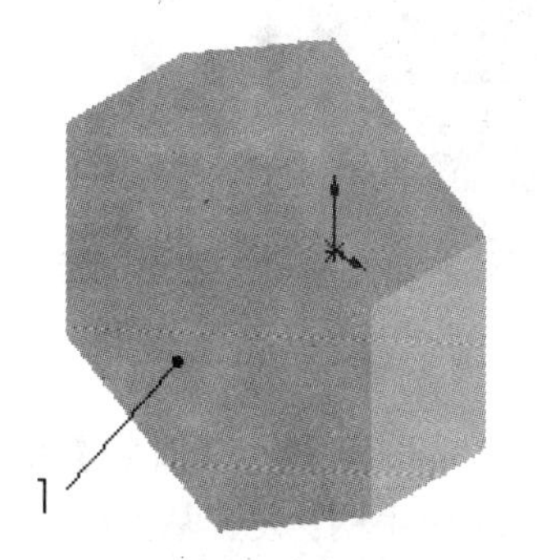

图 3-93　拉伸后的图形

（6）绘制阀门主体。设置基准面。单击图 3-93 中的表面 1，然后单击“前导视图”工具栏中的正视于图标，将该表面作为绘制图形的基准面。

（7）绘制草图。单击“草图”操控板中的圆图标，以原点为圆心绘制一个圆。

（8）标注尺寸。单击“尺寸/几何关系”操控板中的智能尺寸图标，标注上一步绘制圆的直径，结果如图 3-94 所示。

（9）拉伸实体。单击“特征”操控板中的拉伸凸台/基体图标，此时系统弹出“拉伸”属性管理器。在“深度”一栏中输入值 60，然后单击【确定】按钮。

（10）设置视图方向。单击“前导视图”工具栏中的等轴测图标，将视图以等轴测方向显示，结果如图 3-95 所示。

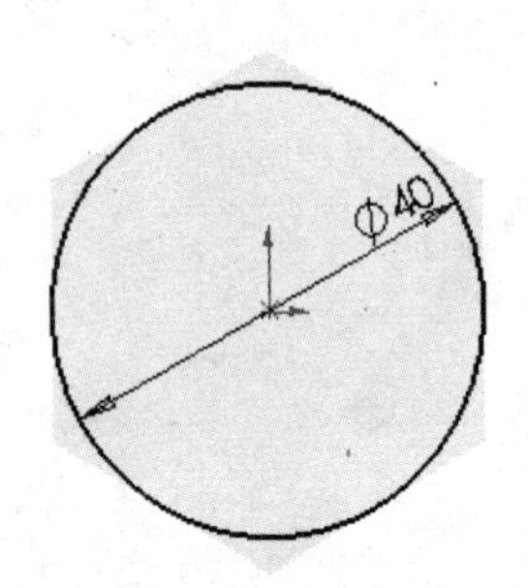

图 3-94 标注的草图

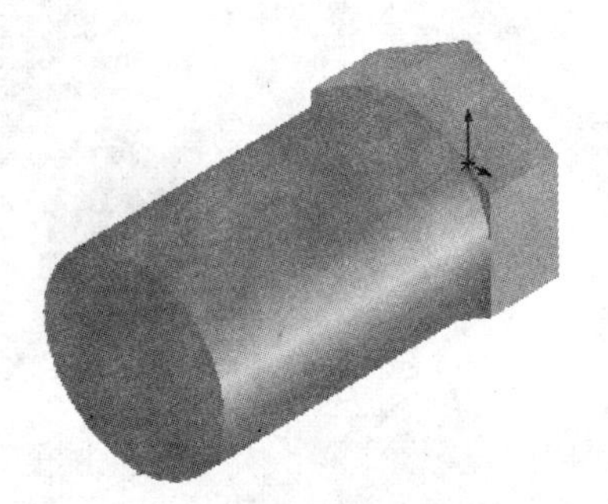

图 3-95 拉伸后的图形

（11）绘制阀门接口。添加基准面。在左侧的“FeatureManager 设计树”中用鼠标选择“前视基准面”，然后执行【插入】→【参考几何体】→【基准面】菜单命令，此时系统弹出“基准面”属性管理器。在“等距距离”一栏中输入值 45，然后单击【确定】按钮，添加一个新的基准面，结果如图 3-96 所示。

（12）镜像实体。执行【插入】→【阵列/镜向】→【镜向】菜单命令，或者单击“特征”操控板中的镜向图标，此时系统弹出“镜向”属性管理器。在“镜向面/基准面”一栏中，用鼠标选择第 11 步添加的基准面；在“要镜向的特征”一栏中，用鼠标选择第 9 步拉伸的实体。单击属性管理器中的确定图标，结果如图 3-97 所示。

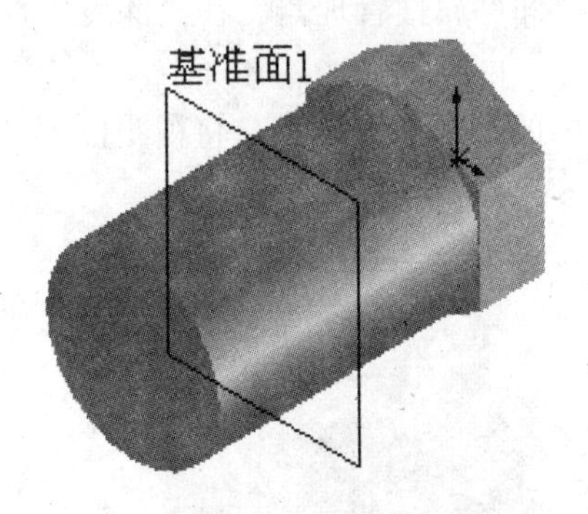

图 3-96 添加的基准面

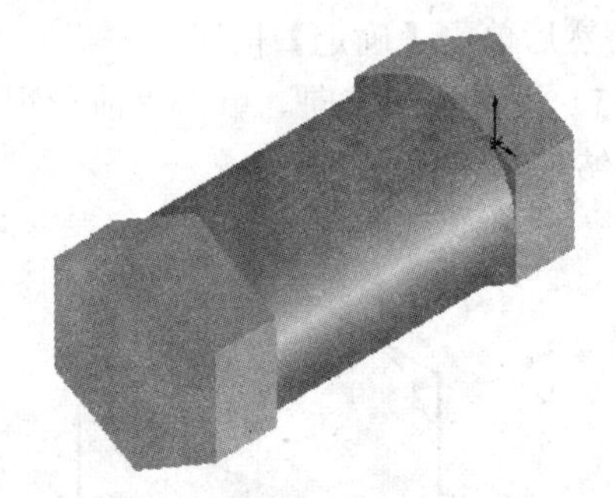

图 3-97 镜像后的图形

（13）隐藏基准面。执行【视图】→【基准面】菜单命令，将视图中的基准面隐藏。

（14）绘制阀门手柄。设置基准面。在左侧的“FeatureManager 设计树”中用鼠标选择“上视基准面”，然后单击“前导视图”工具栏中的正视于图标，将该基准面作为绘制图形的基准面。

（15）绘制草图。单击“草图”操控板中的多边形图标，在原点的正下方绘制一个正六边形。

（16）标注尺寸。单击“尺寸/几何关系”操控板中的智能尺寸图标，标注上一步绘制正六边形内切圆的直径，结果如图 3-98 所示。

（17）拉伸实体。单击“特征”操控板中的拉伸凸台/基体图标，此时系统弹出“拉伸”属性管理器。在“深度”一栏中输入值 30，然后单击确定图标。

（18）设置视图方向。单击“前导视图”工具栏中的等轴测图标，将视图以等轴测方向显示，结果如图 3-99 所示。

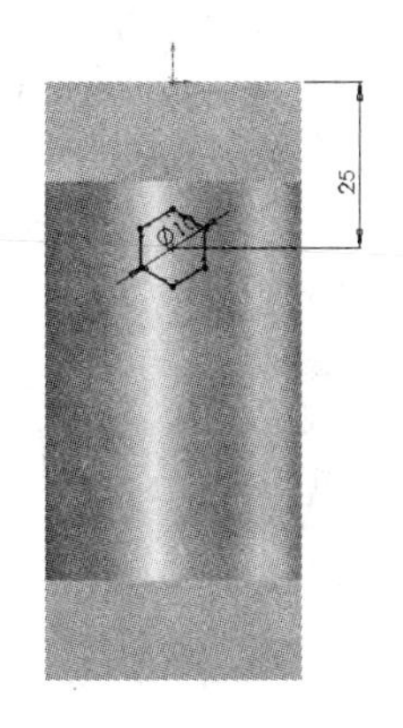

图 3-98　标注的草图

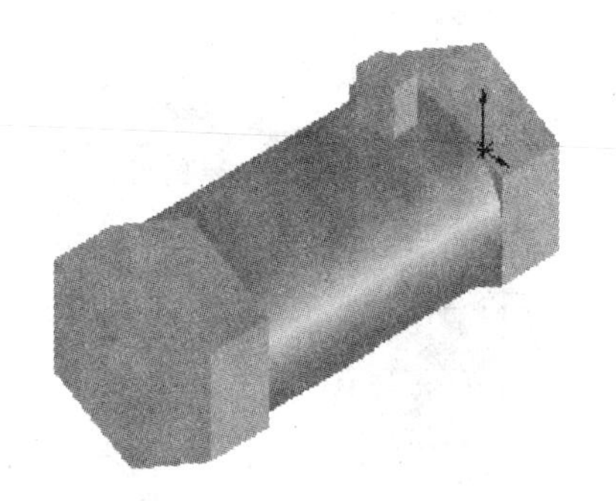

图 3-99　拉伸后的图形

（19）设置基准面。单击左侧的“FeatureManager 设计树”中的“右视基准面”，然后单击“前导视图”工具栏中的正视于图标，将该基准面作为绘制图形的基准面。

（20）绘制草图。单击“草图”操控板中的直线图标，绘制一系列直线段。

（21）标注尺寸。单击“尺寸/几何关系”操控板中的智能尺寸图标，标注上一步绘制的草图，结果如图 3-100 所示。

（22）拉伸实体。单击“特征”操控板中的拉伸凸台/基体图标，此时系统弹出“拉伸”属性管理器。在方向 1 和方向 2 的“深度”一栏中均输入值 8，然后单击属性管理器中的确定图标。

（23）设置视图方向。单击“前导视图”工具栏中的等轴测图标，将视图以等轴测方向显示，结果如图 3-101 所示。

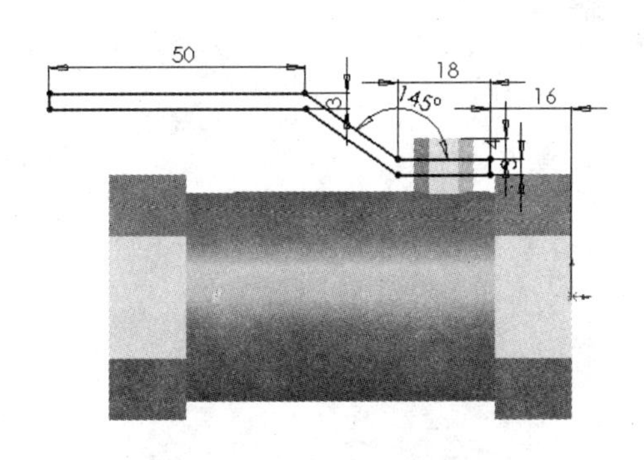

图 3-100　标注的草图

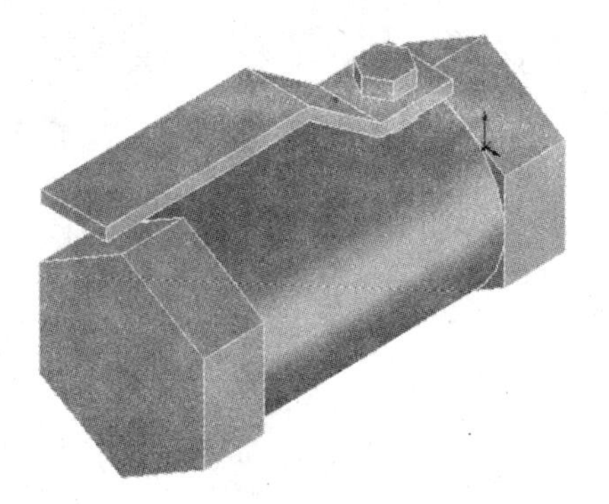

图 3-101　拉伸后的图形

（24）圆角实体。执行【插入】→【特征】→【圆角】菜单命令，或者单击“特征”操控板中的圆角图标，此时系统弹出“圆角”属性管理器。在“半径”一栏中输入值 4，然后用鼠标选择手柄长端的两个竖直边线。单击属性管理器中的【确定】按钮。重复此命令，选择手柄短端的两个竖直边线圆角为 6 的圆角，结果如图 3-102 所示。

（25）生成阀门内壁。设置基准面。单击图 3-102 中的表面 1，然后单击“前导视图”工具栏中的正视于图标，将该表面作为绘制图形的基准面。

（26）绘制草图。单击“草图”操控板中的圆图标，以原点为圆心绘制一个圆。

（27）标注尺寸。单击“尺寸/几何关系”操控板中的智能尺寸图标，标注上一步绘制圆的直径，结果如图 3-103 所示。

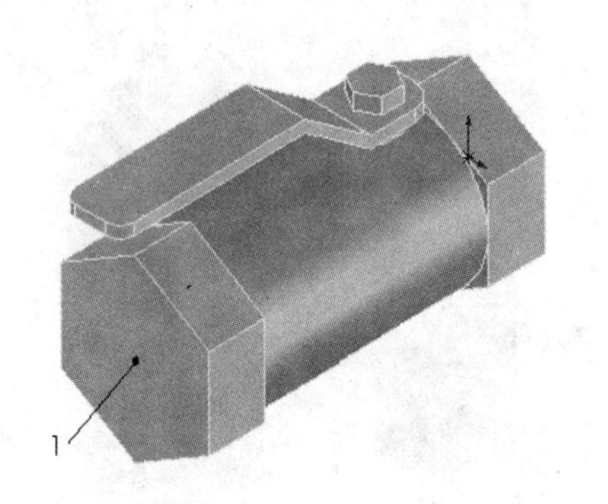

图 3-102 执行【圆角】后的图形

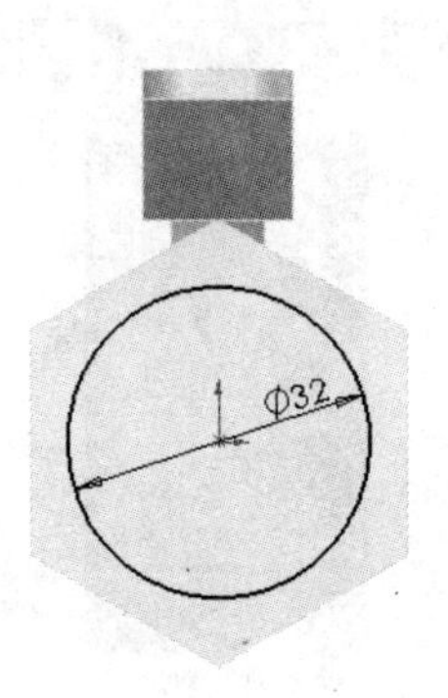

图 3-103 标注的草图

（28）拉伸切除实体。执行【插入】→【切除】→【拉伸】菜单命令，或者单击“特征”操控板中的切除拉伸图标，此时系统弹出“切除-拉伸”属性管理器。在“终止条件”一栏的下拉菜单中，用鼠标选择“完全贯穿”选项。单击属性管理器中【确定】按钮。

（29）设置视图方向。单击“前导视图”工具栏中的等轴测图标，将视图以等轴测方向显示，结果如图 3-104 所示。

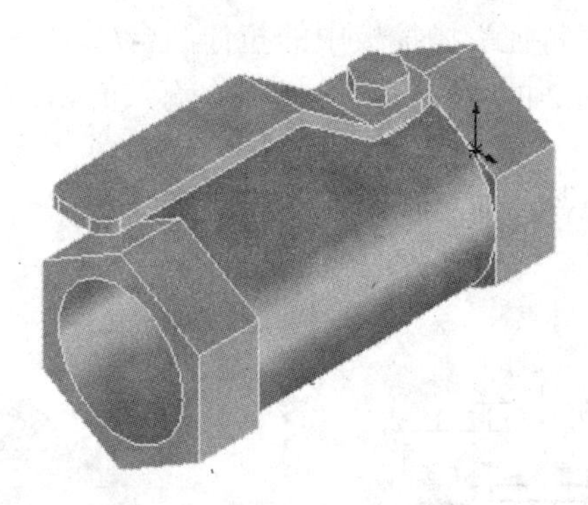

图 3-104 拉伸切除后的图形

第 4 章 附加特征建模

附加特征建模是指对已经构建好的模型实体，进行局部修饰，以增加美观并避免重复性的工作。

在 SolidWorks 中附加特征建模主要包括：圆角特征、倒角特征、圆顶特征、拔模特征、抽壳特征、筋特征、阵列特征、镜向特征、孔特征等。

4.1 圆角特征

使用圆角特征可以在一个零件上生成一个内圆角或外圆角面。圆角特征在零件设计中起着重要作用。大多数情况下，如果能在零件特征上加入圆角，则有助于造型上的变化，或是产生平滑的效果。

图 4-1 为几种圆角特征的各自效果。

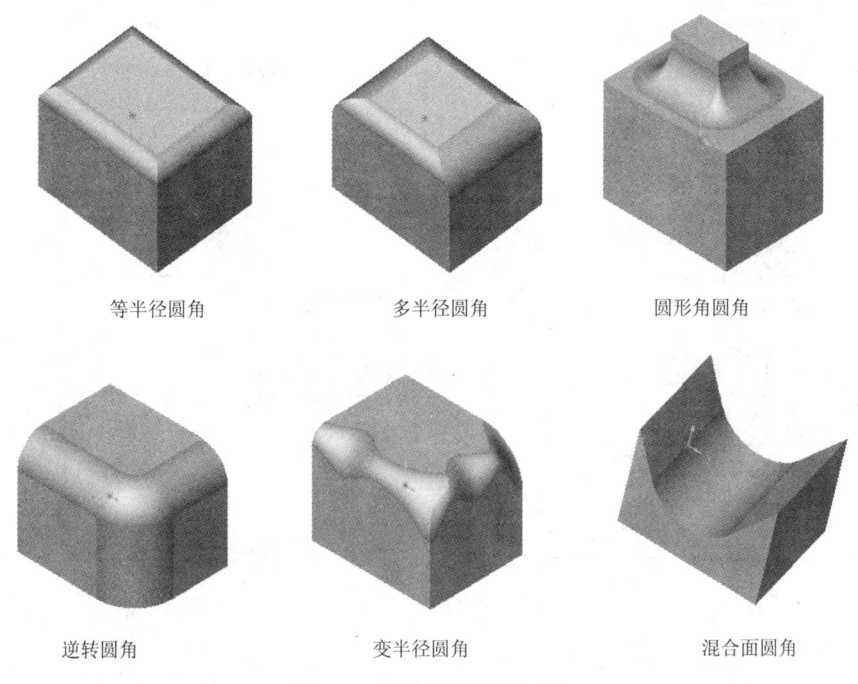

图 4-1 几种圆角特征效果

SolidWorks 2008 可以为一个面上的所有边线、多个面、多个边线或边线环生成圆角特征。SolidWorks 2008 有以下几种圆角特征。

- 等半径圆角：对所选边线以相同的圆角半径进行倒圆角操作。

- 多半径圆角：可以为每条边线选择不同的圆角半径值。
- 圆形角圆角：通过控制角部边线之间的过渡，消除或平滑两条边线汇合处的尖锐接合点。
- 逆转圆角：可以在混合曲面之间沿着零件边线进入圆角，生成平滑过渡。
- 变半径圆角：可以为边线的每个顶点指定不同的圆角半径。
- 混合面圆角：通过它可以将不相邻的面混合起来。

4.1.1 等半径圆角特征

等半径圆角特征是指对所选边线以相同的圆角半径进行倒圆角的操作，要生成等半径圆角特征，操作如下。

【案例 4-1】本案例源文件光盘路径：“X：\源文件\ch4\4.1.SLDPRT”，本案例视频内容光盘路径：“X：\动画演示\ch4\4.1 等半径圆角.swf”。

（1）单击“特征”操控板上的圆角图标，或执行【插入】→【特征】→【圆角】命令。

（2）在弹出的“圆角”属性管理器中选择“圆角类型”为“等半径”，如图 4-2 所示。

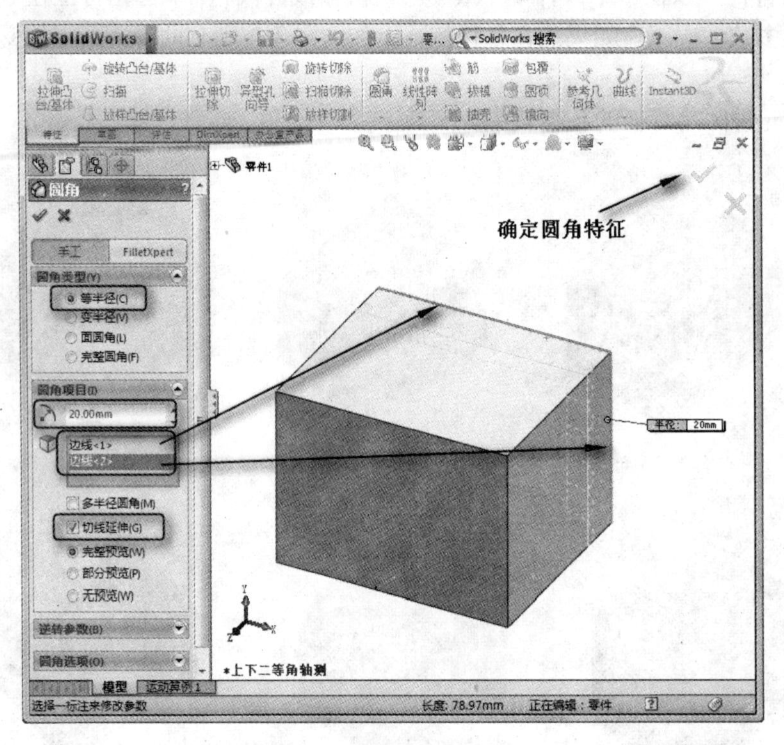

图 4-2 “圆角”属性管理器

（3）在“圆角项目”的微调框中设置圆角的半径。

（4）单击图标右边的显示框，然后在右面的图形区域中选择要进行圆角处理的模型边线、面或环。

（5）如果选择了“切线延伸”复选框，则圆角将延伸到与所选面或边线相切的所有面，如图 4-3 所示。

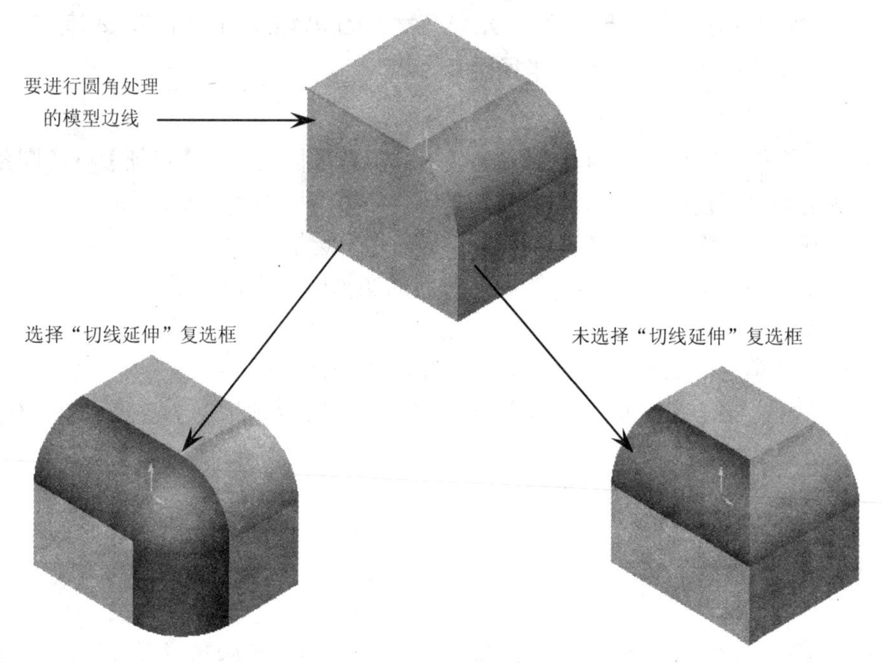

图 4-3　切线延伸效果

（6）在“扩展方式”单选按钮组中选择一种扩展方式：

- 默认：系统根据几何条件（进行圆角处理的边线凸起和相邻边线等）选择“保持边线”或“保持曲面”选项；
- 保持边线：系统将保持邻近的直线形边线的完整性。但圆角曲面断裂成分离的曲面，在许多情况下，圆角的顶部边线中会有沉陷，如图 4-4（a）所示；
- 保持曲面：使用相邻曲面来剪裁圆角。因此，圆角边线是连续而且光滑的，但是相邻边线会受到影响，如图 4-4（b）所示。

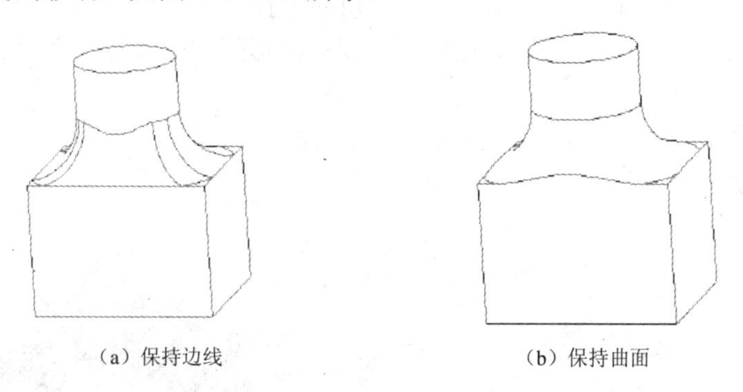

图 4-4　保持边线与曲面

（7）单击确定图标✔，生成等半径圆角特征。

4.1.2　多半径圆角特征

使用多半径圆角特征可以为每条所选边线选择不同的半径值，还可以为不具有公共边线的面指定多个半径。

【案例 4-2】本案例源文件光盘路径：“X：\源文件\ch4\4.2.SLDPRT”，本案例视频内容光盘路径：“X：\动画演示\ch4\4.2 多半径圆角.swf”。

要生成多半径圆角特征，操作如下。

（1）单击“特征”操控板上的圆角图标，或执行【插入】→【特征】→【圆角】命令。

（2）在弹出的“圆角”属性管理器中选择“圆角类型”为“等半径”。

（3）在“圆角项目”栏中，选择“多半径圆角”复选框。

（4）单击图标右边的显示框，然后在右面的图形区域中选择要进行圆角处理的第一条模型边线、面或环。

（5）在“圆角项目”的微调框中设置圆角的半径。

（6）重复步骤（4）～（5），对多条模型边线、面或环分别指定不同的圆角半径，直到设置完所有要进行圆角处理的边线。

（7）单击确定图标，生成多半径圆角特征。

4.1.3 圆形角圆角特征

使用圆形角圆角特征可以控制角部边线之间的过渡，圆形角圆角将混合邻接的边线，从而消除或平滑两条边线汇合处的尖锐接合点。图 4-5 展示了应用圆形角圆角前后的效果。

【案例 4-3】本案例源文件光盘路径：“X：\源文件\ch4\4.3.SLDPRT”，本案例视频内容光盘路径：“X：\动画演示\ch4\4.3 圆形角圆角.swf”。

要生成圆形角圆角特征，操作如下。

（1）单击“特征”操控板上的圆角图标，或执行【插入】→【特征】→【圆角】命令。

（2）在弹出的“圆角”属性管理器中选择“圆角类型”为“等半径”。

（3）在“圆角项目”栏中，取消选择“切线延伸”复选框。

（4）在“圆角项目”的微调框中设置圆角的半径。

（5）单击图标右边的显示框，然后在右面的图形区域中选择两个或更多相邻的模型边线、面或环。

（6）选中“圆角选项”栏中的“圆形角”复选框。

（7）单击确定图标，生成圆形角圆角特征。

未使用圆形角效果

使用圆形角效果

图 4-5 应用圆形角圆角前后的效果

4.1.4　逆转圆角特征

使用逆转圆角特征可以在混合曲面之间沿着零件边线生成圆角，从而生成平滑过渡。图 4-6 说明了应用逆转圆角特征的效果。

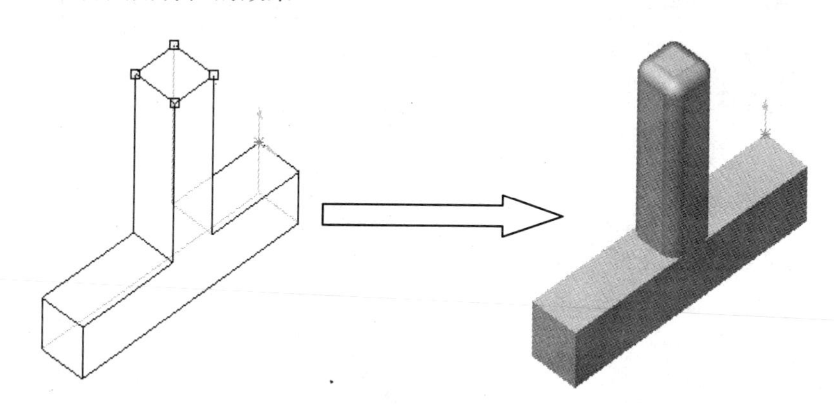

图 4-6　逆转圆角特征效果

要生成逆转圆角特征，操作如下。

【案例 4-4】本案例源文件光盘路径："X：\源文件\ch4\4.4.SLDPRT"，本案例视频内容光盘路径："X：\动画演示\ch4\4.4 逆转圆角.swf"。

（1）生成一个零件，该零件应该包括边线、相交的和希望混合的顶点。

（2）单击"特征"操控板上的圆角图标，或执行【插入】→【特征】→【圆角】命令。

（3）在"圆角类型"栏中保持默认设置为"等半径"。

（4）选择"圆角项目"栏中的"多半径圆角"复选框。

（5）取消选择"切线延伸"复选框。

（6）单击图标右边的显示框，然后在右面的图形区域中选择 3 个或更多具有共同顶点的边线。

（7）在"逆转参数"栏中的距离微调框中设置距离。

（8）单击图标右边的显示框，然后在右面的图形区域中选择一个或多个顶点作为逆转顶点。

（9）单击"设定所有"按钮，将相等的逆转距离应用到通过每个顶点的所有边线。逆转距离将显示在逆转距离右面的微调框和图形区域内的标注中，如图 4-7 所示。

（10）如果要对每一条边线分别设定不同的逆转距离，则进行如下操作：

1）单击图标右边的显示框，在右面的图形区域中选择多个顶点作为逆转顶点；

2）在微调框中为每一条边线设置逆转距离；

3）在微调框中会显示每条边线的逆转距离。

（11）单击确定图标，生成逆转圆角特征。

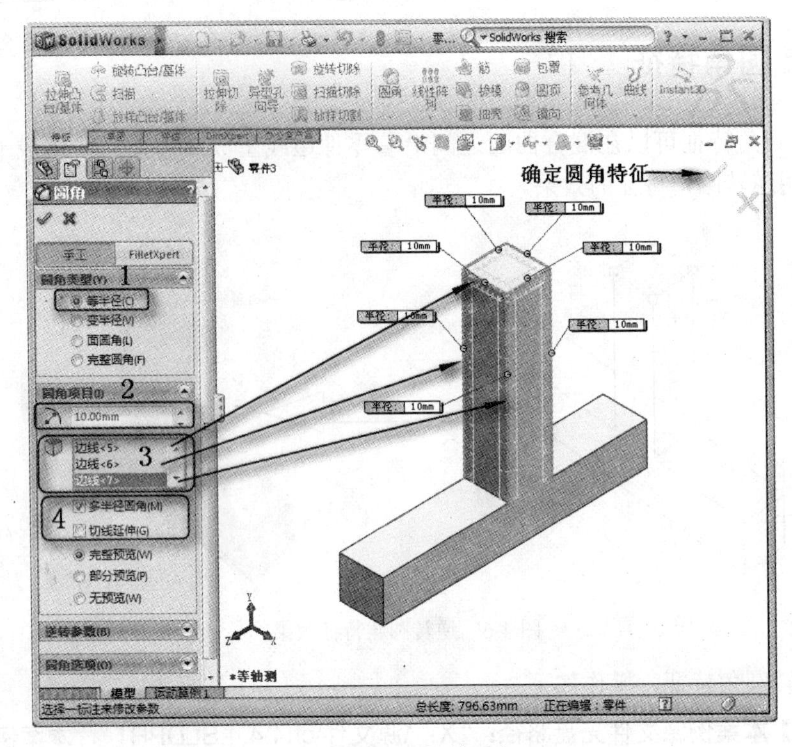

图 4-7　生成逆转圆角

4.1.5　变半径圆角特征

变半径圆角特征通过对进行圆角处理的边线上的多个点（变半径控制点）指定不同的圆角半径来生成圆角，可以制造出另类的效果，如图 4-8（a）、（b）所示。

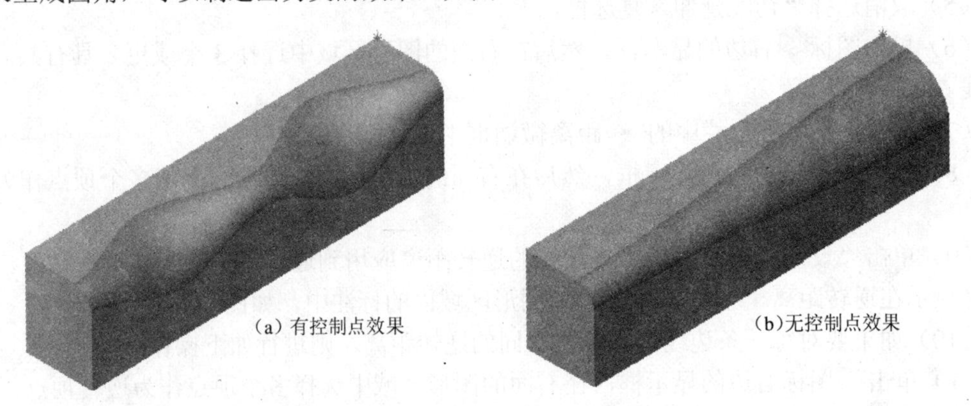

(a) 有控制点效果　　(b)无控制点效果

图 4-8　变半径圆角特征

要生成变半径圆角特征，操作如下。

【案例 4-5】本案例源文件光盘路径：“X：\源文件\ch4\4.5.SLDPRT”，本案例视频内容光盘路径：“X：\动画演示\ch4\4.5 变半径圆角.swf”。

（1）单击“特征”操控板上的圆角图标，或执行【插入】→【特征】→【圆角】命令。

（2）在“圆角”属性管理器中选择“圆角类型”为“变半径”。

（3）单击图标右侧的显示框，然后在右面的图形区域中选择要进行变半径圆角处理的边线。此时，在右面的图形区域中系统会默认使用 3 个变半径控制点，分别位于沿边线的 25 %、50 %和 75 %的等距离处，如图 4-9 所示。

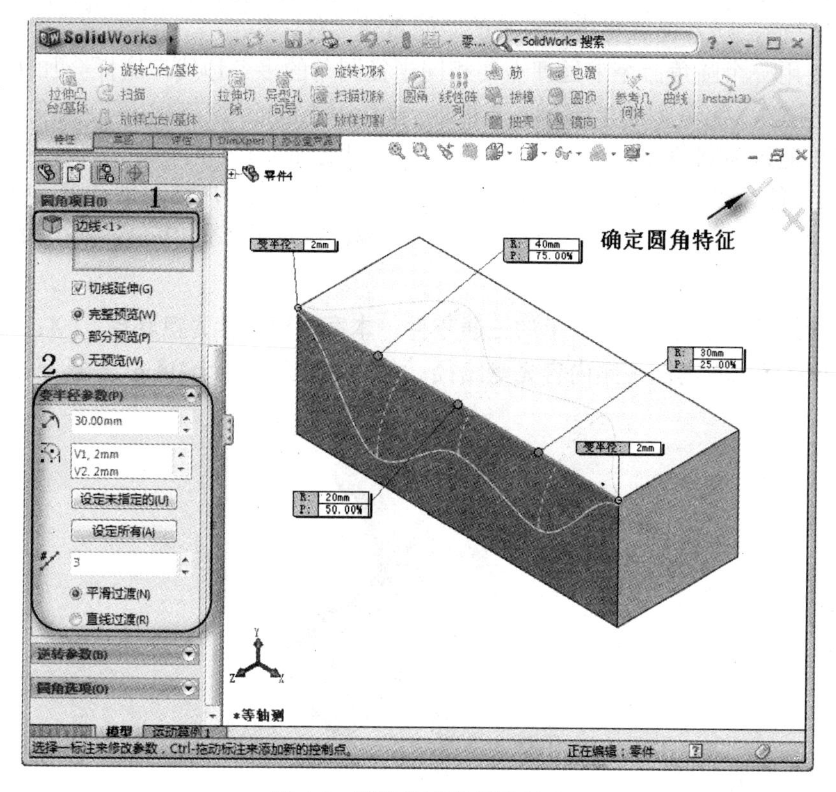

图 4-9　默认的变半径控制点

（4）在“变半径参数”栏下的图标右边的显示框中选择变半径控制点，然后在下面的半径图标右侧的微调框中输入圆角半径值。

如果要更改变半径控制点的位置，可以通过鼠标拖曳控制点到新的位置。

（5）如果要改变控制点的数量，可以在图标右侧的微调框中设置控制点的数量。

（6）选择过渡类型：

- 平滑过渡：生成一个圆角，当一个圆角边线与一个邻面结合时，圆角半径从一个半径平滑地变化为另一个半径；
- 直线过渡：生成一个圆角，圆角半径从一个半径线性地变化成另一个半径，但是不与邻近圆角的边线相结合。

（7）单击确定图标，生成变半径圆角特征。

注意：

如果在生成变半径控制点的过程中，只指定两个顶点的圆角半径值，而不指定中间控制点的半径，则可以生成平滑过渡的变半径圆角特征。

在生成圆角时，要注意以下几点。

1．在添加小圆角之前先添加较大圆角。当有多个圆角汇聚于一个顶点时，先生成较大的圆角。

2．如果要生成具有多个圆角边线及拔模面的铸模零件，在大多数的情况下，应在添加圆角之前添加拔模特征。

3．应该最后添加装饰用的圆角。在大多数其他几何体定位后再尝试添加装饰圆角。如果早早就添加了它们，则系统需要花费很长的时间重建零件。

4．尽量使用一个圆角命令来处理需要相同半径圆角的多条边线，这样会加快零件重建的速度。但是请注意，当改变圆角半径时，在同一操作中生成的所有圆角都会改变。

5．还可以通过为圆角设置边界或包络控制线来决定混合面的半径和形状。控制线可以是要生出圆角的零件边线或投影到一个面上的分割线。由于它们的应用非常有限，所以本书在这里就不详细介绍了，如果读者有意了解这方面的内容，可查看 SolidWorks 2008 的帮助文件或培训手册。

【案例 4-6】创建如图 4-10 所示的三通零件。本案例源文件光盘路径："X：\源文件\ch4\三通.SLDPRT"，本案例视频内容光盘路径："X：\动画演示\ch4\4.6 三通.swf"。

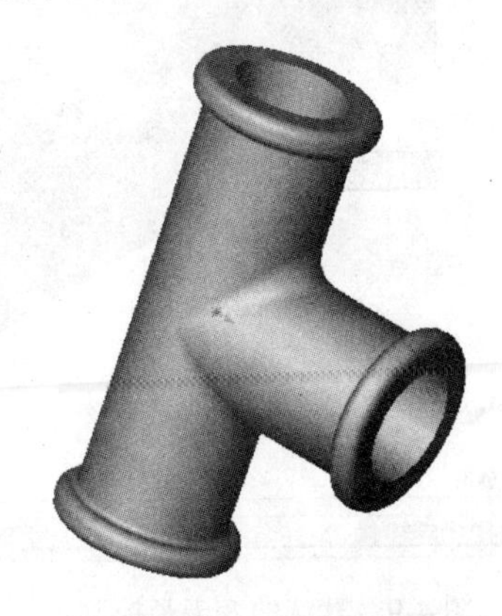

图 4-10　三通零件

（1）单击新建图标，或执行【文件】→【新建】命令，新建一个零件文件。

（2）在特征管理器设计树中选择上视视图，然后单击草图绘制图标，在上视基准面上新建一张草图。

（3）利用草图绘制工具绘制草图作为拉伸基体特征的轮廓，如图 4-11 所示。

（4）单击"特征"操控板上的拉伸基体/凸台图标，或执行【插入】→【基体】→【拉伸】命令。

（5）在"拉伸"属性管理器中设置"终止条件"为"两侧对称"，在微调框中设置拉伸深度为 80mm；选择"薄壁特征"复选框，设定薄壁类型为"单一方向"，即向外拉伸薄壁，设置薄壁的厚度为 3mm。

（6）单击确定图标，完成基体拉伸薄壁特征，如图 4-12 所示。

（7）选择特征管理器设计树上的右视视图，然后执行【插入】→【参考几何体】→【基准面】命令，或单击"参考几何体"操控板上的基准面图标。

（8）在"基准面"属性管理器上的微调框中设置等距距离为 40mm。

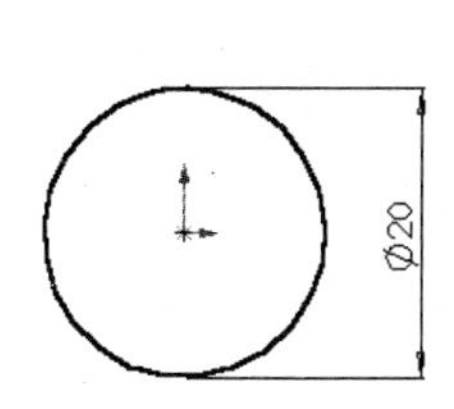

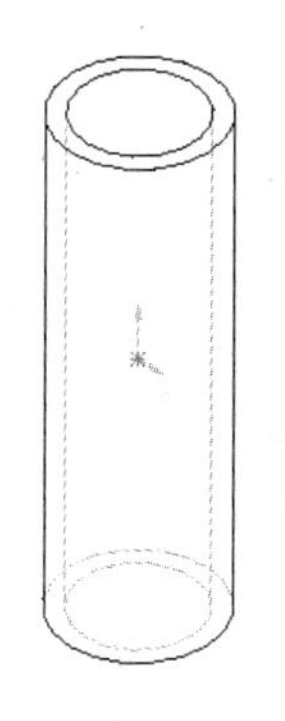

图 4-11　拉伸轮廓草图　　　　图 4-12　生成的拉伸特征

（9）单击确定图标，生成基准面 1，如图 4-13 所示。

（10）单击草图绘制图标，从而在基准面 1 上打开一张草图。

（11）单击“前导视图”工具栏上的正视于图标，正视于基准面 1 视图。

（12）单击“草图绘制”操控板上的圆图标，以原点为圆心，绘制一个直径为 26mm 的圆作为凸台轮廓，如图 4-14 所示。

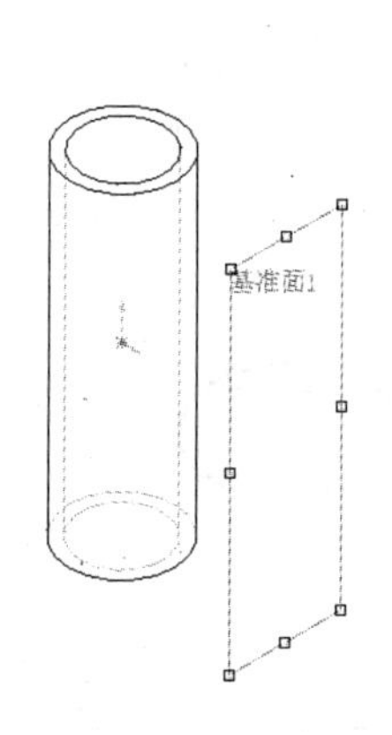

图 4-13　插入基准面

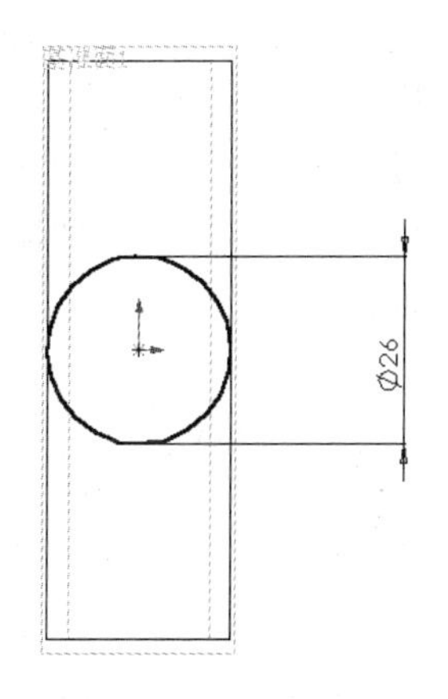

图 4-14　绘制凸台轮廓

（13）单击“特征”操控板上的拉伸基体/凸台图标，或执行【插入】→【凸台】→【拉伸】命令。

（14）在“拉伸”属性管理器中设置“终止条件”为“成形到下一面”。

（15）单击确定图标，完成凸台拉伸特征。

（16）单击等轴测图标，以等轴测视图观看模型。

（17）执行【视图】→【基准面】命令，将基准面 1 隐藏起来。此时的模型如图 4-15 所示。

（18）选择生成的凸台面，单击草图绘制图标，在其上打开一张草图。

（19）单击“草图绘制”操控板上的圆图标，以原点为圆心，绘制一个直径为 20mm 的圆作为拉伸切除的轮廓，如图 4-16 所示。

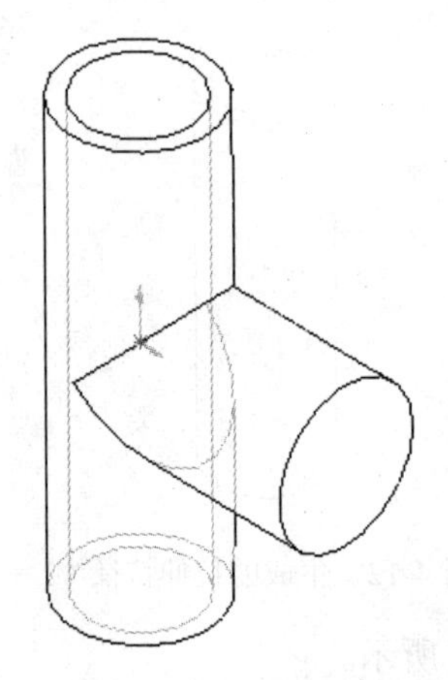

图 4-15 隐藏基准面 1 后的凸台特征

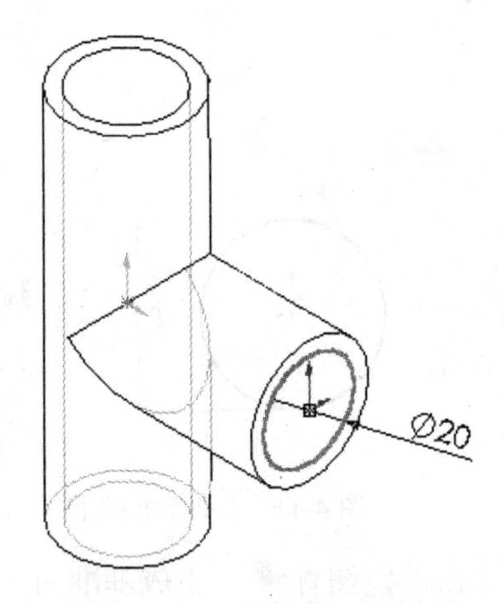

图 4-16 绘制拉伸切除轮廓

（20）单击“特征”操控板上的拉伸切除图标，或执行【插入】→【切除】→【拉伸】命令。

（21）在“切除－拉伸”属性管理器中设置切除的终止条件为“给定深度”，设置切除深度为 40mm，单击确定图标，生成切除特征，如图 4-17 所示。

（22）选择基体特征的顶面，单击草图绘制图标，在其上打开一张草图。

（23）选择圆环的外环，单击“草图绘制”操控板上的等距实体图标。

（24）在“等距实体”属性管理器中设置等距距离为 3mm，方向向外，单击确定图标，生成等距圆环，如图 4-18 所示。

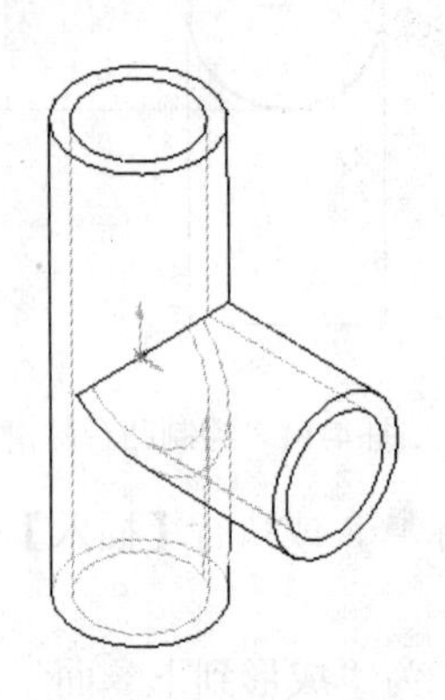

图 4-17 生成切除特征

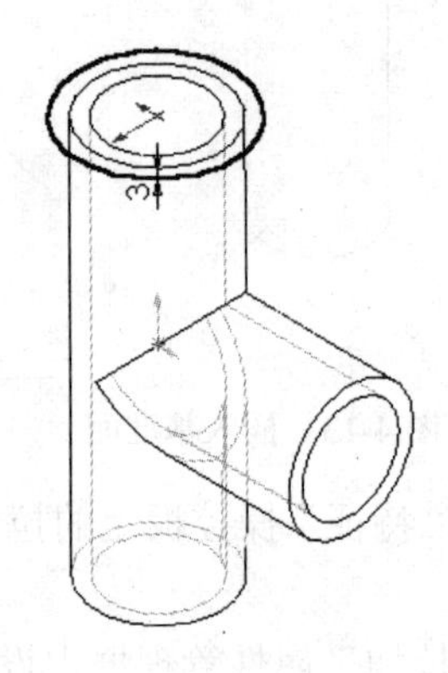

图 4-18 生成等距圆环

（25）单击“特征”操控板上的拉伸基体/凸台图标，或执行【插入】→【凸台】→【拉伸】命令。

（26）设定拉伸深度为 5mm，方向向下，选择“薄壁特征”复选框，并设置薄壁厚度为 4mm，薄壁的拉伸方向为向内。

（27）单击确定图标，生成薄壁拉伸特征，如图 4-19 所示。

（28）仿照步骤（22）～（27）在模型的另外两个端面生成薄壁特征，特征参数同第一个薄壁特征，此时的模型如图 4-20 所示。

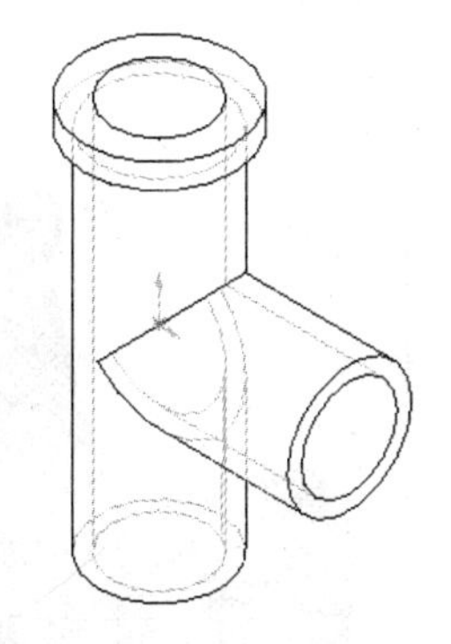

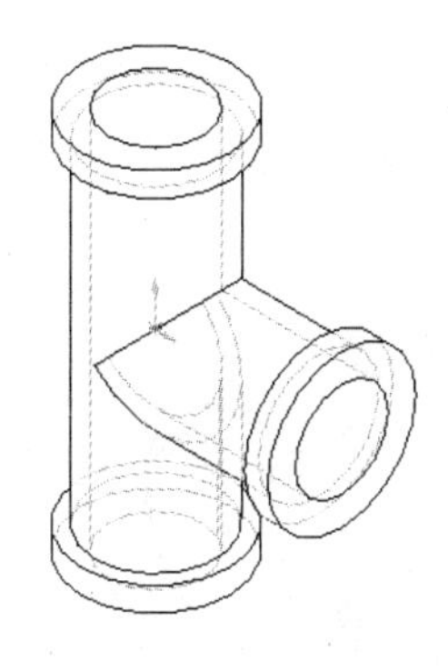

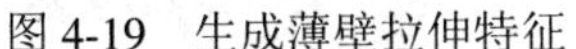

图 4-19　生成薄壁拉伸特征　　　　图 4-20　生成另两个端面上的薄壁特征

（29）单击“特征”操控板上的圆角图标，或执行【插入】→【特征】→【圆角】命令。

（30）在“圆角”属性管理器中选择“圆角类型”为“等半径”，并在微调框中指定半径值为 2mm。

（31）单击图标右侧的显示框，然后在右面的图形区域中选择拉伸薄壁特征的 6 条边线，如图 4-21 所示。

（32）单击确定图标，生成等半径圆角特征，如图 4-22 所示。

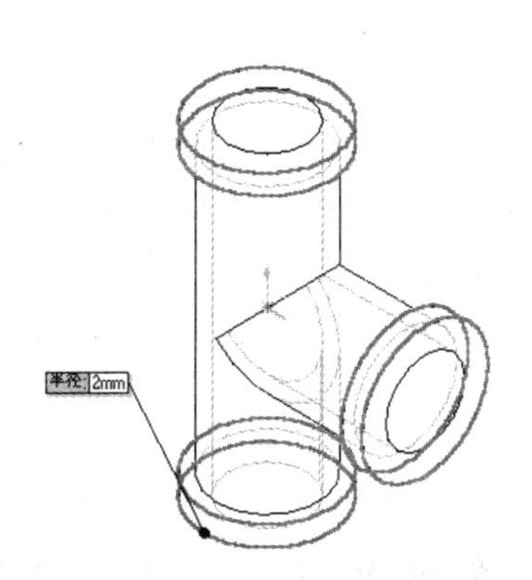

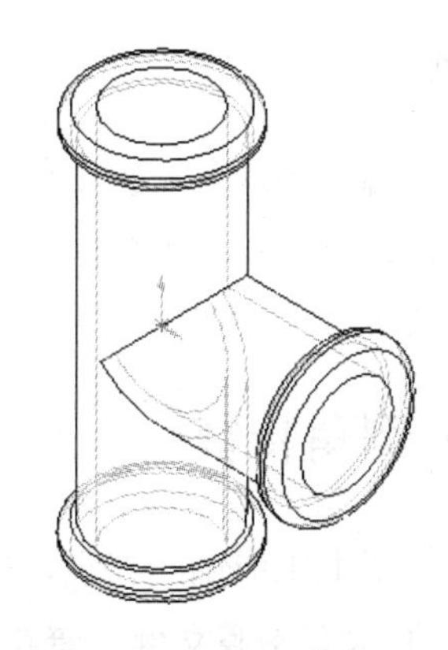

图 4-21　选择圆角边线　　　　图 4-22　生成的圆角特征

（33）单击“特征”操控板上的圆角图标，或执行【插入】→【特征】→【圆角】命令。

（34）在“圆角”属性管理器中选择“圆角类型”为“等半径”，并在微调框中指定圆角的半径为 5mm。

（35）单击图标右侧的显示框，然后在右面的图形区域中选择两圆柱的特征交线作为圆角边线。

（36）单击确定图标，生成等半径圆角特征，如图 4-23 所示。

（37）单击“前导视图”工具栏上的上色图标，为零件模型上色。

（38）单击保存图标，将零件保存为“三通.sldprt”。至此该零件就制作完成了，最后的效果（包括特征管理器设计树）如图 4-24 所示。

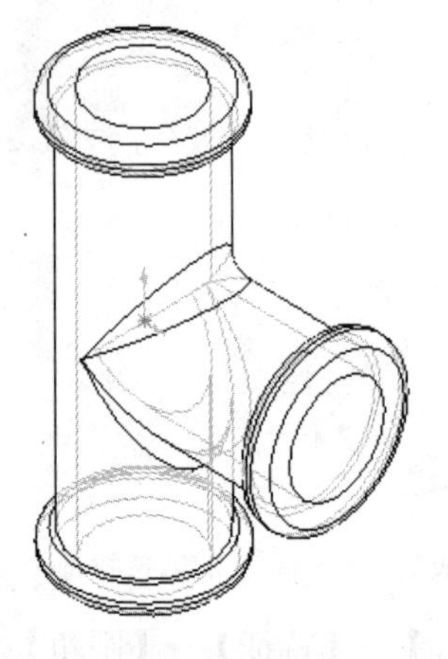

图 4-23 生成等半径圆角特征

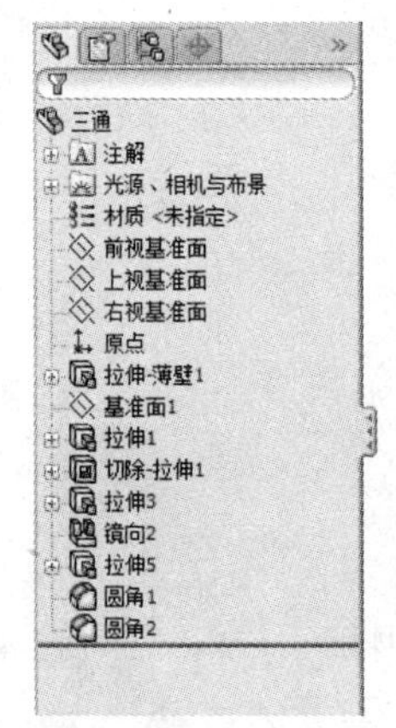

图 4-24 最后的效果

4.2 倒角特征

4.2.1 概述

本节将介绍倒角特征。在零件设计过程中，通常在锐利的零件边角进行倒角处理，以防止伤人和便于搬运、装配以及避免应力集中等。此外，有些倒角特征也是机械加工过程中不可缺少的工艺。与圆角特征类似，倒角特征是对边或角进行倒角。图 4-25 是倒角特征的零件实例。

4.2.2 生成倒角特征

要在零件模型上生成倒角特征，操作如下。

【案例 4-7】本案例源文件光盘路径：“X：\源文件\ch4\倒角.SLDPRT”，本案例视频内容光盘路径：“X：\动画演示\ch4\4.7 倒角.swf”。

（1）单击“特征”操控板上的倒角图标，或执行【插入】→【特征】→【倒角】命令。

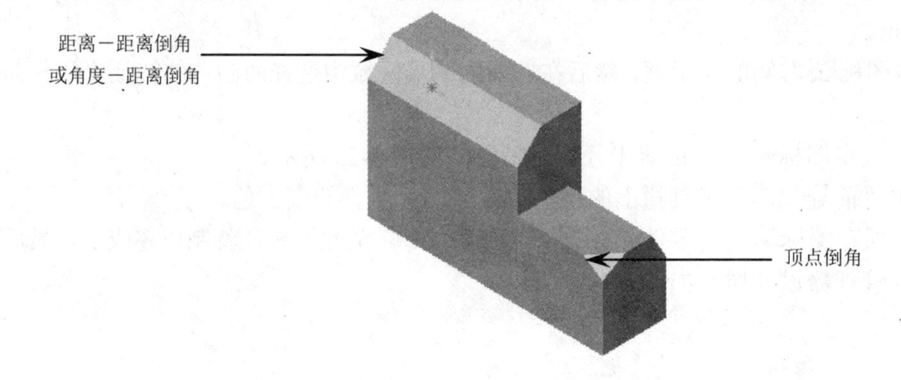

图 4-25 倒角特征实例

（2）在“倒角”属性管理器中选择“倒角类型”：

- 距离－角度：在所选边线上指定距离和倒角角度来生成倒角（图 4-26（a））；
- 距离－距离：在所选边线的两侧分别指定两个距离值来生成倒角（图 4-26（b））；
- 顶点：在与顶点相交的 3 个边线上分别指定距顶点的距离来生成倒角（图 4-26（c））。

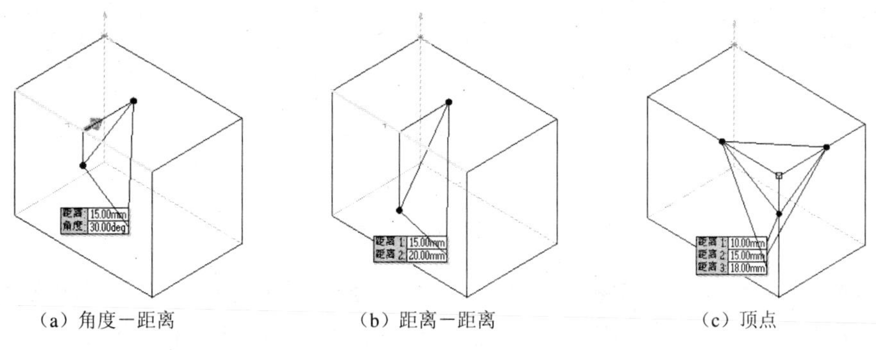

图 4-26　倒角类型

（3）单击图标右侧的显示框，然后在图形区域中选择一实体（边线和面或顶点），如图 4-27 所示。

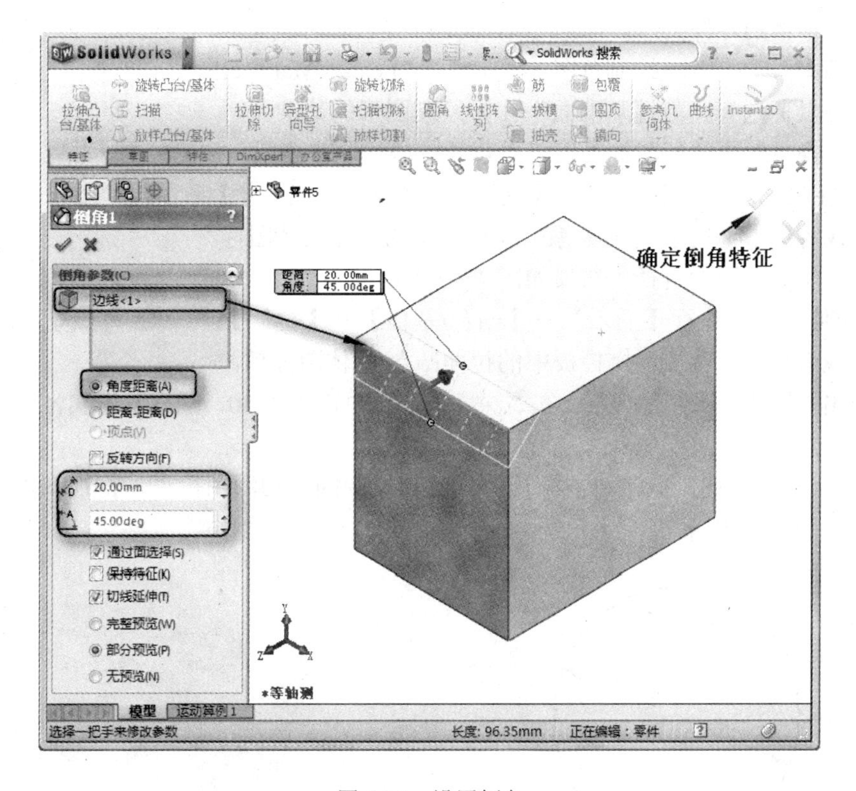

图 4-27　设置倒角

（4）在下面对应的微调框中指定距离或角度值。

（5）如果选择“保持特征”复选框，则当应用倒角特征时，会保持零件的其他特征，如图 4-28 所示。

（6）单击确定图标，生成倒角特征。

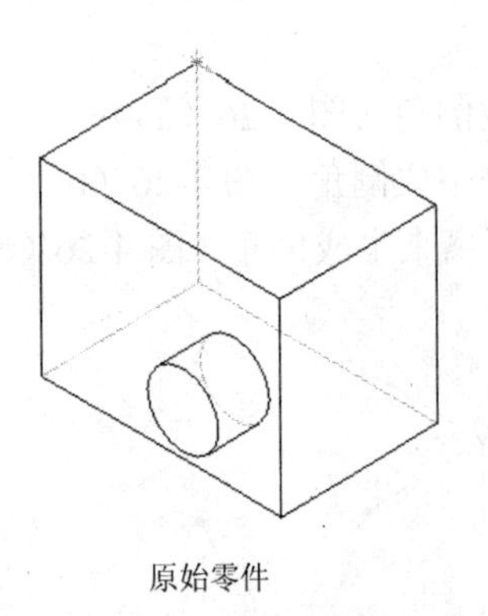

原始零件

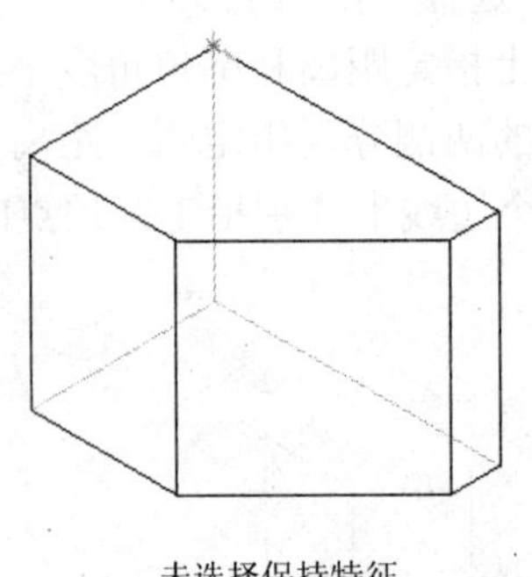

未选择保持特征

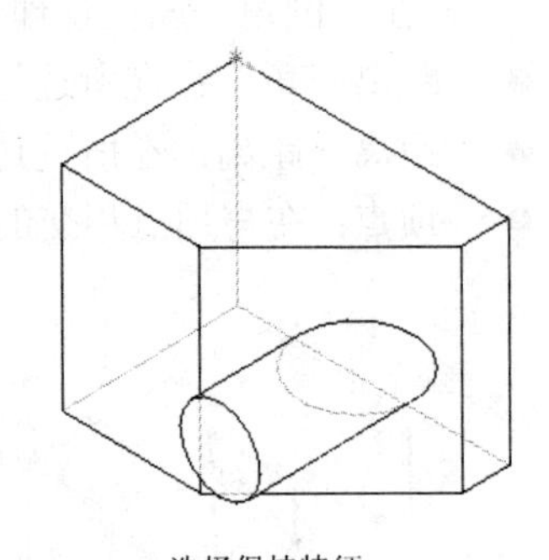

选择保持特征

图 4-28　倒角特征

【案例 4-8】绘制阶梯轴，如图 4-29 所示。本案例源文件光盘路径："X：\源文件\ch4\阶梯轴.SLDPRT"，本案例视频内容光盘路径："X：\动画演示\ch4\4.8 阶梯轴.swf"。

（1）启动 SolidWorks 2008，执行【文件】→【新建】菜单命令，或者单击"标准"工具栏中的新建图标，在弹出的"新建 SolidWorks 文件"对话框中选择零件图标，然后单击【确定】按钮，创建一个新的零件文件。

（2）绘制轴主体轮廓。绘制草图。在左侧的"FeatureManager 设计树"中用鼠标选择"前视基准面"作为绘制图形的基准面。单击"草图"操控板中的圆图标，以原点为圆心绘制一个圆。

（3）标注尺寸。执行【工具】→【标注尺寸】→【智能尺寸】菜单命令，或者单击"尺寸/几何关系"操控板中的智能尺寸图标，标注上一步绘制圆的直径，结果如图 4-30 所示。

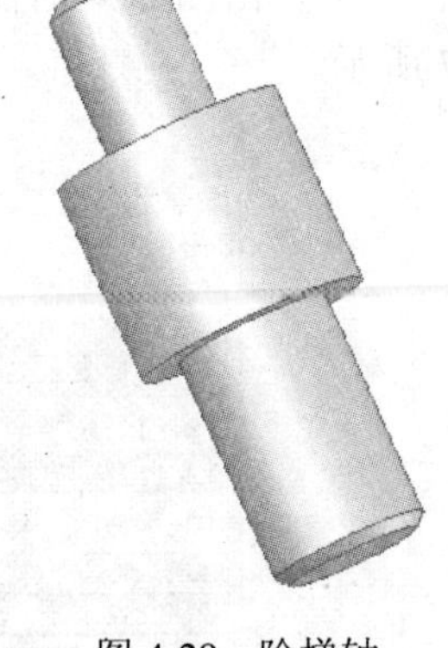

图 4-29　阶梯轴

（4）拉伸实体。执行【插入】→【凸台/基体】→【拉伸】菜单命令，或者单击"特征"操控板中的拉伸凸台/基体图标，此时系统弹出"拉伸"属性管理器。在"深度"一栏中输入值 50，然后单击属性管理器中的确定图标。

（5）设置视图方向。单击"前导视图"工具栏中的等轴测图标，将视图以等轴测方向显示，结果如图 4-31 所示。

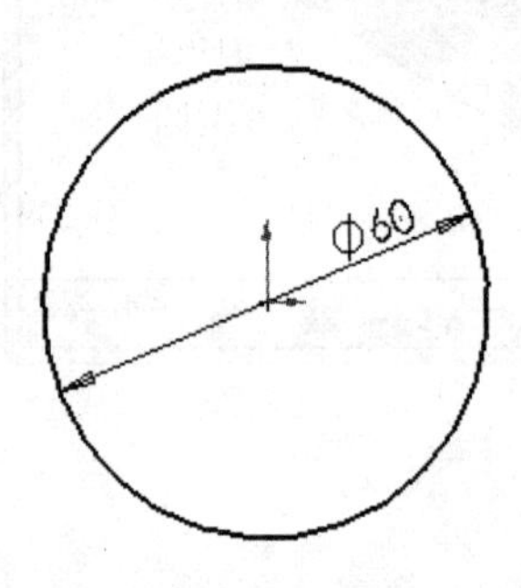

图 4-30　标注的草图

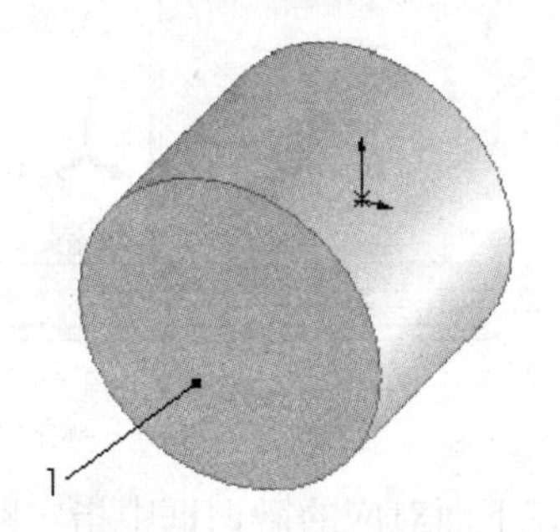

图 4-31　拉伸后的图形

（6）绘制轴端。设置基准面。单击图 4-3 中的表面 1，然后单击"前导视图"工具栏中的正视于图标，将该表面作为绘制图形的基准面。

（7）绘制草图。单击“草图”操控板中的圆图标⊙，以原点为圆心绘制一个圆。

（8）标注尺寸。单击“尺寸/几何关系”操控板中的智能尺寸图标◇，标注上一步绘制圆的直径，结果如图4-32所示。

（9）拉伸实体。单击“特征”操控板中的拉伸凸台/基体图标，此时系统弹出“拉伸”属性管理器。在“深度”一栏中输入值40，然后单击属性管理器中的确定图标✔。

（10）设置视图方向。单击“前导视图”工具栏中的等轴测图标，将视图以等轴测方向显示，结果如图4-33所示。

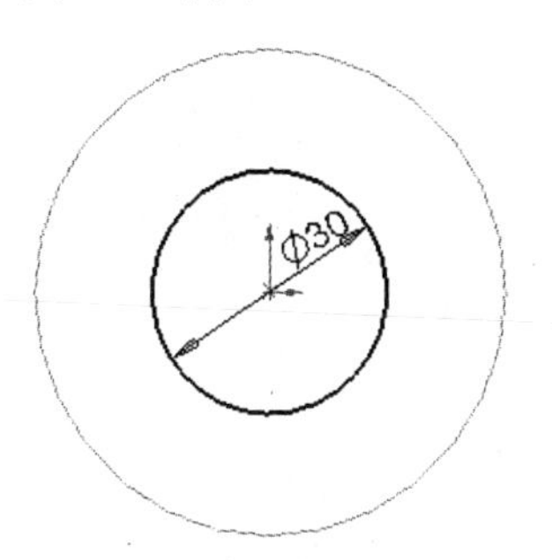

图4-32　标注的草图

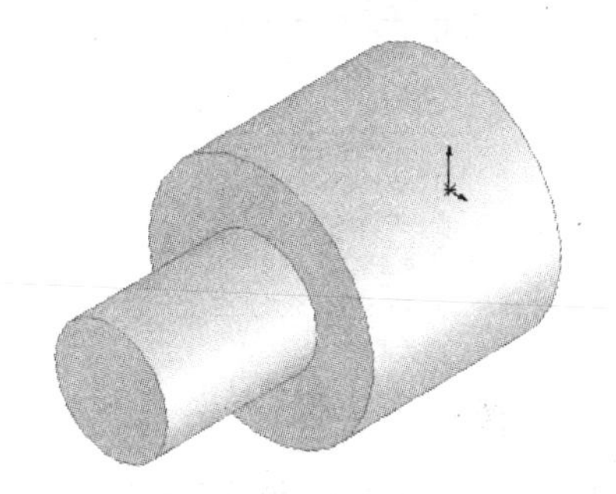

图4-33　拉伸后的图形

（11）绘制轴端。设置基准面。单击图4-33中的后面的表面，然后单击“前导视图”工具栏中的正视于图标，将该表面作为绘制图形的基准面。

（12）绘制草图。单击“草图”操控板中的圆图标⊙，以原点为圆心绘制一个圆。

（13）标注尺寸。单击“尺寸/几何关系”操控板中的智能尺寸图标◇，标注上一步绘制圆的直径，结果如图4-34所示。

（14）拉伸实体。单击“特征”操控板中的拉伸凸台/基体图标，此时系统弹出“拉伸”属性管理器。在“深度”一栏中输入值40，然后单击属性管理器中的确定图标✔。

（15）设置视图方向。单击“前导视图”工具栏中的等轴测图标，将视图以等轴测方向显示，结果如图4-35所示。

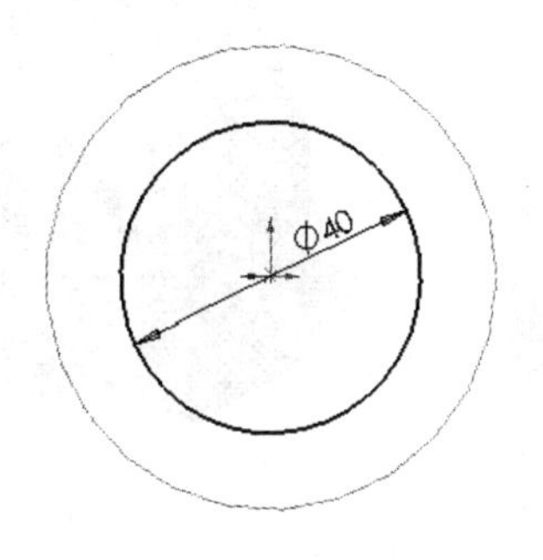

图4-34　标注的草图

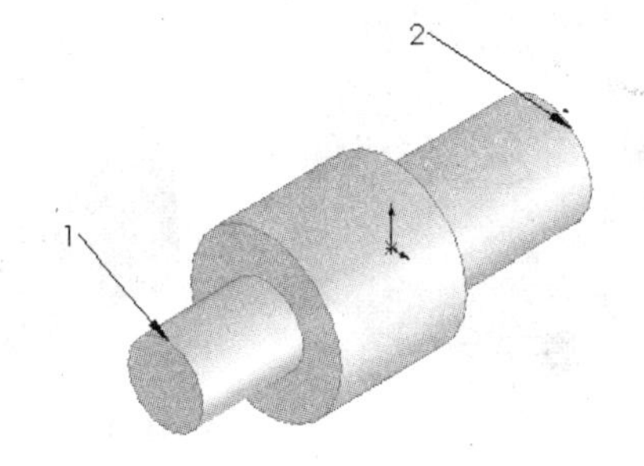

图4-35　拉伸后的图形

（16）倒角实体。执行【插入】→【特征】→【倒角】菜单命令，或者单击“特征”操控板中的“圆角图标，此时系统弹出如图4-36所示的“倒角”属性管理器。在“距离”一栏中输入值30mm，然后用鼠标选择图4-35中的边线1和边线2。单击属性管理器中的确定图标✔，结果如图4-37所示。

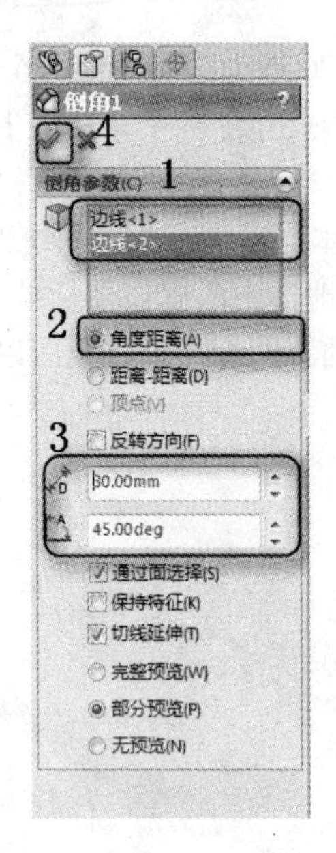

图 4-36 “倒角”属性管理器

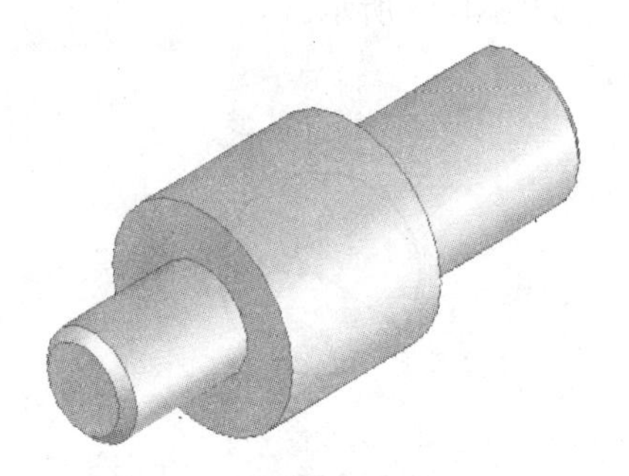

图 4-37 倒角后的图形

4.3 圆顶特征

4.3.1 概述

圆顶特征是对模型的一个面进行变形操作，生成圆顶型凸起特征。

图 4-38 展示了圆顶特征的几种效果。

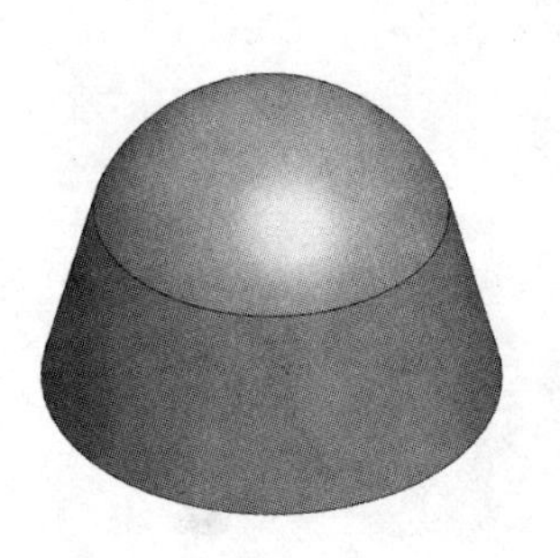
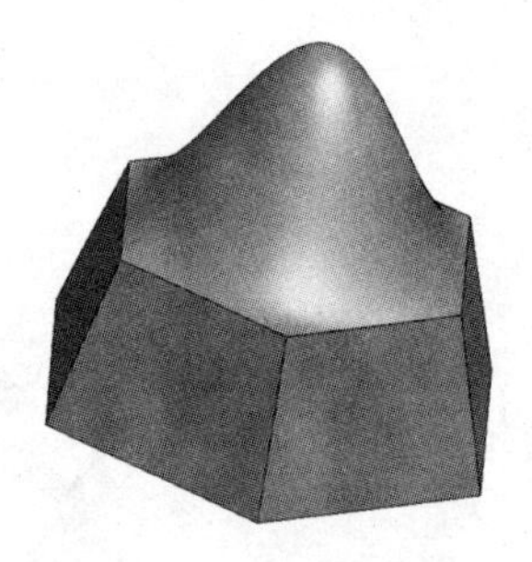
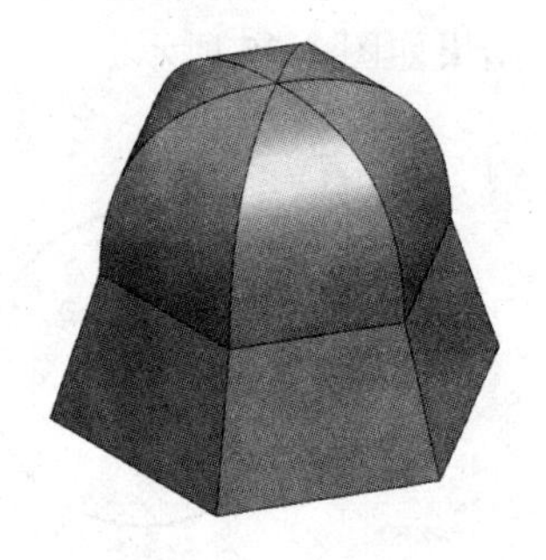

图 4-38 圆顶特征效果

4.3.2 操作步骤

下面通过实例介绍圆顶特征的操作步骤。

【案例 4-9】本案例源文件光盘路径：“X：\源文件\ch4\圆顶.SLDPRT”，本案例视频内容光盘路径：“X：\动画演示\ch4\4.9 圆顶.swf”。

（1）设置基准面。在左侧的“FeatureManager 设计树”中用鼠标选择“前视基准面”作为绘制图形的基准面。

（2）绘制草图。执行【工具】→【草图绘制实体】→【多边形】菜单命令，以原点为圆心绘制一个多边形并标注尺寸，结果如图 4-39 所示。

（3）拉伸实体。执行【插入】→【凸台/基体】→【拉伸】菜单命令，将上一步绘制的草图拉伸“深度”为 60 的实体，结果如图 4-40 所示。

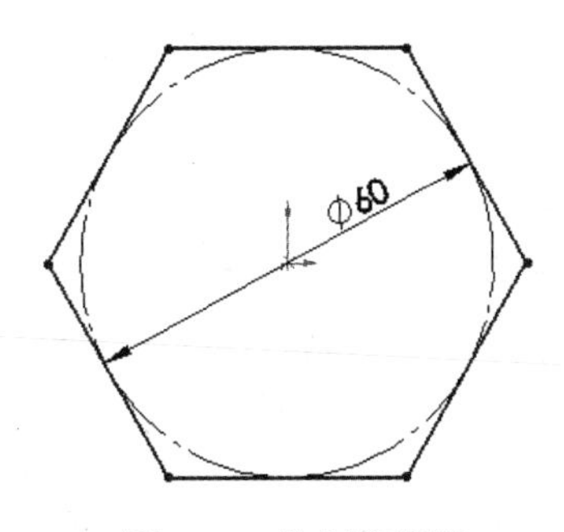

图 4-39　绘制的草图

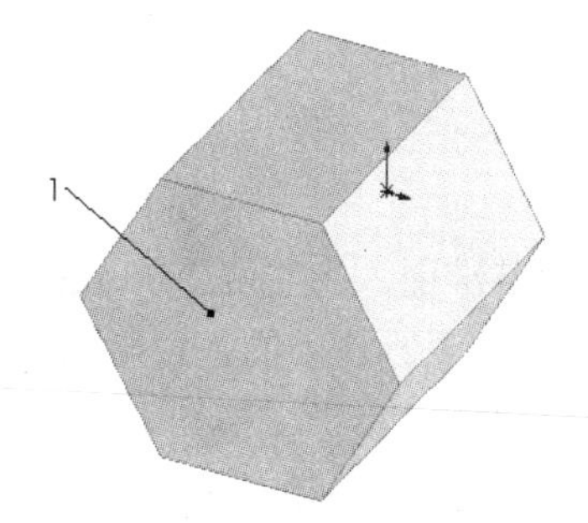

图 4-40　拉伸的图形

（4）执行圆顶命令。执行【插入】→【特征】→【圆顶】菜单命令，或者单击“特征”操控板中的圆顶图标，此时系统弹出如图 4-41 所示的“圆顶”属性管理器。

（5）设置属性管理器。在“到圆顶的面”一栏中，用鼠标选择图 4-40 中的表面 1，在“距离”一栏中输入值 50，选中“连续圆顶”复选框。

（6）确认圆顶特征。单击属性管理器中的确定图标，并调整视图的方向，结果如图 4-42 所示。

如图 4-43 所示为不选中“连续圆顶”复选框生成的圆顶图形。

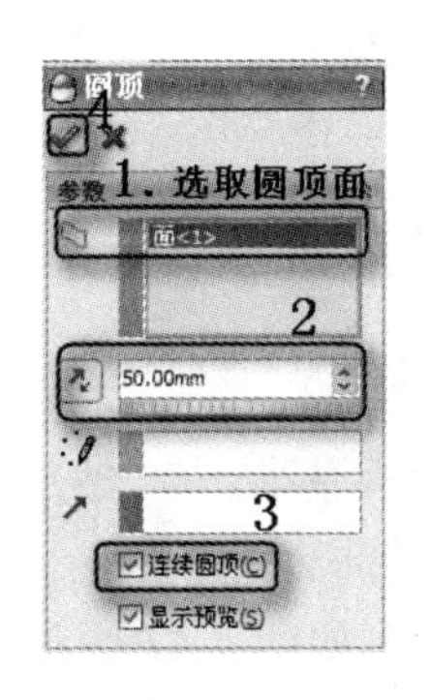

图 4-41　“圆顶”属性管理器

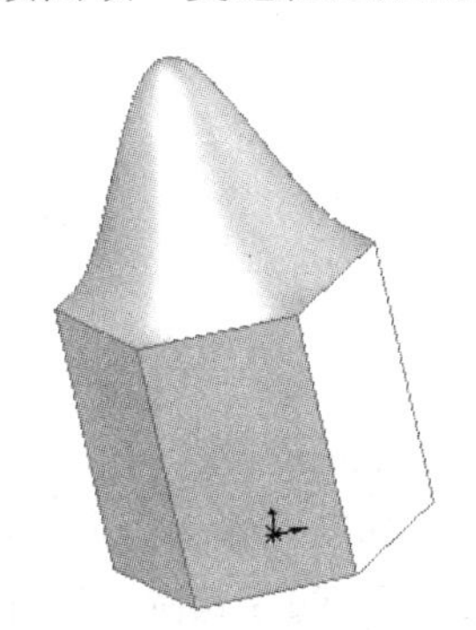

图 4-42　连续圆顶的图形

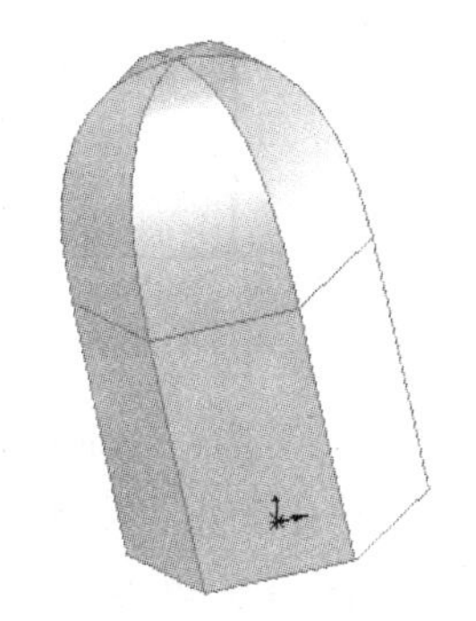

图 4-43　不连续圆顶的图形

注意：

在圆柱和圆锥模型上，可以将“距离”设定为 0，此时系统会使用圆弧半径作为圆顶的基础来计算距离。

【案例 4-10】绘制如图 4-44 所示的瓶身。本案例源文件光盘路径：“X：\源文件\ch4\瓶身.SLDPRT”，本案例视频内容光盘路径：“X：\动画演示\ch4\4.10 瓶身.swf”。

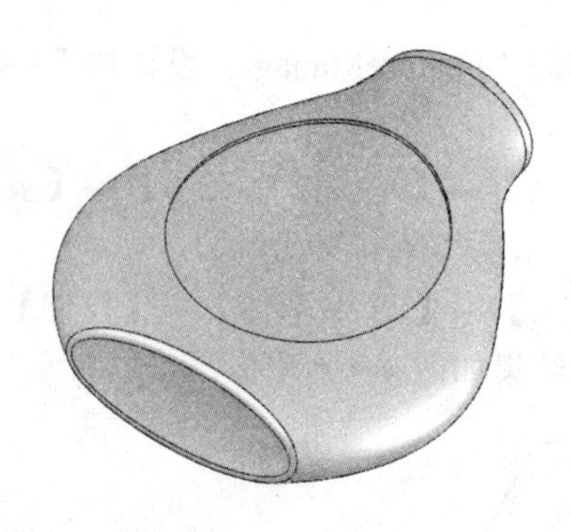

图 4-44　瓶身

（1）设置基准面。在左侧“FeatureManager 设计树”中用鼠标选择“前视基准面”，然后单击“前导视图”工具栏中的正视于图标，将该基准面作为绘制图形的基准面。

（2）绘制草图。单击“草图”操控板中的直线图标，以原点为起点绘制一条竖直直线并标注尺寸，结果如图 4-45 所示，然后退出草图绘制状态。

（3）设置基准面。在左侧“FeatureManager 设计树”中用鼠标选择“前视基准面”，然后单击“前导视图”工具栏中的正视于图标，将该基准面作为绘制图形的基准面。

（4）绘制草图。单击“草图”操控板中的 3 点圆弧图标，绘制如图 4-46 所示的草图并标注尺寸，然后退出草图绘制状态。

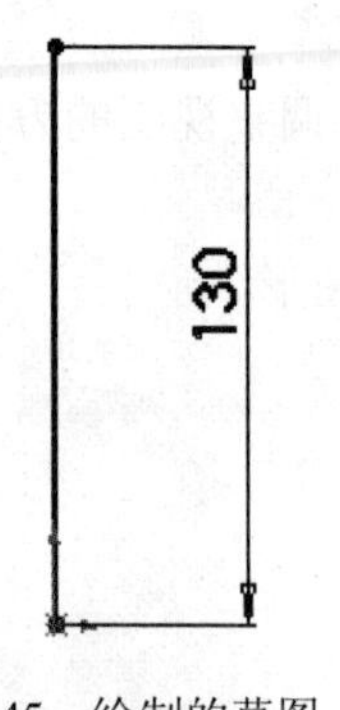

图 4-45　绘制的草图

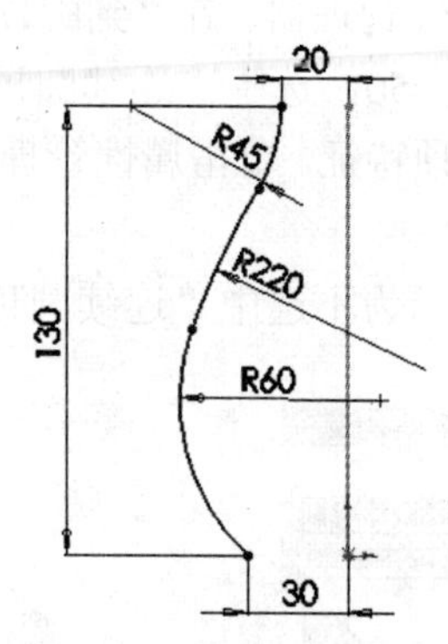

图 4-46　绘制的草图

（5）设置基准面。在左侧“FeatureManager 设计树”中选择“右视基准面”，然后单击“前导视图”工具栏中的正视于图标，将该基准面作为绘制图形的基准面。

（6）绘制草图。单击“草图”操控板中的 3 点圆弧图标，绘制如图 4-47 所示的草图并标注尺寸，添加圆弧下面的起点和原点为“水平”几何关系，然后退出草图绘制状态。

（7）设置基准面。在左侧“FeatureManager 设计树”中用鼠标选择“上视基准面”，然后单击“前导视图”工具栏中的正视于图标，将该基准面作为绘制图形的基准面。

（8）绘制草图。单击“草图”操控板中的椭圆图标，绘制如图 4-48 所示的草图，椭圆的长轴和短轴分别与第（4）步和第（6）步绘制的草图的起点重合，然后退出草图绘制状态。

（9）设置视图方向。单击“前导视图”工具栏中的等轴测图标，将视图以等轴测方向显示。结果如图 4-49 所示。

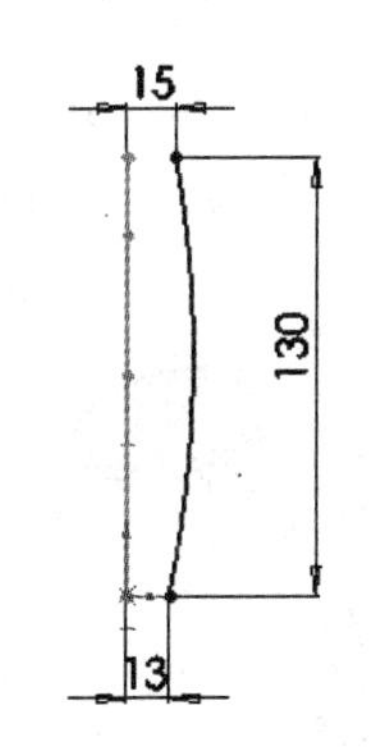

图 4-47　绘制的草图

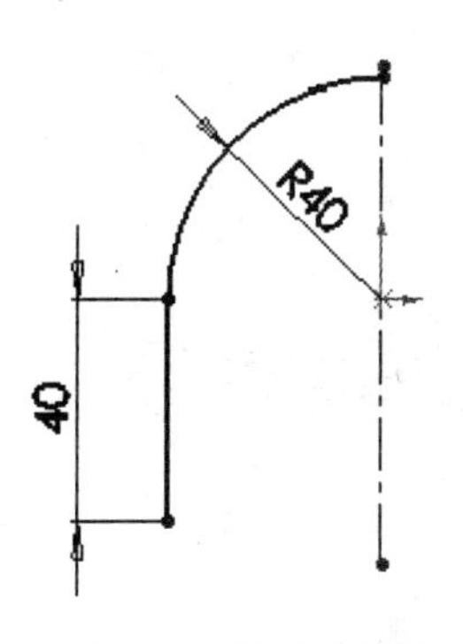

图 4-48　绘制的草图

（10）扫描实体。执行【插入】→【凸台/基体】→【扫描】菜单命令，或者单击“特征”操控板中的扫描图标，此时系统弹出如图 4-50 所示的“扫描”属性管理器。在“轮廓”栏中，用鼠标选择图 4-49 中的草图 4；在“路径”一栏中，用鼠标选择图 4-49 中的草图 1；在“引导线”栏中，用鼠标选择图 4-49 中的草图 2 和草图 3；勾选“合并平滑的面”选项。单击属性管理器中的确定图标，完成实体扫描，结果如图 4-51 所示。

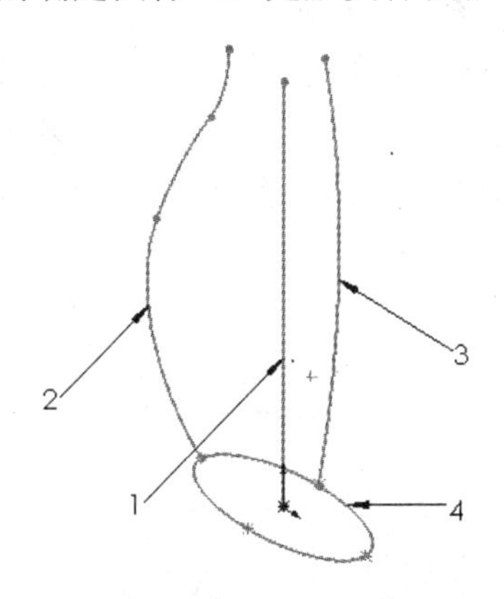

图 4-49　设置视图方向后的图形

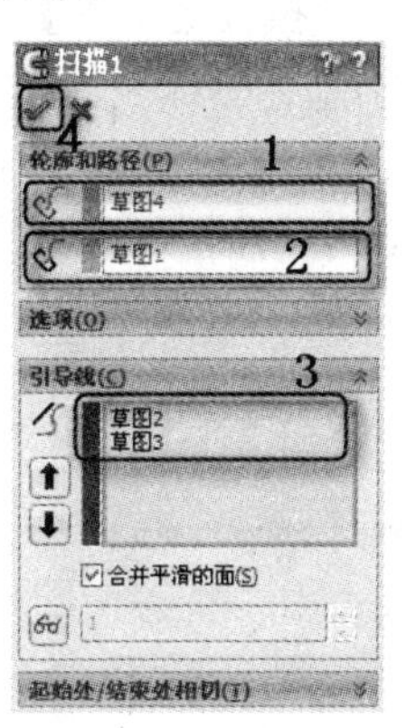

图 4-50　“扫描”属性管理器

（11）抽壳实体。执行【插入】→【特征】→【抽壳】菜单命令，或者单击“特征”操控板中的抽壳图标，此时系统弹出如图 4-52 所示的“抽壳”属性管理器。在“厚度”一栏中输入值 3；在“移除的面”一栏中，用鼠标选择图 4-51 中的面<1>。单击属性管理器中的确定图标，完成实体抽壳，结果如图 4-53 所示。

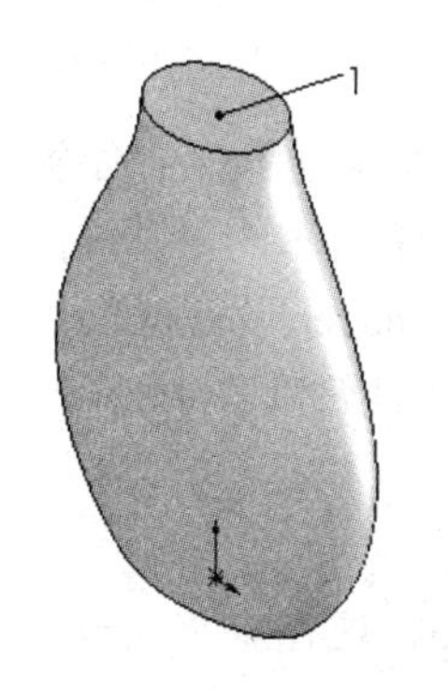

图 4-51　扫描实体后的图形

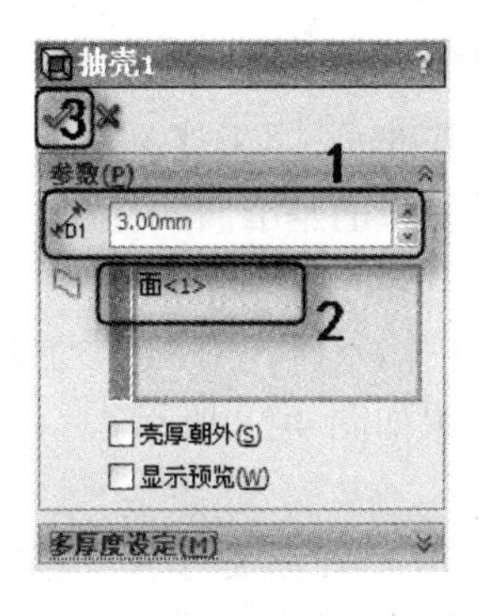

图 4-52　“抽壳“”属性管理器

（12）转换实体引用。单击“草图”操控板中的草图绘制图标，进入草图绘制状态。单击如图 4-53 所示中的边线 1，然后执行【工具】→【草图绘制工具】→【转换实体引用】菜单命令，将边线转换为草图，结果如图 4-54 所示。

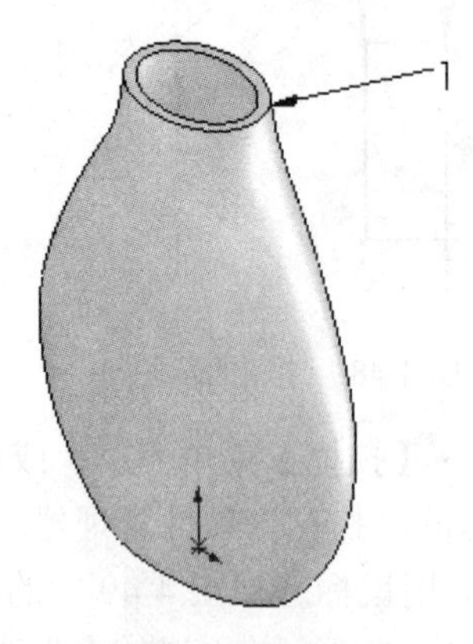

图 4-53　抽壳实体后的图形

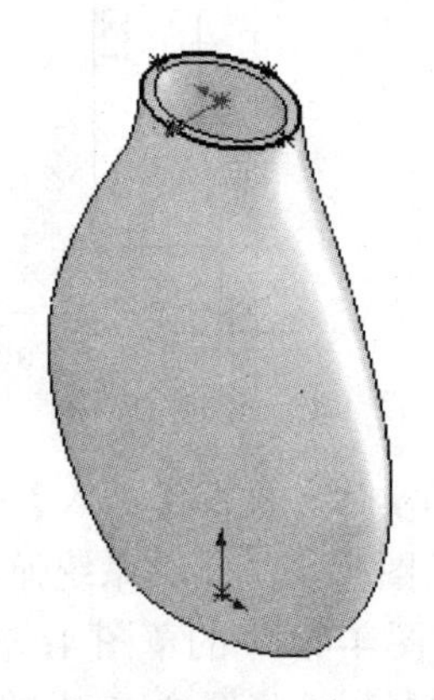

图 4-54　转换实体引用后的图形

（13）拉伸实体。执行【插入】→【凸台/基体】→【拉伸】菜单命令，或者单击“特征”操控板中的拉伸凸台/基体图标，此时系统弹出如图 4-55 所示的“拉伸”属性管理器。在“方向 1”的“终止条件”一栏的下拉菜单中，选择“给定深度”选项；在“深度”一栏中输入值 3mm，并注意拉伸方向。单击属性管理器中的确定图标，完成实体拉伸，结果如图 4-56 所示。

图 4-55　“拉伸”属性管理器

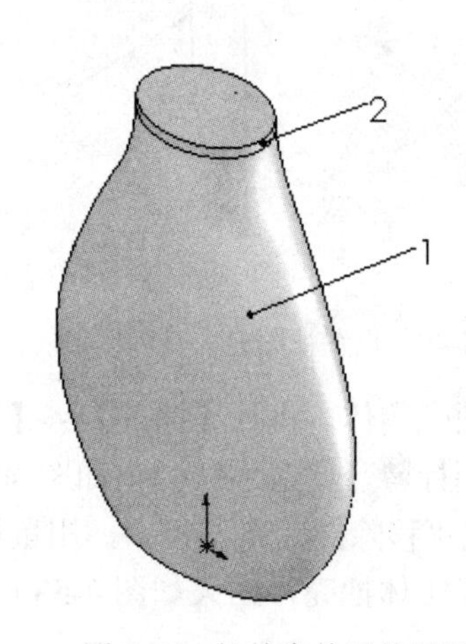

图 4-56　拉伸实体后的图形

（14）添加基准面。执行【插入】→【参考几何体】→【基准面】菜单命令，或者单击“参考几何体”操控板中的基准面图标，此时系统弹出如图 4-57 所示的“基准面”属性管理器。在属性管理器的“参考实体”一栏中，用鼠标选择“FeatureManager 设计树”中“前视基准面”；在“距离”一栏中输入值 3，注意添加基准面的方向。单击属性管理器中的确定图标，添加一个基准面，结果如图 4-58 所示。

注意：

此处实体拉伸深度为 3，是因为抽壳实体厚度为 3，这样瓶身就为一个等厚实体，并且将瓶身顶部封闭。

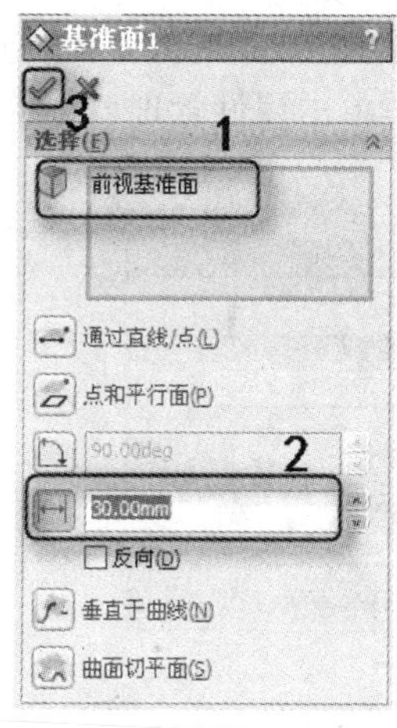

图 4-57　“基准面”属性管理器

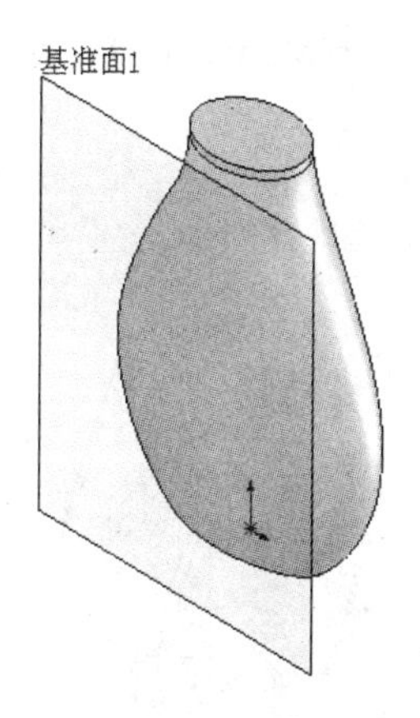

图 4-58　添加基准面后的图形

（15）设置基准面。在左侧“FeatureManager 设计树”中用鼠标选择“基准面 1”，然后单击“前导视图”工具栏中的正视于图标，将该基准面作为绘制图形的基准面。

（16）绘制草图。单击“草图”操控板中的椭圆图标，绘制如图 4-59 所示的草图并标注尺寸，添加椭圆的圆心和原点为“竖直”几何关系。

（17）拉伸切除实体。执行【插入】→【切除】→【拉伸】菜单命令，或者单击“特征”操控板中的拉伸切除图标，此时系统弹出如图 4-60 所示的“切除-拉伸”属性管理器。在“终止条件”一栏的下拉菜单中，选择“到离指定面指定的距离”选项，在“面/平面”一栏中，选择距离基准面 1 较近一侧的扫描实体面；在“等距距离”一栏中输入值 1mm；勾选“反向等距”选项；单击属性管理器中的确定图标，完成拉伸切除实体。

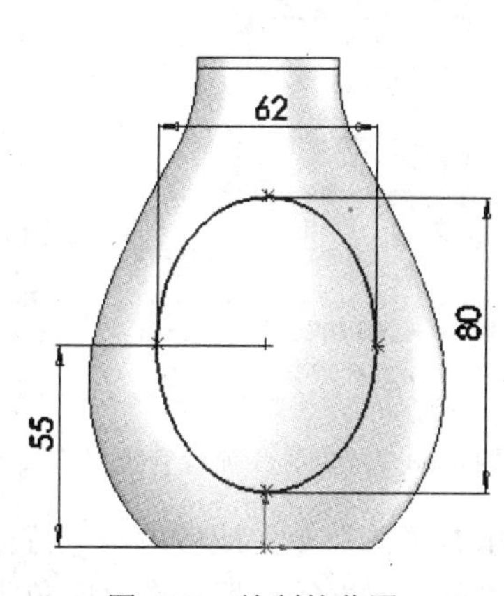

图 4-59　绘制的草图

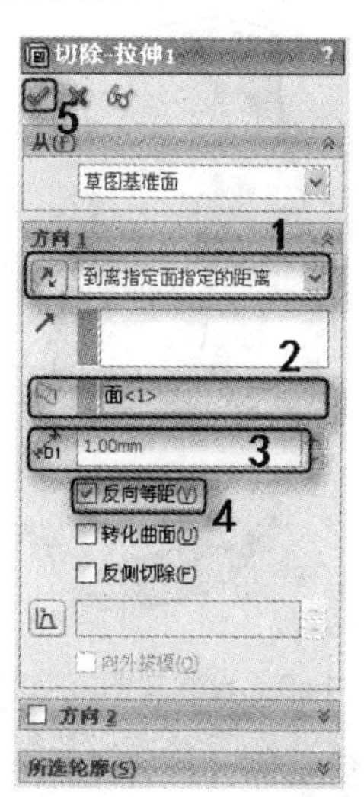

图 4-60　“拉伸-切除”属性管理器

（18）设置视图方向。单击“前导视图”工具栏中的等轴测图标，将视图以等轴测方向显示，结果如图 4-61 所示。

（19）镜像实体。执行【插入】→【阵列/镜向】→【镜向】菜单命令，或者单击“特征”操控板中的镜向图标，此时系统弹出如图 4-62 所示的“镜向”属性管理器。在“镜向面/基准面”一栏中，选择“FeatureManager 设计树”中的“前视基准面”；在“要镜向的特征”一栏中，选择“FeatureManager 设计树”中的“切除-拉伸 1”，单击属性管理器中的确定图标，完成镜像实体。

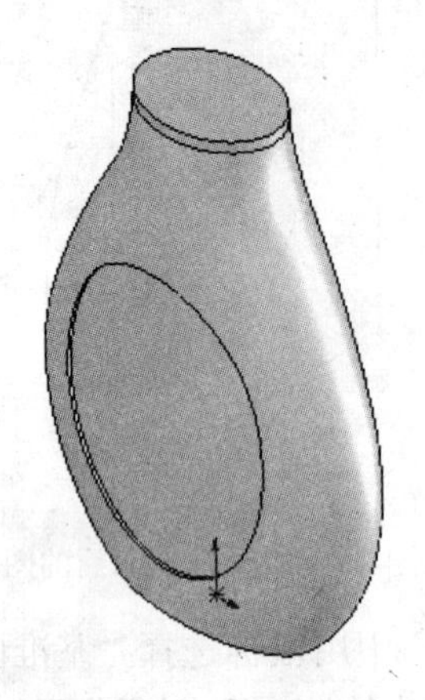

图 4-61 拉伸切除后的图形

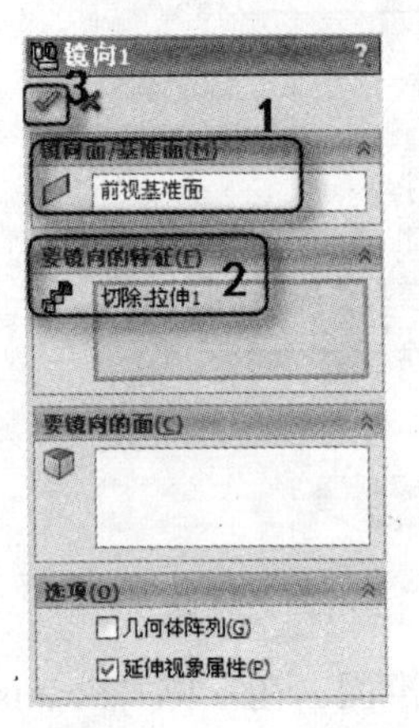

图 4-62 “镜向”属性管理器

（20）设置视图方向。单击“前导视图”工具栏中的旋转视图图标，将视图以合适的方向显示，结果如图 4-63 所示。

（21）圆顶实体。执行【插入】→【特征】→【圆顶】菜单命令，或者单击“特征”操控板中的圆顶图标，此时系统弹出如图 4-64 所示的“圆顶”属性管理器。在“到圆顶的面”一栏中，选择图 4-63 中的面 1；在“距离”一栏中输入值 2mm，注意圆顶的方向为向内侧凹进。单击属性管理器中的确定图标，完成圆顶实体，结果如图 4-65 所示。

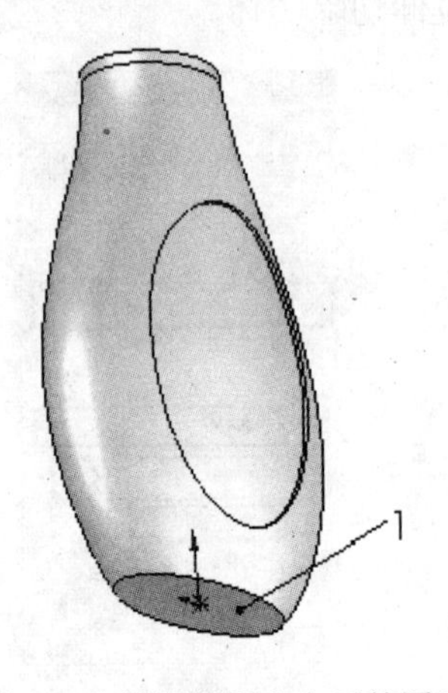

图 4-63 设置视图方向后的图形

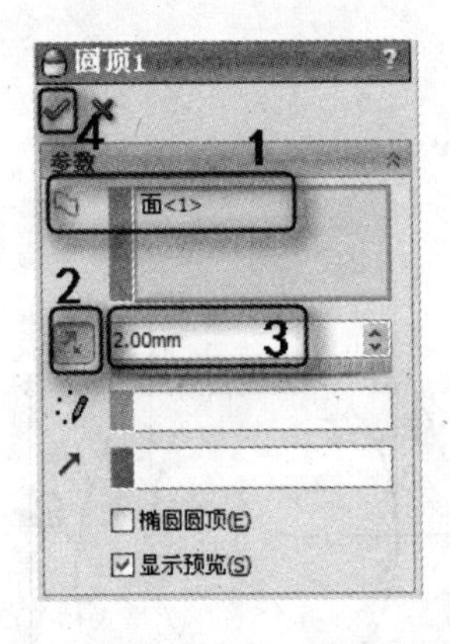

图 4-64 “圆顶”属性管理器

（22）圆角实体。执行【插入】→【特征】→【圆角】菜单命令，或者单击“特征”操控板中的圆角图标，此时系统弹出如图 4-66 所示的“圆角”属性管理器。在“圆角类型”一栏中，单选“等半径”选项；在“半径”一栏中输入值 2mm；在“边线、面、特征和环”一栏中，选择图 4-65 中的边线 1。单击属性管理器中的确定图标，完成圆角实体，结果如图 4-67 所示。

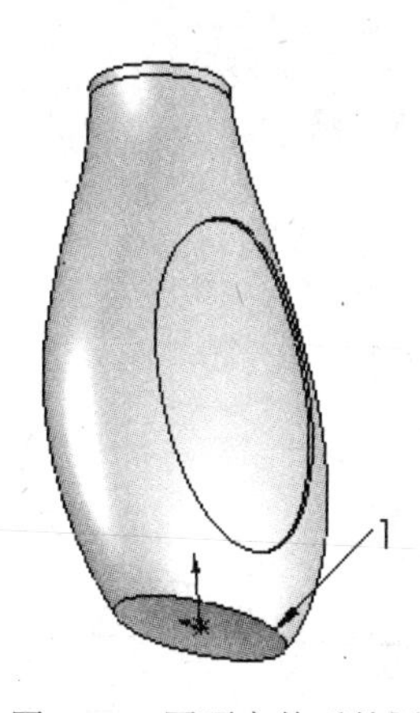

图 4-65　圆顶实体后的图形

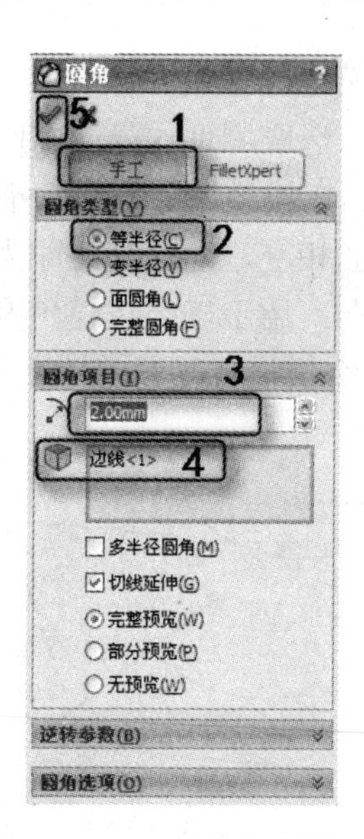

图 4-66　“圆角”属性管理器

（23）设置视图方向。单击“前导视图”工具栏中的等轴测图标，将视图以等轴测方向显示，结果如图 4-68 所示。

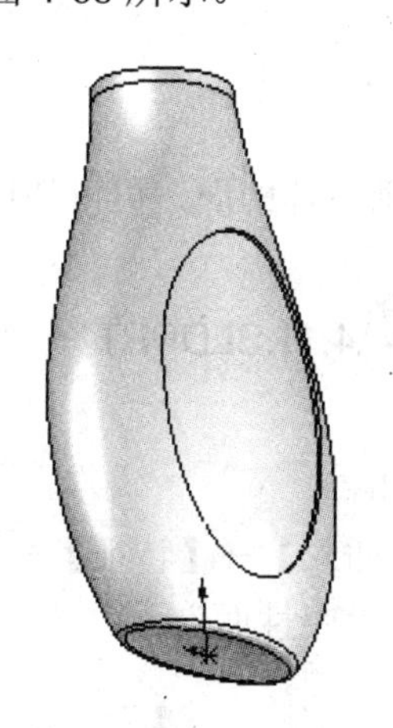

图 4-67　圆角实体后的图形

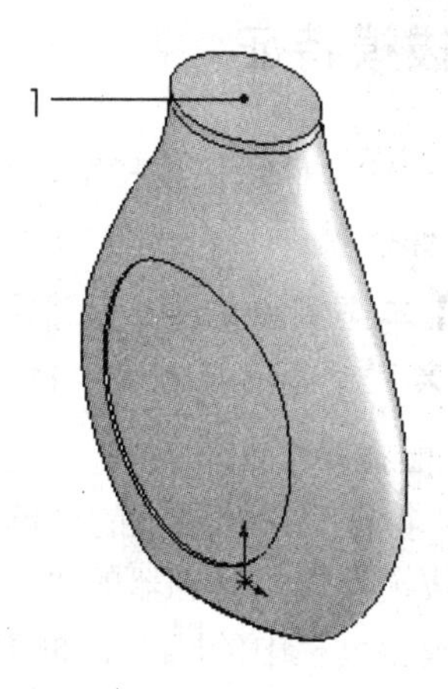

图 4-68　设置视图方向后的图形

4.4　拔模特征

4.4.1　概述

拔模是零件模型上常见的特征，是以指定的角度斜削模型中所选的面。其经常应用于铸造零件，由于拔模角度的存在可以使型腔零件更容易脱出模具。SolidWorks 提供了丰富的拔模功能。用户既可以在现有的零件上插入拔模特征，也可以在拉伸特征的同时进行拔模。本节主要介绍在现有的零件上插入拔模特征。

下面对与拔模特征有关的术语进行说明：

- 拔模面：选取零件的表面，此面将生成拔模斜度；
- 中性面：在拔模的过程中大小不变的固定面，用于指定拔模角的旋转轴，如果中性面与拔模面相交，则相交处即为旋转轴；
- 拔模方向：用于确定拔模角度的方向。

图 4-69 是一个拔模特征的应用实例。

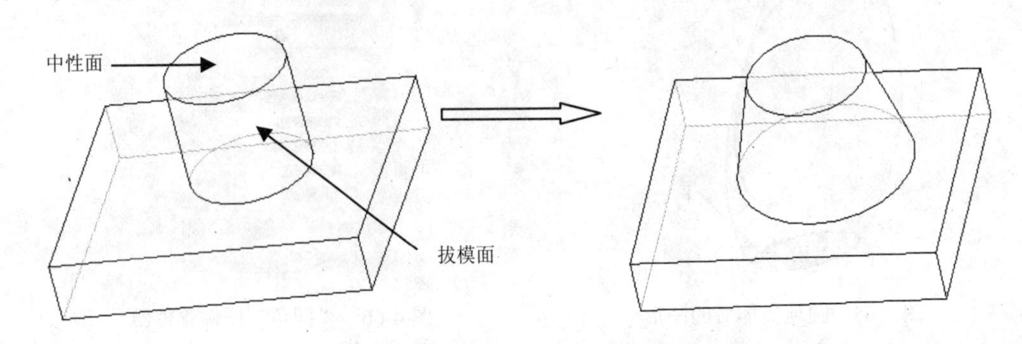

图 4-69 拔模特征实例

4.4.2 生成拔模特征

要在现有的零件上插入拔模特征，从而以特定角度斜削所选的面，可以使用中性面拔模、分型线拔模和阶梯拔模。

【案例 4-11】本案例源文件光盘路径："X：\源文件\ch4\4.11.SLDPRT"，本案例视频内容光盘路径："X：\动画演示\ch4\4.11 拔模.swf"。

要使用中性面在模型面上生成一个拔模特征，操作如下。

（1）单击"特征"操控板上的拔模图标，或执行【插入】→【特征】→【拔模】命令。

（2）在"拔模"属性管理器的"拔模类型"栏中选择"中性面"。

（3）在拔模角度栏中的微调框中设定拔模角度。

（4）单击中性面栏中的显示框，然后在图形区域中选择面或基准面作为中性面，如图 4-70 所示。

（5）图形区域中的控标会显示拔模的方向，如果要向相反的方向生成拔模，单击反向图标。

（6）单击拔模面栏中图标右侧的显示框，然后在图形区域中选择拔模面。

（7）如果要将拔模面延伸到额外的面，从"拔模沿面延伸"下拉列表中选择以下选项：

- 沿切面：将拔模延伸到所有与所选面相切的面；
- 所有面：所有从中性面拉伸的面都进行拔模；
- 内部的面：所有与中性面相邻的面都进行拔模；
- 外部的面：所有与中性面相邻的外部面都进行拔模；
- 无：拔模面不进行延伸。

（8）单击确定图标，完成中性面拔模特征。

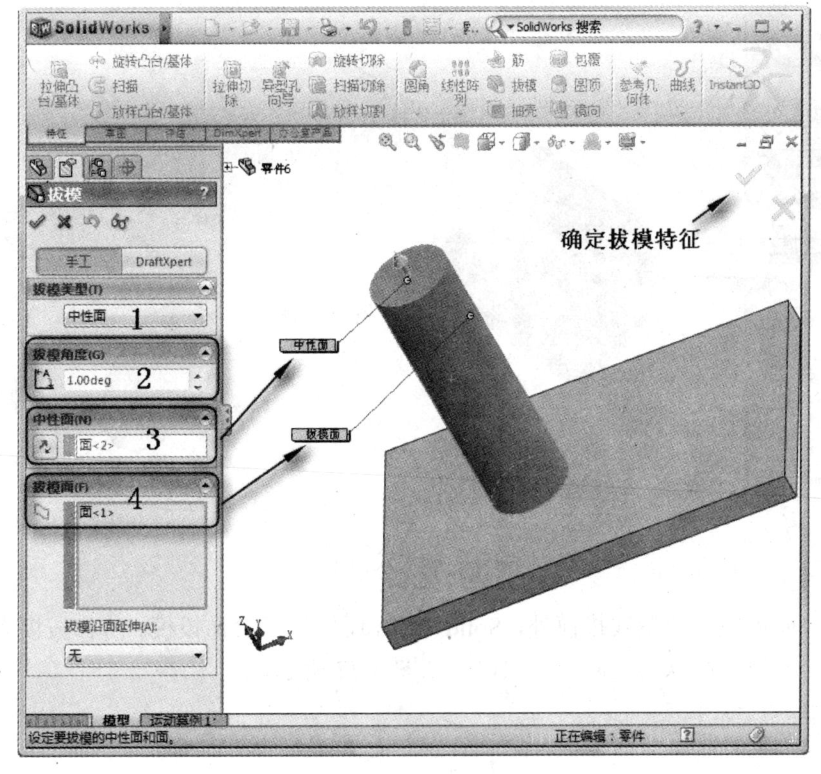

图 4-70　选择中性面

此外，利用分型线拔模可以对分型线周围的曲面进行拔模。要插入分型线拔模特征，可作如下操作。

（1）插入一条分割线分离要拔模的面，或者使用现有的模型边线来分离要拔模的面。

（2）单击“特征”操控板上的拔模图标，或选择“插入】→【特征】→【拔模】命令。

（3）在“拔模”属性管理器中的拔模类型中选择“分型线”选项。

（4）在拔模角度栏中的微调框中指定拔模角度。

（5）单击拔模方向栏中的显示框，然后在图形区域中选择一条边线或一个面来指示拔模方向。

（6）如果要向相反的方向生成拔模，单击反向图标。

（7）单击分型线栏中的图标右侧的显示框，在图形区域中选择分型线，如图 4-71（a）所示。

（8）如果要为分型线的每一线段指定不同的拔模方向，单击分型线栏中图标右侧的显示框中的边线名称，然后单击【其他面】按钮。

（9）在“拔模沿面延伸”下拉列表框中选择拔模沿面延伸类型：

- 无：只在所选面上进行拔模；
- 沿相切面：将拔模延伸到所有与所选面相切的面。

（10）单击确定图标，完成分型线拔模特征，如图 4-71（b）所示。

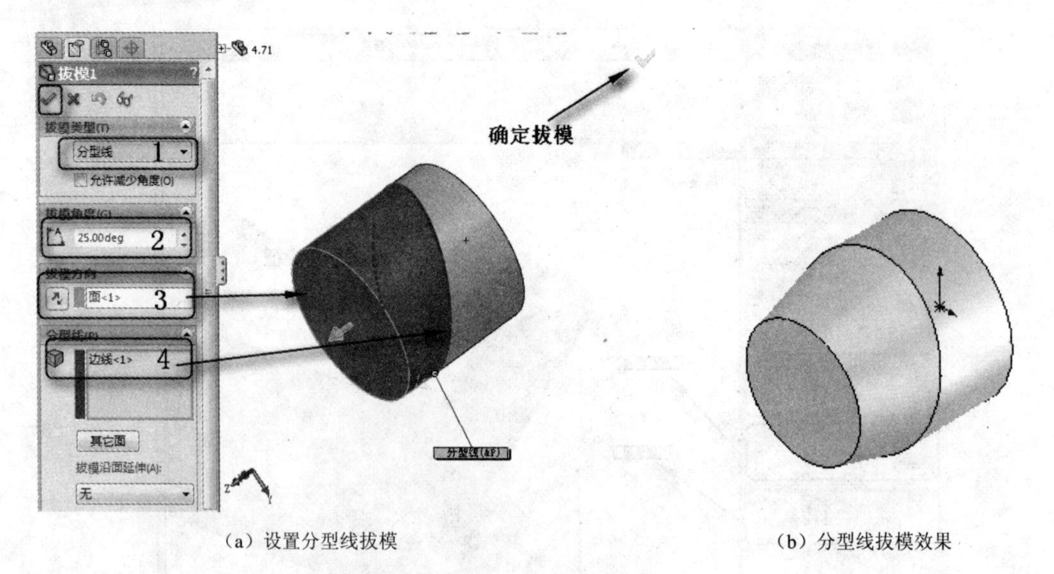

（a）设置分型线拔模　　（b）分型线拔模效果

图 4-71　分型线

除了中性面拔模和分型线拔模外，SolidWorks 还提供了阶梯拔模。阶梯拔模为分型线拔模的变体，它的分型线可以不在同一平面内，如图 4-72 所示。

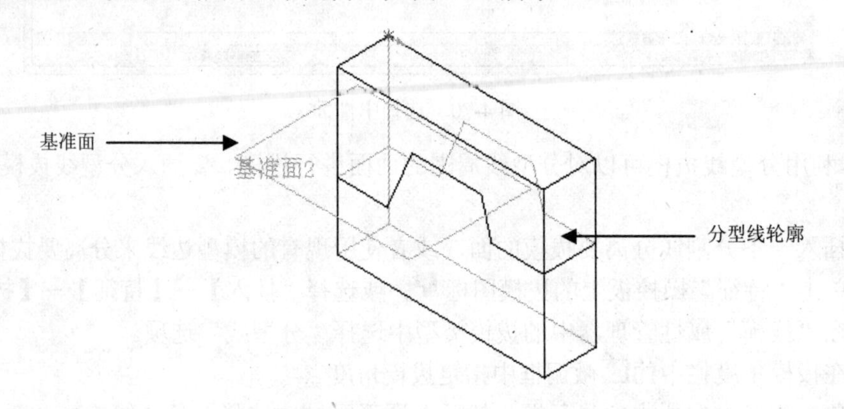

图 4-72　阶梯拔模中的分型线轮廓

要插入阶梯拔模特征，操作如下。

【案例 4-12】本案例源文件光盘路径：“X：\源文件\ch4\阶梯拔模.SLDPRT”，本案例视频内容光盘路径：“X：\动画演示\ch4\4.12 阶梯拔模.swf”。

（1）绘制要拔模的零件。

（2）建立基准面。

（3）生成所需的分型线。这些分型线必须满足以下条件：

- 在每个拔模面上至少有一条分型线段与基准面重合；
- 其他所有分型线段处于基准面的拔模方向；
- 没有分型线段与基准面垂直。

（4）单击“特征”操控板上的拔模图标，或执行【插入】→【特征】→【拔模】命令。

（5）在“拔模”属性管理器中的“拔模类型”下拉列表框中选择“阶梯拔模”。

（6）如果想使曲面与锥形曲面一样生成，选择“锥形阶梯”复选框；如果想使曲面垂直

于原主要面，选择“垂直阶梯”复选框。

（7）在拔模角度栏中微调框中指定拔模角度。

（8）单击“拔模方向”栏中的显示框，然后在图形区域中选择一基准面指示起模方向。

（9）如果要向相反的方向生成拔模，单击反向图标。

（10）单击分型线栏中图标右侧的显示框，然后在图形区域中选择分型线，如图 4-73（a）所示。

（11）如果要为分型线的每一线段指定不同的拔模方向，在分型线栏中图标右侧的显示框中选择边线名称，然后单击【其他面】按钮。

（12）“拔模沿面延伸”下拉列表框中选择拔模沿面延伸类型。

（13）单击【确定】按钮，完成分型线拔模特征，如图 4-73（b）所示。

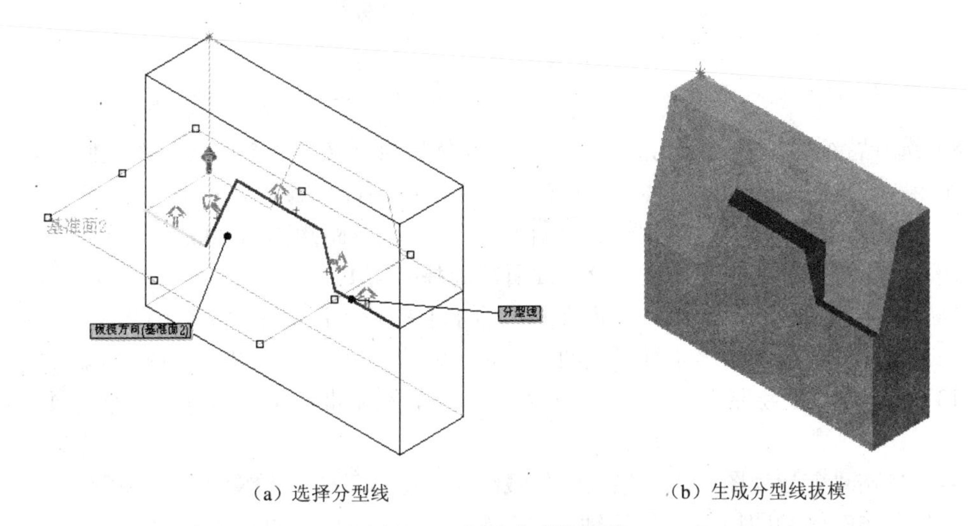

（a）选择分型线　　（b）生成分型线拔模

图 4-73　创建分型线拔模

【案例 4-13】创建球棒零件如图 4-74 所示。本案例源文件光盘路径：“X：\源文件\ch4\球棒.SLDPRT”，本案例视频内容光盘路径：“X：\动画演示\ch4\4.13 球棒.swf”。

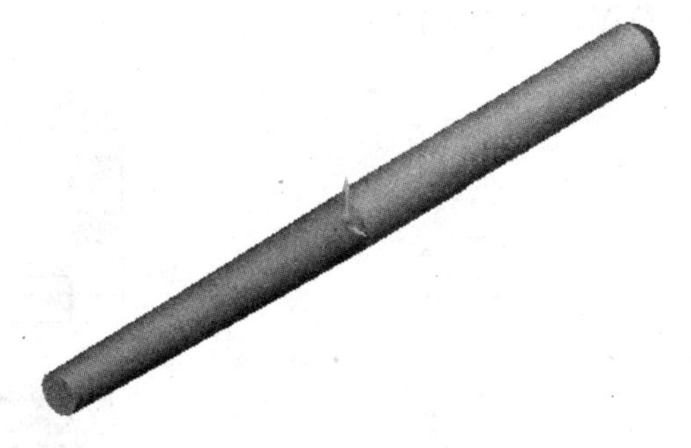

图 4-74　球棒

（1）单击新建图标，或执行【文件】→【新建】命令，新建一个零件文件。

（2）单击草图绘制按钮，新建一张草图。默认情况下，新的草图在前视基准面上打开。

（3）单击“草图绘制”操控板上的圆图标，绘制一个圆形作为拉伸基体特征的草图轮廓。

（4）单击智能尺寸图标，标注基体尺寸如图 4-75 所示。

（5）单击“特征”操控板上的拉伸凸台/基体图标，或执行【插入】→【基体】→【拉伸】命令。

（6）在“基体”属性管理器中的“方向 1”栏中设定拉伸的“终止条件”为“两侧对称”，在微调框中设置拉伸深度为 160mm。

（7）单击【确定】按钮，生成基体拉伸特征，如图 4-76 所示。

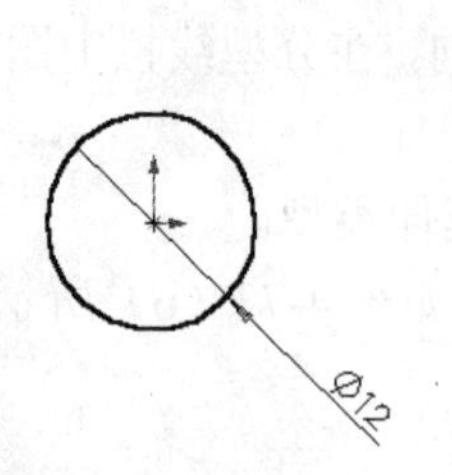

图 4-75　基体拉伸轮廓

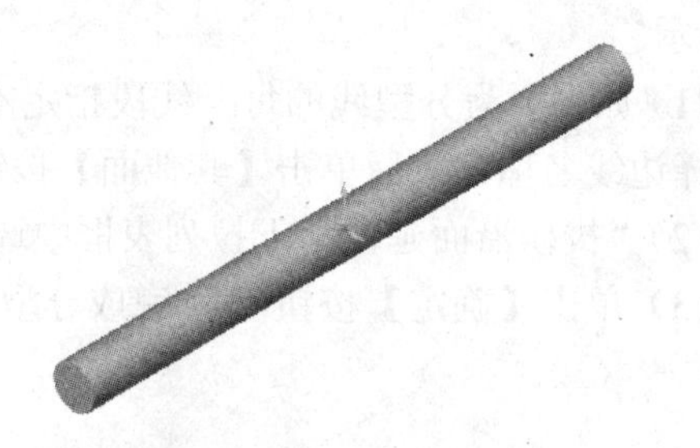

图 4-76　基体拉伸特征

（8）选择特征管理器设计树上的右视视图，然后执行【插入】→【参考几何体】→【基准面】命令，或单击“参考几何体”操控板上的基准面图标。

（9）在“基准面”属性管理器上的微调框中设置等距距离为 20mm。

（10）单击【确定】按钮，生成分割线所需的基准面 1。

（11）单击草图绘制图标，从而在基准面 1 上打开一张草图，即草图 2。

（12）单击“前导视图”工具栏上的正视于图标，正视于基准面 1 视图。

（13）单击“草图绘制”操控板上的直线图标，在基准面 1 上绘制一条通过原点的竖直直线。

（14）单击“前导视图”工具栏上的隐藏线变暗图标，以轮廓线观察模型。

（15）单击等轴测图标，用等轴测视图观看图形，如图 4-77 所示。

（16）执行【插入】→【曲线】→【分割线】命令。

（17）在“分割线”属性管理器中选择“分割类型”为“投影”，单击图标右侧的显示框，然后在图形区域中选择为圆柱的侧面作为要分割的面，单击图标右侧的显示框，在图形区域中选择草图 2 作为投影草图，如图 4-78 所示。

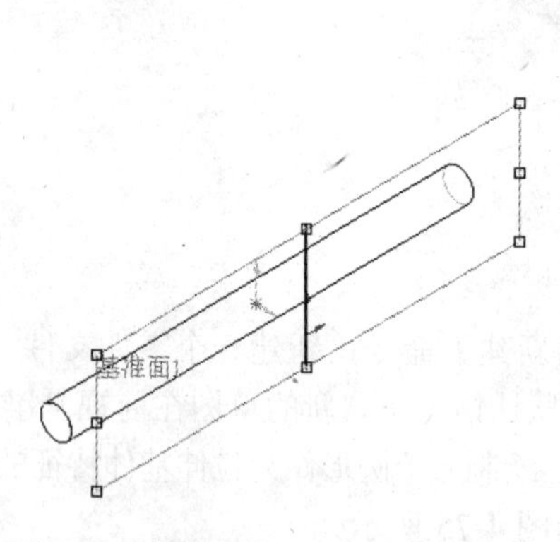

图 4-77　在基准面 1 上生成草图 2

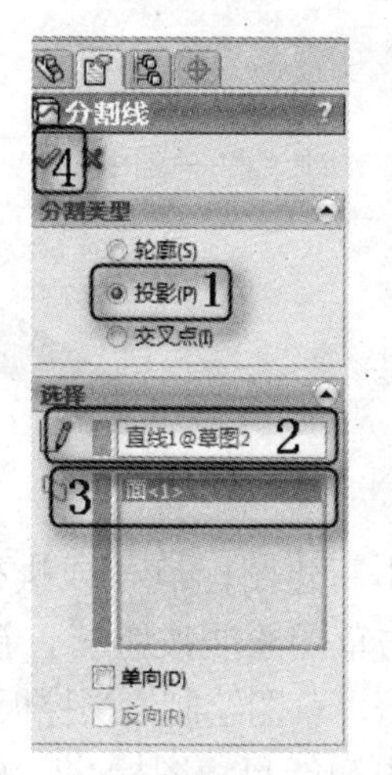

图 4-78　“分割线”属性管理器

（18）单击【确定】按钮，从而生成平均分割圆柱的分割线，如图 4-79 所示。

（19）单击“特征”操控板上的拔模图标，或执行【插入】→【特征】→【拔模】命令。

（20）在“拔模”属性管理器的“拔模类型”中选择“中性面”。

（21）在微调框中指定拔模角度为 1°。

（22）单击“中性面”栏内的显示框，然后单击“特征管理器”中的设计树图标，打开特征管理器设计树。

（23）在特征管理器设计树中选择前视视图作为中性面。

（24）在“拔模”属性管理器中单击拔模面栏中图标右侧的显示框，然后在图形区域中选择圆柱侧面为拔模面。

（25）单击【确定】按钮，完成中性面拔模特征。

（26）利用选择工具选择柱形的底端面（为拔模的一端）作为生成圆顶的基面。

（27）单击“特征”操控板上的圆顶图标，或执行【插入】→【特征】→【圆顶】命令，在弹出的“圆顶”属性管理器中指定圆顶的高度为 5mm。

（28）单击【确定】按钮，从而生成圆顶特征。

（29）单击保存图标，将零件保存为“球棒.sldprt”，至此该零件就制作完成了，最后的效果（包括特征管理器设计树）如图 4-80 所示。

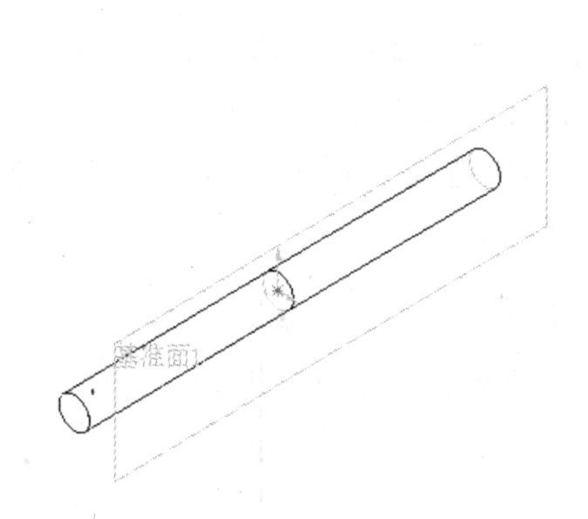

图 4-79　生成分割线

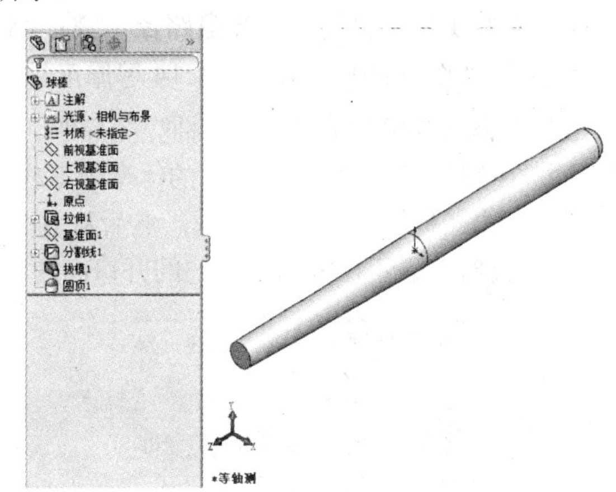

图 4-80　最后的效果

4.5　抽壳特征

4.5.1　概述

抽壳特征是零件建模中的重要特征，它能使一些复杂工作变得简单化。当在零件上的一个面上应用抽壳工具时，系统会掏空零件的内部，使所选择的面敞开，在剩余的面上生成薄壁特征。如果没有选择模型上的任何面，而直接对实体零件进行抽壳操作，则会生成一个闭合、掏空的模型。通常抽壳时，指定各个表面的厚度相等，也可以对某些表面厚度单独进行指定，这样抽壳特征完成之后，各个零件表面厚度就不相等了。图 4-81 是使用抽壳特征进行零件建模的实例。

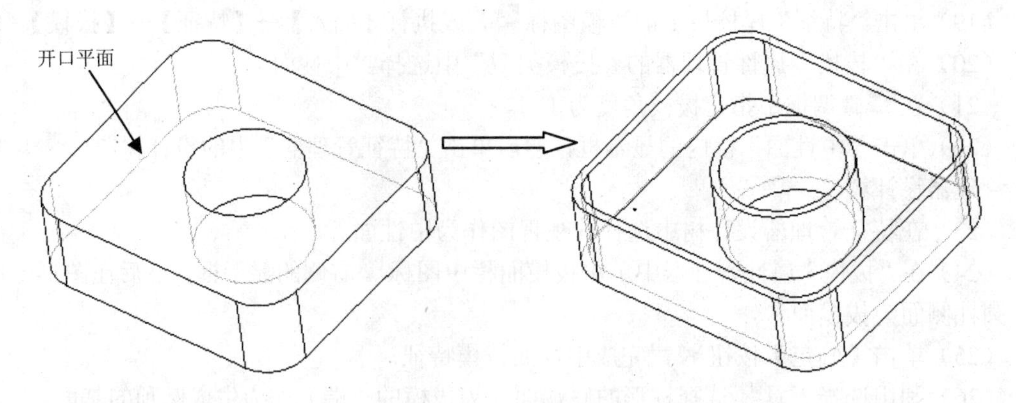

图 4-81　抽壳特征实例

4.5.2　生成抽壳特征

如果要生成一个等厚度抽壳特征，操作如下。

【案例 4-14】本案例源文件光盘路径："X：\源文件\ch4\4.14.SLDPRT"，本案例视频内容光盘路径："X：\动画演示\ch4\4.14 等厚度抽壳.swf"。

（1）单击"特征"操控板上的抽壳图标，或执行【插入】→【特征】→【抽壳】命令。

（2）在"抽壳"属性管理器中的"参数"栏的微调框中指定抽壳的厚度。

（3）单击图标右侧的显示框，然后从右面的图形区域中选择一个或多个开口面作为要移除的面，此时在显示框中显示所选的开口面，如图 4-82 所示。

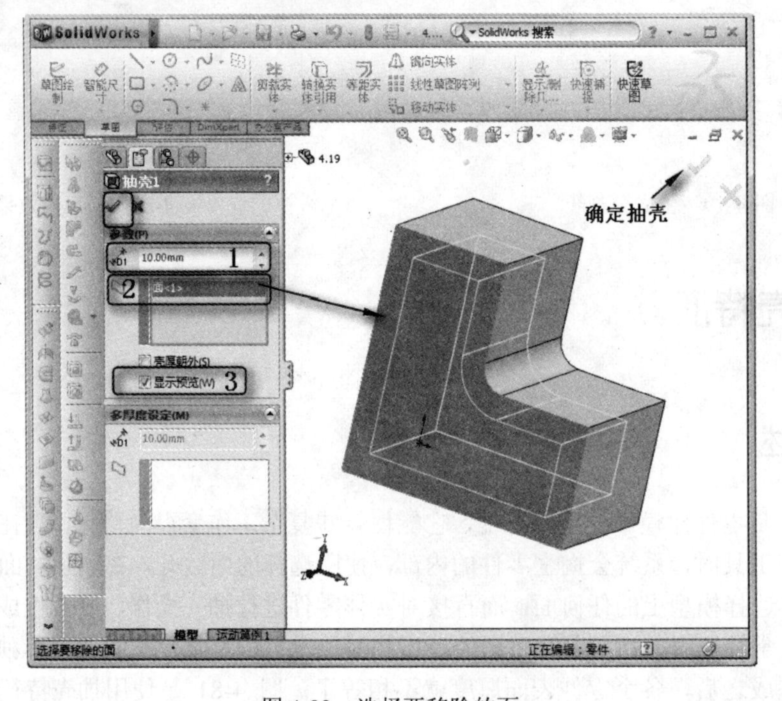

图 4-82　选择要移除的面

（4）如果选择了“壳厚朝外”复选框，则会增加零件外部尺寸，从而生成抽壳。

（5）单击确定图标✔，生成等厚度抽壳特征。

注意：

如果在步骤（3）中没有选择开口面，则系统会生成一个闭合、掏空的模型。

如果要生成一个具有多厚度抽壳特征，可作如下操作。

【案例 4-15】本案例源文件光盘路径：“X：\源文件\ch4\4.15.SLDPRT”，本案例视频内容光盘路径：“X：\动画演示\ch4\4.15 多厚度抽壳.swf”。

（1）单击“特征”操控板上的抽壳图标，或执行【插入】→【特征】→【抽壳】命令。

（2）在“抽壳”属性管理器中单击多厚度设定栏中图标右侧的显示框，激活多厚度设定。

（3）在图形区域中选择开口面，这些面会在该显示框中显示出来。

（4）在显示框中选择开口面，然后在多厚度设定栏中微调框中输入对应的壁厚。

（5）重复步骤（4），直到为所有选择的开口面指定了厚度。

（6）如果要使壁厚添加到零件外部，选择“壳厚朝外”复选框。

（7）单击【确定】按钮✔，生成多厚度抽壳特征，如图 4-83 所示。

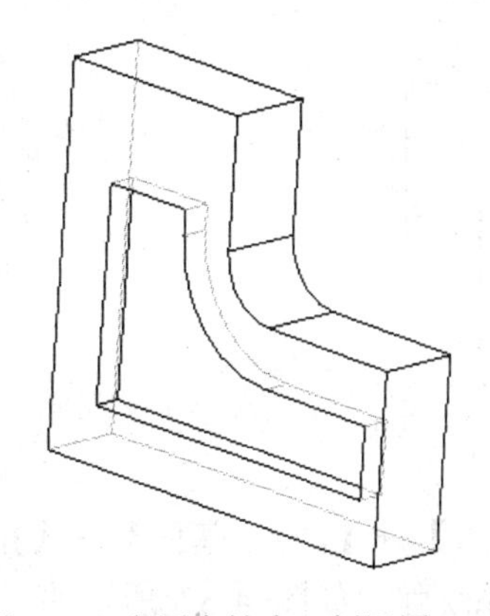

图 4-83　多厚度抽壳（剖视图）

注意：

如果想在零件上添加圆角，应当在生成抽壳之前对零件进行圆角处理。

【案例 4-16】绘制移动轮支架，如图 4-84 所示。本案例源文件光盘路径：“X：\源文件\ch4\移动轮（支架）.SLDPRT”，本案例视频内容光盘路径：“X：\动画演示\ch4\4.16 移动轮（支架）.swf”。

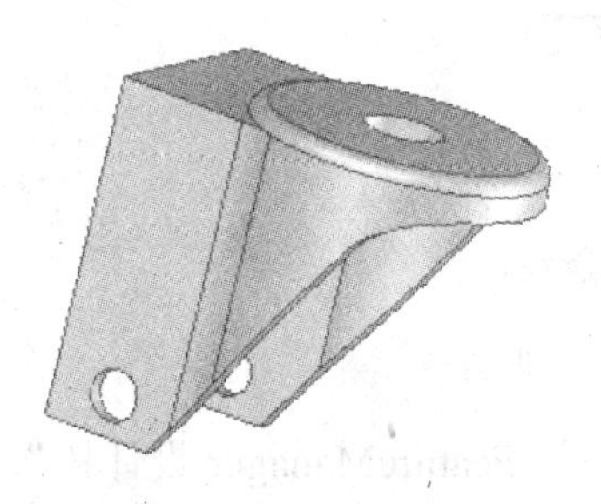

图 4-84　移动轮支架

（1）启动 SolidWorks 2008，执行【文件】→【新建】菜单命令，创建一个新的零件文件。

（2）绘制主体轮廓。绘制草图。在左侧的“FeatureManager 设计树”中选择“前视基准面”作为绘制图形的基准面。单击“草图”操控板中的圆图标，以原点为圆心绘制一个直径为 58 的圆；单击“草图”中的直线图标，在相应的位置绘制 3 条直线。

（3）标注尺寸。执行【工具】→【标注尺寸】→【智能尺寸】菜单命令，或者单击“尺寸/几何关系”操控板中的智能尺寸图标，标注上一步绘制草图的尺寸，结果如图 4-85 所示。

（4）剪裁实体。执行【工具】→【草图绘制工具】→【剪裁】菜单命令，或者单击“草图”操控板中的剪裁实体图标，剪裁图 4-85 中直线之间的圆弧。

（5）拉伸实体。执行【插入】→【凸台/基体】→【拉伸】菜单命令，或者单击“特征”操控板中的拉伸凸台/基体图标，此时系统弹出“拉伸”属性管理器。在“深度”一栏中输入值 65，然后单击属性管理器中的确定图标。

（6）设置视图方向。单击“前导视图”工具栏中的等轴测图标，将视图以等轴测方向显示，结果如图 4-86 所示。

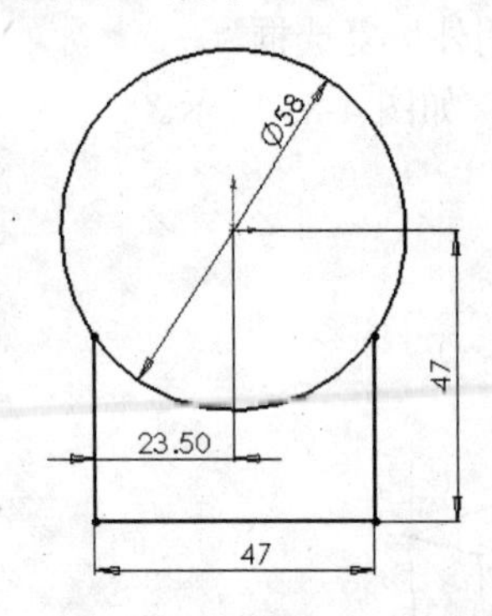

图 4-85　标注的草图

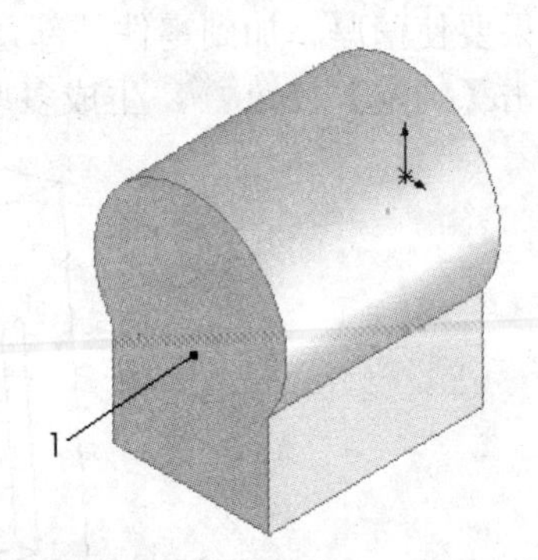

图 4-86　拉伸实体后的图形

（7）抽壳实体。执行【插入】→【凸台/基体】→【拉伸】菜单命令，或者单击“特征”操控板中的抽壳图标，此时系统弹出如图 4-87 所示的“抽壳”属性管理器。在“深度”一栏中输入值 3.5mm。单击属性管理器中的确定图标，结果如图 4-88 所示。

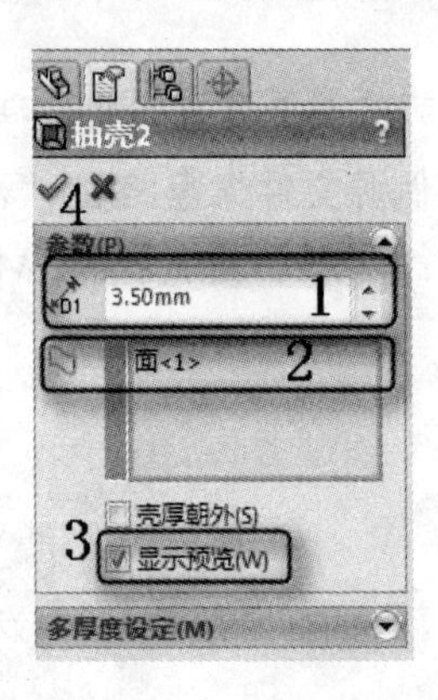

图 4-87　“抽壳”属性管理器

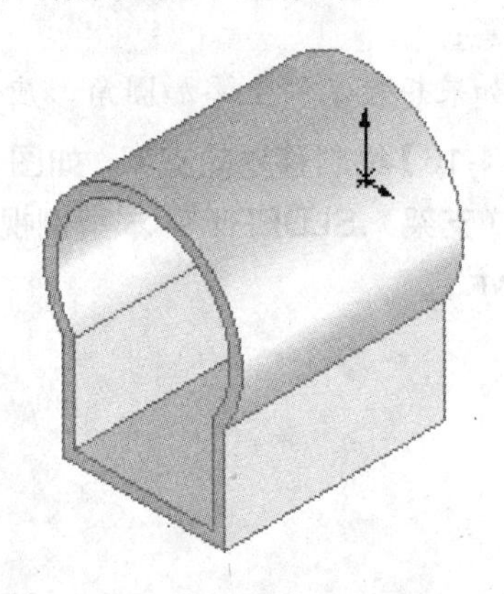

图 4-88　抽壳后的图形

（8）设置基准面。在左侧的“FeatureManager 设计树”中用鼠标选择“右视基准面”，然后单击“前导视图”工具栏正视于图标，将该基准面作为绘制图形的基准面。

（9）绘制草图。单击“草图”操控板中的直线图标，绘制 3 条直线；单击“草图”操控板中的 3 点圆弧图标，绘制一个圆弧。

（10）标注尺寸。单击“尺寸/几何关系”操控板中的智能尺寸图标，标注上一步绘制的草图的尺寸，结果如图 4-89 所示。

（11）拉伸切除实体。单击“特征”操控板中的切除拉伸图标，此时系统弹出“切除-拉伸”属性管理器。在方向 1 和方向 2 的“终止条件”一栏的下拉菜单中，选择“完全贯穿”选项。单击属性管理器中的确定图标。

（12）设置视图方向。单击“前导视图”工具栏中的等轴测图标，将视图以等轴测方向显示，结果如图 4-90 所示。

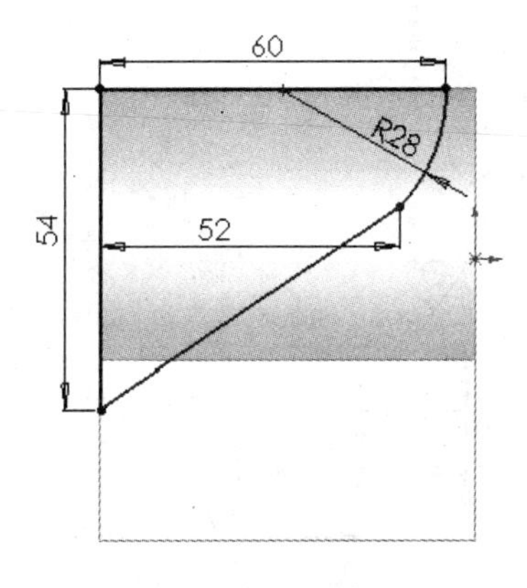

图 4-89　标注的草图

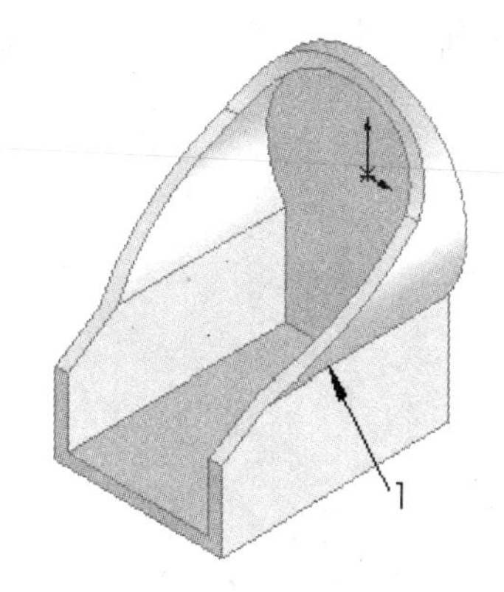

图 4-90　拉伸切除实体后的图形

（13）圆角实体。执行【插入】→【特征】→【圆角】菜单命令，或者单击“特征”操控板中的圆角图标，此时系统弹出“圆角”属性管理器。在“半径”一栏中输入值 15，然后用鼠标选择图 4-90 中的边线 1，以及左侧对应的边线。单击属性管理器中的确定图标，结果如图 4-91 所示。

（14）设置基准面。单击图 4-91 中的表面 1，然后单击“前导视图”工具栏中的正视于图标，将该表面作为绘制图形的基准面。

（15）绘制草图。单击“草图”操控板中的矩形图标，绘制一个矩形。

（16）标注尺寸。单击“尺寸/几何关系”操控板中的“智能尺寸图标，标注上一步绘制草图的尺寸，结果如图 4-92 所示。

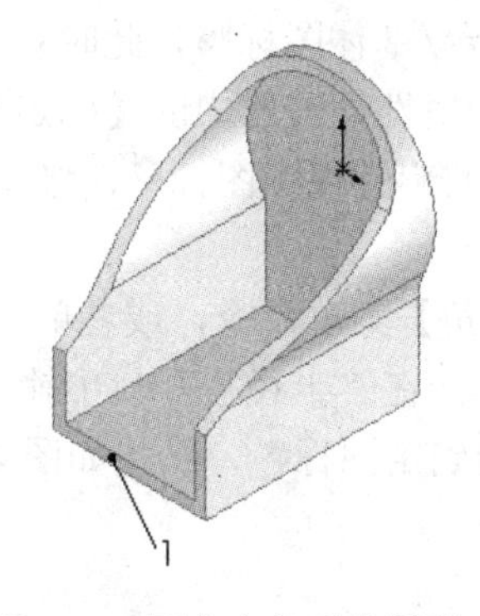

图 4-91　圆角实体后的图形

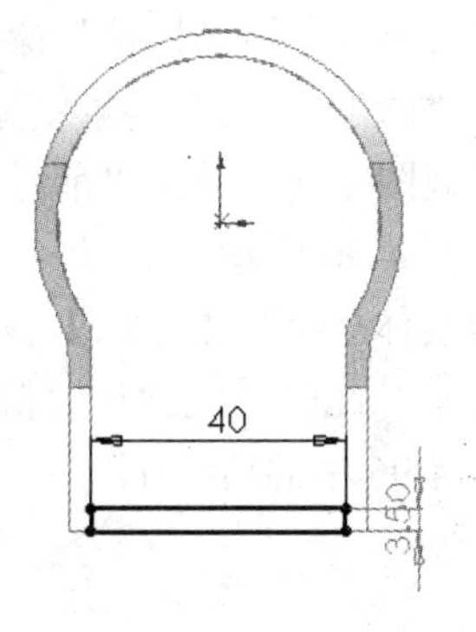

图 4-92　标注的草图

（17）拉伸切除实体。单击“特征”操控板中的切除拉伸图标，此时系统弹出“切除-拉伸”属性管理器。在“深度”一栏中输入值 61.5，然后单击属性管理器中的确定图标。

（18）设置视图方向。单击“前导视图”工具栏中的等轴测图标，将视图以等轴测方向显示，结果如图 4-93 所示。

（19）绘制连接孔。设置基准面。单击图 4-93 中的表面 1，然后单击“前导视图”工具栏中的正视于图标，将该表面作为绘制图形的基准面。

（20）绘制草图。单击“草图”操控板中的圆图标，在上一步设置的基准面上绘制一个圆。

（21）标注尺寸。单击“尺寸/几何关系”操控板中的智能尺寸图标，标注上一步绘制圆的直径及其定位尺寸，结果如图 4-94 所示。

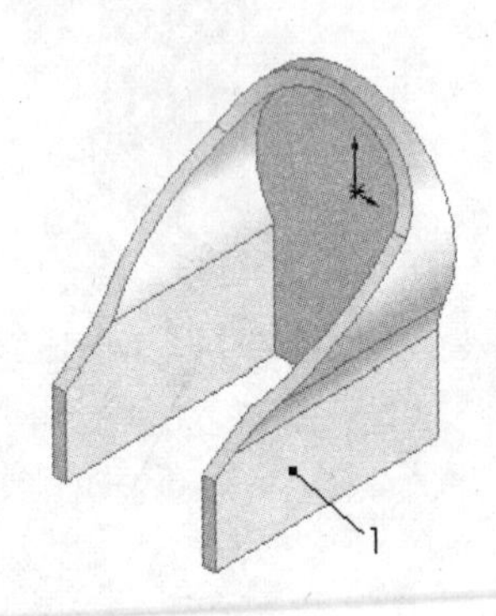

图 4-93 拉伸切除后的图形

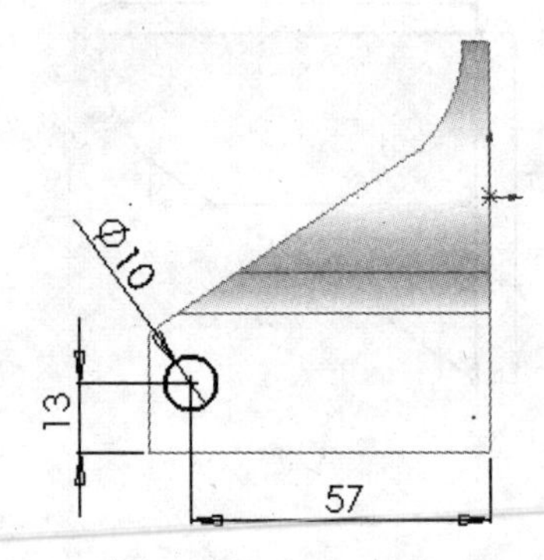

图 4-94 标注的草图

（22）拉伸切除实体。单击“特征”操控板中的切除拉伸图标，此时系统弹出“切除-拉伸”属性管理器。在“终止条件”一栏的下拉菜单中，选择“完全贯穿”选项。单击属性管理器中的确定图标。

（23）设置视图方向。单击“前导视图”工具栏中的“旋转视图图标，将视图以合适的方向显示，结果如图 4-95 所示。

（24）设置基准面。单击图 4-95 中的表面 1，然后单击“前导视图”工具栏中的正视于图标，将该表面作为绘制图形的基准面。

（25）绘制草图。单击“草图”操控板中的圆图标，在上一步设置的基准面上绘制一个直径为 65 的圆。

（26）拉伸实体。单击“特征”操控板中的拉伸凸台/基体图标，此时系统弹出“拉伸”属性管理器。在“深度”一栏中输入值 3mm，然后单击属性管理器中的【确定】按钮。

（27）设置视图方向。单击“前导视图”工具栏中的旋转视图图标，将视图以合适的方向显示，结果如图 4-96 所示。

（28）圆角实体。执行【插入】→【特征】→【圆角】菜单命令，或者单击“特征”操控板中的圆角图标，此时系统弹出“圆角”属性管理器。在“半径”一栏中输入值 3mm，然后用鼠标选择图 4-96 中的边线 1。单击属性管理器中的确定图标，结果如图 4-97 所示。

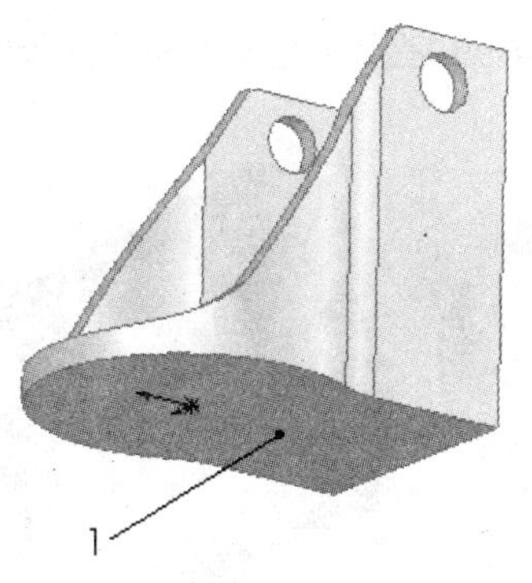

图 4-95　拉伸切除后的图形

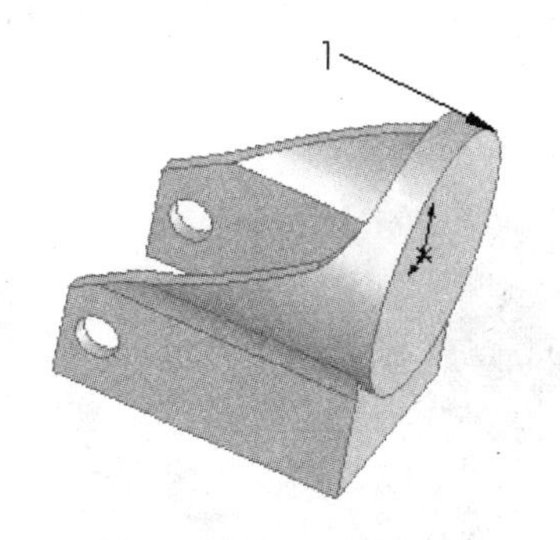

图 4-96　拉伸后的图形

（29）绘制轴孔。设置基准面。单击图 4-97 中的表面 1，然后单击“前导视图”工具栏中的正视于图标，将该表面作为绘制图形的基准面。

（30）绘制草图。单击“草图”操控板中的圆图标，在上一步设置的基准面上绘制一个直径为 16 的圆。

（31）拉伸切除实体。单击“特征”操控板中的切除拉伸图标，此时系统弹出“切除-拉伸”属性管理器。在“终止条件”一栏的下拉菜单中，用鼠标选择“完全贯穿”选项。单击属性管理器中的确定图标。

（32）设置视图方向。单击“前导视图”工具栏中的等轴测图标，将视图以等轴测方向显示，结果如图 4-98 所示。

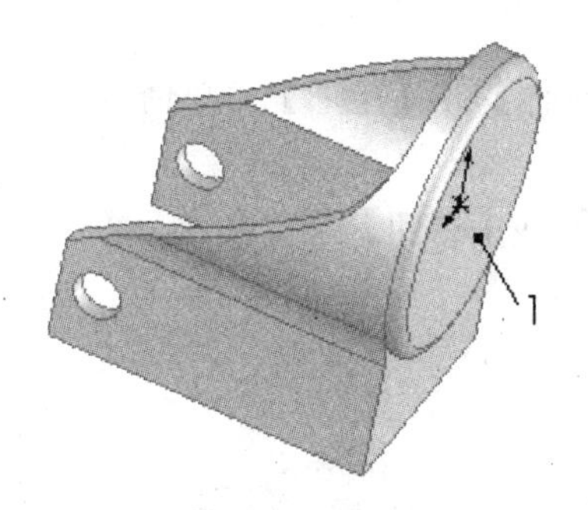

图 4-97　圆角后的图形

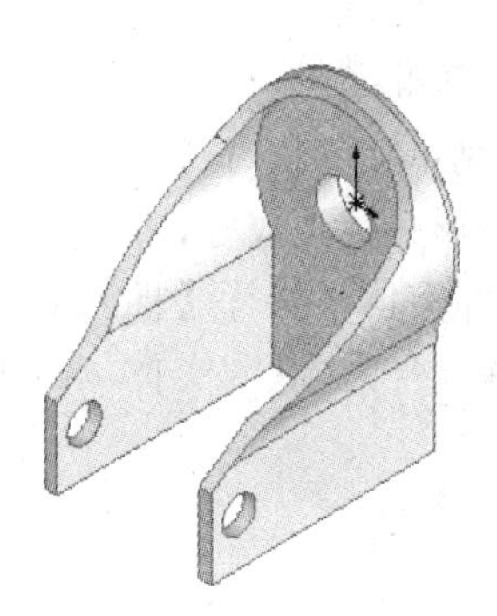

图 4-98　拉伸切除后的图形

4.6　筋特征

4.6.1　概述

筋是零件上增加强度的部分。它是一种从开环或闭环草图轮廓生成的特殊拉伸实体，它是在草图轮廓与现有零件之间添加指定方向和厚度的材料。

在 SolidWorks 2008 中，筋实际上是由开环的草图轮廓生成的特殊类型的拉伸特征，它是在轮廓与现有零件之间添加指定方向和厚度的材料。图 4-99 展示了筋特征的几种效果。

图 4-99 筋特征效果

4.6.2 操作步骤

下面通过实例介绍筋特征的操作步骤。

【案例 4-17】本案例源文件光盘路径："X：\源文件\ch4\4.17.SLDPRT"，本案例视频内容光盘路径："X：\动画演示\ch4\4.17 筋.swf"。

（1）设置基准面。在左侧的"FeatureManager 设计树"中用鼠标选择"前视基准面"作为绘制图形的基准面。

（2）绘制草图。执行【工具】→【草图绘制实体】→【矩形】菜单命令，以原点为一角点绘制一个矩形并标注尺寸，结果如图 4-100 所示。

（3）拉伸实体。执行【插入】→【凸台/基体】→【拉伸】菜单命令，将上一步绘制的草图拉伸为"深度"为 40 的实体，结果如图 4-101 所示。

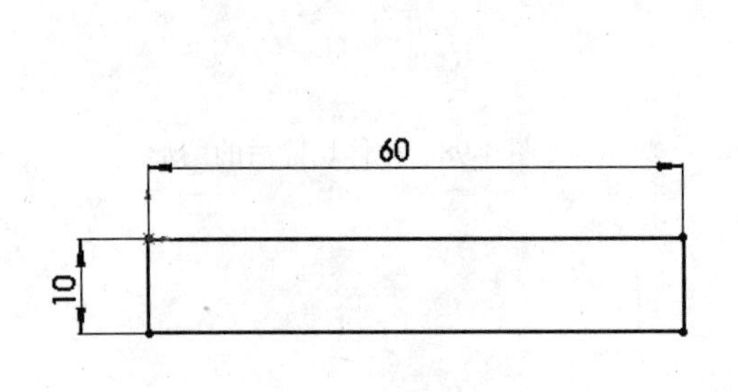

图 4-100 绘制的草图

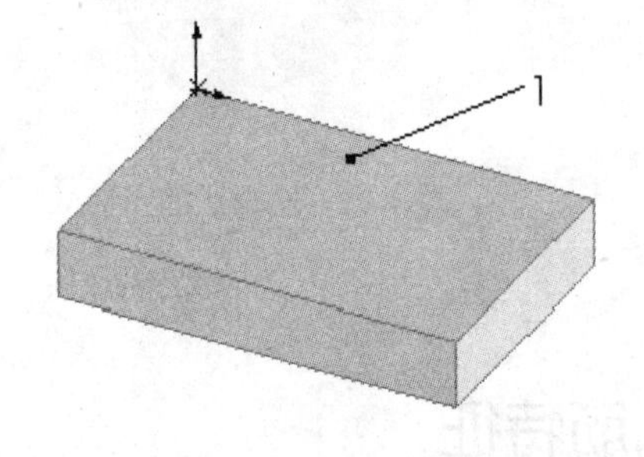

图 4-101 拉伸的图形

（4）设置基准面。用鼠标选择如图 4-101 所示中的表面 1，然后单击"前导视图"工具栏中的正视于图标，将该表面作为绘制图形的基准面。

（5）绘制草图。执行【工具】→【草图绘制实体】→【矩形】菜单命令，在上一步设置的基准面上绘制一个矩形并标注尺寸，结果如图 4-102 所示。

（6）拉伸实体。执行【插入】→【凸台/基体】→【拉伸】菜单命令，将上一步绘制的草图拉伸为"深度"为 60 的实体。

（7）设置视图方向。单击“前导视图”工具栏中的等轴测图标，将视图以等轴测方向显示，结果如图 4-103 所示。

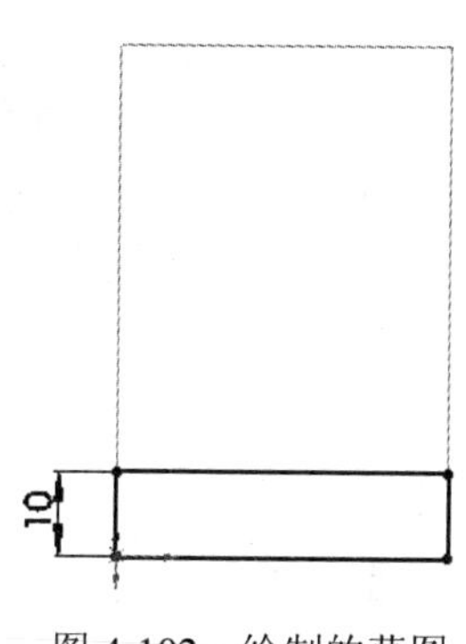

图 4-102　绘制的草图

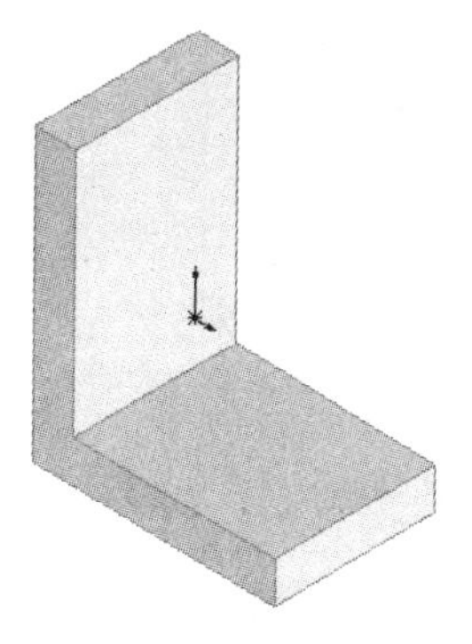

图 4-103　拉伸的图形

（8）添加基准面。在左侧的“FeatureManager 设计树”中用鼠标选择“前视基准面”，然后执行【插入】→【参考几何体】→【基准面】菜单命令，此时系统弹出如图 4-104 所示的“基准面”属性管理器。在“等距距离”一栏中输入值 20mm，单击属性管理器中的确定图标，添加一个新的基准面，结果如图 4-105 所示。

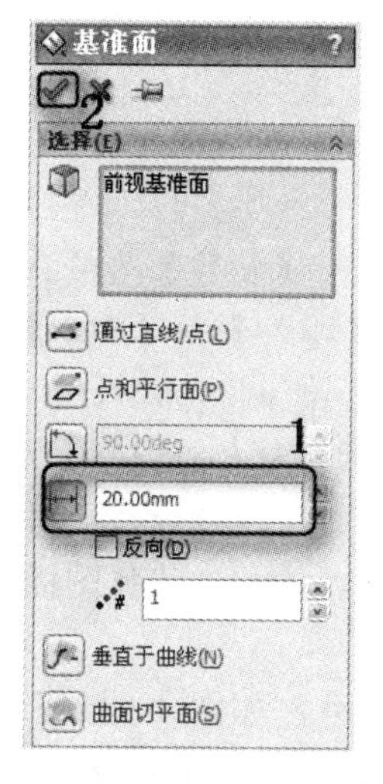

图 4-104　“基准面”属性管理器

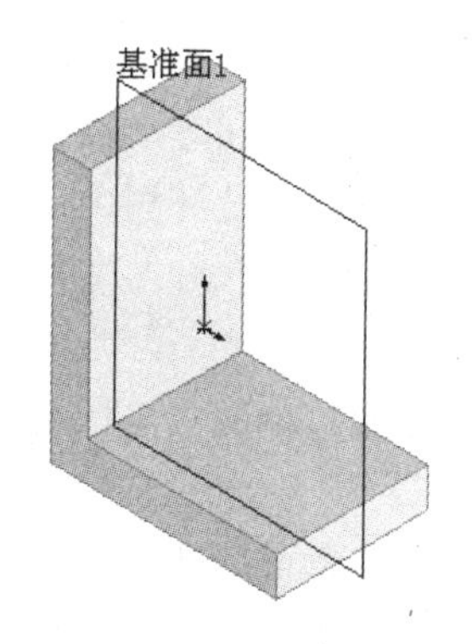

图 4-105　添加的基准面

（9）设置基准面。单击上一步添加的基准面，然后单击“前导视图”工具栏中的正视于图标，将该基准面作为绘制图形的基准面。

（10）绘制草图。执行【工具】→【草图绘制实体】→【直线】菜单命令，在上一步设置的基准面上绘制如图 4-106 所示的草图。

（11）执行筋命令。执行【插入】→【特征】→【筋】菜单命令，或者单击“特征”操控板中的筋图标，此时系统弹出如图 4-107 所示的“抽壳”属性管理器，按照图示进行设置后，单击“筋”属性管理器中的确定图标。

（12）设置视图方向。单击“前导视图”工具栏中的等轴测图标，将视图以等轴测方向显示，结果如图 4-108 所示。

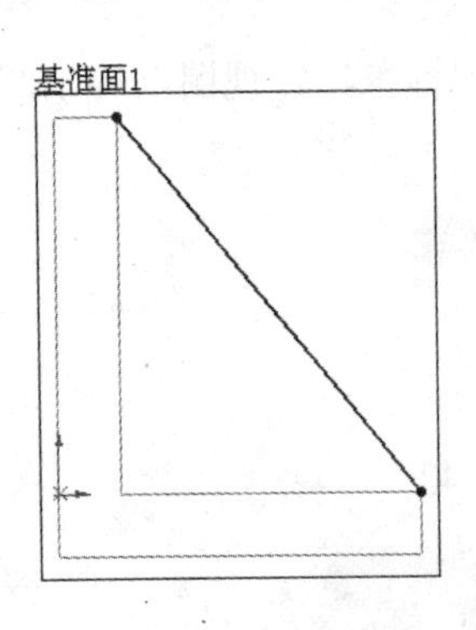

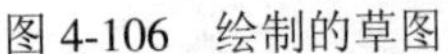

图 4-106　绘制的草图

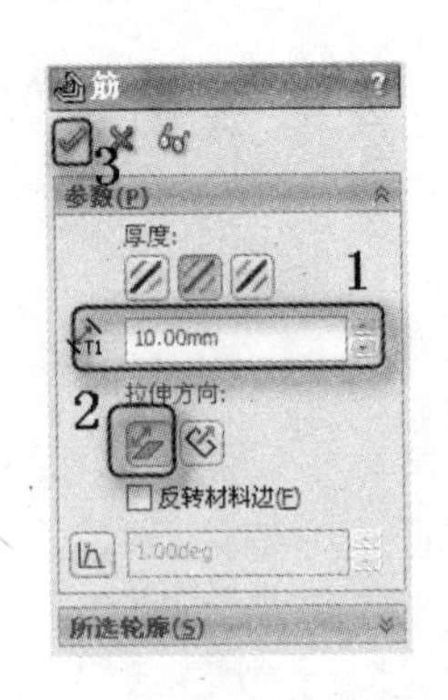

图 4-107　"筋"属性管理器

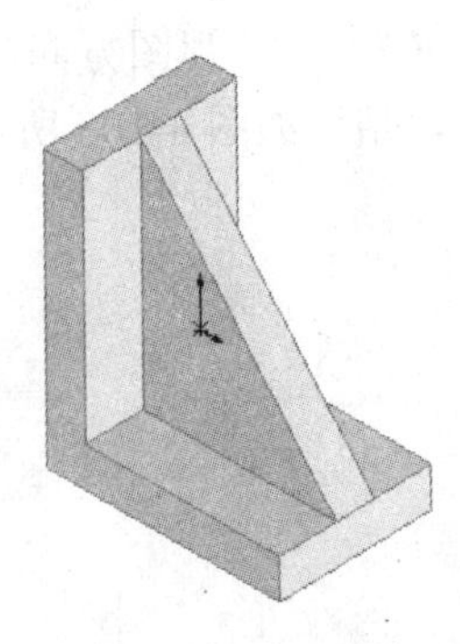

图 4-108　添加筋后的图形

【案例 4-18】绘制如图 4-109 所示的导流盖。本案例源文件光盘路径："X：\源文件\ch4\导流盖.SLDPRT"，本案例视频内容光盘路径："X：\动画演示\ch4\4.18 导流盖.swf"。

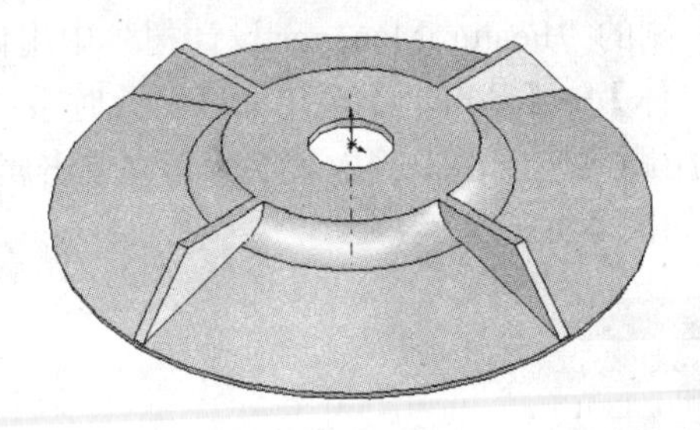

图 4-109　导流盖

（1）新建文件。启动 SolidWorks 2008，执行【文件】→【新建】菜单命令或单击工具图标，在打开的"新建 SolidWorks 文件"对话框中，单击【零件】→【确定】按钮。

（2）新建草图。在设计树中选择前视基准面，单击草图绘制图标，新建一张草图。

（3）绘制中心线。单击"草图绘制"操控板上的中心线图标，通过原点绘制一条垂直中心线。

（4）绘制轮廓。单击"草图绘制"操控板上的直线图标和切线弧图标，绘制旋转的轮廓。

（5）标注尺寸。单击智能尺寸图标，为草图标注尺寸，如图 4-110 所示。

（6）旋转形成实体。单击"特征"操控板上的旋转凸台/基体图标。

（7）在弹出的询问对话框中单击【否】按钮，如图 4-111 所示。

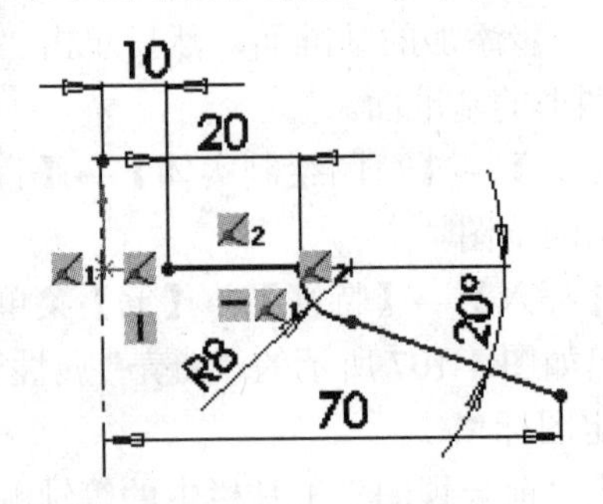

图 4-110　草图标准尺寸

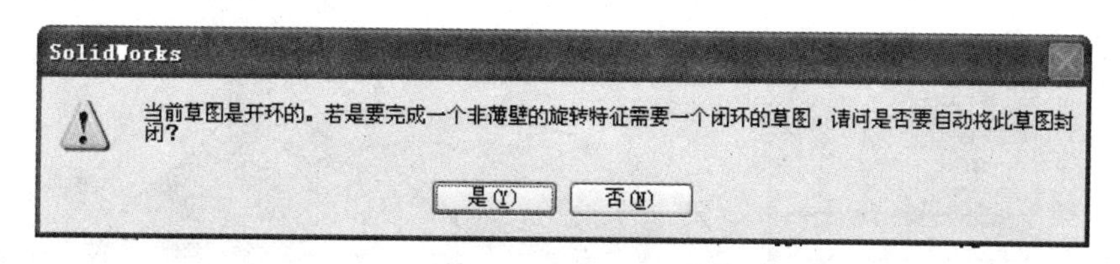

图 4-111　询问对话框

（8）旋转形成薄壁。在旋转属性管理器中设置旋转类型为“单一方向”，并在微调框中设置旋转角度为 360°。调整薄壁拉伸的反向图标，使薄壁向内部拉伸，并在微调框中设置薄壁的厚度为 2mm，如图 4-112 所示。

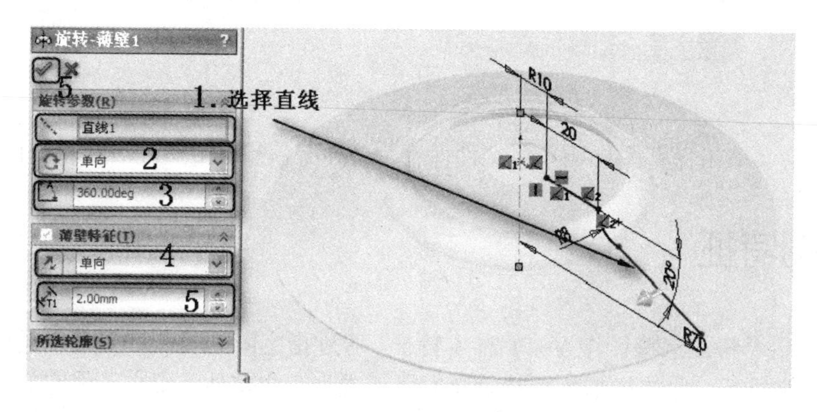

图 4-112　设置薄壁旋转特征

（9）单击确定图标，生成薄壁旋转特征。

（10）单击“前导视图”工具栏上的正视于图标，以正视于右视视图。

（11）绘制直线。单击“草图绘制”操控板上的直线图标，将鼠标指针移到台阶的边缘，当鼠标指针变为形状时，表示鼠标指针正位于边缘上。移动鼠标指针以生成从台阶边缘到零件边缘的折线。

（12）标注尺寸。单击智能尺寸图标，为草图标注尺寸如图 4-113 所示。

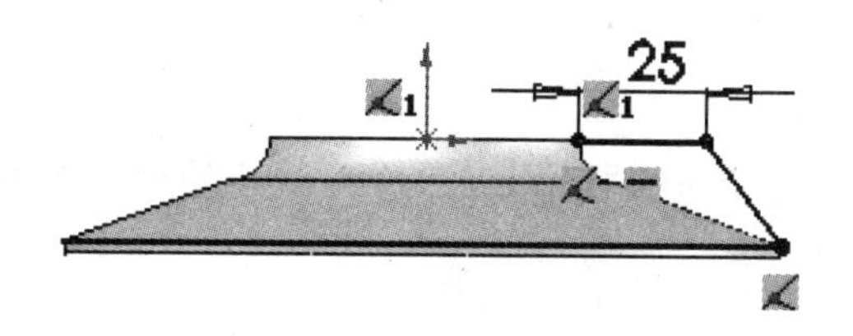

图 4-113　导流盖草图

（13）单击等轴测图标，用等轴测视图观看图形。

（14）生成加强筋。单击“特征”操控板上的筋按钮，或执行【插入】→【特征】→【筋】命令。在筋属性管理器中，单击两边添加按钮，设置厚度生成方式为两边均等添加材料。在微调框中指定筋的厚度为 3mm，单击平行于草图生成筋图标，设定筋的拉伸方向为平行于草图，如图 4-114 所示。

（15）单击确定图标，从而生成筋特征。

（16）重复步骤（14）、（15）创建其余 3 个筋特征。

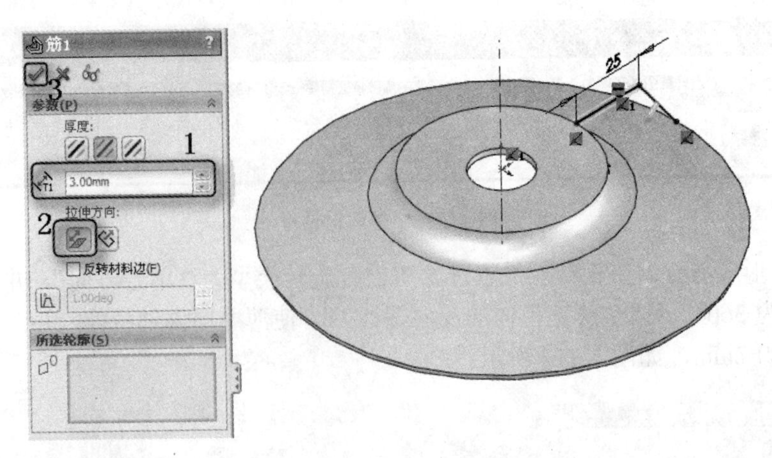

图 4-114 设置筋特征

（17）保存。单击保存图标，将文件保存为“导流盖.sldprt”，最后效果如图 4-108 所示。

4.7 阵列特征

特征阵列用于将任意特征作为原始样本特征，通过指定阵列尺寸产生多个类似的子样本特征。特征阵列完成后，原始样本特征和子样本特征成为一个整体，用户可将它们作为一个特征进行相关的操作，如删除、修改等。如果修改了原始样本特征，则阵列中的所有子样本特征也随之更新以反映更改。

SolidWorks 2008 提供了以下几种阵列方式：

- 线性阵列；
- 圆周阵列；
- 草图阵列；
- 曲线驱动阵列。

4.7.1 线性阵列

线性阵列是指沿一条或两条直线路径生成多个子样本特征。图 4-115 列举了线性阵列的零件模型。

图 4-115 线性阵列模型

要生成线性阵列，操作如下。

【案例 4-19】本案例源文件光盘路径：“X：\源文件\ch4\4.19.SLDPRT”，本案例视频内容光盘路径：“X：\动画演示\ch4\4.19 线性阵列.swf”。

（1）在特征管理器设计树或图形区域中选择原始样本特征（切除、孔或凸台等）。

（2）单击“特征”操控板上的线性阵列图标，或执行【插入】→【阵列/镜像】→【线性阵列】命令。

（3）此时，在“线性阵列”属性管理器中的“要阵列的特征”栏中显示步骤（1）中所选择的特征。如果要选择多个原始样本特征，在选择特征时，按住【Ctrl】键。

注意：

当使用特型特征来生成线性阵列时，所有阵列的特征都必须在相同的面上。

（4）在“线性阵列”属性管理器中的“方向 1”栏中单击第一个显示框，然后在图形区域中选择模型的一条边线或尺寸线指出阵列的第一个方向。所选边线或尺寸线的名称弹出在该显示框中。

（5）如果图形区域中表示阵列方向的箭头不正确，单击反向图标可以翻转阵列方向。

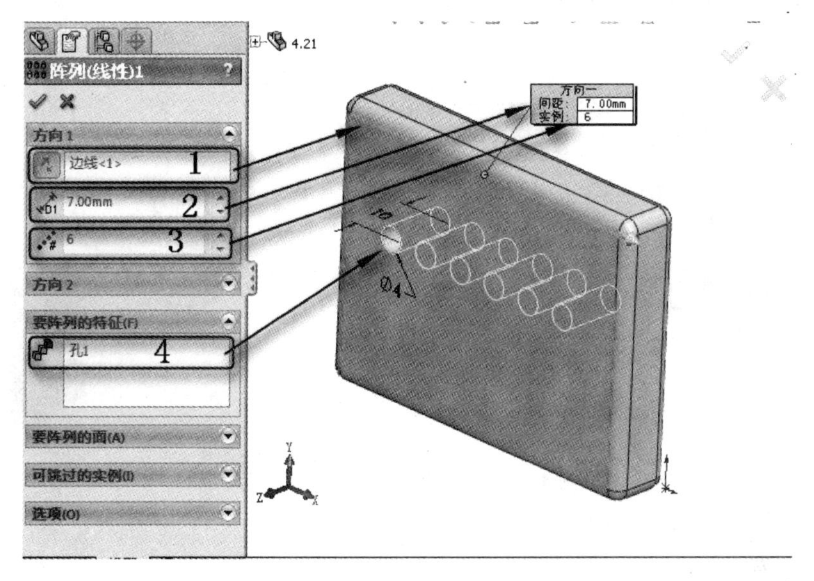

图 4-116　“线性阵列”属性管理器

（6）在“方向 1”栏中的微调框中指定阵列特征之间的距离。

（7）在“方向 1”栏中的微调框中指定该方向下阵列的特征数（包括原始样本特征）。此时在图形区域中可以预览阵列的效果，如图 7 -116 所示。

（8）如果要在另一个方向上同时生成线性阵列，激活“方向 2”项目。然后仿照步骤（1）～（6）中的操作对第 2 方向的阵列进行设置。

（9）在“方向 2”栏中有一个“只阵列源”复选框。如果选中该复选框，则在第 2 方向中只复制原始样本特征，而不复制“方向 1”中生成的其他子样本特征，如图 7-117 所示。

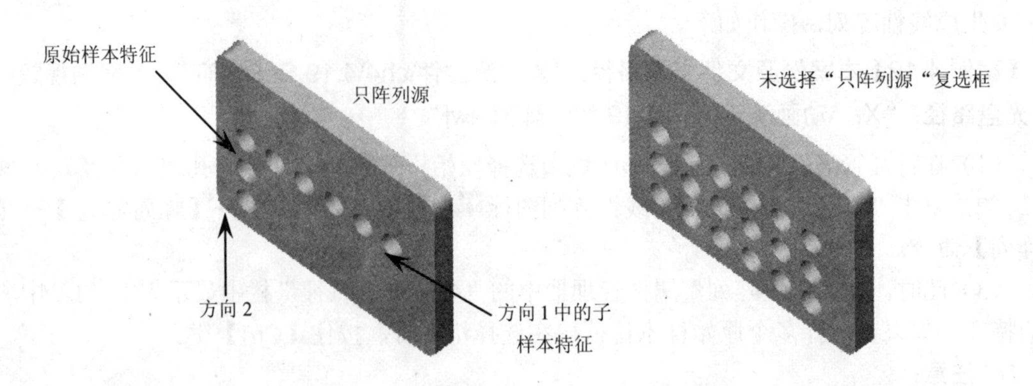

图 4-117 只阵列源与阵列所有特征的效果对比

（10）在阵列中如果要跳过某个阵列子样本特征，则要激活“可跳过的实例”栏。然后单击图标右侧的的显示框，并在图形区域中选择想要跳过的每个阵列特征，这些特征随即显示在该显示框中。图 4-118 显示了可跳过的实例效果。

（11）单击确定图标，生成线性阵列。

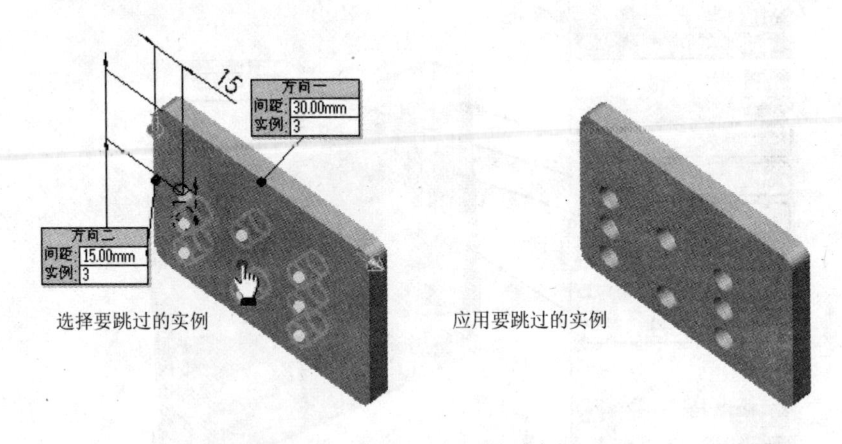

图 4-118 阵列时应用可跳过实例

4.7.2 圆周阵列

圆周阵列是指绕一个轴心以圆周路径生成多个子样本特征。图 4-119 列举了圆周阵列的零件模型。

在生成圆周阵列之前，首先要生成一个中心轴。这个轴可以是基准轴或者临时轴。对于每一个圆柱和圆锥面都有一条轴线，称之为临时轴。临时轴是由模型中的圆柱和圆锥隐含生成的，在图形区域中一般并不可见。在生成圆周阵列时需要使用临时轴，执行【视图】→【临时轴】命令就可以显示临时轴了。此时该菜单旁边弹出标记“√”表示临时轴可见。

此外，还可以生成基准轴作为中心轴。要生成一个参考轴，操作如下。

（1）单击“参考几何体”操控板上的基准轴图标，或执行【插入】→【参考几何体】→【基准轴】命令。

（2）在弹出的“基准轴”属性管理器（图 4-120）中的单选按钮组中选择基准轴类型。

- 一条直线/边线/轴：选择一条草图直线或模型边线作为基准轴。
- 两个平面：选择两个平面，则平面的交线作为基准轴。

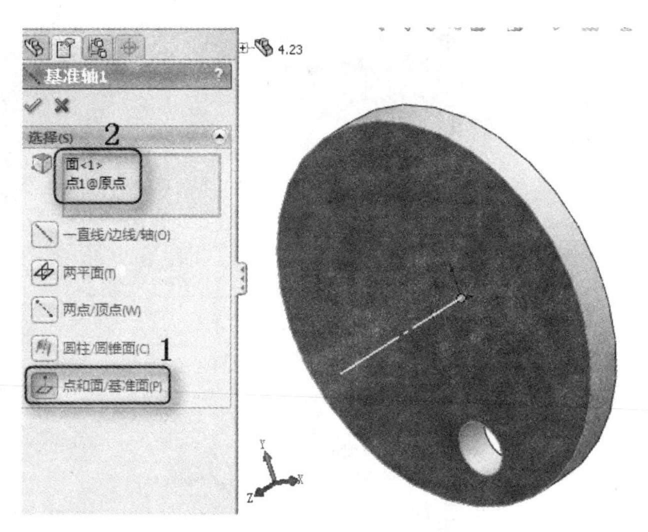

图 4-119　圆周阵列模型　　　　图 4-120　“基准轴”属性管理器

- 两点/顶点：选择两个顶点、点或中点，则两点的连线作为基准轴。
- 圆柱/圆锥面：选择一个圆柱或圆锥面，则对应的旋转中心作为基准轴。
- 点和面/基准面：选择一个曲面或基准面和一个顶点、点或中点。则所产生的轴通过所选择的顶点、点或中点并垂直于所选的曲面或基准面。如果曲面为空间曲面，点必须在曲面上。

（3）在图形区域中选择对应的实体，则该实体在“所选项目”显示框中弹出。

（4）单击【确定】按钮，关闭“基准轴”属性管理器。

（5）执行【视图】→【基准轴】命令以查看新的基准轴。

如果要生成圆周阵列，操作如下。

【案例 4-20】预览圆周阵列效果如图 4-21 所示。本案例源文件光盘路径：“X：\源文件\ch4\4.20.SLDPRT”，本案例视频内容光盘路径：“X：\动画演示\ch4\4.20 圆周阵列.swf”。

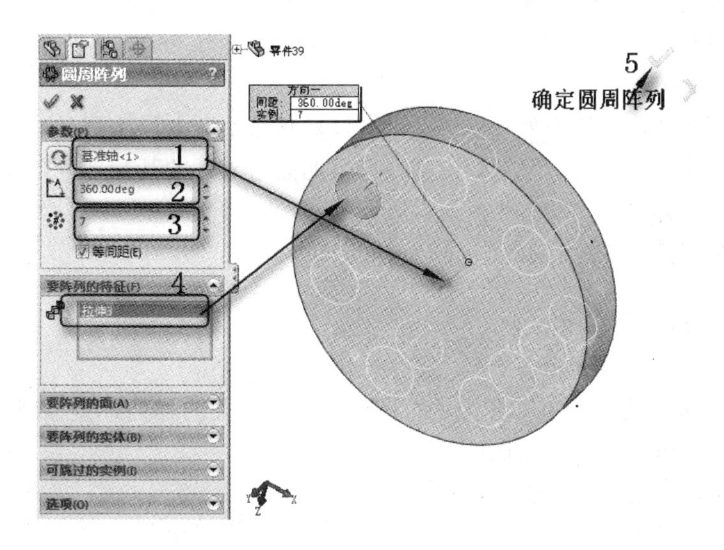

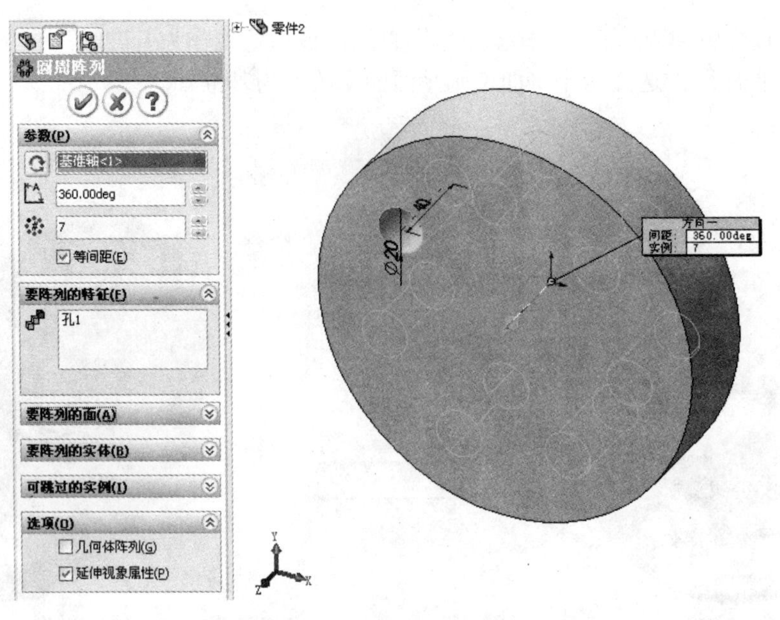

图 4-121　预览圆周阵列效果

（1）在特征管理器设计树或图形区域中选择原始样本特征（切除、孔或凸台等）。

（2）单击“特征”操控板上的圆周阵列图标，或执行【插入】→【阵列/镜像】→【圆周阵列】命令。

（3）此时，在“圆周阵列”属性管理器中的“要阵列的特征”显示框中显示步骤（1）中所选择的特征。如果要选择多个原始样本特征，在选择特征时，按住【Ctrl】键。

（4）生成一个中心轴，作为圆周阵列的圆心位置。

（5）在“圆周阵列”属性管理器中的“参数”栏下，单击第一个显示框，然后在图形区域中选择中心轴，则所选中心轴的名称弹出在该显示框中。

（6）如果图形区域中阵列的方向不正确，单击反向图标可以翻转阵列方向。

（7）在“参数”栏中的微调框中指定阵列特征之间的角度。

（8）在“参数”栏中的微调框中指定阵列的特征数（包括原始样本特征）。此时在图形区域中可以预览阵列的效果（如图 4-121 所示）。

（9）如果选择了“等间距”复选框，则总角度将默认为 360°，所有的阵列特征会等角度均匀分布。

（10）如果选择“几何体阵列”复选框，将只复制原始样本特征而不对它进行求解，这可以加速生成及重建模型的速度。但是如果某些特征的面与零件的其余部分合并在一起，则不能为这些特征生成几何体阵列。

（11）单击确定图标，生成圆周阵列。

4.7.3　草图阵列

SolidWorks 2008 还可以根据草图上的草图点来安排特征的阵列。用户只要控制草图上的草图点，就可以将整个阵列扩散到草图中的每个点。

要建立由草图驱动的阵列，操作如下。

（1）单击草图绘制按钮，在零件的面上打开一个草图。

（2）利用“草图绘制”操控板上的点图标绘制驱动阵列的草图点。

（3）再次单击草图绘制按钮，关闭草图。

（4）单击“特征”操控板上的草图驱动的阵列按钮，或者执行【插入】→【阵列/镜像】→【由草图驱动的阵列】命令。

（5）单击特征管理器设计树图标，打开特征管理器设计树。

（6）在“由草图驱动的阵列”属性管理器中的“选择”栏下，单击图标右侧的显示框，然后在特征管理器设计树中选择驱动阵列的草图，则所选草图的名称弹出在该显示框中。

（7）在单选按钮组中选择参考点：

- 所选点：如果选择该单选按钮，则在图形区域中选择参考顶点。可以使用原始样本特征的重心、草图原点、顶点或另一个草图点作为参考点；
- 重心：如果选择单选按钮，则使用原始样本特征的重心作为参考点。

（8）单击“要阵列的特征”栏中图标右侧的显示框，然后在特征管理器设计树或图形区域中选择要阵列的特征。此时在图形区域中可以预览阵列的效果，如图 4-122 所示。

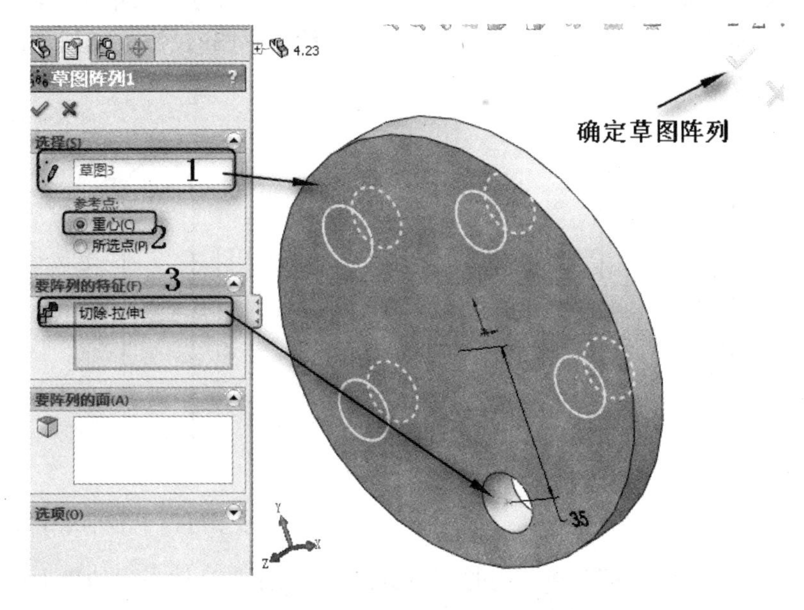

图 4-122　预览阵列效果

（9）选择“几何体阵列”复选框，将只复制原始样本特征而不对它进行求解，这可以加速生成及重建模型的速度。但是如果某些特征的面与零件的其余部分合并在一起，则不能为这些特征生成几何体阵列。

（10）单击确定图标，生成草图驱动的阵列。

【案例 4-21】绘制如图 4-123 所示的鞋架。本案例源文件光盘路径：“X：\源文件\ch4\4.21.SLDPRT”，本案例视频内容光盘路径：“X：\动画演示\ch4\4.21 鞋架.swf”。

（1）启动 SolidWorks 2008，执行【文件】→【新建】菜单命令，创建一个新的零件文件。

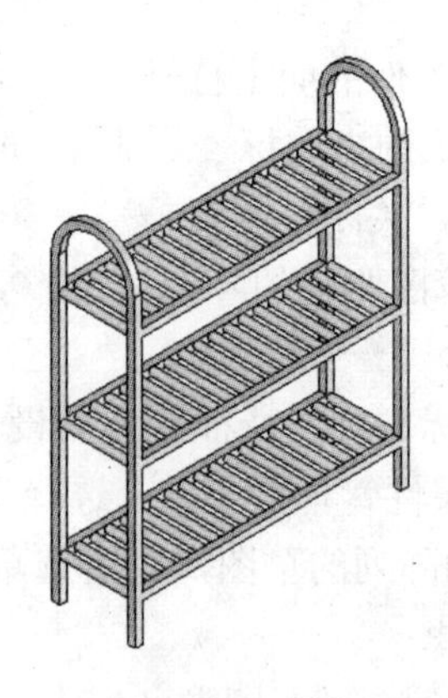

图 4-123　鞋架

（2）绘制支撑架。绘制草图。在左侧的“FeatureManager 设计树”中用鼠标选择“前视基准面”作为绘制图形的基准面。单击“草图”操控板中的直线图标，绘制两条直线，然后单击 3 点圆弧图标，绘制一个圆弧，结果如图 4-124 所示。

（3）标注尺寸。执行【工具】→【标注尺寸】→【智能尺寸】菜单命令，或者单击“尺寸/几何关系”操控板中的智能尺寸图标，标注上一步绘制草图的尺寸，结果如图 4-125 所示，然后退出草图绘制状态。

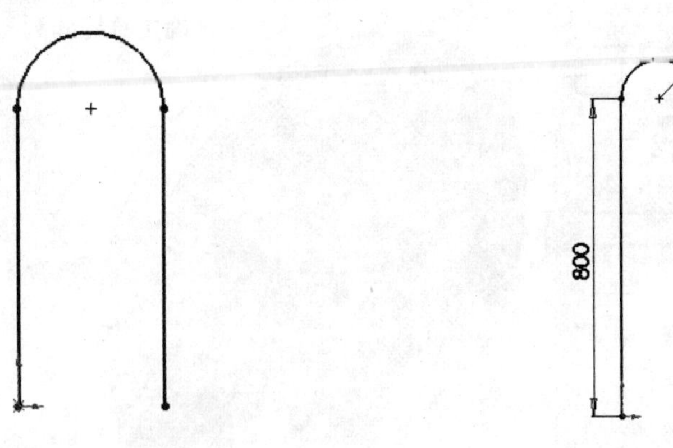

图 4-124　绘制的草图　　图 4-125　标注的草图

（4）设置基准面。用鼠标选择左侧的“FeatureMannger 设计树”中的“上视基准面”，然后单击“前导视图”工具栏中的正视于图标，将该基准面作为绘制图形的基准面。

（5）绘制草图。单击“草图”操控板中的中心矩形图标，绘制一个矩形。

（6）标注尺寸。执行【工具】→【标注尺寸】→【智能尺寸】菜单命令，标注矩形两条边的长度均为 20，结果如图 4-126 所示。

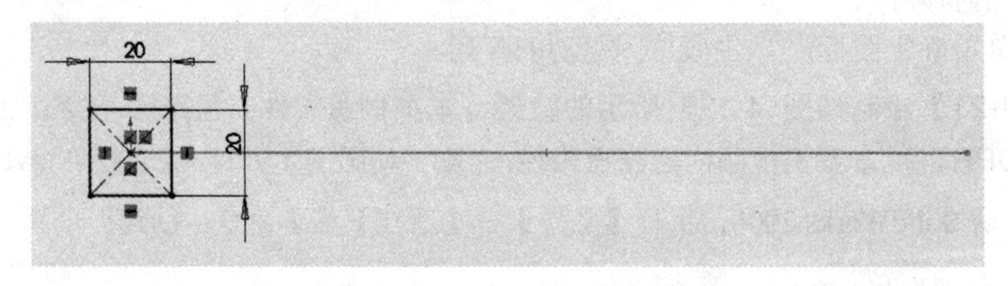

图 4-126　标注后的草图

（7）设置视图方向。单击“前导视图”工具栏中的等轴测图标，将视图以等轴测方向显示。

（8）扫描实体。执行【插入】→【凸台/基体】→【扫描】菜单命令，或者单击“特征”操控板中的扫描图标，此时系统弹出如图 4-127 所示的“扫描”属性管理器。在“轮廓”一栏中，用鼠标选择图 4-124 中的矩形；在“路径”一栏中用鼠标选择图 4-123 的图形。按照图示进行设置后，单击属性管理器中的确定图标，结果如图 4-128 所示。

图 4-127　“扫描”属性管理器

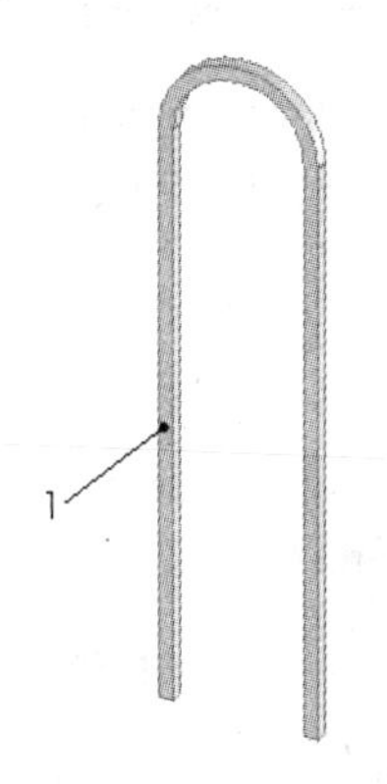

图 4-128　扫描后的实体

（9）绘制横梁。设置基准面。用鼠标选择如图 4-128 所示中的表面 1，然后单击“前导视图”工具栏中的正视于图标，将该表面作为绘制图形的基准面。

（10）绘制草图。执行【工具】→【草图绘制实体】→【矩形】菜单命令，或者单击“草图”操控板中的矩形图标，绘制一个矩形，如图 4-129 所示。

（11）标注尺寸。执行【工具】→【标注尺寸】→【智能尺寸】菜单命令，或者单击“尺寸/几何关系”操控板中的智能尺寸图标，标注矩形两条边并约束其位置，结果如图 4-130 所示。

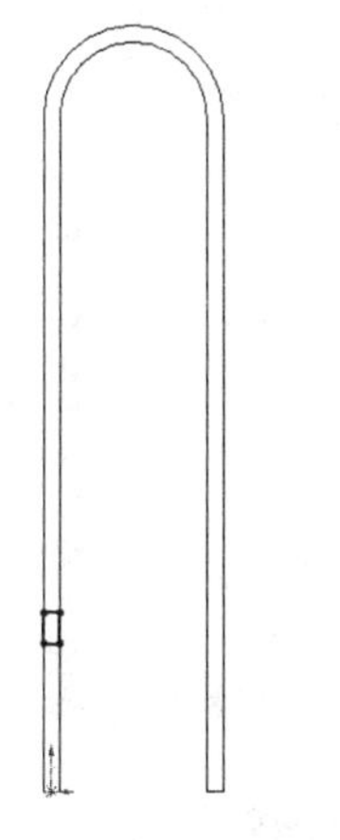
图 4-129　绘制的草图

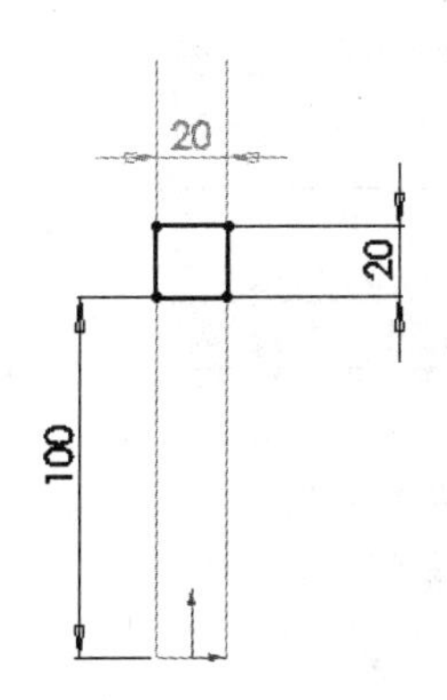

图 4-130　标注的草图

（12）拉伸实体。执行【插入】→【凸台/基体】→【拉伸】菜单命令，或者单击“特征”操控板中的拉伸凸台/基体图标，此时系统弹出如图 4-131 所示的“拉伸”属性管理器。在“深度”一栏中输入值 720。按照图示进行设置后，单击属性管理器中的确定图标，如图 4-132

所示。

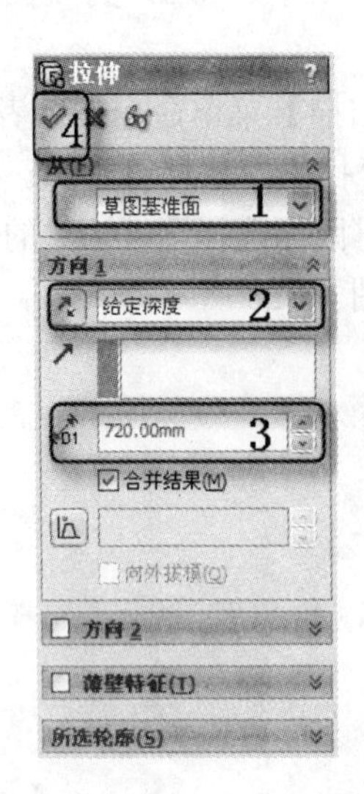

图 4-131 “拉伸”属性管理器

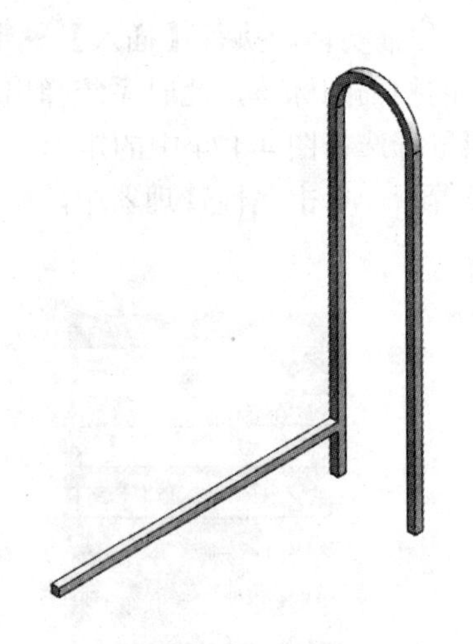

图 4-132 拉伸后的图形

（13）线性阵列实体。执行【插入】→【阵列/镜向】→【线性阵列】菜单命令，或者单击“特征”操控板中的线性阵列图标，此时系统弹出如图 4-133 所示的“线性阵列”属性管理器。在“要阵列的实体”一栏中，选择拉伸后矩形，其他按照图示进行设置。选择的两个方向如图 4-134 所示，然后单击属性管理器中的确定图标✔。

图 4-133 “线性阵列”属性管理器

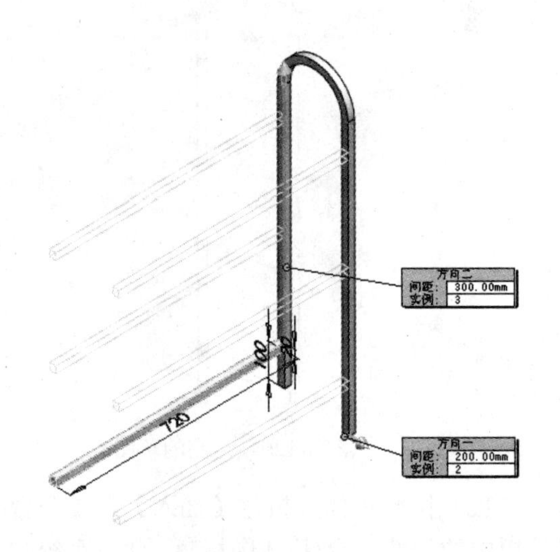

图 4-134 阵列的图形

注意：

此处将横筋拉伸为 720，鞋架之间的间距为 700，主要是为了下一步线性阵列实体作准备，以防止阵列的实体不能和横筋相交。

（14）设置视图方向。单击“前导视图”工具栏中的等轴测图标，将视图以等轴测方向显示，结果如图 4-135 所示。

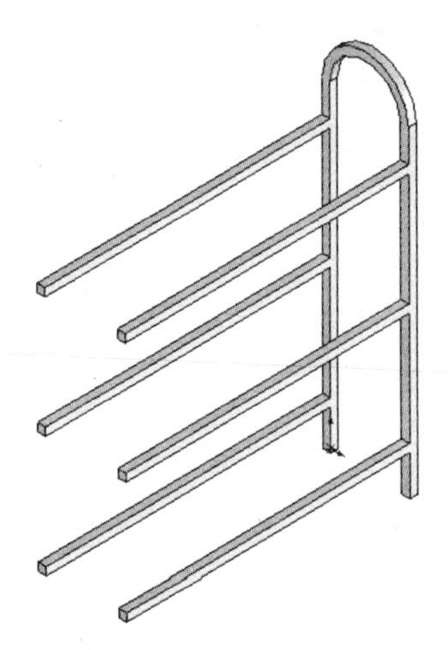

图 4-135　拉伸后的图形

（15）线性阵列实体。执行【插入】→【阵列/镜向】→【线性阵列】菜单命令，或者单击“特征”操控板中的线性阵列图标，此时系统弹出“线性阵列”属性管理器。在“边线”一栏中，用鼠标选择横梁上的一条长直线；在“间距”一栏中输入值 720；在“实例数”一栏中输入值 2；在“要阵列的特征”一栏中，选择绘制好的一侧的支撑架，如图 4-136 所示。单击属性管理器中的确定图标，结果如图 4-137 所示。

（16）绘制横筋。设置基准面。用鼠标选择如图 4-137 所示中的表面 1，然后单击“前导视图”工具栏中的正视于图标，将该表面作为绘制图形的基准面。

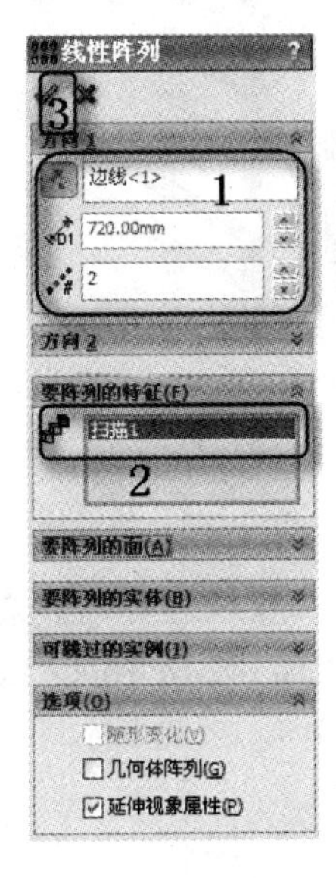

图 4-136　“线性阵列”属性管理器

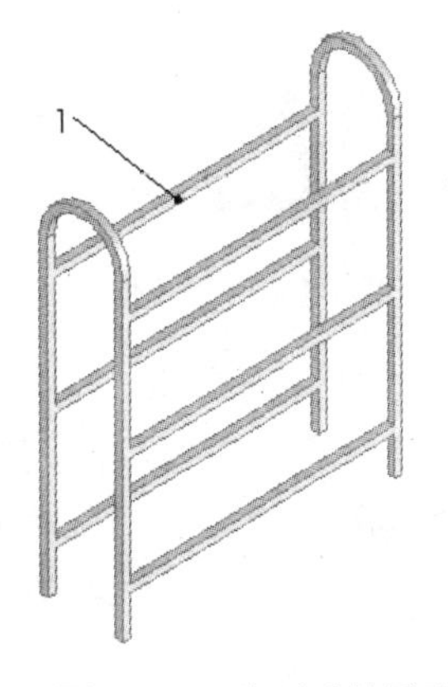

图 4-137　阵列后的图形

（17）绘制草图。执行【工具】→【草图绘制实体】→【圆】菜单命令，或者单击“草图”操控板中的圆图标，绘制一个圆，如图 4-138 所示。

（18）标注尺寸。执行【工具】→【标注尺寸】→【智能尺寸】菜单命令，或者单击尺寸/几何关系操控板中的智能尺寸图标，标注圆的直径及其定位尺寸，结果如图 4-139 所示。

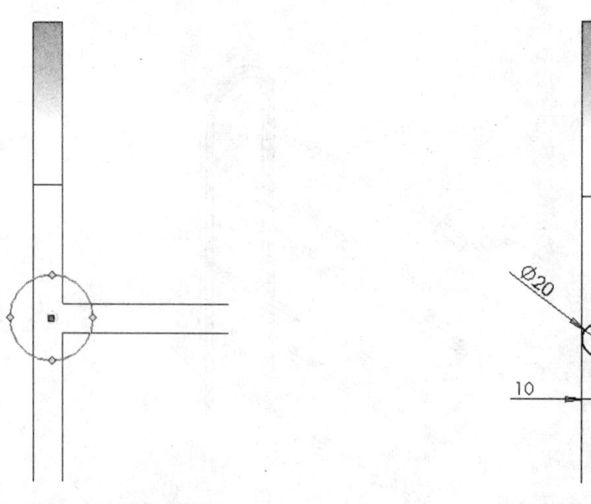

图 4-138　绘制的草图　　　　图 4-139　标注的草图

（19）拉伸实体。执行【插入】→【凸台/基体】→【拉伸】菜单命令，或者单击“特征”操控板中的拉伸凸台/基体图标，此时系统弹出“拉伸”属性管理器。在“给定深度”一栏的下拉菜单中，选择“成形到下一面”选项，如图 4-140 所示。按照图示进行设置后，单击确定图标，如图 4-141 所示。

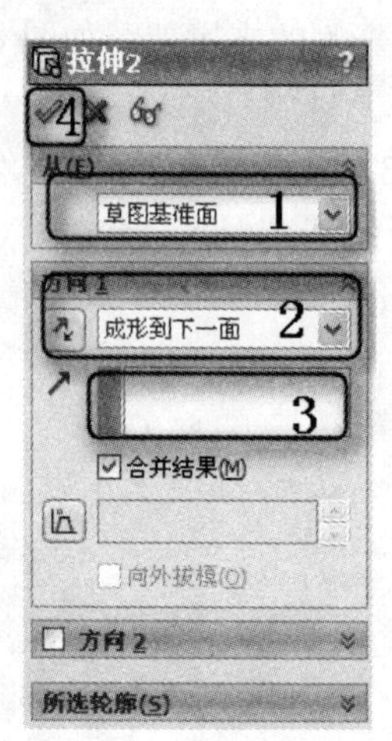

图 4-140　“拉伸”属性管理器

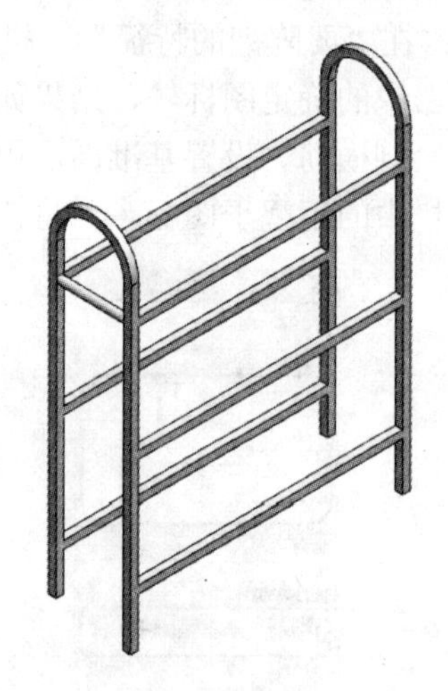

图 4-141　拉伸后的图形

（20）线性阵列实体。执行【插入】→【阵列/镜向】→【线性阵列】菜单命令，或者单击“特征”操控板中的线性阵列图标，此时系统弹出如图 4-142 所示的“线性阵列”属性管理器。在“要阵列的实体”一栏中，选择上一步拉伸后的实体。按照图示进行设置后，单击属性管理器中的确定图标，结果如图 4-143 所示。

图 4-142　“线性阵列”属性管理器

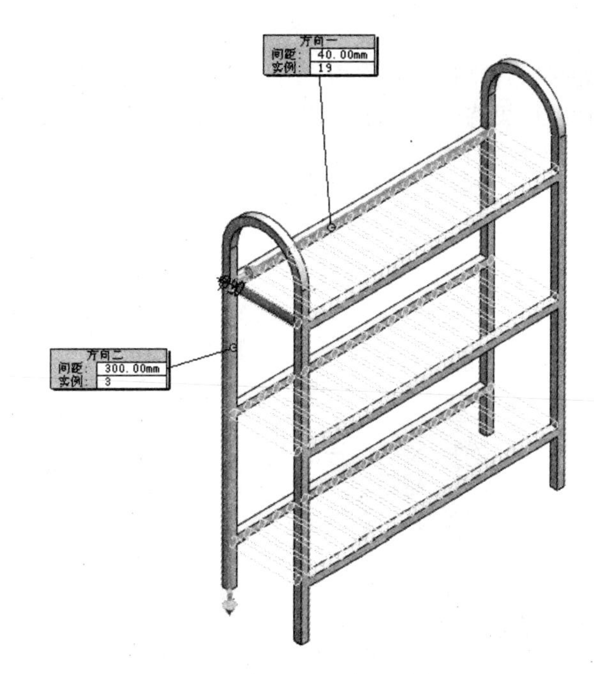

图 4-143　阵列的图形

注意：

在使用线性实体阵列命令时，如果草图阵列的方向与要求的方向不同，可以单击第一方向和第二方向后面的反向图标来改变阵列的方向。

（21）设置视图方向。单击“前导视图”工具栏中的等轴测图标，将视图以等轴测方向显示，结果如图 4-144 所示。

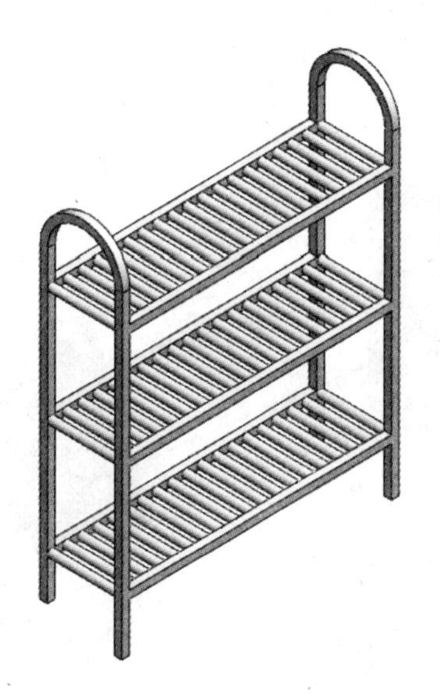

图 4-144　阵列后的图形

4.8 镜像特征

如果零件结构是对称的，用户可以只创建一半零件模型，然后使用特征镜像的办法生成整个零件。如果修改了原始特征，则镜像的复制也将更新以反映其变更。图 4-145 为运用特征镜像生成的零件模型。

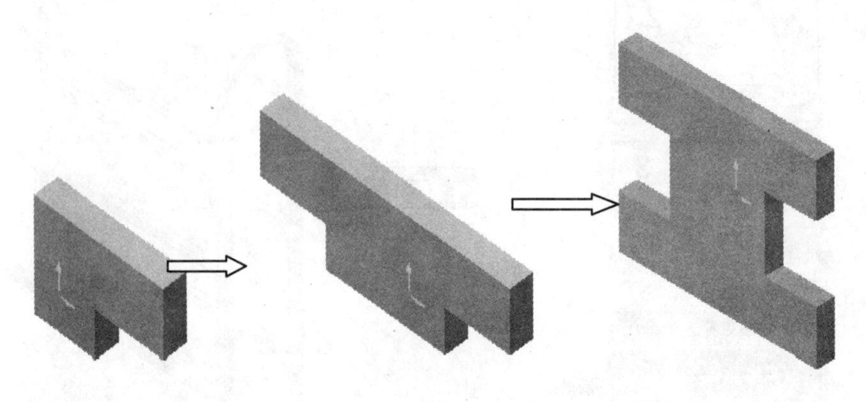

图 4-145　特征镜像生成零件

如果要镜像特征，操作如下。

【案例 4-22】本案例源文件光盘路径：“X：\源文件\ch4\4.22.SLDPRT”，本案例视频内容光盘路径：“X：\动画演示\ch4\4.22 镜像.swf”。

（1）单击“特征”操控板上的镜像特征/面图标，或执行【插入】→【阵列/镜像】→【镜像特征】命令。

（2）在“镜像特征/曲面”属性管理器中单击图标右侧的显示框，然后在图形区域或特征管理器设计树中选择一个模型面或基准面作为镜像面。

（3）单击“要镜像的特征”栏中的图标右侧的显示框，然后在图形区域或特征管理器设计树中选择要镜像的特征，此时在图形区域中可以预览镜像的效果，如图 4-146 所示。

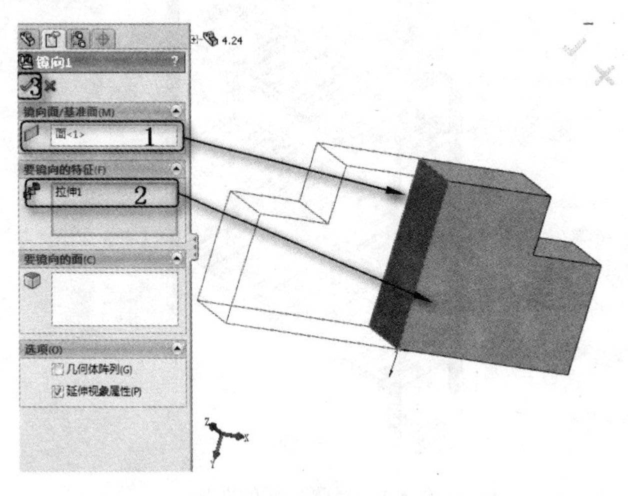

图 4-146　预览镜像特征效果

（4）如果要镜像特征的面，则单击“要镜像的面”栏中的图标右侧的显示框，然后在图形区域中选择特征的面作为要镜像的面。

（5）如果选择了“几何体阵列”复选框，将仅镜像特征的几何体（面和边线）并不求解整个特征。这样可以加速模型的生成和重建。

（6）单击确定图标，完成特征的镜像。

除了镜像特征之外，SolidWorks 2008 还可以对零件进行镜像，即生成新的零件。镜像零件与原始零件完全相反。

要生成新的镜像零件，操作如下。

（1）打开要镜像的零件，用选择工具选择一个镜像的面（可以是模型面和基准面）。

（2）选择【插入】→【镜像零件】命令，系统就会自动打开一个新的零件窗口，并生成新的镜像零件。

镜向特征是指对称于基准面镜向所选的特征。按照镜向对象的不同，可以分为镜向特征和镜向实体。下面通过实例介绍不同镜向特征的操作步骤。

1．镜像特征

镜像特征是指以某一平面或者基准面作为参考面，对称复制一个特征或者多个特征。

下面通过实例介绍镜向特征的操作步骤。

（1）设置基准面。在左侧的“FeatureManager 设计树”中用鼠标选择“前视基准面”作为绘制图形的基准面。

（2）绘制草图。执行【工具】→【草图绘制实体】→【圆】菜单命令，以原点为圆心绘制一个直径为 40 的圆。

（3）拉伸实体。执行【插入】→【凸台/基体】→【拉伸】菜单命令，将上一步绘制的草图拉伸为“方向 1”和“方向 2”的实体，“深度”均为 30，结果如图 4-147 所示。

（4）设置基准面。用鼠标选择如图 4-147 所示中的表面 1，然后单击“前导视图”工具栏中的正视于图标，将该表面作为绘制图形的基准面。

（5）绘制草图。执行【工具】→【草图绘制实体】→【多边形】菜单命令，在合适的位置绘制一个内切圆为 60 的六边形。

（6）拉伸实体。执行【插入】→【凸台/基体】→【拉伸】菜单命令，将上一步绘制的草图拉伸为“深度”为 20 的实体。

（7）设置视图方向。单击“前导视图”工具栏中的等轴测图标，将视图以等轴测方向显示，结果如图 4-148 所示。

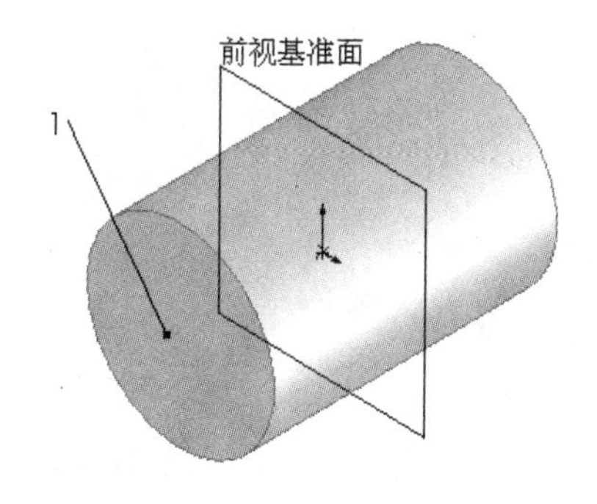

图 4-147　拉伸的图形

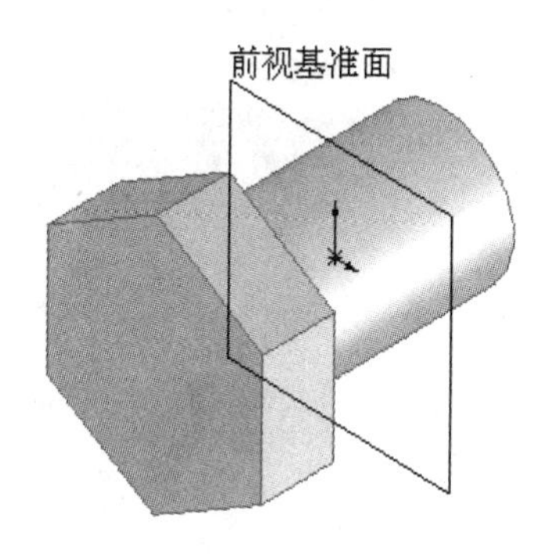

图 4-148　拉伸的图形

（8）执行镜向实体命令。执行【插入】→【阵列/镜向】→【镜向】菜单命令，或者单击“特征”操控板中的镜向图标，此时系统弹出如图 4-149 所示的“镜向”属性管理器。

（9）设置基准面。在“镜向面/基准面”一栏中，用鼠标选择图 4-150 中的前视基准面；在“要镜向的特征”一栏中，用鼠标选择图 4-148 中拉伸的正六边形实体。

（10）确认镜像实体特征。单击“镜向”属性管理器中的确定图标，结果如图 4-153 所示。

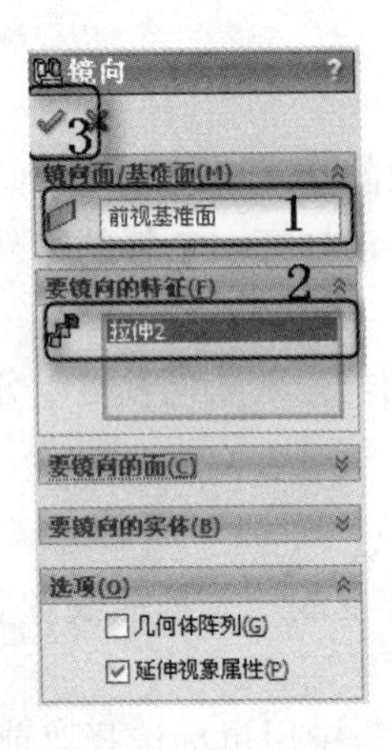

图 4-149 “镜向”属性管理器

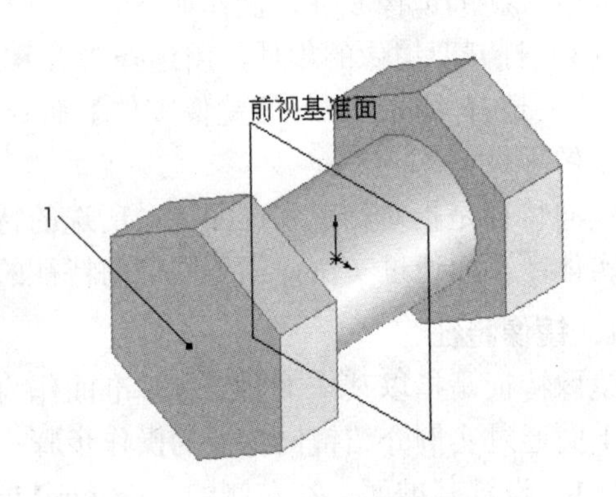

图 4-150 镜像的图形

2. 镜像实体

镜像特征是指以某一平面或者基准面作为参考面，对称复制视图中的整个模型实体。

下面通过实例介绍镜像实体的操作步骤。

（1）执行镜像实体命令。接上例绘制的图形，执行【插入】→【阵列/镜向】→【镜向】菜单命令，或者单击“特征”操控板中的镜像图标，此时系统弹出如图 4-151 所示的“镜向”属性管理器。

（2）设置属性管理器。在“镜向面/基准面”一栏中，用鼠标选择图 4-152 中的面 1；在“要镜向的实体”一栏中，用鼠标选择图 4-152 中模型实体上的任意一点。

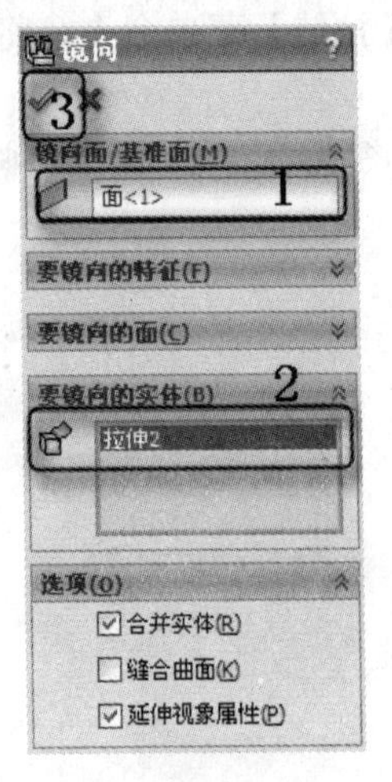

图 4-151 “镜向”属性管理器

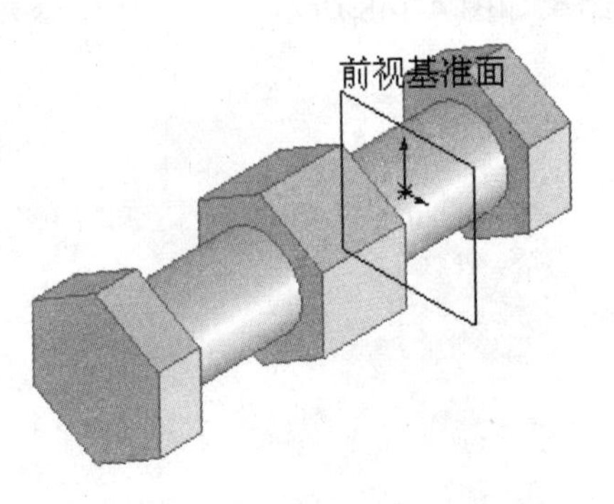

图 4-152 镜像的图形

（3）确认镜向实体特征。单击“镜向”属性管理器中的确定图标，结果如图 4-152 所示。

【案例 4-23】创建如图 4-153 所示的对称件零件。本案例源文件光盘路径：“X：\源文件\ch4\对称件零件.SLDPRT”，本案例视频内容光盘路径：“X：\动画演示\ch4\4.23 对称件零件.swf”。

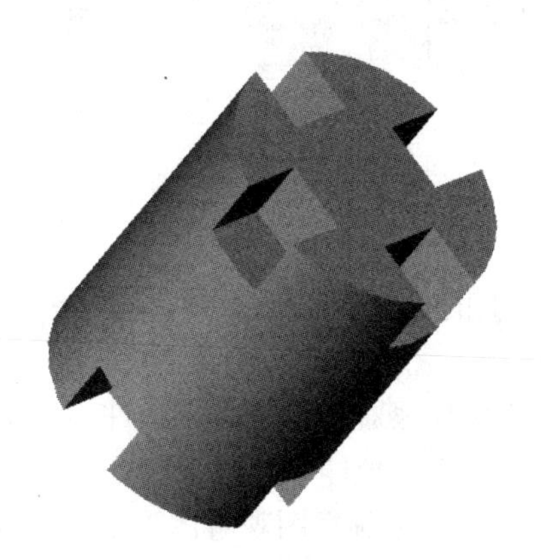

图 4-153　对称件零件

（1）单击新建图标，或执行【文件】→【新建】命令新建一个零件文件。

（2）单击草图绘制图标，新建一张草图。新的草图在前视基准面上打开。

（3）单击“草图绘制”操控板上的圆图标，绘制一个以原点为圆心，直径为 80mm 的圆作为基体拉伸的草图轮廓，如图 4-154 所示。

（4）单击“特征”操控板上的拉伸凸台/基体图标，或执行【插入】→【基体】→【拉伸】命令。

（5）在“拉伸”属性管理器中设置拉伸的“终止条件”为“给定深度”，深度为 50mm。

（6）单击确定图标，生成拉伸特征，如图 4-155 所示。

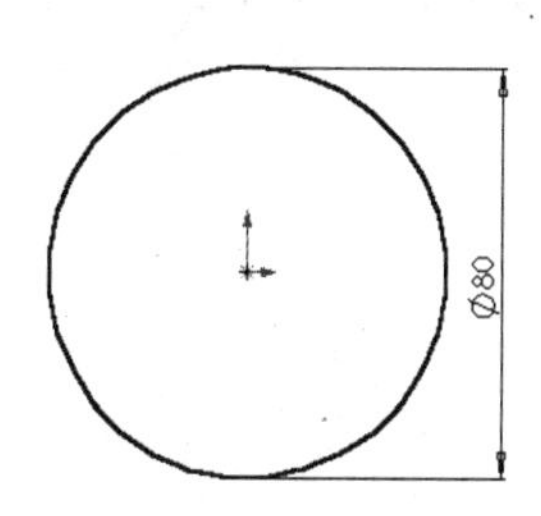

图 4-154　拉伸的草图轮廓

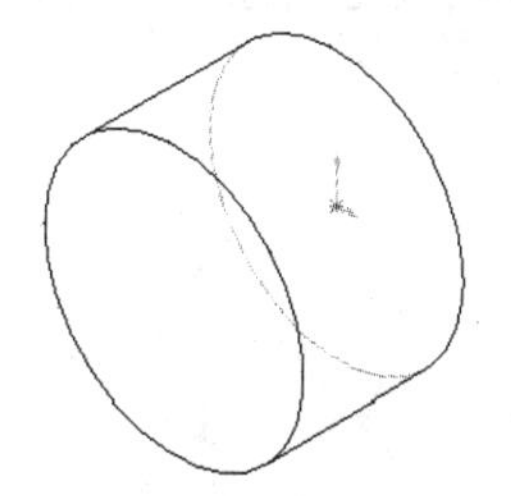

图 4-155　拉伸特征

（7）选择圆柱的顶面作为新的草图绘制平面。单击草图绘制图标，从而打开一张新的草图作为切除特征的草图轮廓。

（8）单击“前导视图”工具栏上的正视于图标，从而正视于该草图平面。

（9）单击“草图绘制”操控板上的中心线图标，分别绘制两条通过原点的水平和竖直直线。

（10）利用直线工具和圆心/起/终点画弧工具绘制轮廓，并标注尺寸，如图 4-156 所示。

（11）利用草图镜像工具将草图轮廓镜像，从而生成拉伸－切除特征的草图轮廓，如图4-157所示。

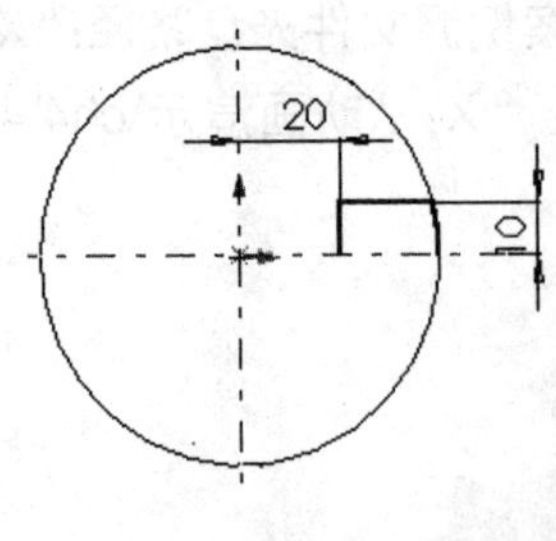

图 4-156　绘制草图

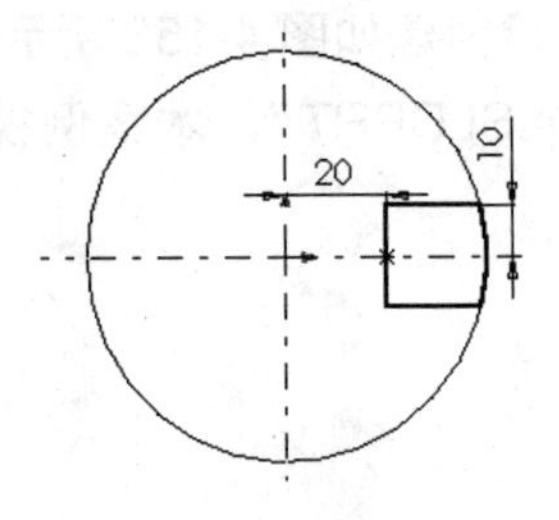

图 4-157　镜像草图

（12）单击“特征”操控板上的拉伸切除图标，或者执行【插入】→【切除】→【拉伸】命令。

（13）在“拉伸－切除”属性管理器中设定终止条件为“给定深度”，深度为20mm。

（14）单击【确定】按钮，生成“拉伸－切除”特征。

（15）单击等轴测图标，用等轴测视图观看图形，如图4-158所示。

（16）执行【视图】→【临时轴】命令，显示圆柱的临时轴，以便圆周阵列之用。

（17）单击“特征”操控板上的圆周阵列图标，或执行【插入】→【阵列/镜向】→【圆周阵列】命令。

（18）在“圆周阵列”属性管理器中的“参数”栏中，单击第一个显示框，然后在图形区域中选择临时轴作为阵列轴。

（19）在微调框中指定阵列的特征数为4。

（20）选择“等间距”复选框，则总角度将默认为360°，所有的阵列特征会等角度的均匀分布。

（21）选择“几何体阵列”复选框，从而加速生成及重建模型的速度。

（22）单击确定图标，生成圆周阵列，如图4-159所示。

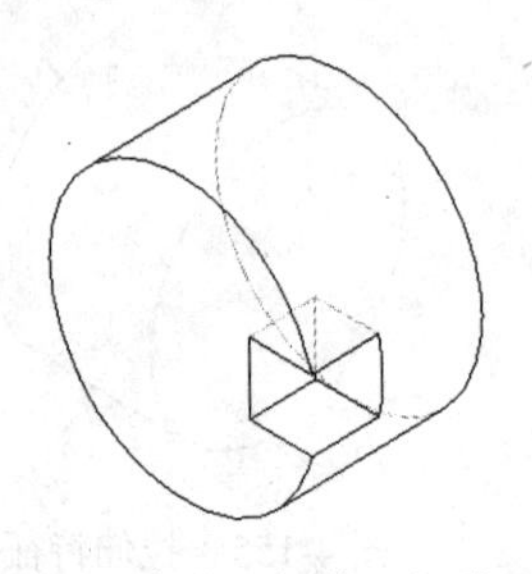

图 4-158　生成“拉伸－切除”特征

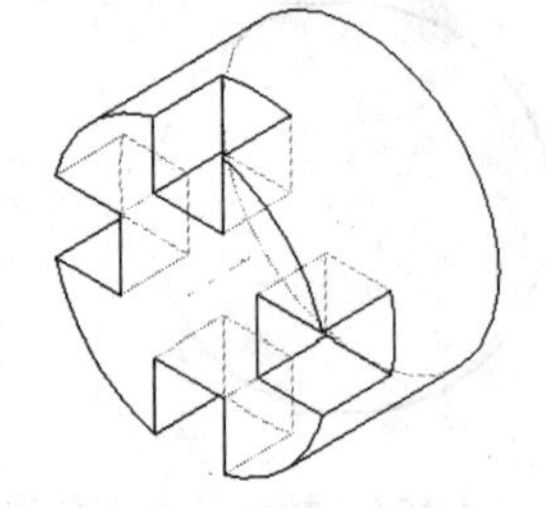

图 4-159　圆周阵列特征

（23）单击“特征”操控板上的镜像特征/面图标，或执行【插入】→【阵列/镜向】→【镜向特征】命令。

（24）在“镜向特征/曲面”属性管理器中单击图标右侧的显示框，然后在特征管理器设计树中选择前视面作为镜像面。

（25）单击“要镜向的特征”栏中的图标右侧的显示框，然后在特征管理器设计树中选择“拉伸1”、“切除－拉伸1”、“阵列（圆周）1”作为要镜像的特征。

（26）单击确定图标✔，完成特征的镜像。

（27）单击【保存】按钮💾，将零件保存为“对称件.sldprt”。至此该零件就制作完成了，最后的效果（包括特征管理器设计树）如图 4-160 所示。

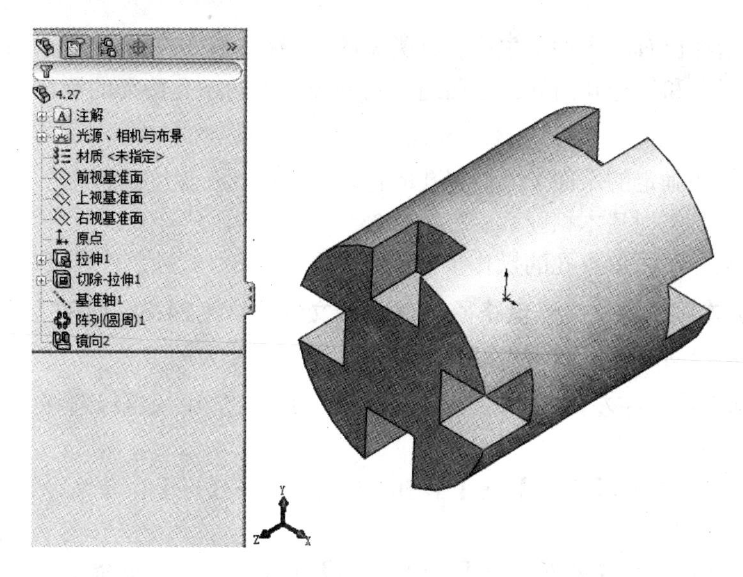

图 4-160　最后的效果

如果对零件的效果不满意，还可以使用动态修改特征的办法来对特征进行修改。

（1）单击“特征”操控板上的动态修改特征图标。

（2）在特征管理器设计树或图形区域中，单击“切除－拉伸 1”特征。

（3）此时特征修改控标就会弹出在特征中。拖曳大小控标，可以修改切除的深度，如图 4-161 所示。

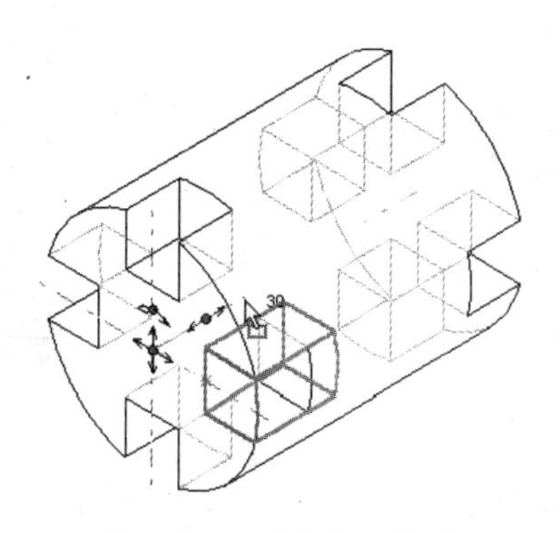

图 4-161　动态修改特征

（4）因为要修改特征同基体特征在位置上存在几何关系和尺寸的约束，所以当拖曳旋转控标和移动控标时，系统会提示是否要删除这些关系。

（5）在修改“切除－拉伸 1”特征后，对应的镜像和阵列特征也会做同样的修改。

4.9 孔特征

钻孔特征是指在已有的零件上生成各种类型的孔特征。SolidWorks 提供了两种生成孔特征的方法，即简单直孔和异型孔向导。下面通过实例介绍不同钻孔特征的操作步骤。

1. **简单直孔**

简单直孔是指在确定的平面上，设置孔的直径和深度。孔深度的“终止条件”类型与拉伸切除的“终止条件”类型基本相同。

下面通过实例介绍简单直孔的操作步骤。

【案例 4-24】本案例源文件光盘路径：“X：\源文件\ch4\4.24.SLDPRT”，本案例视频内容光盘路径：“X：\动画演示\ch4\4.24 直孔.swf”。

（1）设置基准面。在左侧的“FeatureManager 设计树”中用鼠标选择“前视基准面”作为绘制图形的基准面。

（2）绘制草图。执行【工具】→【草图绘制实体】→【圆】菜单命令，以原点为圆心绘制一个直径为 60 的圆。

（3）拉伸实体。执行【插入】→【凸台/基体】→【拉伸】菜单命令，将上一步绘制的草图拉伸为“深度”均为 60 的实体。结果如图 4-162 所示。

（4）执行孔命令。用鼠标选择图 4-162 中的表面 1，执行【插入】→【特征】→【孔】→【简单直孔】菜单命令，或者单击“特征”操控板中的简单直孔图标，此时系统弹出如图 4-163 所示的“孔”属性管理器。

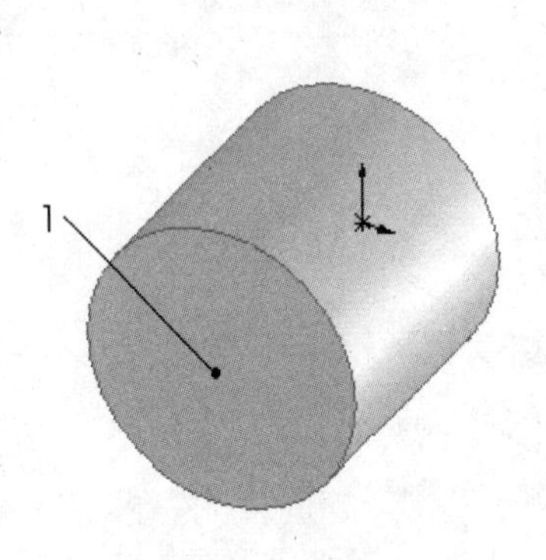

图 4-162　拉伸的图形

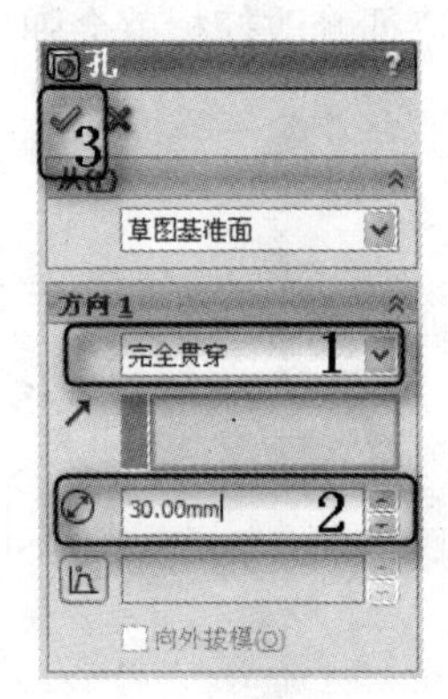

图 4-163　“孔”属性管理器

（5）设置属性管理器。在“终止条件”一栏的下拉菜单中，用鼠标选择“完全贯穿”选项；在“孔直径”一栏中输入值 30。

（6）确认孔特征。单击“孔”属性管理器中的确定图标，结果如图 4-164 所示。

（7）精确定位孔位置。用鼠标右键单击“FeatureManager 设计树”中上一步添加的孔特征选项，此时系统弹出如图 4-165 所示的快捷菜单，在其中单击“编辑草图”选项，视图如图 4-194 所示。

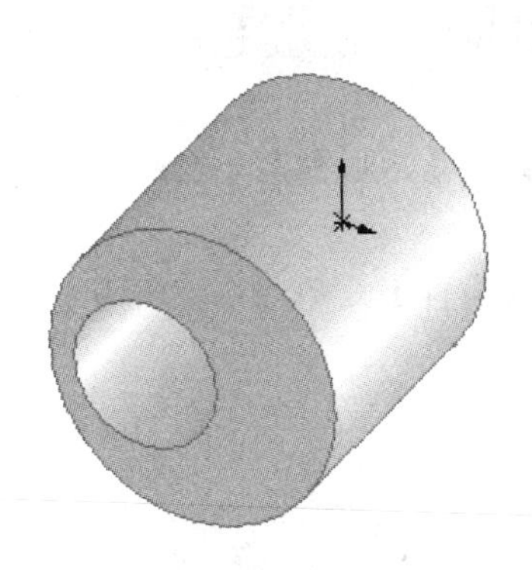

图 4-164　钻孔的图形

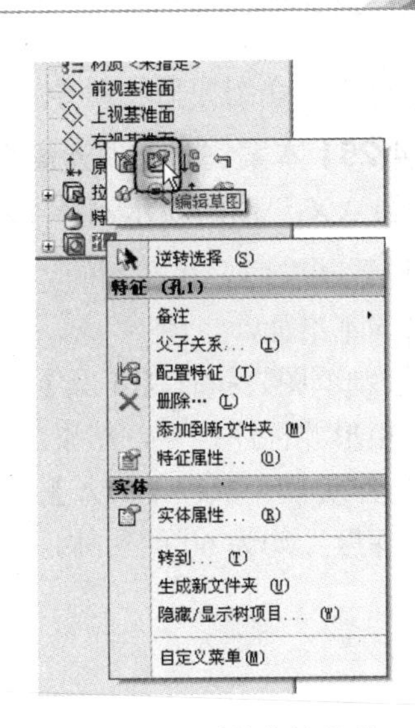

图 4-165　系统快捷菜单

（8）添加几何关系。按住【Ctrl】键，单击图 4-166 中的圆弧 1 和边线弧 2，此时系统弹出如图 4-167 所示的“属性”属性管理器。

（9）单击“添加几何关系”一栏中的“同心”选项，此时“同心”几何关系弹出在“现有几何关系”一栏中。为圆弧 1 和边线弧 2 添加“同心”几何关系。

（10）确认孔位置。单击“属性”属性管理器中的确定图标✔，结果如图 4-168 所示。

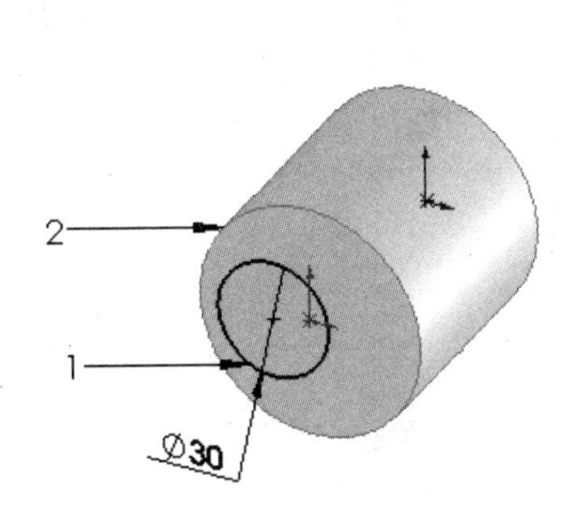

图 4-166　编辑草图

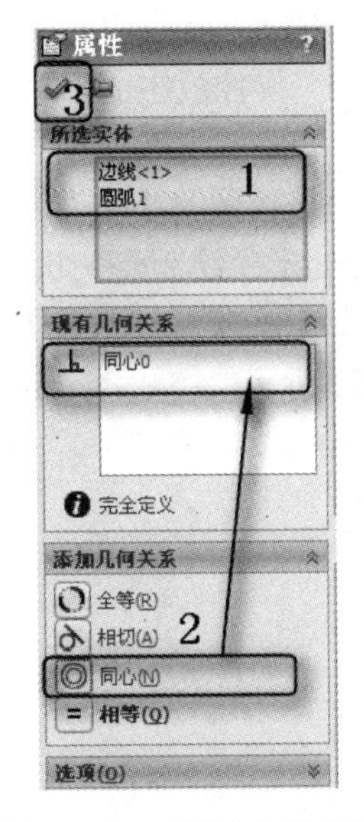

图 4-167　“属性”管理器

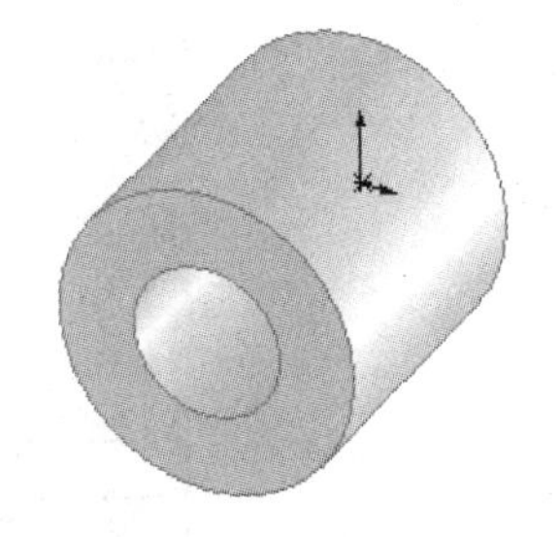

图 4-168　编辑的图形

注意：

在确定简单孔的位置时，可以通过标注尺寸的方式来确定，对于特殊的图形可以通过添加几何关系来确定。

2．异型孔向导

异型孔向导由于生成具有复杂轮廓的孔，主要包括柱孔、锥孔、孔、螺纹孔、管螺纹孔和旧制孔等 6 种类型的孔。异型孔的类型和位置都是在“孔”规格属性管理器中完成。

下面通过实例介绍异型孔向导的操作步骤。

【案例 4-25】本案例源文件光盘路径："X：\源文件\ch4\4.29.SLDPRT"，本案例视频内容光盘路径："X：\动画演示\ch4\4.25 异型孔向导.swf"。

（1）设置基准面。在左侧的"FeatureManager 设计树"中用鼠标选择"前视基准面"作为绘制图形的基准面。

（2）绘制草图。执行【工具】→【草图绘制实体】→【矩形】菜单命令，以原点为一角点绘制一个矩形并标注尺寸，结果如图 4-169 所示。

（3）拉伸实体。执行【插入】→【凸台/基体】→【拉伸】菜单命令，将上一步绘制的草图拉伸为"深度"均为 60 的实体，结果如图 4-170 所示。

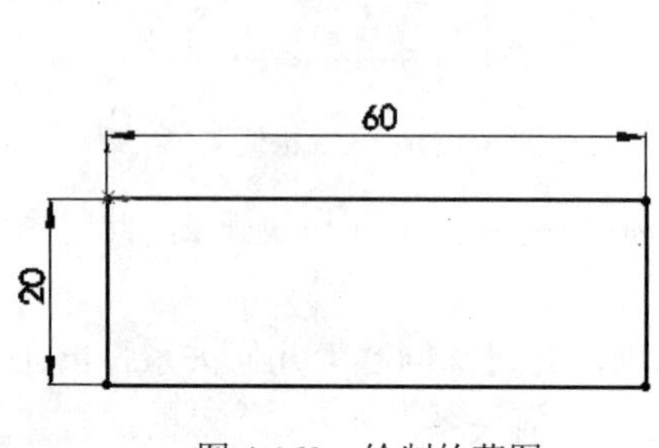

图 4-169　绘制的草图

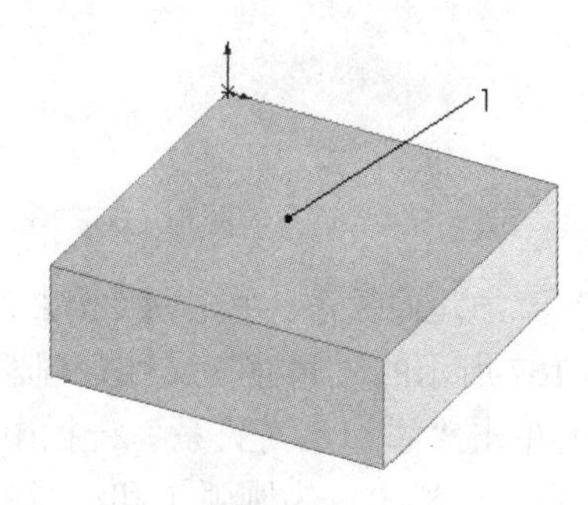

图 4-170　拉伸的图形

（4）执行孔命令。用鼠标选择图 4-170 中的表面 1，执行【插入】→【特征】→【孔】→【向导】菜单命令，或者单击"特征"操控板中的异型孔向导图标，此时系统弹出如图 4-171 所示的"孔规格"属性管理器。

（5）设置属性管理器。孔类型按照图 4-171 所示进行设置，然后单击"孔规格"属性管理器中的"位置"标签，此时光标处于"绘制点"状态，在图 4-172 的表面 1 上添加 4 个点。

（6）标注孔尺寸。执行【工具】→【标注尺寸】→【智能尺寸】菜单命令，标注添加的 4 个点的定位尺寸，结果如图 4-172 所示。

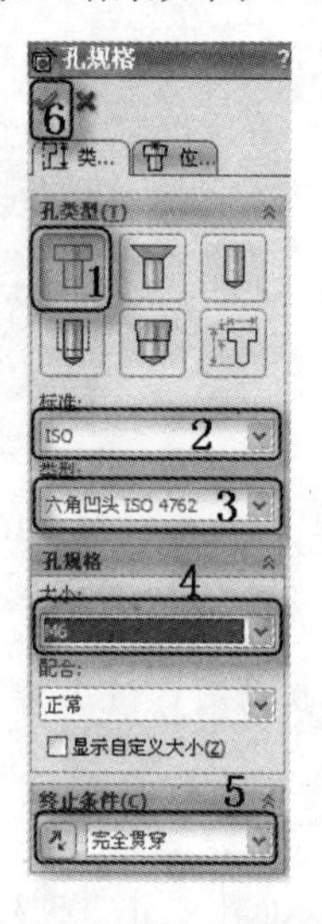

图 4-171　"孔规格"属性管理器

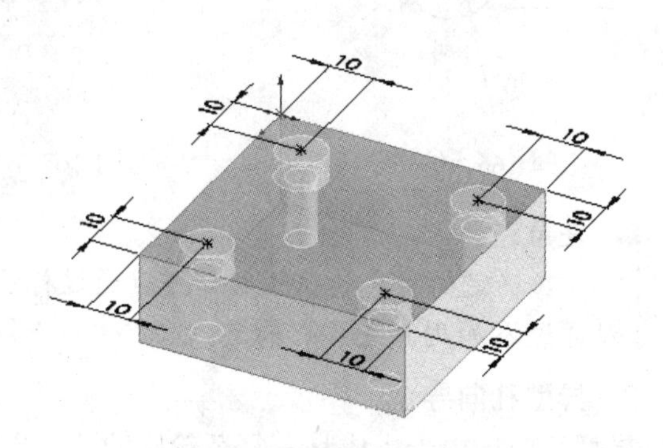

图 4-172　标注的孔位置

（7）确认孔特征。单击“孔规格”属性管理器中的确定图标✓，结果如图 4-173 所示。

（8）设置视图方向。单击“前导视图”工具栏中的旋转视图图标，将视图以合适的方向显示。结果如图 4-174 所示。

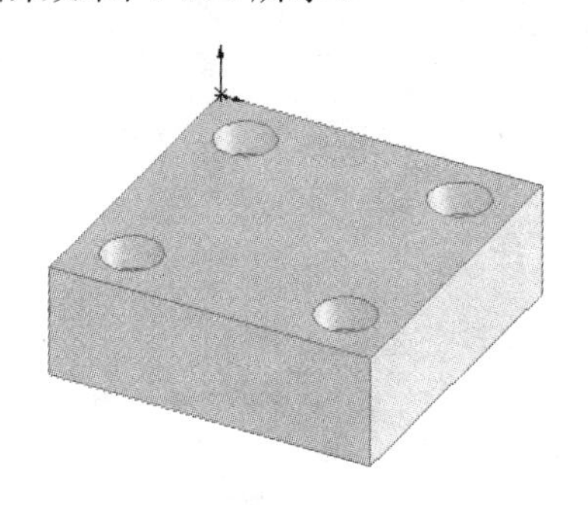

图 4-173　添加孔的图形

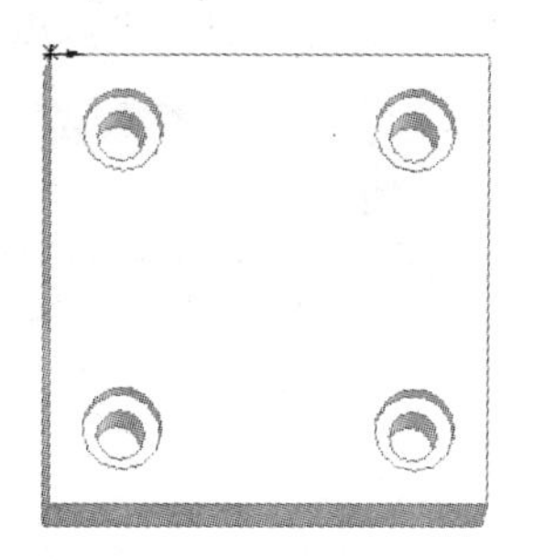

图 4-174　旋转视图的图形

【案例 4-26】绘制如图 4-175 所示的异型孔特征零件。本案例源文件光盘路径：“X：\源文件\ch4\异型孔特征零件.SLDPRT”。

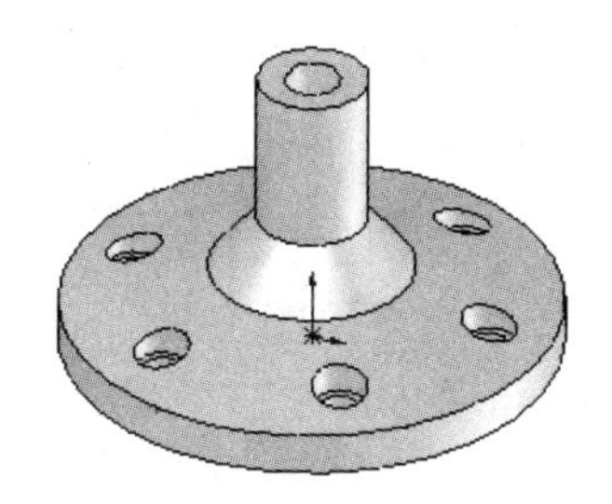

图 4-175　异型孔特征零件

（1）启动系统。启动 SolidWorks 2008，执行【文件】→【新建】菜单命令或单击工具图标，在打开的“新建 SolidWorks 文件”对话框中，单击【零件】→【确定】按钮。

（2）新建文件。在设计树中选择前视基准面，单击草图绘制按钮，新建一张草图。

（3）绘制轮廓。利用草图绘制工具绘制草图作为旋转特征的轮廓，如图 4-176 所示。

（4）旋转所绘制的轮廓。单击旋转凸台/基体按钮，SolidWorks 2008 会自动将草图中唯一的一条中心线作为旋转轴，设置旋转类型为单一方向，旋转角度为 360°，如图 4-177 所示。

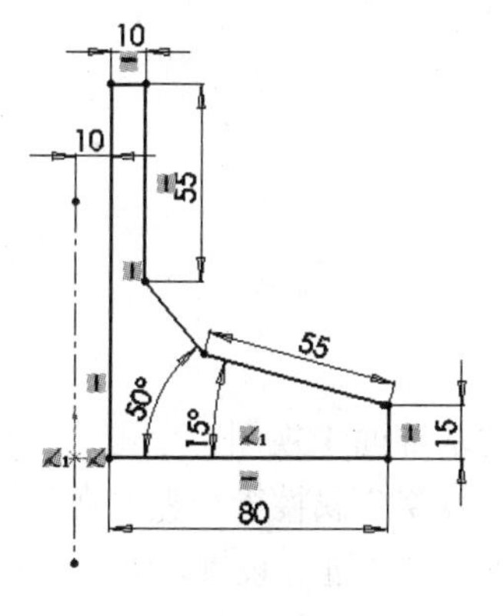

图 4-176　旋转轮廓草图

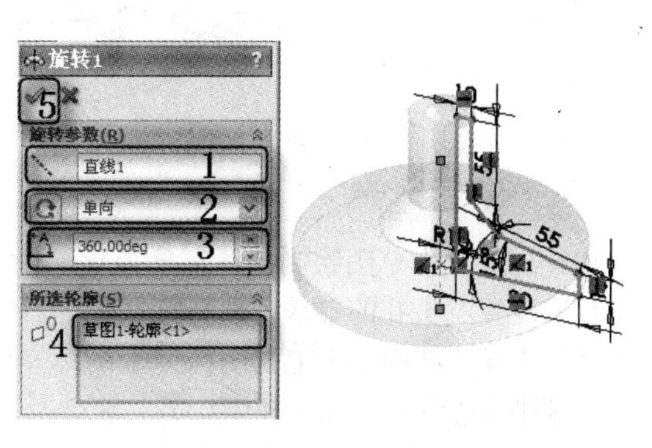

图 4-177　设置旋转参数

（5）单击确定图标✔，生成旋转特征。

（6）创建镜像基准面。单击“参考几何体”操控板中的基准面图标◈，选择“上视”为创建基准面的参考面，在距离输入框中输入距离为 25mm，单击【确定】按钮✔，完成基准面的创建。系统默认该基准面为“基准面 1”，如图 4-178 所示。

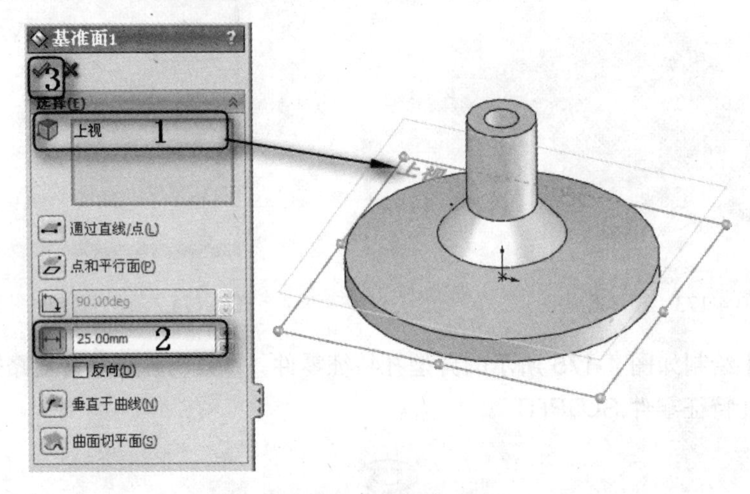

图 4-178　设置基准面

（7）新建草图。选择基准面 1，单击草图绘制按钮，新建一张草图。

（8）绘制圆，并设置为构造线。单击“草图绘制”操控板上的圆图标⊙，在基准面 1 上绘制一个以原点为中心的直径为 135mm 的圆。在左侧的圆 PropertyManager 中选择“作为构造线”单选框，将圆设置为构造线。

（9）绘制中心线。单击“草图绘制”操控板上的中心线图标，绘制 3 条直线通过原点，并且成 60° 角的直线，如图 4-179 所示。

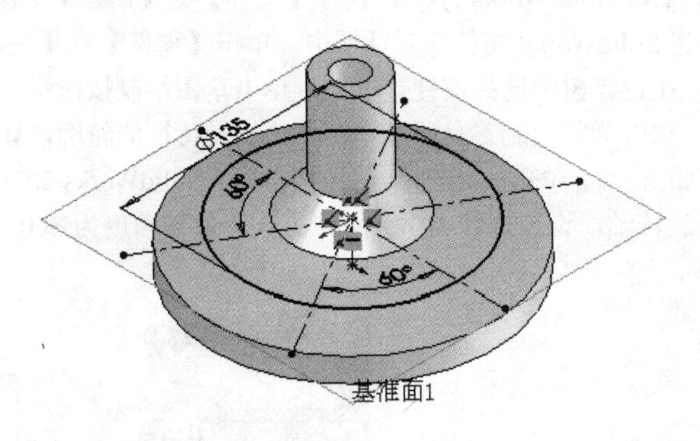

图 4-179　生成构造线

（10）再次单击草图绘制图标，退出草图的绘制。

（11）设置沉头孔的参数。选择特征管理器设计树上的基准面 1 视图，单击“特征”操控板中的“创建异型孔向导”工具图标，窗体左侧弹出“孔规格”属性管理器。在该属性管理器类型选项中，选取柱形沉头孔图标，然后对柱形沉头孔的参数进行设置，如图 4-180 所示。

（12）定位孔。在选定好孔类型之后，选择位置选项，在步骤（8）和（9）中创建的构造

线上为孔定位，如图 4-181 所示。

（13）单击确定图标✓，完成多孔的生成与定位。

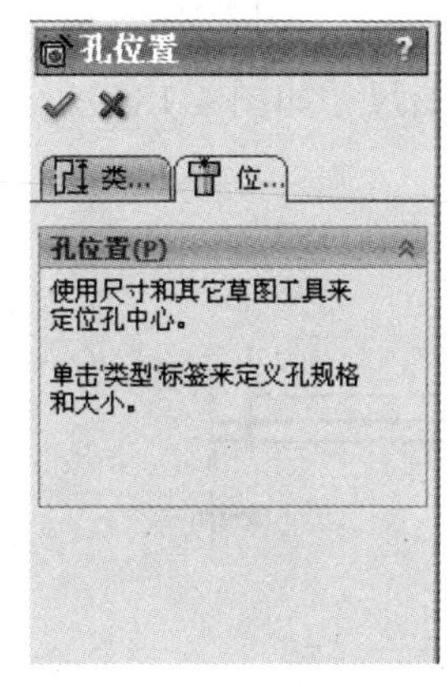

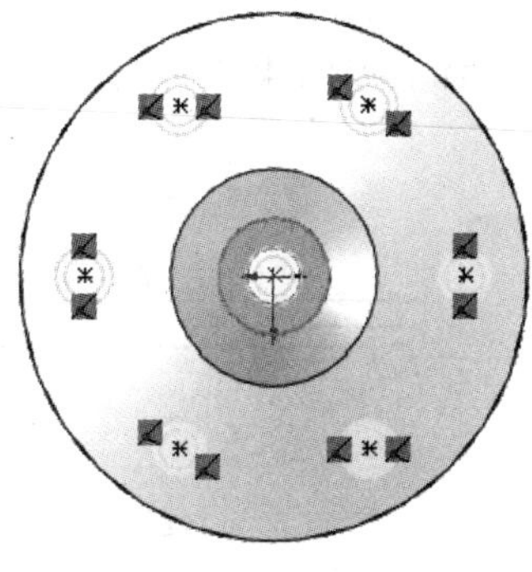

图 4-180　设定孔参数　　　　图 4-181　定义孔位置

至此，该零件之作完成，单击保存图标，将零件保存为“异型孔特征.sldprt”，最后结果如图 4-182 所示。

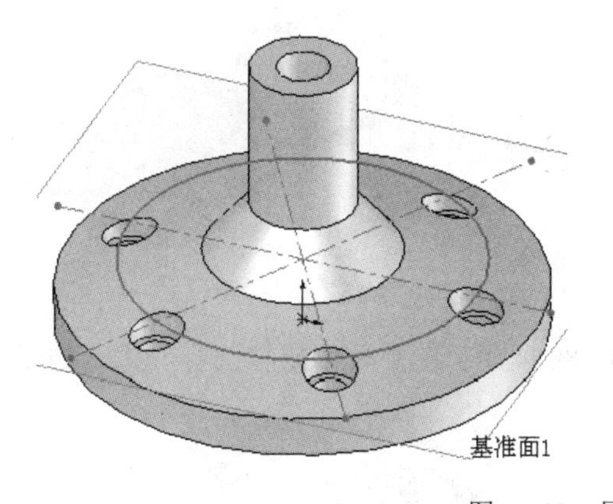

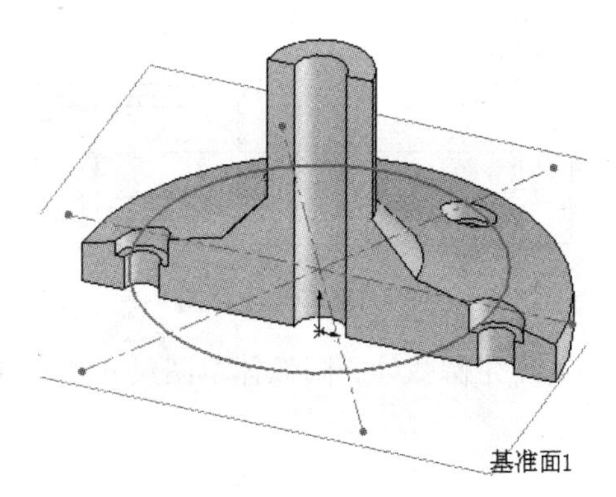

图 4-182　异型孔零件

4.10　巩固练习

【案例 4-27】绘制如图 4-183 所示的支撑架。本案例源文件光盘路径：“X：\源文件\ch4\4.27.SLDPRT”。

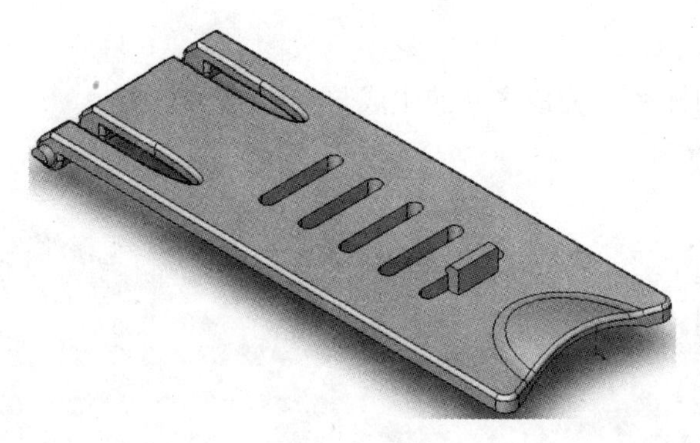

图 4-183　支撑架

（1）绘制支撑架本体。草图尺寸如图 4-184 所示，拉伸长度为 26mm，方式为两侧对称，拉伸实体后如图 4-185 所示。

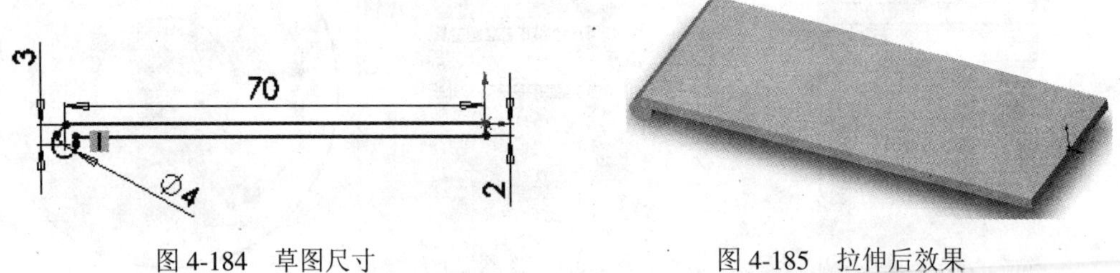

图 4-184　草图尺寸　　　　图 4-185　拉伸后效果

（2）切削沟槽。沟槽草图尺寸如图 4-186 所示；切除拉伸模式为完全贯穿，实体形状如图 4-187 所示。

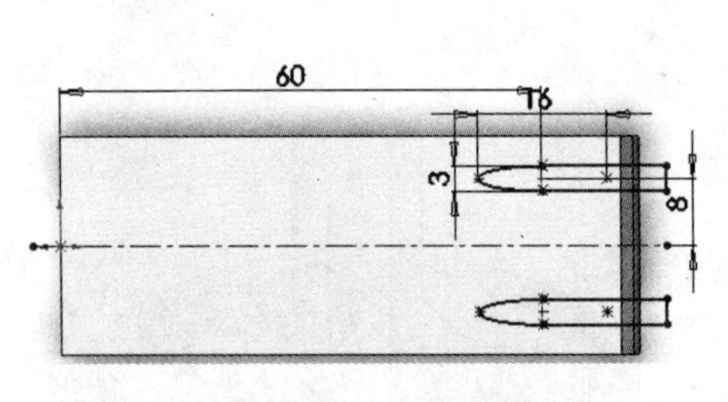

图 4-186　沟槽草图

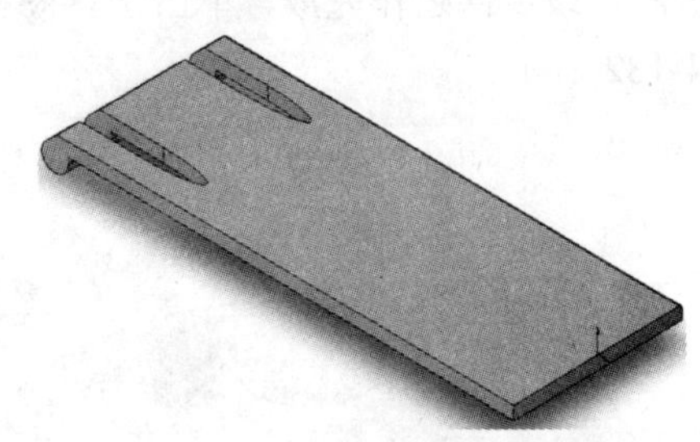

图 4-187　切除特征

（3）产生圆弧体。圆弧体草图尺寸如图 4-188 所示；圆弧体用旋转凸台产生，如图 4-189 所示。

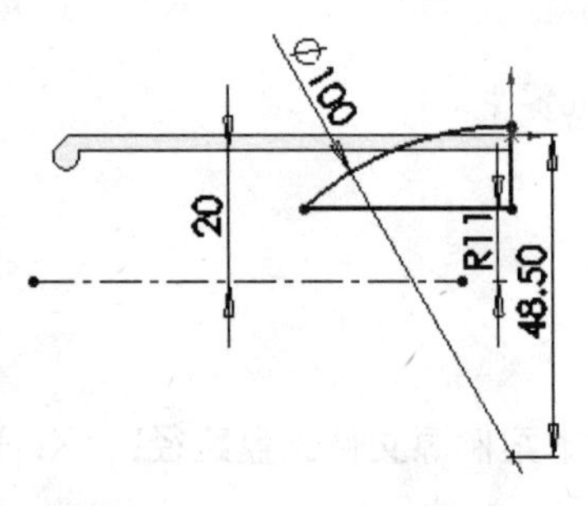

图 4-188　圆弧体草图

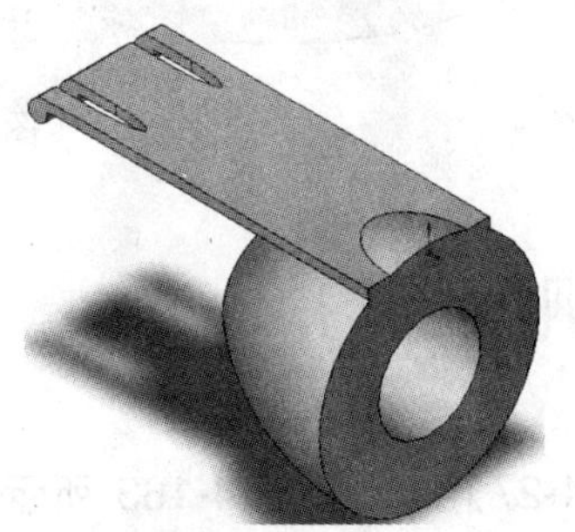

图 4-189　旋转凸台

（4）切削圆弧体。切削草图尺寸如图 4-190 所示；拉伸切除特征，切除方向 1 与方向 2 为完全贯穿，特征如图 4-191 所示。

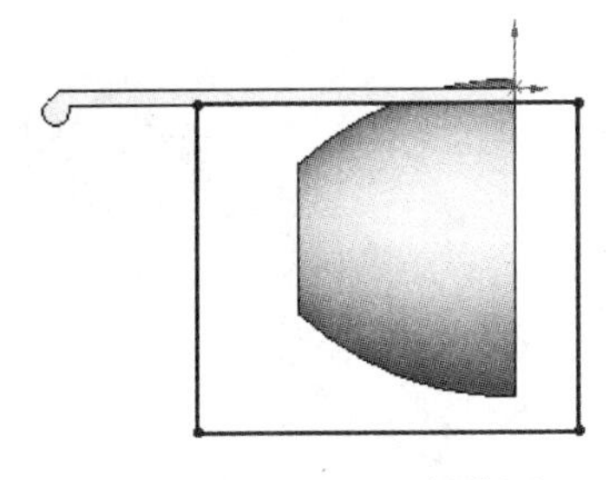

图 4-190 切削草图

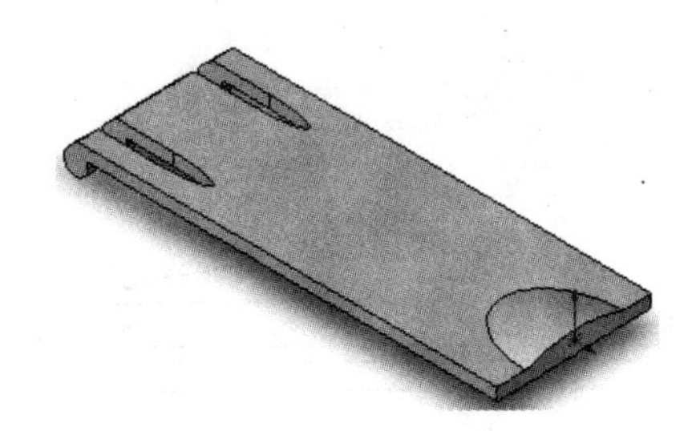

图 4-191 切除特征

（5）圆弧切削。圆弧切削草图如图 4-192 所示；产生旋转切除特征如图 4-193 所示。

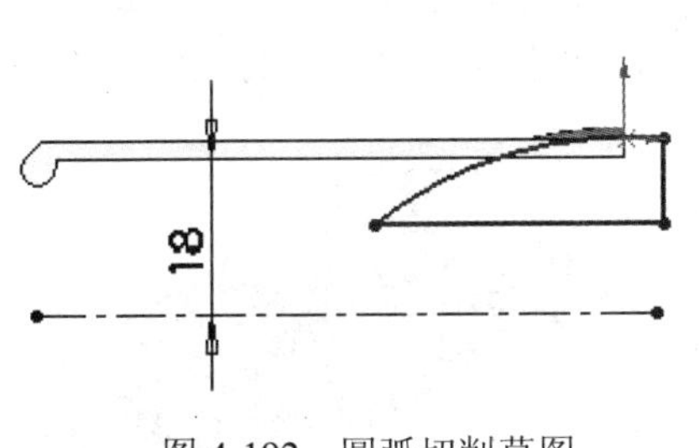

图 4-192 圆弧切削草图

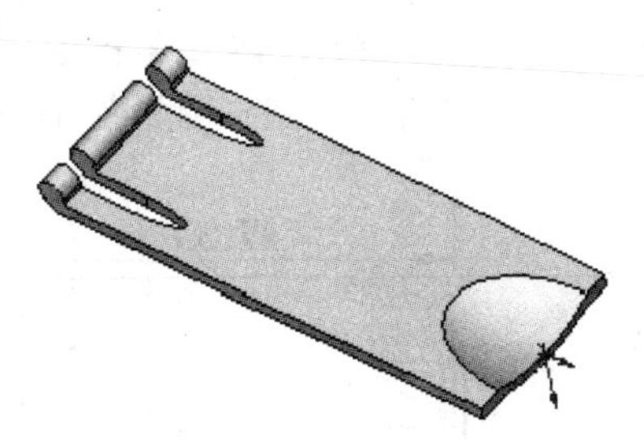

图 4-193 旋切除特征

（6）切削支撑架本体。草图尺寸如图 4-194 所示；拉伸切除，设定方向 1 和方向 2 为完全贯穿，特征如图 4-195 所示。

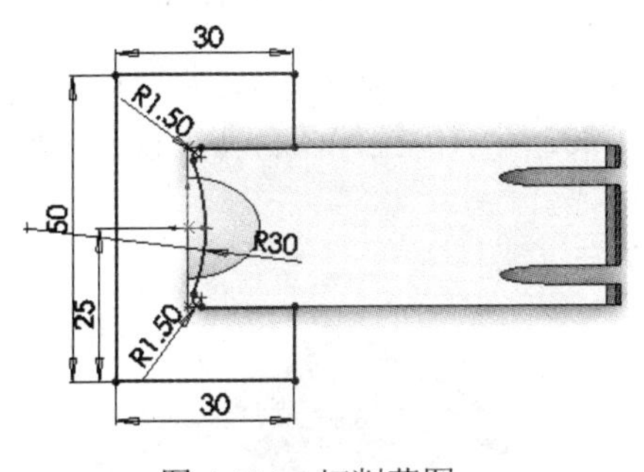

图 4-194 切削草图

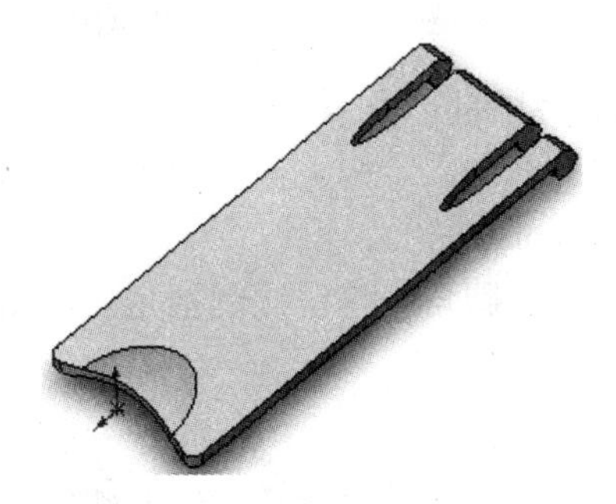

图 4-195 切削特征

（7）产生圆柱。草图尺寸如图 4-196 所示；拉伸凸台特征的高度为 1.2mm，形状如图 4-197 所示。

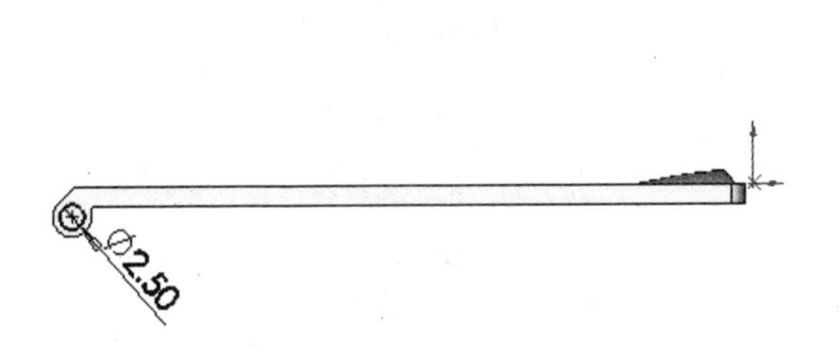

图 4-196 圆柱草图

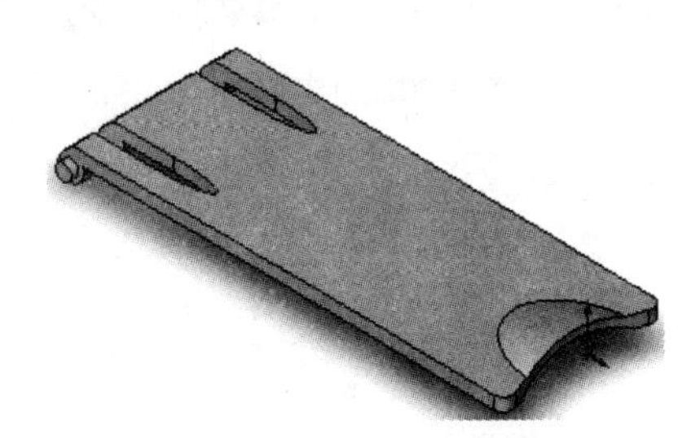

图 4-197 拉伸凸台特征

（8）切削支撑圆柱。在右视平面，绘制草图如图 4-198 所示；拉伸切除模式为完全贯穿，产生特征如图 4-199 所示。

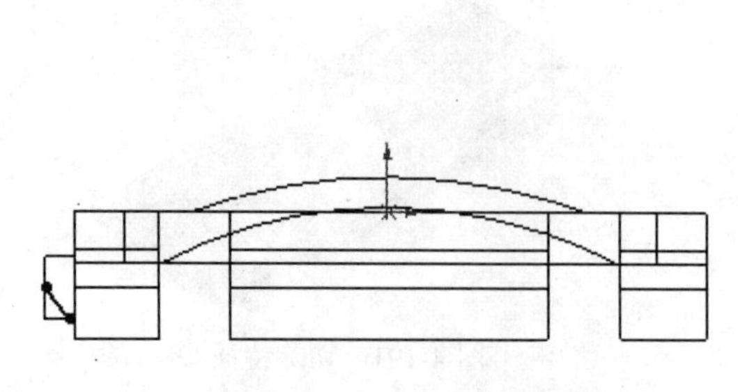
图 4-198　支撑圆柱草图

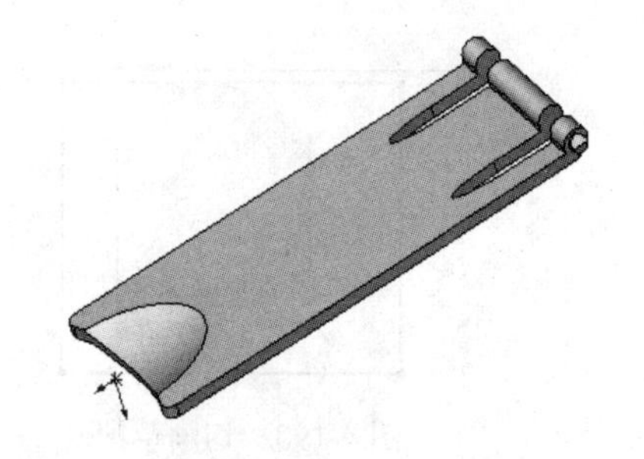
图 4-199　拉伸切除

（9）镜像特征。按住【Ctrl】键连续选取 7 凸台、8 切除特征与前视基准面，进行镜像。

（10）切削沟槽。绘制草图如图 4-200 所示；拉伸切除特征如图 4-201 所示。

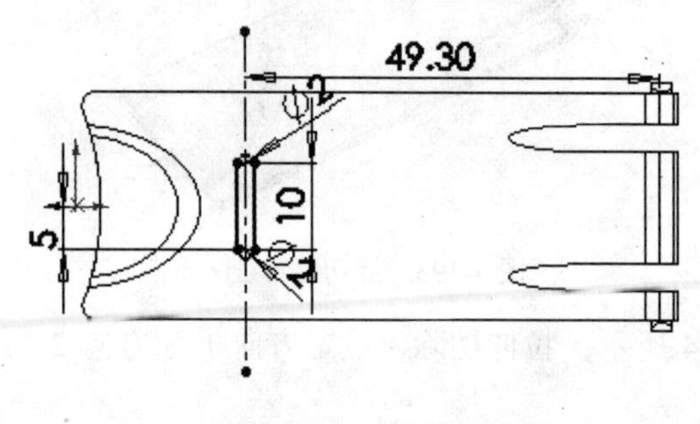

图 4-200　切削沟槽草图

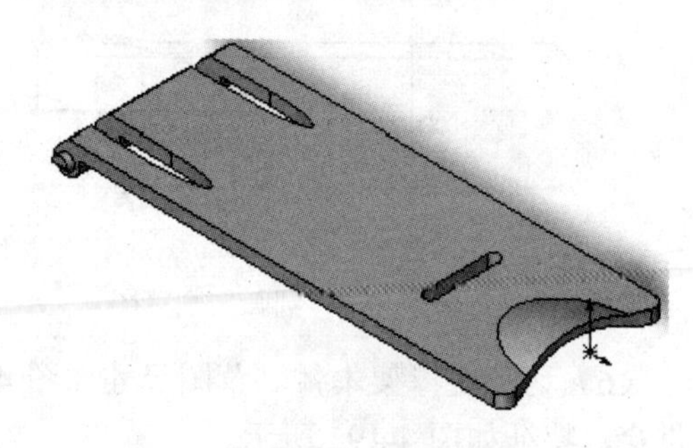
图 4-201　切除特征

（11）线性阵列。将 10 沟槽特征进行线性阵列，方向 1 距离 6mm、总数量为 5 个。

（12）产生固定钩。在前视中绘制草图如图 4-202 所示；拉伸凸台特征模式为两侧对称，总长度为 6mm。

（13）倒圆角。将边线倒圆角，如图 4-203 所示。

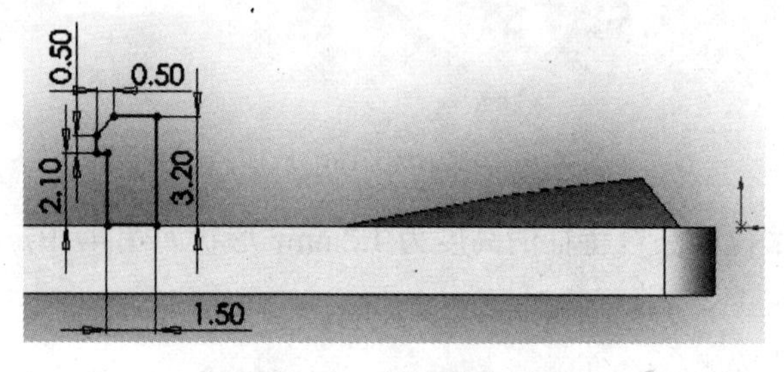

图 4-202　固定钩草图

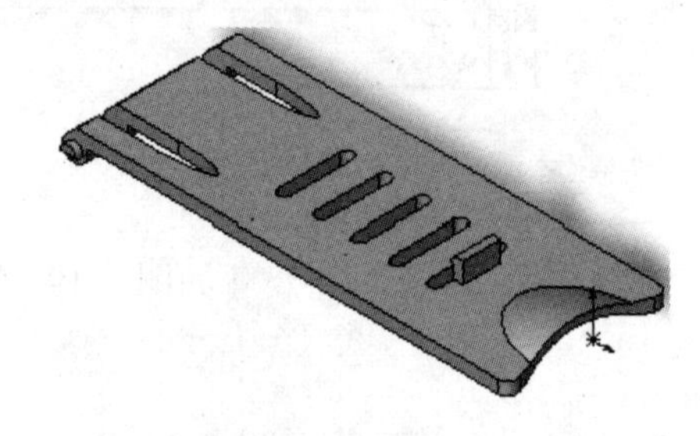
图 4-203　倒圆角

第 5 章 辅助特征工具

在复杂的建模过程中，单一的特征命令有时不能完成相应的建模，需要利用辅助平面和辅助直线等手段来完成模型的绘制。这些辅助手段就是参考几何体。SolidWorks 提供了实际建模过程中需要的参考几何体。

查询功能主要是查询所建模型的表面积、体积、质量，以及计算设计零部件的结构强度、安全因子等。

5.1 参考几何体

参考几何体主要包括基准面、基准轴、坐标系 3 部分。“参考几何体”操控板如图 5-1 所示。各参考几何体的功能如下。

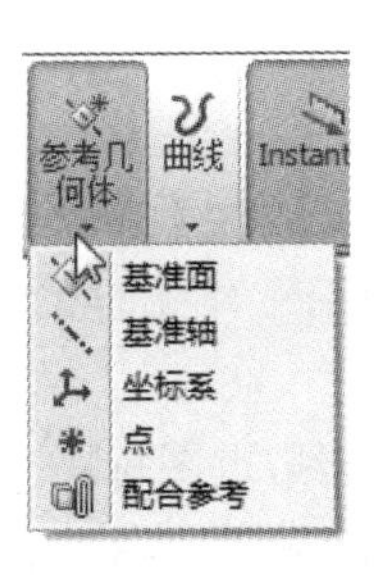

图 5-1 “参考几何体”操控板

5.1.1 基准面

基准面主要应用于零件图和装配图中，可以利用基准面来绘制草图，生成模型的剖面视图，用于拔模特征中的中性面等。

SolidWorks 提供了前视基准面、上视基准面和右视基准面 3 个默认的相互垂直的基准面。通常情况下，用户在这 3 个基准面上绘制草图，然后使用特征命令创建实体模型即可绘制需要的图形。但是，对于一些特殊的特征，比如创建扫描和放样特征却需要在不同的基准面上绘制草图，才能完成模型的构建，这就需要创建新的基准面。

创建基准面有 6 种方式，分别是：通过直线和点方式、点和平行面方式、两面夹角方式、等距距离方式、垂直于曲线方式与曲面切平面方式等。下面详细介绍各种创建基准面的方式。

1．通过直线和点方式

该方式用于创建一个通过边线、轴或者草图线和点，或者通过 3 点的基准面。

下面通过实例介绍该方式的操作步骤。

【案例 5-1】本案例源文件光盘路径："X：\源文件\ch5\5.1.SLDPRT"，本案例视频内容光盘路径："X：\动画演示\ch5\5.1 基准面 1.swf"。

（1）设置基准面。在左侧的"FeatureManager 设计树"中用鼠标选择"前视基准面"作为绘制图形的基准面。

（2）绘制草图。执行【工具】→【草图绘制实体】→【矩形】菜单命令，以原点为一角点绘制一个矩形并标注尺寸，结果如图 5-2 所示。

（3）拉伸实体。执行【插入】→【凸台/基体】→【拉伸】菜单命令，将上一步绘制的草图拉伸为"深度"均为 30 的实体，结果如图 5-3 所示。

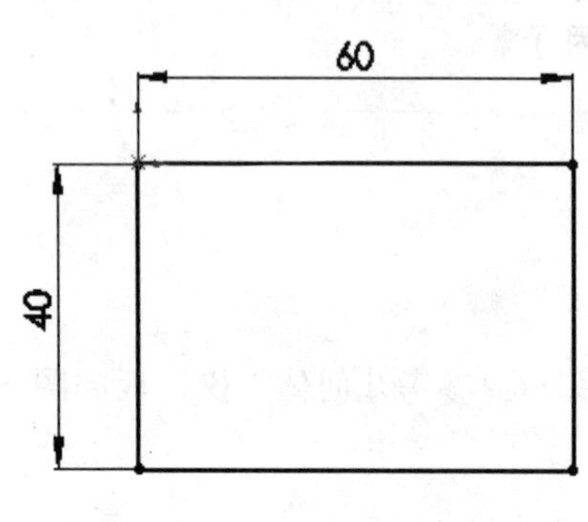

图 5-2　绘制的草图

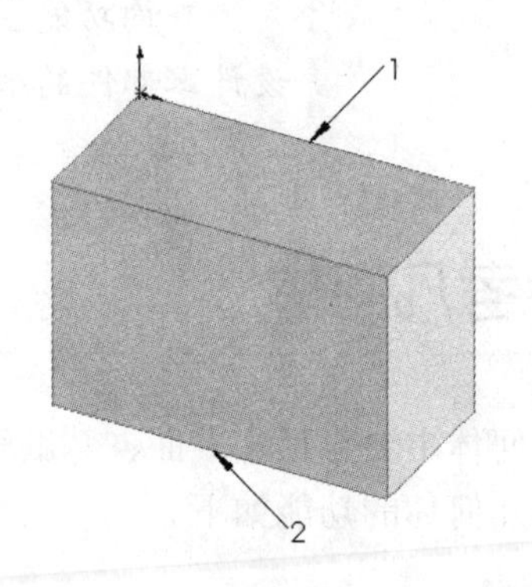

图 5-3　拉伸的图形

（4）执行基准面命令。执行【插入】→【参考几何体】→【基准面】菜单命令，或者单击"参考几何体"操控板中的基准面图标，此时系统弹出如图 5-4 所示的"基准面"属性管理器。

（5）设置属性管理器。单击通过直线/点图标，设置基准面的创建方式为通过直线和点方式。在"参考实体"一栏中，用鼠标选择图 5-3 中的边线 1 和边线 2 的中点。也可以在"参考实体"一栏中，用鼠标选择图 5-3 中边线 1 的两个端点和边线 2 的中点，生成同样的基准面。

（6）确认生成的基准面。单击"基准面"属性管理器中的确定图标，结果如图 5-5 所示。

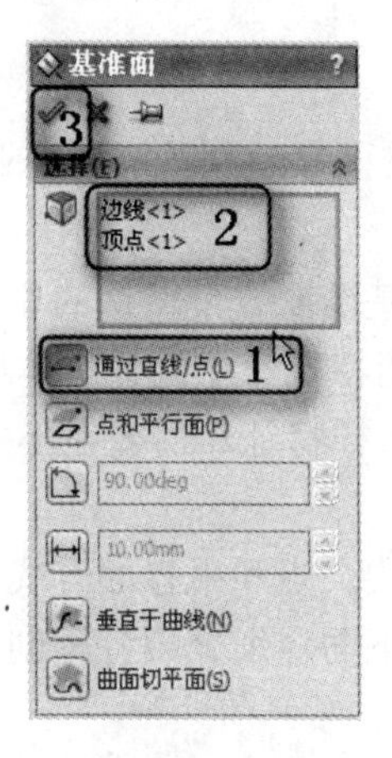

图 5-4　"基准面"属性管理器

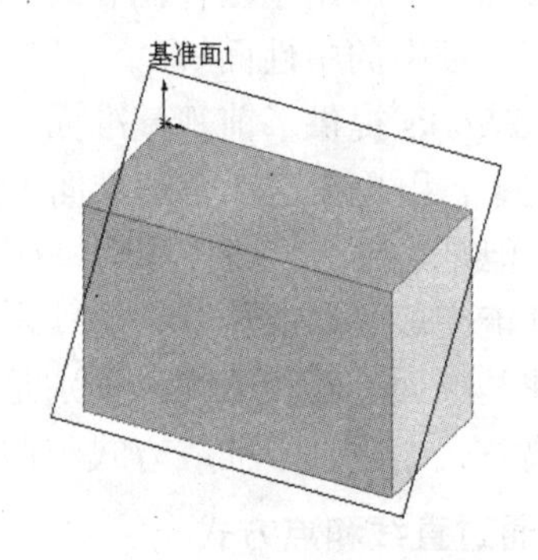

图 5-5　创建基准面的图形

2．点和平行面方式

该方式用于创建一个通过点且平行于基准面或者面的基准面。

下面通过实例介绍该方式的操作步骤。

【案例 5-2】本案例源文件光盘路径：“X：\源文件\ch5\5.1.SLDPRT”，本案例视频内容光盘路径：“X：\动画演示\ch5\5.2 基准面 2.swf”。

（1）设置基准面。在左侧的“FeatureManager 设计树”中用鼠标选择“前视基准面”作为绘制图形的基准面。

（2）绘制草图。执行【工具】→【草图绘制实体】→【矩形】菜单命令，以原点为一角点绘制一个矩形并标注尺寸，结果如图 5-6 所示。

（3）拉伸实体。执行【插入】→【凸台/基体】→【拉伸】菜单命令，将上一步绘制的草图拉伸为“深度”均为 30 的实体，结果如图 5-7 所示。

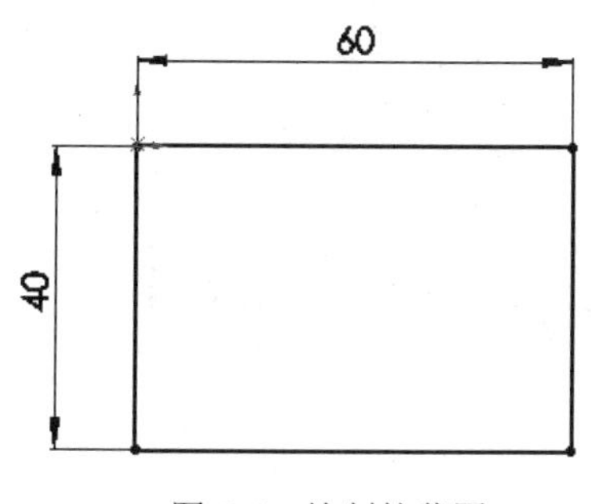

图 5-6　绘制的草图

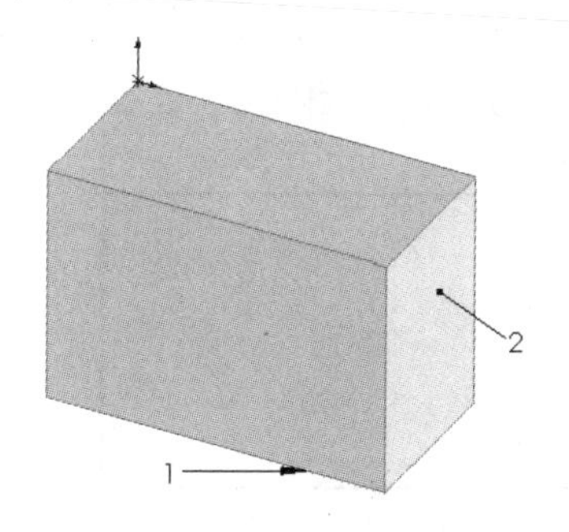

图 5-7　拉伸的图形

（4）执行基准面命令。执行【插入】→【参考几何体】→【基准面】菜单命令，或者单击“参考几何体”操控板中的基准面图标，此时系统弹出如图 5-8 所示的“基准面”属性管理器。

（5）设置属性管理器。单击点和平行面图标，设置基准面的创建方式为点和平行面方式。在“参考实体”一栏中，用鼠标选择图 5-7 中的边线 1 的中点和面 2。

（6）确认添加的基准面。单击“基准面”属性管理器中的确定图标，结果如图 5-9 所示。

图 5-8　“基准面”属性管理器

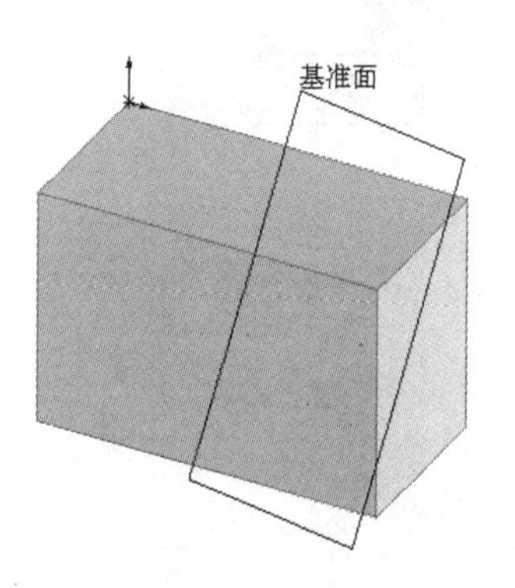

图 5-9　创建基准面的图形

3．两面夹角方式

该方式用于创建一个通过一条边线、轴线或者草图线，并与一个面或者基准面成一定角度的基准面。下面通过实例介绍该方式的操作步骤。

【案例 5-3】本案例源文件光盘路径："X：\源文件\ch5\5.1.SLDPRT"，本案例视频内容光盘路径："X：\动画演示\ch5\5.3 基准面 3.swf"。

（1）设置基准面。在左侧的"FeatureManager 设计树"中用鼠标选择"前视基准面"作为绘制图形的基准面。

（2）绘制草图。执行【工具】→【草图绘制实体】→【矩形】菜单命令，以原点为一角点绘制一个矩形并标注尺寸，结果如图 5-10 所示。

（3）拉伸实体。执行【插入】→【凸台/基体】→【拉伸】菜单命令，将上一步绘制的草图拉伸为"深度"均为 30 的实体，结果如图 5-11 所示。

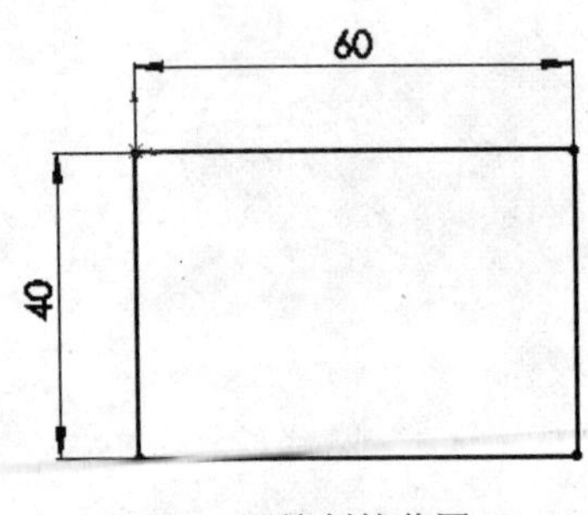

图 5-10　绘制的草图

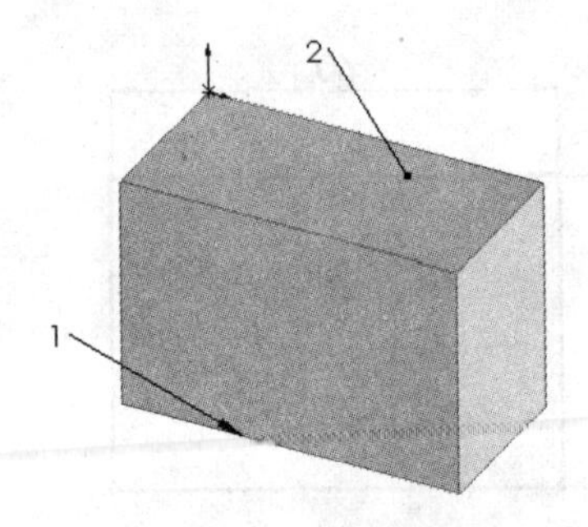

图 5-11　拉伸的图形

（4）执行基准面命令。执行【插入】→【参考几何体】→【基准面】菜单命令，或者单击"参考几何体"操控板中的基准面图标，此时系统弹出如图 5-12 所示的"基准面"属性管理器。

（5）设置属性管理器。单击两面夹角图标，设置基准面的创建方式为两面夹角方式。在"角度"一栏中输入值为 60；在"参考实体"一栏中，用鼠标选择图 5-11 中的边线 1 的中点和面 2。

（6）确认添加的基准面。单击"基准面"属性管理器中的确定图标，结果如图 5-13 所示。

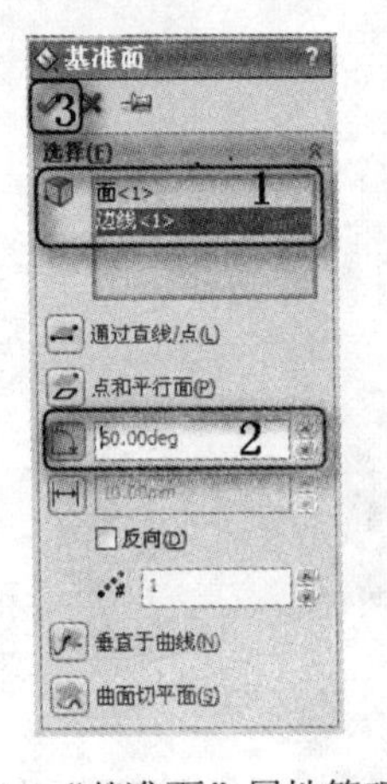

图 5-12　"基准面"属性管理器

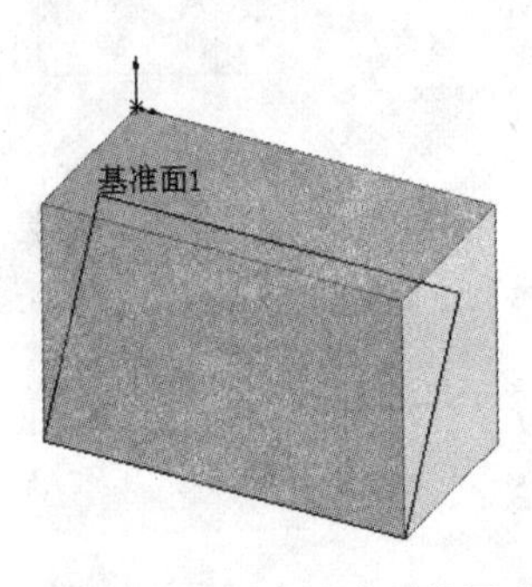

图 5-13　创建基准面的图形

4. 等距距离方式

该方式用于创建一个平行于一个基准面或者面，并等距指定距离的基准面。下面通过实例介绍该方式的操作步骤。

【案例 5-4】本案例源文件光盘路径：“X：\源文件\ch5\5.1.SLDPRT”，本案例视频内容光盘路径：“X：\动画演示\ch5\5.4 基准面 4.swf”。

（1）设置基准面。在左侧的“FeatureManager 设计树”中用鼠标选择“前视基准面”作为绘制图形的基准面。

（2）绘制草图。执行【工具】→【草图绘制实体】→【矩形】菜单命令，以原点为一角点绘制一个矩形并标注尺寸，结果如图 5-14 所示。

（3）拉伸实体。执行【插入】→【凸台/基体】→【拉伸】菜单命令，将上一步绘制的草图拉伸为“深度”均为 30 的实体，结果如图 5-15 所示。

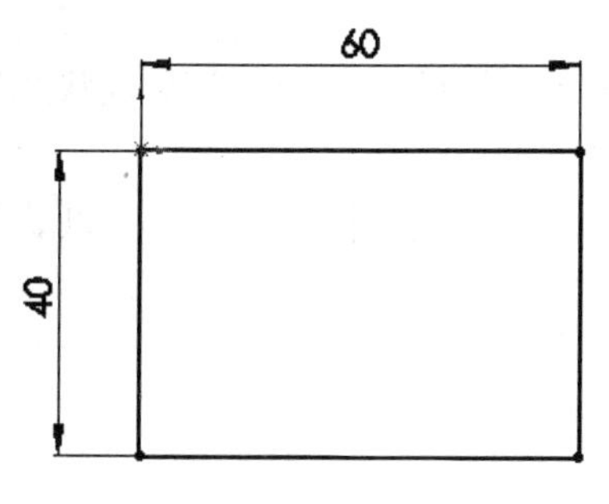

图 5-14　绘制的草图

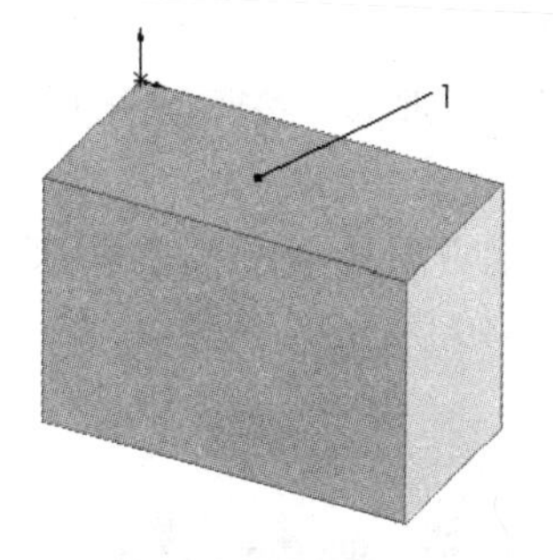

图 5-15　拉伸的图形

（4）执行基准面命令。执行插入】→【参考几何体】→【基准面】菜单命令，或者单击“参考几何体”操控板中的基准面图标，此时系统弹出如图 5-16 所示的“基准面”属性管理器。

（5）设置基准面。单击等距距离图标，设置基准面的创建方式为等距距离方式。在“距离”一栏中输入值 20；在“参考实体”一栏中，用鼠标选择如图 5-15 所示中的面 1。单击“基准面”属性管理器中的“反向”复选框，可以设置生成基准面相对于参考面的方向。

（6）确认添加的基准面。单击“基准面”属性管理器中的确定图标，结果如图 5-17 所示。

图 5-16　“基准面”属性管理器

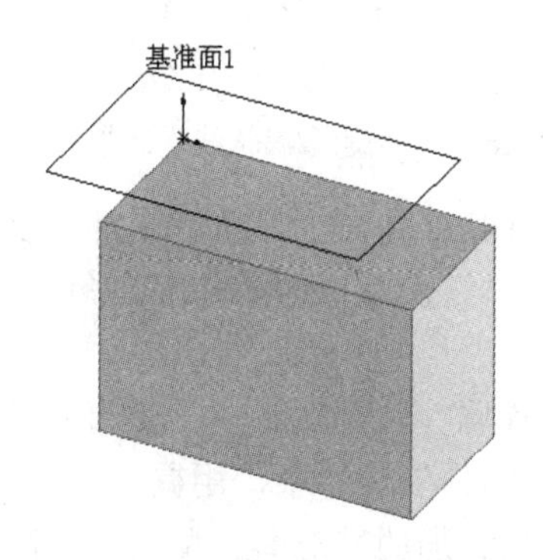

图 5-17　创建基准面的图形

5．垂直于曲线方式

该方式用于创建通过一个点且垂直于一条边线或者曲线的基准面。

下面通过实例介绍该方式的操作步骤。

【案例 5-5】本案例源文件光盘路径："X：\源文件\ch5\5.2.SLDPRT"，本案例视频内容光盘路径："X：\动画演示\ch5\5.5 基准面 5.swf"。

（1）设置基准面。在左侧的"FeatureManager 设计树"中用鼠标选择"前视基准面"作为绘制图形的基准面。

（2）绘制草图。执行【工具】→【草图绘制实体】→【圆】菜单命令，以原点为圆心绘制一个直径为 60 的圆。

（3）执行螺旋线命令。执行【插入】→【曲线】→【螺旋线/涡状线】菜单命令，或者单击"曲线"操控板中的螺旋线/涡状线图标，此时系统弹出如图 5-18 所示的"螺旋线/涡状线"属性管理器。

（4）设置属性管理器。按照如图 5-18 所示进行设置，然后单击"螺旋线/涡状线"属性管理器中的确定图标✔。

（5）设置视图方向。单击"前导视图"工具栏中的等轴测图标，将视图以等轴测方向显示，结果如图 5-19 所示。

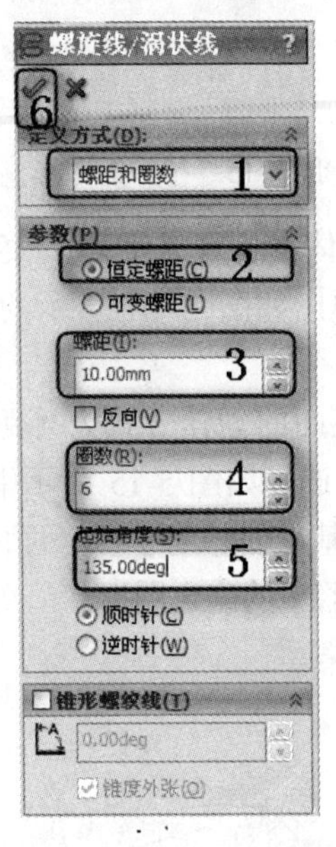

图 5-18 "螺旋线/涡状线"属性管理器

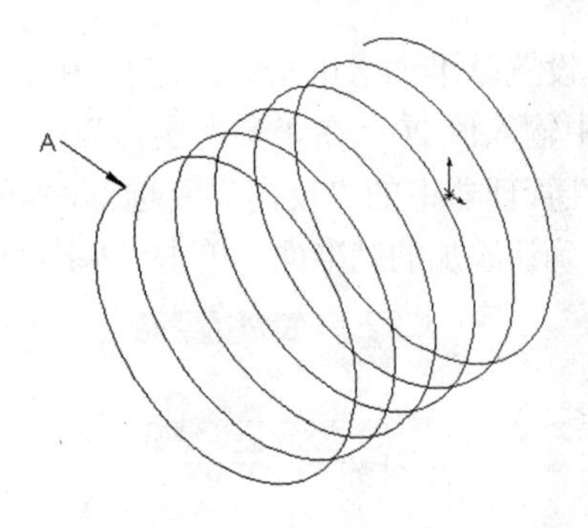

图 5-19 生成的螺旋线

（6）执行基准面命令。执行【插入】→【参考几何体】→【基准面】菜单命令，或者单击"参考几何体"操控板中的基准面图标，此时系统弹出如图 5-20 所示的"基准面"属性管理器。

（7）设置属性管理器。单击垂直于曲线图标，设置基准面的创建方式为垂直于曲线方式。在"参考实体"一栏中，用鼠标选择如图 5-19 所示中的螺旋线和端点 A。

（8）确认添加的基准面。单击"基准面"属性管理器中的确定图标✔，则创建一个通过点 A 且与螺旋线垂直的基准面，结果如图 5-21 所示。

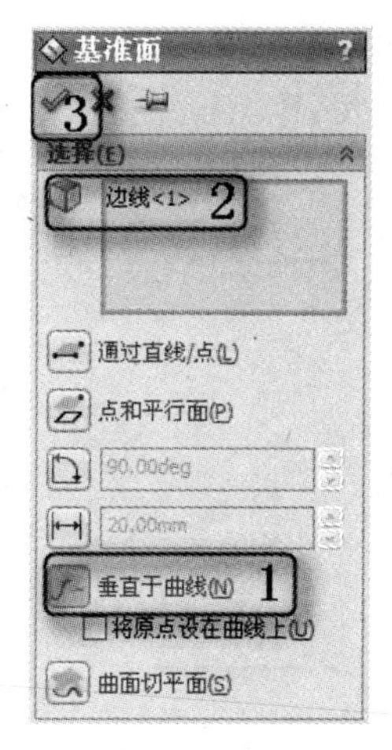

图 5-20　“基准面”属性管理器

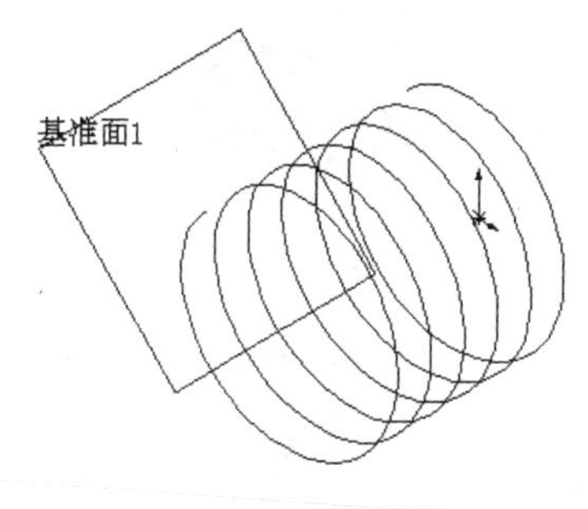

图 5-21　创建的基准面

（9）单击“前导视图”工具栏中的旋转视图图标，将视图以合适的方向显示，结果如图 5-22 所示。

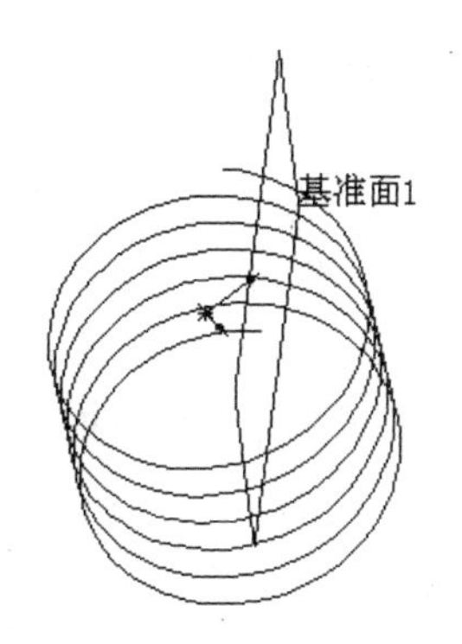

图 5-22　旋转视图的图形

6．曲面切平面方式

该方式用于创建一个与空间面或圆形曲面相切于一点的基准面。下面通过实例介绍该方式的操作步骤。

【案例 5-6】本案例源文件光盘路径：“X：\源文件\ch5\5.3.SLDPRT”，本案例视频内容光盘路径：“X：\动画演示\ch5\5.6 基准面 6.swf”。

（1）设置基准面。在左侧的“FeatureManager 设计树”中用鼠标选择“前视基准面”作为绘制图形的基准面。

（2）绘制草图。执行【工具】→【草图绘制实体】→【圆】菜单命令，以原点为圆心绘制一个直径为 60 的圆。

（3）拉伸实体。执行【插入】→【凸台/基体】→【拉伸】菜单命令，将上一步绘制的草图拉伸为“深度”均为 60 的实体，结果如图 5-23 所示。

（4）执行基准面命令。执行【插入】→【参考几何体】→【基准面】菜单命令，或者单击“参考几何体”操控板中的基准面图标，此时系统弹出如图 5-24 所示的“基准面”属性管理器。

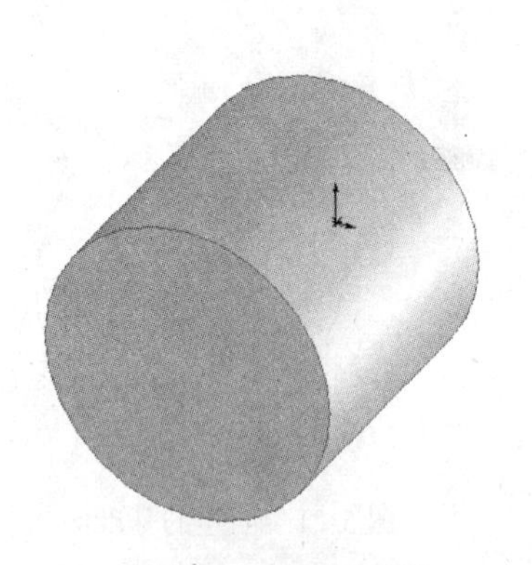

图 5-23　拉伸的图形

图 5-24　“基准面”属性管理器

（5）设置属性管理器。单击曲面切平面图标，设置基准面的创建方式为曲面切平面方式。在“参考实体”一栏中，用鼠标选择如图 5-23 所示中的圆柱体表面和“FeatureManager 设计树”中的上视基准面。

（6）确认添加的基准面。单击“基准面”属性管理器中的确定图标，则创建一个与圆柱体表面相切且与垂直于上视基准面的基准面，结果如图 5-25 所示。

实例是以参照平面方式生成的基准面，生长的基准面垂直于参考平面；也可以参考点方式生成基准面，生成的基准面与点距离最近且垂直于曲面的基准面，如图 5-26 所示为参考点方式生成的基准面。

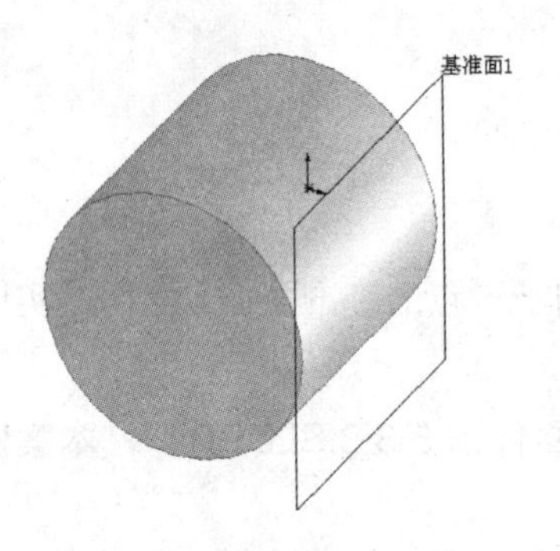

图 5-25　面方式创建的基准面

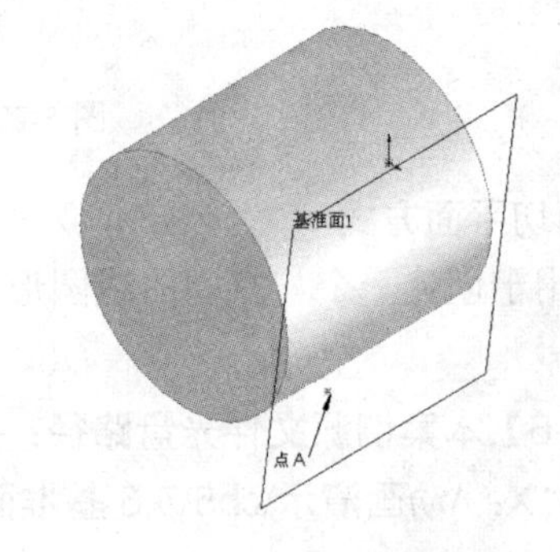

图 5-26　点方式创建的基准面

5.1.2　基准轴

基准轴通常用在成草图几何体时或者圆周阵列中使用。每一个圆柱和圆锥面都有一条轴线。临时轴是由模型中的圆锥和圆柱隐含生成的，可以执行【视图】→【临时轴】菜单命令来隐藏或显示所有临时轴。

创建基准面有 5 种方式，分别是：一直线/边线/轴方式、两平面方式、两点/顶点方式、圆柱/圆锥面方式与点和面/基准面方式等。下面详细介绍各种创建基准轴的方式。

1．一直线/边线/轴方式

选择一草图的直线、实体的边线或者轴，创建所选直线所在的轴线。

【案例 5-7】本案例源文件光盘路径：“X：\源文件\ch5\5.4.SLDPRT”，本案例视频内容光盘路径：“X：\动画演示\ch5\5.7 基准轴 1.swf”。

下面通过实例介绍该方式的操作步骤。

（1）设置基准面。在左侧的“FeatureManager 设计树”中用鼠标选择“前视基准面”作为绘制图形的基准面。

（2）绘制草图。执行【工具】→【草图绘制实体】→【直线】菜单命令，绘制系列直线并标注尺寸，结果如图 5-27 所示。

（3）拉伸实体。执行【插入】→【凸台/基体】→【拉伸】菜单命令，将上一步绘制的草图拉伸为“深度”均为 60 的实体，结果如图 5-28 所示。

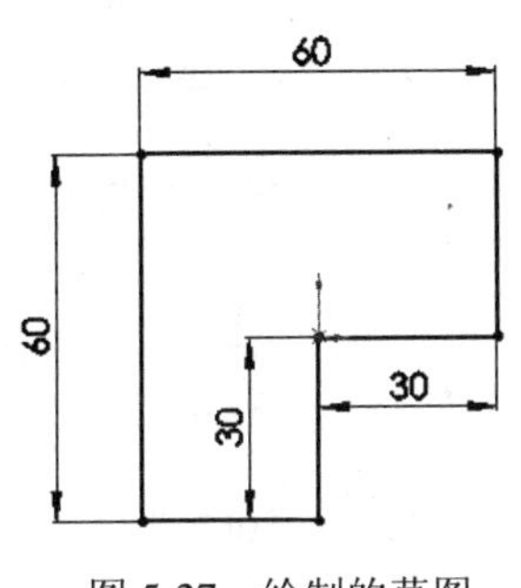

图 5-27　绘制的草图

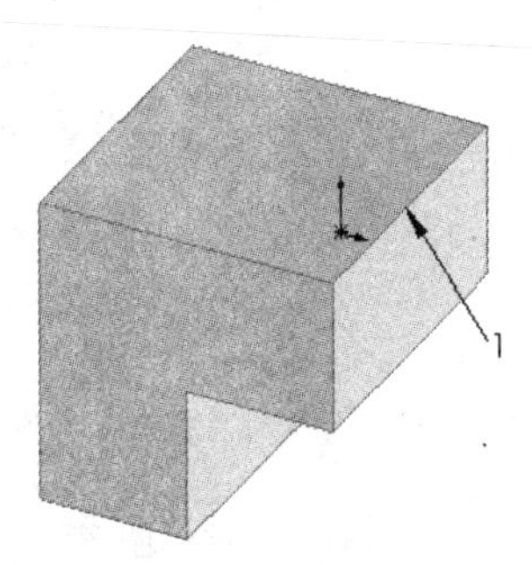

图 5-28　拉伸的图形

（4）执行基准轴命令。执行【插入】→【参考几何体】→【基准轴】菜单命令，或者单击“参考几何体”操控板中的基准轴图标，此时系统弹出如图 5-29 所示的“基准轴”属性管理器。

（5）设置属性管理器。单击“一直线/边线/轴”图标，设置基准轴的创建方式为一直线/边线/轴方式。在“参考实体”一栏中，用鼠标选择如图 5-28 所示中的边线 1。

（6）确认添加的基准轴。单击“基准轴”属性管理器中的确定图标，创建一个边线 1 所在的轴线，结果如图 5-30 所示。

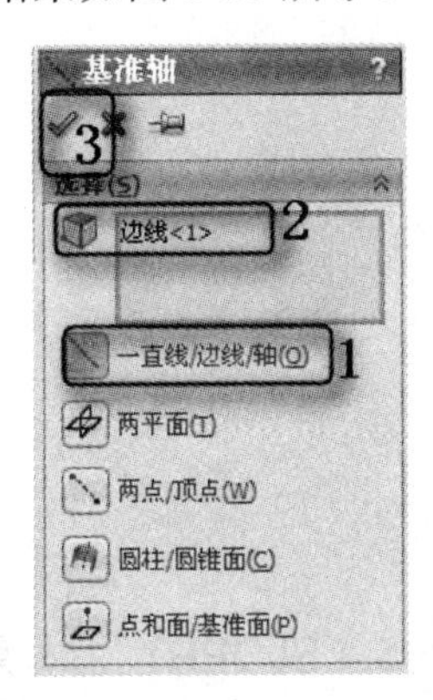

图 5-29　“基准轴”属性管理器

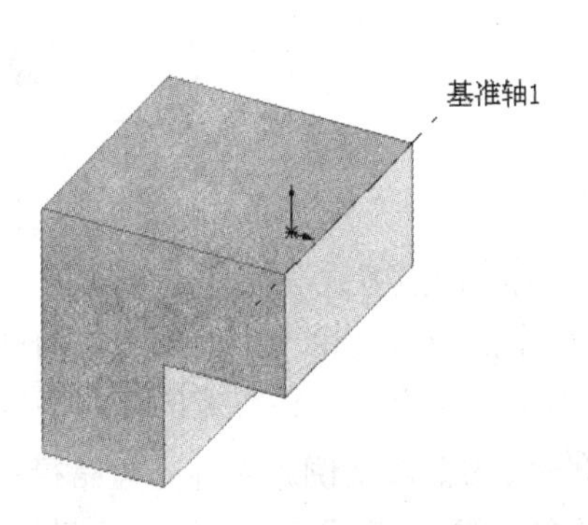

图 5-30　创建基准轴的图形

2．两平面方式

将所选两平面的交线作为基准轴。

下面通过实例介绍该方式的操作步骤。

【案例 5-8】本案例源文件光盘路径："X：\源文件\ch5\5.4.SLDPRT"，本案例视频内容光盘路径："X：\动画演示\ch5\5.8 基准轴 2.swf"。

（1）重复"一直线/边线/轴方式"的步骤(1)～(3)，绘制如图 5-31 所示的图形。

（2）执行基准轴命令。执行【插入】→【参考几何体】→【基准轴】菜单命令，或者单击"参考几何体"操控板中的基准轴图标，此时系统弹出如图 5-32 所示的"基准轴"属性管理器。

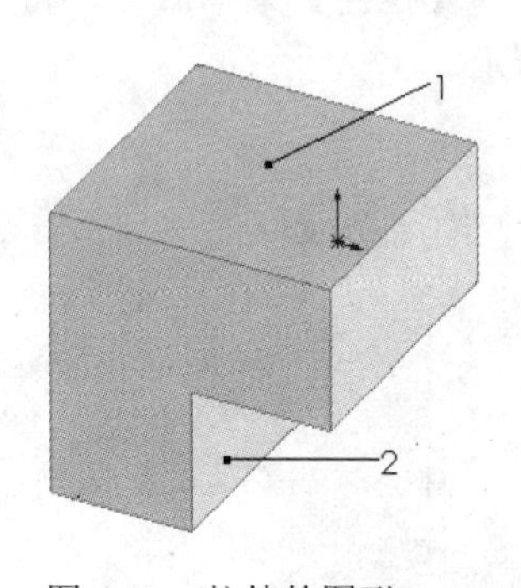

图 5-31　拉伸的图形

图 5-32　"基准轴"属性管理器

（3）设置属性管理器。单击两平面图标，设置基准轴的创建方式为两平面方式。在"参考实体"一栏中，用鼠标选择如图 5-31 所示中的面 1 和面 2。

（4）确认添加的基准轴。单击"基准轴"属性管理器中的确定图标，以两平面的交线创建一个基准轴，结果如图 5-33 所示。

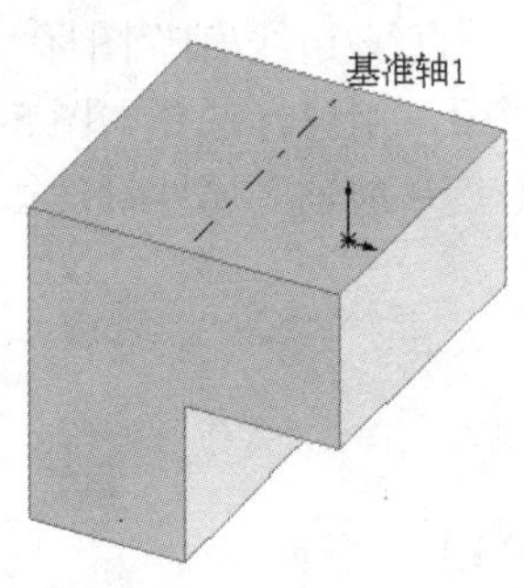

图 5-33　创建基准轴的图形

3．两点/顶点方式

将两个点或者两个顶点的连线作为基准轴。

下面通过实例介绍该方式的操作步骤。

【案例 5-9】本案例源文件光盘路径："X：\源文件\ch5\5.4.SLDPRT"，本案例视频内容光盘路径："X：\动画演示\ch5\5.9 基准轴 3.swf"。

（1）重复"一直线/边线/轴方式"的步骤（1）～（3），绘制如图 5-34 所示的图形。

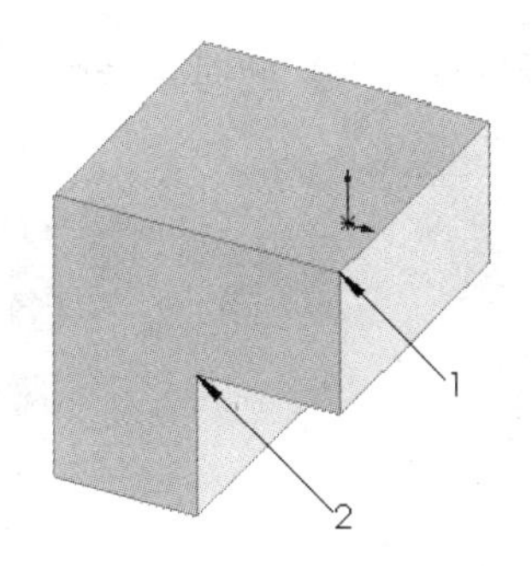

图 5-34　拉伸的图形

（2）执行基准轴命令。执行【插入】→【参考几何体】→【基准轴】菜单命令，或者单击“参考几何体”操控板中的“基准轴图标，此时系统弹出如图 5-35 所示的“基准轴”属性管理器。

（3）设置属性管理器。单击两点/顶点图标，设置基准轴的创建方式为两点/顶点方式。在“参考实体”一栏中，用鼠标选择如图 5-34 所示中的顶点 1 和顶点 2。

（4）确认添加的基准轴。单击“基准轴”属性管理器中的确定图标，以两顶点的交线创建一个基准轴。结果如图 5-36 所示。

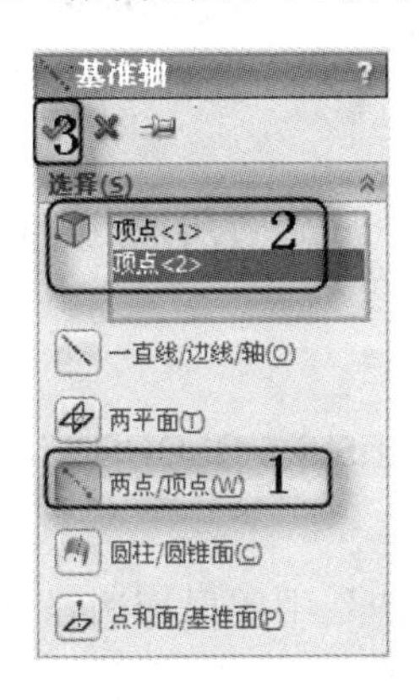

图 5-35　“基准轴”属性管理器

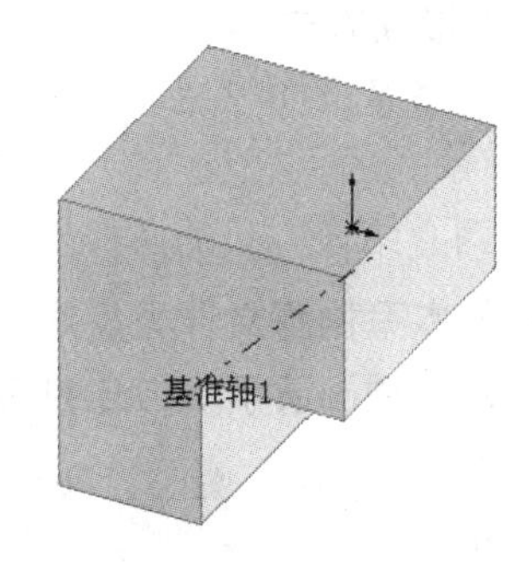

图 5-36　创建基准轴的图形

4．圆柱/圆锥面方式

选择圆柱面或者圆锥面，将其临时轴确定为基准轴。

【案例 5-10】本案例源文件光盘路径：“X：\源文件\ch5\5.3.SLDPRT”，本案例视频内容光盘路径：“X：\动画演示\ch5\5.10 基准轴 4.swf”。

下面通过实例介绍该方式的操作步骤。

（1）设置基准面。在左侧的“FeatureManager 设计树”中用鼠标选择“前视基准面”作为绘制图形的基准面。

（2）绘制草图。执行【工具】→【草图绘制实体】→【圆】菜单命令，以原点为圆心绘制一个直径为 60 的圆。

（3）拉伸实体。执行【插入】→【凸台/基体】→【拉伸】菜单命令，将上一步绘制的草图拉伸为“深度”均为 60 的实体。结果如图 5-37 所示。

（4）执行基准轴命令。执行【插入】→【参考几何体】→【基准轴】菜单命令，或者单击“参考几何体”操控板中的基准轴图标，此时系统弹出如图 5-38 所示的“基准轴”属性管理器。

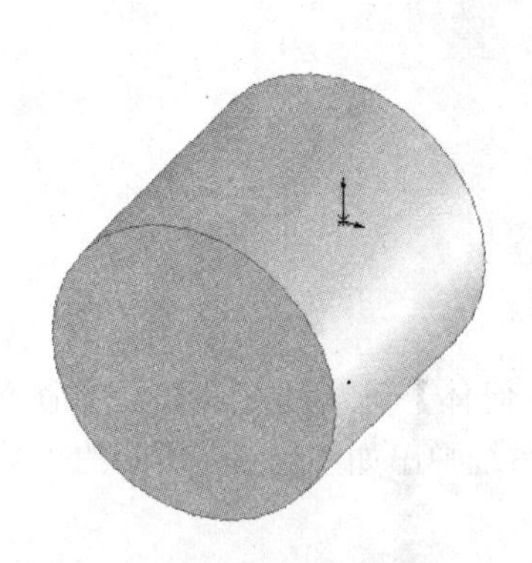

图 5-37　拉伸的图形

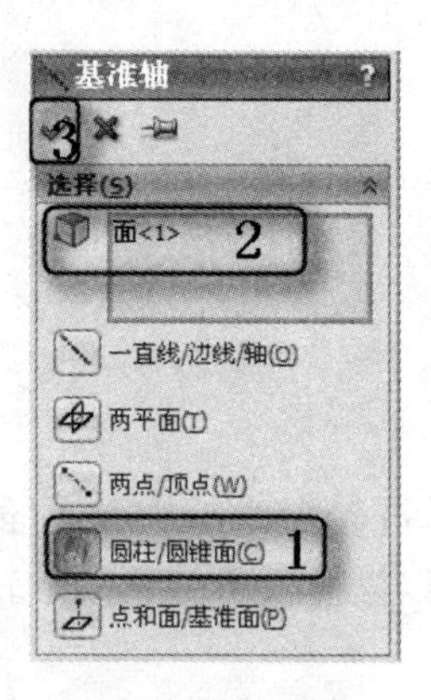

图 5-38　“基准轴”属性管理器

（5）设置属性管理器。单击圆柱/圆锥面图标，设置基准轴的创建方式为圆柱/圆锥面方式。在“参考实体”一栏中，用鼠标选择如图 5-37 所示中圆柱体的表面。

（6）确认添加的基准轴。单击“基准轴”属性管理器中的确定图标，将圆柱体临时轴确定为基准轴，结果如图 5-39 所示。

5．点和面/基准面方式

选择一曲面或者基准面以及顶点、点或者中点，创建一个通过所选点并且垂直于所选面的基准轴。

下面通过实例介绍该方式的操作步骤。

【案例 5-11】本案例源文件光盘路径：“X：\源文件\ch5\5.5.SLDPRT”，本案例视频内容光盘路径：“X：\动画演示\ch5\5.11 基准轴 5.swf”。

（1）设置基准面。在左侧的“FeatureManager 设计树”中用鼠标选择“前视基准面”作为绘制图形的基准面。

（2）绘制草图。执行【工具】→【草图绘制实体】→【矩形】菜单命令，以原点为一角点绘制一个边长为 60 的正方形。

（3）拉伸实体。执行【插入】→【凸台/基体】→【拉伸】菜单命令，将上一步绘制的草图拉伸为“深度”均为 60，“拔模角度”为 10 的实体，结果如图 5-40 所示。

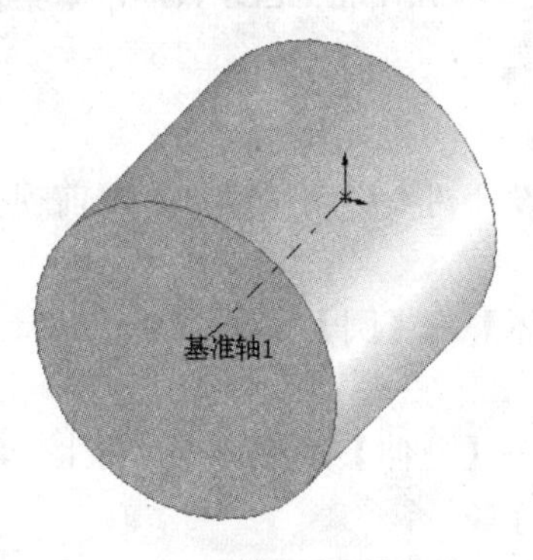

图 5-39　创建基准轴的图形

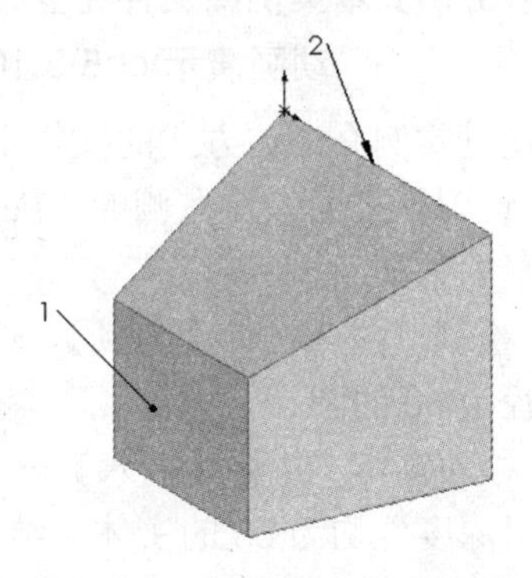

图 5-40　拉伸的图形

（4）执行基准轴命令。执行【插入】→【参考几何体】→【基准轴】菜单命令，或者单击“参考几何体”操控板中的基准轴图标，此时系统弹出如图 5-38 所示的“基准轴”属性管理器。

（5）设置属性管理器。单击点和面/基准面图标，设置基准轴的创建方式为点和面/基准面方式。在“参考实体”一栏中，用鼠标选择如图 5-40 所示中面 1 和边线 2 的中点。

（6）确认添加的基准轴。单击“基准轴”属性管理器中的确定图标，创建一个通过边线 2 的中点且垂直于面 1 的基准轴。

（7）确认添加的基准轴。单击“前导视图”工具栏中的旋转视图图标，将视图以合适的方向显示，结果如图 5-42 所示。

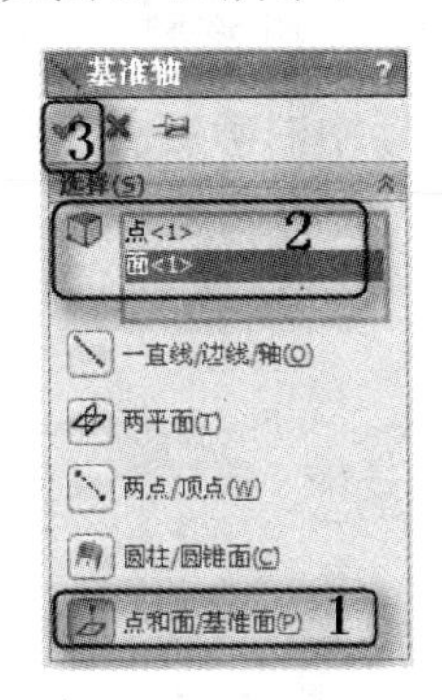

图 5-41　“基准轴”属性管理器

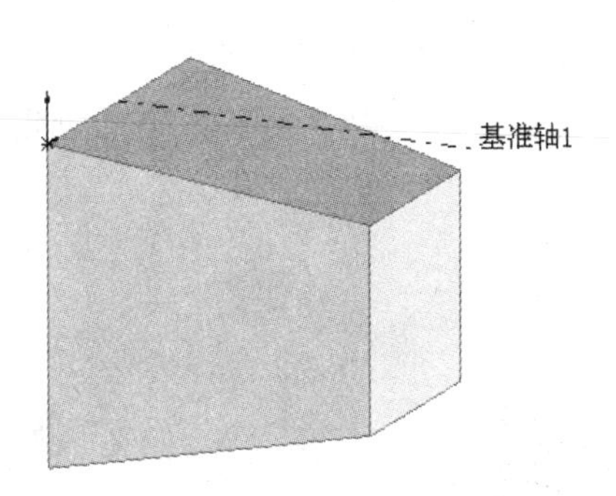

图 5-42　创建基准轴的图形

5.1.3　坐标系

坐标系主要用来定义零件或装配体的坐标系。此坐标系与测量和质量属性工具一同使用，可用于将 SolidWorks 文件输出至 IGES、STL、ACIS、STEP、Parasolid、VRML 和 VDA 文件。

下面通过实例介绍创建坐标系的操作步骤。

【案例 5-12】本案例源文件光盘路径：“X：\源文件\ch5\5.6.SLDPRT”，本案例视频内容光盘路径：“X：\动画演示\ch5\5.12 坐标系.swf”。

（1）设置基准面。在左侧的“FeatureManager 设计树”中用鼠标选择“前视基准面”作为绘制图形的基准面。

（2）绘制草图。执行【工具】→【草图绘制实体】→【直线】菜单命令，绘制一系列直线并标注尺寸，结果如图 5-43 所示。

（3）拉伸实体。执行【插入】→【凸台/基体】→【拉伸】菜单命令，将上一步绘制的草图拉伸为“深度”均为 40 的实体，结果如图 5-44 所示。

（4）执行坐标系命令。执行【插入】→【参考几何体】→【坐标系】菜单命令，或者单击“参考几何体”操控板中的坐标系图标，此时系统弹出如图 5-45 所示的“坐标系”属性管理器。

（5）设置属性管理器。在“原点”一栏中，用鼠标选择如图 5-44 所示中点 A；在“X 轴”一栏中，用鼠标选择如图 5-44 所示中的边线 1；在“Y 轴”一栏中，用鼠标选择如图 5-44 所示中的边线 2；在“Z 轴”一栏中，用鼠标选择图 5-44 中的边线 3。

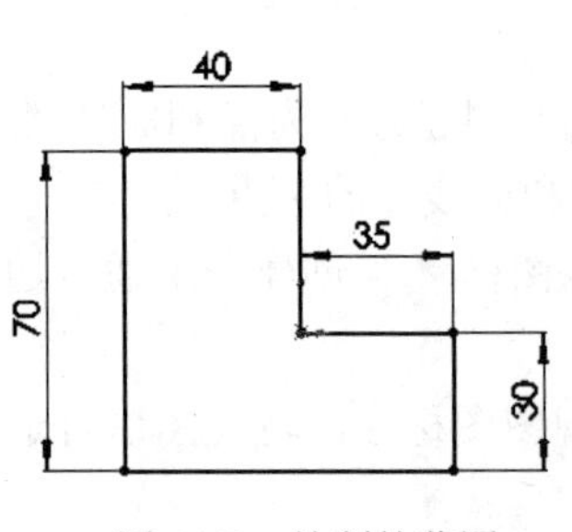

图 5-43 绘制的草图

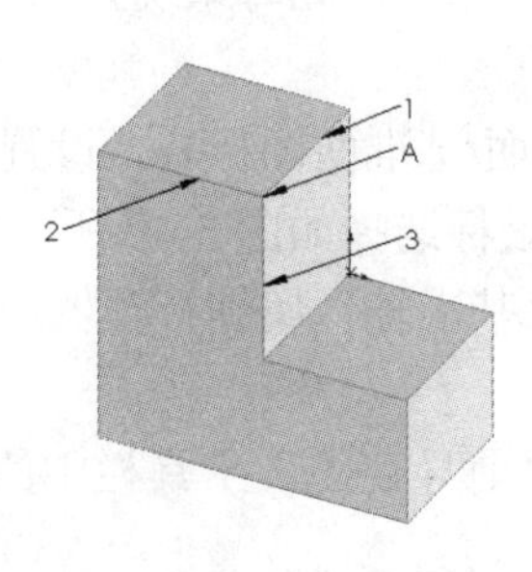

图 5-44 拉伸的图形

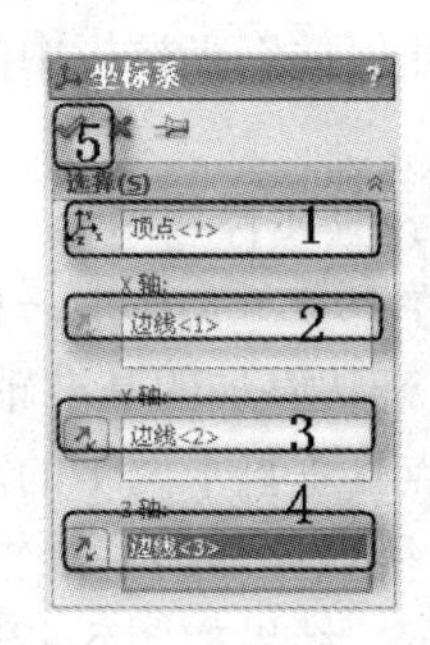

图 5-45 “坐标系”属性管理器

（6）确认添加的坐标系。单击“坐标系”属性管理器中的确定图标✔，创建一个新的坐标系，结果如图 5-46 所示。此时所创建的坐标系也会弹出在“FeatureManger 设计树”中，如图 5-47 所示。

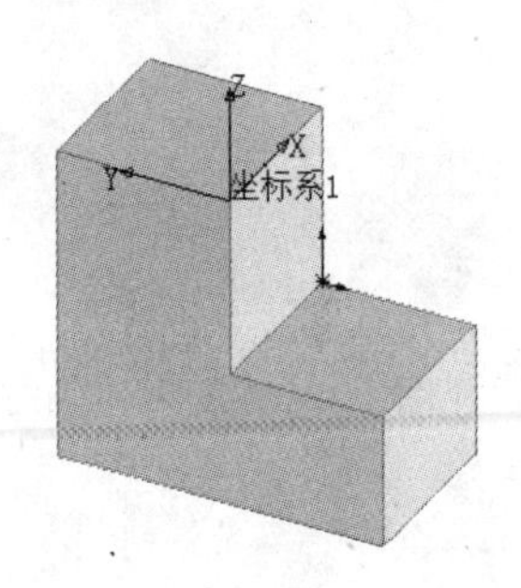

图 5-46 创建坐标系的图形

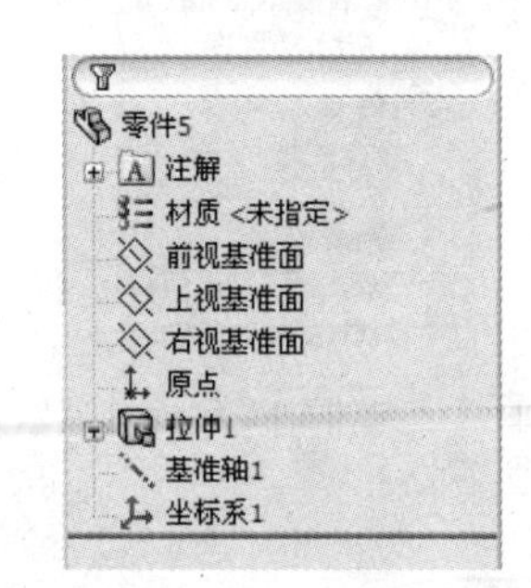

图 5-47 FeatureManger 设计树

注意：

在“坐标系”属性管理器中，每一步设置都可以形成一个新的坐标系，并可以单击方向图标调整坐标轴的方向。

5.2 查询

查询功能主要是查询所建模型的表面积、体积及质量等相关信息，计算设计零部件的结构强度、安全因子等。SolidWorks 提供了 3 种查询功能，分别是：测量、质量特性和截面属性。这 3 个图标命令按钮位于“工具”工具栏中，如图 5-48 所示。

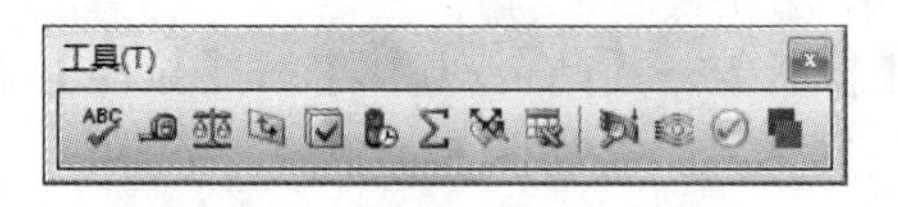

图 5-48 “工具”工具栏

5.2.1 测量

测量功能可以测量草图、三维模型、装配体或者工程图中的直线、点、曲面、基准面的距

离、角度、半径和大小，以及它们之间的距离、角度、半径和尺寸。当测量两个实体之间的距离时，ΔX、ΔY 和 ΔZ 的距离会显示出来。当选择一个顶点或草图点时，会显示其 X、Y 和 Z 坐标值。

下面通过实例介绍测量点坐标、测量距离、测量面积与周长的操作步骤。

1．测量点坐标

测量点坐标主要是测量草图中的点和模型中的顶点坐标。

下面通过实例介绍测量点坐标的操作步骤。

【案例 5-13】本案例源文件光盘路径："X：\源文件\ch5\5.6.SLDPRT"，本案例视频内容光盘路径："X：\动画演示\ch5\5.13 查询.swf"。

（1）重复"坐标系"的步骤（1）～（3），绘制如图 5-49 所示的图形。

（2）执行测量命令。执行【工具】→【测量】菜单命令，或者单击"工具"工具栏中的测量图标，此时系统弹出如图 5-50 所示的"测量"属性管理器。

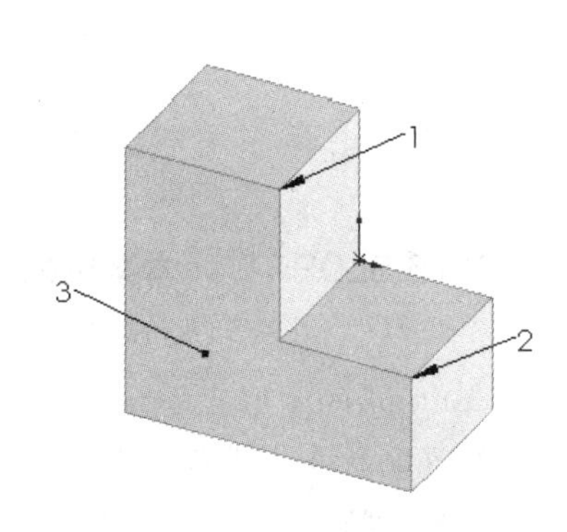

图 5-49　拉伸的图形

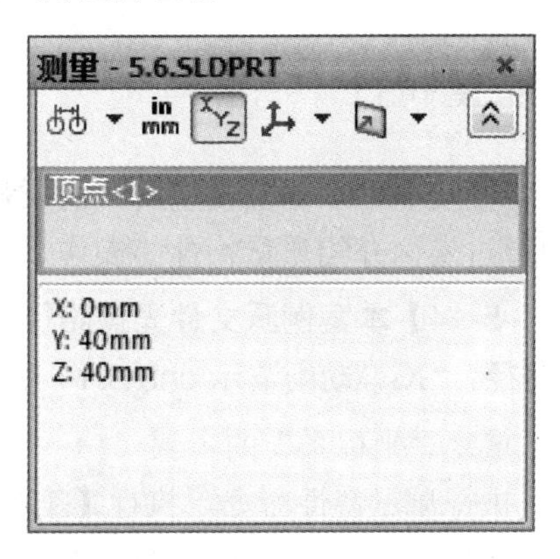

图 5-50　"测量"属性管理器

（3）选择测量点。单击图 5-49 中的点 1，则"测量"属性管理器中便会显示该点的坐标值。

2．测量距离

测量距离主要用来测量两点、两条边和两面之间的距离。

下面通过实例介绍测量距离的操作步骤。

（1）重复"坐标系"的步骤（1）～（3），绘制如图 5-49 所示的图形。

（2）执行测量命令。执行【工具】→【测量】菜单命令，或者单击"工具"工具栏中的测量图标，此时系统弹出如图 5-51 所示的"测量"属性管理器。

（3）选择测量点。单击图 5-49 中的点 1 和点 2，则"测量"属性管理器中便会显示所选两点的绝对距离以及 X、Y 和 Z 坐标的差值。

3．测量面积与周长

测量距离主要用来测量两点、两条边和两面之间的距离。

（1）重复"坐标系"的步骤（1）～（3），绘制如图 5-49 所示的图形。

（2）执行【工具】→【测量】菜单命令，或者单击"工具"工具栏中的测量图标，此时系统弹出如图 5-52 所示的"测量"属性管理器。

（3）单击图 5-49 中的面 3，则"测量"属性管理器中便会显示该面的面积与周长。

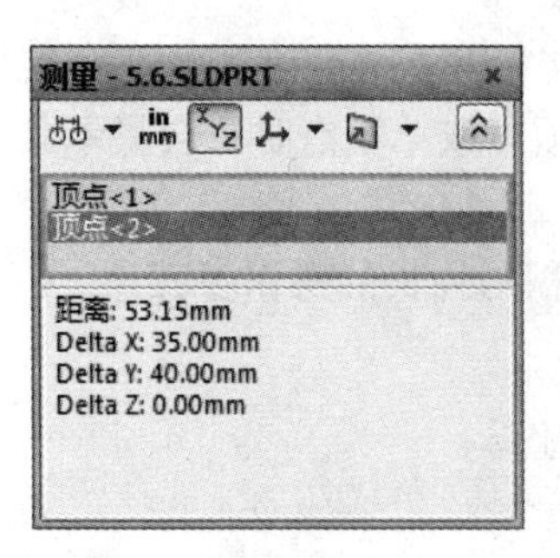

图 5-51 “测量”属性管理器

图 5-52 “测量”属性管理器

注意：

执行【测量】命令时，可以不必关闭属性管理器而切换不同的文件。当前激活的文件名会弹出在“测量”属性管理器的顶部。如果选择了已激活文件中的某一测量项目，则属性管理器中的测量信息会自动更新。

5.2.2 质量特性

质量特性功能可以测量模型实体的质量、体积、表面积与惯性矩等。

下面通过实例介绍质量特性的操作步骤。

【案例 5-14】本案例源文件光盘路径：“X：\源文件\ch5\5.6.SLDPRT”，本案例视频内容光盘路径：“X：\动画演示\ch5\5.14 质量.swf”。

（1）重复“坐标系”的步骤（1）～（3），绘制如图 5-49 所示的图形。

（2）执行质量特性命令。执行【工具】→【质量特性】菜单命令，或者单击“工具”工具栏中的质量特性图标，此时系统弹出如图 5-53 所示的“质量特性”属性管理器。则在属性管理器中会自动计算出该模型实体的质量、体积、表面积与惯性矩等。模型实体的主轴和质量中心则显示在视图中，如图 5-54 所示。

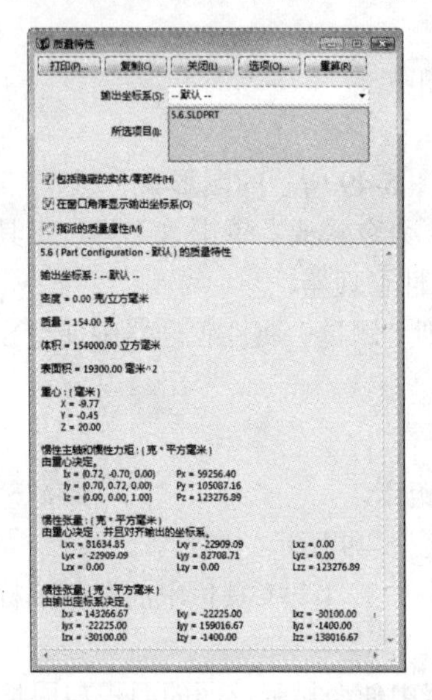

图 5-53 “质量特性”属性管理器

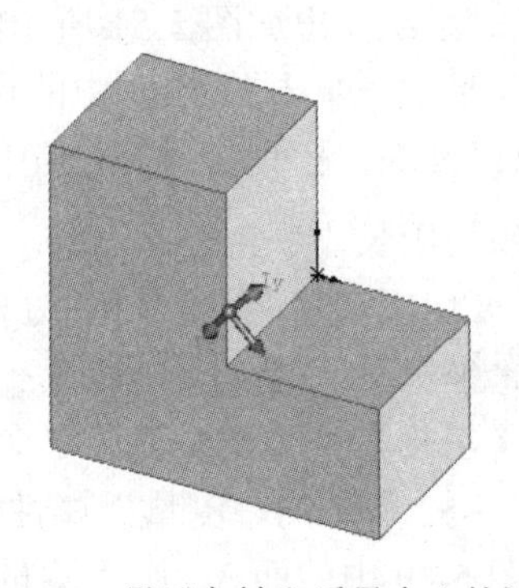

图 5-54 显示主轴和质量中心的视图

（3）设置密度。单击“质量特性”属性管理器中的【选项】按钮，则系统弹出如图 5-55 所示的“质量/剖面属性选项”管理器，单击“使用自定义设定”复选框，在“材料属性”的“密度”一栏中可以设置模型实体的密度。

注意：

在计算另一个零件质量特性时，不需要关闭“质量特性”属性管理器，选择需要计算的零部件，然后单击【重算】按钮即可。

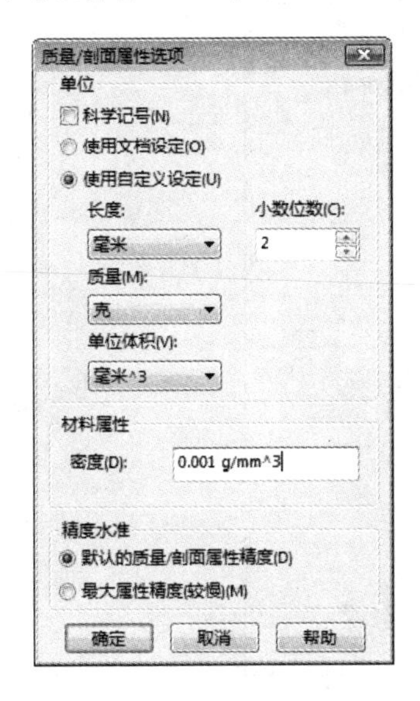

图 5-55　“质量/剖面属性选项”管理器

5.2.3　截面属性

截面属性可以查询草图、模型实体重心平面或者剖面的某些特性，如截面面积、截面重心的坐标、位于主轴和零件轴之间的角度等。下面通过实例介绍截面属性的操作步骤。

【案例 5-15】本案例源文件光盘路径：“X：\源文件\ch5\5.6.SLDPRT”，本案例视频内容光盘路径：“X：\动画演示\ch5\5.15 剖面.swf”。

（1）重复“坐标系”的步骤（1）～（3），绘制如图 5-56 所示的图形。

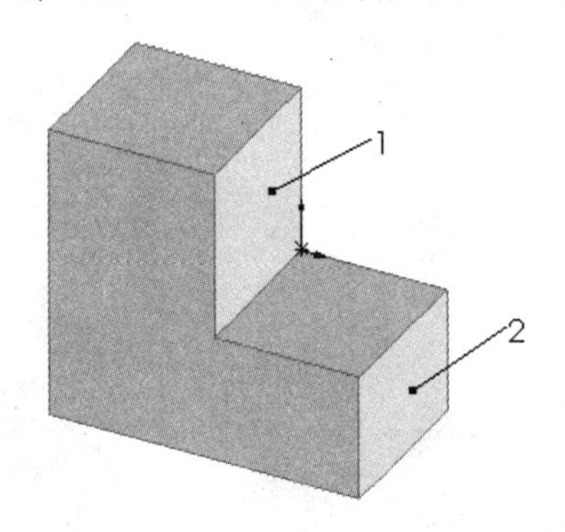

图 5-56　拉伸的图形

（2）执行截面属性命令。执行【工具】→【截面属性】菜单命令，或者单击“工具”工具栏中的截面属性图标，此时系统弹出如图 5-57 所示的“截面属性”属性管理器。

（3）选择截面。单击图 5-56 中的面 1，然后单击“截面属性”属性管理器中【重算】按钮，计算结果弹出在“截面属性”属性管理器中。所选截面的主轴和重心显示在视图中，如图 5-58 所示。

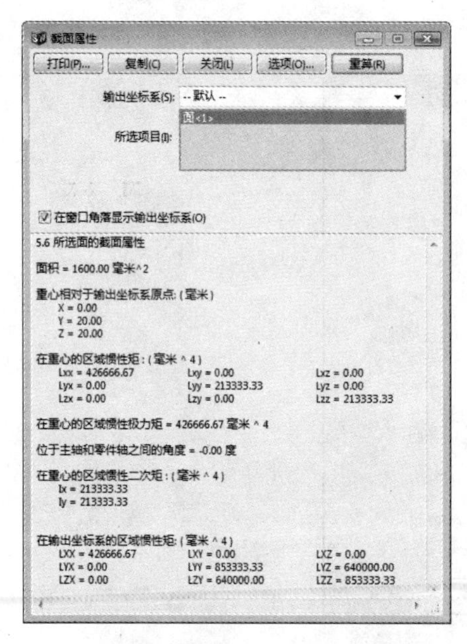

图 5-57 “截面属性”属性管理器

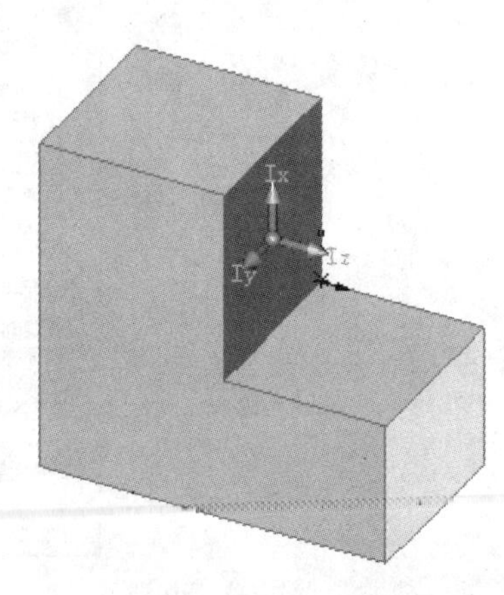

图 5-58 显示主轴和重心的图形

（4）截面属性不仅可以查询单个截面的属性，而且还可以查询多个平行截面的联合属性。图 5-59 为图 5-56 的面 1 和面 2 的联合属性，图 5-60 为图 5-56 的面 1 和面 2 的主轴和重心显示。

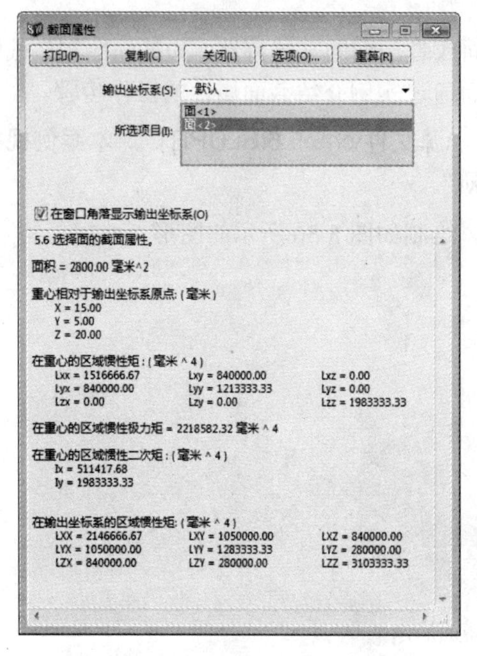

图 5-59 “截面属性”属性管理器

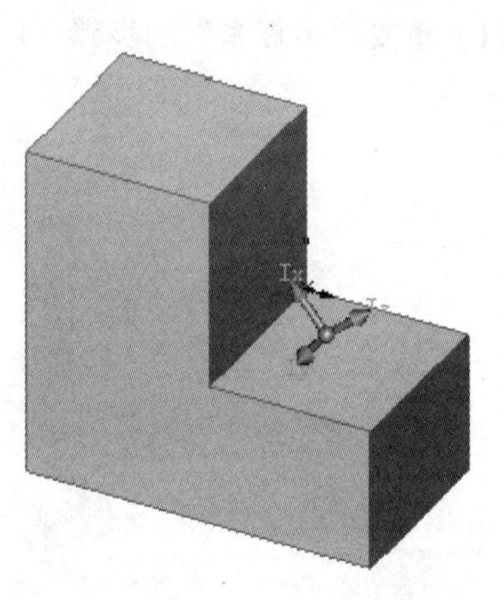

图 5-60 显示主轴和重心的图形

5.3　零件的特征管理

零件的建模过程实际上是创建和管理特征的过程。本节介绍零件的特征管理，分别是：退回与插入特征、压缩与解除压缩特征、Instant3D。

5.3.1　退回与插入特征

退回特征命令可以查看某一特征生成前后模型的状态；插入特征命令用于在某一特征之后插入新的特征。

1．退回特征

退回特征有两种方式，第一种为使用“退回控制棒”，第二种为使用快捷菜单，下面分别介绍。

在“FeatureManager 设计树”的最底端有一条黄黑色粗实线，该线就是“退回控制棒”。如图 5-61 所示为基座的零件图，如图 5-62 所示为基座的“FeatureManager 设计树”。当将鼠标放置在“退回控制棒”上时，光标变为。单击鼠标左键，此时“退回控制棒”以蓝色显示，然后拖曳鼠标到欲查看的特征上，并释放鼠标。此时基座的“FeatureManager 设计树”如图 5-63 所示，基座如图 5-64 所示。

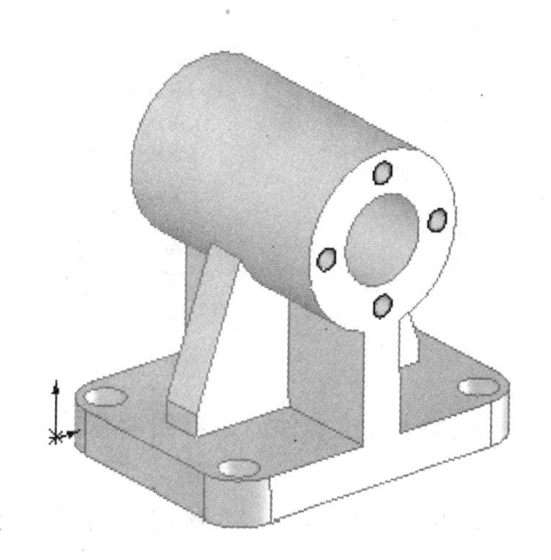

图 5-61　绘制的基座

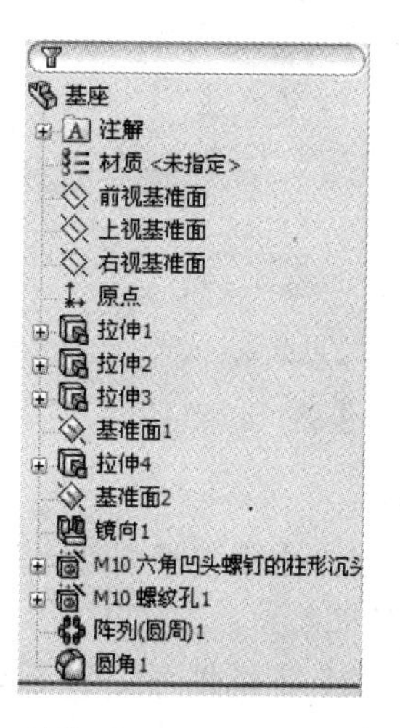

图 5-62　基座“FeatureManager 设计树”

从如图 5-64 所示中可以看出，查看特征后的特征在零件模型上没有显示，表明该零件模型退回到该特征以前的状态。

退回特征可以使用快捷菜单进行操作，单击基座“FeatureManager 设计树”中的“M10 六角凹头螺钉的柱形沉头孔 1”特征，然后单击鼠标右键，此时系统弹出如图 5-65 所示的快捷菜单，在其中选择“退回”选项，此时该零件模型退回到该特征以前的状态，如图 5-64 所示，也可以在退回状态下，使用如图 5-66 所示的快捷菜单，根据需要选择需要的退回操作。

在图 5-64 的快捷菜单中，“往前退”选项表示为退回到下一个特征；“退回到前”选项表示退回到上一退回特征状态；“退回到尾”选项表示退回到特征模型的末尾，即处于模型的原始状态。

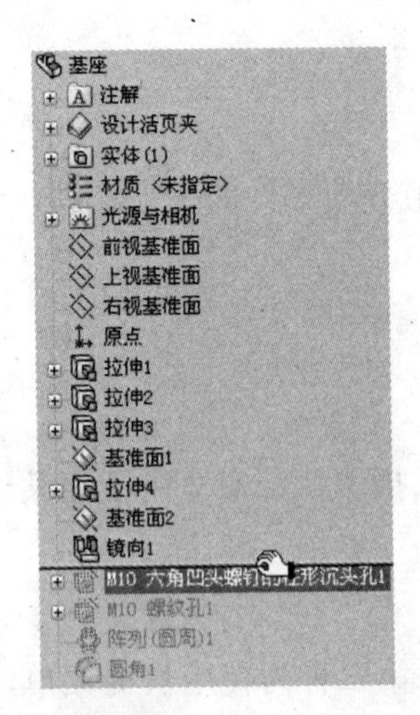

图 5-63 退回的“FeatureManager 设计树”

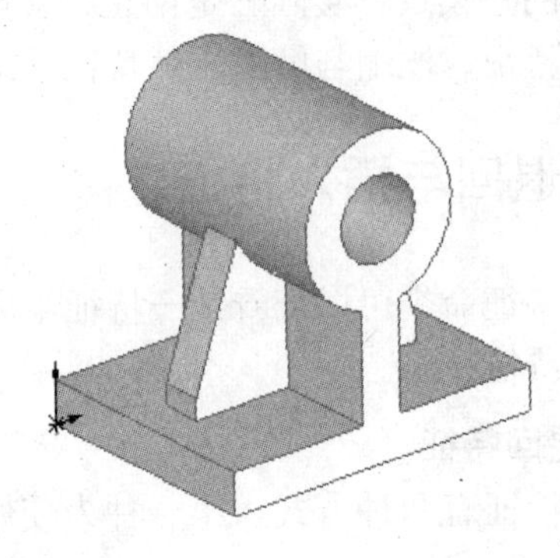

图 5-64 退回的零件模型

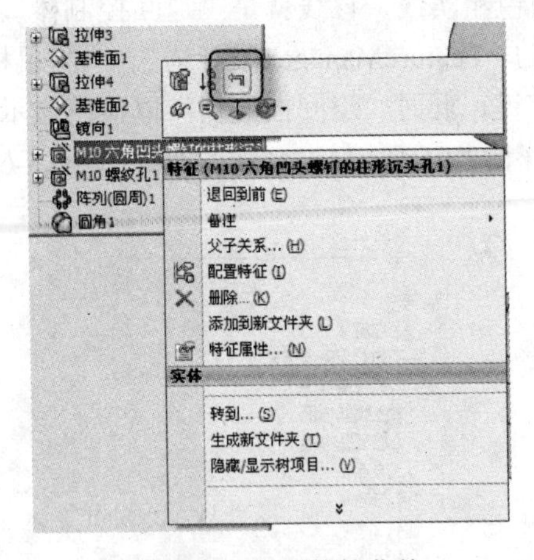

图 5-65 退回快捷菜单

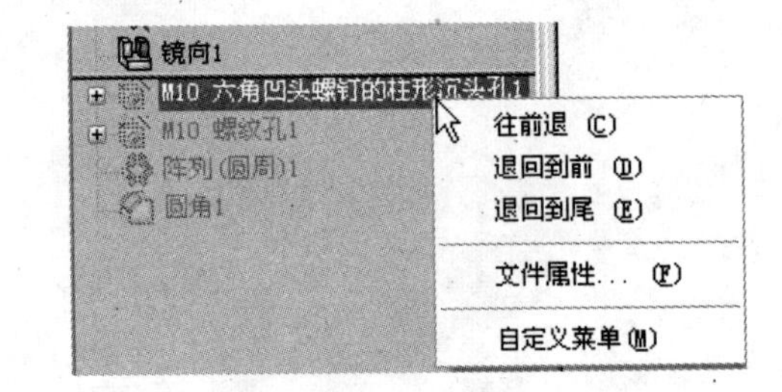

图 5-66 退回快捷菜单

注意：

（1）当零件模型处于退回特征状态时，将无法访问该零件的工程图和基于该零件的装配图。

（2）不能保存处于退回特征状态的零件图，在保存零件时，系统将自动释放退回状态。

（3）在重新创建零件的模型时，处于退回状态的特征不会被考虑，即视其处于压缩状态。

2. 插入特征

插入特征是零件设计中一项非常实用的操作。

插入特征的操作步骤如下。

（1）将“FeatureManager 设计树”中的“退回控制棒”拖到需要插入特征的位置。

（2）根据设计需要生成新的特征。

（3）将“退回控制棒”拖曳到设计树的最后位置，完成特征插入。

5.3.2　压缩与解除压缩特征

1．压缩特征

压缩的特征可以从“FeatureManager 设计树”中选择需要压缩的特征，也可以从视图中选择需要压缩特征的一个面。压缩特征的步骤如下。

（1）工具栏方式。选择要压缩的特征，然后单击“特征”工具栏中压缩图标。

（2）菜单栏方式。选择要压缩的特征，然后执行【编辑】→【压缩】→【此配置】菜单命令。

（3）快捷菜单方式。在“FeatureManager 设计树”中，选择需要压缩的特征，然后单击用鼠标右键，在快捷菜单中选择“压缩”选项，如图 5-67 所示。

（4）对话框方式。在“FeatureManager 设计树”中，选择需要压缩的特征，然后单击用鼠标右键，在快捷菜单中选择“特征属性”选项。在弹出的“特征属性”对话框中选择“压缩”复选框，然后单击【确定】按钮，如图 5-68 所示。

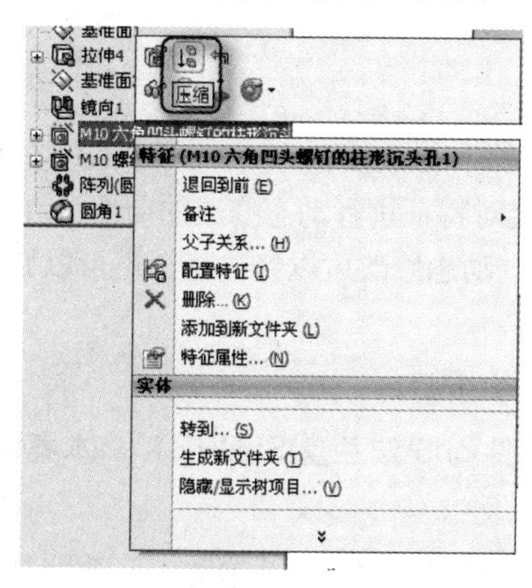

图 5-67　快捷菜单

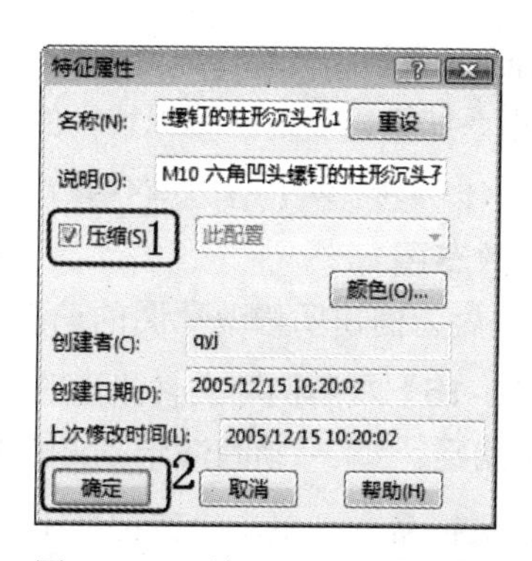

图 5-68　“特征属性”对话框

特征被压缩后，在模型中不再被显示，但是并没有被删除，被压缩的特征在“FeatureManager 设计树”中以灰色显示。如图 5-69 所示为基座后面四个特征被压缩后的图形，如图 5-70 所示为压缩后的的“FeatureManager 设计树”。

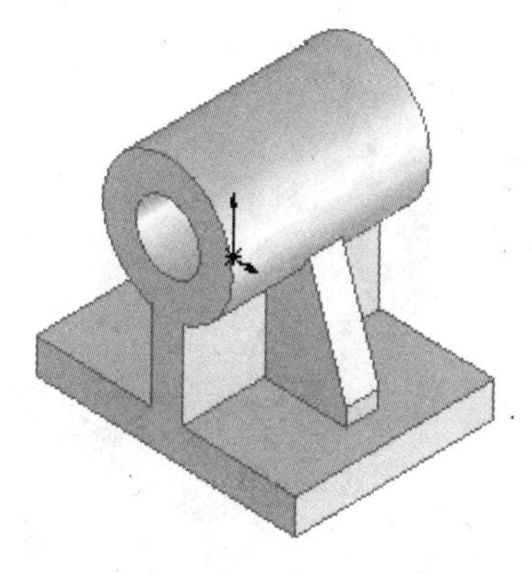

图 5-69　压缩特征后的基座

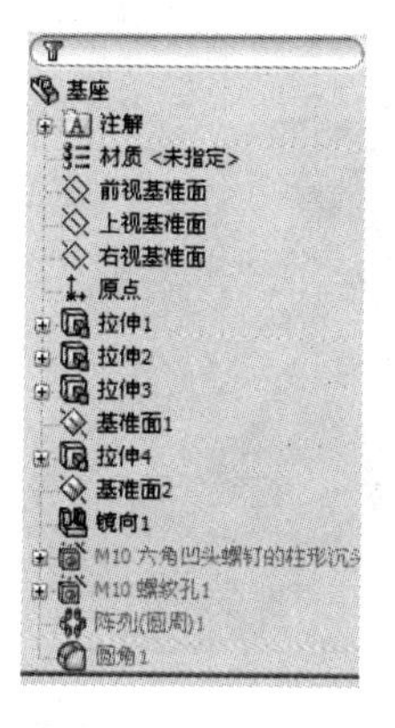

图 5-70　压缩后的“FeatureManager 设计树”

2．解除压缩特征

解除压缩的特征必须从“FeatureManager 设计树”中选择需要压缩的特征，而不能从视图中选择该特征的某一个面，因为视图中该特征不被显示，与压缩特征相对应。解除压缩特征的步骤如下。

（1）工具栏方式。选择要解除压缩的特征，然后单击“特征”工具栏中解除压缩图标。

（2）菜单栏方式。选择要解除压缩的特征，然后执行【编辑】→【解除压缩】→【此配置】菜单命令。

（3）快捷菜单方式。选择要解除压缩的特征，然后单击鼠标右键，在快捷菜单中选择“解除压缩”选项。

（4）对话框方式。选择要解除压缩的特征，然后单击鼠标右键，在快捷菜单中选择“特征属性”选项。在弹出的“特征属性”对话框中取消“压缩”复选框，然后单击【确定】按钮。

压缩的特征被解除以后，视图中将显示该特征，“FeatureManager 设计树”中该特征将以正常模式显示。

5.3.3　Instant3D 特征

Instant3D 特征可以通过拖曳控标或标尺来快速生成和修改模型几何体，即动态修改特征。该特征是指系统不需要退回编辑特征的位置，就可直接对特征进行动态修改的命令。动态修改是通过控标移动、旋转和调整拉伸及旋转特征的大小。通过动态修改可以修改特征也可以修改草图。

1．修改草图

以法兰盘为例说明修改草图的动态修改特征的操作步骤。

【案例 5-16】本案例源文件光盘路径：“X：\源文件\ch5\法兰盘.SLDPRT”，本案例视频内容光盘路径：“X：\动画演示\ch5\5.16 法兰盘.swf”。

（1）执行命令。单击“特征”工具栏中的 Instant3D 图标，开始动态修改特征操作。

（2）选择需要修改的特征。单击“FeatureManager 设计树”中的“拉伸 1”，视图中该特征被亮显，如图 5-71 所示。同时，弹出该特征的修改控标。

（3）修改草图。单击移动直径为 80 的控标，屏幕弹出标尺，使用屏幕上的标尺可精确测量修改草图，如图 5-72 所示；对草图进行修改，如图 5-73 所示。

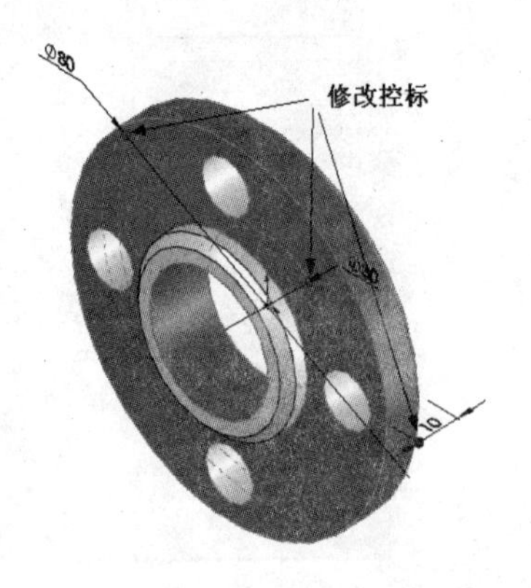

图 5-71　选择特征的图形

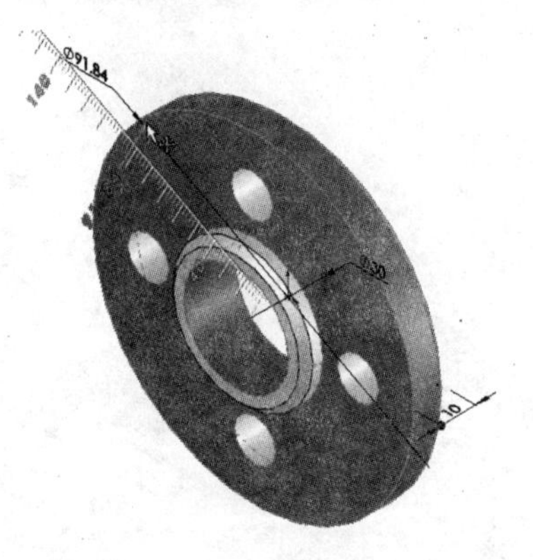

图 5-72　修改草图

（4）退出修改特征。单击“特征”工具栏中的 Instant3D 图标，退出 Instant3D 特征操作，此时图形如图 5-74 所示。

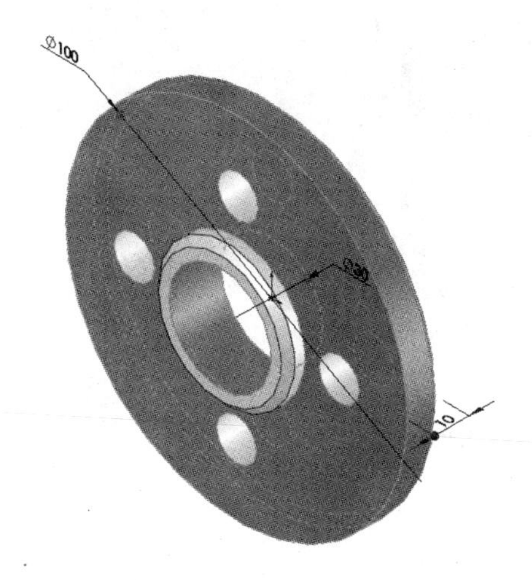

图 5-73　修改后的草图

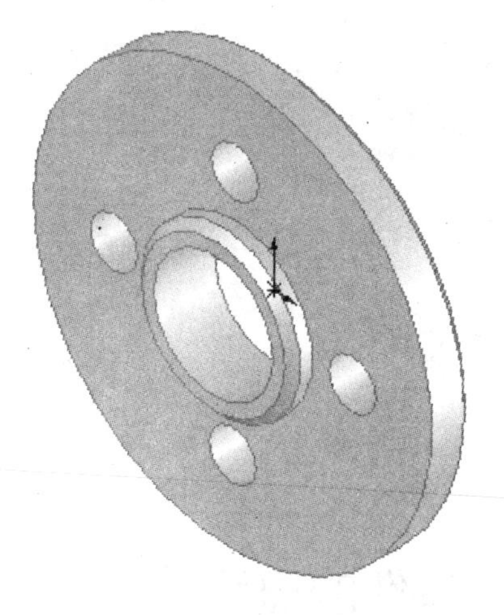

图 5-74　修改后的图形

2．修改特征

以法兰盘为例说明修改特征的操作步骤。

（1）执行命令。单击“特征”工具栏中的 Instant3D 图标，开始动态修改特征操作。

（2）选择需要修改的特征。单击“FeatureManager 设计树”中的“拉伸 2”，视图中该特征被亮显，如图 5-75 所示。同时，弹出该特征的修改控标。

（3）通过控标修改特征。拖曳距离为 5 的修改光标，调整拉伸的长度，如图 5-76 所示。

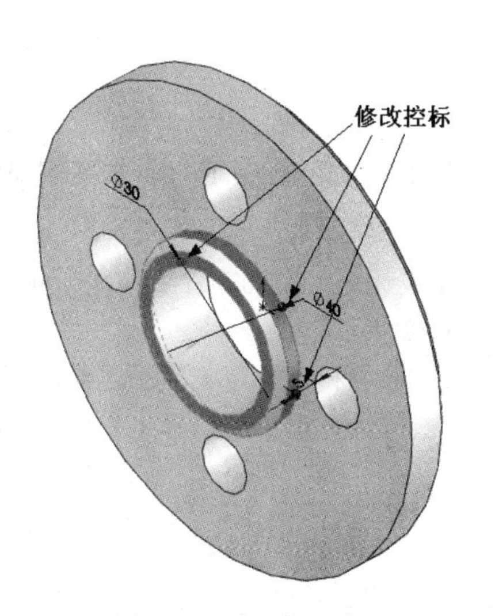

图 5-75　选择特征的图形

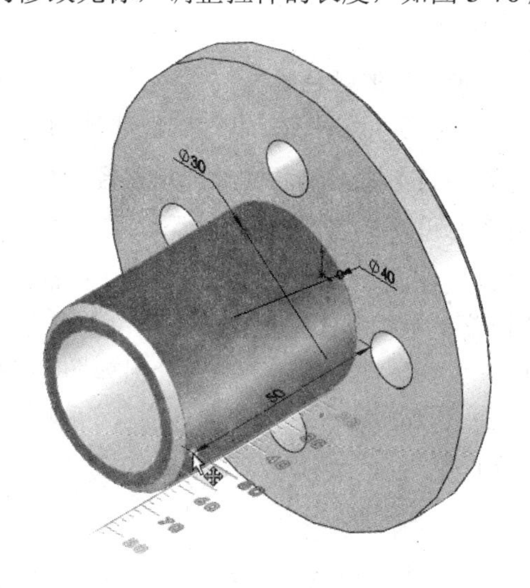

图 5-76　拖曳修改控标

（4）退出修改特征。单击“特征”工具栏中的 Instant3D 图标，退出 Instant3D 特征操作，此时图形如图 5-77 所示。

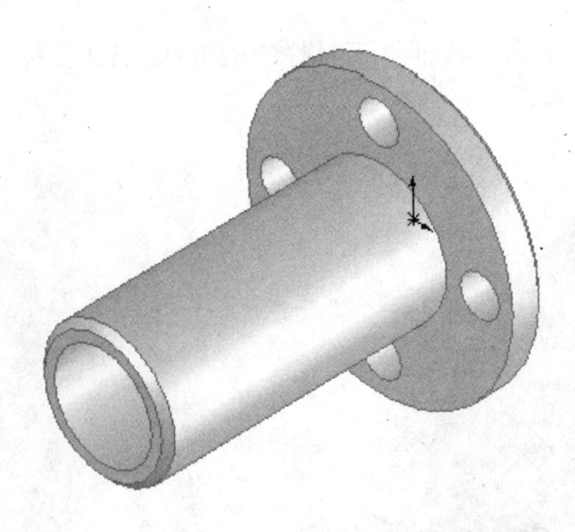

图 5-77 修改后的图形

5.4 零件的显示

零件建模时，SolidWorks 提供了默认的颜色、材质及光源等外观显示。还可以根据实际需要设置零件的颜色、纹理和透明度，是设计的零件更加接近实际情况。

5.4.1 设置零件的颜色

设置零件的颜色包括设置整个零件的颜色属性、设置所选特征的颜色属性以及设置所选面的颜色属性。

1. 设置零件的颜色属性

以带轮为例，说明设置零件颜色属性的操作步骤。

【案例 5-17】本案例源文件光盘路径：“X：\源文件\ch5\带轮.SLDPRT”，本案例视频内容光盘路径：“X：\动画演示\ch5\5.17 颜色.swf”。

（1）执行命令。用鼠标右键单击“FeatureManager 设计树”中的文件名称“带轮”，在弹出的快捷菜单中执行【外观】→【颜色】命令，如图 5-78 所示。

（2）设置属性管理器。系统弹出如图 5-79 所示的“颜色和光学”属性管理器，在“选择现有颜色或添加颜色”一栏中选择需要的颜色，然后单击属性管理器中的确定图标图标✔，此时整个零件以设置的颜色显示。

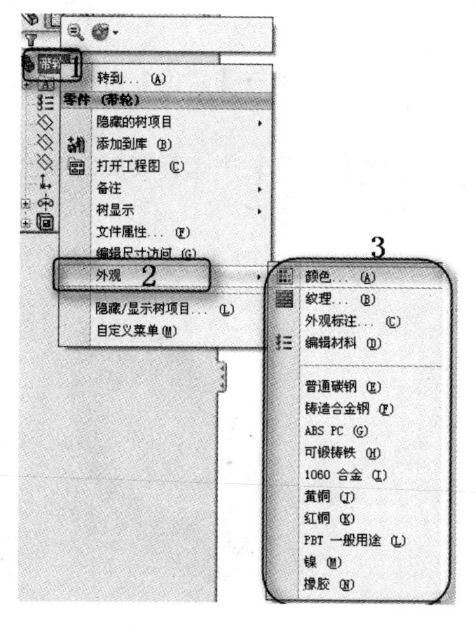

图 5-78　设置颜色快捷菜单

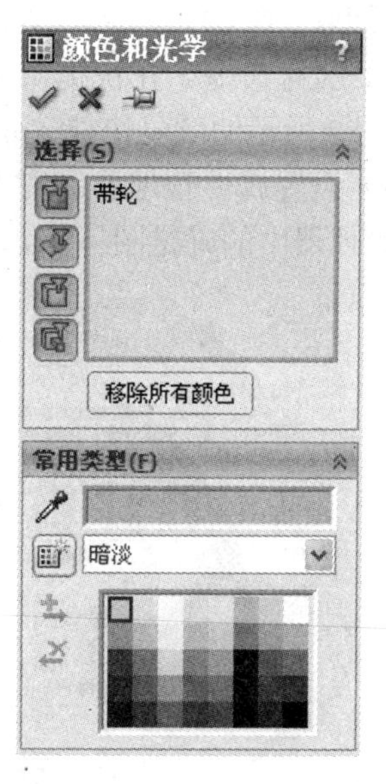

图 5-79　“颜色和光学”属性管理器

2．设置所选特征的颜色属性

以带轮为例，说明设置所选特征颜色属性的操作步骤。

（1）选择需要修改的特征。在“FeatureManager 设计树”中选择需要改变颜色的特征，可以按【Ctrl】键选择多个特征。

（2）执行命令。用鼠标右键选择特征，在弹出的快捷菜单中执行【外观】→【颜色】命令，如图 5-80 所示。

（3）设置属性管理器。系统弹出如图 5-79 所示的“颜色和光学”属性管理器，在“选择现有颜色或添加颜色”一栏中选择需要的颜色，然后单击属性管理器中的确定图标✔，此时零件如图 5-81 所示。

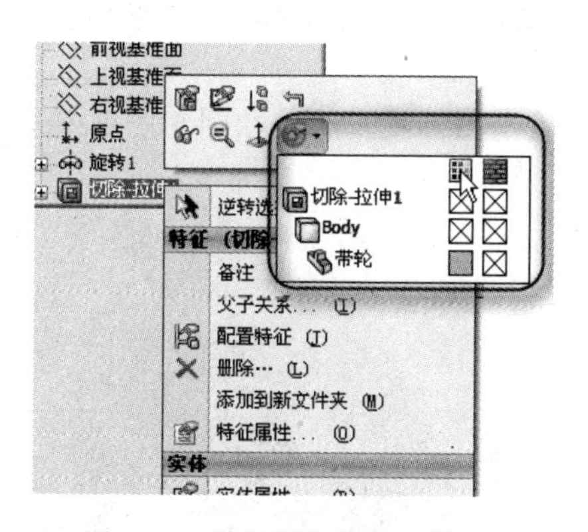

图 5-80　设置颜色快捷菜单

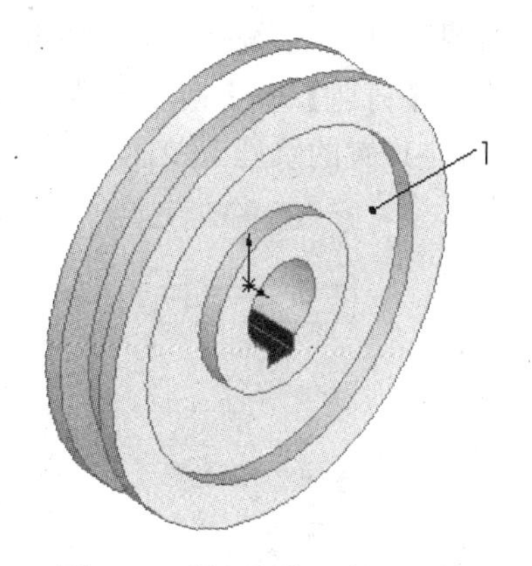

图 5-81　设置颜色后的图形

3．设置所选面的颜色属性

以带轮为例，说明设置所选面颜色属性的操作步骤。

（1）选择修改面。用鼠标右键单击如图 5-79 所示中的面 1，此时系统弹出如图 5-80 所示的快捷菜单。

（2）执行命令。在快捷菜单的“面”一栏，执行【外观】→【颜色】命令，此时系统弹出如图 5-82 所示的颜色快捷菜单。

（3）设置属性管理器。在“选择现有颜色或添加颜色”一栏中选择需要的颜色，然后单击属性管理器中的确定图标✔，此时零件如图 5-83 所示。

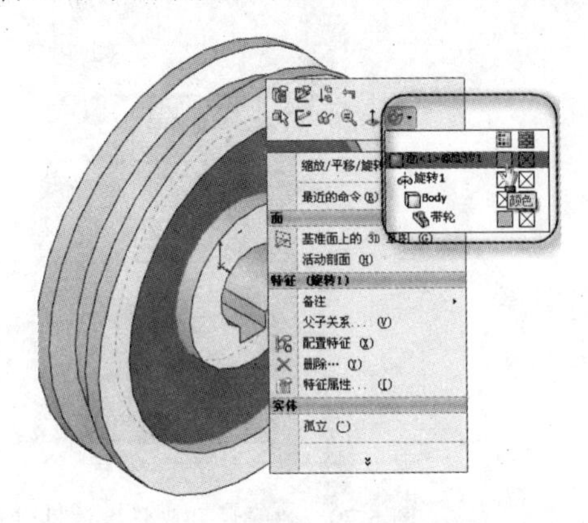

图 5-82 设置颜色快捷菜单

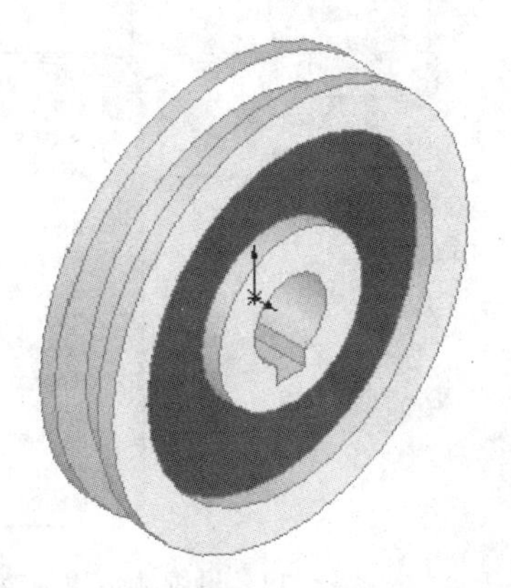

图 5-83 设置颜色后的图形

5.4.2 设置零件的纹理

设置零件的纹理包括设置整个零件的纹理、设置所选特征的纹理以及设置所选面的纹理。本节介绍设置整个零件的纹理。设置所选特征纹理和所选面纹理的操作步骤与设置零件的颜色相同，不再赘述。

以带轮为例，说明设置整个零件纹理的操作步骤。

（1）执行命令。用鼠标右键单击“FeatureManager 设计树”中的文件名称“带轮”，在弹出的快捷菜单中执行【外观】→【纹理】命令，如图 5-83 所示。

（2）选择纹理。系统弹出如图 5-84 所示的“纹理”属性管理器，在“纹理树”一栏中执行【金属】→【铸造】→【粗质铸铁】命令。

（3）确定设置的纹理。单击属性管理器中的确定图标✔，结果如图 5-85 所示。

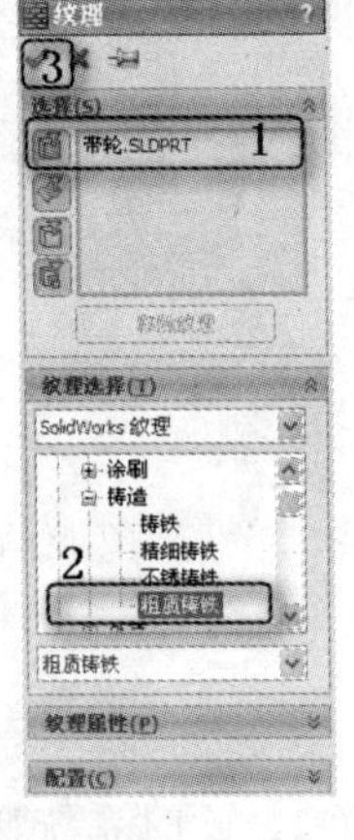

图 5-84 “纹理”属性管理器

图 5-85 设置纹理后的图形

5.4.3　设置零件的透明度

在装配体零件中，外面零件遮挡内部的零件，给零件的选择造成困难。设置零件的透明度后，可以通过透明零件选择非透明对象。下面通过如图 5-86 所示的“传动装配体”装配文件，说明设置零件透明度的操作步骤。图 5-87 所示的为装配体文件的“FeatureManager 设计树”。

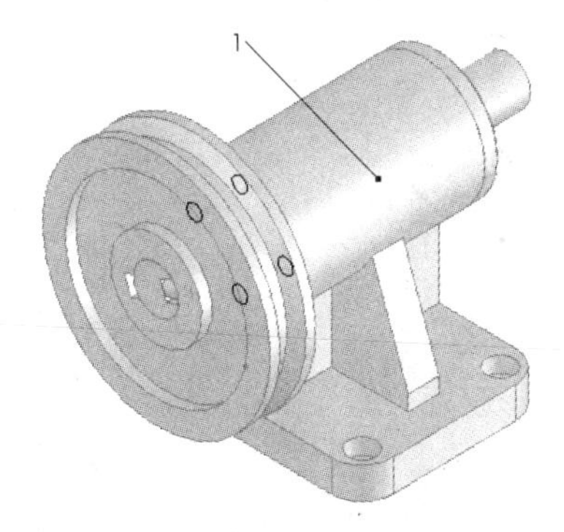

图 5-86　传动装配体文件

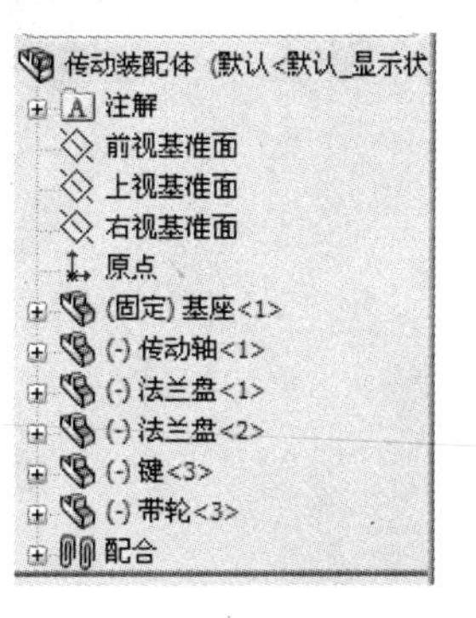

图 5-87　装配体文件的“FeatureManager 设计树”

（1）执行命令。用鼠标右键单击“FeatureManager 设计树”中的文件名称“基座<1>”，或者用鼠标右键单击视图中的基座 1，此时系统弹出如图 5-88 所示的快捷菜单，在“零部件（基座）”一栏中执行【外观标注】→【颜色】命令。

（2）设置透明度。系统弹出如图 5-89 所示的“颜色和光学”属性管理器，在“光学属性”的“透明度”一栏，调节所选零件的透明度。

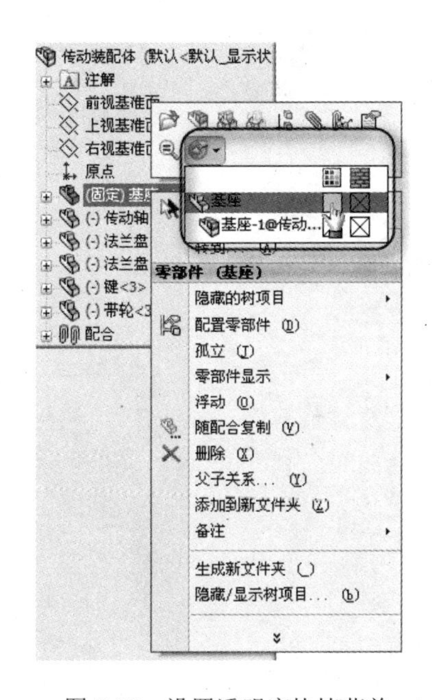

图 5-88　设置透明度快捷菜单

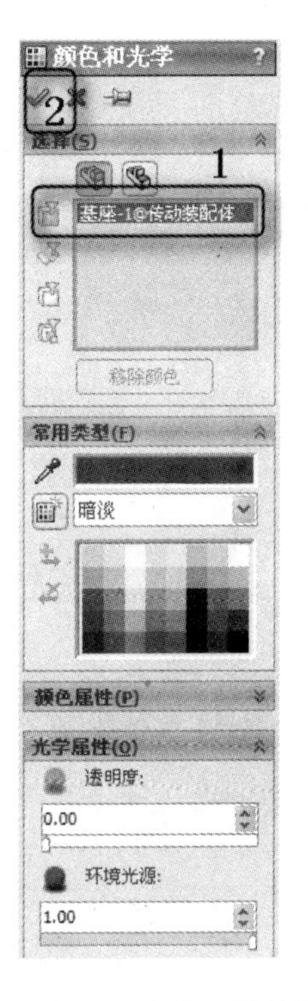

图 5-89　“颜色和光学”属性管理器

（3）确认设置的透明度。单击属性管理器中的确定图标✔，结果如图 5-90 所示。

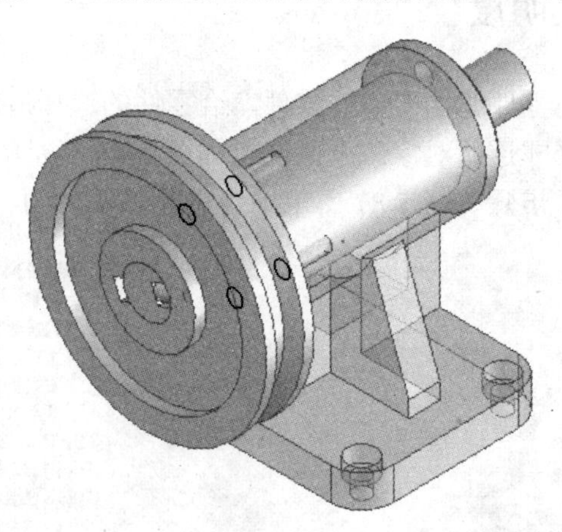

图 5-90　设置透明度后的图形

第 6 章　基础篇实战演练

本章主要利用前面几章学到的知识，讲述移动轮的轮子、转向轴、底座和垫片；连杆基体；壳体的绘制及创建过程。

6.1　移动轮的轮子

本例绘制移动轮的轮子，如图 6-1 所示。

【案例 6-1】本案例源文件光盘路径："X：\源文件\ch6\移动轮（轮子）.SLDPRT"，本案例视频内容光盘路径："X：\动画演示\ch6\6.1 移动轮（轮子）.swf"。

图 6-1　移动轮轮子

（1）启动 SolidWorks 2008，执行【文件】→【新建】命令创建一个新的零件文件。

（2）绘制草图。在左侧的"FeatureManager 设计树"中选择"前视基准面"作为绘制图形的基准面。单击"草图"操控板中的圆图标⊙，以原点为圆心绘制直径分别为 58 和 24 的同心圆，如图 6-2 所示。

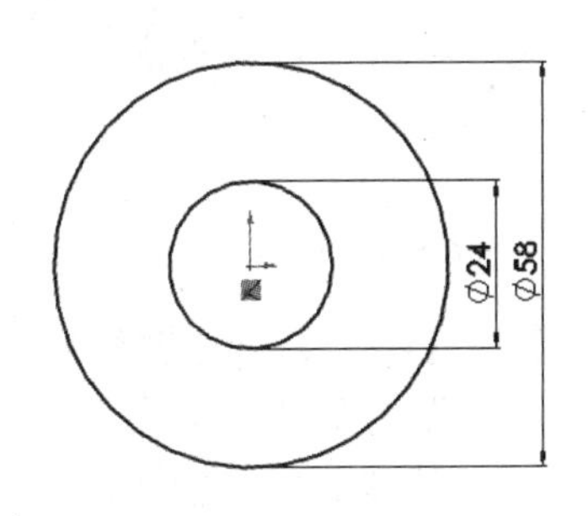

图 6-2　绘制草图

（3）拉伸实体。执行【插入】→【凸台/基体】→【拉伸】命令，或者单击“特征”操控板中的拉伸凸台/基体图标，此时系统弹出“拉伸”属性管理，如图 6-3 所示。在“深度”一栏中输入值 36mm，然后单击属性管理器中的确定图标。

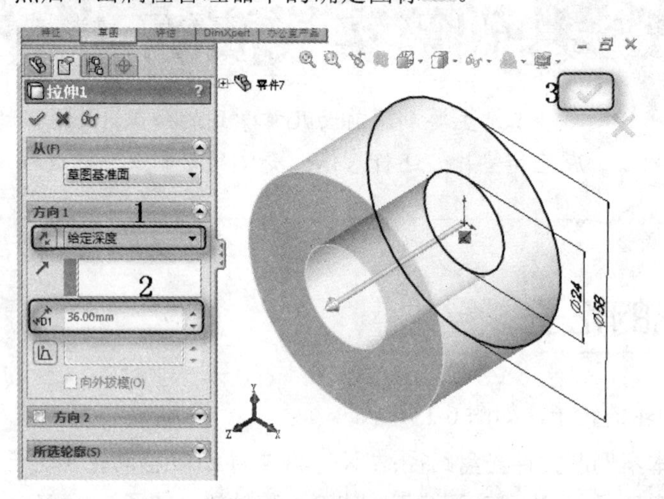

图 6-3　拉伸属性管理器

（4）圆角实体。执行【插入】→【特征】→【圆角】命令，或者单击“特征”操控板中的圆角图标，此时系统弹出“圆角”属性管理器，如图 6-4 所示。在“半径”一栏中输入值 10mm；然后用鼠标选择图 6-5 中的边线 1 和边线 2；单击属性管理器中的确定图标，结果如图 6-6 所示。

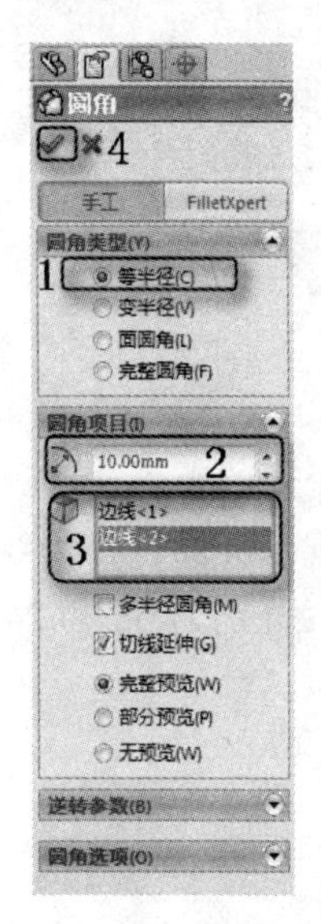

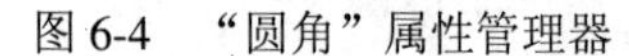

图 6-4　“圆角”属性管理器

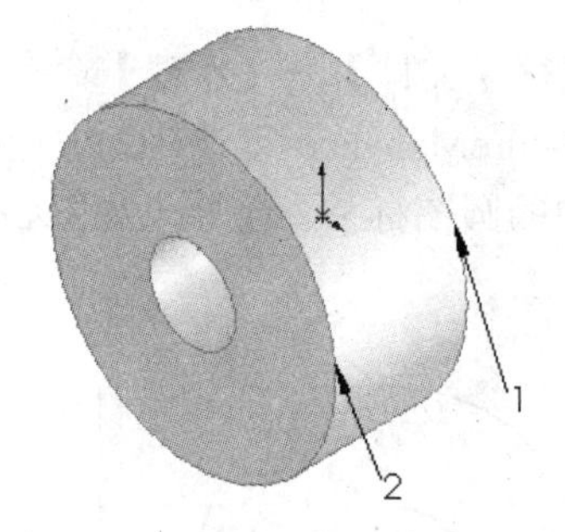

图 6-5　拉伸后的图形

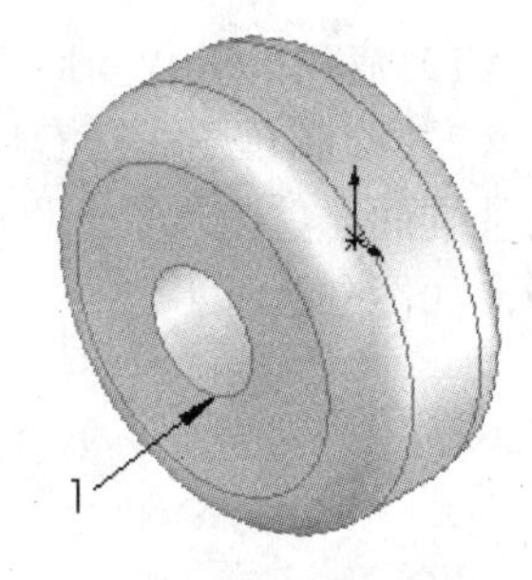

图 6-6　拉伸后的图形

（5）倒角实体。执行【插入】→【特征】→【倒角】命令，或者单击“特征”操控板中的倒角图标，此时系统弹出“倒角”属性管理器。在“距离”一栏中输入值 2，然后用鼠标选择图 6-3 中的边线 1 以及内侧对应的边线，单击属性管理器中的确定图标，结果如图 6-1 所示。

6.2 移动轮的转向轴

本例绘制移动轮的转向轴，如图 6-7 所示。

【案例 6-2】本案例源文件光盘路径："X：\源文件\ch6\移动轮（转向轴）.SLDPRT"，本案例视频内容光盘路径："X：\动画演示\ch6\6.2 移动轮（转向轴）.swf"。

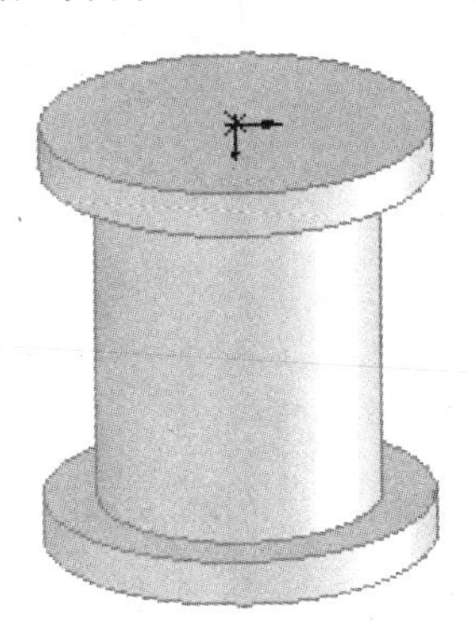

图 6-7 移动轮转向轴

（1）启动 SolidWorks 2008，执行【文件】→【新建】命令，创建一个新的零件文件。

（2）绘制主体轮廓。绘制草图。在左侧的"FeatureManager 设计树"中选择"前视基准面"作为绘制图形的基准面。单击"草图"操控板中的圆图标，以原点为圆心绘制一个直径为 22 的圆。

（3）拉伸实体。执行【插入】→【凸台/基体】→【拉伸】命令，或者单击"特征"操控板中的拉伸凸台/基体图标，此时系统弹出"拉伸"属性管理器；在"深度"一栏中输入值 24，然后单击属性管理器中的确定图标。

（4）设置视图方向。单击"前导视图"工具栏中的等轴测图标，将视图以等轴测方向显示。结果如图 6-8 所示。

（5）绘制轴。设置基准面。在左侧的"FeatureManager 设计树"中用鼠标选择"右视基准面"，然后单击"前导视图"工具栏正视于图标，将该基准面作为绘制图形的基准面。

（6）绘制草图。单击"草图"操控板中的矩形图标，在上一步设置的基准面上绘制一个矩形；单击"草图"操控板中的中心线图标，绘制一条通过原点的水平中心线。

（7）标注尺寸。单击"尺寸/几何关系"操控板中的智能尺寸图标，标注上一步绘制草图的尺寸，结果如图 6-9 所示。

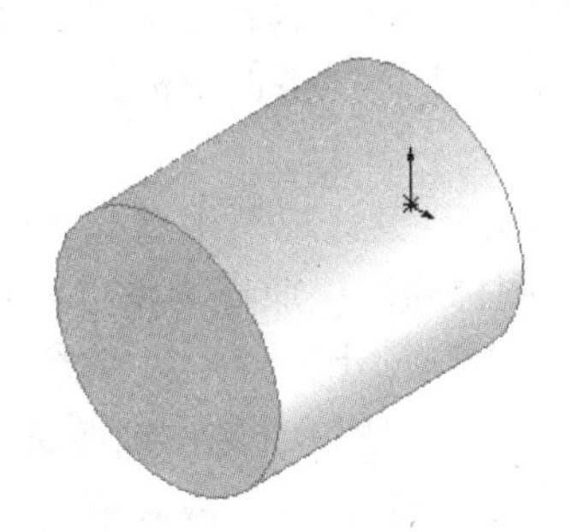

图 6-8 拉伸后的图形

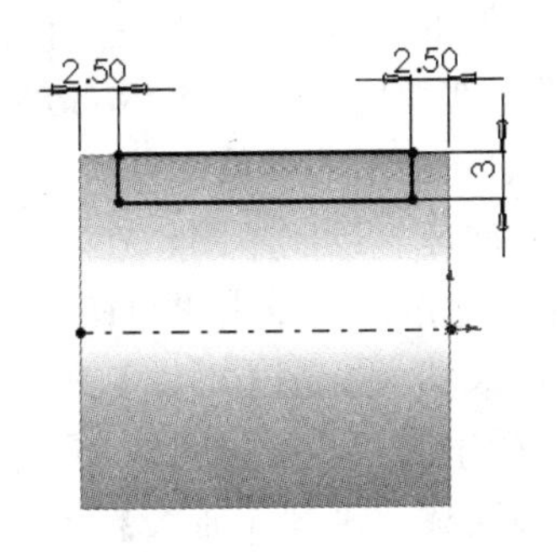

图 6-9 标注的草图

（8）旋转切除实体。执行【插入】→【切除】→【旋转】命令，或者单击“特征”操控板中的旋转切除图标，此时系统弹出“旋转切除”属性管理器。单击属性管理器中的确定图标。

（9）设置视图方向。单击“前导视图”工具栏中的等轴测图标，将视图以等轴测方向显示，结果如图 6-10 所示。

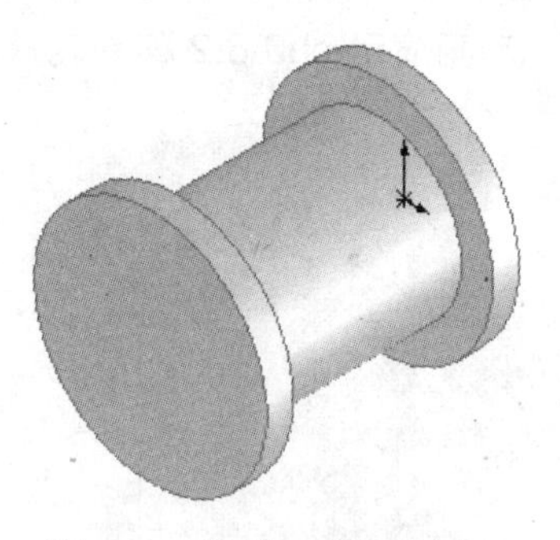

图 6-10 旋转切除后的图形

6.3 移动轮的底座

本例绘制移动轮的底座，如图 6-11 所示。

【案例 6-3】本案例源文件光盘路径：“X：\源文件\ch6\移动轮（底座）.SLDPRT”，本案例视频内容光盘路径：“X：\动画演示\ch6\6.3 移动轮（底座）.swf”。

图 6-11 移动轮底座

（1）启动 SolidWorks 2008，执行【文件】→【新建】命令，或者单击“标准”工具栏中的新建图标，在弹出的“新建 SolidWorks 文件”对话框中选择零件图标，然后单击“确定”按钮，创建一个新的零件文件。

（2）绘制底座。绘制草图。在左侧的“FeatureManager 设计树”中选择“前视基准面”作为绘制图形的基准面。单击“草图”操控板中的矩形图标，以原点为角点绘制一个矩形。

（3）标注尺寸。执行【工具】→【标注尺寸】→【智能尺寸】命令，或者单击“尺寸/几何关系”操控板中的智能尺寸图标，标注矩形各边的尺寸。结果如图 6-12 所示。

（4）拉伸实体。执行【插入】→【凸台/基体】→【拉伸】命令，或者单击“特征”操控

板中的拉伸凸台/基体图标，此时系统弹出“拉伸”属性管理器。在“深度”一栏中输入值4，然后单击属性管理器中的确定图标。

（5）设置视图方向。单击“前导视图”工具栏中的等轴测图标，将视图以等轴测方向显示，结果如图6-13所示。

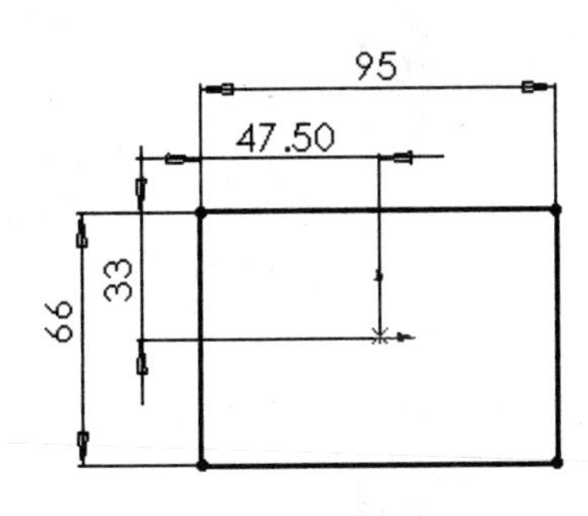

图6-12 标注的草图

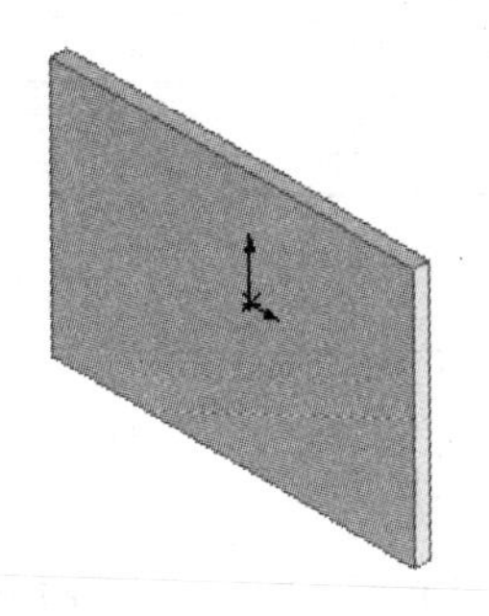

图6-13 拉伸后的图形

（6）绘制轴孔。设置基准面。在左侧的“FeatureManager 设计树”中用鼠标选择“上视基准面”，然后单击“前导视图”工具栏正视于图标，将该基准面作为绘制图形的基准面。

（7）绘制草图。单击“草图”操控板中的直线图标，以原点为起点绘制4条直线；单击“草图”操控板中的中心线图标，绘制一条通过原点的竖直中心线。

（8）标注尺寸。单击尺寸/几何关系操控板中的智能尺寸图标，标注上一步绘制草图的尺寸，结果如图6-14所示。

（9）旋转切除实体。执行【插入】→【切除】→【旋转】命令，或者单击“特征”操控板中的旋转切除图标，此时系统弹出“旋转切除”属性管理器。单击属性管理器中的确定图标。

（10）设置视图方向。单击“视图”工具栏中的旋转视图图标，将视图以合适的方向显示，结果如图6-15所示。

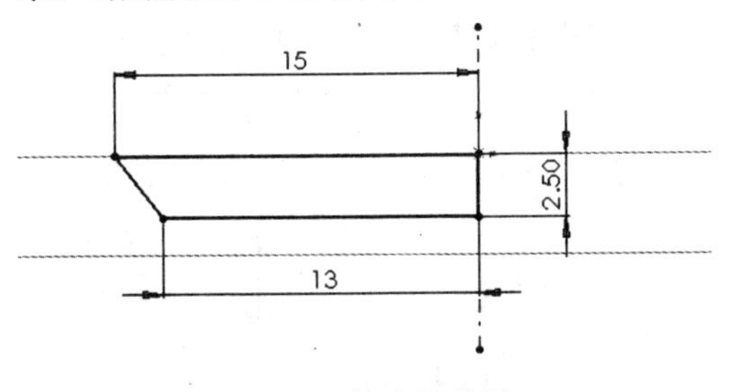

图6-14 标注的草图

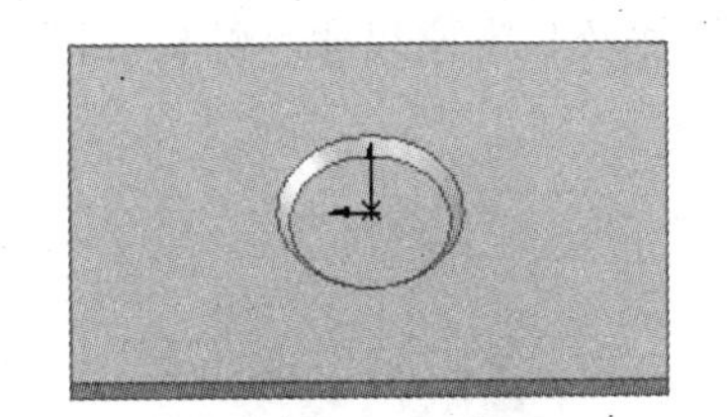

图6-15 旋转切除后的图形

（11）设置基准面。在左侧的“FeatureManager 设计树”中用鼠标选择“上视基准面”，然后单击“前导视图”工具栏正视于图标，将该基准面作为绘制图形的基准面。

（12）绘制草图。单击“草图”操控板中的直线图标，以原点正下方的边线为起点绘制4条直线；单击“草图”操控板中的中心线图标，绘制一条通过原点的竖直中心线。

（13）单击“尺寸/几何关系”操控板中的智能尺寸图标，标注上一步绘制草图的尺寸，结果如图6-16所示。

（14）旋转凸台实体。执行【插入】→【凸台/基体】→【旋转】命令，或者单击“特征”操控板中的旋转凸台/基体图标，此时系统弹出“旋转”属性管理器。单击属性管理器中的确定图标✔。

（15）设置视图方向。单击“前导视图”工具栏中的等轴测图标，将视图以等轴测方向显示，结果如图 6-17 所示。

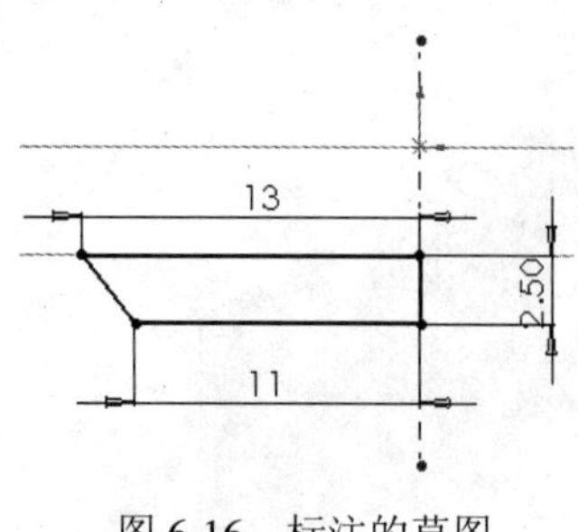

图 6-16　标注的草图

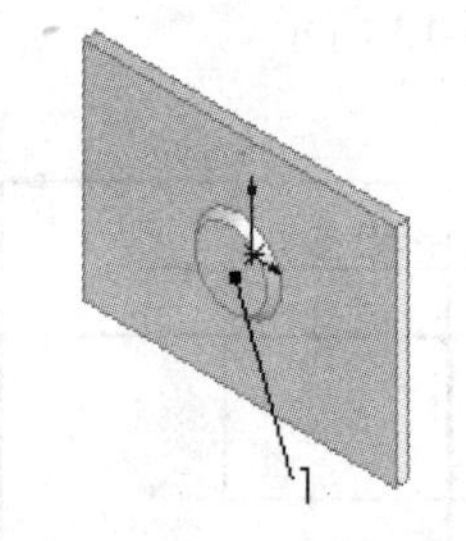

图 6-17　旋转凸台后的图形

（16）设置基准面。单击图 6-17 中的表面 1，然后单击“前导视图”工具栏正视于图标，将该表面作为绘制图形的基准面。

（17）绘制草图。单击“草图”操控板中的圆图标，以原点为圆心绘制一个直径为 16 的圆。

（18）拉伸切除实体。执行【插入】→【切除】→【拉伸】命令，或者单击“特征”操控板中的切除拉伸图标，此时系统弹出“切除-拉伸”属性管理器。在“终止条件”一栏的下拉菜单中，用鼠标选择“完全贯穿”选项。单击属性管理器中的确定图标✔。

（19）设置视图方向。单击“前导视图”工具栏中的等轴测图标，将视图以等轴测方向显示，结果如图 6-18 所示。

（20）绘制连接孔。设置基准面。单击图 6-18 中的表面 1，然后单击“前导视图”工具栏正视于图标，将该表面作为绘制图形的基准面。

（21）绘制草图。单击“草图”操控板中的矩形图标，绘制一个矩形；单击“草图”操控板中的 3 点圆弧图标，以矩形一个边的两个端点为圆弧的两个端点绘制一个圆弧。

（22）标注尺寸。单击“尺寸/几何关系”操控板中的智能尺寸图标，标注上一步绘制的草图的尺寸及其定位尺寸，结果如图 6-19 所示。

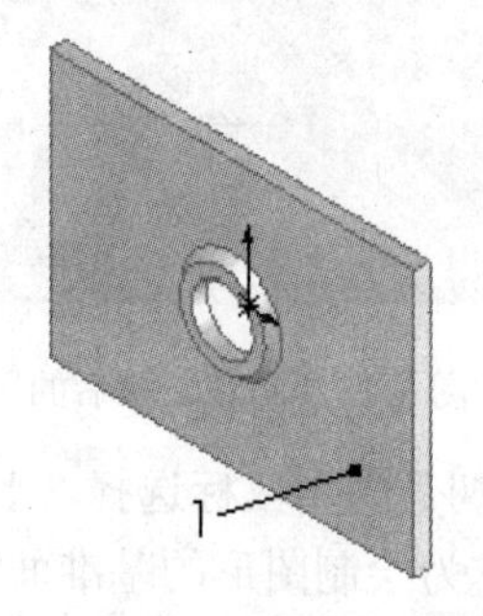

图 6-18　拉伸切除后的图形

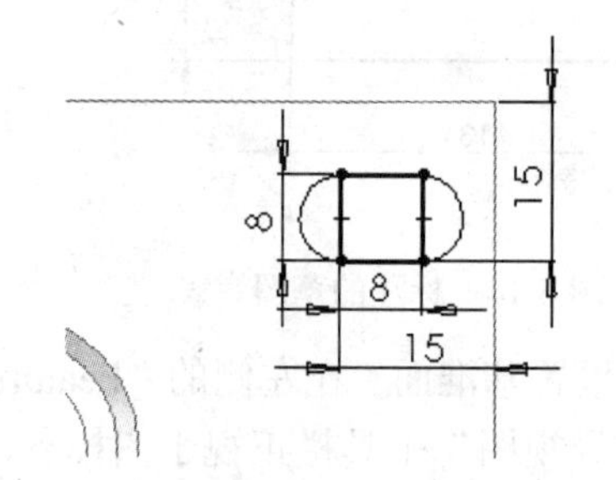

图 6-19　标注的草图

（23）剪裁实体。执行【工具】→【草图绘制工具】→【剪裁】命令，或者单击“草图”操控板中的剪裁实体图标，裁剪图 6-19 中圆弧与矩形的交线，结果如图 6-20 所示。

（24）拉伸切除实体。单击“特征”操控板中的切除拉伸图标，此时系统弹出“切除-拉伸”属性管理器。在“终止条件”一栏的下拉菜单中，选择“完全贯穿”选项，然后单击【确

定】按钮✔。

（25）设置视图方向。单击“前导视图”工具栏中的等轴测图标，将视图以等轴测方向显示，结果如图 6-21 所示。

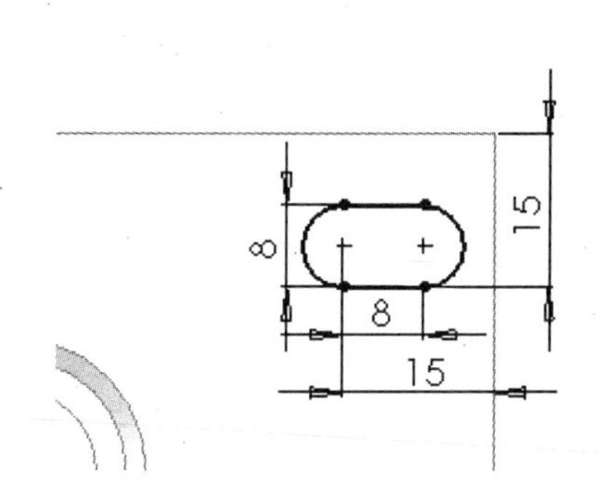

图 6-20 剪裁后的草图

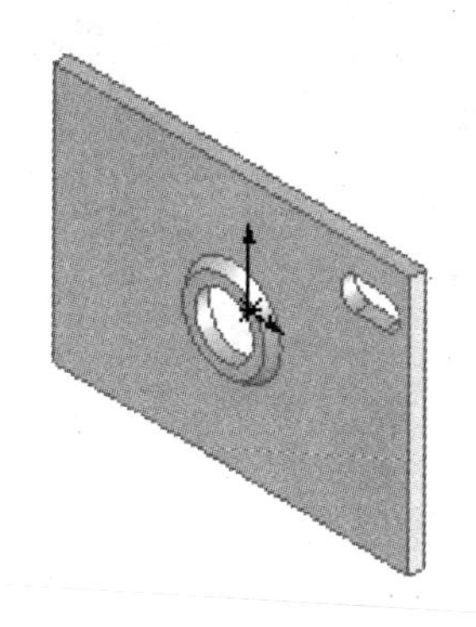

图 6-21 拉伸切除后的图形

（26）线性阵列实体。单击“特征”操控板中的线性阵列图标，此时系统弹出如图 6-22 所示的“阵列（线性）”属性管理器。在方向 1 的“边线”一栏中，用鼠标选择图 6-21 中的水平边线；在方向 2 的“边线”一栏中，用鼠标选择图 6-21 中的竖直边线；在“要阵列的特征”一栏中，选择图 6-21 中拉伸切除的实体，并调整阵列的方向。单击属性管理器中确定图标✔。

（27）设置视图方向。单击“视图”工具栏中的旋转视图图标，将视图以合适的方向显示，结果如图 6-23 所示。

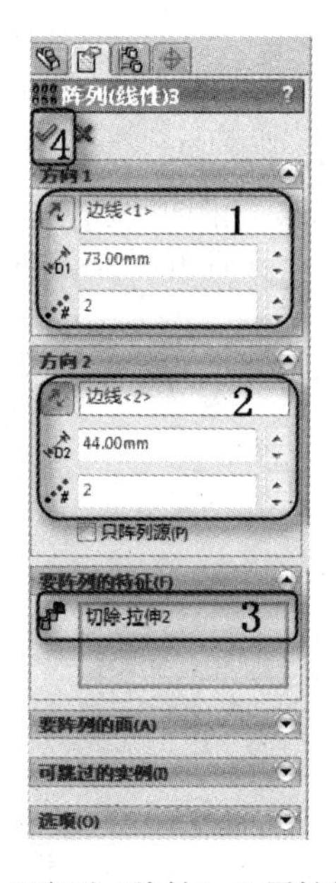

图 6-22 “阵列（线性）”属性管理器

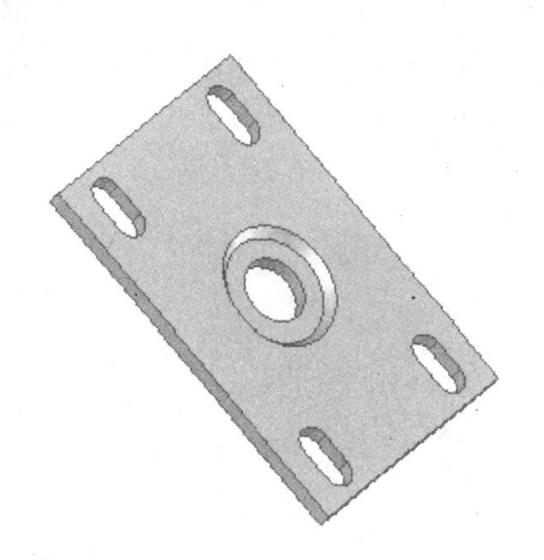

图 6-23 阵列后的图形

6.4 移动轮的垫片

本例绘制移动轮的垫片，如图 6-24 所示。

【案例 6-4】本案例源文件光盘路径：“X：\源文件\ch6\移动轮（垫片）.SLDPRT”，本案例视频内容光盘路径：“X：\动画演示\ch6\6.4 移动轮（垫片）.swf”。

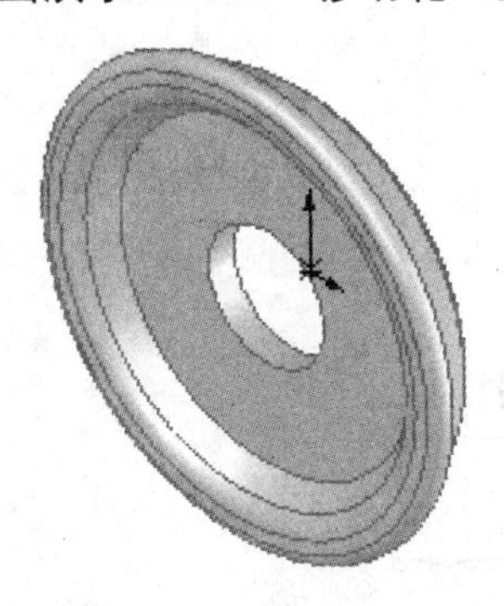

图 6-24　移动轮垫片

（1）启动 SolidWorks 2008，执行【文件】→【新建】命令，创建一个新的零件文件。

（2）绘制主体轮廓。绘制草图。在左侧的“FeatureManager 设计树”中选择“前视基准面”作为绘制图形的基准面。单击“草图”操控板中的圆图标，以原点为圆心绘制一个直径为 58 的圆。

（3）拉伸实体。执行【插入】→【凸台/基体】→【拉伸】命令，或者单击“特征”操控板中的拉伸凸台/基体图标，此时系统弹出“拉伸”属性管理器。在“深度”一栏中输入值 10，然后单击属性管理器中的确定图标。

（4）设置视图方向。单击“前导视图”工具栏中的等轴测图标，将视图以等轴测方向显示。结果如图 6-25 所示。

（5）设置基准面。在左侧的“FeatureManager 设计树”中用鼠标选择“上视基准面”，然后单击“前导视图”工具栏正视于图标，将该基准面作为绘制图形的基准面。

（5）绘制草图。单击“草图”操控板中的直线图标，以原点为起点绘制 4 条直线；单击“草图”操控板中的中心线图标，绘制一条通过原点的竖直中心线。

（7）标注尺寸。单击“尺寸/几何关系”操控板中的智能尺寸图标，标注上一步绘制草图的尺寸，结果如图 6-26 所示。

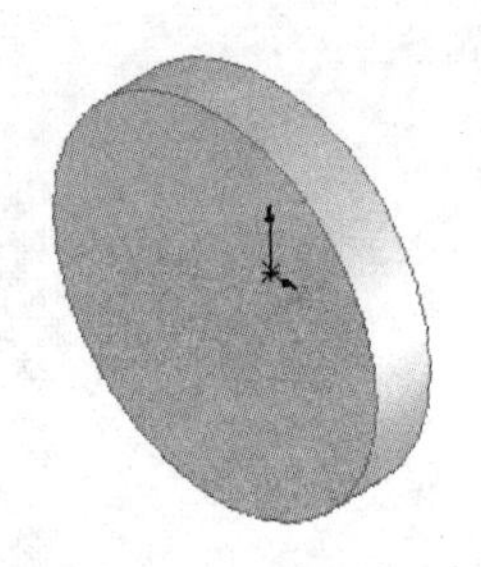

图 6-25　拉伸后的图形

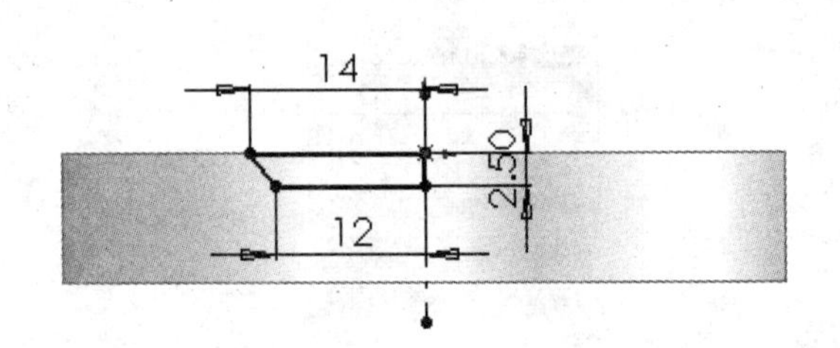

图 6-26　标注的草图

（8）旋转切除实体。执行【插入】→【切除】→【旋转】命令，或者单击“特征”操控板中的旋转切除图标，此时系统弹出“旋转切除”属性管理器。单击属性管理器中的确定图标。

（9）设置视图方向。单击“视图”工具栏中的旋转视图图标，将视图以合适的方向显

示，结果如图 6-27 所示。

（10）设置基准面。在左侧的“FeatureManager 设计树”中用鼠标选择“上视基准面”，然后单击“前导视图”工具栏正视于图标，将该基准面作为绘制图形的基准面。

（11）绘制草图。单击“草图”操控板中的直线图标，以原点正下方的边线为起点绘制 4 条直线；单击“草图”操控板中的中心线图标，绘制一条通过原点的竖直中心线。

（12）标注尺寸。单击“尺寸/几何关系”操控板中的智能尺寸图标，标注上一步绘制草图的尺寸，结果如图 6-28 所示。

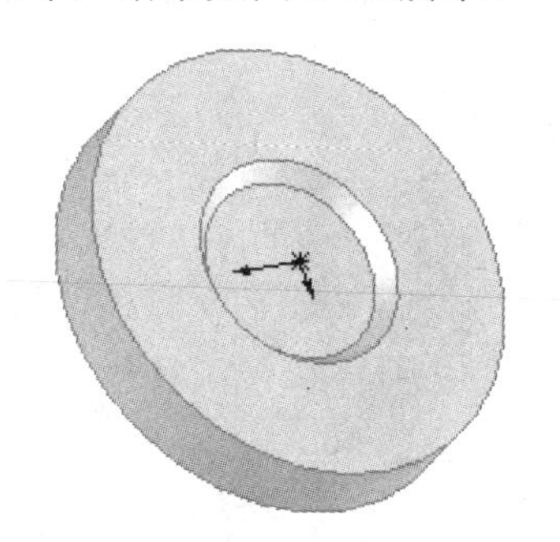

图 6-27　旋转切除后的图形

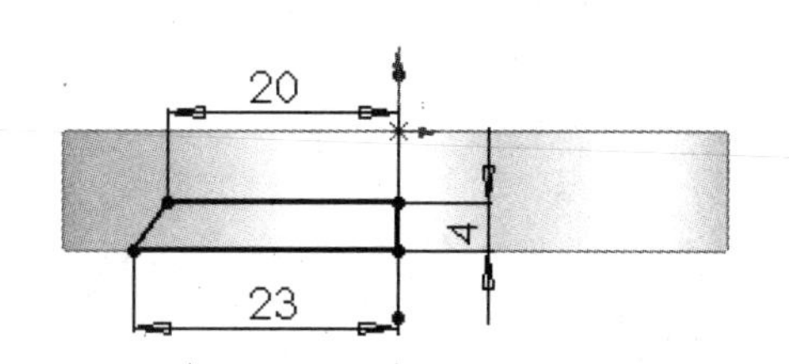

图 6-28　标注的草图

（13）旋转切除实体。单击“特征”操控板中的旋转切除图标，此时系统弹出“旋转切除”属性管理器。单击属性管理器中的确定图标。

（14）设置视图方向。单击“前导视图”工具栏中的等轴测图标，将视图以等轴测方向显示，结果如图 6-29 所示。

（15）设置基准面。在左侧的“FeatureManager 设计树”中用鼠标选择“上视基准面”，然后单击“前导视图”工具栏正视于图标，将该基准面作为绘制图形的基准面。

（16）绘制草图。单击“草图”操控板中的“直线图标，以在左侧边线绘制 3 条直线；单击“草图”操控板中的中心线图标，绘制一条通过原点的竖直中心线。

（17）标注尺寸。单击“尺寸/几何关系”操控板中的智能尺寸图标，标注上一步绘制草图的尺寸，结果如图 6-30 所示。

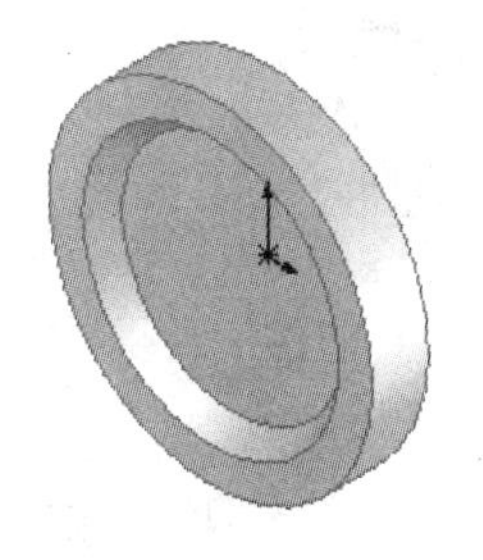

图 6-29　旋转切除后的图形

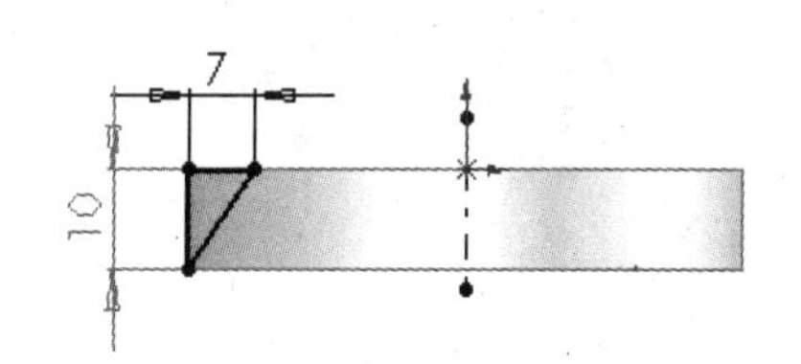

图 6-30 标注的草图

（18）旋转切除实体。单击“特征”操控板中的旋转切除图标，此时系统弹出“旋转切除”属性管理器。单击属性管理器中的确定图标。

（19）设置视图方向。单击“前导视图”工具栏中的等轴测图标，将视图以等轴测方向显示，结果如图 6-31 所示。

（20）绘制轴孔。设置基准面。单击图 6-31 中的表面 1，然后单击“前导视图”工具栏正视于图标，将该表面作为绘制图形的基准面。

（21）绘制草图。单击“草图”操控板中的圆图标，以原点为圆心绘制一个直径为 18 的圆。

（22）拉伸切除实体。单击“特征”操控板中的切除拉伸图标，此时系统弹出“切除拉伸”属性管理器。在“终止条件”一栏的下拉菜单中，用鼠标选择“完全贯穿”选项。单击属性管理器中的确定图标。

（23）设置视图方向。单击“前导视图”工具栏中的等轴测图标，将视图以等轴测方向显示，结果如图 6-32 所示。

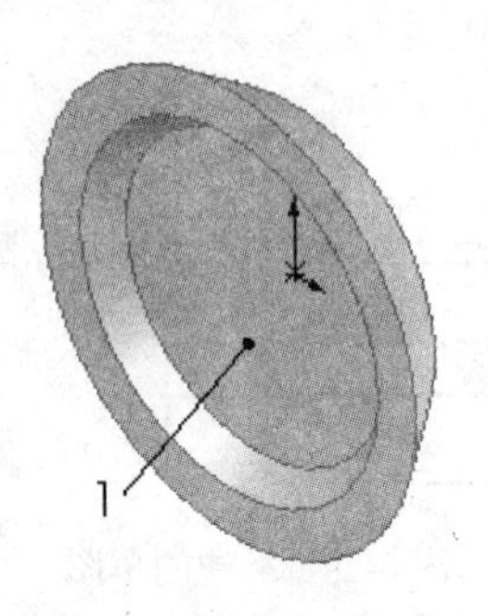

图 6-31　旋转切除后的图形

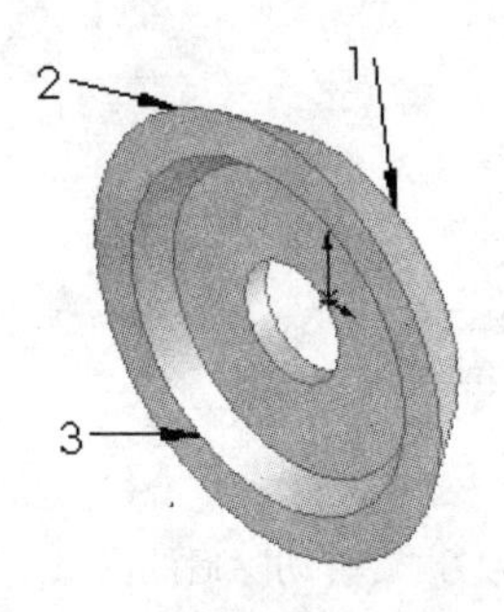

图 6-32　拉伸切除后的图形

（24）圆角实体。执行【插入】→【特征】→【圆角】命令，或者单击“特征”操控板中的圆角图标，此时系统弹出“圆角”属性管理器。在“半径”一栏中输入值 5，用鼠标选择图 6-32 中的边线 1，然后单击属性管理器中的确定图标。重复此命令，将边线 2 圆角“半径”输入值为 1.5；将边线 3 圆角“半径”输入值为 3，结果如图 6-33 所示。

（25）绘制另一个轴承垫片。绘制步骤与此例相同，只是尺寸不同，在此不再赘述。其垫片绘制结果如图 6-34 所示

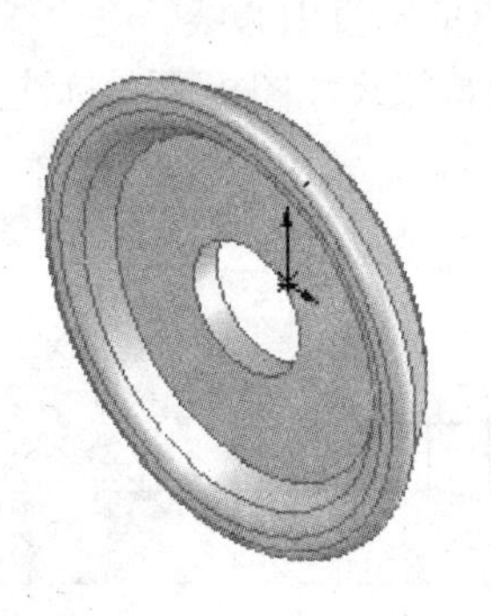

图 6-33　圆角后的图形

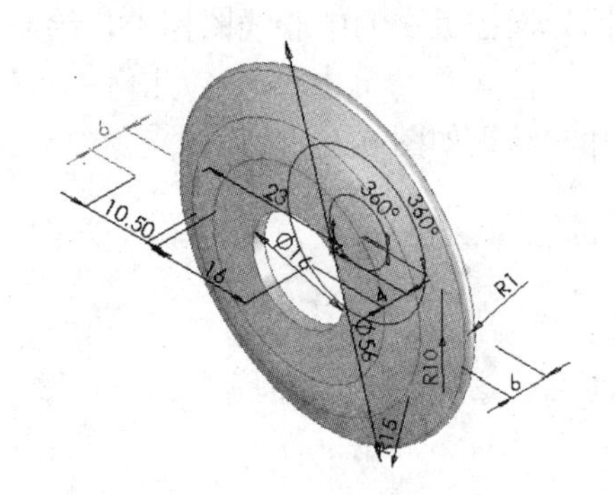

图 6-34　绘制的另一个垫片

6.5　连杆基体

绘制连杆基体，如图 6-35 所示。

【案例 6-5】本案例源文件光盘路径：“X：\源文件\ch6\连杆基体.SLDPRT”，本案例视频内容光盘路径：“X：\动画演示\ch6\6.5 连杆基体.swf”。

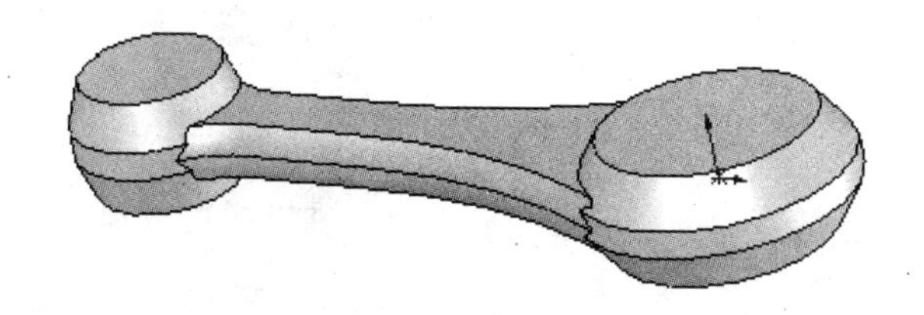

图 6-35　连杆基体

（1）新建文件。启动 SolidWorks 2008，执行【文件】→【新建】或单击工具图标，在打开的“新建 SolidWorks 文件”对话框中，单击【零件】→【确定】按钮。

（2）新建草图。在设计树中选择上视基准面，单击草图绘制图标，新建一张草图。

（3）绘制圆。单击草图绘制工具栏上的圆图标，绘制一个以原点为圆心，直径为 80mm 的圆。

（4）拉伸实体。单击拉伸凸台/基体图标，设定拉伸的终止条件为“给定深度”。在微调框中设置拉伸深度为 4mm，保持其他选项的系统默认值不变，如图 6-36 所示。

（5）单击确定图标，生成连杆大端拉伸特征。

（6）建立基准面。选择特征管理器设计树上的上视视图，然后执行【插入】→【参考几何体】→【基准面】命令，或单击参考几何体工具栏上的基准面图标。在基准面属性管理器上的微调框中设置等距距离为 16.5mm，单击确定图标，生成基准面 1，如图 6-37 所示。

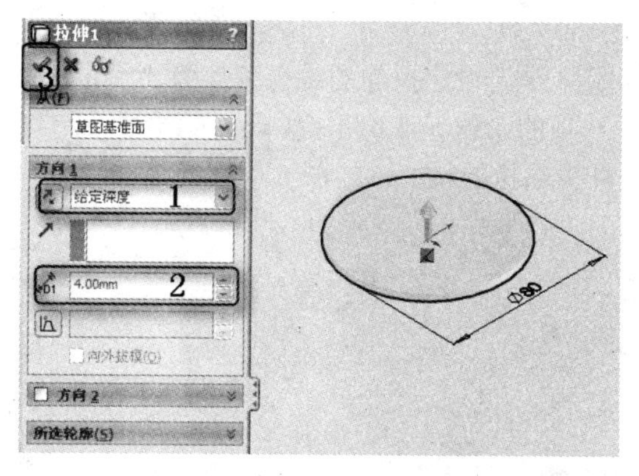

图 6-36　大端拉伸特征

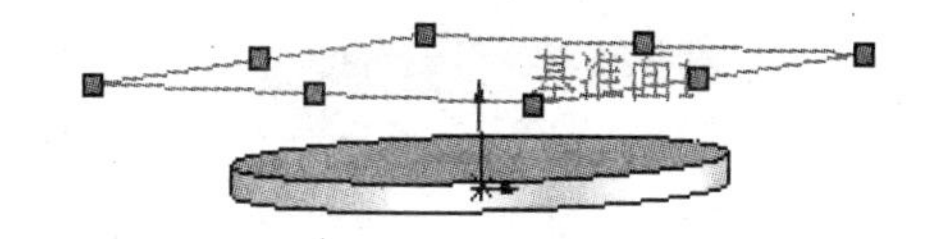

图 6-37　插入基准面 1

（7）新建草图。单击草图绘制图标，在基准面 1 上打开一张草图。

（8）绘制圆。单击草图绘制工具栏上的圆图标，绘制一个以原点为圆心，直径为 63mm 的圆，如图 6-38 所示。

（9）再次单击草图绘制图标，退出草图绘制。

（10）生成放样特征。单击特征工具栏上的放样图标，或执行【插入】→【凸台】→【放样】命令。在属性管理器中，单击图标右侧的显示框，然后在图形区域中依次选取连杆大端拉伸基体的上部边线和草图 2 为放样轮廓线，如图 6-39 所示。

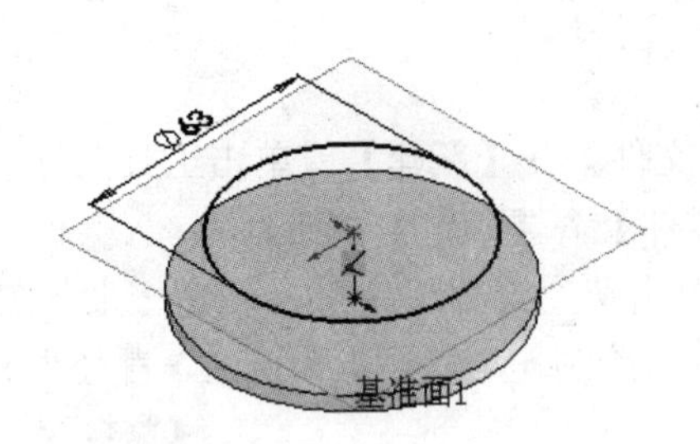

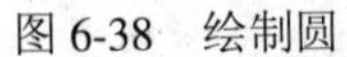

图 6-38 绘制圆

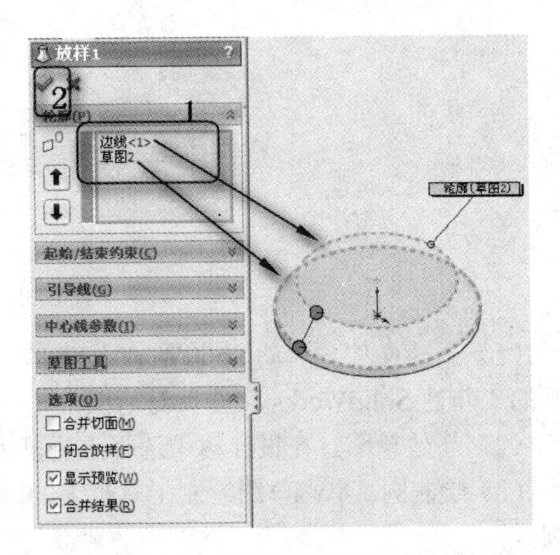

图 6-39 连杆大端放样特征

（11）单击【确定】按钮，从而生成连杆大端放样特征。

（12）新建草图。在设计树中选择上视基准面，单击草图绘制图标，新建一张草图。

（13）绘制中心线。单击草图绘制工具栏上的中心线图标，过坐标原点绘制一条水平中心线。

（14）绘制圆。单击草图绘制工具栏上的圆图标，绘制一个圆心在中心线上的直径为 50mm 的圆，圆心到坐标原点的距离为 180mm。

（15）拉伸形成实体。单击拉伸凸台/基体图标，设定拉伸的终止条件为“给定深度”。在微调框中设置拉伸深度为 4mm，保持其他选项的系统默认值不变。

（16）单击【确定】按钮，从而生成连杆小端拉伸特征，如图 6-40 所示。

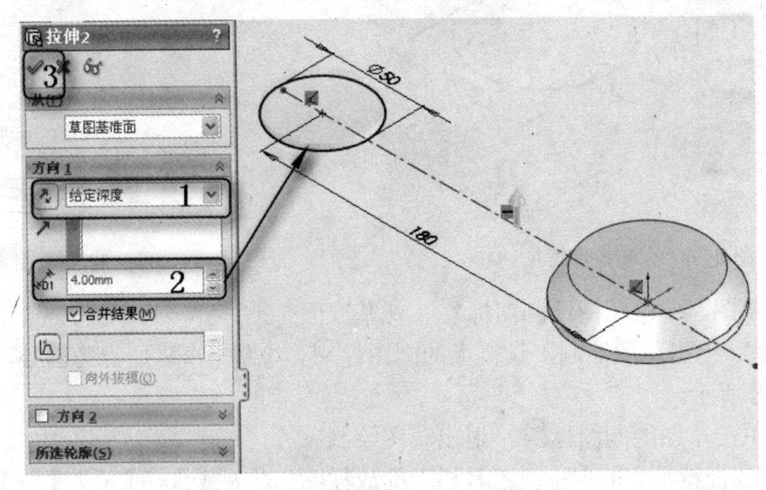

图 6-40 连杆小端拉伸特征

（17）绘制圆。以基准面 1 为草图绘制平面，捕捉连杆小端拉伸特征的圆心，绘制一个直径为 41mm 的圆。

（18）生成放样特征。单击特征工具栏上的放样图标，或执行【插入】→【凸台】→【放样】命令。在属性管理器中，单击图标右侧的显示框，然后在图形区域中依次选取连杆小端拉伸基体的上部边线和步骤（17）绘制的草图为放样轮廓线。

（19）单击【确定】按钮✔，从而生成连杆小端放样特征，如图 6-41 所示。

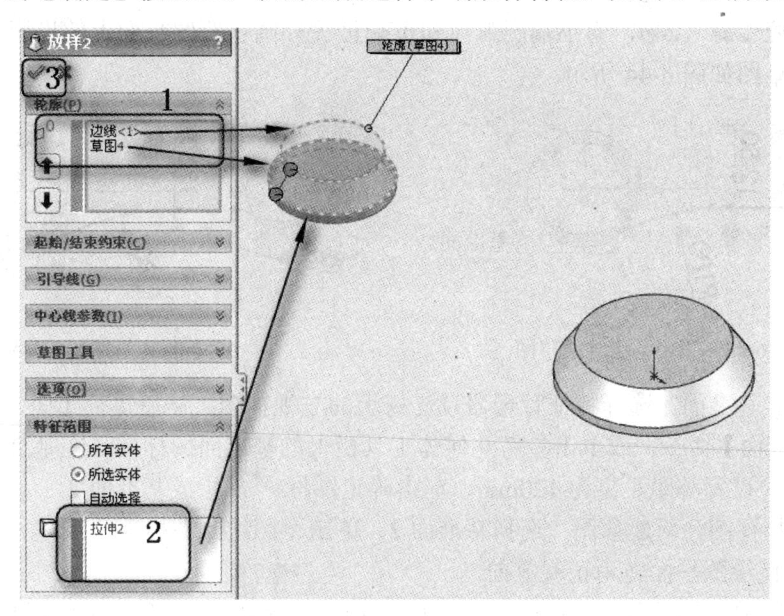

图 6-41　连杆小端放样特征

（20）选择镜像特征。单击特征工具栏上的镜像图标，选取上视基准面为镜象基准面，在“要镜像的特征”输入框中选取镜像特征为本实例中步骤（2）～（19）中所创建的全部特征，如图 6-42 所示。

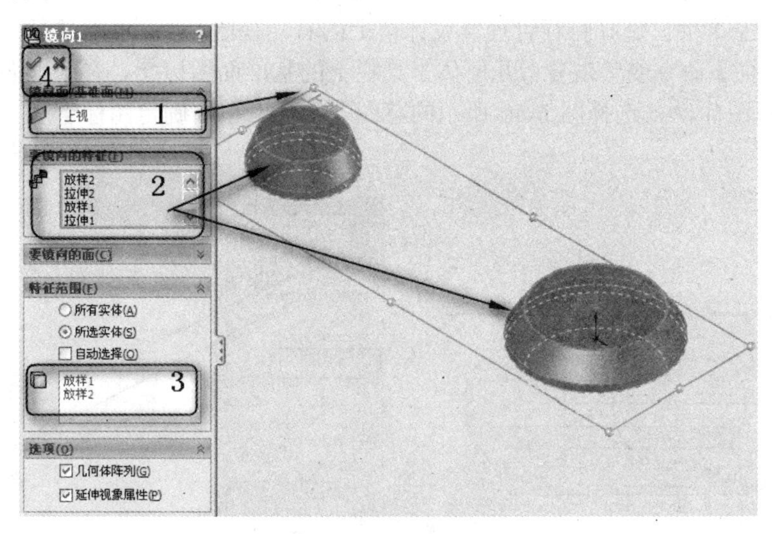

图 6-42　镜像两端特征

（21）单击确定图标✔，从而生成镜像特征。

（22）新建草图。在设计树中选择上视基准面，单击草图绘制图标，新建一张草图。

（23）绘制直线和切线弧。单击草图绘制工具栏上的直线图标和切线弧图标，绘制如图 6-43 所示的草图，并标注尺寸。

（24）添加几何关系。单击添加几何关系图标，选取大端圆弧线和大端最大外圆在草图平面上的投影线，单击相切图标，为两者添加相切关系。

（25）仿照步骤（24），为小端圆弧线和下端最大外圆在草图平面上的投影线添加相切几何关系，最后草图如图 6-44 所示。

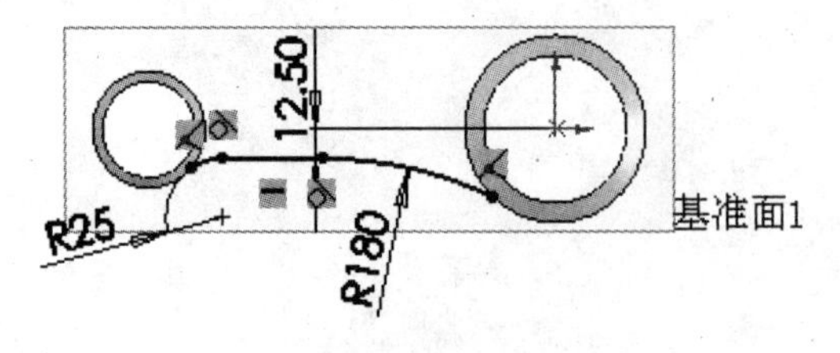

图 6-43　第一条引导线草图

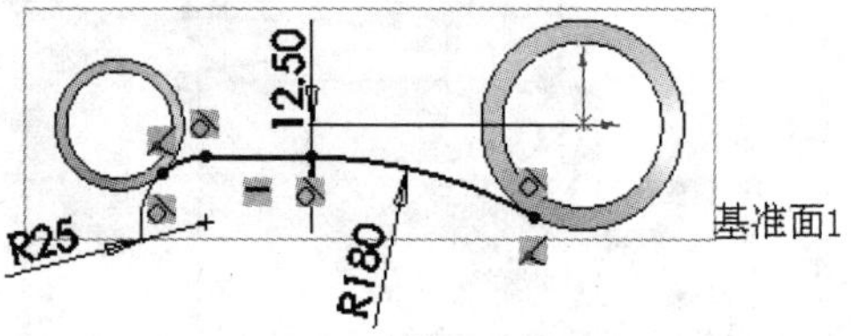

图 6-44　第二条引导线

（26）建立基准面。选择特征管理器设计树上的右视视图，然后执行【插入】→【参考几何体】→【基准面】命令，或单击参考几何体工具栏上的基准面图标。在基准面属性管理器上的微调框中设置等距距离为 120mm，单击确定图标，生成基准面 2。

（27）选择视图，新建草图。选择基准面 2，单击草图绘制图标，新建一张草图。单击工具图标，使绘图平面转为正视方向。

（28）绘制中心线。单击草图绘制工具栏上的中心线图标，通过原点分别绘制两条水平和垂直中心线。

（29）绘制直线，并标注尺寸。单击草图绘制工具栏上的直线图标和三点圆弧图标，绘制如图 6-45 所示草图，并标注尺寸。

（30）再次单击草图绘制图标，退出草图绘制。

（31）建立基准面。选择特征管理器设计树上的右视视图，然后执行【插入】→【参考几何体】→【基准面】命令或单击参考几何体工具栏上的基准面图标。在基准面属性管理器上单击点和平行面图标，选择图 6-40 所示的草图左端点，单击确定图标，生成基准面 3，如图 6-46 所示。

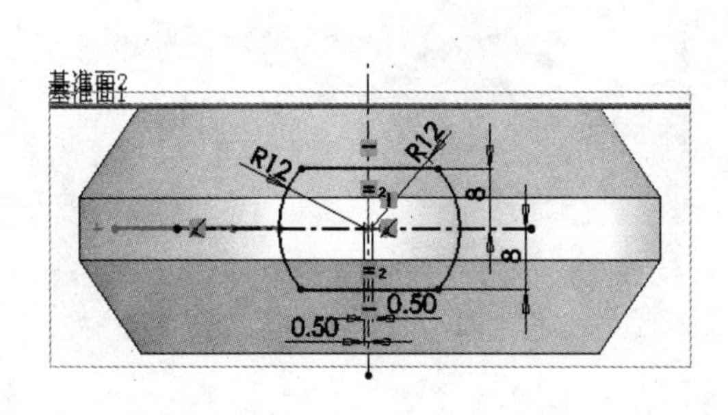

图 6-45　绘制第一个放样轮廓

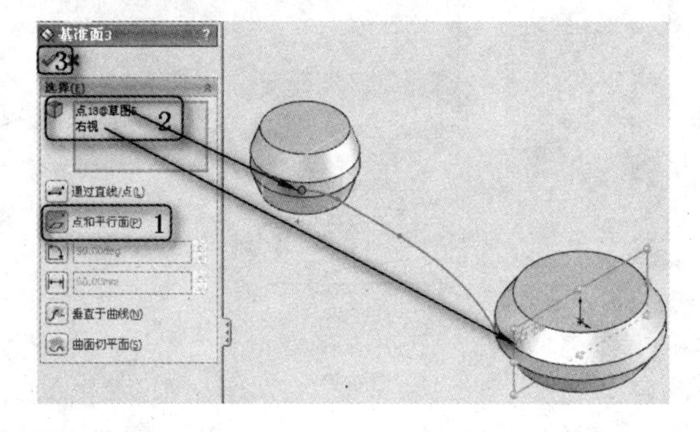

图 6-46　生成基准面 3

（32）新建草图。选择基准面 3，单击草图绘制图标，新建一张草图。单击工具图标，使绘图平面转为正视方向。

（33）绘制中心线。单击草图绘制工具栏上的中心线图标，通过原点分别绘制两条水平和垂直的中心线。单击草图绘制工具栏上的直线图标和三点圆弧图标，绘制如图 6-47 所示草图，并标注尺寸。

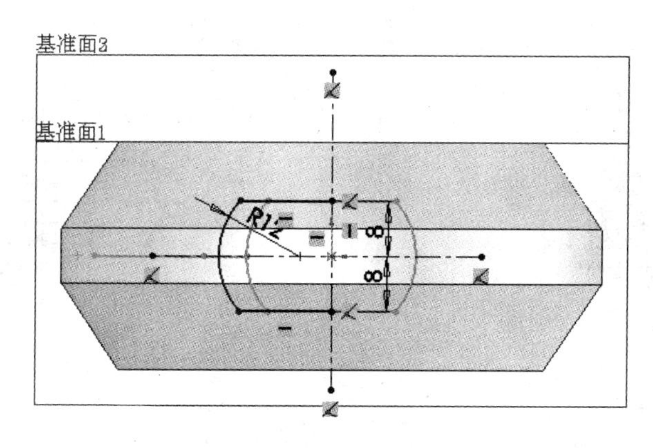

图 6-47　草图

（34）添加几何关系。单击添加几何关系图标，选择如图 6-45 所示圆弧与图 6-40 所示的草图左端点，添加几何关系为“重合”，如图 6-48 所示。

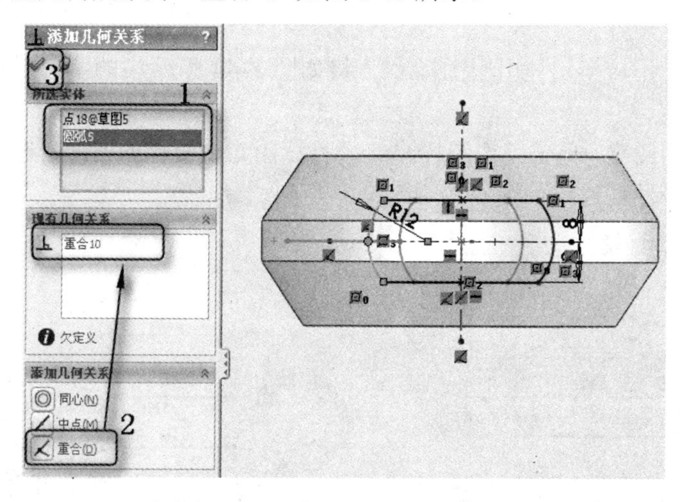

图 6-48　添加“重合”几何关系

（35）绘制轮廓。单击镜像图标，选择弧线和两条直线为要镜像的实体，选择垂直中心线为镜像中心，完成第二个放样轮廓，如图 6-49 所示。

（36）建立基准面。选择特征管理器设计树上的右视视图，然后执行【插入】→【参考几何体】→【基准面】命令或单击参考几何体工具栏上的基准面按钮。在基准面属性管理器上点击点和平行面按钮，选择如图 6-44 所示的草图右端点，单击确定图标，生成基准面 4。

（37）新建草图。选择基准面 4，单击草图绘制图标，新建一张草图。单击工具图标，使绘图平面转为正视方向。

（38）绘制中心线、直线、圆弧，并标注尺寸。单击草图绘制工具栏上的中心线图标，通过原点分别绘制两条水平和垂直的中心线。单击草图绘制工具栏上的直线图标和三点圆弧图标，绘制如图 6-50 所示的草图，并标注尺寸。

（39）添加几何关系。单击添加几何关系图标，选择如图 6-50 圆弧与图 6-44 的草图右端点，添加几何关系为“重合”。

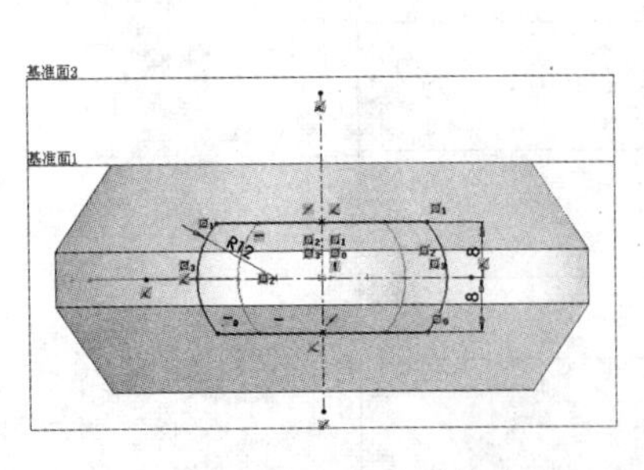

图 6-49　第二个放样轮廓

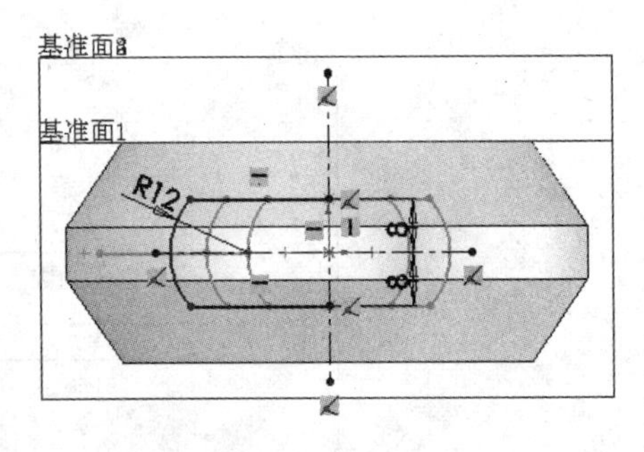

图 6-50　草图

（40）绘制轮廓。单击镜像图标，选择刚绘制的弧线和与之相交的两条直线为要镜像的实体，选择垂直中心线为镜像中心，完成第三个放样轮廓，如图 6-51 所示。

（41）新建草图。在设计树中选择上视基准面，单击草图绘制图标，新建一张草图。

（42）绘制中心线。单击草图绘制工具栏上的中心线图标，通过原点沿 *X* 轴方向绘制一条中心线 1。

（43）投影。使用转换实体引用图标，将如图 6-44 所示中的草图投影到当前草图绘制平面。

（44）镜像绘制曲线。单击镜像图标，选择草图为要镜像的实体，选择中心线 1 为镜像中心，生成另一条草图曲线，如图 6-52 所示。

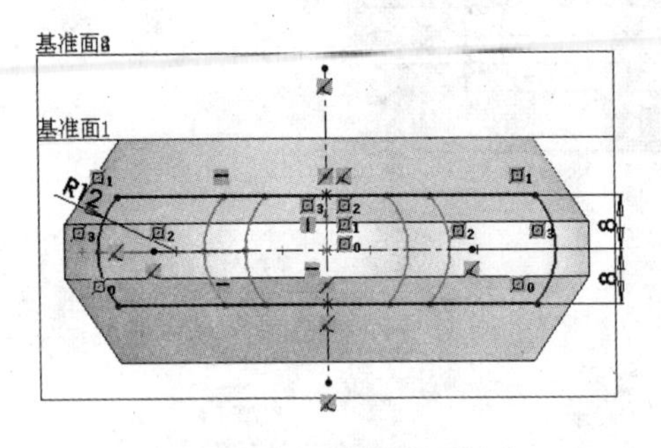

图 6-51　第三个放样轮廓

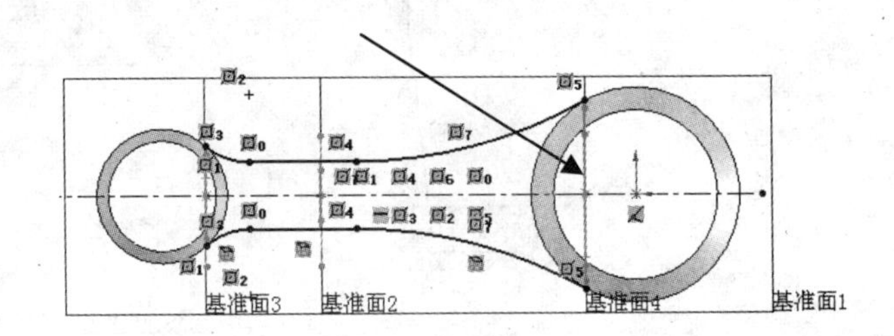

图 6-52　镜像草图曲线

（45）将中心线 1 和通过“转换实体引用”生成的曲线删除。因为，使用【放样凸台/基体】命令时，引导线必须连续。

（46）标注尺寸，如图 6-53 所示。

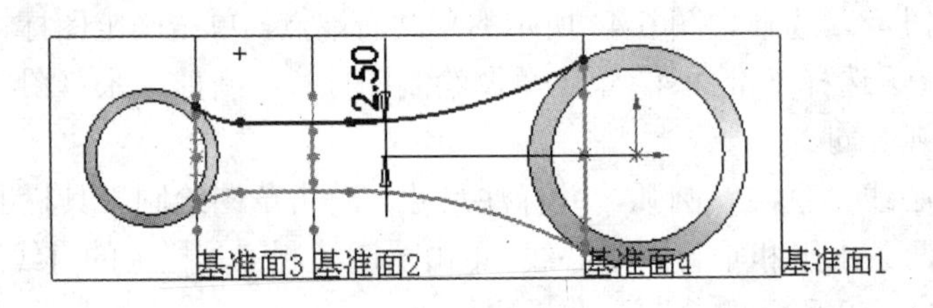

图 6-53　绘制第二条引导线

（47）新建基准面。将基准面 1～4 都隐藏起来，选择特征管理器设计树上的上视视图，然后执行【插入】→【参考几何体】→【基准面】命令，或单击参考几何体工具栏上的基准面图标。在基准面属性管理器上的微调框中设置等距距离为 8mm，单击确定图标，生成

基准面 5，如图 6-54 所示。

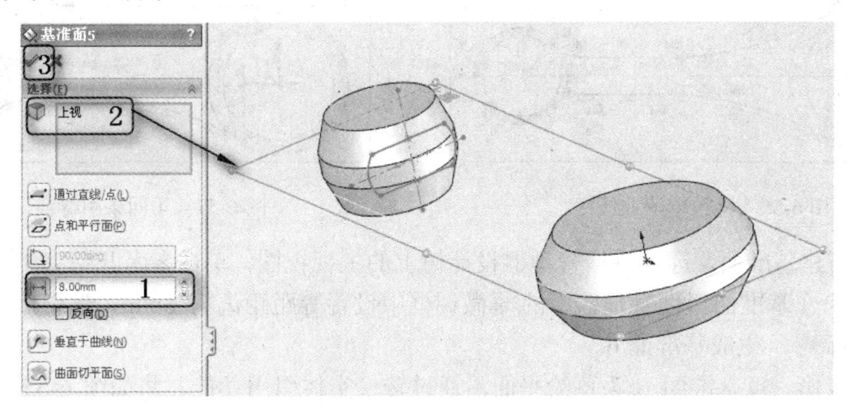

图 6-54　插入基准面 5

（48）新建草图。选择基准面 5，单击草图绘制图标，新建一张草图。单击工具图标，使绘图平面转为正视方向。

（49）投影。单击转换实体引用图标，将如图 6-53 所示中的草图投影到当前草图绘制平面。

（50）删除该草图上的所有几何约束关系。

（51）添加几何关系。使草图的小圆弧端点与如图 6-48 所示绘制的草图圆弧上的端点重合，使草图的大圆弧端点与如图 6-51 所示绘制的草图圆弧上的端点重合，生成第三条引导线，结果如图 6-55 所示。

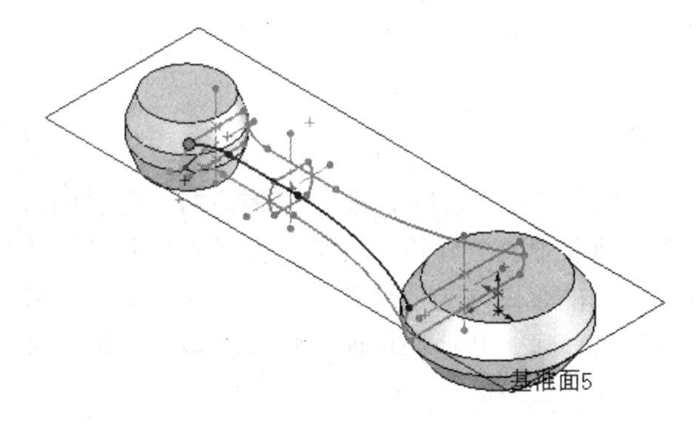

图 6-55　生成第三条引导线

（52）绘制中心线。在设计树中选择基准面 5，单击草图绘制图标，新建一张草图。单击草图绘制工具栏上的中心线图标，通过原点沿 *X* 轴方向绘制一条中心线 2。

（53）投影。使用转换实体引用图标，将如图 6-55 所示中的草图投影到当前草图绘制平面。

（54）镜像绘制曲线。单击镜像图标，选择草图为要镜像的实体，选择中心线 2 为镜像中心，生成另一条草图曲线，如图 6-56 所示。

（55）将中心线 2 和通过“转换实体引用”生成的曲线删除，生成第四条引导线，如图 6-57 所示。

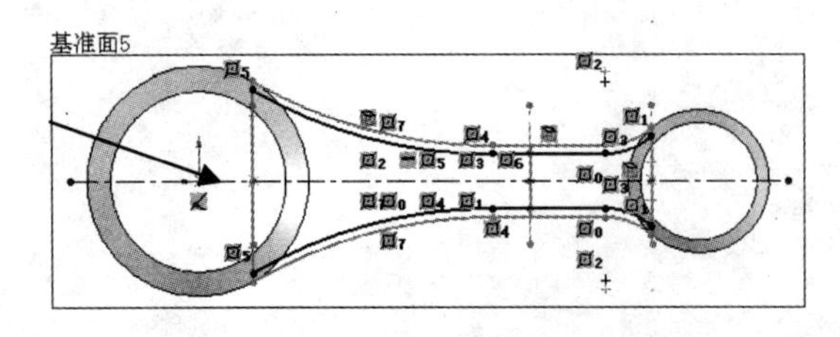

图 6-56　镜像草图曲线

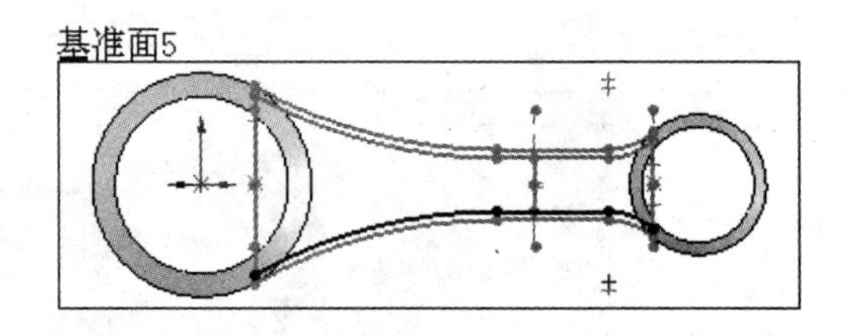

图 6-57　第四条引导线

（56）新建基准面。选择特征管理器设计树上的上视视图，单击参考几何体工具栏上的基准面图标。在基准面属性管理器上的微调框中设置等距距离为 8mm，选中反向复选框，单击确定图标，生成基准面 6。

（57）投影。以基准面 6 为草绘平面，通过转换实体引用功能，将如图 6-55 所示中的草图曲线投影到基准面 6 上，生成第五条引导线，如图 6-58 所示。

（58）在基准面 6 上再新建一张草图，将如图 6-57 所示中的草图曲线投影到该草图平面，生成第六条引导线，如图 6-59 所示。

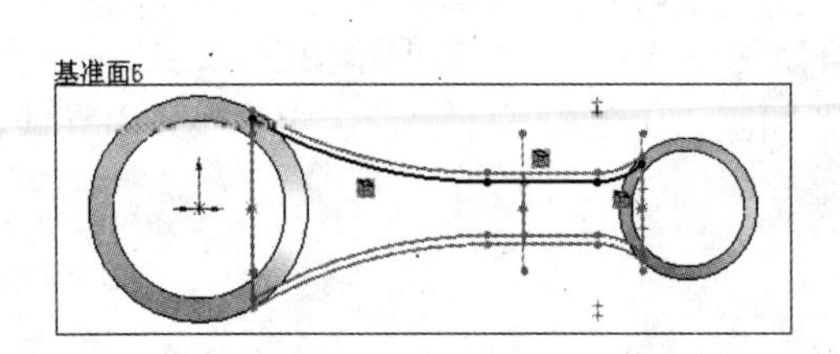

图 6-58　第五条引导线

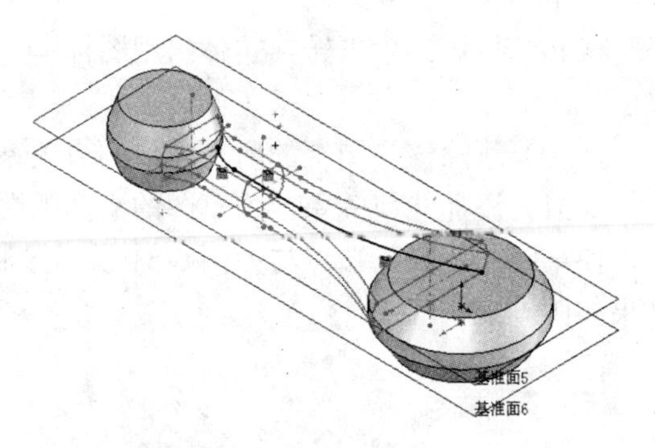

图 6-59　第六条引导线

（59）生成放样特征。单击特征工具栏上的放样图标，或执行【插入】→【凸台】→【放样】命令。单击放样属性管理器中的放样轮廓框，然后在图形区域中依次选取如图 6-48 和 6-51 中的表示连杆体截面轮廓的草图作为放样轮廓。设置“开始约束”和“结束约束”均为“无”。引导线上面显示所绘的 6 条引导线，其他选项保持默认状态，如图 6-60 所示。

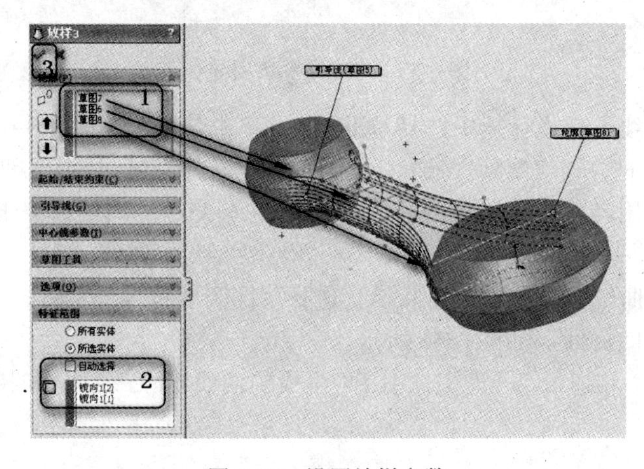

图 6-60　设置放样参数

（60）单击确定图标，生成放样特征。

至此该连杆基体就制作完成，单击保存图标，将零件保存为“连杆基体.sldprt”，最后的效果如图 6-61 所示。

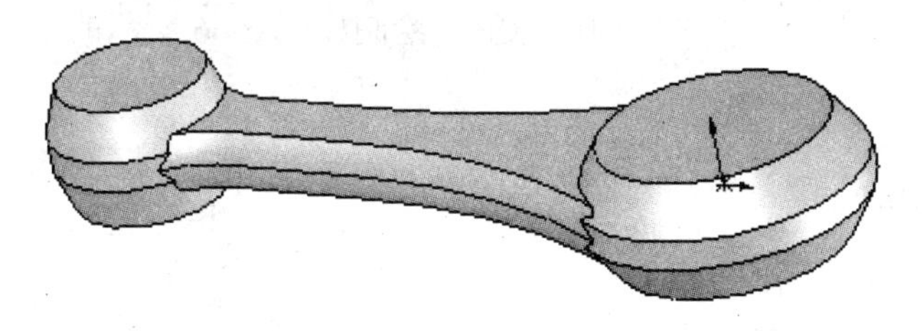

图 6-61　连杆基体

6.6　壳体

本例为壳体的创建，如图 6-62 所示。

【案例 6-6】本案例源文件光盘路径：“X：\源文件\ch6\壳体.SLDPRT”，本案例视频内容光盘路径：“X：\动画演示\ch6\6.6 壳体.swf”。

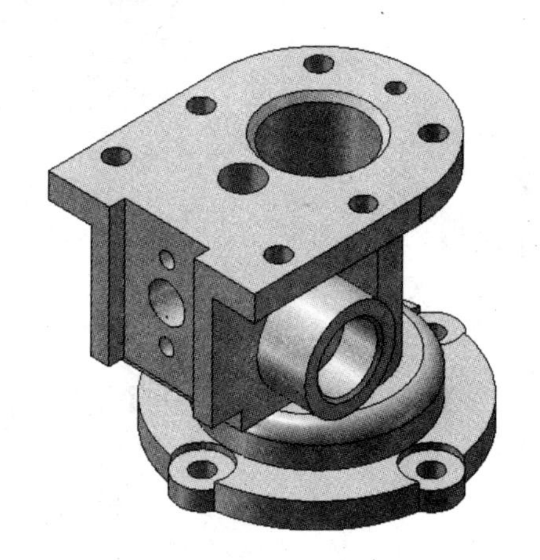

图 6-62　壳体

（1）启动 SolidWorks 2008，执行【文件】→【新建】命令，或者单击“标准”工具栏中的新建图标，在弹出的“新建 SolidWorks 文件”对话框中选择零件图标，然后单击【确定】按钮，创建一个新的零件文件。

（2）绘制草图。在左侧的“FeatureManager 设计树”中选择“前视基准面”作为绘图基准面，然后单击“草图”操控板中的中心线图标，绘制一条中心线。再执行【工具】→【草图绘制实体】→【直线】命令，或者单击“草图”操控板中的直线图标，在绘图区域绘制底座的外形轮廓线。执行【工具】→【标注尺寸】→【智能尺寸】命令，或者单击“草图”操控板中的智能尺寸图标，对草图进行尺寸标注，调整草图尺寸，结果如图 6-63 所示。

（3）旋转生成底座实体。执行【插入】→【凸台/基体】→【旋转】命令，或者单击“特征”操控板中的旋转凸台/基体图标，系统弹出“旋转”属性管理器，如图 6-64 所示。在属性管理器中单击“旋转轴”栏，选择“直线”；然后单击拾取草图中心线，选择“单向”，输入旋转角度 360°，然后单击【确定】按钮，结果如图 6-65 所示。

（4）绘制草图。在左侧的“FeatureManager 设计树”中选择“上视基准面”作为绘图基准面，然后单击“草图”操控板中的圆图标，绘制如图 6-66 所示的草图，并标注尺寸。

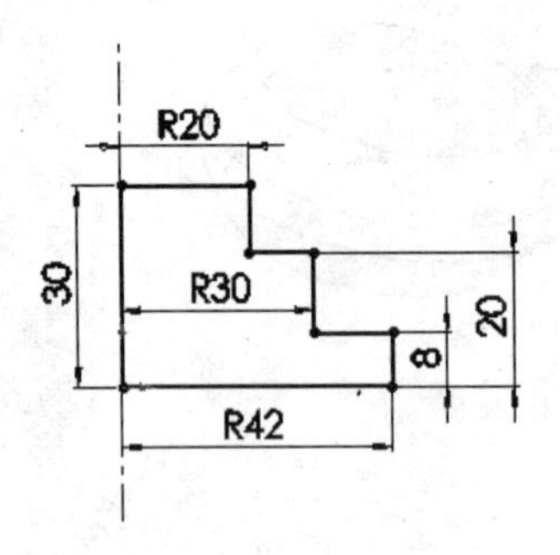

图 6-63　绘制底座轮廓草图

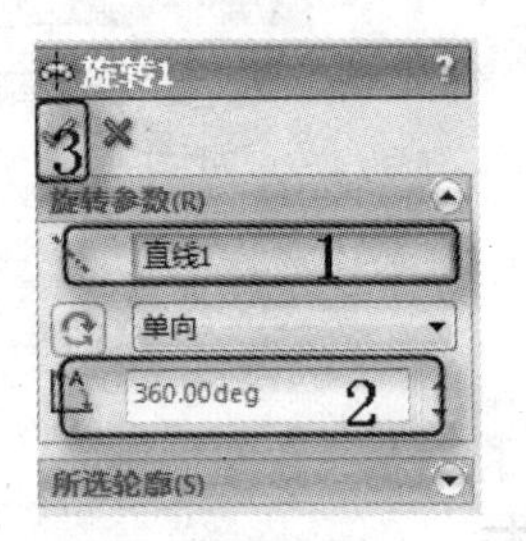

图 6-64　拉伸草图参数设置

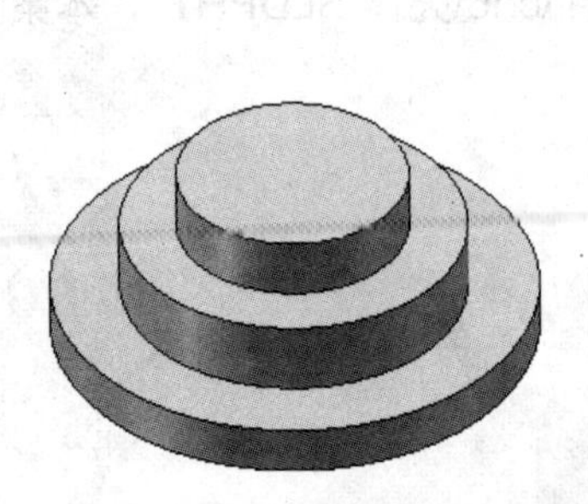

图 6-65　旋转生成的实体

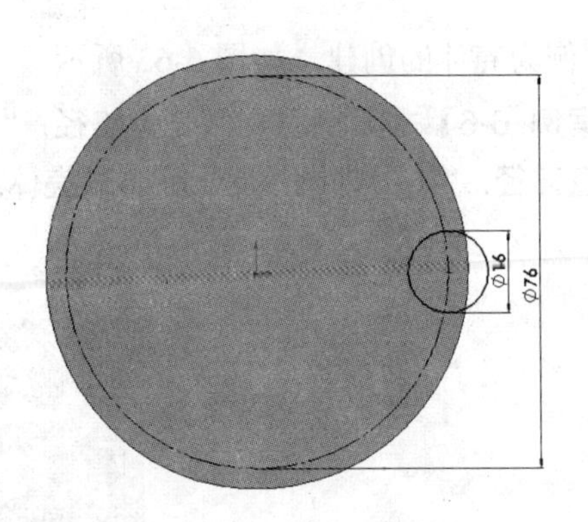

图 6-66　绘制草图

（5）拉伸实体。执行【插入】→【凸台/基体】→【拉伸】命令，或者单击“特征”操控板中的“拉伸凸台/基体图标，此时系统弹出“拉伸”属性管理器，在“深度”一栏中输入值 6mm，其他设置如图 6-67 所示，然后单击确定图标，结果如图 6-68 所示。

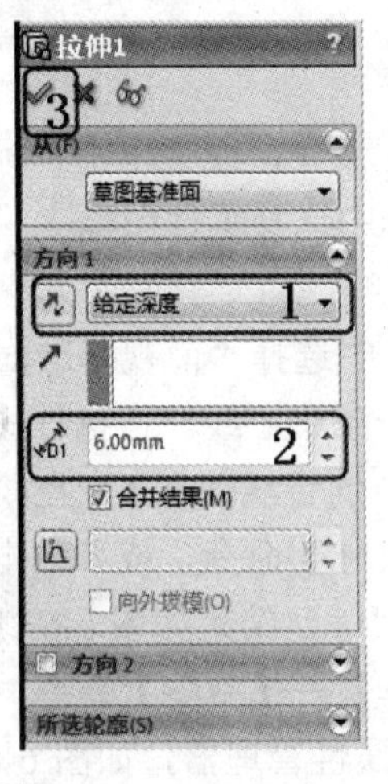

图 6-67　拉伸参数设置

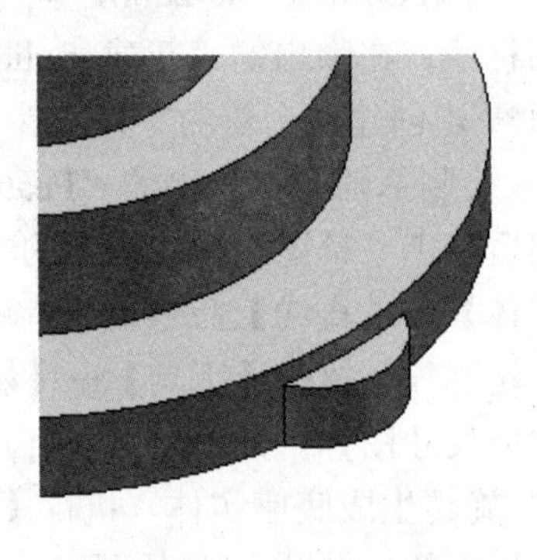

图 6-68　拉伸后效果

（6）设置基准面。单击刚才创建圆柱实体顶面，然后单击“前导视图”工具栏中的“正视于图标，将该表面作为绘制图形的基准面。转换实体引用。选择圆柱的外边线，然后单击“草图”操控板中的转换实体引用图标，生成草图。

（7）拉伸切除实体。执行【插入】→【切除】→【拉伸】命令，或者单击“特征”操控板中的切除拉伸图标，此时系统弹出“切除拉伸”属性管理器，在“深度”一栏中输入值2mm，然后单击确定图标，结果如图6-69所示。

（8）设置基准面。选择图6-49面1，然后单击“前导视图”工具栏中的正视于图标，将该表面作为绘制图形的基准面。绘制如图6-70所示的草图并标注尺寸。

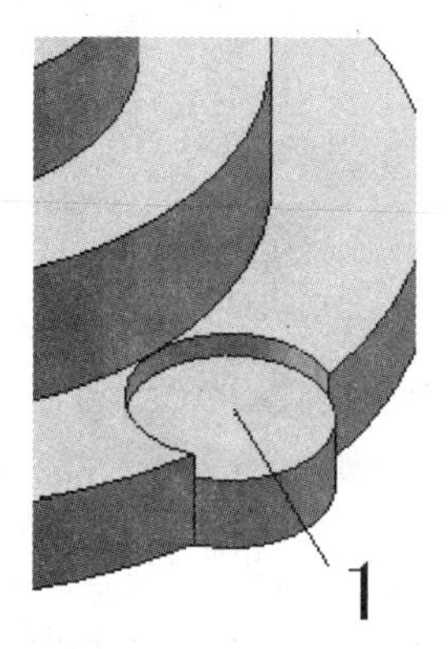

图6-69　拉伸切除特征

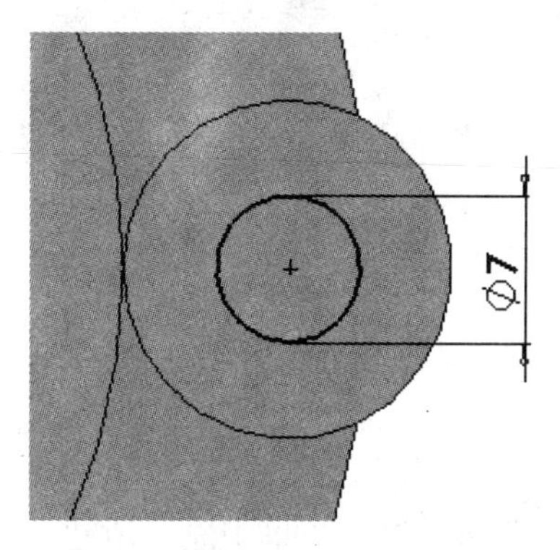

图6-70　绘制草图

（9）显示临时轴。执行【视图】→【临时轴】命令，将隐藏的临时轴显示出来。

（10）圆周阵列实体。执行【插入】→【阵列/镜像】→【圆周阵列】命令，单击6-71中的临时轴1，输入角度值360°，输入实例数4；在“要阵列的特征”选项栏中，通过设计树选择刚才创建的一个拉伸两个切除特征，单击确定图标。

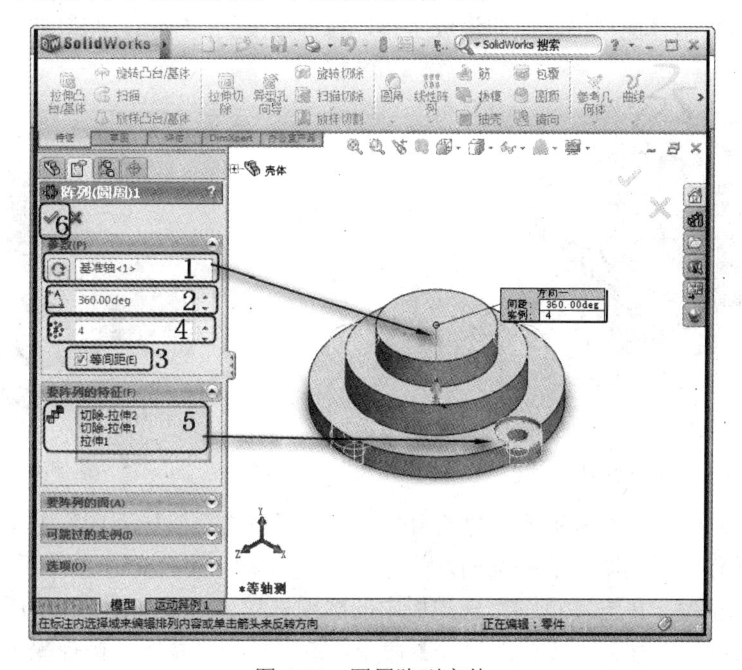

图6-71　圆周阵列实体

（11）设置基准面。单击底座实体顶面，然后单击“前导视图”工具栏中的正视于图标，将该表面作为绘制图形的基准面。

（12）绘制草图。执行【工具】→【草图绘制实体】→【直线”和“圆】命令，或者单击“草图”操控板中的直线图标和圆图标。绘制凸台草图，如图 6-72 所示。

（13）拉伸实体。执行【插入】→【凸台/基体】→【拉伸】命令，或者单击“特征”操控板中的拉伸凸台/基体图标，拉伸生成实体，拉伸深度为 6mm，结果如图 6-73 所示。

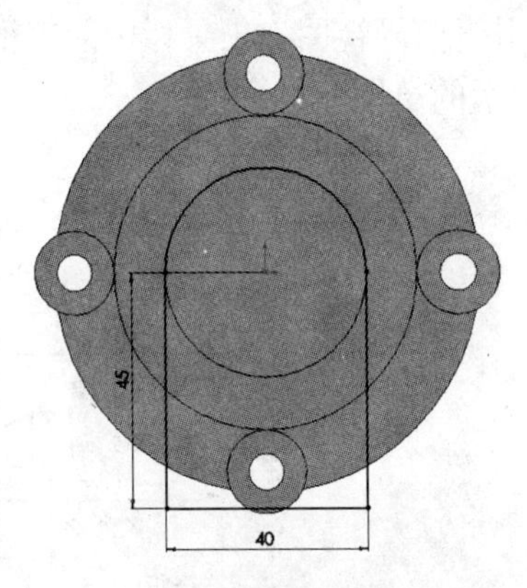

图 6-72　绘制草图

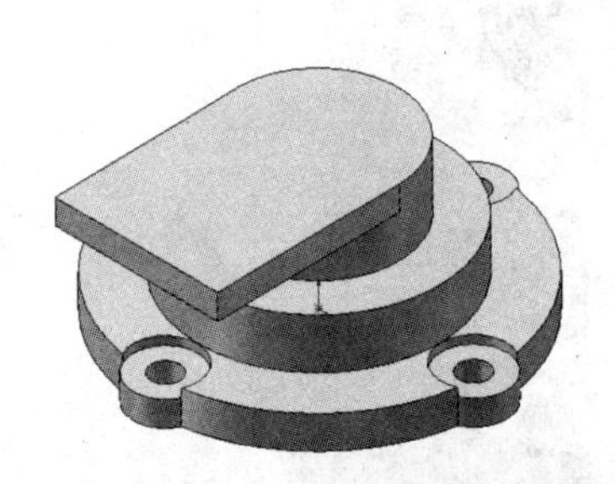

图 6-73　拉伸实体

（14）设置基准面。单击刚才所建凸台顶面，然后单击“前导视图”工具栏中的正视于图标，将该表面作为绘制图形的基准面。

（15）绘制草图。利用草图绘制工具绘制如图 6-74 所示凸台草图，执行【工具】→【标注尺寸】→【智能尺寸】命令，或者单击“草图”操控板中的智能尺寸图标，对草图进行尺寸标注，调整草图尺寸，结果如图 6-74 所示。

（16）拉伸实体。执行【插入】→【凸台/基体】→【拉伸】命令，或者单击“特征”操控板中的拉伸凸台/基体图标，拉伸生成实体，拉伸深度为 36mm。结果如图 6-75 所示。

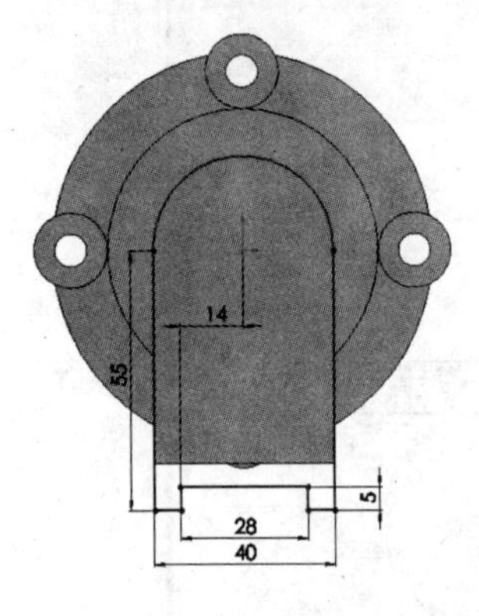

图 6-74　绘制草图

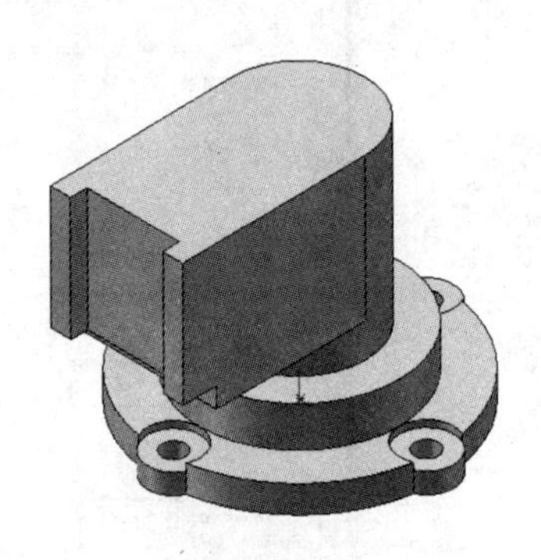

图 6-75　拉伸实体

（17）设置基准面。单击刚才所建凸台顶面，然后单击“前导视图”工具栏中的正视于图标，将该表面作为绘制图形的基准面。

（18）绘制草图。单击“草图”操控板中的圆图标，绘制如图 6-76 所示凸台草图。执行【工具】→【标注尺寸】→【智能尺寸】命令，或者单击“草图”操控板中的智能尺寸图标

，对草图进行尺寸标注，调整草图尺寸。

（19）拉伸实体。执行【插入】→【凸台/基体】→【拉伸】命令，或者单击“特征”操控板中的拉伸凸台/基体图标，拉伸生成实体，拉伸深度为16mm，结果如图6-77所示。

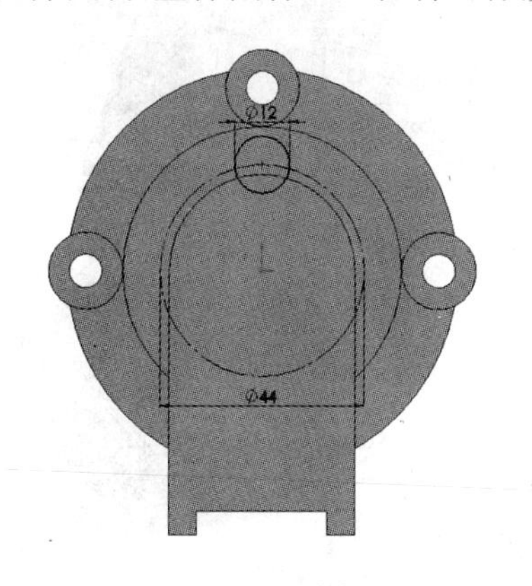

图6-76　绘制草图

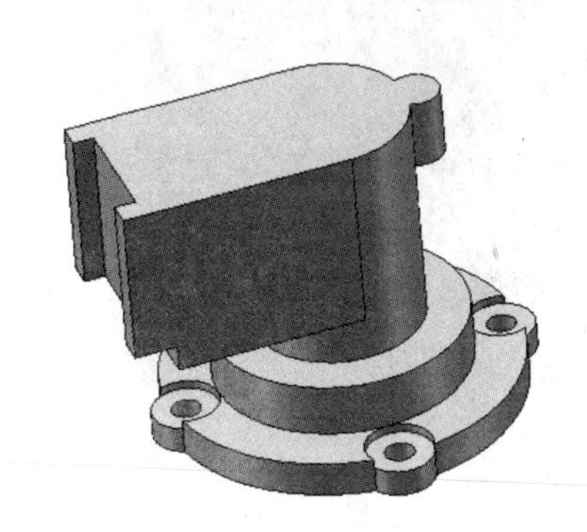

图6-77　拉伸实体

（20）设置基准面。单击刚才所建凸台顶面，然后单击“前导视图”工具栏中的正视于图标，将该表面作为绘制图形的基准面。

（21）绘制草图。利用草图绘制工具绘制如图6-78所示凸台草图。执行【工具】→【标注尺寸】→【智能尺寸】命令，或者单击“草图”操控板中的智能尺寸图标，对草图进行尺寸标注，调整草图尺寸，结果如图6-78所示。

（22）拉伸实体。执行【插入】→【凸台/基体】→【拉伸】命令，或者单击“特征”操控板中的拉伸凸台/基体图标，拉伸生成实体，拉伸深度为8mm，结果如图6-79所示。

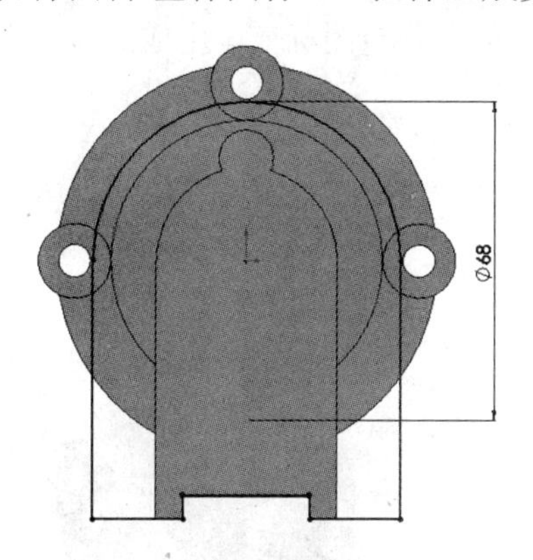

图6-78　绘制草图

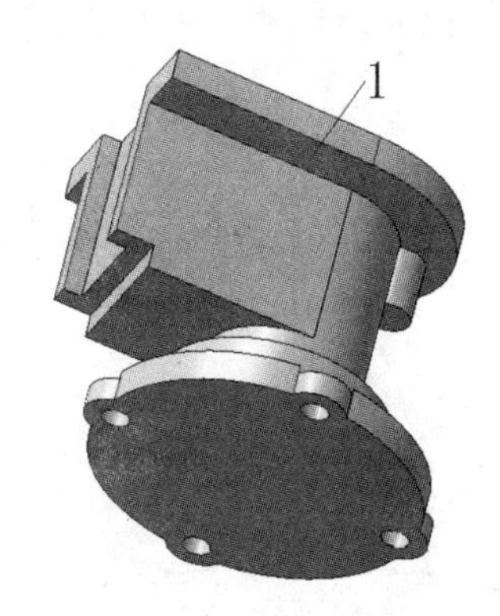

图6-79　拉伸实体

（23）设置基准面。单击如图6-79中所示面1，然后单击“前导视图”工具栏中的正视于图标，将该表面作为绘制图形的基准面。

（24）绘制草图。执行【工具】→【草图绘制实体】→【直线】和【圆】命令，或者单击“草图”操控板中的直线图标和圆图标。绘制凸台草图，执行【工具】→【标注尺寸】→【智能尺寸】命令，或者单击“草图”操控板中的智能尺寸图标，对草图进行尺寸标注，调整草图尺寸，如图6-80所示。

（25）拉伸切除实体。执行【插入】→【切除】→【拉伸】命令，或者单击“特征”操控板板中的切除拉伸图标，拉伸切除深度为 2mm，然后单击【确定】按钮，生成的沉头孔如图 6-81 所示。

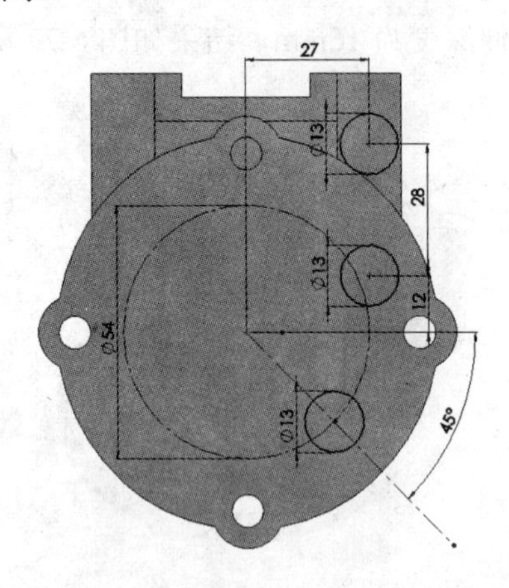

图 6-80　绘制草图

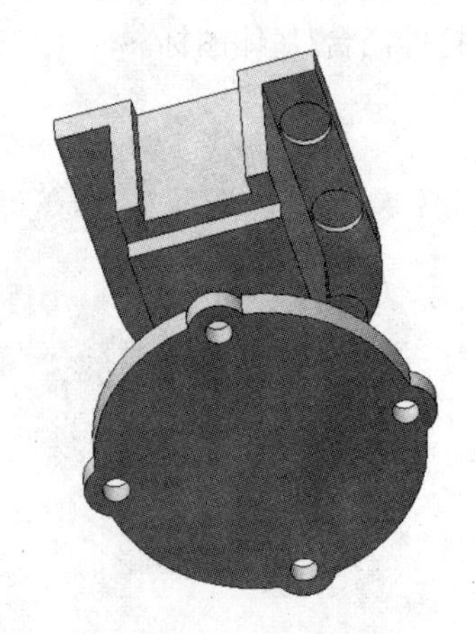
图 6-81　拉伸切除实体

（26）设置基准面。单击如图 6-81 所示的沉头孔底面，然后单击“前导视图”工具栏中的正视于图标，将该表面作为绘制图形的基准面。

（27）显示隐藏线。执行【视图】→【显示】→【隐藏线可见】命令或者单击“草视图”工具栏中的“隐藏线可见图标。单击“草图”操控板中的圆图标和自动捕捉功能绘制安装孔草图，执行【工具】→【标注尺寸】→【智能尺寸】命令，或者单击“草图”操控板中的智能尺寸图标，对圆进行尺寸标注，如图 6-82 所示。

（28）拉伸切除实体。执行【插入】→【切除】→【拉伸】命令，或者单击“特征”操控板中的切除拉伸图标，拉伸切除深度为 6mm，然后单击确定图标，生成的沉头孔如图 6-83 所示。

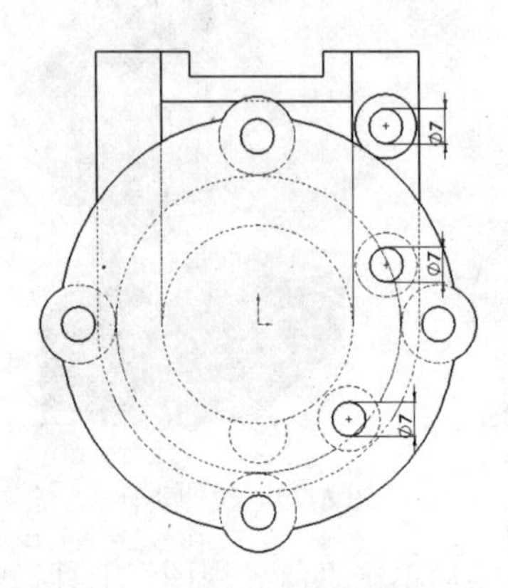

图 6-82　绘制草图

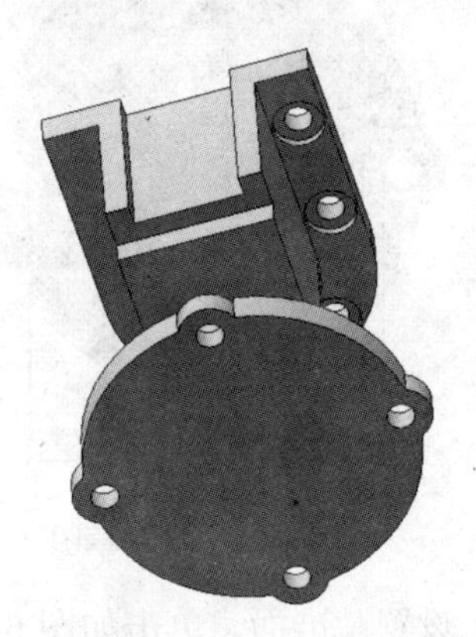
图 6-83　拉伸切除实体

（29）镜像实体。执行【插入】→【阵列/镜像】→【镜像】命令，或者单击“特征”操控板中的镜像图标，系统弹出“镜像”属性管理器。在“镜像面”选项栏中，选择右视基准面作为镜像面；在“镜像的特征”选项栏中，鼠标选择前面步骤建立的所有特征；其余参数如图 6-84 所示。单击确定图标。

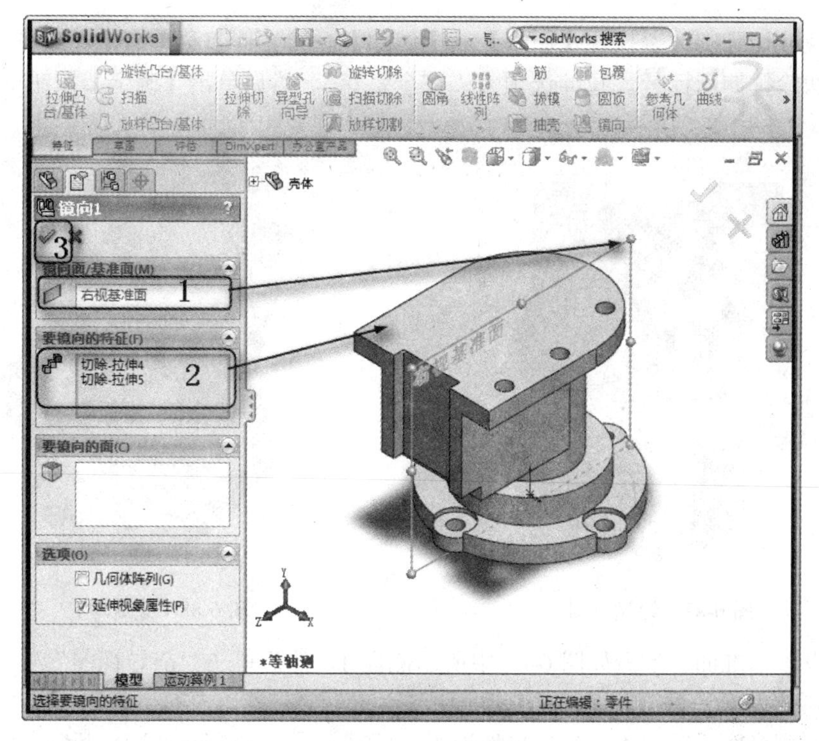

图 6-84　镜像实体

（30）设置基准面。单击所建壳体底面作为绘图基准面，然后单击“草图”操控板中的圆图标，绘制一个圆。执行【工具】→【标注尺寸】→【智能尺寸】命令，或者单击“尺寸/几何关系”操控板中的智能尺寸图标，标注圆的直径，结果如图 6-85 所示。

（31）拉伸切除实体。执行【插入】→【切除】→【拉伸】命令，或者单击“特征”操控板中的切除拉伸图标，拉伸切除深度为 20mm，然后单击确定图标，结果如图 6-86 所示。

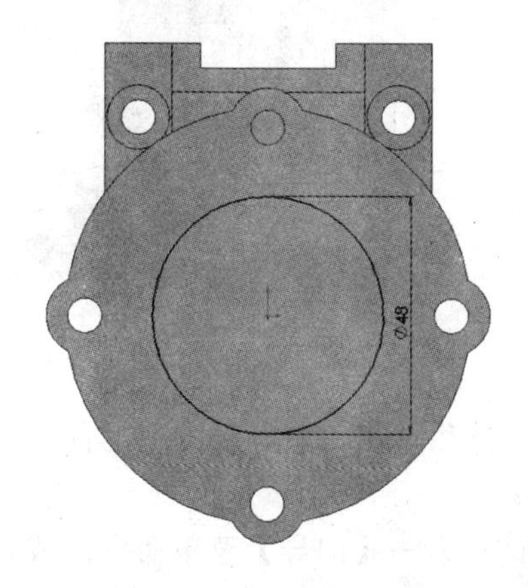

图 6-85　绘制草图

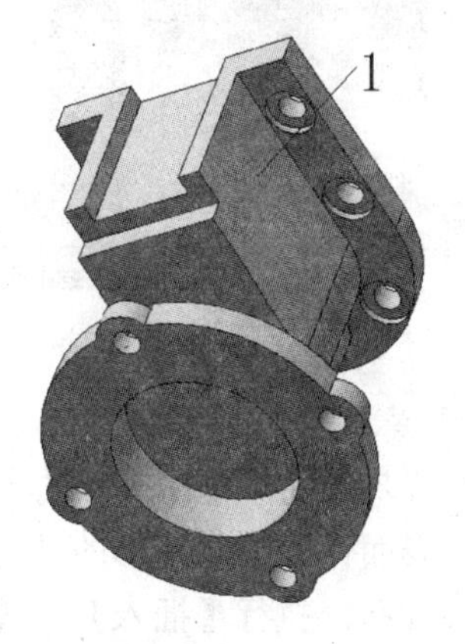

图 6-86　生成底孔

（32）设置基准面。单击所建底孔底面作为绘图基准面，然后单击“草图”操控板中的圆图标，绘制一个圆。执行【工具】→【标注尺寸】→【智能尺寸】菜单命令，或者单击“尺寸/几何关系”操控板中的智能尺寸图标，标注圆的直径 30mm，结果如图 6-87 所示。

（33）拉伸切除实体。执行【插入】→【切除】→【拉伸】菜单命令，或者单击“特征”操控板中的切除拉伸图标，拉伸选项为“完全贯穿”，然后单击【确定】按钮，结果如图6-88所示

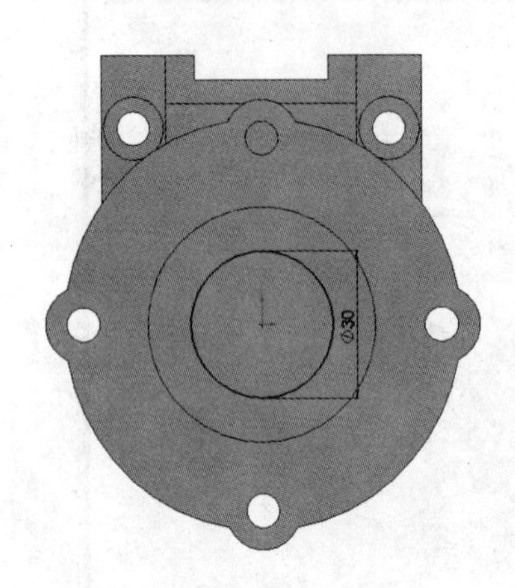

图6-87　绘制草图

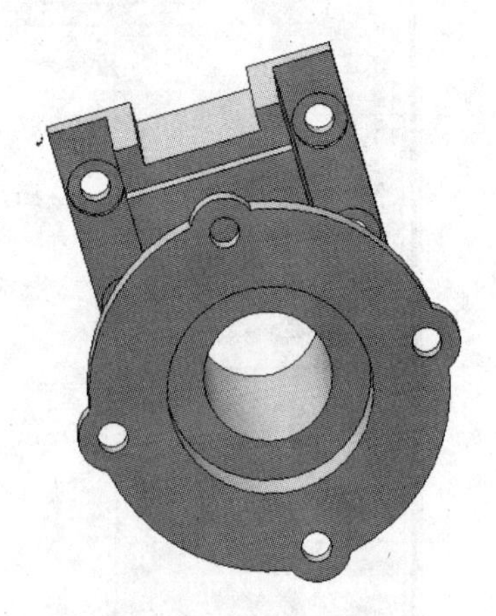

图6-88　生成通孔

（34）设置基准面。单击如图6-86中所示侧面1，然后单击“前导视图”工具栏中的正视于图标，将该表面作为绘制图形的基准面。

（35）绘制草图。单击“草图”操控板中的圆图标，绘制一个圆。执行【工具】→【标注尺寸】→【智能尺寸】菜单命令，或者单击“尺寸/几何关系”操控板中的智能尺寸图标，标注圆的直径为30mm，结果如图6-89所示。

（36）拉伸实体。执行【插入】→【凸台/基体】→【拉伸】菜单命令，或者单击“特征”操控板中的拉伸凸台/基体图标，拉伸生成实体，拉伸深度为16mm，结果如图6-90所示。

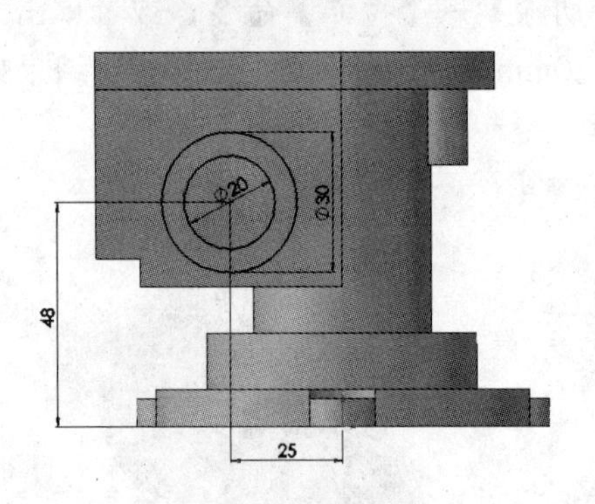

图6-89　绘制草图

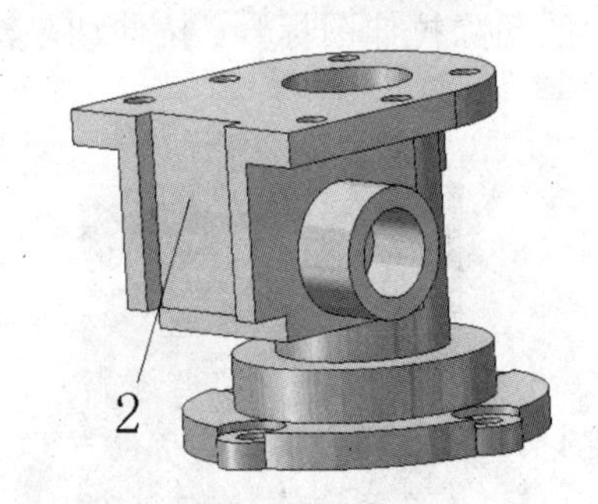

图6-90　拉伸侧面凸台孔

（37）设置基准面。单击壳体的上表面的平面，然后单击“前导视图”工具栏中的正视于图标，将该表面作为绘制图形的基准面。

（38）添加孔。执行【插入】→【特征】→【钻孔】→【向导】菜单命令，或者单击“特征”操控板中的异型孔向导图标，选择普通孔；在“孔规格”属性管理器中“大小”栏中选择“ϕ12”规格，“终止条件”栏中选择“给定深度”，深度设为40mm，其他设置如图6-91所示。

（39）单击“孔规格”属性管理器中的位置书签 位置。利用草图绘制工具确定孔的位置，如图6-92所示，尺寸为25mm。最后单击属性管理器中的确定图标，结果如图6-93所示。

注意：利用钻孔工具添加的孔，在加工时具有生成底部倒角的功能。

图6-91　孔规格参数设置

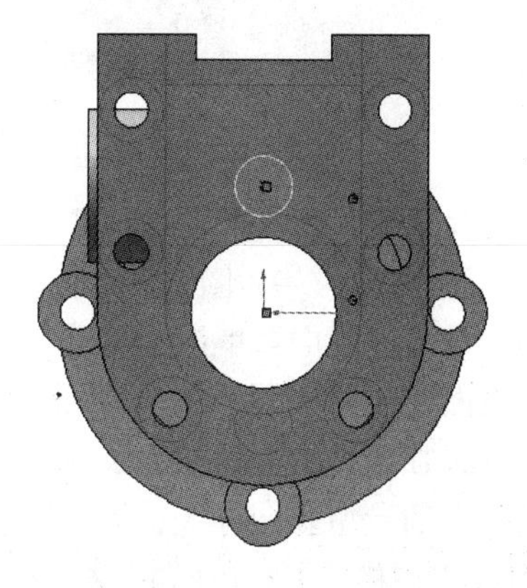

图6-92　孔位置设置

（40）设置基准面。单击如图6-90中所示正面2，然后单击“前导视图”工具栏中的正视于图标，将该表面作为绘制图形的基准面。

（41）绘制草图。单击“草图”操控板中的圆图标，绘制一个圆。执行【工具】→【标注尺寸】→【智能尺寸】菜单命令，或者单击“尺寸/几何关系”操控板中的智能尺寸图标，标注圆的直径为12mm，结果如图6-94所示。

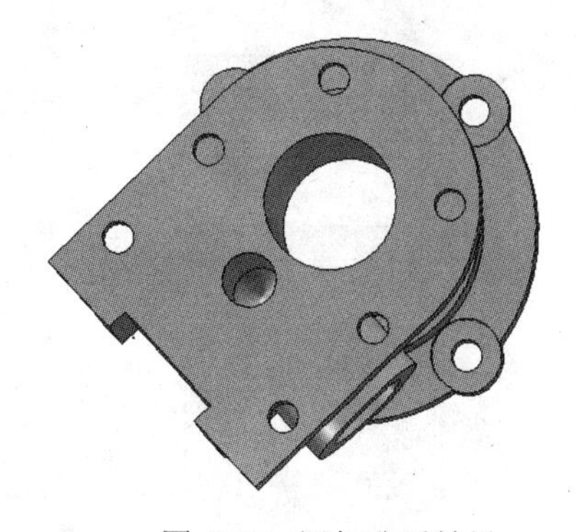

图6-93　添加孔后效果

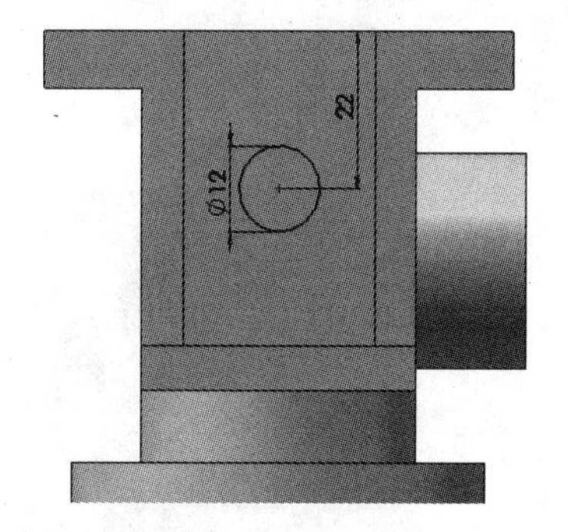

图6-94　绘制草图

（42）拉伸实体。执行【插入】→【凸台/基体】→【拉伸】菜单命令，或者单击“特征”操控板中的“拉伸凸台/基体图标，拉伸生成实体，拉伸深度为10mm，结果如图6-95所示。

（43）设置基准面。单击刚才建立$\phi 12$孔的底面，然后单击“前导视图”工具栏中的正视于图标，将该表面作为绘制图形的基准面。

（44）绘制草图。单击“草图”操控板中的圆图标，绘制一个圆。执行【工具】→【标注尺寸】→【智能尺寸】菜单命令，或者单击“尺寸/几何关系”操控板中的智能尺寸图标，标注圆的直径为 8mm，结果如图 6-96 所示。

图 6-95　创建正面孔

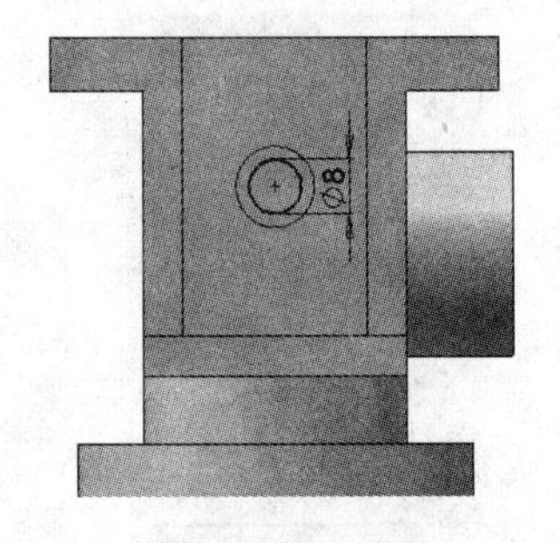
图 6-96　绘制草图

（45）拉伸实体。执行【插入】→【凸台/基体】→【拉伸】菜单命令，或者单击“特征”操控板中的拉伸凸台/基体图标，拉伸生成实体，拉伸深度为 12mm，结果如图 6-97 所示。

（46）设置基准面。单击所建壳体的顶面，然后单击“前导视图”工具栏中的正视于图标，将该表面作为绘制图形的基准面。

（47）添加孔。执行【插入】→【特征】→【钻孔】→【向导】菜单命令，或者单击“特征”操控板中的异型孔向导图标，选择普通螺纹孔，在“孔规格”属性管理器中“大小”栏中选择“M6”规格，“终止条件”栏中选择“给定深度”，深度设为 18mm，其他设置如图 6-98 所示。单击属性管理器中的确定图标。

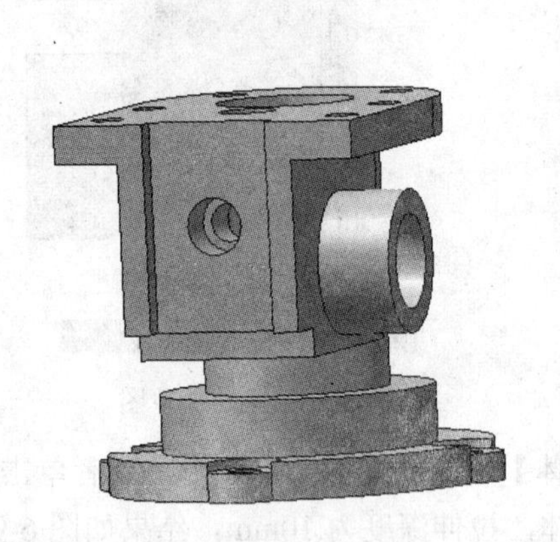
图 6-97　创建正面孔

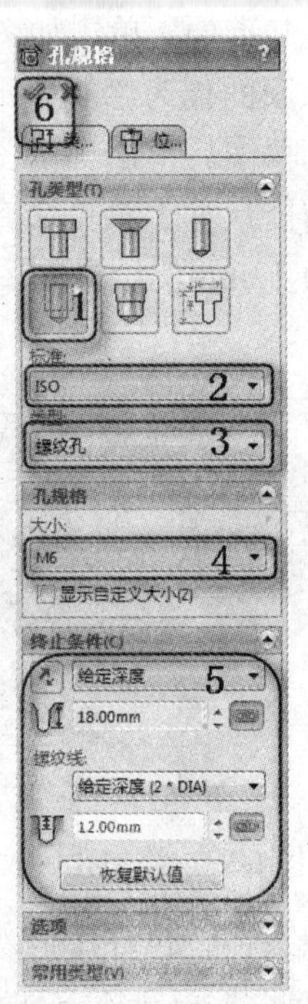
图 6-98　孔规格参数设置

（48）改变孔的位置。在左侧的“FeatureManager 设计树”中用鼠标右键单击选择“M6 螺纹孔 1”中的第一个草图，在弹出的快捷菜单中选择“编辑草图”，利用草图绘制工具确定孔的位置，如图 6-99 所示。单击确定图标完成草图修改。

（49）设置基准面。单击如图6-90所示的正面2，然后单击“前导视图”工具栏中的正视于图标，将该表面作为绘制图形的基准面。

（50）添加孔。执行【插入】→【特征】→【钻孔】→【向导】菜单命令，或者单击“特征”操控板中的异型孔向导图标，选择普通螺纹孔；在“孔规格”属性管理器中的“大小”栏中选择“M6”规格，“终止条件”栏中选择“给定深度”，深度设为15mm，其他设置如图6-100所示。单击属性管理器中的确定图标。

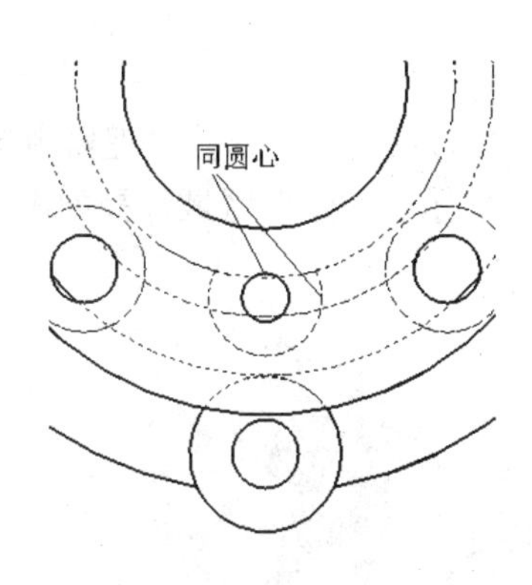

图6-99　确定孔位置

图6-100　绘制孔参数

（51）单击“孔规格”属性管理器中的位置书签 位置。在添加孔的所建平面上适当的位置单击左键，再添加一“M6”孔，最后单击属性管理器中的确定图标。

（52）改变孔的位置。在左侧的“FeatureManager 设计树”中用鼠标右键单击选择“M6螺纹孔2”中的第一个草图，在弹出的快捷菜单中选择“编辑草图”，利用草图绘制工具确定两孔的位置，如图6-101所示。单击确定完成草图修改，结果如图6-102所示。

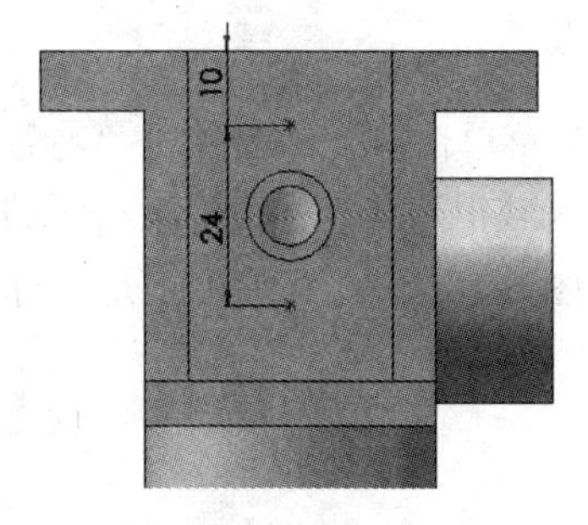

图6-101　确定孔位置

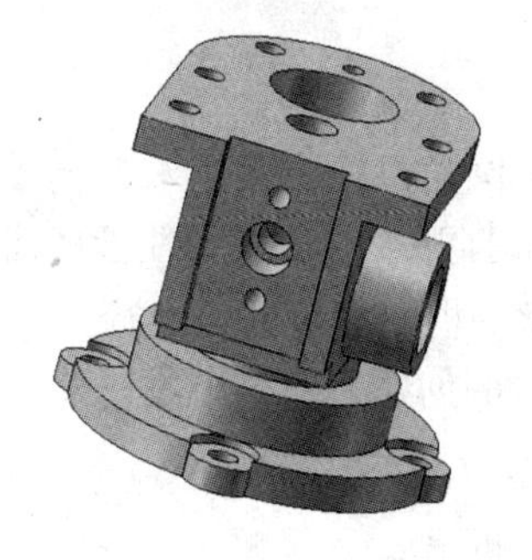

图6-102　绘制草图

（53）在“FeatureManager 设计树”中选择“右视”基准面，然后单击“前导视图”工具栏中的“正视于图标，将该表面作为绘制图形的基准面。执行【插入】→【特征】→【筋】菜单命令，或者单击“特征”操控板中的筋图标，系统自动进入草图绘制状态。

（54）绘制筋草图。执行【工具】→【草图绘制实体】→【直线】菜单命令，或者单击“草图”操控板中的直线图标，在绘图区域绘制筋的轮廓线，如图 6-103 所示，单击【确定】按钮，完成筋草图的生成。

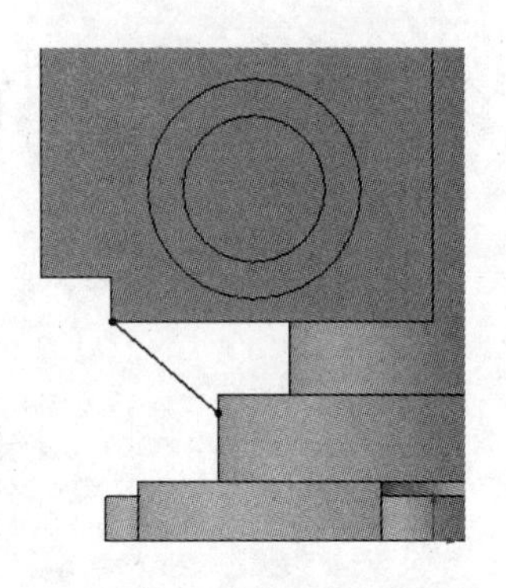

图 6-103　绘制筋草图

（55）完成筋的创建。系统弹出“筋特征”属性管理器，在属性管理器中单击两侧对称图标，然后输入距离为 3mm；其余选项如图 6-104 所示。在绘图区域选择如图 6-105 所示的拉伸方向，单击确定图标。

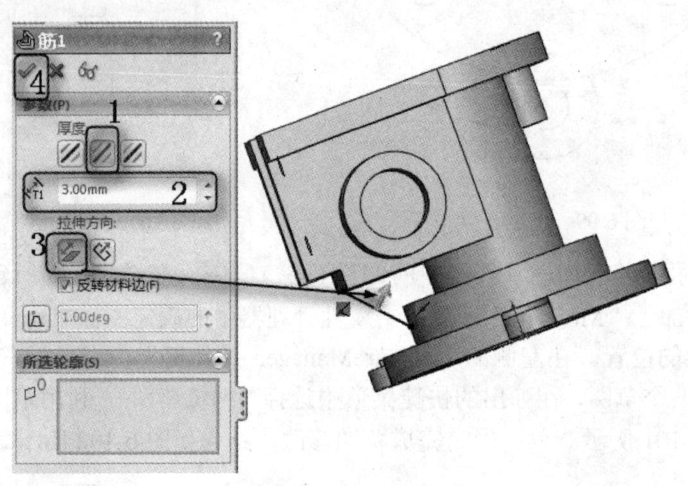

图 6-104　生成筋

（56）圆角。执行【插入】→【特征】→【圆角】菜单命令，或者单击“特征”操控板圆角图标，打开“圆角”属性管理器。在右侧的图形区域中选择如图 6-105 所示边线；在图标右侧的微调框中设置圆角半径为 5mm；其他选项如图 6-106 所示。单击确定图标，完成底座部分圆角的创建。

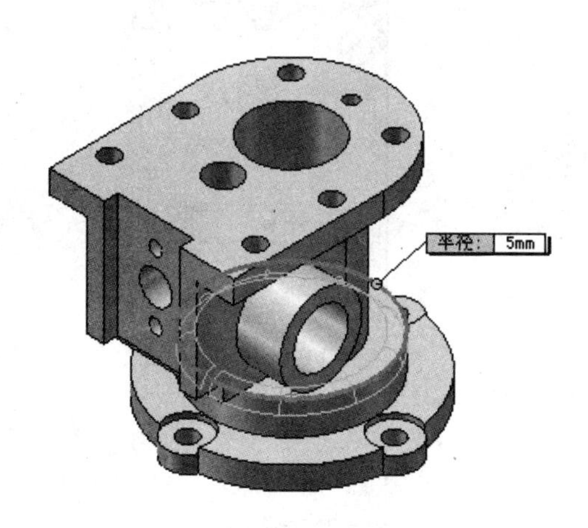

图 6-105　圆角边线选择

图 6-106　设置圆角选项

（57）倒角 1。执行【插入】→【特征】→【倒角】菜单命令，或者单击“特征”操控板倒角图标，打开“倒角”属性管理器。在右侧的图形区域中选择如图 6-107 所示的顶面与底面的两条边线；在图标右侧的微调框中设置倒角半径 2mm，其他选项如图 6-108 所示。单击确定图标，完成 2mm 倒角的创建。

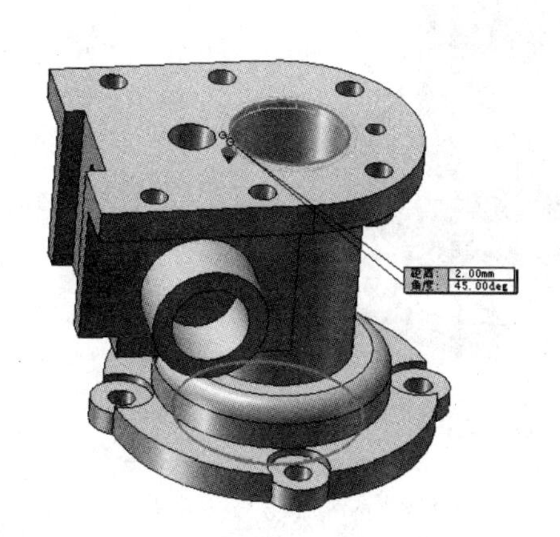

图 6-107　倒角 1 边线选择

图 6-108 设置倒角选项

（58）倒角 2。执行【插入】→【特征】→【倒角】命令，或者单击“特征”操控板倒角图标，打开“倒角”属性管理器。在右侧的图形区域中选择如图 6-109 所示的边线；在图标右侧的微调框中设置倒角半径 1mm，其他选项如图 6-110 所示。单击确定图标，完成 1mm 倒角的创建。

图 6-109　倒角边线选择

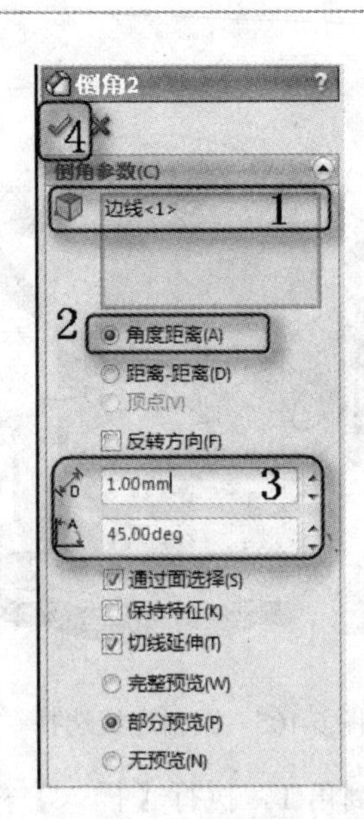

图 6-110　设置倒角选项

（59）最后完成效果如图 6-111 所示。

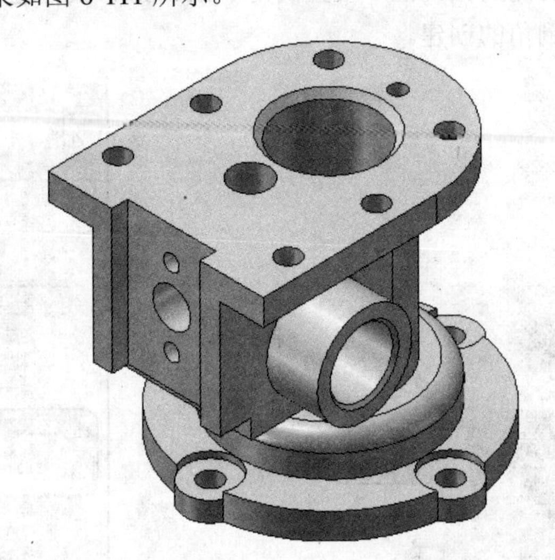

图 6-111　壳体最后效果图

进阶提高篇

第 7 章 曲线和曲面

复杂和不规则的实体模型，通常是由曲线和曲面组成的，所以曲线和曲面是三维曲面实体模型建模的基础。

三维曲线的引入，使 SolidWorks 的三维草图绘制能力显著提高。用户可以通过三维操作命令，绘制各种三维曲线，也可以通过三维样条曲线，控制三维空间中的任何一点，从而直接控制空间草图的形状。三维草图绘制通常用于创建管路设计和线缆设计，以及其他复杂三维模型的扫描路径。

曲面是一种可用来生成实体特征的几何体，描述相连的零厚度几何体，如单一曲面、缝合曲面、剪裁和圆角曲面等。可以在一个单一模型中拥有多个曲面实体。SolidWorks 强大的曲面建模功能，使其广泛地用在机械设计、模具设计、消费类产品设计等领域。

7.1 绘制三维草图

在学习曲线生成方式之前，首先要了解三维草图的绘制，它是生成空间曲线的基础。

SolidWorks 可以直接在基准面上或者在三维空间的任意点绘制三维草图实体，绘制的三维草图可以作为扫描路径、扫描引导线，也可以作为放样路径、放样中心线等。

以绘制三维空间直线为例，说明三维草图的绘制步骤。

【案例 7-1】本案例源文件光盘路径：“X：\源文件\ch7\7.1.SLDPRT”、本案例视频内容光盘路径：“X：\动画演示\ch7\7.1 三维直线.swf”。

（1）设置视图方向。单击“前导视图”工具栏中的“等轴测”图标，设置视图方向为等轴测方向。在该视图方向下，坐标 *X*、*Y*、*Z* 3 个方向均可见，可以比较方便地绘制三维草图。

（2）执行 3D 草图命令。执行【插入】→【3D 草图】菜单命令，或者单击“草图”操控板中的 3D 草图图标，进入三维草图绘制状态。

（3）选择草图绘制工具。单击“草图”操控板中需要绘制的草图工具，本例单击“直线”图标，开始绘制三维空间直线，注意此时在绘图区域中弹出了空间控标，如图 7-1 所示。

（4）绘制草图。以原点为起点绘制草图，基准面为控标提示的基准面，方向由鼠标拖曳决定，图 7-2 所示为在 *XY* 基准面上绘制草图。

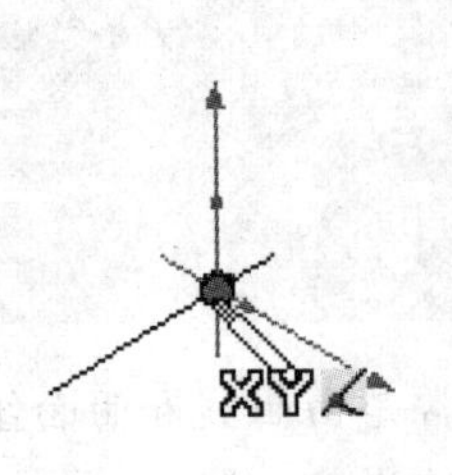

图 7-1 控标显示

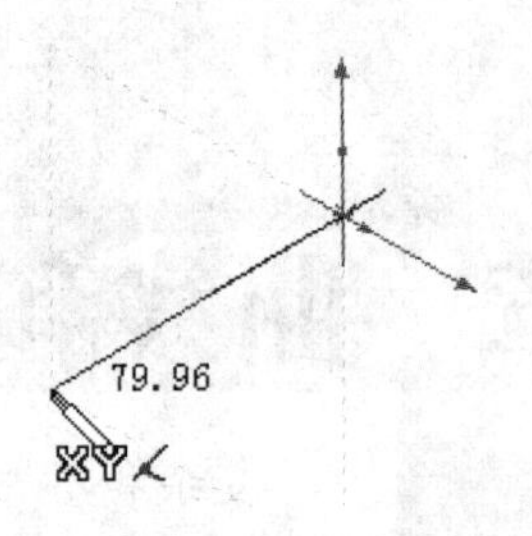

图 7-2 在 *XY* 基准面绘制草图

（5）改变绘制的基准面。上一步是在 *XY* 基准面上绘制直线，当继续绘制直线时，控标会显示出来。按【Tab】键，会改变绘制的基准面，依次为 *XY*、*YZ*、*ZX* 基准面。图 7-3 为在 *YZ* 基准面上绘制的草图。按【Tab】键依次绘制其他基准面上的草图，绘制完的三维草图如图 7-4 所示。

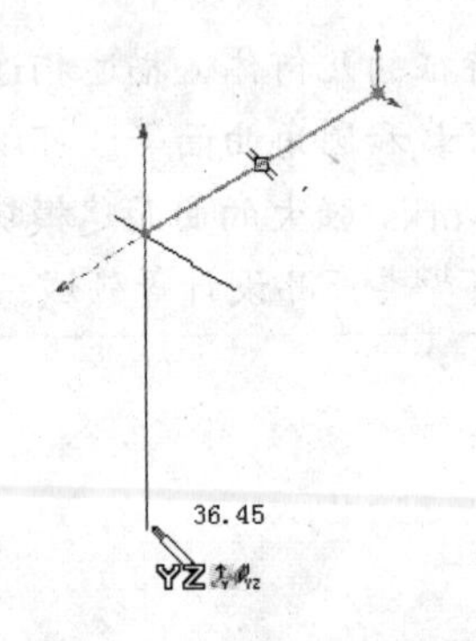

图 7-3 在 *YZ* 基准面绘制草图

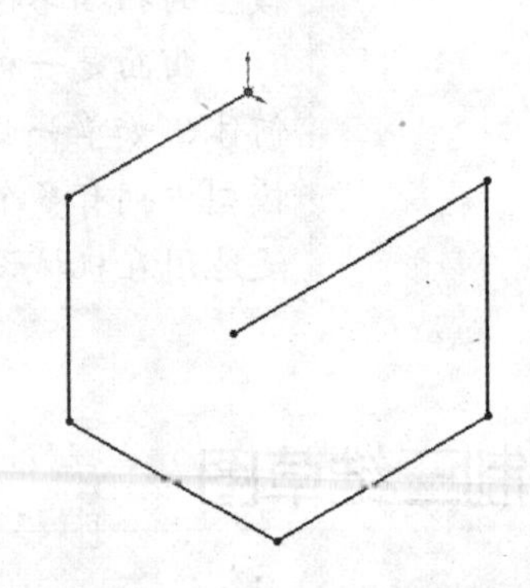

图 7-4 绘制的三维草图

（6）退出三维草图绘制。再次单击“草图”操控板中的“三维草图”图标，或者在绘图区域单击鼠标右键，在弹出的快捷菜单中，单击“退出草图”选项，退出三维草图绘制状态，如图 7-5 所示。

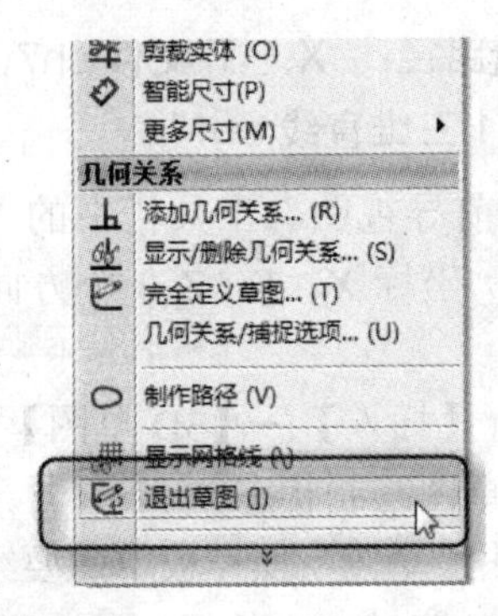

图 7-5 用鼠标右键快捷菜单

■ 注意：

在绘制三维草图时，绘制的基准面要以控标显示为准，不要人为主观判断，要注意实时按【Tab】键，以变换视图的基准面。

二维草图和三维草图既有相似之处，又有不同之处。在绘制三维草图时，二维草图中的所有的圆工具、弧工具、矩形工具，以及直线、样条曲线和点等工具都可用，只有曲面上的样条

曲线工具只能在三维草图上可用。在添加几何关系时，二维草图中大多数几何关系都可用于三维草图中，但是对称、阵列、等距与等长线除外。

另外需要注意的是，对于二维草图，其绘制的草图实体是所有几何体在要绘制草图的基准面上投影，三维草图是空间实体。

在绘制三维草图时，除了使用系统默认的坐标系外，用户还可以定义自己的坐标系， 此坐标系将同测量、质量特性等工具一起使用。

以设置图7-6中A处的坐标系为例，说明建立坐标系的操作步骤。

【案例7-2】本案例源文件光盘路径："X：\源文件\ch7\7.2.SLDPRT"，本案例视频内容光盘路径："X：\动画演示\ch7\7.2 坐标系.swf"。

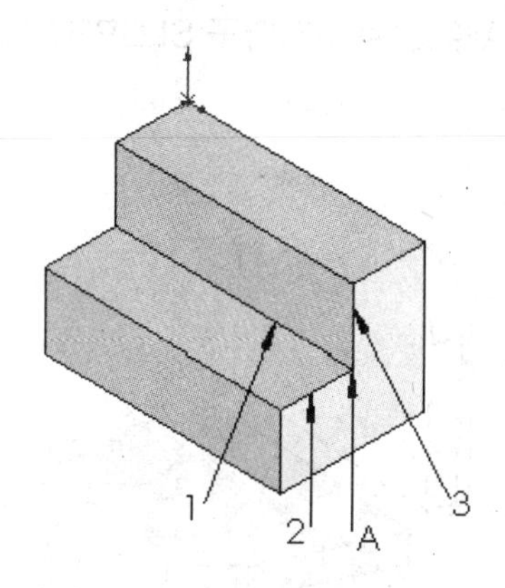

图7-6 添加坐标系前的图形

（1）执行坐标系命令。执行【插入】→【参考几何体】→【坐标系】菜单命令，或者单击"参考几何体"操控板中的坐标系图标，此时系统弹出"坐标系"属性管理器。

（2）设置属性管理器。单击"坐标系"属性管理器中图标右侧的"原点"显示框，然后在图7-6中单击点A，设置点A为新坐标系的原点；单击属性管理器中*X*轴下面的"X轴参考方向"显示框，然后单击图7-6中的边线1，设置边线1为*X*轴；依次设置图7-6中的边线2为*Y*轴，边线3为*Z*轴，此时属性管理器如图7-7所示。

（3）确认设置。单击属性管理器中的确定图标，完成坐标系的设置，结果如图7-8所示。

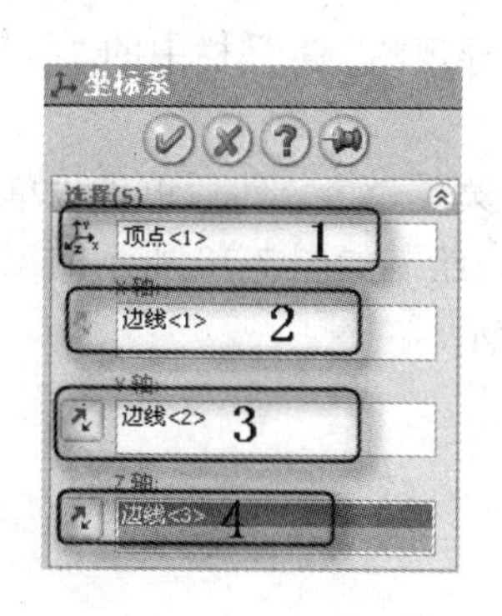

图7-7 "坐标系"属性管理器

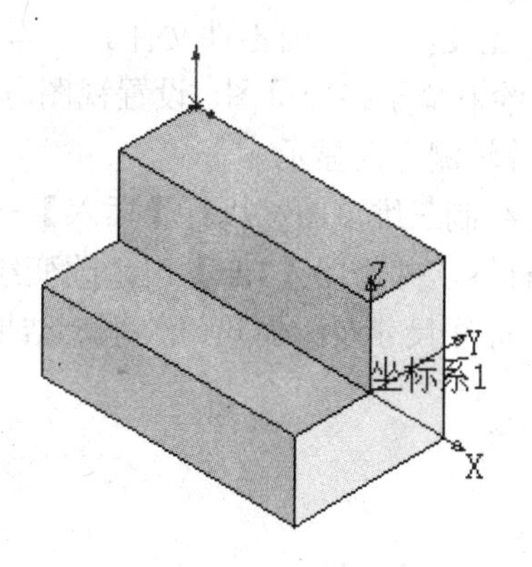

图7-8 添加坐标系后的图形

■ 注意：

在设置坐标系的过程中，如果坐标轴的方向不是用户想要的方向，可以单击属性管理器中设置轴前面的反转方向图标进行设置。

在设置坐标系时，X 轴、Y 轴和 Z 轴的参考方向可为以下实体。

- “顶点、点或者中点”：将轴向的参考方向与所选点对齐。
- “线性边线或者草图直线”：将轴向的参考方向与所选边线或者直线平行。
- “非线性边线或者草图实体”：将轴向的参考方向与所选实体上的所选位置对齐。
- “平面”：将轴向的参考方向与所选面的垂直方向对齐。

【案例 7-3】绘制如图 7-9 所示的椅子。

本案例源文件光盘路径：“X：\源文件\ch7\椅子 SLDPRT”，本案例视频内容光盘路径：“X：\动画演示\ch7\7.3 椅子.swf”。

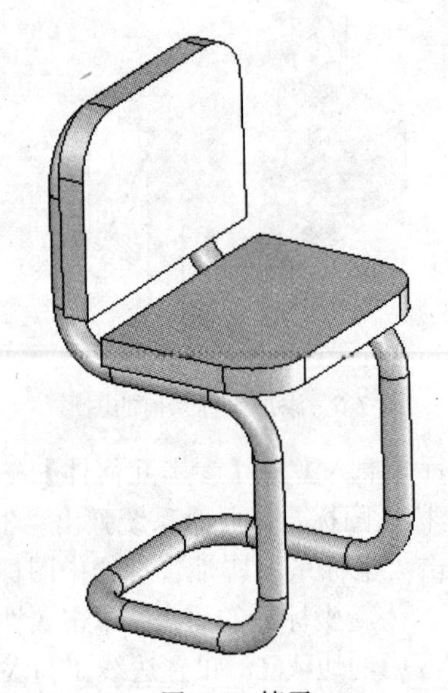

图 7-9 椅子

（1）启动 SolidWorks 2008，执行【文件】→【新建】菜单命令，或者单击“标准”工具栏中的新建图标，在弹出的“新建 SolidWorks 文件”对话框中选择零件图标，然后单击【确定】按钮，创建一个新的零件文件。

（2）绘制椅子路径草图。设置视图方向。单击“前导视图”工具栏中的“等轴测”图标，将视图以等轴测方向显示。

（3）绘制三维草图。执行【插入】→【3D 草图】菜单命令，然后单击“草图”操控板中的直线图标，并借助【Tab】键，改变绘制的基准面，绘制如图 7-10 所示的三维草图。

（4）标注尺寸及添加几何关系，结果如图 7-11 所示。

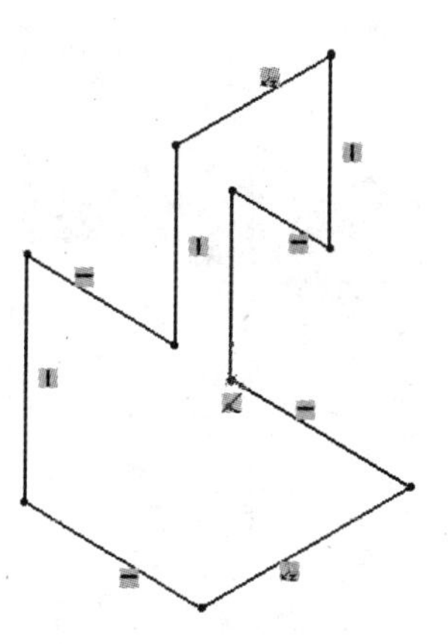

图 7-10　绘制的草图

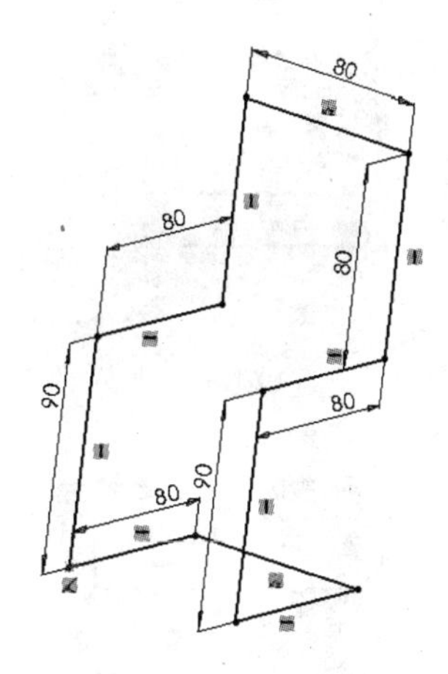

图 7-11　标注的草图

（5）绘制圆角。单击“草图”操控板中的绘制圆角图标，此时系统弹出如图 7-12 所示的“绘制圆角”属性管理器。依次选择如图 7-11 所示中每个直角处的两条直线段，绘制半径为 20 的圆角，结果如图 7-13 所示。

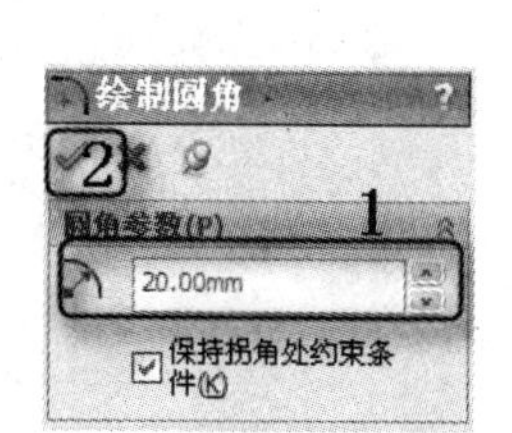

图 7-12　“绘制圆角”属性管理器

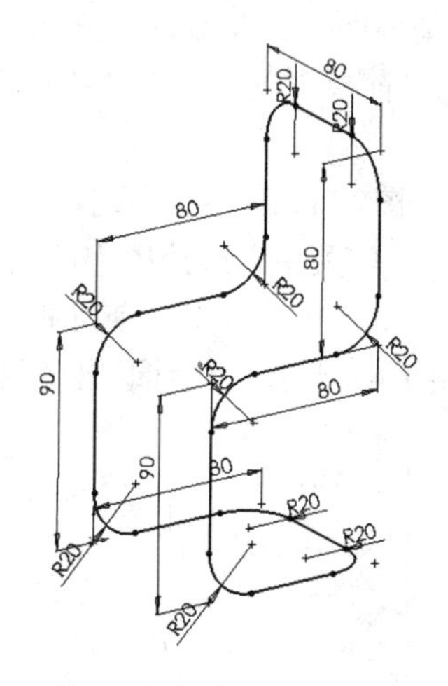

图 7-13　绘制圆角图形

注意：

在绘制三维草图时，首先将视图方向设置为等轴测。另外，空间坐标的控制很关键。空间坐标会提示视图的绘制方向，还要注意，在改变绘制方向时，要按【Tab】键。

（6）绘制椅子轮廓草图。添加基准面。在左侧的“FeatureManager 设计树”中用鼠标选择“右视基准面”，然后单击“参考几何体”操控板中的基准面图标，此时系统弹出如图 7-14 所示的“基准面”属性管理器。在“等距距离”一栏中输入值 40。按照图示进行设置后，单击属性管理器中的确定图标，结果如图 7-15 所示。

图 7-14 “基准面”属性管理器

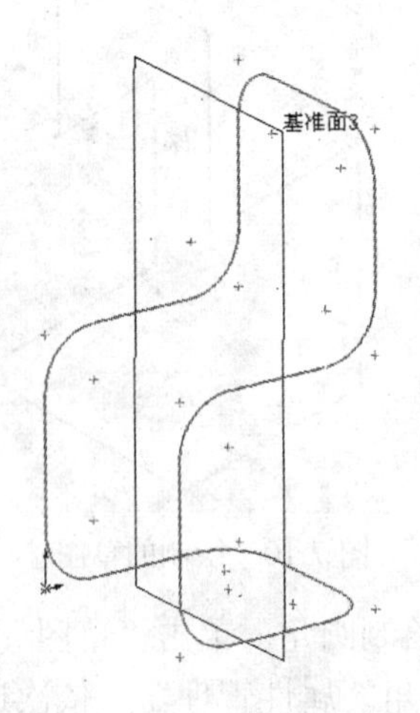

图 7-15 设置的基准面

（7）设置基准面。在左侧的“FeatureManager 设计树”中，用鼠标选择上一步添加的基准面，然后单击“前导视图”工具栏中的正视于图标，将上一步添加的基准面设置为绘制图形的基准面。

（8）绘制草图。单击“草图”操控板中的圆图标，绘制一个圆，原点自动捕获在直线上。单击“尺寸/几何关系”操控板中的智能尺寸图标，标注圆的直径，结果如图 7-16 所示。

（9）设置视图方向。单击“前导视图”工具栏中的等轴测图标，将视图以等轴测方向显示，结果如图 7-17 所示。然后退出草图绘制。

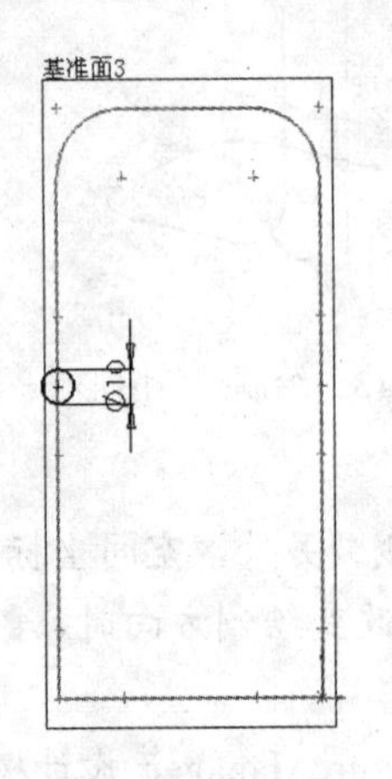

图 7-16 绘制的草图

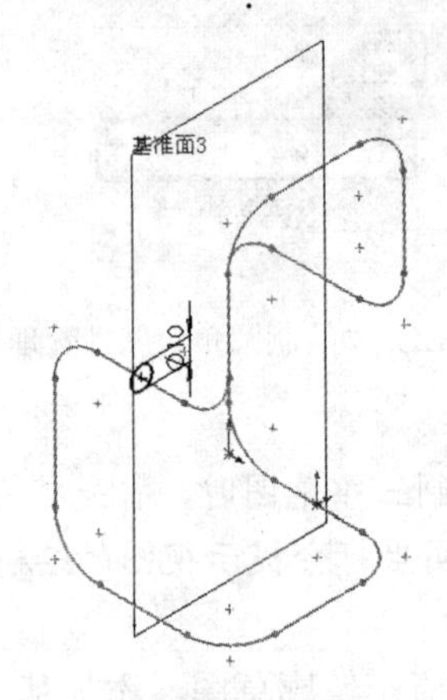

图 7-17 等轴测视图

（10）生成轮廓实体。扫描实体。执行【插入】→【凸台/基体】→【扫描】菜单命令，或者单击“特征”操控板中的扫描图标，此时系统弹出如图 7-18 所示的“扫描”属性管理器。在“轮廓”一栏中，用鼠标选择步骤（8）绘制的圆；在“路径”一栏中，用鼠标选择步骤（5）圆角后的三维草图。单击属性管理器中的确定图标，结果如图 7-19 所示。

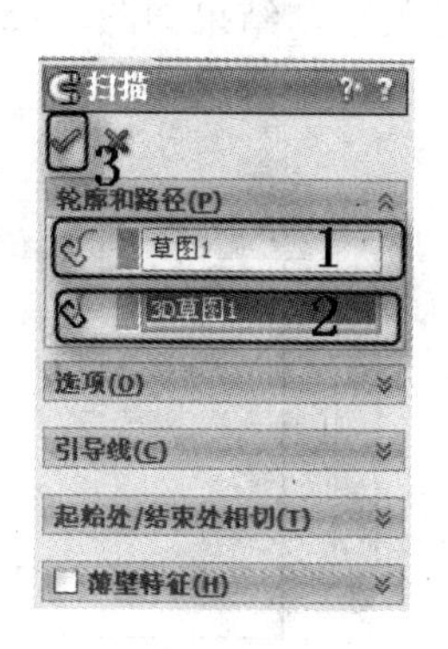

图 7-18　“扫描”属性管理器

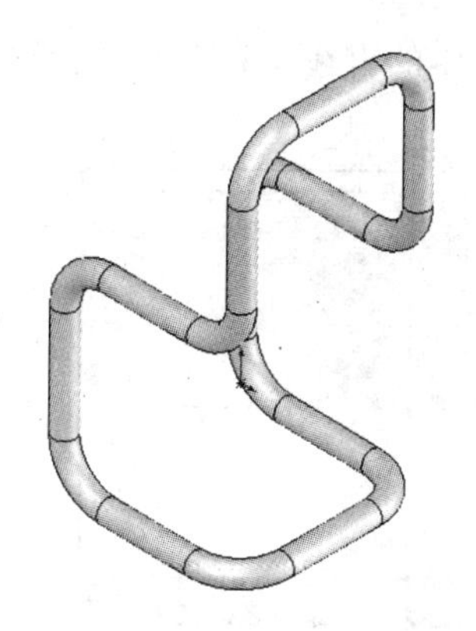

图 7-19　扫描后的图形

（11）绘制椅垫。添加基准面。在左侧的“FeatureManager 设计树”中用鼠标选择“上视基准面”，然后单击“参考几何体”操控板中基准面图标，此时系统弹出如图 7-20 所示的“基准面”属性管理器。在“等距距离”一栏中输入值 95，此时视图如图 7-21 所示。单击属性管理器中的确定图标。

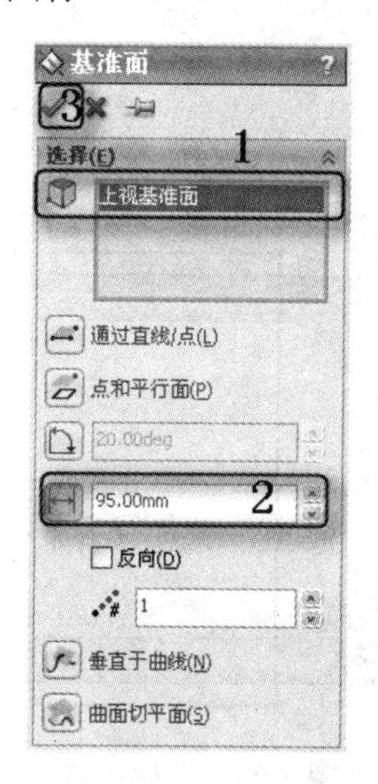

图 7-20　“基准面”属性管理器

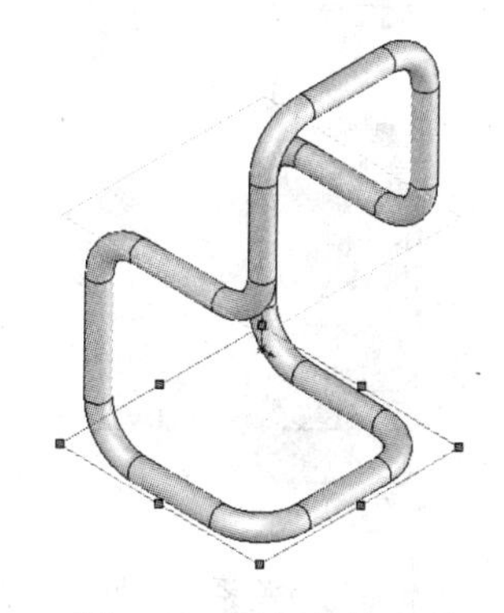

图 7-21　添加的基准面

（12）设置基准面。在左侧的“FeatureManager 设计树”中，用鼠标单击上一步添加的基准面，然后单击“前导视图”工具栏中的正视于图标，将该基准面作为绘制图形的基准面。

（13）绘制草图。单击“草图”操控板中的矩形图标，绘制一个矩形，然后单击中心线图标，绘制通过扫描实体中间的中心线，结果如图 7-22 所示。

（14）标注尺寸。单击“尺寸/几何关系”操控板中的智能尺寸图标，标注图 7-17 中矩形两条边线的尺寸，结果如图 7-23 所示。

（15）添加几何关系。执行【工具】→【几何关系】→【添加】菜单命令，或者单击”尺寸/几何关系“操控板中的添加几何关系图标，此时系统弹出“添加几何关系”属性管理器。依次选择图 7-23 中的直线 1、3 和中心线 2（注意选择的顺序），此时这三条直线弹出在”添加几何关系“属性管理器中，如图 7-24 所示。单击属性管理器下面的对称图标。按照图示进行设置后，单击属性管理器中的确定图标，则图中的直线 1 和 3 与中心线 2 对称。重复该命令，将图 7-23 中的直线 4 和直线 5 设置为“共线”几何关系，结果如图 7-25 所示。

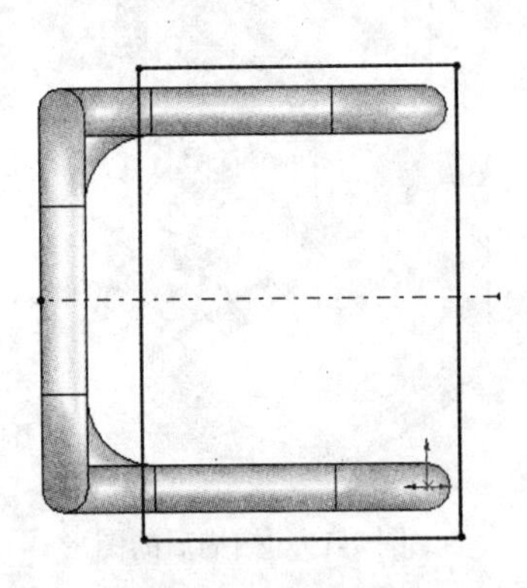

图 7-22　绘制的草图

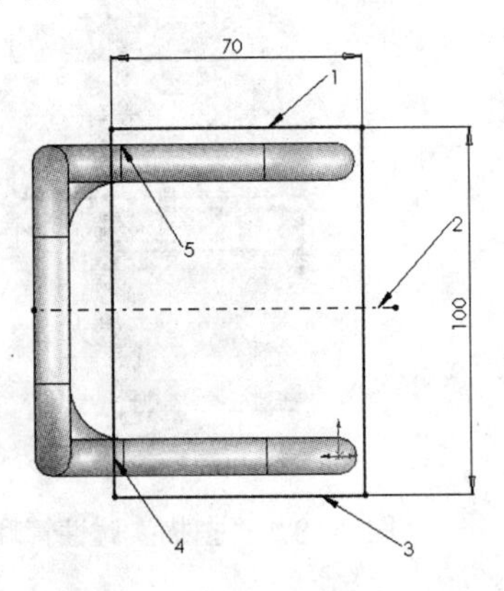

图 7-23　标注的草图

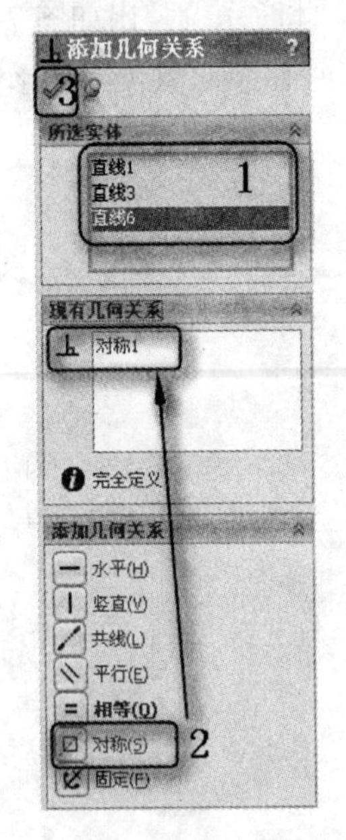

图 7-24　“添加几何关系”属性管理器

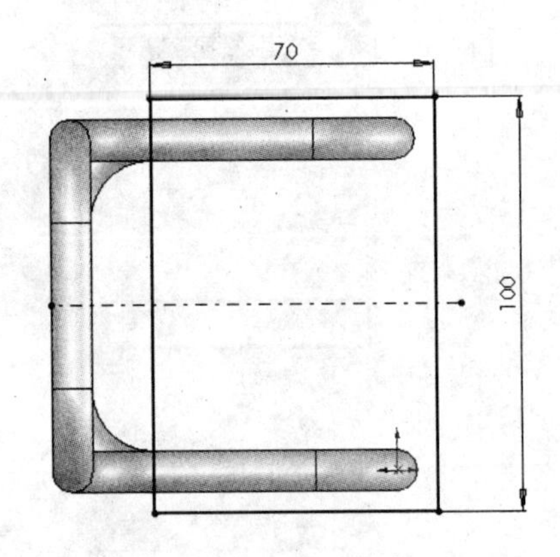

图 7-25　添加几何关系后的图形

（16）拉伸实体。执行【插入】→【凸台/基体】→【拉伸】菜单命令，或者单击“特征”操控板中的拉伸凸台/基体图标，此时系统弹出“拉伸”属性管理器。在“深度”一栏中输入值 10。单击属性管理器中的确定图标，实体拉伸完毕。

（17）设置视图方向。单击“前导视图”工具栏中的等轴测图标，将视图以等轴测方向显示，结果如图 7-26 所示。

（18）绘制椅背。添加基准面。在左侧的“FeatureManager 设计树”中用鼠标选择“右视基准面”，然后单击“参考几何体”操控板中的基准面图标，此时系统弹出“基准面”属性管理器。在“等距距离”一栏中输入值 75。单击属性管理器中的确定图标，结果如图 7-27 所示。

（19）设置基准面。在左侧的“FeatureManager 设计树”中，用鼠标单击上一步添加的基准面，然后单击“前导视图”工具栏中的正视于图标，将该基准面作为绘制图形的基准面。

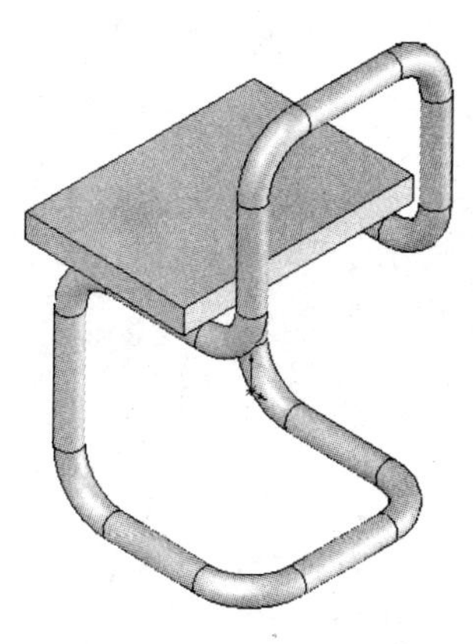

图 7-26　等轴测视图

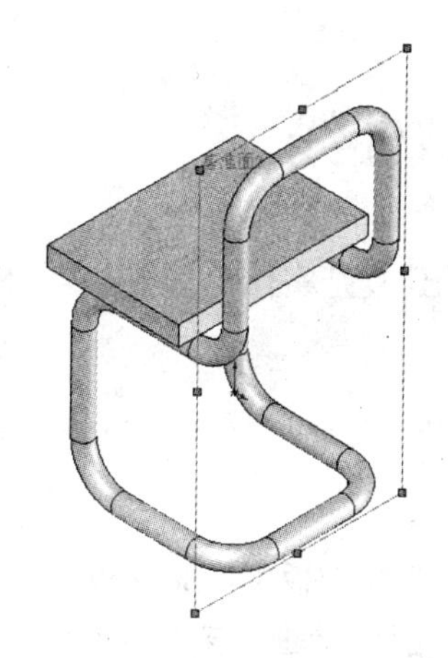

图 7-27　添加的基准面

（20）绘制草图。单击“草图”操控板中的矩形图标，绘制一个矩形。单击中心线图标，绘制通过扫描实体中间的中心线。标注草图尺寸和添加几何关系，具体操作可以参考椅垫的绘制，结果如图 7-28 所示。

（21）设置视图方向。单击“前导视图”工具栏中的等轴测图标，将视图以等轴测方向显示。

（22）拉伸实体。执行【插入】→【凸台/基体】→【拉伸】菜单命令，或者单击“特征”操控板中的拉伸凸台/基体图标，此时系统弹出“拉伸”属性管理器。在“深度”一栏中输入值 10，由于系统默认的拉伸方向是坐标的正方向，则需要改变拉伸的方向，单击属性管理器中给定深度前面的图标，拉伸方向将改变如图所示。单击属性管理器中的确定图标，实体拉伸完毕，结果如图 7-29 所示。

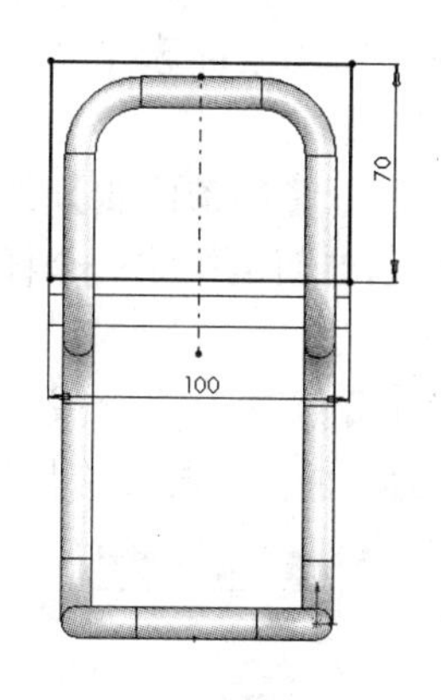

图 7-28　绘制的草图

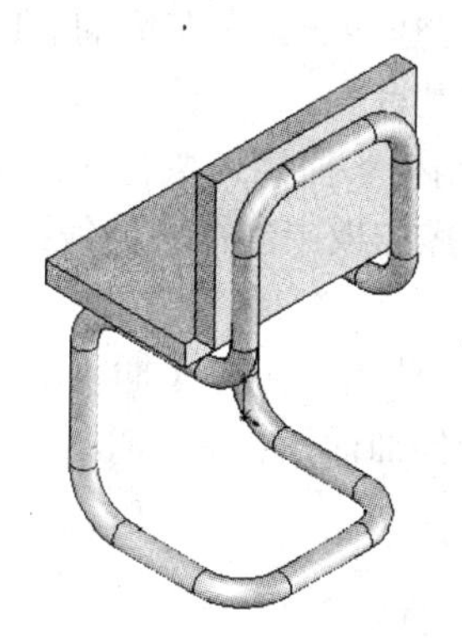

图 7-29　拉伸后的图形

（23）设置视图方向。单击“前导视图”工具栏中的旋转视图图标，将视图以合适的方向显示。

（24）圆角实体。执行【插入】→【特征】→【圆角】菜单命令，或者单击“特征”操控板中的圆角图标，此时系统弹出“圆角”属性管理器。在“半径”一栏中输入值为 20，然后依次选择椅垫外侧的两条竖直边，然后单击属性管理器中的确定图标。重复执行【圆角】命令，将椅背上面的两条直边圆角，半径也为 20，图 7-9 为圆角后的图形。

7.2 生成曲线

曲线是构建复杂实体的基本要素，SolidWorks 提供专用的“曲线”操控板，如图 7-30 所示。

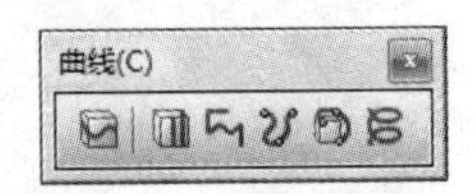

图 7-30 “曲线”操控板

在“曲线”操控板中，SolidWorks 生成曲线的方式主要有：投影曲线、组合曲线、螺旋线和涡状线、分割线、通过参考点的曲线和通过 XYZ 点的曲线等。本节主要介绍不同曲线生成方式的操作步骤。

7.2.1 投影曲线

在 SolidWorks 中，投影曲线主要有两种方式生成。一种方式是将绘制的曲线投影到模型面上来生成一条三维曲线。另一种方式是，首先在两个相交的基准面上分别绘制草图，此时系统会将每一个草图沿所在平面的垂直方向投影得到一个曲面，最后这两个曲面在空间相交而生成一条三维曲线。下面分别介绍两种方式生成曲线的操作步骤。

下面以实例说明利用绘制曲线投影到模型面上生成曲线的操作步骤。

【案例 7-4】本案例源文件光盘路径：“X：\源文件\ch7\7.3SLDPRT”，本案例视频内容光盘路径：“X：\动画演示\ch7\7.4 投影曲面.swf”。

（1）设置基准面。在左侧的“FeatureManager 设计树”中用鼠标选择“前视基准面”作为绘制图形的基准面。

（2）绘制样条曲线。执行【工具】→【草图绘制实体】→【样条曲线】菜单命令，或者单击“草图”操控板中的样条曲线图标，在上一步设置的基准面上绘制一个样条曲线，结果如图 7-31 所示。

（3）拉伸曲面。执行【插入】→【曲面】→【拉伸曲面】菜单命令，或者单击“曲面”工具栏中的拉伸曲面图标，此时系统弹出如图 7-32 所示的“曲面－拉伸”属性管理器。

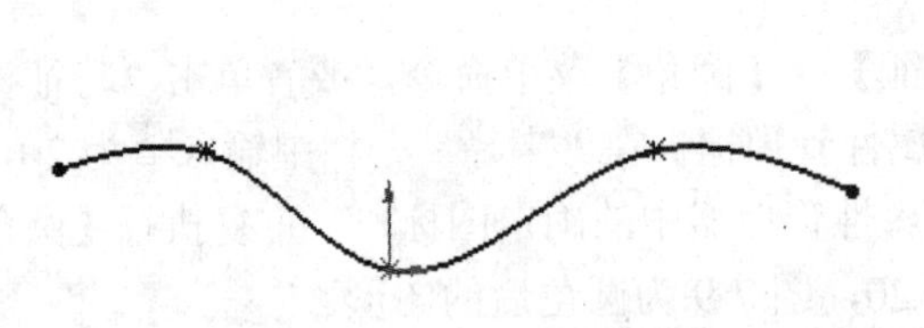

图 7-31 绘制的样条曲线

图 7-32 “曲面-拉伸”属性管理器

（4）确认拉伸曲面。按照图示进行设置，注意设置曲面拉伸的方向。然后单击属性管理器中的确定图标✔，完成曲面拉伸。结果如图 7-33 所示。

（5）添加基准面。在左侧的“FeatureManager 设计树”中用鼠标选择“上视基准面”，然后执行【插入】→【参考几何体】→【基准面】菜单命令，或者单击“参考几何体”操控板上的基准面图标，此时系统弹出如图 7-34 所示的“基准面”属性管理器。在“等距距离”一栏中输入值 50，并调整设置基准面的方向。单击属性管理器中的确定图标✔，添加一个新的基准面，结果如图 7-35 所示。

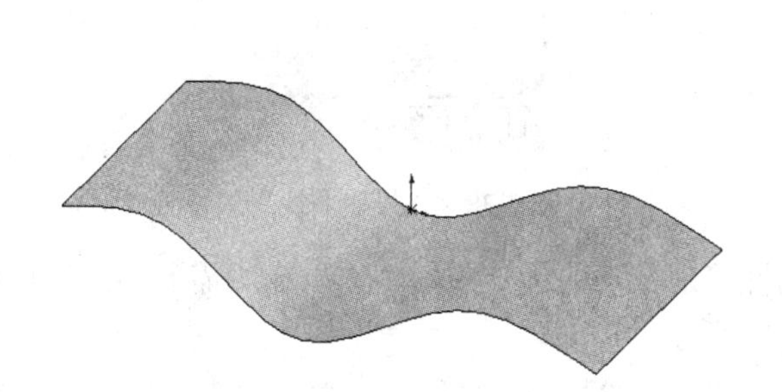

图 7-33　拉伸的曲面

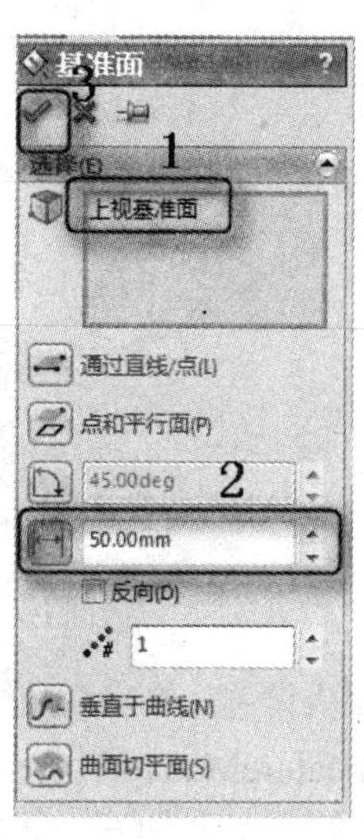

图 7-34　“基准面”属性管理器

（6）设置基准面。在左侧的“FeatureManager 设计树”中单击上一步添加的基准面，然后单击“前导视图”工具栏中的正视于图标，将该基准面作为绘制图形的基准面。

（7）绘制样条曲线。单击“草图”操控板中的样条曲线图标，绘制如图 7-36 所示的样条曲线，然后退出草图绘制状态。

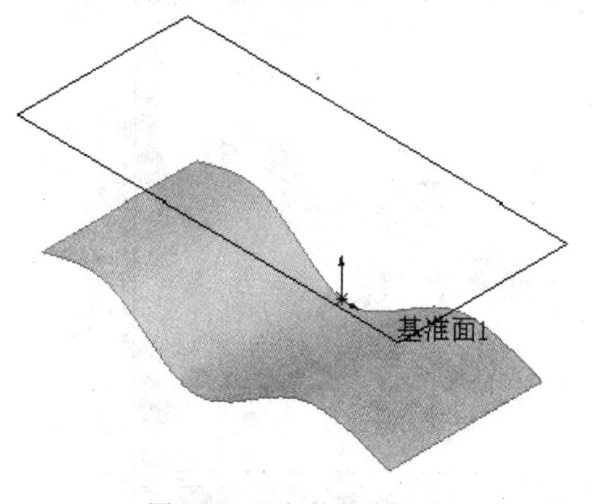

图 7-35　添加的基准面

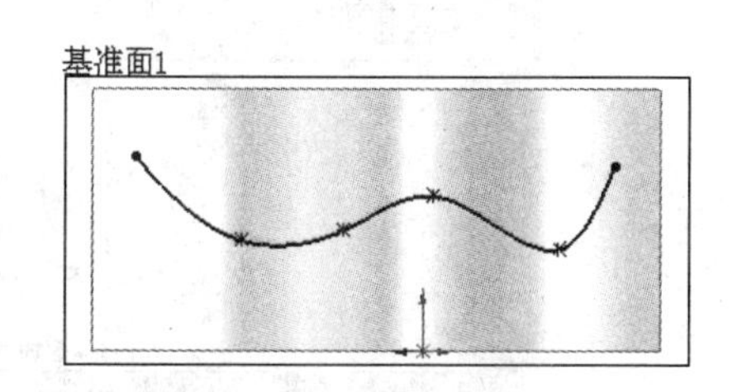

图 7-36　绘制的样条曲线

（8）设置视图方向。单击“前导视图”工具栏中的等轴测图标，将视图以等轴测方向显示，结果如图 7-37 所示。

（9）生成投影曲线。执行【插入】→【曲线】→【投影曲线】菜单命令，或者单击“曲线”操控板中的投影曲线图标，此时系统弹出“投影曲线”属性管理器。

（10）设置投影曲线。在属性管理器的“投影类型”一栏的下拉菜单中，选择“草图到面”选项；在“要投影的草图”一栏中，用鼠标选择图 7-37 中的样条曲线 1；在“投影面”一栏中，用鼠标选择图 7-37 中的曲面 2；在视图中观测投影曲线的方向，是否投影到曲面，勾选“反转投影”选项，使曲线投影到曲面上。设置好的“投影曲线”属性管理器如图 7-38 所示。

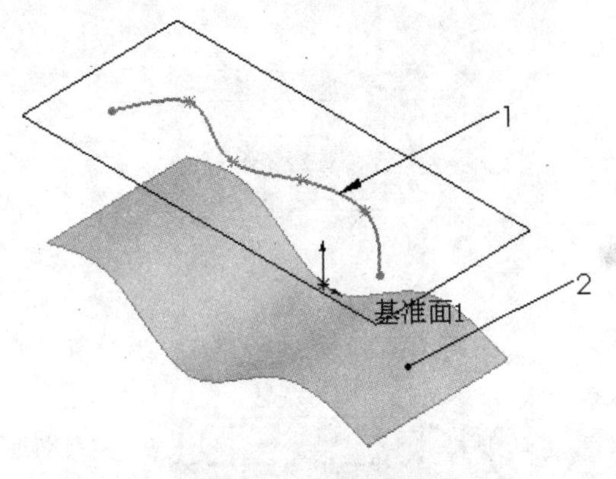

图 7-37　等轴测视图

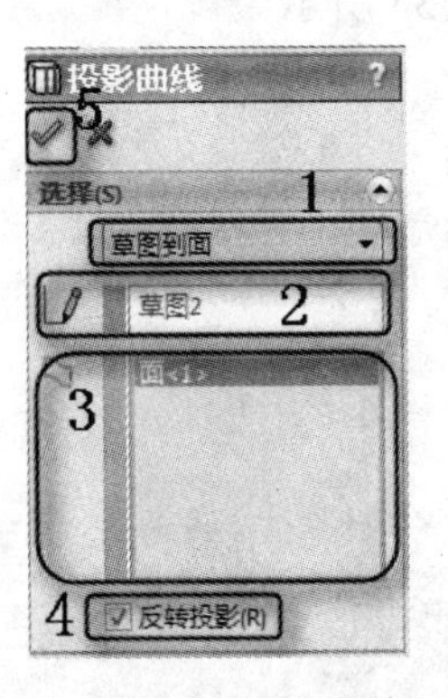

图 7-38　“投影曲线”属性管理器

（11）确认设置。单击“投影曲线”属性管理器中的确定图标，生成所需要的投影曲线。投影曲线及 FeatureManager 设计树如图 7-39 所示。

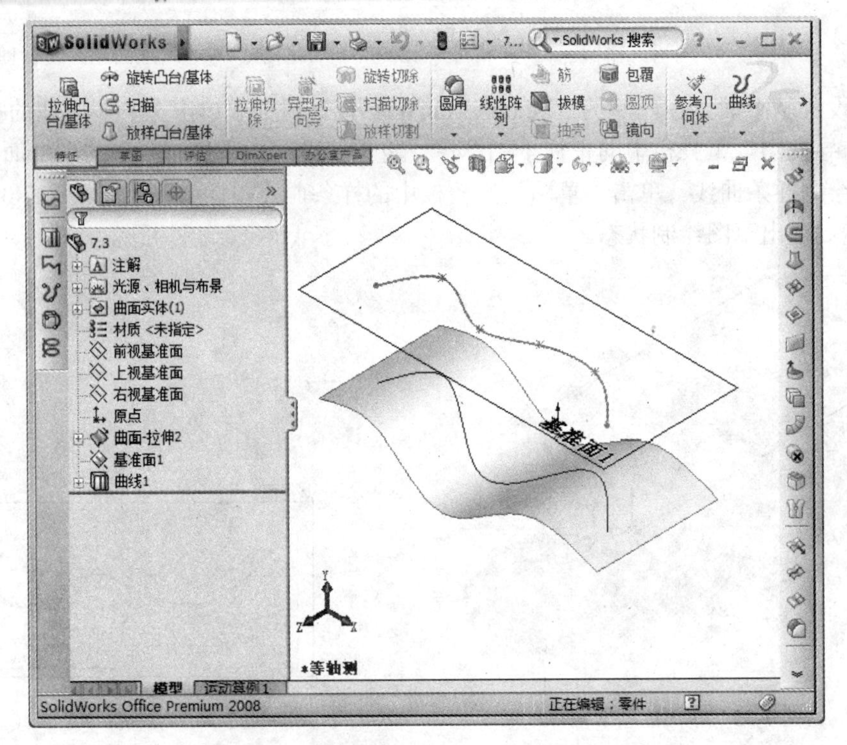

图 7-39　投影曲线及 FeatureManager 设计树

下面以实例说明利用两个相交的基准面上的曲线生成投影曲线的操作步骤。

【案例 7-5】本案例源文件光盘路径："X：\源文件\ch7\7.4SLDPRT"，本案例视频内容光盘路径："X：\动画演示\ch7\7.5 投影曲线.swf"。

（1）设置基准面。在左侧的"FeatureManager 设计树"中用鼠标选择"前视基准面"作为绘制图形的基准面。

（2）绘制样条曲线。执行【工具】→【草图绘制实体】→【样条曲线】菜单命令，在上一步设置的基准面上绘制一个样条曲线，结果如图 7-40 所示，然后退出草图绘制状态。

（3）设置基准面。在左侧的"FeatureManager 设计树"中用鼠标选择"上视基准面"作为绘制图形的基准面。

（4）绘制样条曲线。执行【工具】→【草图绘制实体】→【样条曲线】菜单命令，在上一步设置的基准面上绘制一个样条曲线，结果如图 7-41 所示，然后退出草图绘制状态。

（5）生成投影曲线。执行【插入】→【曲线】→【投影曲线】菜单命令，此时系统弹出"投影曲线"属性管理器。

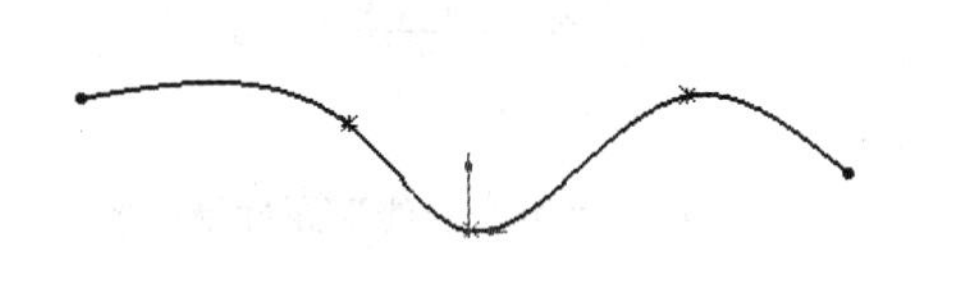

图 7-40　绘制的样条曲线

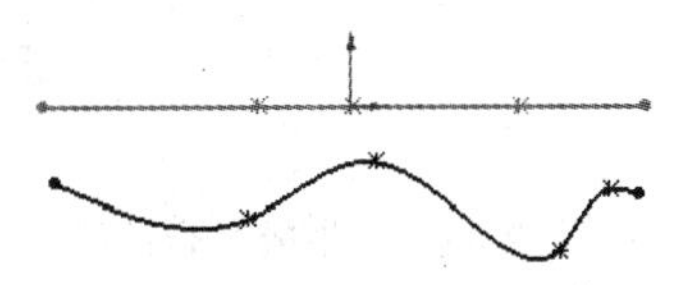

图 7-41　绘制的样条曲线

（6）设置投影曲线。在"投影曲线"属性管理器的"投影类型"一栏的下拉菜单中，选择"草图到草图"选项；在"要投影的一些草图"一栏中选择图 7-40 和图 7-41 中的两条样条曲线，此时属性管理器如图 7-42 所示。

（7）确认设置。单击属性管理器中的确定图标✔，生成所需要的投影曲线，结果如图 7-43 所示。

图 7-42　"投影曲线"属性管理器

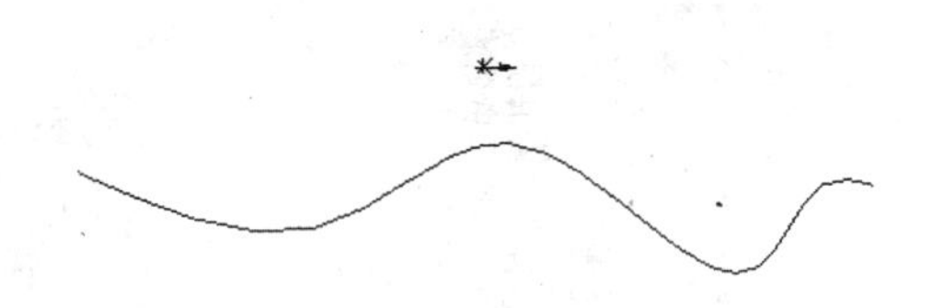

图 7-43　生成的投影曲线

注意：

如果在执行投影曲线命令之前，事先选择了生成投影曲线的草图选项，则在执行【投影曲线】命令后，属性管理器中会自动选择合适的投影类型。

7.2.2　组合曲线

组合曲线是指通过将曲线、草图几何和模型边线组合为一条单一曲线，生成的该组合曲线可以作为生成放样或扫描的引导曲线、轮廓线。

下面以图 7-44 中的边线 1、边线 2、边线 3 和边线 4 生成一条组合曲线为例，说明生成组合曲线的操作步骤。

【案例 7-6】本案例源文件光盘路径：“X：\源文件\ch7\7.5.SLDPRT”，本案例视频内容光盘路径：“X：\动画演示\ch7\7.6 组合曲线.swf”。

（1）执行组合曲线命令。执行【插入】→【曲线】→【组合曲线】菜单命令，或者单击“曲线”操控板中的组合曲线图标，此时系统弹出“组合曲线”属性管理器。

（2）设置属性管理器。在属性管理器“要连接的实体”一栏中选择图 7-44 中的边线 1、边线 2、边线 3 和边线 4，此时“组合曲线”属性管理器如图 7-45 所示。

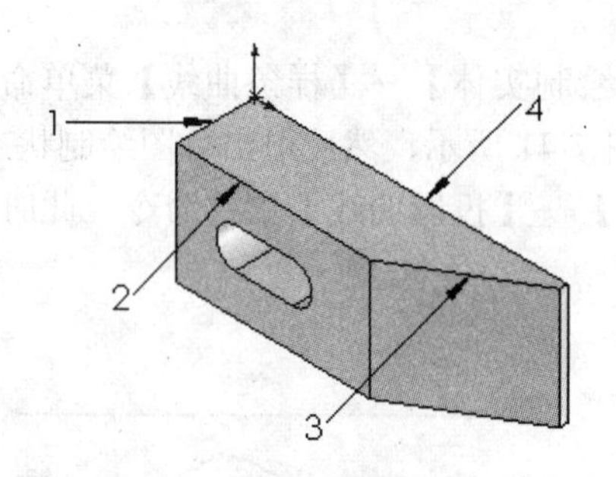

图 7-44　待生成组合曲线的图形

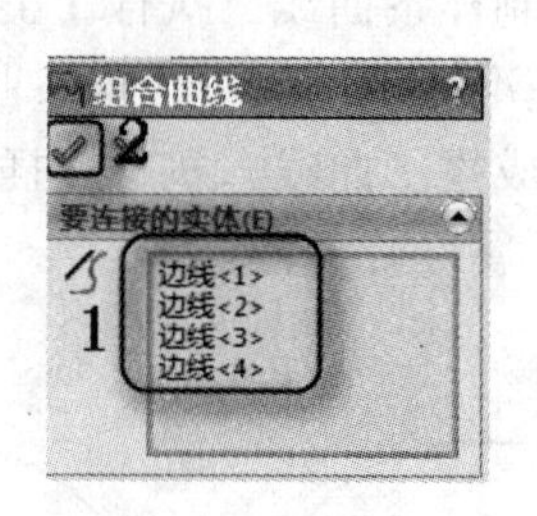

图 7-45　“组合曲线”属性管理器

（3）确认设置。单击“组合曲线”属性管理器中的确定图标，生成所需要的组合曲线。生成组合曲线后的图形及其 FeatureManager 设计树如图 7-46 所示。

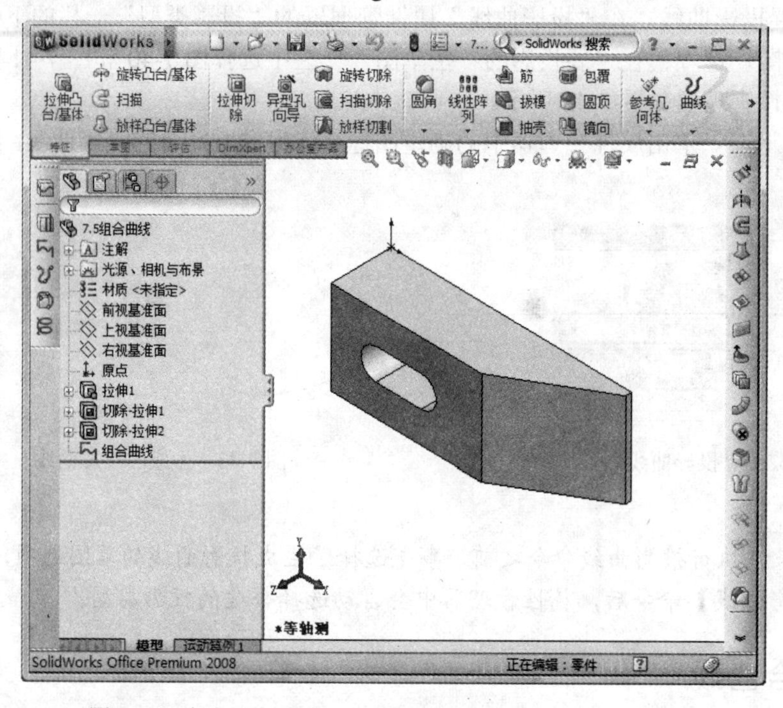

图 7-46　生成组合曲线后的图形及其 FeatureManager 设计树

注意：

生成组合曲线时，所选择的曲线必须是连续的。因为所选择的曲线要生成一条组合曲线，而且生成的组合曲线可以是开环的，也可以是闭合的。

7.2.3　螺旋线和涡状线

螺旋线和涡状线通常在零件中生成，这种曲线可以被当成一个路径或者引导曲线使用在扫描的特征上，或作为放样特征的引导曲线，通常用来生成螺纹、弹簧和发条等零件。下面将分别介绍绘制两种曲线的操作步骤。

下面以实例说明生成螺旋线的操作步骤。

【案例 7-7】本案例源文件光盘路径：“X：\源文件\ch7\7.6.SLDPRT”，本案例视频内容光盘路径：“X：\动画演示\ch7\7.7 螺旋线.swf”。

（1）设置基准面。在左侧的“FeatureManager 设计树”中用鼠标选择“前视基准面”作为绘制图形的基准面。

（2）绘制草图。单击“草图”操控板中的圆图标，在上一步设置的基准面上绘制一个圆，然后单击“尺寸/几何关系”操控板中的智能尺寸图标，标注绘制圆的尺寸，结果如图 7-47 所示。

（3）执行螺旋线命令。执行【插入】→【曲线】→【螺旋线/涡状线】菜单命令，或者单击“曲线”操控板中的螺旋线/涡状线图标，此时系统弹出“螺旋线/涡状线”属性管理器。

（4）设置属性管理器。在属性管理器中的“定义方式”一栏的下拉菜单中，选择“螺距和圈数”选项；单选“恒定螺距”选项；在“螺距”一栏中输入值 15；在“圈数”一栏中输入值 6；在“起始角度”一栏中输入值 135；其他设置如图 7-48 所示。

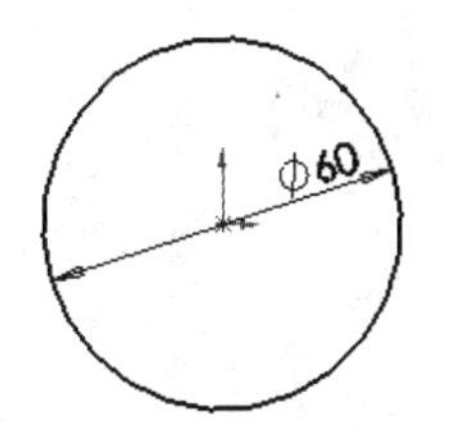

图 7-47　标注的圆

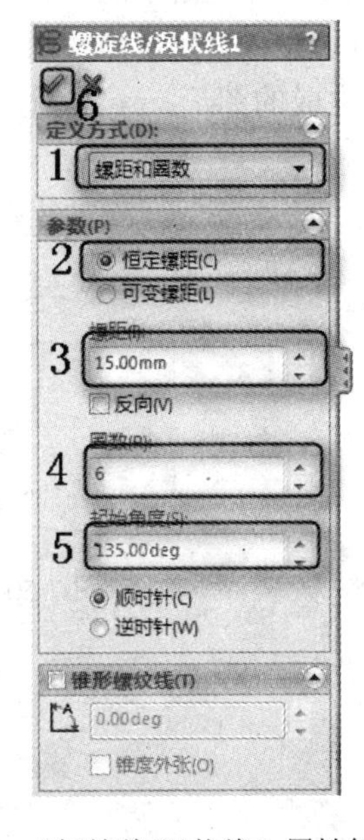

图 7-48　“螺旋线/涡状线”属性管理器

（5）确认设置。单击属性管理器中的确定图标，生成所需要的螺旋线。

（6）设置视图方向。单击“前导视图”工具栏中的旋转视图图标，将视图以合适的方向显示。

生成的螺旋线及其及其 FeatureManager 设计树如图 7-49 所示。

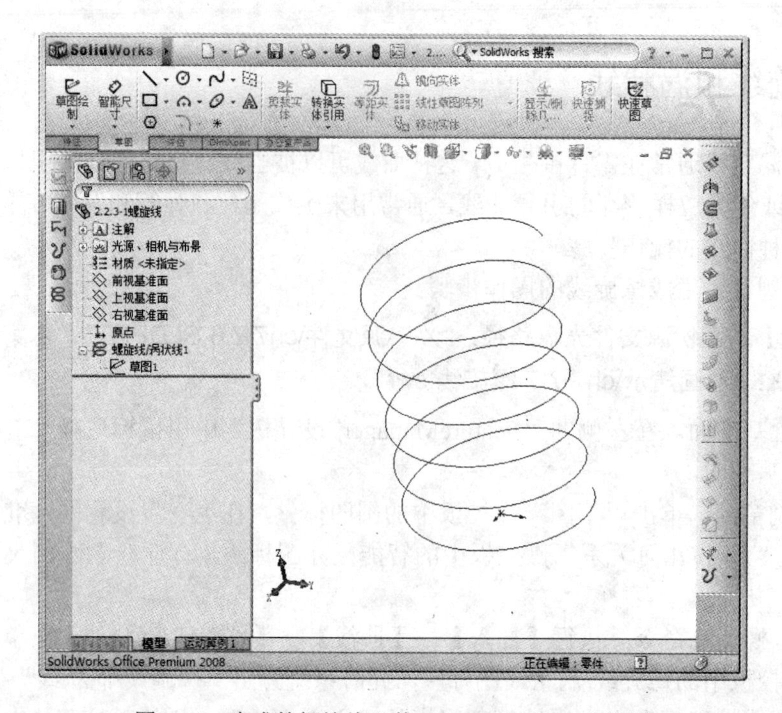

图 7-49　生成的螺旋线及其 FeatureManager 设计树

使用步骤（3）命令还可以生成锥形螺纹线。如果要绘制锥形螺纹线，则勾选图 7-48“螺旋线/涡状线”属性管理器中的“锥度螺纹线”复选框即可。

图 7-50 所示为未使用“锥度外张”复选框设置及生成的图形。图 7-51 为使用锥度外张复选框的设置及生成的图形。

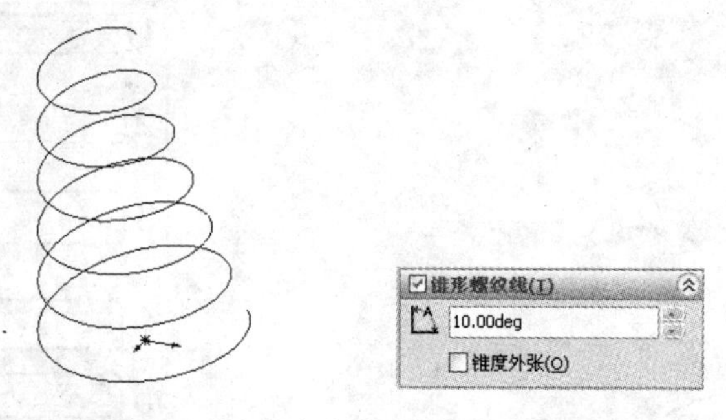

图 7-50　生成内张锥形螺纹线及其设置

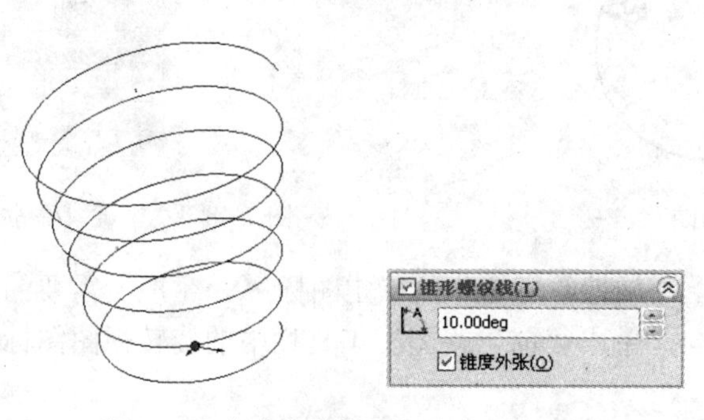

图 7-51　生成外张锥形螺纹线及其设置

在生成螺纹线时，有螺距和圈数、高度和圈数、高度和螺距等几种定义方式。这些定义方式可以在“螺旋线/涡状线”属性管理器中的“定义方式”下拉菜单中进行选择。下面简单介绍这几种方式的意义。

- 螺距和圈数：生成由螺距和圈数所定义的螺旋线，选择该选项时，参数相应发生改变。
- 高度和圈数：生成由高度和圈数所定义的螺旋线，选择该选项时，参数相应发生改变。
- 高度和螺距：生成由高度和螺距所定义的螺旋线，选择该选项时，参数相应发生改变。

下面以实例说明生成涡状线的操作步骤。

【案例 7-8】本案例源文件光盘路径：“X：\源文件\ch7\7.7.SLDPRT”，本案例视频内容光盘路径：“X：\动画演示\ch7\7.8 涡状线.swf”。

（1）设置基准面。在左侧的“FeatureManager 设计树”中用鼠标选择“前视基准面”作为绘制图形的基准面。

（2）绘制草图。单击“草图”操控板中的圆图标，在上一步设置的基准面上绘制一个圆，然后单击“尺寸/几何关系”操控板中的智能尺寸图标，标注绘制圆的尺寸，结果如图 7-52 所示。

（3）执行涡状线命令。执行【插入】→【曲线】→【螺旋线/涡状线】菜单命令，或者单击“曲线”操控板中的螺旋线/涡状线图标，此时系统弹出“螺旋线/涡状线”属性管理器。

（4）设置属性管理器。在属性管理器中的“定义方式”一栏的下拉菜单中，选择“涡状线”选项；在“螺距”一栏中输入值 15；在“圈数”一栏中输入值 5；在“起始角度”一栏中输入值 135；其他设置如图 7-53 所示。

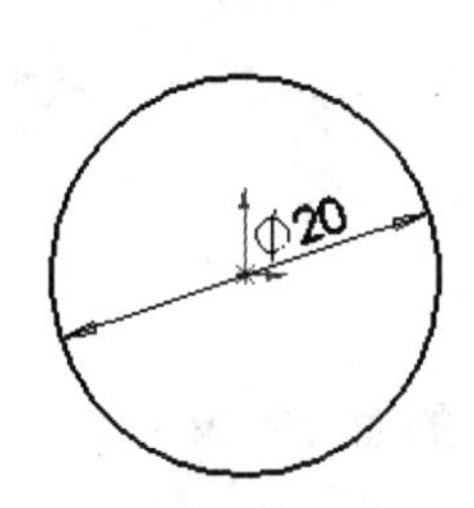

图 7-52　标注的草图

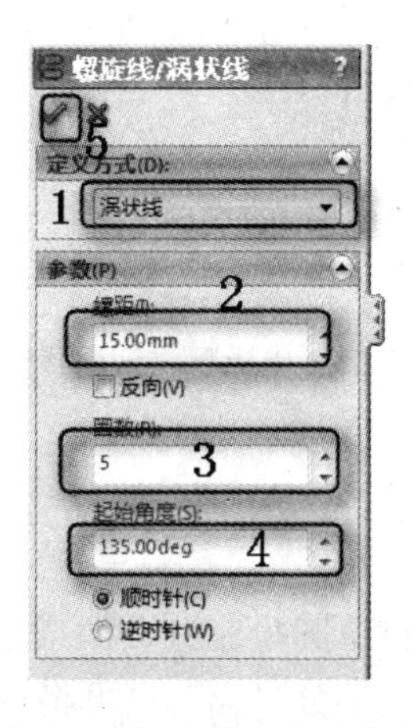

图 7-53　“螺旋线/涡状线”属性管理器

（5）确认设置。单击属性管理器中的确定图标，生成所需要的涡状线。

生成的涡状线及其 FeatureManager 设计树如图 7-54 所示。

SolidWorks 既可以生成顺时针涡状线，也可以生成逆时针涡状线。在执行命令时，系统默认的生成方式为顺时针方式，生成的图形如图 7-55 所示。勾选图 7-53“螺旋线/涡状线”属性管理器中的“逆时针”复选框，就可以生成逆时针方向的涡状线，图 7-56 为生成逆时针的涡状线。

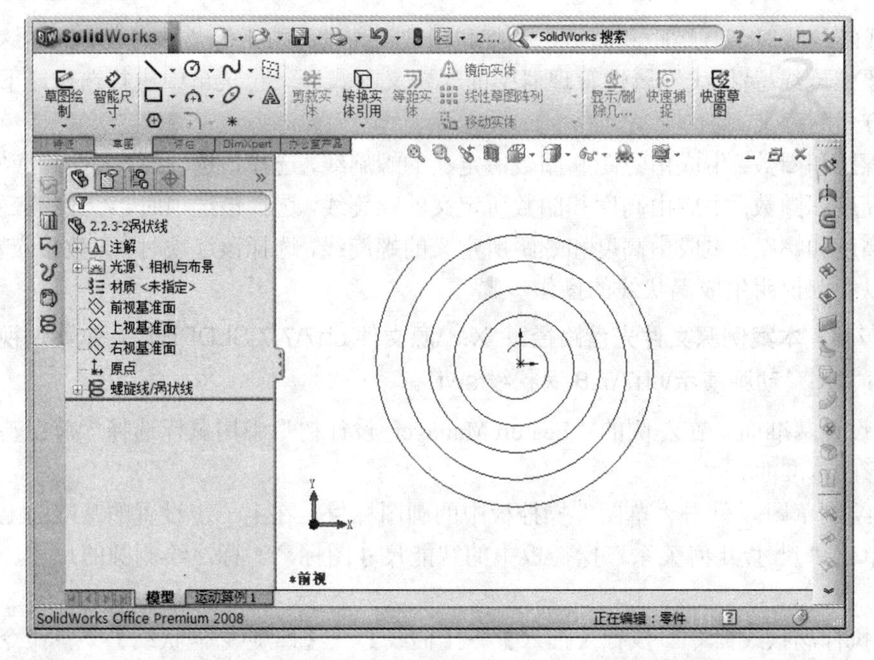

图 7-54　生成的涡状线及其 FeatureManager 设计树

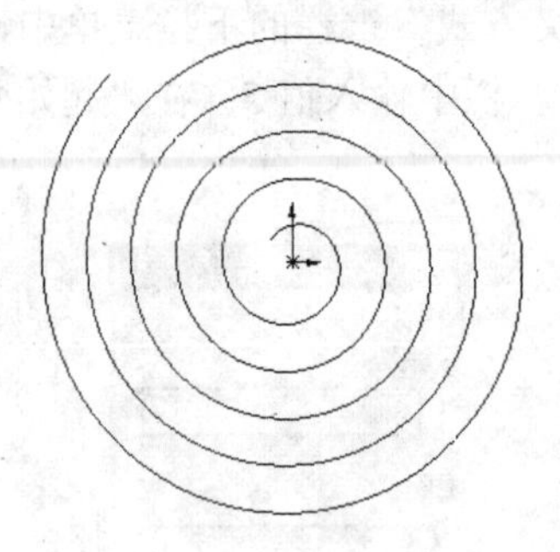

图 7-55　生成顺时针涡状线

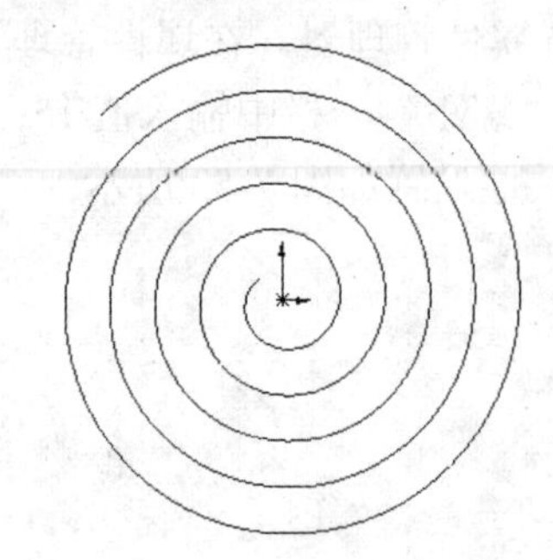

图 7-56　生成逆时针涡状线

7.2.4　分割线

分割线工具将草图投影到曲面或平面上，它可以将所选的面分割为多个分离的面，从而可以选择操作其中一个分离面，也可将草图投影到曲面实体生成分割线。生成分割线有以下几种方式。

- 投影：将一条草图线投影到一表面上生成分割线。
- 侧影轮廓线：在一个圆柱形零件上生成一条分割线。
- 交叉：以交叉实体、曲面、面、基准面或曲面样条曲线分割面。

下面以实例说明以投影方式生成分割线的操作步骤，其他方式不再赘述。

【案例 7-9】本案例源文件光盘路径：“X：\源文件\ch7\7.9.SLDPRT”，本案例视频内容光盘路径：“X：\动画演示\ch7\7.9 分割线.swf”。

（1）设置基准面。在左侧的“FeatureManager 设计树”中用鼠标选择“前视基准面”作为绘制图形的基准面。

（2）绘制草图。单击“草图”操控板中的矩形图标，在上一步设置的基准面上绘制一个圆，然后单击“尺寸/几何关系”操控板中的智能尺寸图标，标注绘制矩形的尺寸。结果如图7-57所示。

（3）拉伸实体。执行【插入】→【凸台/基体】→【拉伸】菜单命令，此时系统弹出如图7-58所示的“拉伸”属性管理器。在“终止条件”一栏的下拉菜单中用鼠标选择“给定深度”选项；在“深度”一栏中输入值60，单击属性管理器中的确定图标。

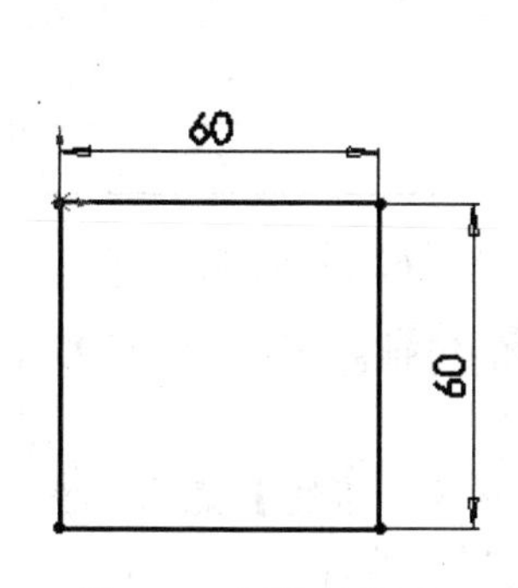

图7-57 标注的矩形

图7-58 “拉伸”属性管理器

（4）设置视图方向。单击“前导视图”工具栏中的等轴测图标，将视图以等轴测方向显示。结果如图7-59所示。

（5）添加基准面。执行【插入】→【参考几何体】→【基准面】菜单命令，系统弹出如图7-60所示的“基准面”属性管理器。在“参考实体”一栏中，用鼠标选择视图中的面1；在“等距距离”一栏中输入值30，并调整基准面的方向。单击属性管理器中的确定图标，添加一个新的基准面，结果如图7-61所示。

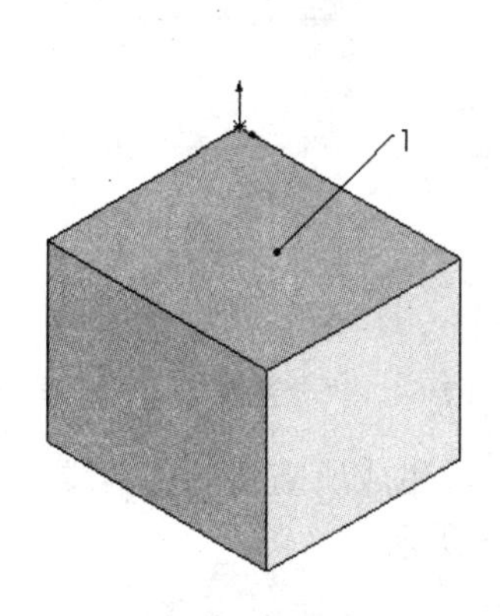

图7-59 拉伸的图形

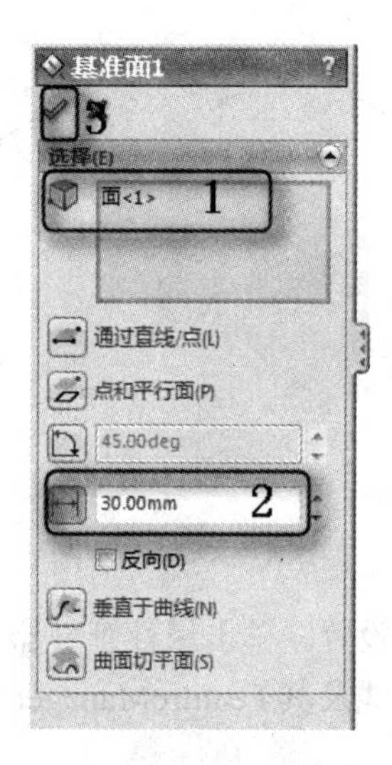

图7-60 “基准面”属性管理器

（6）设置基准面。单击上一步添加的基准面，然后单击“前导视图”工具栏中的正视于图标，将该基准面作为绘制图形的基准面。

（7）绘制样条曲线。执行【工具】→【草图绘制实体】→【样条曲线】菜单命令，在上一步设置的基准面上绘制一个样条曲线，结果如图 7-62 所示，然后退出草图绘制状态。

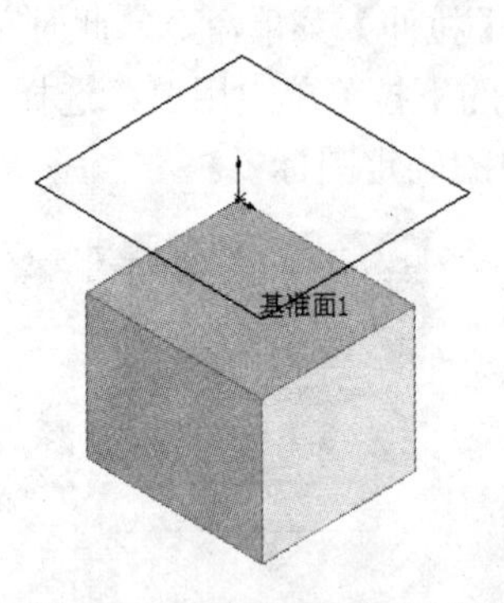

图 7-61　添加基准面后的图形

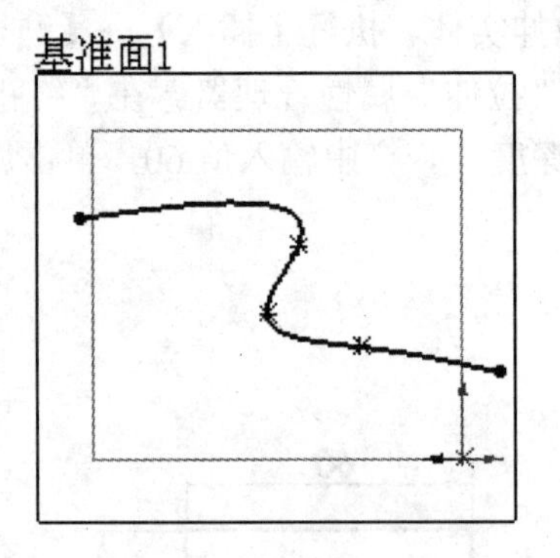

图 7-62　绘制的样条曲线

（8）设置视图方向。单击“前导视图”工具栏中的等轴测图标，将视图以等轴测方向显示。结果如图 7-63 所示。

（9）执行分割线命令。执行【插入】→【曲线】→【分割线】菜单命令，或者单击“曲线”操控板中的分割线图标，此时系统弹出“分割线”属性管理器。

（10）设置属性管理器。在属性管理器中的“分割类型”一栏中，单选“投影”选项；在“要投影的草图”一栏中，用选择图 7-63 中的草图 2，在“要分割的面”一栏中，用鼠标选择图 7-63 中的面 1，其他设置参考图 7-64。

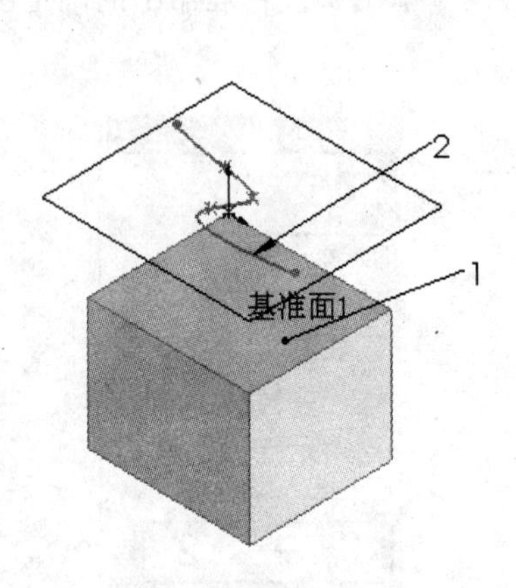

图 7-63　等轴测视图

图 7-64　“分割线”属性管理器

（11）确认设置。单击属性管理器中的确定图标，生成所需要的分割线。

生成的分割线及其 FeatureManager 设计树如图 7-65 所示。

注意：

在使用投影方式绘制投影草图时，绘制的草图在投影面上的投影必须穿过要投影的面，否则系统会提示错误，而不能生成分割线。

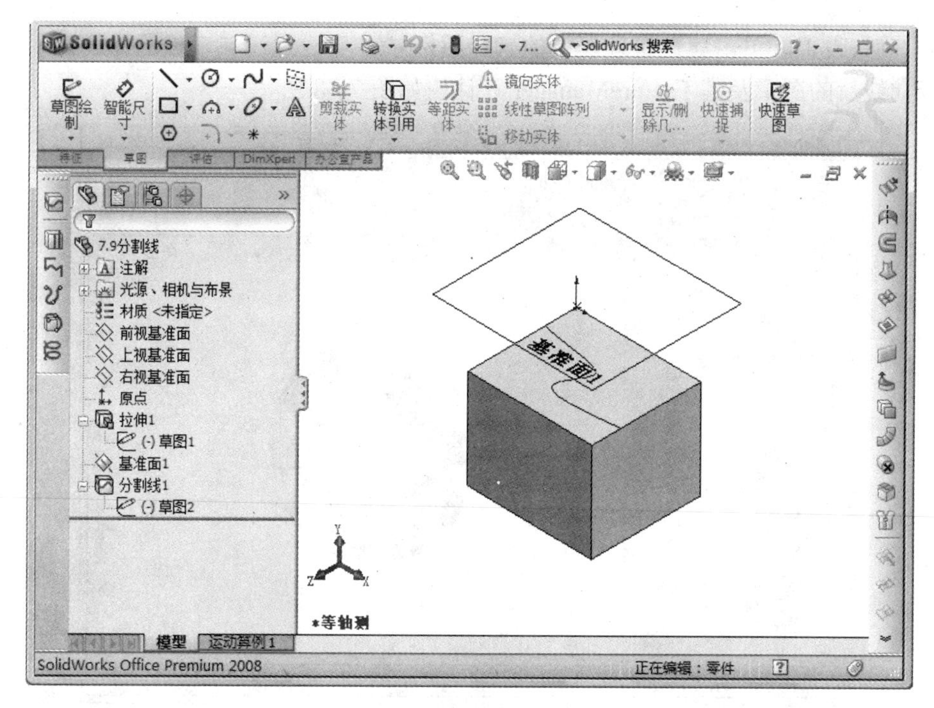

图 7-65　分割线及其 FeatureManager 设计树

7.2.5　通过参考点的曲线

通过参考点的曲线是指生成一个或者多个平面上点的曲线。

下面介绍通过图 7-66 中参考点生成曲线的操作步骤。

【案例 7-10】本案例源文件光盘路径：“X：\源文件\ch7\7.10.SLDPRT”，本案例视频内容光盘路径：“X：\动画演示\ch7\7.10 通过参考点曲线.swf”。

（1）执行通过参考点的曲线命令。执行【插入】→【曲线】→【通过参考点的曲线】菜单命令，或者单击“曲线”操控板中的通过参考点的曲线图标，此时系统弹出“通过参考点的曲线”属性管理器。

（2）设置属性管理器。在属性管理器中的“参考点”一栏中，依次用鼠标选择图 7-66 中的点，其他设置如图 7-67 所示。

图 7-66　待生成曲线的图

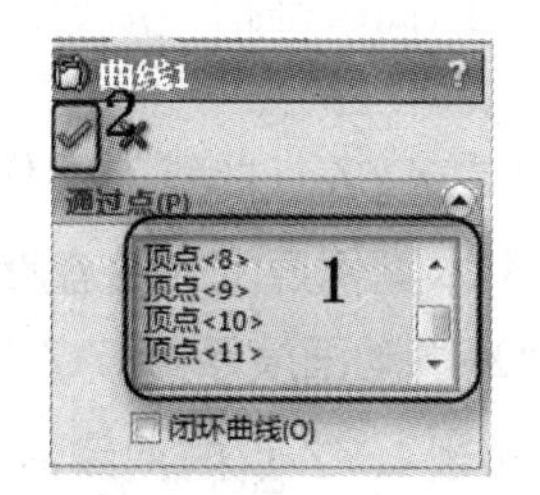

图 7-67　“曲线”属性管理器

（3）确认设置。单击属性管理器中的确定图标✔，生成通过参考点的曲线。

生成曲线后的图形及其 FeatureManager 设计树如图 7-68 所示。

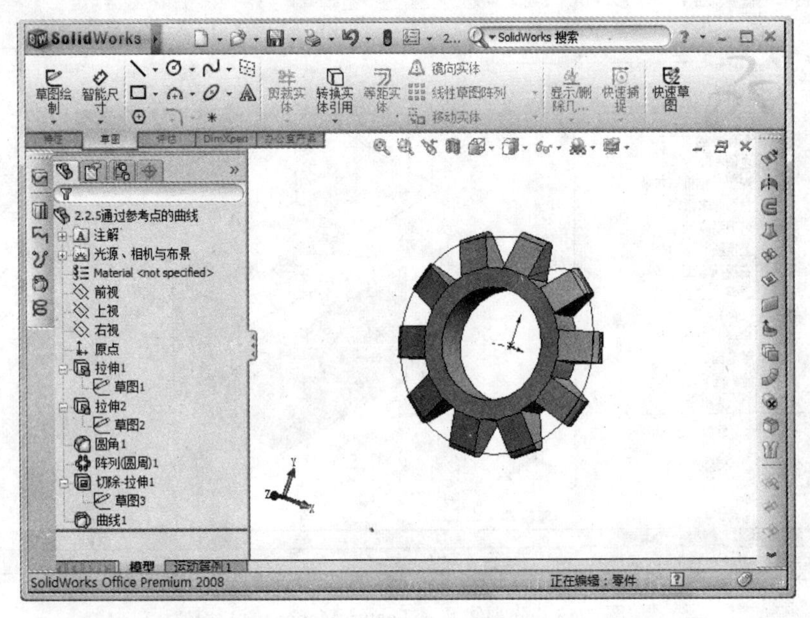

图 7-68　生成曲线后的图形及其 FeatureManager 设计树

在生成通过参考点的曲线时，系统默认生成的为开环曲线，如图 7-69 所示。如果勾选“通过参考点的曲线”属性管理器中的“闭环曲线”复选框，则执行命令后，会自动生成闭环曲线，如图 7-70 所示。

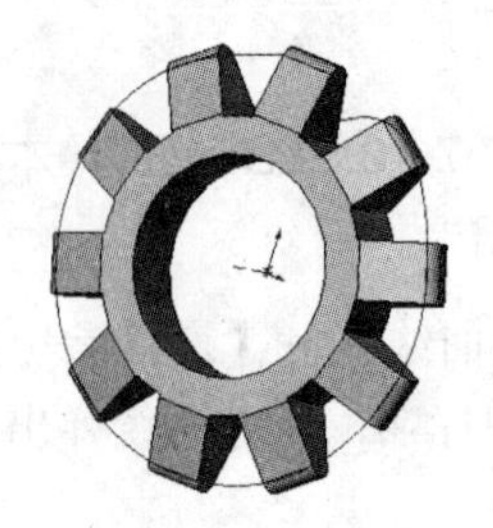

图 7-69　通过参考点的开环曲线

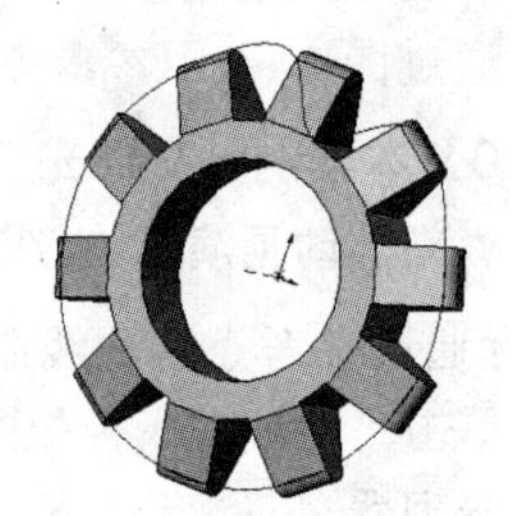

图 7-70　通过参考点的闭环曲线

7.2.6　通过 XYZ 点的曲线

通过 XYZ 点的曲线是指生成通过用户定义的点的样条曲线。在 SolidWorks 中，用户既可以自定义样条曲线通过的点，也可以利用点坐标文件生成样条曲线。

下面介绍通过 XYZ 点曲线的操作步骤。

【案例 7-11】本案例源文件光盘路径：“X：\源文件\ch7\7.11.SLDPRT”，本案例视频内容光盘路径：“X：\动画演示\ch7\7.11XYZ 曲线.swf”。

（1）执行通过 XYZ 点的曲线命令。执行【插入】→【曲线】→【通过 XYZ 点的曲线】菜单命令，或者单击“曲线”操控板中的通过 XYZ 的曲线图标，此时系统弹出如图 7-71 所

示的“曲线文件”对话框。

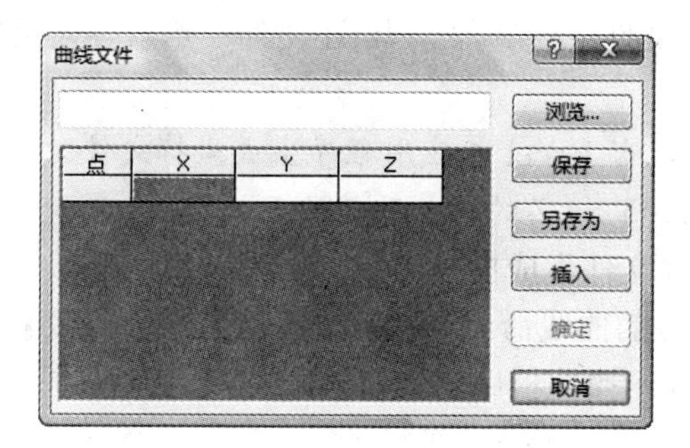

图 7-71　“曲线文件”对话框

（2）输入坐标值。双击 X、Y 和 Z 坐标列各单元格并在每个单元格中输入一个点坐标。

（3）增加一个新行。在最后一行的单元格中双击时，系统会自动增加一个新行。

（4）插入一个新行。如果要在一行的上面插入一个新行，只要单击该行，然后单击“曲线文件”对话框中的【插入】按钮即可。

（5）删除行。如果要删除某一行的坐标，单击该行，然后按【Delete】键即可。

（6）保存曲线文件。设置好的曲线文件可以保存下来，单击“曲线文件”对话框中的【保存】或者【另存为】按钮，系统弹出如图 7-72 所示的“另存为”对话框，然后选择合适的路径，输入文件名称，最后单击【保存】按钮即可。

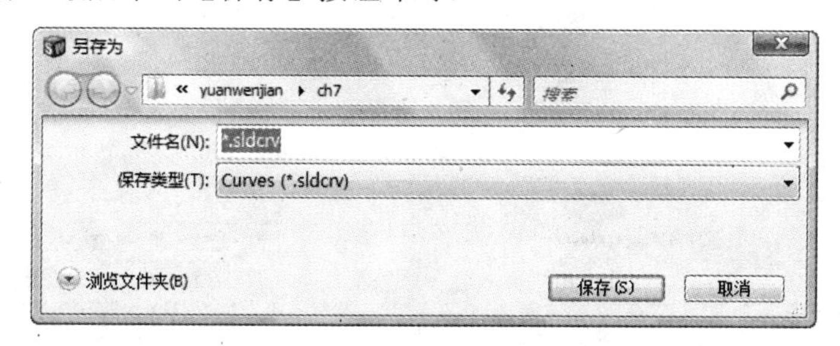

图 7-72　“另存为”对话框

（7）生成曲线。图 7-73 为一个设置好的“曲线文件”对话框，然后单击对话框中的【确定】按钮，即可生成需要的曲线。

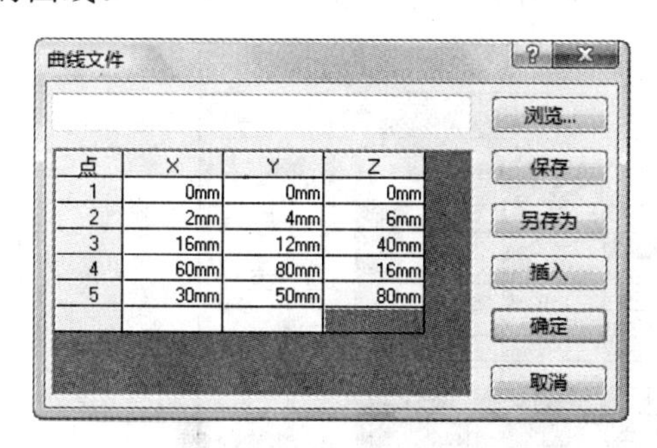

点	X	Y	Z
1	0mm	0mm	0mm
2	2mm	4mm	6mm
3	16mm	12mm	40mm
4	60mm	80mm	16mm
5	30mm	50mm	80mm

图 7-73　设置的“曲线文件”对话框

保存曲线文件时，SolidWorks 默认文件的扩展名称为.sldcrv，如果没有指定扩展名，SolidWorks 应用程序会自动添加扩展名.sldcrv。

在 SolidWorks 中除了在“曲线文件”中输入坐标来定义曲线外，还可以通过文本编辑器、Excel 等应用程序生成坐标文件，将其保存为.txt 文件，然后导入系统即可。

注意：

使用文本编辑器，当 Excel 等应用程序生成坐标文件时，文件中必须只包含坐标数据，而不能是 X、Y 和 Z 的标号及其他无关数据。

下面介绍通过导入坐标文件生成曲线的操作步骤。

（1）执行通过 XYZ 点的曲线命令。执行【插入】→【曲线】→【通过 XYZ 点的曲线】菜单命令，或者单击“曲线”操控板中的通过 XYZ 的曲线图标，此时系统弹出如图 7-73 所示的“曲线文件”对话框。

（2）查找坐标文件。单击“曲线文件”对话框中的【浏览】按钮，此时系统弹出“打开”对话框，查找需要输入的文件名称，如图 7-74 所示，然后单击【打开】按钮。

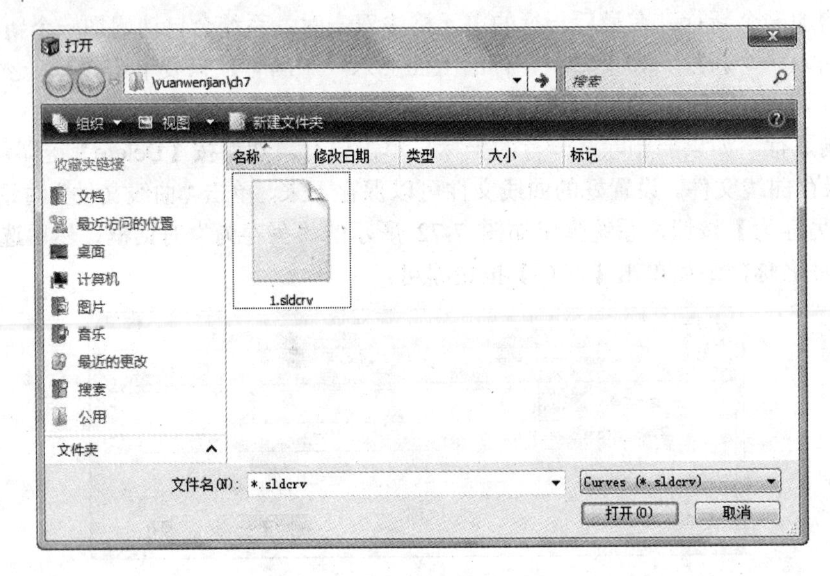

图 7-74　“打开”对话框

（3）编辑坐标。插入文件后，文件名称显示在“曲线文件”对话框中，并且在视图区域中可以预览显示效果，如图 7-75 所示。双击其中的坐标可以修改坐标值，直到满意为止。

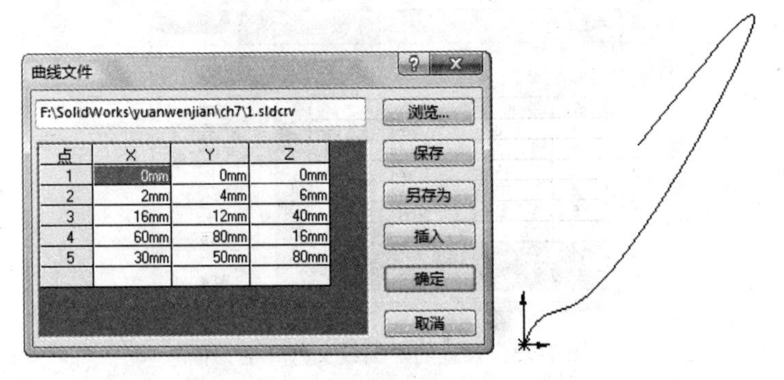

图 7-75　插入的文件及其预览效果

（4）确认生成的曲线。单击“曲线文件”对话框中的【确定】按钮，生成需要的曲线。

7.3　生成曲面

曲面是一种可用来生成实体特征的几何体，如单一曲面和圆角曲面等。一个零件中可以有多个曲面实体。SolidWorks 提供了专门的曲面工具栏，如图 7-76 所示。利用该工具栏中的图标既可以生成曲面，也可以对曲面进行编辑。

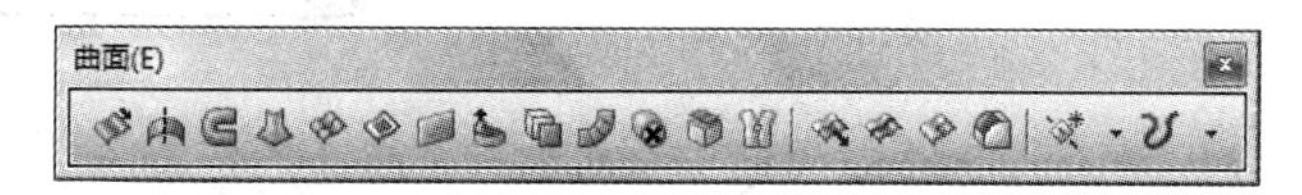

图 7-76　“曲面”工具栏

SolidWorks 提供多种方式来生成曲面，主要有以下几种：

- 由草图或基准面上的一组闭环边线插入一个平面；
- 由草图拉伸、旋转、扫描和放样生成曲面；
- 由现有面和曲面生成等距曲面；
- 从其他程序输入曲面文件，如 CATIA、ACIS、Pro/ENGINEER、Unigraphics、SolidEdge、Autodesk Inverntor 等；
- 由多个曲面组合成新的曲面。

7.3.1　拉伸曲面

拉伸曲面是指将一条曲线拉伸为曲面。拉伸曲面可以从以下几种情况开始拉伸：从草图所在的基准面拉伸，从指定的曲面/面/基准面开始拉伸，从草图的顶点开始拉伸，从与当前草图基准面等距的基准面上开始拉伸。

下面以实例说明拉伸曲面的具体操作步骤。

【案例 7-12】本案例源文件光盘路径：“X：\源文件\ch7\7.12.SLDPRT”，本案例视频内容光盘路径：“X：\动画演示\ch7\7.12 拉伸曲线.swf”。

（1）设置基准面。在左侧的“FeatureManager 设计树”中用鼠标选择“前视基准面”作为绘制图形的基准面。

（2）绘制样条曲线。执行【工具】→【草图绘制实体】→【样条曲线】菜单命令，或者单击“草图”操控板中的样条曲线图标，在上一步设置的基准面上绘制一个样条曲线，结果如图 7-77 所示。

（3）拉伸曲面。执行【插入】→【曲面】→【拉伸曲面】菜单命令，或者单击“曲面”工具栏中的拉伸曲面图标，此时系统弹出如图 7-78 所示的“曲面－拉伸”属性管理器。

（4）确认拉伸曲面。按照图 7-76 所示进行设置，注意设置曲面拉伸的方向。然后单击属性管理器中的确定图标，完成曲面拉伸。

拉伸曲面后的图形及其 FeatureManager 设计树如图 7-79 所示。

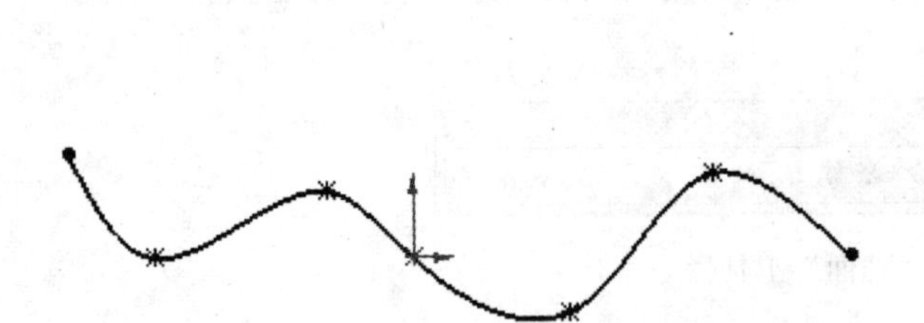

图 7-77　绘制的样条曲线

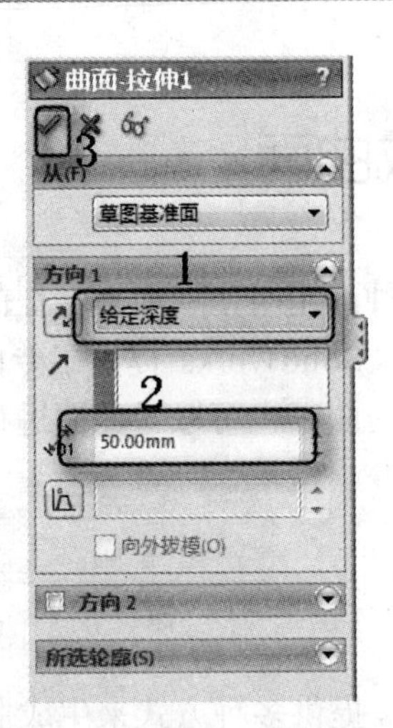

图 7-78　“曲面-拉伸”属性管理器

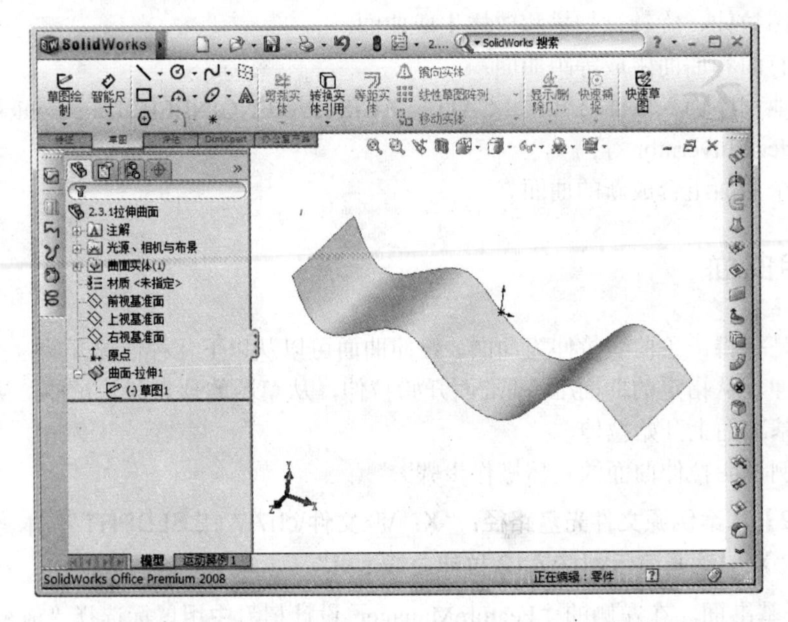

图 7-79　拉伸曲面后的图形及其 FeatureManager 设计树

在“曲面-拉伸”属性管理器“方向 1”栏中的“终止条件”一栏的下拉菜单中有如下选项，用来设置拉伸的终止条件。各选项的意义如下。

- 给定深度：给定拉伸的深度，指从草图的基准面拉伸特征到指定距离处形成拉伸曲面。
- 成形到一顶点：从草图基准面拉伸特征到模型的一个顶点所在的平面，这个平面平行于草图基准面且穿越指定的顶点。
- 成形到一面：从草图基准面拉伸特征到指定的面或者基准面。
- 到离指定面指定的距离：从草图基准面拉伸特征到离指定面的指定距离处生成拉伸曲面。
- 成形到实体：从草图基准面拉伸特征到指定实体处。
- 两侧对称：以指定的距离拉伸曲面，并且拉伸的曲面关系到草图基准面的对称。

7.3.2　旋转曲面

旋转曲面是指将交叉或者不交叉用所选轮廓指针生成旋转的曲面。旋转曲面主要有 3 部分组成，分别是：旋转轴、旋转类型和旋转角度。

下面以实例说明旋转曲面的具体操作步骤。

【案例 7-13】本案例源文件光盘路径："X：\源文件\ch7\7.13.SLDPRT"，本案例视频内容光盘路径："X：\动画演示\ch7\7.13 旋转曲线.swf"。

（1）设置基准面。在左侧的"FeatureManager 设计树"中用鼠标选择"前视基准面"作为绘制图形的基准面。

（2）绘制草图。执行【工具】→【草图绘制实体】→【中心线】菜单命令，绘制一条通过原点的竖直中心线；单击"草图"操控板中的样条曲线图标，在中心线的右侧绘制一条样条曲线，结果如图 7-80 所示。

（3）执行旋转曲面命令。执行【插入】→【曲面】→【旋转曲面】菜单命令，或者单击"曲面"工具栏中的旋转曲面图标，此时系统弹出如图 7-81 所示的"曲面-旋转"属性管理器。

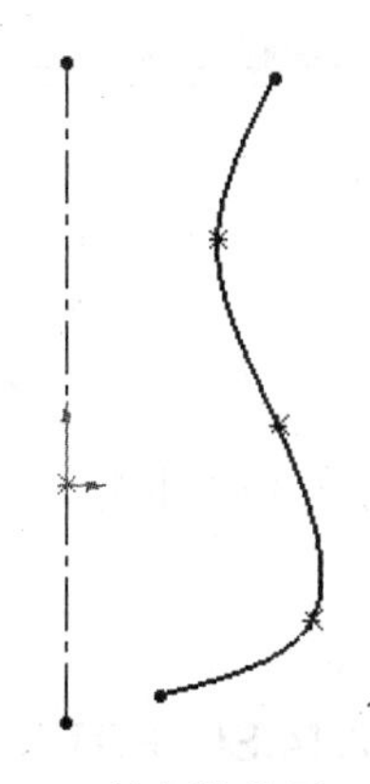

图 7-80　绘制的草图

图 7-81　"曲面-旋转"属性管理器

（4）确认旋转曲面。按照图 7-60 所示进行设置，注意设置曲面拉伸的方向。然后单击属性管理器中的确定图标，完成曲面旋转。

旋转曲面后的图形及其 FeatureManager 设计树如图 7-82 所示。

注意：

生成旋转曲面时，绘制的样条曲线可以和中心线交叉，但是不能穿越。

在"曲面-旋转"属性管理器"旋转参数"栏中的"旋转类型"一栏的下拉菜单中有如下选项，用来设置旋转的终止条件。各选项的意义如下。

- 单向：草图沿一个方向旋转生成旋转曲面。如果要改变旋转的方向，单击"旋转类型"一栏前面的反向图标即可。
- 两侧对称：草图以所在平面为中心面分别向两个方向旋转，并且关系到中面对称。
- 双向：草图以所在平面为中心面分别向两个方向旋转指定的角度，这两个角度可以分别指定。

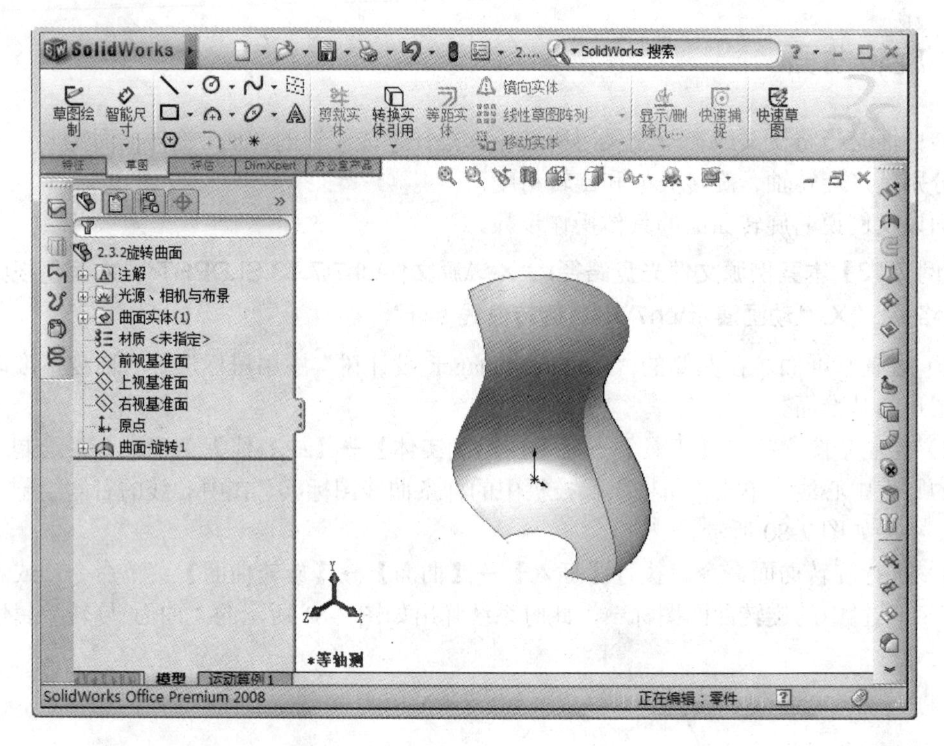

图 7-82 旋转曲面后的图形及其 FeatureManager 设计树

7.3.3 扫描曲面

旋转曲面是指通过轮廓和路径方式生成曲面，与扫描特征类似，也可以通过引导线扫描曲面。

下面以实例说明扫描曲面的具体操作步骤。

【案例 7-14】本案例源文件光盘路径："X：\源文件\ch7\7.14.SLDPRT"，本案例视频内容光盘路径："X：\动画演示\ch7\7.14 扫描曲线.swf"。

（1）设置基准面。在左侧的"FeatureManager 设计树"中用鼠标选择"前视基准面"作为绘制图形的基准面。

（2）绘制样条曲线。执行【工具】→【草图绘制实体】→【样条曲线】菜单命令，或者单击"草图"操控板中的样条曲线图标，在上一步设置的基准面上绘制一个样条曲线，作为扫描曲面的轮廓，如图 7-83 所示，然后退出草图绘制状态。

（3）设置基准面。在左侧的"FeatureManager 设计树"中用鼠标选择"右视基准面"，然后用鼠标单击"前导视图"工具栏中的正视于图标，将右视基准面作为绘制图形的基准面。

（4）绘制样条曲线。单击"草图"操控板中的样条曲线图标，在上一步设置的基准面上绘制一个样条曲线，作为扫描曲面的路径，如图 7-84 所示，然后退出草图绘制状态。

（5）执行扫描曲面命令。执行【插入】→【曲面】→【扫描曲面】菜单命令，或者单击"曲面"工具栏中的扫描曲面图标，此时系统弹出"曲面-扫描"属性管理器。

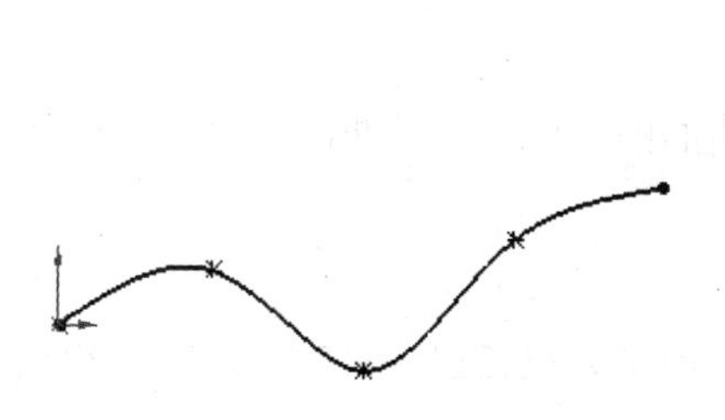

图 7-83　绘制的样条曲线

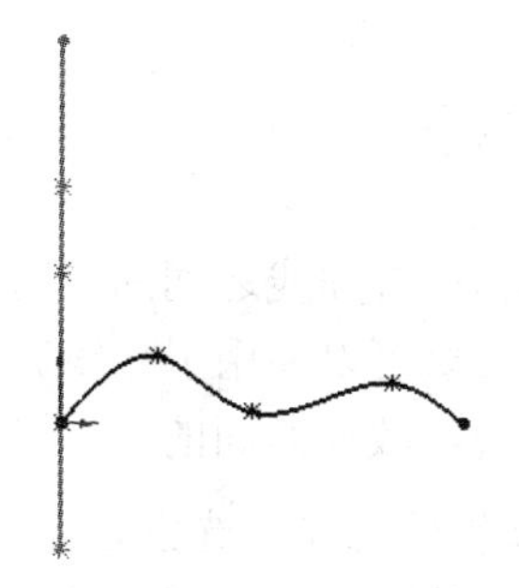

图 7-84　绘制的样条曲线

（6）设置扫描曲面属性管理器。在属性管理器的“轮廓”一栏中，用鼠标选择步骤（2）绘制的样条曲线；在“路径”一栏中，用鼠标选择步骤（4）绘制的样条曲线，如图 7-85 所示。

（7）确认设置。单击属性管理器中的确定图标，完成曲面扫描。

（8）设置视图方向。单击“前导视图”工具栏中的等轴测图标，将视图以等轴测方向显示，结果如图 7-86 所示。

图 7-85　“曲面-扫描”属性管理器

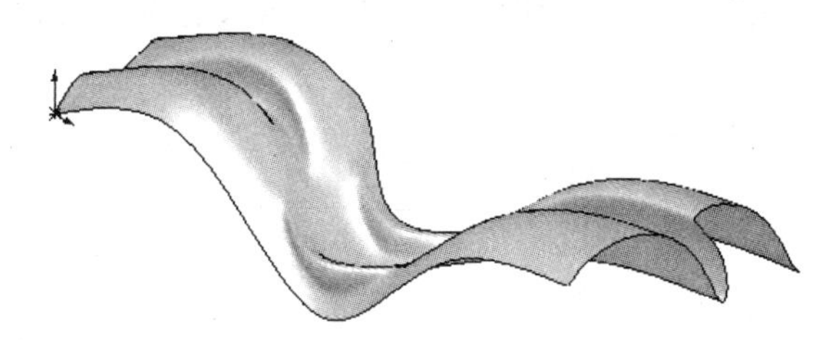

图 7-86　扫描的曲面

注意：

在使用引导线扫描曲面时，引导线必须贯穿轮廓草图，通常需要在引导线和轮廓草图之间建立重合和穿透几何关系。

扫描曲面后的图形及其 FeatureManager 设计树如图 7-87 所示。

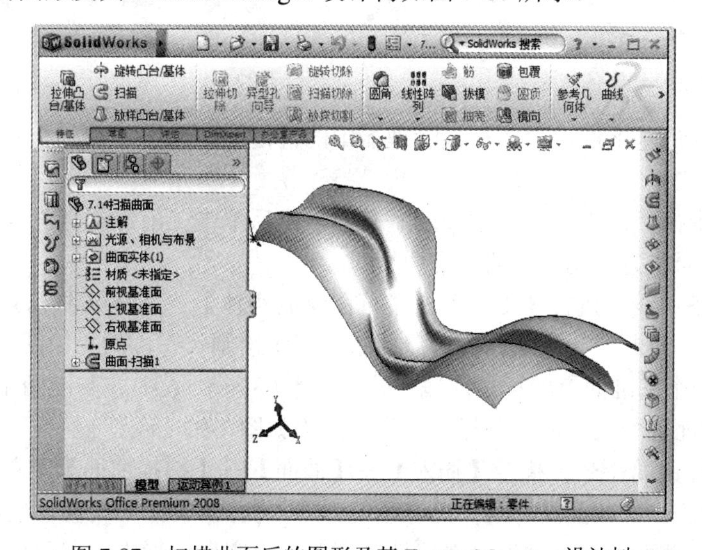

图 7-87　扫描曲面后的图形及其 FeatureManager 设计树

7.3.4 放样曲面

放样曲面是指通过曲线之间的平滑过渡而生成曲面的方法。放样曲面主要由放样的轮廓曲线组成，如果有必要可以使用引导线。

下面以实例说明放样曲面的具体操作步骤。

【案例 7-15】本案例源文件光盘路径：“X：\源文件\ch7\7.15.SLDPRT”，本案例视频内容光盘路径：“X：\动画演示\ch7\7.15 放样曲线.swf”。

（1）设置基准面。在左侧的“FeatureManager 设计树”中用鼠标选择“前视基准面”作为绘制图形的基准面。

（2）绘制样条曲线。单击“草图”操控板中的样条曲线图标，在上一步设置的基准面上绘制一个样条曲线，结果如图 7-88 所示，然后退出草图绘制状态。

（3）添加基准面。执行【插入】→【参考几何体】→【基准面】菜单命令，系统弹出“基准面”属性管理器。在“参考实体”一栏中，用鼠标选择“FeatureManager 设计树”中的“前视基准面”；在“等距距离”一栏中输入值 40，并调整添加基准面的方向，如图 7-89 所示。

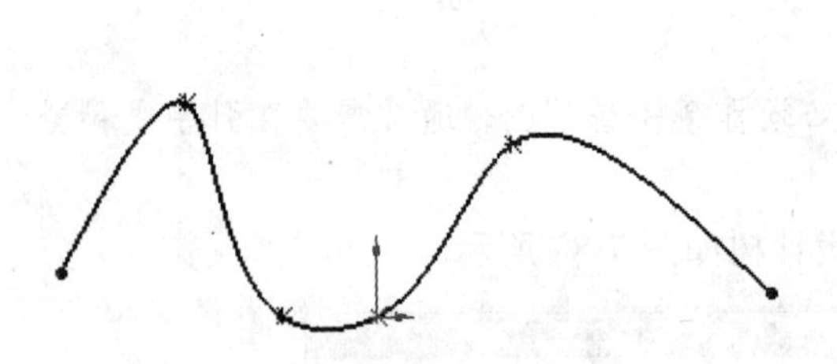

图 7-88 绘制的样条曲线

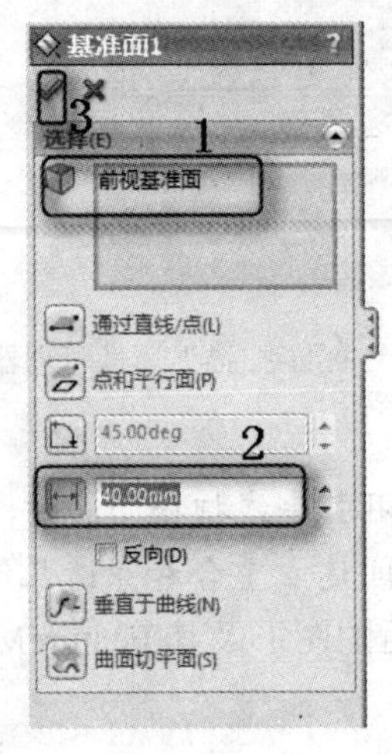

图 7-89 “基准面”属性管理器

（4）确认添加的基准面。单击属性管理器中的确定图标，添加一个新的基准面，结果如图 7-90 所示。

（5）设置基准面。单击上一步添加的基准面，然后单击“前导视图”工具栏中的正视于图标，将该基准面作为绘制图形的基准面。

（6）绘制样条曲线。执行【工具】→【草图绘制实体】→【样条曲线】菜单命令，在上一步设置的基准面上绘制一个样条曲线，然后退出草图绘制状态，结果如图 7-91 所示。

（7）绘制另一个基准面上的样条曲线。重复步骤（3）～（6），在基准面 1 外侧距离 40mm 处，创建一个基准面，并在上面绘制样条曲线，结果如图 7-92 所示。

（8）执行放样曲面命令。执行【插入】→【曲面】→【扫描曲面】菜单命令，或者单击“曲面”工具栏中的扫描曲面图标，此时系统弹出“曲面-放样”属性管理器。

（9）设置放样曲面属性管理器。在属性管理器“轮廓”一栏中，用鼠标依次选择图 7-92

中的样条曲线 1、样条曲线 2 和样条曲线 3，此时属性管理器如图 7-93 所示。

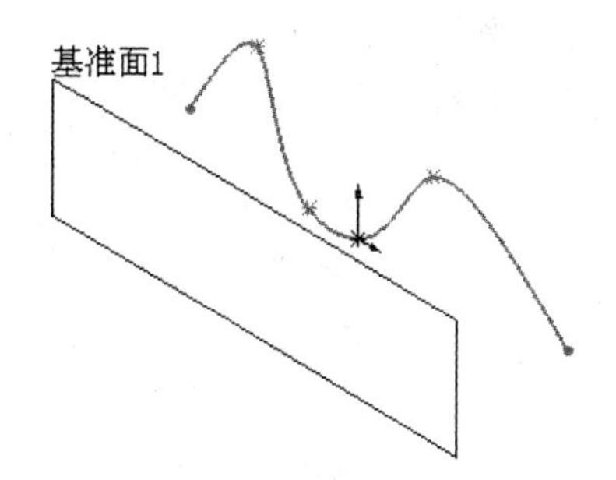

图 7-90　添加的基准面

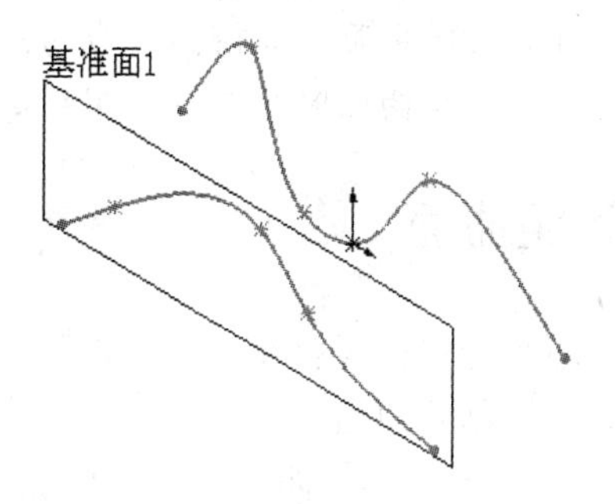

图 7-91　绘制的样条曲线

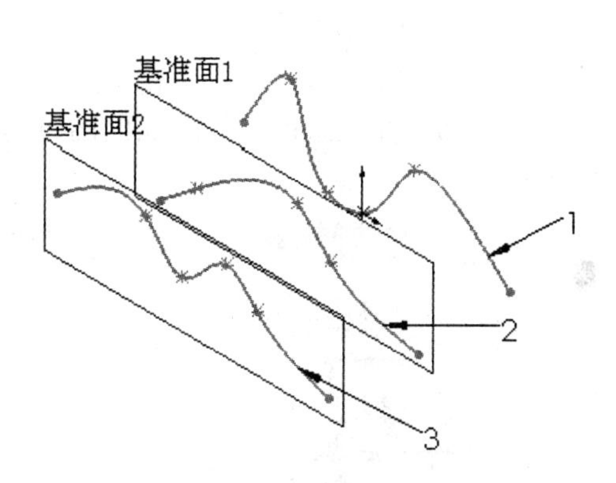

图 7-92　绘制的样条曲线

图 7-93　“曲面－放样”属性管理器

（10）确认放样曲面设置。单击属性管理器中的确定图标✔，完成曲面放样。放样曲面后的图形及其 FeatureManager 设计树如图 7-94 所示。

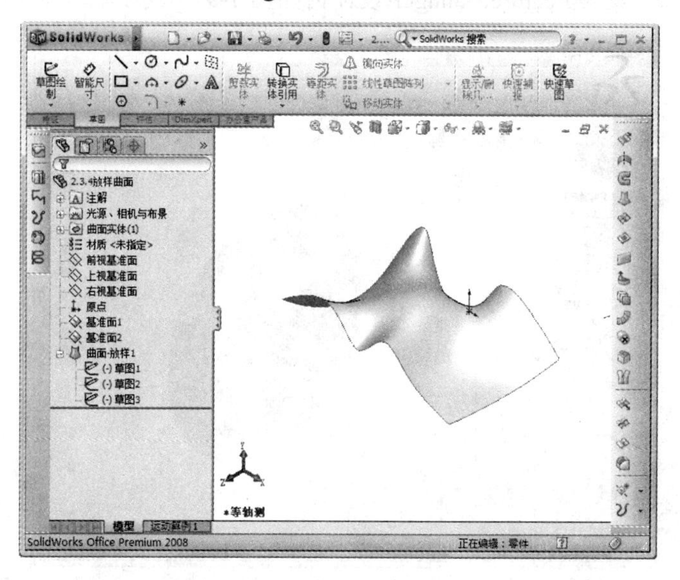

图 7-94　放样曲面后的图形及其 FeatureManager 设计树

■ 注意：

（1）放样曲面时，轮廓曲线的基准面不一定要平行。

（2）放样曲面时，可以应用引导线控制放样曲面的形状。

7.3.5 等距曲面

等距曲面是指将已经存在的曲面以指定的距离生成另一个曲面，该曲面可以是模型的轮廓面，也可以是绘制的曲面。

下面以图7-95中轮廓面1的等距曲面为例说明等距曲面的具体操作步骤。

【案例7-16】本案例源文件光盘路径："X：\源文件\ch7\7.16.SLDPRT"，本案例视频内容光盘路径："X：\动画演示\ch7\7.16 等距曲线.swf"。

（1）执行等距曲面命令。执行【插入】→【曲面】→【等距曲面】菜单命令，或者单击"曲面"工具栏中的等距曲面图标，此时系统弹出"等距曲面"属性管理器。

（2）设置等距曲面属性管理器。在属性管理器的"要等距的曲面或面"一栏中，用鼠标依次选择图7-95中的面1；在"等距距离"一栏中输入值70，并注意调整等距曲面的方向，此时属性管理器如图7-96所示。

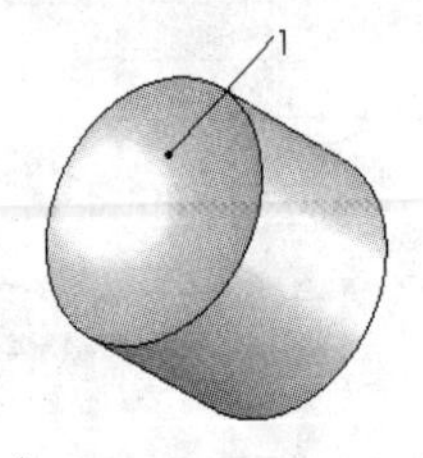

图7-95 等距曲面的图形

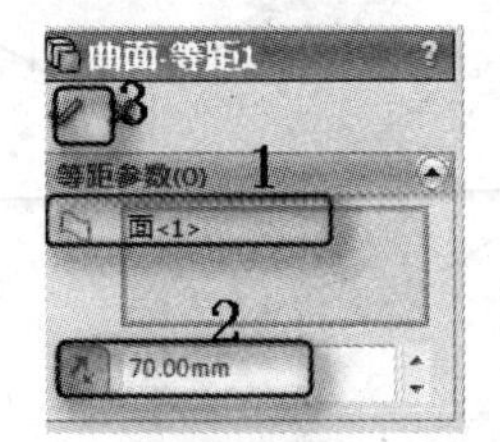

图7-96 "曲面-等距"属性管理器

（3）确认等距曲面。单击属性管理器中的确定图标，生成等距曲面。

等距曲面后的图形及其FeatureManager设计树如图7-97所示。

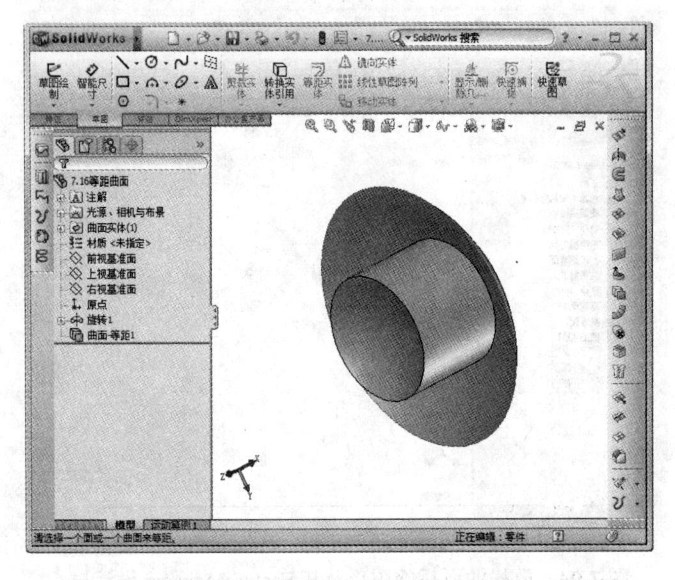

图7-97 等距曲面后的图形及其FeatureManager设计树

注意：

等距曲面可以生成距离为 0 的等距曲面，用于生成一个独立的轮廓面。

7.3.6　延展曲面

延展曲面是指通过所选平面方向的延展实体或者曲面的边线来生成曲面。延展曲面主要通过指定延展曲面的参考方向、参考边线和延展距离来确定。

下面以图 7-98 为例说明延展曲面的操作步骤。

【案例 7-17】本案例源文件光盘路径："X：\源文件\ch7\7.17.SLDPRT"，本案例视频内容光盘路径："X：\动画演示\ch7\7.17 延展曲线.swf"。

（1）执行延展曲面命令。执行【插入】→【曲面】→【延展曲面】菜单命令，或者单击"曲面"工具栏中的延展曲面图标，此时系统弹出"延展曲面"属性管理器。

（2）设置延展曲面属性管理器。在属性管理器的"延展方向参考"一栏中，用鼠标选择图 7-98 中的面 1；在"要延展的边线"一栏中，用鼠标选择图 7-98 中的边线 2，此时属性管理器如图 7-99 所示。

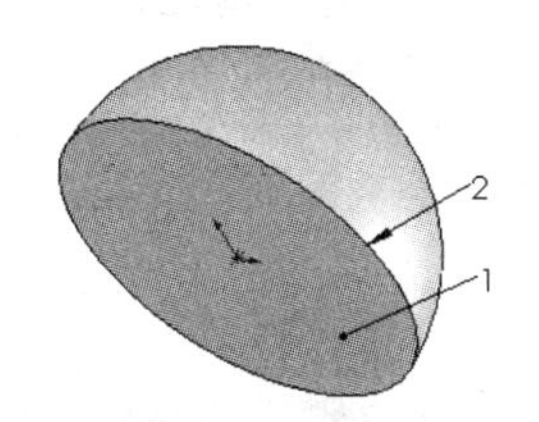

图 7-98　待延展曲面的图形

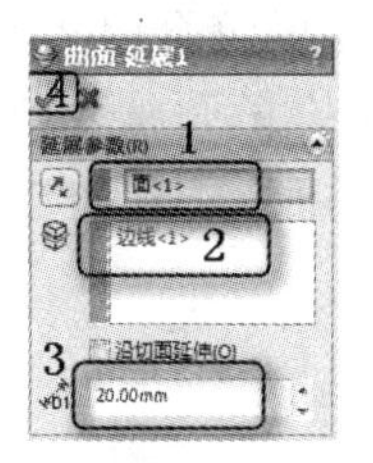

图 7-99　"曲面-延展"属性管理器

（3）确认延展曲面。单击属性管理器中的确定图标，生成延展曲面。

延展曲面后的图形及其 FeatureManager 设计树如图 7-100 所示。

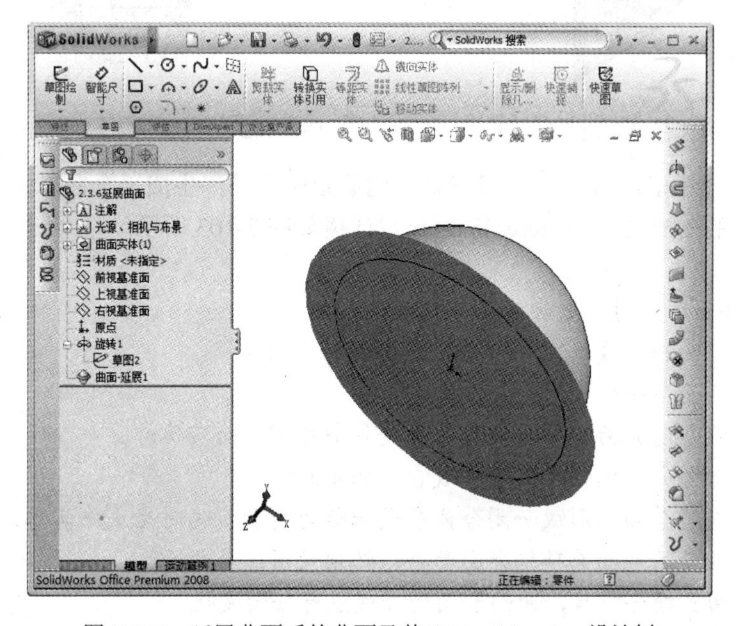

图 7-100　延展曲面后的曲面及其 FeatureManager 设计树

7.4 编辑曲面

生成的曲面可以进行编辑。在 SolidWorks 2007 中如果修改相关曲面中的一个曲面，另一个曲面也将进行相应的修改。SolidWorks 提供了缝合曲面、延伸曲面、剪裁曲面、填充曲面、中面、替换面、删除面、移动/复制/旋转等多种曲面编辑方式，相应的曲面编辑图标在“曲面”工具栏中。

7.4.1 缝合曲面

缝合曲面是将两个，或者多个平面、曲面组合成一个面。

下面以图 7-101 为例说明缝合曲面的操作步骤。

【案例 7-18】本案例源文件光盘路径：“X：\源文件\ch7\7.18.SLDPRT”，本案例视频内容光盘路径：“X：\动画演示\ch7\7.18 缝合曲线.swf”。

（1）执行缝合曲面命令。执行【插入】→【曲面】→【缝合曲面】菜单命令，或者单击“曲面”工具栏中的缝合曲面图标，此时系统弹出“缝合曲面”属性管理器。

（2）设置缝合曲面属性管理器。在属性管理器的“要缝合的曲面和面”一栏中，用鼠标选择图 7-101 中的面 1、曲面 2 和面 3，如图 7-102 所示。

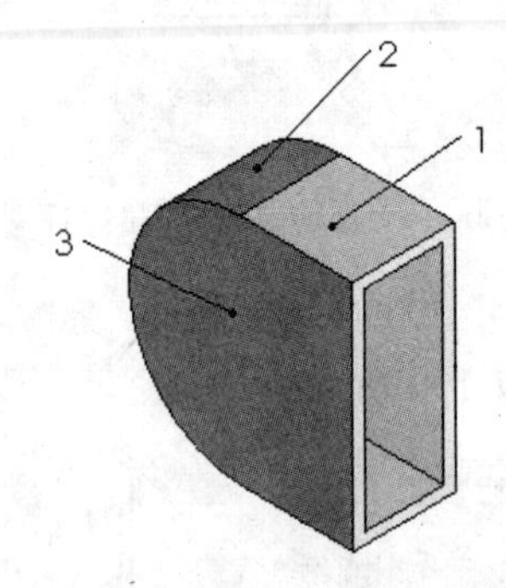

图 7-101 待缝合曲面的图形

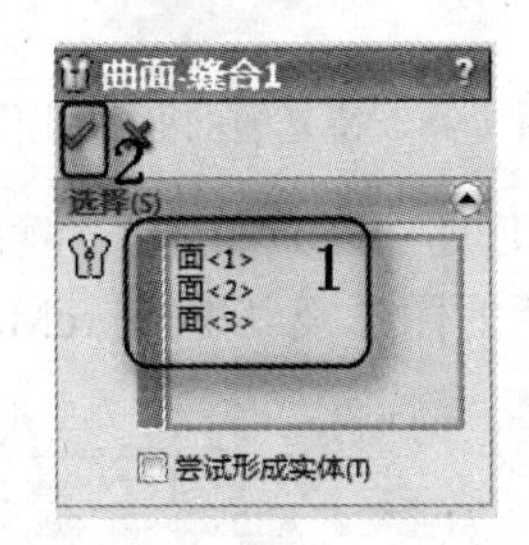

图 7-102 “曲面-缝合”属性管理器

（3）确认缝合曲面。单击属性管理器中的确定图标，生成缝合曲面。

缝合曲面后的图形及其 FeatureManager 设计树如图 7-103 所示。

注意：

使用曲面缝合时，要注意以下几项：

（1）曲面的边线必须相邻并且不重叠；

（2）曲面不必处于同一基准面上。；

（3）缝合的曲面实体可以是一个或多个相邻曲面实体；

（4）缝合曲面不吸收用于生成它们的曲面；

（5）在缝合曲面形成一闭合体积或保留为曲面实体时生成一实体；

（6）在使用基面选项缝合曲面时，必须使用延展曲面；

（7）曲面缝合前后，曲面和面的外观没有任何变化。

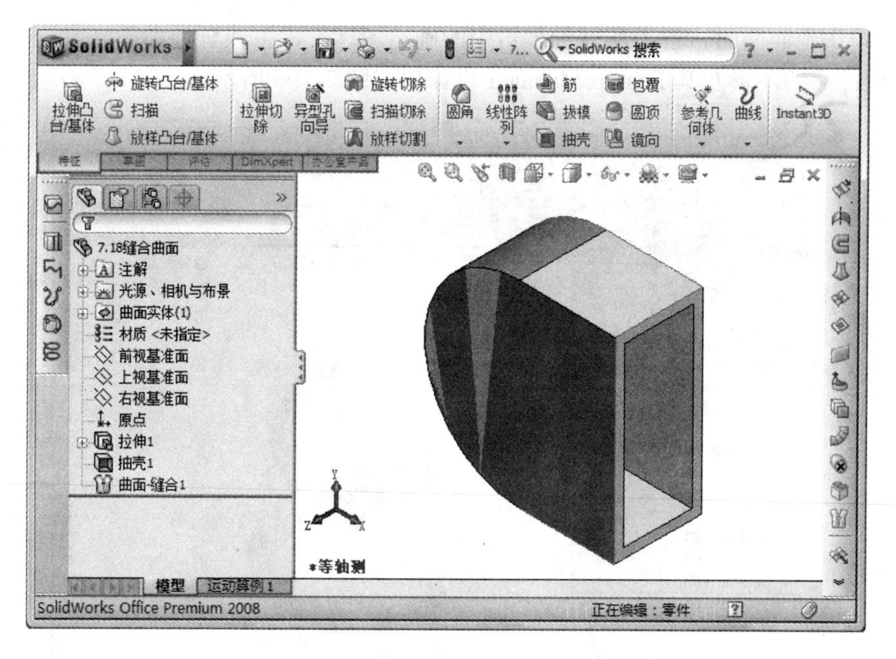

图 7-103　缝合曲面后的图形及其 FeatureManager 设计树

7.4.2　延伸曲面

延伸曲面是指将现有曲面的边缘，沿着切线方向，以直线或者随曲面的弧度方向产生附加的延伸曲面。

下面以图 7-104 为例说明延伸曲面的操作步骤。

【案例 7-19】本案例源文件光盘路径：“X：\源文件\ch7\7.19.SLDPRT”，本案例视频内容光盘路径：“X：\动画演示\ch7\7.19 延伸曲线.swf”。

（1）执行延伸曲面命令。执行【插入】→【曲面】→【延伸曲面】菜单命令，或者单击“曲面”工具栏中的延伸曲面图标，此时系统弹出“延伸曲面”属性管理器。

（2）设置延伸曲面属性管理器。在属性管理器的“所选面/边线”一栏中，用鼠标选择图 7-104 中的边线 1；在“距离”一栏中输入值 60；在“延伸”类型一栏中，选择“同一曲面”选项，其他设置如图 7-105 所示。

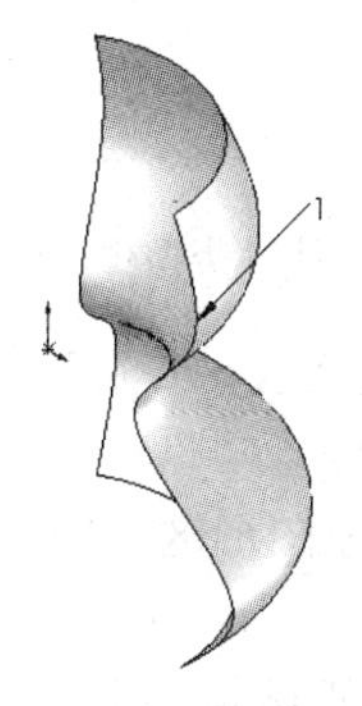

图 7-104　待延伸曲面的图形

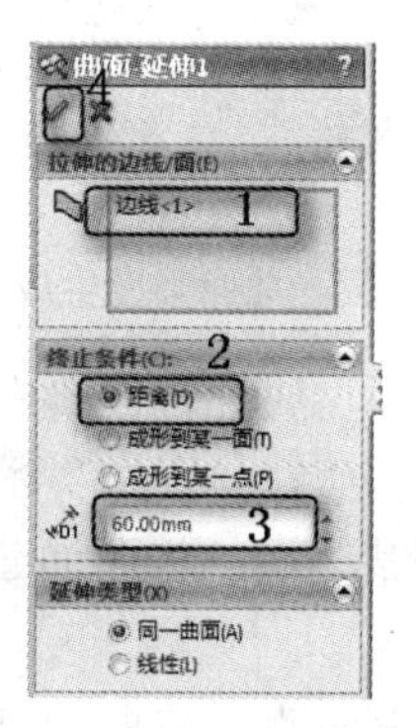

图 7-105　“曲面-延伸”属性管理器

（3）确认延伸曲面。单击属性管理器中的确定图标✔，生成延伸曲面。

延伸曲面后的图形及其 FeatureManager 设计树如图 7-106 所示。

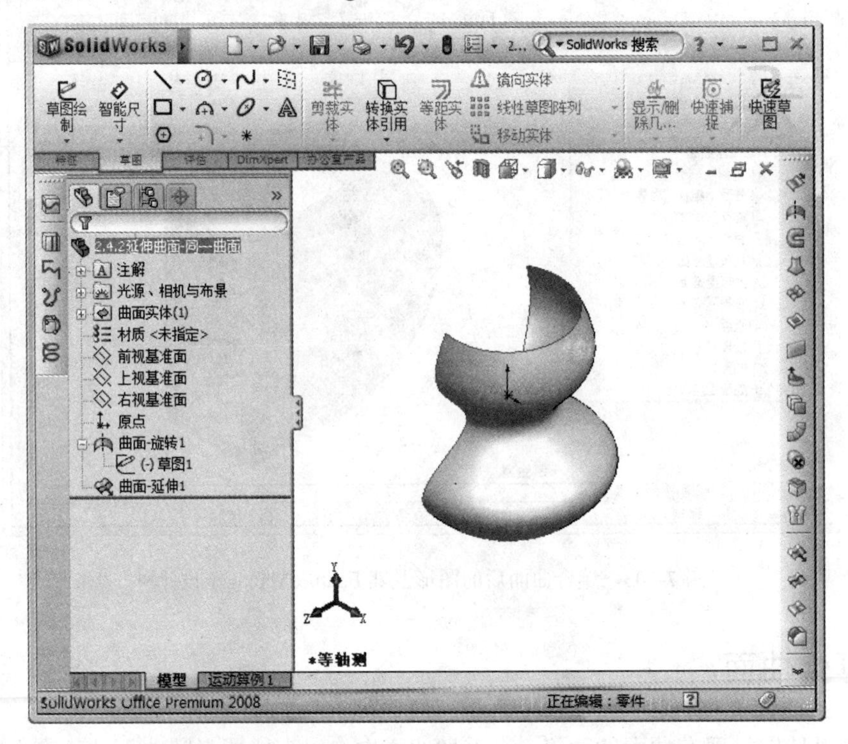

图 7-106　延伸曲面后的图形及其 FeatureManager 设计树

延伸曲面的延伸类型有两种方式：一种是同一曲面类型，是指沿曲面的几何体延伸曲面；另一种是线性类型，是指沿边线相切于原有曲面来延伸曲面。图 7-107 是使用同一曲面类型生成的延伸曲面；图 7-108 为使用线性类型生成的延伸曲面。

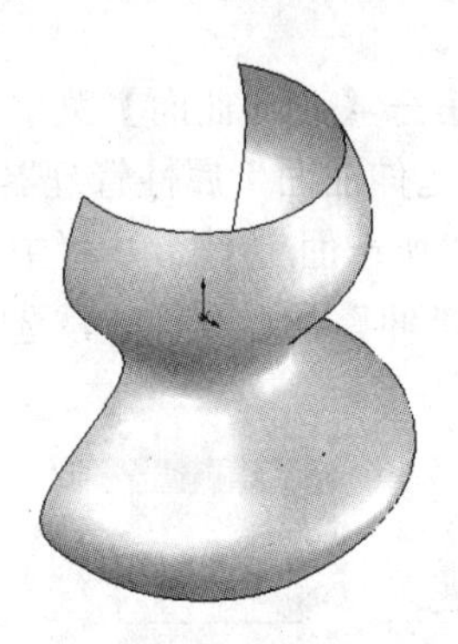

图 7-107　同一曲面类型生成的延伸曲面

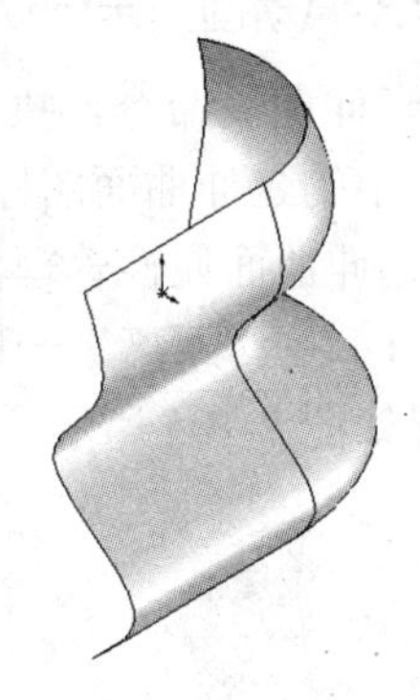

图 7-108　线性类型生成的延伸曲面

在“延伸曲面”属性管理器中的“终止条件”一栏有几种选项，各选项的意义如下。

- 距离：按照在“距离”一栏中指定的数值延伸曲面。
- 成形到某一面：将曲面延伸到“曲面/面”一栏中在图形区域中所选择的曲面或者面。
- 成形到某一点：将曲面延伸到“顶点”一栏中在图形区域中所选择的顶点或者点。

7.4.3　剪裁曲面

剪裁曲面是指使用曲面、基准面或者草图作为剪裁工具来剪裁相交曲面，也可以将曲面和其他曲面联合使用作为相互的剪裁工具。

剪裁曲面有两种类型：标准和相互。标准类型是指使用曲面、草图实体、曲线、基准面等来剪裁曲面；相互类型是指曲面本身来剪裁多个曲面。

下面以图7-88为例分别介绍两种类型剪裁曲面的操作步骤。

1．标准类型剪裁曲面

标准类型剪裁曲面的操作步骤如下。

【案例7-20】本案例源文件光盘路径："X：\源文件\ch7\7.20.SLDPRT"，本案例视频内容光盘路径："X：\动画演示\ch7\7.20 剪裁曲线1.swf"。

（1）执行剪裁曲面命令。执行【插入】→【曲面】→【剪裁曲面】菜单命令，或者单击"曲面"工具栏中的剪裁曲面图标，此时系统弹出"曲面剪裁"属性管理器。

（2）设置剪裁曲面属性管理器。在属性管理器的"剪裁类型"一栏中，点选"标准"选项；在"剪裁工具"一栏中，用鼠标选择图7-109中的曲面1；点选"保留选择"选项，并在"保留的部分"一栏中，用鼠标选择图7-109中曲面2所标注处；其他设置如图7-110所示。

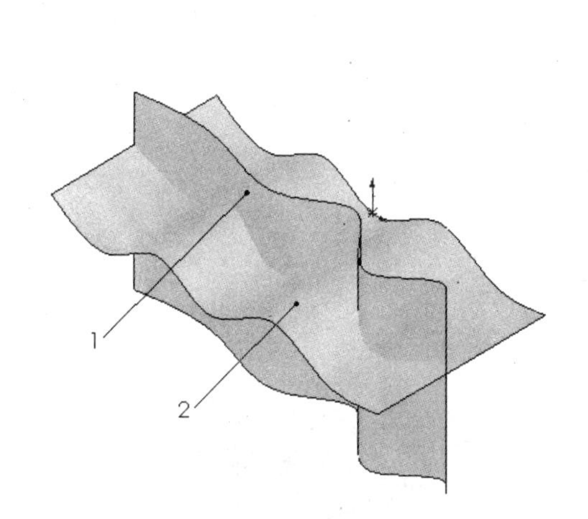

图7-109　待剪裁的图形

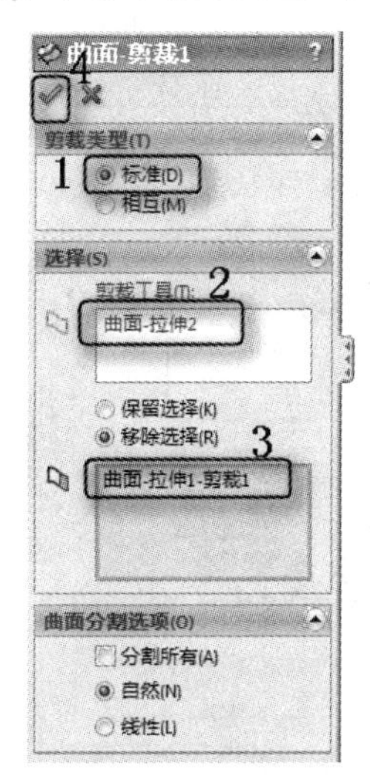

图7-110　"曲面-剪裁"属性管理器

（3）确认剪裁曲面。单击属性管理器中的确定图标，生成剪裁曲面，结果如图7-111所示。

如果选择属性管理器中的"移除选择"，并在"要移除的部分"一栏中，用鼠标选择图7-109中曲面2所标注处，则会移除曲面1前面的曲面2部分，结果如图7-112所示。

2.相互类型剪裁曲面

相互类型剪裁曲面的操作步骤如下。

【案例7-21】本案例源文件光盘路径："X：\源文件\ch7\7.21.SLDPRT"，本案例视频内容光盘路径："X：\动画演示\ch7\7.21 剪裁曲线2.swf"。

（1）执行剪裁曲面命令。执行【插入】→【曲面】→【剪裁曲面】菜单命令，或者单击“曲面”工具栏中的剪裁曲面图标，此时系统弹出“曲面剪裁”属性管理器。

（2）设置剪裁曲面属性管理器。在属性管理器的“剪裁类型”一栏中，选择“相互”选项；在“剪裁工具”一栏中，用鼠标选择图 7-109 中的曲面 1 和曲面 2；选择“保留选择”选项，并在“保留的部分”一栏中，用鼠标选项图 7-109 中曲面 1 和曲面 2 所标注处，其他设置如图 7-113 所示。

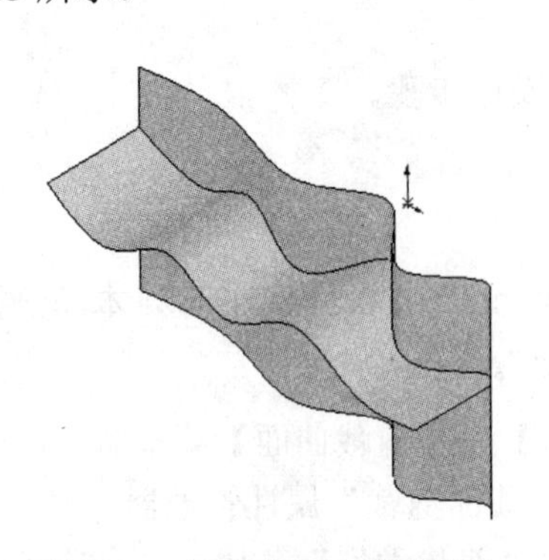

图 7-111　保留选择的剪裁图形

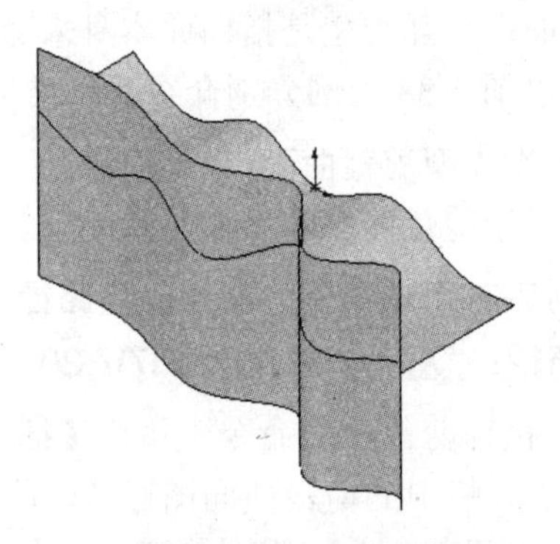

图 7-112　移除选择的剪裁图形

（3）确认剪裁曲面。单击属性管理器中的确定图标，生成剪裁曲面。结果如图 7-114 所示。

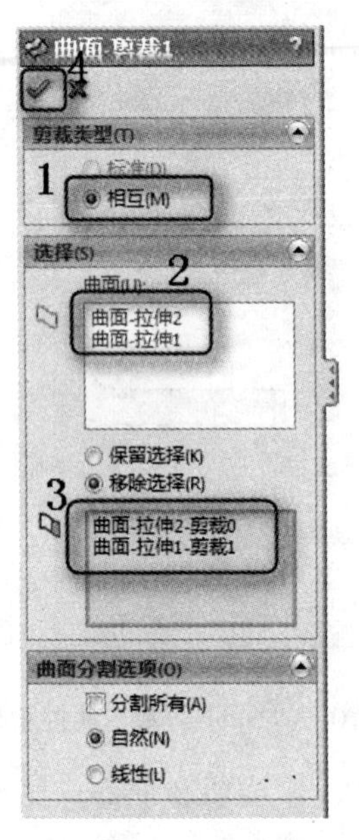

图 7-113　“曲面-剪裁”属性管理器

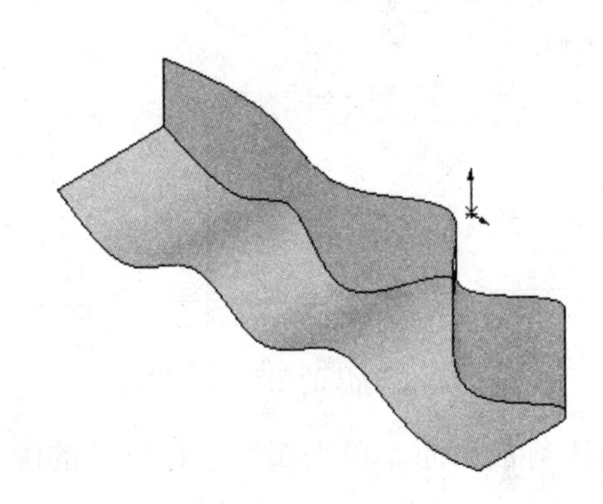

图 7-114　保留选择的剪裁图形

如果选择属性管理器中的“移除选择”，在“要移除的部分”一栏中，用鼠标选项图 7-109 中曲面 1 和曲面 2 所标注处，则会移除曲面 1 和曲面 2 的所选择部分。

剪裁曲面后的图形及其 FeatureManager 设计树如图 7-115 所示。

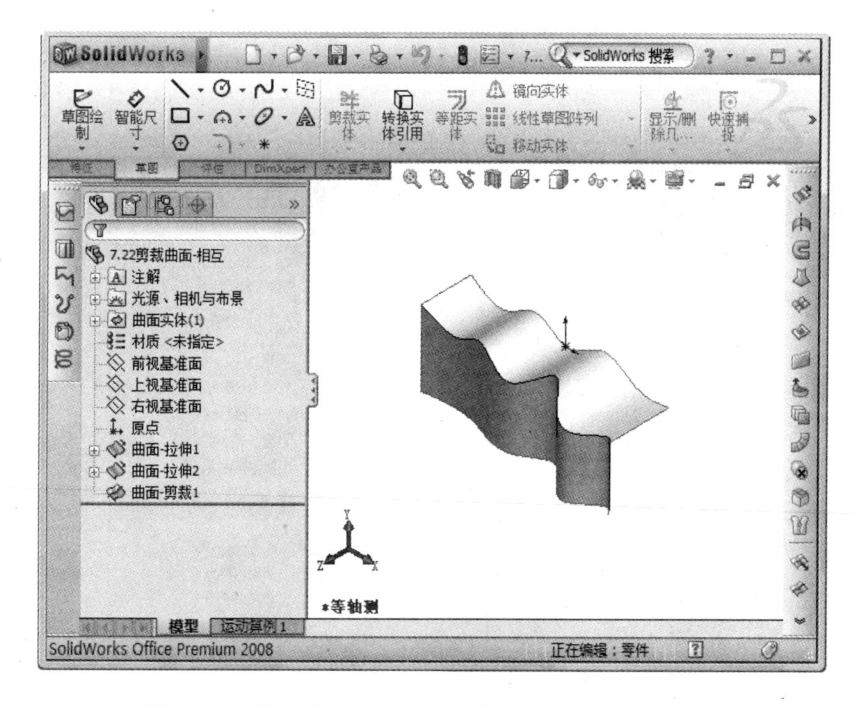

图 7-115　剪裁曲面后的图形及其 FeatureManager 设计树

7.4.4　填充曲面

填充曲面是指在现有模型边线、草图或者曲线定义的边界内，对构成带任何边数曲面的修补。填充曲面通常用在以下情况中：

- 纠正没有正确输入到 SolidWorks 中的零件，比如该零件有丢失的面；
- 填充用于型心和型腔造型的零件中的孔；
- 构建用于工业设计应用的曲面；
- 生成实体模型；
- 用于包括作为独立实体的特征或合并这些特征。

下面以图 7-116 为例说明填充曲面的操作步骤。

【案例 7-22】本案例源文件光盘路径：“X：\源文件\ch7\7.22.SLDPR”，本案例视频内容光盘路径：“X：\动画演示\ch7\7.22 填充曲线.swf”。

（1）执行填充曲面命令。执行【插入】→【曲面】→【填充曲面】菜单命令，或者单击“曲面”工具栏中的填充曲面图标，此时系统弹出“曲面填充”属性管理器。

（2）设置填充曲面属性管理器。在属性管理器的“修补边界”一栏中，用鼠标依次选择图 7-116 中的边线 1、边线 2、边线 3 和边线 4，其他设置如图 7-117 所示。

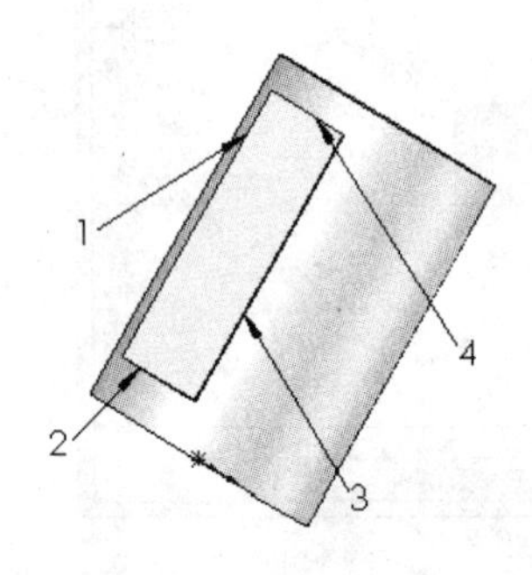

图 7-116　待填充曲面的图形

图 7-117　“曲面填充”属性管理器

（3）确认填充曲面。单击属性管理器中的确定图标✔，生成填充曲面。填充曲面后的图形及其 FeatureManager 设计树如图 7-118 所示。

图 7-118　填充曲面后的图形及其 FeatureManager 设计树

注意：

使用边线进行曲面填充时，所选择的边线必须是封闭的曲线。如果勾选属性管理器中的“合并结果”选项，则填充的曲面将和边线的曲面组成一个实体，否则填充的曲面为一个独立的曲面。

7.4.5　中面

中面工具可让在实体上合适的所选双对面之间生成中面。合适的双对面应该处处等距，并且必须属于同一实体。

与任何在 SolidWorks 中生成的曲面相同，中面包括所有曲面的属性。中面几个选项意义如下：

- 单个：从视图区域中选择单个等距面生成中面。
- 多个：从视图区域中选择多个等距面生成中面。
- 所有：单击“中间面”属性管理器中的【查找双对面】按钮，让系统选择模型上所有合适的等距面，用于生成所有等距面的中面。

下面以图 7-98 为例说明中面的操作步骤。

【案例 7-23】本案例源文件光盘路径：“X：\源文件\ch7\7.23.SLDPRT”，本案例视频内容光盘路径：“X：\动画演示\ch7\7.23 中面.swf”。

（1）执行中面命令。执行【插入】→【曲面】→【中面】菜单命令，或者单击“曲面”工具栏中的中面图标，此时系统弹出“曲面中间面”属性管理器。

（2）设置中面属性管理器。在属性管理器的“面 1”一栏中，用鼠标选择图 7-119 中的面 1；在“面 2”一栏中，用鼠标选择图 7-119 中的面 2；在“定位”一栏中，输入值 50%，其他设置如图 7-120 所示。

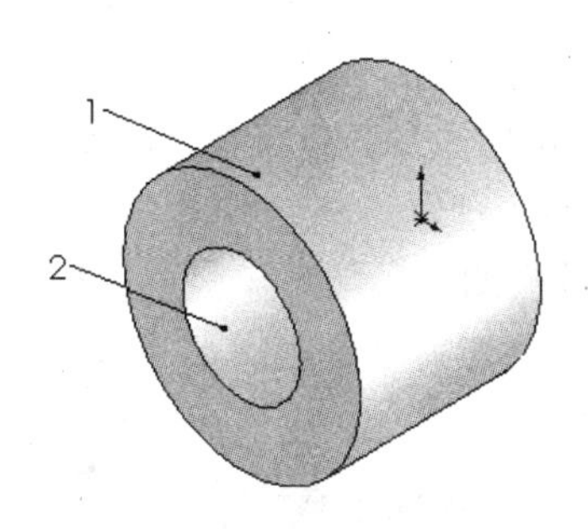

图 7-119　待生成中面的图形

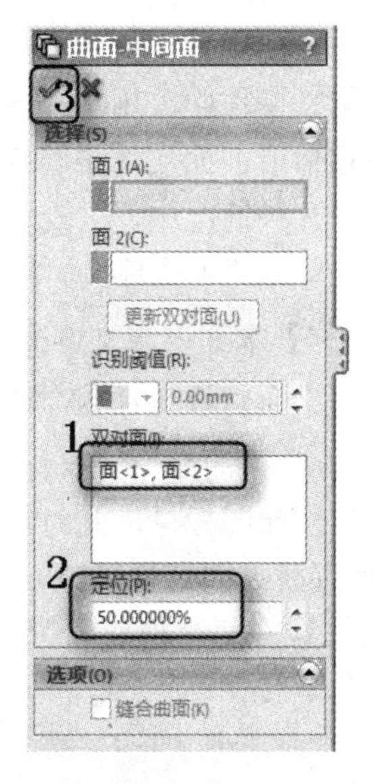

图 7-120　“曲面中间面”属性管理器

（3）确认中面。单击属性管理器中的确定图标，生成中面。

注意：

生成中面的定位值，是从面 1 的位置开始，位于面 1 和面 2 之间。

生成中面后的图形及其 FeatureManager 设计树如图 7-121 所示。

图 7-121　生成中面后的图形及其 FeatureManager 设计树

7.4.6　替换面

替换面是指以新曲面实体来替换曲面或者实体中的面。替换曲面实体不必与旧的面具有相同的边界。在替换面时，原来实体中的相邻面自动延伸并剪裁到替换曲面实体中。

替换面通常有以下几种情况：

- 以一曲面实体替换另一个或者一组相联的面；
- 在单一操作中，用一相同的曲面实体数替换一组以上相联的面；
- 在实体或曲面实体中替换面。

在上面的几种情况中，比较常用的是用一曲面实体替换另一个曲面实体中的一个面。下面将以图 7-122 为例说明该替换面的操作步骤。

【案例 7-24】本案例源文件光盘路径："X：\源文件\ch7\7.24.SLDPRT"，本案例视频内容光盘路径："X：\动画演示\ch7\7.24 替换面.swf"。

（1）执行替换面命令。执行【插入】→【面】→【替换面】菜单命令，或者单击"曲面"工具栏中的替换面图标，此时系统弹出"替换面"属性管理器。

（2）设置替换面属性管理器。在属性管理器的"替换的目标面"一栏中，用鼠标选择图 7-123 中的面 2；在"替换曲面"一栏中，用鼠标选择图 7-123 中的曲面 1，此时"替换面"属性管理器如图 7-121 所示。

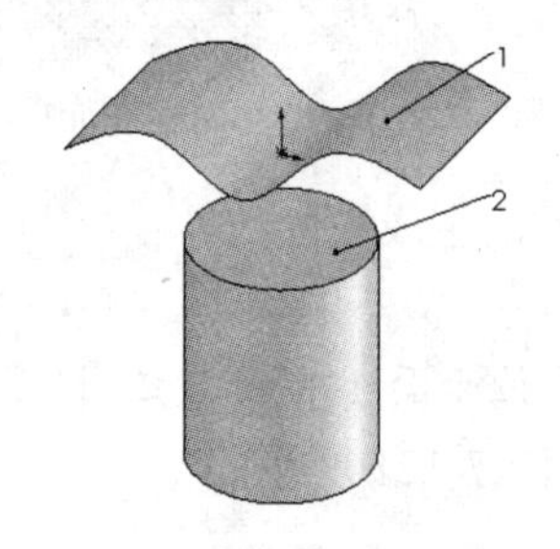

图 7-122　待生成替换的图形

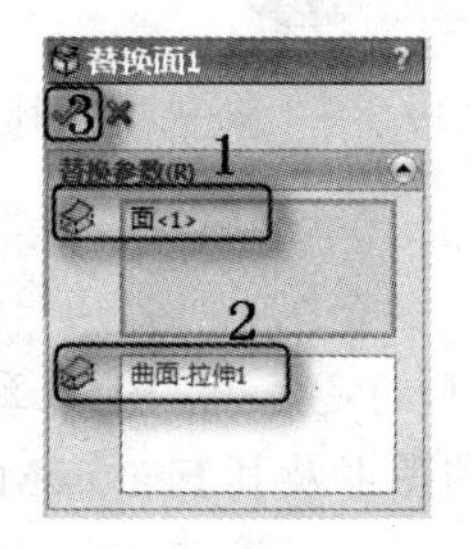

图 7-123　"替换面"属性管理器

（3）确认替换面。单击属性管理器中的确定图标✔，生成替换面，结果如图 7-124 所示。

（4）隐藏替换的目标面。用鼠标右键单击图 7-122 中的曲面 1，在系统弹出的快捷菜单中选择“隐藏”选项，如图 7-125 所示。

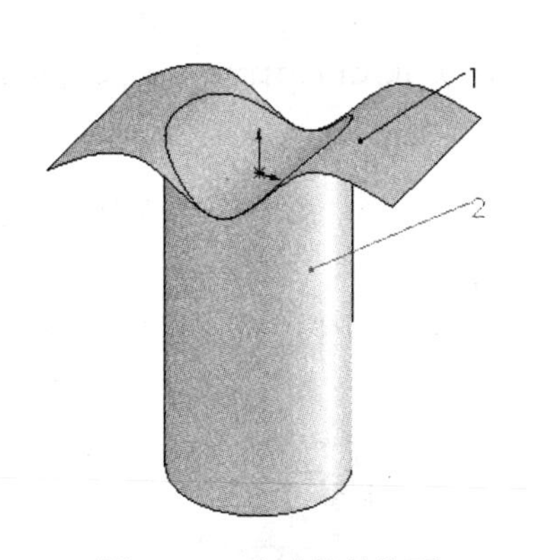

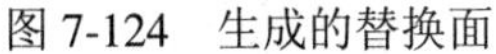

图 7-124　生成的替换面

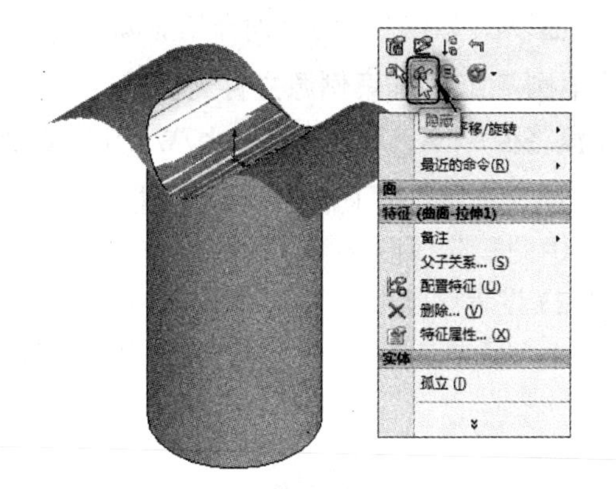

图 7-125　鼠标右键快捷菜单

隐藏面后的图形及其 FeatureManager 设计树如图 7-126 所示。

在替换面中，替换的面有两个特点：一是必须替换、必须相联；二是不必相切。替换曲面实体可以是以下几种类型之一：

（1）可以是任何类型的曲面特征，如拉伸、放样等；

（2）可以是缝合曲面实体或者复杂的输入曲面实体；

（3）通常比正替换的面要宽和长。然而，在某些情况下，当替换曲面实体比要替换的面要小的时候，替换曲面实体会自动延伸以与相邻的面相遇。

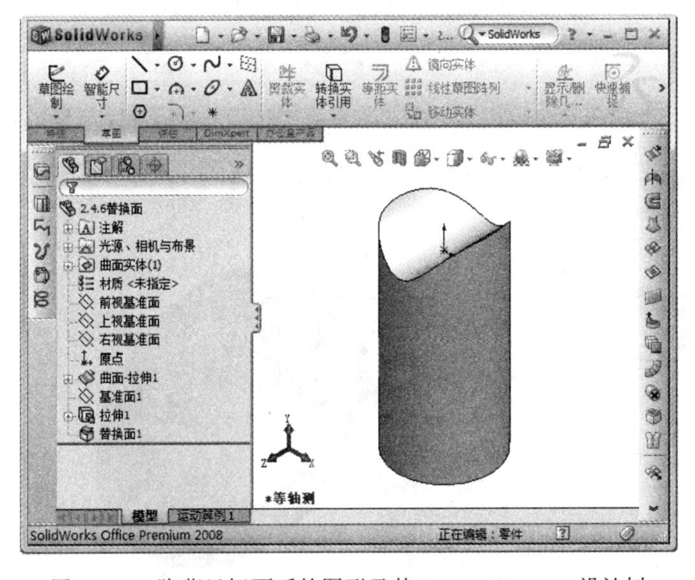

图 7-126　隐藏目标面后的图形及其 FeatureManager 设计树

7.4.7　删除面

删除面通常有以下几个选项，其意义如下：

- 删除：从曲面实体删除面，或者从实体中删除一个或多个面来生成曲面；
- 删除和修补：从曲面实体或者实体中删除一个面，并自动对实体进行修补和剪裁；
- 删除和填充：删除面并生成单一面，将任何缝隙填补起来。

下面以图 7-127 为例分别介绍删除面的操作步骤。

【案例 7-25】本案例源文件光盘路径：“X：\源文件\ch7\7.25.SLDPRT”，本案例视频内容光盘路径：“X：\动画演示\ch7\7.25 删除面.swf”。

（1）执行替换面命令。执行【插入】→【面】→【删除】菜单命令，或者单击“曲面”工具栏中的删除面图标，此时系统弹出“删除面”属性管理器。

（2）设置删除面属性管理器。在属性管理器的“要删除的面”一栏中，用鼠标选择图 7-127 中的面 1；在“选项”一栏中单选“删除”选项。此时属性管理器如图 7-128 所示。

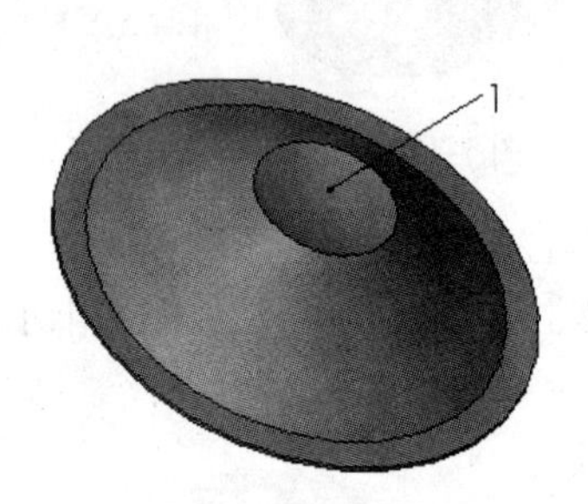

图 7-127　待删除面的图形

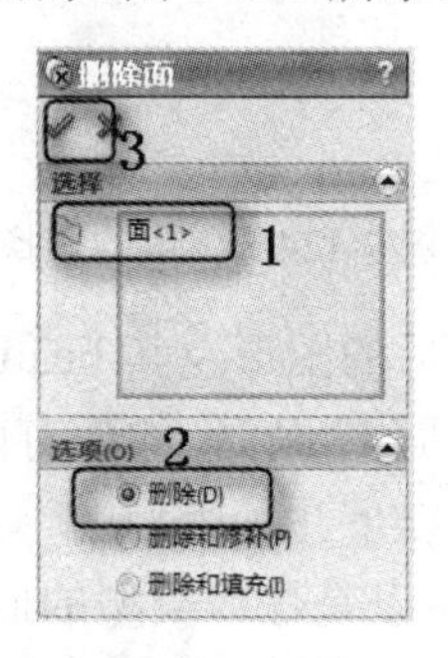

图 7-128　“删除面”属性管理器

（3）确认删除面。单击属性管理器中的确定图标，将选择的面删除。

删除面后的图形及其 FeatureManager 设计树如图 7-129 所示。

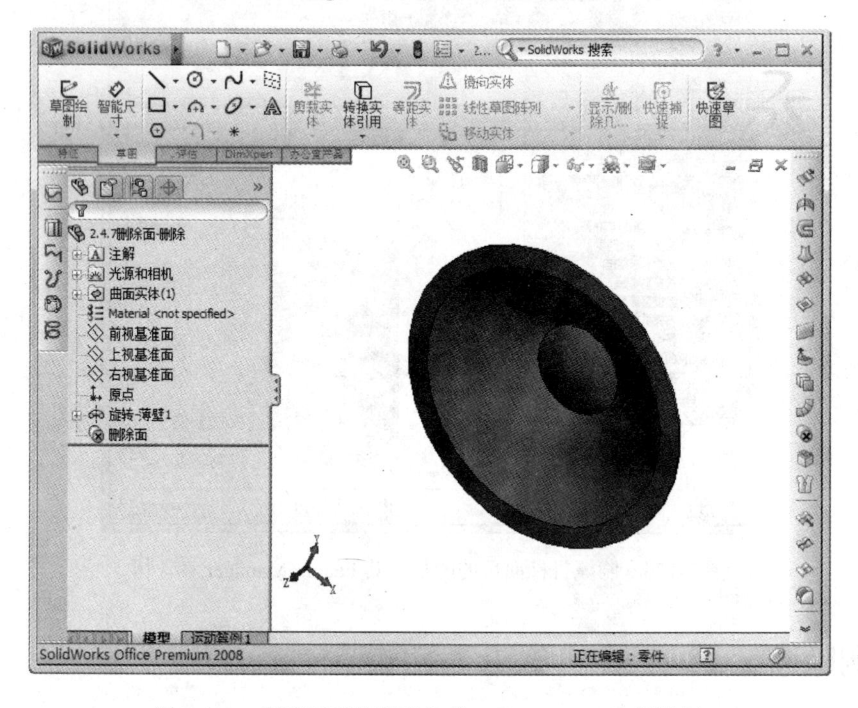

图 7-129　删除面后的图形及其 FeatureManager 设计树

执行删除面命令，可以将指定的面删除并修补。以图 7-127 为例，执行删除面命令时，在“删除面”属性管理器中的“要删除的面”一栏中，用鼠标选择图 7-127 中的面 1；在“选项”一栏中单选“删除和修补”选项，然后单击属性管理器中的确定图标✔，面 1 被删除并修补。

删除并修补面后的图形及其 FeatureManager 设计树如图 7-130 所示。

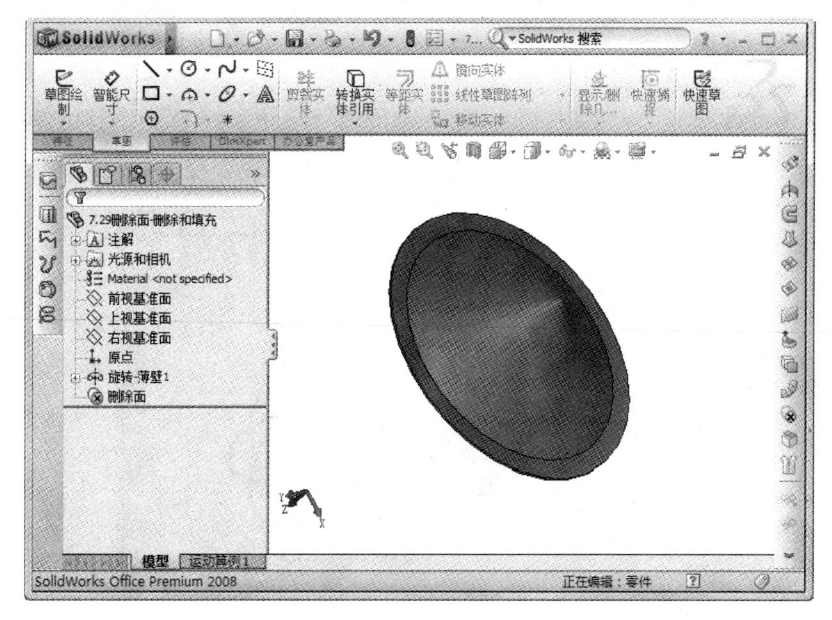

图 7-130　删除并修补面后的图形及其 FeatureManager 设计树

执行删除面命令，可以将指定的面删除并填充删除面后的图形。以图 7-127 为例，执行【删除面】命令时，在“删除面”属性管理器中的“要删除的面”一栏中，用鼠标选择图 7-127 中的面 1；在“选项”一栏中选择“删除和修补”选项，并勾选“相切填充”选项，如图 7-131 所示。单击属性管理器中的确定图标✔，面 1 被删除并相切填充，结果如图 7-132 所示。

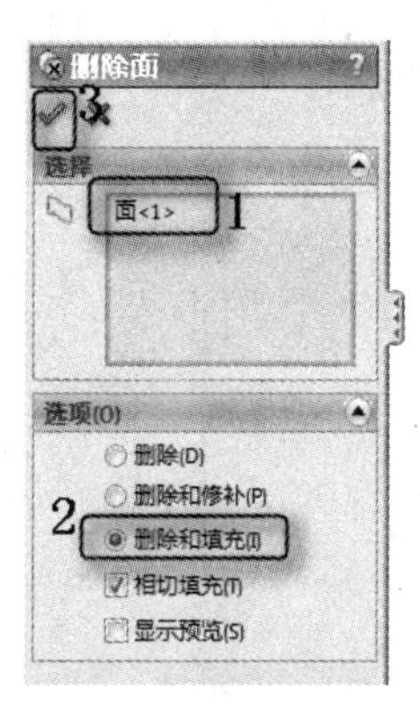

图 7-131　“删除面”属性管理器

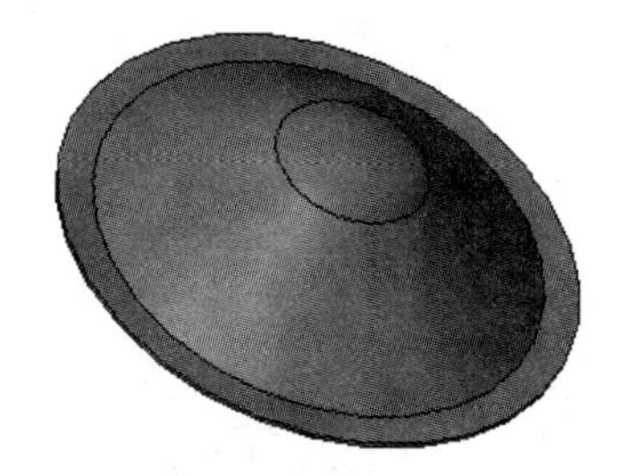

图 7-132　删除和填充面后的图形

7.4.8　移动/复制/旋转曲面

执行该命令，可以使用户像对拉伸特征、旋转特征那样，对曲面特征进行移动、复制和旋转等操作。

1．移动曲面

移动曲面的操作步骤如下。

【案例 7-26】本案例源文件光盘路径：“X：\源文件\ch7\7.26.SLDPRT”，本案例视频内容光盘路径：“X：\动画演示\ch7\7.26 移动曲面.swf”。

（1）执行移动曲面命令。执行【插入】→【曲面】→【移动/复制】菜单命令，此时系统弹出“移动/复制实体”属性管理器。

（2）设置属性管理器。在属性管理器的“要移动/复制实体”一栏中，用鼠标选择待移动的曲面，并输入 X、Y 和 Z 相对移动距离，此时属性管理器设置及预览效果如图 7-133 所示。

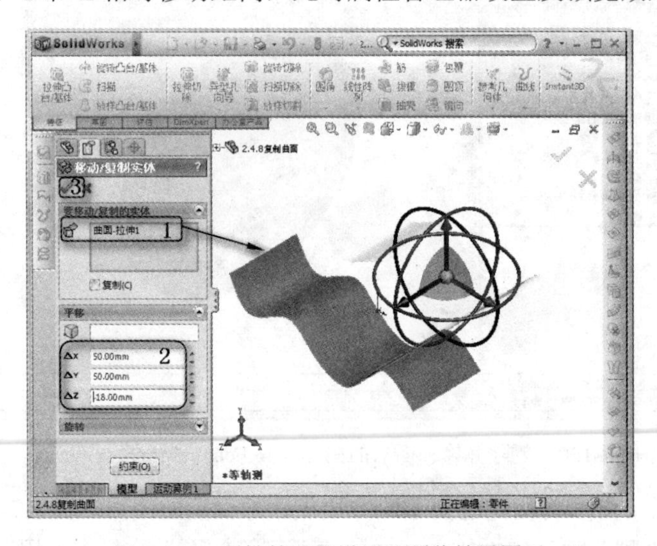

图 7-133 属性管理器设置及预览效果图示

（3）确认移动设置。单击属性管理器中的确定图标✔，按照属性管理器设置移动选择的曲面。

移动曲面后的图形及其 FeatureManager 设计树如图 7-134 所示。

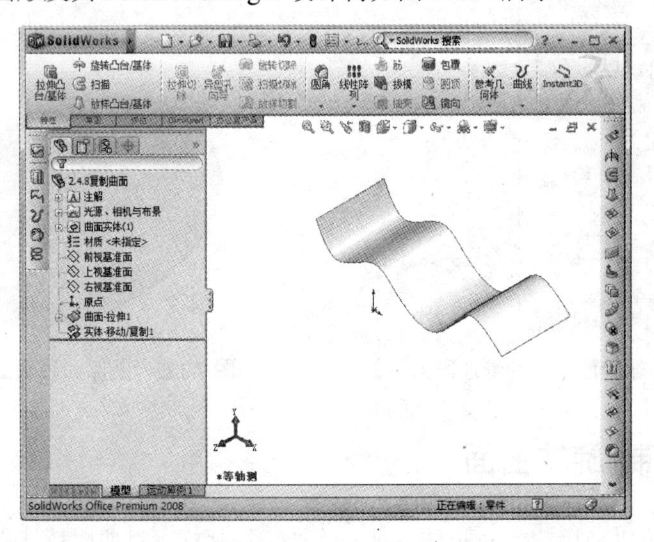

图 7-134 移动曲面后的图形及其 FeatureManager 设计树

2．复制曲面

复制曲面的操作步骤如下。

【案例 7-27】本案例源文件光盘路径：“X：\源文件\ch7\7.27.SLDPRT”，本案例视频内容光盘路径：“X：\动画演示\ch7\7.27 复制曲面.swf”。

（1）执行移动曲面命令。执行【插入】→【曲面】→【移动/复制】菜单命令，或者单击“特征”操控板中的移动/复制实体图标，此时系统弹出“移动/复制实体”属性管理器。

（2）设置属性管理器。在属性管理器的“要移动/复制实体”一栏中，用鼠标选择待移动和复制的曲面；勾选“复制”选项，并在“复制数”一栏中输入值 4；然后分别输入 X 相对复制距离、Y 相对复制距离和 Z 相对复制距离，此时属性管理器设置及预览效果如图 7-135 所示。

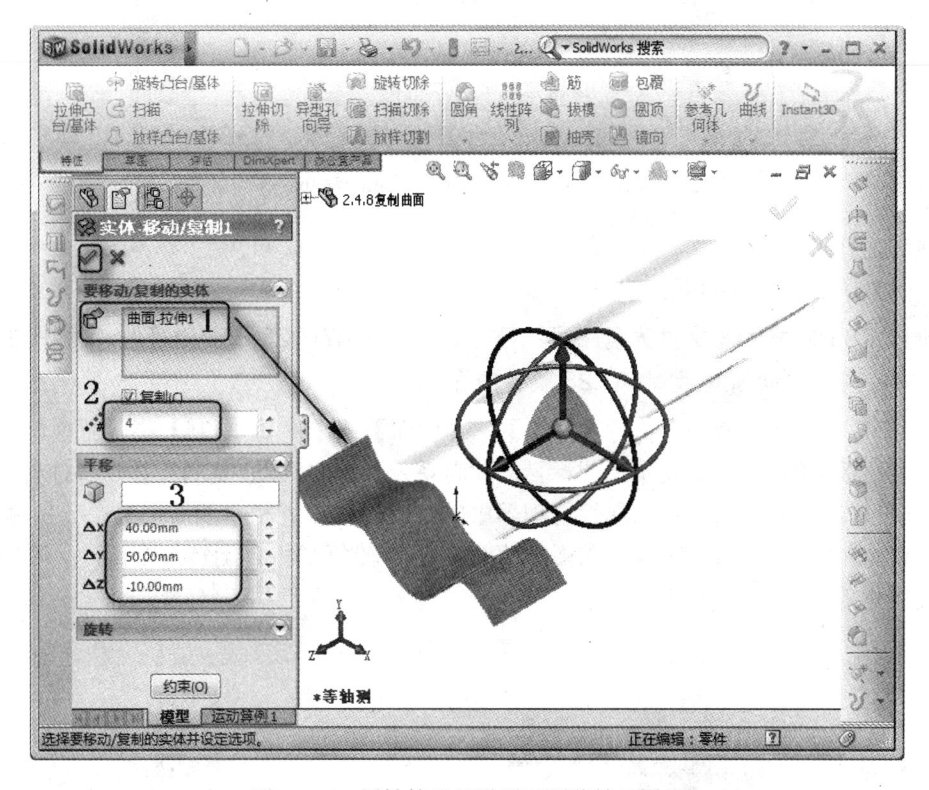

图 7-135　属性管理器设置及预览效果图示

（3）确认复制设置。单击属性管理器中的确定图标，按照属性管理器设置复制选择的曲面。

复制曲面后的图形及其 FeatureManager 设计树如图 7-136 所示。

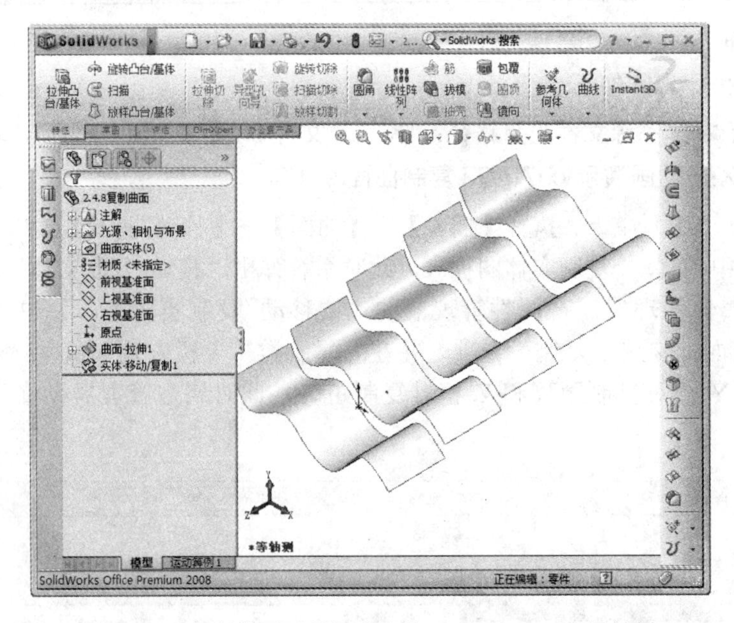

图 7-136　复制曲面后的图形及其 FeatureManager 设计树

3．旋转曲面

旋转曲面的操作步骤如下。

【案例 7-28】本案例源文件光盘路径：“X：\源文件\ch7\7.28.SLDPRT”，本案例视频内容光盘路径：“X：\动画演示\ch7\7.28 旋转曲面.swf”。

（1）执行移动曲面命令。执行【插入】→【曲面】→【移动/复制】菜单命令，或者单击“特征”操控板中的移动/复制实体图标，此时系统弹出“移动/复制实体”属性管理器。

（2）设置属性管理器。单击属性管理器中的“旋转”设置栏，然后在其中分别输入 X 旋转原点、Y 旋转原点、Z 旋转原点、X 旋转角度、Y 旋转角度和 Z 旋转角度值，此时属性管理器设置及预览效果如图 7-137 所示。

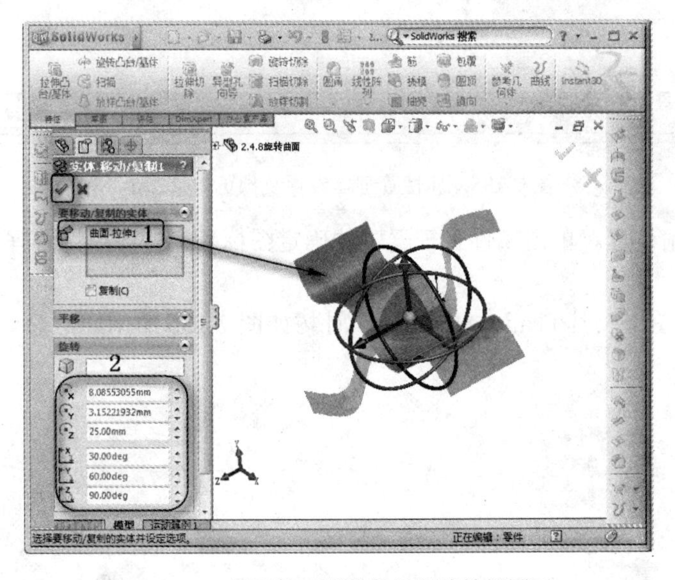

图 7-137　属性管理器设置及预览效果图示

（3）确认旋转设置。单击属性管理器中的确定图标✔，按照属性管理器设置旋转选择的曲面。

旋转曲面后的图形及其 FeatureManager 设计树如图 7-138 所示。

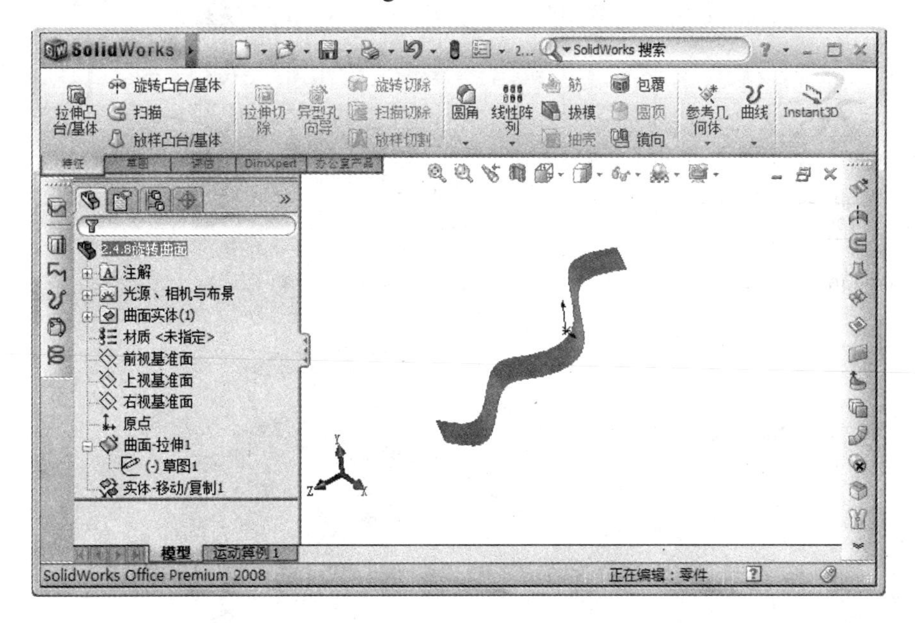

图 7-138　旋转曲面后的图形及其 FeatureManager 设计树

7.5　巩固练习

创建图 7-139 所示音量控制器。

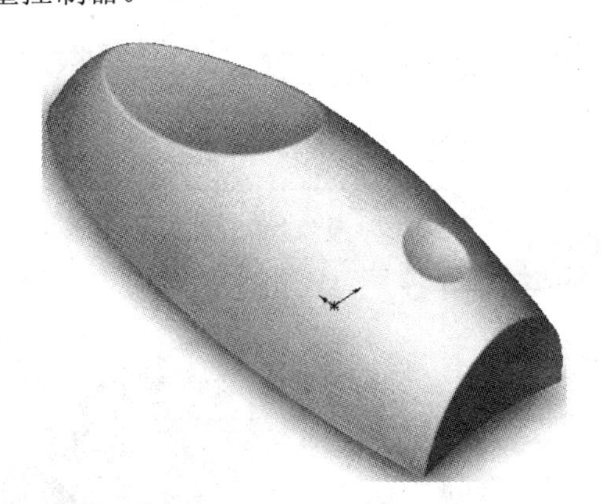

图 7-139　音量控制器

【案例 7-29】本案例源文件光盘路径：“X：\源文件\ch7\音量控制器.SLDPRT”。

（1）产生曲面。绘制草图如图 7-140～图 7-143 所示；放样曲面，草图 1、2 选为轮廓，草图 3 为引导线，生成曲面如图 7-144 所示。

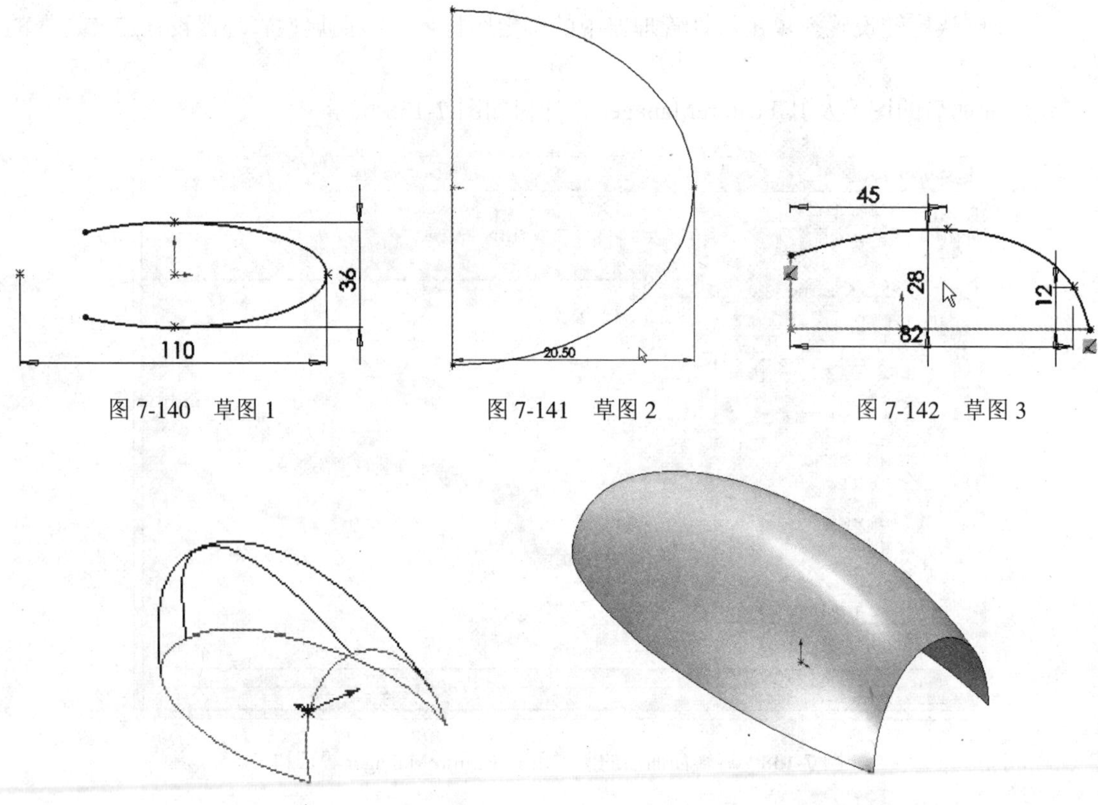

图 7-140　草图 1　　图 7-141　草图 2　　图 7-142　草图 3

图 7-143　3 条曲线位置图　　图 7-144　放样曲面

（2）产生实体。选取图 7-140 放样曲面上所示 1、2 点，产生三维曲线 1；选取图 7-144 放样曲面右端面两条曲线，产生平面区域；选取图 7-144 放样曲面底面曲线和三维曲线 1，再产生另一平面区域；缝合曲面，如图 7-145 所示；产生实体，如图 7-146 所示。

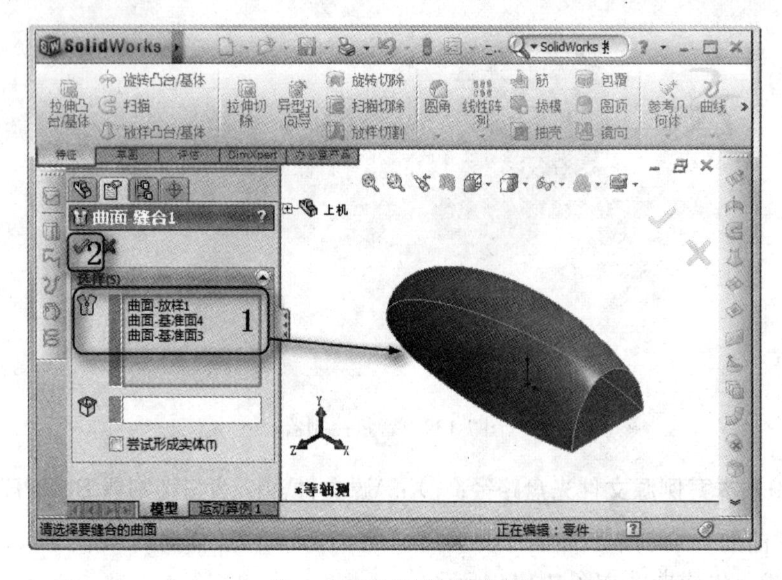

图 7-145　创建缝合曲面

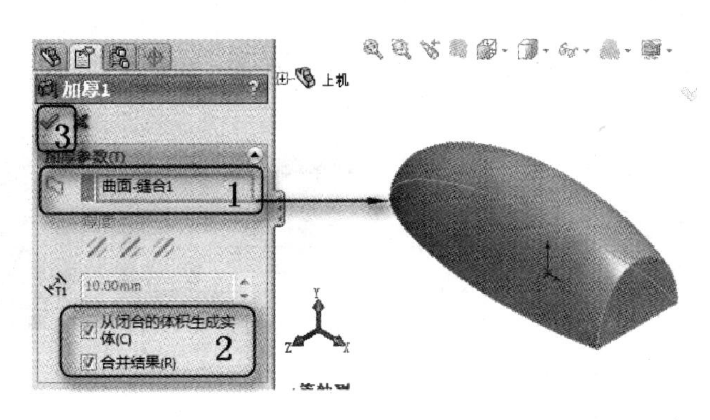

图 7-146　产生实体

（3）曲面切割实体。绘制剖面，如图 7-147；产生放样曲面，如图 7-148 所示；曲面切割实体，如图 7-149 所示。

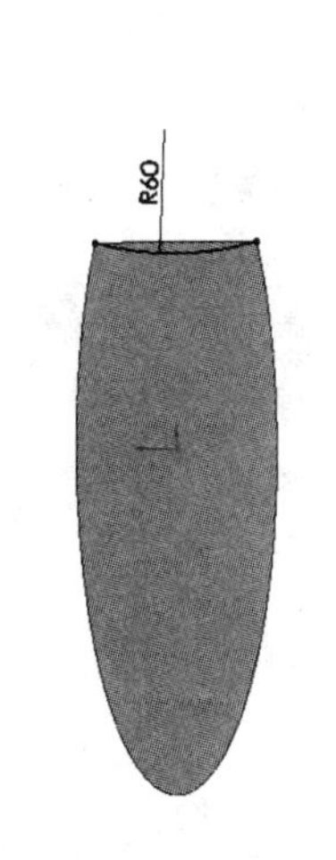

图 7-147　剖面形状

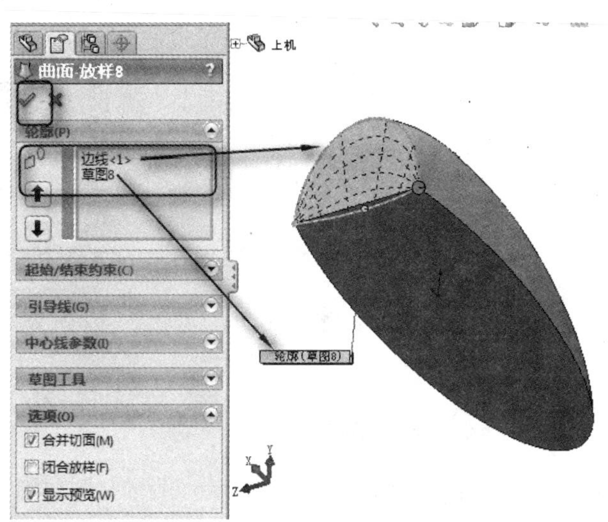

图 7-148　放样曲面

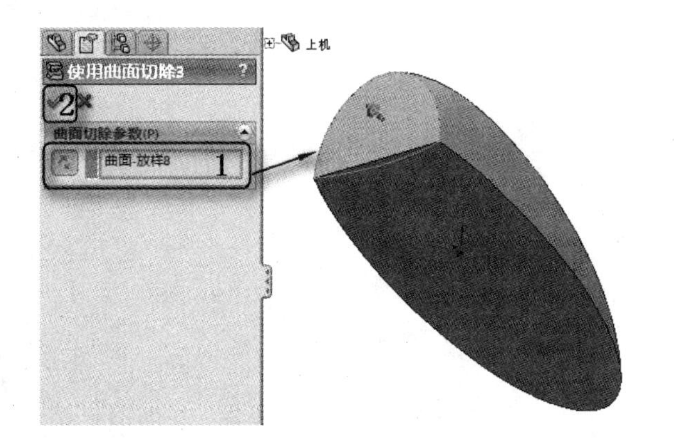

图 7-149　曲面切割实体

（4）切削造型槽一。选取上视平面，绘制草图如图 7-150 所示；产生旋转凸台如图 7-151 所示。

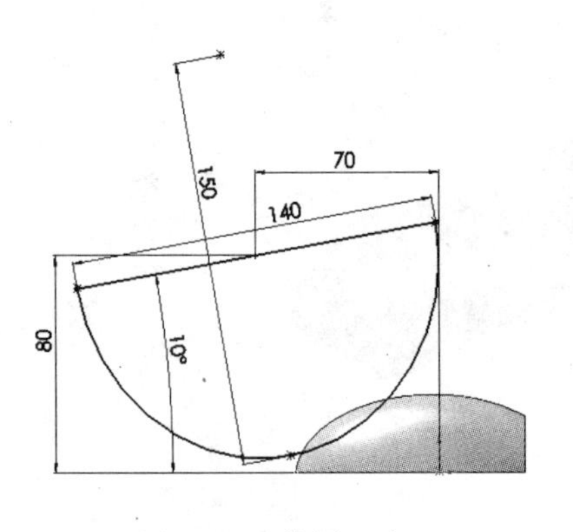

图 7-150　草图尺寸

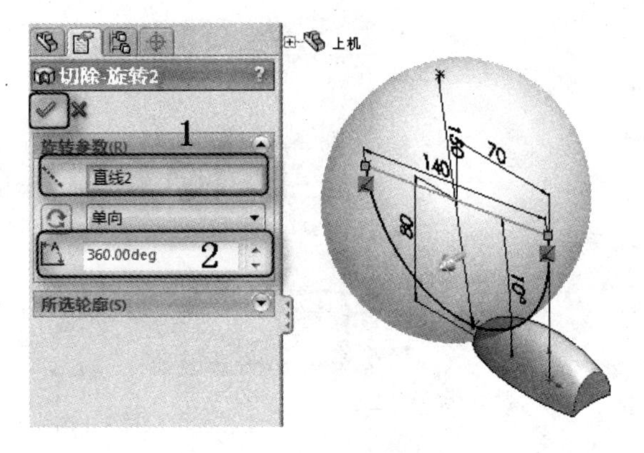

图 7-151　旋转凸台特征

（5）切削造型槽二。选取上视平面，绘制草图如图 7-152 所示；产生旋转凸台如图 7-153 所示。

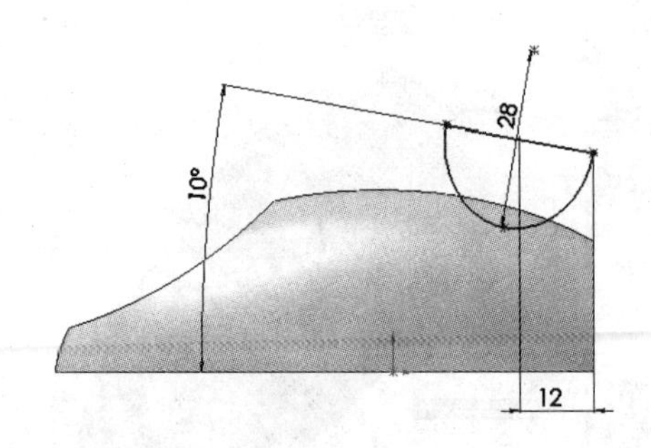

图 7-152　草图尺寸

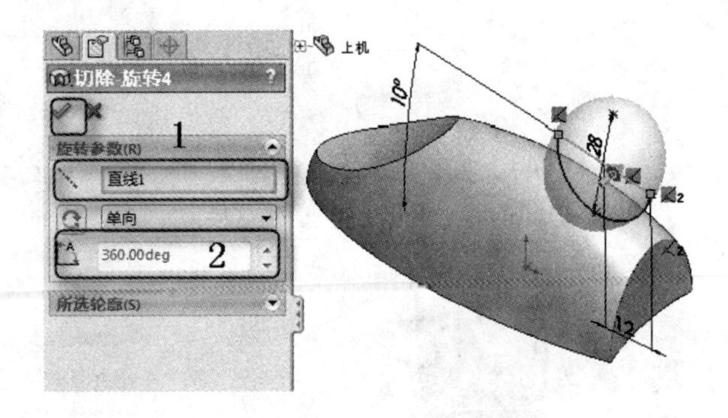

图 7-153　旋转凸台特征

（6）倒圆角。绘制两个旋转凸台切除面，圆角半径为 1mm；各边缘线，圆角半径为 0.5mm，得到图 7-139 所示音量控制器。

第8章 钣金设计

SolidWorks 钣金设计功能较强，而且简单易学，设计者使用此软件可以在较短的时间内完成较复杂钣金零件的设计。在本章中将向读者介绍 SolidWorks 软件钣金设计的功能特点，系统设置方法，基本特征工具的使用方法及其设计步骤等入门常识，为以后进行钣金零件设计的具体操作打下基础。对本章内容的熟练掌握可以大大提高后续操作的工作效率。

8.1 概述

钣金在工业界一直扮演着非常重要的角色，不论是家用电器、汽车工业，还是电子产品行业等都大量使用钣金零件。钣金零件与人们的日常生活密不可分。

近年来，金属塑性成形产业基于降低生产成本、减轻产品重量、简化零件设计与制造及提升产品附加价值等目的，正积极向高精度零件制造技术发展，先进国家已有非常成熟的冲压与冷间锻造技术，通过对金属的塑性流动进行精确控制的手段，不仅可提升产品尺寸精度，更可在零件不同部位将材料大幅度变形，从而获得不同厚度尺寸的需求，加工出高价值的复杂形状制品。

随着 CAD 技术的出现，设计人员可以在计算机上生成钣金件的多视图，随时可以展开为平面模式，或折弯回去。这使得设计过程中不再充满繁杂的平面线段，呈现在设计人员面前的是形象的立体成品。

8.2 钣金特征工具与钣金菜单

8.2.1 启用钣金特征工具栏

启动 SolidWorks 2008 软件并新建零件后，执行【工具】→【自定义】菜单命令，弹出如图 8-1 所示的“自定义”对话框。在对话框中，单击工具栏中“钣金”选项，然后单击【确定】按钮。在 SolidWorks 用户界面左侧将显示钣金特征工具栏，如图 8-2 所示。

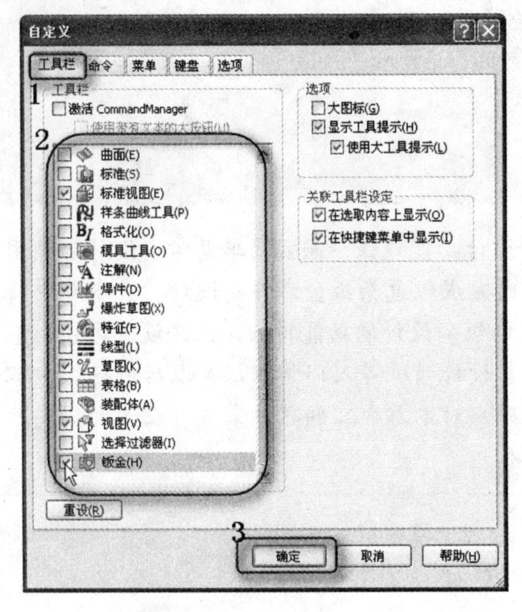

图 8-1 “自定义”对话框

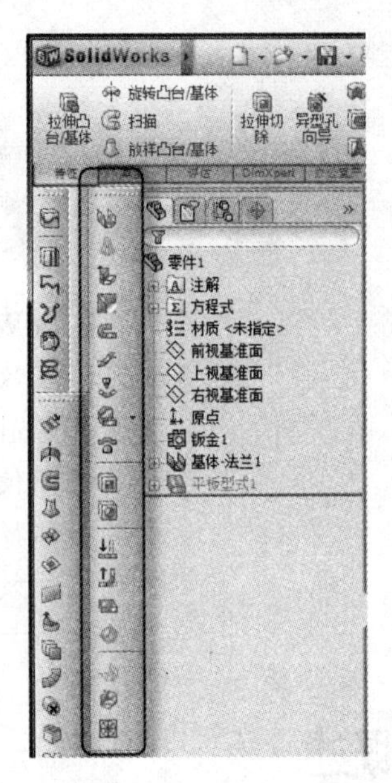

图 8-2 钣金特征工具栏

8.2.2 钣金菜单

执行【插入】→【钣金】菜单命令，将可以找到钣金下拉菜单，如图 8-3 所示。

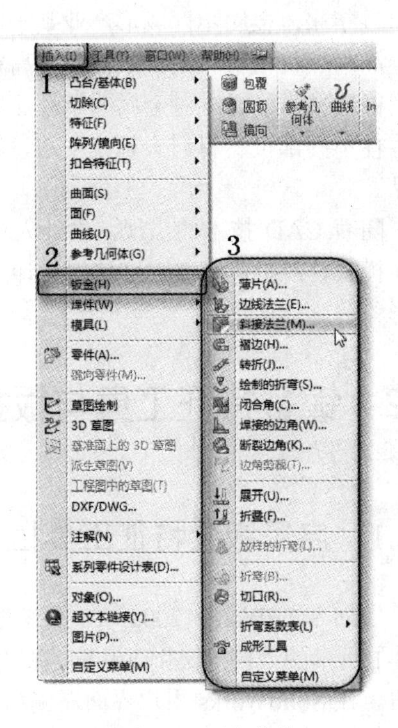

图 8-3 钣金菜单

8.3 转换钣金特征

使用 SolidWorks 2008 软件进行钣金零件设计，常用的方法基本上可以分为两种。

1. 使用钣金特有的特征来生成钣金零件

这种设计方法将直接考虑从钣金零件开始建模，即从最初的基体法兰特征开始，利用钣金设计软件的所有功能及特殊工具、命令和选项。对于几乎所有的钣金零件而言，这是最佳的方法。因为用户从最初设计阶段开始就生成零件作为钣金零件，所以消除了多余步骤。

2. 将实体零件转换成钣金零件

在设计钣金零件过程中，也可以按照常见的设计方法设计零件实体，然后将其转换为钣金零件。也可以在设计过程中，先将零件展开，以便于应用钣金零件的特定特征。由此可见，将一个已有的零件实体转换成钣金零件是本方法的典型应用。

8.3.1　使用基体-法兰特征

利用图标（基体-法兰）命令，弹出钣金特征管理器，如图 8-4 所示。

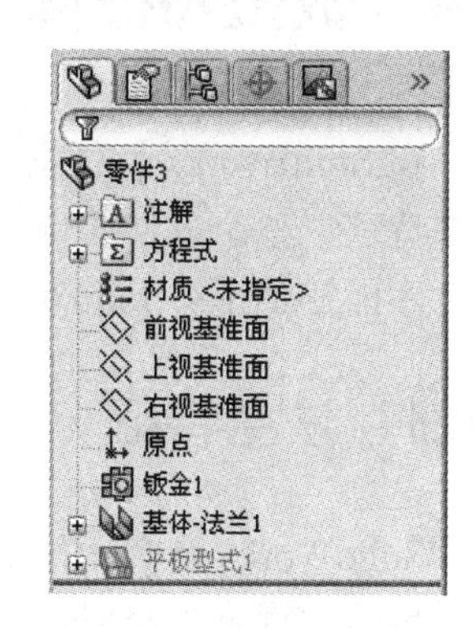

图 8-4　钣金特征管理器

在该管理器中包含 3 个特征，它们分别代表钣金的 3 个基本操作。

钣金：包含了钣金零件的定义。此特征保存了整个零件的默认折弯参数信息，如折弯半径、折弯系数、自动切释放槽（预切槽）比例等。

基体-法兰：该特征是此钣金零件的第一个实体特征，包括深度和厚度等信息。

平板型式：在默认情况下，当零件处于折弯状态时，平板型式特征是被压缩的，将该特征解除压缩即展开钣金零件。

在钣金特征管理器中，当平板型式特征被压缩时，添加到零件的所有新特征均自动插入到平板型式特征上方。

在钣金特征管理器中，当平板型式特征解除压缩后，新特征插入到平板型式特征下方，并且不在折叠零件中显示。

8.3.2　用零件转换为钣金的特征

利用已经生成的零件转换为钣金特征时，首先要在 SolidWorks 中生成一个零件，通过插入折弯图标生成钣金零件，这时在钣金特征管理器中有 3 个特征，如图 8-5 所示。

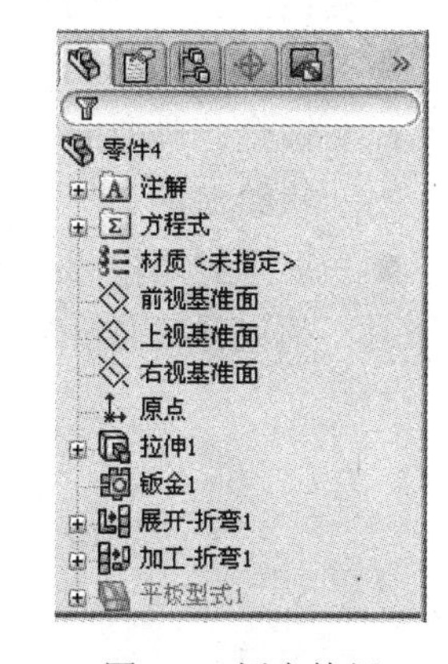

图 8-5　钣金特征

这 3 个特征分别代表钣金的 3 个基本操作。

钣金：包含了钣金零件的定义。此特征保存了整个零件的默认折弯参数信息，如折弯半径、折弯系数、自动切释放槽（预切槽）比例等。

展开-折弯：该项代表展开的钣金零件。此特征包含将尖角或圆角转换成折弯的有关信息。每个由模型生成的折弯作为单独的特征列，出在“展开-折弯”选项板中。

注意：

“展开-折弯”选项板中列出的“尖角-草图”包含由系统生成的所有尖角和圆角折弯的折弯线，此草图无法编辑，但可以隐藏或显示。

加工-折弯：该选项包含的是将展开的零件转换为成形零件的过程。由在展开状态中指定的折弯线所生成的折弯列在此特征中。

注意：

特征管理器中的加工-折弯图标后列出的特征不会在零件展开视图中弹出。读者可以通过将特征管理器退回到“加工-折弯”特征之前，再展开零件视图。

8.4 钣金特征简介

在 SolidWorks 软件系统中，钣金零件是实体模型中结构比较特殊的一种，其具有带圆角的薄壁特征，整个零件的壁厚都相同，折弯半径都是选定的半径值；在设计过程中需要释放槽，软件才能够加上。SolidWorks 为满足这类需求定制了特殊的钣金工具用于钣金设计。

8.4.1 法兰特征

SolidWorks 具有 4 种不同的法兰特征工具来生成钣金零件，使用这些法兰特征可以按预定的厚度给零件增加材料。这 4 种法兰特征依次是：基体法兰、钣金特征、薄片（凸起法兰）、边线法兰、斜线法兰。

1．基体法兰

基体法兰是新钣金零件的第一个特征。基体法兰被添加到 SolidWorks 零件后，系统就会将该零件标记为钣金零件，并折弯添加到适当位置，特定的钣金特征被添加到 FeatureManager 设计树中。

基体法兰特征是从草图中生成的。草图可以是单一开环草图轮廓、单一闭环草图轮廓和多重封闭轮廓，如图 8-6 所示。

- 单一开环草图轮廓：单一开环草图轮廓可用于拉伸、旋转、剖面、路径、引导线以及钣金。典型的开环轮廓以直线或其草图实体绘制。
- 单一闭环草图轮廓：单一闭环轮草图廓可用于拉伸、旋转、剖面、路径、引导线以及钣金。典型的单一闭环草图轮廓是用圆、方形、闭环样条曲线以及其他封闭的几何形状绘制的。
- 多重封闭轮廓：其用于拉伸、旋转以及钣金。如果有一个以上的轮廓，其中一个轮廓必须包含其他轮廓。典型的多重封闭轮廓是用圆、矩形以及其他封闭的几何形状绘制的。

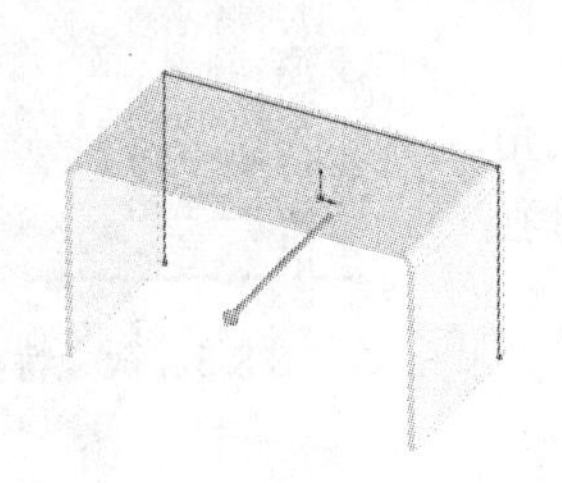

单一开环草图生成基体法兰

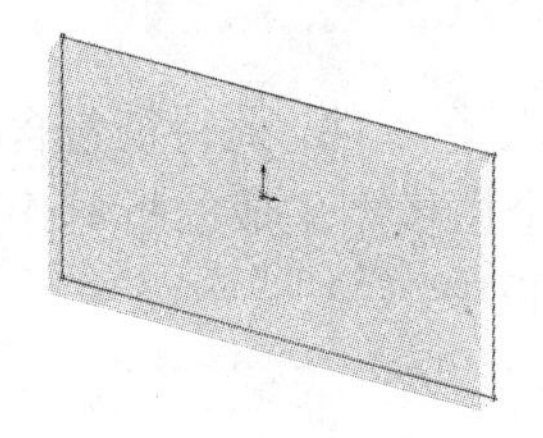

单一闭环草图生成基体法兰

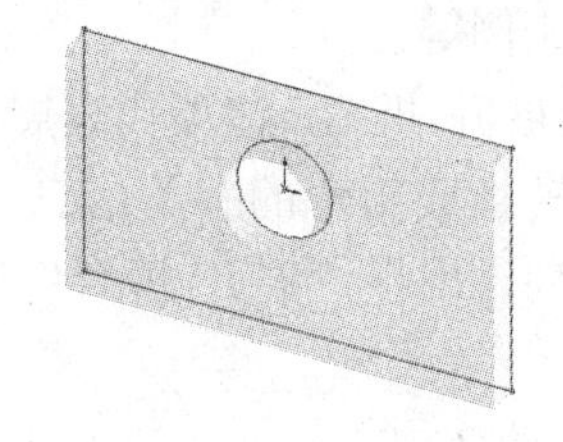

多重封闭轮廓生成基体法兰

图 8-6 基体法兰图例

注意：

在一个 SolidWorks 零件中，只能有一个基体法兰特征，且样条曲线对于包含开环轮廓的钣金为无效的草图实体。

在进行基体法兰特征设计过程中，开环草图作为拉伸薄壁特征来处理，封闭草图则作为展开的轮廓来处理。如果用户需要从钣金零件的展开状态开始设计钣金零件，可以使用封闭草图

来建立基体法兰特征。

【案例 8-1】本案例源文件光盘路径：“X：\源文件\ch8\8.4.SLDPRT”，本案例视频内容光盘路径：“X：\动画演示\ch8\8.1 拉伸.swf”。

（1）执行【插入】→【钣金】→【基体法兰】菜单命令，或者单击“钣金”工具栏中的基体-法兰/薄片图标。

（2）绘制草图。在左侧的“FeatureMannger 设计树”中选择“前视基准面”作为绘图基准面，绘制草图，然后单击退出草图图标，结果如图 8-7 所示。

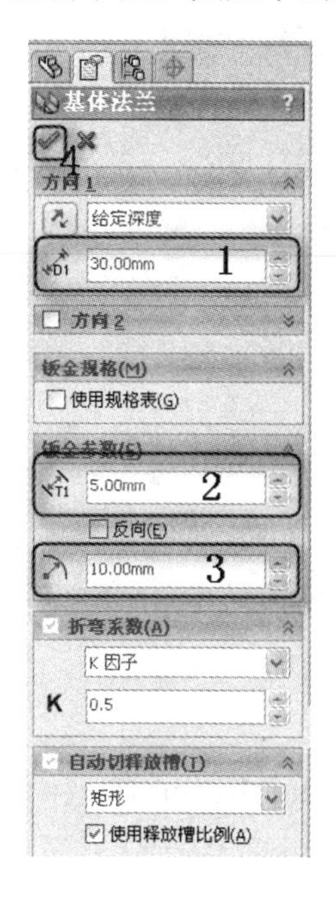

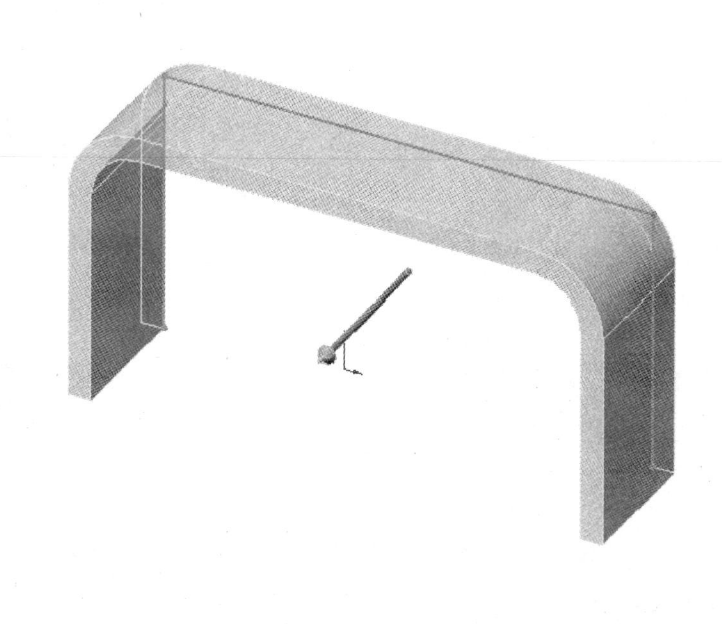

图 8-7　拉伸基体法兰草图

（3）修改基体法兰参数。在“基体法兰”对话框中，在“深度”栏中输入值为 30mm；“厚度”栏中输入值为 5mm；“折弯半径”栏中输入值为 10mm，然后单击确定图标。生成基体法兰实体如图 8-8 所示。

基体法兰在“FeatureMannger 设计树”中显示为基体-法兰，注意同时添加了其他两种特征：“钣金 1”和“平板型式 1”，如图 8-9 所示。

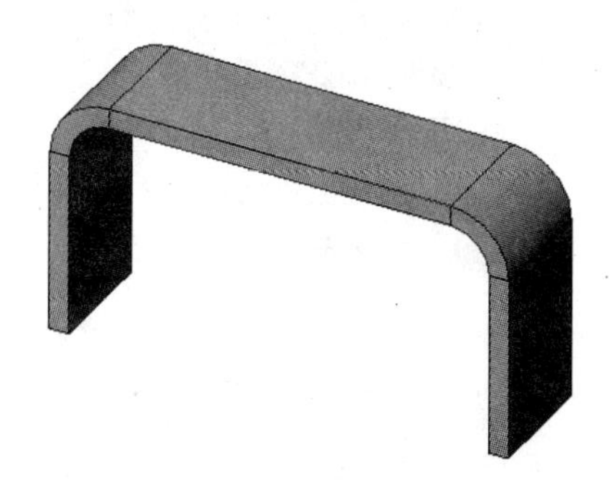

图 8-8　生成的基体法兰实体

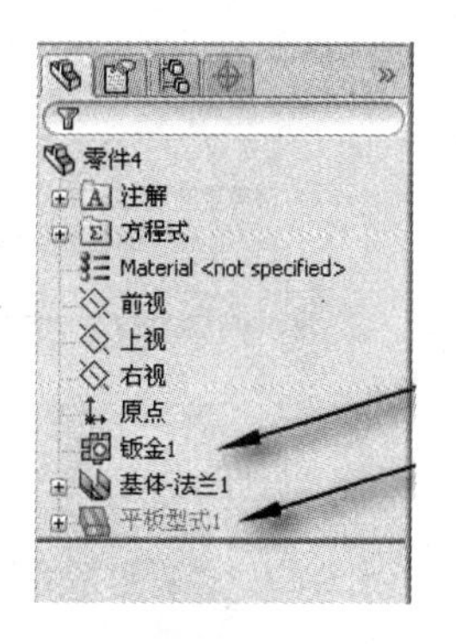

图 8-9　FeatureMannger 设计树

2．钣金特征

在生成基体-法兰特征时，同时生成钣金特征，如图 8-9 所示。通过对钣金特征的编辑，可以设置钣金零件的参数。

在“FeatureMannger 设计树”中用鼠标右键单击“钣金 1”特征，在弹出的快捷菜单中选择编辑特征图标，如图 8-10 所示，弹出“钣金 1”属性管理器，如图 8-11 所示。钣金特征中包含用来设计钣金零件的参数，这些参数可以在其他法兰特征生成的过程中设置，也可以在钣金特征中编辑定义来改变它们。

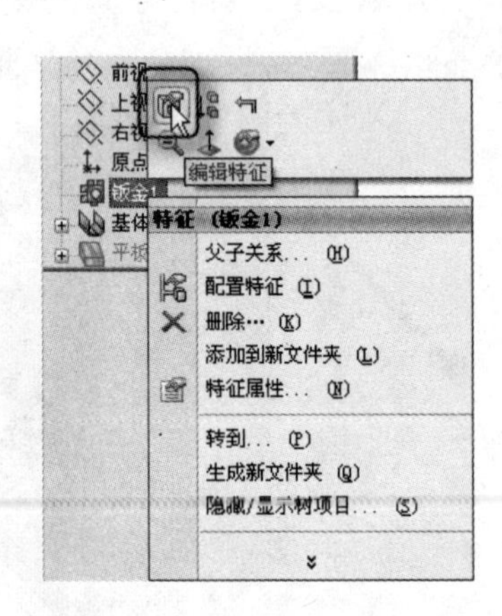

图 8-10 选择“编辑特征”

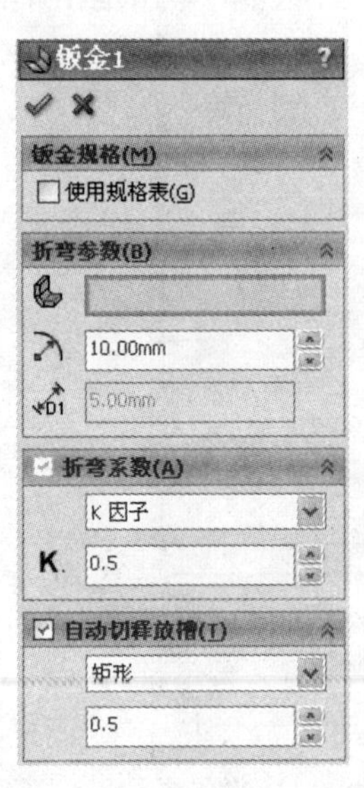

图 8-11 “钣金 1”属性管理器

（1）折弯参数

固定的面和边：该选项被选中的面或边在展开时保持不变。在使用基体法兰特征建立钣金零件时，该选项不可选。

折弯半径：该选项定义了建立其他钣金持征时默认的折弯半径，也可以针对不同的折弯给定不同的半径值。

（2）折弯系数

在“折弯系数”选项中，用户可以选择 4 种类型的折弯系数表，如图 8-12 所示。

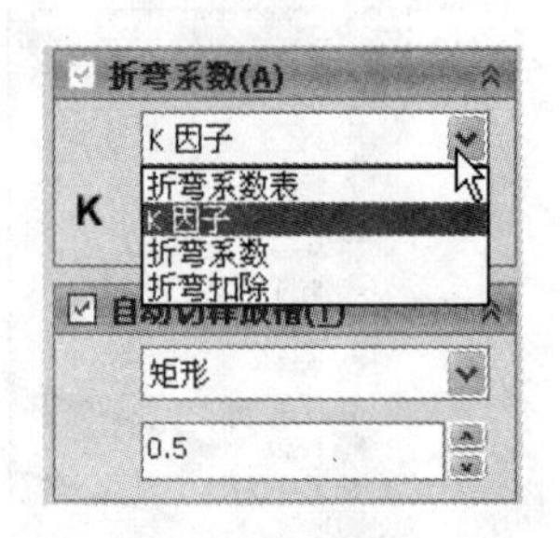

图 8-12 “折弯系数”类型

图 8-13 选择“折弯系数表”

- 折弯系数表：折弯系数表是一种指定材料（如钢、铝等）的表格，它包含基于板厚和

折弯半径的折弯运算。折弯系数表是 Execl 表格文件，其扩展名为“.xls”。可以通过执行【插入】→【钣金】→【折弯系数表】→【从文件】菜单命令，在当前的钣金零件中添加折弯系数表，也可以在“钣金特征 PropertyManager”对话框中的“折弯系数”下拉列表框中选择“折弯系数表”，并选择指定的折弯系数表，或单击【浏览】按钮使用其他的折弯系数表，如图 8-13 所示。

- K 因子：K 因子在折弯计算中是一个常数，它是内表面到中性面的距离与材料厚度的比率。
- “折弯系数”和“折弯扣除”：可以根据用户的经验和工厂实际情况给定一个实际的数值。

（3）自动切释放槽

在“自动切释放槽”下拉列表框中可以选择 3 种不同的释放槽类型：

- 矩形：在需要进行折弯释放的边上生成一个矩形切除，如图 8-14（a）所示。
- 撕裂形：在需要撕裂的边和面之间生成一个撕裂口，而不是切除，如 8-14（b）所示。
- 矩圆形：在需要进行折弯释放的边上生成一个矩圆形切除，如图 8-14（c）所示。

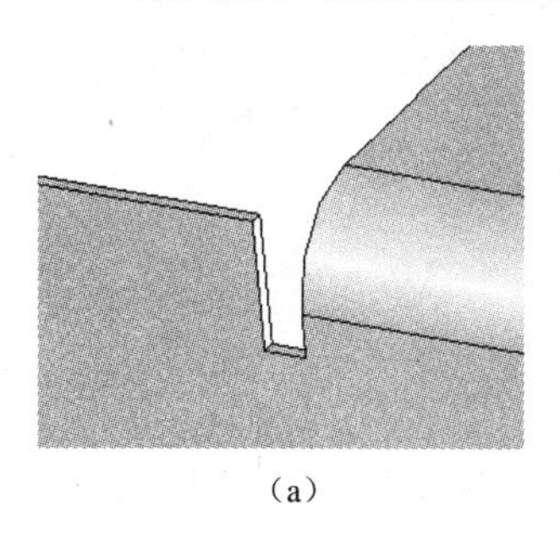

（a）

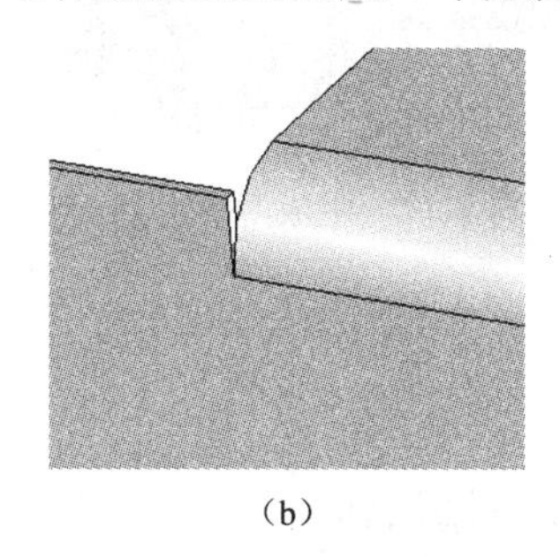

（b）

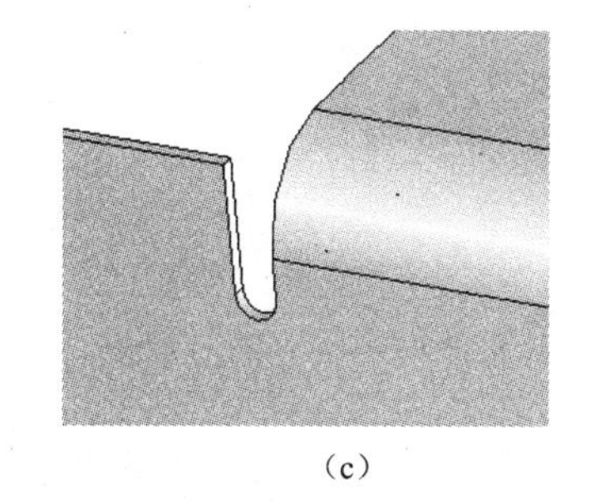

（c）

图 8-14　释放槽类型

3．薄片（凸起法兰）

薄片特征可为钣金零件添加薄片。系统会自动将薄片特征的深度设置为钣金零件的厚度。至于深度的方向，系统会自动将其设置为与钣金零件重合，从而避免实体脱节。

在生成薄片特征时，需要注意的是，草图可以是单一闭环、多重闭环和多重封闭轮廓。草图必须位于垂直于钣金零件厚度方向的基准面或平面上。可以编辑草图，但不能编辑定义。其原因是已将深度、方向及其他参数设置为与钣金零件参数相匹配。

操作步骤如下。

（1）执行【插入】→【钣金】→【薄片】菜单命令，或者单击“钣金”工具栏中的基体-法兰/薄片图标。系统提示，要求绘制草图或者选择已绘制好的草图。

（2）单击鼠标左键，选择零件表面作为绘制草图基准面，如图 8-15 所示。

（3）在选择的基准面上绘制草图，如图 8-16 所示。然后单击退出草图图标，生成薄片特征，如图 8-17 所示。

注意：

也可以先绘制草图，然后再单击“钣金”工具栏中的基体-法兰/薄片图标，生成薄片特征。

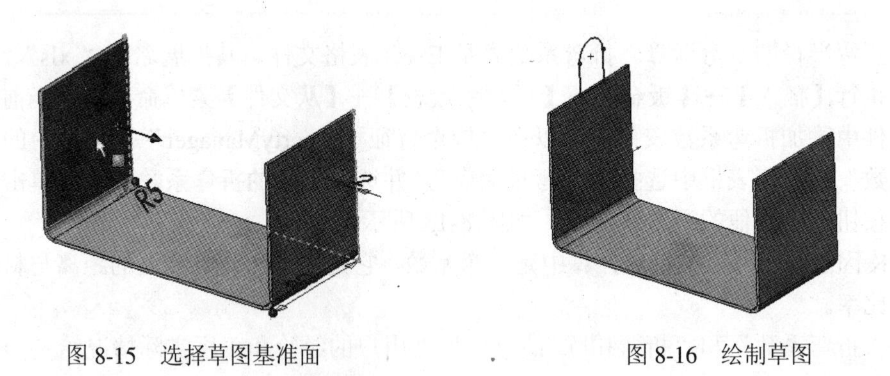

图 8-15　选择草图基准面　　　　图 8-16　绘制草图

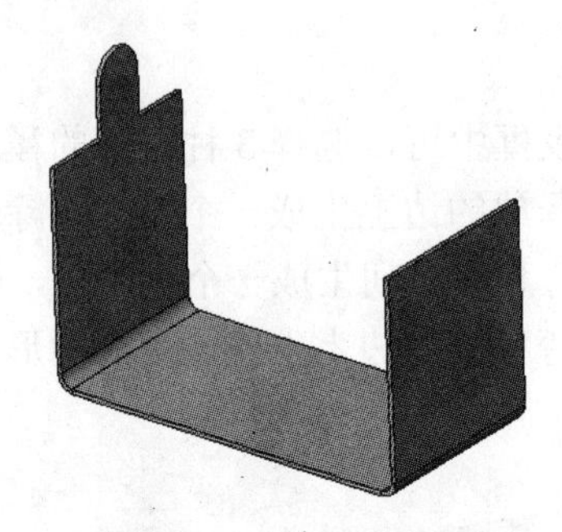

图 8-17　生成薄片特征

8.4.2　边线法兰

使用边线法兰特征工具可以将法兰添加到一条或多条边线上。添加边线法兰时，所选边线必须为线性，则系统自动将褶边厚度链接到钣金零件的厚度上。轮廓的一条草图直线必须位于所选边线上。

【案例 8-2”本案例源文件光盘路径：“X：\源文件\ch8\8.5.SLDPRT”，本案例视频内容光盘路径：“X：\动画演示\ch8\8.2 边线法兰.swf”。

（1）执行【插入】→【钣金】→【边线法兰】菜单命令，或者单击“钣金”工具栏中的边线法兰图标，弹出“边线法兰”属性管理器，如图 8-18 所示。单击鼠标选择钣金零件的一条边，在属性管理器的选择边线栏中将显示所选择边线。

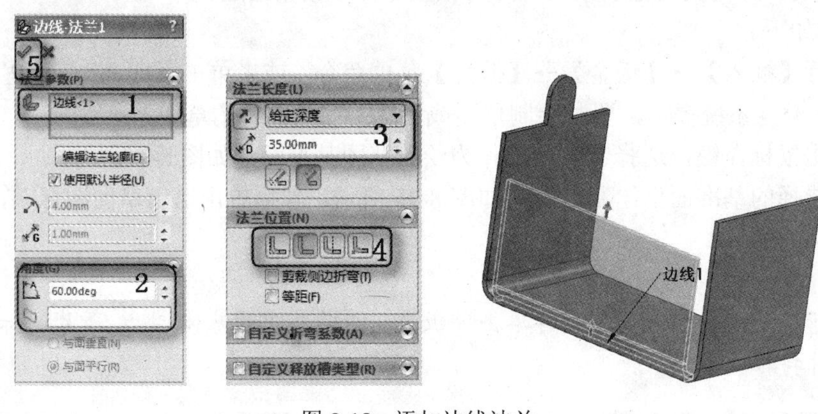

图 8-18　添加边线法兰

（2）设定法兰角度和长度。在角度输入栏中输入角度值 60，在法兰长度输入栏选择给定深度选项，同时输入值 35。确定法兰长度有两种方式，即采用外部虚拟交点图标或内部虚拟交点图标来决定长度开始测量的位置，如图 8-19 和 8-20 所示。

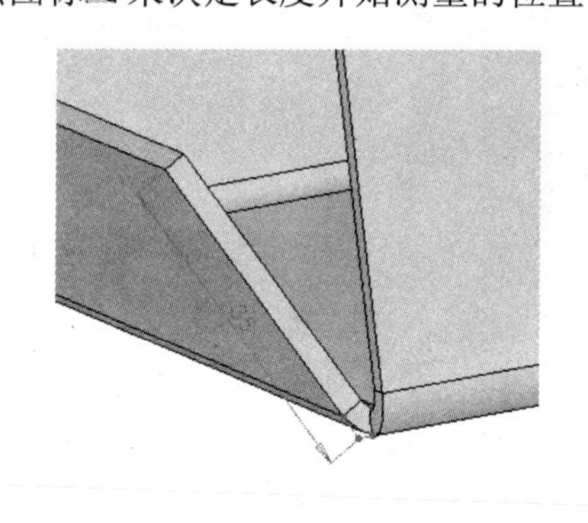

图 8-19　采用外部虚拟交点确定法兰长度

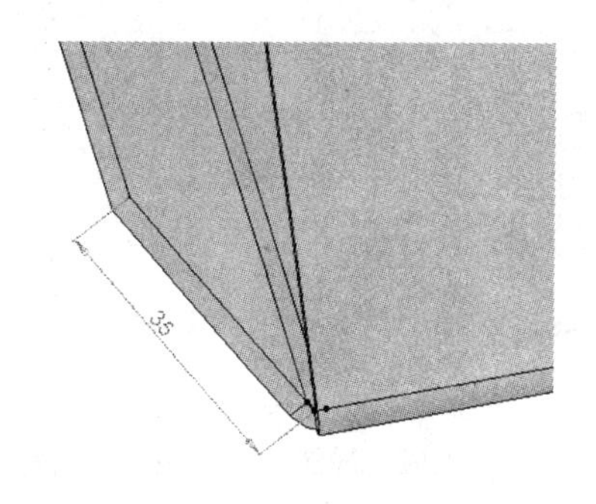

图 8-20　采用内部虚拟交点确定法兰长度

（3）设定法兰位置。在法兰位置中有 4 种选项可供选择，即材料在内图标、材料在外图标、折弯向外图标和虚拟交点中的折弯图标，不同的选项产生的法兰位置不同，如图 8-21～图 8-24 所示。在本实例中，选择材料在外图标，最后生成边线法兰结果如图 8-25 所示。

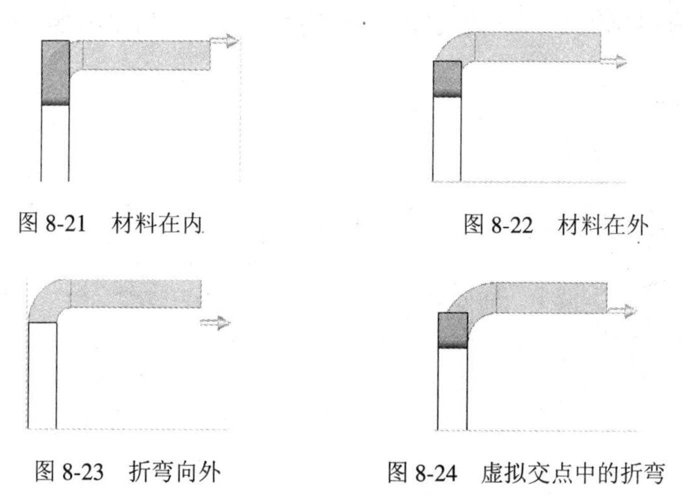

图 8-21　材料在内

图 8-22　材料在外

图 8-23　折弯向外

图 8-24　虚拟交点中的折弯

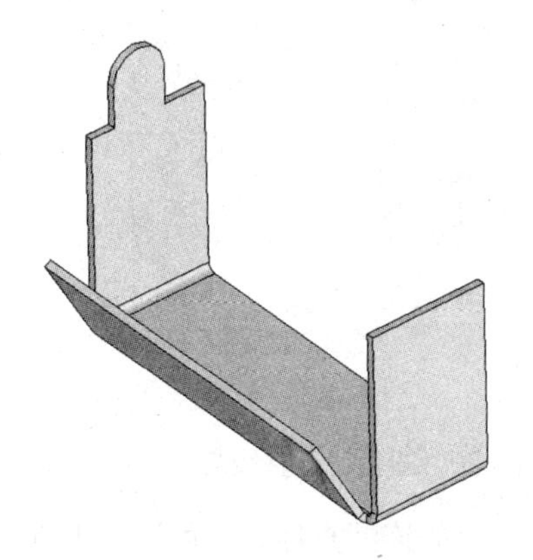

图 8-25　生成边线法兰

在生成边线法兰时，如果要切除邻近折弯的多余材料，在属性管理器中选择“剪裁侧边折弯”选项，结果如图 8-26 所示。从钣金实体等距法兰中选择“等距”选项，然后设定等距终止条件及其相应参数，如图 8-27 所示。

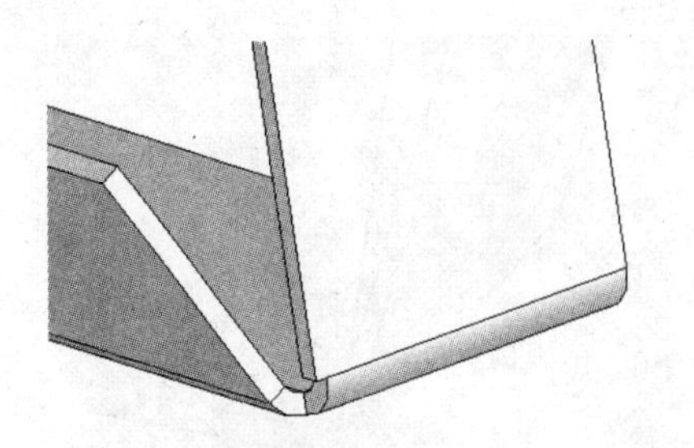

图 8-26 生成边线法兰时剪裁侧边折弯

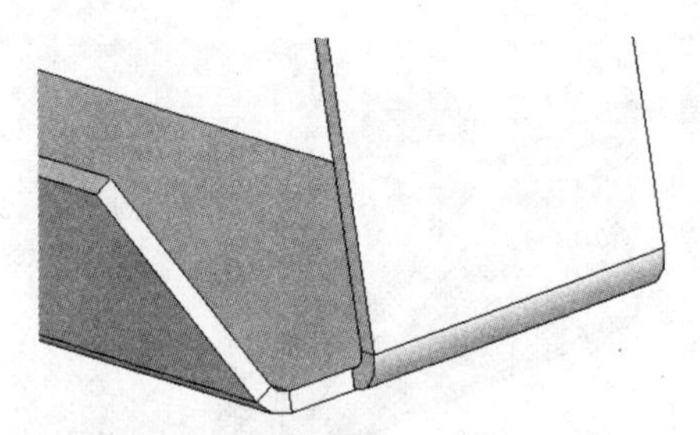

图 8-27 生成边线法兰时生成等距法兰

8.4.3 斜接法兰

斜接法兰特征可将一系列法兰添加到钣金零件的一条或多条边线上。生成斜接法兰特征之前首先要绘制法兰草图，斜接法兰的草图可以是直线或圆弧。使用圆弧绘制草图生成斜接法兰，圆弧不能与钣金零件厚度边线相切，不能生成斜接法兰，如图 8-28 所示。但圆弧可与长边线相切，或通过在圆弧和厚度边线之间放置一小段的草图直线，如图 8-29、图 8-30 所示，这样可以生成斜接法兰。

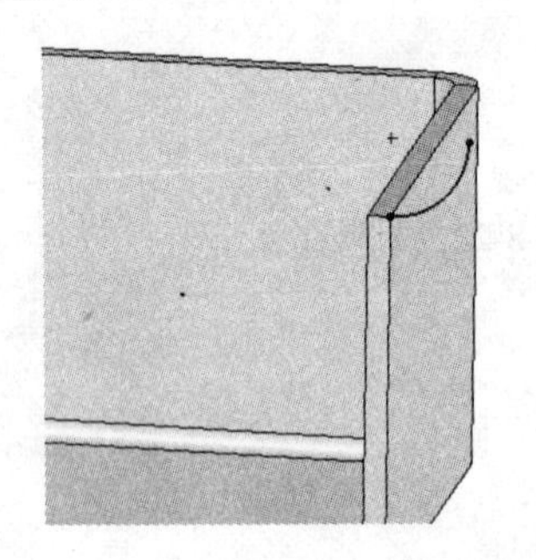

图 8-28 圆弧不能与厚度边线相切

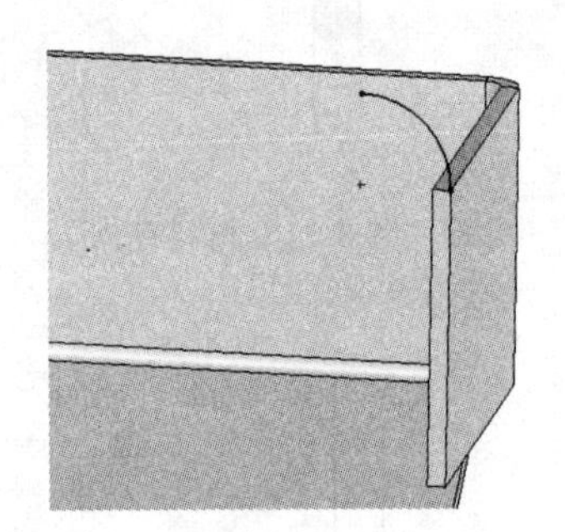

图 8-29 圆弧可与长度边线相切

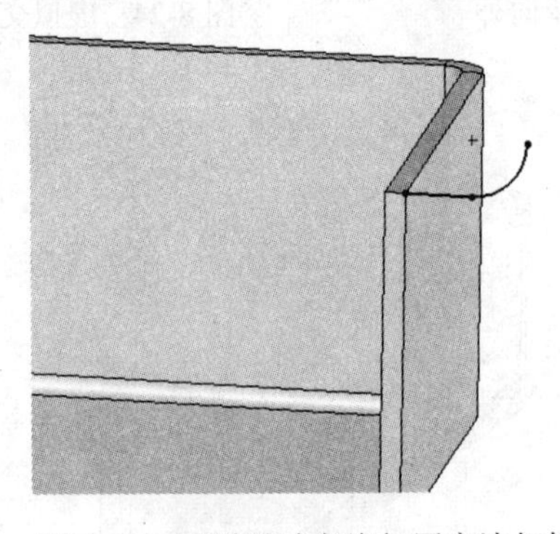

图 8-30 圆弧通过直线与厚度边相接

斜接法兰轮廓可以包括一个以上的连续直线，也可以是 L 形轮廓；当草图基准面垂直于生成斜接法兰的第一条边线时，系统自动将褶边厚度链接到钣金零件的厚度上；也可以在一系列

相切或非相切边线上生成斜接法兰特征；还可以指定法兰的等距，而不是在钣金零件的整条边线上生成斜接法兰。

【案例 8-3】本案例源文件光盘路径："X：\源文件\ch8\8.6.SLDPRT"，本案例视频内容光盘路径："X：\动画演示\ch8\8.3 斜接法兰.swf"。

操作步骤如下。

（1）单击鼠标，选择如图 8-31 所示零件表面作为绘制草图基准面，绘制直线草图，直线长度为 20mm。

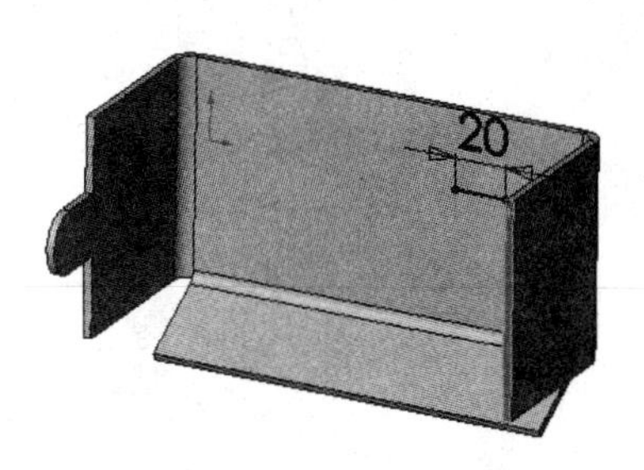

图 8-31　绘制直线草图

（2）执行【插入】→【钣金】→【斜接法兰】菜单命令，或者单击"钣金"工具栏中的斜接法兰图标，弹出"斜接法兰"属性管理器，如图 8-32 所示；系统随即会选定斜接法兰特征的第一条边线，且在图形区域中弹出斜接法兰的预览。

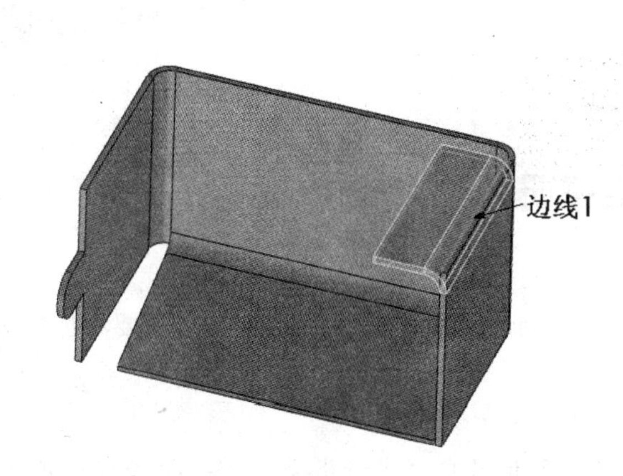

图 8-32　添加斜接法兰特征

（3）单击鼠标拾取钣金零件的其他边线，结果如图 8-33 所示。然后单击确定图标，最后结果如图 8-34 所示。

注意：

如有必要，可以为部分斜接法兰指定等距距离。在"斜接法兰"属性管理器中的"启始/结束处等距"输入栏中输入"开始等距距离"和"结束等距距离"数值（如果想使斜接法兰跨越模型的整个边线，将这些数值设置到零），其他参数设置可以参考前文中边线法兰的讲解。

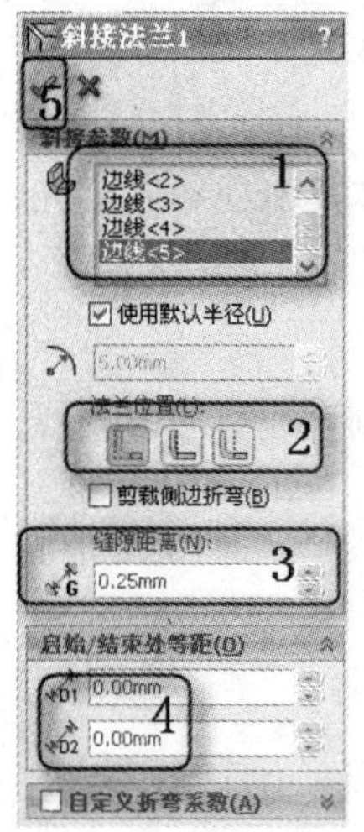

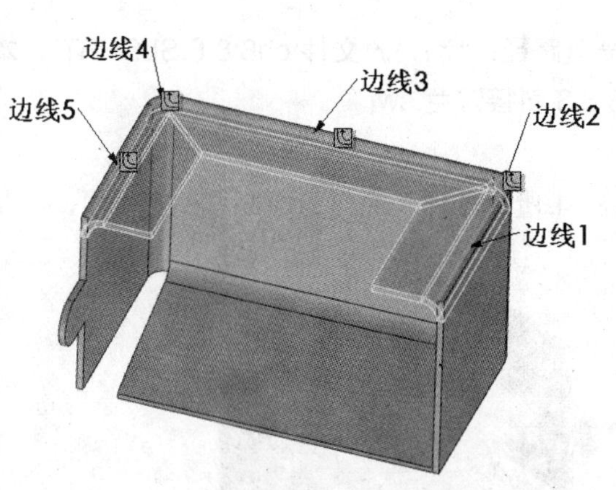

图 8-33　拾取斜接法兰其他边线

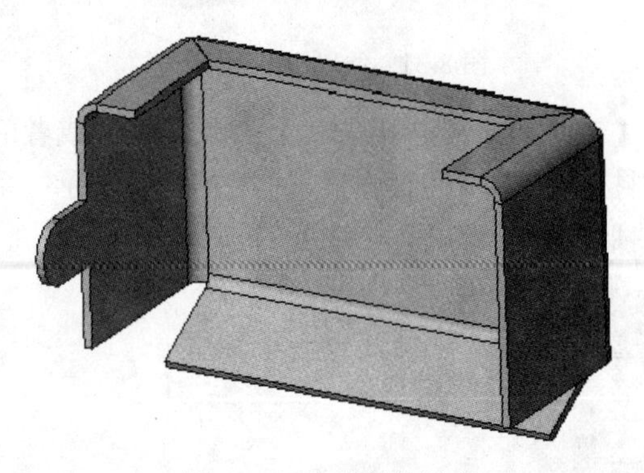

图 8-34　生成斜接法兰

8.4.4　褶边特征

褶边工具可将褶边添加到钣金零件的所选边线上。生成褶边特征时所选边线必须为直线。斜接边角被自动添加到交叉褶边上。如果选择多个要添加褶边的边线，则这些边线必须在同一个面上。

操作步骤如下。

【案例 8-4】本案例源文件光盘路径：“X：\源文件\ch8\8.7.SLDPRT”，本案例视频内容光盘路径：“X：\动画演示\ch8\8.4 褶边特征.swf”。

（1）执行【插入】→【钣金】→【褶边】菜单命令，或者单击“钣金”工具栏中的褶边图标，弹出“褶边”属性管理器。在图形区域中，选择想添加褶边的边线，如图 8-35 所示。

（2）在“褶边”属性管理器中，选择材料在内图标，在类型和大小栏中，选择开环图标，其他设置默认。然后单击确定图标，最后结果如图 8-36 所示。

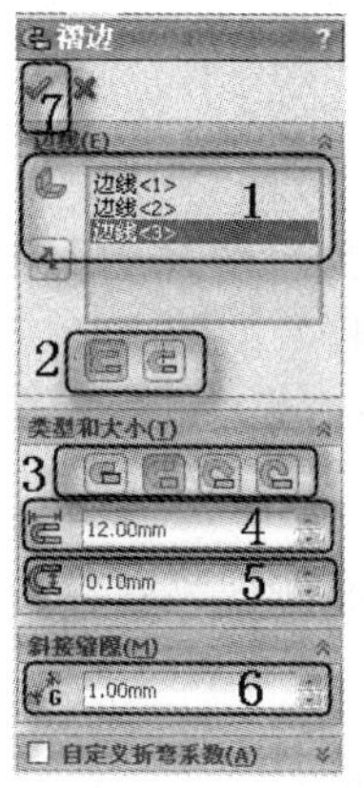

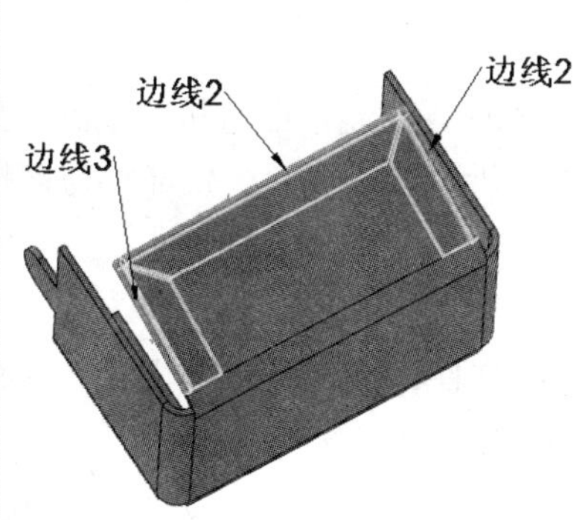

图 8-35　选择添加褶边边线

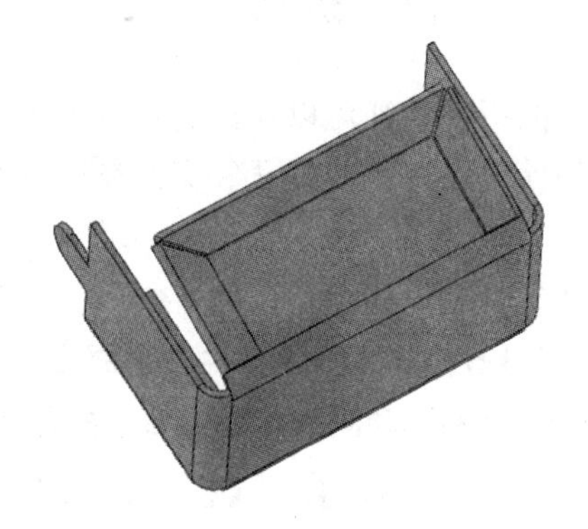

图 8-36　生成褶边

褶边类型共有 4 种，分别是闭环，如图 8-37 所示；开环，如图 8-38 所示；撕裂形，如图 8-39 所示；滚轧，如图 8-40 所示。每种类型褶边都有其对应的尺寸设置参数。长度参数只应用于闭合和开环褶边，间隙距离参数只应用于开环褶边，角度参数只应用于撕裂形和滚轧褶边，半径参数只应用于撕裂形和滚轧褶边。

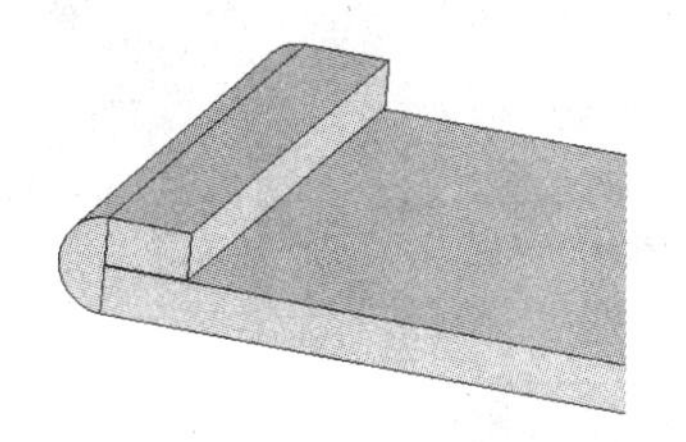

图 8-37　闭环类型褶边

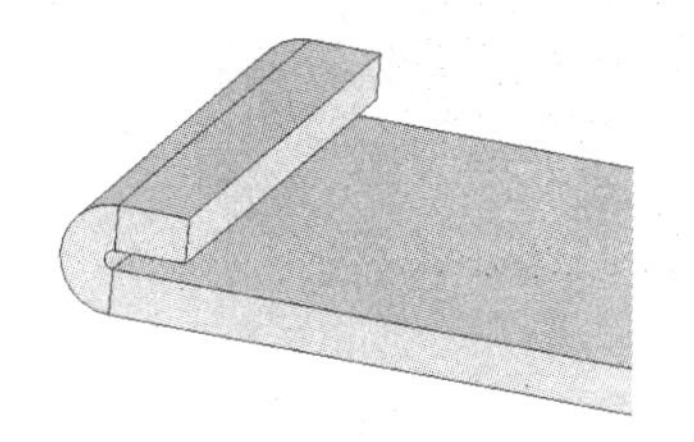

图 8-38　开环类型褶边

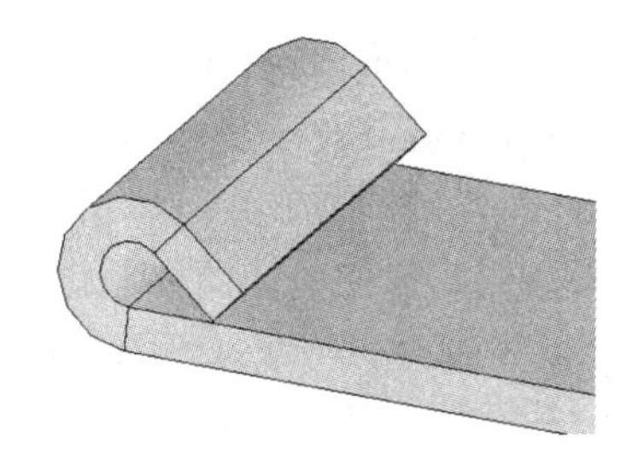

图 8-39　撕裂形类型褶边

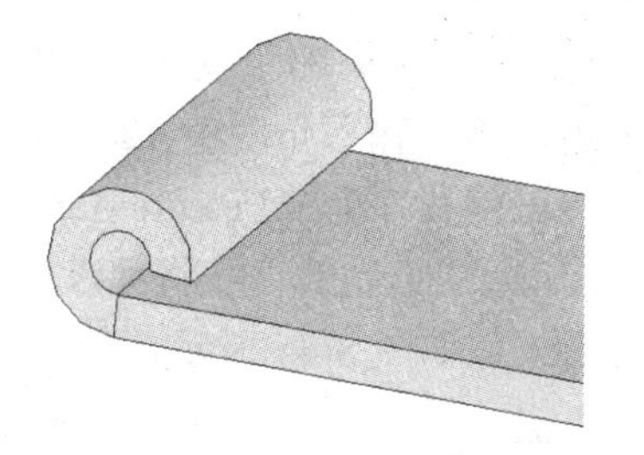

图 8-40　滚轧类型褶边

选择多条边线添加褶边时，在属性管理器中可以通过设置“斜接缝隙”的“切口缝隙”数值来设定这些褶边之间的缝隙，斜接边角被自动添加到交叉褶边上。例如输入数值 3，上述实例图形将更改为如图 8-41 所示。

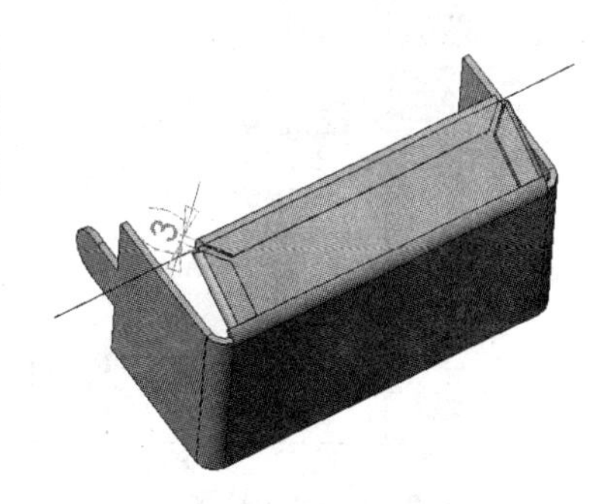

图 8-41　更改褶边之间的间隙

8.4.5 “绘制的折弯”特征

绘制的折弯特征可以在钣金零件处于折叠状态时，绘制草图将折弯线添加到零件上。草图中只允许使用直线，可为每个草图添加多条直线。折弯线长度不一定非得与被折弯的面的长度相同。

操作步骤如下。

【案例 8-5】本案例源文件光盘路径：“X：\源文件\ch8\8.9.SLDPRT”，本案例视频内容光盘路径：“X：\动画演示\ch8\8.5 折弯特征.swf”。

（1）执行【插入】→【钣金】→【绘制的折弯】菜单命令，或者单击“钣金”工具栏中的绘制的折弯图标。系统提示选择平面来生成折弯线和选择现有草图为特征所用，如图 8-42 所示。如果没有绘制好草图，可以首先选择基准面绘制一条直线；如果已经绘制好了草图，可以单击鼠标选择绘制好的直线，弹出“绘制的折弯”属性管理器，如图 8-43 所示。

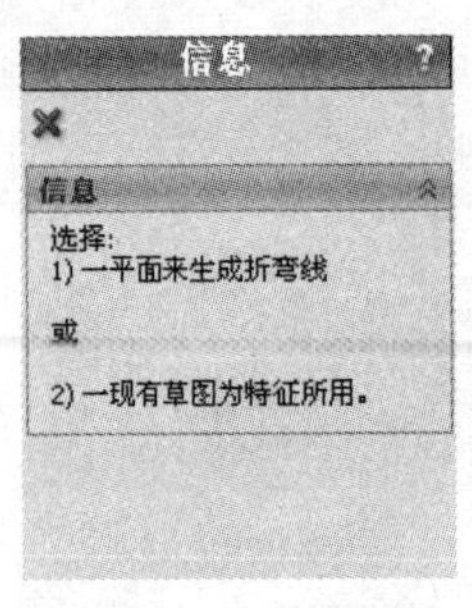
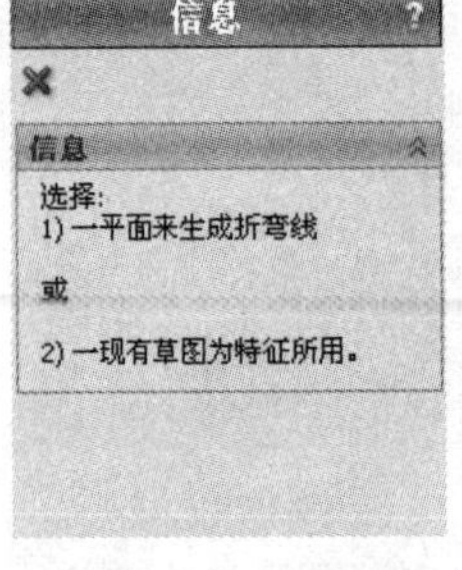

图 8-42 绘制的折弯提示信息

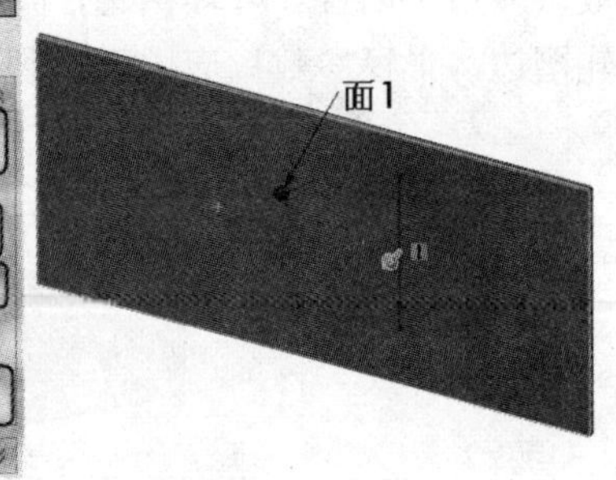

图 8-43 绘制的折弯对话框

（2）在图形区域中，选择如图 8-42 所示所选的面作为固定面，选择折弯位置选项中的折弯中心线图标，输入角度值 120，输入折弯半径值 5，单击确定图标。

（3）用鼠标右键单击 FeatureMannger 设计树中绘制的折弯 1 特征的草图，单击显示图标，如图 8-44 所示。绘制的直线将可以显示出来，直观观察到以折弯中心线图标选项生成的折弯特征的效果，如图 8-45 所示，其他选项生成折弯特征效果可以参考前文中的讲解。

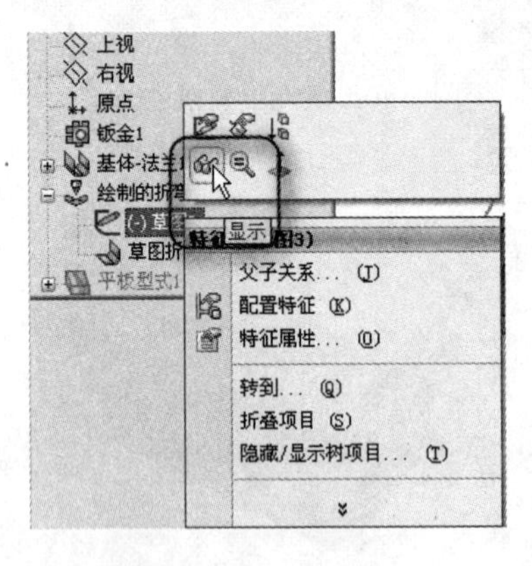

图 8-44 显示草图

图 8-45 生成绘制的折弯

8.4.6　闭合角特征

使用闭合角特征工具可以在钣金法兰之间添加闭合角，即在钣金特征之间添加材料。

通过闭合角特征工具可以完成以下功能：通过选择面来为钣金零件同时闭合多个边角；关闭非垂直边角；将闭合边角应用到带有 90°以外折弯的法兰；调整缝隙距离，由边界角特征所添加的两个材料截面之间的距离；调整重叠/欠重叠比率，即重叠的材料与欠重叠材料之间的比率；数值 1 表示重叠和欠重叠相等；闭合或打开折弯区域。

操作步骤如下。

【案例 8-6】本案例源文件光盘路径："X：\源文件\ch8\8.10.SLDPRT"，本案例视频内容光盘路径："X：\动画演示\ch8\8.6 闭合角特征.swf"。

（1）执行【插入】→【钣金】→【闭合角】菜单命令，或者单击"钣金"工具栏中的闭合角图标。弹出"闭合角"属性管理器，选择需要延伸的面，如图 8-46 所示。

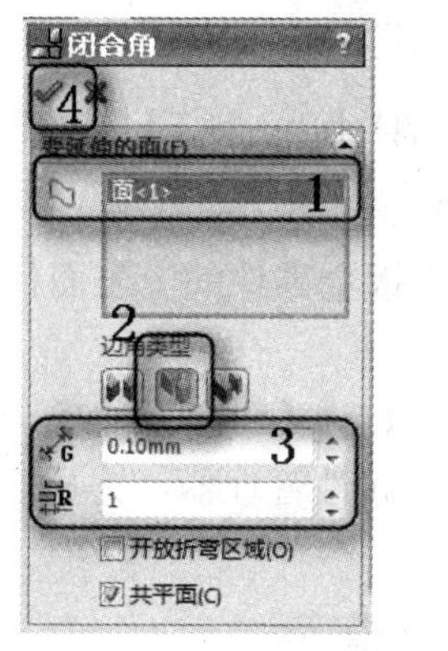

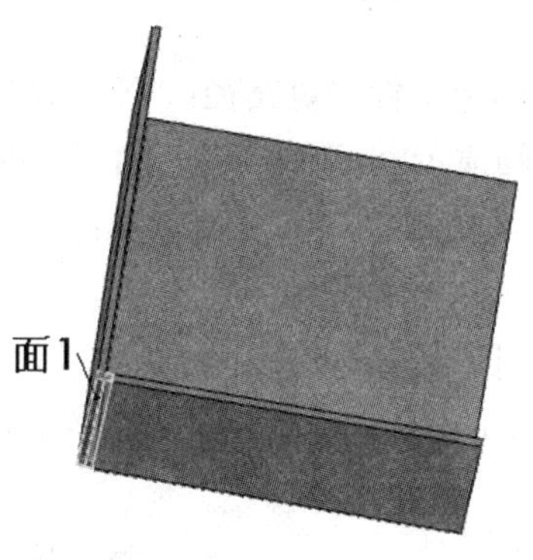

图 8-46　选择需要延伸的面

（2）单击边角类型中的重叠图标，单击确定图标，系统提示错误，如图 8-47 所示，不能生成闭合角，原因有可能是缝隙距离太小。单击确定图标，关闭错误提示框。

（3）在缝隙距离输入栏中，更改缝隙距离数值为 0.6，单击确定图标，生成"重叠"类型闭合角，结果如图 8-48 所示。

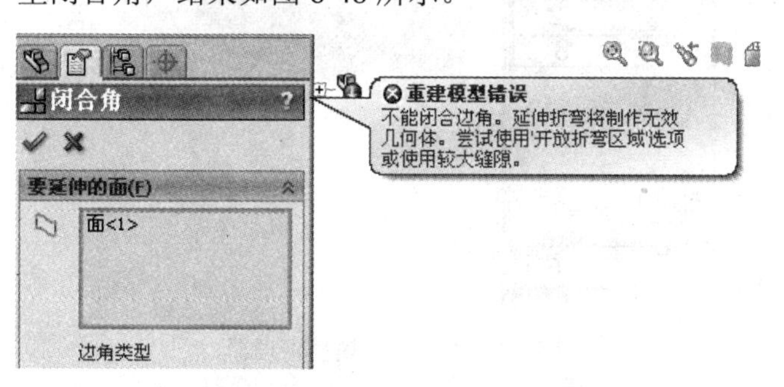

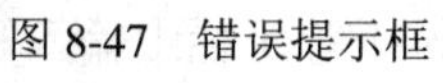
图 8-47　错误提示框

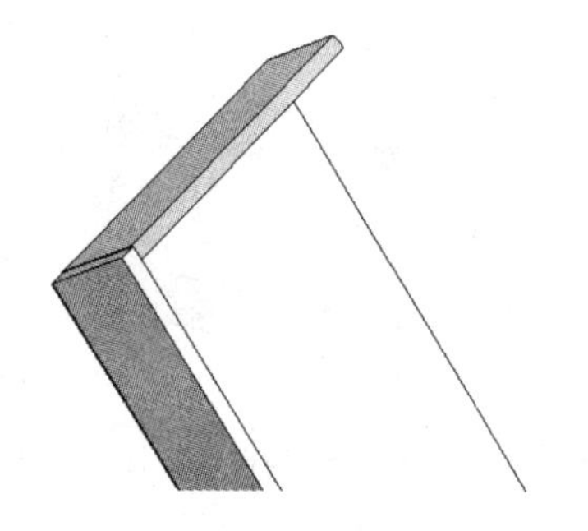

图 8-48　生成"重叠"类型闭合角

使用其他边角类型选项可以生成不同形式的闭合角。如图 8-49 所示，是单击边角类型中对接图标生成的闭合角；如图 8-50 所示，是单击边角类型中欠重叠图标生成的闭合角。

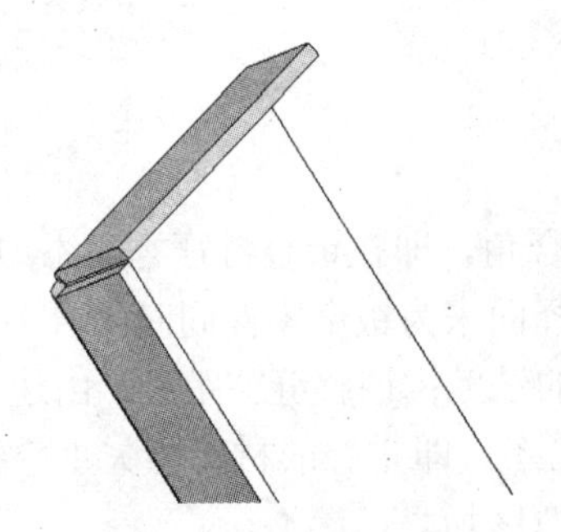

图 8-49　对接图标类型闭合角

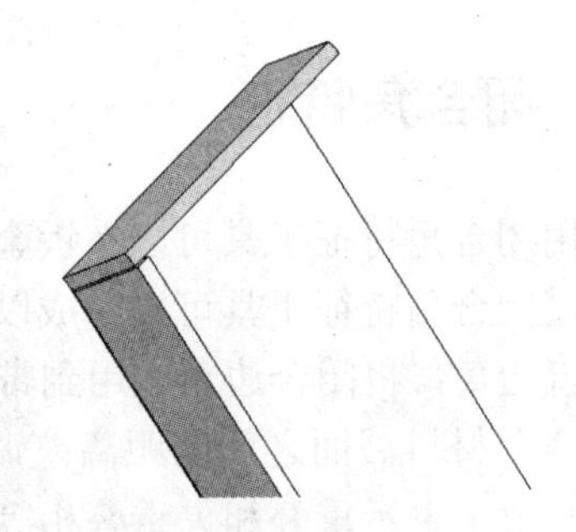

图 8-50　欠重叠类型闭合角

8.4.7　转折特征

使用转折特征工具可以在钣金零件上通过从草图直线生成两个折弯。生成转折特征的草图必须只包含一根直线。折弯线长度不一定必须与正折弯的面的长度相同。

操作步骤如下。

【案例 8-7】本案例源文件光盘路径："X：\源文件\ch8\8.11.SLDPRT"，本案例视频内容光盘路径："X：\动画演示\ch8\8.7 转折角特征.swf"。

（1）在生成转折特征之前首先绘制草图，选择钣金零件的上表面作为绘图基准面，绘制一条直线，如图 8-51 所示。

（2）在绘制的草图被打开状态下，执行【插入】→【钣金】→【转折】菜单命令，或者单击"钣金"工具栏中的转折图标，弹出"转折"属性管理器，选择箭头所指的面作为固定面，如图 8-52 所示。

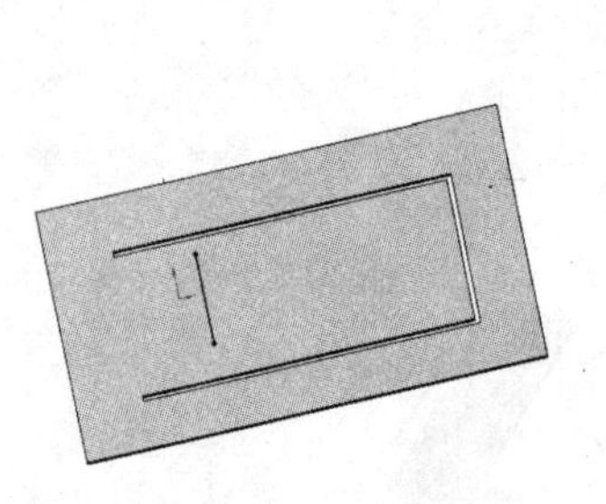

图 8-51　绘制直线草图

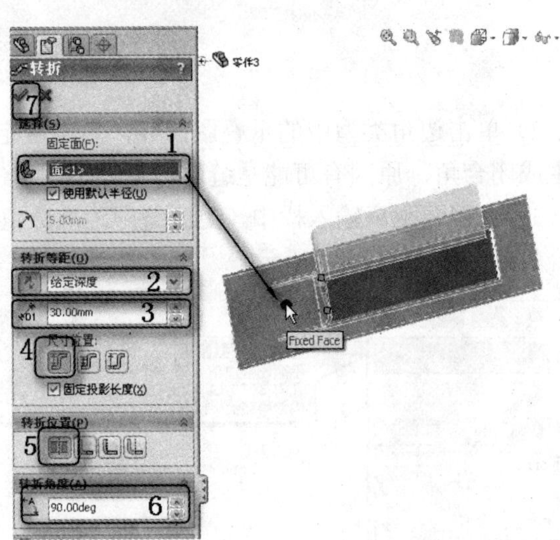

图 8-52　"转折"属性管理器

（3）取消选择"使用默认半径"，输入半径值为 5。在转折等距栏中输入等距距离值为 30。单击尺寸位置栏中的外部等距图标，并且选择"固定投影长度"选项。在转折位置栏中单击"折弯中心线"图标。其他设置为默认，单击确定图标，结果如图 8-53 所示。

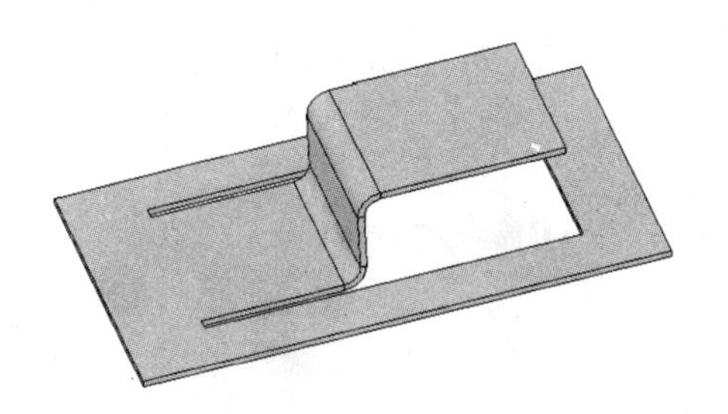

图 8-53　生成转折特征

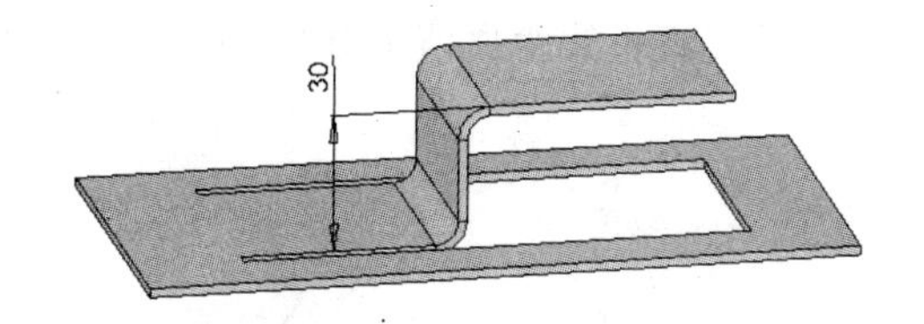

图 8-54　单击外部等距图标生成的转折

生成转折特征。在“转折”属性管理器中选择不同的尺寸位置选项和“固定投影长度”选项；都将生成不同的转折特征。例如，在上述实例中单击外部等距图标生成的转折特征尺寸如图 8-54 所示；单击内部等距图标生成的转折特征尺寸如图 8-55 所示；单击“总尺寸”图标生成的转折特征尺寸如图 8-56 所示；取消“固定投影长度”选项生成的转折投影长度将减小，如图 8-57 所示。

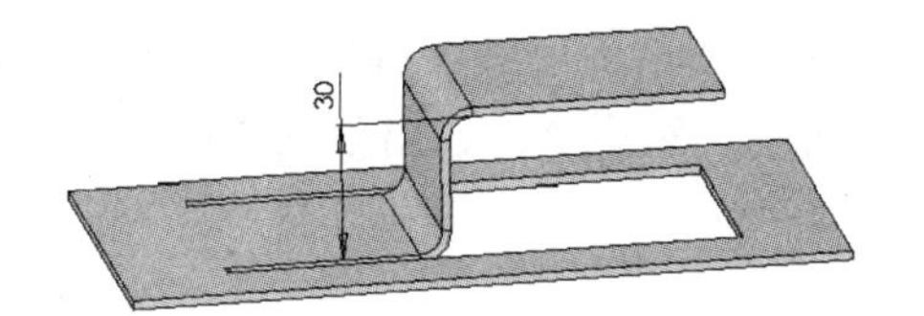

图 8-55　单击内部等距图标生成的转折

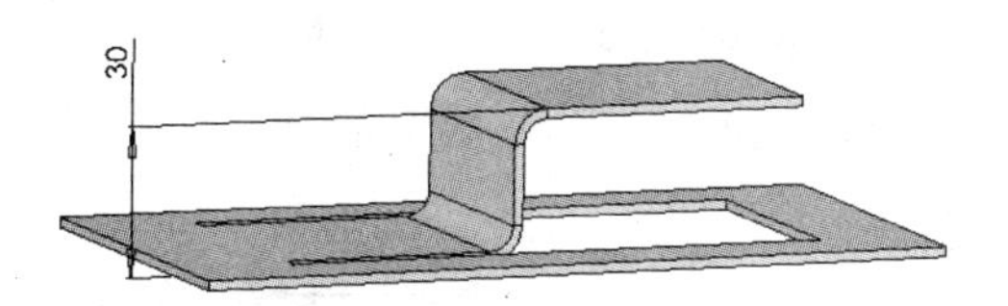

图 8-56　单击总尺寸图标生成的转折

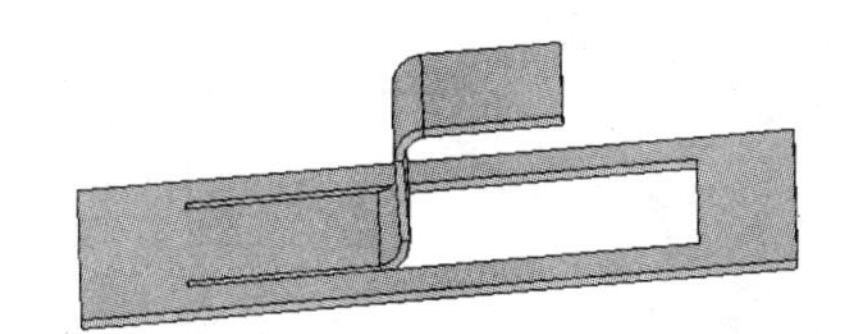

图 8-57　取消“固定投影长度”选项生成的转折

在转折位置栏中还有不同的选项可供选择，在前面的特征工具中已经讲解过，这里不再重复。

8.4.8　放样折弯特征

使用放样折弯特征工具可以在钣金零件中生成放样的折弯。放样的折弯和零件实体设计中的放样特征相似，需要两个草图才可以进行放样操作。草图必须为开环轮廓，轮廓开口应同向对齐，以使平板型式更精确。草图不能有尖锐的边线。

【案例 8-8】本案例源文件光盘路径：“X：\源文件\ch8\8.13.SLDPRT”，本案例视频内容光盘路径：“X：\动画演示\ch8\8.8 放样折弯特征.swf”。

（1）首先绘制第一个草图。在左侧的“FeatureMannger 设计树”中选择“上视基准面”作为绘图基准面，然后执行【工具】→【草图绘制实体】→【多边形】菜单命令或者单击“草图”操控板中的多边形图标，绘制一个六边形，标注六边形内圆直径值为 80。将六边形尖角进行圆角，半径值为 10，如图 8-58 所示。绘制一条竖直的构造线，然后绘制两条与构造线平行的直线，单击添加几何关系图标⊥，选择两条竖直直线和构造线添加“对称”几何关系，然后标注两条竖直直线距离值为 0.1，如图 8-59 所示。

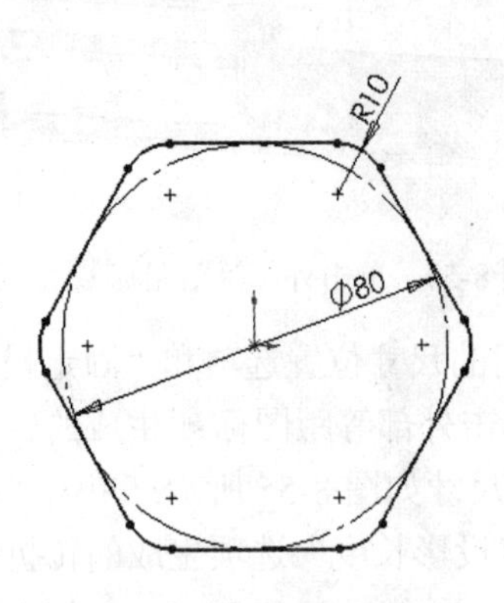

图 8-58 绘制六边形

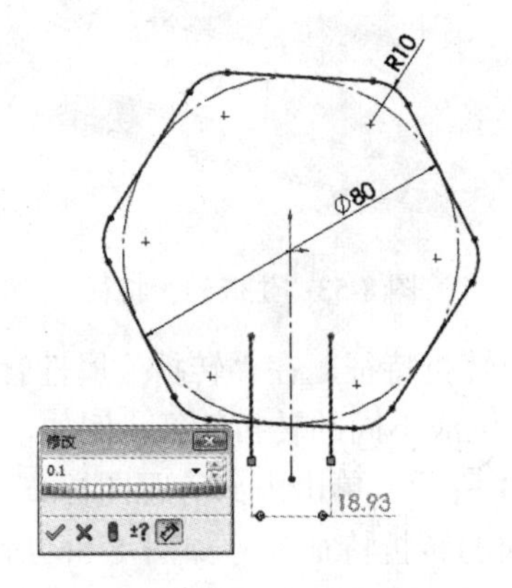

图 8-59 绘制两条竖直直线

单击“草图”操控板中的剪裁实体图标，对竖直直线和六边形进行剪裁，最后使六边形具有 0.1mm 宽的缺口，从而使草图为开环，如图 8-60 所示。然后单击退出草图图标。

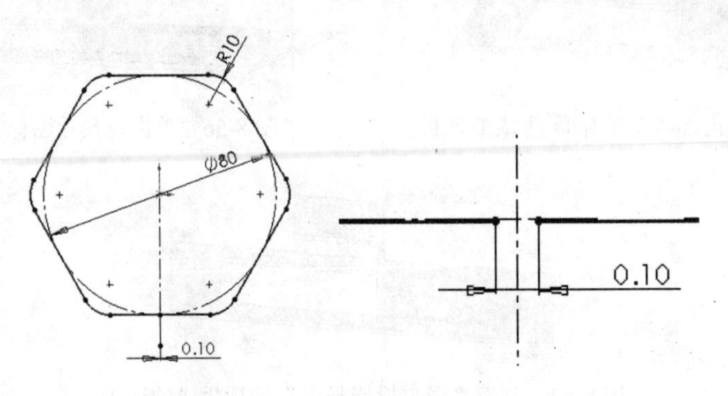

图 8-60 绘制缺口使草图为开环

（2）绘制第二个草图。执行【插入】→【参考几何体】→【基准面】菜单命令或者单击“参考几何体”工具栏中的基准面图标，弹出“基准面”属性管理器，在“选择参考实体”栏中选择上视基准面，输入距离值为 80，生成与上视基准面平行的基准面，如图 8-61 所示。使用上述相似的操作方法，在圆草图上绘制一个 0.1mm 宽的缺口，使圆草图为开环，如图 8-62 所示。然后单击退出草图图标。

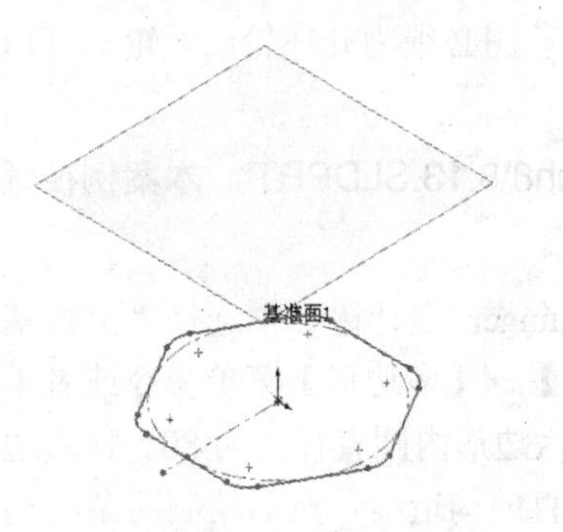

图 8-61 生成基准面

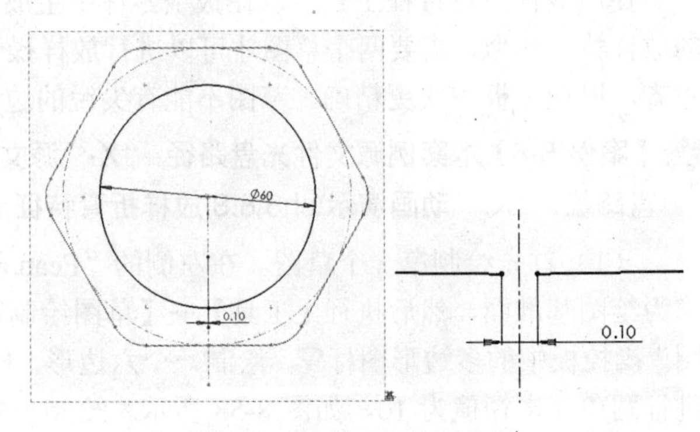

图 8-62 绘制开环的圆草图

（3）执行【插入】→【钣金】→【放样的折弯】菜单命令，或者单击“钣金”工具栏中的放样折弯图标，弹出“放样折弯”属性管理器，在图形区域中选择两个草图，起点位置对齐，输入厚度值 1，单击确定图标，结果如图 8-62 所示。

注意：

基体-法兰特征不与放样的折弯特征一起使用。放样折弯使用 K 因子和折弯系数来计算折弯。放样的折弯不能被镜像。在选择两个草图时，起点位置要对齐，即要在草图的相同位置，否则将不能生成放样折弯。如图 8-64 所示，箭头所选起点则不能生成放样折弯。

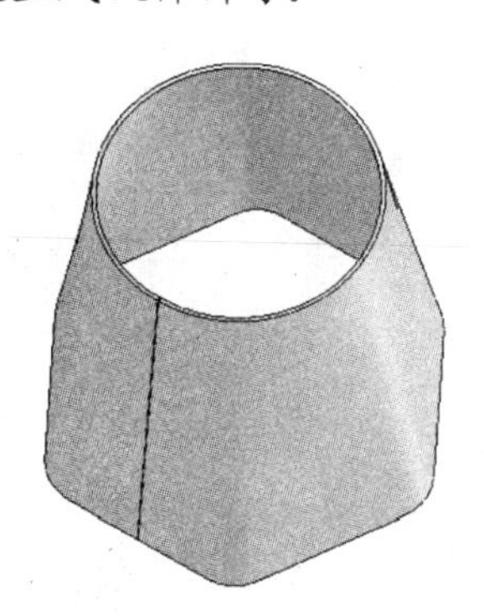

图 8-63　生成的放样折弯特征

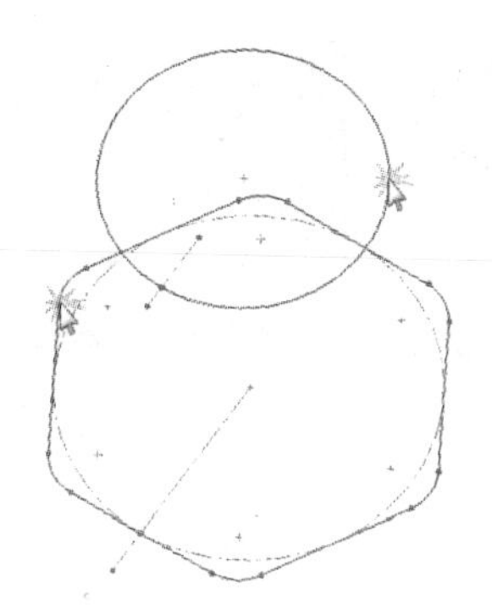

图 8-64　错误地选择草图起点

8.4.9　切口特征

使用切口特征工具可以在钣金零件或者其他任意的实体零件上生成切口特征。能够生成切口特征的零件，应该具有一个相邻平面且厚度一致。这些相邻平面形成一条或多条线性边线或一组连续的线性边线，而且是通过平面的单一线性实体。

在零件上生成切口特征时，可以沿所选内部或外部模型边线生成，或者从线性草图实体生成，也可以通过组合模型边线和单一线性草图实体生成切口特征。下面以绘制壳体零件（如图 8-65 所示）为例生成切口特征。

【案例 8-9】本案例源文件光盘路径：“X：\源文件\ch8\8.14.SLDPRT”，本案例视频内容光盘路径：“X：\动画演示\ch8\8.9 切口特征.swf”。

（1）选择壳体零件的上表面作为绘图基准面。然后单击“前导视图”工具栏中的正视于图标，单击“草图”操控板中的直线图标，绘制一条直线，如图 8-66 所示。

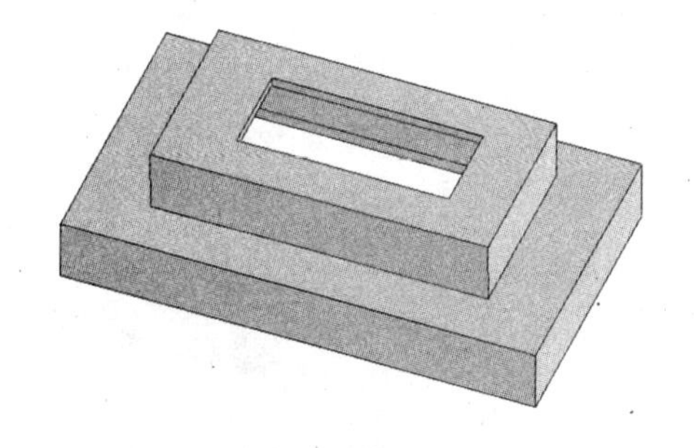

图 8-65　壳体零件

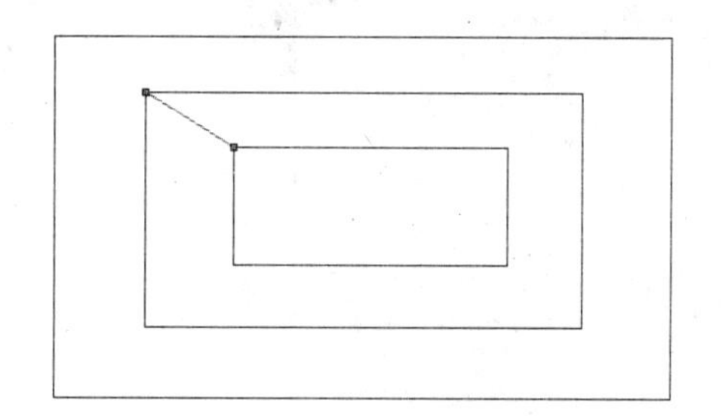

图 8-66　绘制直线

（2）执行【插入】→【钣金】→【切口】菜单命令，或者单击“钣金”工具栏中的切口图标，弹出“切口”属性管理器，单击鼠标选择绘制的直线和一条边线来生成切口，如图 8-67 所示。

（3）在对话框中的切口缝隙输入框中，输入值为 1；单击【改变方向】按钮，可以改变切口的方向；每单击一次，切口方向切换到一个方向，接着是另外一个方向，然后返回到两个方向。单击确定图标，结果如图 8-68 所示。

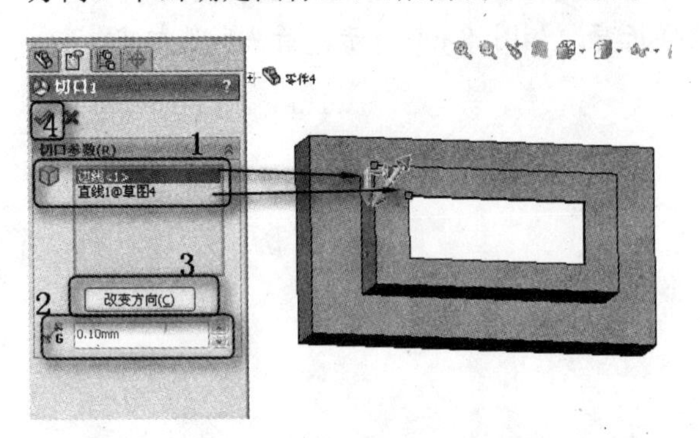

图 8-67　“切口”属性管理器

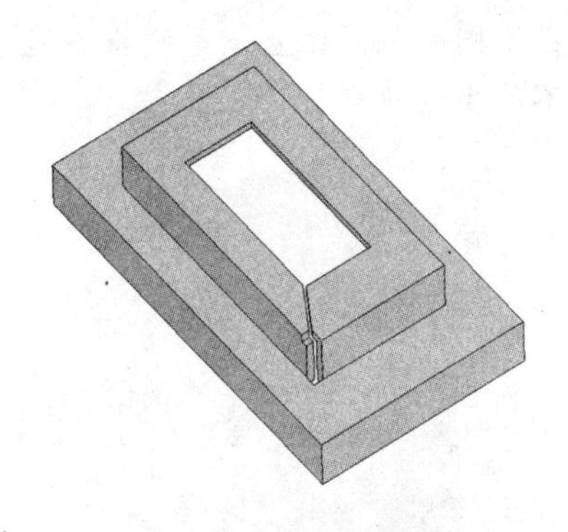

图 8-68　生成切口特征

注意：

在钣金零件上生成切口特征，操作方法与该例相同。

8.4.10　展开钣金折弯

展开钣金零件的折弯有两种展开方式。一种是将钣金零件整个展开；另外一种是将钣金零件中的部分折弯有选择性地部分展开。

1．整个钣金零件展开

要展开整个零件，如果钣金零件的“FeatureMannger 设计树”中的平板型式特征存在，可以用鼠标右键单击平板型式 1 特征，在弹出的菜单中单击解除压缩图标，如图 8-69 所示；或者单击“钣金”工具栏中的展开图标，可以将钣金零件整个展开，如图 8-70 所示。

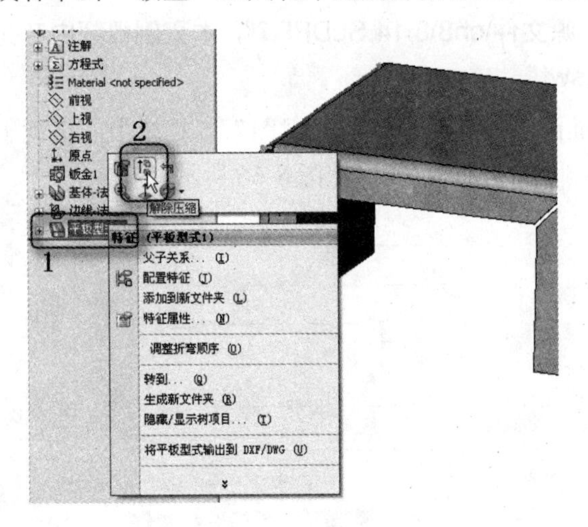

图 8-69　解除平板特征的压缩

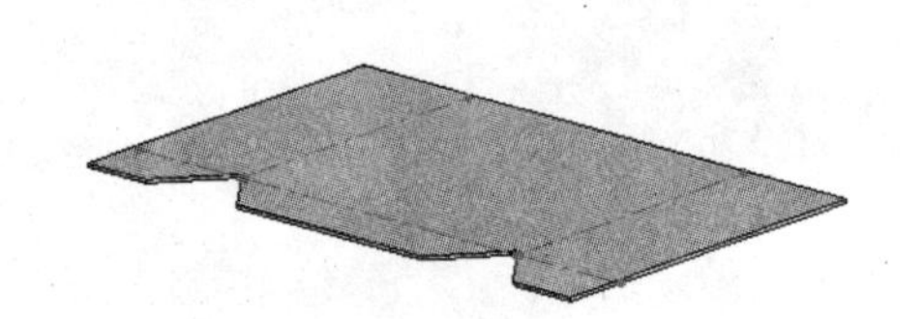

图 8-70　展开整个钣金零件

■ 注意：

当使用此方法展开整个零件时，将应用边角处理以生成干净、展开的钣金零件，使在制造过程中不会出错。如果不想应用边角处理，可以用鼠标右键单击平板型式，在弹出的菜单中选择“编辑特征”，在“平板型式”属性管理器中取消“边角处理”选项，如图 8-71 所示。

要将整个钣金零件折叠，可以用鼠标右键单击钣金零件“FeatureMannger 设计树”中的平板型式特征，在弹出的菜单中选择“压缩”命令，或者单击“钣金”工具栏中的展开图标，使此图标弹起，即可以将钣金零件折叠。

2．将钣金零件部分展开

要展开或折叠钣金零件的一个、多个和所有折弯，可单击展开和折叠特征图标。单击此展开特征图标可以沿折弯上添加切除特征。首先，添加一展开特征来展开折弯，然后添加切除特征，最后添加一折叠特征将折弯返回到其折叠状态。

操作步骤如下。

【案例 8-10】案例源文件光盘路径：“X：\源文件\ch8\8.16.SLDPRT”，本案例视频内容光盘路径：“X：\动画演示\ch8\8.10 展开折弯.swf”。

（1）执行【插入】→【钣金】→【展开】菜单命令，或者单击“钣金”工具栏中的展开图标，弹出“展开”属性管理器，如图 8-72 所示。

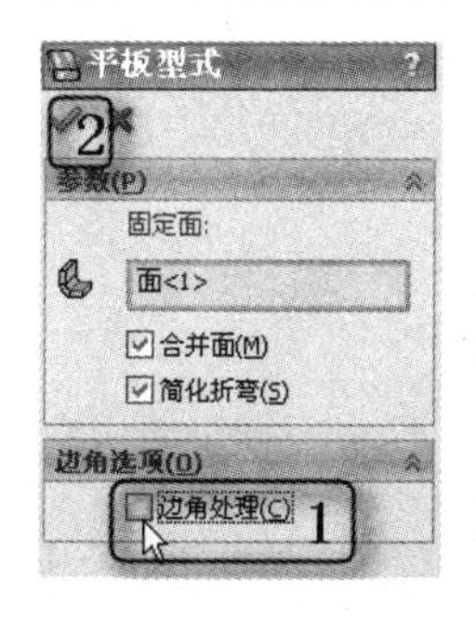

图 8-71　取消“边角处理”

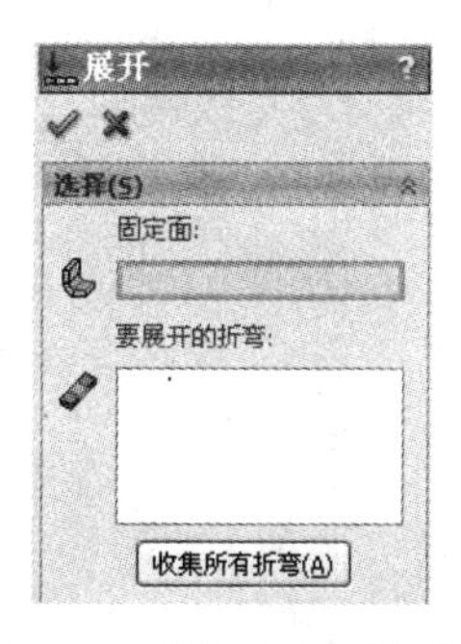

图 8-72　“展开”属性管理器

（2）在图形区域中选择箭头所指的面作为固定面，选择箭头所指的折弯作为要展开的折弯，如图 8-73 所示。单击确定图标，结果如图 8-74 所示。

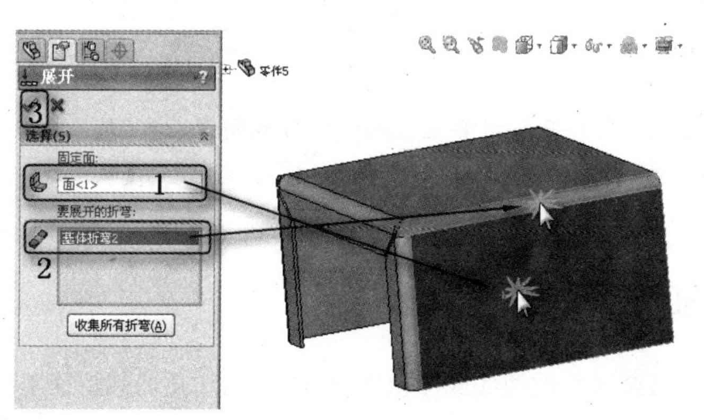

图 8-73　选择固定边和要展开的折弯

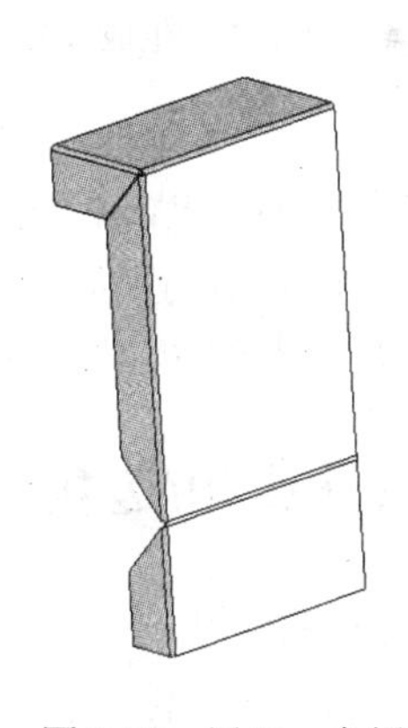

图 8-74　展开一个折弯

（3）选择钣金零件上箭头所指表面作为绘图基准面，如图 8-75 所示。然后单击“前导视图”工具栏中的正视于图标，单击“草图”操控板中的矩形图标，绘制矩形草图，如图 8-76 所示。执行【插入】→【切除】→【拉伸】菜单命令，或者单击“特征”操控板中的切除拉伸图标，在弹出“切除拉伸”属性管理器中“终止条件”一栏中选择“完全贯通”，然后单击确定图标，生成切除拉伸特征，如图 8-77 所示。

（4）执行【插入】→【钣金】→【折叠】菜单命令，或者单击“钣金”工具栏中的折叠图标，弹出“展开”属性管理器。

（5）在图形区域中选择在展开操作中选择的面作为固定面，选择展开的折弯作为要折叠的折弯，单击确定图标，结果如图 8-78 所示。

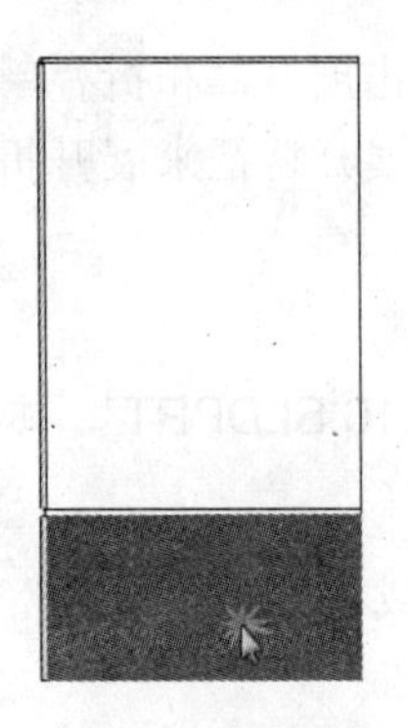

图 8-75　设置基准面

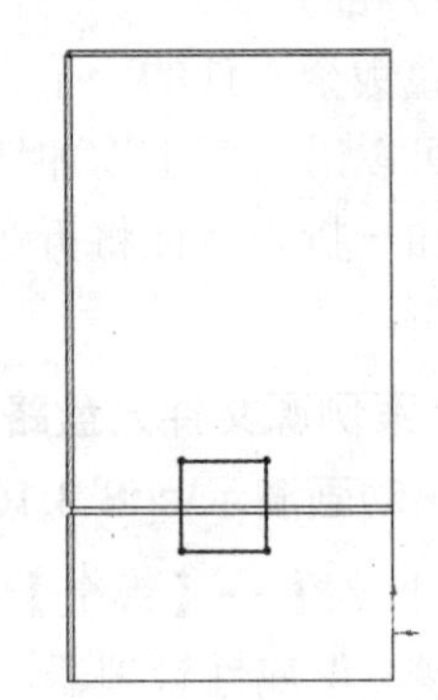

图 8-76　绘制矩形草图

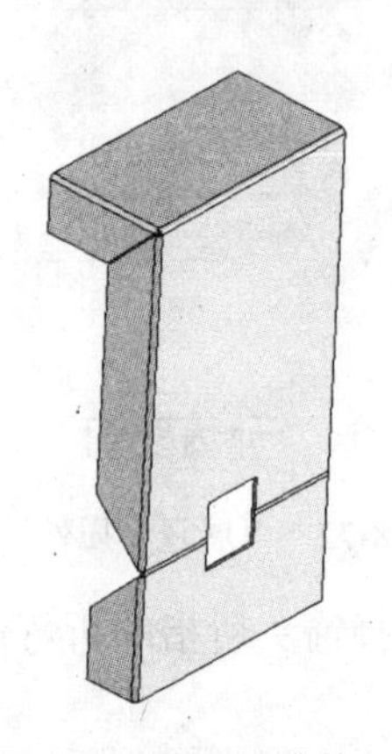

图 8-77　生成切除特征

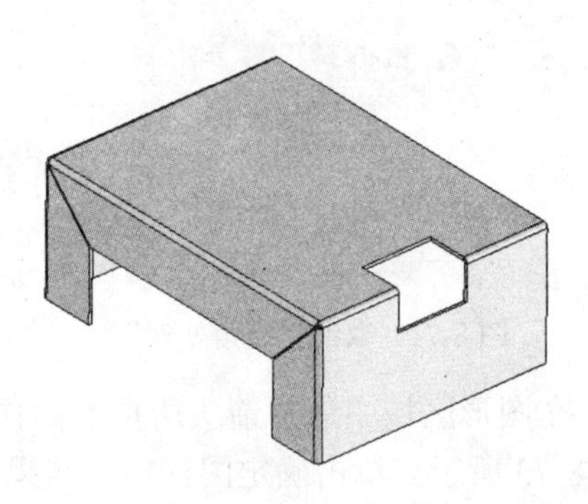

图 8-78　将钣金零件重新折叠

注意：

在设计过程中，为使系统性能更快，只展开和折叠正在操作项目的折弯。再“展开”特征 PropertyManager 对话框和“折叠”特征 PropertyManager 对话框，执行【收集所有折弯】命令，可以把钣金零件所有折弯展开或折叠。

8.4.11　断开边角/边角剪裁特征

使用断开边角特征工具可以从折叠的钣金零件的边线或面切除材料。使用边角剪裁特征工具可以从展开的钣金零件的边线或面切除材料。

1．断开边角

断开边角操作只能在折叠的钣金零件中操作。

操作步骤如下。

【案例 8-11】案例源文件光盘路径："X：\源文件\ch8\8.17.SLDPRT"，本案例视频内容光盘路径："X：\动画演示\ch8\8.11 断开边角.swf"。

（1）执行【插入】→【钣金】→【断裂边角】菜单命令，或者单击"钣金"工具栏中的断开边角/边角剪裁图标，弹出"展开"属性管理器。在图形区域中，单击想断开的边角边线或法兰面，如图 8-79 所示。

（2）在"折断类型"中单击倒角图标，输入距离值 10，单击确定图标，结果如图 8-80 所示。

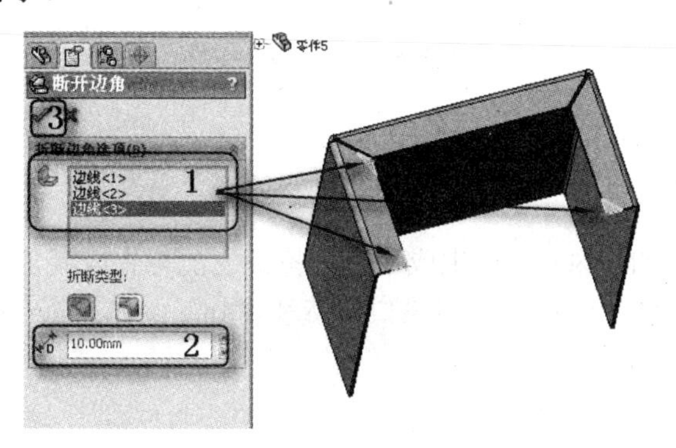

图 8-79　选择要断开边角的边线和面

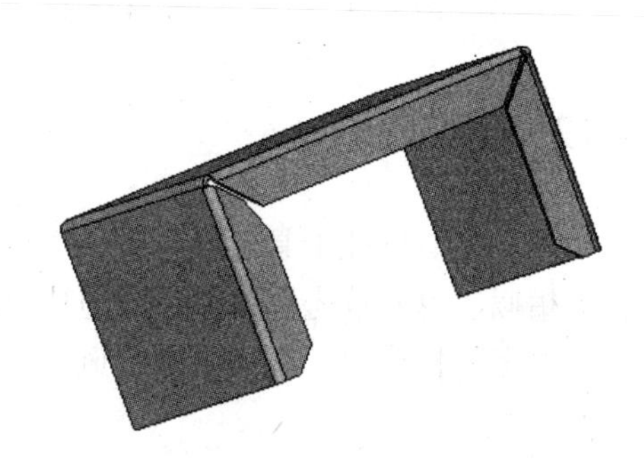

图 8-80　生成断开边角特征

2．边角剪裁

边角剪裁操作只能在展开的钣金零件中操作，在零件被折叠时边角剪裁特征将被压缩。

操作步骤如下。

【案例 8-12】案例源文件光盘路径："X：\源文件\ch8\8.19.SLDPRT"，本案例视频内容光盘路径："X：\动画演示\ch8\8.12 边角剪裁.swf"。

（1）单击"钣金"工具栏中的展开图标，将钣金零件整个展开，如图 8-81 所示。在图形区域中，选择要折断边角边线或法兰面，如图 8-82 所示。

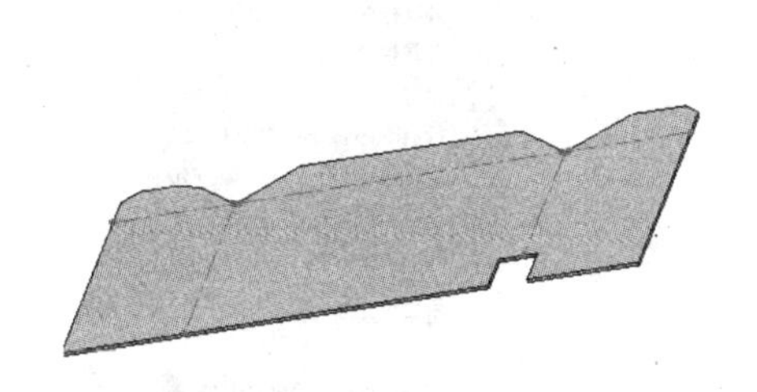

图 8-81　展开钣金零件

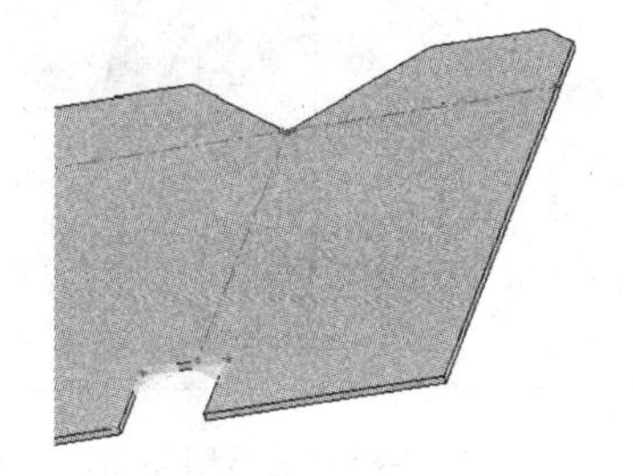

图 8-82　选择要折断边角的边线和面

（2）在"折断类型"中单击倒角图标，输入距离值 10，单击确定图标，结果如图 8-83 所示。

（3）用鼠标右键单击钣金零件"FeatureMannger 设计树"中的平板型式特征，在弹出的菜单中选择【压缩】命令，或者单击“钣金”工具栏中的展开图标，使此图标弹起，将钣金零件折叠，边角剪裁特征将被压缩，如图 8-84 所示。

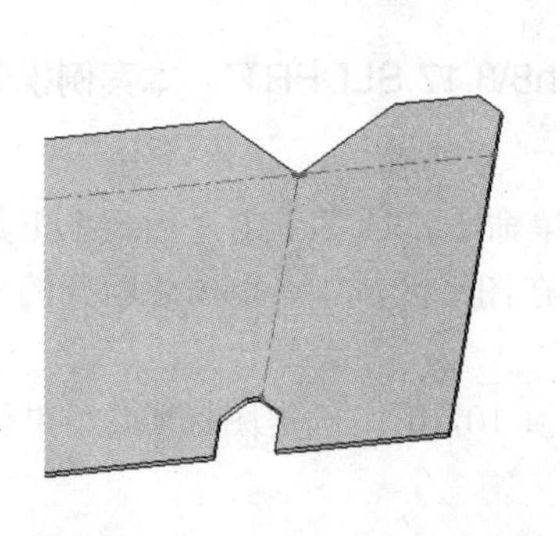

图 8-83　生成边角剪裁特征

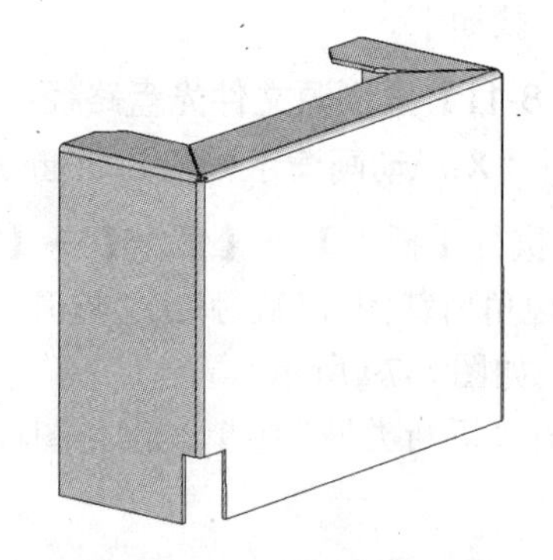

图 8-84　折叠钣金零件

8.4.12　通风口

使用通风口特征工具可以在钣金零件上添加通风口。在生成通风口特征之前与生成其他钣金特征相似，也要首先要绘制生成通风口的草图，然后在“通风口”特征 PropertyManager 对话框中设定各种选项，从而生成通风口。

操作步骤如下。

【案例 8-13】案例源文件光盘路径：“X：\源文件\ch8\8.20.SLDPRT”，本案例视频内容光盘路径：“X：\动画演示\ch8\8.13 通风口.swf”。

（1）首先在钣金零件的表面绘制如图 8-85 所示的通风口草图。为了使草图清晰，可以执行【视图】→【草图几何关系】菜单命令，如图 8-86 所示；使草图几何关系不显示，如图 8-87 所示。然后单击退出草图图标。

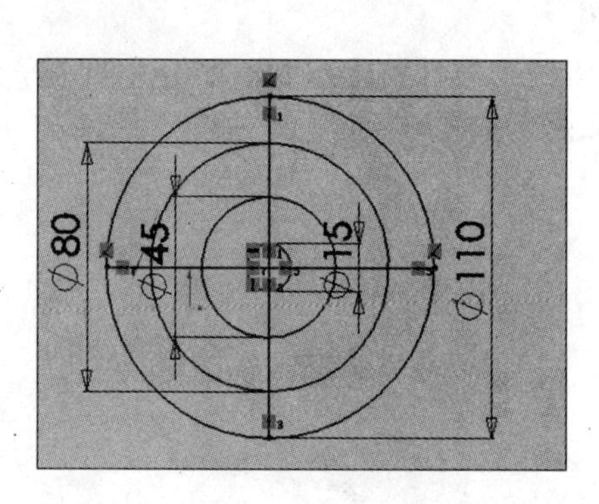

图 8-85　通风口草图

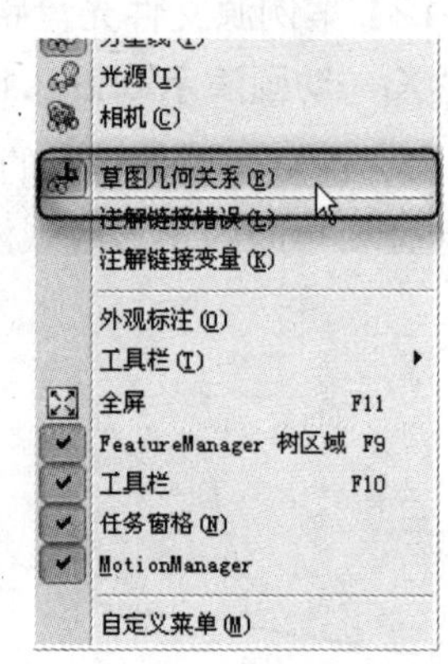

图 8-86　视图菜单

（2）单击“钣金”工具栏中的通风口图标，弹出“通风口”属性管理器。首先选择草图的最大直径的圆草图作为通风口的边界轮廓，如图 8-88 所示。同时，在几何体属性的放置面栏中自动输入绘制草图的基准面作为放置通风口的表面。

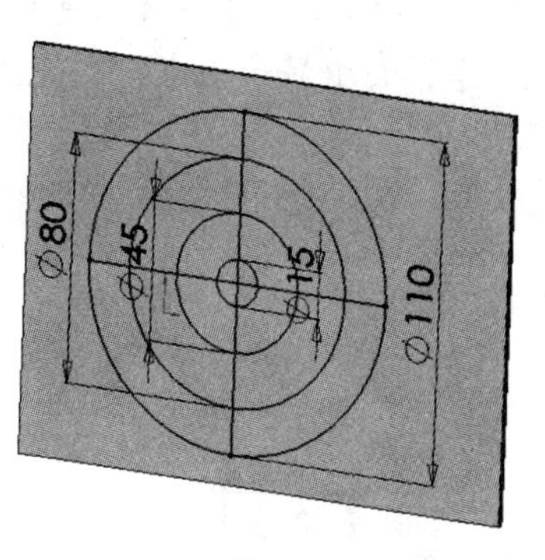

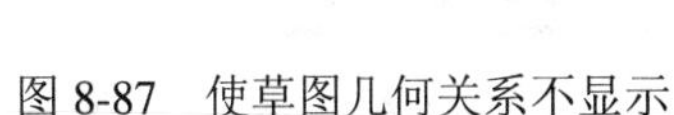

图 8-87　使草图几何关系不显示

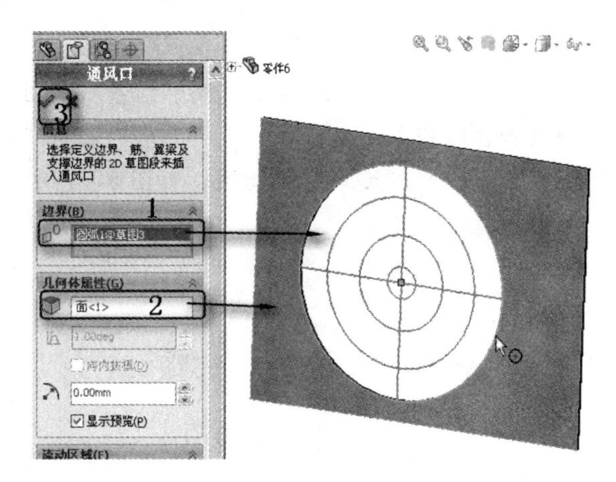

图 8-88　选择通风口的边界

（3）在“圆角半径”栏中输入相应的圆角半径值，本实例中输入值为 5。这些值将应用于边界、筋、翼梁和填充边界之间的所有相交处，以便产生圆角，如图 8-89 所示。

（4）在“筋”下拉列表框中选择通风口草图中的两个互相垂直的直线作为筋轮廓，在“筋宽度”栏中输入值为 5，如图 8-90 所示。

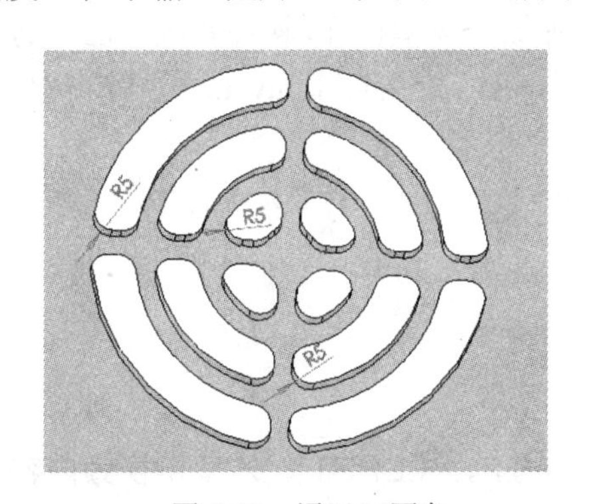

图 8-89　通风口圆角

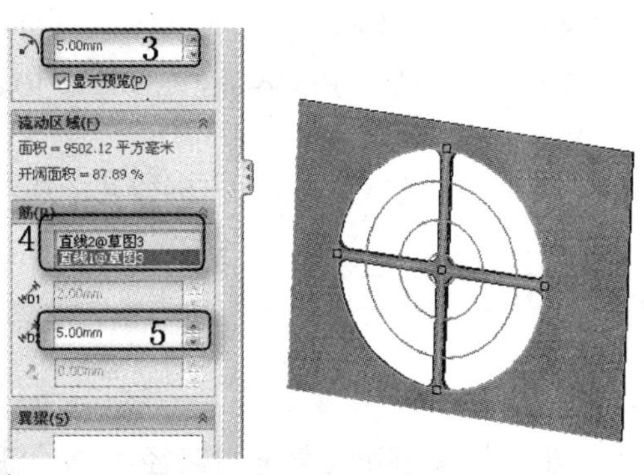

图 8-90　选择筋草图

（5）在“翼梁”下拉列表框中选择通风口草图中的两个同心圆作为翼梁轮廓，在“翼梁宽度”栏中输入值为 5，如图 8-91 所示。

（6）在“填充边界”下拉列表框中选择通风口草图中的最小圆作为填充边界轮廓，如图 8-92 所示。最后单击确定图标✔，结果如图 8-93 所示。

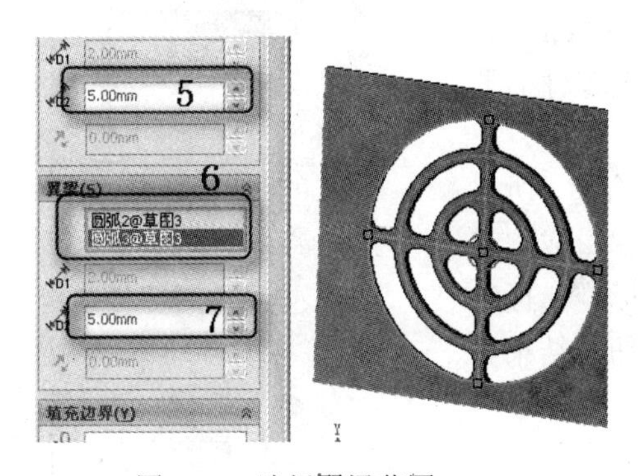

图 8-91　选择翼梁草图

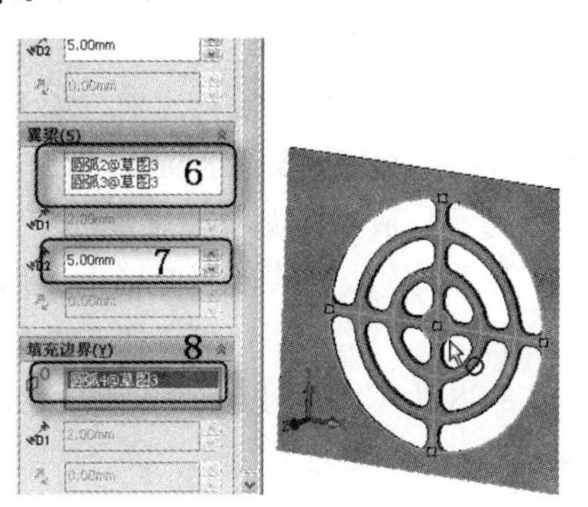

图 8-92　选择填充边界草图

■ 注意：

如果在“钣金”工具栏中找不到通风口图标▦，可以执行【视图】→【工具栏】→【扣合特征】菜单命令，使“扣合特征”工具栏在操作界面中显示出来。在此工具栏中可以找到通风口图标▦，如图 8-94 所示。

图 8-93 生成通风口特征

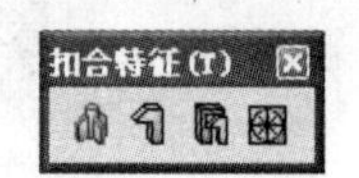

图 8-94 “扣合特征”工具栏

8.5 钣金成型

利用 SolidWorks 软件中的钣金成型工具可以生成各种钣金成型特征，软件系统中已有的成型工具有 5 种，分别是：Embosses（凸起）、Extruded Flanges（冲孔）、Louvers（百叶窗板）、Ribs（筋）、Lances（切开）。

用户也可以在设计过程中自己创建新的成型工具或者对已有的成型工具进行修改。

8.5.1 使用成型工具

使用成型工具的操作步骤如下。

【案例 8-14】案例源文件光盘路径：“X：\源文件\ch8\8.21.SLDPRT”，本案例视频内容光盘路径：“X：\动画演示\ch8\8.14 成型工具.swf”。

（1）首先创建或者打开一个钣金零件文件。单击设计库图标，弹出“设计库”对话框，在对话框中按照路径 Design Library\forming tools\可以找到 5 种成型工具的文件夹，在每一个文件夹中都有若干种成型工具，如图 8-95 所示。

（2）在设计库中选择 embosses（凸起）工具中的“circular emboss”成型图标，按下鼠标左键，将其拖入钣金零件需要放置成型特征的表面，如图 8-96 所示。

（3）随意拖放的成型特征可能位置并不一定合适，所以系统会弹出“放置成型特征”对话框，提示是否编辑成型特征的位置，如图 8-97 所示。可以单击智能尺寸图标，标注如图所示 8-98 所示的尺寸。然后单击【完成】按钮，结果如图 8-99 所示。

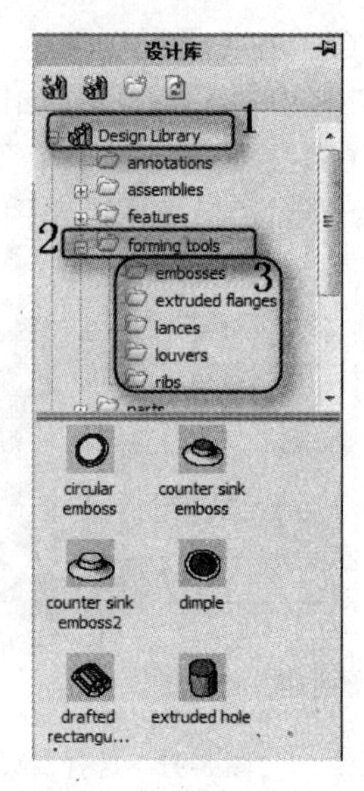

图 8-95 成型工具存在位置

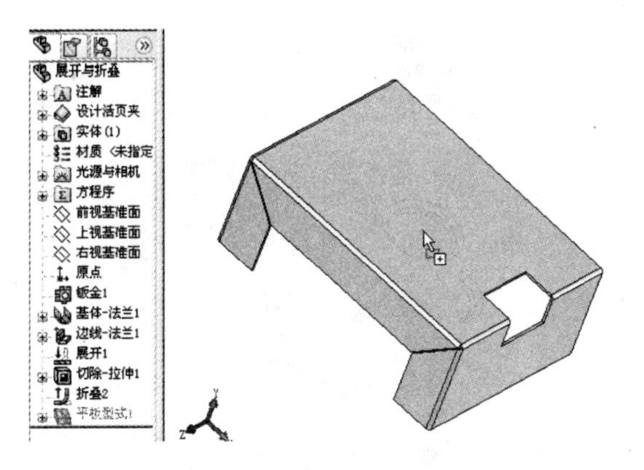

图 8-96　将成型工具拖入放置表面

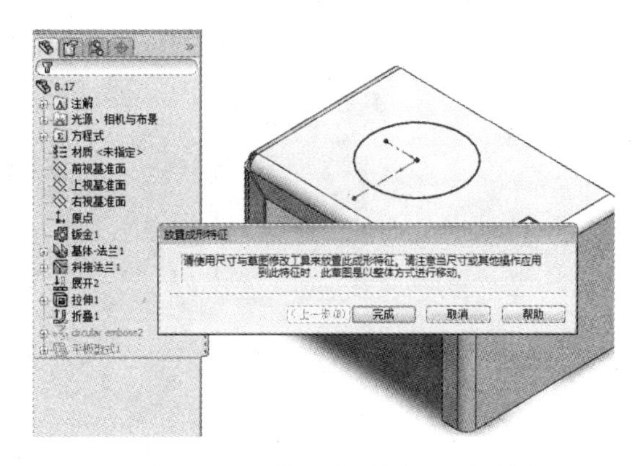

图 8-97　“放置成形特征”对话框

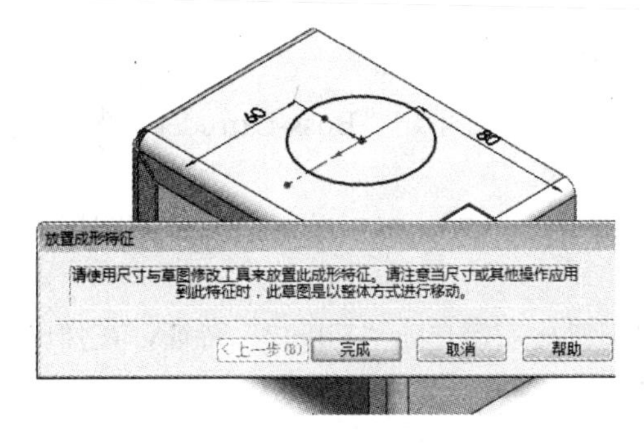

图 8-98　标注成型特征位置尺寸

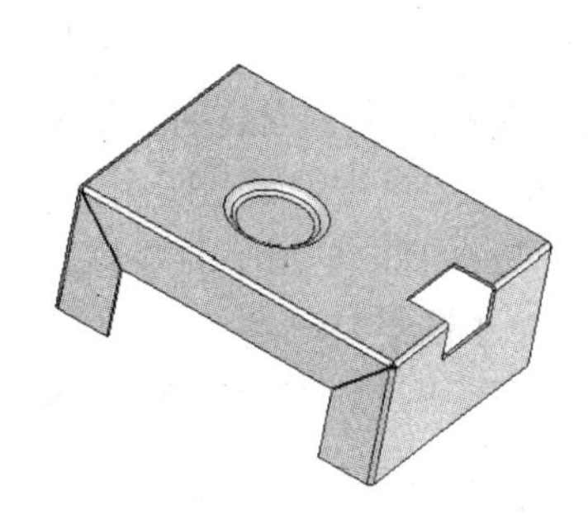

图 8-99　生成的成型特征

注意：

使用成型工具时，默认情况下成型工具向下行进，即形成的特征方向是“凹”。如果要使其方向变为“凸”，需要在拖入成型特征的同时按【Tab】键。

8.5.2　修改成型工具

SolidWorks 软件自带的成型工具形成的特征在尺寸上不能满足用户使用要求，用户可以自行进行修改。

修改成型工具的操作步骤如下。

【案例 8-15】案例源文件光盘路径：“X：\源文件\ch8\8.21.SLDPRT”，本案例视频内容光盘路径：“X：\动画演示\ch8\8.15 修改成型工具.swf”。

（1）单击设计库图标，在对话框中按照路径 Design Library\forming tools\找到需要修改的成型工具，用鼠标双击成型工具图标。例如，用鼠标双击 embosses（凸起)工具中的“circular emboss”成型图标，如图 8-100 所示，系统将会进入“circular emboss”成型特征的设计界面。

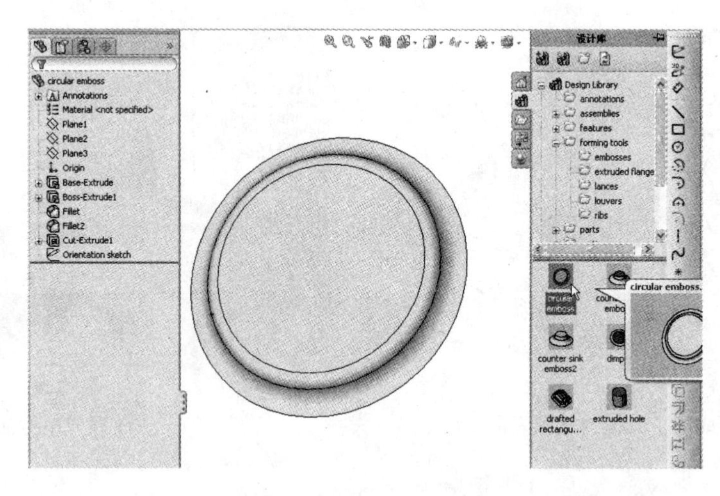

图 8-100　双击“circular emboss”成型图标

（2）在左侧的“FeatureMannger 设计树”中用鼠标右键单击“Boss-Extrudel”特征，在弹出的快捷菜单中单击编辑草图图标，如图 8-101 所示。

（3）鼠标双击草图中的圆直径尺寸，将其数值更改为 70，然后单击退出草图图标，成型特征的尺寸将变大。

（4）在左侧的“FeatureMannger 设计树”中用鼠标右键单击“Fillet2”特征，在弹出的快捷菜单中单击编辑特征图标，如图 8-102 所示。

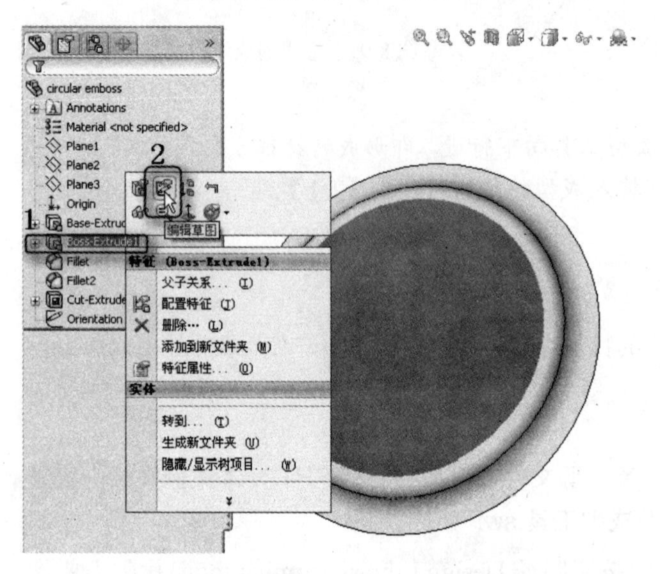

图 8-101　编辑“Boss-Extrudel”特征草图

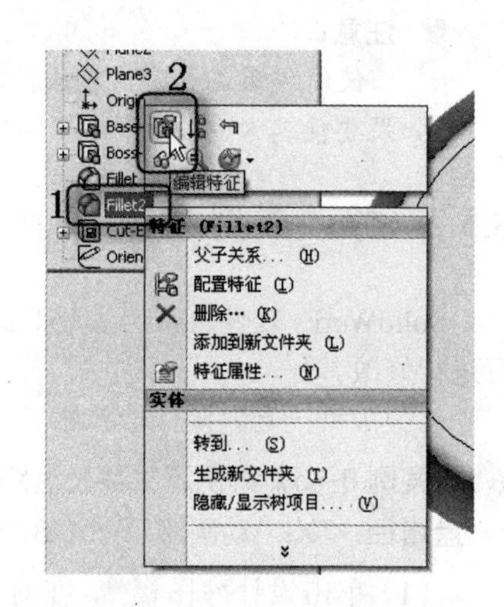

图 8-102　编辑“Fillet2”特征

（5）在“Fillet2”属性管理器中更改圆角半径数值为 10，如图 8-103 所示。单击确定图标，结果如图 8-104 所示，执行【文件】→【保存】菜单命令将成型工具保存。

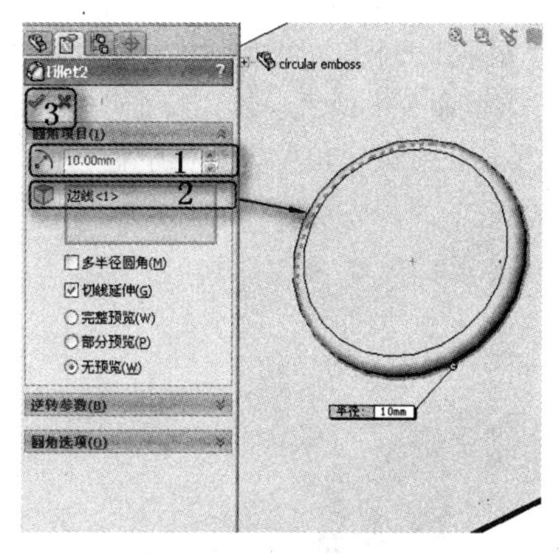

图 8-103　编辑“Fillet2”特征

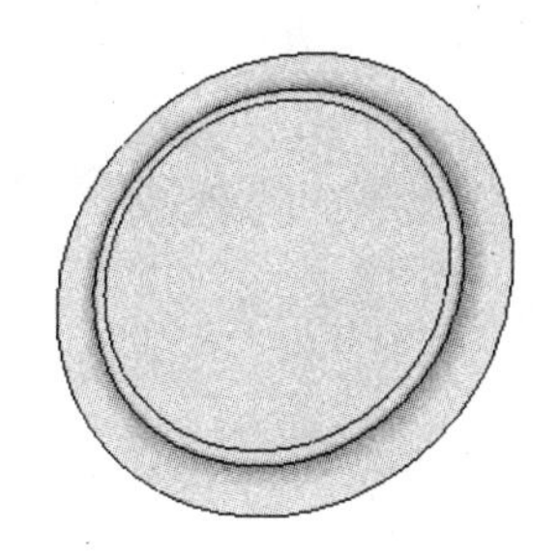

图 8-104　修改后的“Boss-Extrudel”特征

8.5.3　创建新成型工具

用户可以自己创建新成型工具，然后将其添加到“设计库”中，以备后用。创建新的成型工具和创建其他实体零件的方法一样。下面举例创建一个新的成型工具，其操作步骤如下。

【案例 8-16】案例源文件光盘路径：“X：\源文件\ch8\8.22.SLDPRT”，本案例视频内容光盘路径：“X：\动画演示\ch8\8.16 创建新成型工具.swf”。

（1）创建一个新的文件，在操作界面左侧的“FeatureMannger 设计树”中选择“前视基准面”作为绘图基准面，然后单击“草图”操控板中的矩形图标□，绘制一个矩形，如图 8-105 所示。

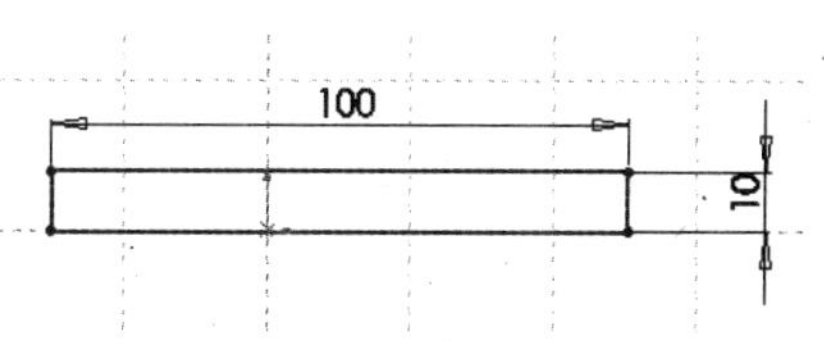

图 8-105　绘制矩形草图

（2）执行【插入】→【凸台/基体】→【拉伸】菜单命令，或者单击“特征”操控板中的拉伸凸台/基体图标，在“深度”一栏中输入值为 80，然后单击确定图标✔，结果如图 8-106 所示。

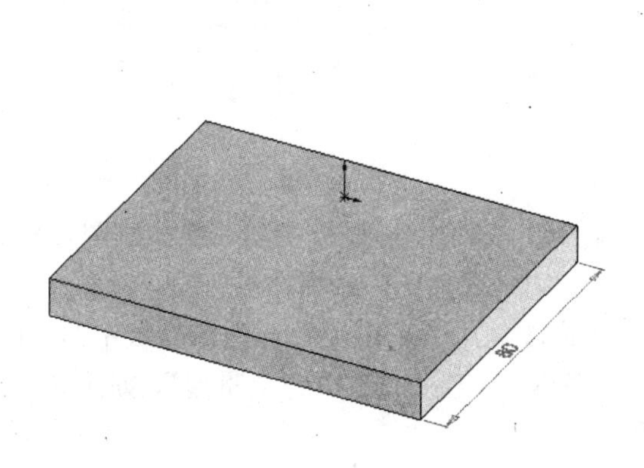

图 8-106　生成拉伸特征

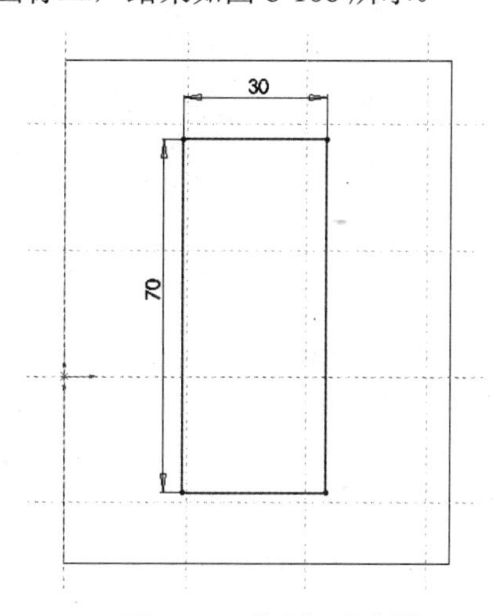

图 8-107　绘制矩形草图

（3）单击图 8-106 中的上表面，然后单击“前导视图”工具栏中的正视于图标，将该表面作为绘制图形的基准面。在此表面上绘制一个“矩形”草图，如图 8-107 所示。

（4）执行【插入】→【凸台/基体】→【拉伸】菜单命令，或者单击“特征”操控板中的拉伸凸台/基体图标，在“深度”一栏中输入值为 15，在“拔模角度”一栏中输入值为 10，拉伸生成特征如图 8-108 所示。

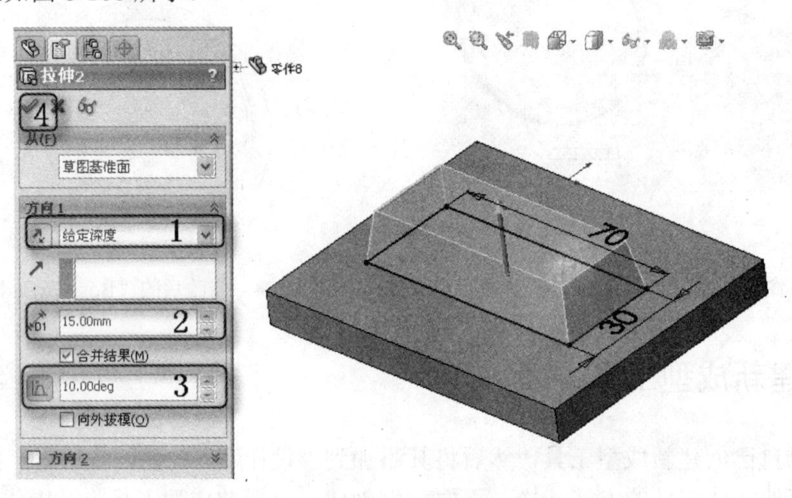

图 8-108　生成拉伸特征

（5）执行【插入】→【特征】→【圆角】菜单命令，或者单击“特征”操控板中的圆角图标，输入圆角半径值为 6，按住【Shift】键，依次选择拉伸特征的各个边线，如图 8-109 所示，然后单击确定图标，结果如图 8-110 所示。

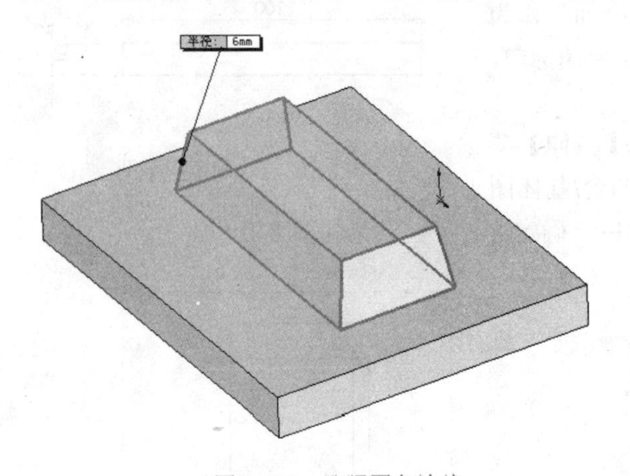

图 8-109　选择圆角边线

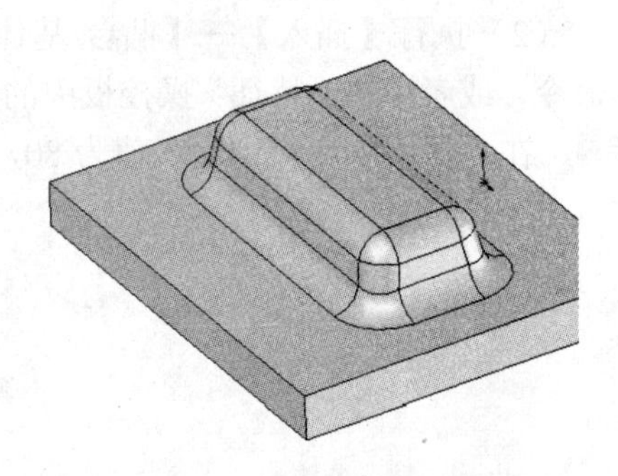
图 8-110　生成圆角特征

（6）单击图 8-110 中矩形实体的一个侧面，然后单击“草图”操控板中的草图绘制图标，然后单击转换实体引用图标，生成矩形草图，如图 8-111 所示。

（7）执行【插入】→【切除】→【拉伸】菜单命令，或者单击“特征”操控板中的切除拉伸图标，在“切除拉伸”属性管理器中的“终止条件”一栏中选择“完全贯通”，如图 8-112 示，然后单击确定图标。

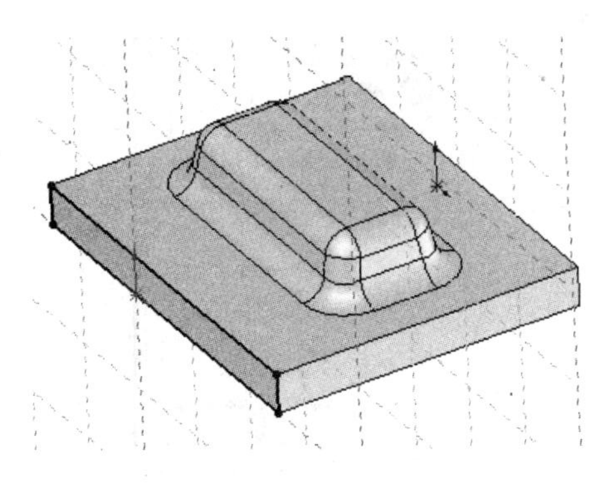

图 8-111　转换实体引用

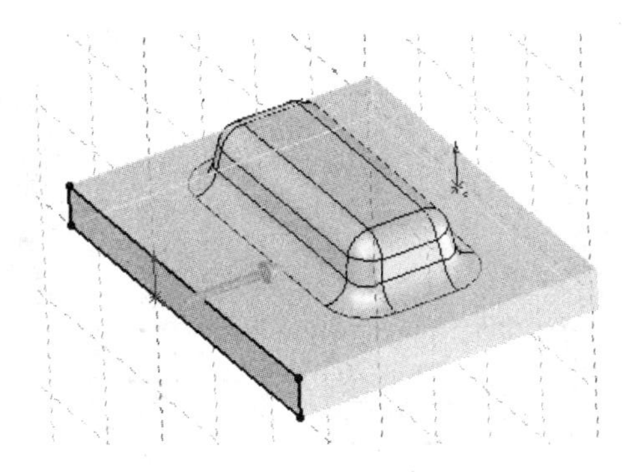

图 8-112　完全贯通切除

（8）单击图 8-113 中的底面，然后单击“前导视图”工具栏中的正视于图标，将该表面作为绘制图形的基准面。单击“草图”操控板中的圆图标和直线图标，以基准面的中心为圆心绘制一个圆和两条互相垂直的直线，如图 8-114 所示，单击退出草图图标。

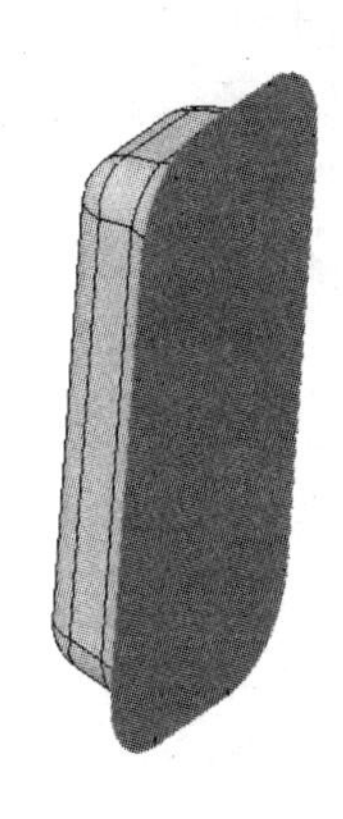

图 8-113　选择草图基准面

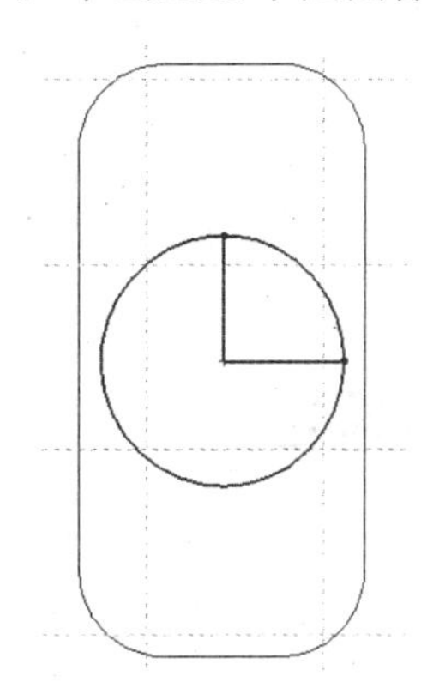

图 8-114　绘制定位草图

注意：

在步骤（8）中绘制的草图是成型工具的定位草图，必须要绘制，否则成型工具将不能放置到钣金零件上。

（9）首先，将零件文件保存，然后在操作界面左边成型工具零件的“FeatureMannger 设计树”中，用鼠标右键单击零件名称，在弹出的快捷菜单中执行【添加到库】命令，如图 8-115 所示，系统弹出“另存为”对话框，在对话框中选择保存路径：Design Library\forming tools\embosses\，如图 8-116 所示。将此成型工具命名为“矩形凸台”，单击【保存】按钮，可以把新生成的成型工具保存在设计库中，如图 8-117 所示。

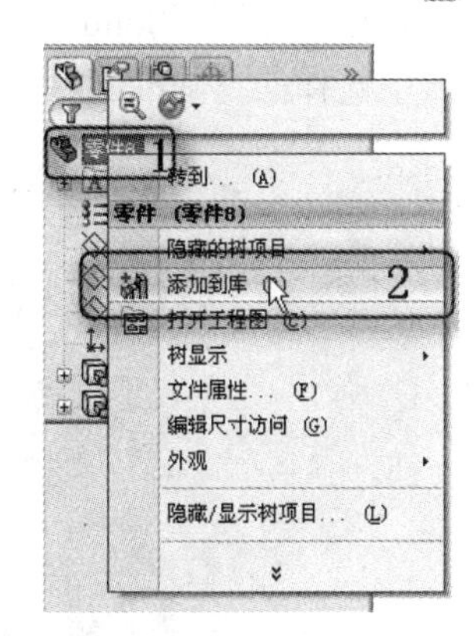

图 8-115　执行【添加到库】命令

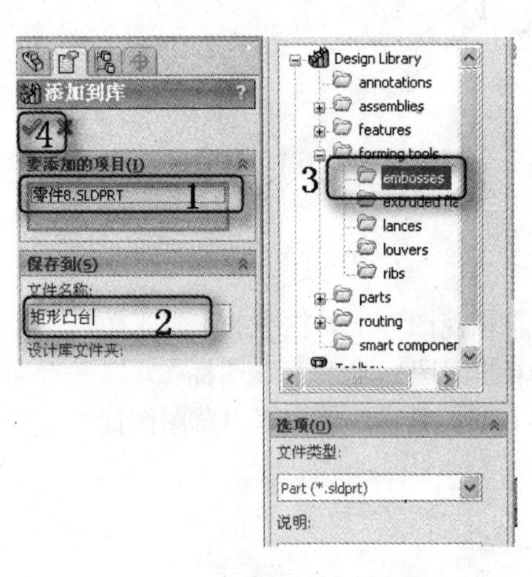

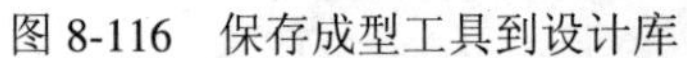
图 8-116　保存成型工具到设计库

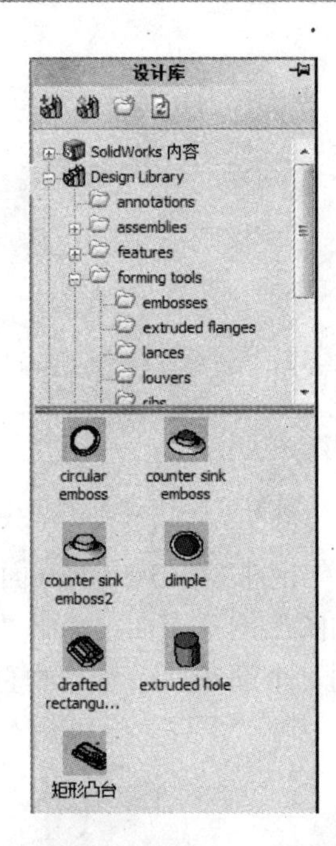

图 8-117　添加到设计库中的“矩形凸台”成型工具

8.6 巩固练习

8.6.1 巩固练习 1

本节将利用前面所学的内容详细地介绍如何建立一个如图 8-118 所示的钣金零件（其展开图如图 8-119 所示），操作步骤如下。

【案例 8-17】本案例源文件光盘路径：“X：\源文件\ch8\8.17 钣金实例 1.SLDPRT”。

（1）首先进入 SolidWorks，执行菜单栏中的【新建】命令，进入零件设计状态。在特征管理器中选择前视基准面。

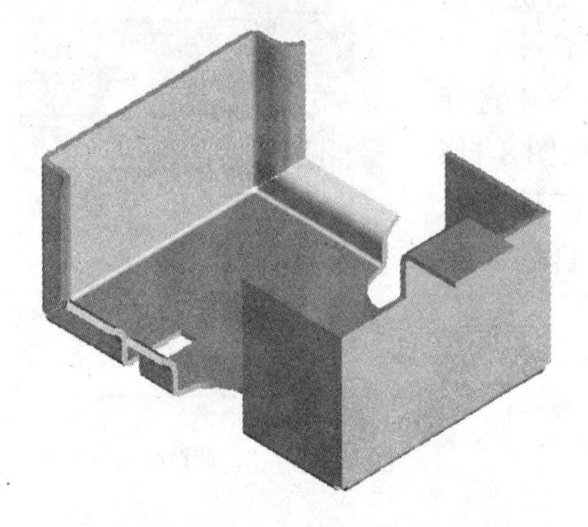
图 8-118　要绘制的钣金零件

图 8-119　钣金零件展开图

（2）单击“草图”操控板中的图标，进入草图绘制界面，绘制如图 8-120 所示的直线；标注图中各尺寸，如图 8-121 所示。

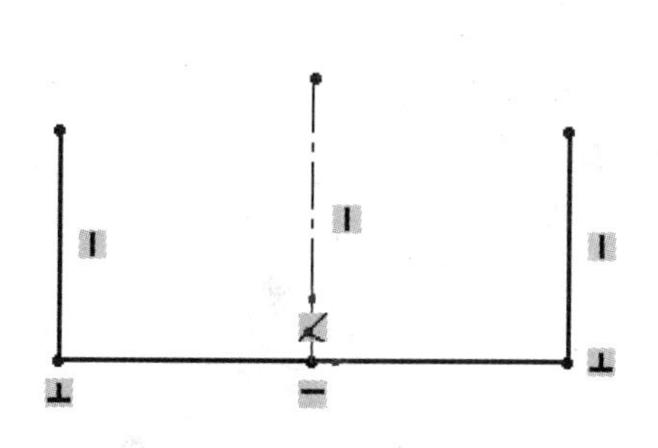

图 8-120　绘制草图

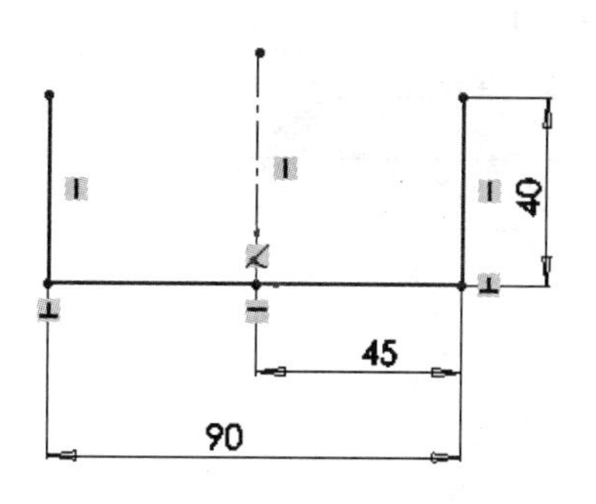

图 8-121　标注尺寸

（3）执行菜单栏中的【工具】→【钣金】→【基体法兰】命令，或者单击“钣金”工具栏中的图标，在弹出的“基体-法兰”属性管理器中设置各参数如图 8-122 所示，单击确定图标，即可得到如图 8-123 所示的效果。

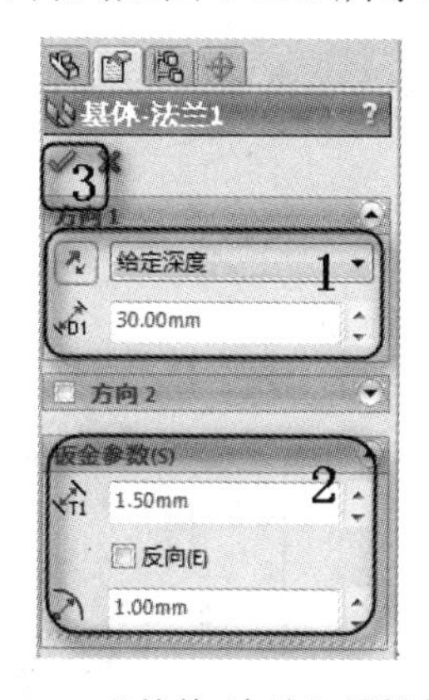

图 8-122　“基体-法兰”属性管理器

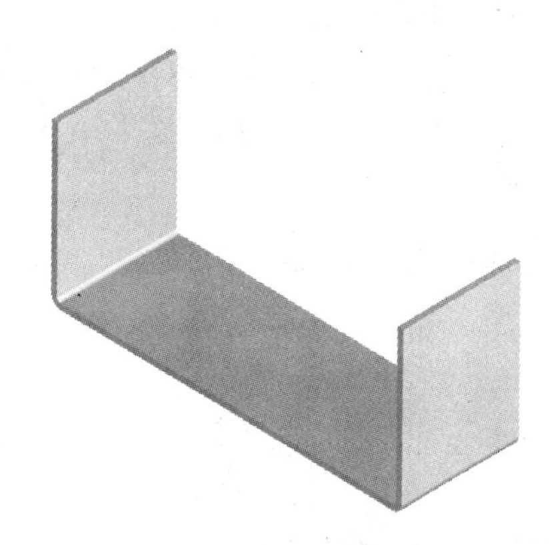

图 8-123　基体法兰效果

（4）选择钣金零件的底面作为参考面，单击“草图”操控板中的图标，绘制如图 8-124 所示的二维草图，设置圆的半径为 10mm。

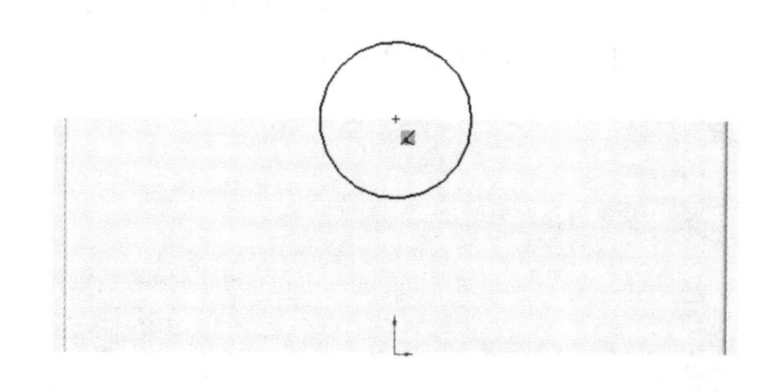

图 8-124　绘制二维草图

（5）单击“特征”操控板中的图标，在弹出的“切除-拉伸”属性管理器中设置方向 1 选项板为“完全贯穿”，如图 8-125 所示，单击确定图标，即可得到如图 8-126 所示的效果。

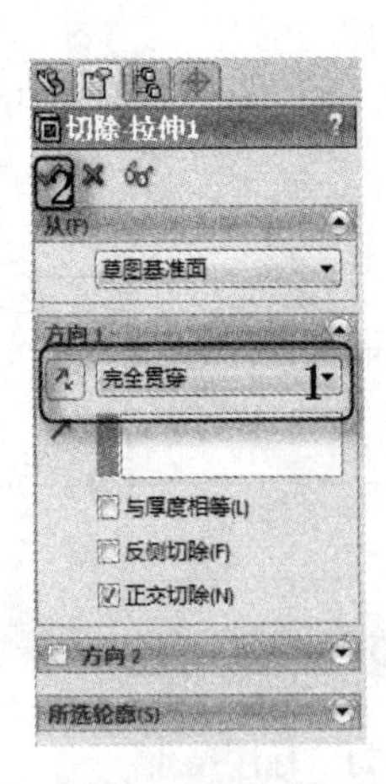

图 8-125 “切除-拉伸”属性管理器

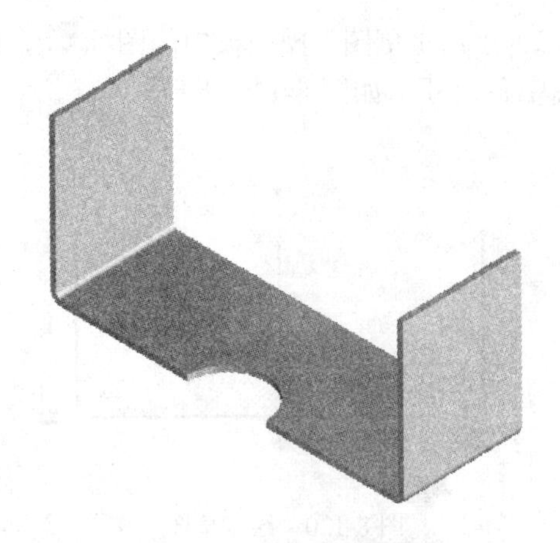

图 8-126 切除-拉伸效果

（6）执行【工具】→【钣金】→【斜接法兰】菜单命令，或者单击“钣金”工具栏中的图标，选择内竖直边线以生成与所选边线垂直的草图基准面，其新生成的原点位于边线的最近端点处，如图 8-127 所示。

（7）单击“草图”操控板中的图标，进入草图绘制界面，利用相关草图绘制命令从原点开始绘制草图，并标注尺寸，如图 8-128 所示。

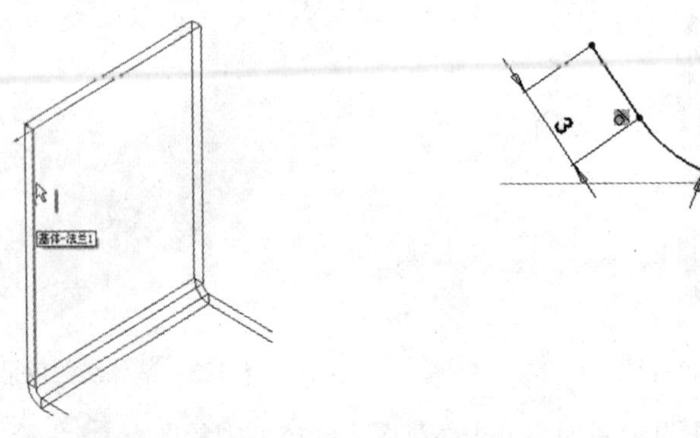

图 8-127 绘制折弯需要的直线

图 8128 绘制草图

（8）退出草图，此时生成的钣金零件预览效果如图 8-129 所示。单击零件图中的延伸图标，即可得到如图 8-130 所示的钣金效果预览。

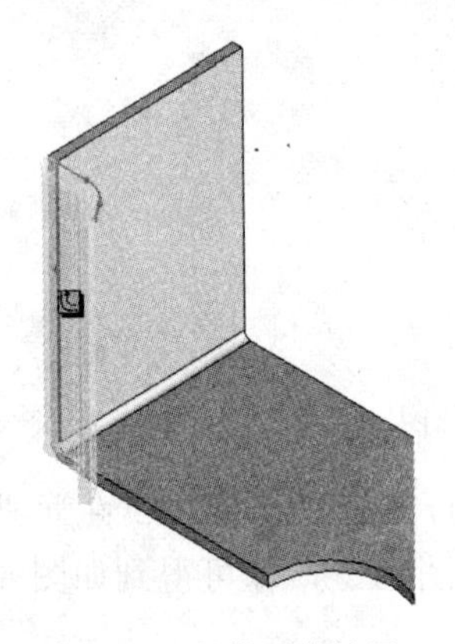

图 8-129 零件预览效果

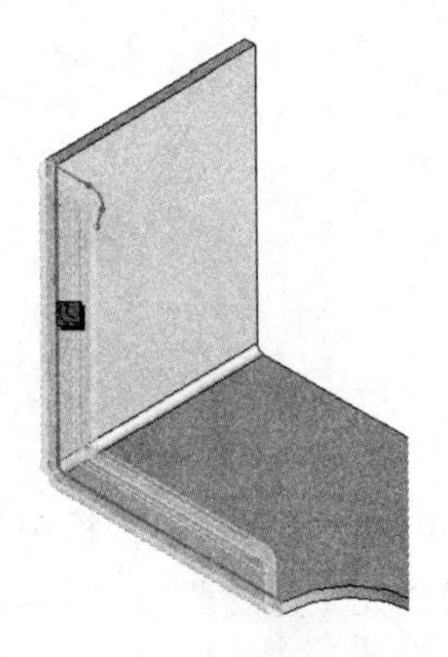

图 8-130 钣金预览效果

（9）设置“斜接法兰”属性管理器各参数如图 8-131 所示，单击确定图标，即可得到如图 8-132 所示的钣金折弯效果。

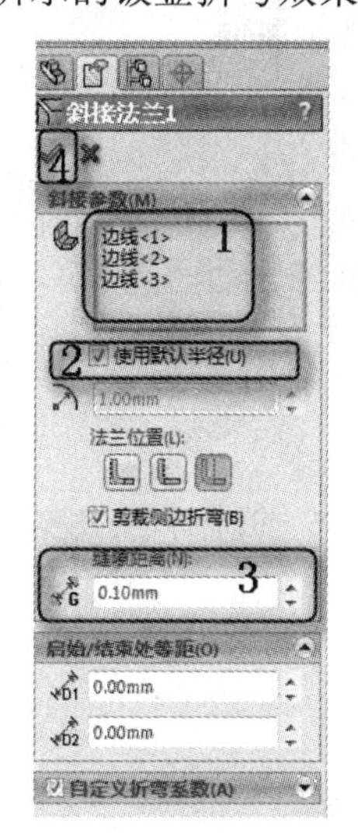

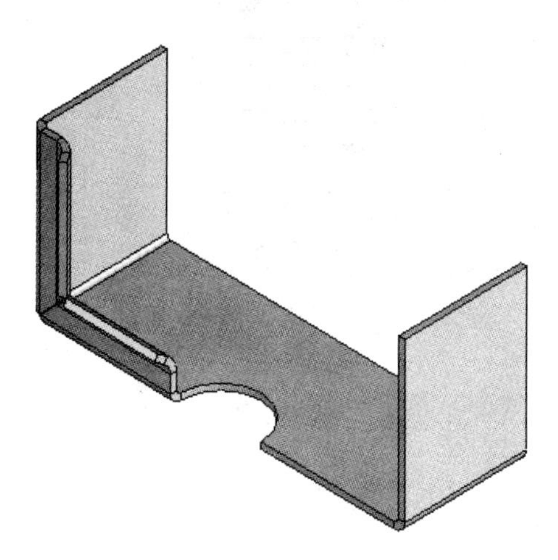

图 8-131　“斜接法兰”属性管理器　　　　图 8-132　钣金折弯效果

（10）执行【工具】→【特征】→【镜向】菜单命令，或者选择“特征”操控板中的图标，在弹出的“镜向”属性管理器设置各参数，如图 8-133 所示，单击确定图标，即可得到如图 8-134 所示的效果。

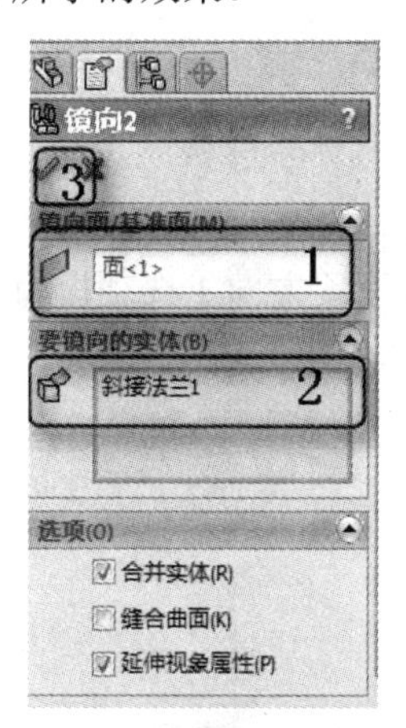

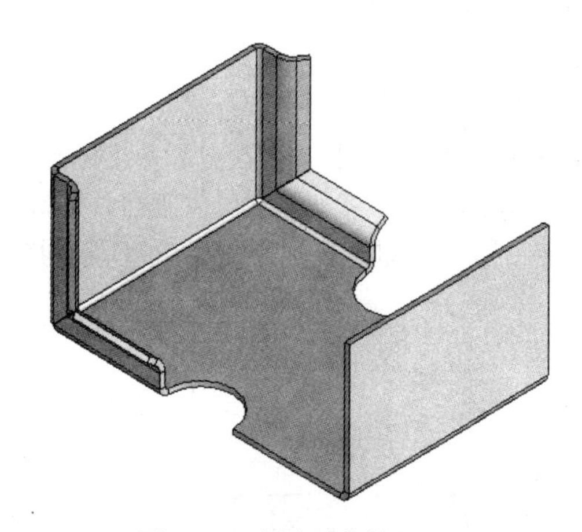

图 8-133　“镜向”属性管理器　　　　图 8-134　钣金镜像效果

（11）执行【工具】→【钣金】→【展开】菜单命令，或者单击“钣金”工具栏中的图标，设置各参数如图 8-135 所示（固定面为底面，要展开的折弯为底面上的折弯），展开后的钣金零件如图 8-136 所示。

（12）选择钣金零件的底面作为参考面，单击“草图”操控板中的图标，绘制如图 8-137 所示的二维草图。

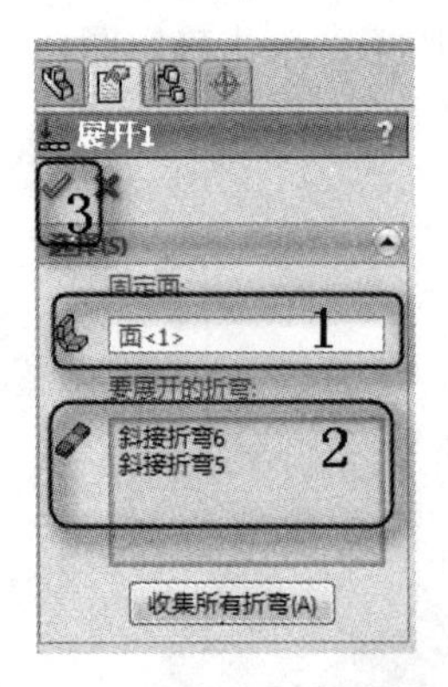

图 8-135 “展开”属性管理器

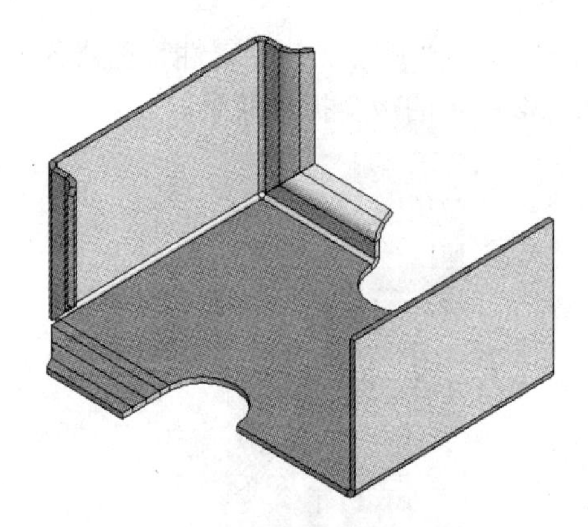

图 8-136 钣金折弯展开效果

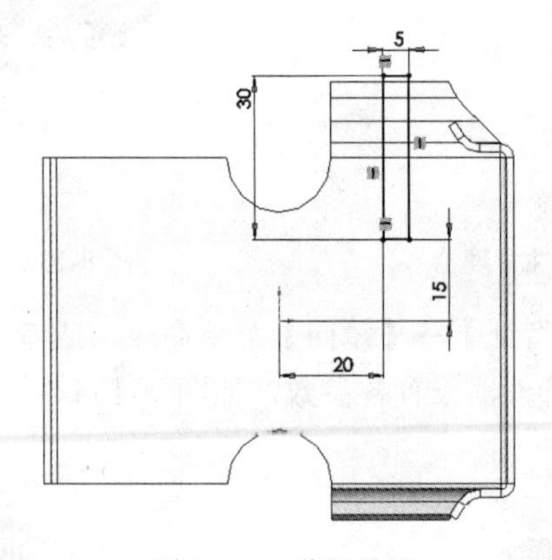

图 8-137 草图效果

（13）执行【工具】→【钣金】→【拉伸切除】菜单命令，或者单击“钣金”工具栏中的图标，弹出“切除-拉伸”属性管理器，如图 8-138 所示，设置方向 1 选项板为“完全贯穿”，单击确定图标，即可得到如图 8-139 所示的效果。

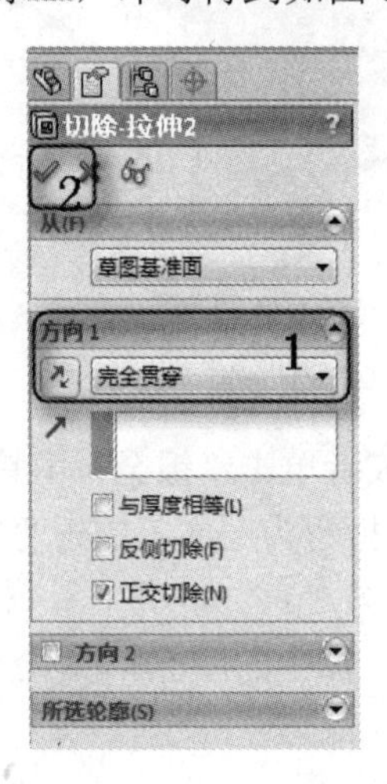

图 8-138 “切除-拉伸”属性管理器

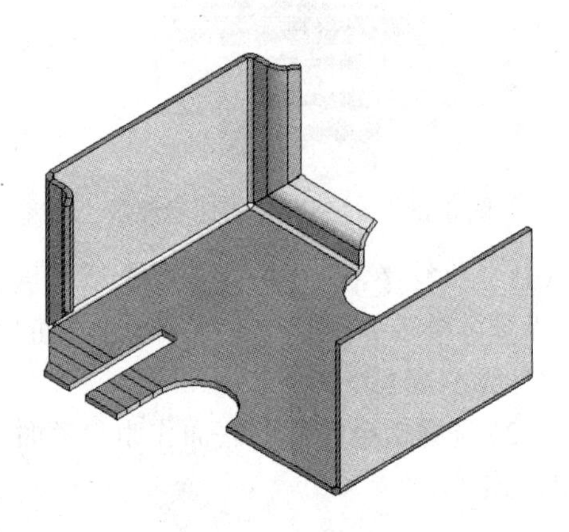

图 8-139 拉伸切除效果

（14）执行【工具】→【钣金】→【折叠】菜单命令，或者单击“钣金”工具栏中的图标，设置各参数如图 8-140 所示，折叠后的钣金零件如图 8-141 所示。

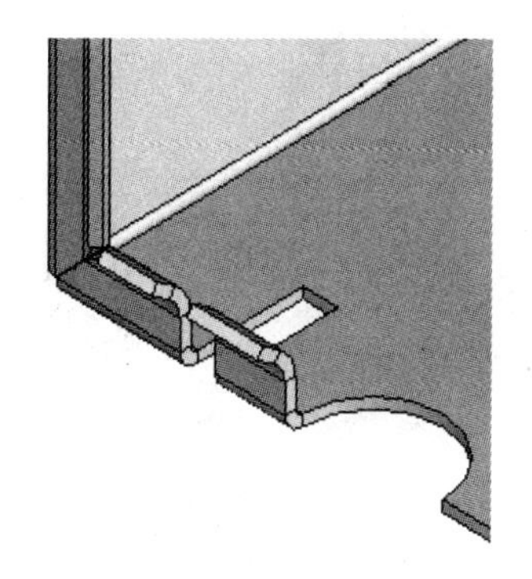

图 8-140　“折叠”属性管理器

图 8-141　钣金折叠效果

（15）执行【工具】→【钣金】→【边线法兰】菜单命令，或者单击“钣金”工具栏中的图标，选择外边线如图 8-142 所示。在弹出的“边线-法兰”属性管理器中设置各参数如图 8-143 所示，同时生成的预览效果如图 8-144 所示，单击确定图标。

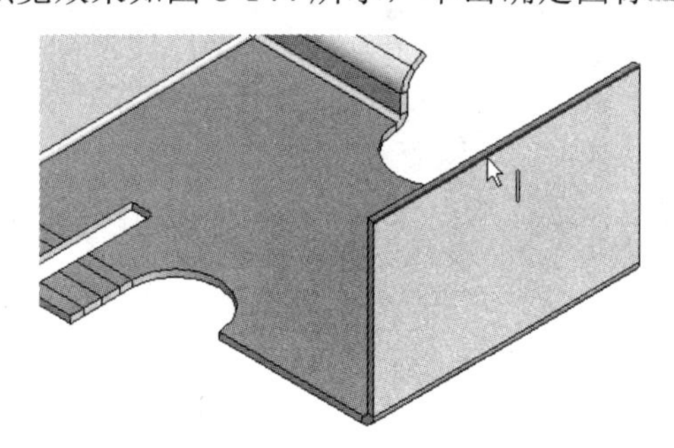

图 8-142　选择外边线

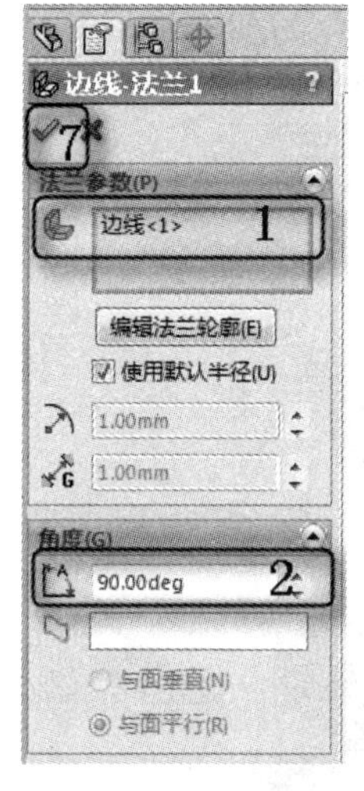

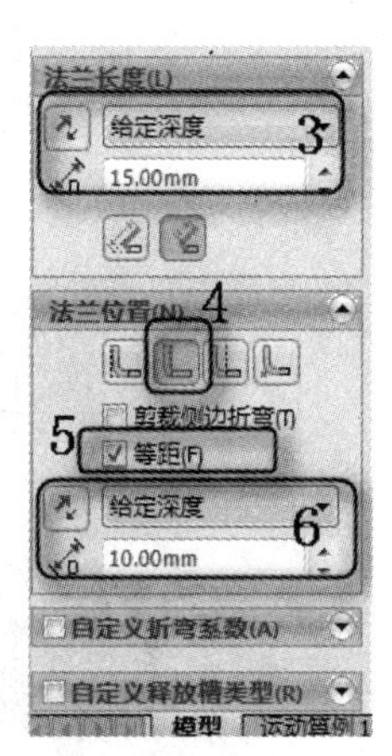

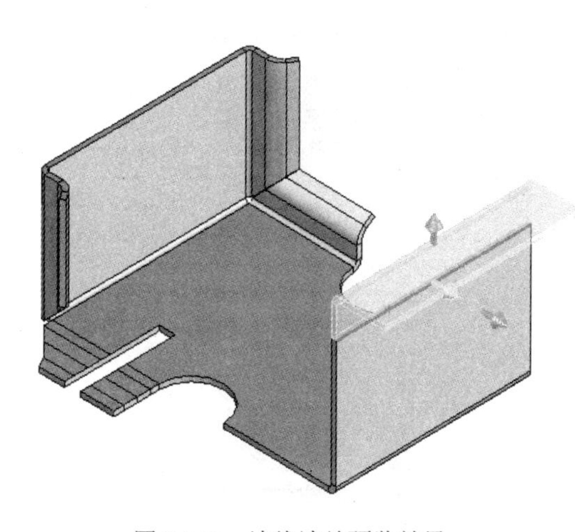

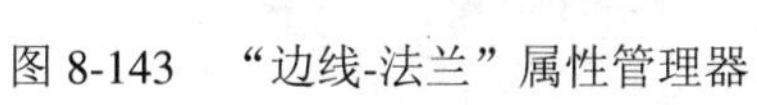
图 8-143　“边线-法兰”属性管理器

图 8-144　边线法兰预览效果

（16）在特征树中的“基体-法兰”处单击鼠标右键，弹出如图 8-145 所示的快捷菜单。执行【编辑草图】命令，编辑草图如图 8-146 所示。单击确定图标，即可得到如图 8-147 所示的效果。

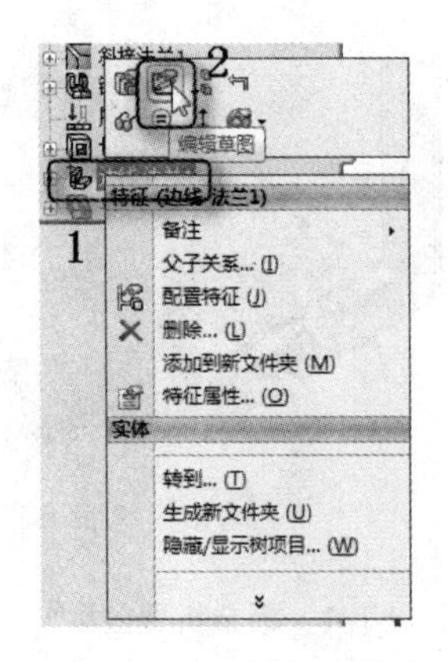

图 8-145　弹出菜单

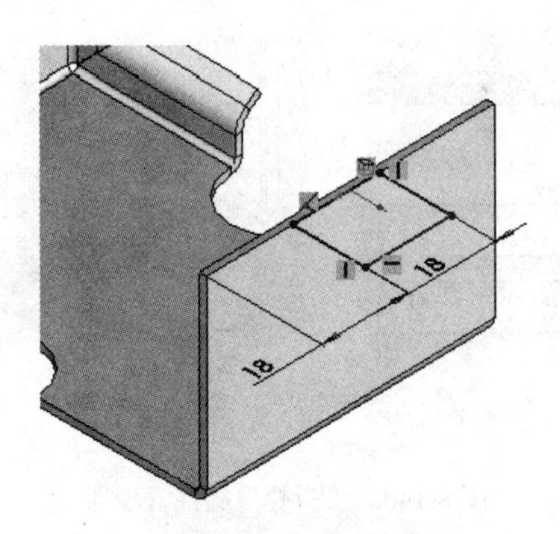

图 8-146　编辑草图

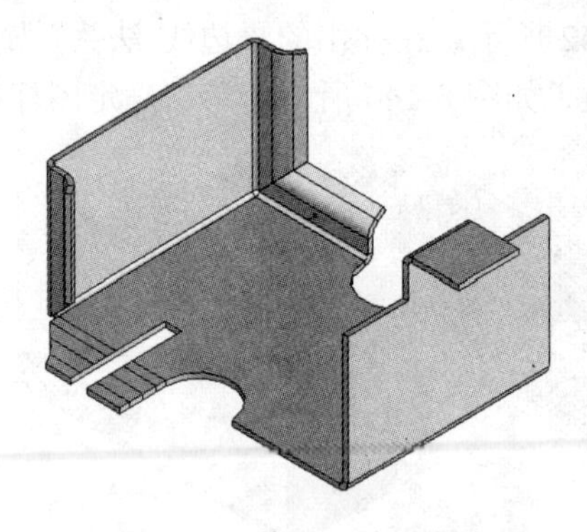

图 8-147　修改后的钣金效果

（17）执行【工具】→【钣金】→【边线法兰】菜单命令，或者单击“钣金”工具栏中的图标，选择外边线，在弹出的“边线-法兰”属性管理器中设置各参数如图 8-148 所示，同时生成的预览效果如图 8-149 所示，单击确定图标。

图 8-148　“边线-法兰”属性管理器

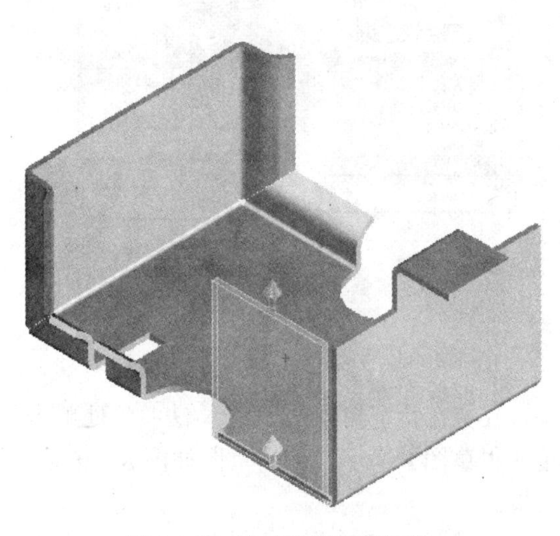

图 8-149　边线法兰预览效果

（18）执行【工具】→【钣金】→【闭合角】命令，或者单击“钣金”工具栏中的图标，选择外边线，在弹出的“闭合角”属性管理器中设置各参数如图 8-150 所示，单击确定图标，生成前后的效果如图 8-151 所示。

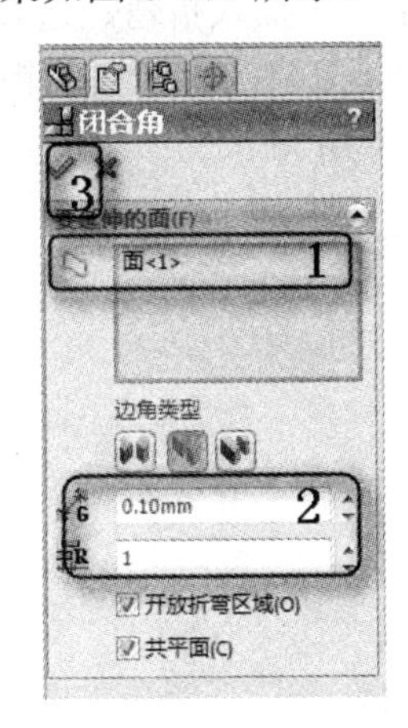

图 8-150　“闭合角”属性管理器

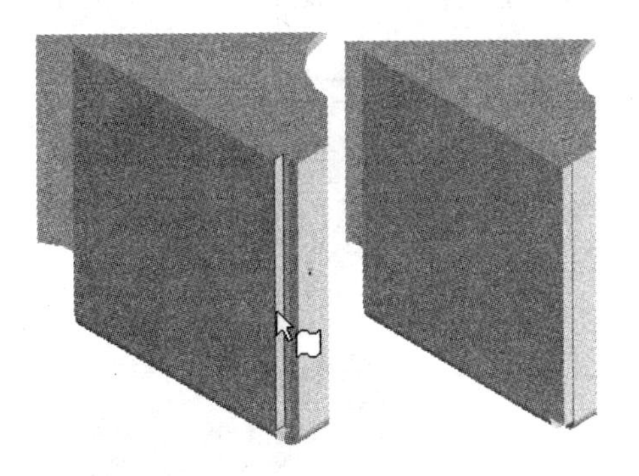

图 8-151　闭合角效果

（19）利用同样的方法可以得到钣金零件另一侧的边线法兰效果，如图 8-152 所示，最终生成的零件如图 8-153 所示。

图 8-152　边线法兰效果

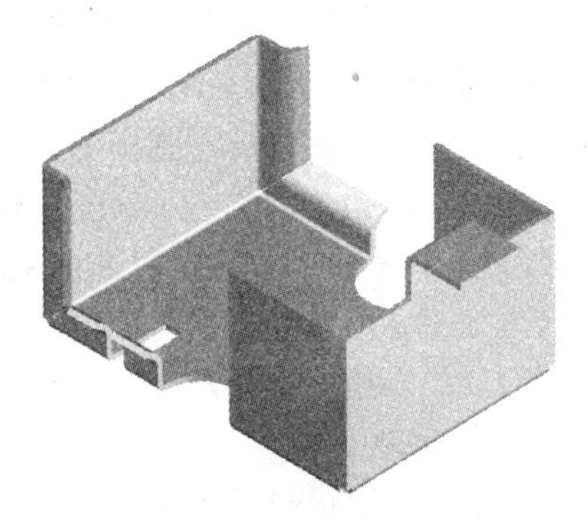

图 8-153　最终钣金零件效果

（20）执行【工具】→【钣金】→【展开】菜单命令，或者单击“钣金”工具栏中的图标，设置各参数如图 8-154 所示，固定面为底面，单击【收集所有折弯】按钮，选择所有折弯；展开后的钣金零件如图 8-155 所示。

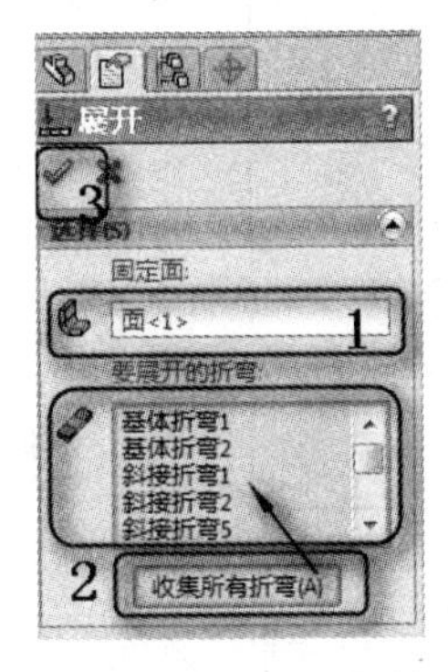

图 8-154　“展开”属性管理器

图 8-155　钣金零件展开效果

8.6.2 巩固练习 2

在本节中介绍了仪表面板的设计过程，在设计过程中运用了插入折弯、边线法兰、展开、异型孔向导等工具。采用了先设计零件实体，然后通过钣金工具在实体上添加钣金特征，从而形成钣金件的设计方法。图 8-156 所示为生成的仪表面板及展开图。

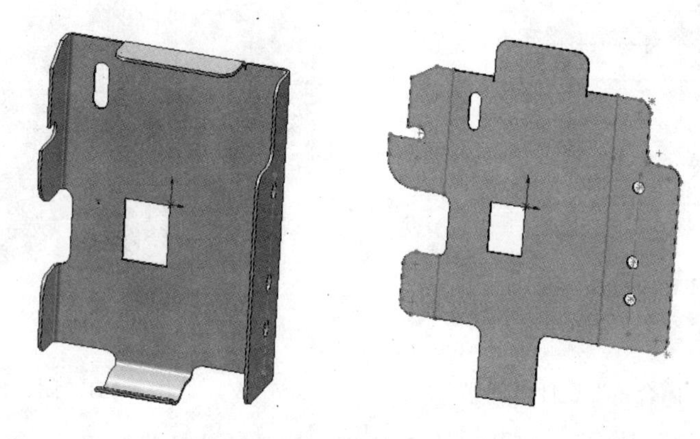

图 8-156 仪表面板

【案例 8-18】本案例源文件光盘路径：“X：\源文件\ch8\8.18 钣金实例 2.SLDPRT”。

（1）新建文件。启动 SolidWorks 2008，执行【文件】→【新建】菜单命令，或者单击“标准”工具栏中的新建图标，在弹出的“新建 SolidWorks 文件”对话框中单击零件图标，然后单击【确定】按钮，创建一个新的零件文件。

（2）绘制草图。在左侧的“FeatureMannger 设计树”中选择“前视基准面”作为绘图基准面，然后单击“草图绘制”操控板中的矩形图标，绘制一个矩形，标注相应的智能尺寸；单击“草图绘制”操控板中的直线图标，绘制一条对角构造线。

（3）单击“草图绘制”操控板中的添加几何关系图标，在弹出的“添加几何关系”属性管理器中，单击拾取矩形对角构造线和坐标原点，选择“中点”选项，添加中点约束，然后单击确定图标，如图 8-157 所示。

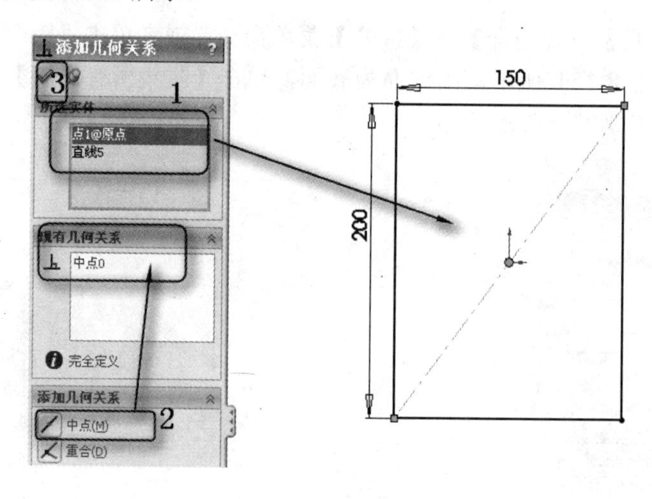

图 8-157 绘制矩形草图

（4）绘制矩形。单击“草图绘制”操控板中的矩形图标，在草图中绘制一个矩形，如图 8-158 所示。矩形的对角点分别在原点和大矩形的对角线上，标注如图所示的智能尺寸。

（5）绘制其他草图图素。单击“草图绘制”操控板中的绘图工具图标，在草图中绘制其他图素，标注相应的智能尺寸，如图 8-159 所示。

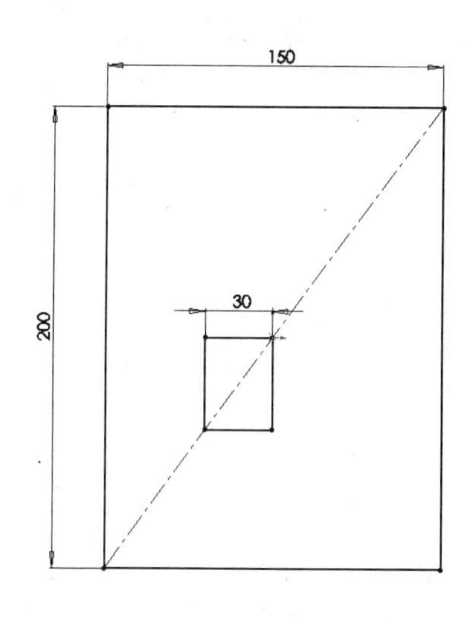

图 8-158　绘制草图中的矩形

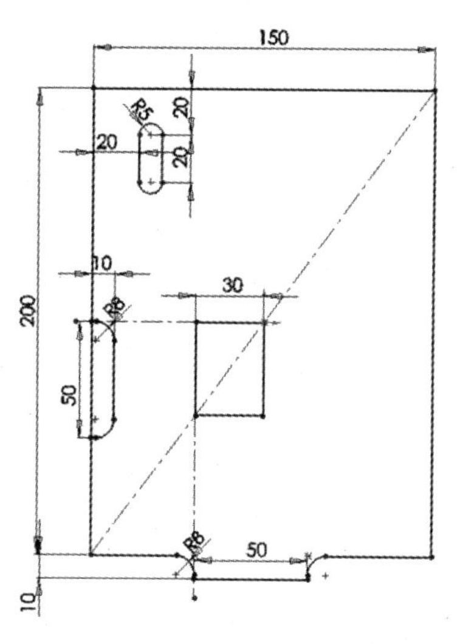

图 8-159　绘制草图中其他图素

（6）生成“拉伸”特征。执行【插入】→【凸台/基体】→【拉伸】菜单命令，或者单击“特征”操控板中的拉伸凸台/基体图标，系统弹出“拉伸”属性管理器。在属性管理器中“深度”栏中输入深度值为 2，其他设置如图 8-160 所示，最后单击确定图标。

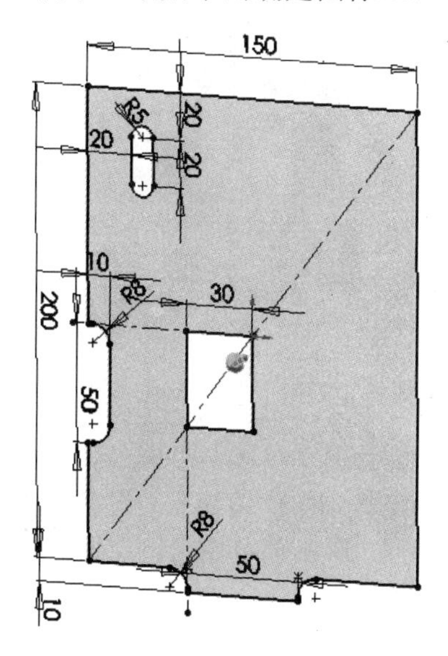

图 8-160　生成拉伸特征

（7）选择绘图基准面。单击钣金件的侧面 A，单击“前导视图”工具栏中的正视于图标，将该面作为绘制图形的基准面，如图 8-161 所示。

（8）绘制钣金件侧面草图。单击“草图绘制”操控板中的绘图工具图标，在图 8-161 所示的绘图基准面中绘制草图，标注相应的智能尺寸，如图 8-162 所示。

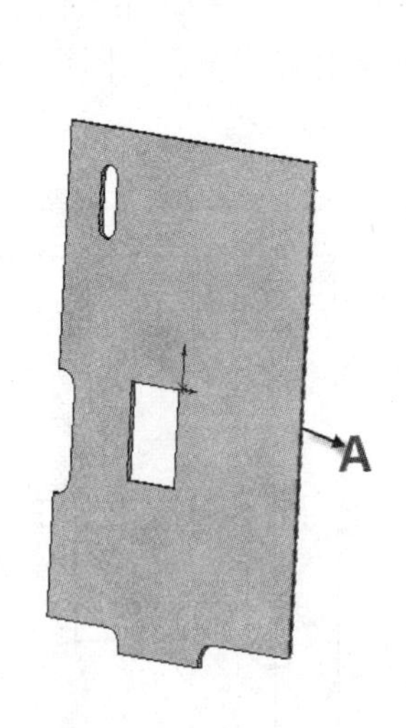

图 8-161　选择绘图基准面

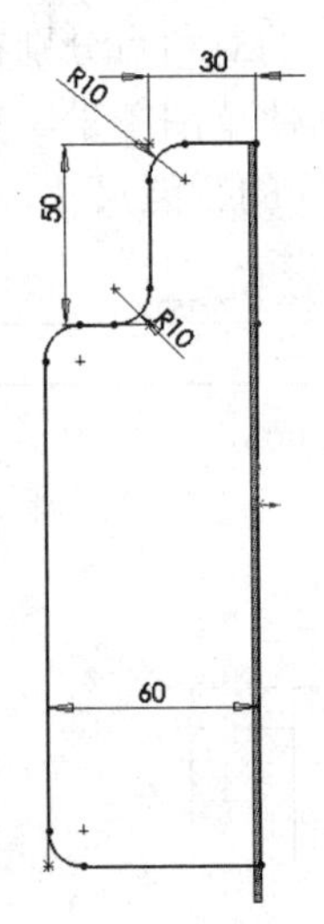

图 8-162　选择绘图基准面

（9）生成“拉伸”特征。执行【插入】→【凸台/基体】→【拉伸】菜单命令，或者单击“特征”操控板中的拉伸凸台/基体图标，系统弹出“拉伸”属性管理器，在方向 1 的“终止条件”栏中选择“与厚度相等”，单击反向图标，如图 8-163 所示。单击确定图标，结果如图 8-164 所示。

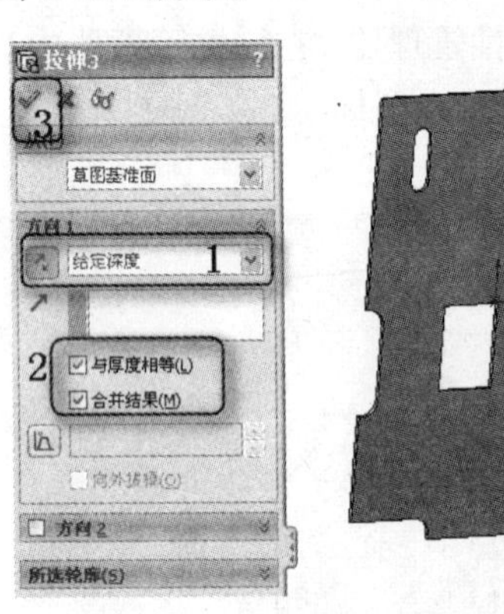

图 8-163　进行拉伸操作

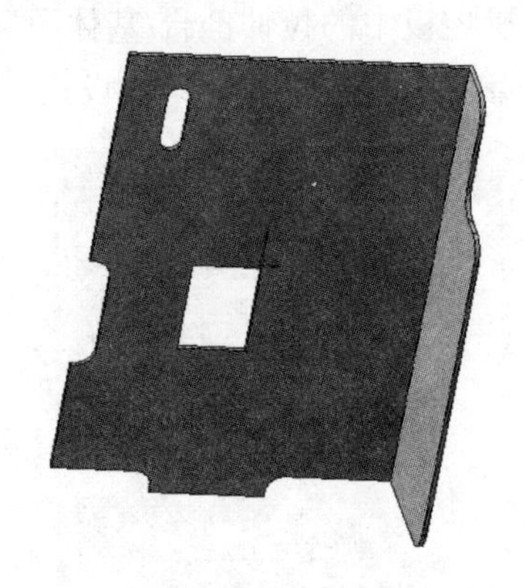

图 8-164　生成的拉伸特征

（10）选择绘制孔位置草图基准面。单击钣金件侧板的外面，单击“前导视图”工具栏中的“正视于图标，将该面作为绘制草图的基准面，如图 8-165 所示。

（11）绘制草图。单击“草图绘制”操控板中的直线图标，绘制一条构造线，单击“草图绘制”操控板中的点图标，在构造线上绘制 3 个点，标注智能尺寸，如图 8-166 所示，单击退出草图图标。

（12）生成“孔”特征。执行【插入】→【特征】→【孔】→【向导】菜单命令，或者单击“特征”操控板中的异型孔向导图标，系统弹出“孔规格”属性管理器。在孔规格选项栏中，单击孔图标，选择“GB”标准，选择孔大小为 φ10，给定“深度”为 10mm，如图 8-167 所示。

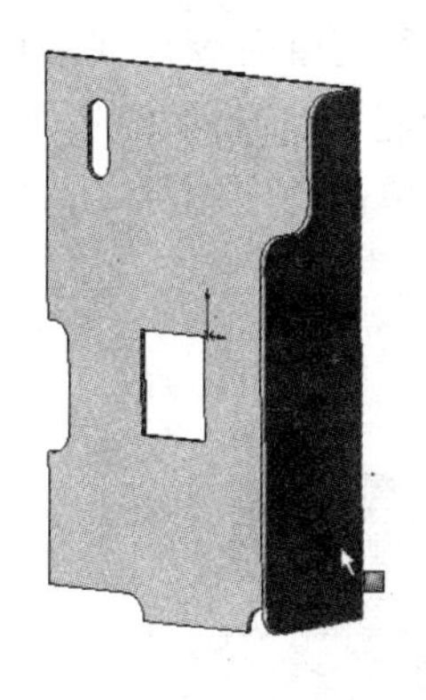

图 8-165　选择基准面

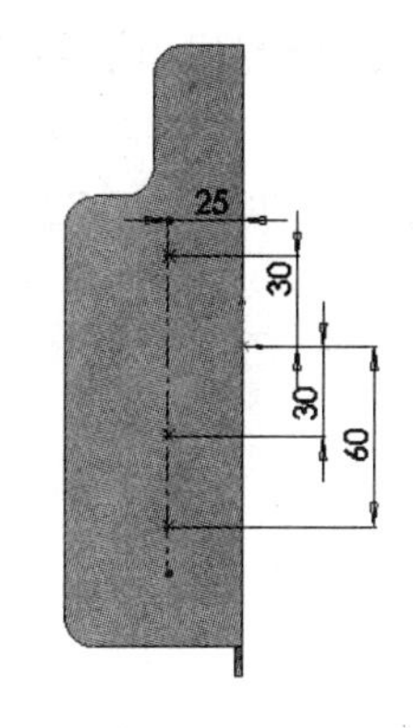

图 8-166　绘制草图

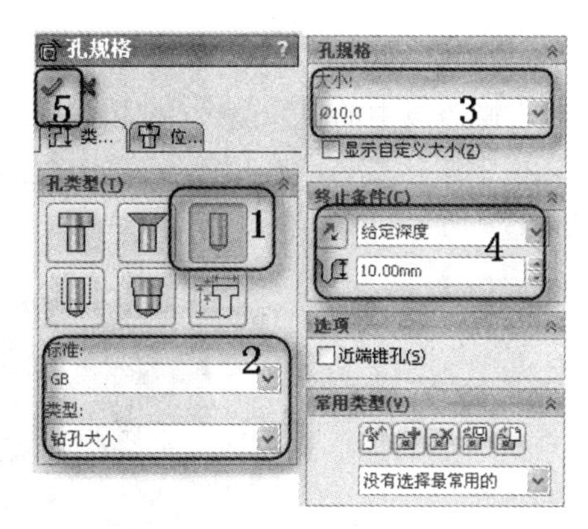

图 8-167　“孔规格”属性管理器

将对话框切换到位置选项下，然后用鼠标单击拾取草图中的 3 个点，如图 8-168 所示，确定孔的位置。单击确定图标✔，生成的孔特征如图 8-169 所示。

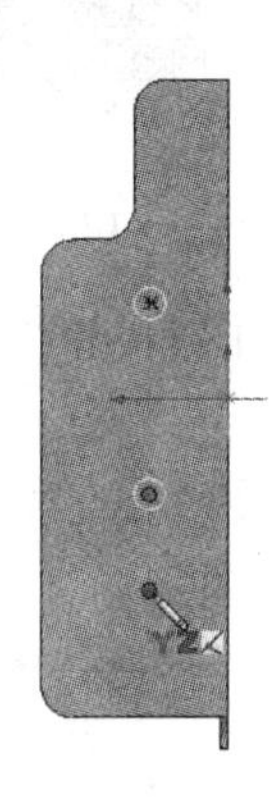

图 8-168　拾取孔位置点

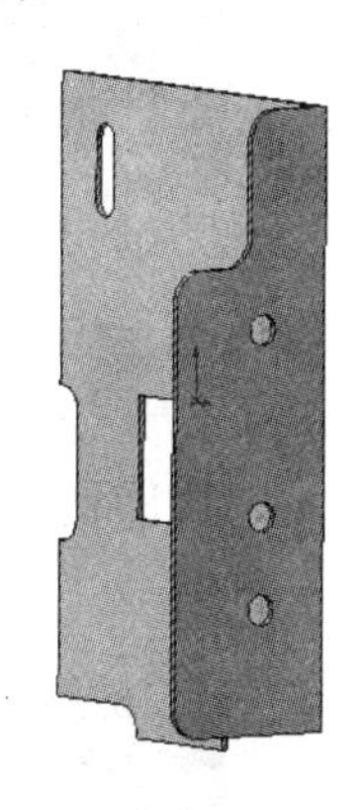

图 8-169　生成的孔特征

（13）选择绘图基准面。单击钣金件的另一侧面，单击“前导视图”工具栏中的正视于图标，将该面作为绘制图形的基准面，如图 8-170 所示。

（14）绘制钣金件另一侧草图。单击“草图绘制”操控板中的绘图工具图标，绘制草图如图 8-171 所示。

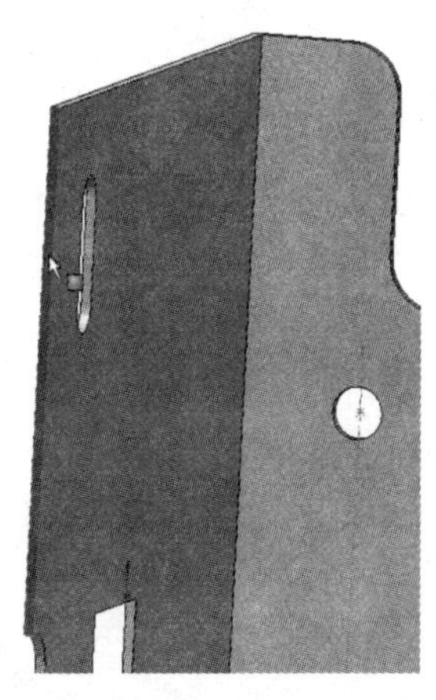

图 8-170　选择基准面

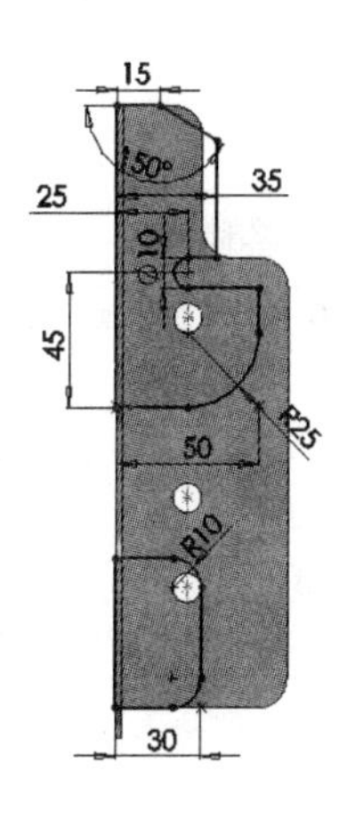

图 8-171 绘制的草图

（15）生成“拉伸”特征。执行【插入】→【凸台/基体】→【拉伸】菜单命令，或者单击“特征”操控板中的拉伸凸台/基体图标，系统弹出“拉伸”属性管理器，在方向1的“终止条件”栏中选择“与厚度相等”，单击反向图标，如图8-172所示。单击确定图标，结果如图8-173所示。

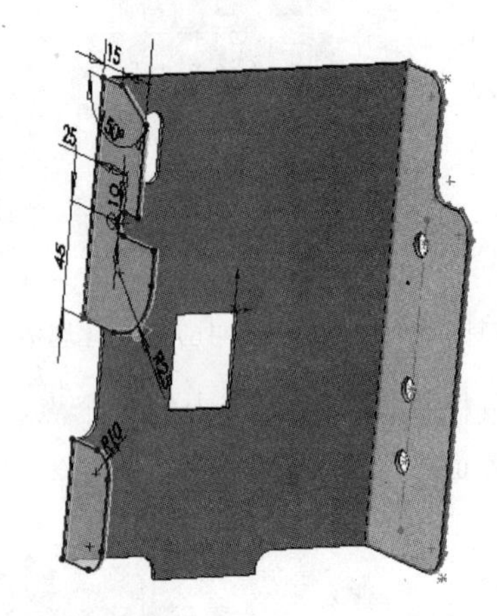

图8-172　进行拉伸操作

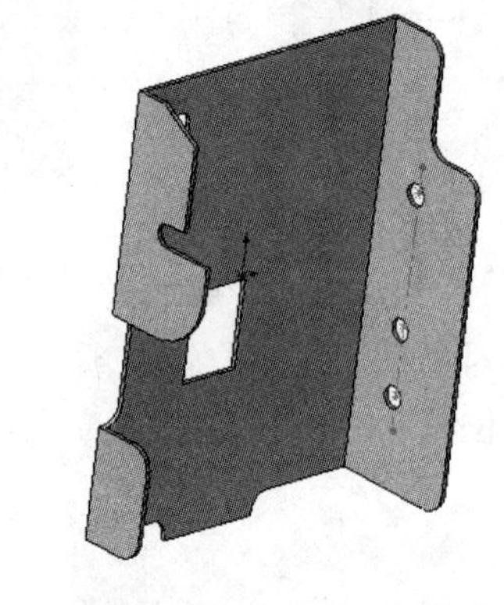

图8-173　生成的拉伸特征

（16）选择基准面。单击钣金件如图8-174所示凸缘的小面，单击“前导视图”工具栏中的正视于图标，将该面作为绘制图形的基准面。

（17）绘制草图的直线即构造线。单击“草图绘制”操控板中的直线图标，绘制一条直线和构造线，如图8-175所示。

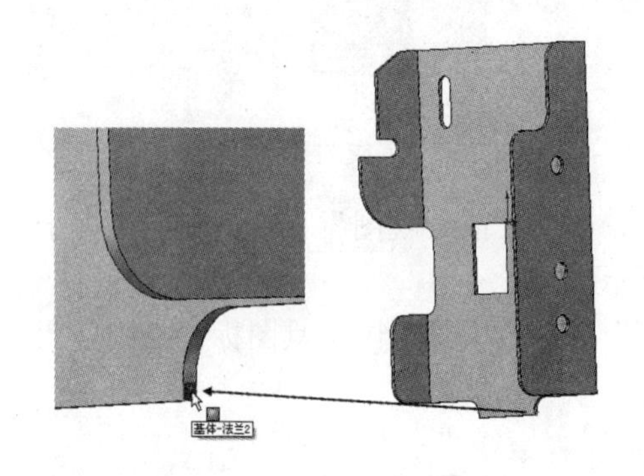

图8-174　选择绘图基准面

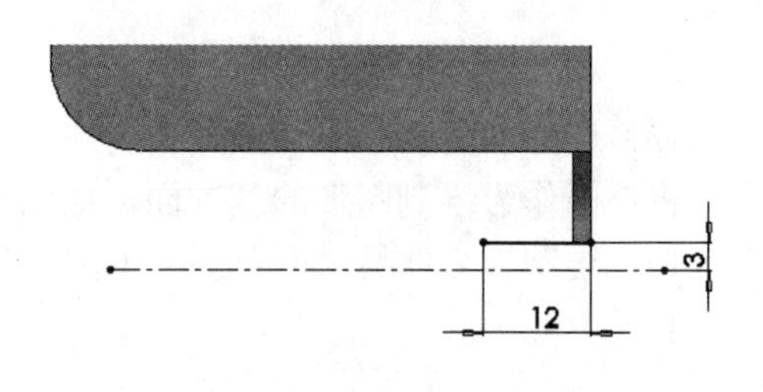

图8-175　绘制直线和构造线

（18）绘制第一条圆弧。单击“草图绘制”操控板中的圆心/起/终点画弧图标，绘制一条圆弧，如图8-176所示。

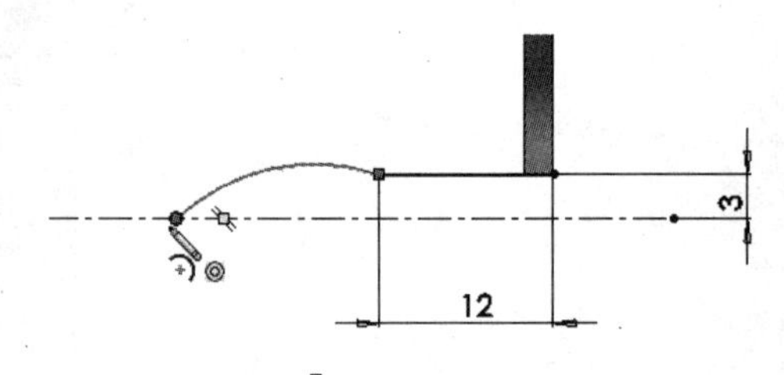

图8-176　绘制圆弧

（19）添加几何关系。单击“草图绘制”操控板中的添加几何关系图标⊥，在弹出的“添加几何关系”属性管理器中，单击拾取圆弧的起点（即直线左侧端点）和圆弧圆心点，选择“竖直”选项，添加竖直约束，然后单击确定图标✔，如图 8-177 所示。最后标注圆弧的智能尺寸，如图 8-178 所示。

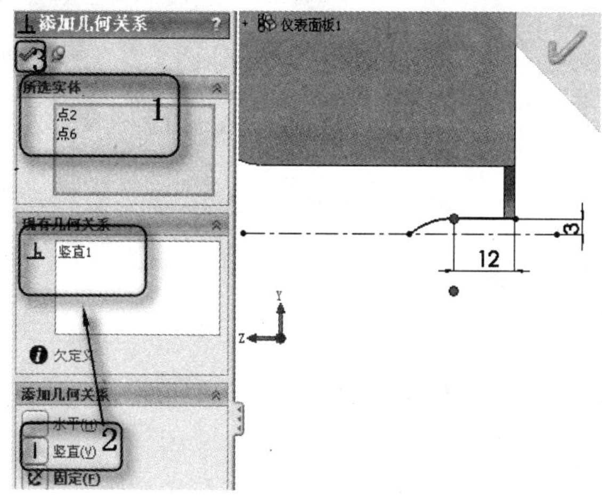

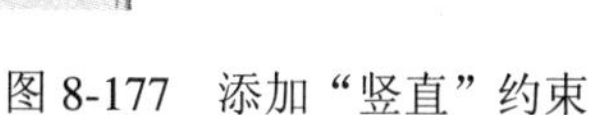
图 8-177　添加“竖直”约束

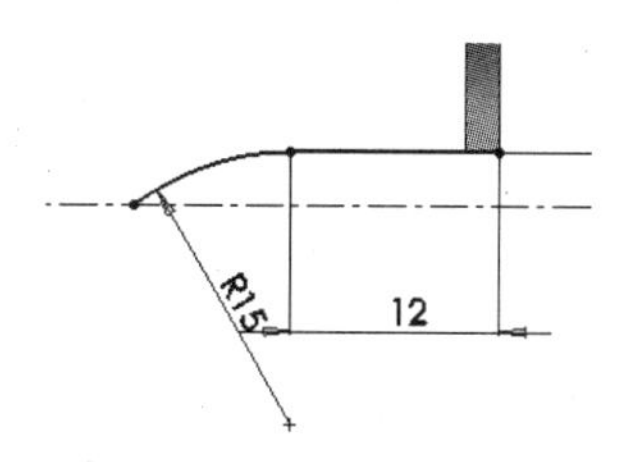

图 8-178　标注智能尺寸

（20）绘制第二条圆弧。单击“草图绘制”操控板中的切线弧图标，绘制第二条圆弧，圆弧的两端点均在构造线上，标注其尺寸，如图 8-179 所示。

（21）绘制第三条圆弧。单击“草图绘制”操控板中的切线弧图标，绘制第三条圆弧，圆弧的起点与第二条圆弧的终点重合，添加圆弧终点与圆心点“竖直”约束，标注智能尺寸，如图 8-180 所示。

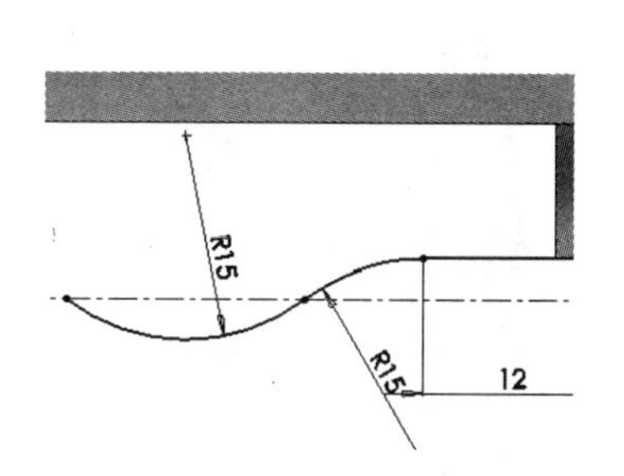

图 8-179　绘制第二条圆弧

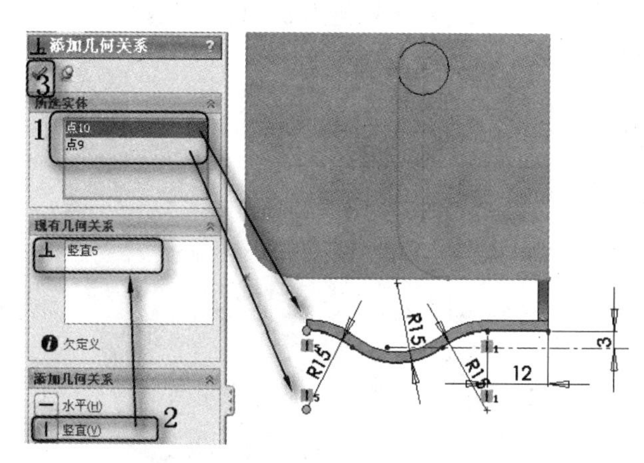

图 8-180　绘制第三条圆弧

（22）拉伸生成“薄壁”特征。执行【插入】→【凸台/基体】→【拉伸】菜单命令，或者单击“特征”操控板中的拉伸凸台/基体图标，在弹出的“拉伸”属性管理器中，拉伸方向，选择“成形到一面”，拾取如图 8-181 所示的小面；在方向 1 的“终止条件”栏中选择“与厚度相等”，单击反向图标，如图 8-182 所示。单击确定图标✔，结果如图 8-183 所示。

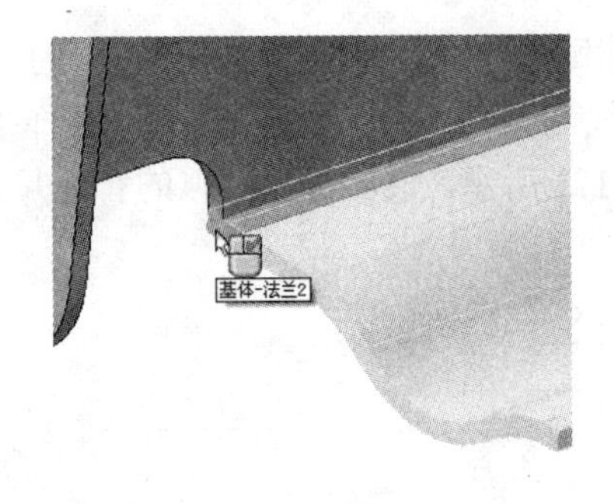

图 8-181 拾取成形到一面

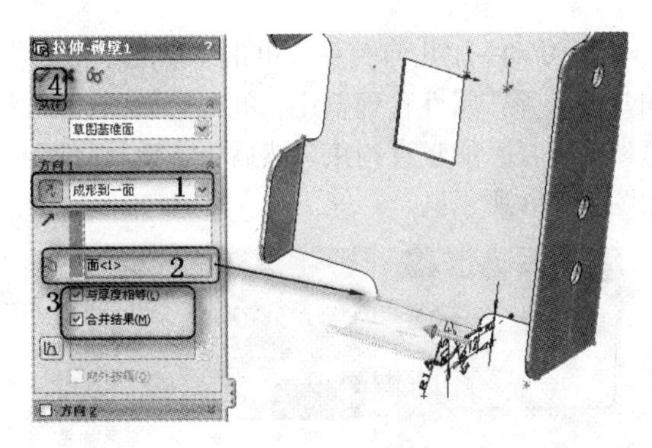

图 8-182 进行拉伸薄壁特征操作

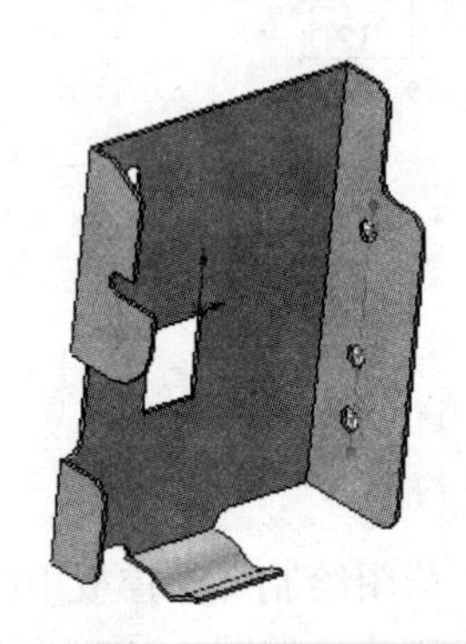

图 8-183 生成的薄壁特征

（23）插入折弯。执行【插入】→【钣金】→【折弯】菜单命令，或者单击“钣金”工具栏中的插入折弯图标，在弹出的“折弯”属性管理器中，单击鼠标拾取钣金件的大平面作为固定的面；输入折弯半径值为 3，其他设置如图 8-184 所示，单击确定图标，结果如图 8-185 所示。

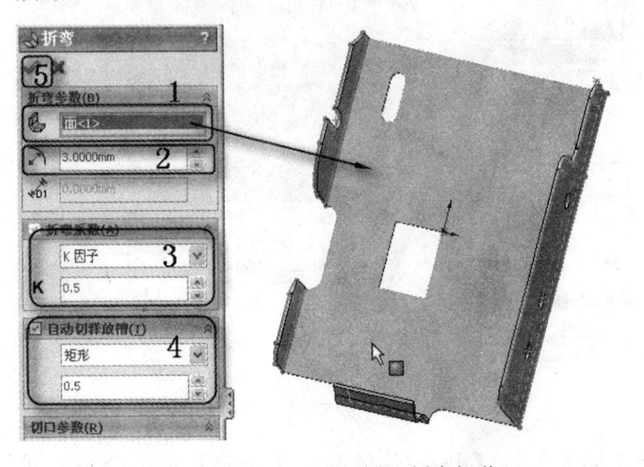

图 8-184 进行插入折弯操作

图 8-185 生成的折弯

（24）生成“边线法兰”特征。执行【插入】→【钣金】→【边线法兰】菜单命令，或者单击“钣金”工具栏中的边线法兰图标，在弹出的“边线法兰”属性管理器中，单击鼠标拾取如图 8-186 所示的钣金件边线；输入法兰长度值为 30，其他设置如图 8-187 所示，单击确定图标。

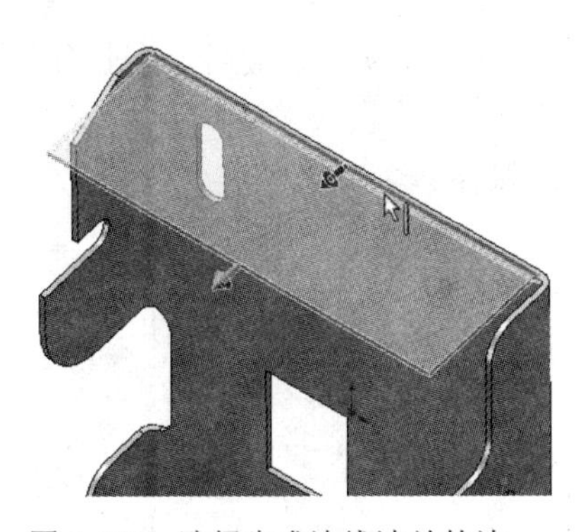

图 8-186　选择生成边线法兰的边

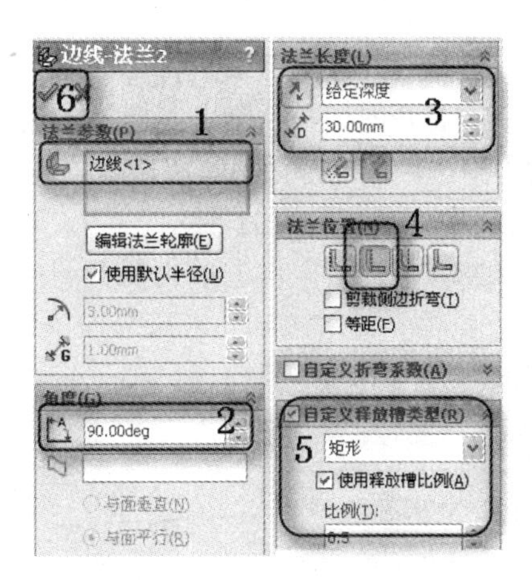

图 8-187　设置边线法兰参数

（25）单击【编辑法兰轮廓】按钮，通过标注智能尺寸来编辑边线法兰的轮廓，如图 8-188 所示，最后单击图 8-189 所示的轮廓草图对话框中的【完成】按钮，生成边线法兰。

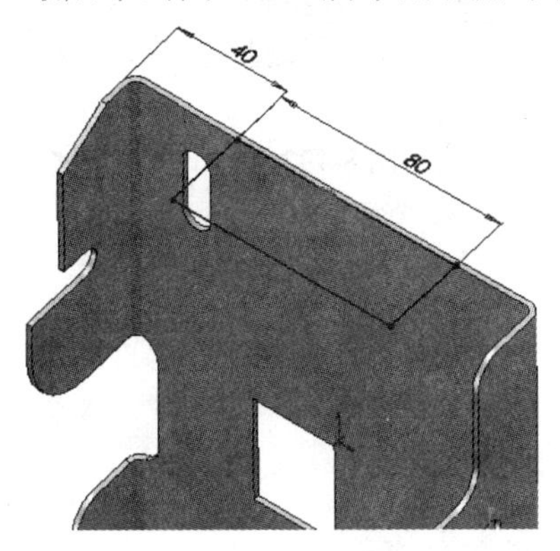

图 8-188　编辑边线法兰轮廓

图 8-189　完成编辑边线法兰轮廓

（26）对边线法兰进行圆角。执行【插入】→【特征】→【圆角】菜单命令，或者单击“特征”操控板中的圆角图标，对边线法兰进行“半径”值为 10 的圆角操作，最后生成的钣金件如图 8-190 所示。

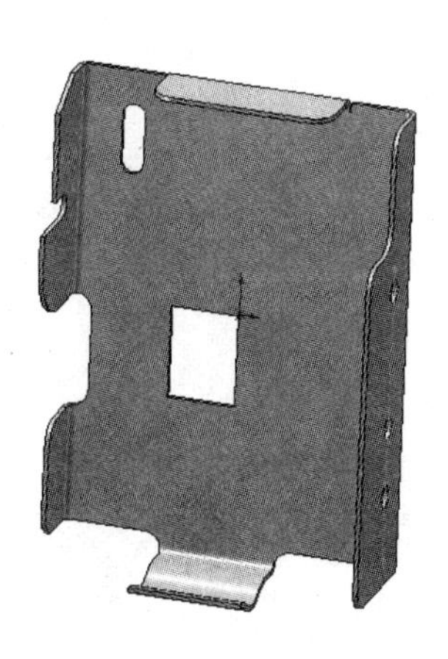

图 8-190　生成的钣金件

（27）展开钣金件。执行【插入】→【钣金】→【展开】菜单命令，或者单击“钣金”工具栏中的展开图标，单击鼠标拾取钣金件的大平面作为固定面，在对话框中单击【收集所有折弯】按钮，系统将自动收集所有需要展开的折弯，如图 8-191 所示。最后，单击确定图标，展开钣金件，如图 8-192 所示。

（28）保存钣金件。单击保存图标将钣金件文件保存。

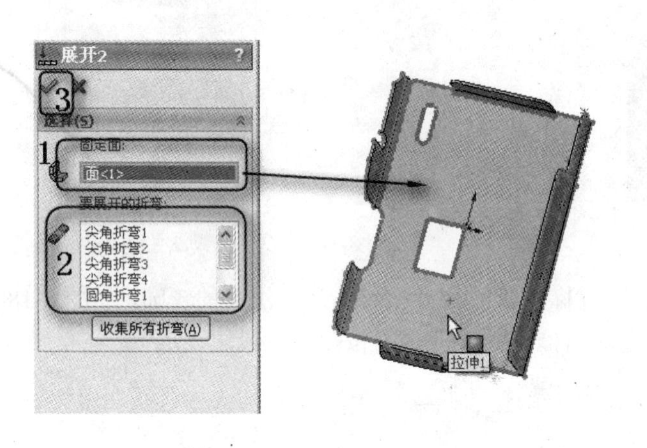

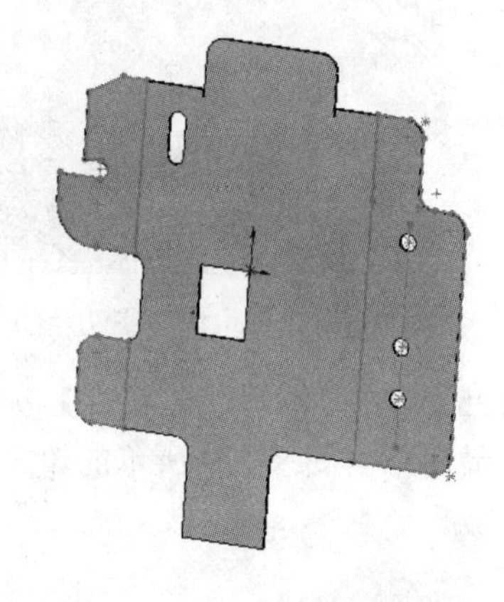

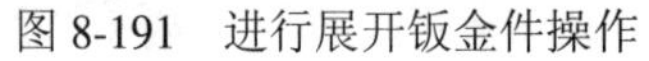
图 8-191　进行展开钣金件操作

图 8-192　展开的钣金件

第9章 装配体设计

对于机械设计而言单纯的零件没有实际意义，一个运动机构和一个整体才有意义。将已经设计完成的各个独立的零件，根据实际需要装配成一个完整的实体，在此基础上对装配体进行运动测试，检查是否完成了整机设计功能，才是整个设计的关键。这也是SolidWorks的优点之一。

本章将介绍装配体基本操作，定注零部件，零件的复制、陈列与镜像，装配体检查和爆炸视图等。

9.1 装配体基本操作

要实现对零部件进行装配，必须首先创建一个装配体文件。本节介绍创建装配体、新建装配体文件、插入零部件、删除装配零部件。

9.1.1 创建装配体

装配体的创建方法有两种：自上而下设计和自下而上设计两种，也可以将两种方法结合起来使用。无论采用那种方法，其目标都是配合这些零部件，以便生成装配体或子装配体。

1．自下而上设计方法

自下而上设计法是比较传统的方法。在自下而上设计中，先生成零件并将之插入装配体，然后根据设计要求配合零件。当使用以前生成的不在线的零件时，自下而上的设计方案是首选的方法。

自下而上设计法的另一个优点是因为零部件是独立设计的，与自上而下设计法相比，它们的相互关系及重建行为更为简单。使用自下而上设计法可以专注于单个零件的设计工作。当不需要建立控制零件大小和尺寸的参考关系时（相对于其他零件），此方法较为适用。

2．自上而下设计方法

自上而下设计法是从装配体中开始设计工作，这是两种设计方法的不同之处。可以使用一个零件的几何体来帮助定义另一个零件，或生成组装零件后才添加的加工特征。可以将布局草图作为设计的开端，定义固定的零件位置、基准面等，然后参考这些定义来设计零件。

例如，可以将一个零件插入到装配体中，然后根据此零件生成一个夹具。使用自上而下的设计法在关联中生成夹具，这样可参考模型的几何体，通过与原零件建立几何关系来控制夹具的尺寸。如果改变了零件的尺寸，夹具会自动更新。

9.1.2 新建装配体文件

新建装配体文件可以采用下面的方法。

【案例 9-1】本案例视频内容光盘路径："X：\动画演示\ch9\9.1 创建装配体.swf"。

（1）执行【文件】→【新建】菜单命令，弹出如图 9-1 所示的"新建 SolidWorks 文件"对话框。

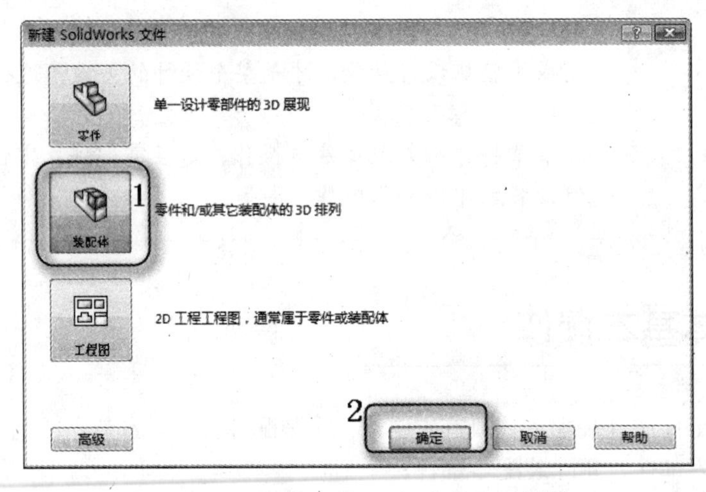

图 9-1 "新建 SolidWorks 文件"对话框

（2）在"新建 SolidWorks 文件"对话框中内单击装配体图标，单击【确定】按钮后即进入装配体制作界面，如图 9-2 所示。

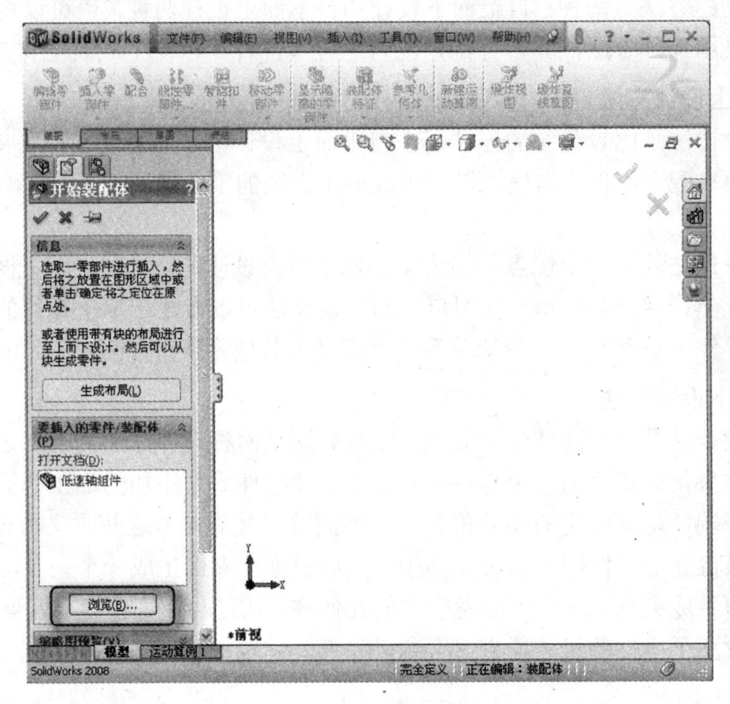

图 9-2 装配体制作界面

（3）单击“开始装配体”属性管理器下“要插入的零件/装配体”选项板下的【浏览】按钮，弹出“打开”对话框，具体操作可以参考下一节。

（4）选择一个零件作为装配体的基准零件，单击【打开】按钮，然后在窗口中合适的位置单击空白界截面以放置零件。此后调整视图为“等轴测”，即可得到如图 9-3 所示的导入零件后的界面。

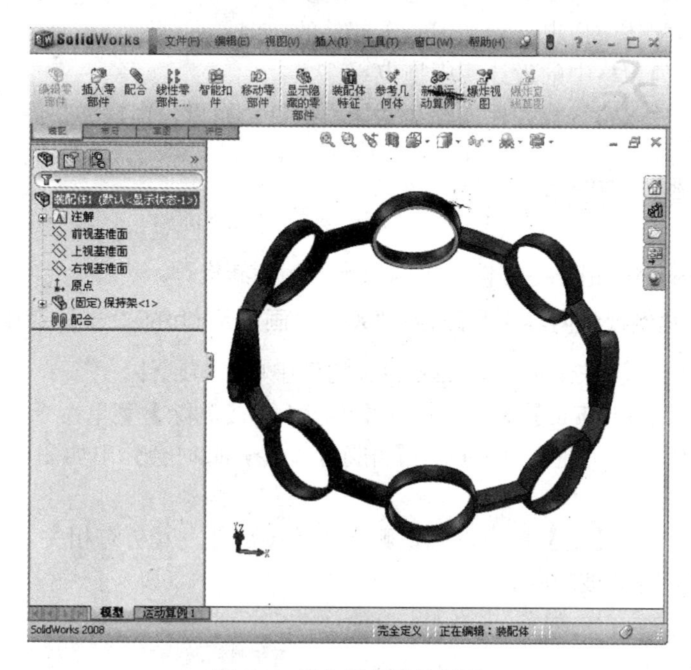

图 9-3　导入零件后的界面

装配体制作界面与零件的制作界面基本相同。特征管理器中弹出一个配合组，在装配体制作界面中就弹出如图 9-4 所示的“装配体”操控板，对“装配体”操控板的操作同前面介绍的操控板操作相同。

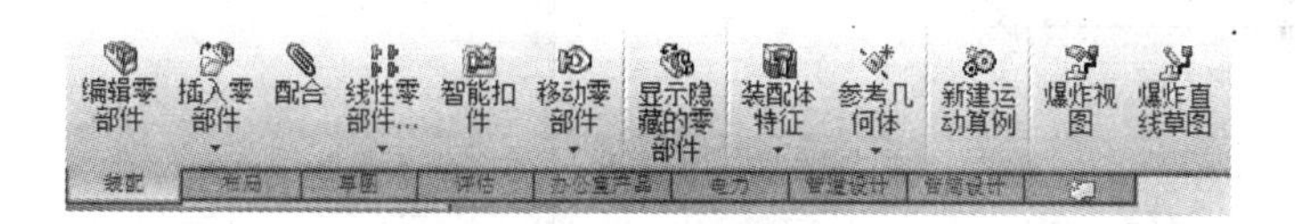

图 9-4　“装配体”操控板

（5）将一个零部件（单个零件或子装配体）放入装配体时，这个零部件文件会与装配体文件链接。此时零部件弹出在装配体中，零部件的数据仍保存在原零部件文件中。

注意：

对零部件文件所进行的任何改变都会更新装配体。保存装配体时文件的扩展名为.sldasm，其文件名前的图标也与零件图不同。

9.1.3　插入零部件

制作装配体需要按照装配的过程，依次插入相关零件。有多种方法可以将零部件添加到一个新的或现有的装配体中：

（1）使用插入零部件属性管理器；

（2）从任何窗格中的文件探索器拖曳；

（3）从一个打开的文件窗口中拖曳；

（4）从资源管理器中拖曳；

（5）从Internet Explorer中拖曳超文本链接；

（6）在装配体中拖曳以增加现有零部件的实例；

（7）从任何窗格中的设计库中拖曳；

（8）使用插入、智能扣件来添加螺栓、螺钉、螺母、销钉和垫圈。

9.1.4 删除装配零部件

如果想要从装配体中删除零部件，可以按下面的步骤进行。

【案例 9-2】本案例视频内容光盘路径：“X：\动画演示\ch9\9.2 删除装配体.swf”。

（1）在图形区域或“FeatureManager 设计树”中单击零部件。

（2）按键盘中的【Delete】键，或执行【编辑】→【删除】菜单命令，或单击鼠标右键，在弹出的如图 9-5 所示的快捷菜单中执行【删除】命令，此时会弹出如图 9-6 所示的“删除确认”对话框。

（3）单击对话框中【是】按钮以确认删除。此零部件及其所有相关项目（配合、零部件阵列、爆炸步骤等）都会被删除。

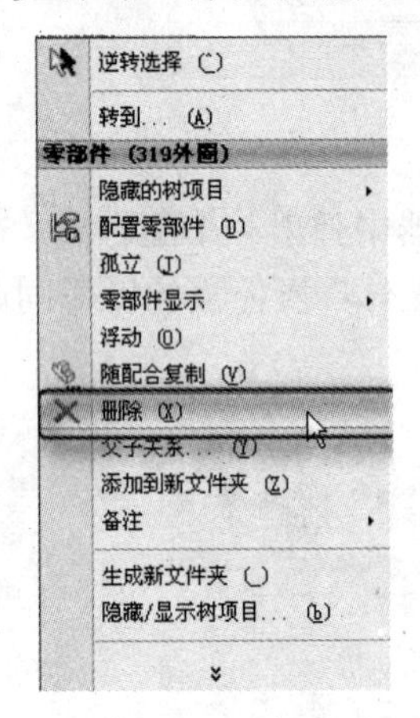

图 9-5 鼠标右键快捷菜单

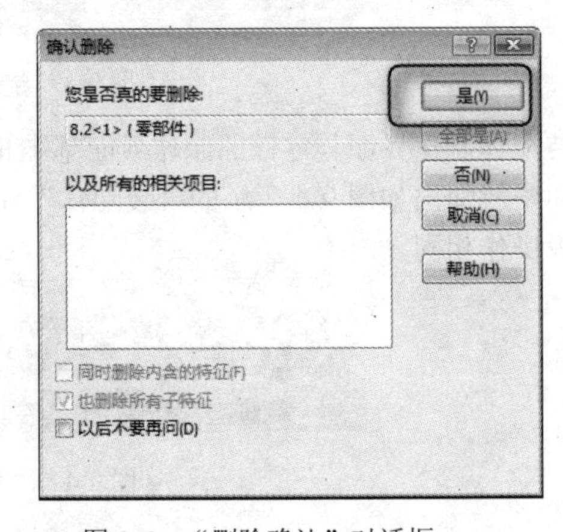

图 9-6 “删除确认”对话框

注意：

（1）第一个插入的零件在装配图中，默认的状态是固定的，即不能移动和旋转，在“FeatureManager 设计树”中的显示为“固定”；如果不是第一个零件，则为浮动，在“FeatureManager 设计树”中显示为（－），如图 9-7 所示。

（2）系统默认第一个插入的零件为固定，也可以将其设置为浮动，用鼠标右键单击“FeatureManager 设计树”中的固定文件，在弹出的快捷菜单中选择“浮动”选项，如图 9-8 所示。反之，也可以将其设置为固定状态。

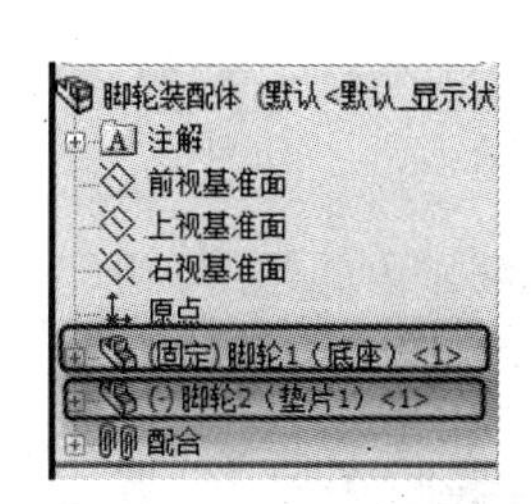

图 9-7　固定和浮动显示

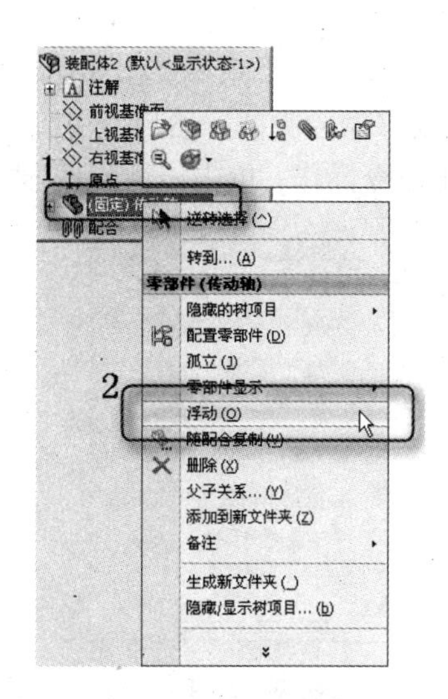

图 9-8　设置浮动的快捷菜单

9.2　定位零部件

在零部件放入装配体中后，用户可以移动、旋转零部件或固定它的位置，用这些方式可以大致确定零部件的位置。然后再使用配合关系来精确地定位零部件。

9.2.1　固定零部件

当一个零部件被固定之后，它就不能相对于装配体原点移动了。默认情况下，装配体中的第一个零件是固定的。如果装配体中至少有一个零部件被固定下来，它就可以为其余零部件提供参考，防止其他零部件在添加配合关系时意外移动。

要固定零部件，只要在特征管理器设计树或图形区域中，用鼠标右键单击要固定的零部件，在弹出的快捷菜单中执行【固定】命令即可。如果要解除固定关系，只要在快捷菜单中执行【浮动】命令即可。

当一个零部件被固定之后，在特征管理器设计树中的该零部件名称之前弹出文字“固定”，表明该零部件已被固定。

9.2.2　移动零部件

在“FeatureManager 设计树”中，只要前面有“(－)”符合，表示该零部件可被移动。

移动零部件的操作步骤如下。

【案例 9-3】本案例源文件光盘路径：“X：\源文件\ch9\9.1.SLDPRT”，本案例视频内容光盘路径：“X：\动画演示\ch9\9.3 移动零部件.swf”。

（1）执行命令。执行【工具】→【零部件】→【移动】菜单命令，或者单击“装配体”操控板中的移动零部件图标。

（2）设置移动类型。系统弹出如图 9-9 所示的“移动零部件”属性管理器。在属性管理器中，选择需要移动的类型，然后拖曳到需要的位置。

（3）退出命令操作。单击属性管理器中的确定图标✔，或者按【Esc】键，取消命令操作。

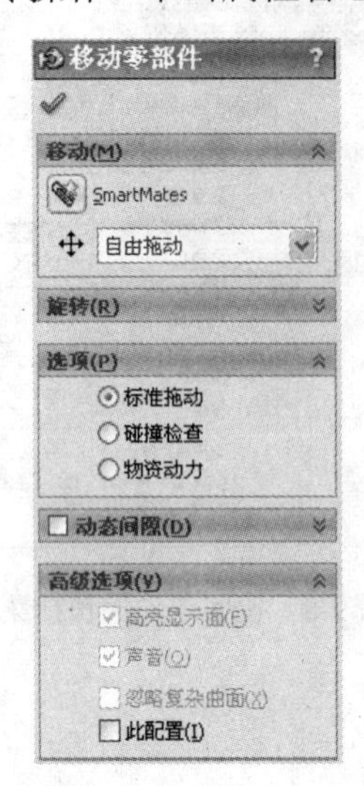

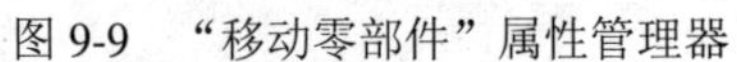

图 9-9 “移动零部件”属性管理器　　　　图 9-10 移动零部件类型下拉菜单

在“移动零部件”属性管理器中，移动零部件的类型有 5 种，如图 9-10 所示。分别是：自由拖动、沿装配体 XYZ、沿实体、由三角形 XYZ 和到 XYZ 位置，下面分别介绍。

自由拖动：系统默认的选项即是自由拖曳方式，可以在视图中把选中的文件拖曳到任意位置。

沿装配体 XYZ：选择零部件并沿装配体的 X、Y 或 Z 方向拖曳。视图中显示的装配体坐标系可以确定移动的方向。在移动前要在欲移动方向的轴附近单击。

沿实体：首先选择实体，然后选择零部件并沿该实体拖曳。如果选择的实体是一条直线、边线和轴，所移动的零部件具有一个自由度。如果选择的实体是一个基准面或平面，所移动的零部件具有两个自由度。

由三角形 XYZ：在属性管理器中键入移动三角形 XYZ 的范围，如图 9-11 所示，然后单击【应用】按钮。零部件按照指定的数值移动。

到 XYZ 位置：选择零部件的一点，在属性管理中办理入 X、Y 和 Z 坐标，如图 9-12 所示，然后单击【应用】按钮。将所选零部件的点移动到指定的坐标位置。如果选择的项目不是顶点或点，则零部件的原点会移动到指定的坐标处。

图 9-11 由三角形 XYZ 设置

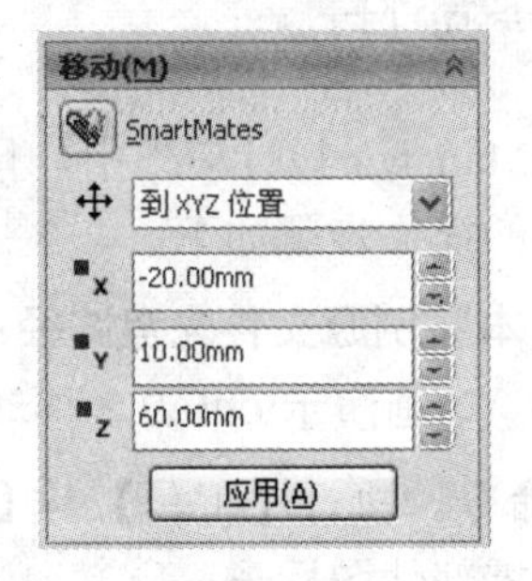

图 9-12 到 XYZ 位置设置

9.2.3　旋转零部件

在“FeatureManager 设计树”中，只要前面有“(－)”符合，该零部件即可被旋转。

旋转零部件的操作步骤如下。

【案例 9-4】本案例源文件光盘路径：“X：\源文件\ch9\9.1.SLDPRT”，本案例视频内容光盘路径：“X：\动画演示\ch9\9.4 旋转零部件.swf”。

(1) 执行命令。执行【工具】→【零部件】→【旋转】菜单命令，或者单击“装配体”操控板中的移动零部件图标。

(2) 设置旋转类型。系统弹出如图 9-13 所示的“旋转零部件”属性管理器。在属性管理器中，选择需要旋转的类型，然后根据需要确定零部件的旋转角度。

(3) 退出命令操作。单击属性管理器中的确定图标✔，或者按【Esc】键，取消命令操作。

在“旋转零部件”属性管理器中，移动零部件的类型有 3 种，如图 9-14 所示。分别是：自由拖曳、对于实体和由三角形 XYZ，下面分别介绍。

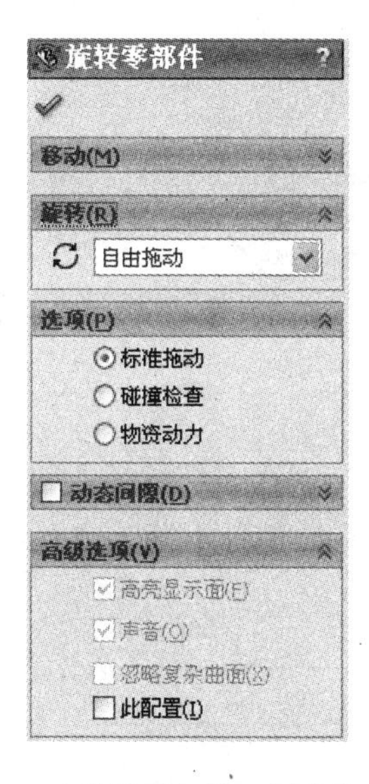

图 9-13　“旋转零部件”属性管理器

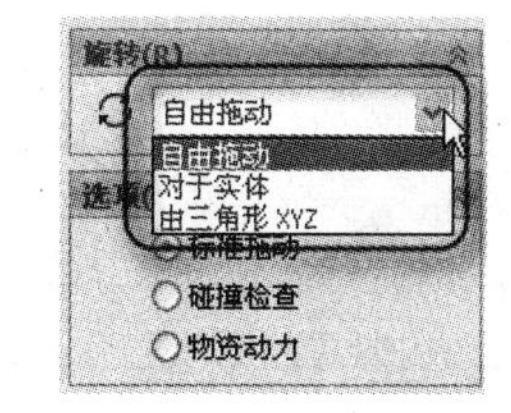

图 9-14　旋转零部件类型下拉菜单

自由拖曳：选择零部件并沿任何方向旋转拖曳。

对于实体：选择一条直线、边线和轴，然后围绕所选实体旋转零部件。

由三角形 XYZ：在属性管理器中输入旋转三角形 XYZ 的范围，然后单击【应用】按钮，零部件按照指定的数值进行旋转。

注意：

(1) 不能移动和旋转一个固定的、完全定义的零部件。

(2) 只能在配合关系允许的自由度范围内移动和选择该零部件。

9.2.4　添加配合关系

使用配合关系，可相对于其他零部件来精确地定位零部件，还可定义零部件如何相对于其他的零部件移动和旋转。只有添加了完整的配合关系，才算完成了装配体模型。

要为零部件添加配合关系，可作如下操作。

【案例 9-5】本案例源文件光盘路径："X：\源文件\ch9\9.3 .SLDASM"，本案例视频内容光盘路径："X：\动画演示\ch9\9.5 添加配合关系.swf"。

（1）单击"装配体"操控板上的配合图标，或执行【插入】→【配合】命令。

（20 在图形区域中的零部件上选择要配合的实体，所选实体会弹出在"配合"属性管理器中的图标右侧的显示框中，如图 9-15 所示。

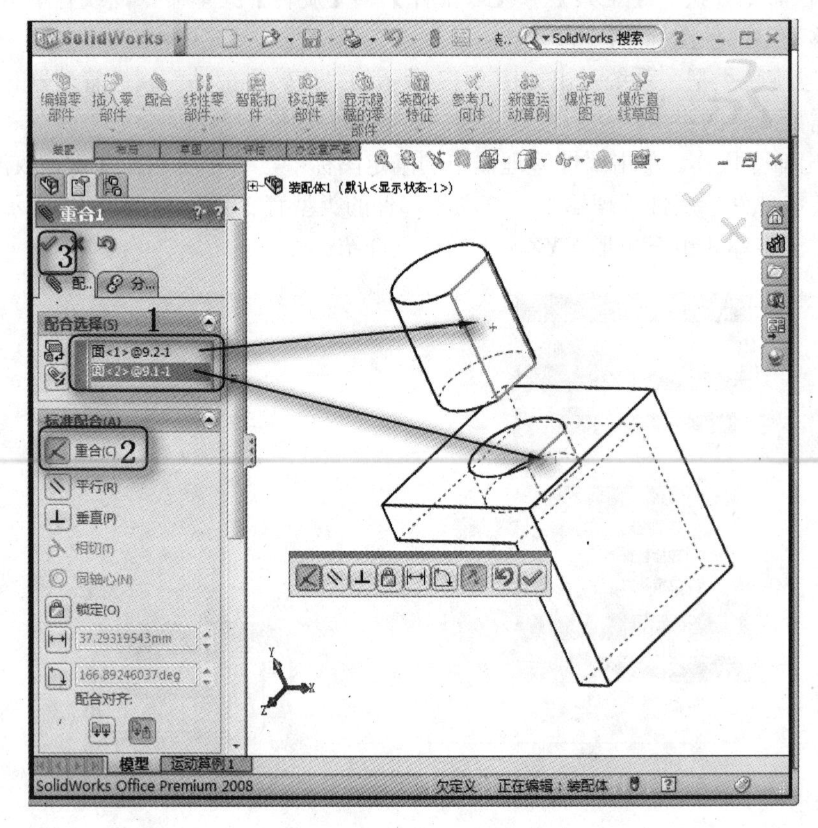

图 9-15 "配合"属性管理器

（3）在"配合"属性管理器的"配合对齐"单选按钮组中选择所需的对齐条件：

- 同向对齐：以所选面的法向或轴向的相同方向来放置零部件；
- 反向对齐：以所选面的法向或轴向的相反方向来放置零部件；
- 最近处：根据满足最小位移量的条件，确定零部件同向对齐或反向对齐。

（4）系统会根据所选的实体，列出有效的配合类型：

- 重合：面与面、面与直线（轴）、直线与直线（轴）、点与面、点与直线之间重合。
- 平行：面与面、面与直线（轴）、直线与直线（轴）、曲线与曲线之间平行。
- 垂直：面与面、直线（轴）与面之间垂直。
- 同轴心：圆柱与圆柱、圆柱与圆锥、圆形与圆弧边线之间具有相同的轴。

（5）单击对应的配合类型按钮，选择配合类型。

（6）单击【预览】按钮，可以根据指定的配合关系移动零部件，如果配合不正确，单击

【撤销】按钮，然后根据需要修改选项。

（7）如果要一次定义多个配合，则勾选“延迟配合”复选框，系统会一次解出多个配合关系。

（8）单击确定图标✔来应用配合。

（9）当在装配体中建立配合关系后，配合关系会在特征管理器设计树中以图标📎表示。

9.2.5　删除配合关系

如果装配体中的某个配合关系有错误，用户可以随时将它从装配体中删除掉。

要删除配合关系，可作如下操作。

【案例 9-6】本案例源文件光盘路径：“X：\源文件\ch9\9.6.SLDASM”，本案例视频内容光盘路径：“X：\动画演示\ch9\9.6 删除配合关系.swf”。

（1）在特征管理器设计树中，用鼠标右键单击想要删除的配合关系。

（2）在弹出的快捷菜单中执行【删除】命令，或按【Delete】键。

（3）在“删除确认”对话框（图 9-16）中单击【是】按钮，以确认删除。

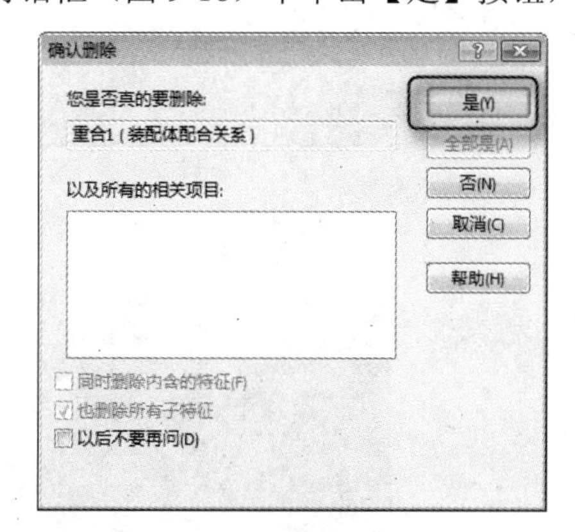

图 9-16　“删除确认”对话框

9.2.6　修改配合关系

用户可以像重新定义特征一样，对已经存在的配合关系进行修改。

要修改配合关系，可作如下操作。

【案例 9-7】本案例源文件光盘路径：“X：\源文件\ch9\9.3 .SLDASM”，本案例视频内容光盘路径：“X：\动画演示\ch9\9.7 修改配合关系.swf”。

（1）在特征管理器设计树中，用鼠标右键单击要修改的配合关系。

（2）在弹出的快捷菜单中执行【编辑定义】命令。

（3）在“配合”属性管理器中改变所需选项。

（4）如果要替换配合实体，在图标右侧的要配合实体显示框中删除原来实体后，重新选择实体。

（5）单击确定图标✔，完成配合关系的重新定义。

9.2.7 SmartMates 配合方式

SmartMates 是 SolidWorks 提供的一种智能装配，它是一种快速的装配方式。利用该装配方式，只要选择需配合的两个对象，系统就会自动配合定位。

在向装配体文件中插入零件时，也可以直接添加装配关系。

下面以实例说明智能装配的操作步骤。

【案例 9-8】本案例源文件光盘路径：“X：\源文件\ch9\9.4 .SLDASM”，本案例视频内容光盘路径：“X：\动画演示\ch9\9.8 智慧配合.swf”。

（1）新建装配体文件。执行【文件】→【新建】菜单命令，或者或者单击“标准”工具栏中的新建图标，在系统弹出的“新建 SoildWorks 文件”对话框中，单击装配体图标，创建一个装配体文件。

（2）插入零件。执行【插入】→【零部件】→【现有零件/装配体】菜单命令，插入已绘制的名为“底座”文件，并调节视图中零件的方向，结果如图 9-17 所示。

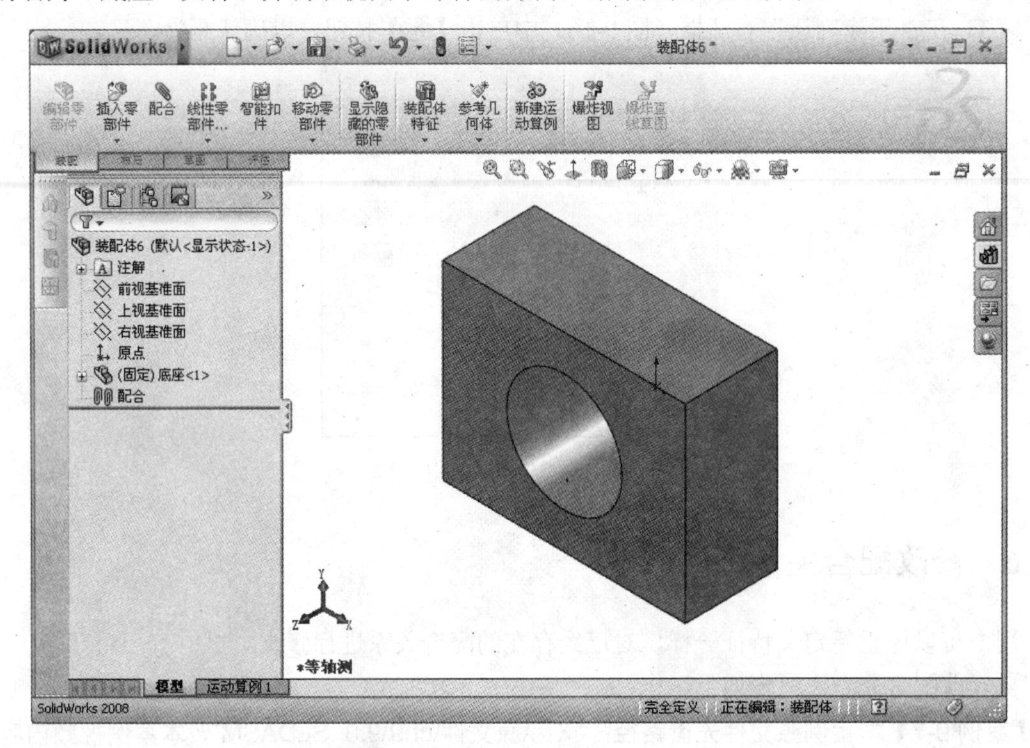

图 9-17　插入底座后的装配体文件

（3）打开零件。执行【文件】→【打开】菜单命令，打开已绘制的名为“圆柱”的文件，并调节视图中零件的方向。

（4）设置窗口方式。执行【窗口】→【横向平铺】菜单命令，将窗口设置为横向平铺方式，结果如图 9-18 所示。

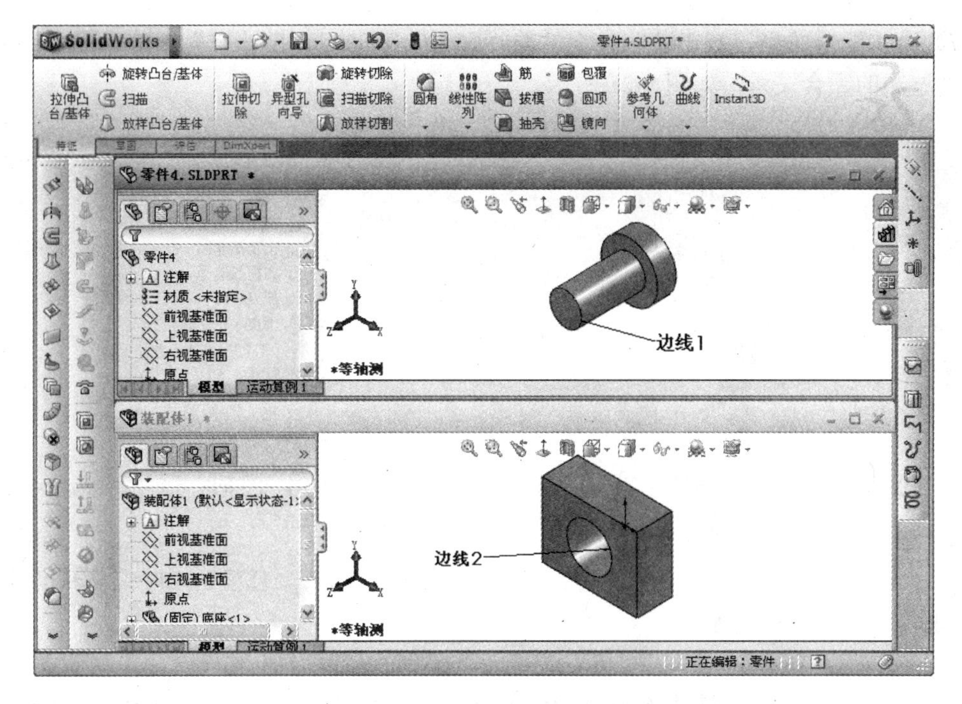

图 9-18　两个文件的横向平铺窗口

（5）插入零件。在“圆柱”零件窗口中，左键单击图 9-18 中的边线 1，然后拖曳零件到装配体文件中，零件进入装配体文件中，将以半透明方式显示，如图 9-19 所示。

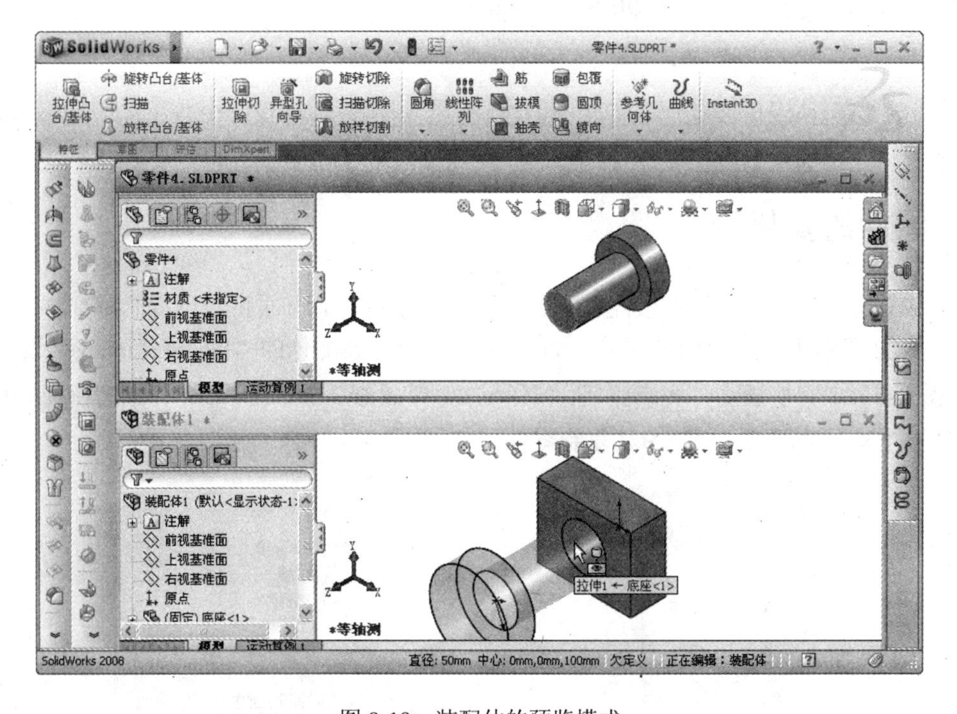

图 9-19　装配体的预览模式

（6）装配零件。在如图 9-18 所示中的边线 2 附近移动鼠标，当指针变为[图标]，智能装配完成，然后松开鼠标，结果如图 9-20 所示。

（7）查看配合关系。双击装配体文件的“FeatureManager 设计树”中的“配合”节点，可以看到添加的配合关系，如图 9-21 所示。

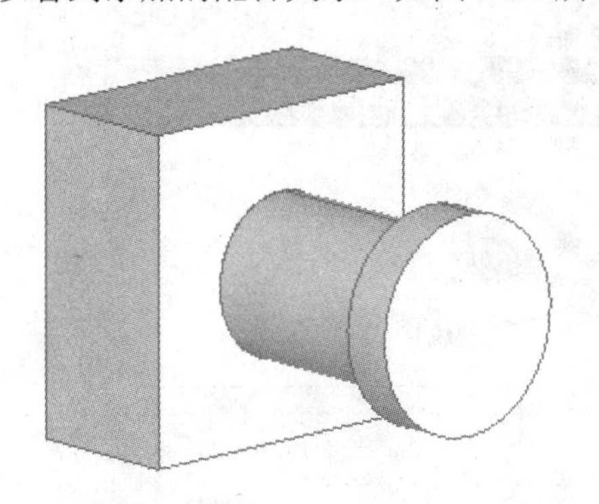

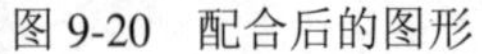

图 9-20　配合后的图形

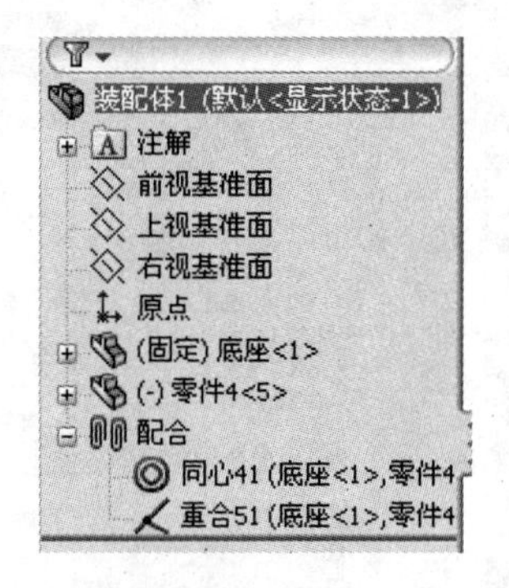

图 9-21　装配体文件的“FeatureManager 设计树”

■ 注意：

在拖曳零件到装配体文件中时，可能有几个可能的装配位置，此时需要移动鼠标选择需要的装配位置。

■ 注意：

使用【Smartmates】命令进行智能配合时，系统需要安装 SolidWorks Toolbox 工具箱，如果安装系统时没有安装该工具箱，则该命令不能使用。

9.3　零件的复制、阵列与镜像

在同一个装配体中可能存在多个相同的零件，在装配时用户可以不必重复的插入零件，而是利用复制、阵列与镜像的方法，快速完成具有规律性的零件的插入和装配。

9.3.1　零件的复制

SolidWorks 可以复制已经在装配体文件中存在的零部件，下面将介绍复制零部件的操作步骤。如图 9-22 所示为复制前的装配体，如图 9-23 所示为装配体的“FeatureManager 设计树”。

【案例 9-9】本案例源文件光盘路径：“X：\源文件\ch9\9.9 .SLDASM”，本案例视频内容光盘路径：“X：\动画演示\ch9\9.9 复制零件.swf”。

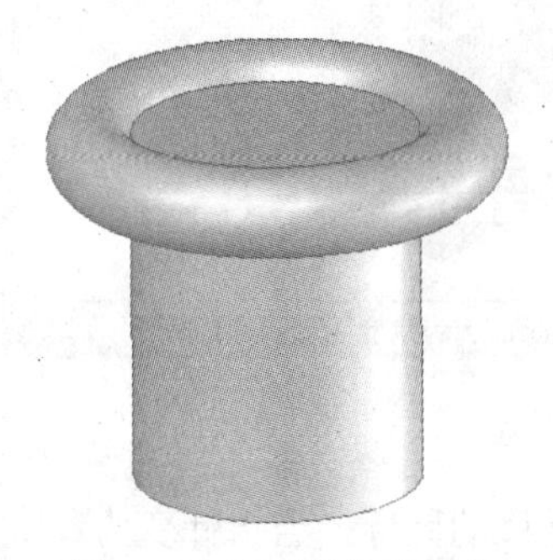

图 9-22　复制前的装配体

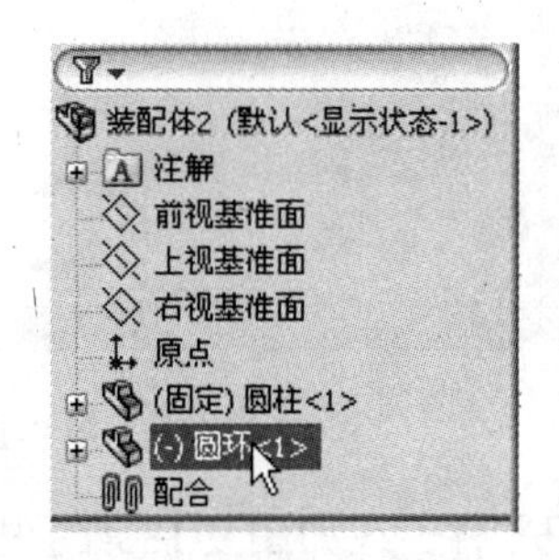

图 9-23　复制前的“FeatureManager 设计树”

（1）复制零件。按住【Ctrl】键，在“FeatureManager 设计树”中，选择需要复制的零部件，如图 9-23 所示，然后拖曳到图中需要的位置。拖曳零件圆环到视图中合适的位置，结果如图 9-24 所示。此时“FeatureManager 设计树”如图 9-25 所示。

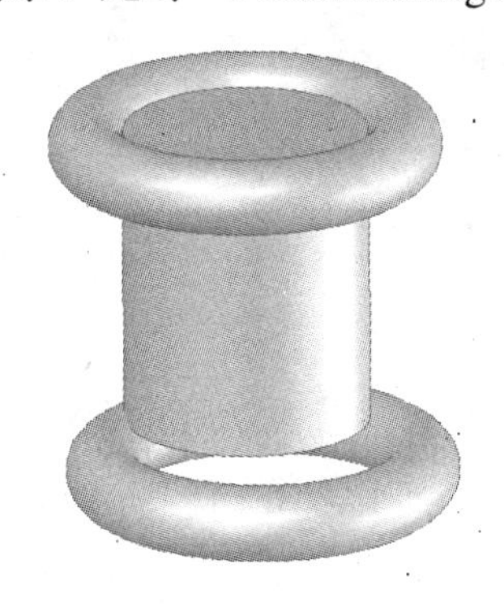

图 9-24　复制后的装配体

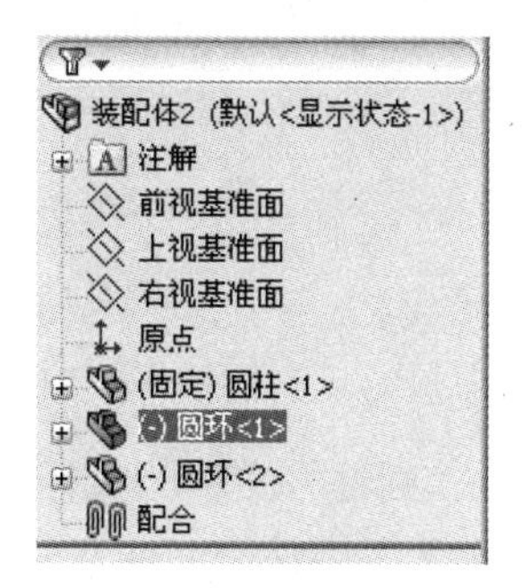

图 9-25　复制后的“FeatureManager 设计树”

（2）添加配合关系。添加相应的配合关系，结果如图 9-26 所示。

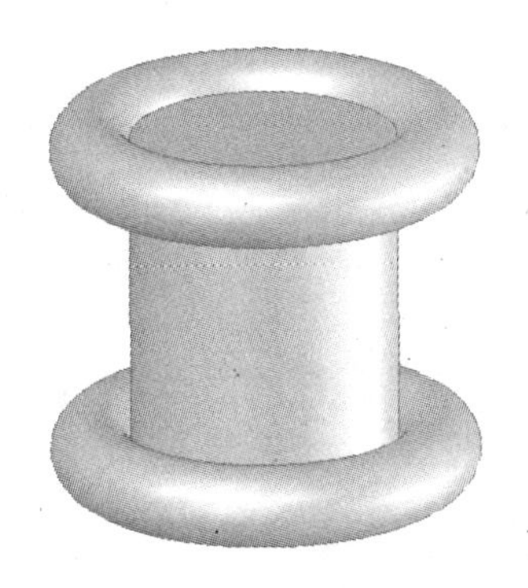

图 9-26　配合后的装配体

9.3.2　零件的阵列

零件的阵列分为线性阵列和圆周阵列。如果装配体中具有相同的零件，并且这些零件按照线性或者圆周的方式排列，可以使用线性阵列和圆周阵列命令进行操作。下面结合实例进行介绍。

线性阵列可以同时阵列一个或者多个零部件，并且阵列出来的零件不需要再添加配合关系，即可完成配合。

线性阵列零件的操作步骤如下。

【案例 9-10】本案例源文件光盘路径：“X：\源文件\ch9\9.10 .SLDASM”，本案例视频内容光盘路径：“X：\动画演示\ch9\9.10 阵列零件.swf”。

（1）创建装配体文件。执行【文件】→【新建】菜单命令，在系统弹出的“新建 SoildWorks 文件”对话框中，单击装配体图标，创建一个装配体文件。

（2）插入“底座”文件。执行【插入】→【零部件】→【现有零件/装配体】菜单命令，插入已绘制的名为“底座”文件，并调节视图中零件的方向，底座零件的尺寸如图 9-27 所示。

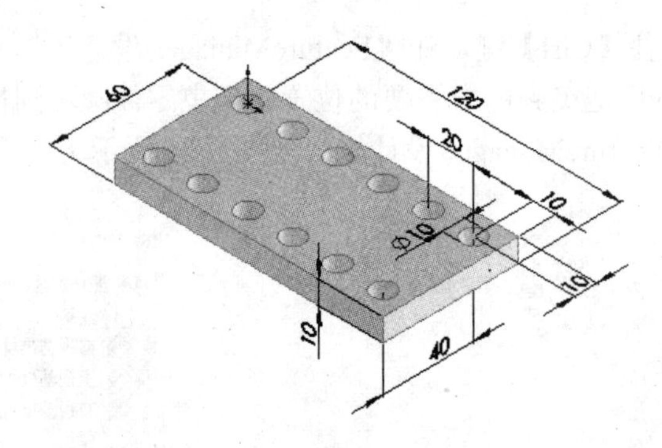

图 9-27　底座零件尺寸图示

（3）插入“圆柱”文件。执行【插入】→【零部件】→【现有零件/装配体】菜单命令，插入已绘制的名为“圆柱”文件，“圆柱”零件的尺寸如图 9-28 所示。调节视图中各零件的方向，结果如图 9-29 所示。

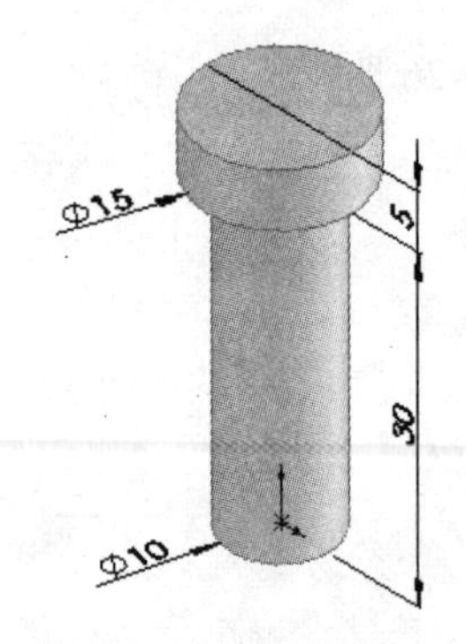

图 9-28　圆柱零件尺寸图示

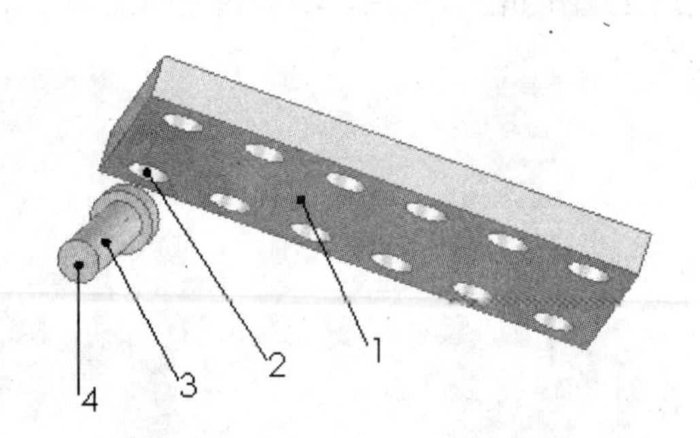

图 9-29　插入零件后的装配体

（4）添加配合关系。执行【工具】→【配合】菜单命令，或者单击“装配体”操控板中的配合图标。

（5）设置属性管理器。系统弹出“配合”属性管理器，将如图 9-29 所示中的平面 1 和平面 4 添加为“重合”配合关系；将圆柱面 2 和圆柱面 3 添加为“同轴心”配合关系，注意配合的方向。

（6）确认配合关系。单击属性管理器中的确定图标，配合添加完毕。

（7）设置视图方向。单击“前导视图”工具栏中的等轴测图标，将视图以等轴测方向显示，结果如图 9-30 所示。

（8）线性阵列圆柱零件。执行【插入】→【零部件阵列】→【线性阵列】菜单命令，系统弹出如图 9-31 所示的“线性阵列”属性管理器。

（9）设置属性管理器。在“方向 1”的“阵列方向”一栏中，选择如图 9-30 所示中的边线 1，注意设置阵列的方向；在“方向 2”的“阵列方向”一栏中，选择如图 9-30 所示中的边线 2，注意设置阵列的方向；在“要阵列的零部件”一栏中，选择如图 9-30 所示中的圆柱；其他设置按照图 9-31 所示。

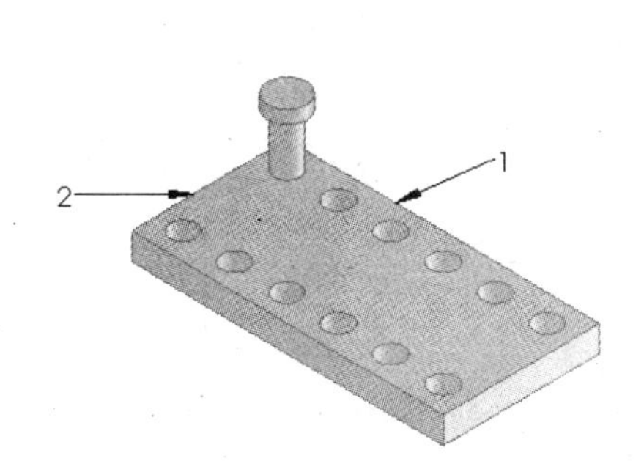

图 9-30　配合后的等轴测视图

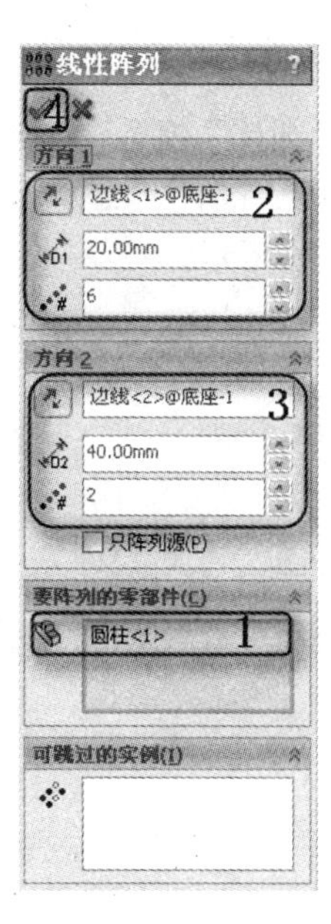

图 9-31　“线性阵列”属性管理器

（10）确认线性阵列。单击属性管理器中的确定图标✔，完成零件的线性阵列。结果如图 9-32 所示。此时装配体文件的“FeatureManager 设计树”如图 9-33 所示。

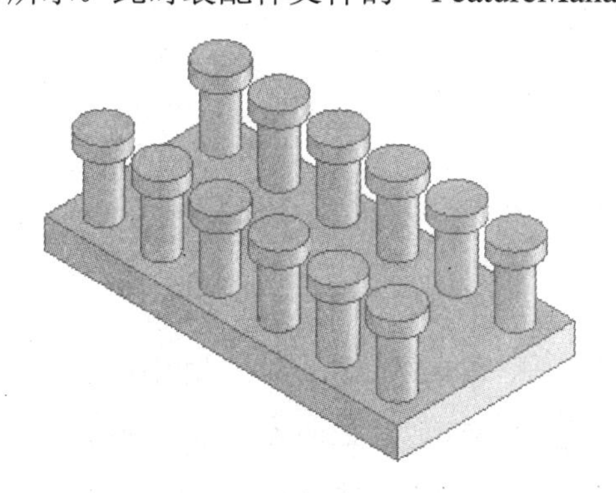

图 9-32　线性阵列后的图形

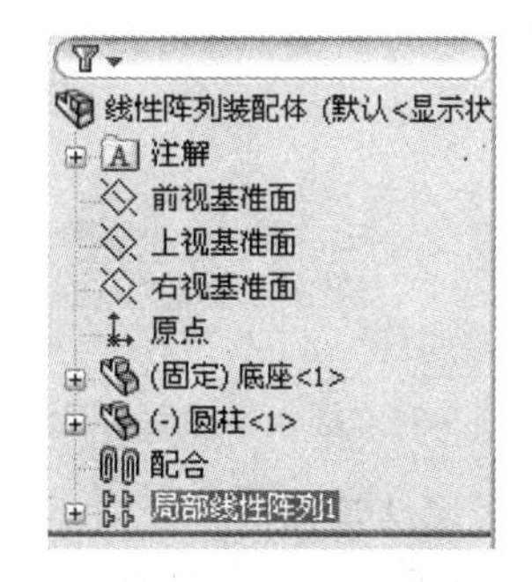

图 9-33　装配体的“FeatureManager”设计树

9.3.3　零件的镜像

装配体环境下的镜像操作与零件设计环境下的镜像操作类似。在装配体环境下，相同且对称的零部件，可以使用镜像零部件操作来完成。

镜像零件的操作步骤如下。

【案例 9-11】本案例源文件光盘路径：“X：\源文件\ch9\9.11 .SLDASM”，本案例视频内容光盘路径：“X：\动画演示\ch9\9.11 镜像零件.swf”。

（1）创建装配体文件。执行【文件】→【新建】菜单命令，在系统弹出的“新建 SoildWorks 文件”对话框中，单击装配体图标，创建一个装配体文件。

（2）插入“底座平板”文件。执行【插入】→【零部件】→【现有零件/装配体】菜单命令，插入已绘制的名为“圆盘”文件，并调节视图中零件的方向，圆盘零件的尺寸如图 9-34

所示。

（3）插入“圆柱”文件。执行【插入】→【零部件】→【现有零件/装配体】菜单命令，插入已绘制的名为“圆柱”文件，“圆柱”零件的尺寸如图 9-35 所示。调节视图中各零件的方向，结果如图 9-36 所示。

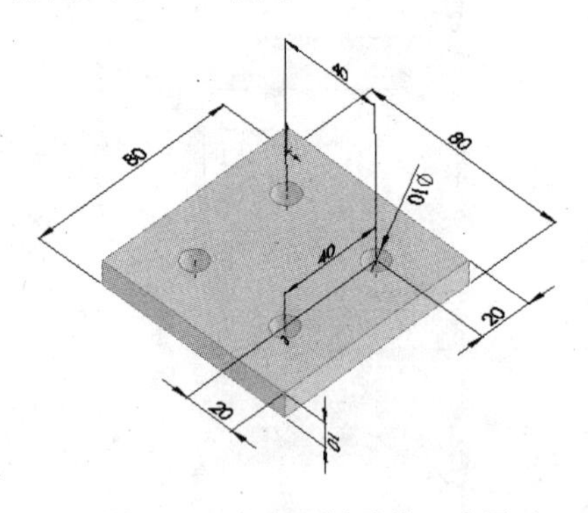

图 9-34　底座平板零件尺寸图示

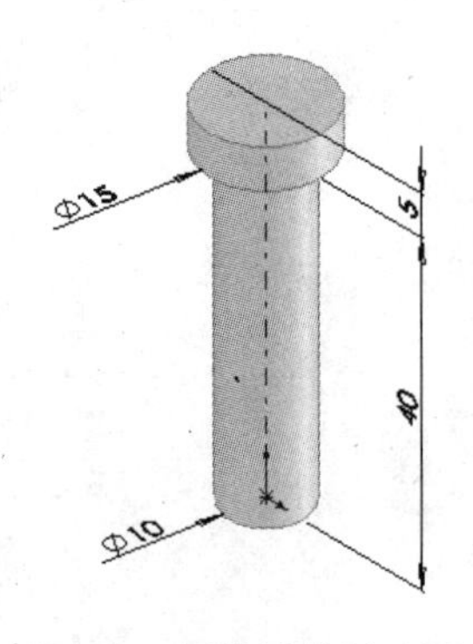

图 9-35　圆柱零件尺寸图示

（4）添加配合关系。执行【工具】→【配合】菜单命令，或者单击“装配体”操控板中的配合图标。

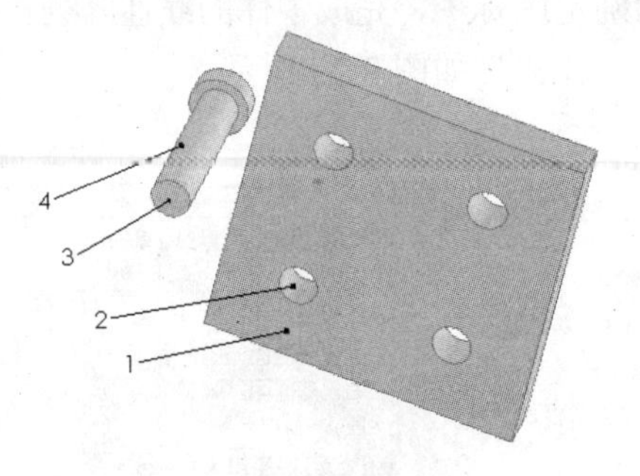

图 9-36　插入零件后的装配体

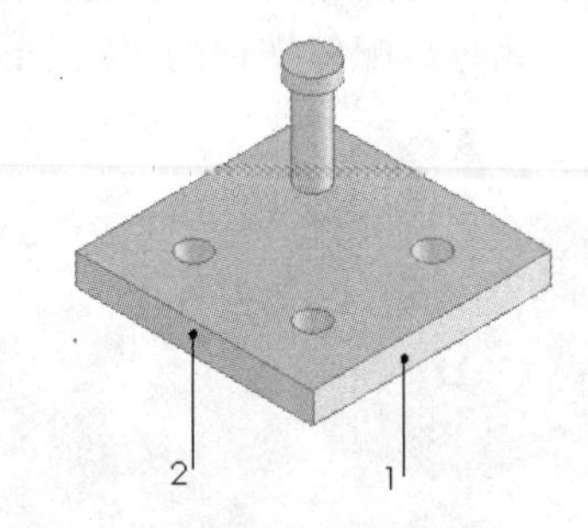

图 9-37　配合后的等轴测视图

（5）设置属性管理器。此时系统弹出“配合”属性管理器，将图 9-36 所示中的平面 1 和平面 3 添加为“重合”配合关系；将圆柱面 2 和圆柱面 4 添加为“同轴心”配合关系，注意配合的方向。

（6）确认配合关系。单击属性管理器中的确定图标，配合添加完毕。

（7）设置视图方向。单击“前导视图”工具栏中的等轴测图标，将视图以等轴测方向显示，结果如图 9-37 所示。

（8）添加基准面。执行【插入】→【参考几何体】→【基准面】菜单命令，或者单击“参考几何体”操控板中的基准面图标。

（9）设置属性管理器。系统弹出如图 9-38 所示的“基准面”属性管理器，在“参考实体”一栏中，选择图 9-37 所示中的面 1；在“距离”一栏中输入值为 48，注意添加基准面的方向；其他设置参考如图 9-38 所示。添加如图 9-39 所示中的基准面 1，重复此命令，添加如图 9-39 所示中的基准面 2，添加基准面后的图形如图 9-39 所示。

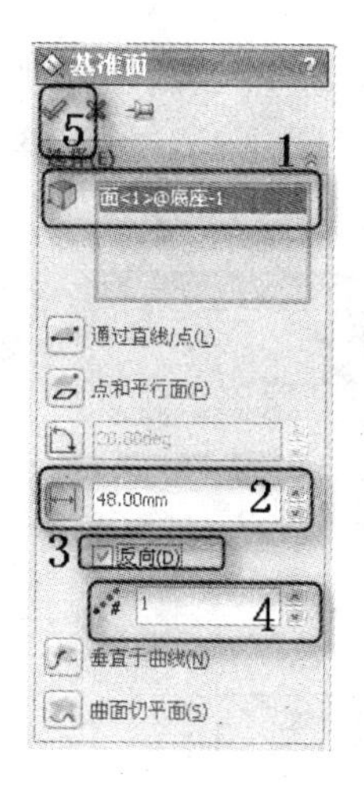

图 9-38 “基准面”属性管理器

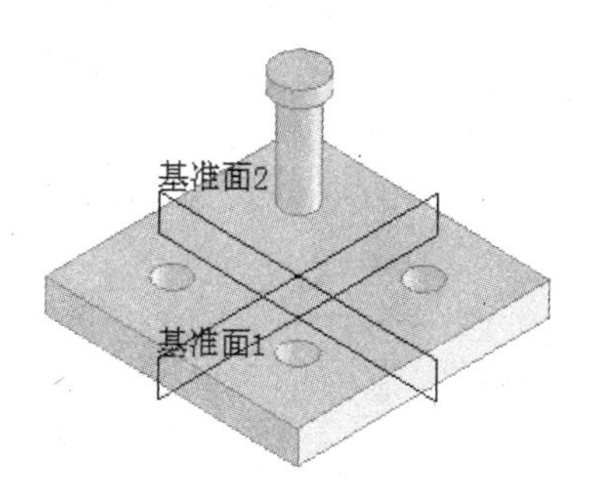

图 9-39　添加基准面后的图形

（10）镜像圆柱零件。执行【插入】→【镜向零部件】菜单命令，此时系统弹出如图 9-75 所示的“镜向零部件”属性管理器。

（11）设置属性管理器。在“镜向基准面”一栏中，选择如图 9-39 所示中的基准面 1；在“要镜向的零部件”一栏中，选择如图 9-39 所示中的圆柱。单击属性管理器中的下一步图标，此时属性管理器如图 9-40 所示。

（12）确认镜像的零件。单击属性管理器中的确定图标，零件镜像完毕，结果如图 9-41 所示。

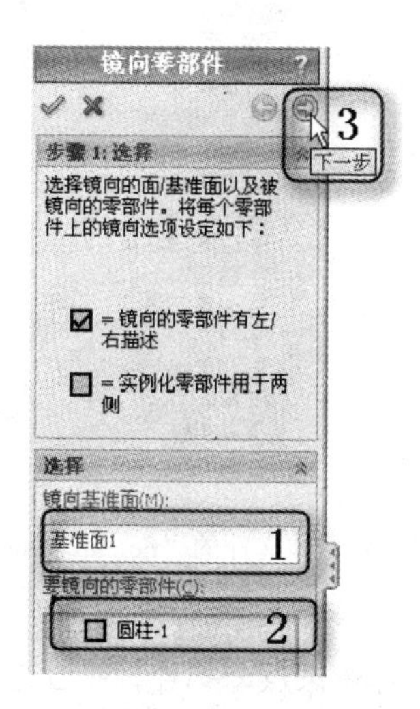

图 9-40　“镜向零部件”属性管理器

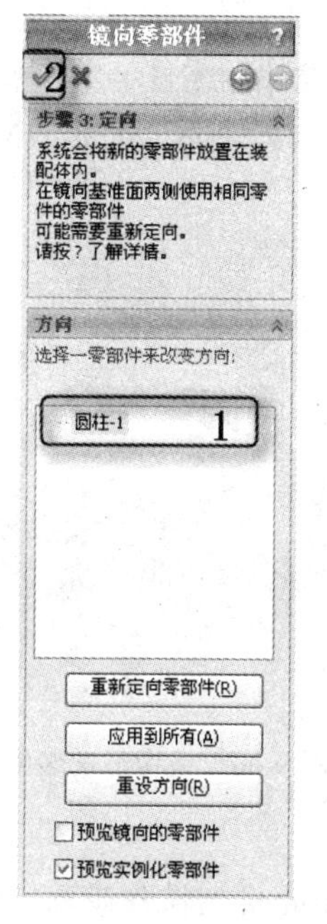

图 9-41　“镜向零部件”属性管理器

（13）镜像圆柱零件。执行【插入】→【镜向零部件】菜单命令，此时系统弹出“镜向零部件”属性管理器。

（14）设置属性管理器。在“镜向基准面”一栏中，选择如图 9-42 所示中的基准面 2；在

“要镜向的零部件”一栏中，选择如图 9-42 所示中的两个圆柱，单击属性管理器中的往下图标，此时属性管理器如图 9-43 所示，单击属性管理器中的“圆柱-1”，然后单击属性管理器中的【重新定向零部件】按钮。

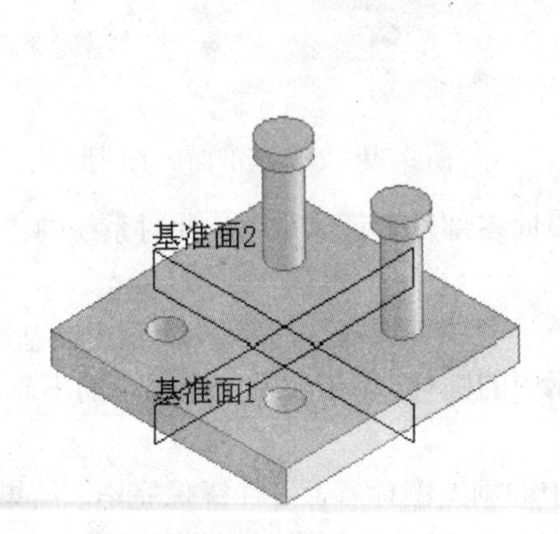

图 9-42 镜向后的图形

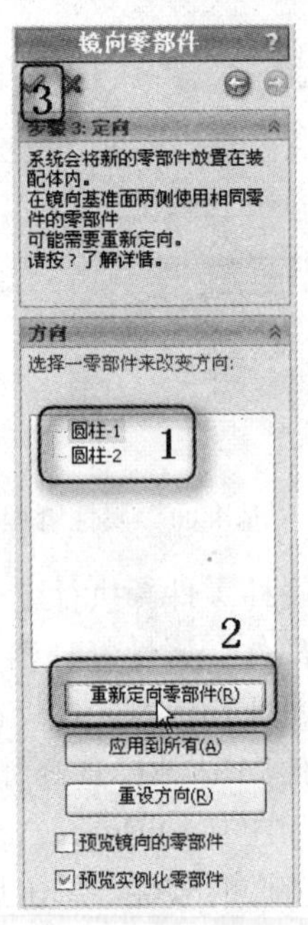

图 9-43 “镜向零部件”属性管理器

（15）确认镜像的零件。单击属性管理器中的确定图标，零件镜像完毕，结果如图 9-44 所示。此时装配体文件的“FeatureManager 设计树”如图 9-45 所示。

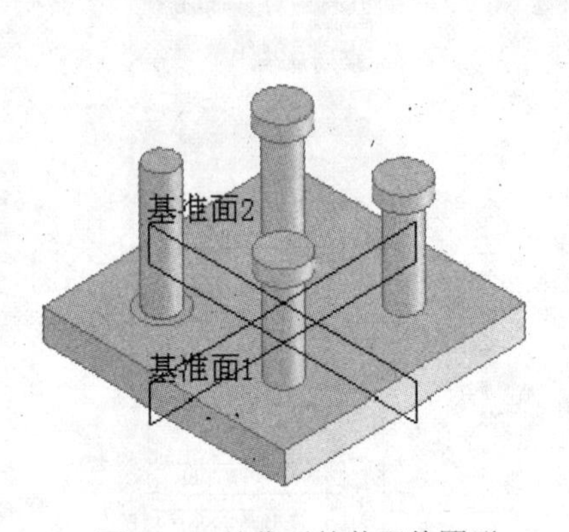

图 9-44 镜像后的装配体图形

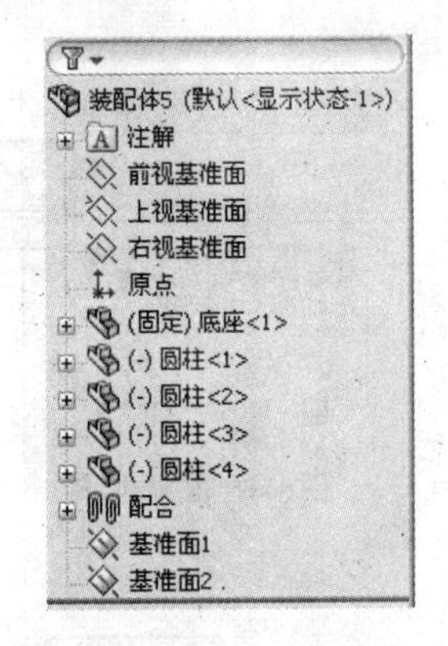

图 9-45 装配体文件的“FeatureManager 设计树”

注意：

从上面的实例操作步骤可以看出，不但可以对称镜像原零部件，而且还可以反方向镜像零部件，要灵活应用该命令。

9.4 装配体检查

装配体检查主要包括碰撞测试、动态间隙、体积干涉检查及装配体统计等，用来检查装配体各个零部件装配后的正确性及装配信息等。

9.4.1 碰撞测试

在装配体环境下，移动或者旋转零部件时，SolidWorks 提供了检查其与其他零部件的碰撞检查。在进行碰撞测试时，零件必须做适当的配合，但是不能完全限制配合，否则零件无法移动。

物资动力碰撞检查时，勾选“物资动力”复选框，等同于向被撞零部件施加一个碰撞力。

碰撞测试的具体操作步骤如下。

【案例 9-12】本案例源文件光盘路径：“X：\源文件\ch9\9.12 .SLDASM”，本案例视频内容光盘路径：“X：\动画演示\ch9\9.12 碰撞测试.swf”。

（1）打开装配体文件。如图 9-46 所示为碰撞测试用的装配体文件，两个轴件与基座的凹槽为“同轴心”配合方式。

（2）碰撞检查。单击“装配体”操控板中的移动零部件图标，或者旋转零部件图标。

（3）设置属性管理器。系统弹出“移动零部件”或者“旋转零部件”属性管理器，在“选项”一栏中单击“碰撞检查”单选按钮和勾选“碰撞时停止”复选框，则碰撞时零件会停止运动；在“高级选项”一栏中勾选“亮显显示面”和“声音”复选框，则碰撞时零件会亮显并且计算机会发出碰撞的声音，碰撞设置如图 9-47 所示。

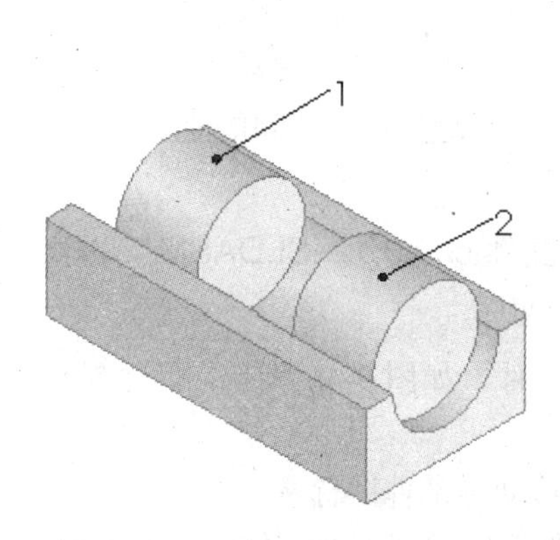

图 9-46 碰撞测试装配体文件

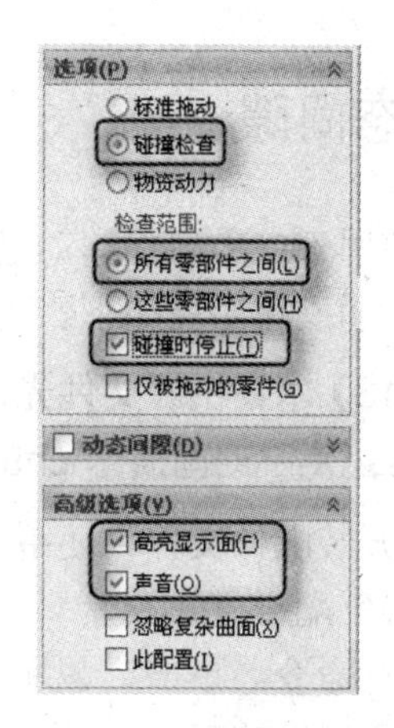

图 9-47 碰撞检查时的设置

（4）碰撞检查。拖曳如图 9-46 所示中的零件 2 向零件 1 移动，在碰撞零件 1 时，零件 2 会停止运动，并且零件 2 会亮显，如图 9-48 所示。

（5）物资动力设置。在“移动零部件”或者“旋转零部件”属性管理器中，在“选项”一栏中勾选“物资动力”复选框，下面的“敏感度”工具条可以调节施加的力；在“高级选项”一栏中勾选“亮显显示面”和“声音”复选框，则碰撞时零件会亮显并且计算机会发出碰撞的声音，物资动力设置如图 9-49 所示。

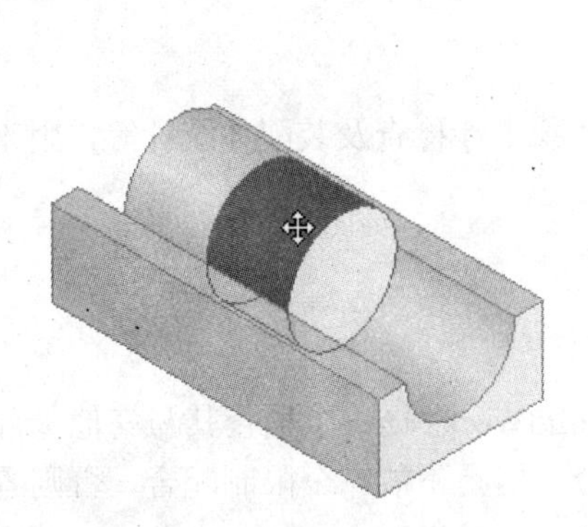

图 9-48　碰撞检查时的装配体

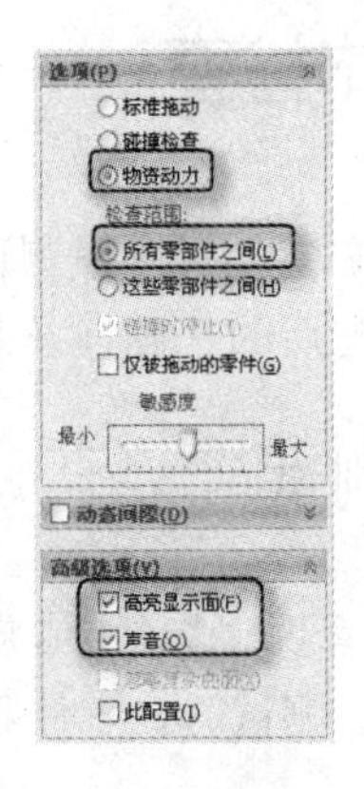

图 9-49　物资检查时的设置

（6）物资检查。拖曳如图 9-46 所示中的零件 2 向零件 1 移动，在碰撞零件 1 时，零件 1 和 2 会以给定的力一起向前运动，如图 9-50 所示。

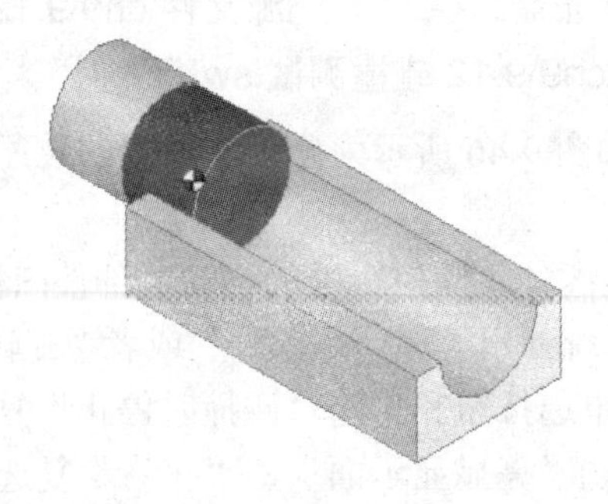

图 9-50　物资动力检查时的装配体

9.4.2　动态间隙

动态间隙用于在零部件移动过程中，动态显示两个设置零部件间的距离。

动态间隙的操作步骤如下。

【案例 9-13】本案例源文件光盘路径：“X：\源文件\ch9\9.12 .SLDASM”，本案例视频内容光盘路径：“X：\动画演示\ch9\9.13 动态间隙.swf”。

（1）打开装配体文件。使用上一节的装配体文件，如图 9-46 所示。两个轴件与基座的凹槽为“同轴心”配合方式。

（2）执行命令。单击“装配体”操控板中的移动零部件图标。

（3）设置属性管理器。系统弹出“移动零部件”属性管理器，勾选“动态间隙”复选框。在“所选零部件几何体”一栏中选择如图 9-46 所示中的零件 1 和零件 2，然后单击恢复拖动图标 恢复拖动(E)，动态间隙设置如图 9-51 所示。

（4）动态间隙检查。拖曳如图 9-46 所示中的零件 2 移动，则两个轴件之间的距离会实时的改变，如图 9-52 所示。

图 9-51　动态间隙时的设置

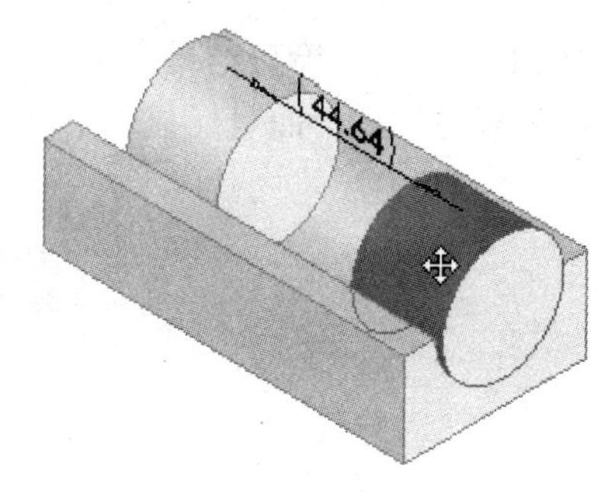

图 9-52　动态间隙时的图形

注意：

动态间隙设置时，在“指定间隙停止”一栏中输入的值，用于确定两零件之间停止的距离。当两零件之间的距离为该值时，零件就会停止运动。

9.4.3　体积干涉检查

在一个复杂的装配体文件中，直接区分零部件是否发生干涉是件比较困难的事情。SolidWorks 提供了体积干涉检查工具。利用该工具比较容易地在零部件之间进行干涉检查，并且可以查看发生干涉的体积。

体积干涉检查的操作步骤如下。

【案例 9-14】本案例源文件光盘路径：“X：\源文件\ch9\9.12 .SLDASM”，本案例视频内容光盘路径：“X：\动画演示\ch9\9.14 干涉检查.swf”。

（1）打开装配体文件。使用上一节的装配体文件，两个零件与基座的凹槽为“同轴心”配合方式，调节两个零件相互重合，如图 9-53 所示。

（2）执行命令。执行【工具】→【干涉检查】菜单命令，此时系统弹出“干涉检查”属性管理器。

（3）设置属性管理器。勾选“视重合为干涉”复选框，单击属性管理器中的【计算】图标，如图 9-54 所示。

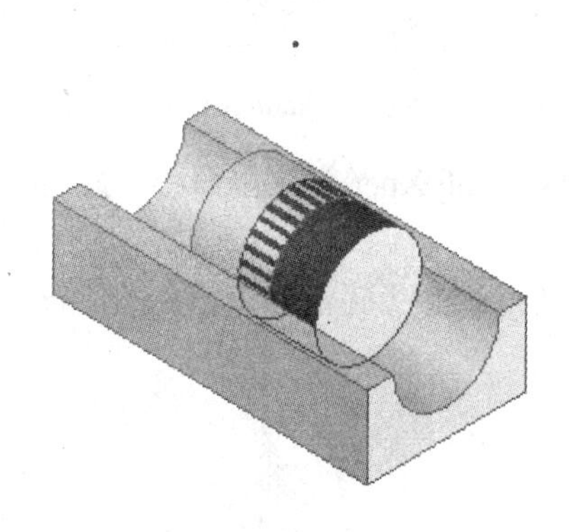

图 9-53　体积干涉检查装配体文件

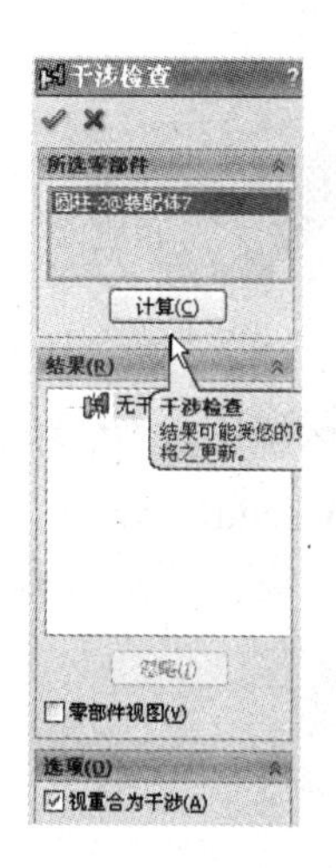

图 9-54　“体积检查”属性管理器

（4）体积干涉检查。检查结果弹出在“结果”一栏中，如图 9-55 所示。在“结果”一栏中，不但显示干涉的体积，而且还显示干涉的数量以及干涉的个数等信息。

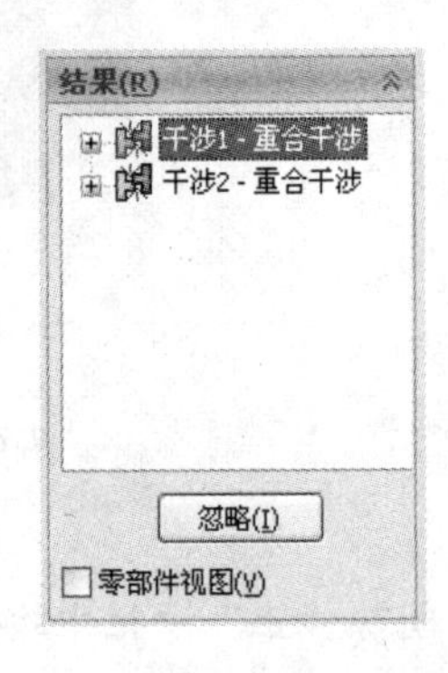

图 9-55　干涉检查结果

9.4.4　装配体统计

SolidWorks 提供了对装配体进行统计报告的功能，即装配体统计。通过装配体统计，可以生成一个装配体文件的统计资料。

【案例 9-15】本案例源文件光盘路径：“X：\源文件\ch9\脚轮\脚轮装配体.SLDASM”，本案例视频内容光盘路径：“X：\动画演示\ch9\9.15 装配统计.swf”。

装配体统计的操作步骤如下。

（1）打开装配体文件。打开“脚轮”装配体文件，如图 9-56 所示。“脚轮”装配体文件的“FeatureManager 设计树”如图 9-57 所示。

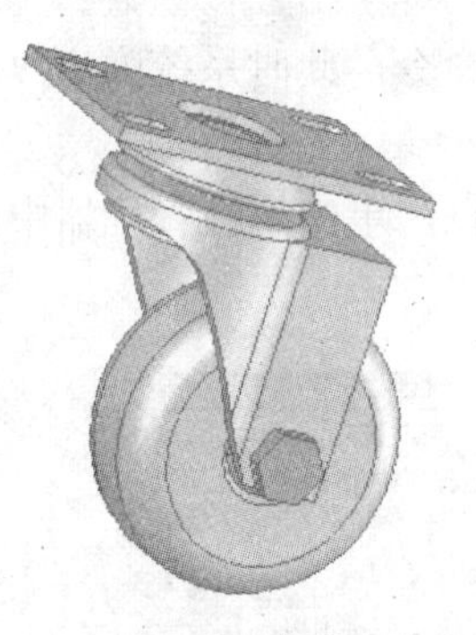

图 9-56　“脚轮”装配体文件

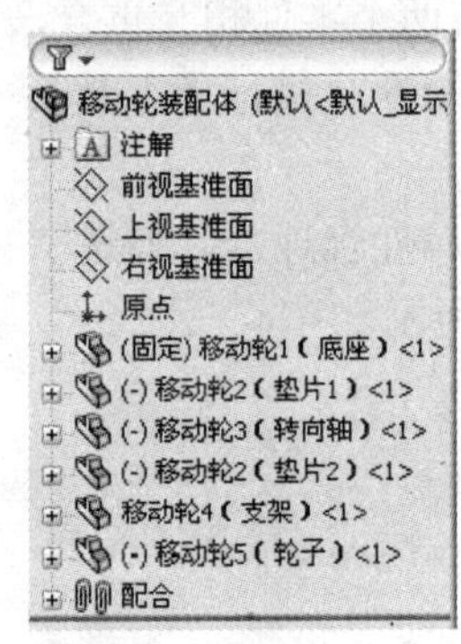

图 9-57　装配体的“FeatureManager 设计树”

（2）执行装配体统计命令。执行【工具】→【AssemblyXpert】菜单命令，此时系统弹出如图 9-58 所示的“AssemblyXpert”对话框。

（3）确认统计结果。单击“AssemblyXpert”对话框中的【确定】按钮，关闭该对话框。

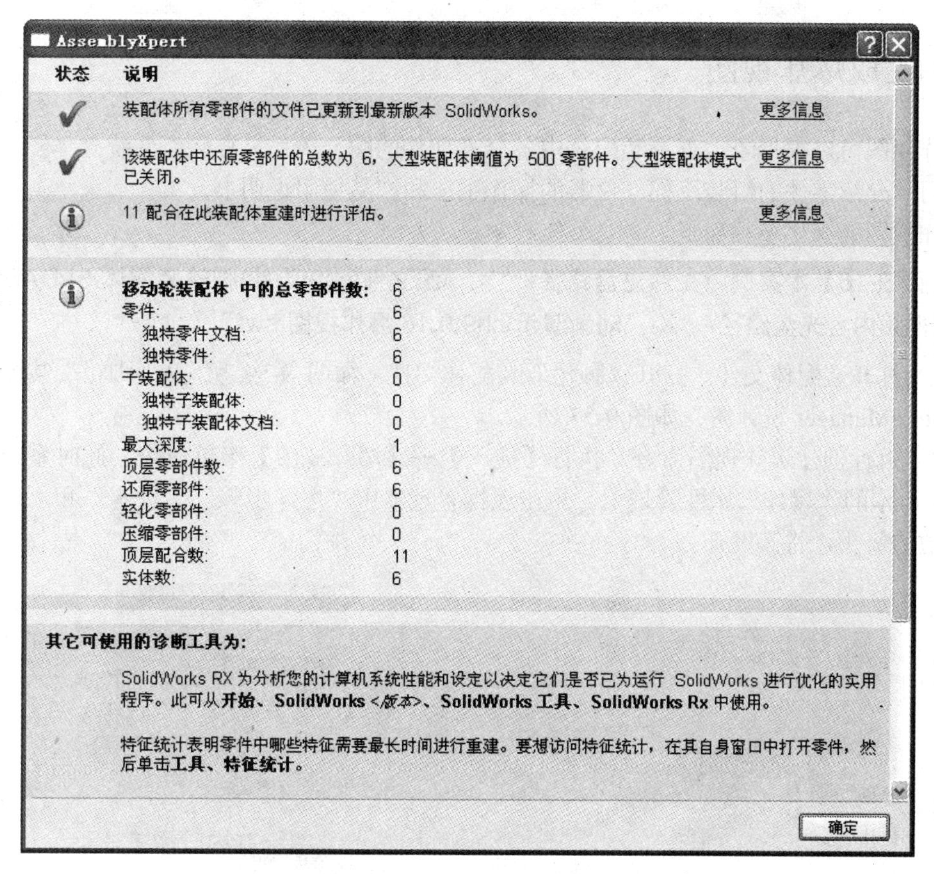

图 9-58　“AssemblyXpert”对话框

从“AssemblyXpert”对话框中，可以查看装配体文件的统计资料。对话框中部分选项的意义如下。

- 零部件数：统计的零部件数包括装配体中所有的零件，无论是否被压缩，但是被压缩的子装配体的零部件不包括在统计中。
- 不同零件：仅统计未被压缩的互不相同的零件。
- 子装配体：统计装配体文件中包含的子装配体个数。
- 不同子装配体：仅统计装配体文件中包含的未被压缩的互不相同子装配体个数。
- 还原零部件：统计装配体文件处于还原状态的零部件个数。
- 压缩零部件：统计装配体文件处于压缩状态的零部件个数。
- 顶层配合数：统计最高层装配体文件中所包含的配合关系的个数。

9.5　爆炸视图

在零部件装配体完成后，为了在制造、维修和销售中，直观地分析各个零部件之间的相互关系，将装配图按照零部件的配合条件来产生爆炸视图。装配体爆炸以后，用户不可以对装配体添加新的配合关系。

9.5.1 生成爆炸视图

爆炸视图可以很形象地查看装配体中各个零部件的配合关系，常称为系统立体图。爆炸视图通常用于介绍零件的组装流程、仪器的操作手册和产品使用说明书。

爆炸视图的操作步骤如下。

【案例 9-16】本案例源文件光盘路径："X：\源文件\ch9\脚轮\脚轮装配体.SLDASM"，本案例视频内容光盘路径："X：\动画演示\ch9\9.16 爆炸视图.swf"。

（1）打开装配体文件。打开"脚轮"装配体文件，如图 9-59 所示。"脚轮"装配体文件的"FeatureManager 设计树"如图 9-57 所示。

（2）执行创建爆炸视图命令。执行【插入】→【爆炸视图】菜单命令，此时系统弹出如图 9-60 所示的"爆炸"属性管理器。单击属性管理器中"爆炸步骤"、"设定"和"选项"复选框右边的箭头，将其展开。

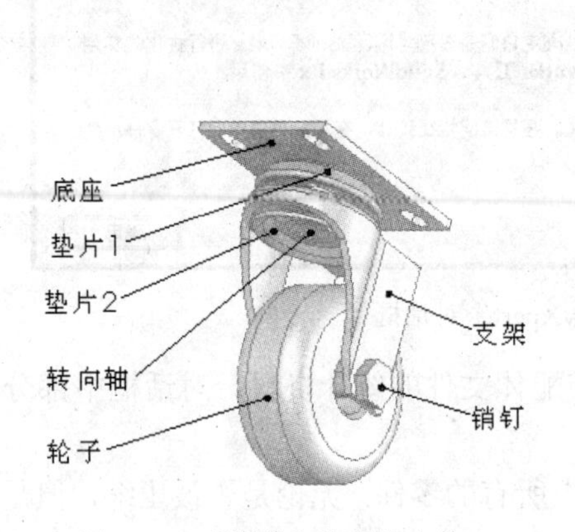

图 9-59 "脚轮"装配体文件

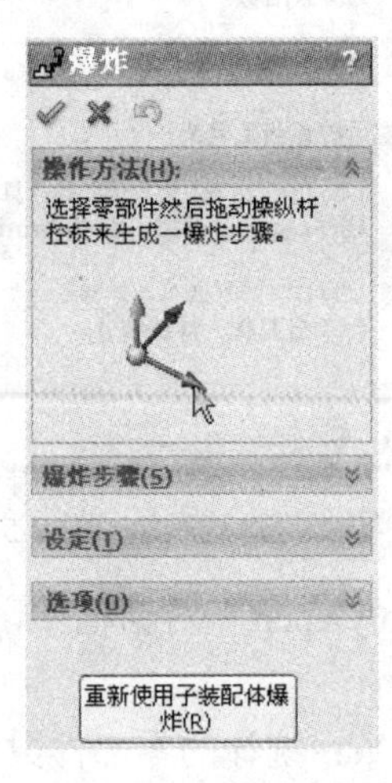

图 9-60 "爆炸"属性管理器

（3）设置属性管理器。在"设定"复选框中的"爆炸步骤零部件"一栏中，用鼠标单击图 9-59 中的"底座"零件，此时装配体中被选中的零件被亮显，并且弹出一个设置移动方向的坐标，如图 9-61 所示。

（4）设置爆炸方向。单击如图 9-61 所示中的坐标的某一方向，确定要爆炸的方向，然后在"设置"复选框中的"爆炸距离"一栏中输入爆炸的距离值，如图 9-62 所示。

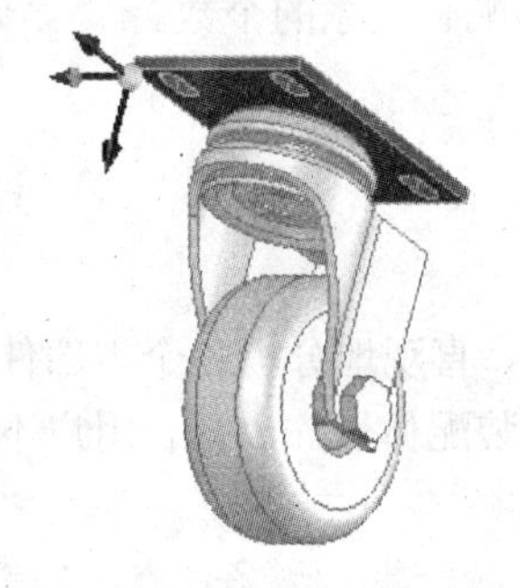

图 9-61 选择零件后的装配体

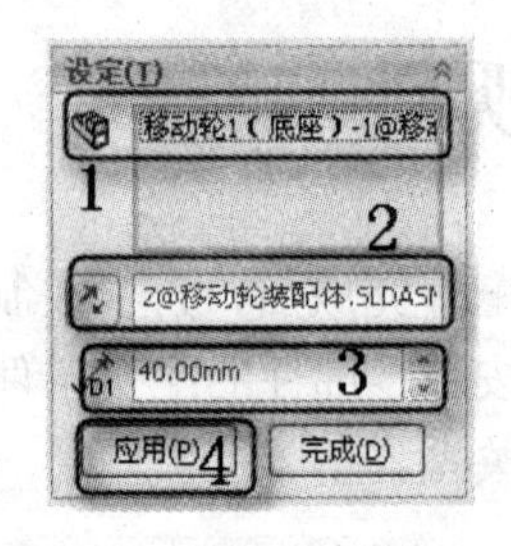

图 9-62 "设定"复选框的设置

（5）观测预览效果。单击“设定”复选框中的【应用】按钮，观测视图中预览的爆炸效果，单击“爆炸方向”前面的反向图标，可以反方向调整爆炸视图。单击【完成】按钮，第一个零件爆炸完成，结果如图 9-63 所示；在“爆炸步骤”复选框中生成“爆炸步骤 1”，如图 9-64 所示。

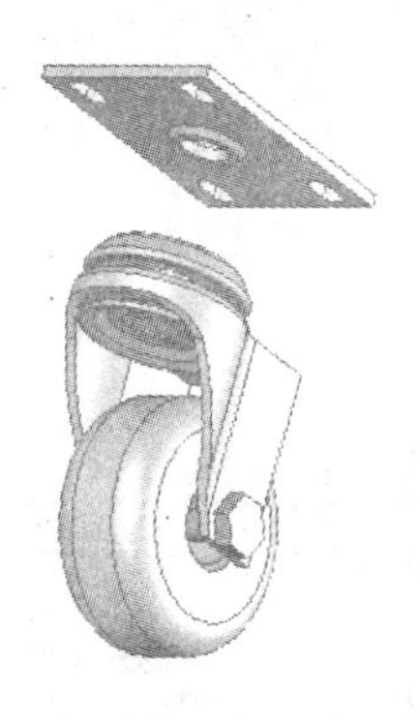

图 9-63　第一个爆炸零件视图

图 9-64　生成的爆炸步骤

（6）生成其他爆炸步骤。重复步骤（3）～（5），将其他零部件爆炸，生成的爆炸视图如图 9-65 所示，如图 9-66 所示为该爆炸视图的爆炸步骤。

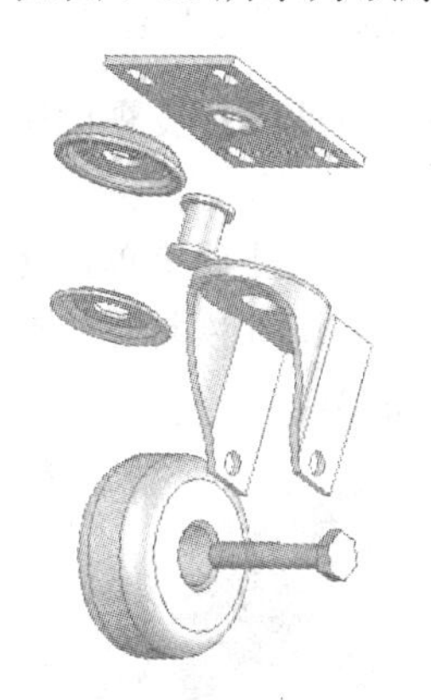

图 9-65　生成的爆炸视图

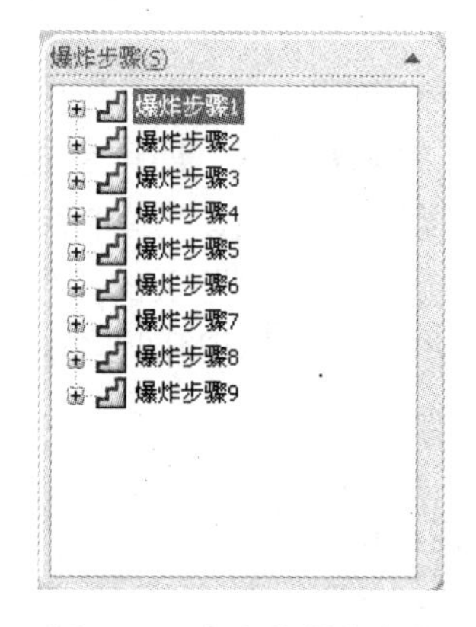

图 9-66　生成的爆炸步骤

注意：

在生成爆炸视图时，建议对每一个零件在每一个方向上的爆炸设置为一个爆炸步骤。如果一个零件需要在 3 个方向上爆炸，建议使用 3 个爆炸步骤，这样可以很方便地修改爆炸视图。

9.5.2　编辑爆炸视图

装配体爆炸后，可以利用“爆炸”属性管理器进行编辑，也可以添加新的爆炸步骤。编辑爆炸视图的操作步骤如下。

【案例 9-17】本案例源文件光盘路径：“X：\源文件\ch9\脚轮\脚轮装配体.SLDASM”，本案例视频内容光盘路径：“X：\动画演示\ch9\9.17 编辑爆炸视图.swf”。

（1）打开装配体文件。打开爆炸后的“脚轮”装配体文件，如图 9-65 所示。

（2）打开“爆炸”属性管理器。执行【插入】→【爆炸视图】菜单命令，此时系统弹出“爆炸”属性管理器。

（3）编辑爆炸步骤。用鼠标右键单击“爆炸步骤”复选框中的“爆炸步骤 1”，如图 9-67 所示，在弹出的快捷菜单中选择“编辑步骤”选项，此时“爆炸步骤 1”的爆炸设置弹出在如图 9-68 所示的“设定”复选框中。

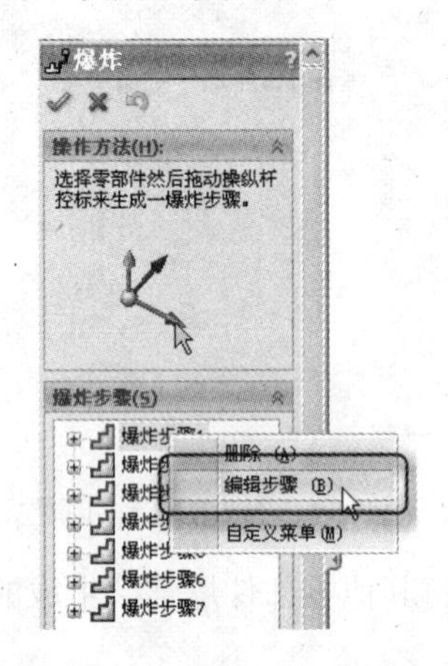

图 9-67 “爆炸”属性管理器

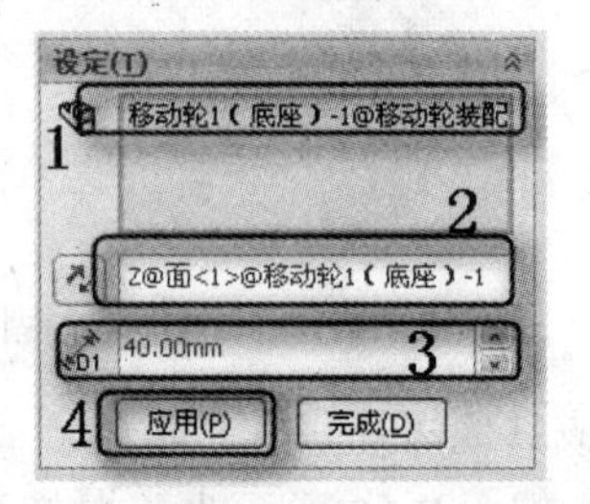

图 9-68 “设定”复选框

（4）确认爆炸修改。修改“设定”复选框中的距离参数，或者拖曳视图中要爆炸的零部件，然后单击【完成】按钮，即可完成对爆炸视图的修改。

（5）删除爆炸步骤。在“爆炸步骤 1”选项中用鼠标右键快捷菜单单击【删除】按钮，该爆炸步骤就会被删除，删除后的操作步骤如图 9-69 所示。零部件恢复爆炸前的配合状态，结果如图 9-70 所示。可以对照图 9-70 与图 9-65 所示的异同情况。

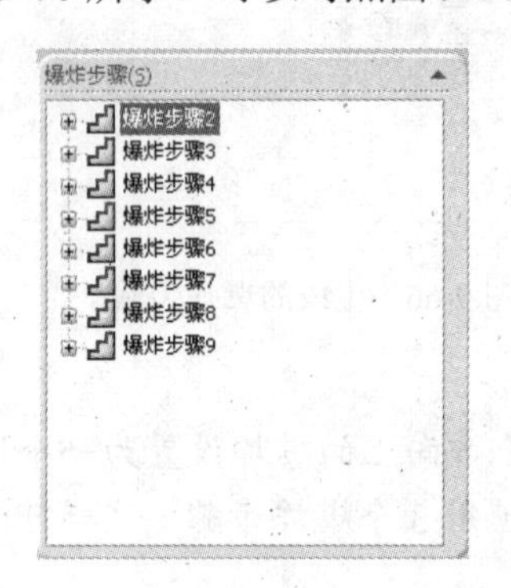

图 9-69 删除爆炸步骤后的操作步骤

图 9-70 删除爆炸步骤 1 后的视图

9.6 装配体的简化

在实际设计过程中，一个完整的机械产品的总装配图是很复杂的，通常有许多的零件组成。SolidWorks 提供了多种简化手段，通常使用时改变零部件的显示属性以及改变零部件的压缩状态来简化复杂的装配体。SolidWorks 中的零部件有 4 种显示状态：

- 还原：零部件以正常方式显示，装入零部件所有的设计信息；

- 隐藏：仅隐藏所选零部件在装配图中的显示；
- 压缩：装配体中的零部件不被显示，并且可以减少工作时装入和计算的数据量；
- 轻化：装配体中的零部件处于轻化状态，只占用部分内存资源。

9.6.1　零部件显示状态的切换

零部件的显示有两种状态：显示和隐藏。通过设置装配体文件中零部件的显示状态，可以将装配体文件中暂时不需要修改的零部件隐藏起来。零部件的显示和隐藏不影响零部件的本身，只是改变在装配体中的显示状态。

切换零部件显示状态常用的有3种方法，下面分别介绍。

1．左键快捷菜单方式

在“FeatureManager 设计树”或者图形区域中，左键单击要隐藏的零部件，在弹出的快捷菜单中选择“隐藏”选项，如图9-71所示。如果要显示隐藏的零部件，则用鼠标右键单击绘图区域，在弹出的快捷菜单中单击“显示隐藏的零部件”选项，如图9-72所示。

2．操控板方式

在“FeatureManager 设计树”或者图形区域中，选择需要隐藏或者显示的零部件，然后单击“装配体”操控板中的隐藏/显示零部件图标，即可实现零部件的隐藏和显示状态的切换。

3．菜单方式

在“FeatureManager 设计树”或者图形区域中，选择需要隐藏的零部件，然后执行【编辑】→【隐藏】→【当前显示状态】菜单命令，将所选零部件切换到隐藏状态。选择需要显示的零部件，执行【编辑】→【显示】→【当前显示状态】菜单命令，将所选的零部件切换到显示状态。

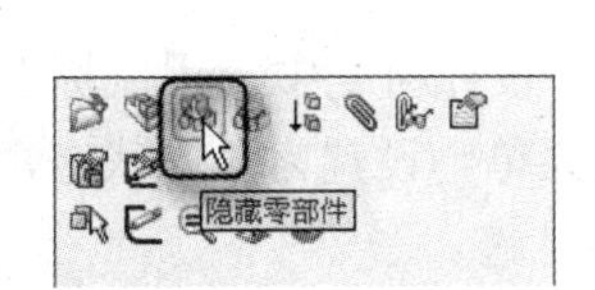

图9-71　隐藏零部件快捷菜单

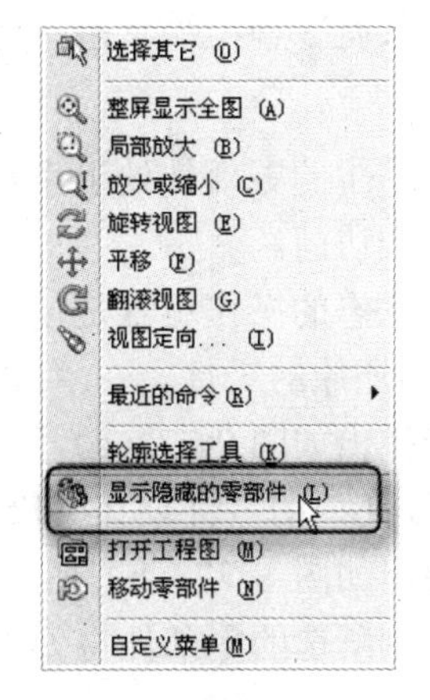

图9-72　显示零部件快捷菜单

如图9-73所示为脚轮装配体图形，如图9-74所示为其“FeatureManager 设计树”。如图9-75所示为隐藏“脚轮 4（支架）”零件后的装配体图形，如图9-76所示为隐藏零件后的“FeatureManager 设计树”。

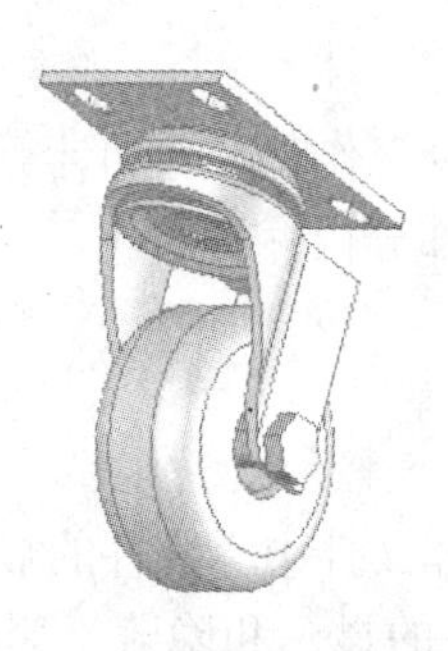

图 9-73　脚轮装配体图形

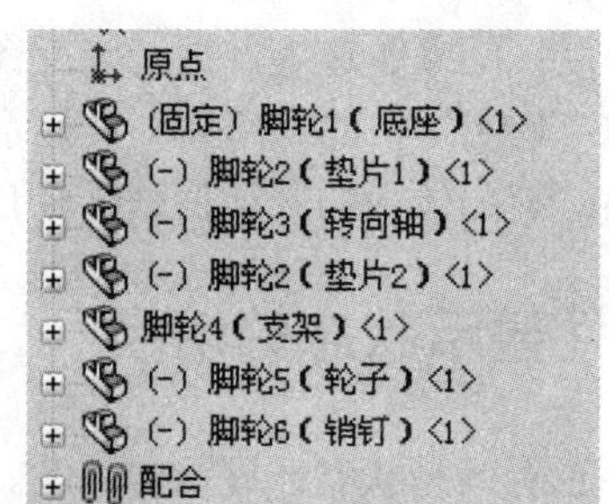

图 9-74　脚轮的“FeatureManager 设计树”

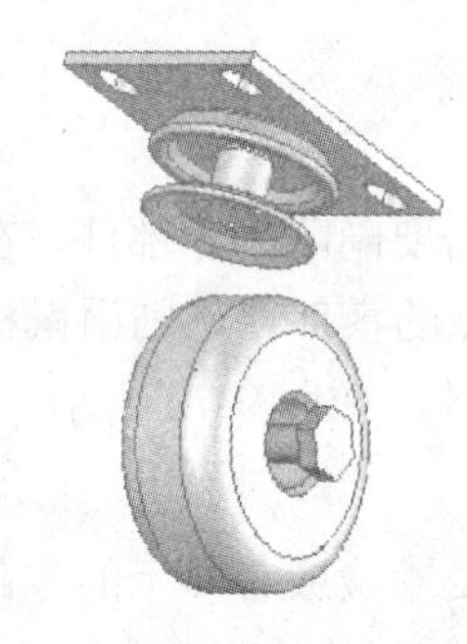

图 9-75　隐藏支架后的装配体

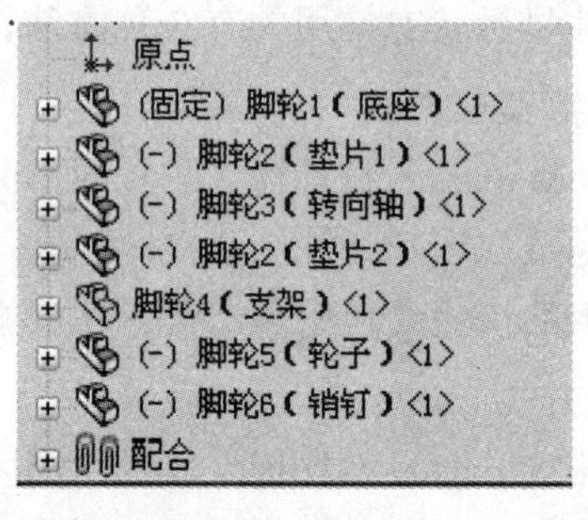

图 9-76　隐藏支架后的“FeatureManager 设计树”

9.6.2　零部件压缩状态的切换

在某段设计时间内，可以将某些零部件设置为压缩状态，这样可以减少工作时装入和计算的数据量，装配体的显示和重建会更快，可以更有效地利用系统资源。

装配体零部件共有 3 种压缩状态：还原、压缩和轻化，下面分别介绍。

1．还原

还原是使装配体中的零部件处于正常显示状态，还原的零部件会完全装入内存，可以使用所有功能并可以完全访问。

常用设置还原状态的操作步骤是使用左键快捷菜单，操作步骤如下。

（1）选择需要还原的零件。在“FeatureManager 设计树”中，左键单击被轻化或者压缩的零件，此时系统弹出如图 9-77（a）所示的系统快捷菜单。

（2）选择需要还原的零件。在“FeatureManager 设计树”中，用鼠标右键单击被轻化的零件，此时系统弹出如图 9-77（b）所示的系统快捷菜单。设置为还原状态，在其中单击“设定为还原”选项，则所选的零部件将处于正常的显示状态。

2．压缩

压缩命令可以使零件暂时从装配体中消失。处于压缩状态的零件不再装入内存，所以装入速度、重建模型速度和显示性能均有提高，减少了装配体的复杂程度，提高了计算机的运行速度。

被压缩的零部件不等同于该零部件被删除，它的相关数据仍然保存在内存中，只是不参与运算而已，它可以通过设置很方便地调入装配体中。

被压缩零部件包含的配合关系也被压缩。因此，装配体中的零部件的位置可能变为欠定义。

当恢复零部件显示时，配合关系可能会发生矛盾，因此在生成模型时，要小心使用压缩状态。

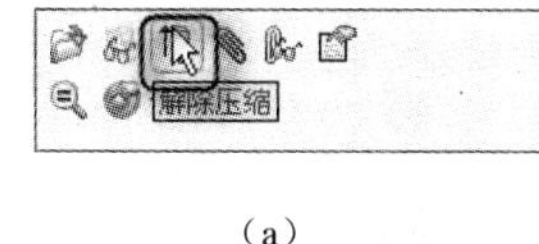

（a）

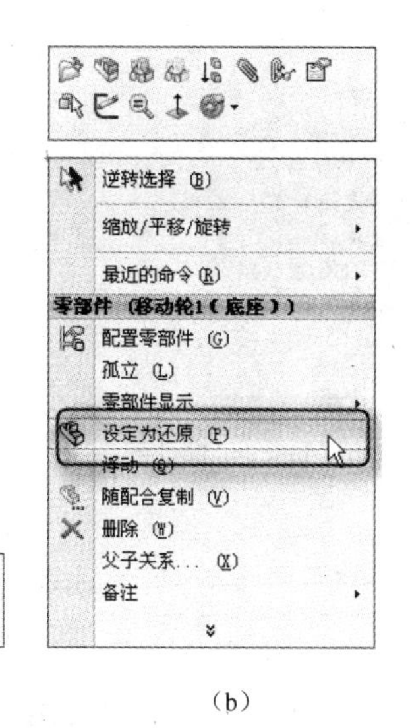

（b）

图 9-77 系统快捷菜单

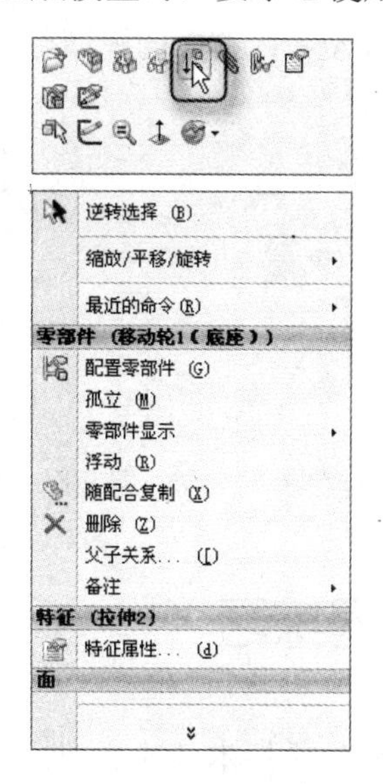

图 9-78 系统快捷菜单

常用设置压缩状态的操作步骤是使用鼠标右键快捷菜单，操作步骤如下。

（1）选择需要压缩的零件。在“FeatureManager 设计树”中或者图形区域中，用鼠标右键单击需要压缩的零件，此时系统弹出如图 9-78 所示的系统快捷菜单。

（2）设置为压缩状态。在其中单击“压缩”选项，则所选的零部件将处于压缩状态。

3．轻化

当零部件为轻化时，只有部分零件模型数据装入内存，其余的模型数据根据需要装入，这样可以显著提高大型装配体的性能。使用轻化的零件装入装配体比使用完全还原的零部件装入同一装配体速度更快。因为需要计算的数据比较少，包含的轻化零部件的装配体重建速度也更快。

常用设置轻化状态的操作步骤是使用用鼠标右键快捷菜单，操作步骤如下。

（1）选择需要轻化的零件。在“FeatureManager 设计树”中或者图形区域中，用鼠标右键单击需要轻化的零件，此时系统弹出如图 9-79 所示的系统快捷菜单。

（2）设置为轻化状态。在其中单击“设定为轻化”选项，则所选的零部件将处于轻化的显示状态。

如图 9-80 所示是将如图 9-73 所示中的“脚轮 4（支架)”零件设置为轻化状态后装配体图形，如图 9-81 所示为其“FeatureManager 设计树”。

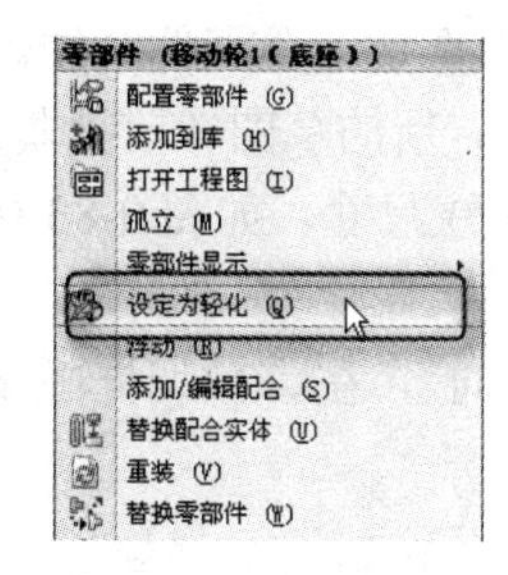

图 9-79 系统快捷菜单

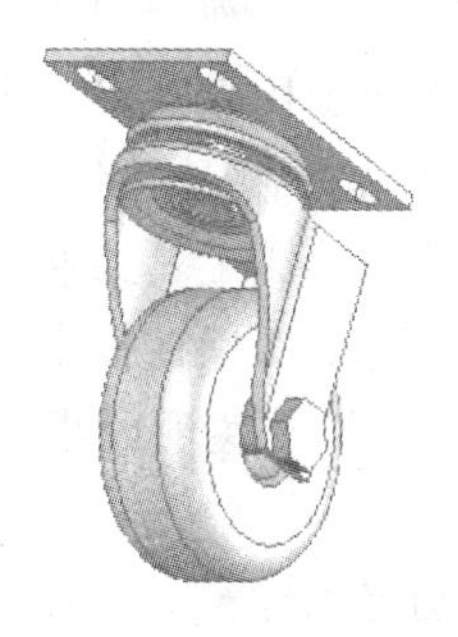

图 9-80 轻化后的装配体

对比如图 9-73 所示和如图 9-80 所示可以得知，轻化后的零件并不从装配图中消失，只是减少了该零件装入内存中的模型数据。

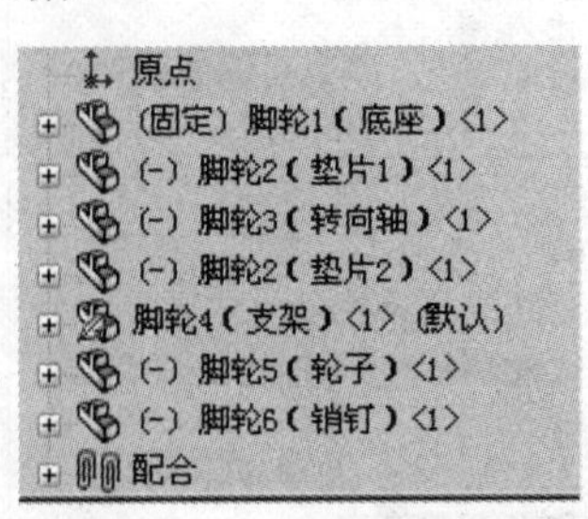

图 9-81　轻化后的“FeatureManager 设计树”

9.7　巩固练习

为了更好地掌握本章的知识，下面介绍几个实例，并给出详细的操作步骤。

本节通过生成深沟球滚动轴承装配体模型的全过程（零件创建、装配模型、模型分析），全面复习前面章节中的内容。深沟球滚动轴承包括 5 个基本零件：轴承外圈、轴承内圈、滚动体、保持架和装配零件。图 9-82 显示了深沟球滚动轴承的装配体模型。

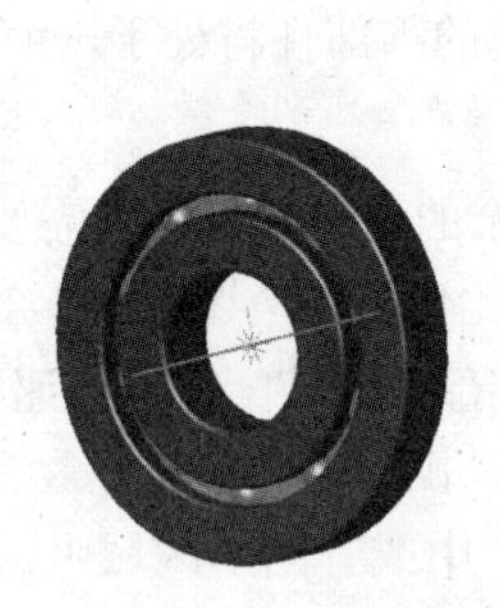

图 9-82　深沟球滚动轴承的装配体模型与爆炸视图

9.7.1　轴承外圈

【案例 9-18】本案例源文件光盘路径：“X：\源文件\ch9\轴承\outcircle.sldprt”。

（1）单击新建图标，或执行【文件】→【新建】命令新建一个零件文件。

（2）单击草图绘制图标，新建一张草图。默认情况下，新的草图在前视基准面上打开。

（3）利用草图绘制工具绘制基体旋转的草图轮廓，并标注尺寸，如图 9-83 所示。

（4）单击“特征”操控板上的旋转图标。

（5）在“旋转”属性管理器中设置旋转类型为“单一方向”，在微调框中设置旋转角度为 360°。

（6）单击确定图标，从而生成旋转特征，如图 9-84 所示。

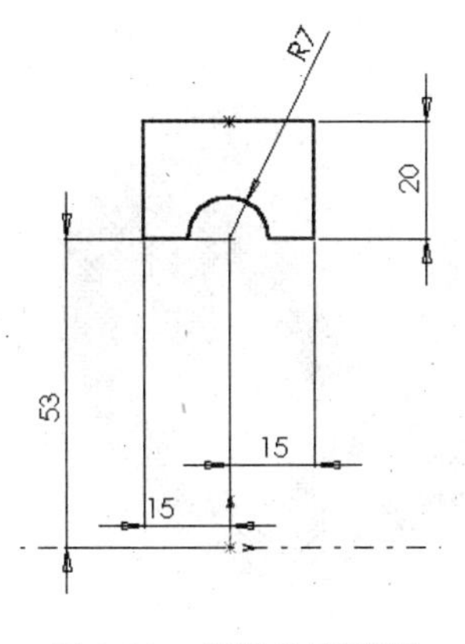

图 9-83　旋转轮廓草图

图 9-84　旋转特征

（7）单击“特征”操控板上的圆角图标。

（8）选中要添加圆角特征的边，将圆角半径设置为 2mm。

（9）单击确定图标，从而生成圆角特征，如图 9-85 所示。

（10）在特征管理器设计树中选择前视视图，然后单击“参考几何体”操控板上的基准面图标。

（11）在“基准面”属性管理器中设置前视视图为基准面 1，如图 9-86 所示。

（12）单击保存图标，将零件保存为 outcircle.sldprt。

图 9-85　生成圆角特征

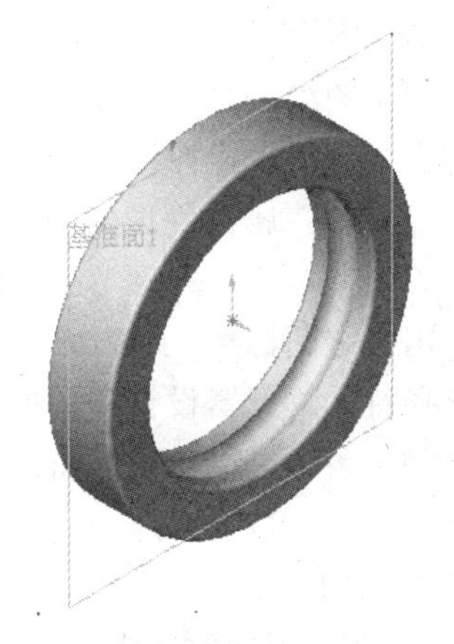

图 9-86　生成基准面

9.7.2　轴承内圈

【案例 9-19】本案例源文件光盘路径：“X：\源文件\ch9\轴承\incircle.sldprt”。

轴承内圈 incircle.sldprt 与轴承外圈的生成过程完全一样，不再重复过程，最后得到轴承内圈如图 9-87 所示。

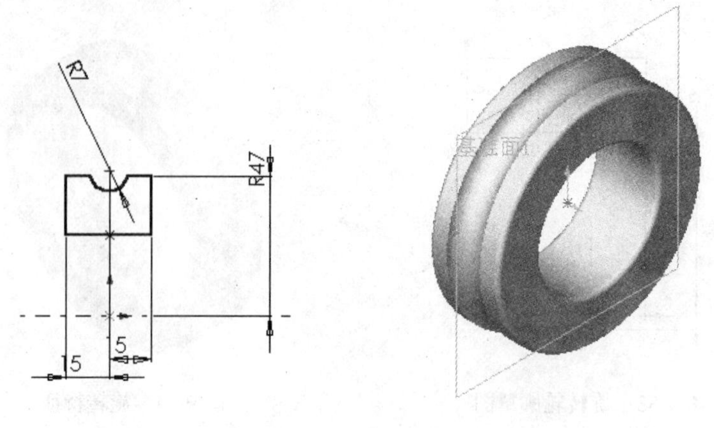

图 9-87　轴承内圈

9.7.3　滚动体

滚动体实际上是一个子装配体，首先制作该子装配体中用到的零件 round.sldprt。

【案例 9-20】本案例源文件光盘路径："X：\源文件\ch9\轴承\round.sldprt"。

（1）单击新建图标，或执行【文件】→【新建】命令新建一个零件文件。

（2）单击草图绘制图标，新建一张草图。默认情况下，新的草图在前视基准面上打开。

（3）利用草图绘制工具绘制基体旋转的草图轮廓，并标注尺寸，如图 9-88 所示。

（4）单击"特征"操控板上的旋转图标。

（5）在"旋转"属性管理器中设置旋转类型为"单一方向"，在微调框中设置旋转角度为 360°。

（6）单击确定图标，生成旋转特征，如图 9-89 所示。

（7）选择特征管理器设计树中的前视视图，单击草图绘制图标，再建立一张草图。

（8）绘制一条通过原点的竖直直线。再次单击草图绘制图标，退出草图的编辑状态。

（9）选择步骤（8）中的直线，然后单击"参考几何体"操控板上的基准轴图标。将该直线设置为基准轴 1。

（10）单击保存图标，将零件保存为 round.sldprt。最后的效果如图 9-90 所示。

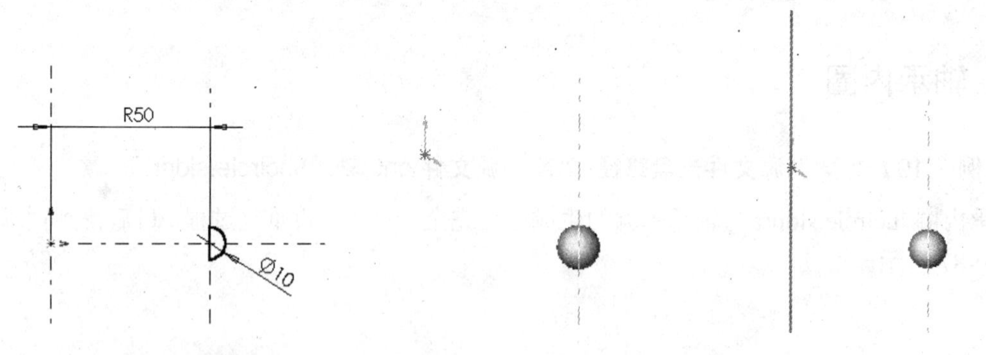

图 9-88　旋转草图轮廓　　图 9-89　旋转特征　　图 9-90　零件 round.sldprt

下面利用零件 round.sldprt 制作作为滚动体的子装配体 sub－bearing.sldasm。

【案例 9-21】本案例源文件光盘路径："X：\源文件\ch9\轴承\sub－bearing.sldasm"。

操作步骤如下。

（1）单击新建图标，或执行【文件】→【新建】命令新建一个装配体文件。

（2）执行【窗口】→【横向平铺】命令，将零件 round.sldprt 和装配体平铺在窗口中。

（3）将零件 round.sldprt 拖曳到装配体窗口中，当鼠标指针变为形状时，释放鼠标，如图 9-91 所示。

（4）选择图形区域中的竖直线，将其设置为基准轴。

（5）选择特征管理器设计树中的上视视图，将其设置为基准面 1。

（6）执行【插入】→【零部件阵列】→【圆周阵列】命令。

（7）在弹出的"圆周阵列" PropertyManager 中单击图标右侧的显示框，然后在图形区域中选择竖直线，将其设置为基准轴。

（8）在微调框中指定阵列的零件数（包括原始零件特征），此处指定 10 个阵列零件。此时在图形区域中可以预览阵列的效果。

（9）单击"要阵列的零部件"显示框，然后在特征管理器设计树中或图形区域中选择作为滚珠的零件 round。

（10）勾选"等间距"复选框，则总角度将默认为 360°，所有的阵列特征会等角度均匀分布，如图 9-92 所示。

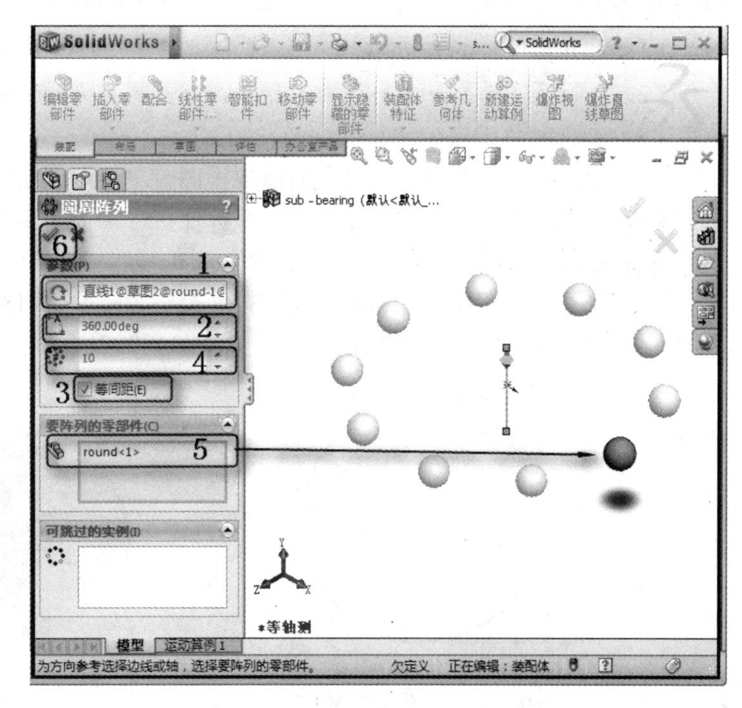

图 9-91　载入零件 round . sldprt　　　　图 9-92　指定阵列零件的个数与间距

（11）单击确定图标，生成零件的圆弧阵列，如图 9-93 所示。

（12）单击保存图标，将装配体保存为 sub-bearing.sldasm。

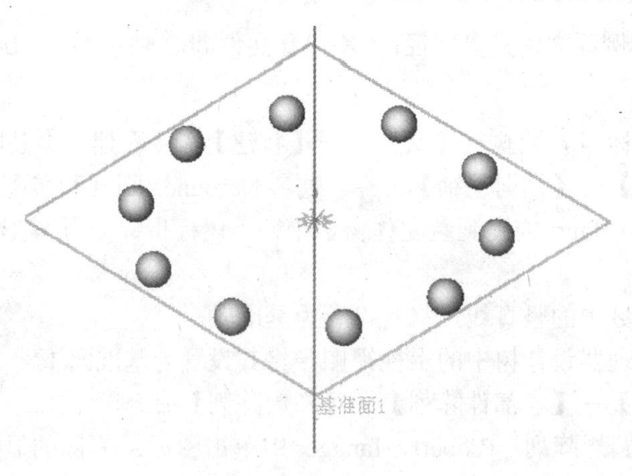

图 9-93 圆弧零件阵列

9.7.4 保持架

保持架是整个装配体模型的重点和难点。保持架也是在零件 round.sldprt 的基础上制作的，只是保持架仍然是零件而非子装配体。

【案例 9-22】本案例源文件光盘路径："X：\源文件\ch9\轴承\frame.sldprt"。

（1）打开零件 round.sldprt。

（2）执行【文件】→【另存为】命令，将其另存为 frame.sldprt。

（3）重新定义球的直径为 14mm。

（4）选择特征管理器设计树中的前视视图，单击草图绘制图标，再建立一张草图。

（5）绘制一个以原点为圆心的圆，并标注尺寸，如图 9-94 所示。

（6）选择"特征"操控板上的拉伸图标。

（7）在"拉伸"属性管理器中设置拉伸类型为"两侧对称"，拉伸深度为 4mm。

（8）单击确定图标生成拉伸特征，如图 9-95 所示。

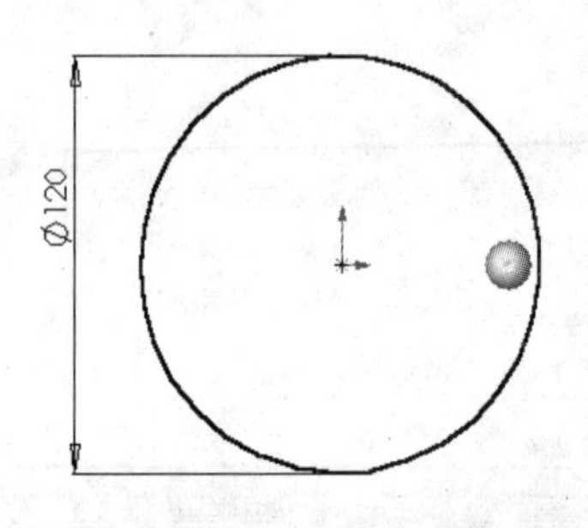

图 9-94 拉伸草图轮廓

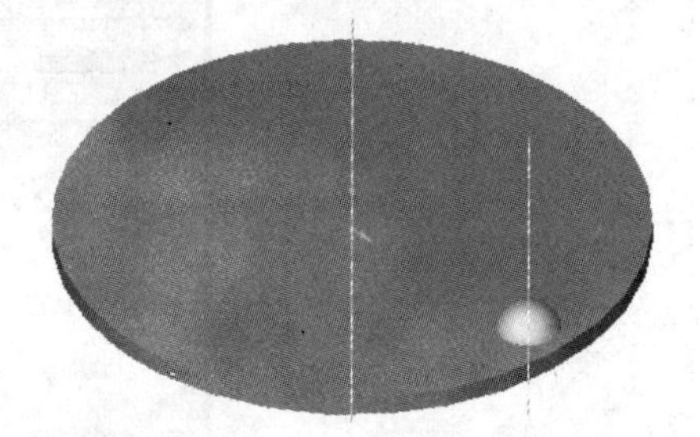

图 9-95 拉伸特征

（9）单击"特征"操控板上的圆周阵列图标。

（10）在"圆周阵列"属性管理器中设置阵列的特征为旋转，即滚珠。

（11）设置阵列数为 10，阵列轴为基准轴 1。

（12）单击确定图标，从而生成圆周阵列特征，如图 9-96 所示。

（13）选择生成的凸台平面，单击草图绘制图标，在其上建立新的草图。

（14）绘制一个直径为 106mm 的圆。

（15）单击“特征”操控板上拉伸切除图标。

（16）在“切除－拉伸属性管理器”中设置切除类型为“两侧对称”，深度为 17mm。

（17）勾选“反侧切除”复选框。

（18）单击确定图标，生成切除拉伸特征，如图 9-97 所示。

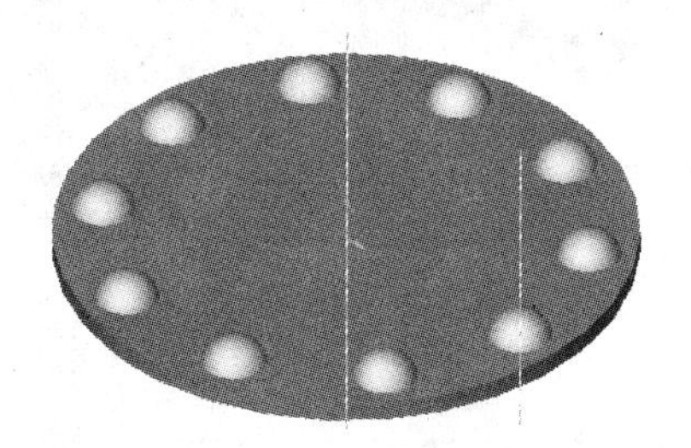

图 9-96　圆周阵列

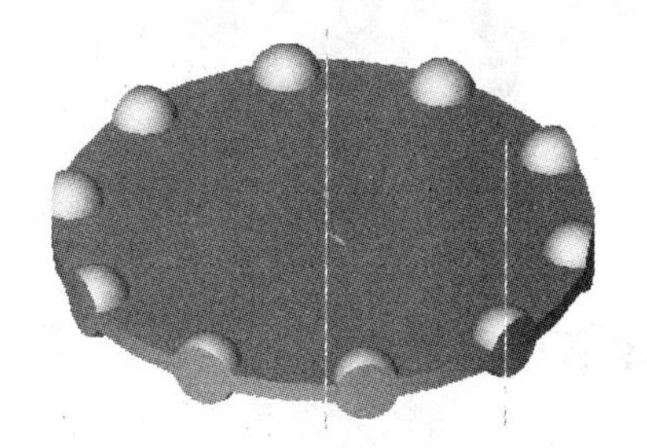

图 9-97　生成切除特征

（19）仿照步骤（12）～（17），生成另一个切除拉伸特征，如图 9-98 所示。

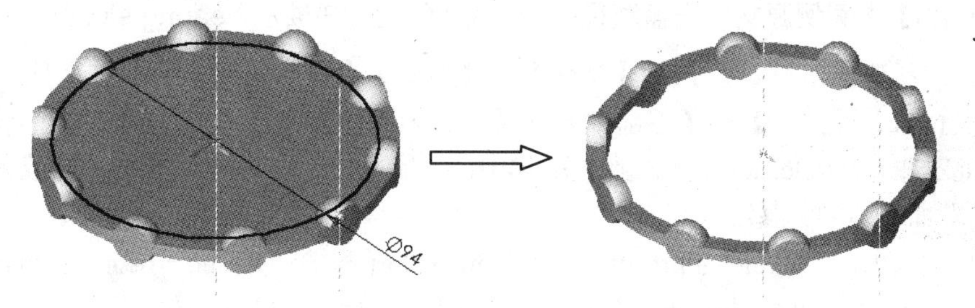

图 9-98　生成另一个切除拉伸特征

（20）在特征管理器设计树中选择右视视图，单击草图绘制图标，在其上建立新的草图。

（21）绘制一个以原点为圆心直径为 10mm 的圆。

（22）单击“特征”操控板上拉伸切除图标。

（23）在“切除－拉伸”属性管理器中设置切除类型为“完全贯穿”。

（24）单击确定图标，从而生成切除拉伸特征，如图 9-99 所示。

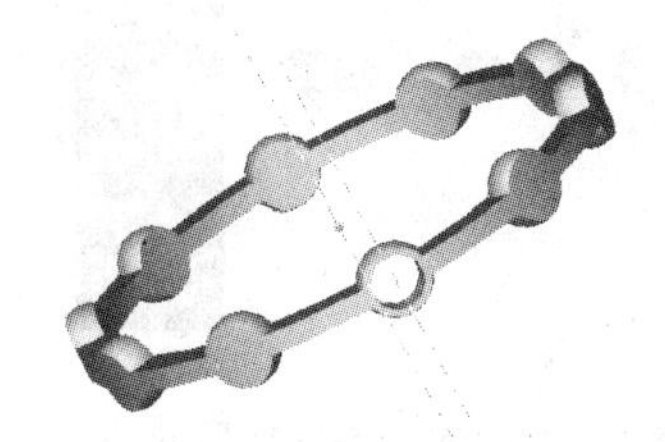

图 9-99　应用切除特征生成孔

（25）单击“特征”操控板上的圆周阵列图标。

（26）在“圆周阵列”属性管理器中设置阵列的特征为在步骤（23）中生成的切除特征。

（27）设置阵列数为 10，阵列轴为“基准轴 1”。

（28）单击确定图标，生成圆周阵列特征，如图 9-100 所示。

（29）将上视视图设置为基准面 1，以备将来装配之用。

（30）单击保存图标，将零件保存为 frame.sldprt，最后的效果如图 9-101 所示。

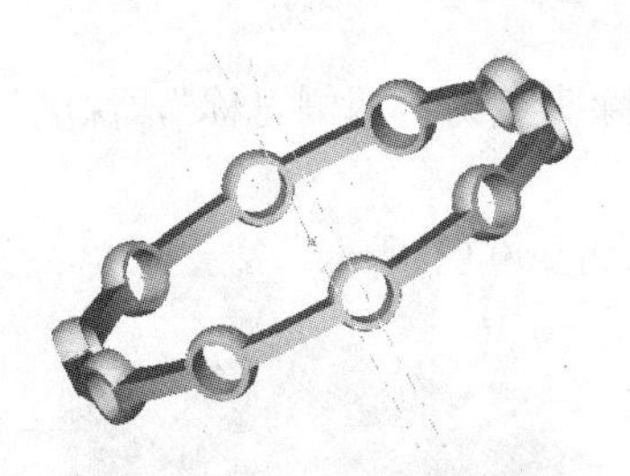

图 9-100　切除特征的圆周阵列

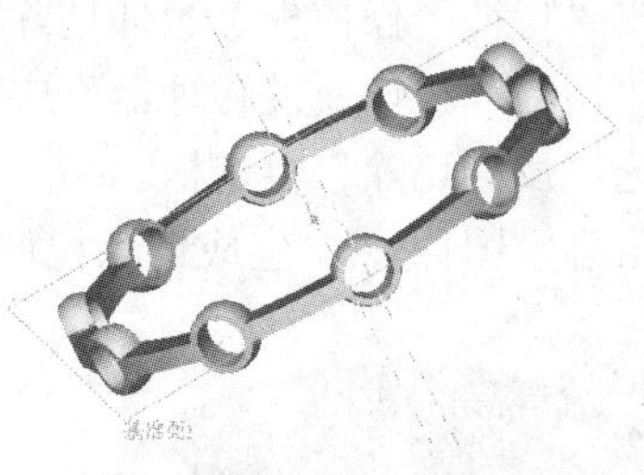

图 9-101　保持架的最后效果

9.7.5　装配零件

前面已经创建了深沟球轴承的内、外圈、滚动体和保持架，下面将为这些零件添加装配体约束，将它们装配为完整的部件，并生成爆炸视图。

【案例 9-23】本案例源文件光盘路径：“X：\源文件\ch9\轴承\bearing.sldasm”。

（1）单击新建按钮，或执行【文件】→【新建】命令新建一个装配体文件。

（2）执行命令【插入】→【零部件】→【已有零部件】。

（3）将零件 outcircle.sldprt 插入到装配体中，当鼠标指针变为形状时，释放鼠标，使轴承外圈的基准面和装配体基准面重合。

（4）将轴承内圈 incircle.sldprt、保持架 frame.sldprt 和滚动体 sub－bearing.sldasm 插入到装配体中。为了便于零部件的区别，对它们应用不同的颜色，如图 9-102 所示。

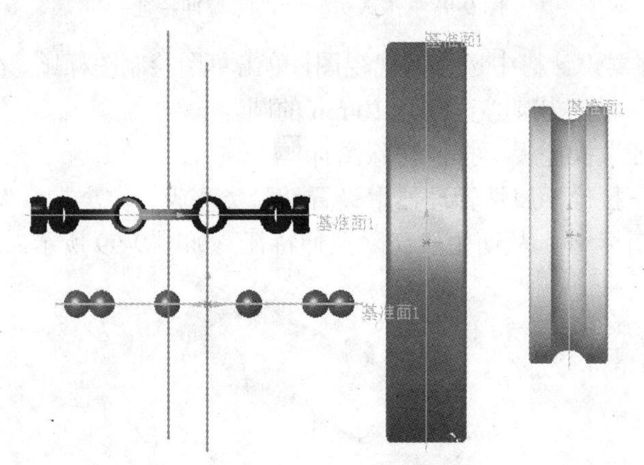

图 9-102　载入零部件后的装配体

首先装配保持架和滚动体。

（1）单击“装配体”操控板上的配合图标。

（2）在图形区域中选择保持架的轴线和滚动体的轴线。

（3）在“配合”属性管理器中选择配合类型为重合。

（4）单击确定图标，完成该配合。此时配合如图 9-103 所示。

（5）选择保持架上的基准面 1 和滚动体上的基准面 1，为它们添加重合配合关系。

（6）单击确定图标✓，完成该配合，如图 9-104 所示。

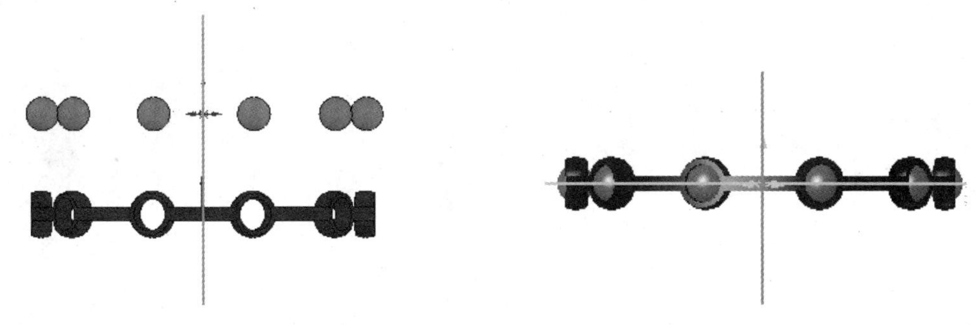

图 9-103　轴线应用“重合”配合关系　　图 9-104　完成滚动体与保持架的配合

（7）单击等轴测图标，以等轴测视图观看模型。

（8）单击“装配体”操控板上的旋转零部件图标，将配合好的保持架和滚动体旋转到合适的角度。

（9）单击“装配体”操控板上的配合图标。

（10）选择保持架上的边线和轴承内圈的边线，为它们添加同轴心配合关系，如图 9-105 所示。

（11）选择保持架上的基准面 1 和轴承内圈上的基准面 1，为它们添加重合配合关系。

（12）单击确定图标✓，完成该配合。

（13）选择轴承外圈的边线和轴承内圈的边线，并为它们添加同轴心关系。单击确定图标完成配合。

（14）选择轴承外圈上的基准面 1 和轴承内圈上的基准面 1，为它们添加重合关系。单击确定图标✓完成配合。

（15）将基准面和轴隐藏起来，最后的装配效果如图 9-106 所示。

单击保存图标，将零件保存为 bearing.sldasm。

图 9-105　添加“同轴心”配合关系

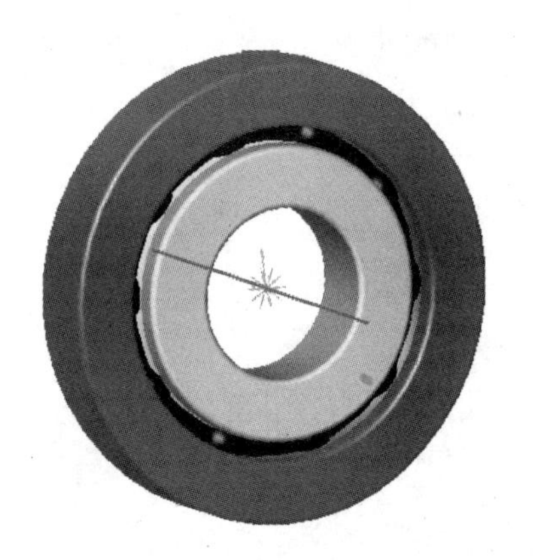

图 9-106　轴承的装配效果

第10章 创建工程图

在工程设计中，工程图是用来指导生产的主要技术文件，即通过一组具有规定表达方式的二维多面正投影，然后标注尺寸和表面粗糙度符号及公差配合，来指导机械加工。

SolidWorks 可以使用二维几何绘制生成工程图，也可将三维的零件图或装配体图变成二维的工程图。本章将介绍如何将三维模型转换成二维工程图，然后通过增加相关注解完成整体工程图的设计。

零件、装配体和工程图是互相链接的文件。通过对零件或装配体所作的任何更改会导致工程图文件的相应变更。

10.1 打开及新建工程图

工程图文件的扩展名为.slddrw，工程图包含一个或多个由零件或装配体生成的视图。用户可以从零件或装配体文件内生成工程图，也可以直接打开现有的工程图。一般新工程图名称是使用所插入的第一个模型的名称，该名称弹出在标题栏中。

工程图窗口与零件图、装配体窗口基本相同，也包括特征管理器。工程图的特征管理器中包含其项目层次关系的清单。每张图纸各有一个图标，每张图纸下有图纸格式和每个视图的图标及视图名称。

当保存工程图时，模型名称作为默认文件名弹出在“另存为”对话框中，并带有默认扩展名.slddrw，同时在保存工程图之前可以编辑该名称。

10.1.1 打开工程图

要打开工程图文件，操纵方法和步骤如下。

【案例 10-1】本案例源文件光盘路径：“X：\源文件\ch10\10.1.SLDPRT”，本案例视频内容光盘路径：“X：\动画演示\ch10\10.1 打开工程图.swf”。

（1）单击“标准”工具栏上的打开图标，或执行【文件】→【打开】命令，或按【Ctrl+O】组合键。

（2）在弹出的对话框中的“文件类型”中选择后缀为.slddrw 的工程图文件，如图 10-1 所示。

（3）浏览以选择工程图文件，然后单击【打开】按钮，便可打开工程图文件。

（4）另外，可从零件和装配体文件内打开现有工程图：在打开的零件或装配体中，用鼠标右键单击 FeatureManager 设计树中的顶层项目或在图形区域中单击模型上的任何地方，然后选择“打开工程图”，SolidWorks 将会寻找与模型名称相同及与模型文件夹相同的工程图。如果工程图存在，则会自动打开；如果其工程图没找到，将弹出浏览窗口，然后手工找出工程图。

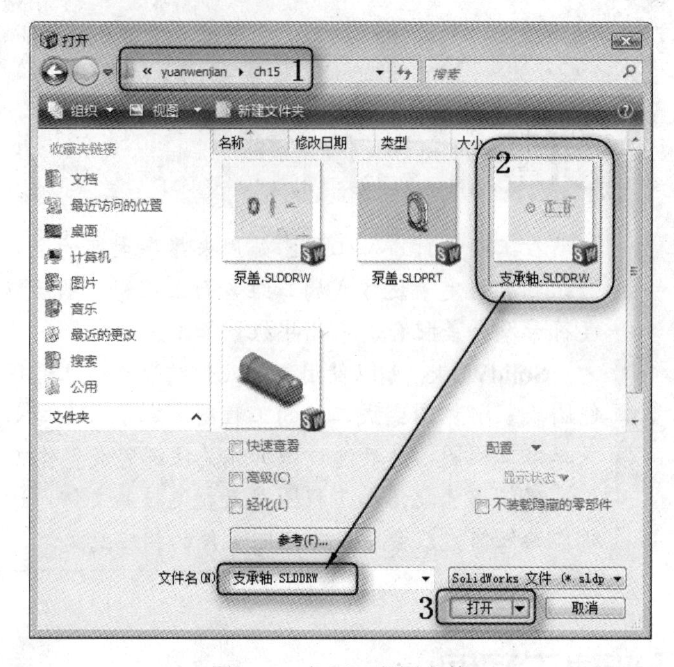

图 10-1　打开工程图文件

10.1.2　新建工程图

如果要新建工程图操作窗口，可按如下步骤操作。

【案例 10-2】本案例视频内容光盘路径：“X：\动画演示\ch10\10.2 新建工程图.swf”。

（1）单击“标准”工具栏上的新建图标 ，或执行【文件】→【新建】命令，弹出如图 10-2 所示“新建 SolidWorks 文件”对话框。

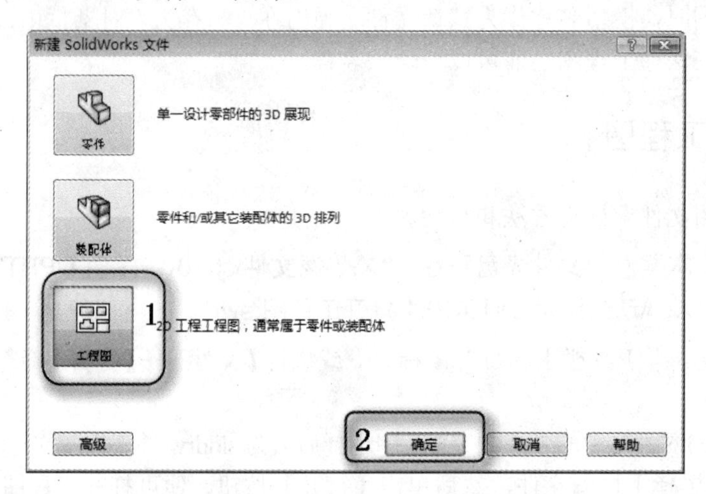

图 10-2　“新建 SolidWorks 文件”对话框

（2）在 SolidWorks 文件对话框模板标签上单击“工程图”图标，然后单击【确定】按钮，即可弹出如图 10-3 所示的“图纸格式 / 大小”对话框。

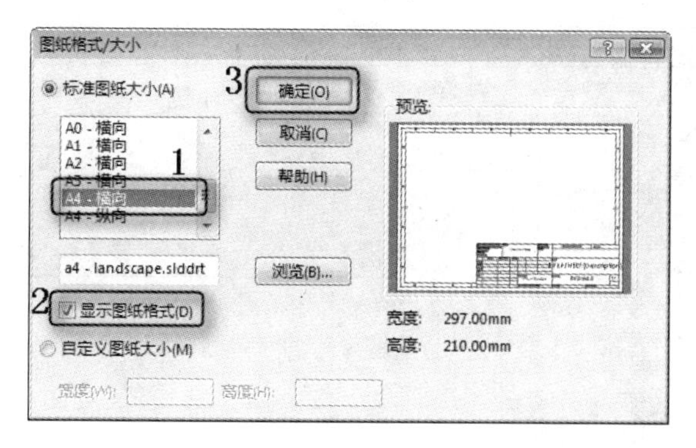

图 10-3　“图纸格式 / 大小”对话框

（3）在“图纸格式 / 大小”对话框中选择一种图纸格式，并设置好其他各个选项，或使用默认值。

（4）单击【浏览】按钮，在系统或网络上浏览到所需用户模板，然后单击【打开】按钮，亦可加载用户自定义的图纸格式。

对“图纸格式 / 大小”对话框说明如下：

- 标准图纸大小：选择一标准图纸大小，或单击浏览找出自定义图纸格式文件；
- 显示图纸格式（可为标准图纸大小使用）：显示边界、标题块等；
- 自定义图纸大小：指定一宽度和高度。

（5）单击【确定】按钮，也可以通过“浏览”打开浏览方式生成工程图，如图 10-4 所示；或者选择取消直接新建工程图，当前图纸的比例显示在窗口底部的状态栏中，如图 10-5 所示。

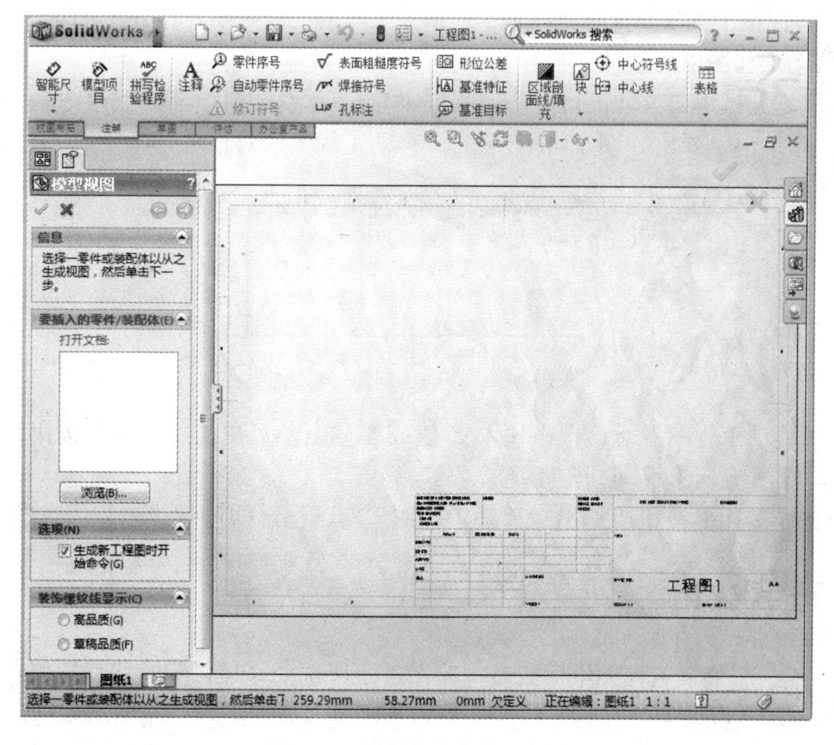

图 10-4　浏览方式生成工程图

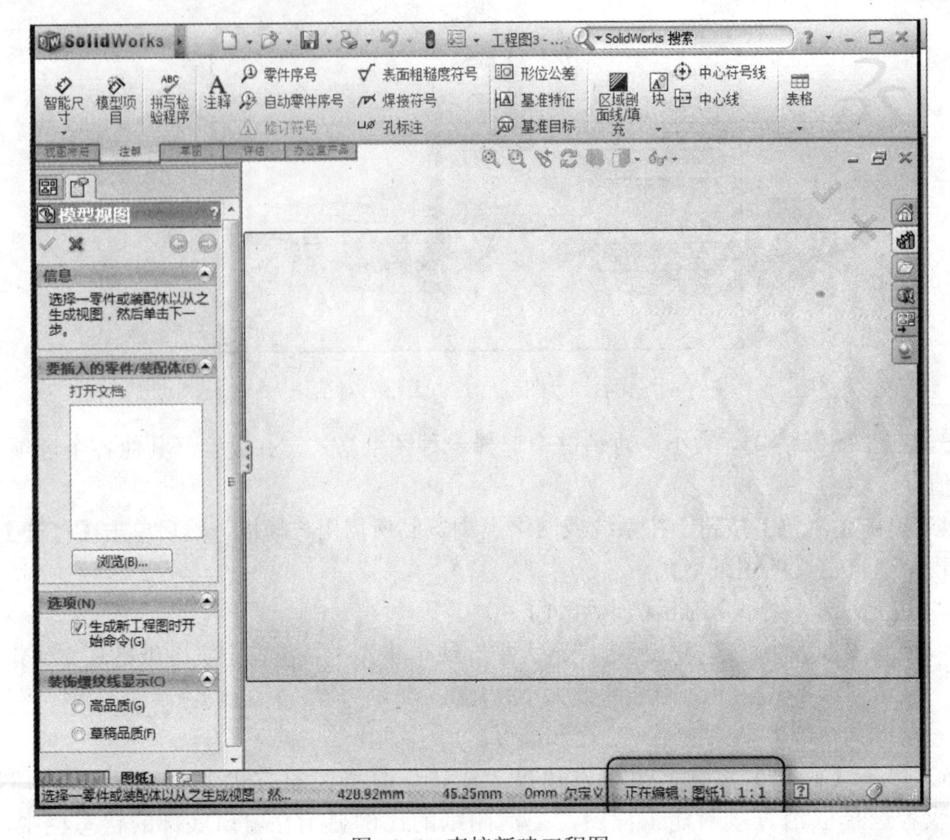

图 10-5　直接新建工程图

另外，工程图纸上的实体（包括视图、注解等）以及工程图图纸格式上的实体都可以移动。

如果要移动工程图中的实体，操作步骤如下。

（1）用鼠标右键单击 featuremanagerFeatureManager 设计树顶部的工程图名称，并从快捷菜单中选择“移动”，弹出如图 10-6 所示的“移动工程图”对话框。

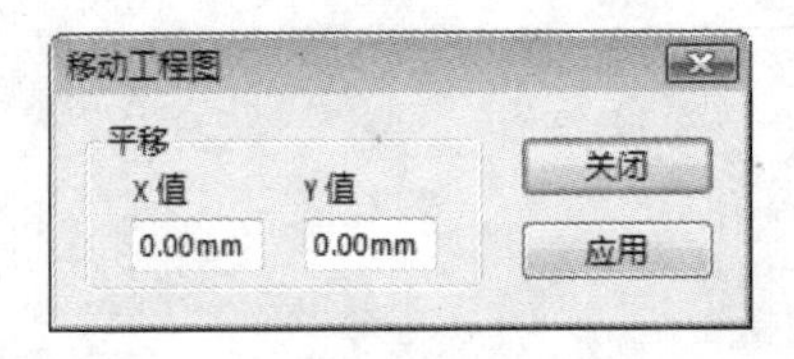

图 10-6　“移动工程图”对话框

（2）在“移动工程图”对话框中输入 X 值或 Y 值，然后单击【应用】按钮，所有的工程图实体将在 X 或 Y 方向上移动指定距离。

（3）单击【关闭】按钮，退出“移动工程图”对话框，即可完成工程图移动。

10.1.3　工程图输出

可以打印或绘制整个工程图纸，或只打印图纸中所选的区域，同时选择用黑白打印（默认值）或用彩色打印，也可为单独的工程图纸指定不同的设定，或者使用电子邮件应用程序将当前 SolidWorks 文件发送到另一个系统。对其大致介绍如下。

1．彩色打印工程图

彩色打印工程图的操作步骤如下。

（1）在工程图中，根据需要修改实体的颜色。然后执行【文件】→【页面设置】命令，弹出如图 10-7 所示的“页面设置”对话框。

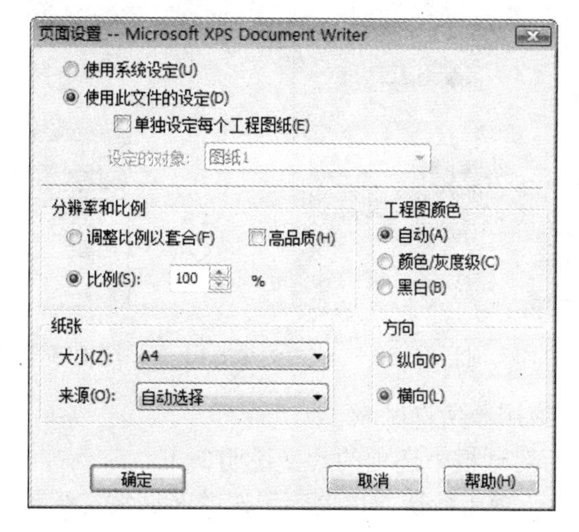

图 10-7　“页面设置”对话框

（2）在“页面设置”对话框中，输入合适的参数，然后单击【确定】按钮。

（3）执行【文件】→【打印】命令，在打印对话框中的名称下选择支持彩色打印的打印机。当指定的打印机已设定为使用彩色打印时，打印预览也以彩色显示工程图。

（4）单击“属性”选项，检查是否适当设定彩色打印所需的所有选项，然后单击【确定】按钮进行打印。

对“页面设置”对话框“工程图颜色”选项中的含义说明如下。

- 自动：SolidWorks 检测打印机或绘图机能力，如果打印机或绘图机报告能够彩色打印，则将发送彩色信息；否则，SolidWorks 将发送黑白信息。
- 颜色 / 灰度级：不论打印机或绘图机报告的能力如何，SolidWorks 将发送彩色数据到打印机或绘图机。黑白打印机通常以灰度级打印，彩色打印机或绘图机使用自动设定以黑白打印时，使用此选项可彩色打印图形。
- 黑白：不论打印机或绘图机的能力如何，SolidWorks 将以黑白发送所有实体到打印机或绘图机。

2．打印工程图的所选区域

打印工程图的所选区域操作步骤如下。

（1）执行【文件】→【打印】命令，弹出“打印”对话框。在打印对话框中的“打印范围”中，单击“选择”选项，如图 10-8 所示。

（2）单击【确定】按钮，弹出“打印所选区域”对话框，且在工程图纸中弹出一个如图 10-9 所示的选择框，该框反映文件、页面设置、打印设置下所定义的当前打印机设置（纸张的大小和方向等）。

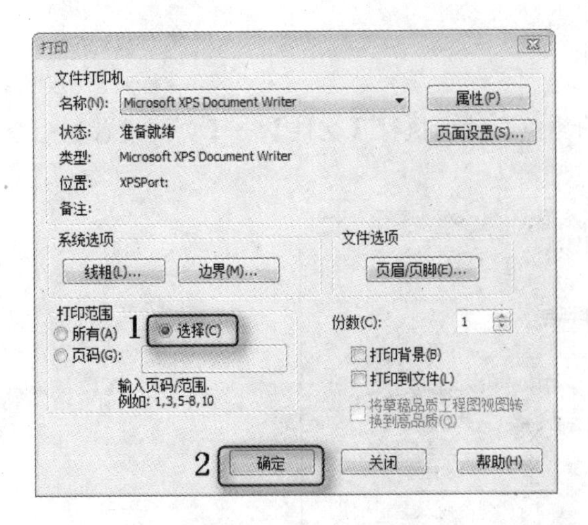

图 10-8 “打印”对话框

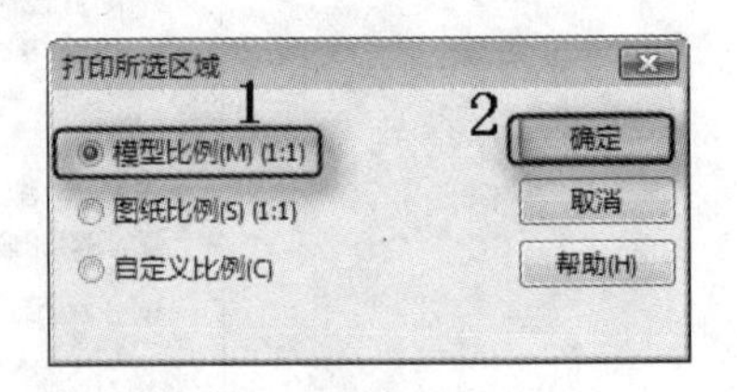

图 10-9 “打印所选区域”对话框

（3）选择比例因子以应用于所选区域。

对于“打印所选区域”对话框中选项的含义说明如下。

- 模型比例（1:1）：此项为默认值，表示所选的区域按实际尺寸打印，即毫米的模型尺寸按毫米打印。
- 图纸比例（n:n）：所选区域按它在整张图纸中的显示进行打印。如果工程图大小和纸张大小相同，将打印整张图纸。否则，则只按它在整张图纸中的显示打印所选区域。
- 自定义比例：所选区域按定义的比例因子打印。在方框中输入需要的数值，然后单击应用比例。当改变比例因子时，选择框大小将相应改变。

（4）将选择框拖曳到想要打印的区域。可以移动或缩放视图，或在选择框显示时更换图纸。另外，可拖曳整框，但不能将单独的边拖曳来控制所选区域，如图 10-10 所示。

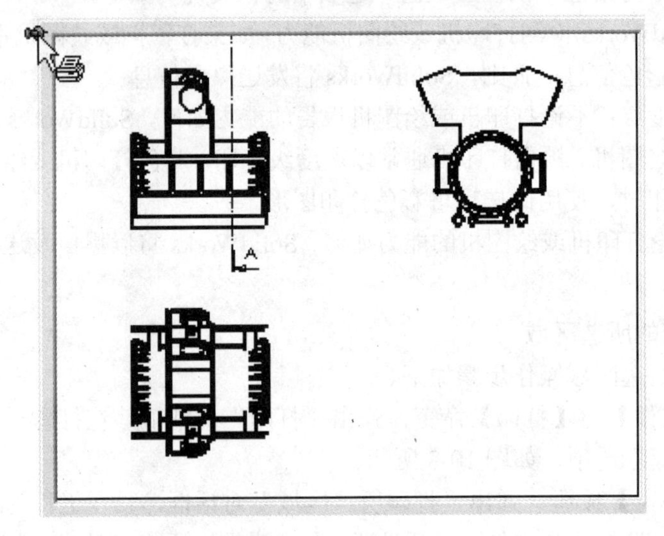

图 10-10 拖曳整框

（5）单击【确定】按钮，完成打印所选区域。

10.2　定义图纸格式

SolidWorks 提供的图纸格式不符合任何标准，用户可以自定义工程图纸格式以符合本单位的标准格式。

要定义工程图纸格式，可作如下操作。

【案例 10-3】本案例视频内容光盘路径："X：\动画演示\ch10\10.3 定义工程图.swf"。

（1）用鼠标右键单击工程图纸上的空白区域，或者用鼠标右键单击特征管理器设计树中的图纸格式图标。

（2）在弹出的快捷菜单中执行【编辑图纸格式】命令。

（3）双击标题栏中的文字，即可修改文字。同时在"注释"属性管理器的"文字格式"栏（图 10-11）中可以修改对齐方式、文字旋转角度和字体等属性。

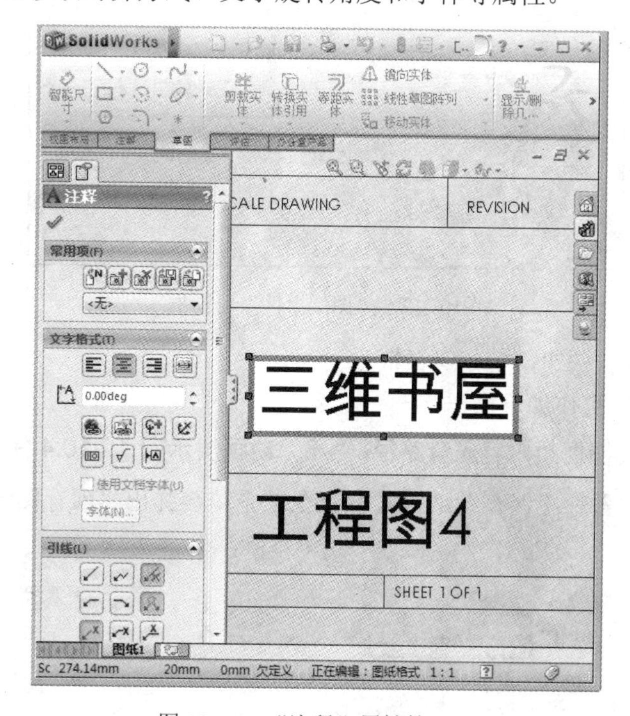

图 10-11　"注释"属性管理器

（4）如果要移动线条或文字，单击该项目后将其拖曳到新的位置。

（5）如果要添加线条，则单击"草图绘制"操控板上的直线图标，然后绘制线条。

（6）在特征管理器设计树中用鼠标右键单击图纸图标，在弹出的快捷菜单中执行【属性】命令。

（7）在弹出的"图纸属性"对话框（图 10-12）中进行如下设定。

- 在"名称"文本框中输入图纸的标题。
- 在"标准图纸大小"下拉列表框中选择一种标准纸张（如 A4、B5 等）。如果选择了"自定义图纸大小"，则在下面的"宽度"和"高度"文本框中输入纸张的大小。
- 在"比例"文本框中输入图纸上所有视图的默认比例。

- 单击【浏览】按钮可以使用其他图纸格式。
- 在“投影类型”栏中选择“第一视角”或“第三视角”。
- 在“下一视图标号”文本框中输入下一个视图要使用的英文字母代号。
- 在“下一基准标号”文本框中输入下一个基准标号要使用的英文字母代号。
- 如果图纸上显示了多个三维模型文件，在“采用在此显示的模型中的自定义属性值”下拉列表框中选择一个视图，工程图将使用该视图包含模型的自定义属性。

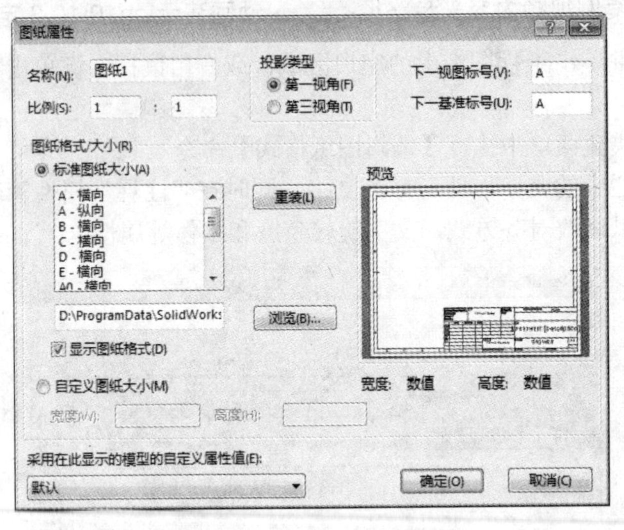

图 10-12 “图纸属性”对话框

（8）单击【确定】按钮，关闭对话框。

要保存图纸格式，可作如下操作。

【案例 10-4】本案例视频内容光盘路径：“X：\动画演示\ch10\10.4 保存图纸格式.swf”。

（1）执行【文件】→【保存图纸格式】命令，系统会弹出“保存图纸格式”对话框，如图 10-13 所示。

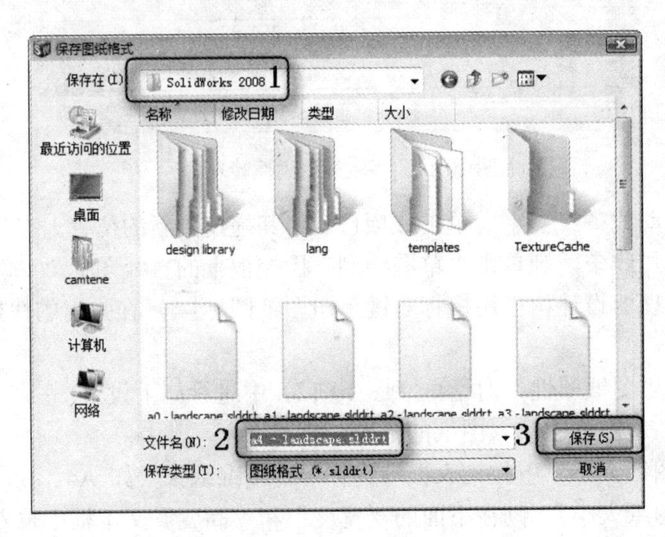

图 10-13 “保存图纸格式”对话框

（2）如果要替换 SolidWorks 提供的标准图纸格式，则单击“标准图纸格式”单选按钮，然后在下拉列表框中选择一种图纸格式。单击【确定】按钮，图纸格式将被保存在<安装目录>\data 下。

（3）如果要使用新的名称保存图纸格式，则单击“用户图纸格式”单选按钮，单击【浏览】按钮，选择图纸格式保存的目录，然后输入图纸格式名称。

（4）单击【保存】按钮关闭对话框。

10.3　标准三视图的生成

在创建工程图前，应根据零件的三维模型，考虑和规划零件视图，如工程图由几个视图组成，是否需要剖视图等。考虑清楚后，再进行零件视图的创建工作，否则如同用手工绘图一样，可能创建的视图不能很好地表达零件的空间关系，给其他用户的识图、看图造成困难。

标准三视图是指从三维模型的前视、右视、上视 3 个正交角度投影生成 3 个正交视图，如图 10-14 所示。

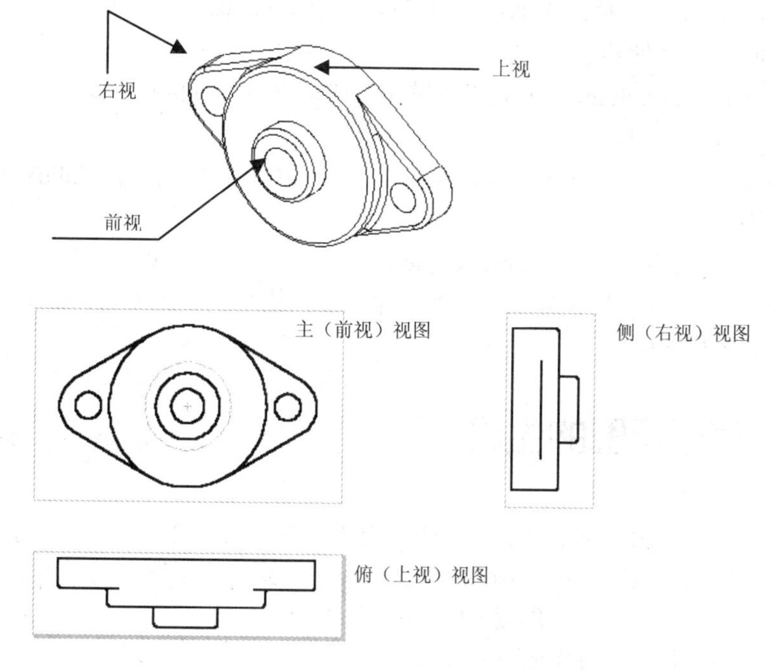

图 10-14　标准三视图

在标准三视图中，主视图与俯视图及侧视图有固定的对齐关系。俯视图可以竖直移动，侧视图可以水平移动。SolidWorks 生成标准三视图的方法有多种，这里只介绍常用的两种方法。

用标准方法生成标准三视图的操作如下。

【案例 10-5】本案例视频内容光盘路径：“X：\动画演示\ch10\10.5 标准三视图.swf”。

（1）打开零件或装配体文件，或打开包含所需模型视图的工程图文件。

（2）新建一张工程图。

（3）单击“视图布局”操控板上的标准三视图图标，或执行【插入】→【工程视图】

→【标准三视图】命令，此时鼠标指针变为形状。

（4）在“标准视图”属性管理器的“信息”栏中提供了4种选择模型的方法：

- 选择一个包含模型的视图；
- 从另一窗口的特征管理器设计树中选择模型；
- 从另一窗口的图形区域中选择模型；
- 在工程图窗口用鼠标右键单击，在快捷菜单中执行【从文件中插入】命令。

（5）执行【窗口】→【文件】命令，进入到零件或装配体文件中。

（6）利用步骤（4）中的一种方法选择模型，系统会自动回到工程图文件中，并将三视图放置在工程图中。

如果不打开零件或装配体模型文件，用标准方法生成标准三视图的操作如下。

（1）新建一张工程图。

（2）单击“视图布局”操控板上的标准三视图图标，或执行【插入】→【工程视图】→【标准三视图】命令。

（3）用鼠标右键单击图形区域，在弹出的快捷菜单中执行【从文件插入】命令。

（4）在弹出的“插入零部件”对话框中浏览到所需的模型文件，单击【打开】按钮，标准三视图便会放置在图形区域中。

利用 Internet Explorer 中的超文本链接生成标准三视图的操作如下。

（1）新建一张工程图。

（2）在 Internet Explorer（4.0 或更高版本）中，导航到包含 SolidWorks 零件文件超文本链接的位置。

（3）将超文本链接从 Internet Explorer 窗口拖曳到工程图窗口中。

（4）在弹出的“另存为”对话框中保存零件模型到本地硬盘中。同时零件的标准三视图也被添加到工程图中。

10.4 模型视图的生成

标准三视图是最基本也是最常用的工程图，但是它所提供的视角十分固定，有时不能很好地描述模型的实际情况。SolidWorks 提供的模型视图解决了这个问题。通过在标准三视图中插入模型视图，可以从不同的角度生成工程图。

要插入模型视图，可作如下操作。

【案例 10-6】本案例视频内容光盘路径：“X：\动画演示\ch10\10.6 模型视图.swf”。

（1）单击“视图布局”操控板上的模型视图图标，或执行【插入】→【工程视图】→【模型视图】命令。

（2）和生成标准三视图中选择模型的方法一样，在零件或装配体文件中选择一个模型。

（1）当回到工程图文件中时，鼠标指针变为形状，用鼠标拖曳一个视图方框表示模型视图的大小。

（2）在“模型视图”属性管理器的“方向”栏中选择视图的投影方向。

（3）单击，从而在工程图中放置模型视图，如图 10-15 所示。

（4）如果要更改模型视图的投影方向，则选择“方向”栏中的视图方向。

（5）如果要更改模型视图的显示比例，则勾选“自定义比例”复选框，然后输入显示比例。

（6）单击确定图标✓，完成模型视图的插入。

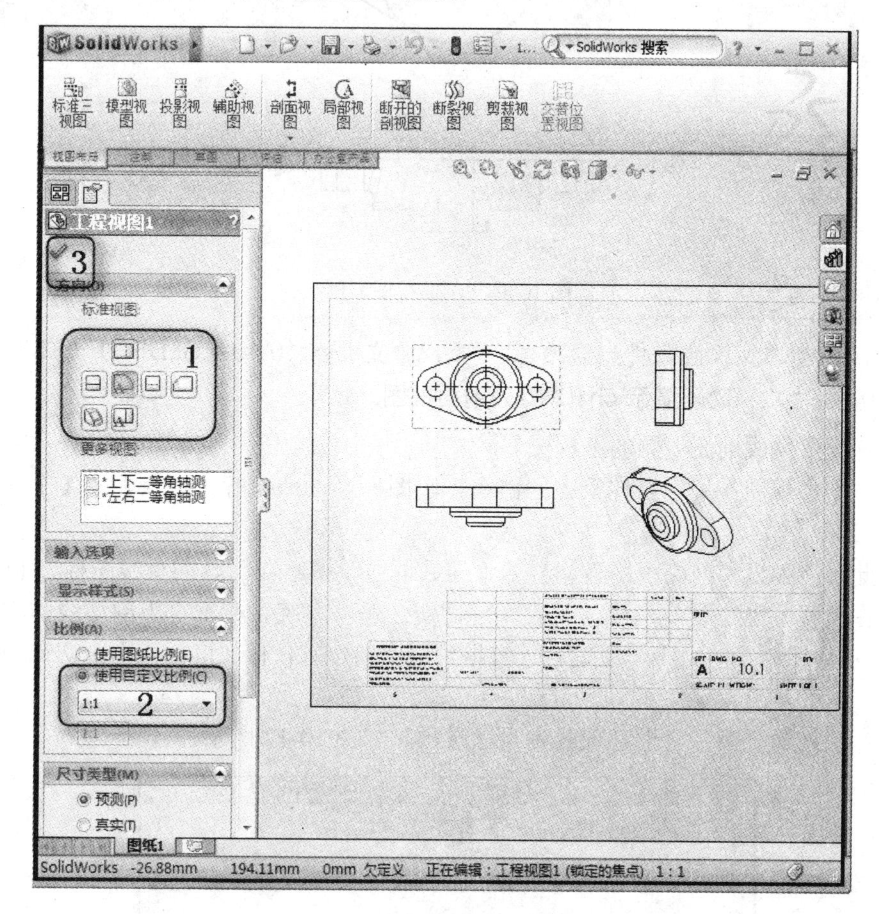

图 10-15　放置模型视图

10.5　派生视图的生成

派生视图是指从标准三视图、模型视图和其他派生视图中派生出来的视图，包括剖面视图、辅助视图、局部视图、投影视图等。

10.5.1　剖面视图

剖面视图是指用一条剖切线分割工程图中的一个视图，然后从垂直于生成的剖面方向投影得到的视图，如图 10-16 所示。

要生成一个剖面视图，可作如下操作。

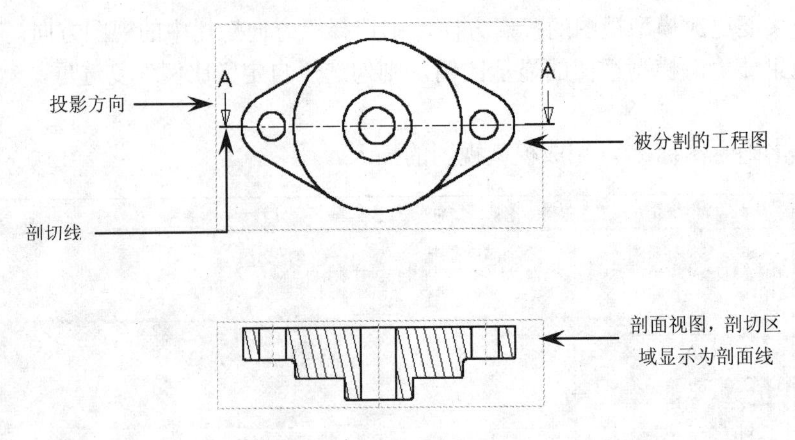

图 10-16　剖面视图举例

【案例 10-7】本案例源文件光盘路径："X：\源文件\ch10\10.4.SLDPRT"，本案例视频内容光盘路径："X：\动画演示\ch10\10.7 剖面视图.swf"。

（1）打开要生成剖面视图的工程图。

（2）单击"视图布局"操控板上的剖面视图图标，或执行【插入】→【工程视图】→【剖面视图】命令。

（3）此时会弹出"剖面视图"属性管理器，同时草图绘制工具的直线图标也被激活。

（4）在工程图上绘制剖切线。绘制完剖切线之后，系统会在垂直于剖切线的方向弹出一个方框，表示剖切视图的大小。拖曳这个方框到适当的位置，释放鼠标，则剖切视图被放置在工程图中。

（5）在"剖面视图"属性管理器中设置选项，如图 10-17 所示。

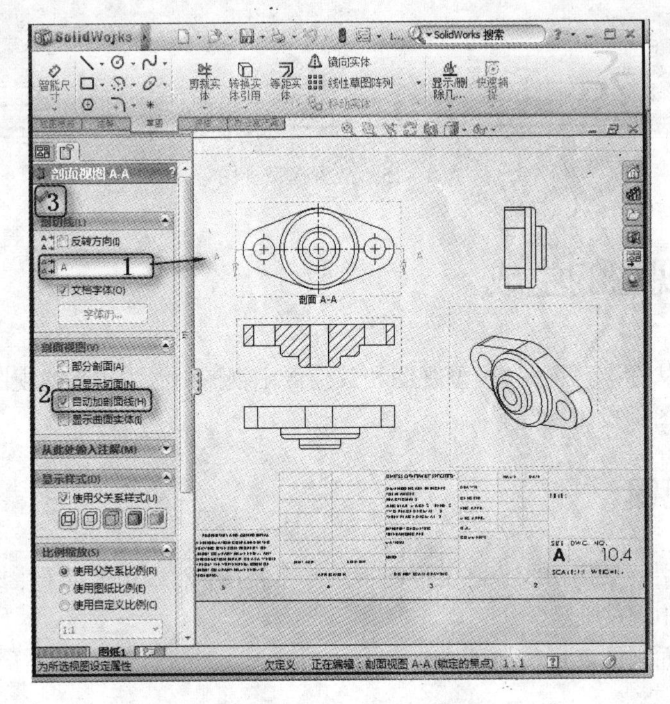

图 10-17　"剖面视图"属性管理器

- 如果选择“反转方向”复选框，则会反转切除的方向。
- 如果选择“随模型缩放比例”复选框，则剖面视图上的剖面线将会随着模型尺寸比例的改变而改变。
- 在名称微调框中指定与剖面线或剖面视图相关的字母。
- 如果剖面线没有完全穿过视图，选择“局部剖视图”复选框将会生成局部剖面视图。
- 选择“只显示曲面”复选框，则只有被剖面线切除的曲面才会弹出在剖面视图上。
- “自定义比例”复选框用来定义剖面视图在工程图纸中的显示比例。

（6）单击确定图标，完成剖面视图的插入。

新剖面是由原实体模型计算得来的，如果模型更改，此视图将随之更新。

10.5.2　旋转剖视图

旋转剖视图中的剖切线是由两条具有一定角度的线段组成。系统从垂至于剖切方向投影生成剖面视图，如图 10-18 所示。

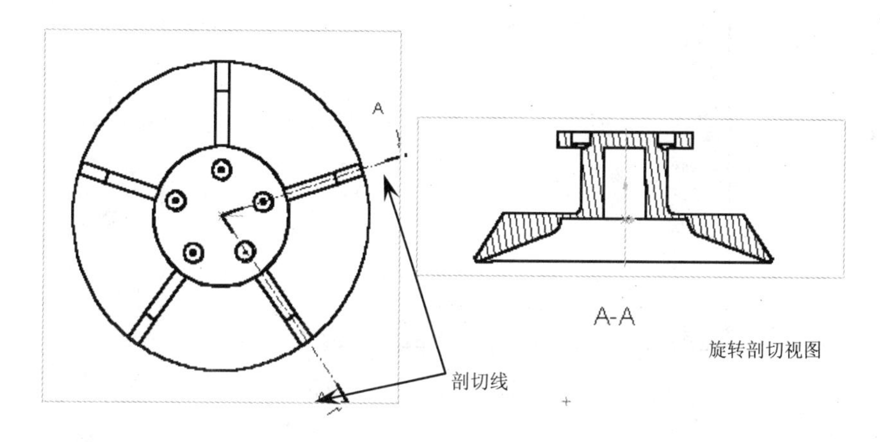

图 10-18　旋转剖视图举例

【案例 10-8】本案例源文件光盘路径：“X：\源文件\ch10\10.6.SLDDRW”，本案例视频内容光盘路径：“X：\动画演示\ch10\10.8 旋转视图.swf”。

要生成旋转剖切视图，可作如下操作。

（1）打开要生成剖面视图的工程图。

（2）单击“草图绘制”操控板上的中心线图标或直线图标。

（3）绘制旋转视图的剖切线，剖切线至少应由两条具有一定角度的连续线段组成。

（4）按住【Ctrl】键选择剖切线段。

（5）单击“视图布局”操控板上的旋转剖视图图标，或执行【插入】→【工程视图】→【旋转剖视图】命令。

（6）系统会在沿第一条剖切线段的方向弹出一个方框，表示剖切视图的大小。拖曳这个方框到适当的位置，释放鼠标，则旋转剖切视图被放置在工程图中。

（7）在“旋转剖面视图”属性管理器中（图 10-19）设置选项。

- 如果选择“反转方向”复选框，则会反转切除的方向。

- 如果选择“随模型缩放比例”复选框，则剖面视图上的剖面线将会随着模型尺寸比例的改变而改变。
- 在名称微调框中指定与剖面线或剖面视图相关的字母。
- 如果剖面线没有完全穿过视图，选择“局部剖视图”复选框将会生成局部剖面视图。
- 选择“只显示曲面”复选框，将只有被剖面线切除的曲面才会弹出在剖面视图上。
- “自定义比例”复选框用来定义剖面视图在工程图纸中的显示比例。

（8）单击确定图标，完成旋转剖面视图的插入。

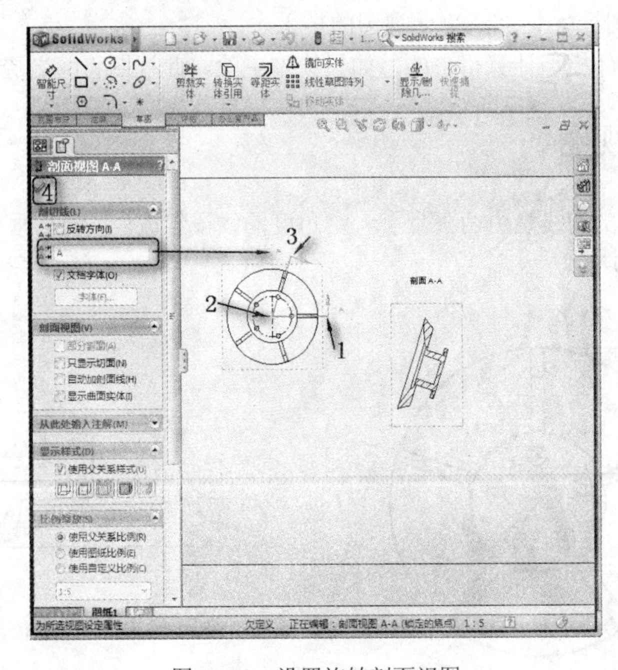

图 10-19　设置旋转剖面视图

10.5.3　投影视图

投影视图是通过从正交方向对现有视图投影生成的视图，如图 10-20 所示。

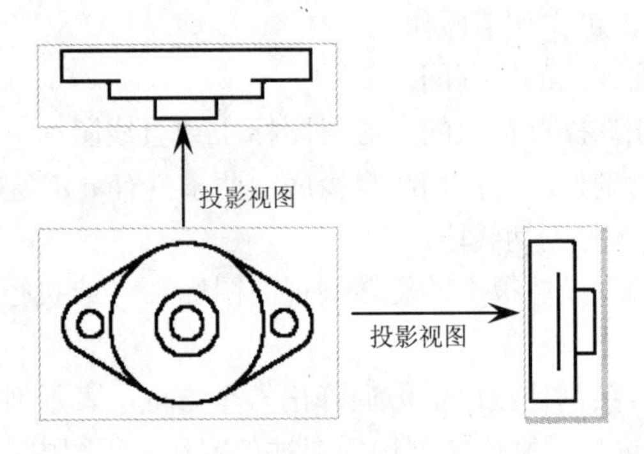

图 10-20　投影视图举例

要生成投影视图，可作如下操作。

【案例 10-9】本案例源文件光盘路径："X：\源文件\ch10\10.8.SLDDRW"，本案例视频内容光盘路径："X：\动画演示\ch10\10.9 投影视图.swf"。

（1）单击"视图布局"操控板上的投影视图图标，或执行【插入】→【工程视图】→【投影视图】命令。

（2）在工程图中选择一个要投影的工程视图。

（3）系统将根据鼠标指针在所选视图的位置决定投影方向。可以从所选视图的上、下、左、右 4 个方向生成投影视图。

（4）系统会在投影的方向弹出一个方框，表示投影视图的大小。拖曳这个方框到适当的位置，释放鼠标，则投影视图被放置在工程图中。

（5）单击确定图标，生成投影视图。

10.5.4　辅助视图

辅助视图类似于投影视图，它的投影方向垂直所选视图的参考边线，如图 10-21 所示。

要插入辅助视图，可作如下操作。

【案例 10-10】本案例源文件光盘路径："X：\源文件\ch10\10.8.SLDDRW"，本案例视频内容光盘路径："X：\动画演示\ch10\10.10 辅助视图.swf"。

（1）单击"视图布局"操控板上的辅助视图图标，或执行【插入】→【工程视图】→【辅助视图】命令。

（2）选择要生成辅助视图的工程视图上的一条直线作为参考边线，参考边线可以是零件的边线、侧影轮廓线、轴线和所绘制的直线。

（3）系统会在与参考边线垂直的方向弹出一个方框，表示辅助视图的大小，拖曳这个方框到适当的位置，释放鼠标，则辅助视图被放置在工程图中。

（4）在"辅助视图"属性管理器中（图 10-22）设置选项。

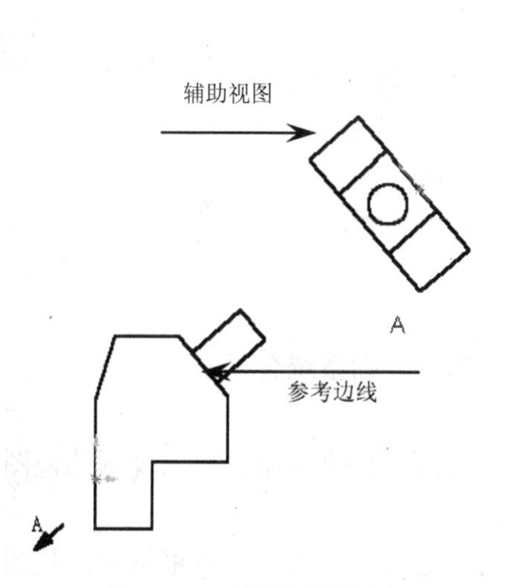

图 10-21　辅助视图举例

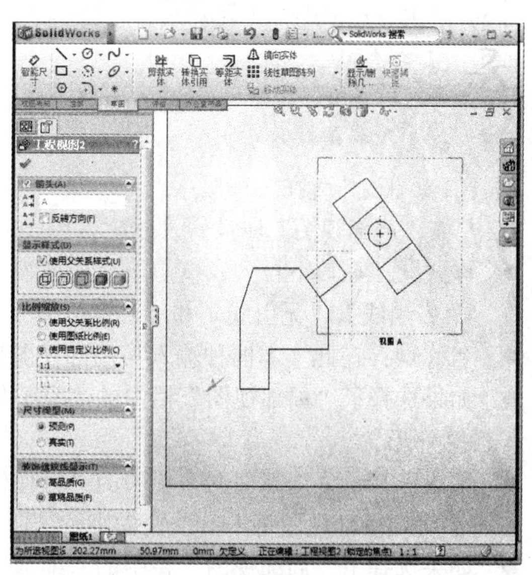

图 10-22　"辅助视图"属性管理器

- 在 名称微调框中指定与剖面线或剖面视图相关的字母。
- 如果选择"反转方向"复选框，则会反转切除的方向。

（5）单击确定图标，生成辅助视图。

10.5.5 局部视图

可以在工程图中生成一个局部视图，来放大显示视图中的某个部分，如图 10-23 所示。局部视图可以是正交视图、三维视图和剖面视图。

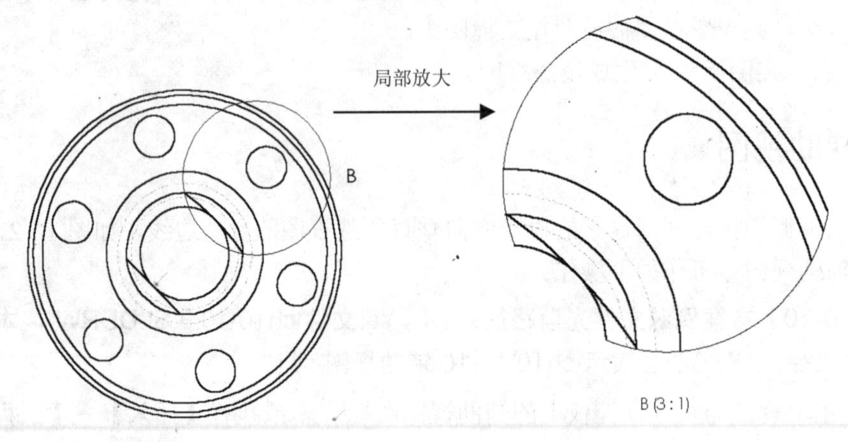

图 10-23 局部视图举例

要生成局部视图，可作如下操作。

【案例 10-11】本案例源文件光盘路径："X：\源文件\ch10\10.10.SLDDRW"，本案例视频内容光盘路径："X：\动画演示\ch10\10.11 局部视图.swf"。

（1）打开要生成局部视图的工程图。

（2）单击"视图布局"操控板上的局部视图图标，或执行【插入】→【工程视图】→【局部视图】命令。

（3）此时，"草图绘制"操控板上的圆图标被激活。利用它在要放大的区域绘制一个圆。

（4）系统会弹出一个方框，表示局部视图的大小，拖曳这个方框到适当的位置，释放鼠标，则局部视图被放置在工程图中。

（5）在"局部视图"属性管理器中（图 10-24）设置选项。

- 样式：在该下拉列表框中选择局部视图图标的样式，有"依照标准"、"中断圆形"、"带引线"、"无引线"和"相连"5 种样式。
- 名称：在此文本框种输入与局部视图相关的字母。
- 如果选择了"局部视图"栏中的"完整外形"复选框，则系统会显示局部视图中的轮廓外形。
- 如果选择了"局部视图"栏中的"钉住位置"复选框，在改变派生局部视图的视图大小时，局部视图将不会改变大小。
- 如果选择了"局部视图"栏中的"缩放剖面线图样比例"复选框，将根据局部视图的比例来缩放剖面线图样的比例。

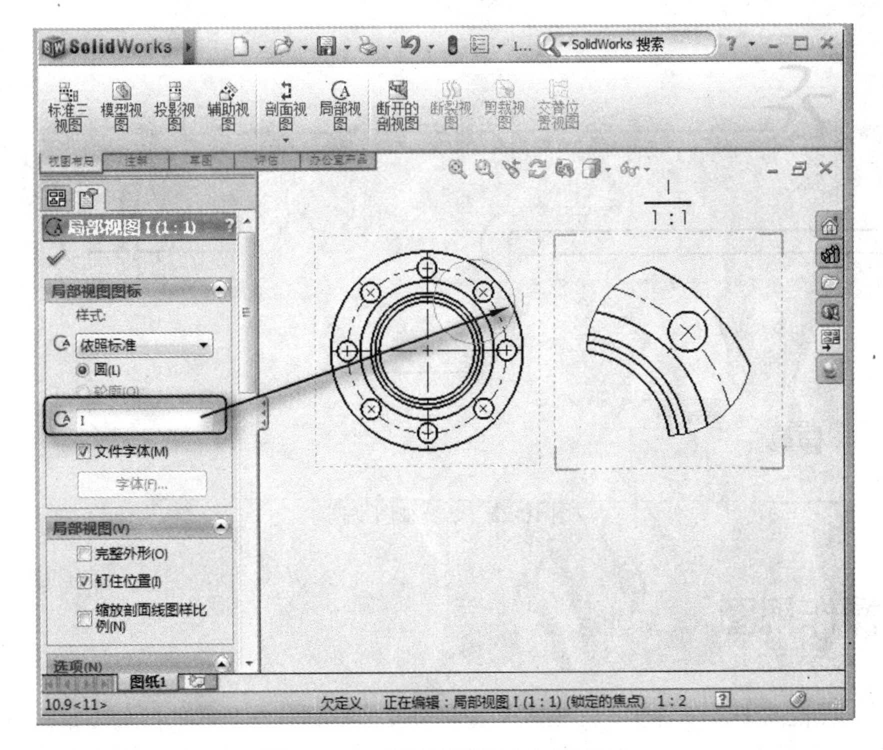

图 10-24　“局部视图”属性管理器

（6）单击确定图标，生成局部视图。

此外，局部视图中的放大区域还可以是其他任何的闭合图形，方法是首先绘制用来作放大区域的闭合图形，然后再单击局部视图图标，其余的步骤相同。

10.5.6　断裂视图

工程图中有一些截面相同的长杆件（如长轴、螺纹杆等），这些零件在某个方向的尺寸比其他方向的尺寸大很多，而且截面没有变化。因此可以利用断裂视图将零件用较大比例显示在工程图上，如图 10-25 所示。

要生成断裂视图，可作如下操作。

【案例 10-12】本案例源文件光盘路径：“X：\源文件\ch10\10.12.SLDDRW”，本案例视频内容光盘路径：“X：\动画演示\ch10\10.12 断裂视图.swf”。

（1）选择要生成断裂视图的工程视图。

（2）执行【插入】→【工程视图】→【断裂视图】命令，此时折断线弹出在视图中，可以添加多组折断线到一个视图中，但所有折断线必须为同一个方向。

（3）将折断线拖曳到希望生成断裂视图的位置。

（4）生成断裂视图。

此时，折断线之间的工程图都被删除，折断线之间的尺寸变为悬空状态。如果要修改折断线的形状，用鼠标右键单击折断线，在弹出的快捷菜单中选择一种折断线样式：直线、曲线、锯齿线和小锯齿线。

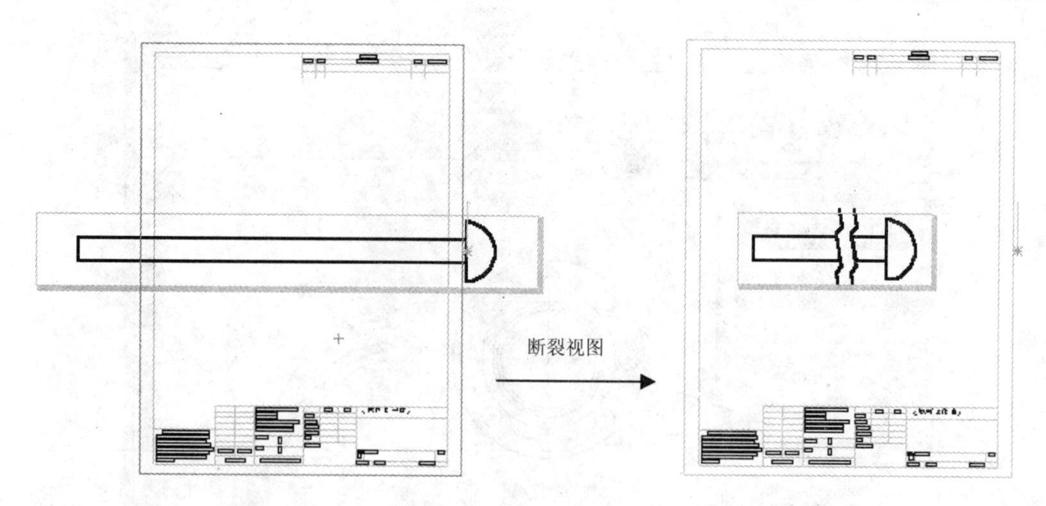

图 10-25　断裂视图举例

10.6　操作视图

在派生工程视图中，许多视图的生成位置和角度都受到其他条件的限制（如辅助视图的位置与参考边线相垂直）。有时，用户需要自己任意调节视图的位置和角度以及显示和隐藏，SolidWorks 就提供了这项功能。此外，SolidWorks 还可以更改工程图中的线型、线条颜色等。

10.6.1　移动和旋转视图

当鼠标指针移到视图边界上时，鼠标指针变为形状，表示可以拖曳该视图。如果移动的视图与其他视图没有对齐或约束关系，可以拖曳它到任意的位置。

如果视图与其他视图之间有对齐或约束关系，若要任意移动视图应作如下操作。

【案例 10-13】本案例源文件光盘路径："X：\源文件\ch10\10.13.SLDDRW"，本案例视频内容光盘路径："X：\动画演示\ch10\10.13 移动和旋转视图.swf"。

（1）单击要移动的视图。

（2）执行【工具】→【对齐视图】→【解除对齐关系】命令。

（3）单击该视图，即可以拖曳它到任意的位置。

SolidWorks 提供了两种旋转视图的方法，一种是绕着所选边线旋转视图，一种是绕视图中心点以任意角度旋转视图。

要绕边线旋转视图可作如下操作。

（1）在工程图中选择一条直线。

（2）执行【工具】→【对齐视图】→【水平边线"或"工具】→【对齐视图】→【竖直边线】命令。

（3）此时视图会旋转，直到所选边线为水平或竖直状态，如图 10-26 所示。

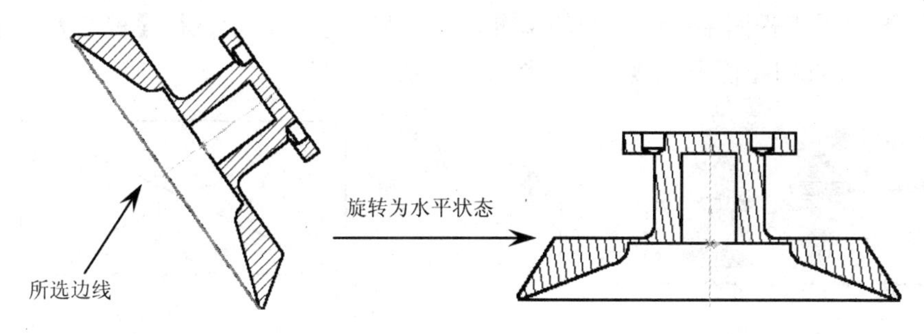

图 10-26　旋转视图

要围绕中心点旋转视图可作如下操作。

（1）选择要旋转的工程视图。

（2）单击“前导视图”工具栏上的旋转图标，系统会弹出“旋转工程视图”对话框，如图 10-27 所示。

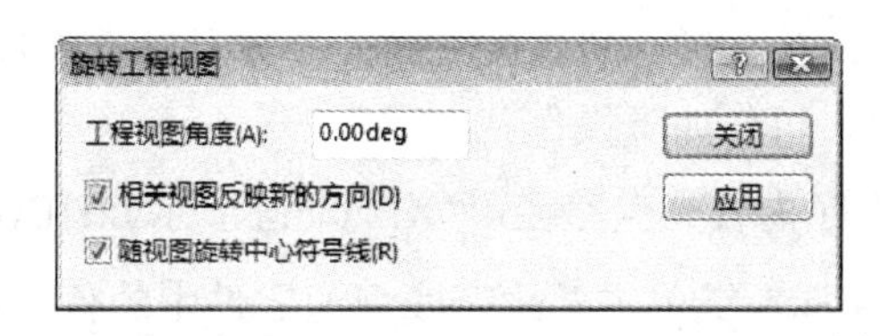

图 10-27　“旋转工程视图”对话框

（3）使用以下方法旋转视图：

- 在“旋转工程视图”对话框中的“工程视图角度”文本框中输入旋转的角度；
- 使用鼠标直接旋转视图。

（4）如果在“旋转工程视图”对话框中选择了“相关视图反映新的方向”复选框，则与该视图相关的视图将随着该视图的旋转作相应的旋转。

（5）如果选择了“随视图旋转中心符号线”复选框，则中心符号线将随视图一起旋转。

10.6.2　显示和隐藏

在编辑工程图时，可以使用【隐藏视图】命令来隐藏一个视图。隐藏视图后，可以执行【显示视图】命令再次显示此视图。当用户隐藏了具有从属视图（如局部、剖面或辅助视图等）的父视图时，可以选择是否一并隐藏这些从属视图。再次显示父视图或其中一个从属视图时，同样可选择是否显示相关的其他视图。

要隐藏或显示视图，可作如下操作。

【案例 10-14】本案例源文件光盘路径：“X：\源文件\ch10\drive.SLDDRW”，本案例视频内容光盘路径：“X：\动画演示\ch10\10.14 显示和隐藏.swf”。

（1）在特征管理器设计树或图形区域中用鼠标右键单击要隐藏的视图。

（2）在弹出的快捷菜单中执行【隐藏】命令，如果该视图从属视图（局部、剖面视图等），则会弹出询问对话框，如图 10-28 所示。

（3）单击【是】按钮，将会隐藏其从属视图。单击“否”将只隐藏该视图。此时，视图被隐藏起来。当鼠标移动到该视图的位置时，将只显示该视图的边界。

（4）如果要查看工程图中隐藏视图的位置，但不显示它们，则执行【视图】→【显示被隐藏的视图】命令，此时被隐藏的视图显示图 10-29 所示的形状。

图 10-28　提示信息

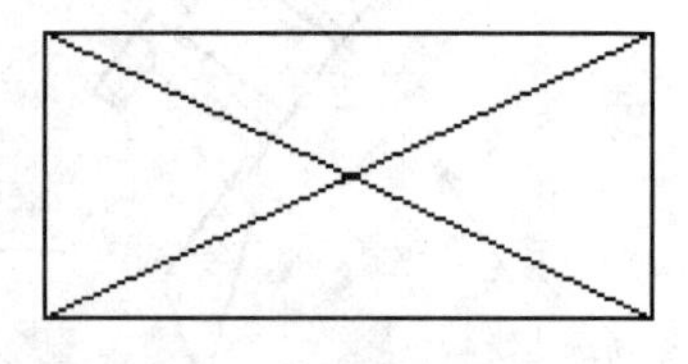

图 10-29　被隐藏的视图

（5）如果要再次显示被隐藏的视图，则用鼠标右键单击被隐藏的视图，在弹出的快捷菜单中执行【显示视图】命令。

10.6.3　更改零部件的线型

在装配体中为了区别不同的零件，可以改变每一个零件边线的线型。

要改变零件边线的线型，可作如下操作。

【案例 10-15】本案例视频内容光盘路径：“X：\动画演示\ch10\10.15 更改线性.swf”。

（1）在工程视图中用鼠标右键单击要改变线型的零件中的任一视图。

（2）在弹出的快捷菜单中执行【零部件线型】命令，系统会弹出“零部件线型”对话框。

（3）消除选择“使用文件默认”复选框，如图 10-30 所示。

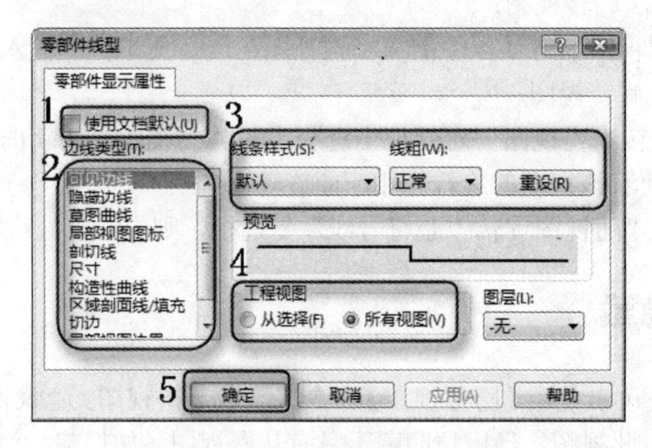

图 10-30　“零部件线型”对话框

（4）在“边线类型”列表框中选择一个边线样式。

（5）在对应的“线条样式”和“线粗”下拉列表框中选择线条样式和线条粗细。

（6）重复步骤（4）～（5），直到为所有边线类型设定线型。

（7）如果单击“工程视图”栏中的“从选项”单选按钮，则会将此边线类型设定应用到该零件视图和它的从属视图中。

（8）如果单击“所有视图”单选按钮，则将此边线类型设定应用到该零件的所有视图。

（9）如果零件在图层中，可以从“图层”下拉列表框中改变零件边线的图层。

（10）单击【确定】按钮关闭对话框，应用边线类型设定。

10.6.4 图层

图层是一种管理素材的方法，可以将图层看作是重叠在一起的透明塑料纸，假如某一图层上没有任何可视元素，就可以透过该层看到下一层的图像。用户可以在每个图层上生成新的实体，然后指定实体的颜色、线条粗细和线型。还可以将标注尺寸、注解等项目放置在单一图层上，避免它们与工程图实体之间的干涉。SolidWorks 还可以隐藏图层，或将实体从一个图层上移动到另一图层。

要建立图层，可作如下操作。

【案例 10-16】本案例视频内容光盘路径："X：\动画演示\ch10\10.16 图层.swf"。

（1）执行【视图】→【工具栏】→【图层】命令，打开"图层"工具栏，如图 10-31 所示。

图 10-31 "图层"工具栏

（2）单击图层属性图标，打开"图层"对话框。

（3）在"图层"对话框中单击【新建】按钮，则在对话框中建立一个新的图层，如图 10-32 所示。

（4）在"名称"一栏中指定图层的名称。

（5）双击"说明"栏，然后输入该图层的说明文字。

（6）在"开关"一栏中有一个灯泡图标，要隐藏该图层，双击该图标，灯泡变为灰色，图层上的所有实体都被隐藏起来。要重新打开图层，再次双击该灯泡图标。

（7）如果要指定图层上实体的线条颜色，单击"颜色"栏，在弹出的"颜色"对话框中选择颜色，如图 10-33 所示。

（8）如果要指定图层上实体的线条样式或厚度，则单击"样式"或"厚度"栏，然后从弹出的清单中选择想要的样式或厚度。

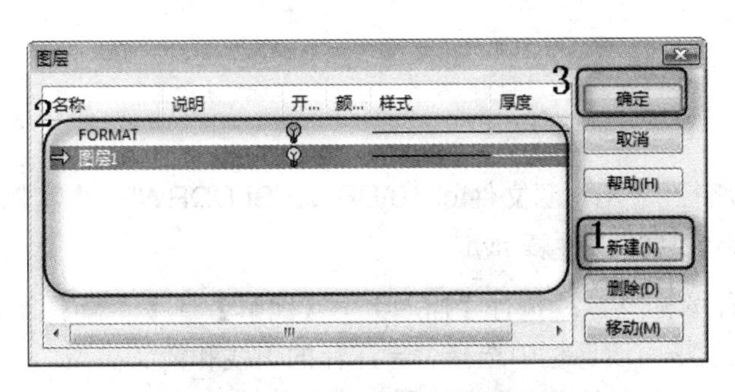

图 10-32 "图层"对话框

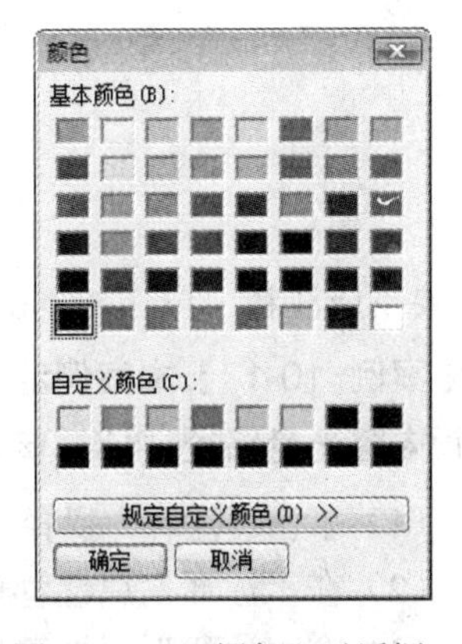

图 10-33 "颜色"对话框

（9）如果建立了多个图层，可以单击【移动】按钮来重新排列图层的顺序。

（10）单击【确定】按钮，关闭对话框。

建立了多个图层后，只要在图层工具栏中的图层下拉列表框中选择图层，就可以导航到任意的图层。

10.7 注解的标注

如果在三维零件模型或装配体中添加了尺寸、注释和符号，则在将三维模型转换为二维工程图纸的过程中，系统会将这些尺寸、注释等一起添加到图纸中。在工程图中，用户可以添加必要的参考尺寸、注解等，这些注解和参考尺寸不会影响零件或装配体文件。

工程图中的尺寸标注是与模型相关联的，模型中的更改会反映在工程图中。通常用户在生成每个零件特征时生成尺寸，然后将这些尺寸插入各个工程视图中。在模型中更改尺寸会更新工程图，反之，在工程图中更改插入的尺寸也会更改模型。用户可以在工程图文件中添加尺寸，但是这些尺寸是参考尺寸，并且是从动尺寸；参考尺寸显示模型的测量值，但并不驱动模型，也不能更改其数值。但是当更改模型时，参考尺寸会相应更新。当压缩特征时，特征的参考尺寸也随之被压缩。

默认情况下，插入的尺寸显示为黑色，包括零件或装配体文件中显示为蓝色的尺寸（例如拉伸深度）。参考尺寸显示为灰色，并带有括号。

10.7.1 注释

为了更好地说明工程图，有时要用到注释，如图 10-34 所示。注释可以包括简单的文字、符号和超文本链接。

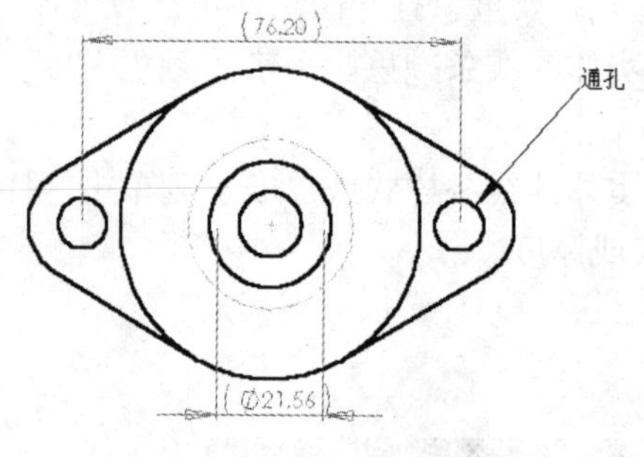

图 10-34 注释举例

要生成注释，可作如下操作。

【案例 10-17】本案例源文件光盘路径：“X：\源文件\ch10\DRIVE.SLDDRW”，本案例视频内容光盘路径：“X：\动画演示\ch10\10.17 注释.swf”。

（1）单击“注释”操控板上的注释图标 A，或执行【插入】→【注解】→【注释】命令。

（2）在“注释”属性管理器的“箭头/引线”栏中选择引导注释的引线和箭头类型。

（3）在“注释”属性管理器的“文字格式”栏中设置注释文字的格式。

（4）拖曳鼠标指针到要注释的位置，释放鼠标。

（5）在图形区域中键入注释文字，如图 10-35 所示。

（6）单击确定图标，完成注释。

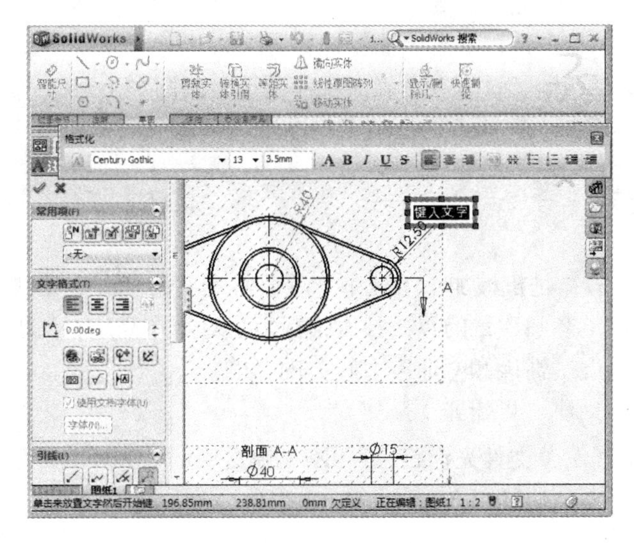

图 10-35　添加注释文字

10.7.2　表面粗糙度

表面粗糙度符号用来表示加工表面上的微观几何形状特性，它对于机械零件表面的耐磨性、疲劳强度、配合性能、密封性、流体阻力以及外观质量等都有很大的影响。

要插入表面粗糙度，可作如下操作。

【案例 10-18】本案例源文件光盘路径：“X：\源文件\ch10\DRIVE.SLDDRW”，本案例视频内容光盘路径：“X：\动画演示\ch10\10.18 粗糙度.swf”。

（1）单击“注释”操控板上的表面粗糙度按钮，或执行【插入】→【注解】→【表面粗糙度符号】命令。

（2）在弹出的“表面粗糙度”属性管理器中设置表面粗糙度的属性，如图 10-36 所示。

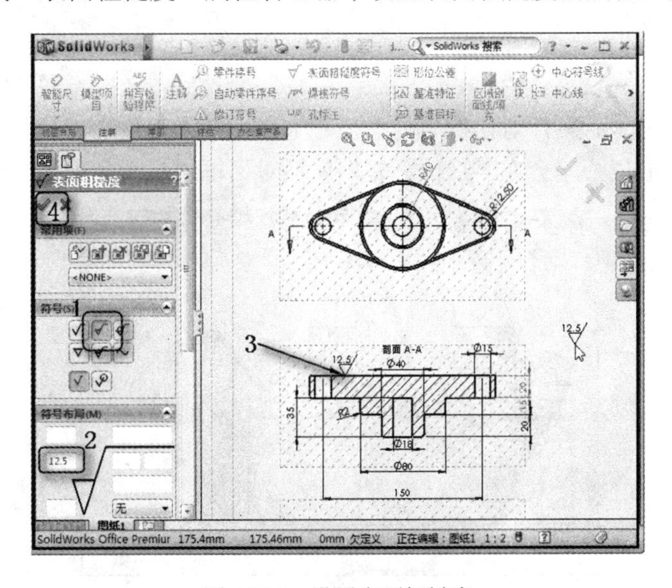

图 10-36　设置表面粗糙度

（3）在图形区域中单击，以放置表面粗糙符号。

（4）可以不关闭对话框，设置多个表面粗糙度符号到图形上。

（5）单击确定图标✔，完成表面粗糙度的标注。

10.7.3 形位公差

形位公差（图 10-37）是机械加工工业中一项非常重要的基础，尤其在精密机器和仪表的加工中，形位公差是评定产品质量的重要技术指标。它对于在高速、高压、高温、重载等条件下工作的产品零件的精度、性能和寿命等有较大的影响。

要进行形位公差的标注，可作如下操作。

【案例 10-19】本案例源文件光盘路径：“X：\源文件\ch10\DRIVE.SLDDRW”，本案例视频内容光盘路径：“X：\动画演示\ch10\10.19 形位公差.swf”。

（1）单击“注释”操控板上的形位公差图标，或执行【插入】→【注解】→【形位公差】命令。系统会弹出的“形位公差”属性对话框中。

（2）单击“形位公差”属性对话框中的【符号】按钮，打开“符号”对话框，如图 10-38 所示。在其中选择形位符号。

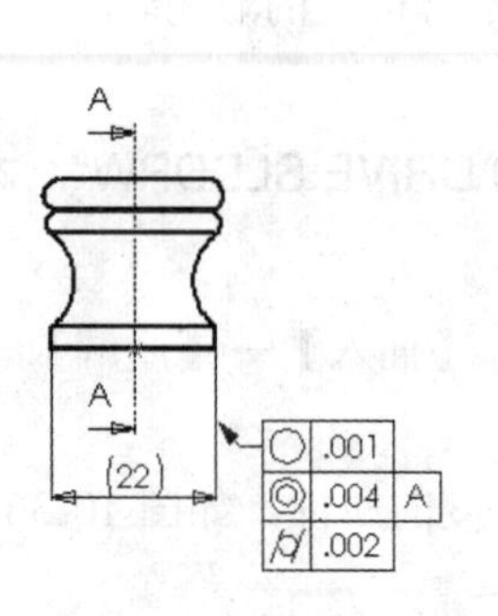

图 10-37　形位公差举例

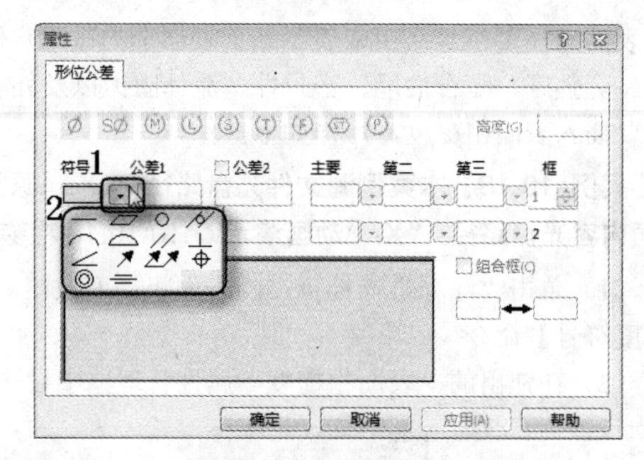

图 10-38　“符号”对话框

（3）在“形位公差”属性对话框中的“公差”栏中输入形位公差值。

（4）设置好的形位公差会在“形位公差”属性对话框中显示，如图 10-39 所示。

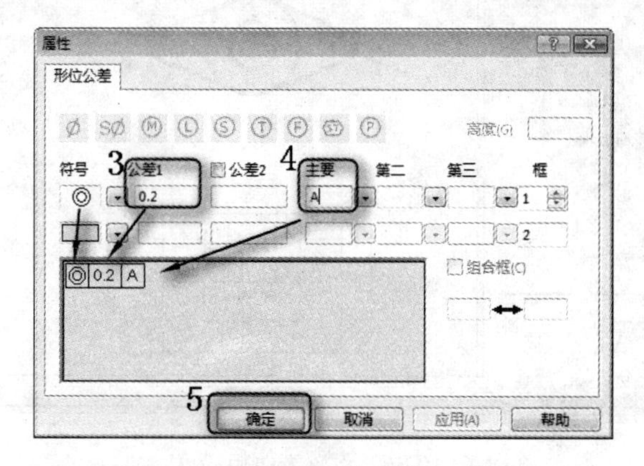

图 10-39　“形位公差”属性对话框

（5）在图形区域中单击，以放置形位公差。
（6）可以不关闭对话框，设置多个形位公差到图形上。
（7）单击【确定】按钮，完成形位公差的标注。

10.7.4　基准特征符号

基准特征符号用来表示模型平面或参考基准面，如图 10-40 所示。

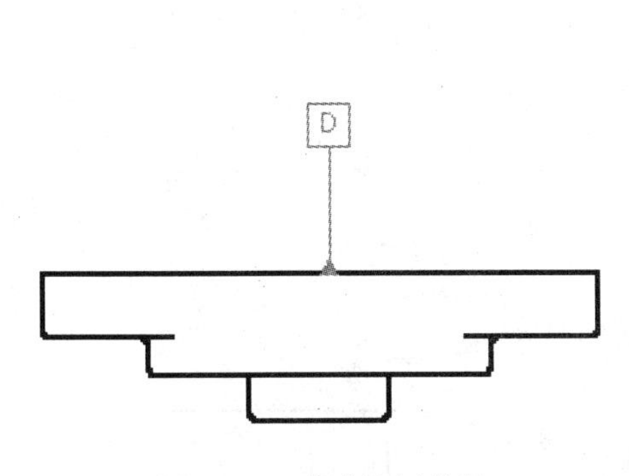

图 10-40　基准特征符号

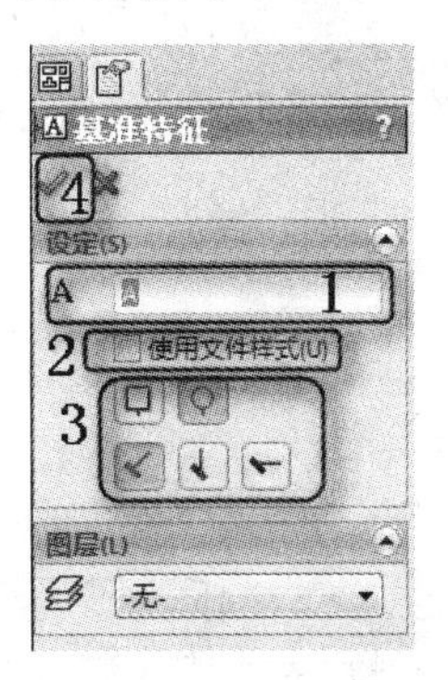

图 10-41　“基准特征”属性管理器

要插入基准特征符号，可作如下操作。

【案例 10-20】本案例源文件光盘路径：“X：\源文件\ch10\DRIVE.SLDDRW”，本案例视频内容光盘路径：“X：\动画演示\ch10\10.20 基准特征符号.swf”。

（1）单击“注释”操控板上的基准特征符号图标，或执行【插入】→【注解】→【基准特征符号】命令。
（2）在“基准特征”属性管理器中设置属性，如图 10-41 所示。
（3）在图形区域中单击，以放置符号。
（4）可以不关闭对话框，设置多个基准特征符号到图形上。
（5）单击确定图标，完成基准特征符号的标注。

10.7.5　标注孔符号

如果要标注孔符号，其操作步骤如下。

【案例 10-21】本案例源文件光盘路径：“X：\源文件\ch10\DRIVE.SLDDRW”，本案例视频内容光盘路径：“X：\动画演示\ch10\10.21 标准孔符号.swf”。

（1）单击“注解”工具栏上的孔图标，或执行【插入】→【注解】→【孔标注】菜单命令，指针形状变成。

注意：
还可以用鼠标右键单击图形区域，从快捷菜单中执行【注解】→【孔标注】命令。

（2）单击小孔的边线，弹出如图 10-42 所示的“尺寸”属性管理器。
关于孔标注中的“尺寸”属性管理器各选项的含义在前已经做过较为详细地介绍，这里不再赘述。

（3）移动鼠标到合适的位置单击，放置孔标注位置。

（4）再在“尺寸”属性管理器中输入要标注的尺寸大小以及需要说明的文字等。

（5））单击 ⌴⌀ 图标，或单击确定图标✔，即可结束孔标注命令。

在工程图中添加孔标注符号如图 10-43 所示。

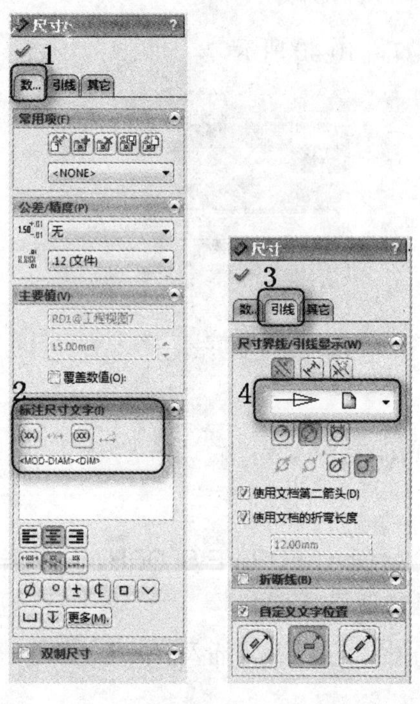

图 10-42 “尺寸”属性管理器

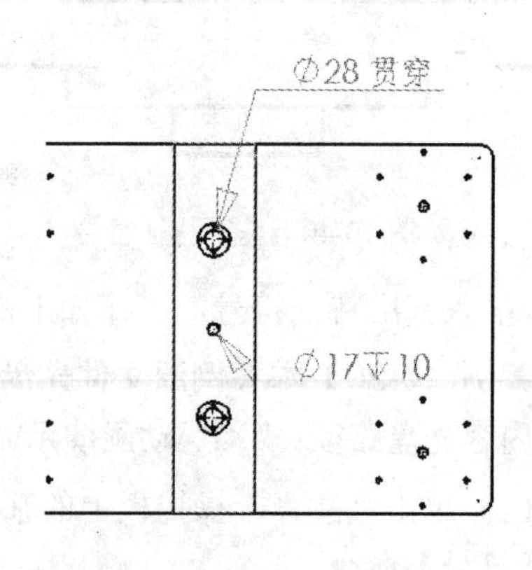

图 10-43 孔标注

10.7.6 编辑孔标注

孔标注可在工程图中使用。如果改变了模型中的一个孔尺寸，则标注将自动更新。值得注意的是孔的轴心必须与工程图纸正交。

编辑孔标注属性的方法如下。

用鼠标右键单击孔标注符号，从快捷菜单中选择属性，弹出“尺寸属性”对话框。在对话框中更改孔标注的属性。单击修改文字按钮，弹出“尺寸文字”对话框，可修改各项内容。

注意：

如果手工更改标注文字的某部分，可能会断开此部分与模型的连接。如果断开连接，SolidWorks 会显示一警告信息。

修改孔标注以包括公差的步骤如下。

（1）选择一孔标注，在“尺寸”属性管理器中“公差”和“精度”的“标注值”中选择一项目。

（2）选择一“公差类型”。

（3）根据需要为“最大变化”✚和“最小变化”━输入一数值。

（4）单击【确定】按钮，完成修改孔标注以包括公差。

10.7.7　装饰螺纹线

装饰螺纹线是机械制图中螺纹的规定画法，装饰螺纹线与其他的注解有所不同，它是其所附加项目的专有特征。

在零件或装配体中添加的装饰螺纹线可以输入到工程视图中。如果在工程视图中添加了装饰螺纹线，零件或装配体会更新以包括装饰螺纹线特征。

1．插入装饰螺纹线

插入装饰螺纹线的操作步骤如下。

【案例 10-22】本案例视频内容光盘路径："X：\动画演示\ch10\10.22 装饰螺纹孔.swf"。

（1）在圆柱形特征上，单击其圆形边线。

（2）执行【插入】→【注解】→【装饰螺纹线】命令，可以弹出如图 10-44 所示的"装饰螺纹线"属性管理器。

（3）当插入装饰螺纹线到零件或工程图中时，需要指定"装饰螺纹线"属性管理器属性。在"装饰螺纹线"属性管理器选择要应用的螺纹。

（4）单击确定图标✔，即可完成插入装饰螺纹线的操作。

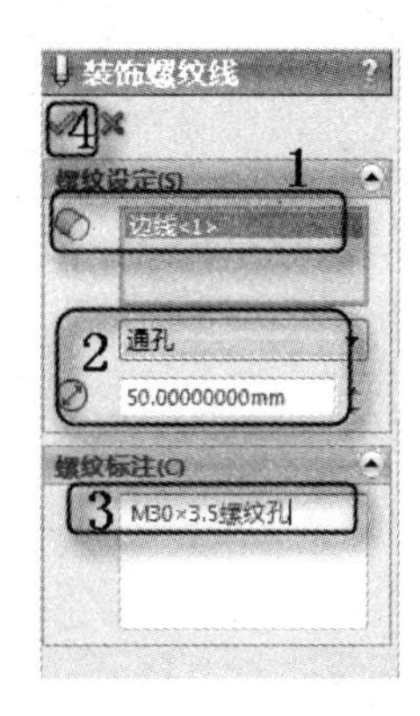

图 10-44　"装饰螺纹线"属性管理器

下面介绍"装饰螺纹线"属性管理器中各选项的含义。

（1）"螺纹设定"选项板

圆形边线：在利用该选项设置图形区域中选择的圆形边线。

终止条件：装饰螺纹线从以上所选边线延伸到终止条件。

- 给定深度：指定的深度；
- 贯穿：完全贯穿现有几何体；
- 成形到下一面：至隔断螺纹线的下一个实体。

深度 D：当终止条件为给定深度时，利用该选项输入给定深度值。

次要直径、主要直径或圆锥等距：利用这些选项可以为与带有装饰螺纹线的实体类型对等的尺寸设定直径。

（2）"螺纹标注"选项板

利用该选项可以输入在螺纹标注中弹出的文字。

（3）（图层）选项板

选择图层名称，可以将符号移动到该图层上。选择图层时，可以在带命名图层的工程图中选择图层。

2．编辑装饰螺纹线

如果要编辑装饰螺纹线，其操作步骤如下。

（1）在零件图文件中，用鼠标右键单击装饰螺纹线。

（2）从快捷菜单中选择编辑定义，弹出“装饰螺纹线”属性管理器。

（3）在属性管理器中进行必要的更改。

（4）单击确定图标，所更改的内容，自动应用到该零件的工程图中。

如图 10-45 所示为执行【装饰螺纹线】命令为螺纹添加的标注。

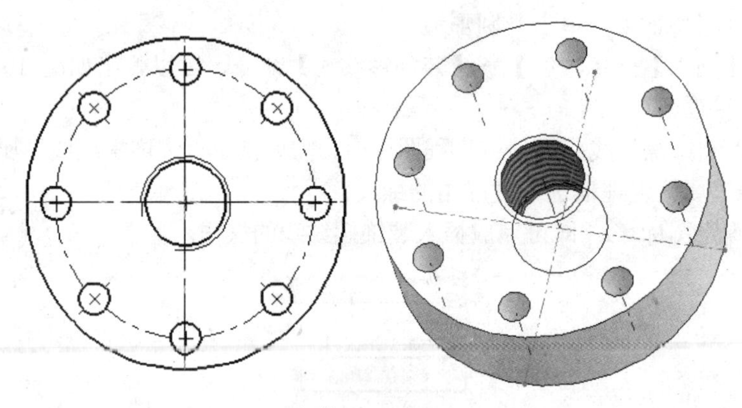

图 10-45　螺纹标注

10.8　分离工程图

分离格式的工程图无须将三维模型文件装入内存，即可打开并编辑工程图。用户可以将 RapidDraft 工程图传送给其他的 SolidWorks 用户而不传送模型文件。分离工程图的视图在模型的更新方面也有更多的控制。当设计组的设计员编辑模型时，其他的设计员可以独立地在工程图中进行操作，对工程图添加细节及注解。

由于内存中没有装入模型文件，以分离模式打开工程图的时间将大幅缩短。因为模型数据未被保存在内存中，所以有更多的内存可以用来处理工程图数据，这对大型装配体工程图来说是很大的性能改善。

要转换工程图为分离工程图格式，可作如下操作。

【案例 10-23】本案例源文件光盘路径：“X：\源文件\ch10\DRIVE.SLDDRW”，本案例视频内容光盘路径：“X：\动画演示\ch10\10.23 分离工程图.swf”。

（1）单击“标准”工具栏上的打开图标，或执行【文件】→【打开】命令。

（2）在“打开”对话框中选择要转换为分离格式的工程图。

（3）单击【打开】按钮，打开工程图。

（4）单击保存图标，选择“保存类型”为“分离的工程图”，如图 10-46 所示，保存并

关闭文件。

图 10-46　保存为分离的工程图

（5）再次打开该工程图，此时工程图已经被转换为分离格式的工程图。

在分离格式的工程图中进行的编辑方法与普通格式的工程图基本相同，这里就不再赘述了。

10.9　巩固练习

10.9.1　巩固练习 1

为了更好地掌握工程图的生成方法，这里设计了一个实例，并给出了详细的操作步骤。

【案例 10-24】本案例源文件光盘路径：“X：\源文件\ch10\DRIVE.SLDDRW”。

（1）单击新建图标，或执行【文件】→【新建】命令，在“新建 SolidWorks 文件”对话框中的“模板”选项卡中单击“工程图”图标。单击【确定】按钮，建立一个工程图文件。

（2）在弹出的“使用的图纸格式”对话框中选择“无图纸格式”，在“纸张大小”下拉列表框中选择“A3 横向”。单击【确定】按钮，打开图纸。

（3）此时的图纸上没有任何标题栏和文字。用鼠标右键单击图纸上的空白区域，在弹出的快捷菜单中执行【编辑图纸格式】命令。

（4）单击“草图绘制”操控板上的直线图标，然后绘制标题栏和线条。

（5）单击“注释”操控板上的注释按钮，然后在标题栏中输入注释文字。

（6）再次用鼠标右键单击图纸上的空白区域，在弹出的快捷菜单中执行【编辑图纸】命令，从而退出图纸格式的编辑状态。

（7）单击打开图标，或执行【文件】→【打开】命令。

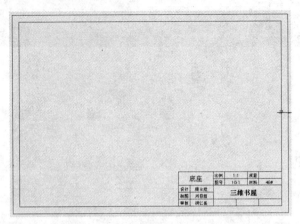

图 10-47　图纸格式

（8）执行【窗口】→【文件】命令，回到工程图的编辑状态。

（9）单击“视图布局”操控板上的标准三视图按钮，或执行【插入】→【工程视图】→【标准三视图】命令。

（10）浏览到零件模型窗口中，单击零件模型，则系统会自动回到工程图文件中，并将三视图放置在工程图中，如图 10-48 所示。

（11）单击“视图布局”操控板上的剖面视图图标，或执行【插入】→【工程视图】→【剖面视图】命令。

（12）使用草图绘制工具直线图标绘制一条纵贯正视图的剖切线。

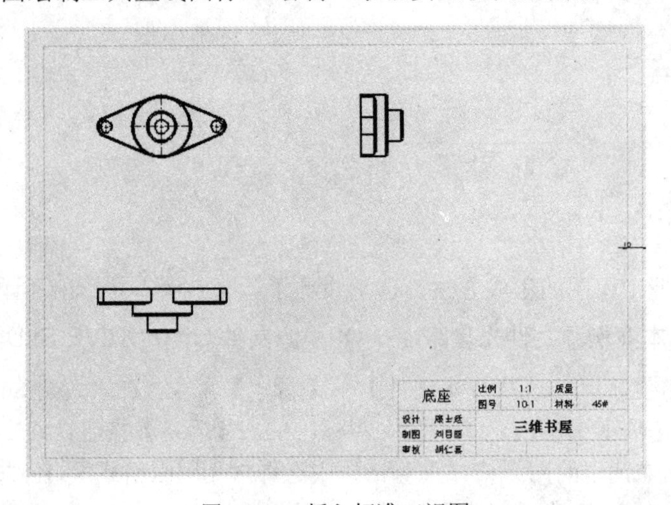

图 10-48　插入标准三视图

（13）单击确定图标，完成剖面视图的插入，如图 10-49 所示。

（14）单击“视图布局”操控板上的模型视图图标，或执行【插入】→【工程视图】→【模型视图】命令。

（15）执行【窗口】→【文件】命令，进入到三维模型的编辑状态。

（16）选择零件 drive 模型，在“模型视图”属性管理器的“视图定向”栏中选择视图的投影方向为“等轴测”。

（17）单击确定图标✔，完成模型视图的插入，如图 10-50 所示。

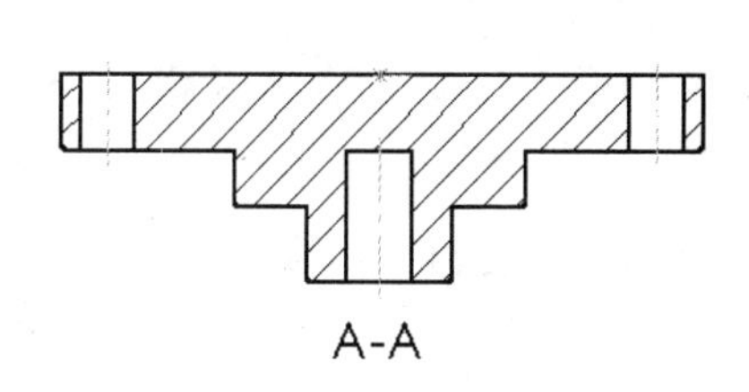

图 10-49　剖面视图

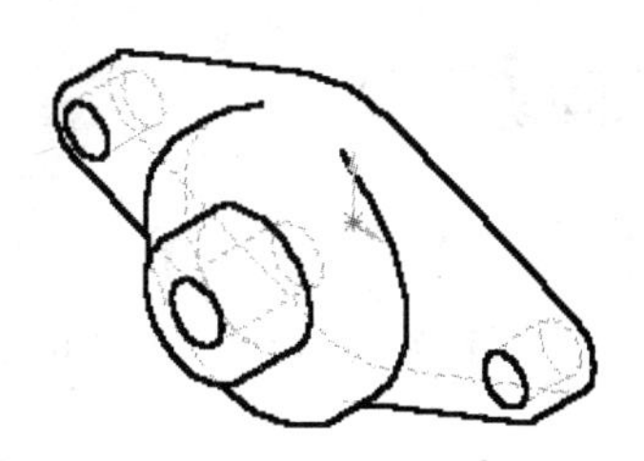

图 10-50　模型视图

（18）执行【插入】→【模型项目】命令，打开“模型项目”属性管理器。

（19）在对话框中勾选“尺寸”、“将项目输入到所有视图”和“消除复制模式尺寸”复选框,如图 10-51 所示。

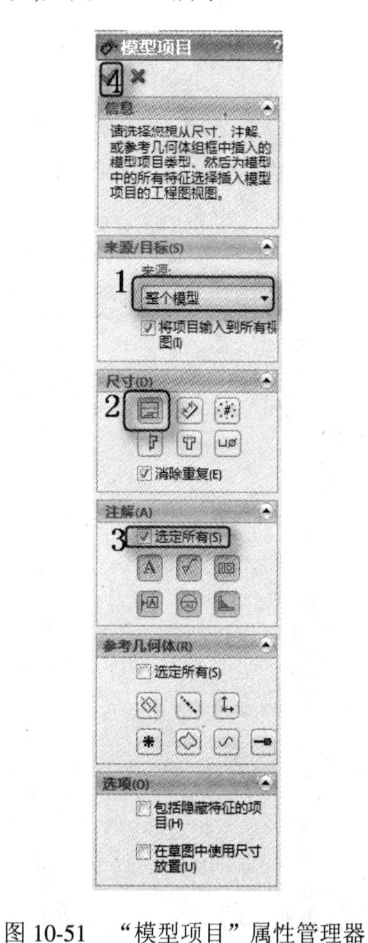

图 10-51　“模型项目”属性管理器

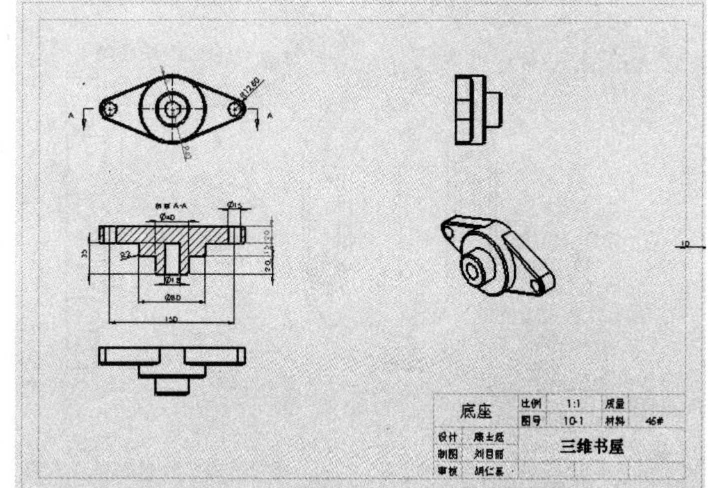

图 10-52　最后的效果

（20）单击【确定】按钮，关闭对话框，此时尺寸标注被输入到最能清楚体现其所描述特征的视图上。因为在步骤（13）中勾选了“消除复制模型尺寸”复选框，所以只输入每个尺寸的一个实例。

（21）将尺寸拖曳到所需的位置。

（22）单击保存图标，将工程图文件保存为 drive.slddrw。最后效果如图 10-52 所示。

10.9.2 巩固练习 2

本实例是将齿轮泵泵盖（如图 10-53 所示的机械零件）转化为工程图。

【案例 10-25】本案例源文件光盘路径：“X：\源文件\ch10\泵盖.SLDDRW”。

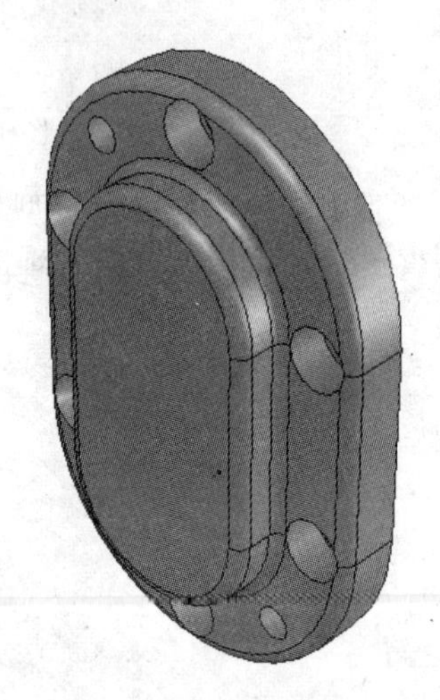

图 10-53 泵盖零件图

创建泵盖的工程图创建过程如图 10-54 所示。

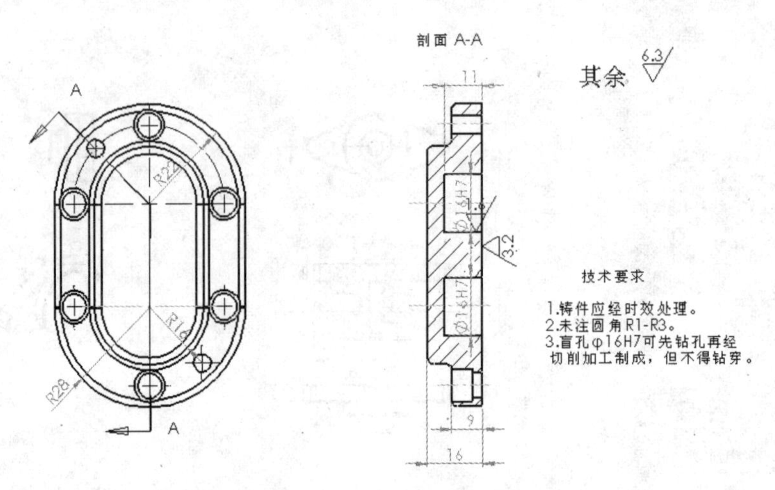

图 10-54 创建泵盖工程图

（1）进入 SolidWorks 2008，执行【文件】→【打开】命令，在弹出的“打开”对话框中选择将要转化为工程图的零件文件。

（2）执行【文件】→【从零件制作工程图】命令，此时会弹出“图纸格式/大小”对话框，选择“标准图纸大小”并设置图纸尺寸如图 10-55 所示。单击【确定】按钮，完成图纸设置。

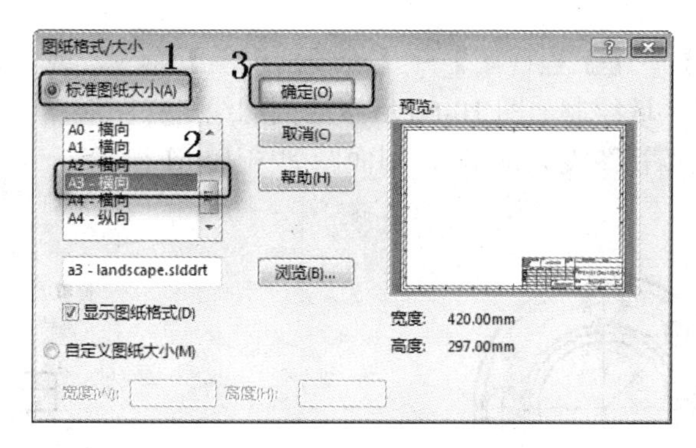

图 10-55　“图纸格式/大小”对话框

（3）执行【插入】→【工程视图】→【模型】命令，或者选择“视图布局”操控板中的图标，会弹出“模型视图”属性管理器，如图 10-56 所示。在属性管理器中单击【浏览】按钮，在弹出的选择对话框中选择要生成工程图的泵盖零件图。选择完成后单击“模型视图”中的图标，这时会进入模型视图参数设置属性管理器，参数设置如图 10-57 所示。此时在图形编辑窗口，会弹出如图 10-58 所示放置框，在图纸中合适的位置放置主视图，如图 10-59 所示。

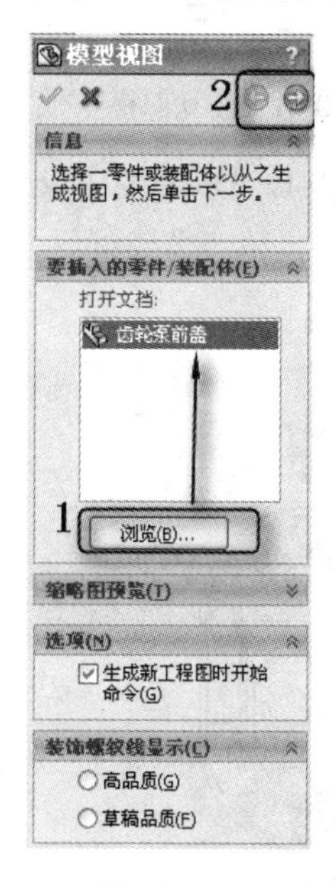

图 10-56　“模型视图”属性管理器

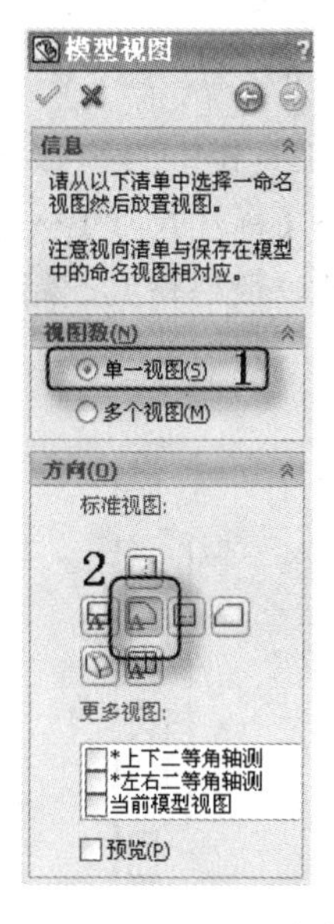

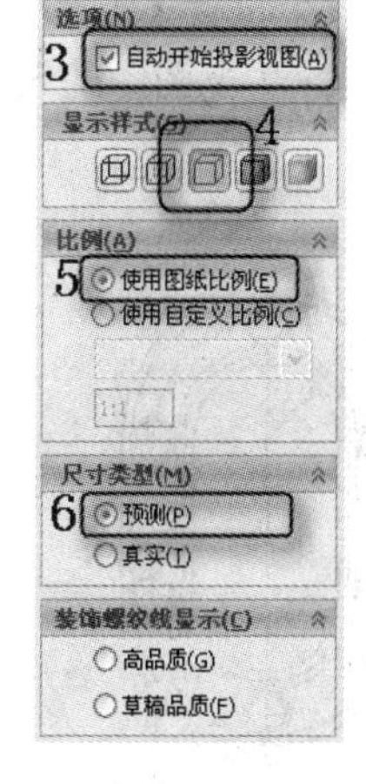

图 10-57　参数设置

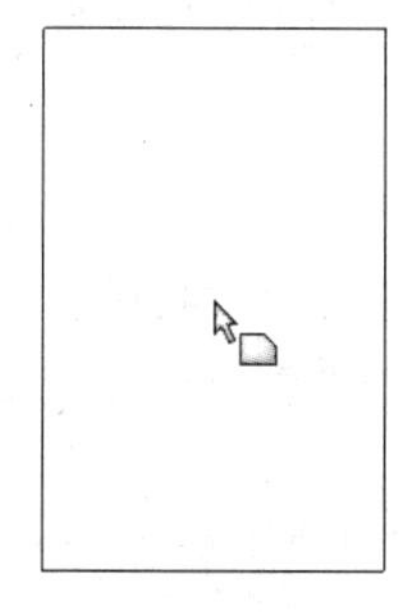

图 10-58　放置框

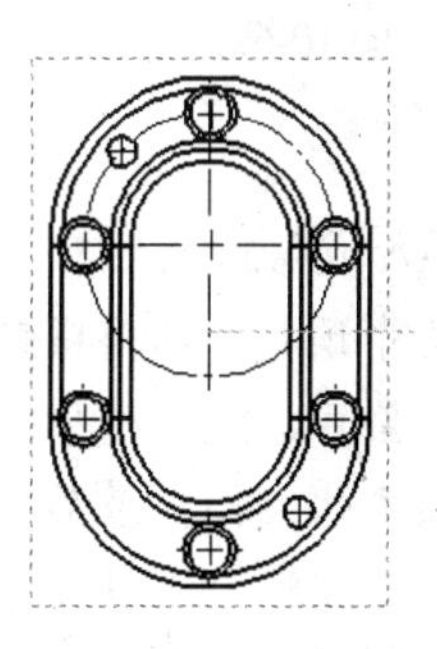

图 10-59　主视图

（4）执行【插入】→【工程视图】→【旋转剖视图】命令，或者选择“视图布局”操控板中的按钮，在图形区域绘制如图10-60所示的剖切线，在图形操作窗口放置剖面图（由于该零件图比较简单，故俯视图没有标出），剖面图如图10-61所示。

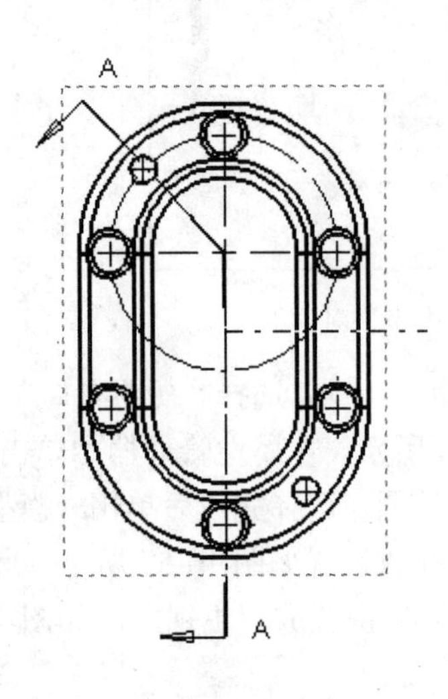

图10-60　视图模型

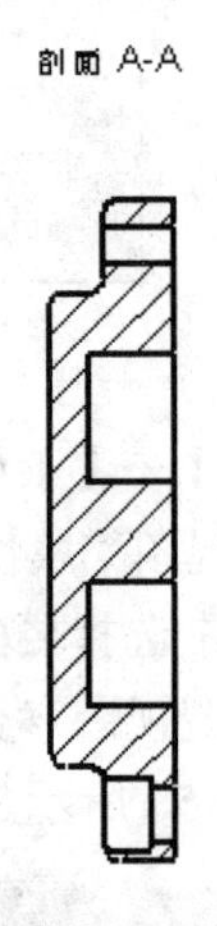

图10-61　左视图模型

（5）执行“草图”工具栏中的命令，在主视图中绘制中心线，如图10-62所示。

（6）执行【工具】→【标注尺寸】→【智能尺寸】命令，或者单击“注解”工具栏中的图标，标注视图中的尺寸，最终得到的结果如图10-63所示。

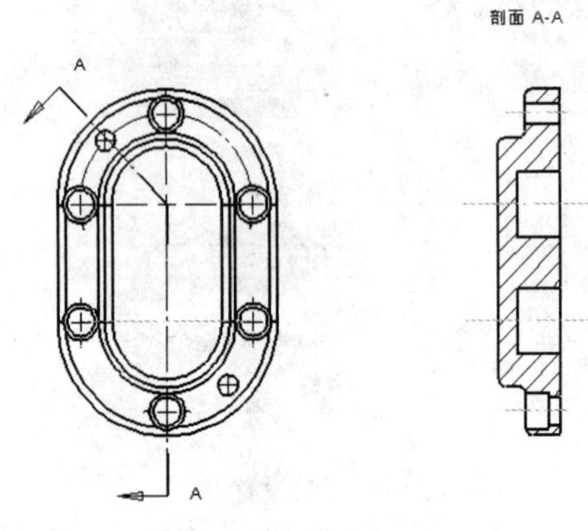

图10-62　绘制中心线

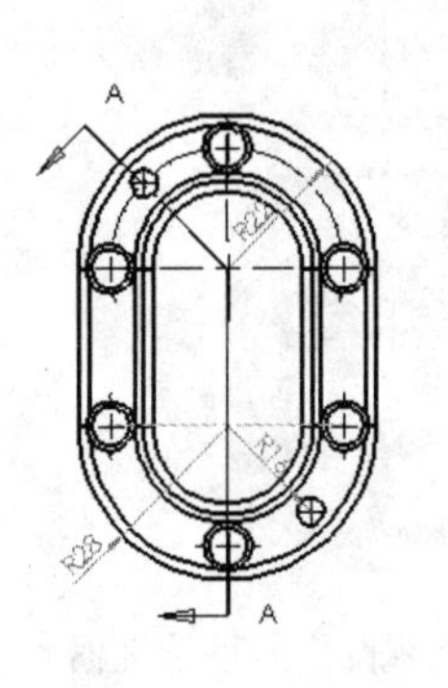

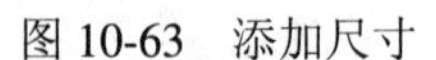

图10-63　添加尺寸

注意：

在添加或修改尺寸时，单击要标注尺寸的几何体。当在模型周围移动指针时，会显示尺寸预览。根据指针相对于附加点的位置，系统将自动捕捉适当的尺寸类型（水平、竖直、线性、径向等）。当预览显示所需的尺寸类型时，可通过单击鼠标右键来锁定此类型。最后单击鼠标以放置尺寸。

（7）单击“注解”工具栏中的图标，会弹出“表面粗糙度”属性管理器，在属性管理器中设置各参数如图10-64所示。

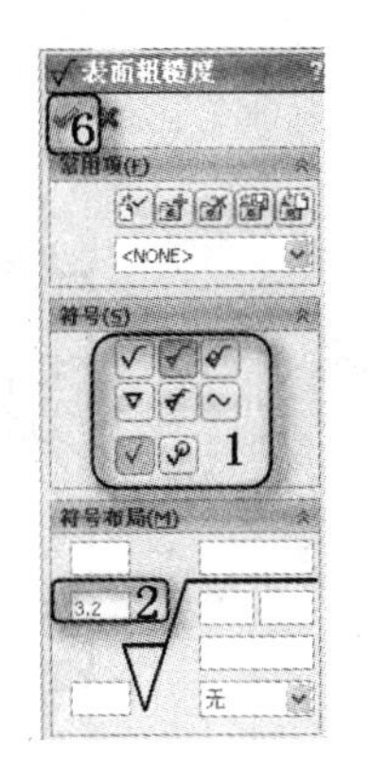

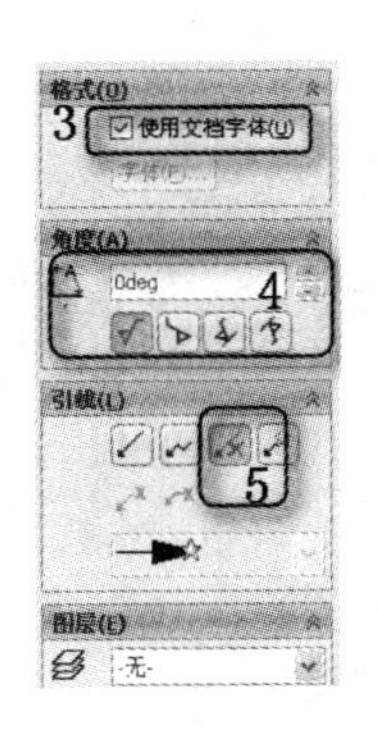

图 10-64　“表面粗糙度”属性管理器

（8）设置完成后，移动光标到需要标注表面粗糙度的位置，单击即可完成标注，单击属性管理器中的✔图标，表面粗糙度即可标注完成。下表面的标注需要设置角度为 180°，标注表面粗糙度效果如图 10-65 所示。

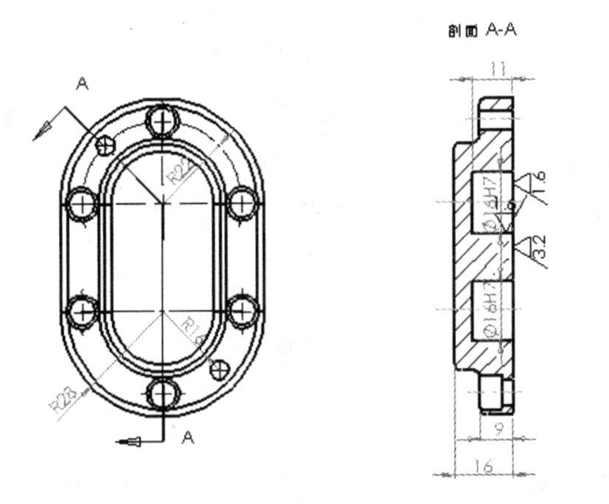

图 10-65　标注表面粗糙度

（9）选择视图中的所有尺寸，如图 10-66 所示。在“尺寸”属性管理器中的“尺寸界线/引线显示”面板中显示实心箭头，如图 10-67 所示。单击【确定】按钮。修改后的视图如图 10-68 所示。

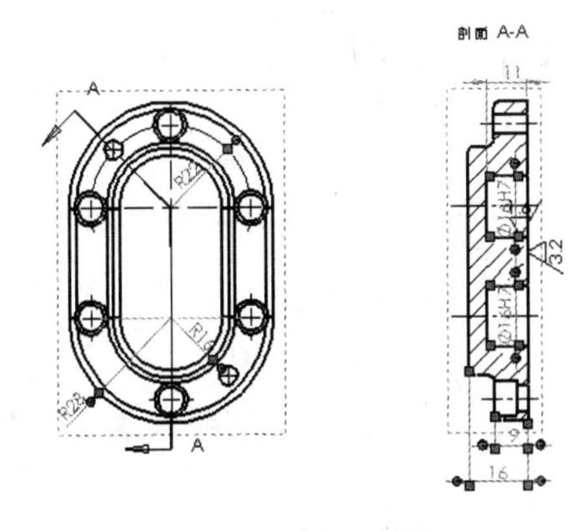

图 10-66　选择尺寸线

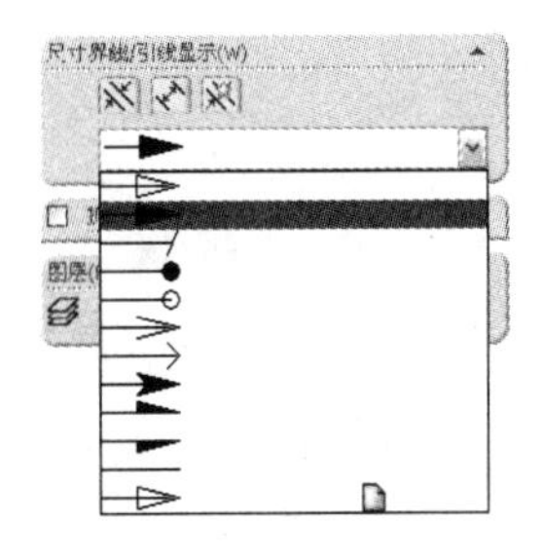

图 10-67　“尺寸界线/引线显示”面板

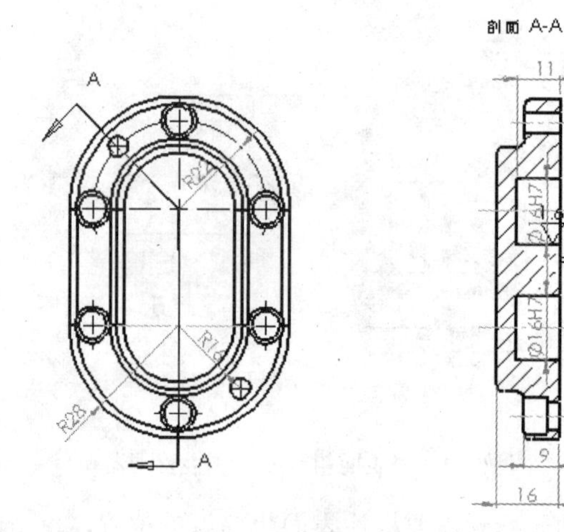

图 10-68　更改尺寸属性

（4）单击注解工具栏上的注释图标 A，或执行【插入】→【注解】→【注释】命令。为工程图添加注释部分如图 10-69 所示，此工程图制作完成。

■ **注意：**

可以将带有引线的表面粗糙度符号拖到任意位置。如果将没有引线的符号附加到一条边线，然后将它拖离模型边线，则将生成一条延伸线。若想使表面粗糙度符号锁定到边线，从除最底部控标以外的任何地方拖曳符号。

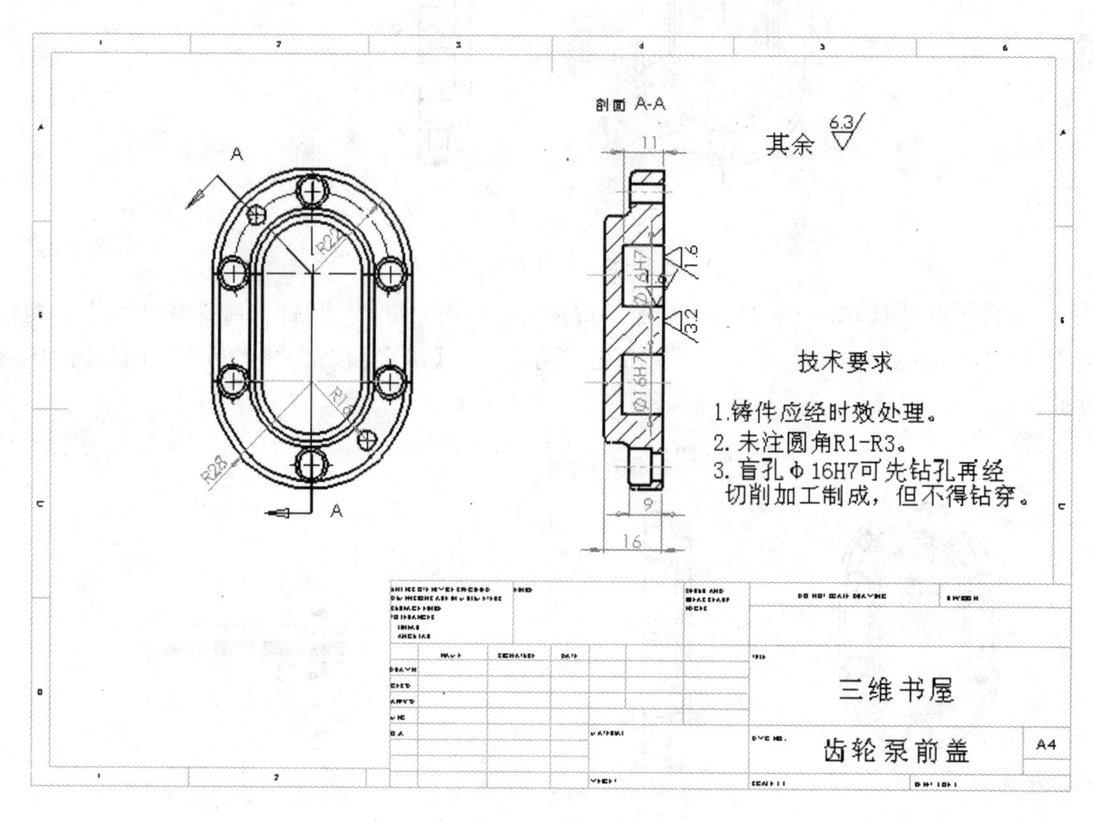

图 10-69　完成工程图

第 11 章 进阶篇实战演练

本章主要利用前面几章所学的知识，介绍花盆、矩形漏斗、卫浴把手、装配移动轮和轴瓦工程图的创建过程。

11.1 花盆

绘制如图 11-1 所示的花盆。

【案例 11-1】本案例源文件光盘路径：“X：\源文件\ch11\花盆.SLDPRT”，本案例视频内容光盘路径：“X：\动画演示\ch11\11.1 花盆.swf”。

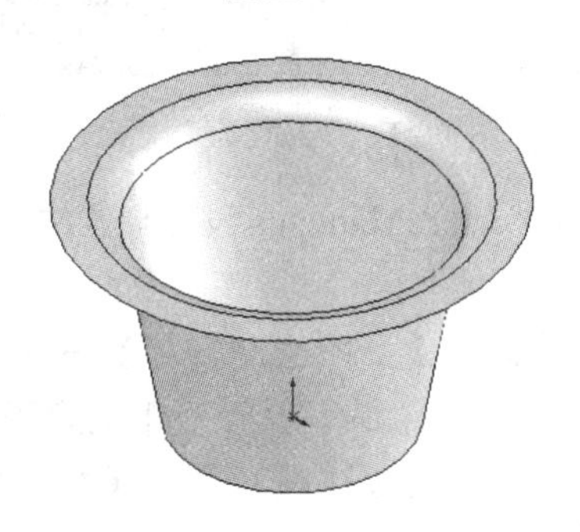

图 11-1 花盆建模

（1）启动 SolidWorks 2008，执行【文件】→【新建】菜单命令，创建一个新的零件文件。

（2）创建零件文件。执行【文件】→【新建】菜单命令，或者单击“标准”工具栏中的新建图标，此时系统弹出如图 11-2 所示的“新建 SoildWorks 文件”对话框，在其中单击零件图标，然后单击【确定】按钮，创建一个新的零件文件。

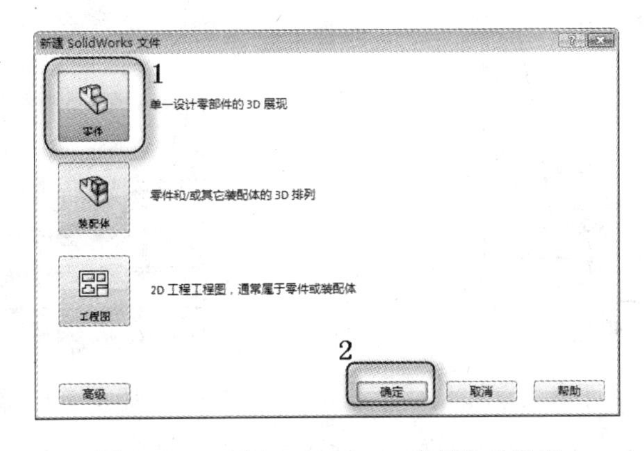

图 11-2 “新建 SolidWorks 文件”对话框

（3）保存文件。执行【文件】→【保存】菜单命令，或者单击“标准”工具栏中的新建图标，此时系统弹出如图 11-3“另存为”对话框，在“文件名”一栏中输入“花盆”，然后单击【保存】按钮，创建一个文件名为“花盆”的零件文件。

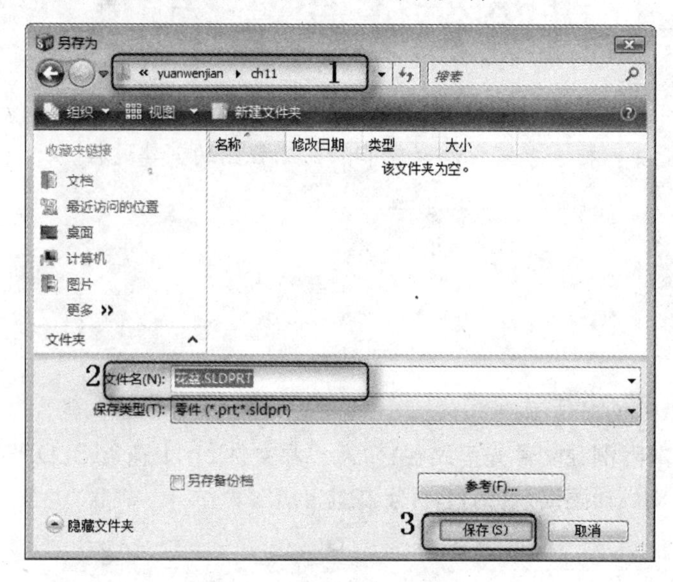

图 11-3　“另存为”对话框

（4）设置基准面。在左侧“FeatureManager 设计树”中用鼠标选择“上视基准面”，然后单击“前导视图”工具栏中的正视于图标，将该基准面作为绘制图形的基准面。

（5）绘制草图。执行【工具】→【草图绘制实体】→【中心线】菜单命令，绘制一条通过原点的竖直中心线，然后单击“草图绘制”操控板中的直线图标，绘制两条直线。

（6）标注尺寸。执行【工具】→【标注尺寸】→【智能尺寸】菜单命令，标注上一步绘制的草图，结果如图 11-70 所示。

（7）旋转曲面。执行【插入】→【曲面】→【旋转曲面】菜单命令，或者单击“曲面”工具栏中的旋转曲面图标，此时系统弹出如图 11-5 所示的“曲面-旋转”属性管理器。在“旋转轴”一栏中，用鼠标选择图 11-4 中的竖直中心线，其他设置参考图 11-5。单击属性管理器中的确定图标，完成曲面旋转。

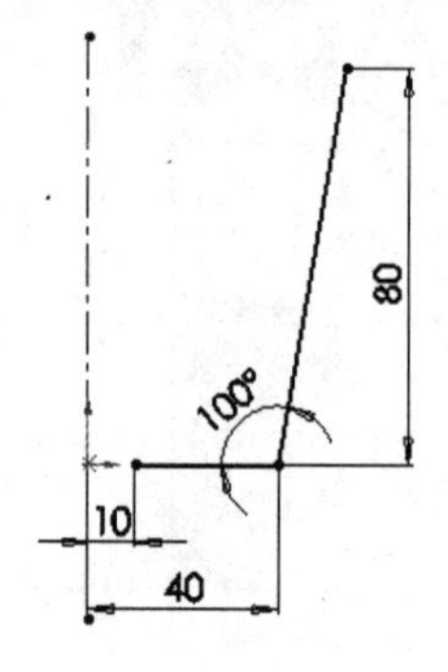

图 11-4　标注的草图

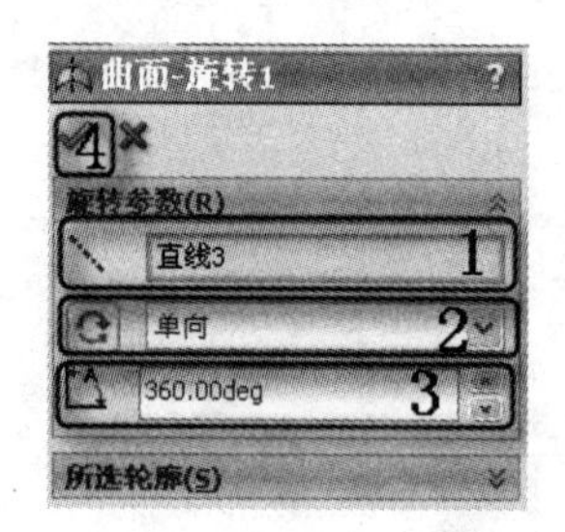

图 11-5　“曲面-旋转”属性管理器

（8）生成花盆盆体。观测视图区域中的预览图形，然后单击属性管理器中的确定图标，

生成花盆盆体。结果如图 11-6 所示。

（9）执行延展曲面命令。执行【插入】→【曲面】→【延展曲面】菜单命令，或者单击“曲面”工具栏中的延展曲面图标，此时系统弹出“延展曲面”属性管理器。

（10）设置延展曲面属性管理器。在属性管理器的“延展方向参考”一栏中，用鼠标选择“FeatureManager 设计树”中的“上视基准面”；在“要延展的边线”一栏中，用鼠标选择图 11-6 中的花盆盆体的边线 1，此时属性管理器如图 11-7 所示。在设置过程中注意延展曲面的方向，如图 11-8 所示。

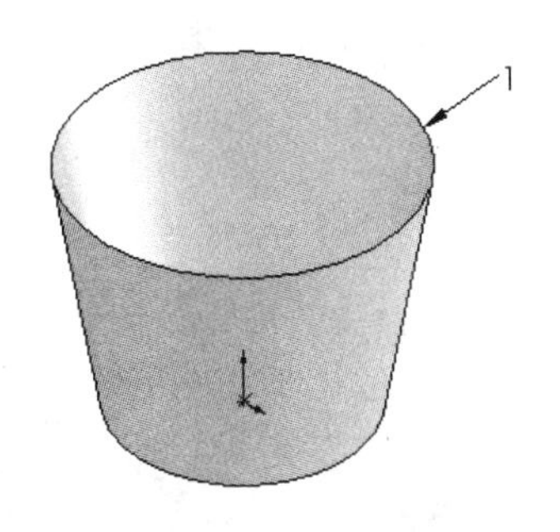

图 11-6　花盆盆体

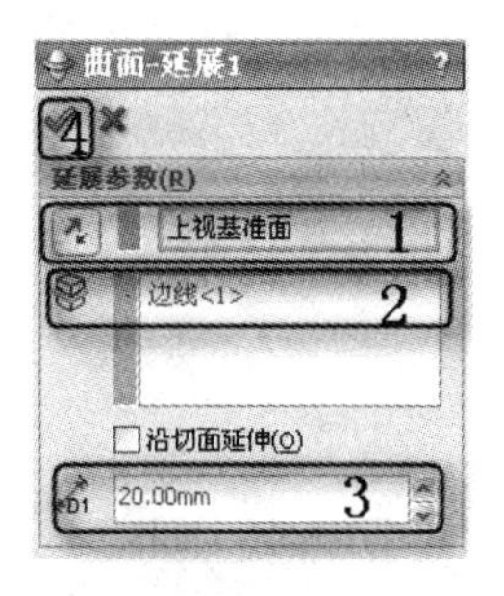

图 11-7　“曲面延展”属性管理器

（11）确认延展曲面。单击属性管理器中的确定图标，生成延展曲面。结果如图 11-8 所示。

（12）缝合曲面。执行【插入】→【曲面】→【缝合曲面】菜单命令，或者单击“曲面”工具栏中的缝合曲面图标，此时系统弹出如图 11-10 所示的“曲面缝合”属性管理器。在“要缝合的曲面和面”一栏中，用鼠标选择图 11-9 中的曲面 1 和曲面 2，然后单击属性管理器中的确定图标，完成曲面缝合，结果如图 11-11 所示。

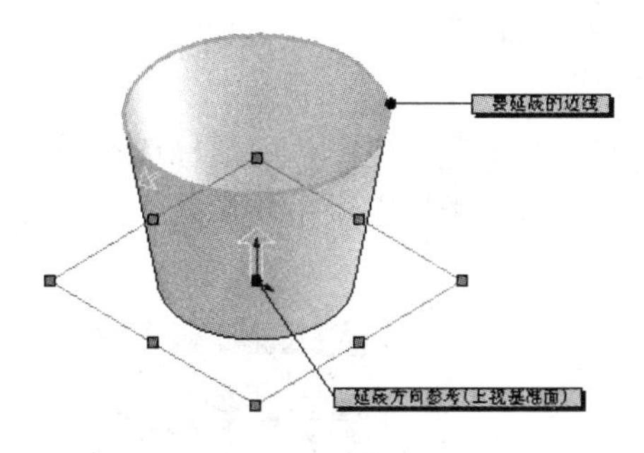

图 11-8　延展曲面方向图示

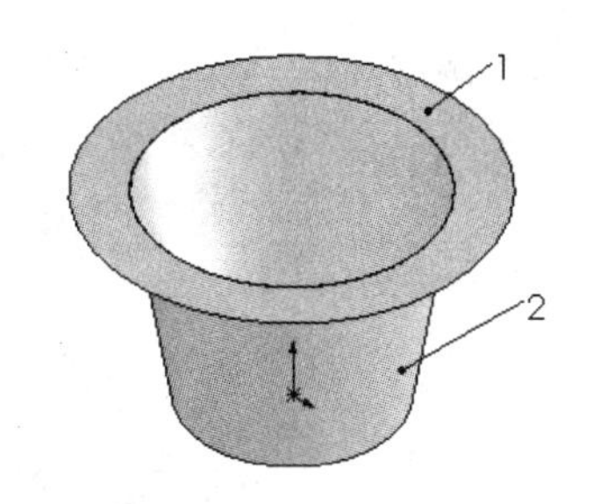

图 11-9　生成的延展曲面

图 11-10　“曲面缝合”属性管理器

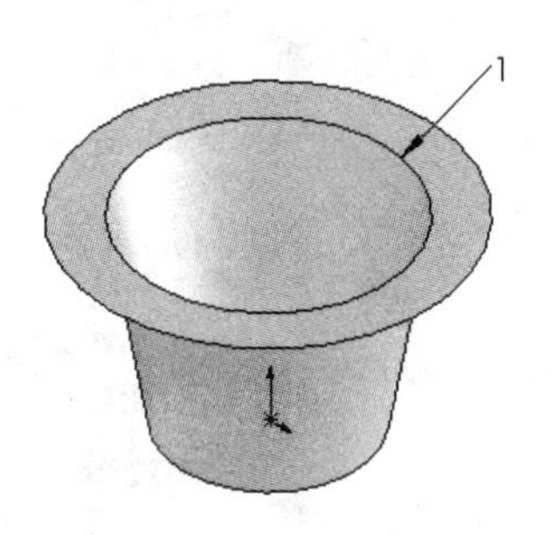

图 11-11　缝合曲面后的图形

■ 注意：

曲面缝合后，外观没有任何变化，只是将多个面组合成一个面。此处缝合的意义是为了将两个面的交线进行圆角处理，因为面的边线不能圆角处理，所以将两个面缝合为一个面。

（13）圆角曲面。执行【插入】→【曲面】→【圆角】菜单命令，或者单击“特征”操控板中的圆角图标，此时系统弹出“圆角”属性管理器。在“圆角项目”的“边线、面、特征和环”一栏中，用鼠标选择图 11-11 中的边线 1；在“半径”一栏中输入值为 10，其他设置如图 11-12 所示。单击属性管理器中的确定图标✔，完成圆角处理，结果如图 11-13 所示。

图 11-12 “圆角”属性管理器

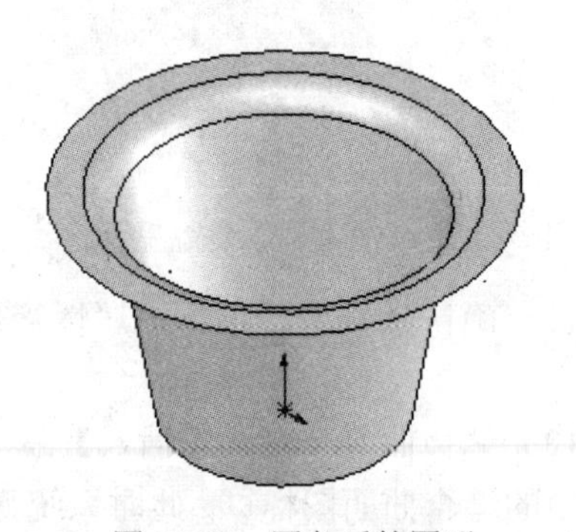

图 11-13 圆角后的图形

（14）执行命令。单击“前导视图”工具栏中的纹理图标，或者用鼠标右键单击图形中的任意点，此时系统弹出如图 11-14 所示的快捷菜单，选择“面”一栏中“外观”中的“纹理”子选项，此时系统弹出“纹理”属性管理器。

（15）设置纹理属性管理器。在属性管理器的“选择”一栏中，用鼠标选择图 11-12 中的实体的所有面；在“纹理选择”的纹理树中选择“塑料”类型中“粗糙”的“灰色 2”选项，如图 11-15 所示。

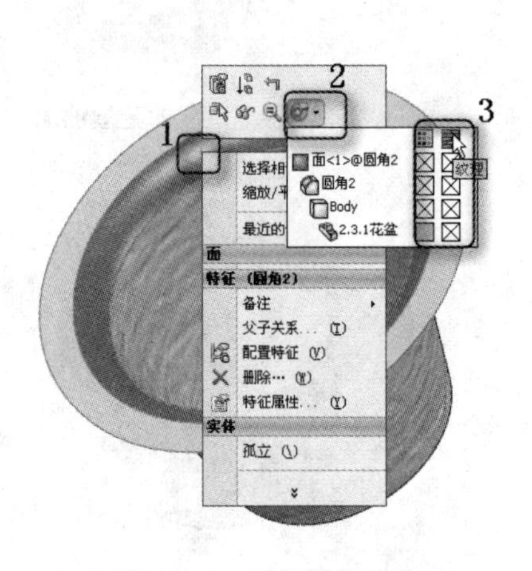

图 11-14 系统快捷菜单

图 11-15 “纹理”属性管理器

（16）确认延展曲面。单击属性管理器中的确定图标✔，设置花盆的外观属性。

花盆模型及其 FeatureManager 设计树如图 11-16 所示。

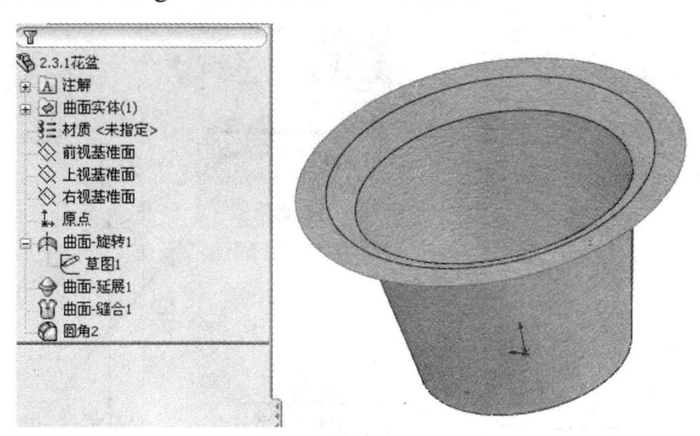

图 11-16　花盆及其 FeatureManager 设计树

11.2　矩形漏斗

绘制如图 11-17 所示的矩形漏斗。

【案例 11-2】本案例源文件光盘路径：“X：\源文件\ch11\矩形漏斗.SLDPRT”，本案例视频内容光盘路径：“X：\动画演示\ch11\11.1 矩形漏斗.swf”。

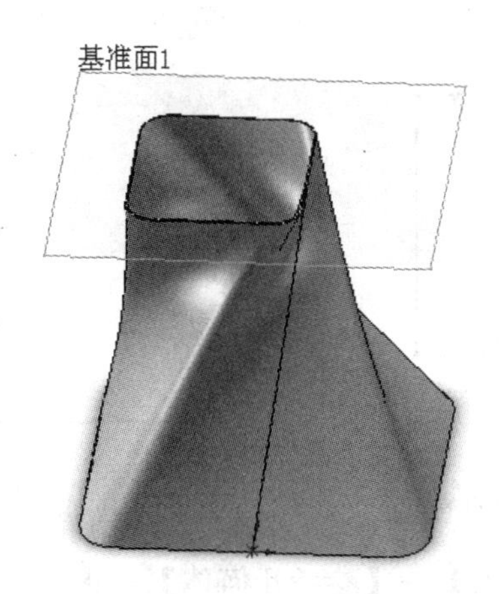

图 11-17　形漏矩斗

（1）启动 SolidWorks 2008，执行【文件】→【新建】菜单命令，或者单击“标准”工具栏中的新建图标，在弹出的“新建 SolidWorks 文件”对话框中单击零件图标，然后单击【确定】按钮，创建一个新的零件文件。

（2）绘制第一个草图。在左侧的“FeatureMannger 设计树”中选择“前视基准面”作为绘图基准面，然后单击“草图绘制”操控板中的矩形图标，绘制一个矩形，标注智能尺寸如图 11-18 所示，然后进行圆角处理，圆角半径值为 10。

（3）添加几何关系。单击“草图绘制”操控板中的添加几何关系图标，在弹出的“添加几何关系”属性管理器中，单击选择矩形的底边和坐标原点，选择“中点”选项，然后单击【确定】按钮✔，如图 11-19 所示。

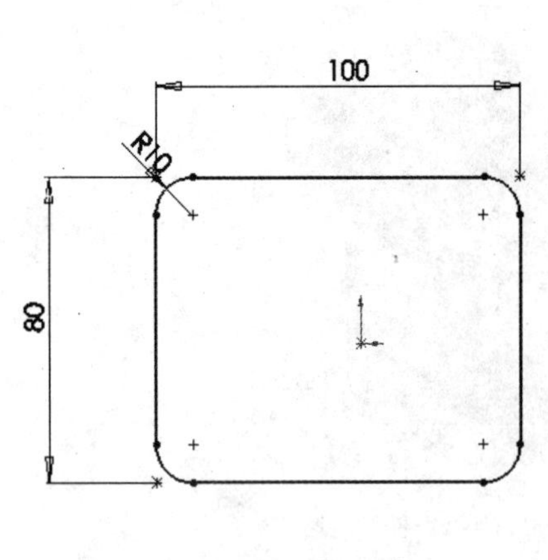

图 11-18　绘制草图

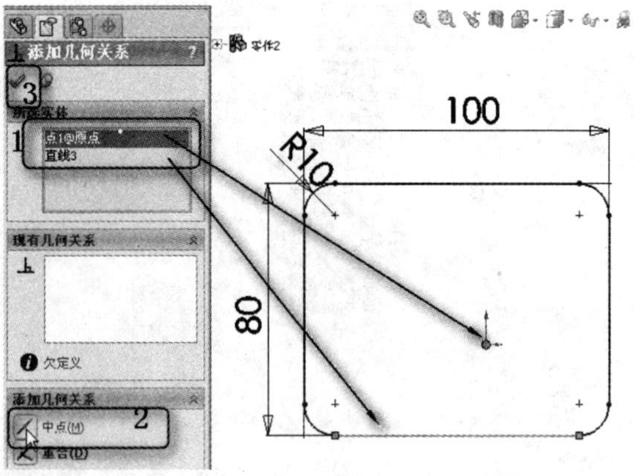

图 11-19　添加几何关系

（4）单击“草图绘制”操控板中的中心线图标，绘制一条构造线，然后绘制两条与构造线平行的直线，分别位于构造线的两边。单击添加几何关系图标，选择两条竖直直线和构造线添加“对称”几何关系，然后标注两条竖直直线距离值为 0.1，如图 11-20 所示。

（5）剪裁草图。单击“草图绘制”操控板中的剪裁实体图标，对竖直直线和矩形进行剪裁，最后使矩形具有 0.1mm 宽的缺口，如图 11-21 所示。然后单击退出草图图标。

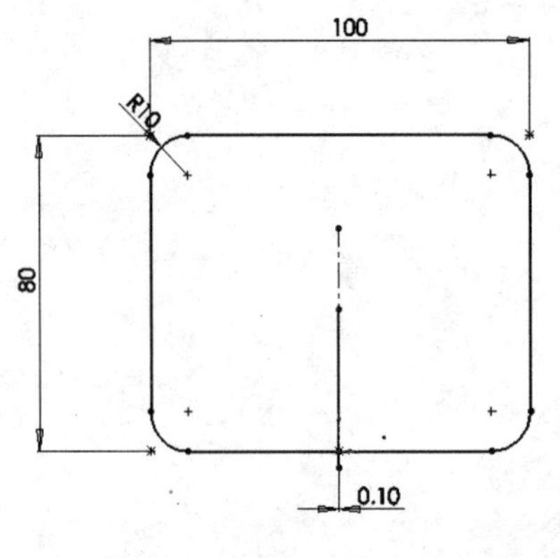

图 11-20　绘制两条竖直直线

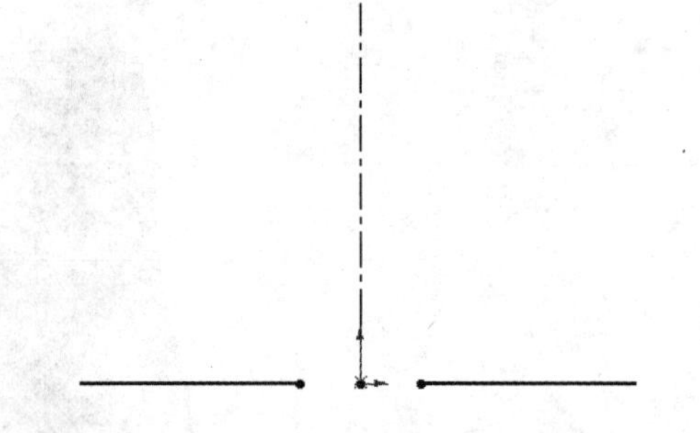

图 11-21　剪裁草图

（6）设置基准面。执行【插入】→【参考几何体】→【基准面】菜单命令或者单击“参考几何体”操控板中的基准面图标，弹出“基准面”属性管理器，在对话框中“选择参考实体”栏中选择前视基准面，输入距离值为 100，生成与前视基准面平行的基准面，如图 11-22 所示。

（7）绘制第二个草图。选择“基准面 1”作为绘图基准面，然后单击“草图绘制”操控板中的矩形图标，绘制矩形，标注智能尺寸如图 11-23 所示，然后进行圆角处理，圆角半径值为 8。

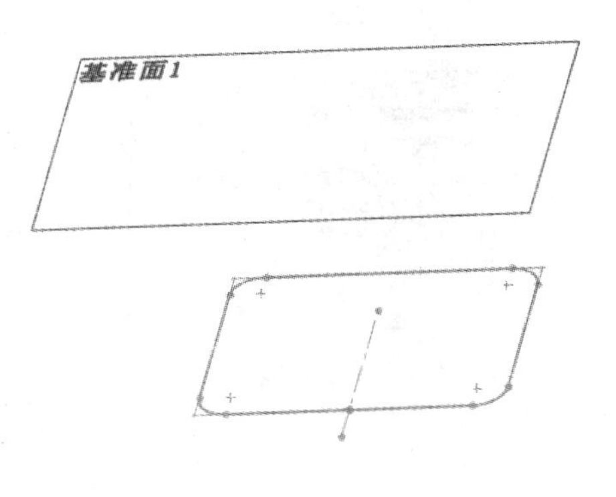

图 11-22 生成基准面

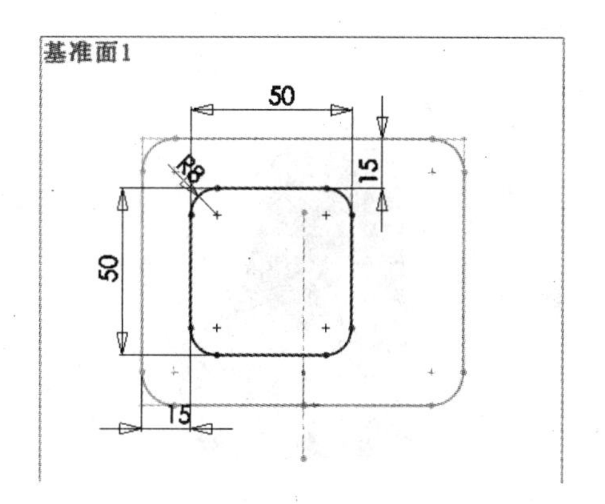

图 11-23 绘制矩形草图

（8）单击“草图绘制”操控板中的中心线图标，在过矩形右边边线的中点绘制一条水平构造线，然后绘制两条与构造线平行的直线，分别位于构造线的两边。单击添加几何关系图标，选择构造线添加“固定”几何关系，选择两条水平直线和构造线添加“对称”几何关系，标注两条竖直直线距离值为 0.1，如图 11-24 所示。

（9）剪裁草图。单击“草图绘制”操控板中的剪裁实体图标，对水平直线和矩形进行剪裁，最后使矩形具有 0.1mm 宽的缺口，如图 11-25 所示。然后单击退出草图图标。

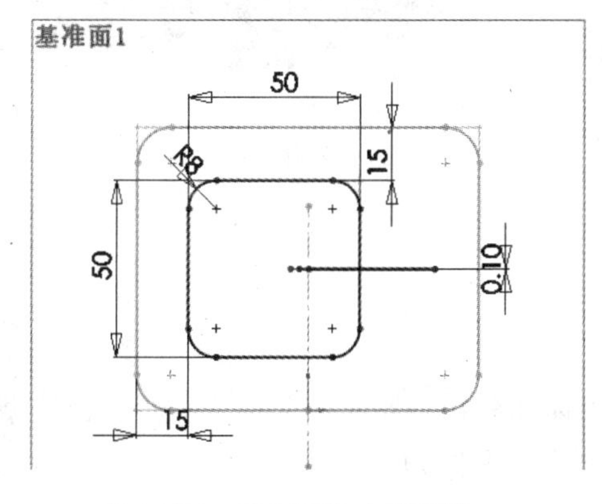

图 11-24 绘制两条水平直线

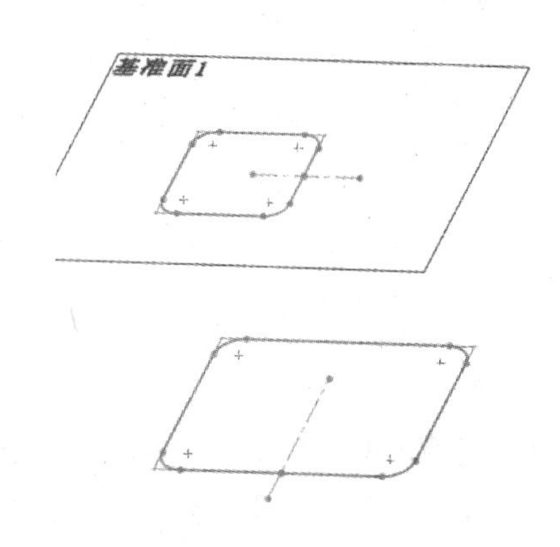

图 11-25 生成第二个草图

（10）生成“放样折弯”特征。执行【插入】→【钣金】→【放样的折弯】菜单命令，或者单击“钣金”工具栏中的放样折弯图标，弹出“放样折弯”属性管理器，在图形区域中选择两个草图，鼠标的选择点位置要对齐。输入厚度值为 0.5，单击【确定】按钮，生成扭转的矩形漏斗零件，如图 11-26 所示。

（11）展开钣金零件。首先，用鼠标右键单击左侧的“FeatureMannger 设计树”中的“基准面 1”，在弹出的快捷菜单中单击隐藏图标，将基准面 1 隐藏，如图 11-27 所示。然后，用鼠标右键单击“FeatureMannger 设计树”中的“平板型式 1”，在弹出的快捷菜单中单击解除压缩图标，如图 11-28 所示，可以将钣金零件展开，结果如图 11-29 所示。单击保存图标将文件保存。

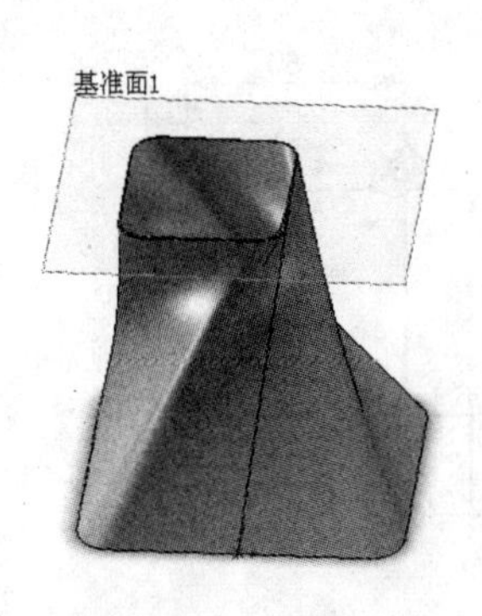

图 11-26　生成矩形漏斗

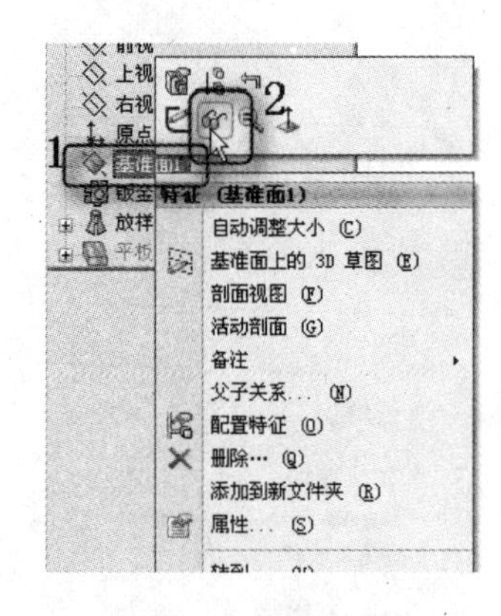

图 11-27　隐藏基准面 1

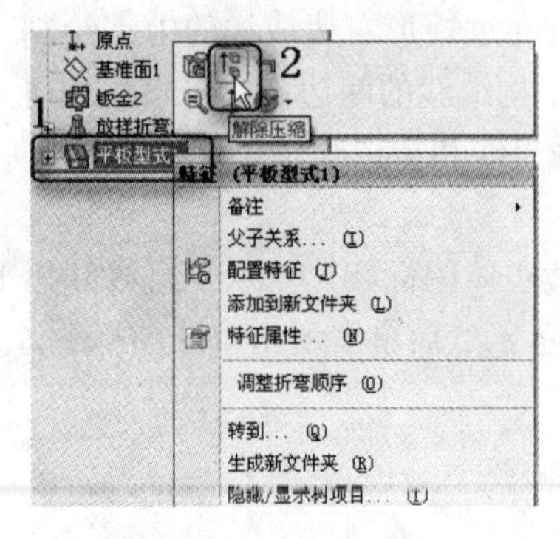

图 11-28　展开放样折弯

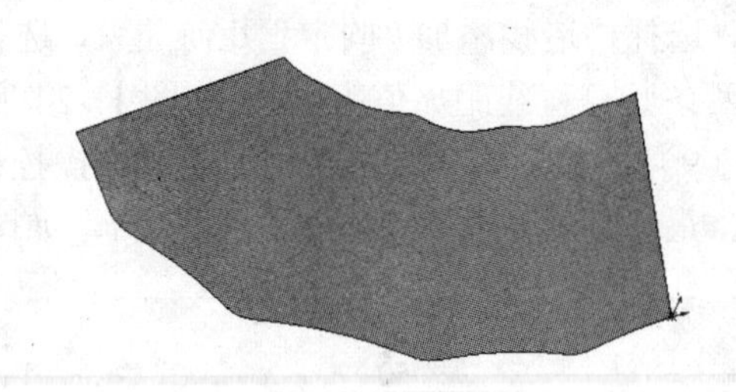

图 11-29　展开的钣金零件

11.3　卫浴把手

卫浴把手模型如图 11-30 所示，由卫浴把手主体部分和手柄两部分组成。绘制该模型的命令主要有旋转曲面、加厚、拉伸切除实体、添加基准面和圆角等。

【案例 11-3】本案例源文件光盘路径：“X：\源文件\ch11\卫浴把手.SLDPRT”，本案例视频内容光盘路径：“X：\动画演示\ch11\11.3 卫浴把手.swf”。

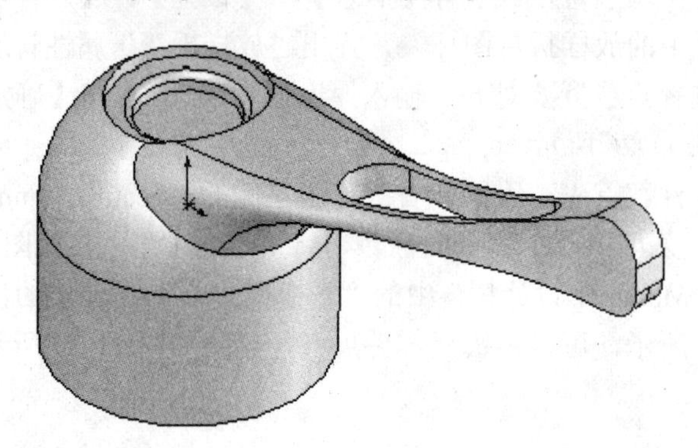

图 11-30　卫浴把手模型

（1）启动软件。执行【开始】→【所有程序】→【SoildWorks 2008】菜单命令，或者单

击桌面图标，启动 SoildWorks 2008。

（2）创建零件文件。执行【文件】→【新建】菜单命令，或者单击“标准”工具栏中的新建图标，此时系统弹出如图 11-31 所示的“新建 SoildWorks 文件”对话框，在其中单击零件图标，然后单击【确定】按钮，创建一个新的零件文件。

（3）保存文件。执行【文件】→【保存】菜单命令，或者单击“标准”工具栏中的新建图标，此时系统弹出如图 11-32 所示的“另存为”对话框。在“文件名”一栏中输入“卫浴把手”，然后单击【保存】按钮，创建一个文件名为“卫浴把手”的零件文件。

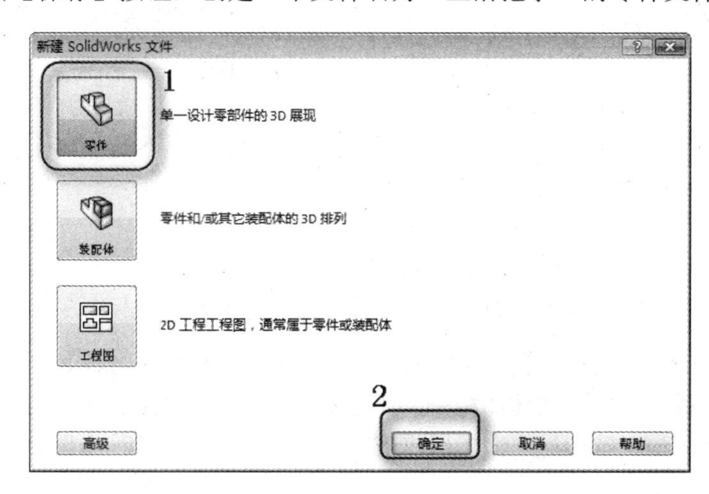

图 11-31　“新建 SolidWorks 文件”对话框

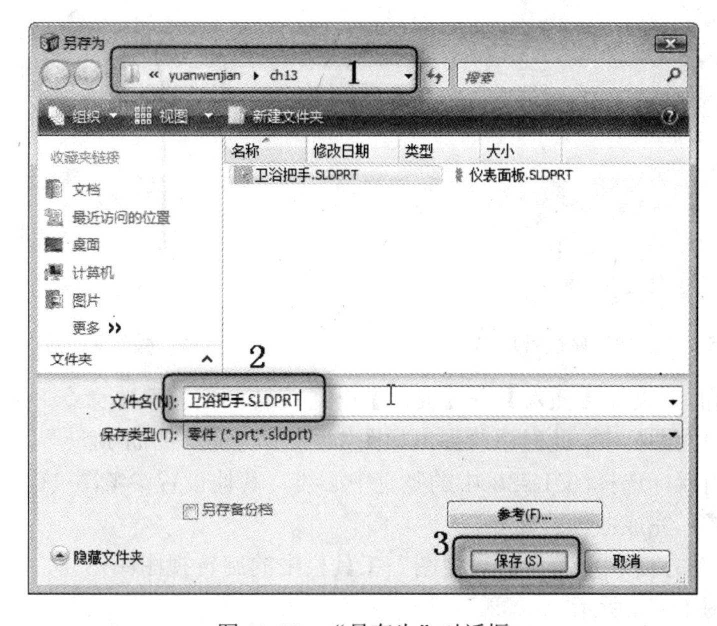

图 11-32　“另存为”对话框

（4）设置基准面。在左侧“FeatureManager 设计树”中用鼠标选择“前视基准面”，然后单击“前导视图”工具栏中的正视于图标，将该基准面作为绘制图形的基准面。

（5）绘制草图。执行【工具】→【草图绘制实体】→【中心线】菜单命令，绘制一条通过原点的竖直中心线，然后单击“草图绘制”操控板中的直线图标和圆图标，绘制如图 11-33 所示的草图。注意绘制的直线与圆弧的左侧的点相切。

（6）标注尺寸。执行【工具】→【标注尺寸】→【智能尺寸】菜单命令，或者单击“尺寸/几何关系”操控板中的智能尺寸图标，标注上一步绘制的草图，结果如图 11-34 所示。

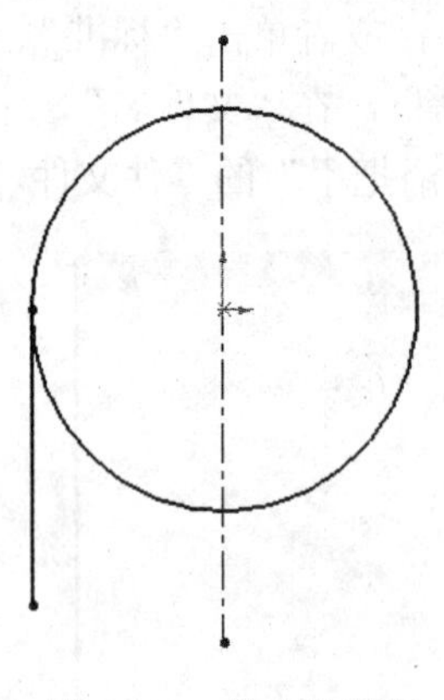

图 11-33　绘制的草图

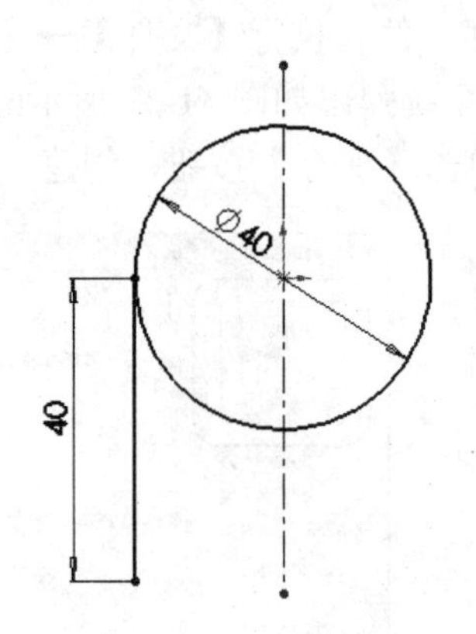

图 11-34　标注的草图

（7）剪裁草图实体。执行【工具】→【草图绘制工具】→【剪裁】菜单命令，或者单击“草图绘制”操控板中的剪裁实体图标，此时系统弹出如图 11-35 所示的“剪裁”属性管理器。单击选择剪裁到最近端图标，然后将剪裁图 11-36 中的圆弧，结果如图 11-36 所示。

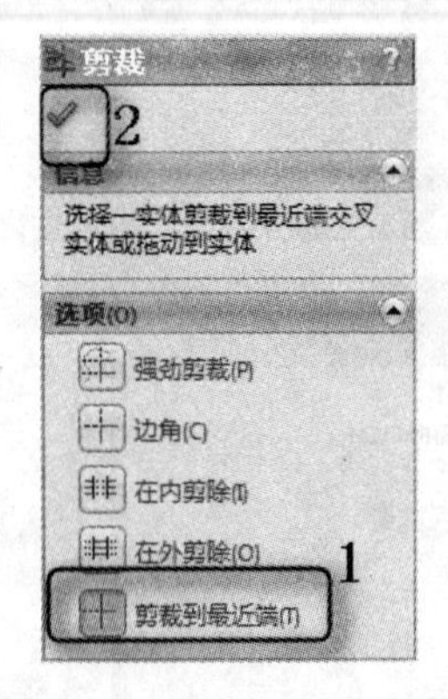

图 11-35　“剪裁”属性管理器

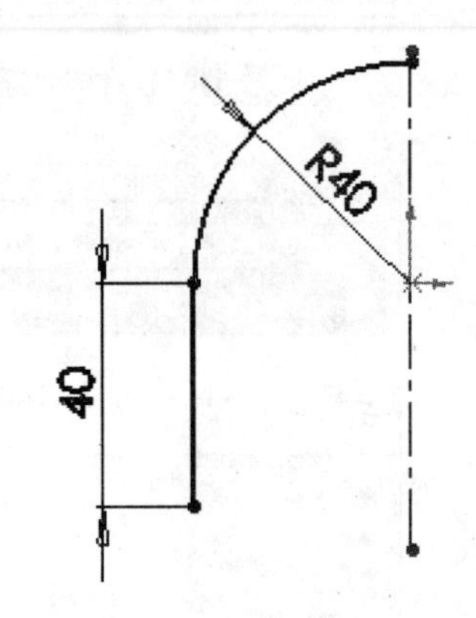

图 11-36　剪裁草图后的图形

（8）旋转曲面。执行【插入】→【曲面】→【旋转曲面】菜单命令，或者单击“曲面”工具栏中的旋转曲面图标，此时系统弹出如图 11-37 所示的“曲面-旋转”属性管理器。在“旋转轴”一栏中，用鼠标选择图 11-36 中的竖直中心线，其他设置参考图 11-47。单击属性管理器中的确定图标，完成曲面旋转。

（9）设置视图方向。单击“前导视图”工具栏中的旋转视图图标，将视图以合适的方向显示，结果如图 11-38 所示。

（10）加厚曲面实体。执行【插入】→【凸台/基体】→【加厚】菜单命令，或者单击“特征”操控板中的加厚图标，此时系统弹出如图 11-47 所示的“加厚”属性管理器。在“要加厚的曲面”一栏中，用鼠标选择“FeatureManager 设计树”中的“曲面-旋转 1”，即第⑷步旋转生成的曲面实体；在“厚度”一栏中输入值为 6，其他设置参考图 11-39 所示的属性管理器。

单击属性管理器中的确定图标✔，将曲面实体加厚，结果如图 11-40 所示。

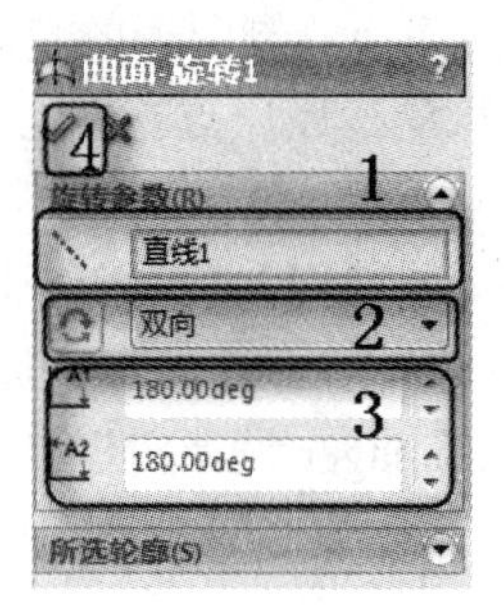

图 11-37　“曲面-旋转”属性管理器

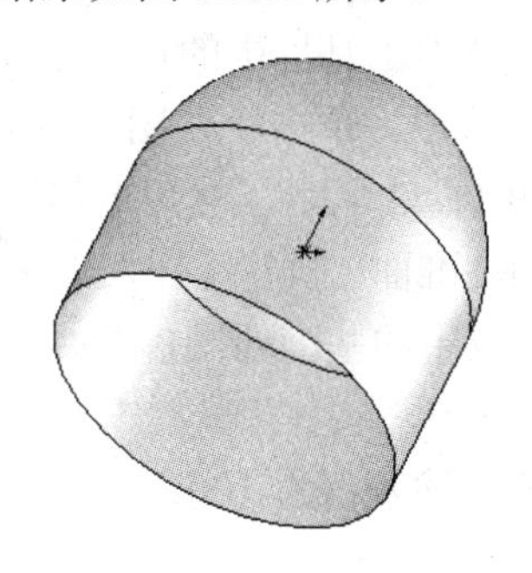

图 11-38　旋转曲面后的图形

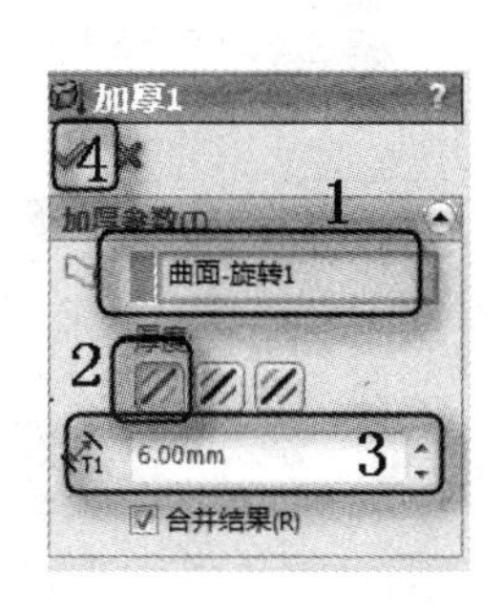

图 11-39　“加厚”属性管理器

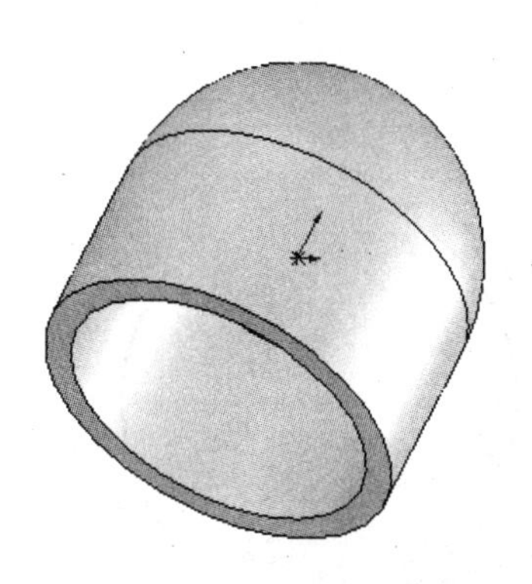

图 11-40　加厚实体后的图形

（11）设置基准面。在左侧“FeatureManager 设计树”中用鼠标选择“前视基准面”，然后单击“前导视图”工具栏中的正视于图标，将该基准面作为绘制图形的基准面。

（12）绘制草图。单击“草图绘制”操控板中的样条曲线图标，绘制如图 11-41 所示的草图并标注尺寸，然后退出草图绘制状态。

（13）设置基准面。在左侧“FeatureManager 设计树”中用鼠标选择“前视基准面”，然后单击“前导视图”工具栏中的正视于图标，将该基准面作为绘制图形的基准面。

（14）绘制草图。单击“草图绘制”操控板中的样条曲线图标，绘制如图 11-42 所示的草图并标注尺寸，然后退出草图绘制状态。

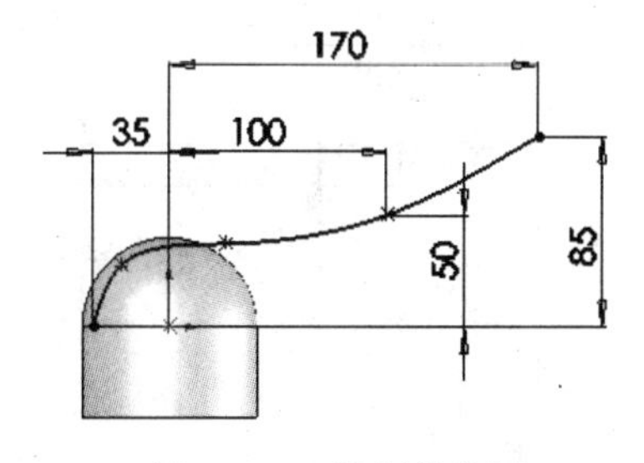

图 11-41　绘制的草图

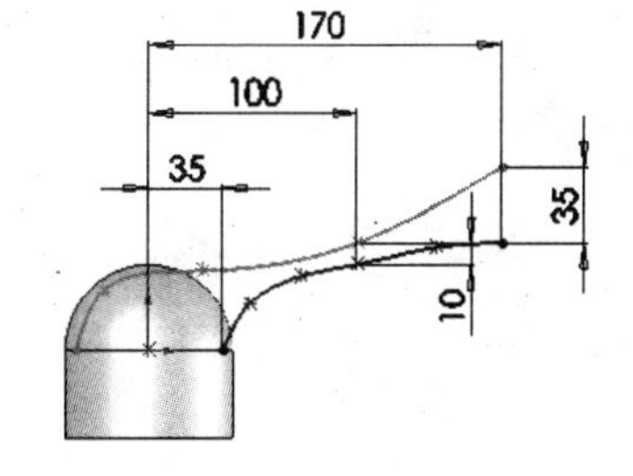

图 11-42　绘制的草图

注意：

虽然上面绘制的两个草图在同一基准面上，但是不能一步操作完成，即绘制在同一草图内。因为绘制的两个草图分别作为下面放样实体的两条引导线。

（15）设置基准面。在左侧“FeatureManager 设计树”中用鼠标选择“上视基准面”，然后单击“前导视图”工具栏中的正视于图标，将该基准面作为绘制图形的基准面。

（16）绘制草图。单击“草图绘制”操控板中的圆图标，以原点为圆心绘制直径为 70 的圆，结果如图 11-43 所示，然后退出草图绘制状态。

（17）添加基准面。执行【插入】→【参考几何体】→【基准面】菜单命令，或者单击“参考几何体”操控板中的基准面图标，此时系统弹出如图 11-44 所示的“基准面”属性管理器。在属性管理器的“参考实体”一栏中，用鼠标选择“FeatureManager 设计树”中“右视基准面”；在“距离”一栏中输入值为 100，注意添加基准面的方向。单击属性管理器中的确定图标，添加一个基准面。

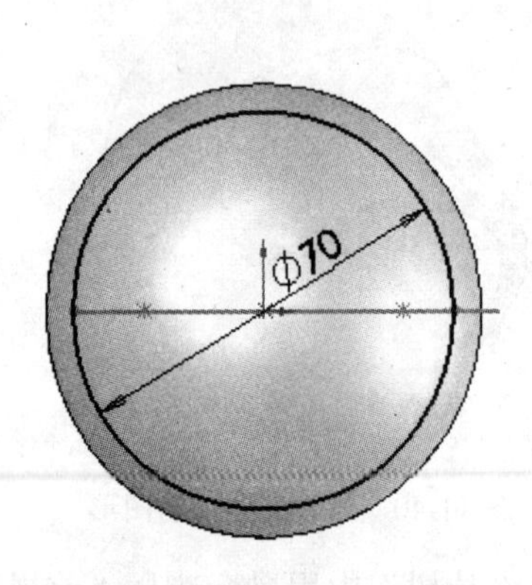

图 11-43 绘制的草图

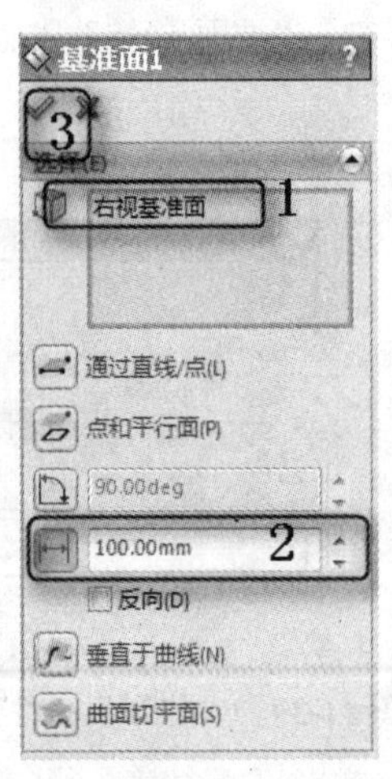

图 11-44 “基准面”属性管理器

（18）设置视图方向。单击“前导视图”工具栏中的等轴测图标，将视图以等轴测方向显示，结果如图 11-45 所示。

（19）设置基准面。在左侧“FeatureManager 设计树”中用鼠标选择“基准面 1”，然后单击“前导视图”工具栏中的正视于图标，将该基准面作为绘制图形的基准面。

（20）绘制草图。单击“草图绘制”操控板中的矩形图标，绘制如图 11-46 所示的草图并标注尺寸。

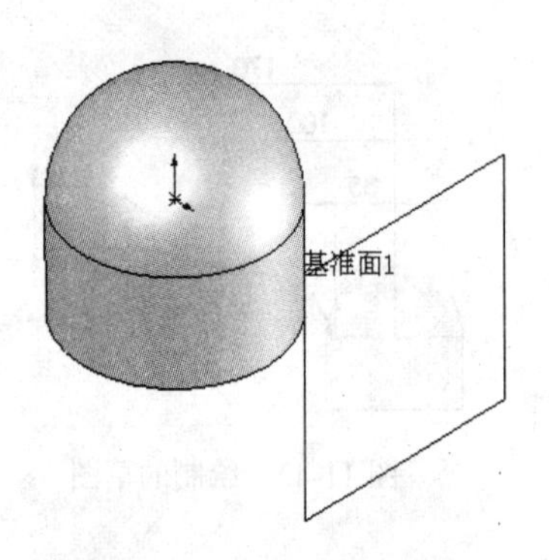

图 11-45 添加基准面后的图形

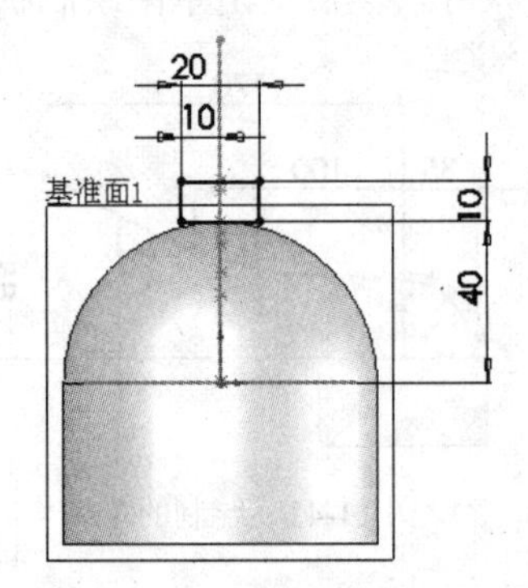

图 11-46 绘制的草图

（21）添加基准面。执行【插入】→【参考几何体】→【基准面】菜单命令，或者单击“参考几何体”操控板中的基准面图标，此时系统弹出如图 11-47 所示的“基准面”属性管理器。

在属性管理器的“参考实体”一栏中，用鼠标选择“FeatureManager 设计树”中“右视基准面”；在“距离”一栏中输入值为 100，注意添加基准面的方向。单击属性管理器中的确定图标✔，添加一个基准面。

（22）设置视图方向。单击“前导视图”工具栏中的等轴测图标，将视图以等轴测方向显示，结果如图 11-48 所示。

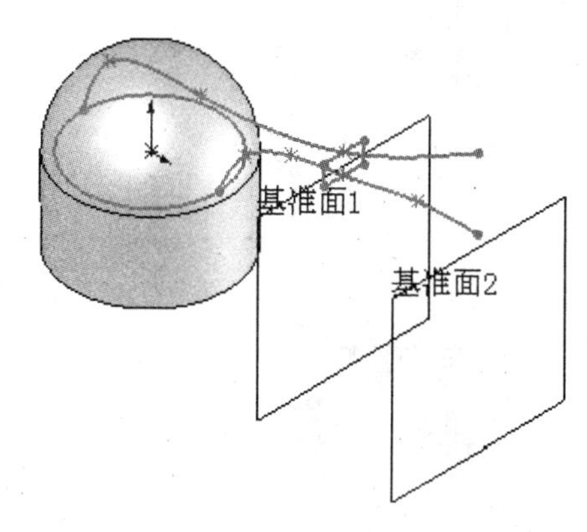

图 11-47　“基准面”属性管理器　　　　图 11-48　添加基准面后的图形

（23）设置基准面。在左侧“FeatureManager 设计树”中用鼠标选择“基准面 2”，然后单击“前导视图”工具栏中的正视于图标，将该基准面作为绘制图形的基准面。

（24）绘制草图。单击“草图绘制”操控板中的矩形图标，绘制草图并标注尺寸，结果如图 11-49 所示。

（25）设置视图方向。单击“前导视图”工具栏中的等轴测图标，将视图以等轴测方向显示，结果如图 11-50 所示。

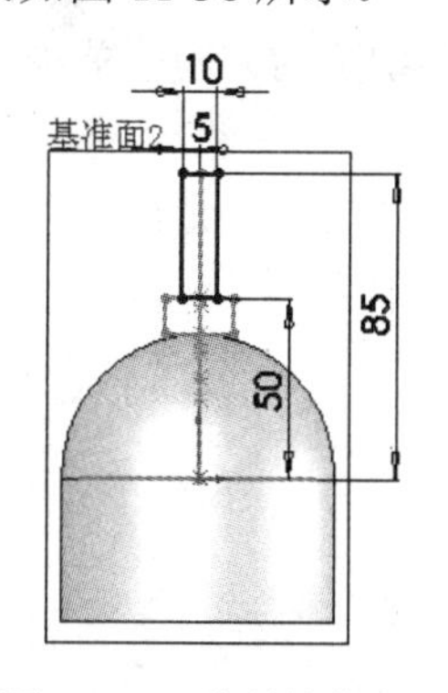

图 11-49　绘制的草图

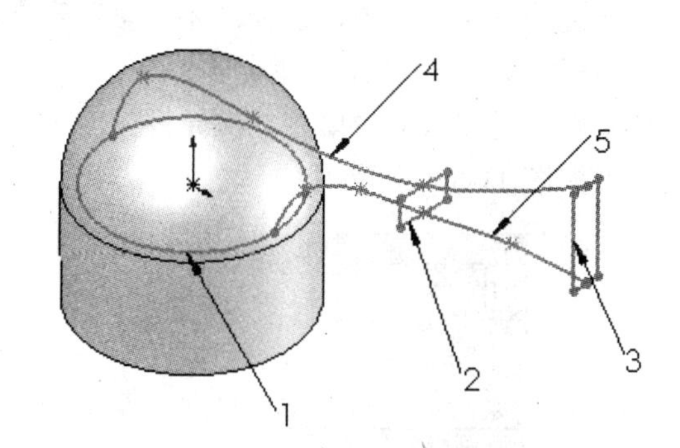

图 11-50　设置视图方向后的图形

（26）放样实体。放样实体。执行【插入】→【凸台/基体】→【放样】菜单命令，或者单击“特征”操控板中的放样凸台/基体图标，此时系统弹出如图 11-51 所示的“放样”属性管理器。在“轮廓”一栏中，依次用鼠标选择图 11-50 中的草图 1、草图 2 和草图 3；在“引导线”一栏中，依次用鼠标选择图 11-50 中的草图 4 和草图 5，单击属性管理器中的确定图标✔，完成实体放样，结果如图 11-52 所示。

（27）设置基准面。在左侧“FeatureManager 设计树”中用鼠标选择“上视基准面”，然后单击“前导视图”工具栏中的“正视于图标，将该基准面作为绘制图形的基准面。

（28）绘制草图。单击单击“草图绘制”操控板中的中心线图标、3 点圆弧图标和直线图标，绘制如图 11-53 所示的草图并标注尺寸。

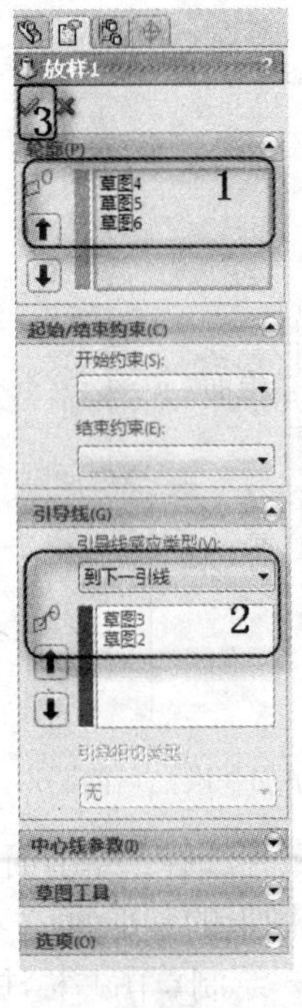

图 11-51 “放样”属性管理器

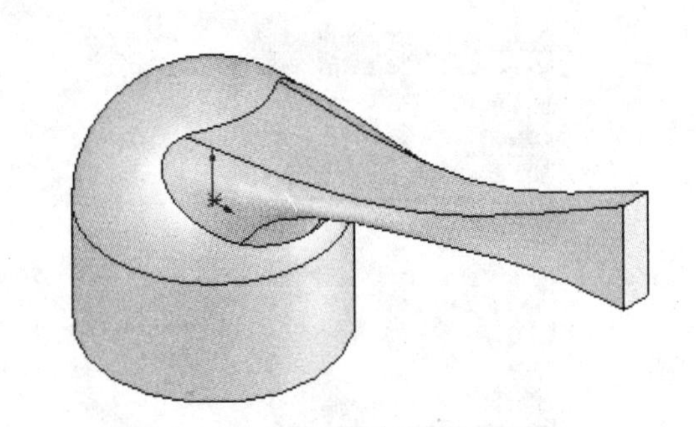

图 11-52 放样实体后的图形

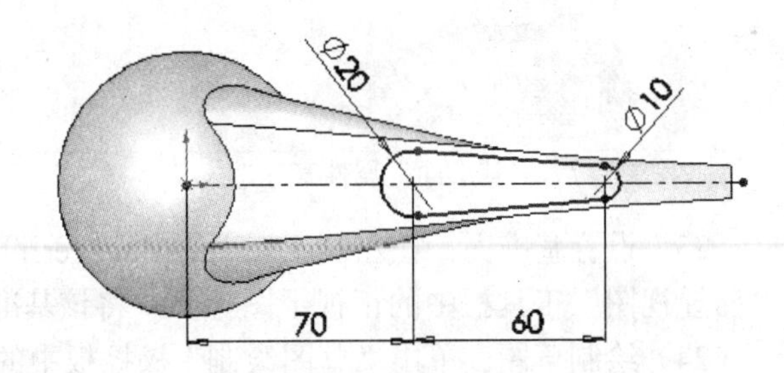

图 11-53 绘制的草图

（29）拉伸切除实体。执行【插入】→【切除】→【拉伸】菜单命令，或者单击“特征”操控板中的拉伸切除图标，此时系统弹出如图 11-54 所示的“切除-拉伸”属性管理器。在“终止条件”一栏的下拉菜单中，选择“完全贯穿”选项，注意拉伸切除的方向。单击属性管理器中的确定图标，完成拉伸切除实体。

（30）设置视图方向。单击“前导视图”工具栏中的等轴测图标，将视图以等轴测方向显示，结果如图 11-55 所示。

图 11-54 “切除-拉伸”属性管理器

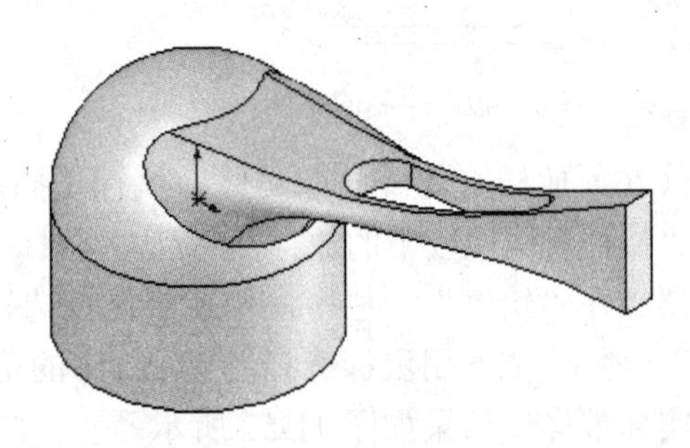

图 11-55 拉伸切除实体后的图形

（31）添加基准面。执行【插入】→【参考几何体】→【基准面】菜单命令，或者单击“参考几何体”操控板中的基准面图标，此时系统弹出如图 11-56 所示的“基准面”属性管理器。在属性管理器的“参考实体”一栏中，用鼠标选择“FeatureManager 设计树”中的“右视基准面”；在“距离”一栏中输入值为 100，注意添加基准面的方向。单击属性管理器中的确定图标，添加一个基准面，结果如图 11-57 所示。

图 11-56 “基准面”属性管理器

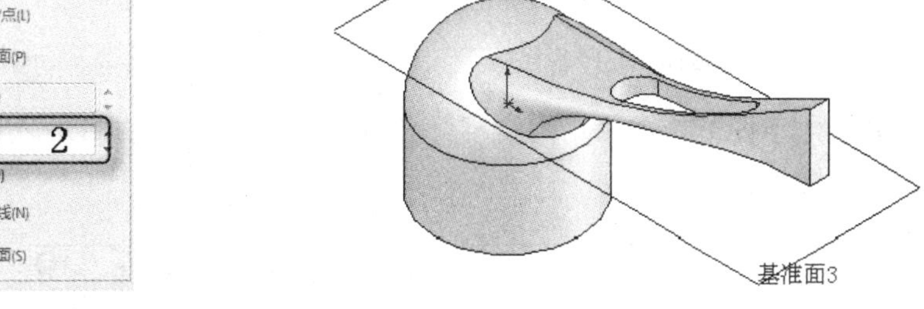

图 11-57 添加基准面后的图形

（32）设置基准面。在左侧“FeatureManager 设计树”中用鼠标选择“基准面 3”，然后单击“前导视图”工具栏中的正视于图标，将该基准面作为绘制图形的基准面。

（33）绘制草图。单击“草图绘制”操控板中的圆图标，以原点为圆心绘制直径为 45 的圆，结果如图 11-58 所示。

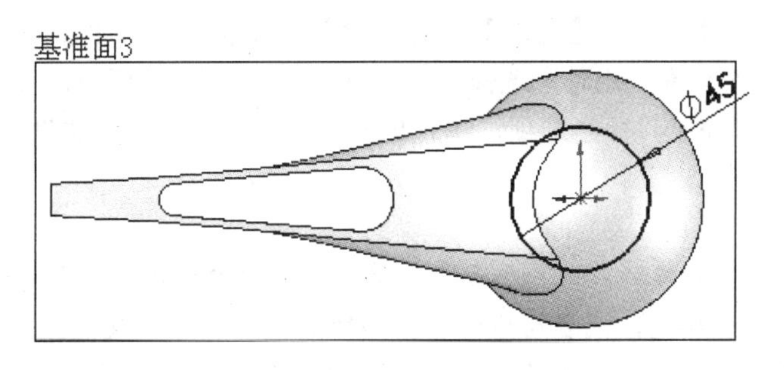

图 11-58 绘制的草图

（34）拉伸切除实体。执行【插入】→【切除】→【拉伸】菜单命令，或者单击“特征”操控板中的拉伸切除图标，此时系统弹出如图 11-59 所示的“切除-拉伸”属性管理器。在“终止条件”一栏的下拉菜单中，选择“完全贯穿”选项，注意拉伸切除的方向。单击属性管理器中的确定图标，完成拉伸切除实体。

（35）设置视图方向。单击“前导视图”工具栏中的等轴测图标，将视图以等轴测方向显示，结果如图 11-60 所示。

（36）设置基准面。在左侧“FeatureManager 设计树”中用鼠标选择“基准面 3”，然后单击“前导视图”工具栏中的正视于图标，将该基准面作为绘制图形的基准面。

图 11-59 “切除-拉伸”属性管理器

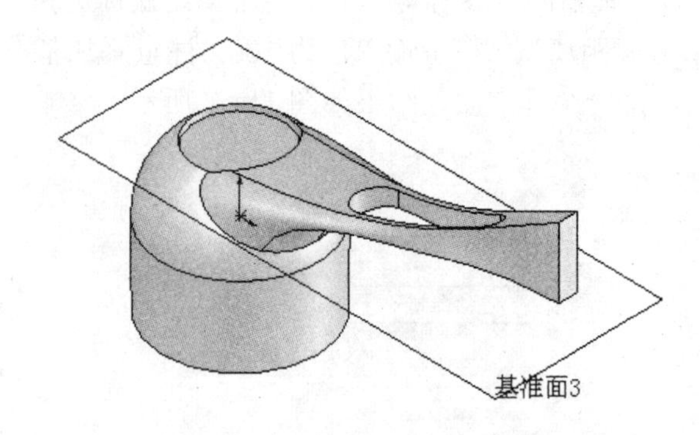

图 11-60 拉伸切除后的图形

（37）绘制草图。单击“草图绘制”操控板中的圆图标，以原点为圆心绘制直径为 30 的圆，结果如图 13-61 所示。

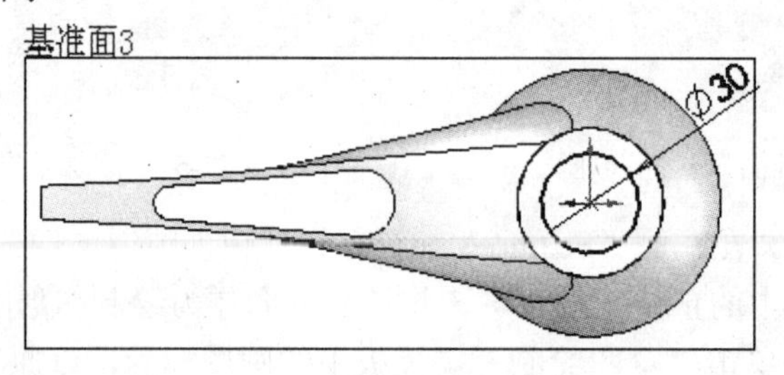

图 11-61 绘制的草图

（38）拉伸切除实体。执行【插入】→【切除】→【拉伸】菜单命令，或者单击“特征”操控板中的拉伸切除图标，此时系统弹出“切除-拉伸”属性管理器。在“终止条件”一栏的下拉菜单中，选择“完全贯穿”选项，注意拉伸切除的方向。单击属性管理器中的确定图标，完成拉伸切除实体。

注意：

进行拉伸切除实体时，一定要注意调节拉伸切除的方向，否则系统会提示所进行的切除不与模型相交，或者切除的实体与所需要的切除相反。

（39）设置视图方向。单击“前导视图”工具栏中的等轴测图标，将视图以等轴测方向显示，结果如图 11-62 所示。

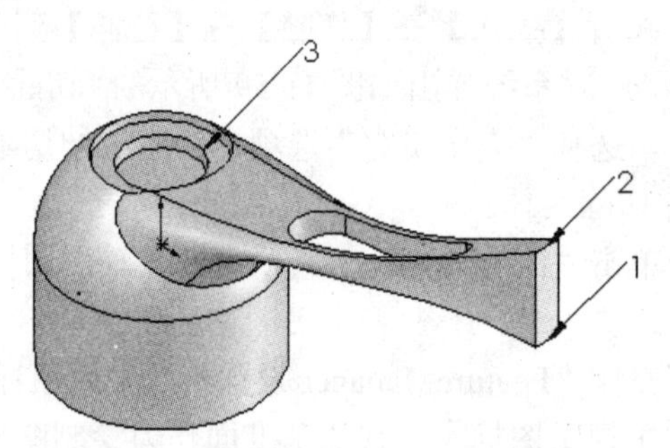

图 11-62 设置视图方向后的图形

（40）圆角实体。执行【插入】→【特征】→【圆角】菜单命令，或者单击“特征”操控板中的“圆角图标，此时系统弹出如图 11-63 所示的“圆角”属性管理器；在“圆角类型”一栏中，单选“等半径”选项；在“半径”一栏中输入值为 10；在“边线、面、特征和环”一栏中，用鼠标选择图 11-62 中的边线 1 和边线 2。单击属性管理器中的确定图标，完成圆角实体，结果如图 11-64 所示。

图 11-63　“圆角”属性管理器

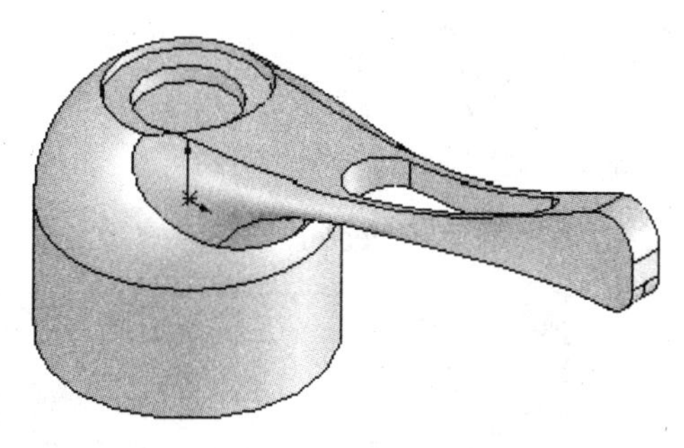

图 11-64　圆角实体后的图形

（41）圆角实体。重复步骤（40），将图 11-62 中的边线 3 圆角为半径为 2 的圆角，结果如图 11-65 所示。

（42）设置视图方向。单击“前导视图”工具栏中的旋转视图图标，将视图以合适的方向显示，结果如图 11-66 所示。

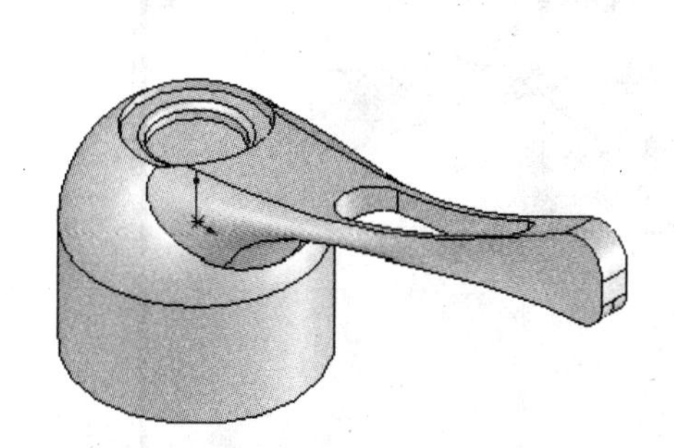

图 11-65　圆角实体后的图形

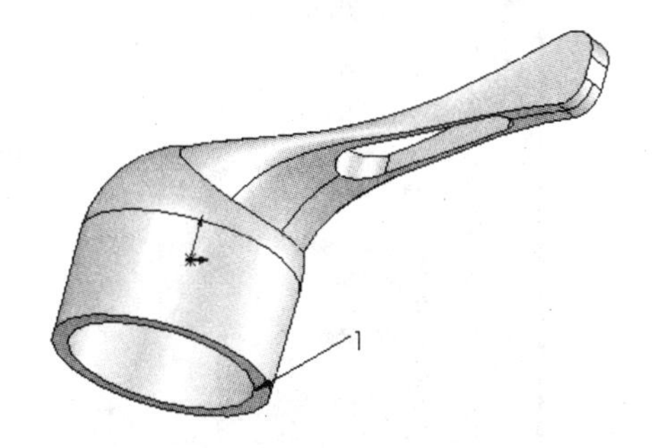

图 11-66　设置视图方向后的图形

（43）倒角实体。执行【插入】→【特征】→【倒角】菜单命令，或者单击“特征”操控板中的圆角图标，此时系统弹出如图 11-67 所示的“倒角”属性管理器。在“边线和面或顶点”一栏中，用鼠标选择图 11-66 中的边线 1；单选“角度距离”选项，在“距离”一栏中输入值为 2；在“角度”一栏中输入值为 45。单击属性管理器中的确定图标，完成倒角实体，结果如图 11-68 所示。

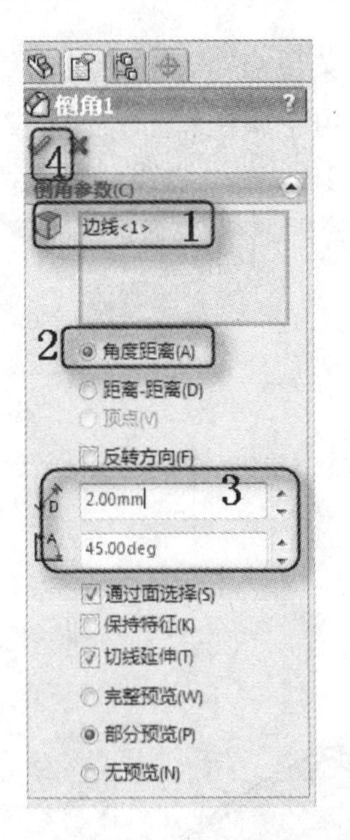

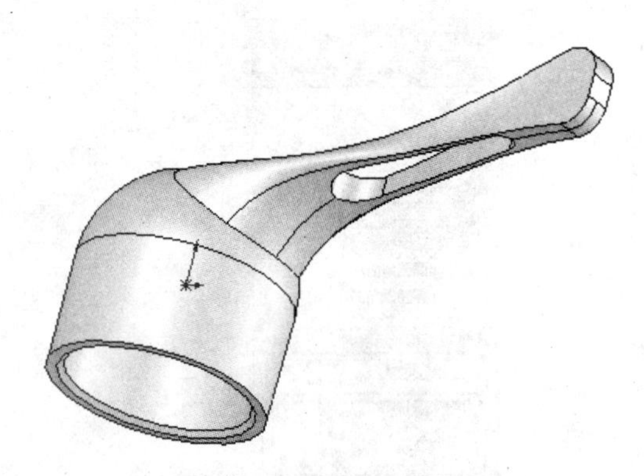

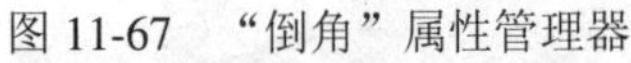

图 11-67 “倒角”属性管理器

图 11-68 倒角后的图形

卫浴把手模型及其 FeatureManager 设计树如图 11-69 所示。

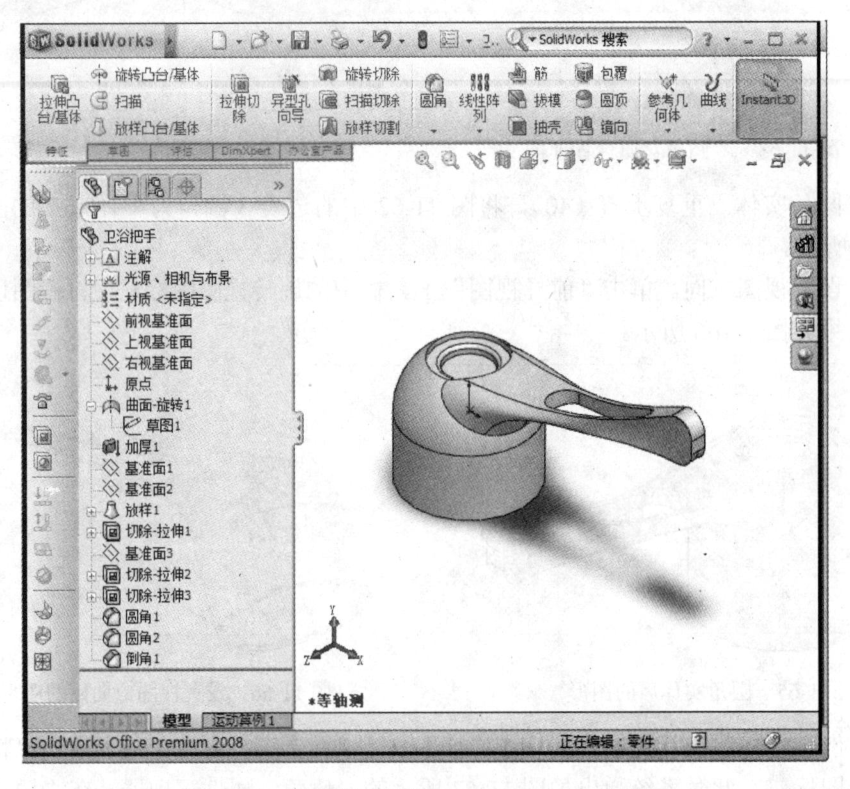

图 11-69 卫浴把手及其 FeatureManager 设计树

11.4　装配移动轮

绘制如图 11-70 所示的矩形漏斗。

【案例 11-4】本案例源文件光盘路径："X：\源文件\ch11\移动轮装配体.SLDPRT"，本案例视频内容光盘路径："X：\动画演示\ch11\11.4 装配移动轮.swf"。

图 11-70　移动轮装配体

（1）启动 SolidWorks 2008，执行【文件】→【新建】菜单命令，或者单击"标准"工具栏中的新建图标，在弹出的"新建 SolidWorks 文件"对话框中单击装配体图标，然后单击【确定】按钮，创建一个新的装配体文件。

（2）插入底座。执行【插入】→【零部件】→【现有零件/装配体】菜单命令，此时系统弹出如图 11-71 所示的"开始装配体"对话框；单击【浏览】按钮，此时系统弹出如图 11-72 所示"打开"对话框，在其中选择需要的零部件，即底座。单击【打开】按钮，此时所选的零部件显示在图 11-71 中的"打开文档"一栏中。单击对话框中的确定图标，此时所选的零部件弹出在视图中。

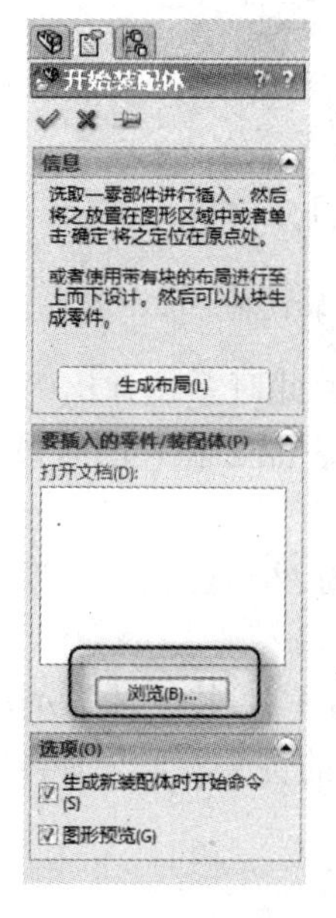

图 11-71　"开始装配体"对话框

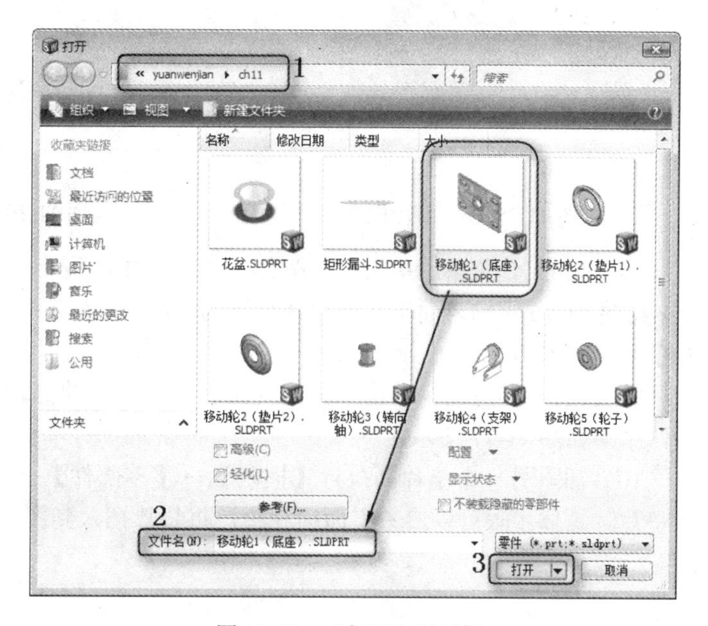

图 11-72　"打开"对话框

（3）设置视图方向。单击“前导视图”工具栏中的等轴测图标，将视图以等轴测方向显示，结果如图 11-73 所示。

（4）插入垫片。执行【插入】→【零部件】→【现有零件/装配体】菜单命令，插入垫片。具体步骤可以参考上面的介绍，将垫片插入到图中合适的位置，结果如图 11-74 所示。

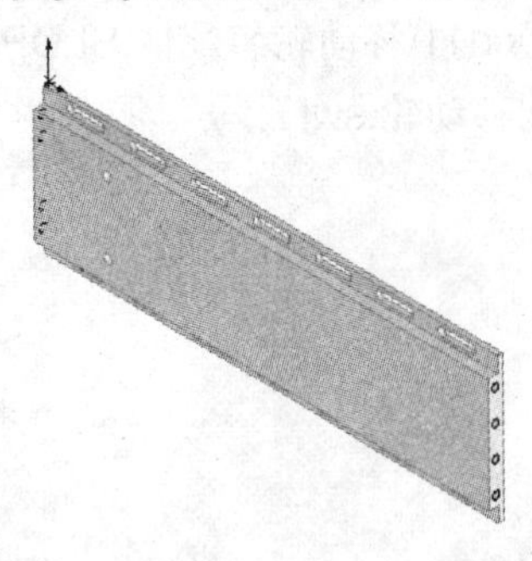

图 11-73　插入底座后的图形

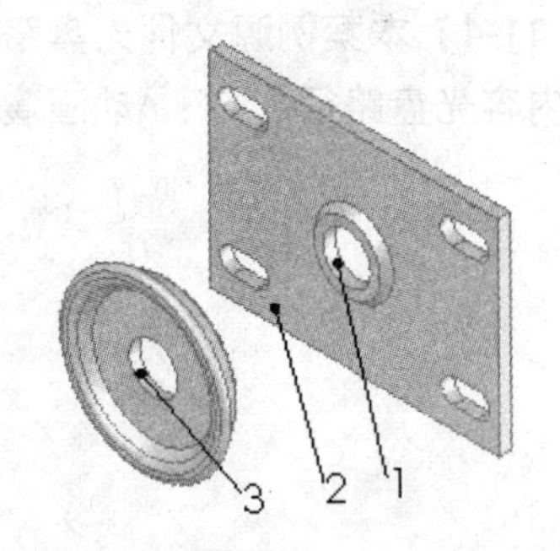

图 11-74　插入垫片后的图形

（5）添加配合关系。执行【插入】→【配合】菜单命令，或者单击“装配体”操控板中的配合图标，此时系统弹出“配合”对话框。将图 11-74 中的表面 1 和表面 3 设置为“同轴心”配合关系；将垫片背面和表面 2 设置为“重合”配合关系。

（6）设置视图方向。设置视图方向。单击“前导视图”工具栏中的等轴测图标，将视图以等轴测方向显示，结果如图 11-75 所示。

（7）插入转向轴。执行【插入】→【零部件】→【现有零件/装配体】菜单命令，插入转向轴。具体步骤可以参考上面的介绍，将转向轴插入到图中合适的位置，结果如图 11-76 所示。

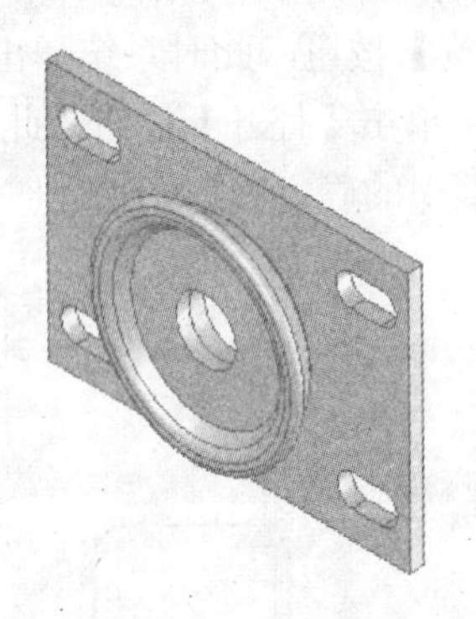

图 11-75　配合后的图形

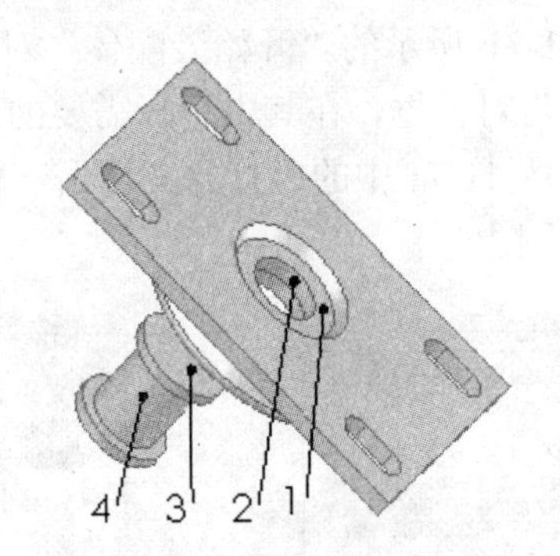

图 11-76　插入转向轴后的图形

（8）添加配合关系。单击“装配体”操控板中的配合图标，此时系统弹出“配合”对话框。将图 11-76 中的表面 1 和表面 3 设置为“重合”配合关系；将表面 2 和表面 4 设置为“同轴心”配合关系。

（9）设置视图方向。单击“前导视图”工具栏中的等轴测图标，将视图以等轴测方向显示，结果如图 11-77 所示。

（10）插入另一个垫片。执行【插入】→【零部件】→【现有零件/装配体】菜单命令，插入垫片。具体步骤可以参考上面的介绍，将垫片插入到图中合适的位置，结果如图 11-78 所示。

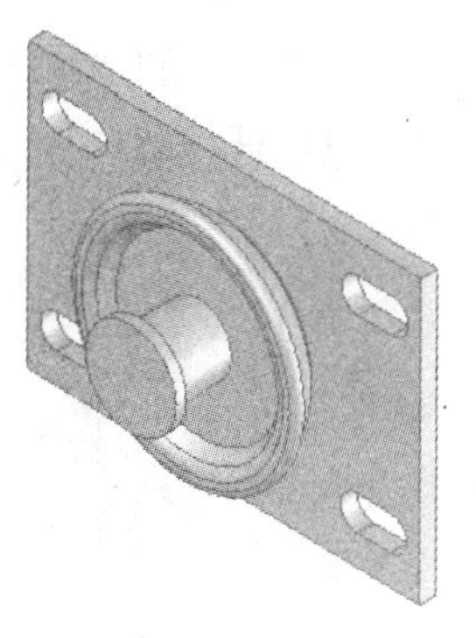

图 11-77 配合后的图形

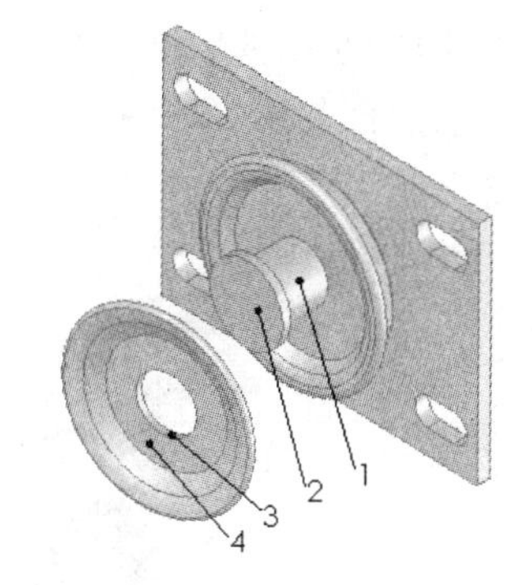

图 11-78 插入垫片后的图形

（11）添加配合关系。执行【插入】→【配合】菜单命令，或者单击“装配体”操控板中的配合图标，此时系统弹出“配合”属性管理器。将图 11-78 中的表面 1 和表面 3 设置为“同轴心”配合关系；将表面 2 和表面 4 设置为“重合”配合关系，结果如图 11-79 所示。

（12）插入支架。执行【插入】→【零部件】→【现有零件/装配体】菜单命令，插入支架。具体步骤可以参考上面的介绍，将支架插入到图中合适的位置，结果如图 11-80 所示。

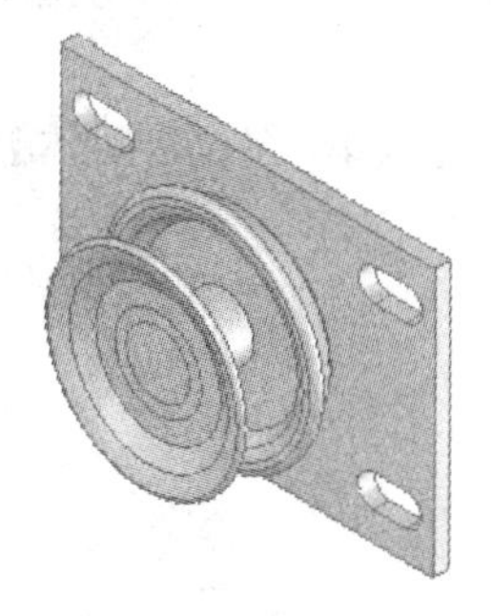

图 11-79 配合后的图形

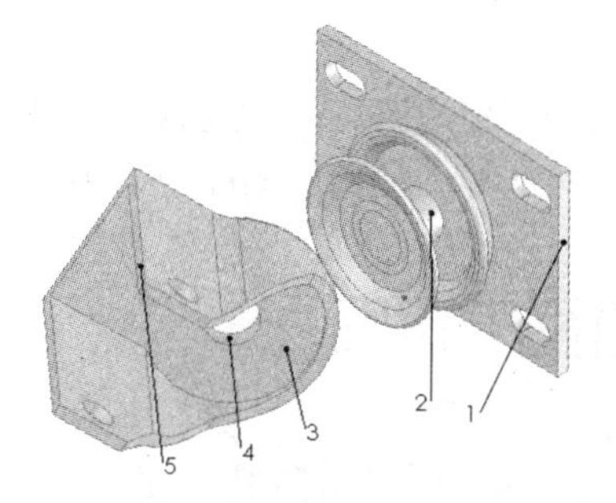

图 11-80 插入支架后的图形

（13）添加配合关系。单击“装配体”操控板中的配合图标，此时系统弹出“配合”属性管理器。将图 11-80 中的表面 1 和表面 4 设置为“同轴心”配合关系；将下面垫片的背面和表面 4 设置为“重合”配合关系；将表面 1 和 5 设置为“平行”配合关系，结果如图 11-81 所示。

（14）插入轮子。执行【插入】→【零部件】→【现有零件/装配体】菜单命令，插入轮子。具体步骤可以参考上面的介绍，将轮子插入到图中合适的位置，结果如图 11-82 所示。

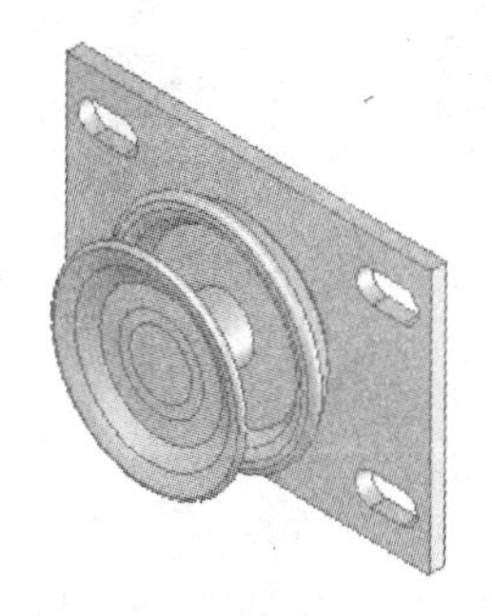

图 11-81 配合后的图形

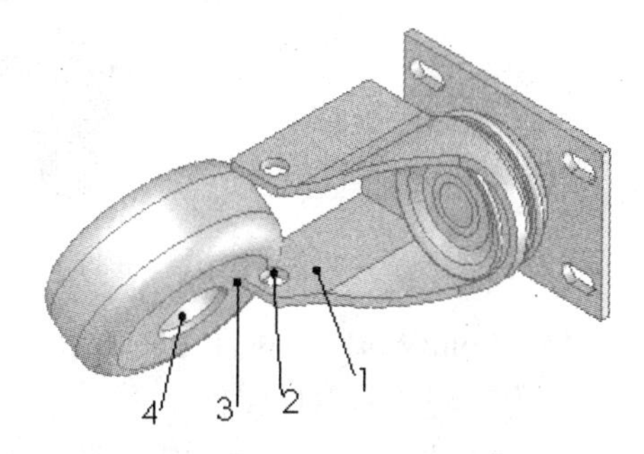

图 11-82 插入轮子后的图形

（15）添加配合关系。单击“装配体”操控板中的配合图标，此时系统弹出“配合”属性管理器。将图 11-82 中的表面 2 和表面 4 设置为“同轴心”配合关系；将表面 1 和表面 3 设置为距离为 2 的配合关系，如图 11-83 所示。配合后的图形如图 11-84 所示。

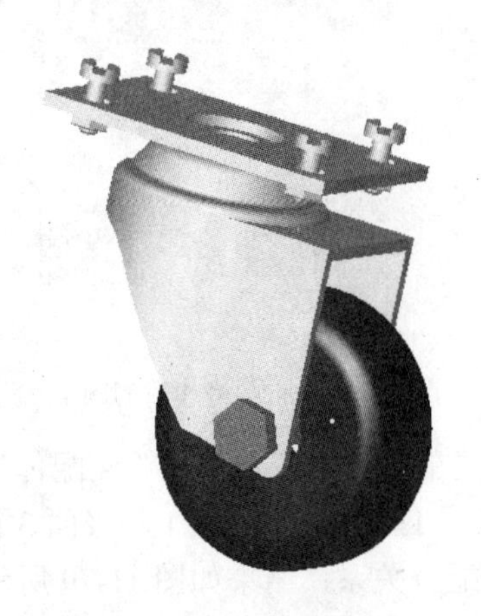

图 11-83　添加配合关系

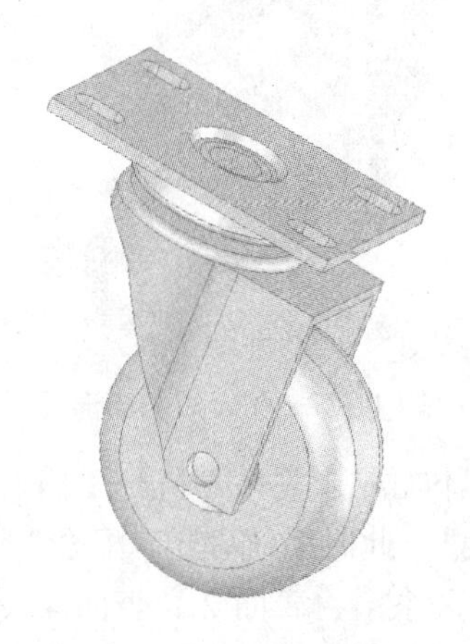

图 11-84　配合后的图形

（16）设置视图方向。单击“前导视图”工具栏中的旋转视图图标，将视图以合适的方向显示。

（17）插入其他零部件。执行【插入】→【零部件】→【现有零件/装配体】菜单命令，插入其他零部件，并添加相应的配合关系。

11.5　轴瓦工程图

创建如图 11-85 所示轴瓦的工程图。

【案例 11-5】本案例源文件光盘路径：“X：\源文件\ch11\轴瓦.SLDPRT”，本案例视频内容光盘路径：“X：\动画演示\ch11\11.5 轴瓦.swf”。

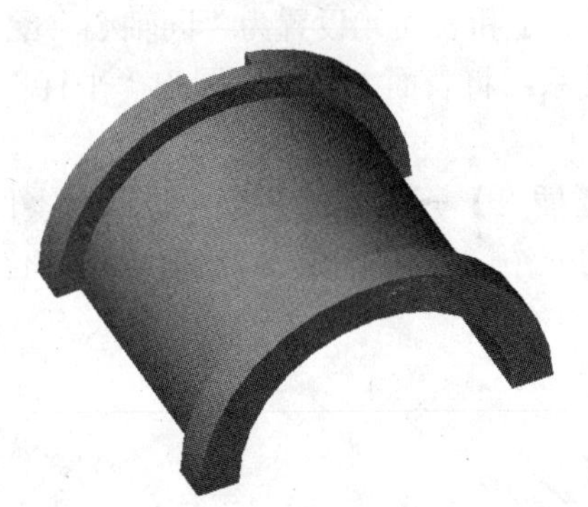

图 11-85　轴瓦零件图

（1）进入 SolidWorks，执行【文件】→【打开】菜单命令，在弹出的“打开”对话框中选择将要转化为工程图的零件文件。

（2）单击“视图布置”工具栏中的图标，弹出“图纸格式/大小”对话框，选择“自定义图纸大小”并设置图纸尺寸如图 11-86 所示。单击【确定】按钮，完成图纸设置。

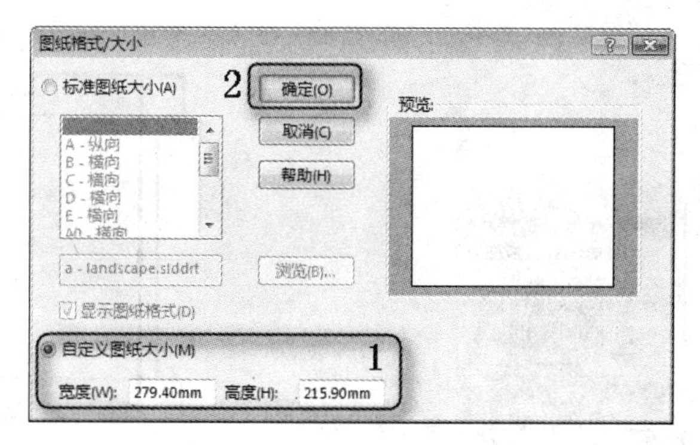

图 11-86　“图纸格式/大小”对话框

（3）此时在图形编辑窗口，会弹出如图 11-87 所示的放置框，在图纸中合适的位置放置正俯视图，如图 11-88 所示。

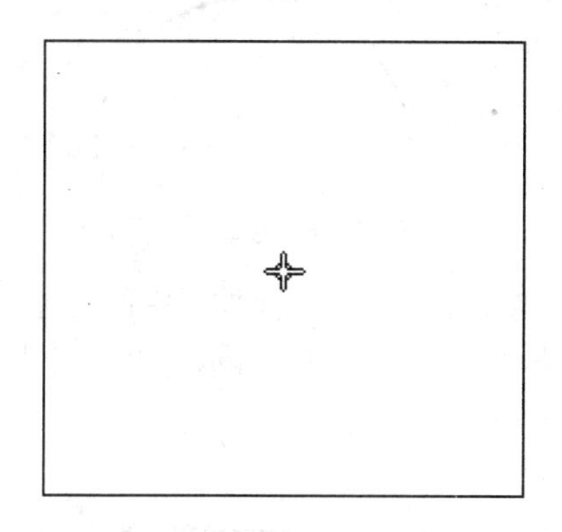

图 11-87　放置框

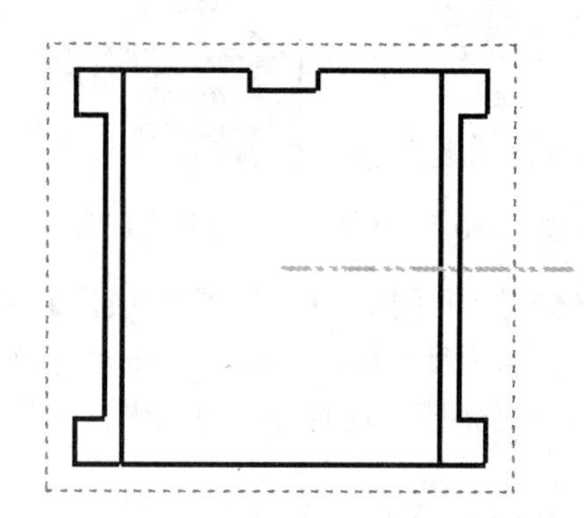

图 11-88　俯视图

（4）利用同样的方法，在图形操作窗口放置俯视图（由于该零件图比较简单，故侧视图没有标出），相对视图模型位置如图 11-89 所示。

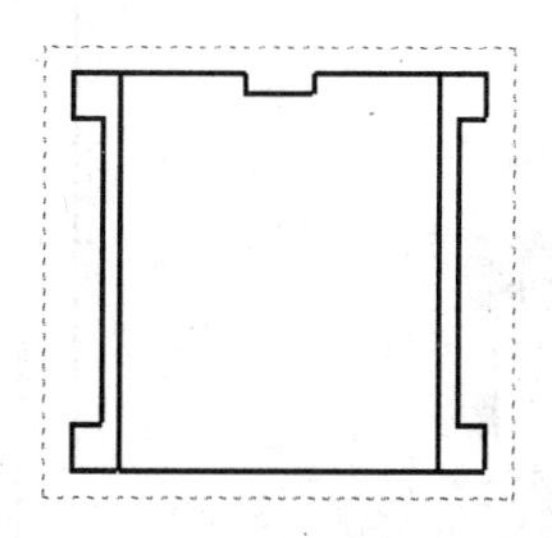

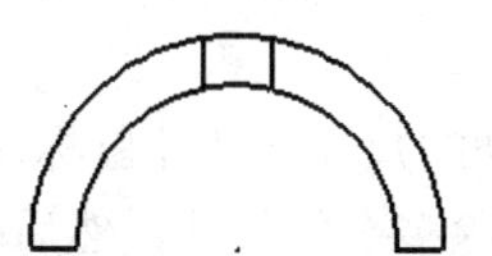

图 11-89　视图模型

（5）在图形窗口中的正视图内单击，此时会弹出“模型视图”属性管理器，在其中“显示样式”面板中单击图标，如图 11-90 所示；此时的三视图将显示隐藏线，如图 11-91 所示。

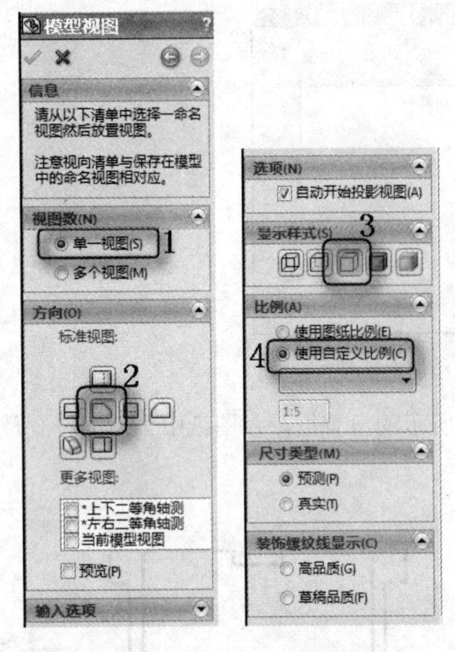

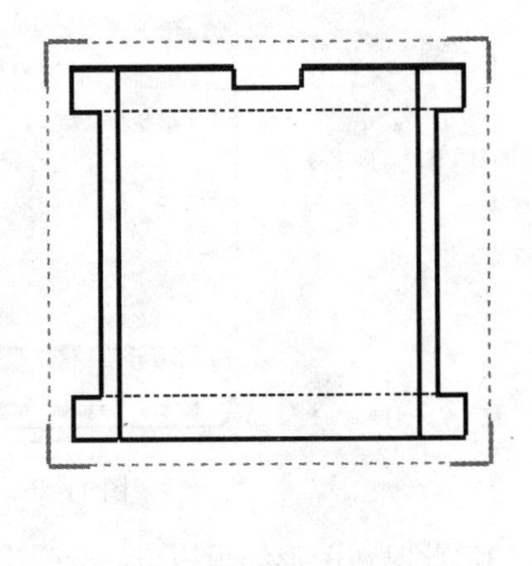

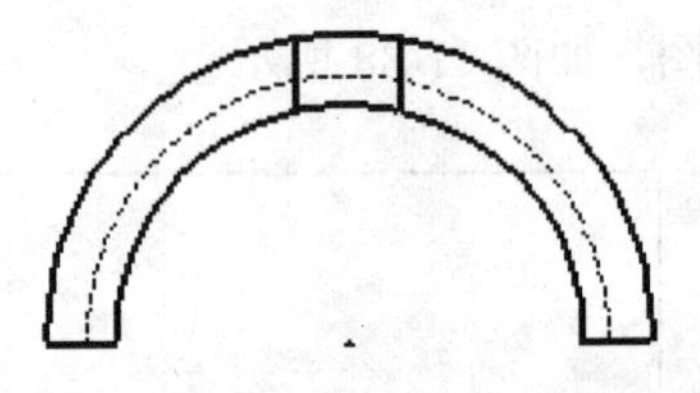

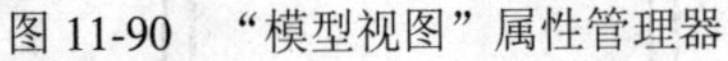

图 11-90 “模型视图”属性管理器　　图 11-91 隐藏后的三视图

（6）执行【插入】→【模型项目】菜单命令，或者单击“注解”操控板中的图标，会弹出“模型项目”属性管理器，在属性管理器中设置各参数如图 11-92 所示；单击属性管理器中的确定图标，这时会在视图中自动显示尺寸，如图 11-93 所示。

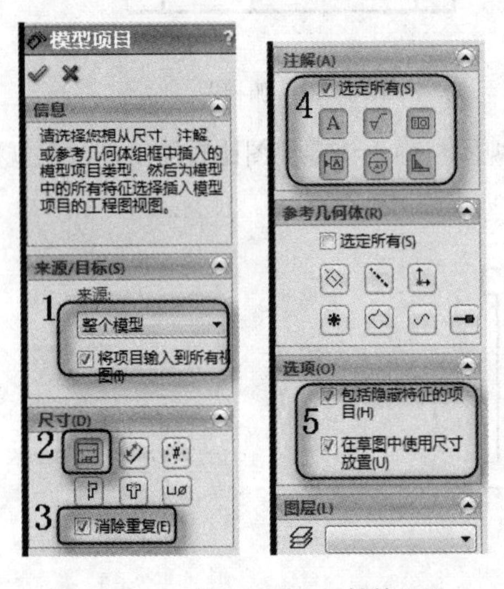

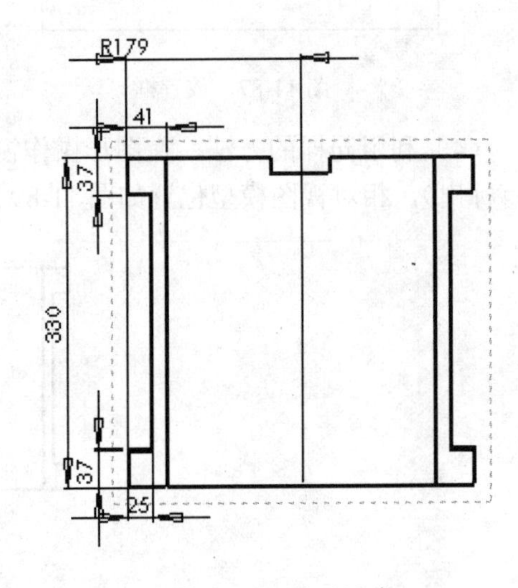

图 11-92 “模型项目”属性管理器　　图 11-93 显示尺寸

（7）在主视图中单击选取要移动的尺寸，按住鼠标左键移动光标位置，即可在同一视图中动态的移动尺寸位置。选中将要删除多余的尺寸，然后按【Delete】键即可将多余的尺寸删除，调整后的主视图如图 11-94 所示。

注意：

如果要在不同视图之间移动尺寸，首先选择要移动的尺寸并按住鼠标左键，然后按【Shift】键，移动光标到另一个视图中释放鼠标左键，即可完成尺寸的移动。

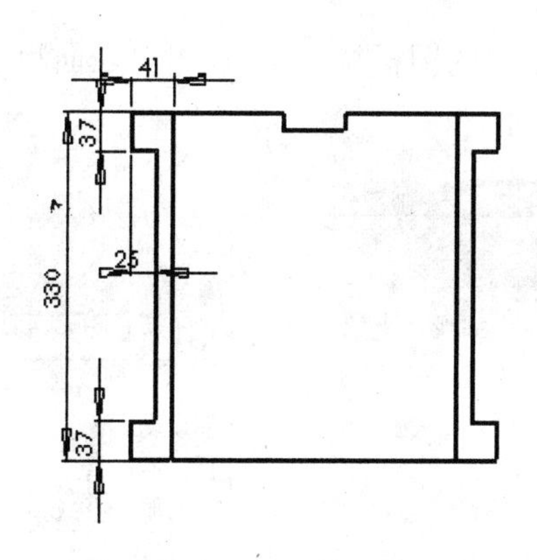

图 11-94　调整尺寸

（8）利用同样的方法可以调整俯视图，得到的结果如图 11-95 所示。

（9）单击“草图绘制”操控板中的图标 ，在主视图中绘制中心线，如图 11-96 所示。

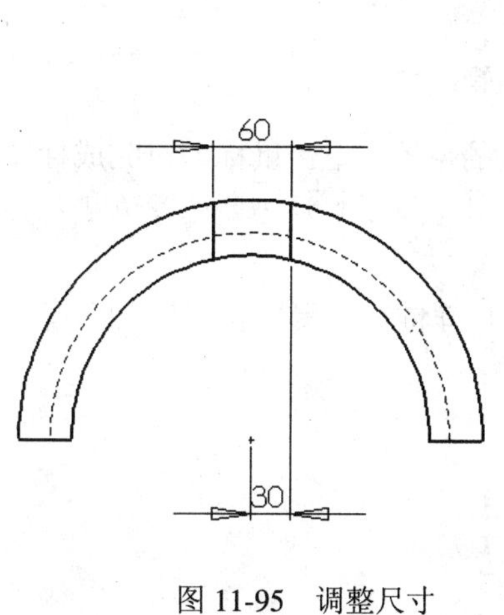

图 11-95　调整尺寸

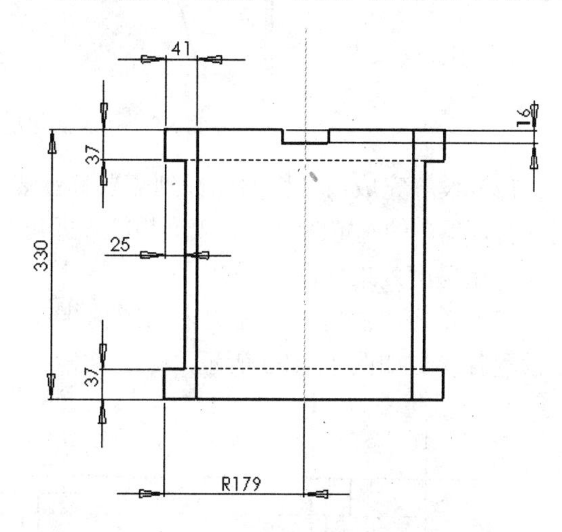

图 11-96　绘制中心线

（10）执行【工具】→【标注尺寸】→【智能尺寸】菜单命令，或者单击“注解”操控板中的图标 按钮，标注视图中的尺寸；在标注过程中将不符合国标的尺寸删除，最终得到的结果如图 11-97 所示。

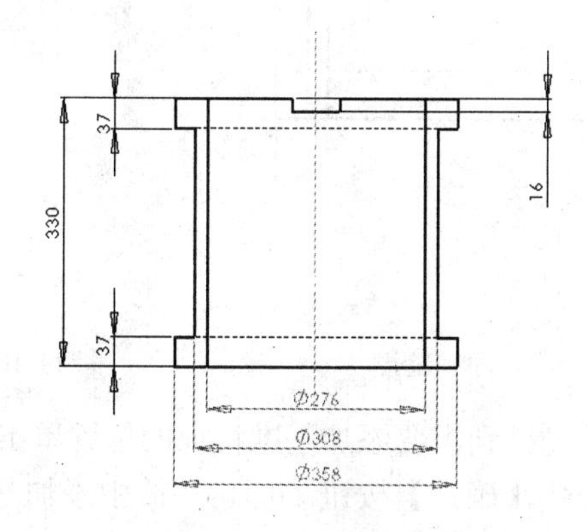

图 11-97　添加尺寸

（11）单击“注解”操控板中的图标，会弹出“表面粗糙度”属性管理器，在属性管理器中设置各参数如图 11-98 所示。

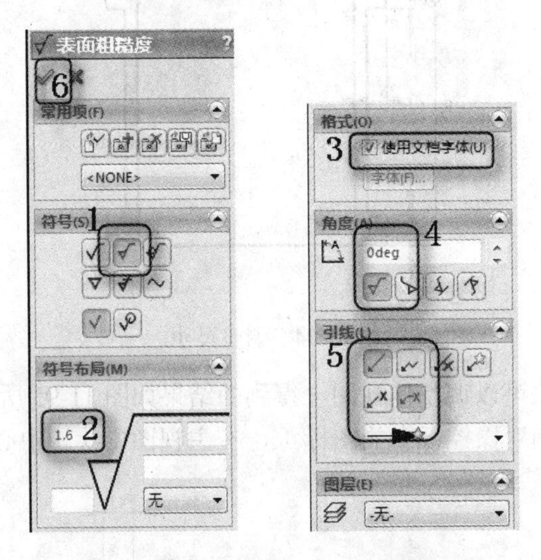

图 11-98　“表面粗糙度”属性管理器

（12）设置完成后，移动光标到需要标注表面粗糙度的位置，单击鼠标即可完成标注。单击属性管理器中的确定图标，表面粗糙度即可标注完成。下表面的标注需要设置角度为 180°，标注表面粗糙度效果如图 11-99 所示。

（13）单击“注解”操控板中的图标，会弹出“基准特征”属性管理器，在属性管理器中设置各参数如图 11-100 所示。

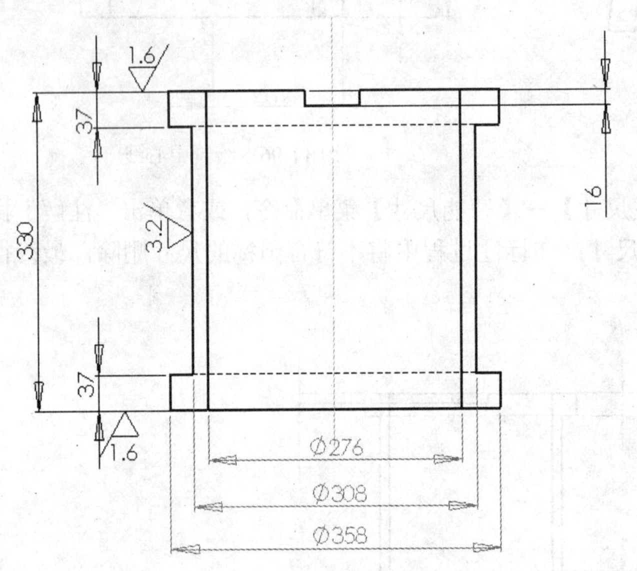

图 11-99　标注表面粗糙度

图 11-100　“基准特征”属性管理器

（14）设置完成后，移动光标到需要添加基准特征的位置单击，然后拖曳鼠标到合适的位置再次单击即可完成标注。单击【确定】按钮即可在图中添加基准符号，如图 11-101 所示。

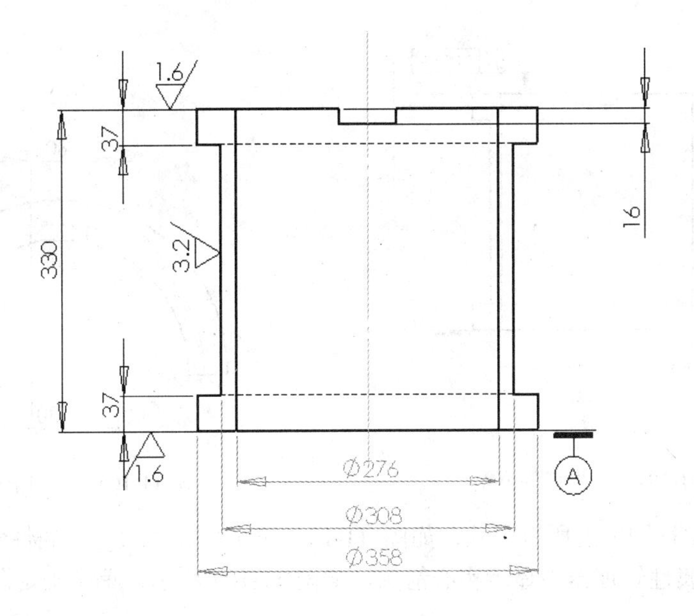

图 11-101　添加基准符号

（15）单击“注解”操控板中的图标，会弹出“形位公差”属性管理器及“属性”对话框，在属性管理器中设置各参数如图 11-102 所示，在“属性”对话框中设置各参数如图 11-103 所示。

图 11-102　“形位公差”属性管理器

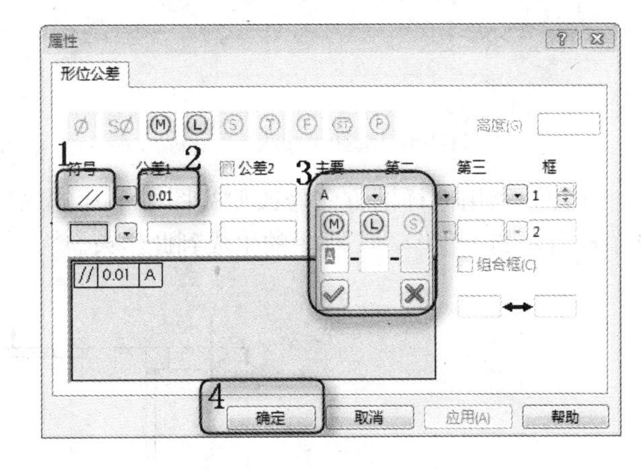

图 11-103　“属性”对话框

（16）设置完成后，移动光标到需要添加形位公差的位置单击即可完成标注。单击确定图标即可在图中添加形位公差符号，如图 11-104 所示。

（17）单击“草图绘制”操控板中的图标，在俯视图中绘制两条中心线，如图 11-105 所示。

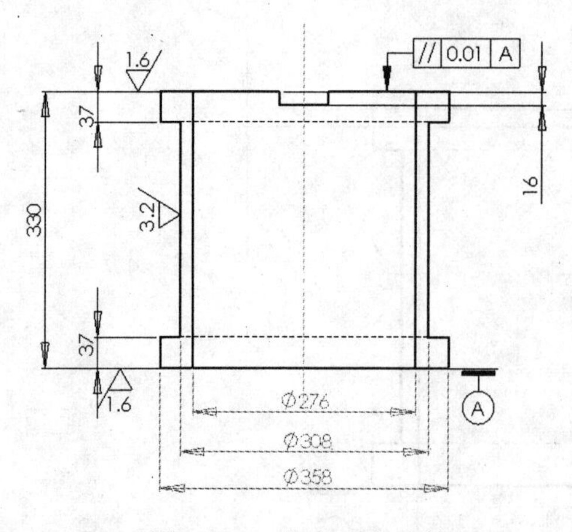

图 11-104　添加形位公差

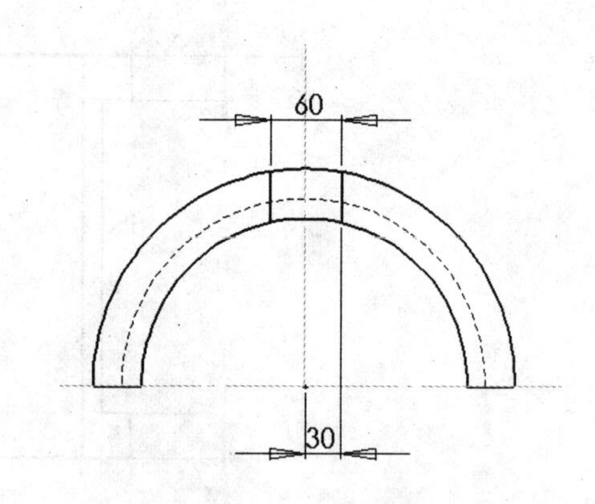

图 11-105　添加中心线

（18）选择主视图中的所有尺寸，如图 11-106 所示；在“尺寸”属性管理器中的“尺寸界线/引线显示”属性管理器中显示实心箭头，如图 11-107 所示，单击确定图标。

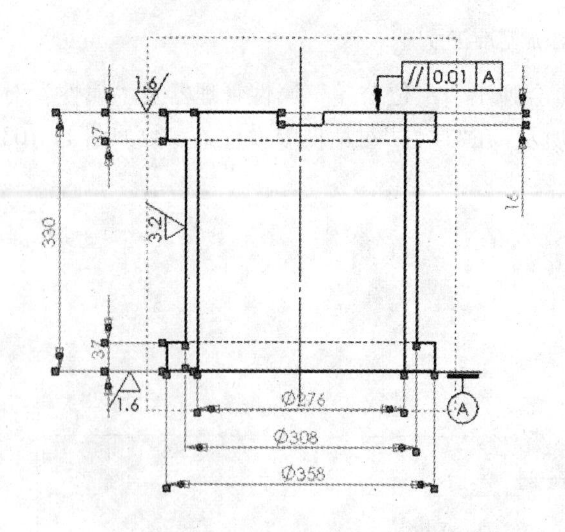

图 11-106　选择尺寸线

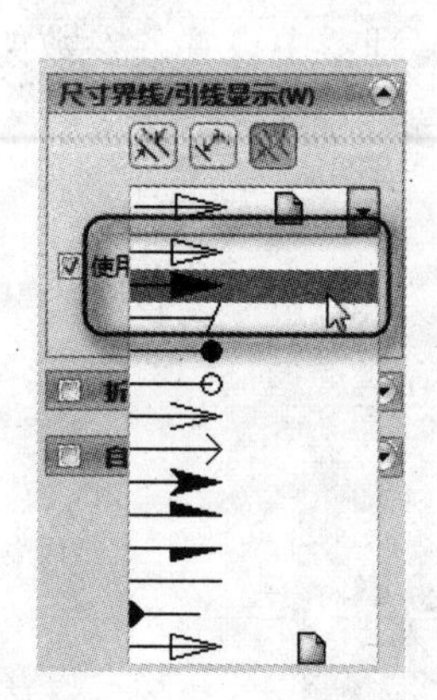

图 11-107　“尺寸界线/引线显示”属性管理器

（19）利用同样的方法修改俯视图中尺寸的属性如图 11-108 所示，最终可以得到如图 11-109 所示的工程图。工程图的生成到此结束。

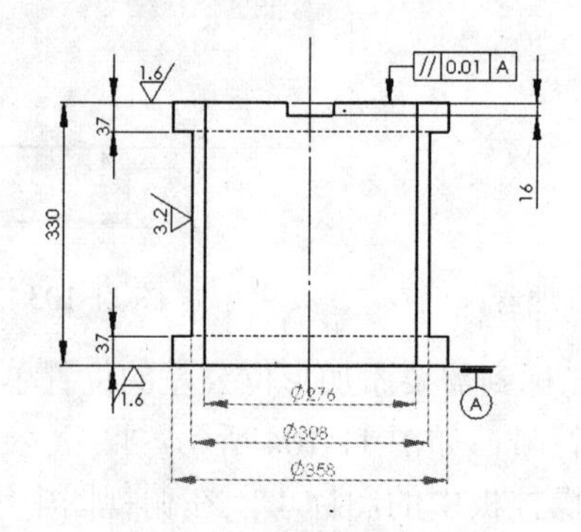

图 11-108　更改尺寸属性

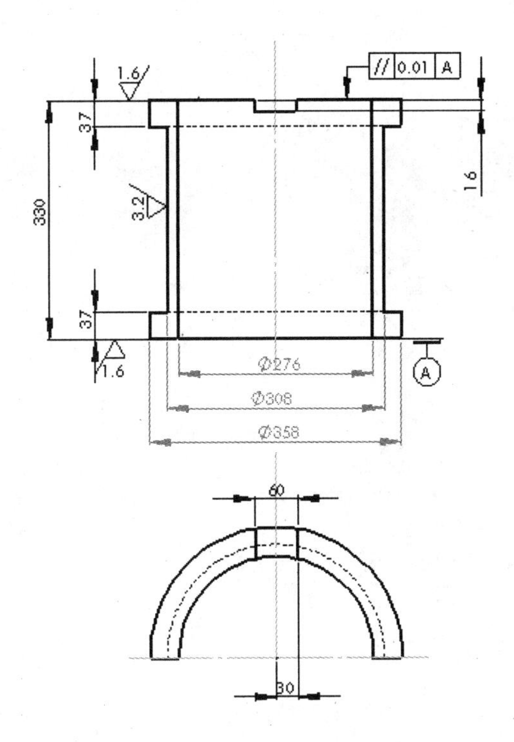

图 11-109　工程图

综合实例篇

第 12 章 平移台

本章介绍平移台装配体组成零件的绘制方法和装配过程。平移台装配体由底座 1、前挡板 2、后挡板 3、光杠 4、丝杠 5、承重台 6、承物板 7、后挡板堵盖 8、承物台堵盖 9、电机支架 10、电机 11 和手轮 12 等零部件组成，如图 12-1 所示。平移台装配体如图 12-2 所示。

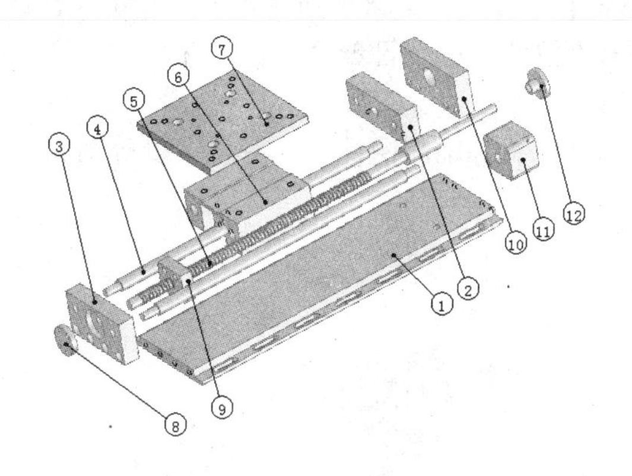

图 12-1 平移台零件图示

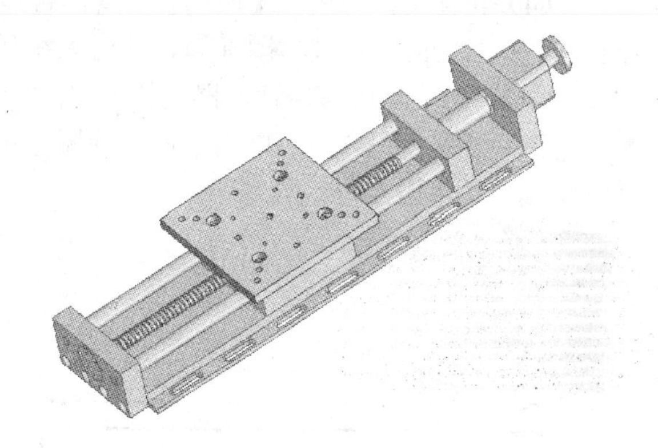

图 12-2 平移台装配图

12.1 底座

本例绘制平移台的底座，如图 12-3 所示。首先绘制底座主体轮廓草图并拉伸实体，然后绘制侧边的螺丝连接孔，最后绘制其他部位的连接孔。

本例绘制平移台底座，如图 12-3 所示。首先绘制底座主体轮廓草图并拉伸实体，然后绘制侧边的螺丝连接孔，最后绘制其他部位的连接孔。

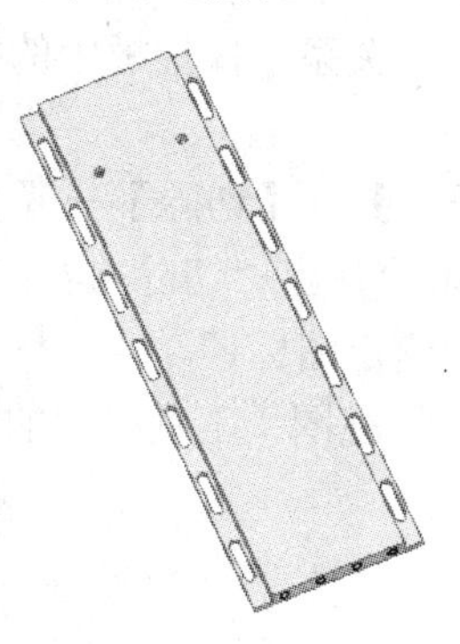

图 12-3 平移台底座

【案例 12-1】本案例源文件光盘路径："X：\源文件\ch12\平移台 1（底座）.SLDPRT"，本案例视频内容光盘路径："X：\动画演示\ch12\12.1 平移台 1（底座）.swf"。

（1）启动 SolidWorks 2008，执行【文件】→【新建】菜单命令，或者单击"标准"工具栏中的新建图标，在弹出的"新建 SolidWorks 文件"对话框中单击零件图标，然后单击【确定】按钮，创建一个新的零件文件。

（2）绘制底座主体。绘制草图。在左侧的"FeatureManager 设计树"中选择"前视基准面"作为绘制图形的基准面。单击"草图绘制"操控板中的矩形图标，绘制一个矩形，矩形的一个角点在原点。

（3）标注尺寸。执行【工具】→【标注尺寸】→【智能尺寸】菜单命令，或者单击"尺寸/几何关系"操控板中的智能尺寸图标，标注矩形各边的尺寸。结果如图 12-4 所示。

（4）拉伸实体。执行【插入】→【凸台/基体】→【拉伸】菜单命令，或者单击"特征"操控板中的拉伸凸台/基体图标，此时系统弹出"拉伸"属性管理器。在"深度"一栏中输入值为 12，然后单击属性管理器中的确定图标。

（5）设置视图方向。单击"前导视图"工具栏中的等轴测图标，将视图以等轴测方向显示，结果如图 12-5 所示。

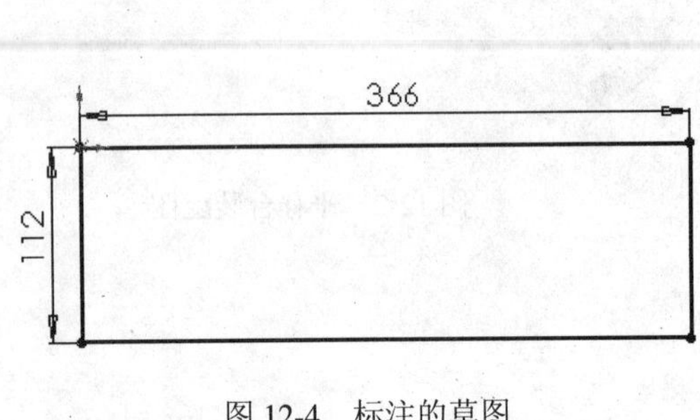

图 12-4　标注的草图

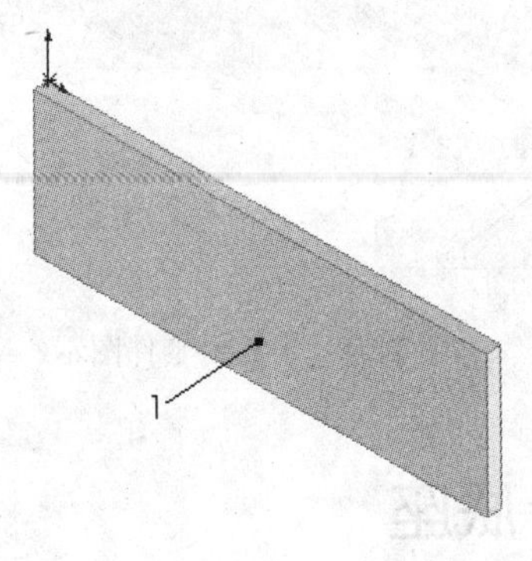

图 12-5　拉伸后的图形

（6）设置基准面。单击图 12-5 中的表面 1，然后单击"前导视图"工具栏正视于图标，将该表面作为绘制图形的基准面。

（7）绘制草图。单击"草图绘制"操控板中的矩形图标，在上一步设置的基准面上绘制两个矩形。

（8）标注尺寸。单击"尺寸/几何关系"操控板中的智能尺寸图标，标注上一步绘制草图的尺寸，结果如图 12-6 所示。

（9）拉伸切除实体。执行【插入】→【切除】→【拉伸】菜单命令，或者单击"特征"操控板中的切除拉伸图标，此时系统弹出"切除-拉伸"属性管理器。在"深度"一栏中输入值为 8，然后单击属性管理器中的确定图标。

（10）设置视图方向。单击"前导视图"工具栏中的等轴测图标，将视图以等轴测方向显示，结果如图 12-7 所示。

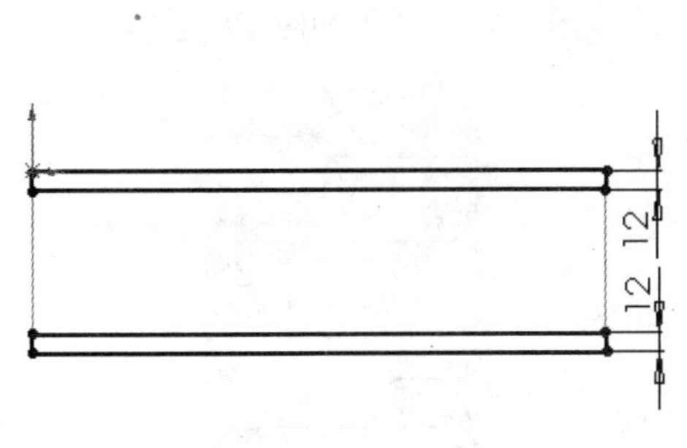

图 12-6　标注的草图

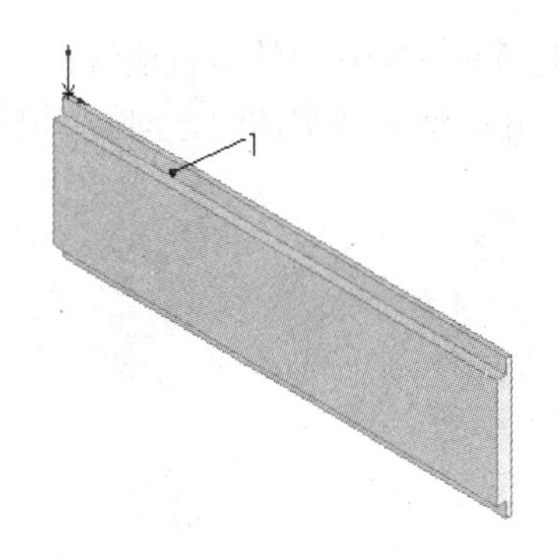

图 12-7　拉伸切除后的图形

（11）绘制侧边的连接孔。设置基准面。单击图 12-7 中的表面 1，然后单击“前导视图”工具栏正视于图标，将该表面作为绘制图形的基准面。

（12）绘制草图。单击“草图绘制”操控板中的矩形图标，绘制一个矩形；单击“草图绘制”操控板中的 3 点圆弧图标，分别以矩形一个边的两个端点为圆弧的两个端点绘制一个圆弧。

（13）标注尺寸。单击“尺寸/几何关系”操控板中的智能尺寸图标，标注上一步绘制草图的尺寸及其定位尺寸，结果如图 12-8 所示。

（14）剪裁实体。执行【工具】→【草图绘制工具】→【剪裁】菜单命令，或者单击“草图绘制”操控板中的剪裁实体图标，裁减图 12-8 中圆弧与矩形的交线，结果如图 12-9 所示。

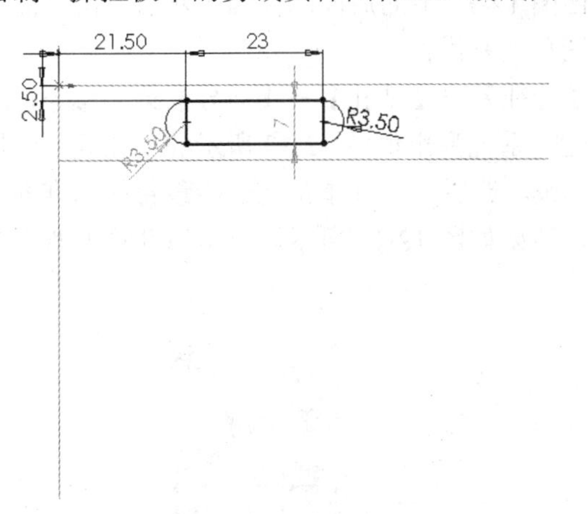

图 12-8　标注的草图

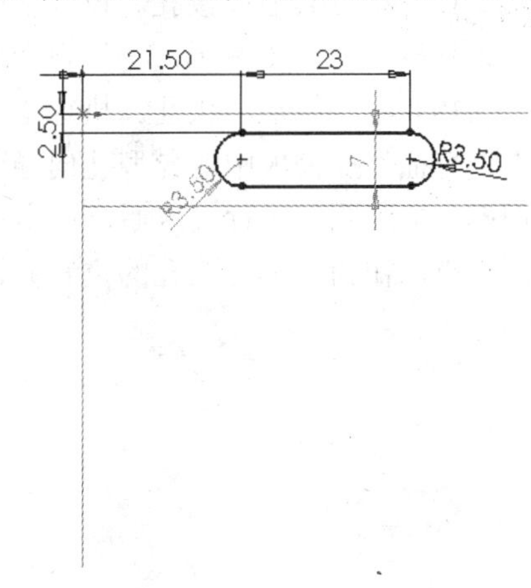

图 12-9　剪裁后的草图

（15）拉伸切除实体。单击“特征”操控板中的切除拉伸图标，此时系统弹出“切除-拉伸”属性管理器。在“终止条件”一栏的下拉菜单中，用鼠标选择“完全贯穿”选项。单击属性管理器中的确定图标。

（16）设置视图方向。单击“前导视图”工具栏中的等轴测图标，将视图以等轴测方向显示，结果如图 12-10 所示。

（17）线性阵列实体。执行【插入】→【阵列/镜向】→【线性阵列】菜单命令，或者单击“特征”操控板中的阵列（线性）图标，此时系统弹出如图 12-11 所示的“线性阵列”属性管理器。在方向 1“边线”一栏中，用鼠标选择图 12-10 中的水平边线；在“间距”一栏中输入值为 50；在“实例数”一栏中输入值为 7，并调整阵列实体的方向。在方向 2“边线”一栏中，用鼠标选择图 12-10 中的竖直边线；在“间距”一栏中输入值为 100；在“实例数”一栏中输入值为 2，并调整阵列实体的方向。单击属性管理器中确定图标✔，结果如图 12-12 所示。

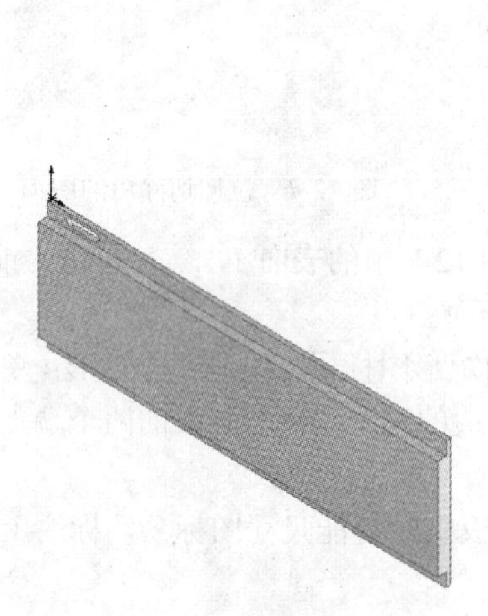

图 12-10　拉伸切除后的图形

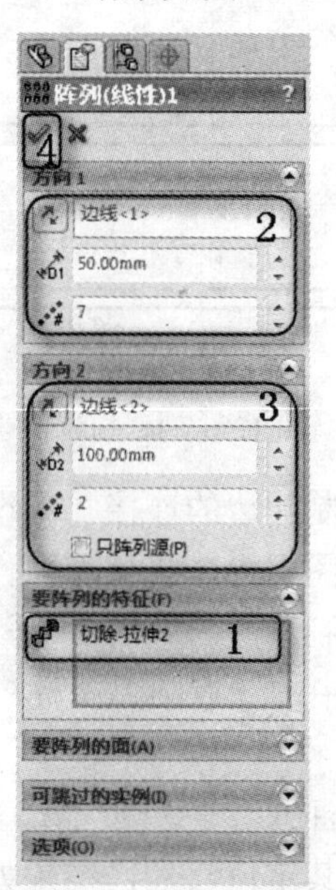

图 12-11　“阵列（线性）”属性管理器

（18）绘制其他连接孔。设置基准面。单击图 12-12 中的后面的表面，然后单击“前导视图”工具栏正视于图标，将该表面作为绘制图形的基准面。

（19）添加柱形沉头孔。执行【插入】→【特征】→【钻孔】→【向导】菜单命令，或者单击“特征”操控板中的异型孔向导图标，此时系统弹出如图 12-13 所示的“孔规格”属性管理器。按照图示进行设置后，单击“位置”按钮，然后用鼠标单击上一步设置的基准面，添加两个点，作为柱形沉头孔的位置并标注尺寸，结果如图 12-14 所示。单击属性管理器中的确定图标✔。

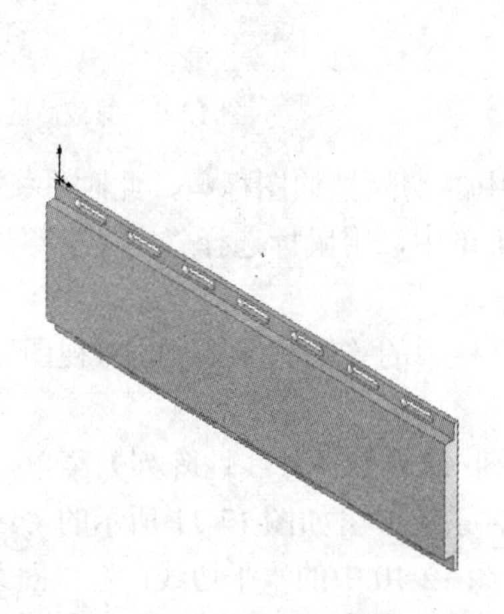

图 12-12　阵列后的图形

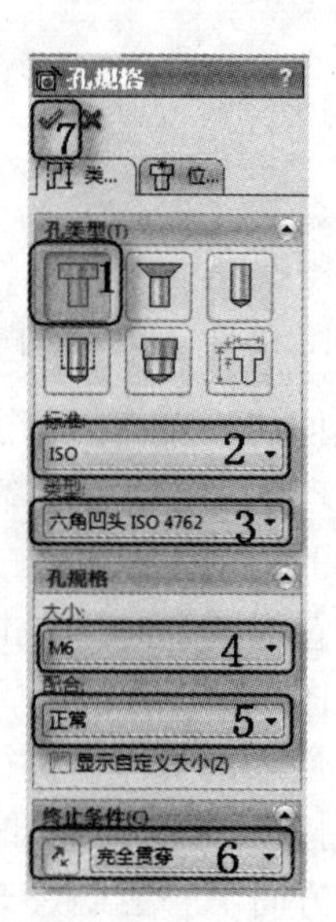

图 12-13　“孔规格”属性管理器

（20）设置视图方向。单击“前导视图”工具栏中的等轴测图标，将视图以等轴测方向显示，结果如图 12-15 所示。

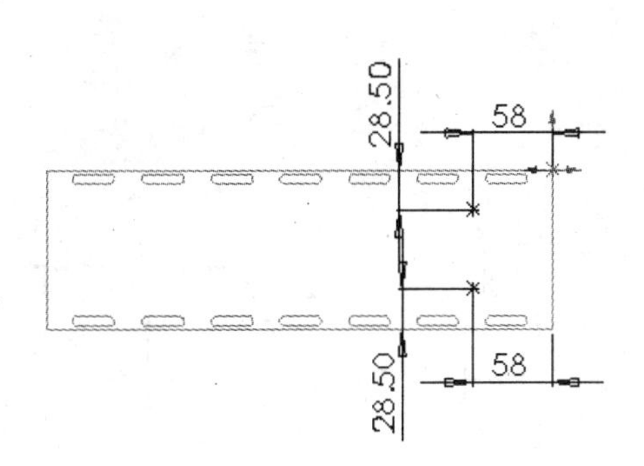

图 12-14　标注的草图

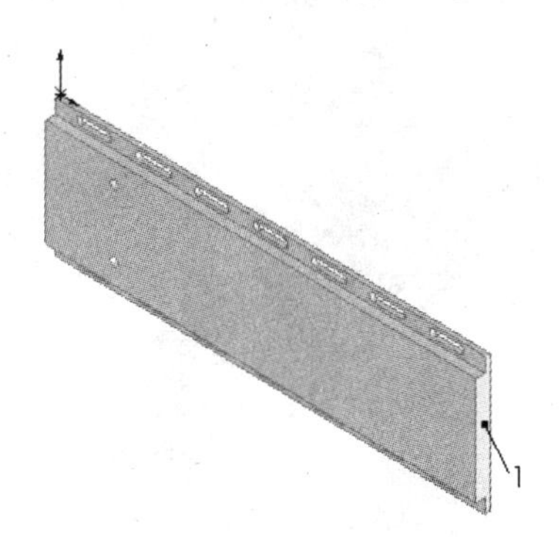

图 12-15　添加的柱形沉头孔

（21）设置基准面。单击图 12-15 中的表面 1，然后单击“前导视图”工具栏正视于图标，将该表面作为绘制图形的基准面。

（22）添加螺纹孔。单击“特征”操控板中的异型孔向导图标，此时系统弹出如图 12-16 所示“孔规格”属性管理器。按照图示进行设置后，单击【位置】按钮，然后用鼠标单击基准面，添加 4 个点，作为螺纹孔的位置并标注尺寸，结果如图 12-17 所示。单击属性管理器中的确定图标。

图 12-16　“孔规格”属性管理器

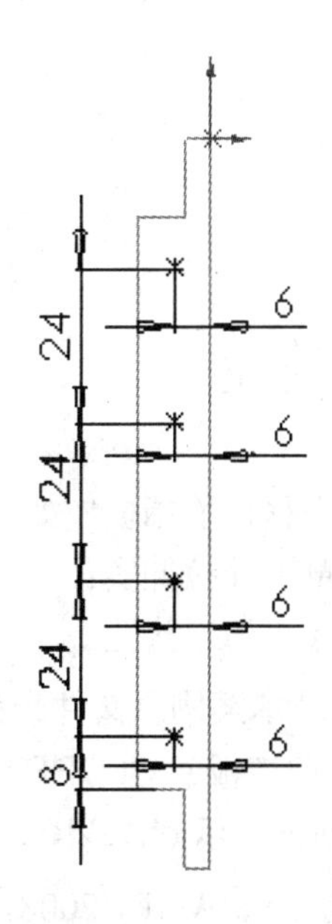

图 12-17　标注的草图

（23）设置视图方向。单击“前导视图”工具栏中的等轴测图标，将视图以等轴测方向显示，结果如图 12-18 所示。

（24）添加螺纹孔。参考上面的步骤，在底座的另一端添加螺纹孔，孔规格如图 12-16 所示，螺纹孔的位置如图 12-19 所示，然后单击属性管理器中的确定图标✔。

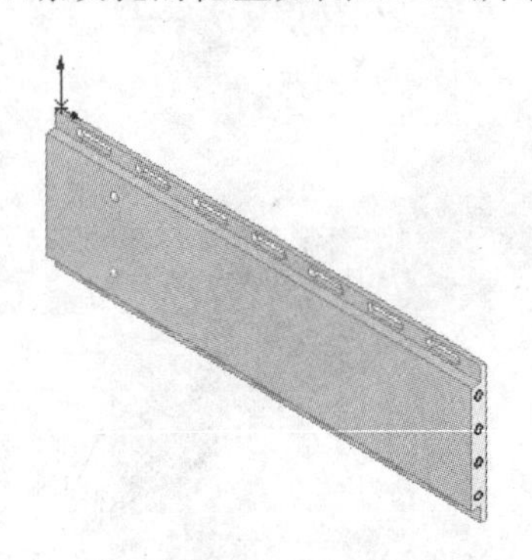

图 12-18　添加的螺纹孔

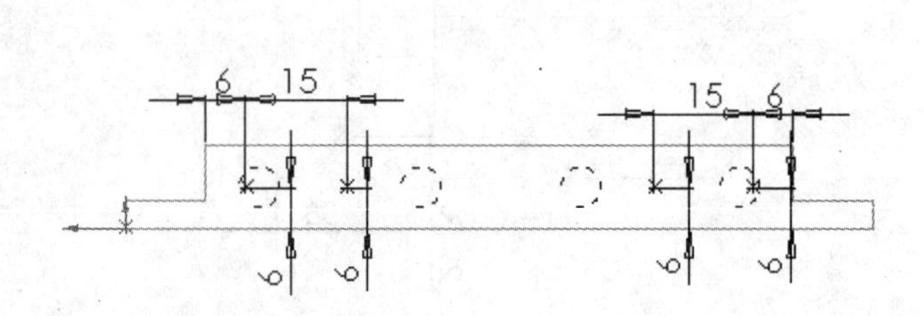

图 12-19　标注的草图

（25）设置视图方向。单击“前导视图”工具栏中的等轴测图标，将视图以等轴测方向显示，结果如图 12-20 所示。

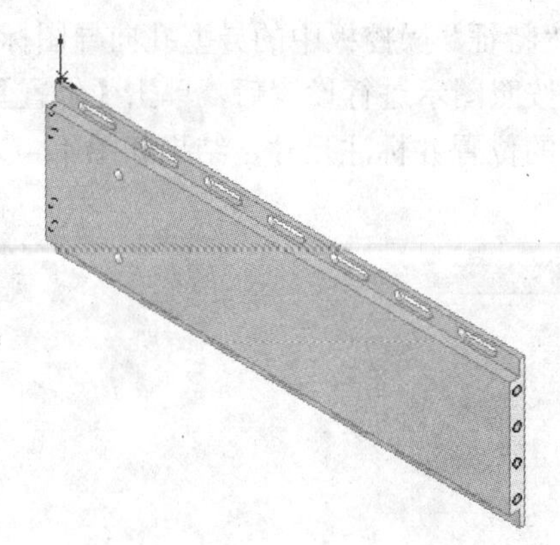

图 12-20　添加的螺纹孔

12.2　前挡板

本例绘制平移台前挡板，如图 12-21 所示。首先绘制前挡板主体轮廓草图并拉伸实体，然后绘制光杠和丝杠的的轴孔，再绘制与底座的连接孔。

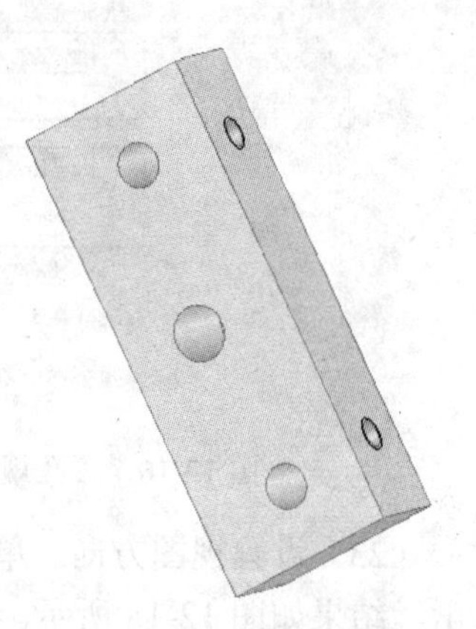

图 12-21　平移台前挡板

【案例 12-2】本案例源文件光盘路径：“X：\源文件\ch12\平移台 2（前挡板）.SLDPRT”，本案例视频内容光盘路径：“X：\动画演示\ch12\12.2 平移台 2（前挡板）.swf”。

（1）启动 SolidWorks 2008，执行【文件】→【新建】菜单命令，创建一个新的零件文件。

（2）绘制前挡板主体轮廓。绘制草图。在左侧的”FeatureManager 设计树”中选择“前视基准面”作为绘制图

形的基准面。单击“草图绘制”操控板中的矩形图标，以原点为一角点绘制一个矩形。

（3）标注尺寸。执行【工具】→【标注尺寸】→【智能尺寸】菜单命令，或者单击“尺寸/几何关系”操控板中的智能尺寸图标，标注矩形各边的尺寸。结果如图 12-22 所示。

（4）拉伸实体。执行【插入】→【凸台/基体】→【拉伸】菜单命令，或者单击“特征”操控板中的拉伸凸台/基体图标，此时系统弹出“拉伸”属性管理器。在“深度”一栏中输入值为 20，然后单击属性管理器中的确定图标。

（5）设置视图方向。单击“前导视图”工具栏中的等轴测图标，将视图以等轴测方向显示，结果如图 12-23 所示。

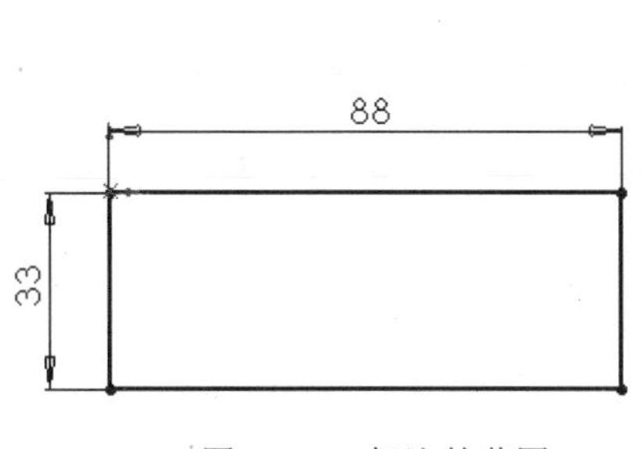

图 12-22　标注的草图

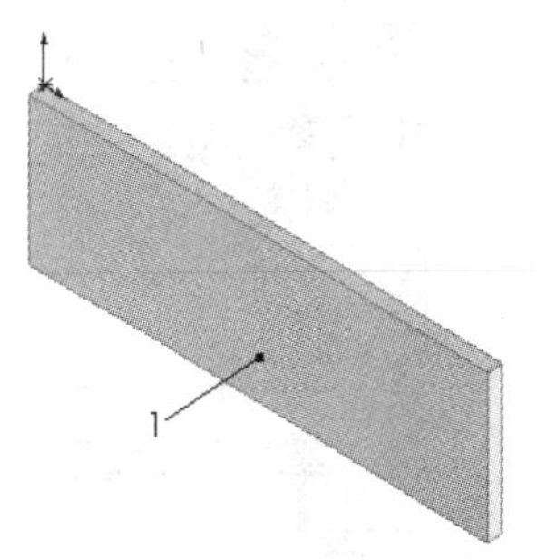

图 12-23　拉伸后的图形

（6）绘制光杠和丝杠的轴孔。设置基准面。单击图 12-23 中的表面 1，然后单击“前导视图”工具栏正视于图标，将该表面作为绘制图形的基准面。

（7）绘制草图。执行【工具】→【草图绘制实体】→【圆】菜单命令，或者单击“草图绘制”操控板中的圆图标，在上一步设置的基准面上绘制 3 个圆。

（8）标注尺寸。单击“尺寸/几何关系”操控板中的智能尺寸图标，标注上一步绘制圆的直径及其定位尺寸，结果如图 12-24 所示。

（9）拉伸切除实体。执行【插入】→【切除】→【拉伸】菜单命令，或者单击“特征”操控板中的切除拉伸图标，此时系统弹出“切除-拉伸”属性管理器。在“终止条件”一栏的下拉菜单中，用鼠标选择“完全贯穿”选项。单击属性管理器中的确定图标。

（10）设置视图方向。单击“前导视图”工具栏中的等轴测图标，将视图以等轴测方向显示，结果如图 12-25 所示。

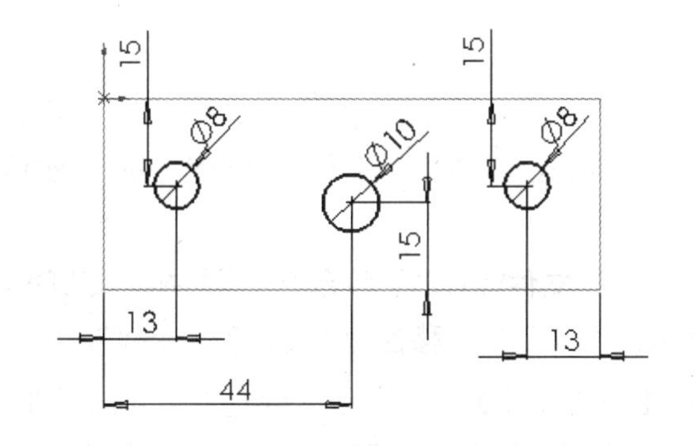

图 12-24　标注的草图

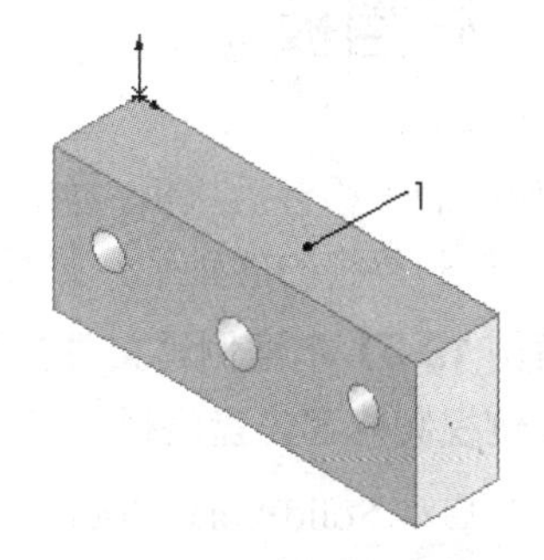

图 12-25　拉伸切除后的图形

（11）绘制与底座的连接孔。设置基准面。单击图 12-25 中的表面 1，然后单击“前导视图”工具栏正视于图标，将该表面作为绘制图形的基准面。

（12）添加螺纹孔。执行【插入】→【特征】→【钻孔】→【向导】菜单命令，或者单击“特征”操控板中的异型孔向导图标，此时系统弹出如图12-26所示的“孔规格”属性管理器。按照图示进行设置后，单击【位置】按钮，然后用鼠标单击上一步设置的基准面，添加两个点，作为螺纹孔的位置并标注尺寸，结果如图12-27所示。单击属性管理器中的确定图标。

（13）设置视图方向。单击“前导视图”工具栏中的等轴测图标，将视图以等轴测方向显示，结果如图12-28所示。

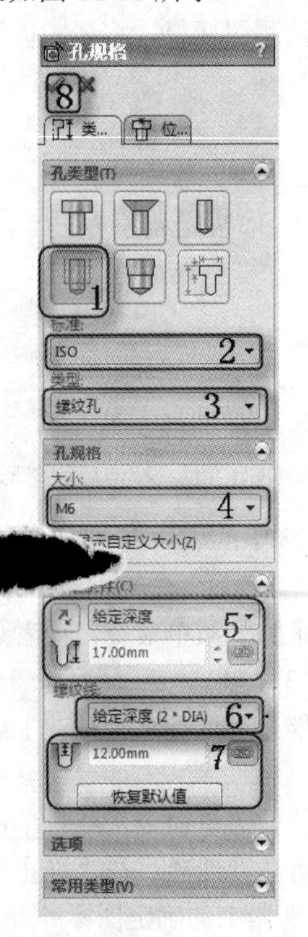

图12-26 “孔规格”属性管理器

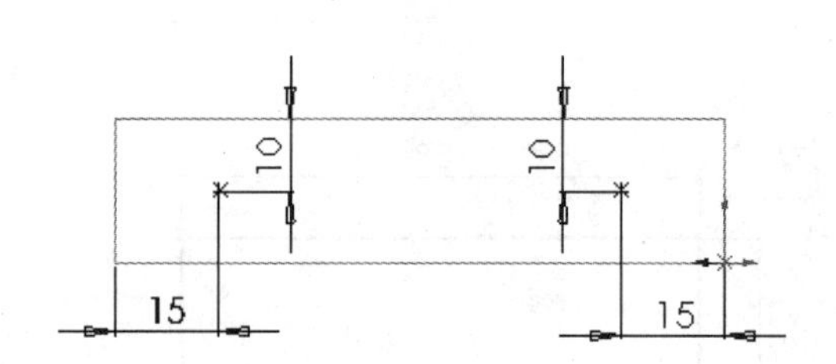

图12-27 钻孔位置

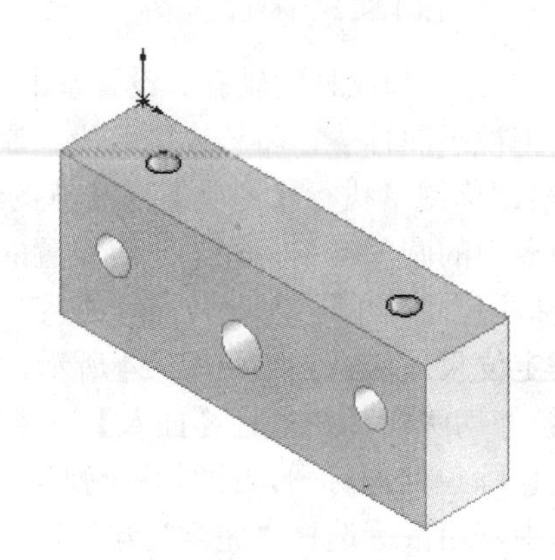

图12-28 添加的螺纹孔

12.3 后挡板

本例绘制平移台后挡板，如图12-29所示。首先绘制后挡板主体轮廓草图并拉伸实体，然后绘制光杠和丝杠的的轴孔，最后绘制与底座的连接孔。

【案例12-3】本案例源文件光盘路径：“X：\源文件\ch12\平移台3（后挡板）.SLDPRT”，本案例视频内容光盘路径：“X：\动画演示\ch12\12.3 平移台3（后挡板）.swf”。

（1）启动SolidWorks 2008，执行【文件】→【新建】菜单命令，创建一个新的零件文件。

（2）绘制后挡板主体轮廓。绘制草图。在左侧的”FeatureManager 设计树”中选择“前视基准面”作为绘制图形的基准面。单击“草图绘制”操控板中的矩形图标，以原点为一角点绘制一个矩形。

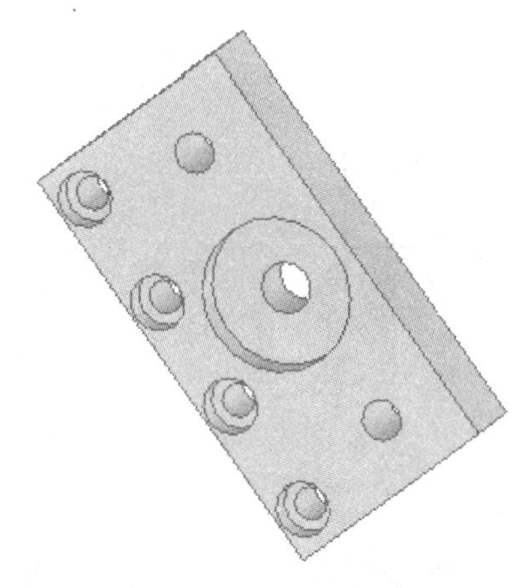

图 12-29 平移台后挡板

（3）标注尺寸。执行【工具】→【标注尺寸】→【智能尺寸】菜单命令，或者单击“尺寸/几何关系”操控板中的智能尺寸图标，标注矩形各边的尺寸，结果如图 12-30 所示。

（4）拉伸实体。执行【插入】→【凸台/基体】→【拉伸】菜单命令，或者单击“特征”操控板中的拉伸凸台/基体图标，此时系统弹出“拉伸”属性管理器。在“深度”一栏中输入值为 17.5，然后单击确定图标。

（5）设置视图方向。单击“前导视图”工具栏中的等轴测图标，将视图以等轴测方向显示，结果如图 12-31 所示。

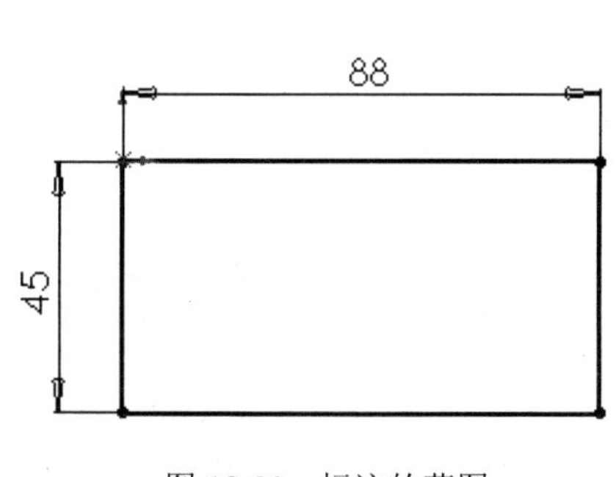

图 12-30 标注的草图

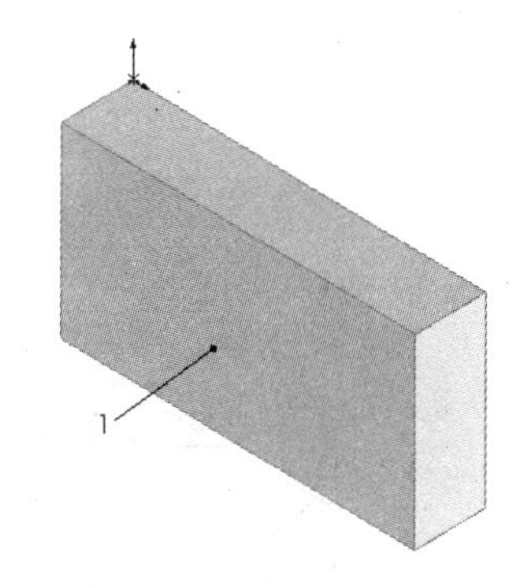

图 12-31 拉伸后的图形

（5）绘制与丝杠和光杠的连接孔。设置基准面。单击图 12-31 中的表面 1，然后单击“前导视图”工具栏正视于图标，将该表面作为绘制图形的基准面。

（6）绘制草图。单击“草图绘制”操控板中的圆图标，在上一步设置的基准面上绘制 3 个圆。

（7）标注尺寸。单击“尺寸/几何关系”操控板中的智能尺寸图标，标注上一步绘制圆的直径及其定位尺寸，结果如图 12-32 所示。

（8）拉伸切除实体。执行【插入】→【切除】→【拉伸】菜单命令，或者单击“特征”操控板中的“切除拉伸图标，此时系统弹出“切除-拉伸”属性管理器。在“终止条件”一栏的下拉菜单中，用鼠标选择“完全贯穿”选项。单击单击属性管理器中的确定图标。

（9）设置视图方向。单击“前导视图”工具栏中的等轴测图标，将视图以等轴测方向显示，结果如图 12-33 所示。

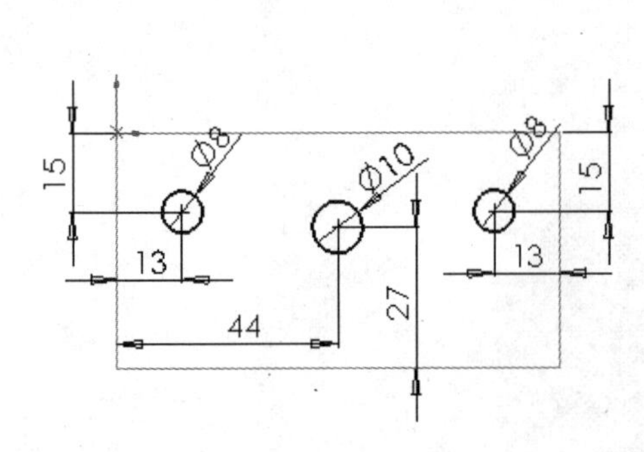

图 12-32　标注的草图

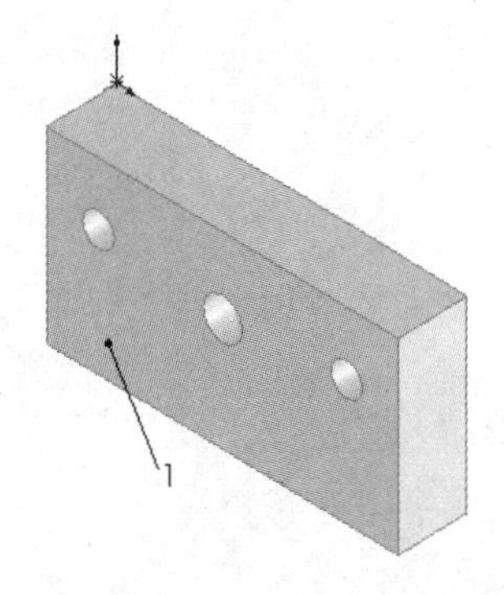

图 12-33　拉伸切除后的图形

（10）设置基准面。单击图 12-33 中的表面 1，然后单击“前导视图”工具栏正视于图标，将该表面作为绘制图形的基准面。

（11）绘制草图。单击“草图绘制”操控板中的圆图标，在上一步设置的基准面上绘制一个圆。

（12）标注尺寸。单击“尺寸/几何关系”操控板中的智能尺寸图标，标注上一步绘制圆的直径及其定位尺寸，结果如图 12-34 所示。

（13）拉伸切除实体。单击“特征”操控板中的切除拉伸图标，此时系统弹出“切除-拉伸”属性管理器。在“深度”一栏中输入值为 6，然后单击单击属性管理器中的确定图标。

（14）设置视图方向。单击“前导视图”工具栏中的等轴测图标，将视图以等轴测方向显示，结果如图 12-35 所示。

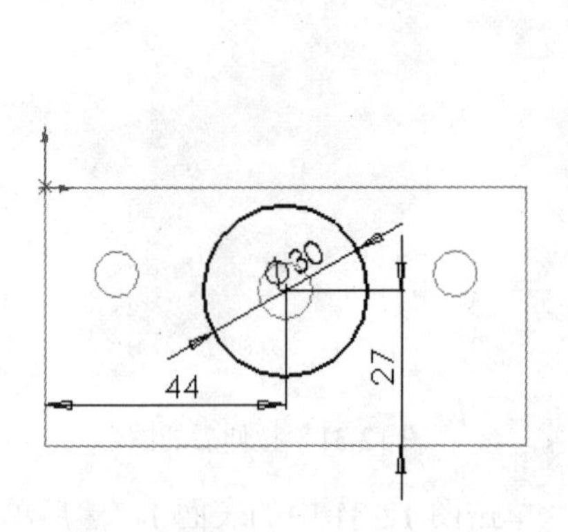

图 12-34　标注的草图

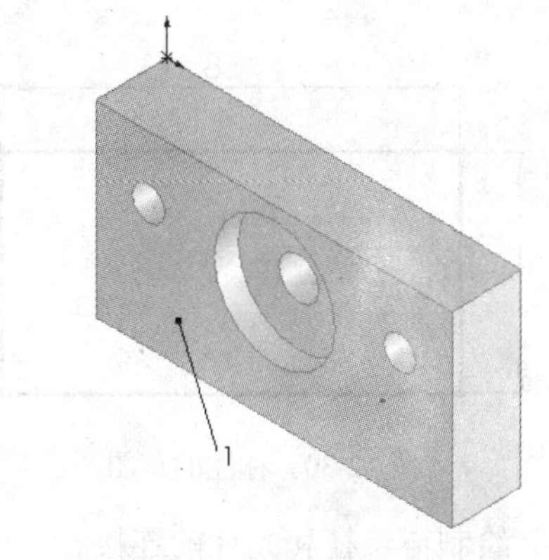

图 12-35　拉伸切除后的图形

（15）绘制与底座的连接孔。设置基准面。单击图 12-35 中的表面 1，然后单击“前导视图”工具栏正视于图标，将该表面作为绘制图形的基准面。

（16）添加柱形沉头孔。执行【插入】→【特征】→【钻孔】→【向导】菜单命令，或者单击“特征”操控板中的异型孔向导图标，此时系统弹出如图 12-36 所示“孔规格”属性管理器。按照图示进行设置后，单击【位置】按钮，然后用鼠标单击上一步设置的基准面，添加 4 个点，作为柱形沉头孔的位置。并标注尺寸，结果如图 12-37 所示。单击属性管理器中的确定图标。

（17）设置视图方向。单击“前导视图”工具栏中的等轴测图标，将视图以等轴测方向显示，结果如图 12-38 所示。

图 12-36 “孔规格”属性管理器

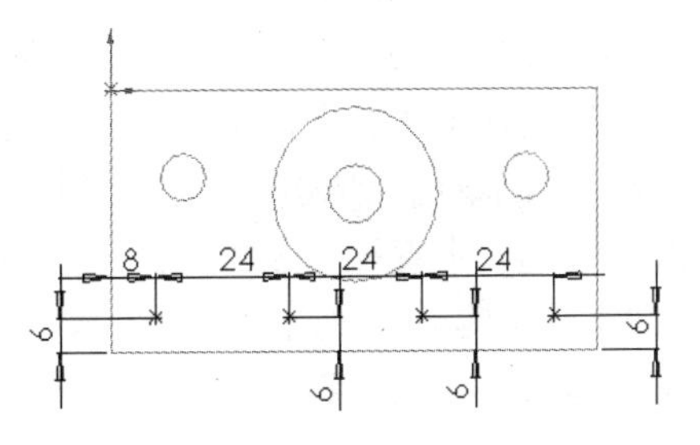

图 12-37 标注的草图

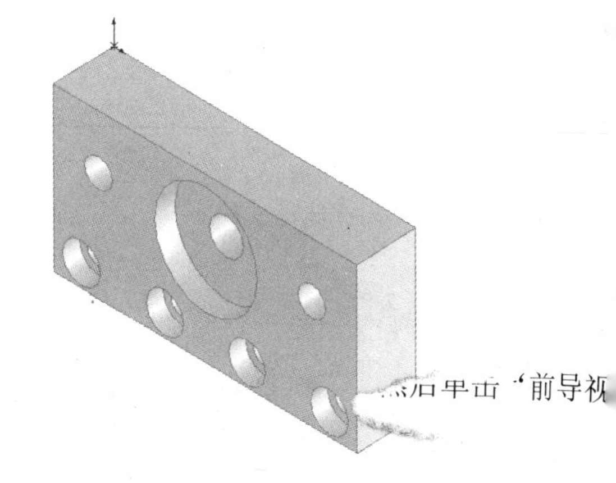

图 12-38 添加的柱形沉头孔

12.4 光杠

本例绘制平移台光杠，如图 12-39 所示。首先绘制光杠主体轮廓草图并拉伸实体，然后绘制两端的轴。

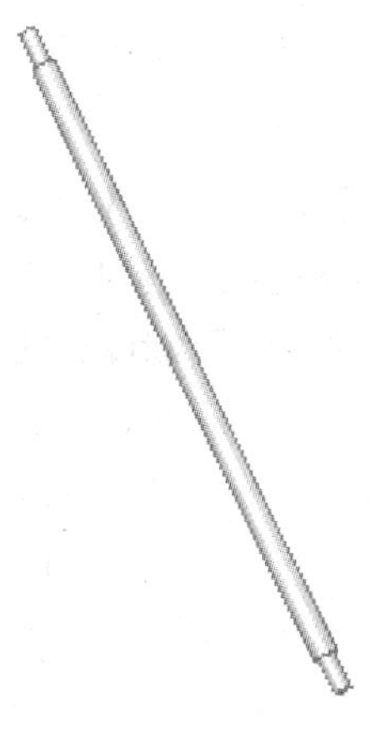

图 12-39 平移台光杠

【案例 12-4】本案例源文件光盘路径：“X：\源文件\ch12\平移台 4（光杆）.SLDPRT”，本案例视频内容光盘路径：“X：\动画演示\ch12\12.4 平移台 4（光杆）.swf”。

（1）启动 SolidWorks 2008，执行【文件】→【新建】菜单命令，或创建一个新的零件文件。

（2）绘制主体轮廓。绘制草图。在左侧的”FeatureManager 设计树”中选择“前视基准面”作为绘制图形的基准面。单击“草图绘制”操控板中的圆图标，以原点为圆心绘制一个直径为 12 的圆。

（3）拉伸实体。执行【插入】→【凸台/基体】→【拉伸】菜单命令，或者单击“特征”操控板中的拉伸凸台/基体图标，此时系统弹出“拉伸”属性管理器。在“深度”一栏中输入值为 300，然后单击属性管理器中的确定图标。

（4）设置视图方向。单击“前导视图”工具栏中的等轴测图标，将视图以等轴测方向显示。结果如图 12-40 所示。

（5）绘制端部轴。设置基准面。单击图 12-40 中圆柱体的一个端面，然后单击“前导视图”工具栏正视于图标，将该表面作为绘制图形的基准面。

（6）绘制草图。单击“草图绘制”操控板中的圆图标，在上一步设置的基准面上以原点为圆心绘制一个直径为 8 的圆。

（7）拉伸实体。单击“特征”操控板中的拉伸凸台/基体图标，此时系统弹出“拉伸”属性管理器。在“深度”一栏中输入值为 17.5，然后单击属性管理器中的确定图标。

（8）设置视图方向。单击“前导视图”工具栏中的等轴测图标，将视图以等轴测方向显示。结果如图 12-41 所示。

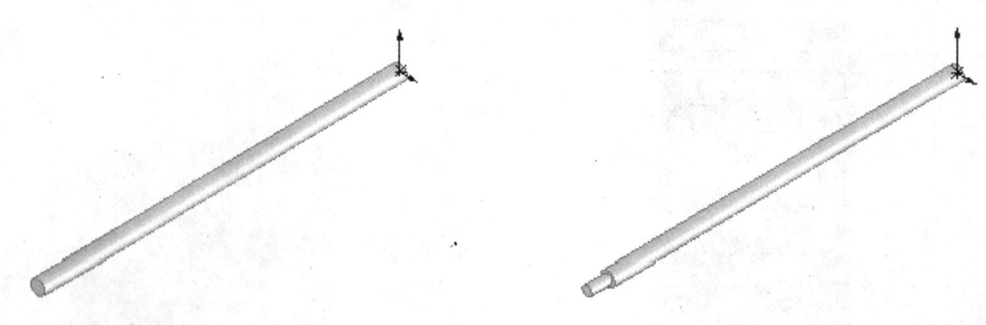

图 12-40　拉伸后的图形　　图 12-41　拉伸后的图形

（9）绘制圆柱体。重复上面命令，在另一端绘制一个直径为 8，长为 17.5 圆柱体。结果如图 12-39 所示。

12.5 丝杠

本例绘制平移台丝杠，如图 12-42 所示。首先绘制丝杠主体轮廓草图并拉伸实体，然后通过螺旋线绘制丝杠的螺纹，再绘制丝杠两端的轴及其他部分。

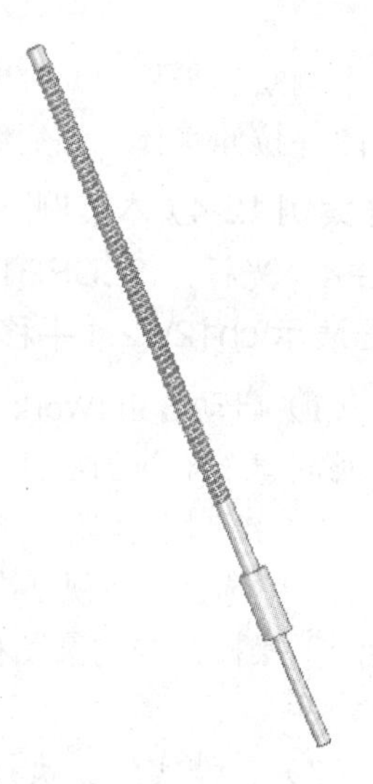

图 12-42　平移台丝杠

【案例 12-5】本案例源文件光盘路径：“X：\源文件\ch12\平移台 5（丝杠）.SLDPRT”，本案例视频内容光盘路径：“X：\动画演示\ch12\12.5 平移台 5（丝杠）.swf”。

（1）启动 SolidWorks 2008，执行【文件】→【新建】菜单命令，创建一个新的零件文件。

（2）绘制丝杠主体。绘制草图。在左侧的”FeatureManager 设计树”中选择“前视基准面”作为绘制图形的基准面。单击“草图绘制”操控板中的圆图标，以原点为圆心绘制一个直径为 10 的圆。

（3）拉伸实体。执行【插入】→【凸台/基体】→【拉伸】菜单命令，或者单击“特征”操控板中的拉伸凸台/基体图标，此时系统弹出“拉伸”属性管理器。在“深度”一栏中输入值

为 325，然后单击属性管理器中的确定图标✔。

（4）设置视图方向。单击“前导视图”工具栏中的等轴测图标，将视图以等轴测方向显示，结果如图 12-43 所示。

（5）绘制丝杠螺纹。设置基准面。单击图 12-43 中圆柱体的左端面，然后单击“前导视图”工具栏正视于图标，将该表面作为绘制图形的基准面。

（6）绘制草图。单击“草图绘制”操控板中的圆图标，在上一步设置的基准面上以原点为圆心绘制一个直径为 10 的圆。

（7）生成螺旋线。执行【插入】→【曲线】→【螺旋线/涡状线】菜单命令，或者单击单击“曲线”工具栏上的螺旋线和涡状线图标，此时系统弹出如图 12-44“螺旋线/涡状线”属性管理器。按照图示进行设置后，单击属性管理器中的确定图标✔，结果如图 12-45 所示。

图 12-43 拉伸后的图形

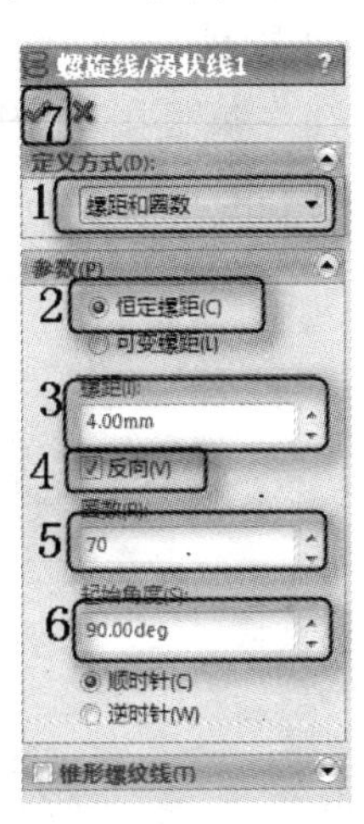

图 12-44 “螺旋线/涡状线”属性管理器

（8）设置视图方向。单击“前导视图”工具栏中的等轴测图标，将视图以等轴测方向显示，结果如图 12-45 所示。

（9）设置基准面。在左侧的“FeatureManager 设计树”中用鼠标选择“右视基准面”，然后单击“前导视图”工具栏中的正视于图标，将该基准面作为绘制图形的基准面。

（10）绘制草图。单击“草图绘制”操控板中的直线图标，以螺旋线右上端点为起点绘制一个梯形螺纹线，结果如图 12-46 所示，然后退出草图绘制状态。

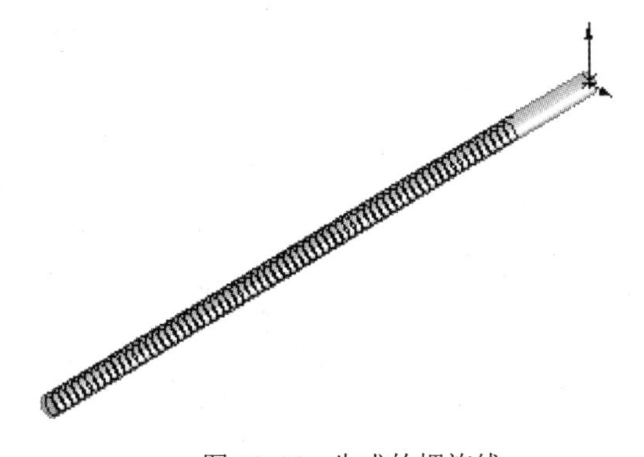

图 12-45 生成的螺旋线

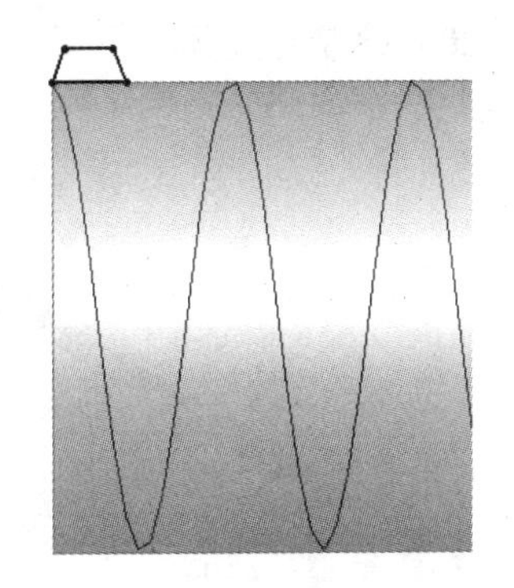

图 12-46 绘制的梯形螺纹线

（11）扫描实体。执行【插入】→【凸台/基体】→【扫描】菜单命令，或者单击“特征”操控板中的扫描图标，此时系统弹出“扫描”属性管理器。在“轮廓”一栏中，用鼠标选择图 12-46 中的梯形螺纹线；在“路径”一栏中，用鼠标选择生成的螺旋线，单击属性管理器中的确定图标。

（12）设置视图方向。单击“前导视图”工具栏中的等轴测图标，将视图以等轴测方向显示，结果如图 12-47 所示。

（13）绘制左端轴。设置基准面。单击图 12-47 中的左端面，然后单击“前导视图”工具栏正视于图标，将该表面作为绘制图形的基准面。

（14）绘制草图。单击“草图绘制”操控板中的圆图标，在上一步设置的基准面上以原点为圆心绘制一个直径为 10 的圆。

（15）拉伸实体。单击“特征”操控板中的拉伸凸台/基体图标，此时系统弹出“拉伸”属性管理器。在“深度”一栏中输入值 10，然后单击确定图标。

（16）设置视图方向。单击“前导视图”工具栏中的等轴测图标，将视图以等轴测方向显示，结果如图 12-48 所示。

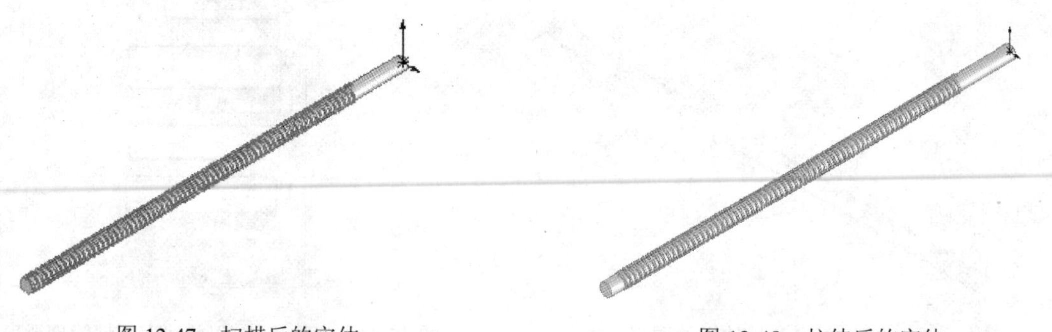

图 12-47　扫描后的实体　　图 12-48　拉伸后的实体

（17）绘制右端轴。设置基准面。单击图 12-47 中的右端面，然后单击“前导视图”工具栏正视于图标，将该表面作为绘制图形的基准面。

（18）绘制圆柱体。重复上面命令，在右端面绘制一个直径为 18，长为 40 圆柱体，结果如图 12-49 所示。

（19）设置基准面。单击图 12-49 中的右端面，然后单击“前导视图”工具栏正视于图标，将该表面作为绘制图形的基准面。

（20）绘制圆柱体。重复上面命令，在右端面绘制一个直径为 8，长为 70 圆柱体，结果如图 12-50 所示。

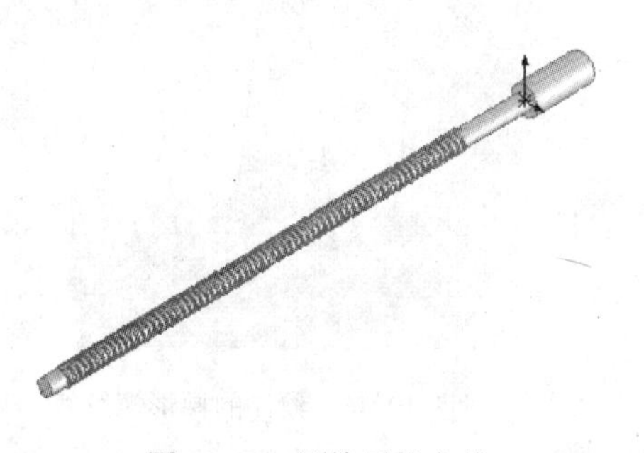

图 12-49　拉伸后的实体

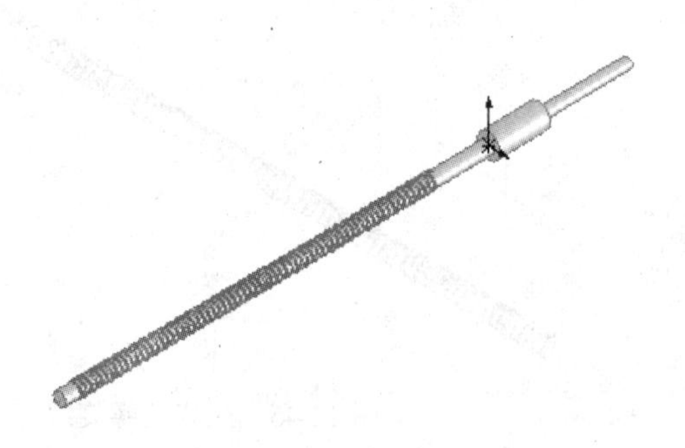

图 12-50　拉伸后的实体

12.6 承重台

本例绘制平移台的承重台，如图 12-51 所示。首先绘制承重台主体轮廓草图并拉伸实体，然后绘制与丝杠连接部分，并在相应的位置添加螺纹孔。

【案例 12-6】本案例源文件光盘路径：“X：\源文件\ch12\平移台 6（承重台）.SLDPRT”，本案例视频内容光盘路径：“X：\动画演示\ch12\12.6 平移台 6（承重台）.swf”。

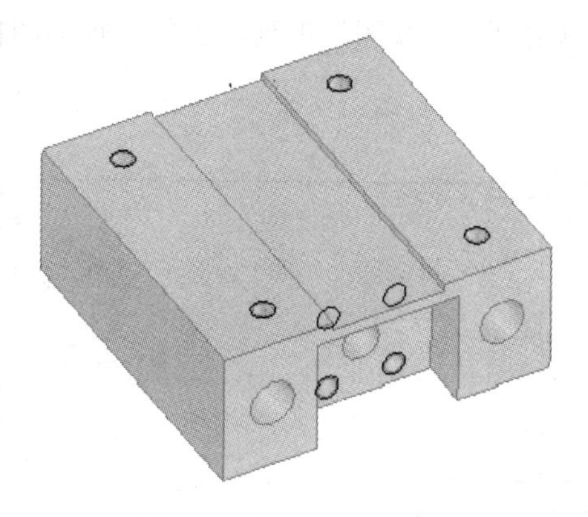

图 12-51 平移台承重台

（1）启动 SolidWorks 2008，执行【文件】→【新建】菜单命令，创建一个新的零件文件。

（2）绘制承重台主体。绘制草图。在左侧的”FeatureManager 设计树”中选择“前视基准面”作为绘制图形的基准面，然后单击“草图绘制”操控板中的矩形图标，以原点为角点绘制一个矩形。

（3）标注尺寸。执行【工具】→【标注尺寸】→【智能尺寸】菜单命令，或者单击“尺寸/几何关系”操控板中的智能尺寸图标，标注矩形各边的尺寸，结果如图 12-52 所示。

（4）拉伸实体。执行【插入】→【凸台/基体】→【拉伸】菜单命令，或者单击“特征”操控板中的拉伸凸台/基体图标，此时系统弹出“拉伸”属性管理器。在“深度”一栏中输入值为 88，然后单击属性管理器中的确定图标。

（5）设置视图方向。单击“前导视图”工具栏中的等轴测图标，将视图以等轴测方向显示，结果如图 12-53 所示。

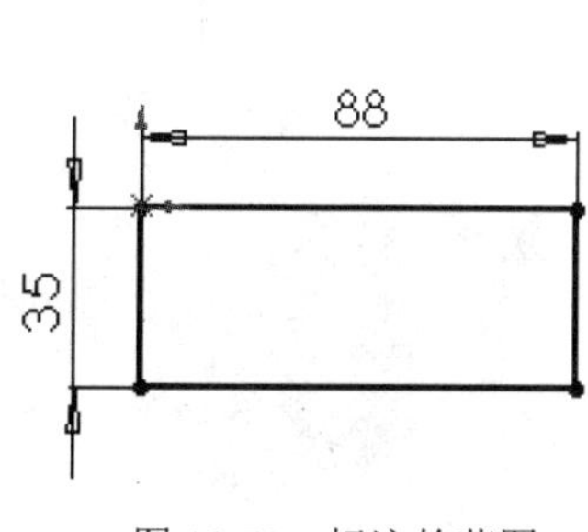

图 12-52 标注的草图

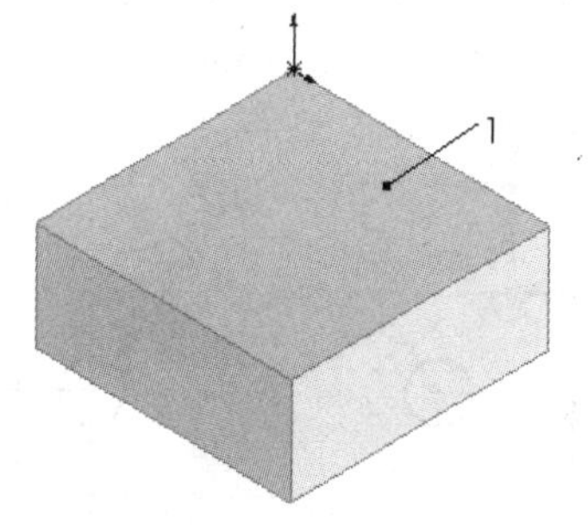

图 12-53 拉伸后的图形

（6）设置基准面。单击图 12-53 中的表面 1，然后单击“前导视图”工具栏正视于图标，将该表面作为绘制图形的基准面。

（7）绘制草图。单击“草图绘制”操控板中的矩形图标，在上一步设置的基准面上绘制一个矩形。

（8）标注尺寸。单击“尺寸/几何关系”操控板中的智能尺寸图标，标注上一步绘制草图的尺寸。结果如图 12-54 所示。

（9）拉伸切除实体。执行【插入】→【切除】→【拉伸】菜单命令，或者单击“特征”操控板中的切除拉伸图标，此时系统弹出“切除-拉伸”属性管理器。在“深度”一栏中输入值为 2，然后单击属性管理器中的确定图标。

（10）设置视图方向。单击“前导视图”工具栏中的等轴测图标，将视图以等轴测方向显示，结果如图 12-55 所示。

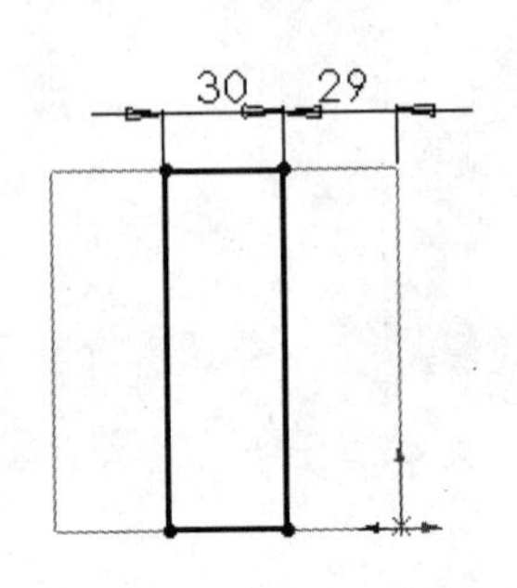

图 12-54　标注的草图

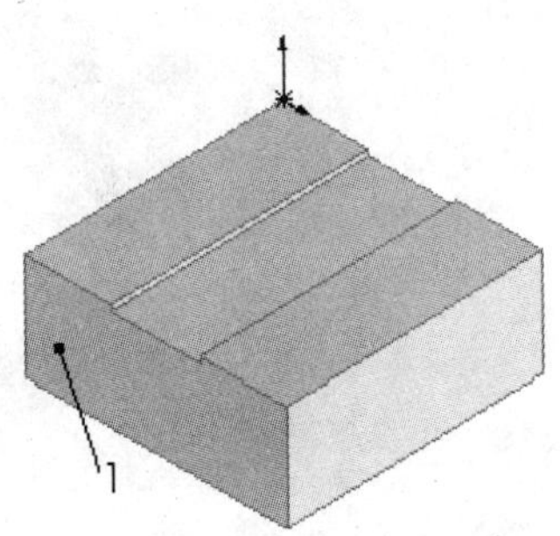

图 12-55　拉伸切除后的图形

（11）绘制光杠轴孔。设置基准面。单击图 12-55 中的表面 1，然后单击“前导视图”工具栏正视于图标，将该表面作为绘制图形的基准面。

（12）绘制草图。单击“草图绘制”操控板中的圆图标，在上一步设置的基准面上绘制两个圆。

（13）标注尺寸。单击“尺寸/几何关系”操控板中的智能尺寸图标，标注上一步绘制草图的尺寸，结果如图 12-56 所示。

（14）拉伸切除实体。单击“特征”操控板中的切除拉伸图标，此时系统弹出“切除-拉伸”属性管理器。在“终止条件”一栏的下拉菜单中，用鼠标选择“完全贯穿”选项。单击属性管理器中的确定图标。

（15）设置视图方向。单击“前导视图”工具栏中的等轴测图标，将视图以等轴测方向显示，结果如图 12-57 所示。

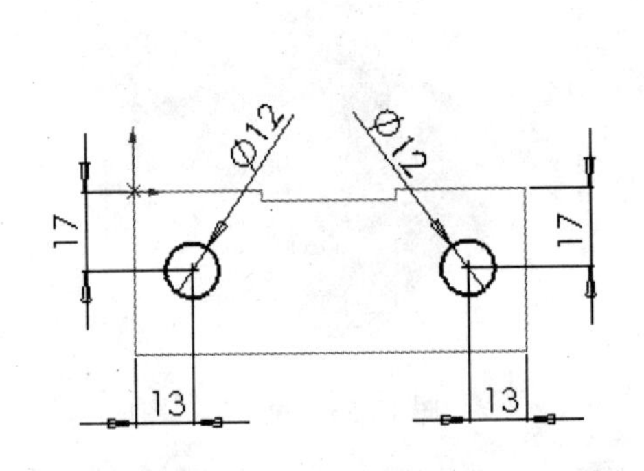

图 12-56　标注的草图

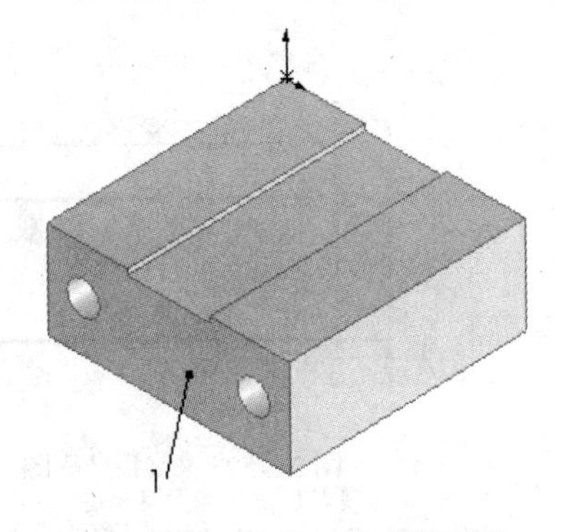

图 12-57　拉伸切除后的图形

（16）绘制与丝杠连接部分。设置基准面。单击图 12-57 中的表面 1，然后单击“前导视图”工具栏正视于图标，将该表面作为绘制图形的基准面。

（17）绘制草图。单击“草图绘制”操控板中的矩形图标，在上一步设置的基准面上绘制一个矩形。

（18）标注尺寸。单击“尺寸/几何关系”操控板中的智能尺寸图标，标注上一步绘制矩形的尺寸及其定位尺寸，结果如图 12-58 所示。

（19）拉伸切除实体。单击“特征”操控板中的切除拉伸图标，此时系统弹出“切除-拉伸”属性管理器。在“深度”一栏中输入值为 2，然后单击属性管理器中的确定图标。

（20）设置视图方向。单击“前导视图”工具栏中的等轴测图标，将视图以等轴测方向显示，结果如图 12-59 所示。

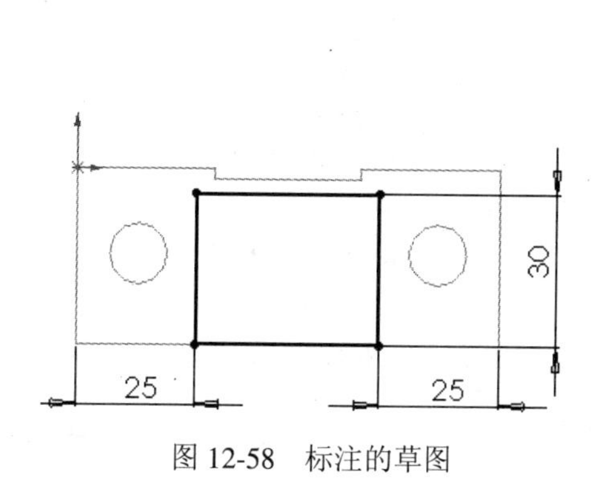

图 12-58　标注的草图

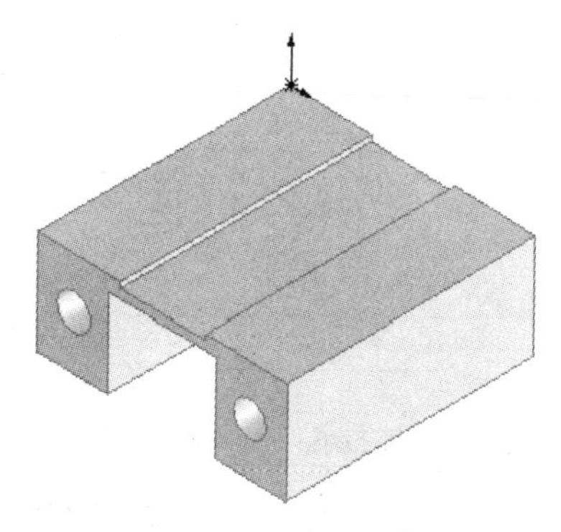

图 12-59　拉伸切除后的图形

（21）设置基准面。单击图 12-59 中后面的表面，然后单击“前导视图”工具栏正视于图标，将该表面作为绘制图形的基准面。

（22）绘制草图。单击“草图绘制”操控板中的矩形图标，在上一步设置的基准面上绘制一个矩形。

（23）标注尺寸。单击“尺寸/几何关系”操控板中的智能尺寸图标，标注上一步绘制矩形的尺寸及其定位尺寸，结果如图 12-60 所示。

（24）拉伸切除实体。单击“特征”操控板中的切除拉伸图标，此时系统弹出“切除-拉伸”属性管理器。在“深度”一栏中输入值为 2，然后单击确定图标。

（25）设置视图方向。单击“前导视图”工具栏中的旋转视图图标，将视图以合适的方向显示，结果如图 12-61 所示。

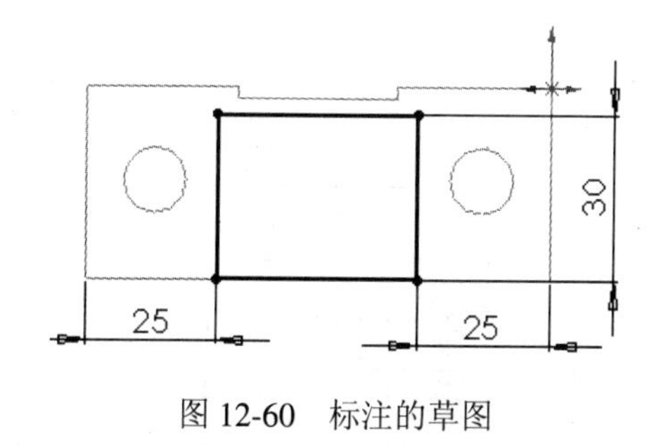

图 12-60　标注的草图

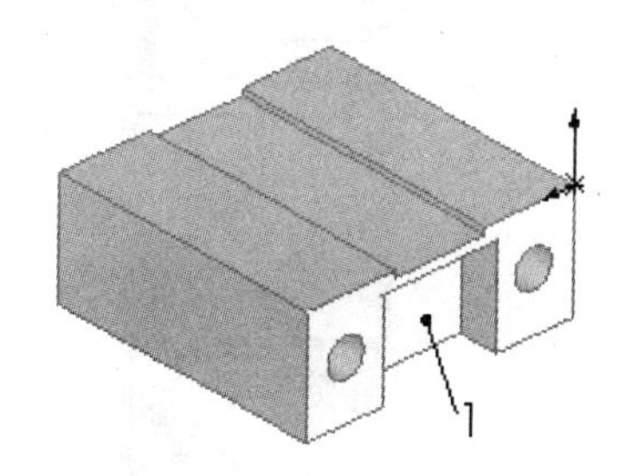

图 12-61　拉伸切除后的图形

（26）设置基准面。单击图 12-61 中的表面 1，然后单击“前导视图”工具栏正视于图标，将该表面作为绘制图形的基准面。

（27）绘制草图。单击“草图绘制”操控板中的圆图标⊙，在上一步设置的基准面上绘制一个圆。

（28）标注尺寸。单击“尺寸/几何关系”操控板中的智能尺寸图标，标注上一步绘制圆的直径及其定位尺寸，结果如图 12-62 所示。

（29）拉伸切除实体。单击“特征”操控板中的切除拉伸图标，此时系统弹出“切除-拉伸”属性管理器。在“终止条件”一栏的下拉菜单中，用鼠标选择“完全贯穿”选项，单击属性管理器中的确定图标✔。

（30）设置视图方向。单击“前导视图”工具栏中的旋转视图图标，将视图以合适的方向显示，结果如图 12-63 所示。

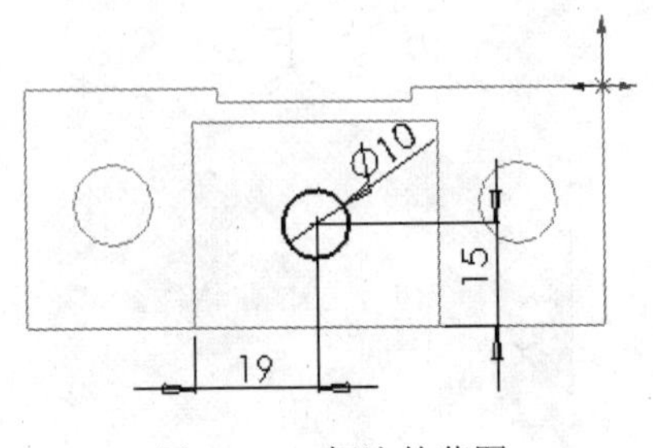

图 12-62　标注的草图

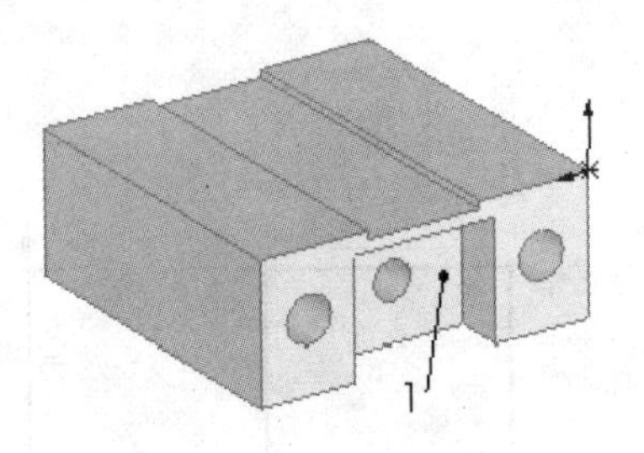

图 12-63　拉伸切除后的图形

（31）绘制螺纹孔。设置基准面。单击图 12-63 中的表面 1，然后单击“前导视图”工具栏正视于图标，将该表面作为绘制图形的基准面。

（32）添加螺纹孔。执行【插入】→【特征】→【钻孔】→【向导】菜单命令，或者单击“特征”操控板中的异型孔向导图标，此时系统弹出如图 12-64 所示“孔规格”属性管理器。按照图示进行设置后，单击“位置”按钮，然后用鼠标单击上一步设置的基准面，添加 4 个点，作为螺纹孔的位置并标注尺寸，结果如图 12-65 所示。单击属性管理器中的确定图标✔。

图 12-64　“孔规格”属性管理器

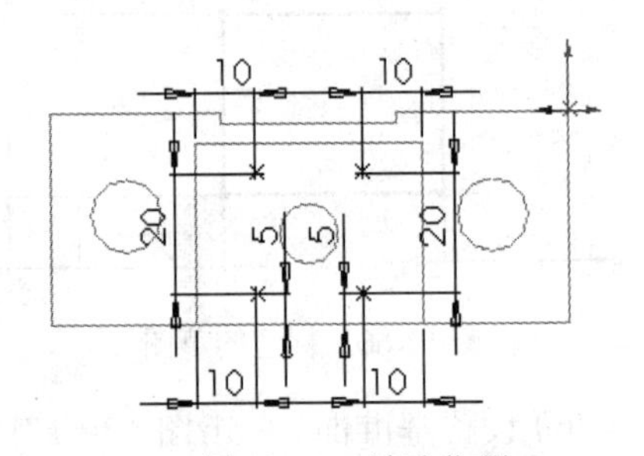

图 12-65　钻孔位置

（33）设置视图方向。单击“前导视图”工具栏中的旋转视图图标，将视图以合适的方向显示，结果如图 12-66 所示。

（34）绘制螺纹孔。设置基准面。单击图 12-66 中的表面 1，然后单击“前导视图”工具栏正视于图标，将该表面作为绘制图形的基准面。

（35）添加螺纹孔。参考上面的步骤，在图 12-66 中的表面 1 上添加 M6×1 螺纹孔，孔深为 10，螺纹孔的位置如图 12-67 所示，然后单击“钻孔位置”属性管理器中的【完成】按钮。

（36）设置视图方向。单击“前导视图”工具栏中的旋转视图图标，将视图以合适的方向显示，结果如图 12-51 所示。

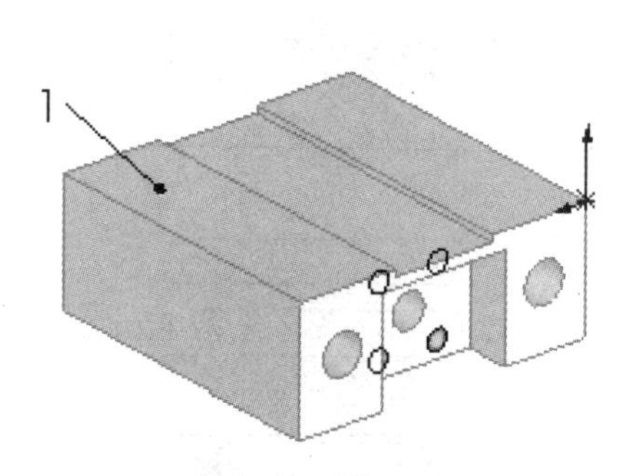

图 12-66　添加的螺纹孔

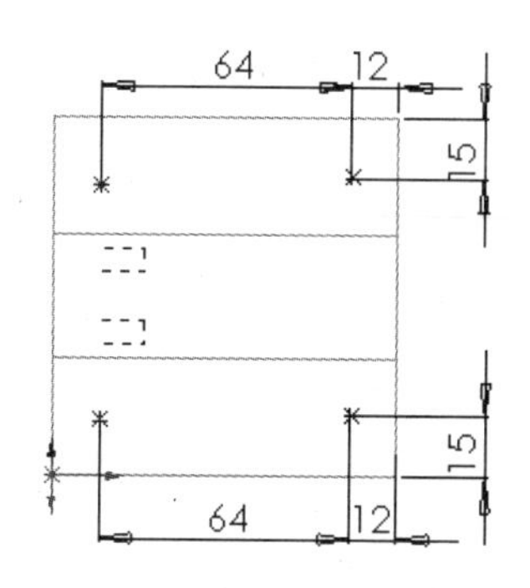

图 12-67　钻孔位置

12.7　承物板

本例绘制平移台承物板，如图 12-68 所示。首先绘制承物板主体轮廓草图并拉伸实体，然后在相应的位置添加柱形沉头孔和螺纹孔。

【案例 12-7】本案例源文件光盘路径：“X：\源文件\ch12\平移台 7（承物板）.SLDPRT”，本案例视频内容光盘路径：“X：\动画演示\ch12\12.7 平移台 7（承物板）.swf”。

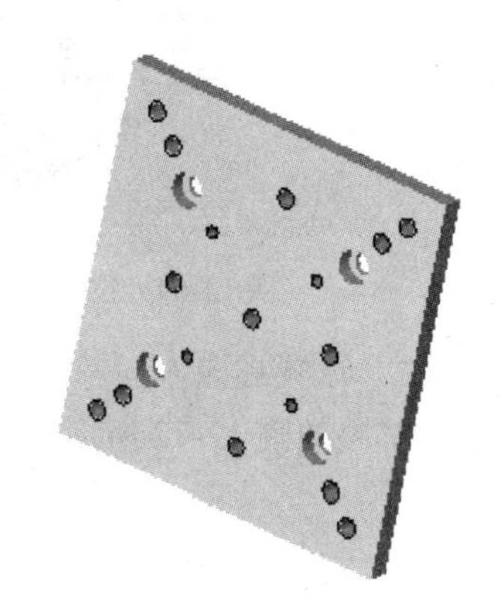

图 12-68　平移台承物板

（1）启动 SolidWorks 2008，执行【文件】→【新建】菜单命令，创建一个新的零件文件。

（2）绘制承物板主体轮廓。绘制草图。在左侧的”FeatureManager 设计树”中选择“前视基准面”作为绘制图形的基准面。单击“草图绘制”操控板中的“矩形图标，以原点为角点绘制一个矩形，矩形的各边长度均为 120。

（3）拉伸实体。执行【插入】→【凸台/基体】→【拉伸】菜单命令，或者单击“特征”操控板中的拉伸凸台/基体图标，此时系统弹出“拉伸”属性管理器。在“深度”一栏中输入值为 8，然后单击属性管理器中的确定图标。

（4）设置视图方向。单击“前导视图”工具栏中的等轴测图标，将视图以等轴测方向显示，结果如图 12-69 所示。

（5）绘制柱形沉头孔。设置基准面。单击图 12-69 中的表面 1，然后单击“前导视图”工具栏正视于图标，将该表面作为绘制图形的基准面。

（6）添加柱形沉头孔。单击“特征”操控板中的异型孔向导图标，此时系统弹出如图 12-70 所示的“孔规格”属性管理器。按照图示进行设置后，单击【位置】按钮，然后用鼠标单击上一步设置的基准面，添加两个点，作为柱形沉头孔的位置并标注尺寸，结果如图 12-71 所示。单击属性管理器中的确定图标。

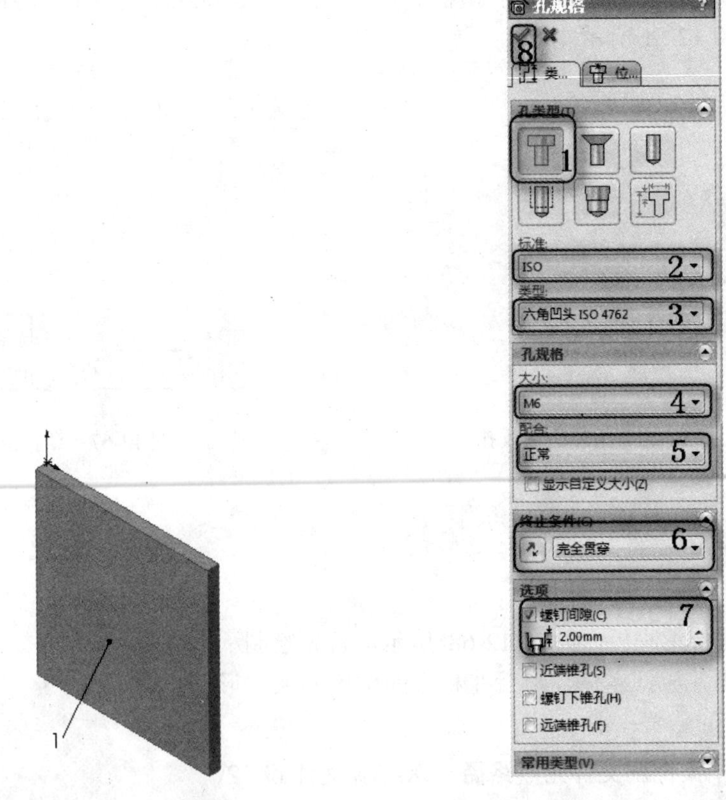

图 12-69 拉伸后的图形　　图 12-70 “孔规格”属性管理器

（7）设置视图方向。单击“前导视图”工具栏中的等轴测图标，将视图以等轴测方向显示，结果如图 12-72 所示。

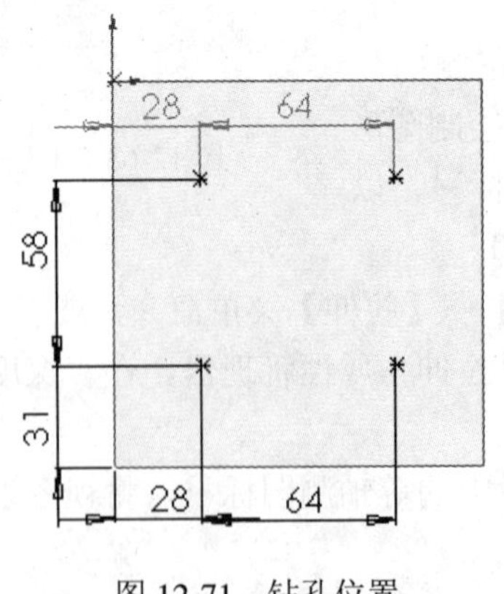

图 12-71 钻孔位置

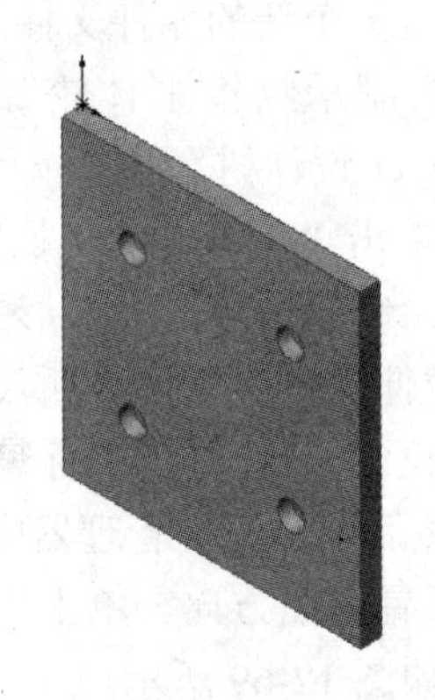

图 12-72 添加孔后的图形

（8）绘制螺纹孔。添加螺纹孔。参考上面的步骤，在图 12-75 的外表面上添加 M6×1 的螺纹孔，孔深为“完全贯穿”，螺纹孔的位置如图 12-73 所示，然后单击“钻孔位置”属性管理器中的【完成】按钮。

（9）设置视图方向。单击“前导视图”工具栏中的等轴测图标，将视图以等轴测方向显示，结果如图 12-74 所示。

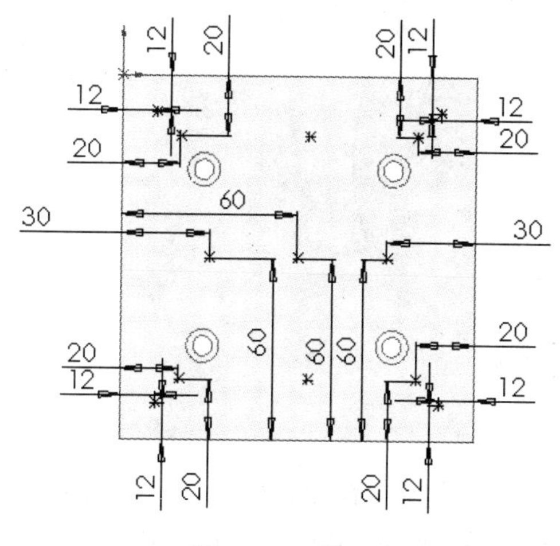

图 12-73　钻孔位置

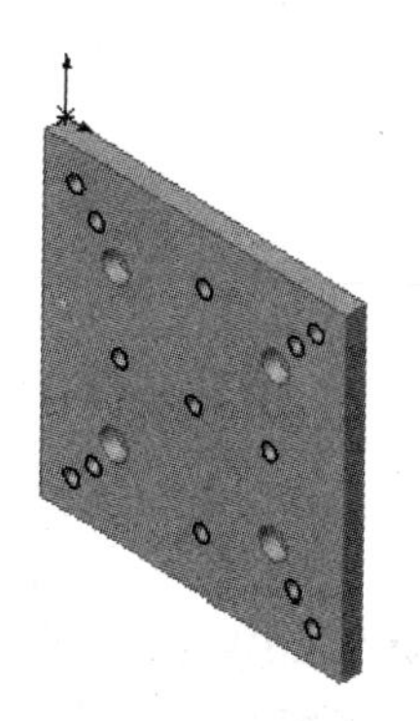

图 12-74　添加的螺纹孔

（10）添加螺纹孔。参考上面的步骤，在图 12-75 的外表面上添加 M4×0.7 的螺纹孔，孔深为“完全贯穿”，螺纹孔的位置如图 12-75 所示，然后单击“钻孔位置”属性管理器中的【完成】按钮。

（11）设置视图方向。单击“前导视图”工具栏中的等轴测图标，将视图以等轴测方向显示，结果如图 12-76 所示。

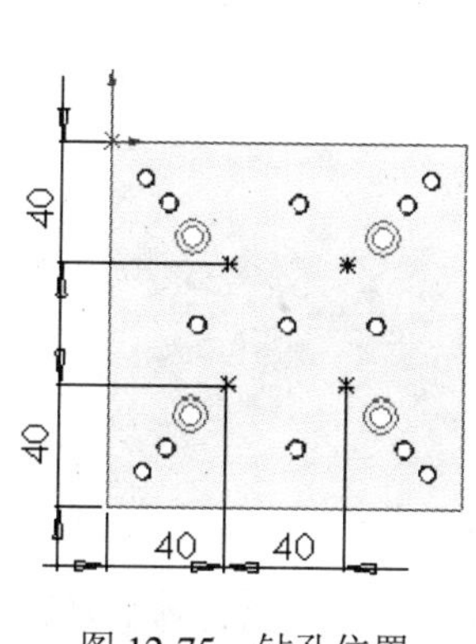

图 12-75　钻孔位置

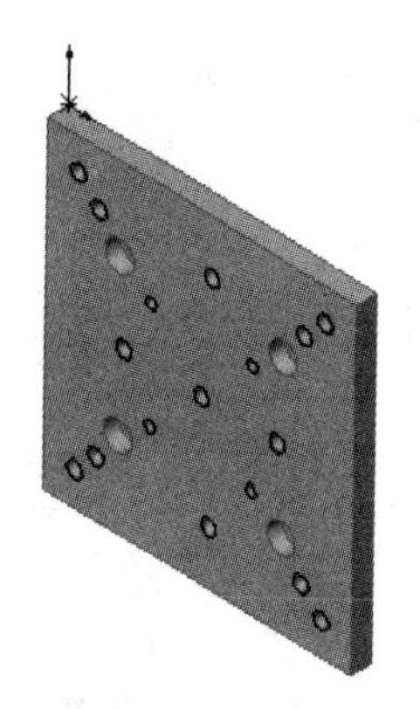

图 12-76　添加的螺纹孔

12.8　后挡板堵盖

本例绘制平移台后挡板堵盖，如图 12-77 所示。首先绘制堵盖主体轮廓草图并拉伸实体，然后添加柱形沉头孔，并圆周阵列实体。

【案例 12-8】本案例源文件光盘路径："X:\源文件\ch12\平移台 8（后挡板堵盖）.SLDPRT"，本案例视频内容光盘路径："X:\动画演示\ch12\12.8 平移台 8（后挡板堵盖）.swf"。

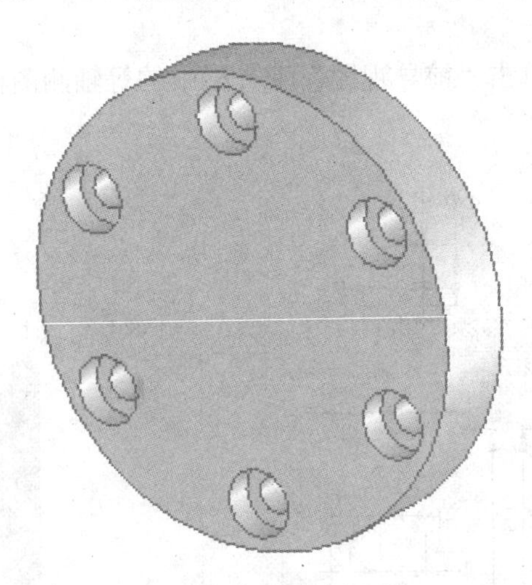

图 12-77　后挡板堵盖

（1）启动 SolidWorks 2008，执行【文件】→【新建】菜单命令，创建一个新的零件文件。

（2）绘制堵盖的主体轮廓。绘制草图。在左侧的"FeatureManager 设计树"中选择"前视基准面"作为绘制图形的基准面。单击"草图绘制"操控板中的圆图标，以原点为圆心绘制一个直径为 30 的圆。

（3）拉伸实体。执行【插入】→【凸台/基体】→【拉伸】菜单命令，或者单击"特征"操控板中的拉伸凸台/基体图标，此时系统弹出"拉伸"属性管理器。在"深度"一栏中输入值为 6，然后单击属性管理器中的确定图标。

（4）设置视图方向。单击"前导视图"工具栏中的等轴测图标，将视图以等轴测方向显示，结果如图 12-78 所示。

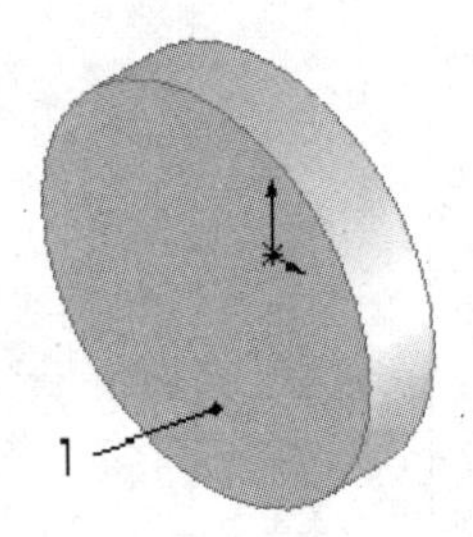

图 12-78　拉伸后的图形

（5）绘制柱形沉头孔。设置基准面。单击图 12-78 中的表面 1，然后单击"前导视图"工具栏正视于图标，将该表面作为绘制图形的基准面。

（6）添加柱形沉头孔。执行【插入】→【特征】→【钻孔】→【向导】菜单命令，或者单击"特征"操控板中的异型孔向导图标，此时系统弹出如图 12-79 所示的"孔规格"属性管理器。按照图示进行设置后，单击【位置】按钮，然后用鼠标单击上一步设置的基准面，添加两个点，作为柱形沉头孔的位置并标注尺寸，结果如图 12-80 所示。然后单击属性管理器中的确定图标。

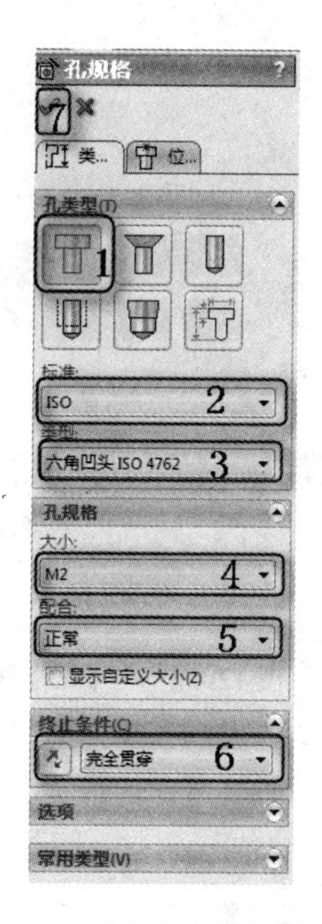

图 12-79 “孔规格”属性管理器

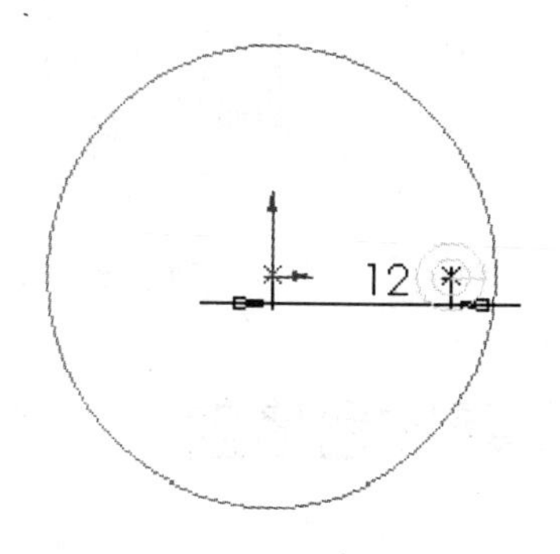

图 12-80 钻孔位置

（7）设置视图方向。单击“前导视图”工具栏中的等轴测图标，将视图以等轴测方向显示，结果如图 12-81 所示。

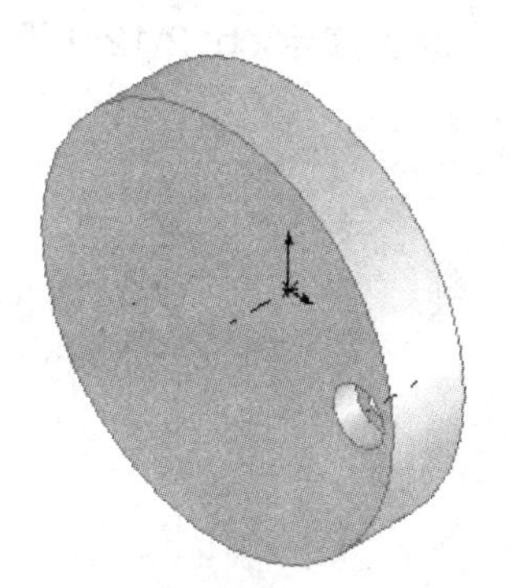

图 12-81 添加的柱形沉头孔

（8）圆周阵列实体。执行【插入】→【阵列/镜向】→【圆周阵列】菜单命令，或者单击“特征”操控板中的圆周阵列图标，此时系统弹出如图 12-82 所示的“圆周阵列”属性管理器。在“阵列轴”一栏中，用鼠标选择图 12-81 中通过原点的临时轴；在“实例数”一栏中输入值为 6；在“要阵列的特征”一栏中，用鼠标选择添加的柱形沉头孔。单击属性管理器中确定图标，结果如图 12-83 所示。

注意：

在使用圆周阵列命令时，需要选择阵列轴。该实例中使用的阵列轴为临时轴，在选择临时轴时，该轴可能没有弹出在视图中，读者可以通过“视图”下拉菜单进行设置。如果下拉菜单中的“临时轴”被亮显，则视图中会显示临时轴，否则没有。

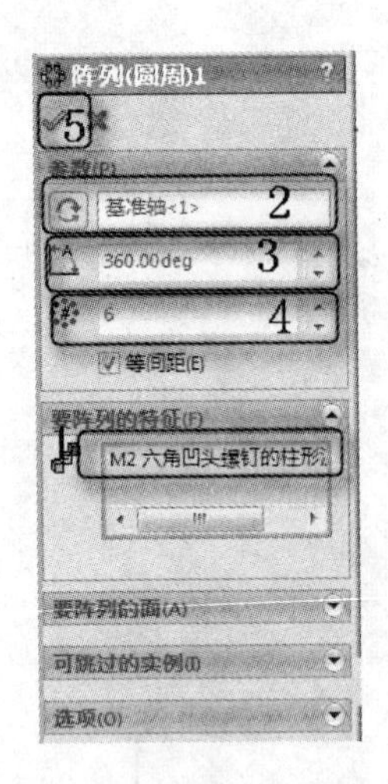

图 12-82 “圆周阵列”属性管理器

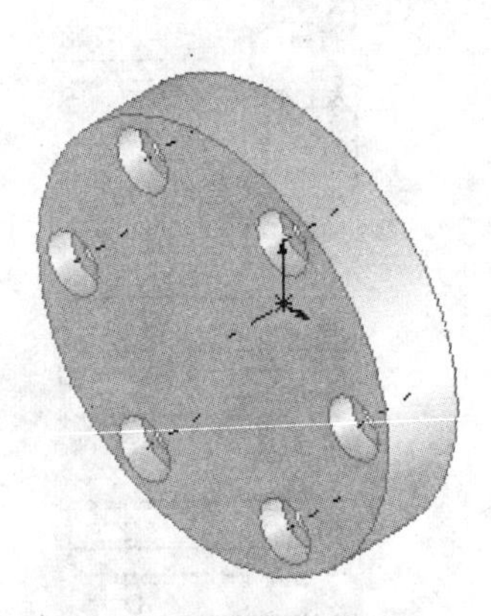

图 12-83 阵列后的图形

12.9 承物台堵盖

本例绘制平移台承物台堵盖，如图 12-84 所示。首先绘制堵盖主体轮廓草图并拉伸实体，然后绘制中间轴孔，并添加柱形沉头孔。

【案例 12-9】本案例源文件光盘路径：“X:\源文件\ch12\平移台 9（承物台堵盖）.SLDPRT”，本案例视频内容光盘路径：“X：\动画演示\ch12\12.9 平移台 9（承物台堵盖）.swf”。

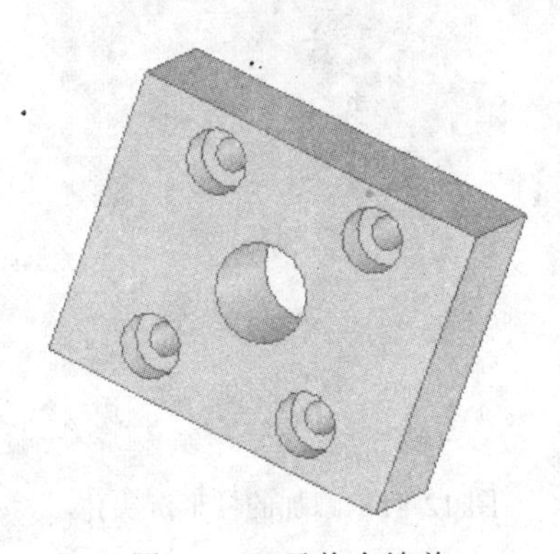

图 12-84 承物台堵盖

（1）启动 SolidWorks 2008，执行【文件】→【新建】菜单命令，创建一个新的零件文件。

（2）绘制堵盖主体轮廓。绘制草图。在左侧的“FeatureManager 设计树”中选择“前视基准面”作为绘制图形的基准面。单击“草图绘制”操控板中的矩形图标，以原点为角点绘制一个矩形。

（3）标注尺寸。执行【工具】→【标注尺寸】→【智能尺寸】菜单命令，或者单击“尺寸/几何关系”操控板中的智能尺寸图标，标注矩形各边的尺寸，结果如图 12-85 所示。

（4）拉伸实体。执行【插入】→【凸台/基体】→【拉伸】菜单命令，或者单击“特征”操控板中的拉伸凸台/基体图标，此时系统弹出“拉伸”属性管理器。在“深度”一栏中输入值为 12，然后单击属性管理器中的确定图标。

（5）设置视图方向。单击“前导视图”工具栏中的等轴测图标，将视图以等轴测方向显示，结果如图 12-86 所示。

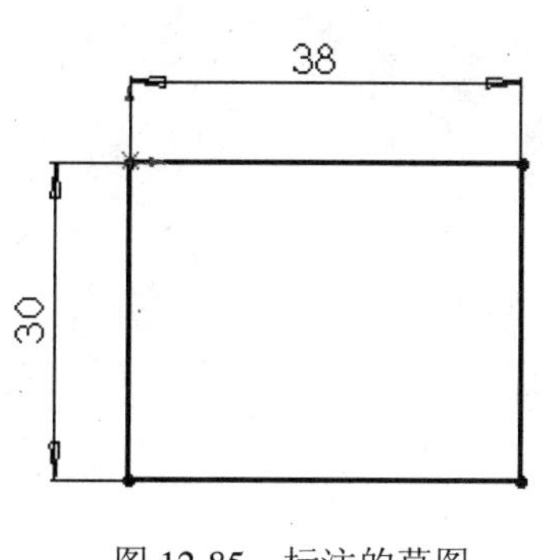

图 12-85　标注的草图

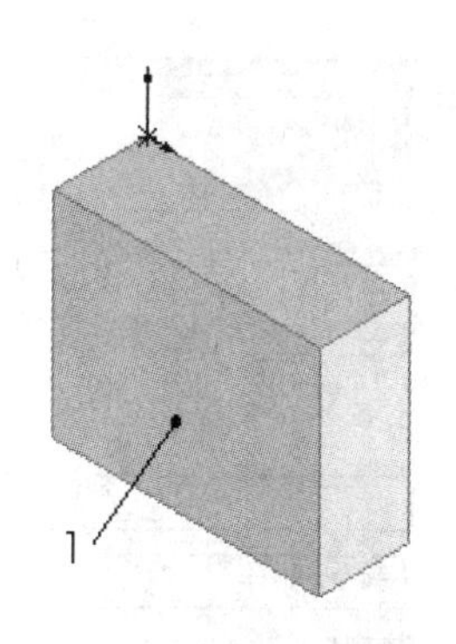

图 12-86　拉伸后的图形

（6）绘制中间轴孔。设置基准面。单击图 12-86 中的表面 1，然后单击“前导视图”工具栏中的正视于图标，将该表面作为绘制图形的基准面。

（7）绘制草图。单击“草图绘制”操控板中的圆图标，在上一步设置的基准面上绘制一个圆。

（8）标注尺寸。单击“尺寸/几何关系”操控板中的智能尺寸图标，标注上一步绘制圆的直径及其定位尺寸，结果如图 12-87 所示。

（9）拉伸切除实体。执行【插入】→【切除】→【拉伸】菜单命令，或者单击“特征”操控板中的“切除拉伸图标，此时系统弹出“切除-拉伸”属性管理器。在“终止条件”一栏的下拉菜单中，用鼠标选择“完全贯穿”选项，结果如图 12-88 所示。然后单击属性管理器中的确定图标。

（10）设置视图方向。单击“前导视图”工具栏中的等轴测图标，将视图以等轴测方向显示，结果如图 12-78 所示。

（11）绘制柱形沉头孔。设置基准面。单击图 12-88 中的表面 1，然后单击“前导视图”工具栏正视于图标，将该表面作为绘制图形的基准面。

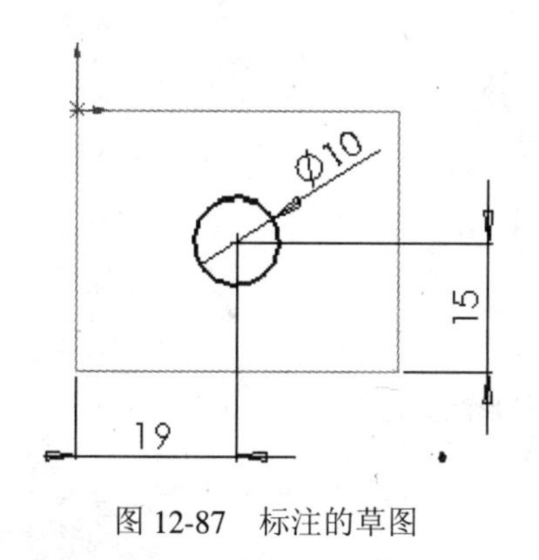

图 12-87　标注的草图

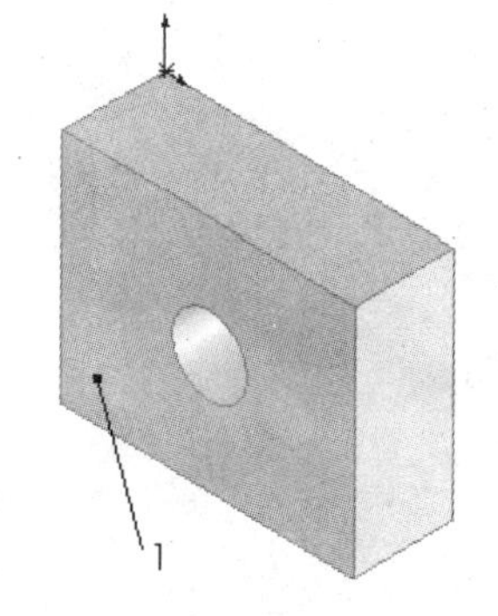

图 12-88　拉伸切除后的图形

（12）添加柱形沉头孔。执行【插入】→【特征】→【钻孔】→【向导】菜单命令，或者单击“特征”操控板中的异型孔向导图标，此时系统弹出如图 12-89 所示的“孔规格”属性管理器。按照图示进行设置后，单击【位置】按钮，然后用鼠标单击上一步设置基准面，添加

4 个点，作为柱形沉头孔的位置并标注尺寸，结果如图 12-90 所示，然后单击属性管理器中的确定图标。

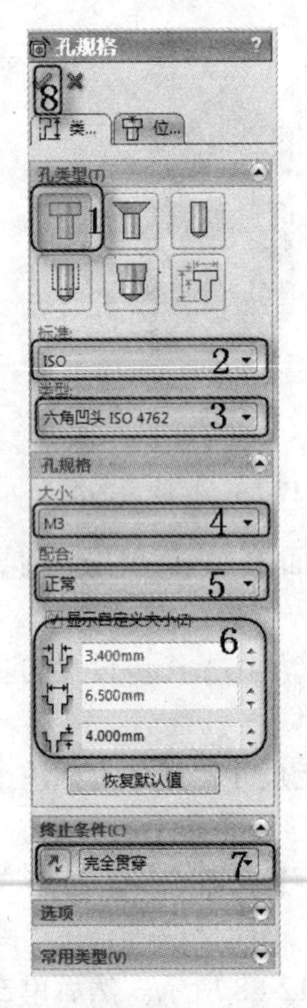

图 12-89 “孔规格”属性管理器

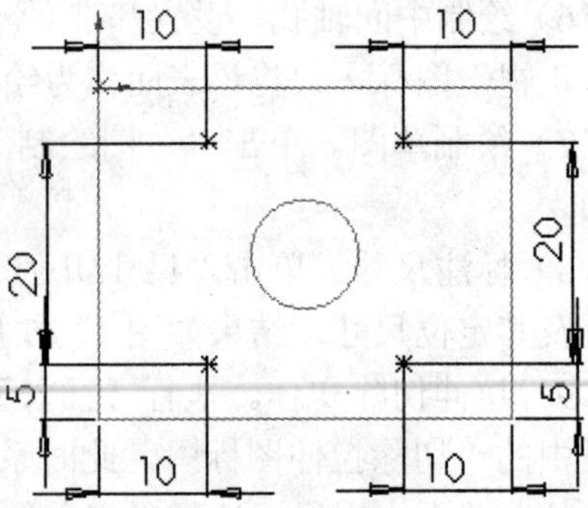

图 12-90 钻孔位置

（13）设置视图方向。单击“前导视图”工具栏中的等轴测图标，将视图以等轴测方向显示，结果如图 12-91 所示。

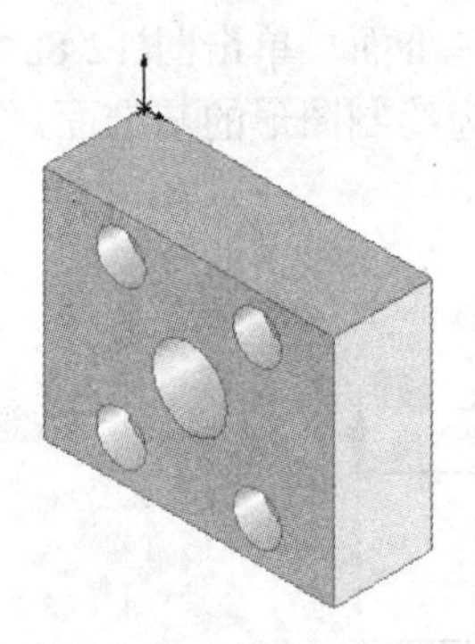

图 12-91 添加的柱形沉头孔

12.10 电机支架

本例绘制平移台电机支架，如图 12-92 所示。首先绘制电机支架主体轮廓草图并拉伸实体，然后绘制中间的轴孔，并添加柱形沉头孔。

【案例 12-10】本案例源文件光盘路径："X：\源文件\ch12\平移台 10（电机支架）.SLDPRT"，本案例视频内容光盘路径："X：\动画演示\ch12\12.10 平移台 10（电机支架）.swf"。

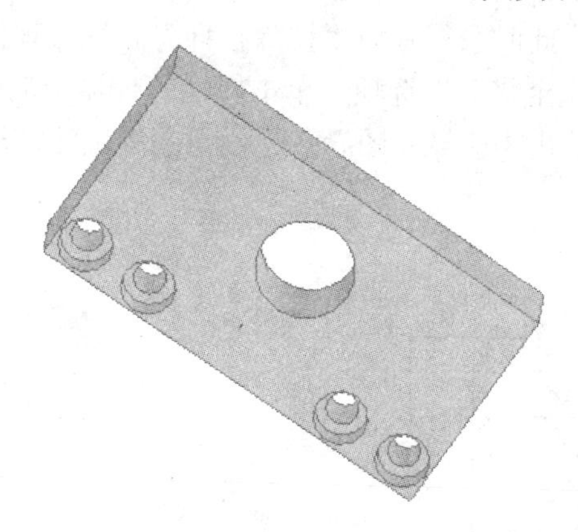

图 12-92 电机支架

（1）启动 SolidWorks 2008，执行【文件】→【新建】菜单命令，创建一个新的零件文件。

（2）绘制主体轮廓。绘制草图。在左侧的"FeatureManager 设计树"中选择"前视基准面"作为绘制图形的基准面。单击"草图绘制"操控板中的矩形图标，以原点为角点绘制一个矩形。

（3）标注尺寸。执行【工具】→【标注尺寸】→【智能尺寸】菜单命令，或者单击"尺寸/几何关系"操控板中的智能尺寸图标，标注矩形各边的尺寸，结果如图 12-93 所示。

（4）拉伸实体。执行【插入】→【凸台/基体】→【拉伸】菜单命令，或者单击"特征"操控板中的拉伸凸台/基体图标，此时系统弹出"拉伸"属性管理器。在"深度"一栏中输入值为 17.5，然后单击属性管理器中的确定图标。

（5）设置视图方向。单击"前导视图"工具栏中的等轴测图标，将视图以等轴测方向显示，结果如图 12-94 所示。

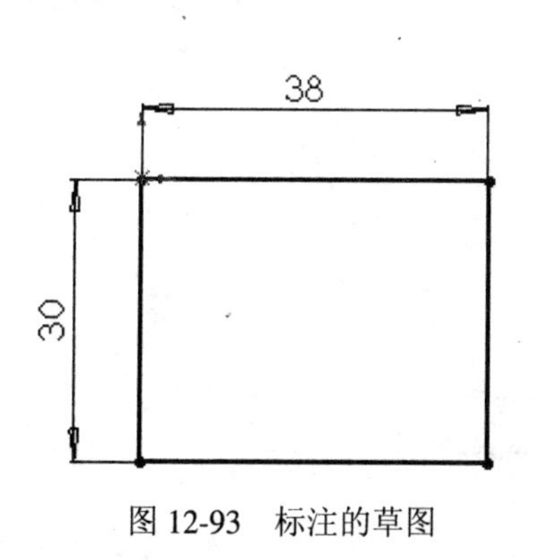

图 12-93 标注的草图

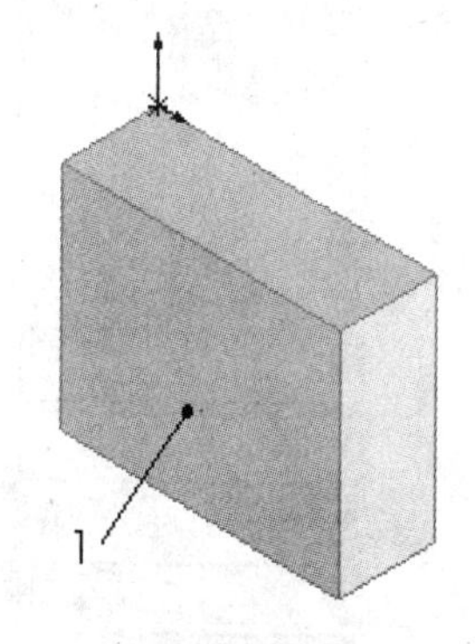

图 12-94 拉伸后的图形

（6）绘制中间轴孔。设置基准面。单击图 12-94 中的表面 1，然后单击"前导视图"工具栏中的正视于图标，将该表面作为绘制图形的基准面。

（7）绘制草图。单击"草图绘制"操控板中的圆图标，在上一步设置的基准面上绘制一个圆。

（8）标注尺寸。单击"尺寸/几何关系"操控板中的智能尺寸图标，标注上一步绘制圆的直径及其定位尺寸，结果如图 12-95 所示。

（9）拉伸切除实体。执行【插入】→【切除】→【拉伸】菜单命令，或者单击“特征”操控板中的切除拉伸图标，此时系统弹出“切除拉伸”属性管理器。在“终止条件”一栏的下拉菜单中，用鼠标选择“完全贯穿”选项，单击属性管理器中的确定图标。

（10）设置视图方向。单击“前导视图”工具栏中的等轴测图标，将视图以等轴测方向显示，结果如图 12-96 所示。

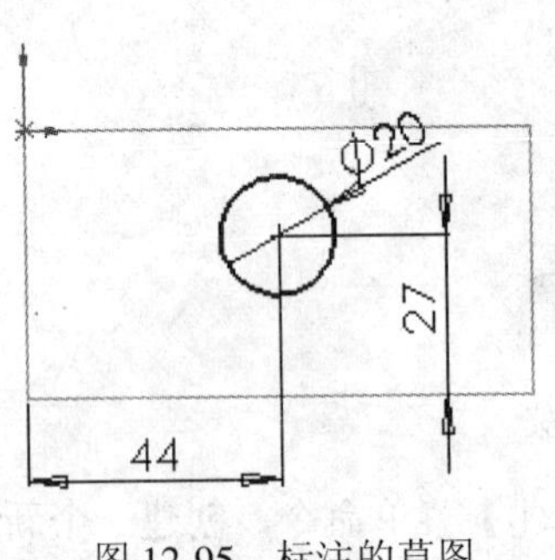

图 12-95 标注的草图

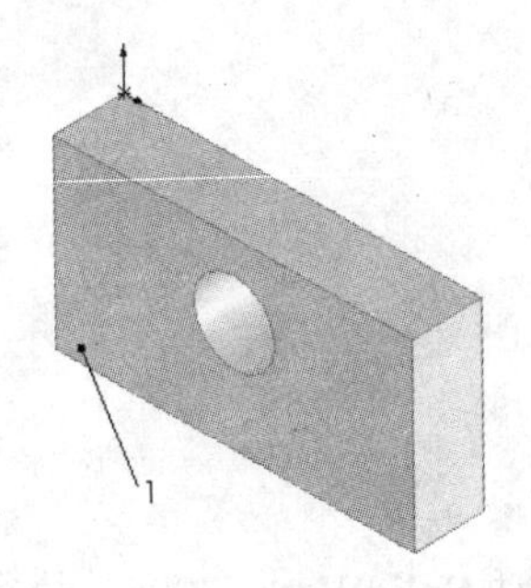

图 12-96 拉伸切除后的图形

（11）绘制柱形沉头孔。设置基准面。单击图 12-96 中的表面 1，然后单击“前导视图”工具栏中的正视于图标，将该表面作为绘制图形的基准面。

（12）添加柱形沉头孔。执行【插入】→【特征】→【钻孔】→【向导】菜单命令，或者单击“特征”操控板中的异型孔向导图标，此时系统弹出如图 12-97 所示的“孔规格”属性管理器。按照图示进行设置后，单击【位置】按钮，然后用鼠标单击上一步设置的基准面，添加 4 个点，作为柱形沉头孔的位置并标注尺寸，结果如图 12-98 所示。单击属性管理器中的确定图标。

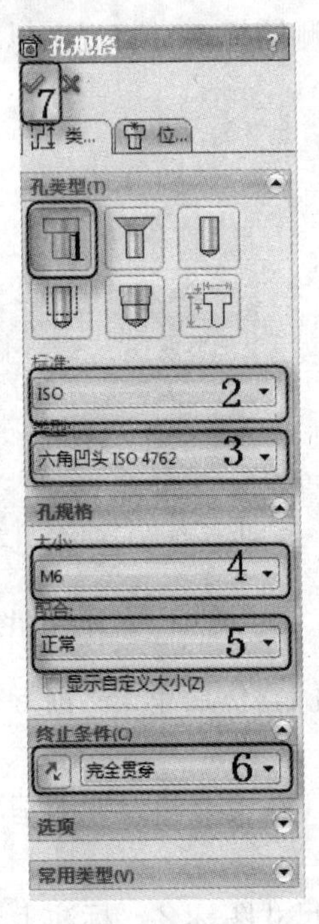

图 12-97 “孔规格”属性管理器

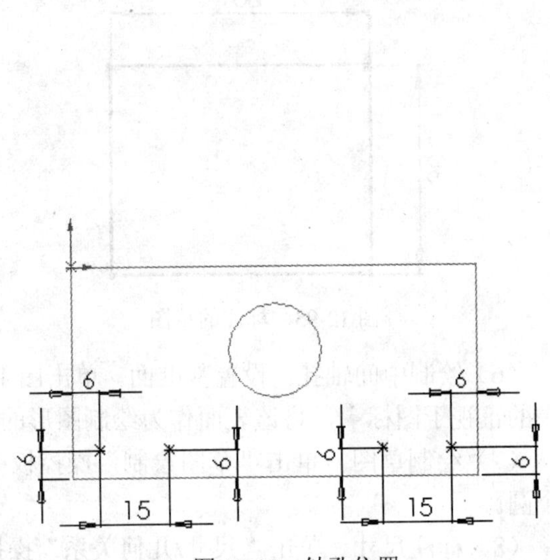

图 12-98 钻孔位置

（13）设置视图方向。单击“前导视图”工具栏中的等轴测图标，将视图以等轴测方向显示，结果如图 12-99 所示。

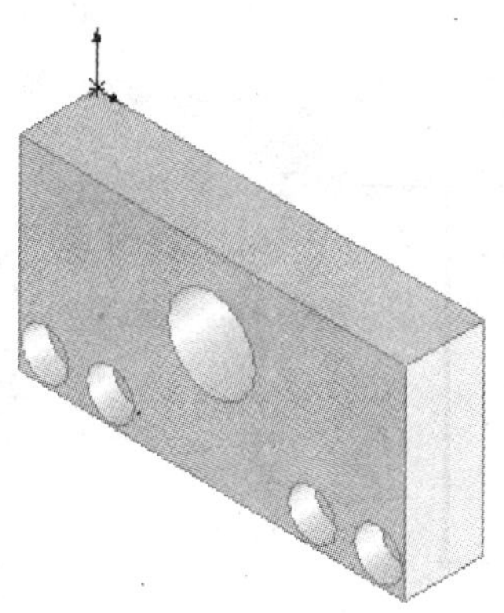

图 12-99　添加的柱形沉头孔

12.11　电机

本例绘制平移台电机外形，如图 12-100 所示。首先绘制电机主体轮廓草图并拉伸实体;然后绘制中间的轴孔，并添加柱形沉头孔；最后对相应部分进行圆角处理。

【案例 12-11】本案例源文件光盘路径：“X：\源文件\ch12\平移台 11（电机）.SLDPRT”，本案例视频内容光盘路径：“X：\动画演示\ch12\12.11 平移台 11（电机）.swf”。

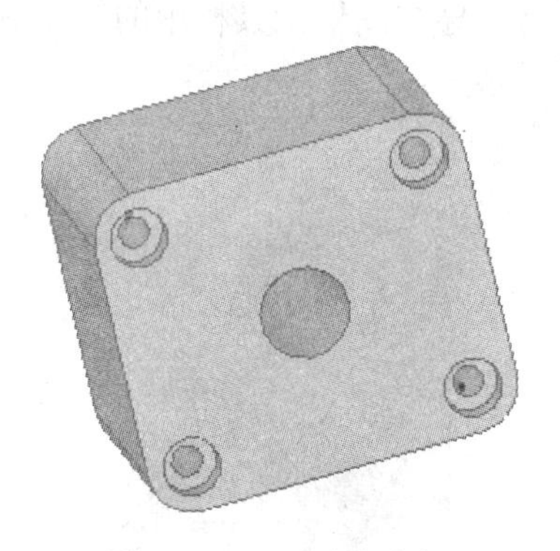

图 12-100　平移台电机

（1）启动 SolidWorks 2008，执行【文件】→【新建】菜单命令，创建一个新的零件文件。

（2）绘制主体轮廓。绘制草图。在左侧的“FeatureManager 设计树”中选择“前视基准面”作为绘制图形的基准面。单击“草图绘制”操控板中的矩形图标，以原点为角点绘制一个矩形。

（3）标注尺寸。执行【工具】→【标注尺寸】→【智能尺寸】菜单命令，或者单击“尺寸/几何关系”操控板中的智能尺寸图标，标注矩形各边的尺寸，结果如图 12-101 所示。

（4）拉伸实体。执行【插入】→【凸台/基体】→【拉伸】菜单命令，或者单击“特征”操控板中的拉伸凸台/基体图标，此时系统弹出“拉伸”属性管理器。在“深度”一栏中输入值为 36，然后单击属性管理器中的确定图标。

（5）设置视图方向。单击“前导视图”工具栏中的等轴测图标，将视图以等轴测方向显示，结果如图 12-102 所示。

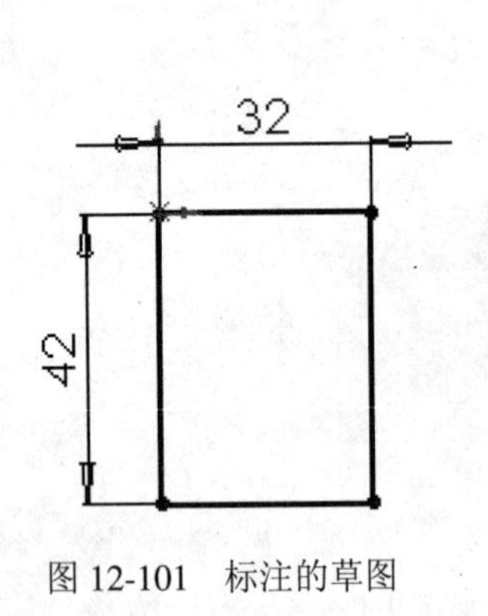

图 12-101　标注的草图

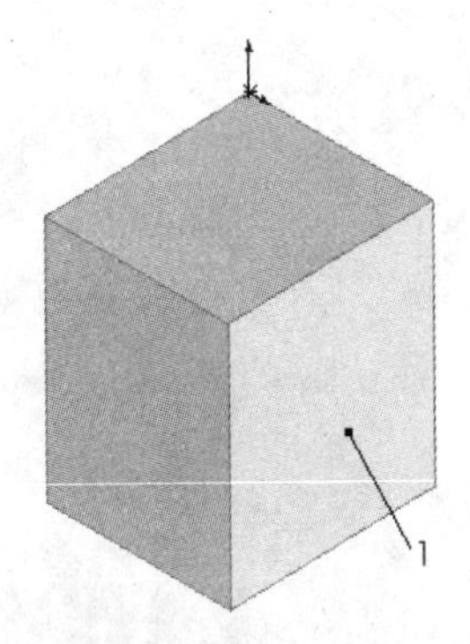

图 12-102　拉伸后的图形

（6）绘制中间轴孔。设置基准面。单击图 12-102 中的表面 1，然后单击“前导视图”工具栏中的正视于图标，将该表面作为绘制图形的基准面。

（7）绘制草图。执行【工具】→【草图绘制实体】→【圆】菜单命令，或者单击“草图绘制”操控板中的圆图标，在上一步设置的基准面上绘制一个直径为 10 的圆，并且圆心在表面 1 的中心。

（8）拉伸切除实体。执行【插入】→【切除】→【拉伸】菜单命令，或者单击“特征”操控板中的切除拉伸图标，此时系统弹出“切除-拉伸”属性管理器。在“终止条件”一栏的下拉菜单中，用鼠标选择“完全贯穿”选项，单击属性管理器中的确定图标。

（4）设置视图方向。单击“前导视图”工具栏中的等轴测图标，将视图以等轴测方向显示。结果如图 12-103 所示。

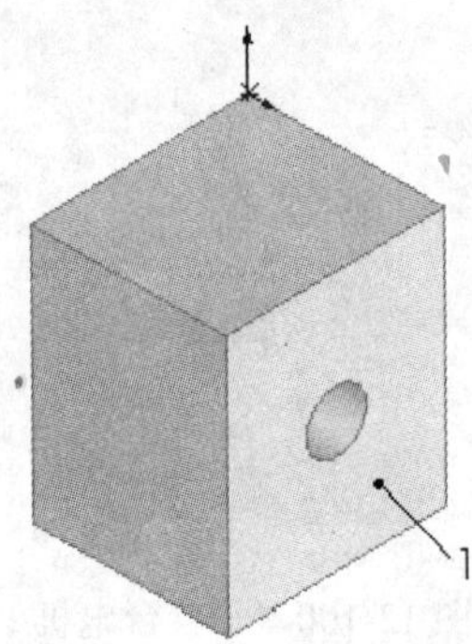

图 12-103　拉伸切除后的图形

（9）绘制柱形沉头孔。设置基准面。单击图 12-103 中的表面 1，然后单击“前导视图”工具栏正视于图标，将该表面作为绘制图形的基准面。

（10）添加柱形沉头孔。执行【插入】→【特征】→【钻孔】→【向导】菜单命令，或者单击“特征”操控板中的“异型孔向导图标，此时系统弹出如图 12-104 所示“孔规格”属性管理器。按照图示进行设置后，单击“位置”按钮，然后用鼠标单击上一步设置的基准面，添加 4 个点，作为柱形沉头孔的位置并标注尺寸，结果如图 12-105 所示。单击属性管理器中的确定图标。

（11）设置视图方向。单击“前导视图”工具栏中的等轴测图标，将视图以等轴测方向

显示，结果如图 12-106 所示。

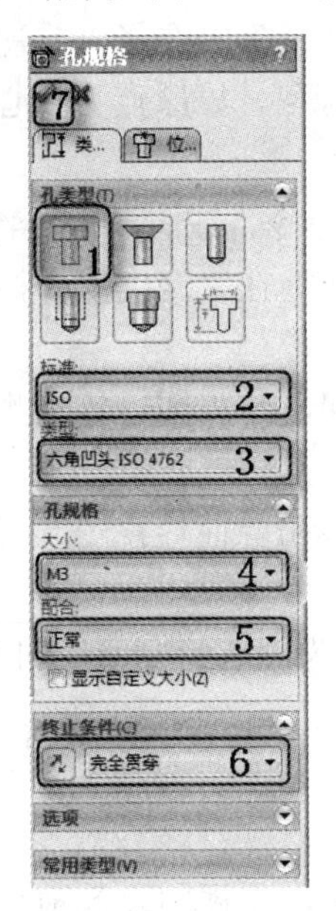

图 12-104　“孔规格”属性管理器

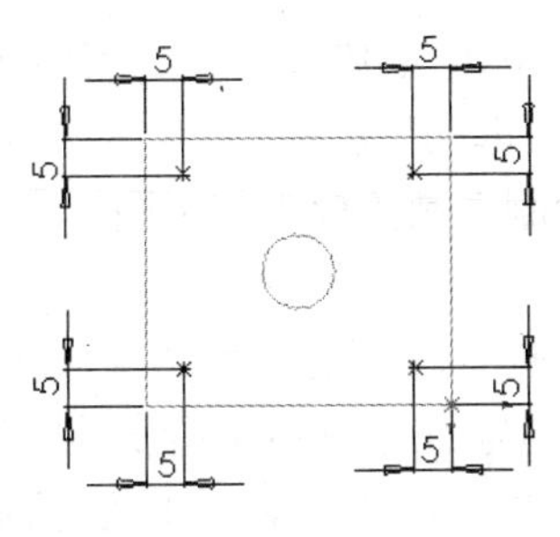

图 12-105　钻孔位置

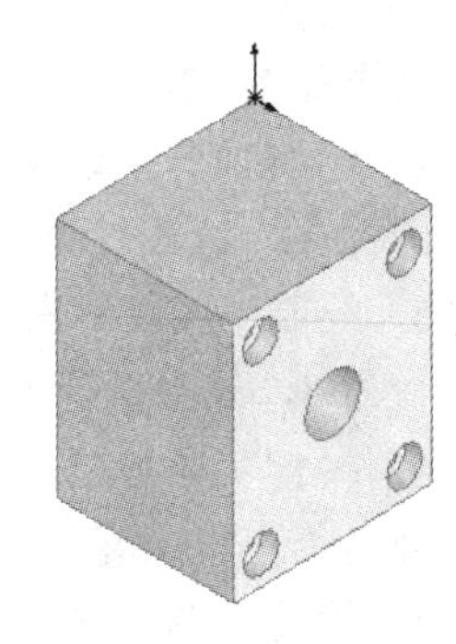

图 12-106　添加的柱形沉头孔

（12）圆角实体。执行【插入】→【特征】→【圆角】菜单命令，或者单击“特征”操控板中的圆角图标，此时系统弹出“圆角”属性管理器。在“半径”一栏中输入值为 5，然后用鼠标选择图 12-103 中的横向的四条边线，然后单击属性管理器中的确定图标。

（13）设置视图方向。单击“前导视图”工具栏中的旋转视图图标，将视图以合适的方向显示。结果如图 12-100 所示。

12.12　手轮

本例绘制平移台手轮，如图 12-107 所示。首先绘制手轮主体轮廓草图并拉伸实体;然后绘制与丝杠连接的轴套。

【案例 12-12】本案例源文件光盘路径：“X：\源文件\ch12\平移台 12（手轮）.SLDPRT”，本案例视频内容光盘路径：“X：\动画演示\ch12\12.12 平移台 12（手轮）.swf”。

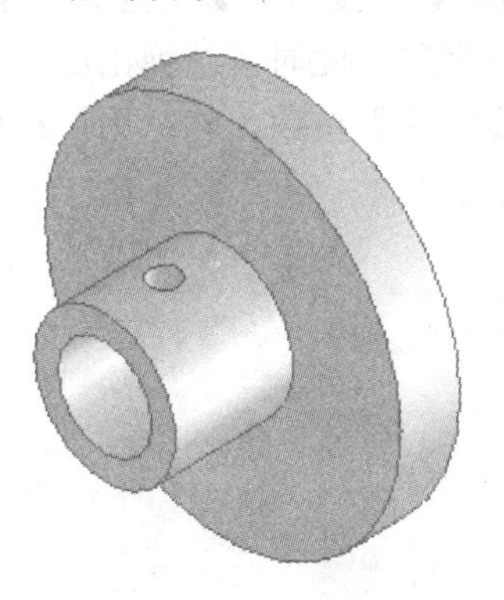

图 12-107　平移台手轮

（1）启动 SolidWorks 2008，执行【文件】→【新建】菜单命令，创建一个新的零件文件。

（2）绘制主体轮廓。绘制草图。在左侧的”FeatureManager 设计树”中选择“前视基准面”作为绘制图形的基准面，然后单击“草图绘制”操控板中的圆图标，以原点为圆心绘制一个直径为 30 的圆。

（3）拉伸实体。执行【插入】→【凸台/基体】→【拉伸】菜单命令，或者单击“特征”操控板中的拉伸凸台/基体图标，此时系统弹出“拉伸”属性管理器。在“深度”一栏中输入值为 5，然后单击属性管理器中的确定图标。

（4）设置视图方向。单击“前导视图”工具栏中的等轴测图标，将视图以等轴测方向显示，结果如图 12-108 所示。

（4）绘制轴套。设置基准面。单击图 12-108 中的表面 1，然后单击“前导视图”工具栏正视于图标，将该表面作为绘制图形的基准面。

（5）绘制草图。单击“草图绘制”操控板中的圆图标，以原点为圆心绘制两个同心圆，内圆直径为 8，外圆直径为 12。

（6）拉伸实体。单击“特征”操控板中的拉伸凸台/基体图标，此时系统弹出“拉伸”属性管理器。在“深度”一栏输入值为 10，然后单击属性管理器中的确定图标。

（7）设置视图方向。单击“前导视图”工具栏中的等轴测图标，将视图以等轴测方向显示，结果如图 12-109 所示。

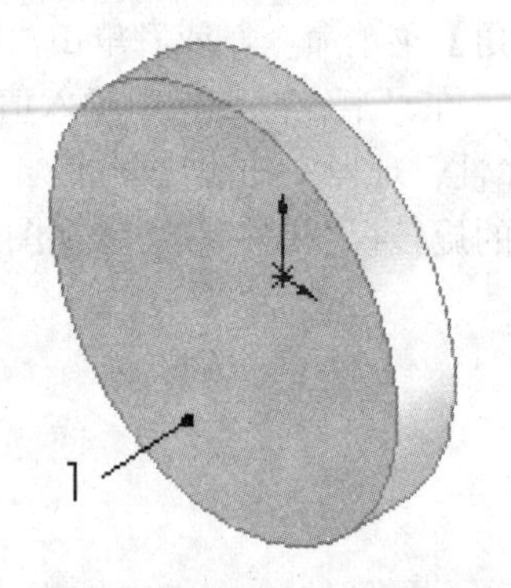

图 12-108　拉伸后的图形

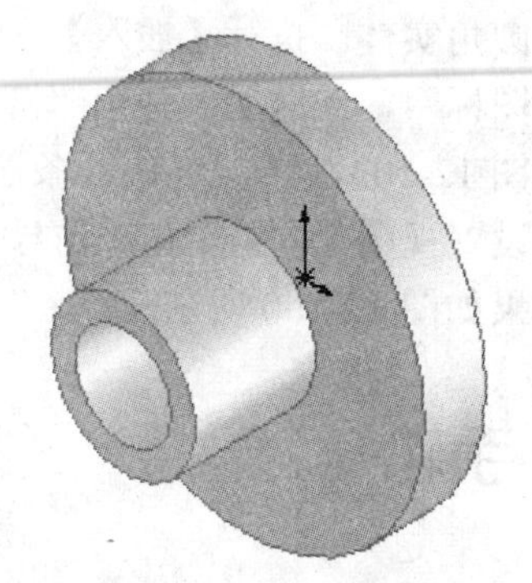

图 12-109　拉伸后的图形

（8）设置基准面。在左侧”FeatureManager 设计树”中用鼠标选择“上视基准面”，然后单击“前导视图”工具栏正视于图标，将该表面作为绘制图形的基准面。

（9）添加螺纹孔。执行【插入】→【特征】→【钻孔】→【向导】菜单命令，或者单击“特征”操控板中的异型孔向导图标，此时系统弹出如图 12-110 所示“孔规格”属性管理器。按照图示进行设置后，单击【位置】按钮，然后用鼠标单击上一步设置的基准面，添加 4 个点，作为柱形沉头孔的位置并标注尺寸，结果如图 12-111 所示。然后单击属性管理器中的确定图标。

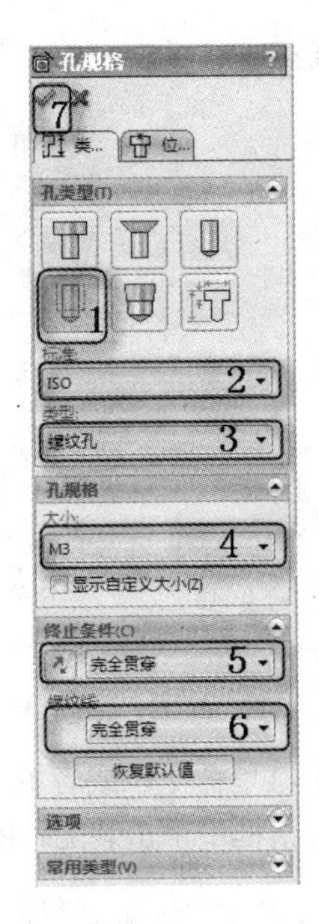

图 12-110 “孔规格”属性管理器

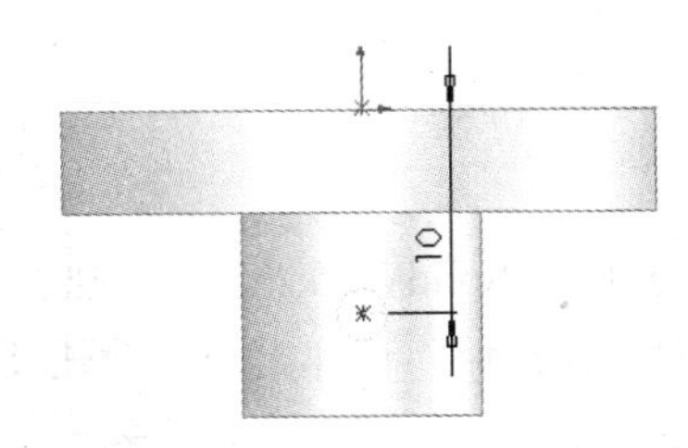

图 12-111 拉伸后的图形

（10）设置视图方向。单击“前导视图”工具栏中的等轴测图标，将视图以等轴测方向显示，结果如图 12-112 所示。

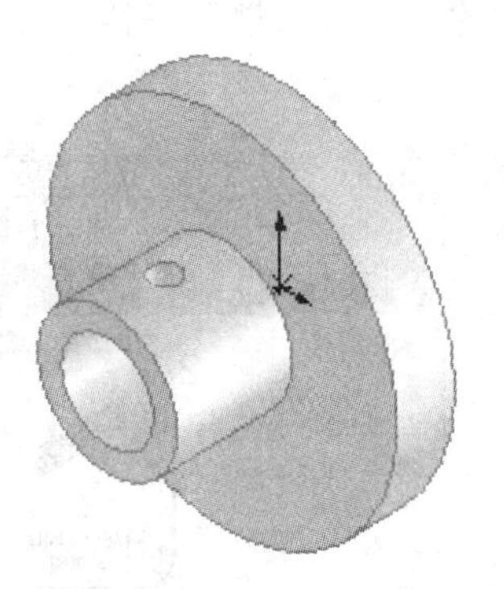

图 12-112 添加的螺纹孔

注意：

在本例中可以通过设置零部件外观属性，将外观设置为需要的特征，具体操作可以参考其他实例中相应的介绍。

12.13 平移台装配

本例绘制平移台装配体，如图 12-113 所示。首先创建一个装配体文件，然后依次插入平移台装配体的零部件，最后添加配合，并调整视图方向。

【案例 12-13】本案例源文件光盘路径：“X：\源文件\ch12\平移台装配体.SLDPRT”，本案

例视频内容光盘路径："X：\动画演示\ch12\12.13 平移台装配体.swf"。

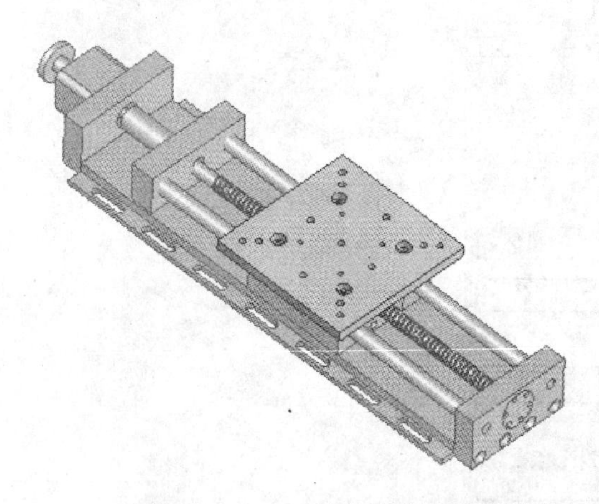

图 12-113　平移台装配体

（1）启动 SolidWorks 2008，执行【文件】→【新建】菜单命令，或者单击"标准"工具栏中的新建图标，在弹出的"新建 SolidWorks 文件"对话框中单击装配体图标，然后单击【确定】按钮，创建一个新的装配体文件。

（2）插入底座。执行【插入】→【零部件】→【现有零件/装配体】菜单命令，此时系统弹出如图 12-114 所示的"开始装配体"属性管理器。单击【浏览】按钮，此时系统弹出如图 12-115 所示的"打开"对话框，在其中选择需要的零部件，即底座。单击【打开】按钮，此时所选的零部件显示在图 12-115 中的"打开文档"一栏中。单击属性管理器中的确定图标，此时所选的零部件弹出在视图中。

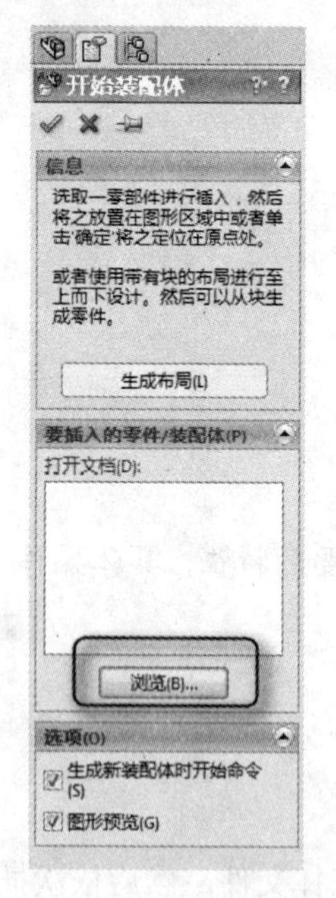

图 12-114　"开始装配体"属性管理器

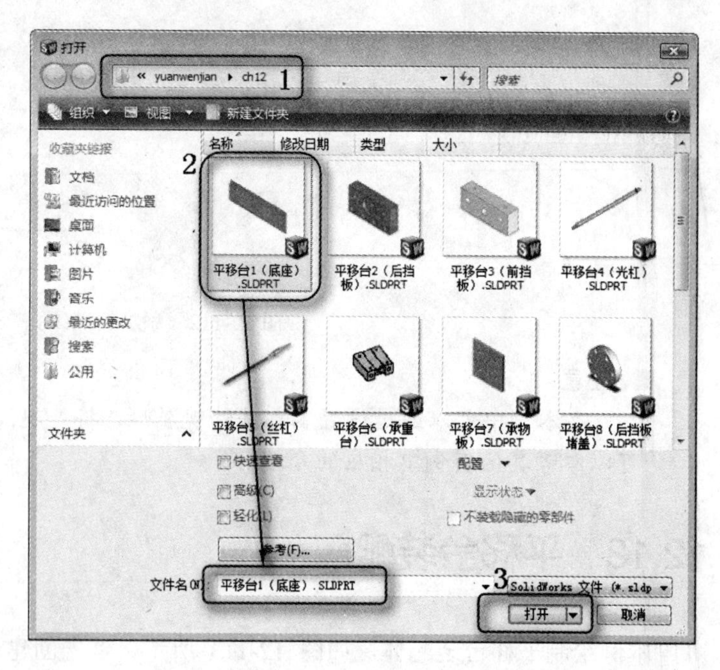

图 12-115　"打开"对话框

（3）设置视图方向。单击"前导视图"工具栏中的等轴测图标，将视图以等轴测方向

显示，结果如图 12-116 所示。

（4）插入后挡板。执行【插入】→【零部件】→【现有零件/装配体】菜单命令，插入后挡板。具体步骤可以参考上面的介绍，将后挡板插入到图中合适的位置，结果如图 12-117 所示。

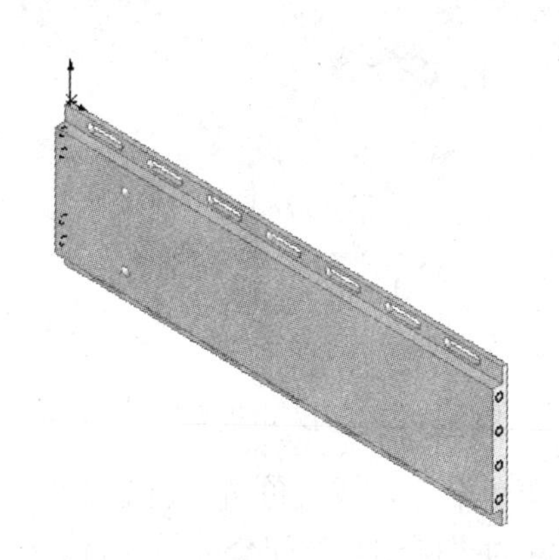

图 12-116　插入底座后的图形

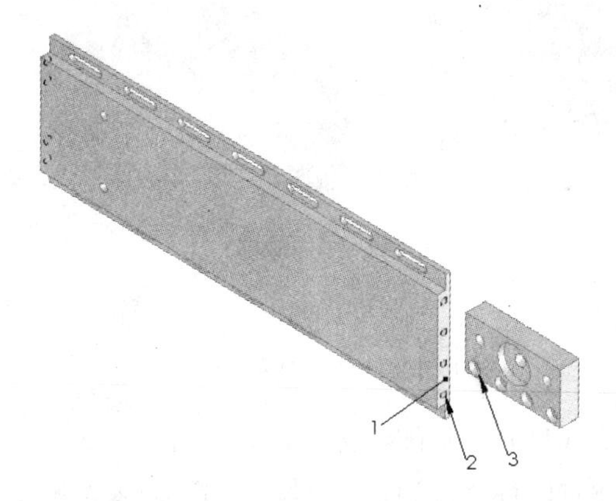

图 12-117　插入后挡板后的图形

（5）添加配合关系。执行【插入】→【配合】菜单命令，或者单击“装配体”操控板中的配合图标，此时系统弹出“配合”属性管理器。选择图 12-117 中的表面 1 和后挡板的背面，单击属性管理器中的重合图标，然后单击属性管理器中的确定图标。重复此命令，将底座的背面和后挡板的底面设置为“重合”配合关系；将图 12-117 中边线 2 和边线 4 设置为“同轴心”配合关系。

（6）设置视图方向。单击“前导视图”工具栏中的旋转视图图标，将视图以合适的方向显示，结果如图 12-118 所示。

（7）插入前挡板。执行【插入】→【零部件】→【现有零件/装配体】菜单命令，插入前挡板。具体步骤可以参考上面的介绍，将前挡板插入到图中合适的位置，结果如图 12-119 所示。

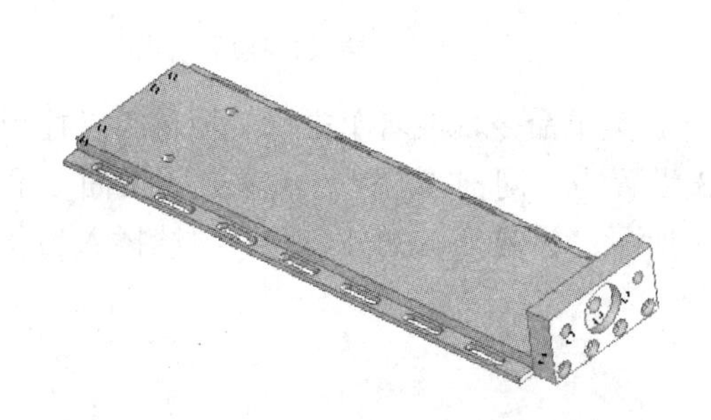

图 12-118　配合后的图形

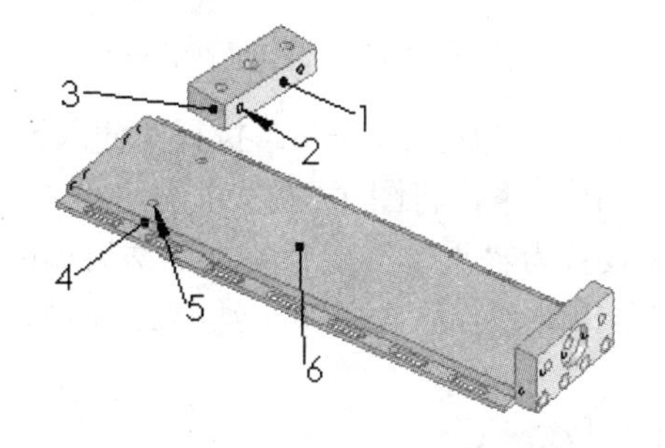

图 12-119　插入前挡板后的图形

（8）添加配合关系。执行【插入】→【配合】菜单命令，或者单击“装配体”操控板中的配合图标，将图 12-119 中的边线 2 和边线 5 设置为“同轴心”配合关系；将表面 1 和表面 6 设置为“重合”配合关系；将面 3 和面 4 设置为“平行”配合关系。

（9）设置视图方向。单击“前导视图”工具栏中的旋转视图图标，将视图以合适的方向显示，结果如图 12-120 所示。

（10）插入电机支架。执行【插入】→【零部件】→【现有零件/装配体】菜单命令，插入电机支架。具体步骤可以参考上面的介绍，将电机支架插入到图中合适的位置，结果如图12-121 所示。

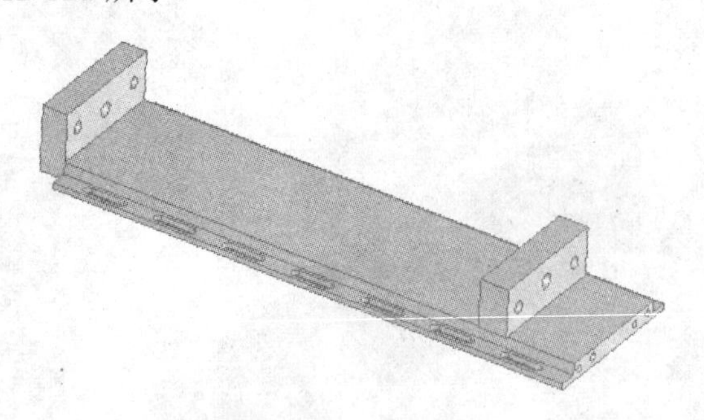

图 12-120 配合后的图形

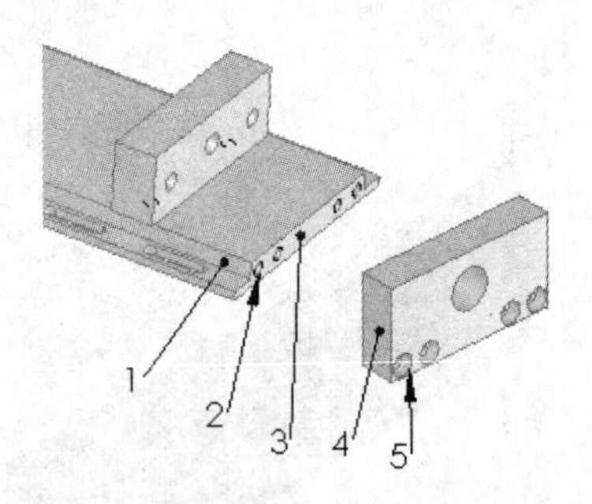

图 12-121 插入电机支架后的图形

（11）添加配合关系。执行【插入】→【配合】菜单命令，或者单击“装配体”操控板中的配合图标，将图 12-121 中的边线 2 和边线 5 设置为“同轴心”配合关系；将表面 3 和电机支架的背面设置为“重合”配合关系；将面表 1 和面表 4 设置为“平行”配合关系，结果如图 12-122 所示。

（12）插入光杠。执行【插入】→【零部件】→【现有零件/装配体】菜单命令，插入光杠，具体步骤可以参考上面的介绍，将光杠插入到图中合适的位置，结果如图 12-123 所示。

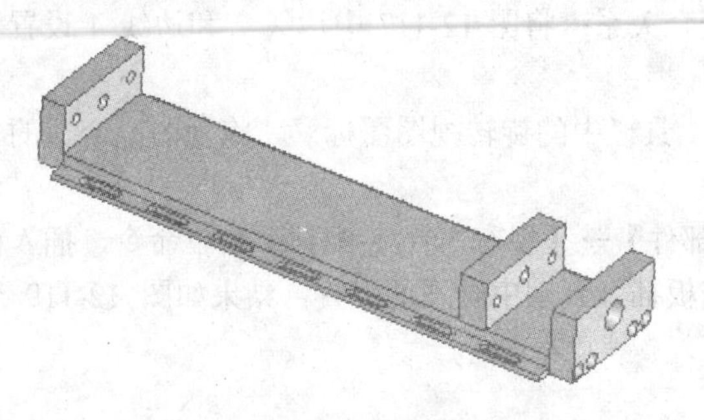

图 12-122 配合后的图形

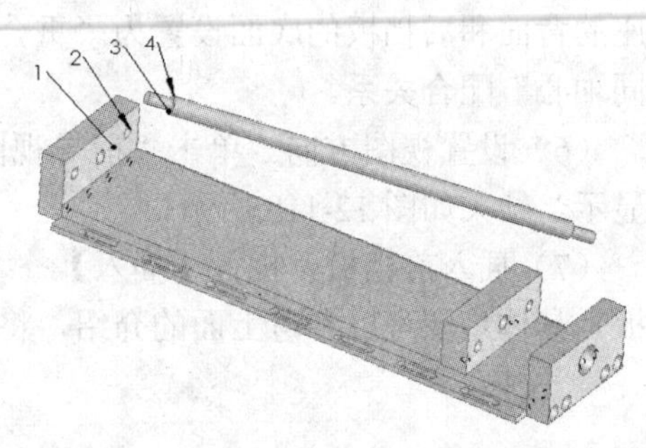

图 12-123 插入光杠后的图形

（13）添加配合关系。执行【插入】→【配合】菜单命令，或者单击“装配体”操控板中的配合图标，将图 12-123 中的边线 2 和边线 3 设置为“同轴心”配合关系；将表面 1 和表面 4 设置为“重合”配合关系，结果如图 12-124 所示。重复插入光杠命令，继续插入另一侧的光杠，并添加配合关系，结果如图 12-125 所示。

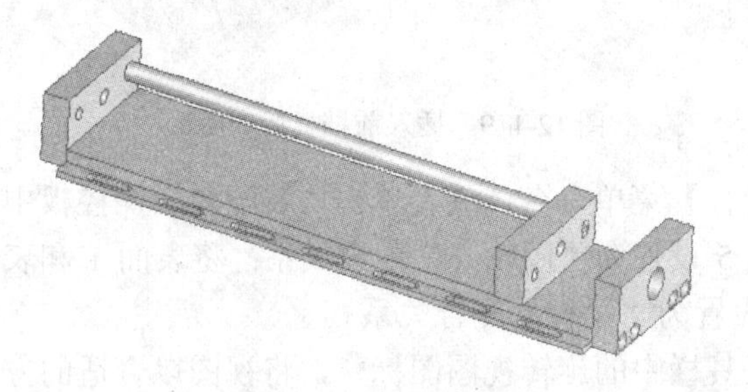

图 12-124 配合后的图形

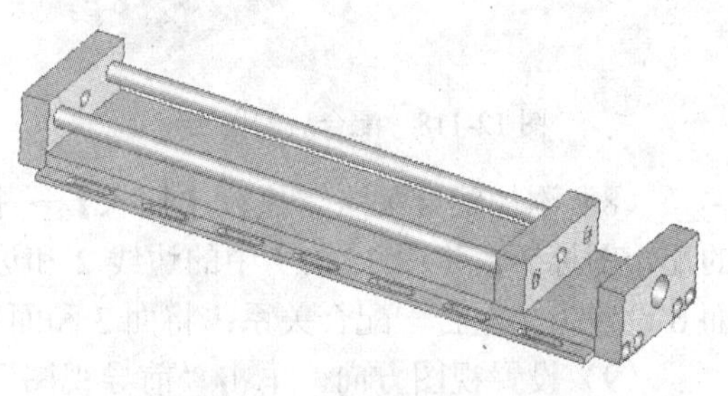

图 12-125 配合后的图形

（14）插入丝杠。执行【插入】→【零部件】→【现有零件/装配体】菜单命令，插入丝杠。具体步骤可以参考上面的介绍，将丝杠插入到图中合适的位置结果，如图 12-126 所示。

（15）添加配合关系。执行【插入】→【配合】菜单命令，或者单击“装配体”操控板中的配合图标，将图 12-126 中的边线 1 和边线 2 设置为“同轴心”配合关系；将丝杠的左侧端面和后挡板左侧端面设置为“重合”配合关系，结果如图 12-127 所示。

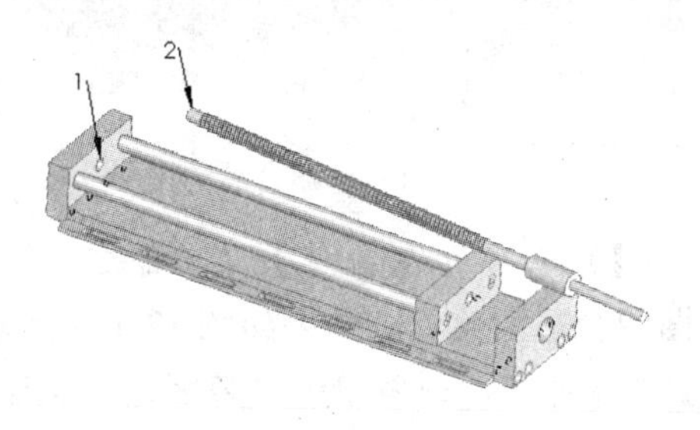

图 12-126　配合后的图形

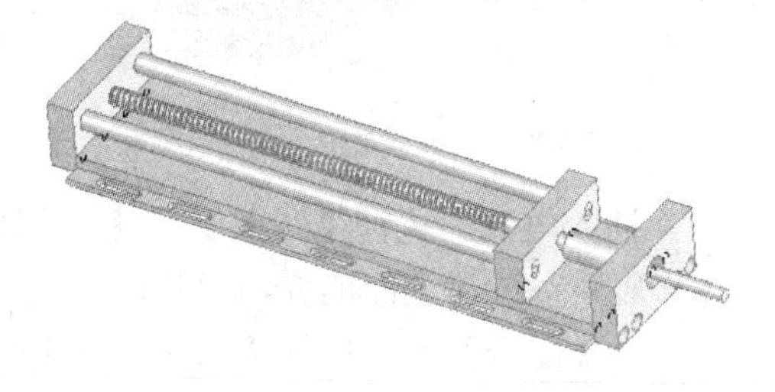

图 12-127　插入光杠后的图形

（16）插入承重台。执行【插入】→【零部件】→【现有零件/装配体】菜单命令，插入承重台。具体步骤可以参考上面的介绍，将承重台插入到图中合适的位置，结果如图 12-128 所示。

（17）添加配合关系。执行【插入】→【配合】菜单命令，或者单击“装配体”操控板中的配合图标，将图 12-128 中的边线 1 和圆柱体 2 设置为“同轴心”配合关系；将承重台的底面和表面 3 设置为“重合”配合关系。

（18）移动承重台。执行【工具】→【零部件】→【移动】菜单命令，或者单击“装配体”操控板中的移动零部件图标，将视图中的承重台移动到合适的位置，结果如图 12-129 所示。

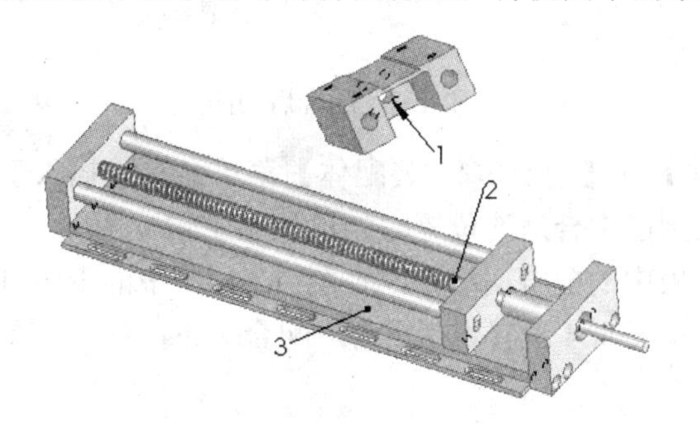

图 12-128　插入承重台后的图形

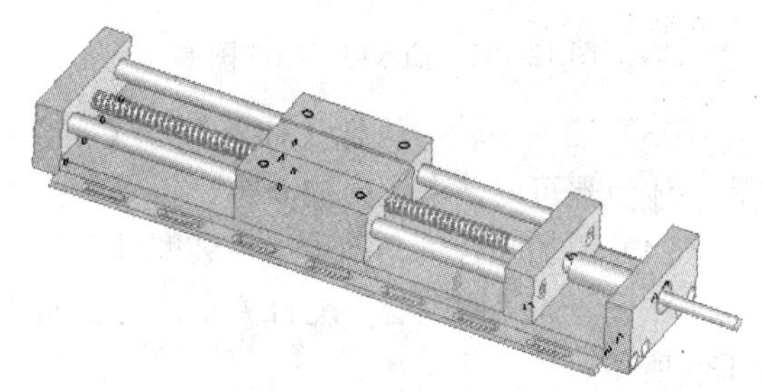

图 12-129　移动后的图形

（19）插入承物板。执行【插入】→【零部件】→【现有零件/装配体】菜单命令，插入承物板。具体步骤可以参考上面的介绍，将承物板插入到图中合适的位置，结果如图 12-130 所示。

（20）添加配合关系。执行【插入】→【配合】菜单命令，或者单击“装配体”操控板中的配合图标，将图 12-130 中的边线 1 和边线 2 设置为“同轴心”配合关系；将承重台的上表面和承物板的下底面设置为“重合”配合关系；将表面 3 和表面 4 设置为“平行”配合关系，结果如图 12-131 所示。

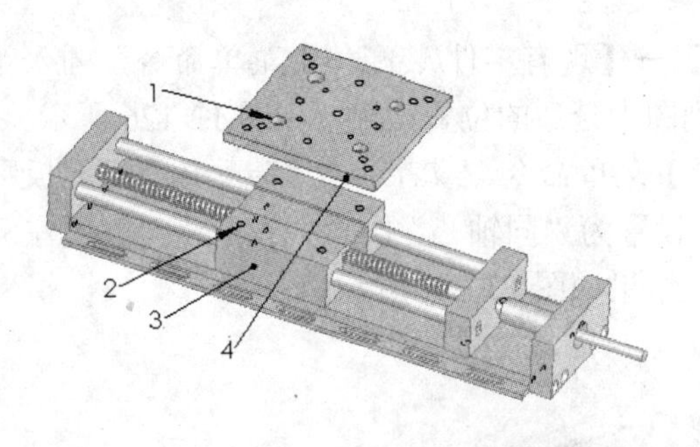

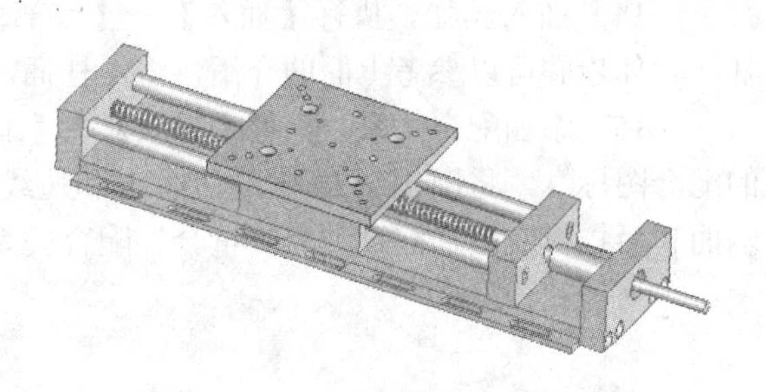

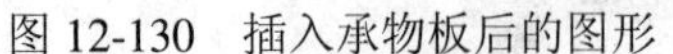

图 12-130　插入承物板后的图形　　图 12-131　配合后的图形

（21）插入电机。执行【插入】→【零部件】→【现有零件/装配体】菜单命令，插入电机。具体步骤可以参考上面的介绍，将电机插入到图中合适的位置，结果如图 12-132 所示。

（22）添加配合关系。执行【插入】→【配合】菜单命令，或者单击“装配体”操控板中的配合图标，将图 12-20 中的表面 2 和边线 3 设置为“同轴心”配合关系；将表面 1 和表面 4 设置为“重合”配合关系；将表面 5 和表面 6 设置为“平行”配合关系，结果如图 12-133 所示。

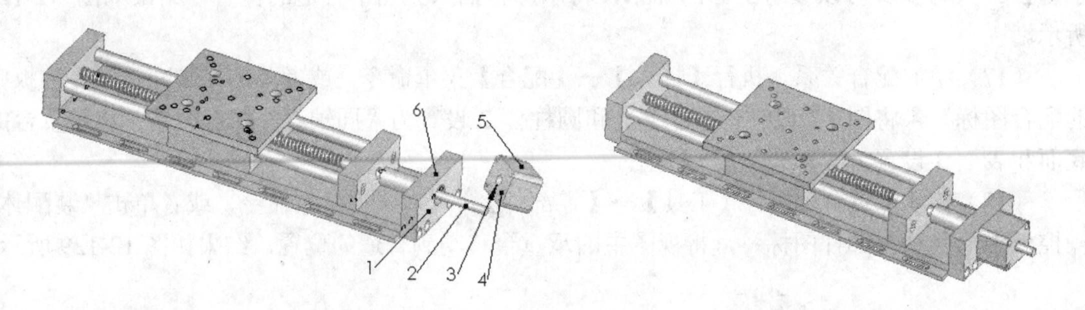

图 12-132　插入电机后的图形　　图 12-133　配合后的图形

（23）插入手轮。执行【插入】→【零部件】→【现有零件/装配体】菜单命令，插入手轮。具体步骤可以参考上面的介绍，将手轮插入到图中合适的位置，结果如图 12-134 所示。

（24）添加配合关系。单击“装配体”操控板中的配合图标，将图 12-134 中的表面 1 和表面 2 设置为“同轴心”配合关系；将表面 3 和表面 4 设置为“重合”配合关系，结果如图 12-135 所示。

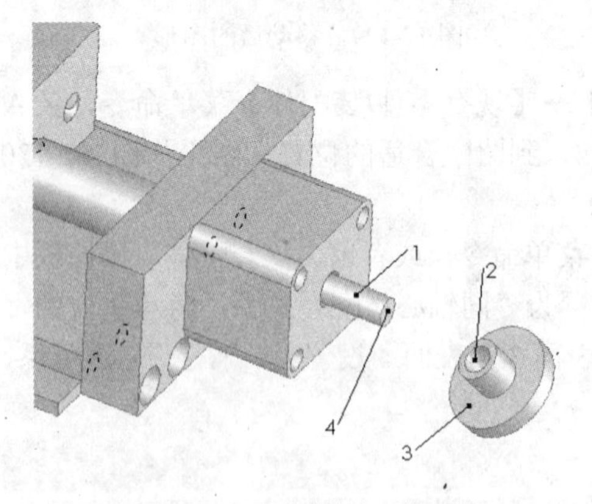

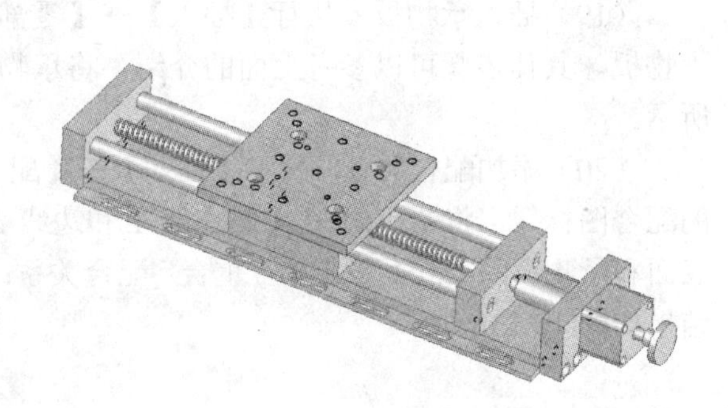

图 12-134　插入手轮后的图形　　图 12-135　配合后的图形

（25）插入后挡板堵盖。执行【插入】→【零部件】→【现有零件/装配体】菜单命令，插入后挡板堵盖。具体步骤可以参考上面的介绍，将后挡板堵盖插入到图中合适的位置，结果如图 12-136 所示。

（26）添加配合关系。单击“装配体”操控板中的配合图标，将图 12-136 中的表面 2 和表面 4 设置为“同轴心”配合关系；将表面 1 和表面 3 设置为“重合”配合关系，结果如图 12-137 所示。

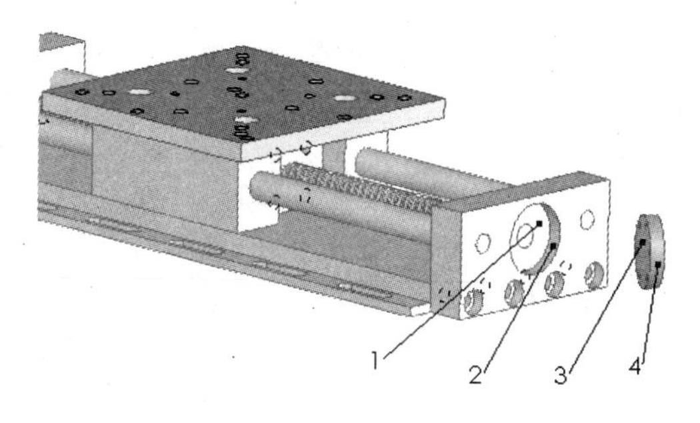

图 12-136　插入后挡板堵盖后的图形

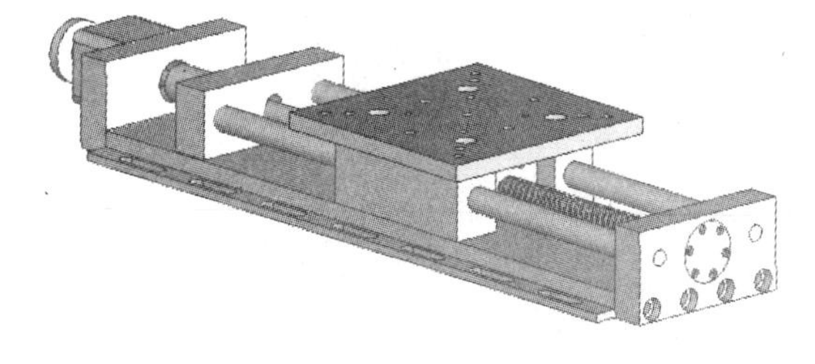

图 12-137　配合后的图形

（27）插入承重台堵盖。执行【插入】→【零部件】→【现有零件/装配体】菜单命令，插入承重台堵盖。具体步骤可以参考上面的介绍，将承重台堵盖插入到图中合适的位置，结果如图 12-138 所示。

（28）添加配合关系。单击“装配体”操控板中的配合图标，将图 12-138 中的表面 1 和表面 4 设置为“同轴心”配合关系；将表面 2 和表面 3 设置为“重合”配合关系；将表面 5 和表面 6 设置为“重合”配合关系，结果如图 12-139 所示。

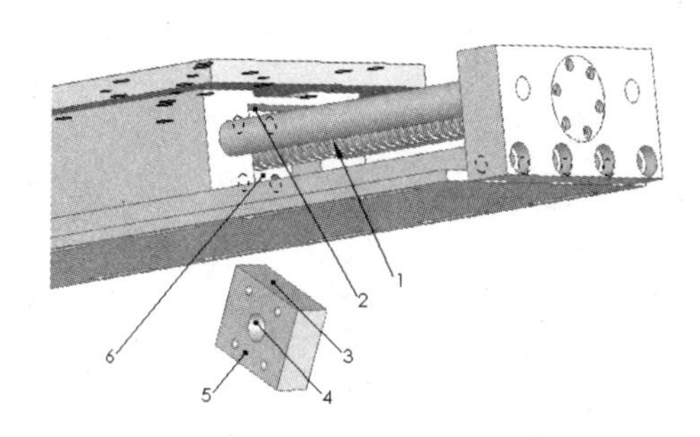

图 12-138　插入承重台堵盖后的图形

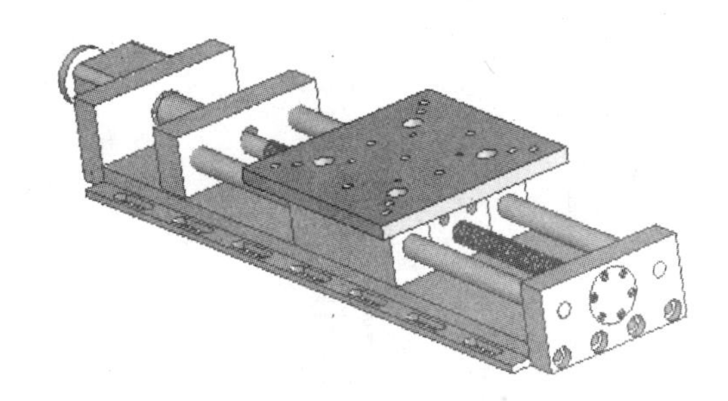

图 12-139　配合后的图形

第 13 章 鼠标

鼠标模型的装配图如图 13-1 所示。爆炸视图如图 13-2 所示，由底座、上盖、左键、右键、滚轮、滚珠和滚珠盖等部分组成。绘制该模型的命令主要有添加基准面、样条曲线、放样曲面、平面区域、缝合曲面等。

注：本例为机械鼠标的产品设计而不采用光电鼠标目的是为了让读者更好的得到练习。

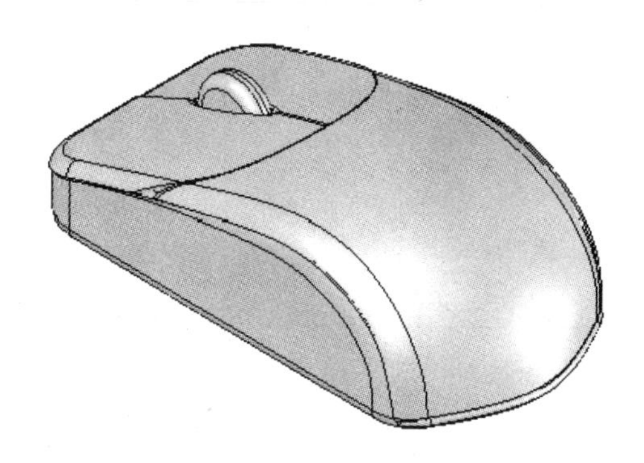

图 13-1　鼠标模型

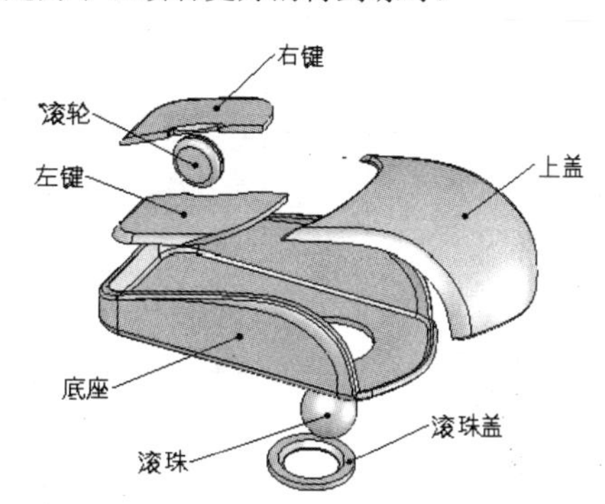

图 13-2　鼠标爆炸视图

13.1　鼠标基体

【案例 13-1】本案例源文件光盘路径："X：\源文件\ch13\鼠标基体.SLDPRT"，本案例视频内容光盘路径："X：\动画演示\ch13\13.1 鼠标基体.swf"。

（1）启动软件。执行【开始】→【所有程序】→【SoildWorks 2008】菜单命令，或者单击桌面图标，启动 SoildWorks 2008。

（2）创建零件文件。执行【文件】→【新建】菜单命令，或者单击"标准"工具栏中的"新建图标，此时系统弹出如图 13-3 所示的"新建 SoildWorks 文件"对话框，在其中选择零件图标，然后单击【确定】按钮，创建一个新的零件文件。

（3）保存文件。执行【文件】→【保存】菜单命令，或者单击"标准"工具栏中的新建图标，此时系统弹出如图 13-4 所示的"另存为"对话框。在"文件名"

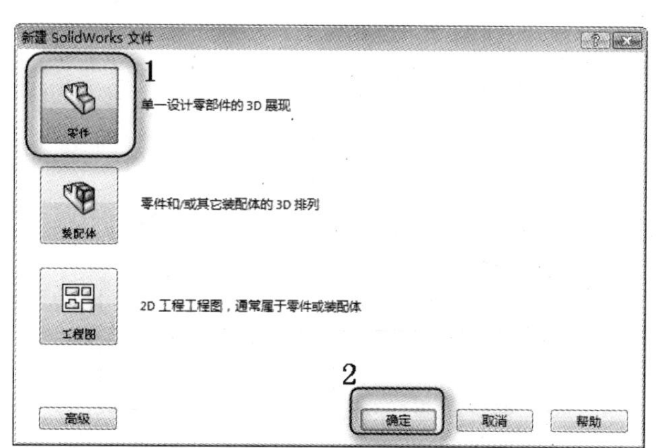

图 13-3　"新建 SolidWorks 文件"对话框

一栏中输入“鼠标基体”，然后单击【保存】按钮，创建一个文件名为“鼠标基体”的零件文件。

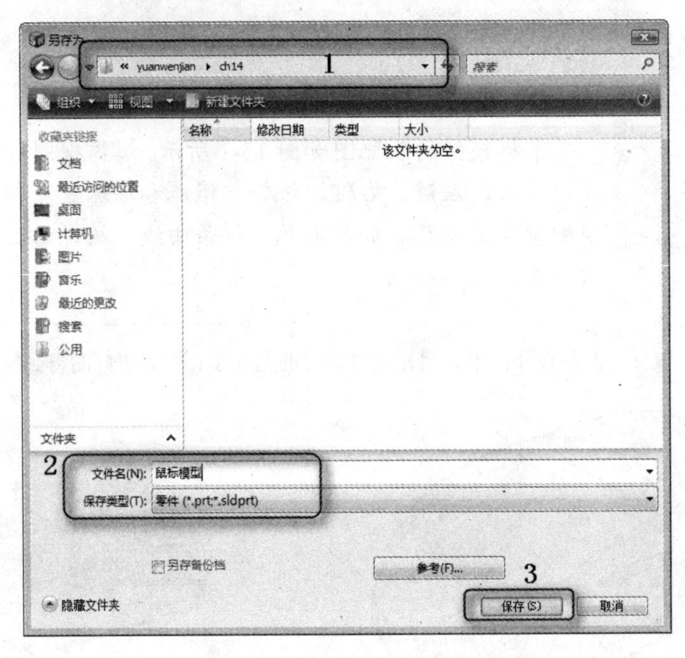

图 13-4 “另存为”对话框

（4）设置基准面。在左侧“FeatureManager 设计树”中用鼠标选择“前视基准面”，然后单击“前导视图”工具栏中的正视于图标，将该基准面作为绘制图形的基准面。

（5）绘制草图。单击“草图绘制”操控板中的直线图标和样条曲线图标，绘制如图 13-5 所示的草图并标注尺寸，然后退出草图绘制状态。

（6）添加基准面。执行【插入】→【参考几何体】→【基准面】菜单命令，或者单击“参考几何体”操控板中的基准面图标，此时系统弹出如图 13-6 所示的“基准面”属性管理器。在属性管理器的“参考实体”一栏中，用鼠标选择“FeatureManager 设计树”中的“前视基准面”；在“距离”一栏中输入值为 25，注意添加基准面的方向。单击属性管理器中的确定图标，添加一个基准面。

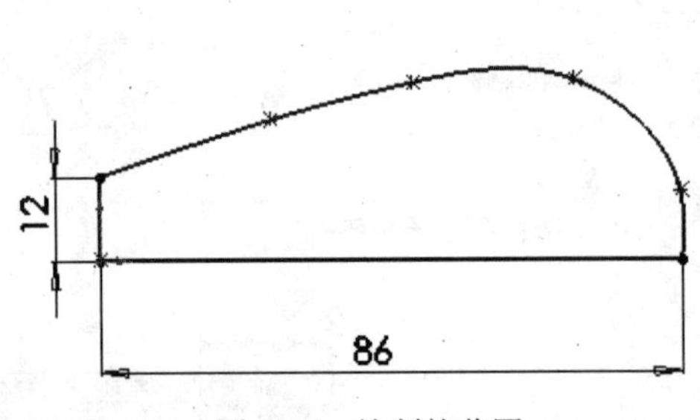

图 13-5 绘制的草图

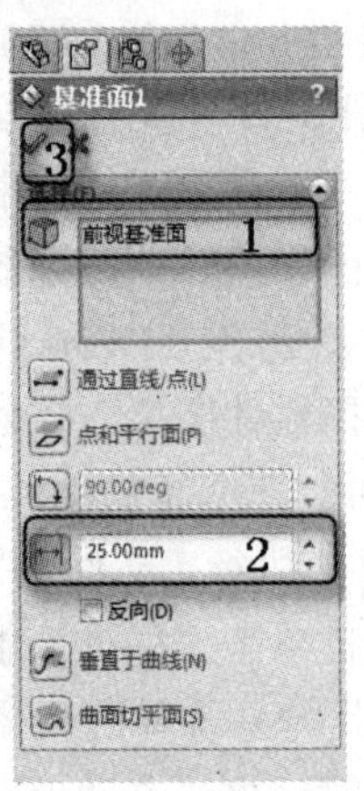

图 13-6 “基准面”属性管理器

（7）设置视图方向。单击“前导视图”工具栏中的等轴测图标，将视图以等轴测方向显示，结果如图13-7所示。

（8）设置基准面。在左侧“FeatureManager设计树”中用鼠标选择第（3）步添加“基准面1”，然后单击“前导视图”工具栏中的正视于图标，将该基准面作为绘制图形的基准面。

（9）绘制草图。单击“草图绘制”操控板中的直线图标和样条曲线图标，绘制如图13-8所示的草图并标注尺寸，然后退出草图绘制状态。

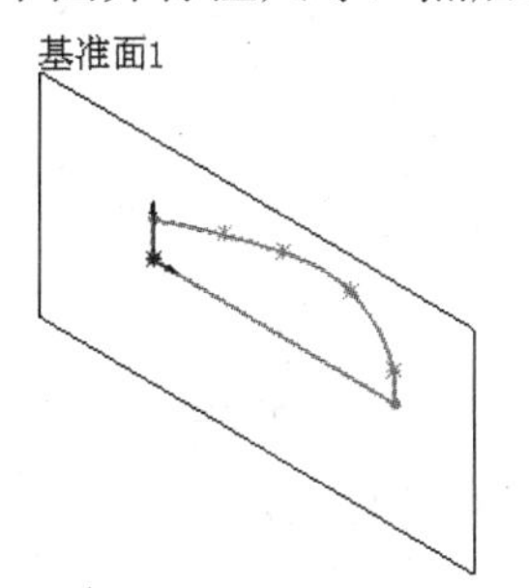

图13-7 设置视图方向后的图形

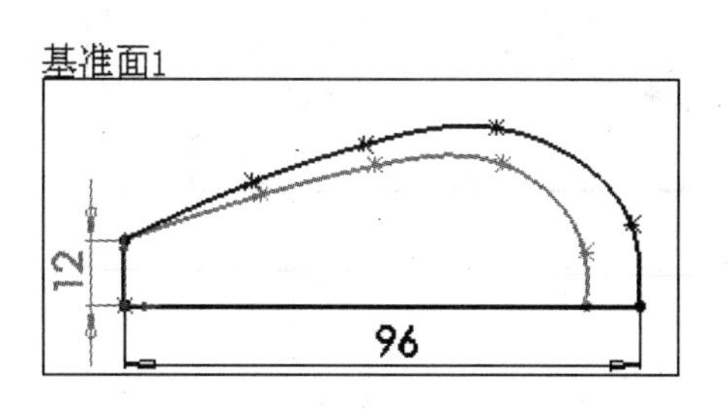

图13-8 绘制的草图

（10）添加基准面。执行【插入】→【参考几何体】→【基准面】菜单命令，或者单击“参考几何体”操控板中的基准面图标，此时系统弹出如图13-9所示的“基准面”属性管理器。在属性管理器的“参考实体”一栏中，用鼠标选择“FeatureManager设计树”中的“基准面1”；在“距离”一栏中输入值为25，注意添加基准面的方向。单击属性管理器中的确定图标，添加一个基准面。

（11）设置视图方向。单击“前导视图”工具栏中的等轴测图标，将视图以等轴测方向显示，结果如图13-10所示。

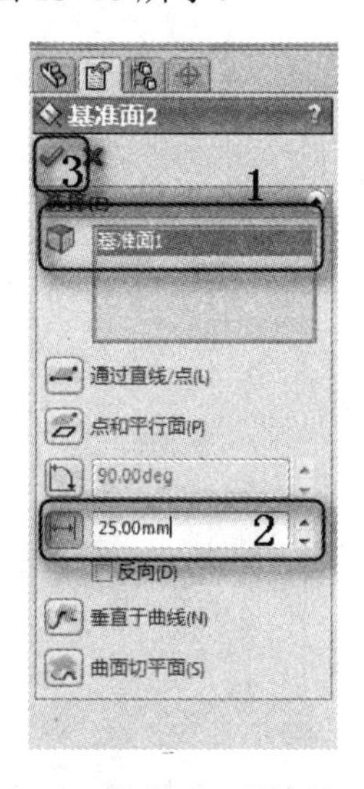

图13-9 “基准面”属性管理器

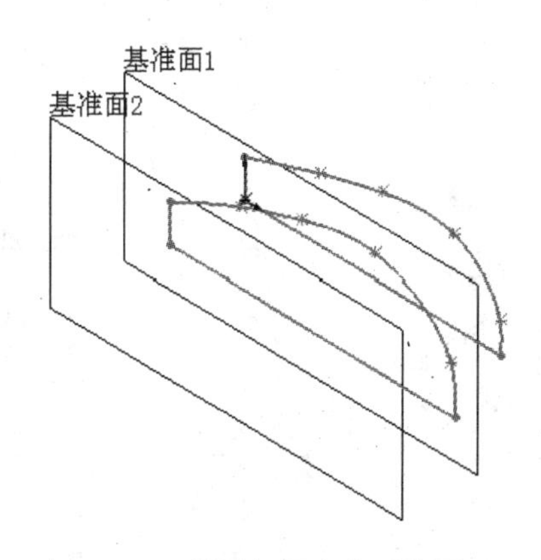

图13-10 设置视图方向后的图形

（12）设置基准面。在左侧“FeatureManager设计树”中用鼠标选择第（7）步添加“基准面2”，然后单击“前导视图”工具栏中的正视于图标，将该基准面作为绘制图形的基准面。

（13）绘制草图。单击“草图绘制”操控板中的直线图标和样条曲线图标，绘制如图13-11所示的草图，注意该草图大小形状与第⑵步的草图相同，然后退出草图绘制状态。

（14）设置基准面。在左侧“FeatureManager 设计树”中选择“上视基准面”，然后单击“前导视图”工具栏中的正视于图标，将该基准面作为绘制图形的基准面。

（15）绘制草图。单击“草图绘制”操控板中的直线图标，绘制如图 13-12 所示的草图，注意绘制直线的端点位于上下草图的中心，然后退出草图绘制状态。

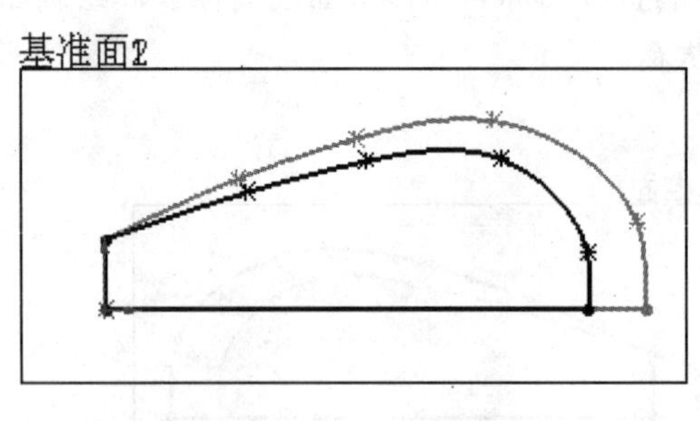

图 13-11　绘制的草图

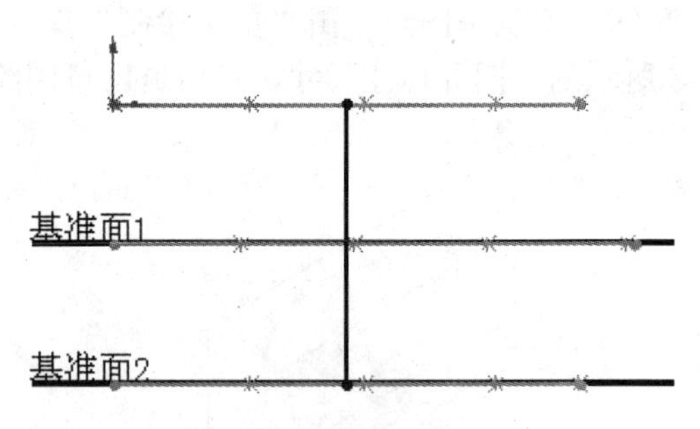

图 13-12　绘制的草图

（16）设置视图方向。单击“前导视图”工具栏中的等轴测图标，将视图以等轴测方向显示。结果如图 13-13 所示。

（17）放样曲面。执行【插入】→【曲面】→【扫描曲面】菜单命令，或者单击“曲面”工具栏中的扫描曲面图标，此时系统弹出如图 13-14 所示的“曲面－放样”属性管理器。在属性管理器的“轮廓”一栏中，用鼠依次标选择图 13-13 中的草图 1、草图 2 和草图 3；在“引导线”一栏中，用鼠标选择图 13-13 中草图 4。单击属性管理器中的确定图标，生成放样曲面，结果如图 13-15 所示。

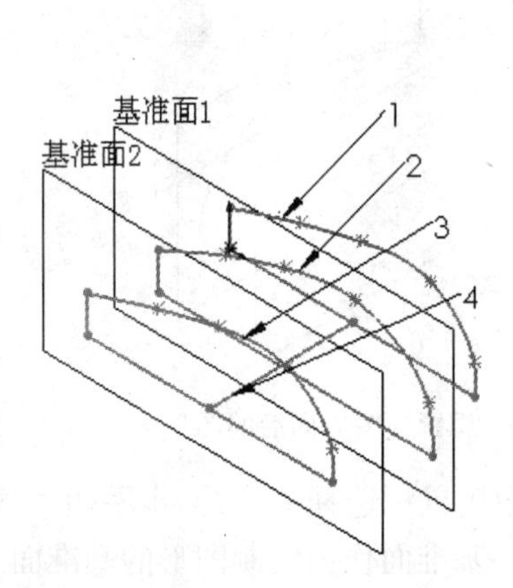

图 13-13　设置视图方向后的图形

图 13-14　“曲面-放样”属性管理器

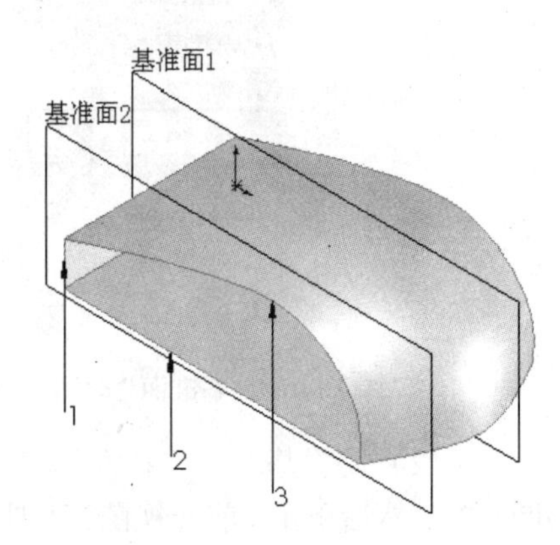

图 13-15　放样曲面的图形

（18）平面区域。执行【插入】→【曲面】→【平面区域】菜单命令，或者单击“曲面”工具栏中的平面区域图标，此时系统弹出如图13-16所示的“平面”属性管理器。在“边界实体”一栏中，依次用鼠标选择图13-15中的边线1、边线2和边线3。单击属性管理器中的确定图标，生成平面区域，结果如图13-17所示。

图13-16 “平面”属性管理器

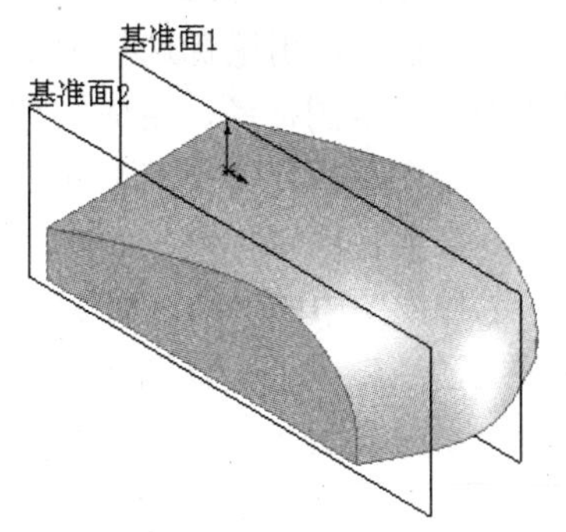

图13-17 平面区域后的图形

注意：

可以生成平面区域的类型有：非相交的闭合草图；一组闭合边线；多条共有平面的分型线。

（19）平面区域。重复步骤（2），将放样曲面后的内侧平面区域处理。

（20）剖面视图。执行【视图】→【显示】→【剖面视图】菜单命令，或者单击“前导视图”工具栏中的剖面视图图标，此时系统弹出如图13-18所示的“剖面视图”属性管理器。在“参考剖面”一栏中，用鼠标选择视图中的“基准面1”，此时图形如图13-19所示。单击属性管理器中的确定图标，完成剖面视图。

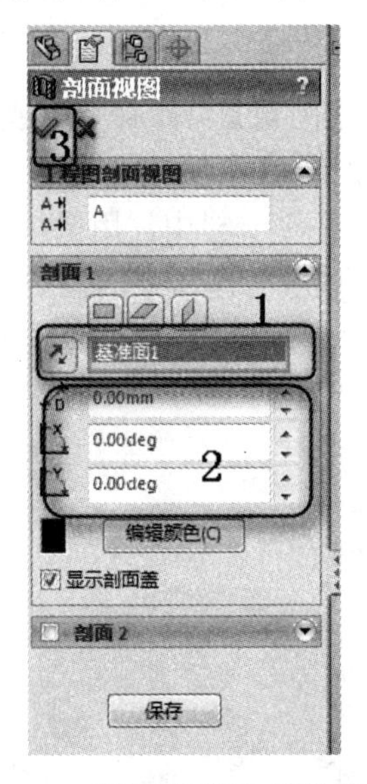

图13-18 “剖面视图”属性管理器

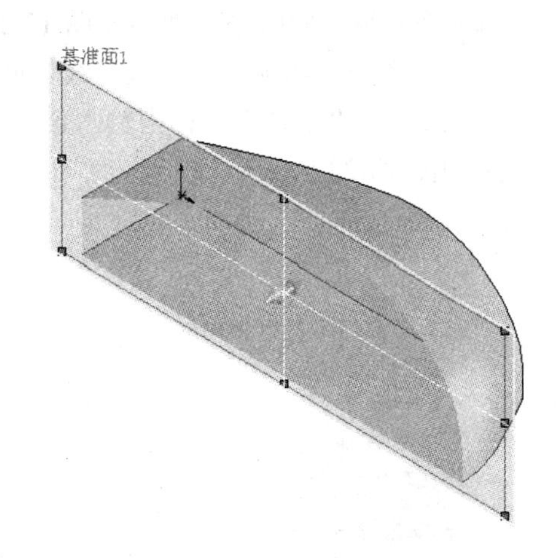

图13-19 剖面视图显示

注意：

此处执行平面区域命令，主要是为了观测鼠标基体内部的情况，从上面可以看出，现在基体仍然是个曲面，而不是实体。

（21）退出剖面视图显示。单击“前导视图”工具栏中的剖面视图图标，退出剖面视图显示状态。

（22）缝合曲面。执行【插入】→【曲面】→【缝合曲面】菜单命令，或者单击“曲面”工具栏中的缝合曲面图标，此时系统弹出如图 13-20 所示的“平面”属性管理器。在“要缝合的曲面和面”一栏中，用鼠标选择视图中所有的曲面和面；勾选“尝试形成实体”选项。单击属性管理器中的确定图标，生成实体图形。

（23）剖面视图。执行【视图】→【显示】→【剖面视图】菜单命令，或者单击“前导视图”工具栏中的剖面视图图标，此时系统弹出“剖面视图”属性管理器。在“参考剖面”一栏中，用鼠标选择视图中的“基准面 1”。单击属性管理器中的确定图标，完成剖面视图。从视图中可以看出已经生成了实体图形。

（24）退出剖面视图显示。单击“前导视图”工具栏中的剖面视图图标，退出剖面视图显示状态。

（25）设置视图方向。单击“前导视图”工具栏中的旋转视图图标，将视图以合适的方向显示，结果如图 13-21 所示。

图 13-20　“缝合曲面”属性管理器

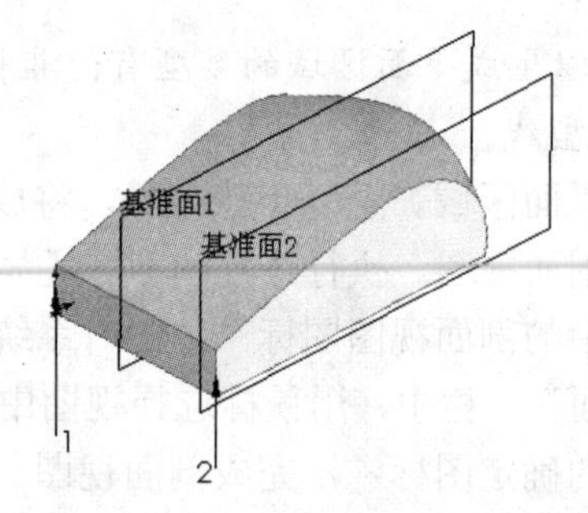

图 13-21　设置视图方向后的图形

（26）等半径圆角处理。执行【插入】→【特征】→【圆角】菜单命令，或者单击“特征”操控板中的圆角图标，此时系统弹出如图 13-22 所示的“圆角”属性管理器。在“圆角类型”一栏中，单选“等半径”选项；在“边、线、面、特征和环”一栏中，用鼠标选择图 13-21 中的边线 1 和边线 2；在“半径”一栏中输入值为 10。单击属性管理器中的确定图标，完成圆角处理，结果如图 13-23 所示。

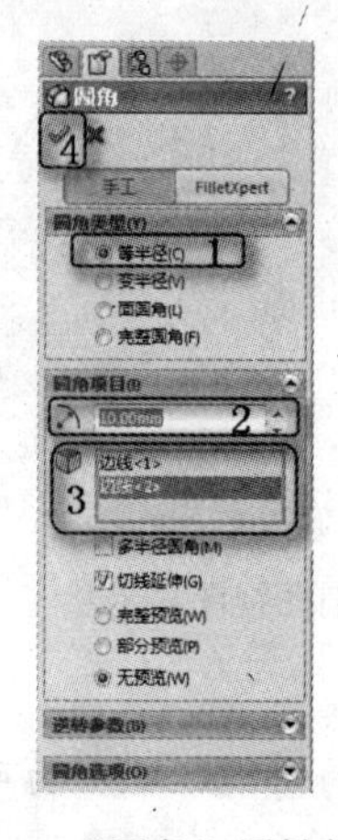

图 13-22　“圆角”属性管理器

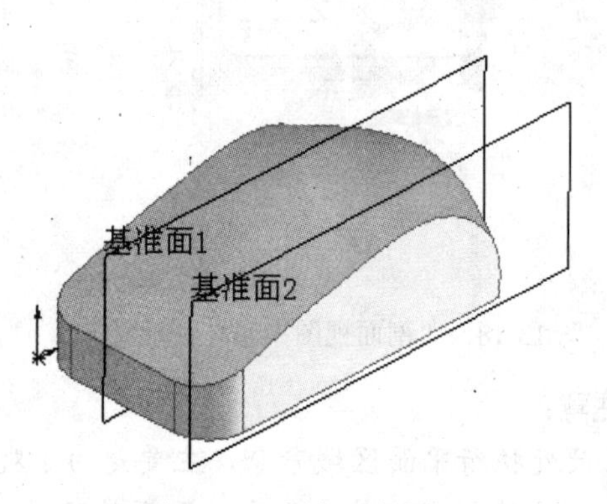

图 13-23　圆角后的图形

（27）设置视图方向。单击“前导视图”工具栏中的等轴测图标，将视图以等轴测方向显示。

（28）变半径圆角处理。单击“特征”操控板中的圆角图标，此时系统弹出如图 13-24 所示的“圆角”属性管理器。

（29）设置属性管理器。在属性管理的“圆角类型”一栏中，单选“变半径”选项；在“边、线、面、特征和环”一栏中，选择鼠标实体上面曲面四周的边线；在“变参数”一栏中输入相应的参数值，参数值设置如图 13-25 所示。单击属性管理器中的确定图标，完成变半径圆角处理，结果如图 13-26 所示。

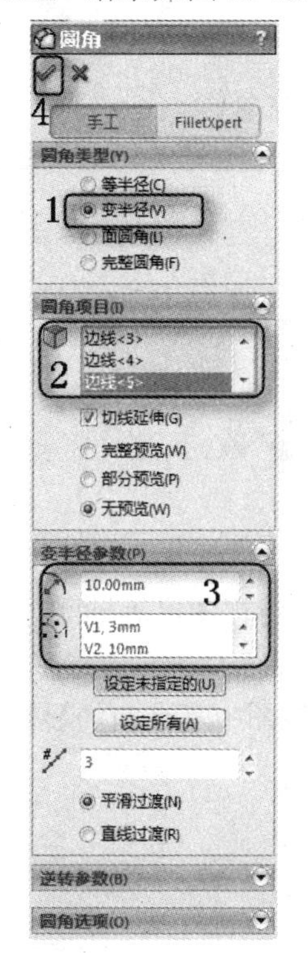

图 13-24 “圆角”属性管理器

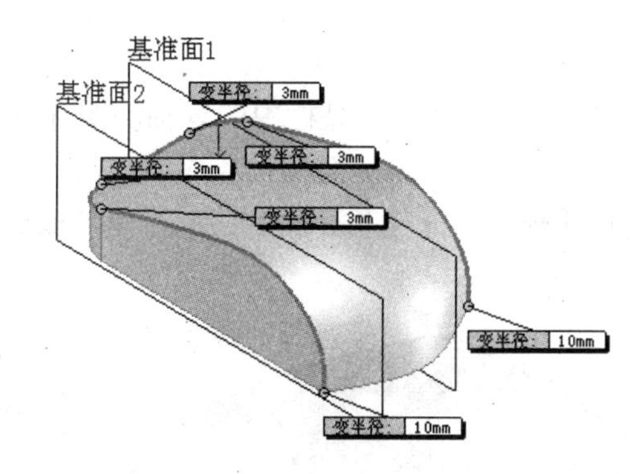

图 13-25 参数值设置图示

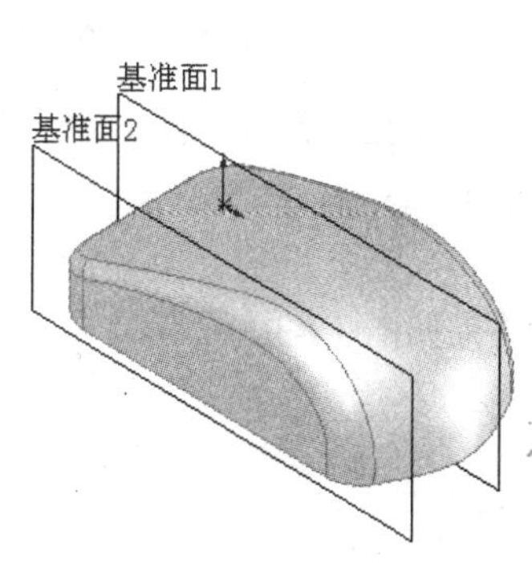

图 13-26 圆角后的图形

（30）设置视图方向。单击“前导视图”工具栏中的旋转视图图标，将视图以合适的方向显示。结果如图 13-27 所示。

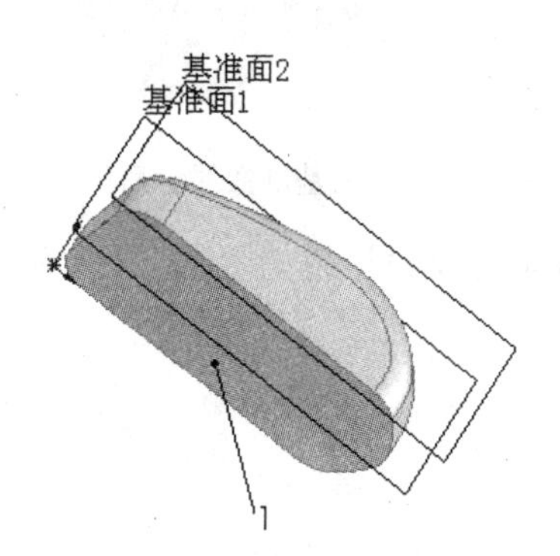

图 13-27 设置视图方向后的图形

（31）等半径圆角处理。单击“特征”操控板中的圆角图标，此时系统弹出如图 13-28 所示的“圆角”属性管理器。在“圆角类型”一栏中，单选“等半径”选项；在“边、线、面、特征和环”一栏中，用鼠标选择图 13-27 中底部面 1；在“半径”一栏中输入值为 3。单击属性管理器中的确定图标，完成圆角处理，结果如图 13-29 所示。

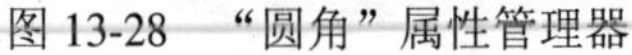
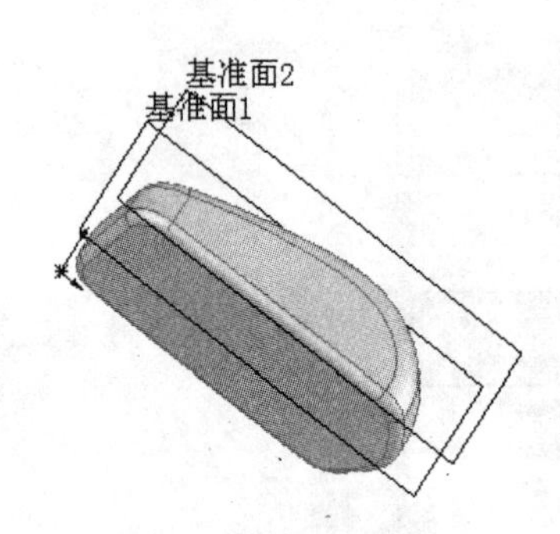

图 13-28 “圆角”属性管理器

图 13-29 圆角后的图形

（32）设置视图方向。单击“前导视图”工具栏中的等轴测图标，将视图以等轴测方向显示。

（33）设置视图显示。执行【视图】→【基准面】菜单命令，取消视图中基准面的显示，结果如图 13-30 所示。

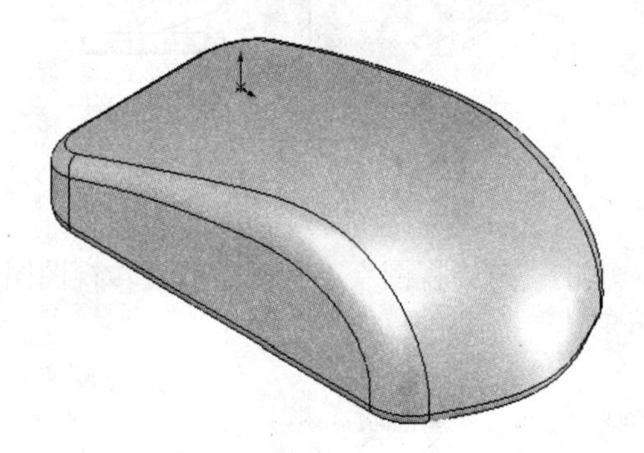

图 13-30 取消基准面显示后的图形

鼠标基体模型及其 FeatureManager 设计树如图 13-31 所示。

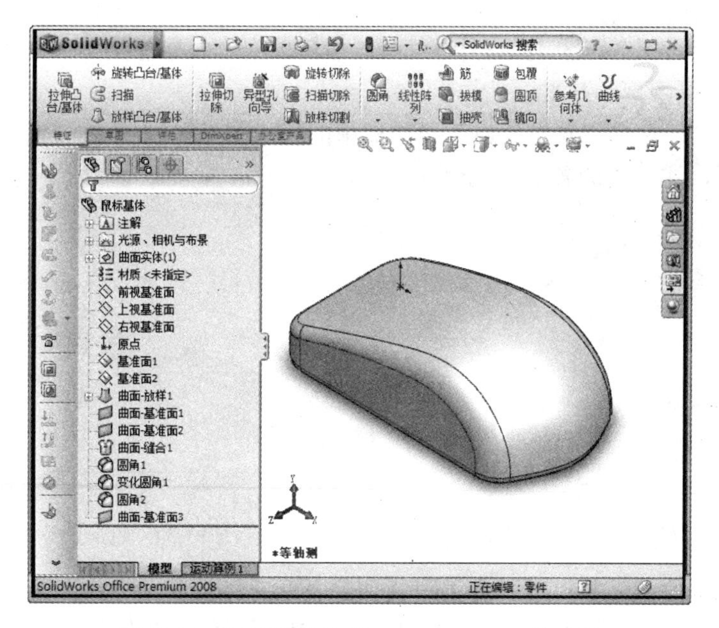

图 13-31　鼠标基体及其 FeatureManager 设计树

13.2　鼠标底座

【案例 13-2】本案例源文件光盘路径："X：\源文件\ch13\鼠标底座.SLDPRT"，本案例视频内容光盘路径："X：\动画演示\ch13\13.2 鼠标底座.swf"。

（1）打开文件。执行【文件】→【打开】菜单命令，或者单击"标准"工具栏中的打开图标，打开上一节绘制的"鼠标基体.sldprt"文件。

（2）另存为文件。执行【文件】→【另存为】菜单命令，此时系统弹出如图 13-32 所示的"另存为"对话框，在"文件名"一栏中输入"鼠标底座"，然后单击【保存】按钮，创建一个"鼠标底座"零件文件，此时图形如图 13-33 所示。

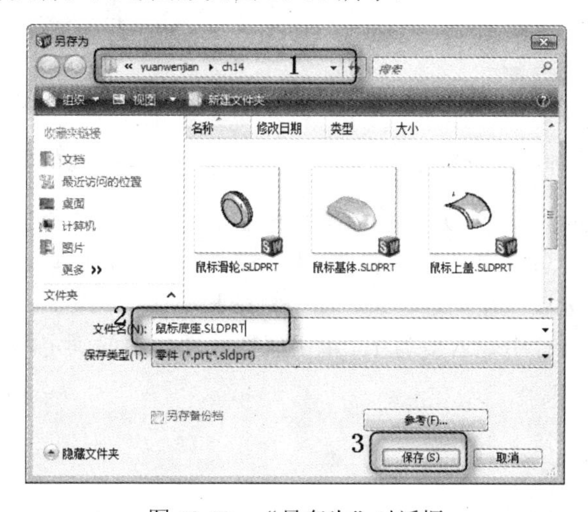

图 13-32　"另存为"对话框

（3）设置基准面。选择图 13-33 中的面 1，然后单击“前导视图”工具栏中的正视于图标，将该面作为绘制图形的基准面。

（4）绘制草图。单击“草图绘制”操控板中的直线图标和 3 点圆弧图标，绘制如图 13-34 所示的草图，注意草图各点的几何关系。

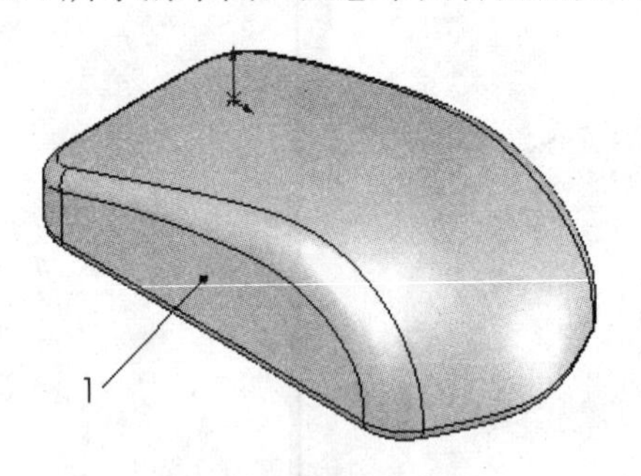

图 13-33　另存为的图形

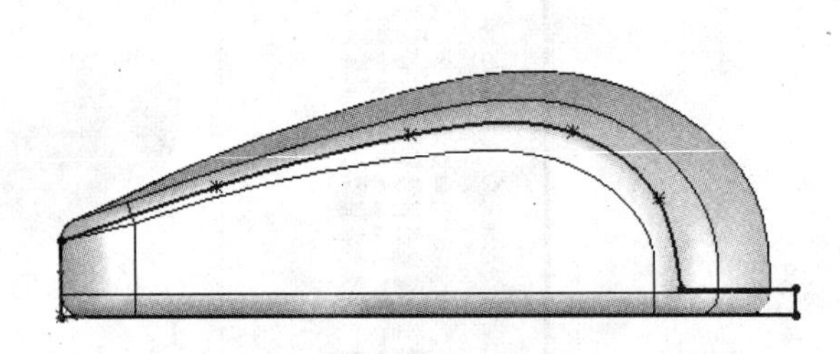

图 13-34　绘制的草图

（5）切除拉伸实体。执行【插入】→【切除】→【拉伸】菜单命令，或者单击“特征”操控板中的拉伸切除图标，此时系统弹出如图 13-35 所示的“切除-拉伸”属性管理器。在“终止条件”一栏的下拉菜单中，选择“完全贯穿”选项；勾选“反侧切除”选项，并注意切除拉伸的方向。单击属性管理器中的确定图标，完成切除拉伸处理。

（6）设置视图方向。单击“前导视图”工具栏中的等轴测图标，将视图以等轴测方向显示，结果如图 13-36 所示。

图 13-35　“切除-拉伸”属性管理器

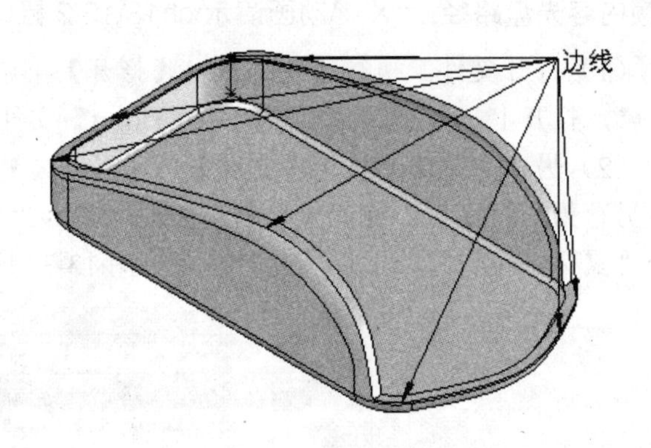

图 13-36　切除拉伸后的图形

（7）圆角实体。执行【插入】→【特征】→【圆角】菜单命令，或者单击“特征”操控板中的圆角图标，此时系统弹出如图 13-37 所示的“圆角”属性管理器。在“圆角类型”一栏中，单选“等半径”选项；在“边、线、面、特征和环”一栏中，用鼠标选择图 13-36 中指示的边线；在“半径”一栏中输入值为 1。单击属性管理器中的确定图标，完成圆角处理，结果如图 13-38 所示。

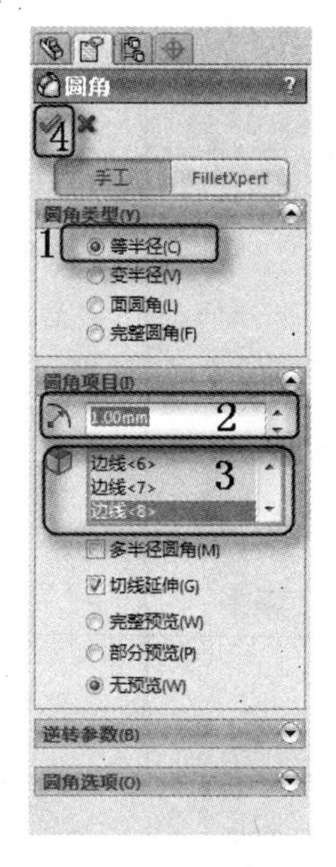

图 13-37 “圆角”属性管理器

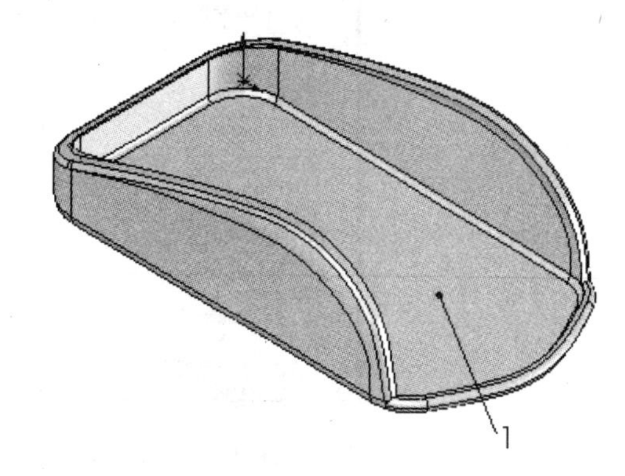

图 13-38 圆角后的图形

（8）设置基准面。选择图 13-38 中的面 1，然后单击“前导视图”工具栏中的正视于图标，将该面作为绘制图形的基准面。

（9）绘制草图。单击“草图绘制”操控板中的圆图标，在上一步设置的基准面上绘制如图 13-39 所示的草图并标注尺寸。

（10）切除拉伸实体。执行【插入】→【切除】→【拉伸】菜单命令，此时系统弹出“切除-拉伸”属性管理器。在“终止条件”一栏的下拉菜单中，选择“完全贯穿”选项，并注意切除拉伸的方向。单击属性管理器中的确定图标，完成切除拉伸处理，结果如图 13-40 所示。

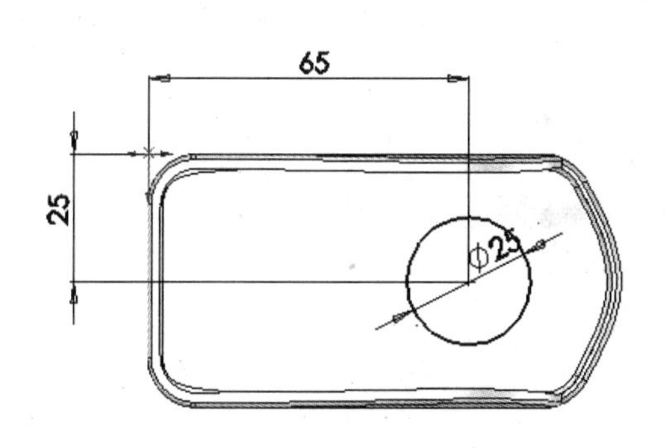

图 13-39 绘制的草图

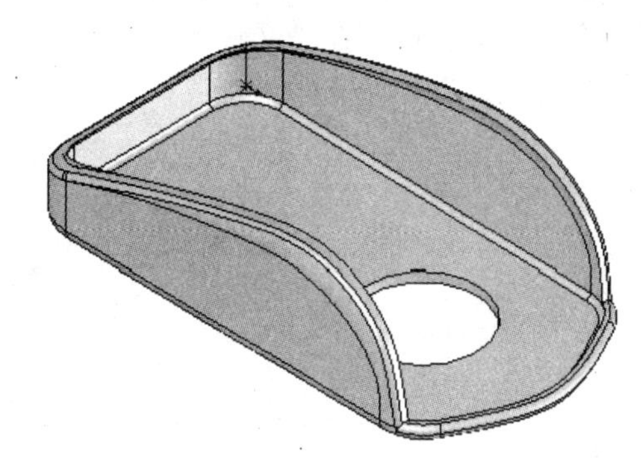

图 13-40 拉伸切除后的图形

鼠标底座模型及其 FeatureManager 设计树如图 13-41 所示。

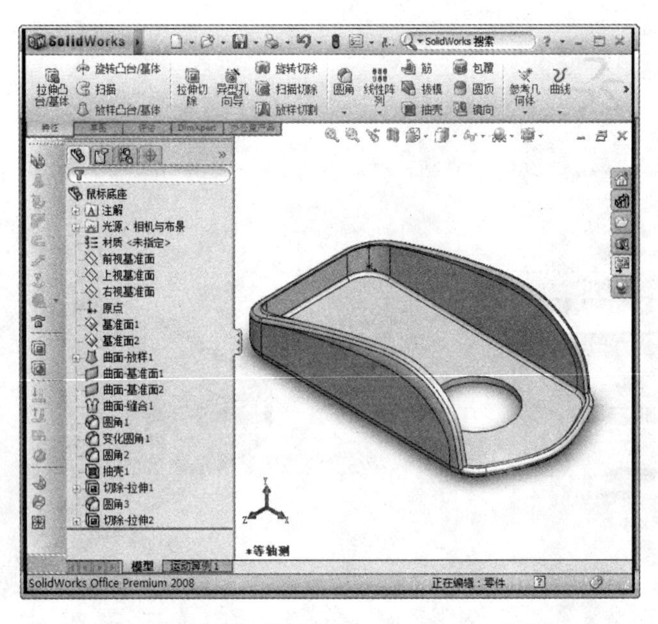

图 13-41　鼠标底座及其 FeatureManager 设计树

13.3　鼠标上盖

【案例 13-3】本案例源文件光盘路径："X：\源文件\ch13\鼠标上盖.SLDPRT"，本案例视频内容光盘路径："X：\动画演示\ch13\13.3 鼠标上盖.swf"。

（1）打开文件。执行【文件】→【打开】菜单命令，或者单击"标准"工具栏中的打开图标，打开上一节绘制的"鼠标底座.sldprt"文件。

（2）另存为文件。执行【文件】→【另存为】菜单命令，此时系统弹出如图 13-42 所示的"另存为"对话框，在"文件名"一栏中输入"鼠标上盖"，然后单击【保存】按钮，创建一个"鼠标上盖"零件文件。

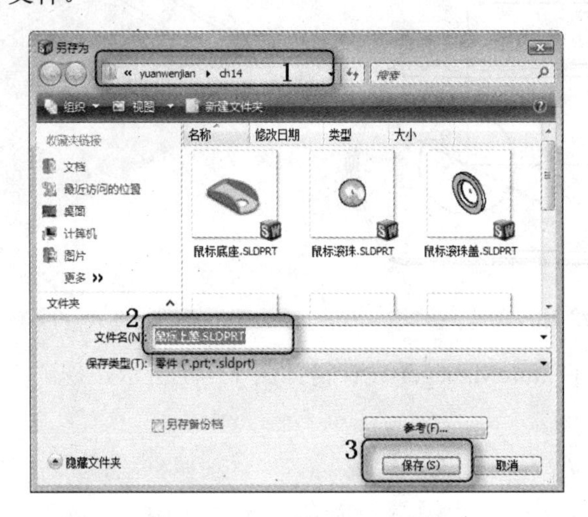

图 13-42　"另存为"对话框

（3）执行删除特征命令。按住【Ctrl】键，选择图 13-41 中“FeatureManager 设计树”的“圆角 3”和“切除-拉伸 2”，然后单击鼠标用鼠标右键，在系统弹出的快捷菜单中，选择“删除”选项，如图 13-43 所示。

（4）删除特征。执行命令后，系统弹出如图 13-44 所示“确认删除”对话框，单击【全部是】按钮，删除所选择的特征。删除特征后的图形及其 FeatureManager 设计树如图 13-45 所示。

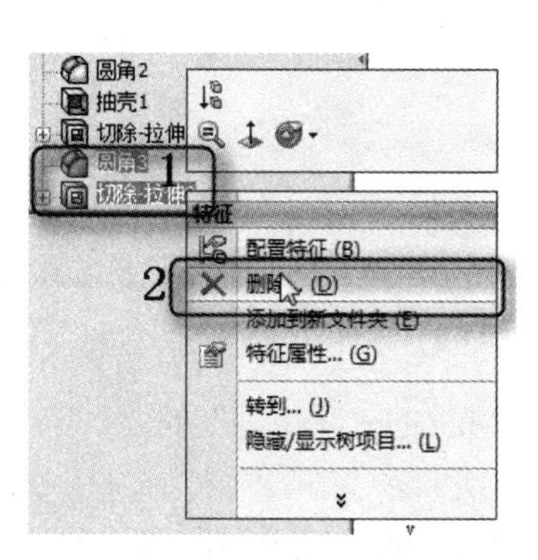

图 13-43 用鼠标右键快捷菜单

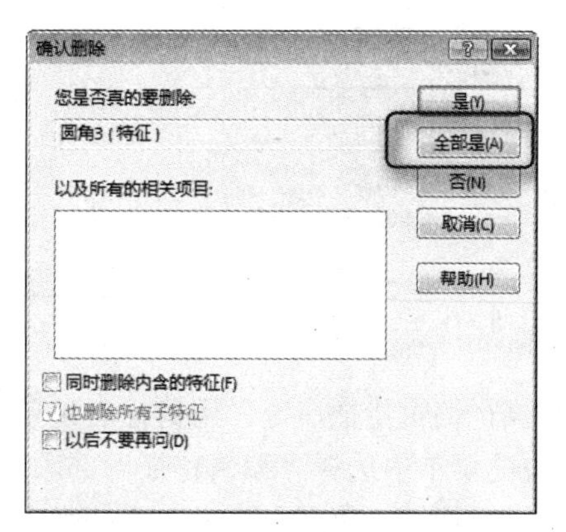

图 13-44 “确认删除”对话框

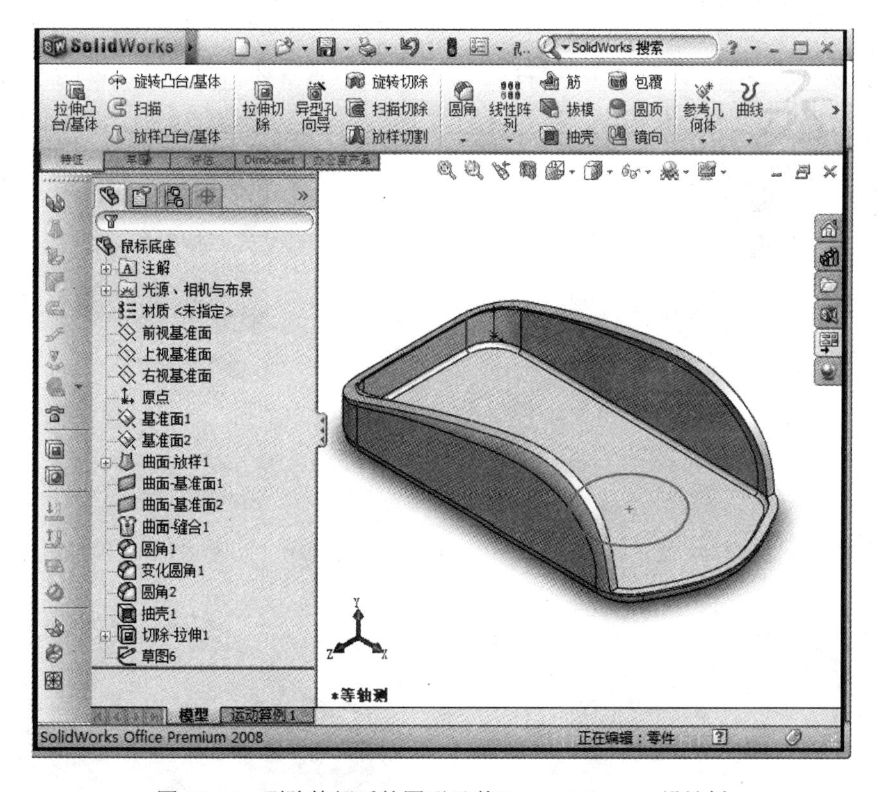

图 13-45 删除特征后的图形及其 FeatureManager 设计树

（5）执行删除草图命令。用鼠标右键单击图 13-45 中“FeatureManager 设计树”的“草图 6”，在弹出的系统快捷菜单中选择“删除”选项，如图 13-46 所示。

（6）删除草图。执行命令后，系统弹出如图结果如图 13-47 所示“确认删除”对话框，单击【是】按钮，删除所选择的草图。

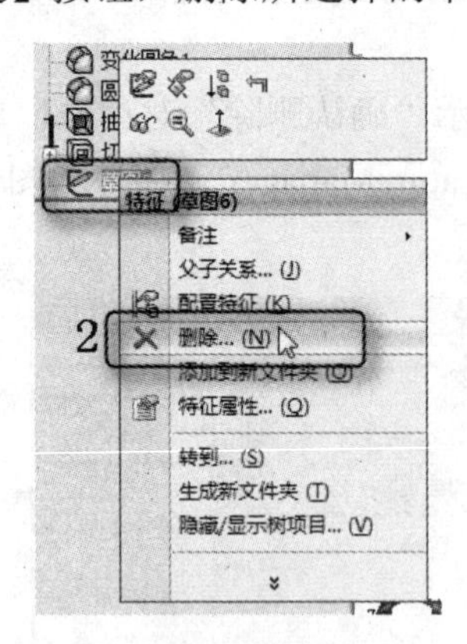

图 13-46　用鼠标右键快捷菜单

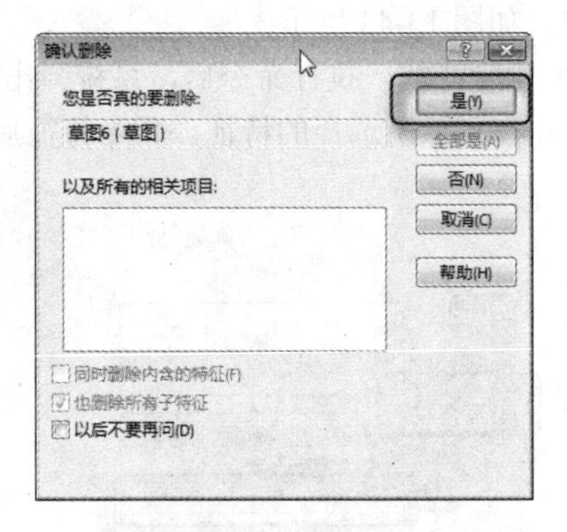

图 13-47　“确认删除”对话框

（7）执行编辑特征命令。用鼠标右键单击“FeatureManager 设计树”的“切除-拉伸 1”，在弹出的快捷菜单中选择“编辑特征”选项，如图 13-48 所示。

（8）编辑特征。执行命令后，系统弹出“切除-拉伸 1”属性管理器，取消勾选“反侧切除”选项，如图 13-49 所示。单击属性管理器中的确定图标✔，完成特征编辑，结果如图 13-50 所示。

（9）设置视图方向。单击“前导视图”工具栏中的旋转视图图标，将视图以合适的方向显示，结果如图 13-51 所示。

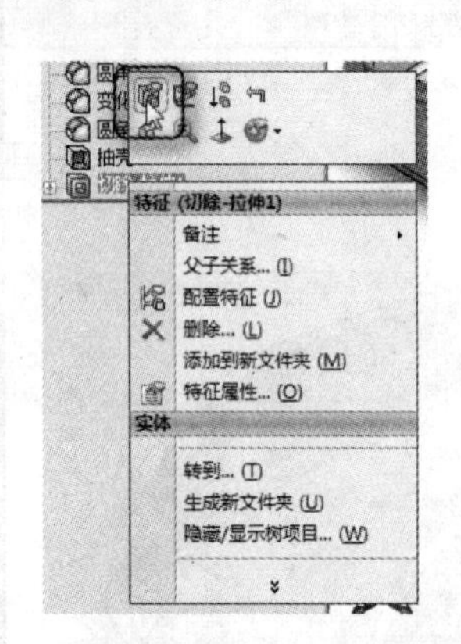

图 13-48　用鼠标右键快捷菜单

图 13-49　“切除-拉伸 1”属性管理器

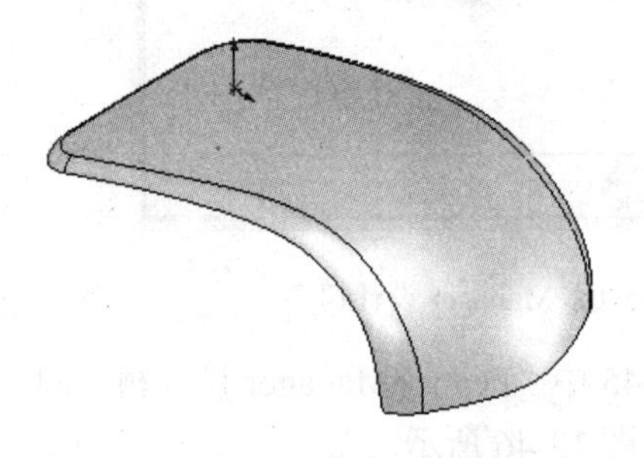

图 13-50　编辑特征后的图形

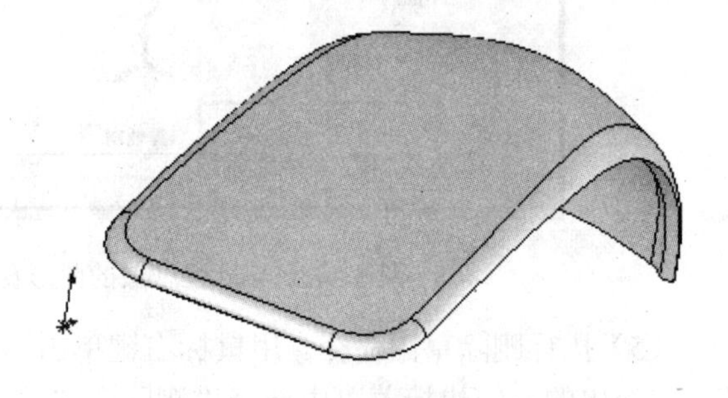

图 13-51　设置视图方向后的图形

（10）设置基准面。在左侧的“FeatureManager 设计树”中用鼠标选择“上视基准面”，然后单击“前导视图”工具栏中的正视于图标，将该基准面作为绘制图形的基准面。

（11）绘制草图。单击“草图绘制”操控板中的矩形图标和 3 点圆弧图标，绘制如图 13-52 所示的草图并标注尺寸。

（12）剪裁草图实体。执行【工具】→【草图绘制工具】→【剪裁】菜单命令，或者单击“草图绘制”操控板中的剪裁实体图标，此时系统弹出如图 13-53 所示“剪裁”属性管理器，单击其中的剪裁到最近端图标，然后单击图 13-51 中的圆弧和矩形的交线处。单击属性管理器中的确定图标，完成草图实体剪裁，结果如图 13-54 所示。

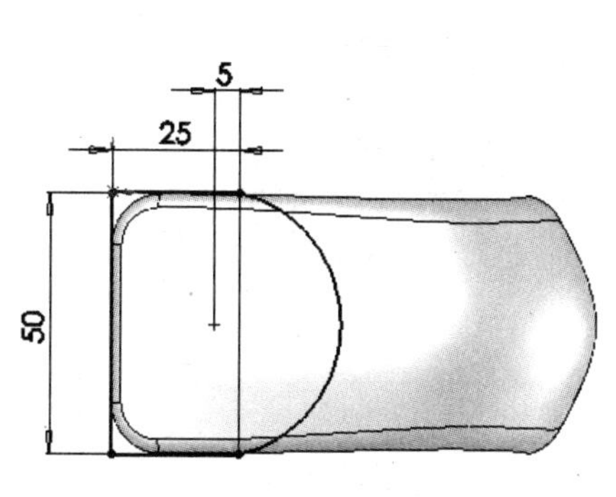

图 13-52　绘制的草图

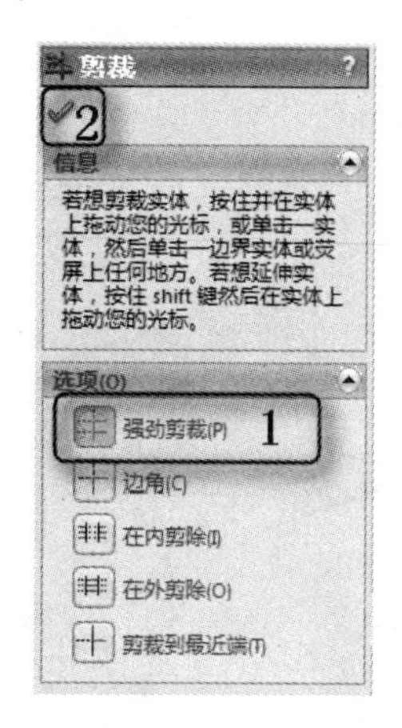

图 13-53　“剪裁”属性管理器

（13）切除拉伸实体。执行【插入】→【切除】→【拉伸】菜单命令，此时系统弹出如图 13-55 所示的“切除-拉伸”属性管理器。在“终止条件”一栏的下拉菜单中，选择“完全贯穿”选项，并注意切除拉伸的方向。单击属性管理器中的确定图标，完成切除拉伸处理。

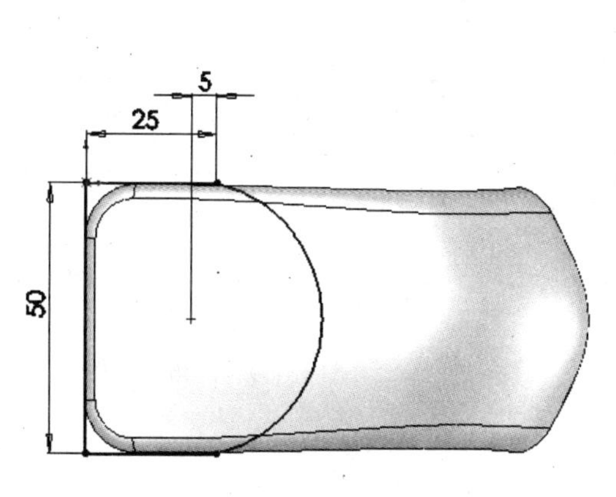

图 13-54　剪裁后的草图

图 13-55　“切除-拉伸”属性管理器

（14）设置视图方向。单击“前导视图”工具栏中的等轴测图标，将视图以等轴测方向显示，结果如图 13-56 所示。

（15）圆角实体。执行【插入】→【特征】→【圆角】菜单命令，或者单击“特征”操控板中的圆角图标，此时系统弹出如图 13-57 所示的“圆角”属性管理器。在“圆角类型”一栏中，单选“等半径”选项；在“半径”一栏中输入值为 0.5；在“边、线、面、特征和环”一栏中，用鼠标选择图 13-56 所示上曲面的边线，如图 13-58 所示。单击属性管理器中的确定图标，完成圆角处理。

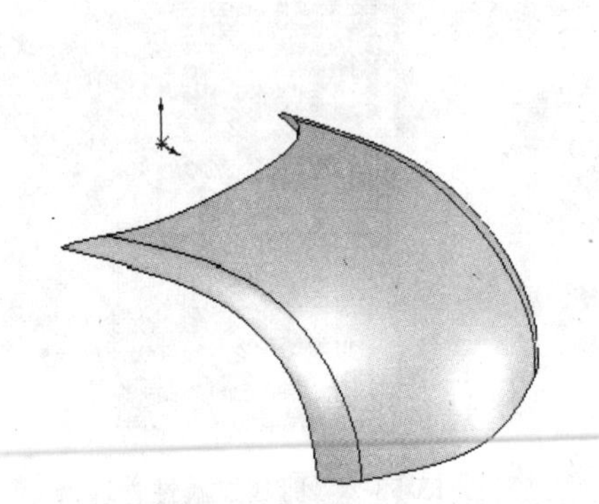

图 13-56　设置视图方向后的图形　　　图 13-57　“圆角”属性管理器

（16）设置视图方向。单击“前导视图”工具栏中的等轴测图标，将视图以等轴测方向显示，结果如图 13-59 所示。

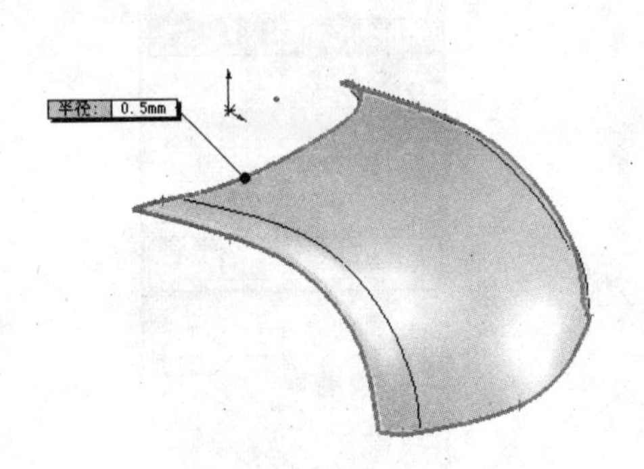

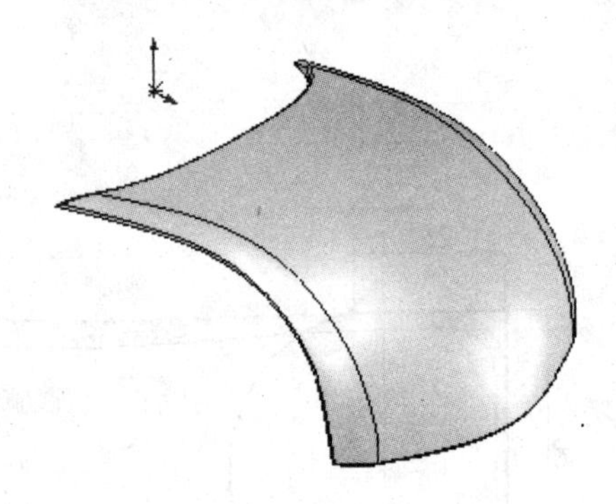

图 13-58　所选圆角边线图示　　　图 13-59　圆角后的图形

鼠标上盖模型及其 FeatureManager 设计树如图 13-60 所示。

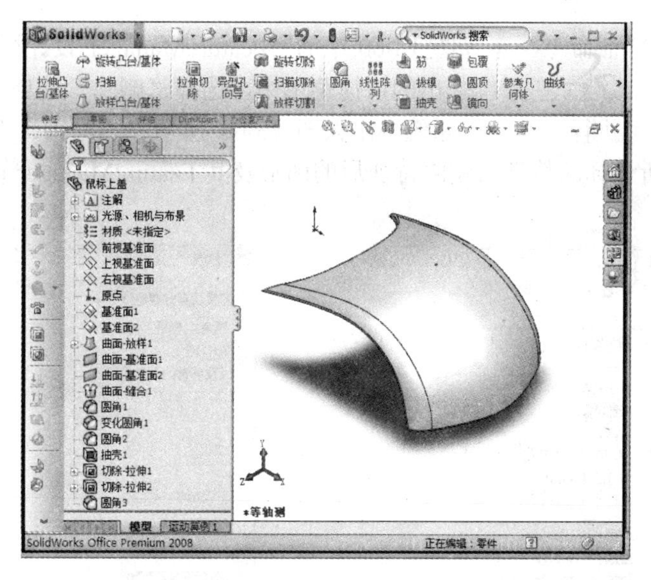

图 13-60　鼠标上盖及其 FeatureManager 设计树

13.4　鼠标左键

【案例 13-4】本案例源文件光盘路径：“X：\源文件\ch13\鼠标左键.SLDPRT”，本案例视频内容光盘路径：“X：\动画演示\ch13\13.4 鼠标左键.swf”。

（1）打开文件。执行【文件】→【打开】菜单命令，或者单击“标准”工具栏中的“打开图标，打开上一节绘制的“鼠标上盖.sldprt”文件。

（2）另存为文件。执行【文件】→【另存为】菜单命令，此时系统弹出如图 13-61 所示的“另存为”对话框，在“文件名”一栏中输入“鼠标左键”，然后单击【保存】按钮，创建一个“鼠标左键”零件文件。

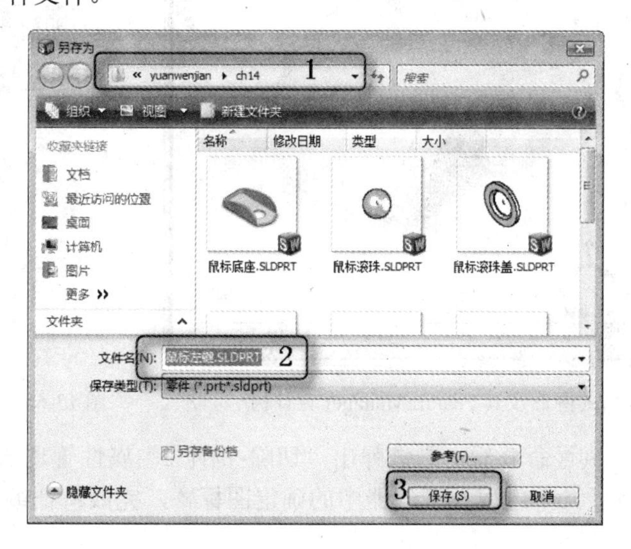

图 13-61　“另存为”对话框

（2）执行删除特征命令。选择图 13-60 中的“FeatureManager 设计树”下的“圆角 3”，然后单击鼠标用鼠标右键，在系统弹出的快捷菜单中，选择“删除”选项，如图 13-62 所示。

（3）删除特征。执行命令后，系统弹出如图 13-63 所示“删除确认”对话框，单击【全部是】按钮，删除所选择的特征。删除特征后的图形及其 FeatureManager 设计树如图 13-64 所示。

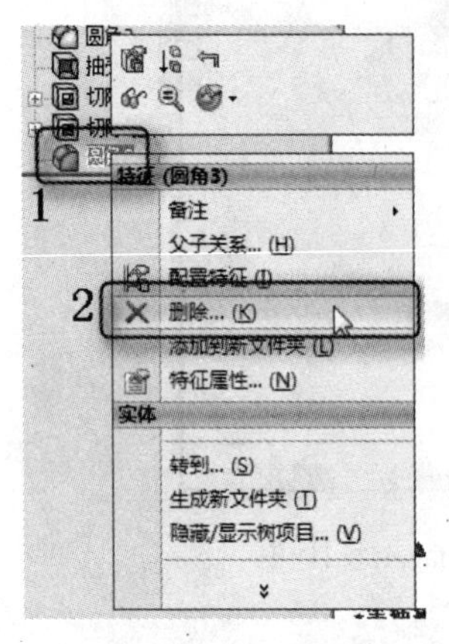

图 13-62 鼠标右键快捷菜单

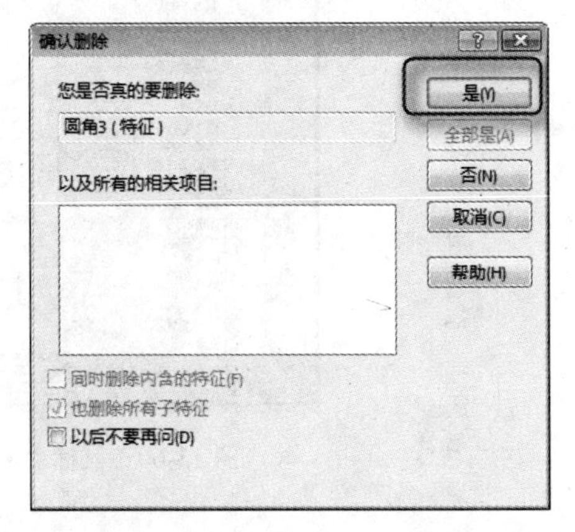

图 13-63 “确认删除”对话框

（4）执行编辑特征命令。用鼠标右键单击“FeatureManager 设计树”中的“切除-拉伸 2”，在弹出的快捷菜单中选择“编辑特征”选项，如图 13-65 所示。

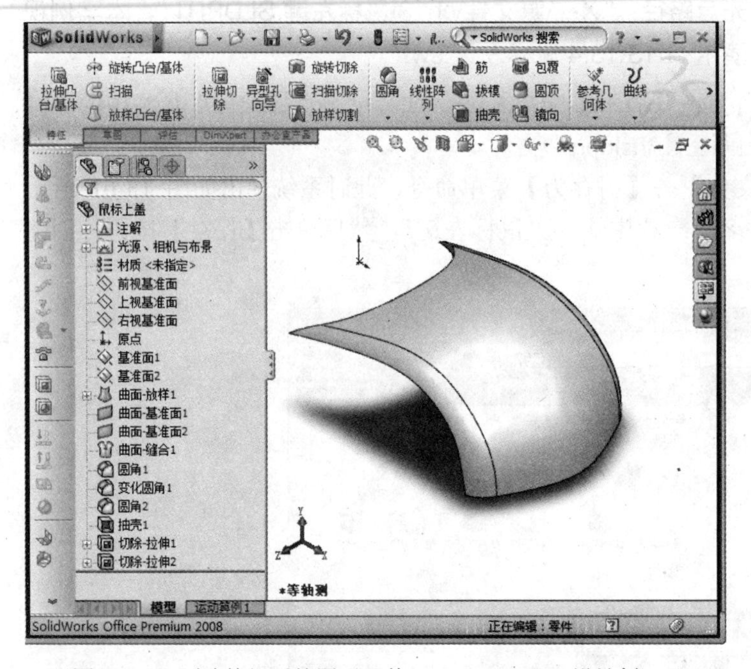

图 13-64 删除特征后的图形及其 FeatureManager 设计树

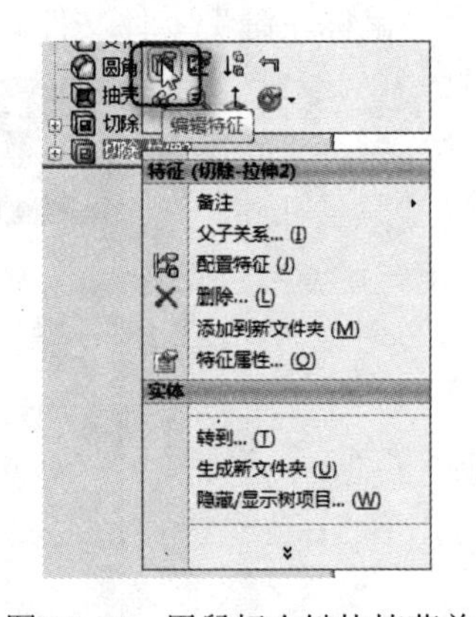

图 13-65 用鼠标右键快捷菜单

（5）编辑特征。执行命令后，系统弹出“切除-拉伸 2”属性管理器，勾选“反侧切除”选项，如图 13-66 所示。单击属性管理器中的确定图标✔，完成特征编辑，结果如图 13-67 所示。

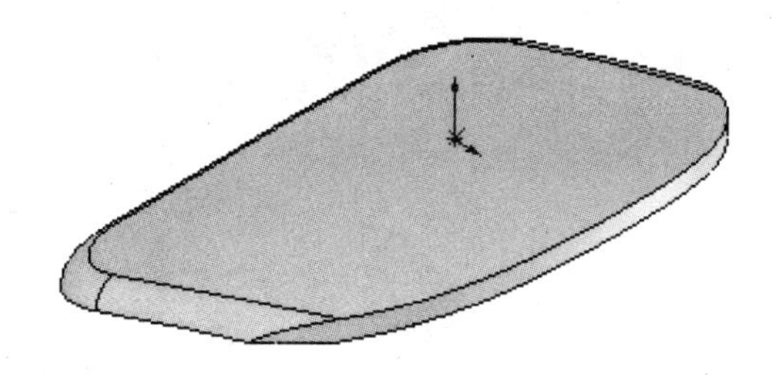

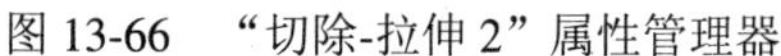

图 13-66　“切除-拉伸 2”属性管理器　　　　图 13-67　编辑特征后的图形

（6）设置基准面。单击左侧“FeatureManager 设计树”中的“基准面 1”，然后单击“前导视图”工具栏中的正视于图标，将该基准面作为绘制图形的基准面。

（7）绘制草图。单击“草图绘制”操控板中的中心线图标、直线图标和 3 点圆弧图标，绘制如图 13-68 所示的草图并标注尺寸。

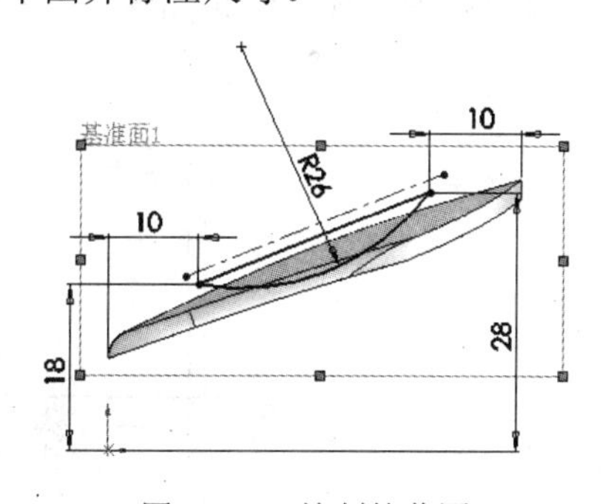

图 13-68　绘制的草图

（8）切除旋转实体。执行【插入】→【切除】→【旋转】菜单命令，或者单击“特征”操控板中的旋转切除图标，此时系统弹出如图 13-69 所示的“切除-旋转”属性管理器。在“旋转轴”一栏中，用鼠标选择图 13-68 中的中心线。单击属性管理器中的确定图标，完成旋转切除实体。

（9）设置视图方向。单击“前导视图”工具栏中的等轴测图标，将视图以等轴测方向显示，结果如图 13-70 所示。

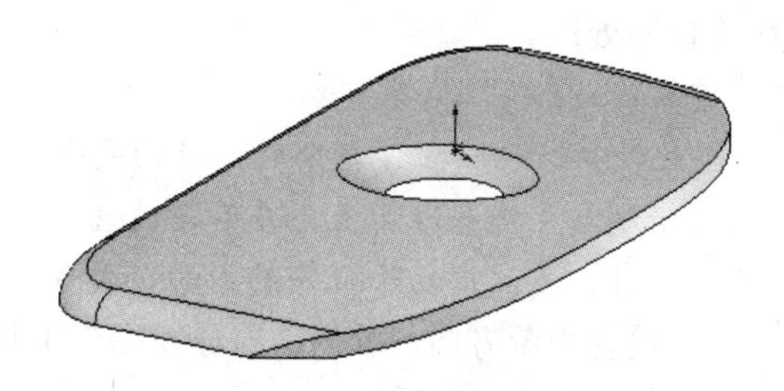

图 13-69　“切除-旋转”属性管理器　　　　图 13-70　切除旋转后的图形

（10）设置基准面。单击左侧“FeatureManager 设计树”中的“上视基准面”，然后单击

“前导视图”工具栏中的正视于图标，将该基准面作为绘制图形的基准面。

（11）绘制草图。单击“草图绘制”操控板中的直线图标，绘制如图 13-71 所示的草图并标注尺寸。

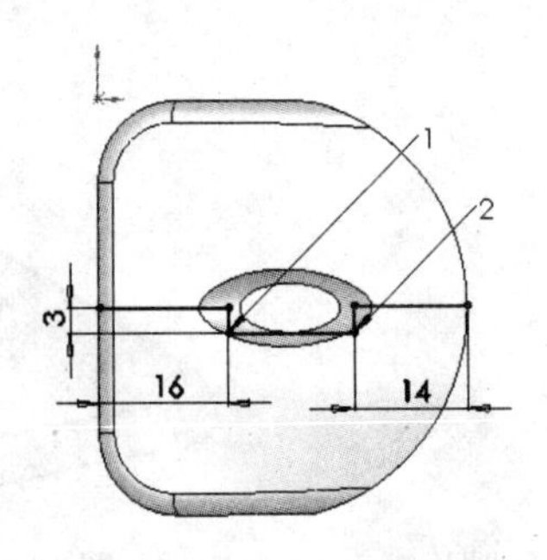

图 13-71　绘制的草图

（12）圆角草图实体。执行【工具】→【草图绘制工具】→【圆角】菜单命令，或者单击“草图绘制”操控板中的绘制圆角图标，此时系统弹出如图 13-72 所示的“绘制圆角”属性管理器。在“半径”一栏中输入值为 1，然后单击图 13-71 中点 1 和点 2 的两个边线。单击属性管理器中的确定图标，完成圆角草图实体，结果如图 13-73 所示。

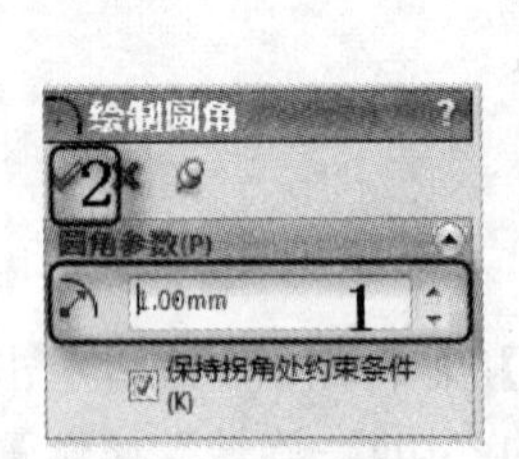

图 13-72　“绘制圆角”属性管理器

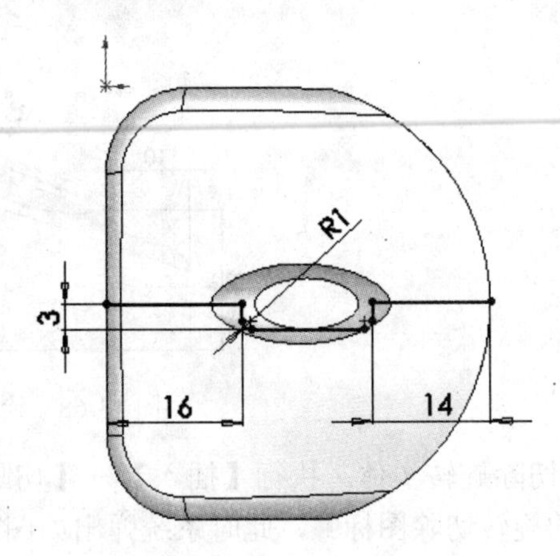

图 13-73　圆角草图实体后的图形

（13）切除拉伸实体。执行【插入】→【切除】→【拉伸】菜单命令，此时系统弹出如图 13-74 所示的“切除-拉伸”属性管理器。在“方向 1”和“方向 2”的“终止条件”一栏的下拉菜单中，选择“完全贯穿”选项，并注意切除拉伸的方向。单击属性管理器中的确定图标，完成切除拉伸处理。

■ **注意：**

此处执行切除拉伸命令时，必须两个方向都需要进行设置，因为切除拉伸的草图是绘制在上视基准面上，并不与被切除的实体相交。另外还需要注意，本例绘制鼠标左键，要注意切除拉伸的方向，要保留左侧的部分。

（14）设置视图方向。单击“前导视图”工具栏中的旋转视图图标，将视图以合适的方向显示，结果如图 13-75 所示。

图 13-74　“切除-拉伸”属性管理器

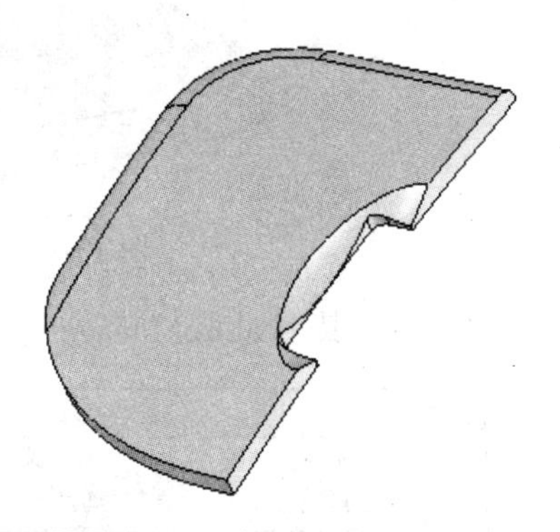

图 13-75　设置视图方向后的图形

（15）圆角处理。执行【插入】→【特征】→【圆角】菜单命令，或者单击“特征”操控板中的圆角图标，此时系统弹出如图 13-76 所示的“圆角”属性管理器。在“圆角类型”一栏中，单选“等半径”选项；在“半径”一栏中输入值为 0.5；在“边、线、面、特征和环”一栏中，用鼠标选择图 13-75 所示的底面的边线，如图 13-77 所示。单击属性管理器中的确定图标，完成圆角处理。

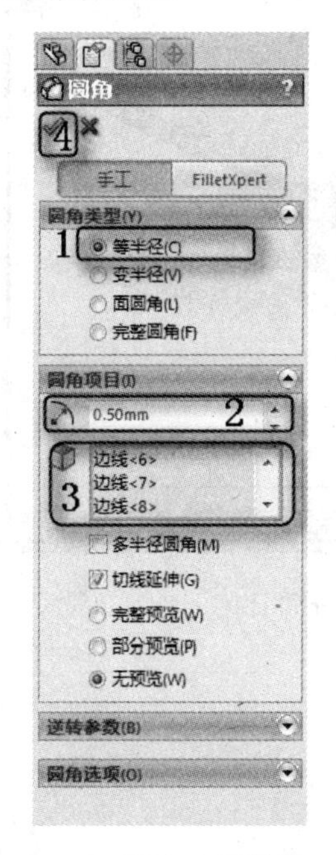

图 13-76　“圆角”属性管理器

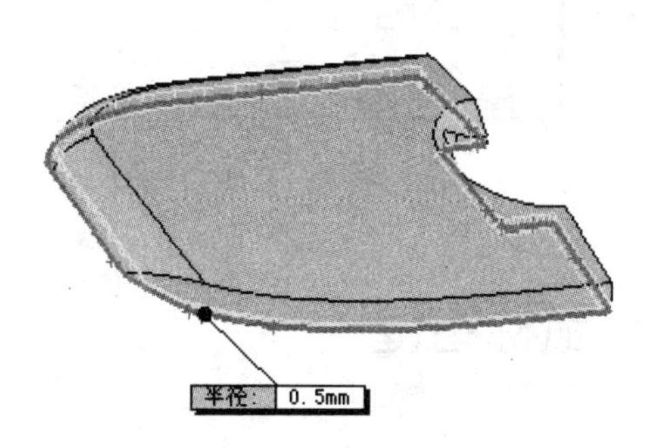

图 13-77　所选圆角边线图示

（16）设置视图方向。单击“前导视图”工具栏中的等轴测图标，将视图以等轴测方向显示，结果如图 13-78 所示。

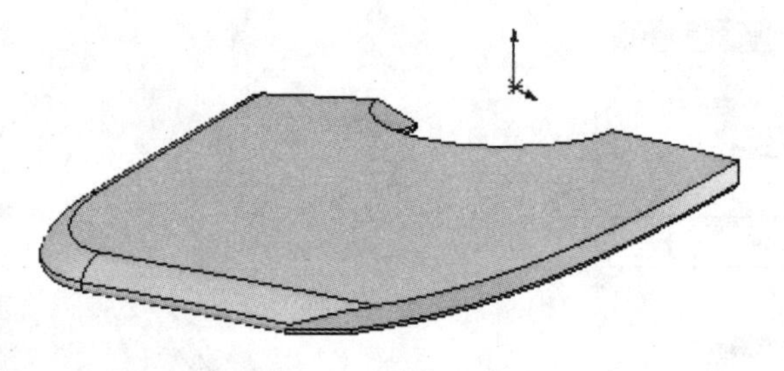

图 13-78 设置视图方向后的图形

鼠标左键模型及其 FeatureManager 设计树如图 13-79 所示。

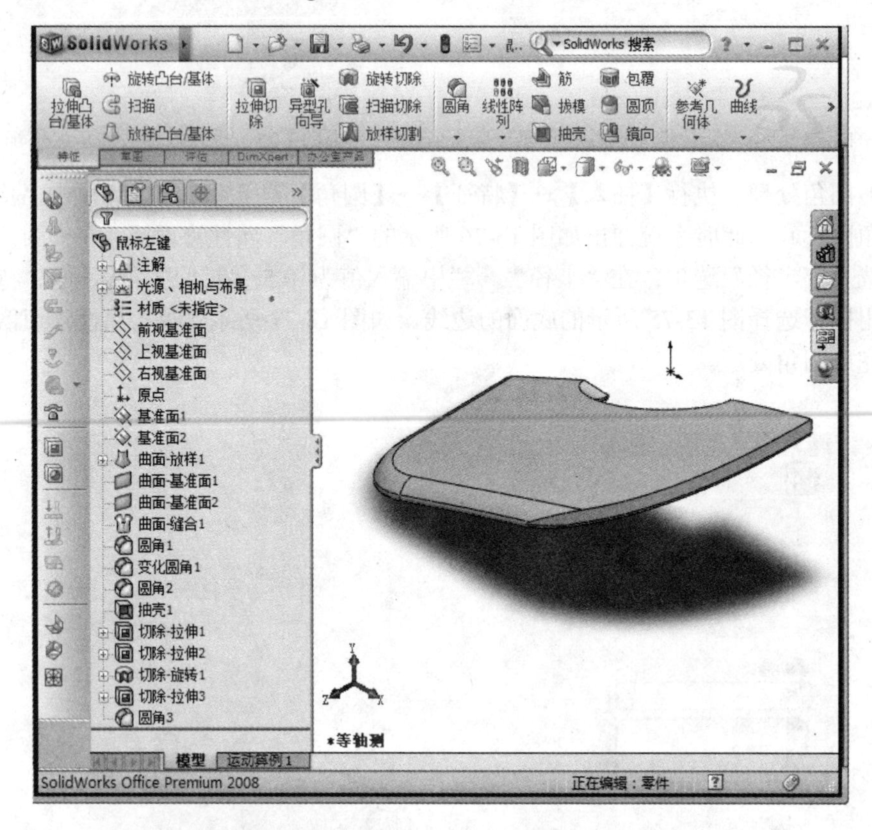

图 13-79 鼠标左键及其 FeatureManager 设计树

13.5 鼠标右键

【案例 13-5】本案例源文件光盘路径："X：\源文件\ch13\鼠标右键.SLDPRT"，本案例视频内容光盘路径："X：\动画演示\ch13\13.5 鼠标右键.swf"。

（1）打开文件。执行【文件】→【打开】菜单命令，或者单击"标准"工具栏中的打开图标，打开上一节绘制的"鼠标左键.sldprt"文件。

（2）另存为文件。执行【文件】→【另存为】菜单命令，此时系统弹出如图 13-80 所示的"另存为"对话框，在"文件名"一栏中输入"鼠标右键"，然后单击【保存】按钮。

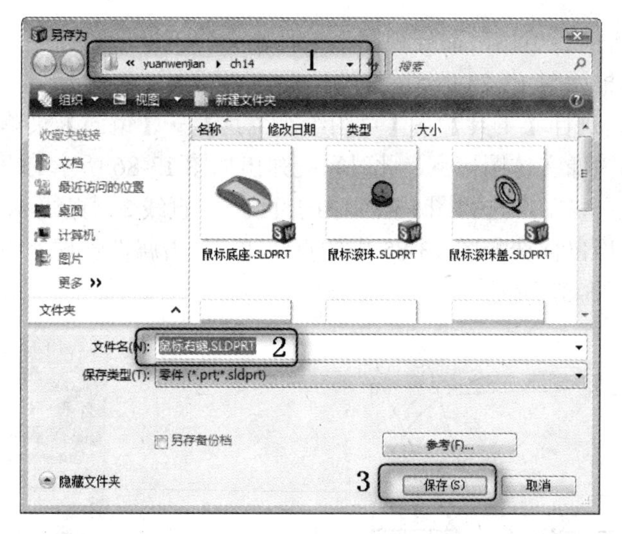

图 13-80　“另存为”对话框

（3）执行删除特征命令。选择图 13-79 中“FeatureManager 设计树”中的“圆角 3”，然后单击鼠标右键，在系统弹出的快捷菜单中，选择“删除”选项，如图 13-81 所示。

（4）删除特征。执行命令后，系统弹出如图 13-82 所示“确认删除”对话框，单击【全部是】按钮，删除所选择的特征。删除特征后的图形如图 13-83 所示。

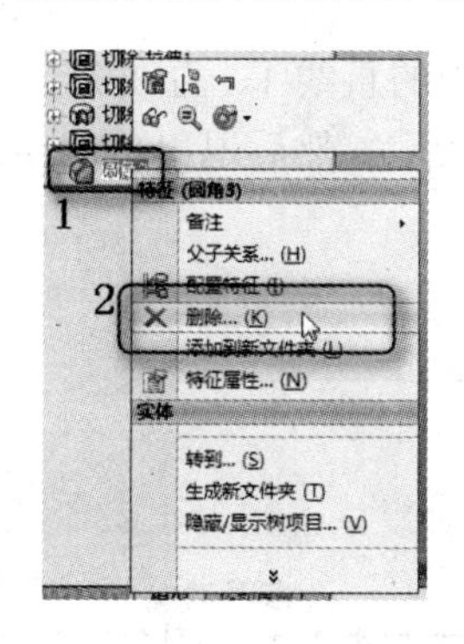

图 13-81　鼠标右键快捷菜单

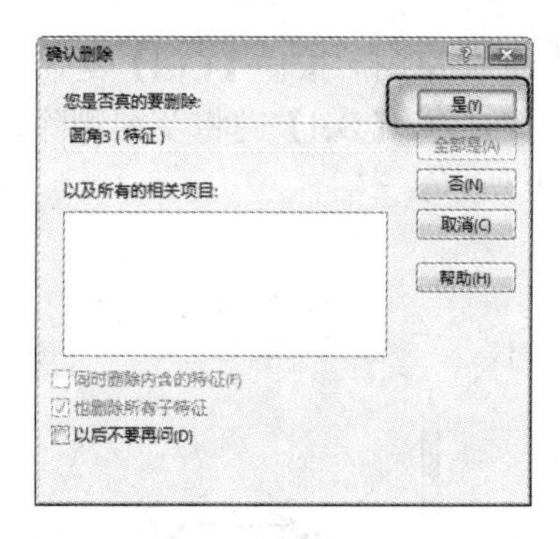

图 13-82　“确认删除”对话框

（5）执行编辑草图命令。鼠标右键单击“FeatureManager 设计树”中的“切除-拉伸 3”，在弹出的快捷菜单中选择“编辑草图”选项，如图 13-84 所示。

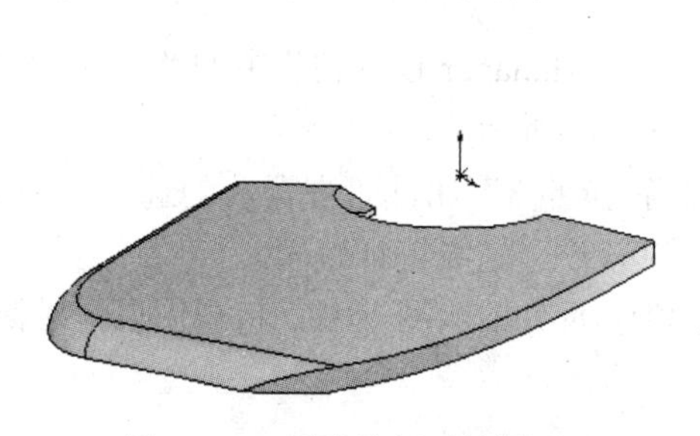

图 13-83　删除特征后的图形

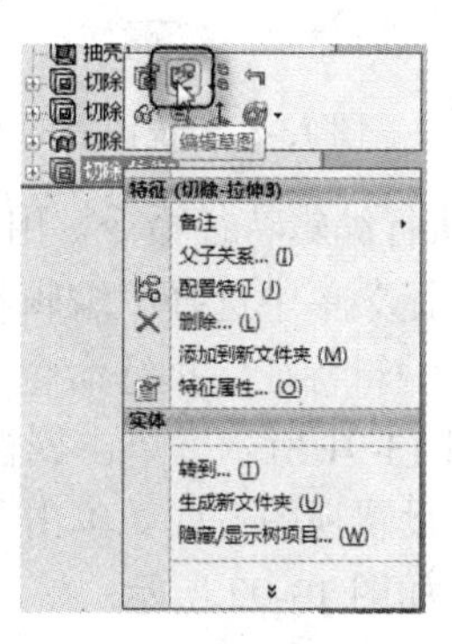

图 13-84　鼠标右键快捷菜单

（6）设置视图方向。单击“前导视图”工具栏中的正视于图标，将视图设置为正视于上视基准面方向，结果如图 13-85 所示。

（7）镜像草图。执行【工具】→【草图绘制工具】→【镜向】菜单命令，或者单击“草图绘制”操控板中的镜像实体图标，此时系统弹出如图 13-86 所示的“镜向”属性管理器。在“要镜向的实体”一栏中，选择图 13-85 中的直线 2、直线 3、直线 4、圆弧 5 和圆弧 6；在“镜向点”一栏中，用鼠标选择图 13-85 中的直线 1，单击属性管理器中的确定图标，完成镜像草图，结果如图 13-87 所示。

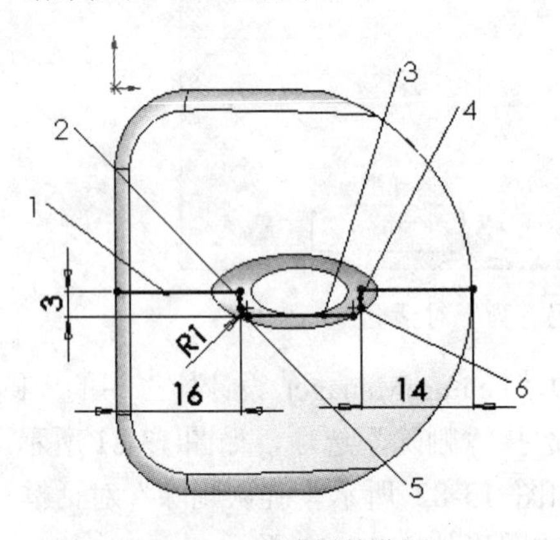

图 13-85　要编辑的草图

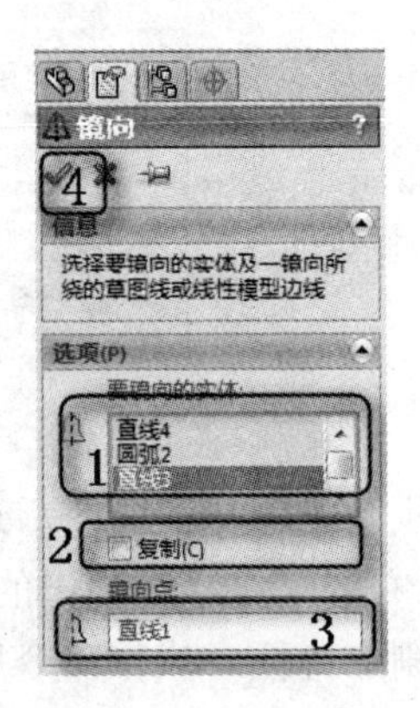

图 13-86　“镜向”属性管理器

（8）删除草图。按住【Ctrl】键，依次选择图 13-87 中的直线 1、直线 2、直线 3、圆弧 4 和圆弧 5，然后按【Del】键将草图删除，结果如图 13-88 所示。然后退出草图绘制状态，结果如图 13-89 所示。

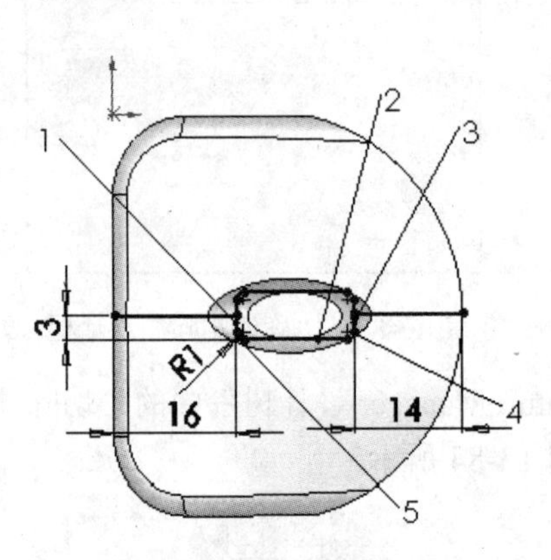

图 13-87　镜像后的图形

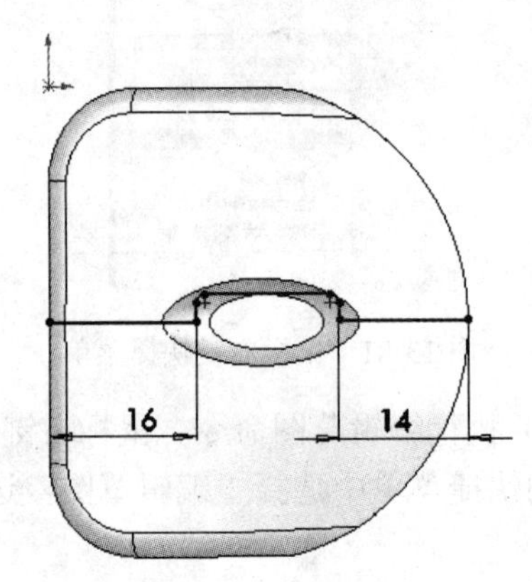

图 13-88　删除草图后的图形

（9）执行编辑特征命令。用鼠标右键单击“FeatureManager 设计树”中的“切除-拉伸 3”，在弹出的快捷菜单中选择“编辑特征”选项，如图 13-90 所示。

（10）编辑特征。执行命令后，系统弹出“切除-拉伸 3”属性管理器，勾选“反侧切除”选项，如图 13-91 所示。单击属性管理器中的确定图标，完成特征编辑。

（11）设置视图方向。单击“前导视图”工具栏中的等轴测图标，将视图以等轴测方向显示，结果如图 13-92 所示。

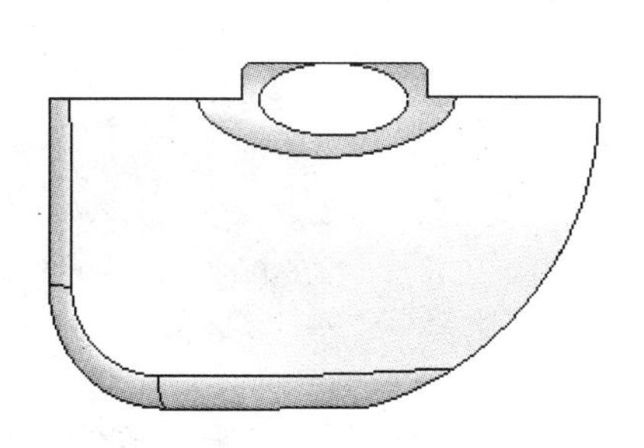

图 13-89 编辑草图后的图形

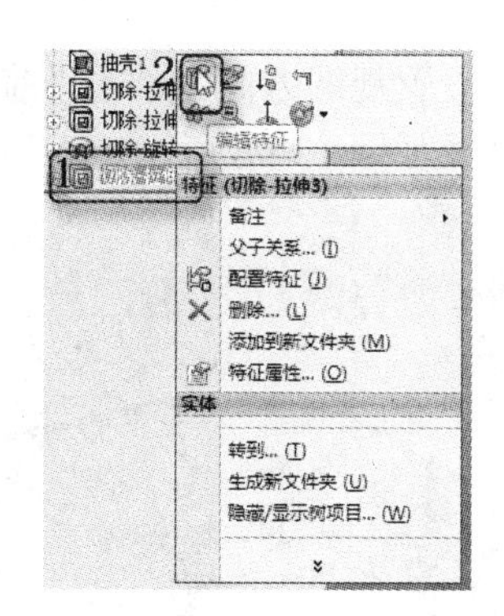

图 13-90 鼠标右键快捷菜单

图 13-91 “切除-拉伸 3”属性管理器

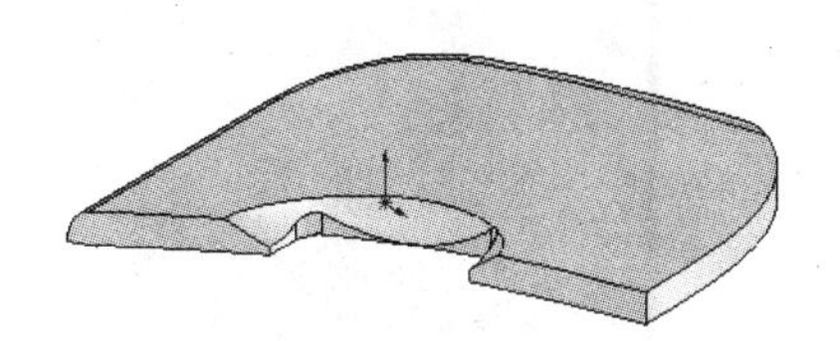

图 13-92 设置视图方向后的图形

（12）圆角处理。执行【插入】→【特征】→【圆角】菜单命令，或者单击“特征”操控板中的圆角图标，此时系统弹出如图 13-93 所示的“圆角”属性管理器。在“圆角类型”一栏中，单选“等半径”选项；在“半径”一栏中输入值为 0.5；在“边、线、面、特征和环”一栏中，用鼠标选择图 13-92 所示底面的边线，如图 13-94 所示。单击属性管理器中的确定图标✔，完成圆角处理，结果如图 13-95 所示。

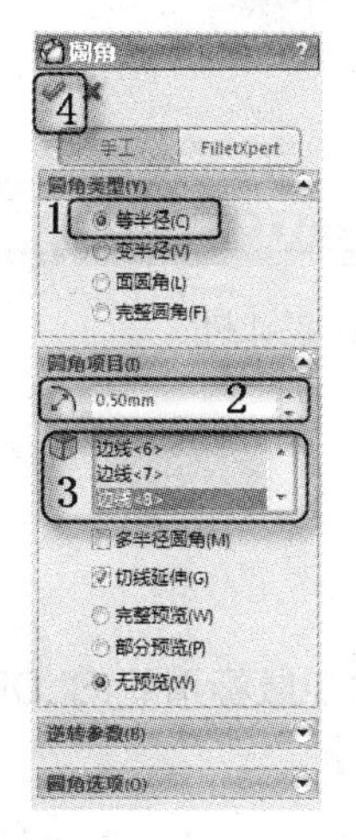

图 13-93 “圆角”属性管理器

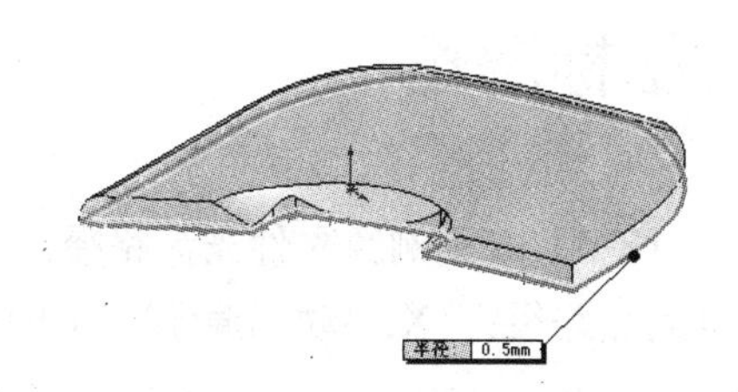

图 13-94 所选圆角边线图示

（13）设置视图方向。单击“前导视图”工具栏中的旋转视图图标，将视图以合适的方向显示，结果如图 13-96 所示。

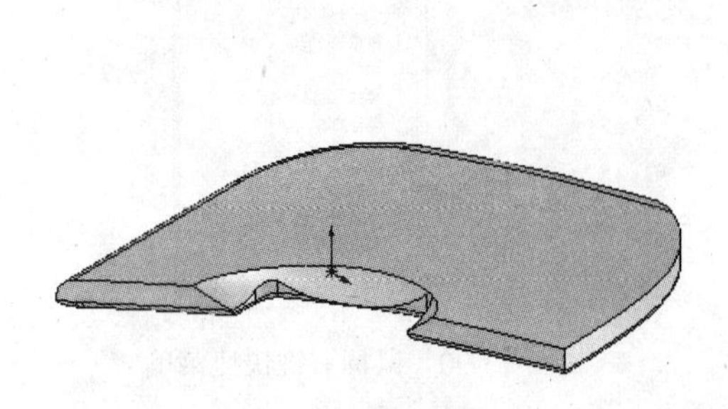

图 13-95 圆角后的图形

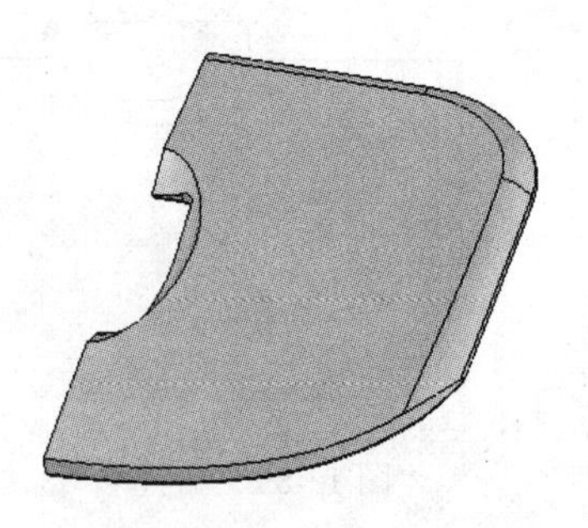

图 13-96 改变视图方向后的图形

鼠标右键模型及其 FeatureManager 设计树如图 13-97 所示。

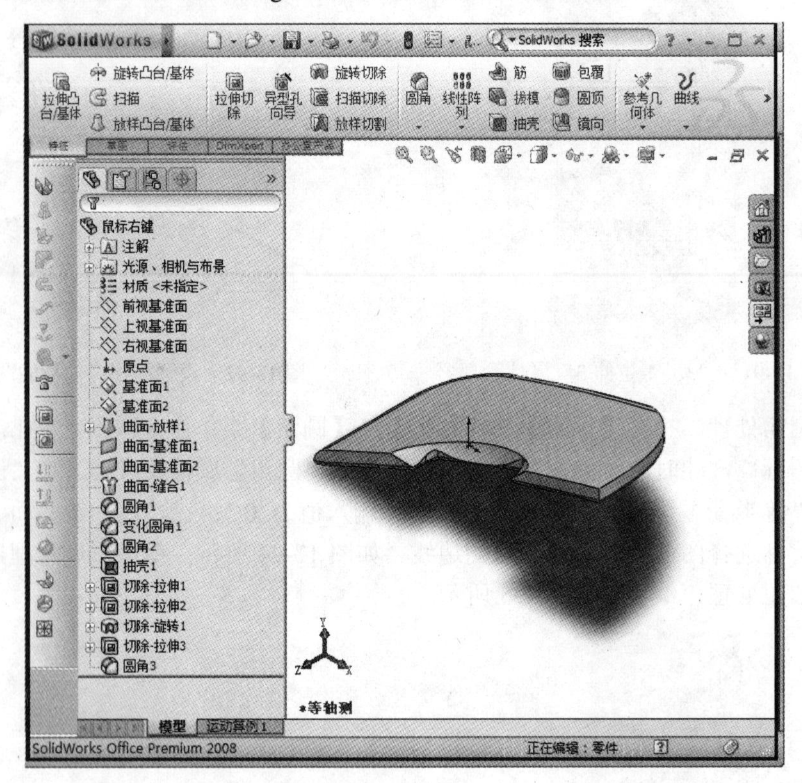

图 13-97 鼠标右键及其 FeatureManager 设计树

13.6 鼠标滑轮

【案例 13-6】本案例源文件光盘路径：“X：\源文件\ch13\鼠标滑轮.SLDPRT”，本案例视频内容光盘路径：“X：\动画演示\ch13\13.6 鼠标滑轮.swf”。

（1）创建零件文件。执行【文件】→【新建】菜单命令，或者单击“标准”工具栏中的

新建图标🗋，此时系统弹出如图 13-98 所示的“新建 SoildWorks 文件”对话框，在其中选择零件图标，然后单击【确定】按钮，创建一个新的零件文件。

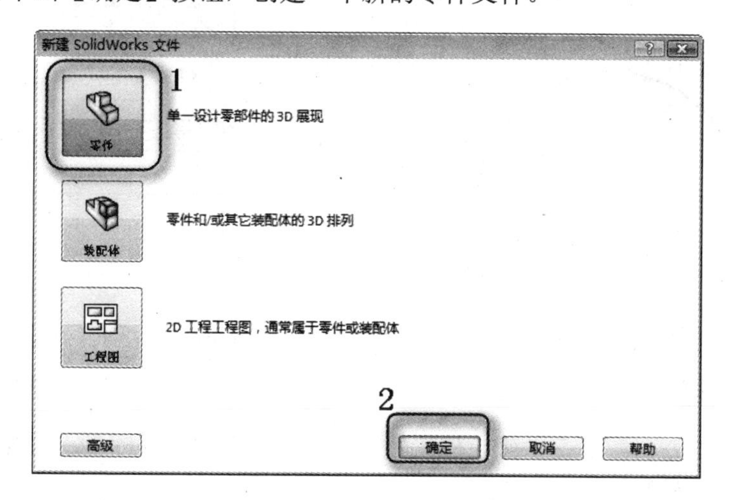

图 13-98 “新建 SolidWorks 文件”对话框

（2）保存文件。执行【文件】→【保存】菜单命令，或者单击“标准”工具栏中的新建图标，此时系统弹出如图 13-99 所示的“另存为”对话框。在“文件名”一栏中输入鼠标滑轮，然后单击【保存】按钮，创建一个文件名为“鼠标滑轮”的零件文件。

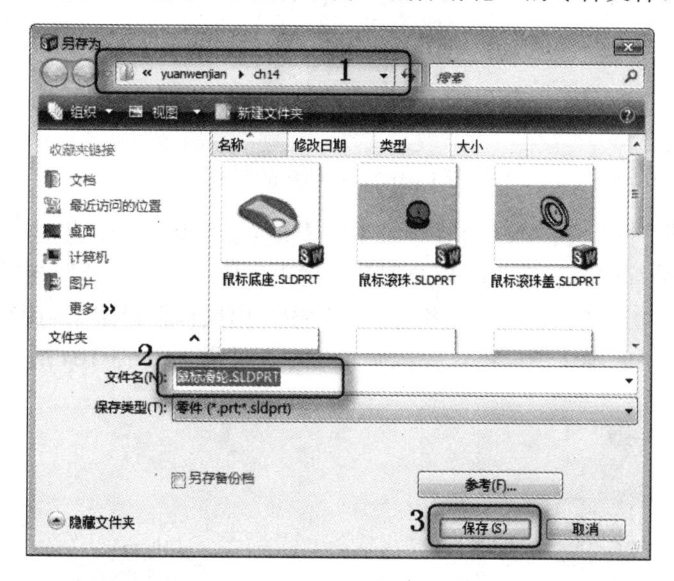

图 13-99 “另存为”对话框

（3）设置基准面。在左侧的“FeatureManager 设计树”中用鼠标选择“前视基准面”，然后单击“前导视图”工具栏中的正视于图标，将该基准面作为绘制图形的基准面。

（4）绘制草图。执行【工具】→【草图绘制实体】→【圆】菜单命令，以原点为圆心绘制一个直径为 15 的圆，结果如图 13-100 所示。

（5）拉伸实体。执行【插入】→【凸台/基体】→【拉伸】菜单命令，此时系统弹出如图 13-101 所示的“拉伸”属性管理器。在“距离”一栏中输入值为 5。单击属性管理器中的确定图标✔，完成实体拉伸。

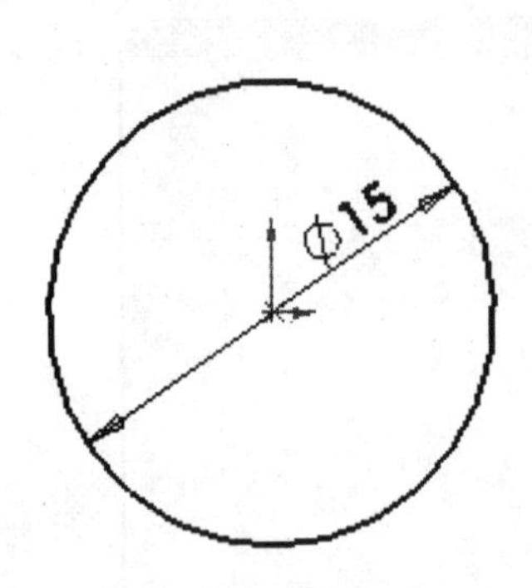

图 13-100 绘制的草图

图 13-101 “拉伸”属性管理器

（6）设置视图方向。单击“前导视图”工具栏中的等轴测图标，将视图以等轴测方向显示，结果如图 13-102 所示。

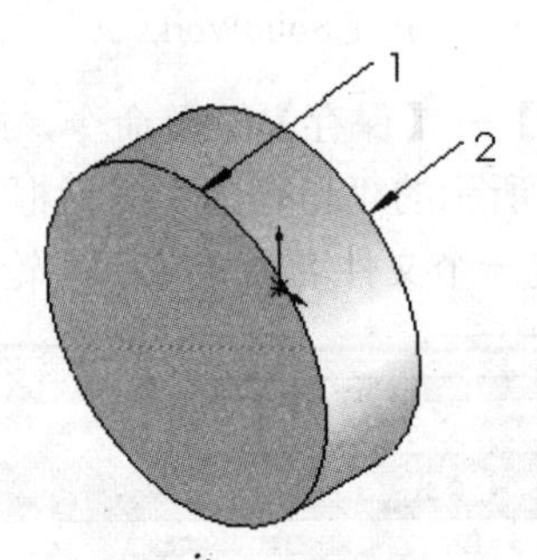

图 13-102 拉伸后的图形

（7）圆角处理。执行【插入】→【特征】→【圆角】菜单命令，此时系统弹出如图 13-103 所示的“圆角”属性管理器。在“圆角类型”一栏中，单选“等半径”选项；在“半径”一栏中输入值为 2；在“边、线、面、特征和环”一栏中，用鼠标选择图 13-102 所示边线 1 和边线 2。单击属性管理器中的确定图标✔，完成圆角处理，结果如图 13-104 所示。

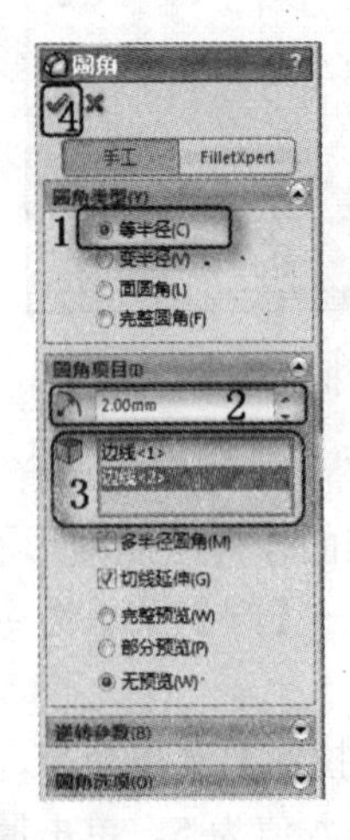

图 13-103 “圆角”属性管理器

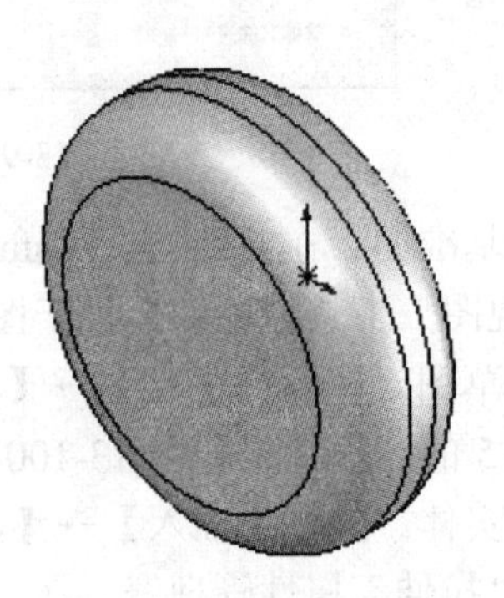
图 13-104 圆角后的图形

鼠标滑轮模型及其 FeatureManager 设计树如图 13-105 所示。

图 13-105　鼠标滑轮及其 FeatureManager 设计树

13.7　鼠标滚珠

【案例 13-7】本案例源文件光盘路径：“X：\源文件\ch13\鼠标滚珠.SLDPRT”，本案例视频内容光盘路径：“X：\动画演示\ch13\13.7 鼠标滚珠.swf”。

（1）创建零件文件。执行【文件】→【新建】菜单命令，或者单击“标准”工具栏中的新建图标，此时系统弹出如图 13-106 所示的“新建 SoildWorks 文件”对话框，在其中单击零件图标，然后单击【确定】按钮，创建一个新的零件文件。

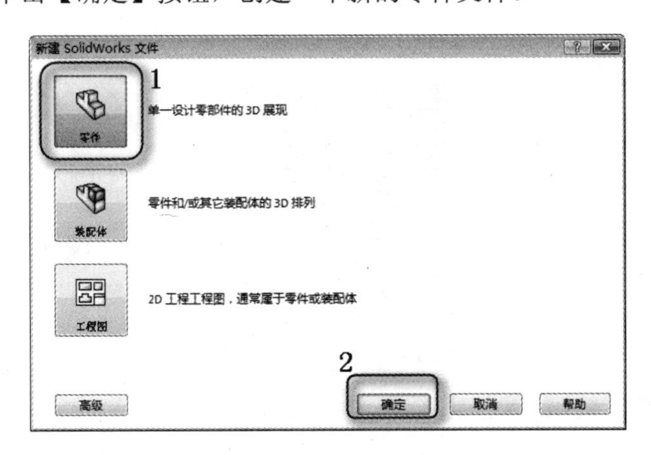

图 13-106　“新建 SolidWorks 文件”对话框

（2）保存文件。执行【文件】→【保存】菜单命令，或者单击“标准”工具栏中的新建图标，此时系统弹出如图 13-107 所示的“另存为”对话框。在“文件名”一栏中输入鼠标滚珠，然后单击“保存”按钮，创建一个文件名为“鼠标滚珠”的零件文件。

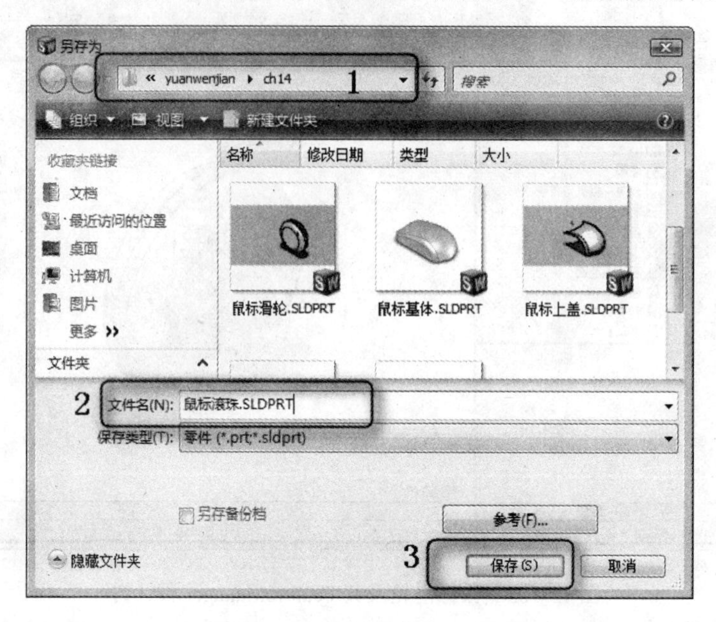

图 13-107 “另存为”对话框

（3）设置基准面。在左侧“FeatureManager 设计树”中用鼠标选择“前视基准面”，然后单击“前导视图”工具栏中的正视于图标，将该基准面作为绘制图形的基准面。

（4）绘制草图。单击“草图绘制”操控板中的中心线图标、直线图标和 3 点圆弧图标，绘制如图 13-108 所示的草图并标注尺寸。

（5）旋转实体。执行【插入】→【凸台/基体】→【旋转】菜单命令，或者单击“特征”操控板中的旋转凸台/基体图标，此时系统弹出如图 13-109 所示的“旋转”属性管理器。在“旋转轴”一栏中，选择图 13-108 中的竖直中心线，其他设置如图 13-109 所示。单击属性管理器中的确定图标，完成实体旋转，结果如图 13-110 所示。

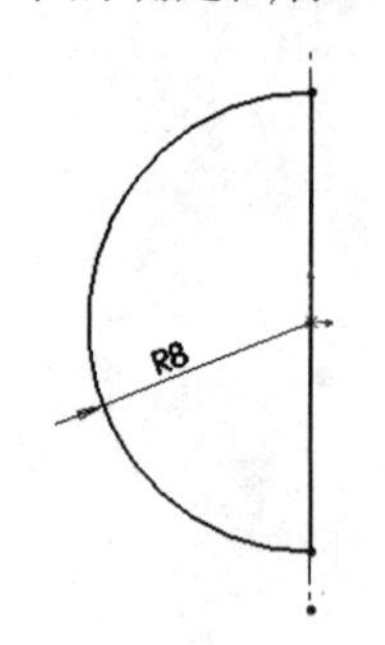

图 13-108 绘制的草图

图 13-109 “旋转”属性管理器

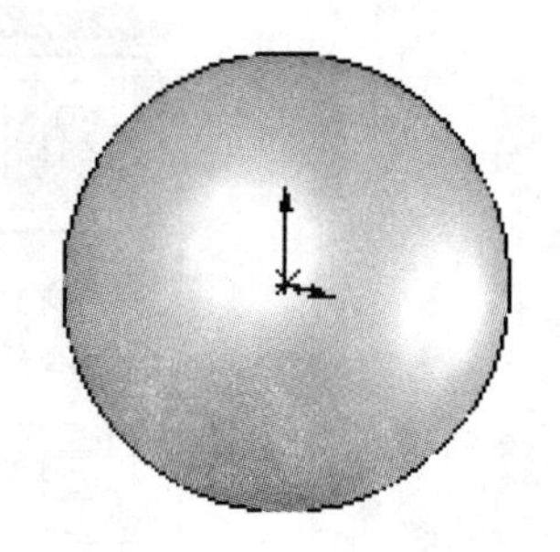

图 13-110 旋转后的图形

鼠标滚珠模型及其 FeatureManager 设计树如图 13-111 所示。

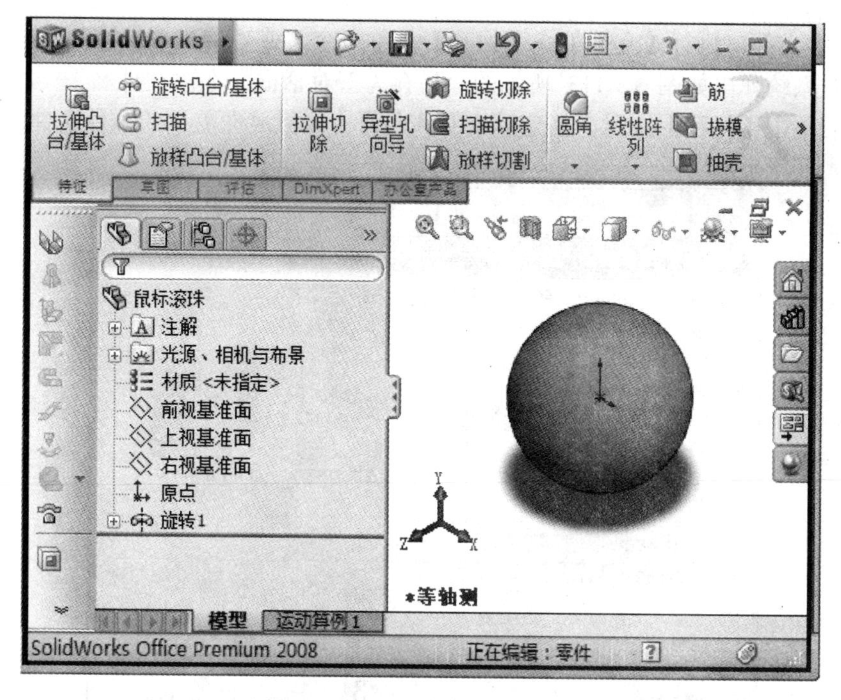

图 13-111　鼠标滚珠及其 FeatureManager 设计树

13.8　鼠标滚珠盖

【案例 13-8】本案例源文件光盘路径："X：\源文件\ch13\鼠标滚珠盖.SLDPRT"，本案例视频内容光盘路径："X：\动画演示\ch13\13.8 鼠标滚珠盖.swf"。

（1）创建零件文件。执行【文件】→【新建】菜单命令，或者单击"标准"工具栏中的新建图标，此时系统弹出如图 13-112 所示的"新建 SoildWorks 文件"对话框，在其中选择零件图标，然后单击【确定】按钮，创建一个新的零件文件。

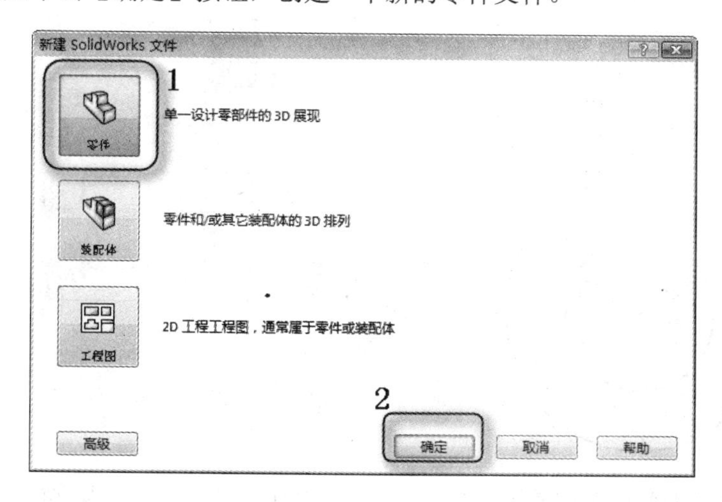

图 13-112　"新建 SolidWorks 文件"对话框

（2）保存文件。执行【文件】→【保存】菜单命令，或者单击“标准”工具栏中的新建图标，此时系统弹出如图 13-113 所示的“另存为”对话框。在“文件名”一栏中输入鼠标滚珠盖，然后单击【保存】按钮，创建一个文件名为“鼠标滚珠盖”的零件文件。

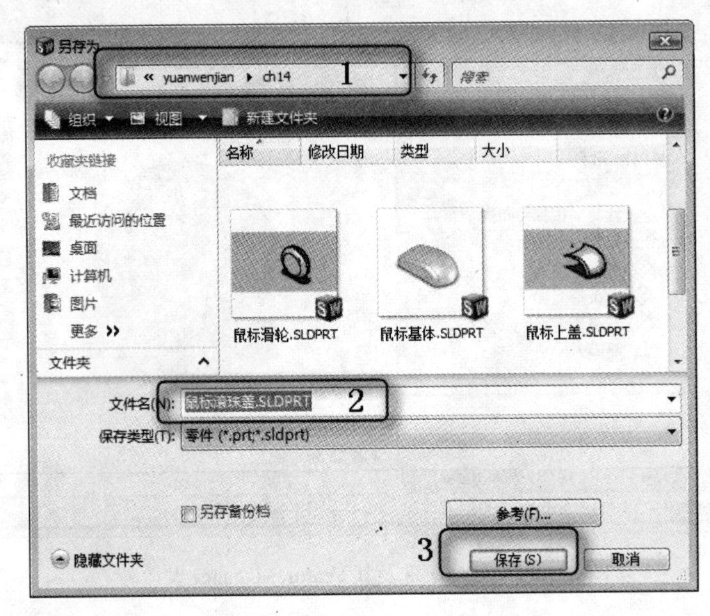

图 13-113 “另存为”对话框

（3）设置基准面。在左侧“FeatureManager 设计树”中用鼠标选择“前视基准面”作为绘制图形的基准面。

（4）绘制草图。执行【工具】→【草图绘制实体】→【圆】菜单命令，以原点为圆心绘制两个同心圆，直径分别为 14 和 25，结果如图 13-114 所示。

（5）拉伸实体。执行【插入】→【凸台/基体】→【拉伸】菜单命令，此时系统弹出如图 13-115 所示的“拉伸”属性管理器。在“距离”一栏中输入值为 2。单击属性管理器中的确定图标，完成实体拉伸。

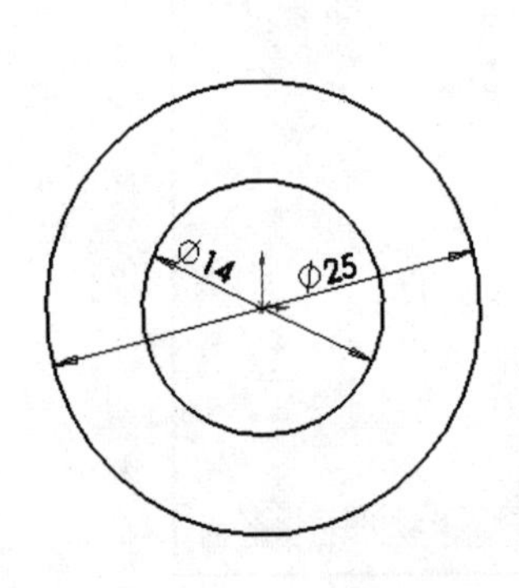

图 13-114 绘制的草图

图 13-115 “拉伸”属性管理器

（6）设置视图方向。单击“前导视图”工具栏中的等轴测图标，将视图以等轴测方向显示，结果如图 13-116 所示。

（7）倒角处理。执行【插入】→【特征】→【倒角】菜单命令，或者单击“特征”操控板中的“倒角图标，此时系统弹出如图 13-117 所示的“倒角”属性管理器。在“距离”一栏中输入值为 1.5；在“角度”一栏中输入值为 45；在“边和线或面”一栏中，用鼠标选择图 13-116 中的边线 1。单击属性管理器中的确定图标，结果如图 13-118 所示。

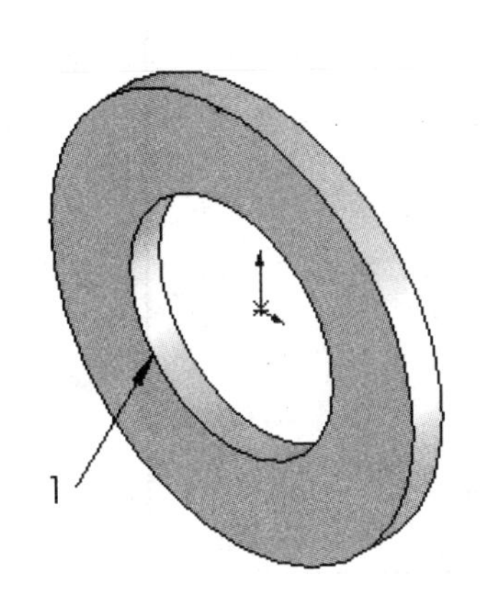

图 13-116 拉伸后的图形

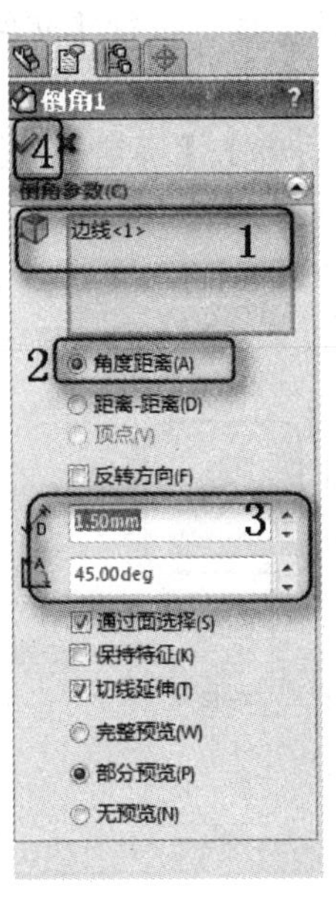

图 13-117 “倒角”属性管理器

鼠标滚珠盖模型及其 FeatureManager 设计树如图 13-119 所示。

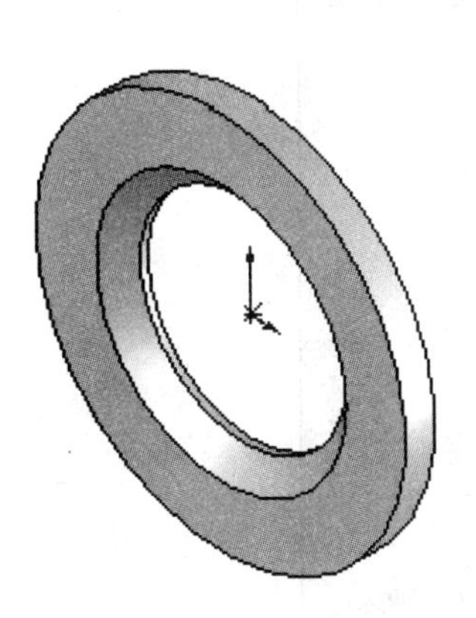

图 13-118 倒角后的图形

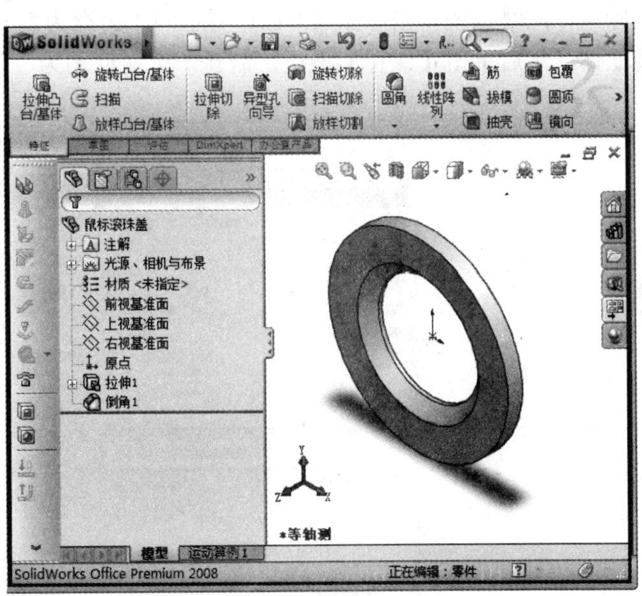

图 13-119 鼠标滚珠盖及其 FeatureManager 设计树

13.9 鼠标装配体

【案例 13-9】本案例源文件光盘路径：“X：\源文件\ch13\鼠标装配体.SLDPRT”，本案例视频内容光盘路径：“X：\动画演示\ch13\13.9 鼠标装配体.swf”。

（1）创建零件文件。执行【文件】→【新建】菜单命令，或者单击“标准”工具栏中的新建图标，此时系统弹出如图 13-120 所示的“新建 SoildWorks 文件”对话框，在其中选择装配体图标，然后单击【确定】按钮，创建一个新的零件文件。

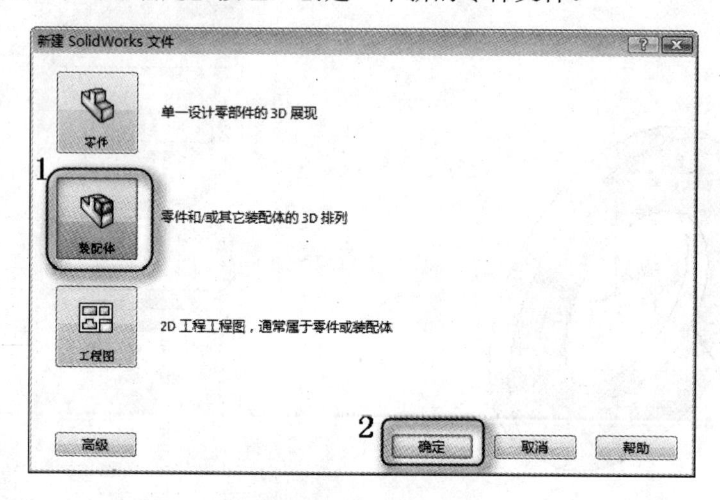

图 13-120 “新建 SolidWorks 文件”对话框

（2）保存文件。执行【文件】→【保存】菜单命令，或者单击“标准”工具栏中的新建图标，此时系统弹出如图 13-121 所示的“另存为”对话框。在“文件名”一栏中输入鼠标装配体，然后单击【保存】按钮，创建一个文件名为“鼠标装配体”的装配文件。

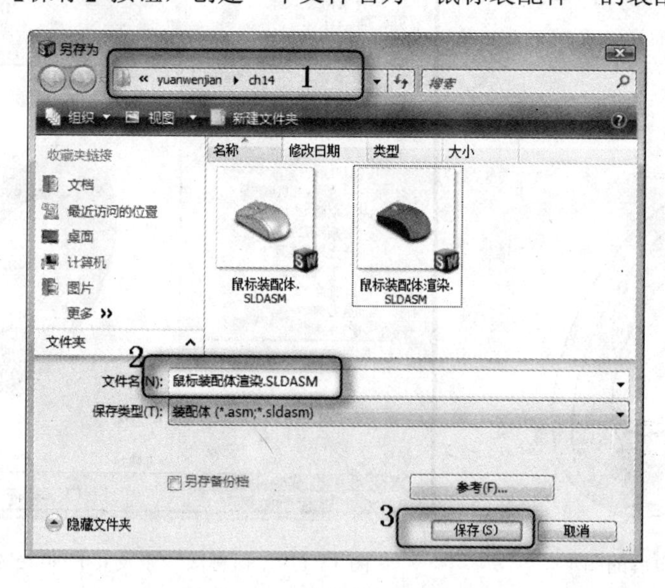

图 13-121 “另存为”对话框

（3）插入鼠标底座。执行【插入】→【零部件】→【现有零件/装配体】菜单命令，或者单击“装配体”操控板中的“插入零部件图标，此时系统弹出如图 13-122 所示的“开始装配体”属性管理器。单击“浏览”按钮，此时系统弹出如图 13-123 所示的“打开”对话框，在其中选择需要的零部件，即鼠标底座.sldprt。单击【打开】按钮，此时所选的零部件显示在图 13-122 中的“打开文档”一栏中。单击对话框中的确定图标，此时所选的零部件弹出在视图中。

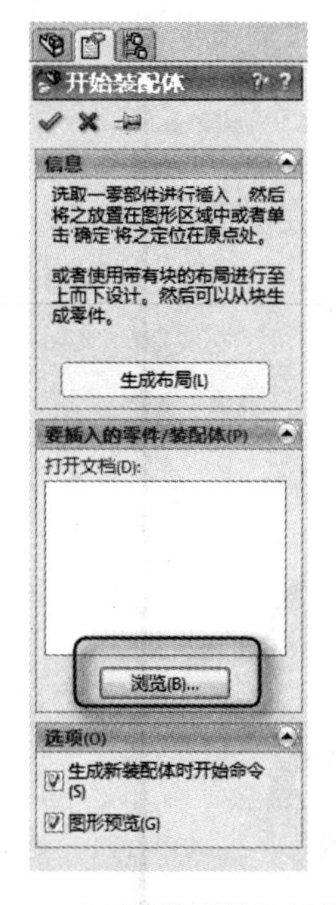

图 13-122　“开始装配体”属性管理器

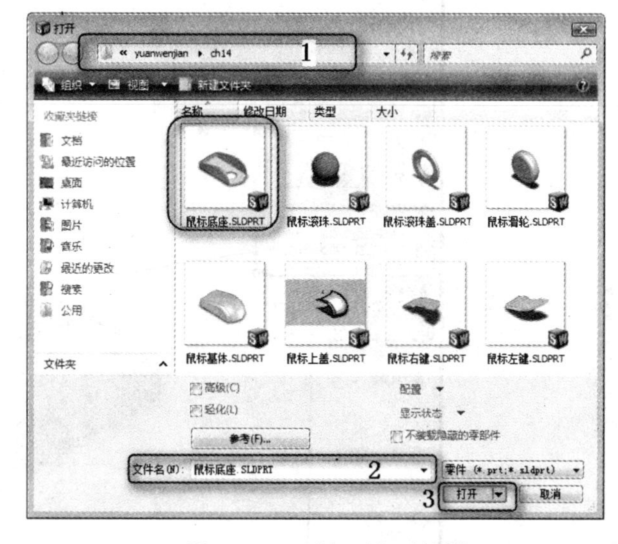

图 13-123　“打开”对话框

（4）设置视图方向。单击“前导视图”工具栏中的等轴测图标，将视图以等轴测方向显示。结果如图 13-124 所示。

（5）插入鼠标上盖。执行【插入】→【零部件】→【现有零件/装配体】菜单命令，插入鼠标上盖，具体操作步骤参考步骤（3），将鼠标上盖插入到图中合适的位置。结果如图 13-125 所示。

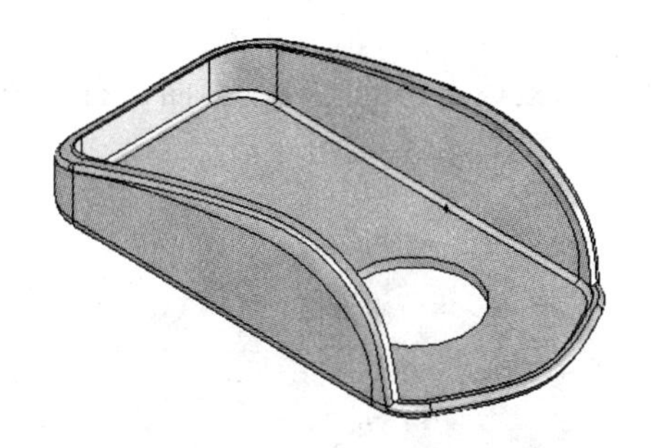

图 13-124　插入鼠标底座的图形

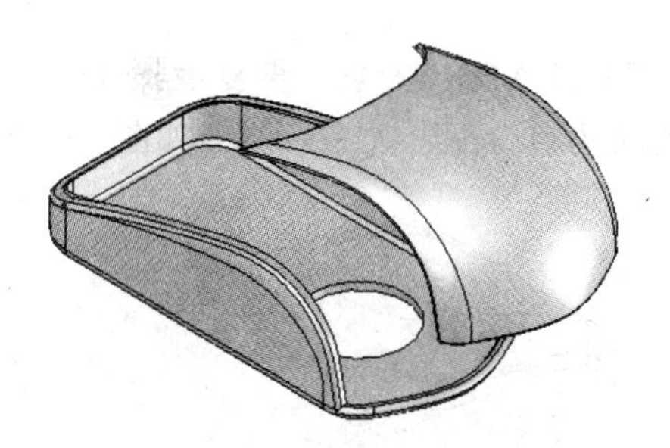

图 13-125　插入鼠标上盖的图形

（6）插入配合关系。执行【插入】→【配合】菜单命令，或者单击“装配体”操控板中的配合图标，此时系统弹出“配合”对话框。在属性管理器的“配合选择”一栏中，选择鼠标底座的前视基准面和鼠标上盖的前视基准面，如图 13-126 所示。单击“标准配合”一栏中的重合图标，将两个基准面配合为重合关系。单击属性管理器中的确定图标，完成重合配合，结果如图 13-127 所示。

注意：

在配合中选择零件基准面的步骤为：首先，执行【配合】命令，此时视图左上角弹出装配体文件名称；然后单击文件名称前面的加号，将文件展开；最后单击需要文件名称前面的加号，将被装配零件展开，在其中选择需要的基准面。

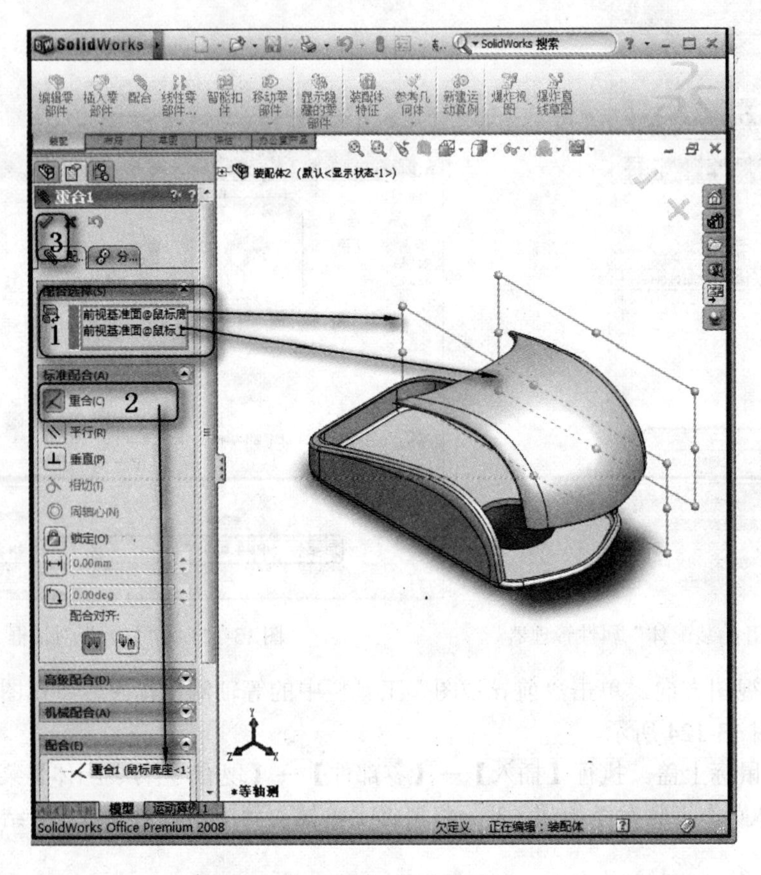

图 13-126　装配图示

（7）插入配合关系。重复步骤（6），将鼠标底座和鼠标上盖的上视基准面、右视基准面分别配合为重合配合关系，结果如图 13-128 所示。

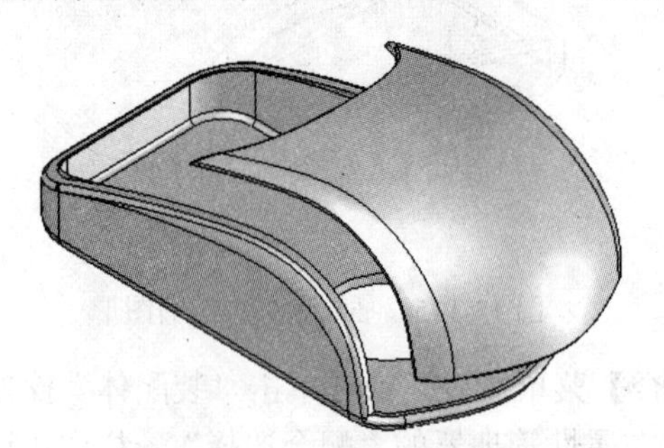

图 13-127　配合后的图形

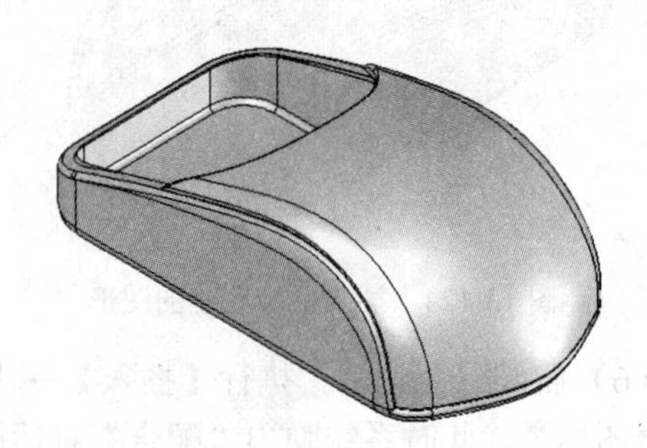

图 13-128　配合后的图形

（8）插入鼠标左键。执行【插入】→【零部件】→【现有零件/装配体】菜单命令，插入鼠标左键，具体操作步骤参考步骤（3），将鼠标左键插入到图中合适的位置。结果如图 13-129 所示。

（9）插入配合关系。重复步骤（6），将鼠标底座和鼠标左键的前视基准面、上视基准面和右视基准面分别配合为重合配合关系，结果如图 13-130 所示。

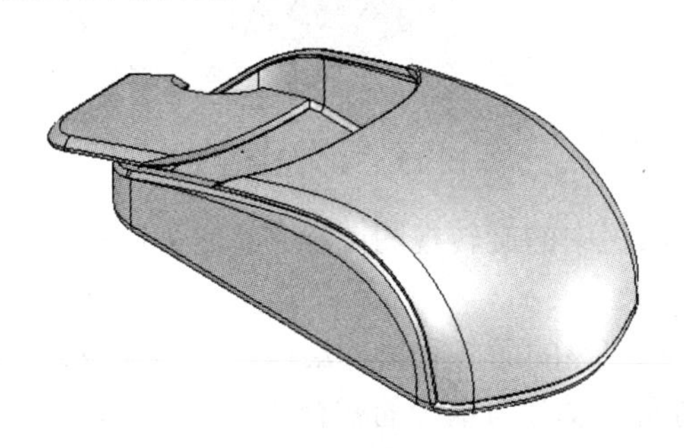

图 13-129　插入鼠标左键后的图形

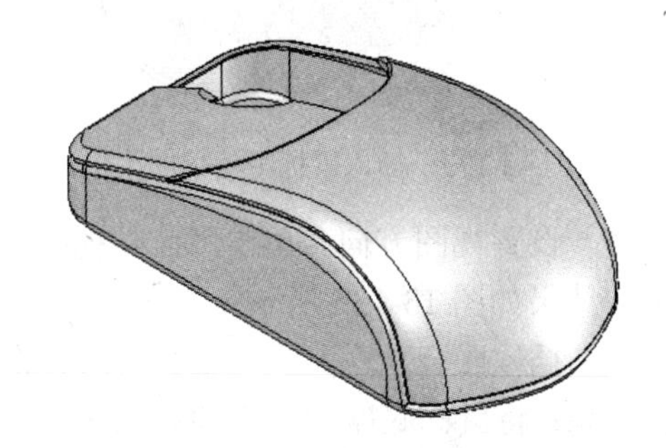

图 13-130　配合后的图形

（10）插入鼠标左键。执行【插入】→【零部件】→【现有零件/装配体】菜单命令，插入鼠标用鼠标右键，具体操作步骤参考步骤（3），将鼠标左键插入到图中合适的位置，结果如图 13-131 所示。

（11）插入配合关系。重复步骤（6），将鼠标底座和鼠标用鼠标右键的前视基准面、上视基准面和右视基准面分别配合为重合配合关系，结果如图 13-132 所示。

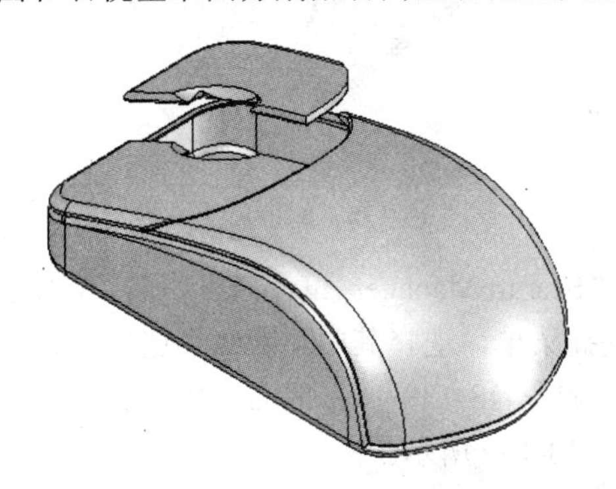

图 13-131　插入鼠标用鼠标右键后的图形

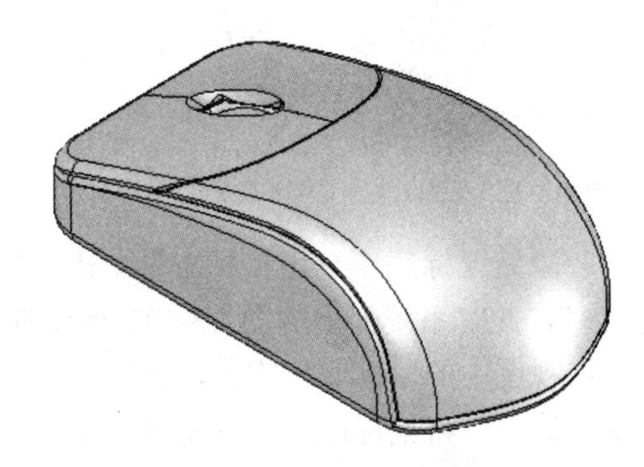

图 13-132　配合后的图形

（12）插入鼠标滑轮。执行【插入】→【零部件】→【现有零件/装配体】菜单命令，插入鼠标滑轮，具体操作步骤参考步骤（3），将鼠标滑轮插入到图中合适的位置，结果如图 13-133 所示。

（13）插入配合关系。重复步骤（6），将鼠标滚轮的面 1 和鼠标左键切除拉伸的内表面 2 设置为距离为 0.5 的配合关系；将鼠标底座的上视基准面和鼠标滚轮的上视基准面设置为距离为 20 的配合关系；将鼠标底座的右视基准面和鼠标滚轮的右视基准面设置为距离为 24 的配合关系，结果如图 13-134 所示。

（14）插入鼠标滚珠盖。执行【插入】→【零部件】→【现有零件/装配体】菜单命令，插入鼠标滚珠盖，具体操作步骤参考步骤（3），将鼠标滚珠盖插入到图中合适的位置。

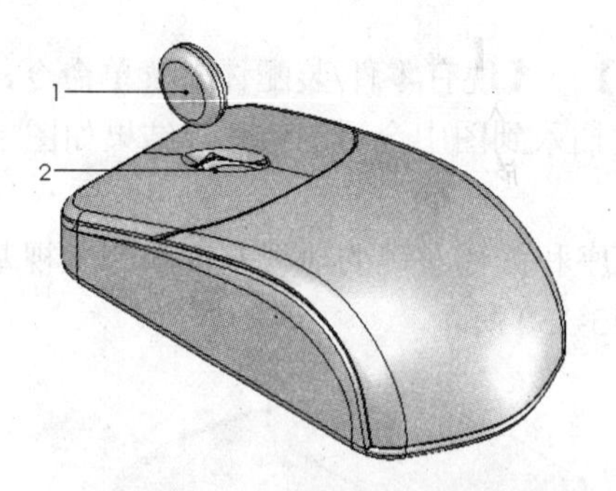

图 13-133　插入鼠标滑轮后的图形

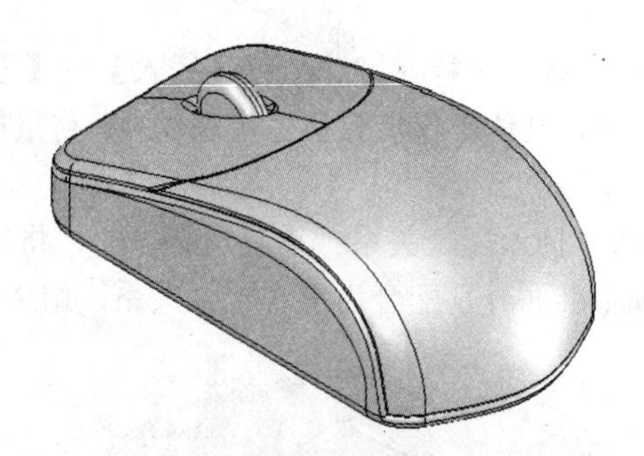

图 13-134　配合后的图形

（15）设置视图方向。单击“前导视图”工具栏中的旋转视图图标，将视图以合适的方向显示，结果如图 13-135 所示。

（16）插入配合关系。重复步骤（6），将鼠标底座的面 2 和鼠标滚珠盖的面 3 设置为同心的配合关系；将鼠标底座的面 1 和鼠标滚珠盖的面 4 设置为重合的配合关系，结果如图 13-136 所示。

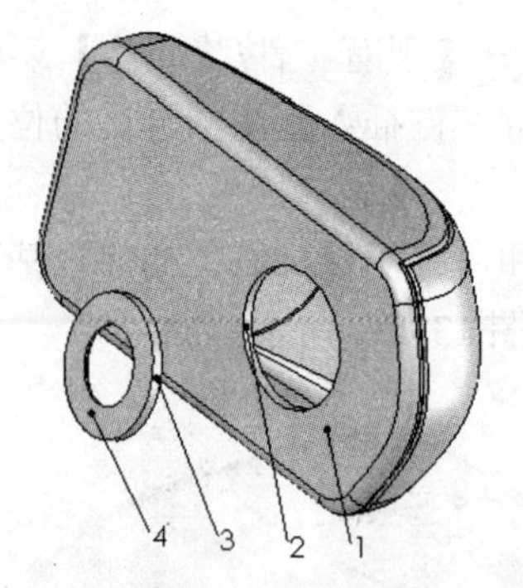

图 13-135　插入鼠标滚珠盖后的图形

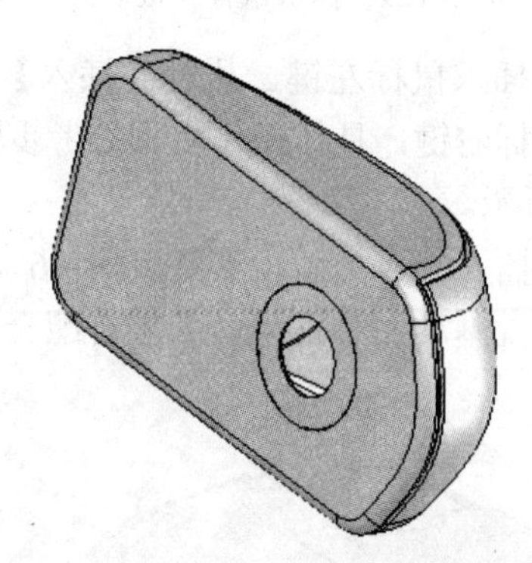

图 13-136　配合后的图形

（17）隐藏鼠标底座。用鼠标右键单击左侧“FeatureManager 设计树”中的“（固定）鼠标底座<1>”，此时系统弹出如图 13-137 所示的快捷菜单，选择其中“隐藏”选项；或者用鼠标右键单击视图中的鼠标底座零件，此时系统弹出如图 13-138 所示的右键快捷菜单，选择其中“隐藏”选项，将鼠标底座零件隐藏，结果如图 13-139 所示。

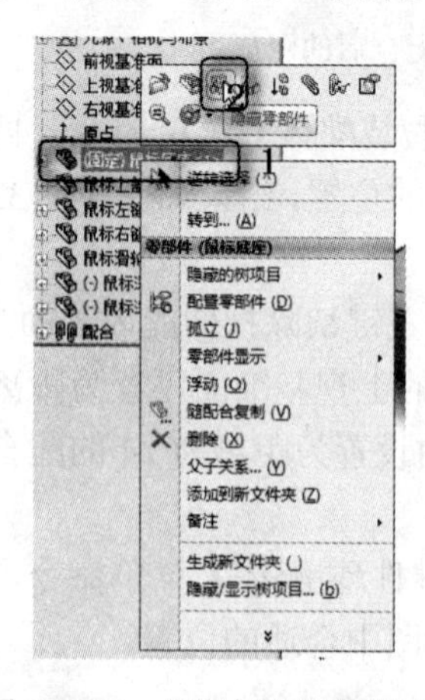

图 13-137　用鼠标右键快捷菜单

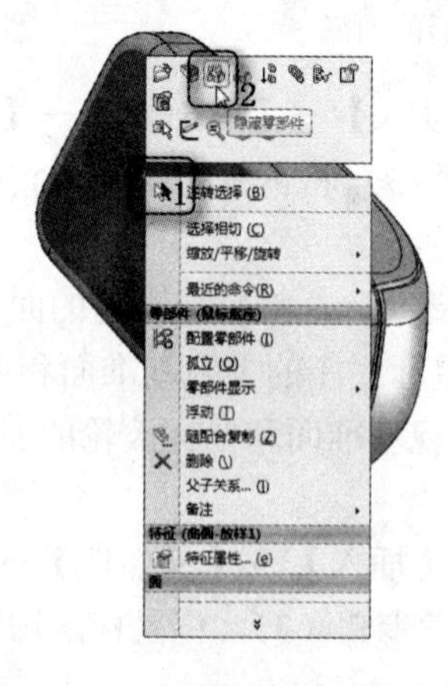

图 13-138　用鼠标右键快捷菜单

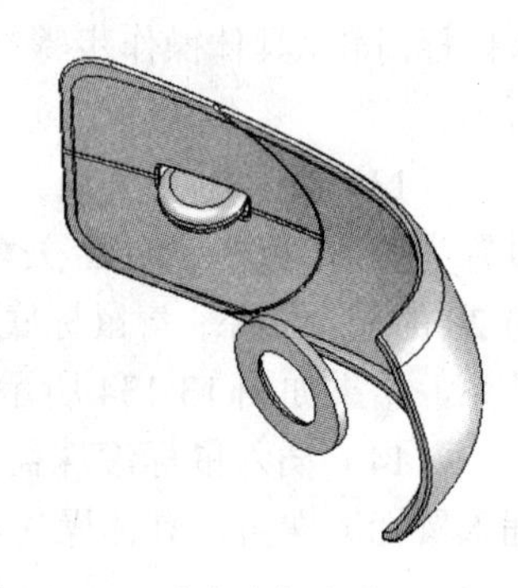

图 13-139　隐藏鼠标底座后的图形

（18）插入鼠标滚珠。执行【插入】→【零部件】→【现有零件/装配体】菜单命令，插入鼠标滚珠，具体操作步骤参考步骤（3），将鼠标滚珠插入到图中合适的位置。

（19）设置视图方向。单击“前导视图”工具栏中的旋转视图图标，将视图以合适的方向显示，结果如图 13-140 所示。

（20）插入配合关系。重复步骤（6），将鼠标滚珠盖的面 1 和鼠标滚珠的 1 设置为同心的配合关系；将鼠标滚珠盖的前视基准面和鼠标滚珠的上视基准面设置为距离为 5 的配合关系，结果如图 13-141 所示。

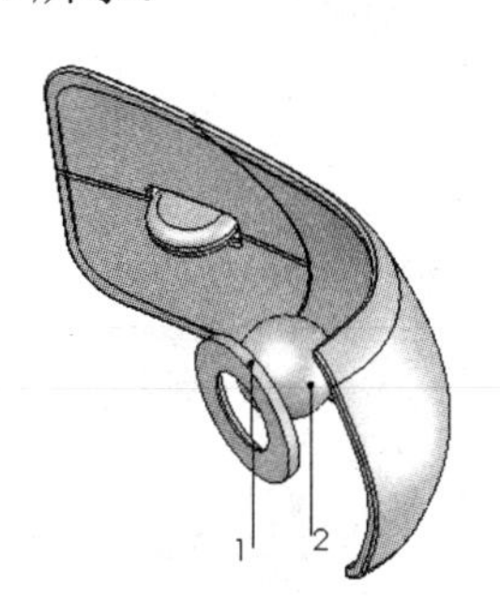

图 13-140　插入鼠标滚珠后的图形

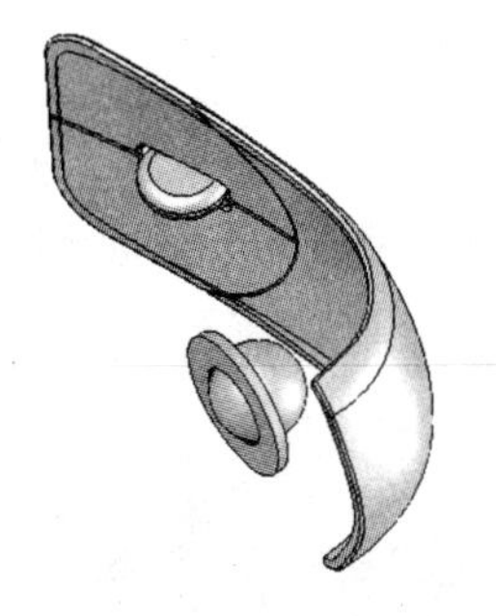

图 13-141　配合后的图形

（21）显示鼠标底座。用鼠标右键单击左侧“FeatureManager 设计树”中的“(固定) 鼠标底座<1>”，此时系统弹出如图 13-142 所示的快捷菜单，选择其中“显示”选项，显示视图中的鼠标底座，结果如图 13-143 所示。

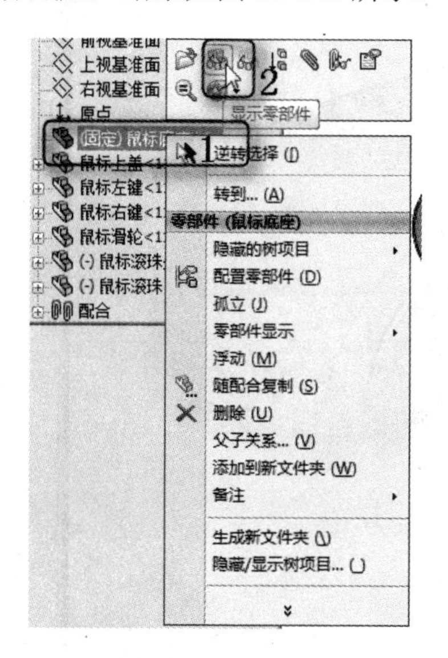

图 13-142　用鼠标右键快捷菜单

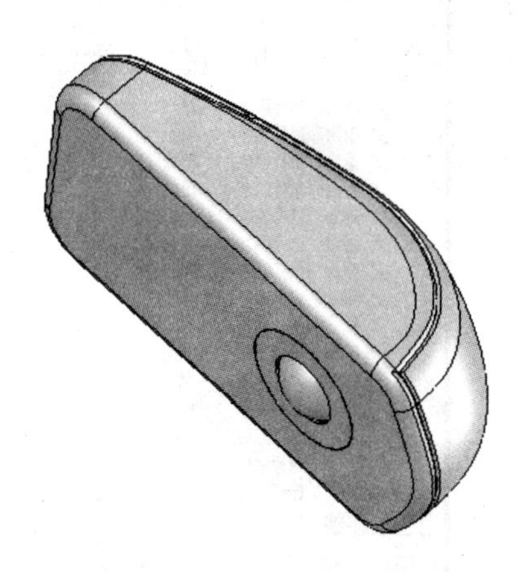

图 13-143　显示底座后的图形

（22）设置视图方向。单击“前导视图”工具栏中的等轴测图标，将视图以等轴测方向显示，结果如图 13-144 所示。

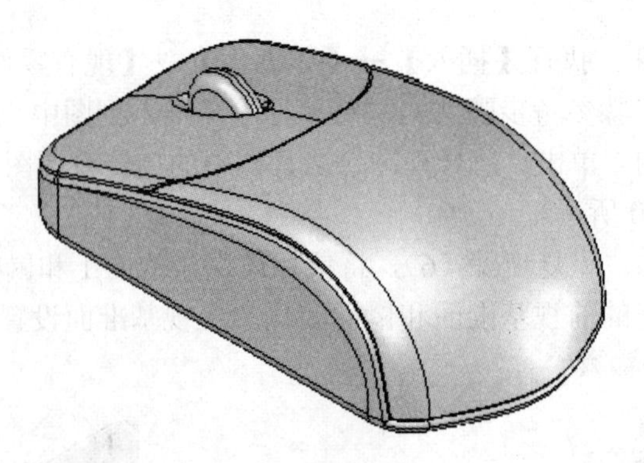

图 13-144　等轴测视图

鼠标装配体模型及其 FeatureManager 设计树如图 13-145 所示。

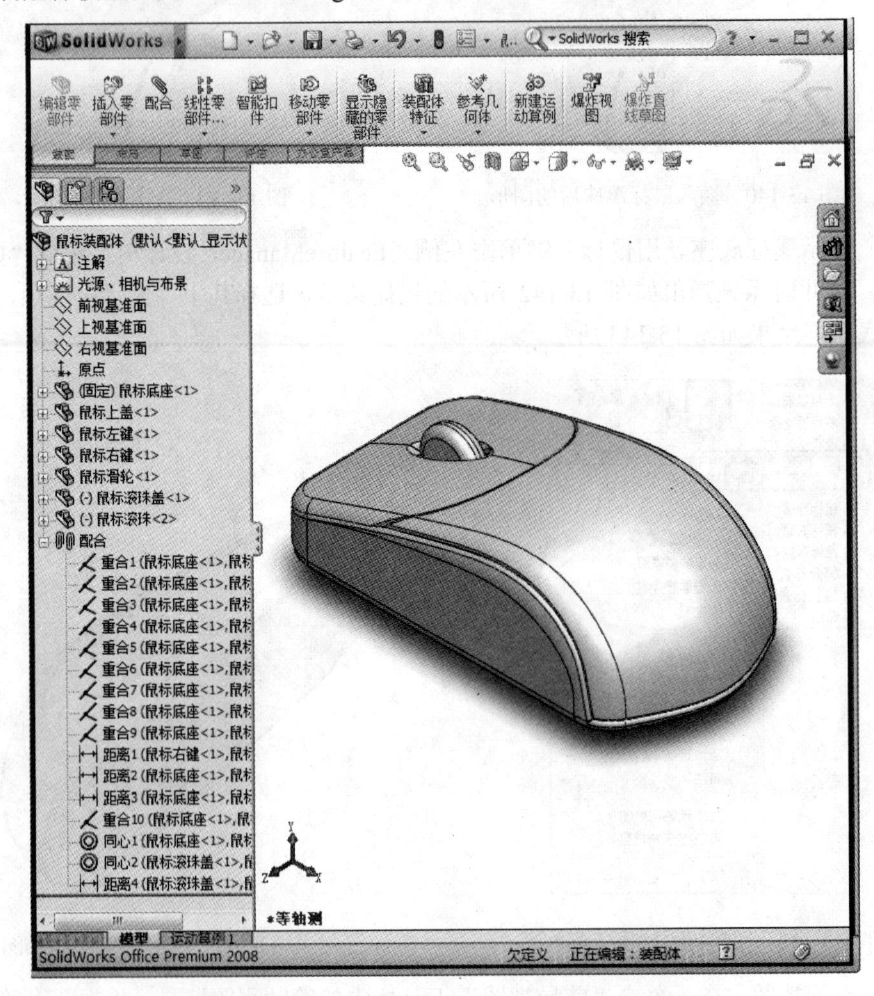

图 13-145　鼠标装配体及其 FeatureManager 设计树

反侵权盗版声明